2024 단기 완성 최신 한국전기설비규정

electrical engineer

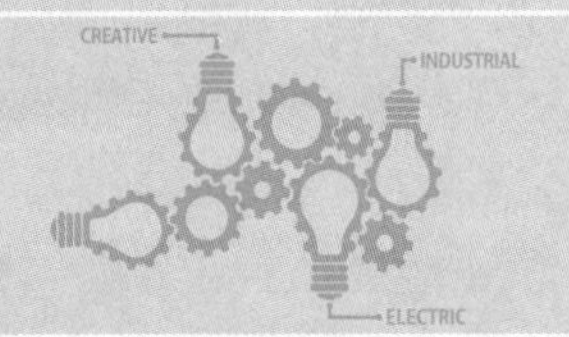


# 전기기사 산업기사 필기

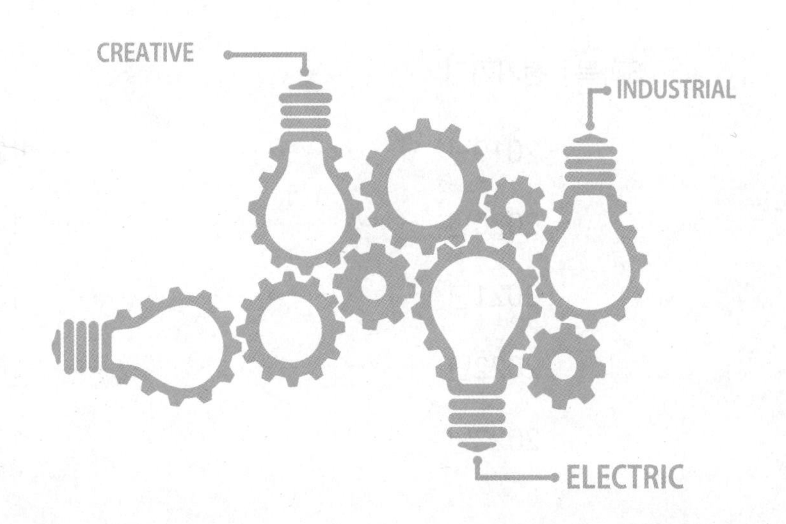

# 2권 과년도

## Chapter 1 기사 과년도 기출문제

Contents

## Chapter 2 산업기사 과년도 기출문제

ELECTRICITY

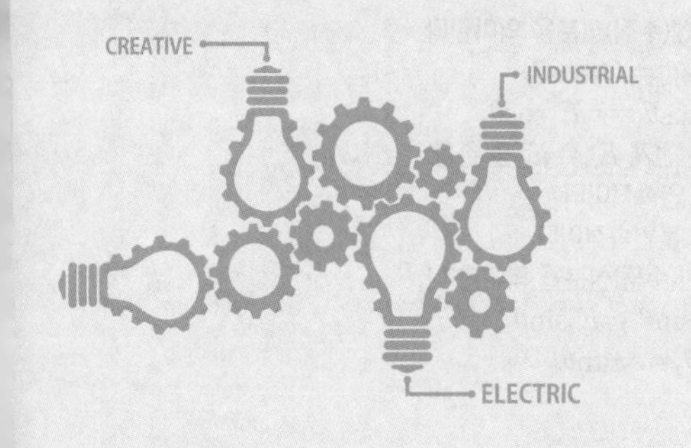


Chapter 1

# 전기기사 과년도 기출문제

2019년 1·2·3회

2020년 1·2·3회

2021년 1·2·3회

2022년 1·2·3회

2023년 1·2·3회

국가기술자격검정필기시험문제

| 자격종목 및 등급 | 과목명 | 시험시간 | 성명 |
|---|---|---|---|
| 전기기사 | 전기자기학 | 2시간 30분 | 대산전기학원 |

## 시행일 2019년 1회

**01 평행판 콘덴서에 어떤 유전체를 넣었을 때 전속밀도가 $2.4\times10^{-7}$[C/m²]이고, 단위 체적중의 에너지가 $5.3\times10^{-3}$[J/m²]이었다. 이 유전체의 유전율은 약 몇 [F/m]인가?**

① $2.17\times10^{-11}$ ② $5.43\times10^{-11}$
③ $5.17\times10^{-12}$ ④ $5.43\times10^{-12}$

해설

**전계 내 또는 유전체내에 축적되는 단위 체적당 에너지**

$W=\frac{\sigma^2}{2\varepsilon}=\frac{D^2}{2\varepsilon}=\frac{1}{2}\varepsilon E^2=\frac{1}{2}ED[\text{J/m}^3]$

$W=\frac{D^2}{2\varepsilon}[\text{J/m}^3]$를 이용

유전율 $\varepsilon=\frac{D^2}{2W}=\frac{(2.4\times10^{-7})^2}{2\times5.3\times10^{-3}}=5.433\times10^{-12}[\text{F/m}]$

**02 서로 다른 두 유전체 사이의 경계면에 전하분포에 없다면 경계면 양쪽에서의 전계 및 전속밀도는?**

① 전계 및 전속밀도의 접선성분은 서로 같다.
② 전계 및 전속밀도의 법선성분은 서로 같다.
③ 전계의 법선성분이 서로 같고, 전속밀도의 접선성분이 서로 같다.
④ 전계의 접선성분이 서로 같고, 전속밀도의 법선성분이 서로 같다.

해설

**복합유전체의 경계면 조건**

1) 법선(수직)에는 전속밀도 $D_{n1}=D_{n2}$만 존재
ⓐ $D_{n1}=D_{n2}$ : 연속적이다
ⓑ $E_{n1}\neq E_{n2}$ : 불연속적이다
여기서 $n$은 법선(수직)성분을 의미한다.
$D_1\cos\theta_1=D_2\cos\theta_2$
$\varepsilon_1E_1\cos\theta_1=\varepsilon_2E_2\cos\theta_2$
2) 접선(수평)에는 전계 $E_{t1}=E_{t2}$만 존재
ⓐ $E_{t1}=E_{t2}$ : 연속적이다
ⓑ $D_{t1}\neq D_{t2}$ : 불연속적이다
여기서 $t$는 접선(수평)성분을 의미 한다.
$E_1\sin\theta_1=E_2\sin\theta_2$
3) 굴절각 $\varepsilon_1\tan\theta_2=\varepsilon_2\tan\theta_1$

**03 와류손에 대한 설명으로 틀린 것은? (단, $f$ : 주파수, $B_m$ : 최대자속밀도, $t$ : 두께, $\rho$ : 저항률이다.)**

① $t^2$에 비례한다. ② $f^2$에 비례한다.
③ $\rho^2$에 비례한다. ④ $B_m{}^2$에 비례한다.

해설

**와류손 = 와전류손 = 맴돌이전류손**

$P_e=f^2B_m{}^2t^2=kf^2B_m{}^2=\frac{f^2B_m{}^2}{\rho}[\text{W}]$

여기서, $f[\text{Hz}]$ : 주파수, $B_m{}^2[\text{Wb/m}^2]$ : 최대자속밀도
$t[\text{m}]$ : 두께, $k=\frac{1}{\rho}[℧/\text{m}=\text{s/m}]$ : 도전율
$\rho=\frac{1}{k}[\Omega\text{m}]$ : 고유저항

**04 $x>0$인 영역에 비유전율 $\varepsilon_{r1}=3$인 유전체, $x<0$인 영역에 비유전율 $\varepsilon_{r2}=5$인 유전체가 있다. $x<0$인 영역에서 전계 $E_2=20a_x+30a_y-40a_z$[V/m]일 때 $x>0$인 영역에서의 전속밀도는 몇 [C/m²]인가?**

① $10(10a_x+9a_y-12a_z)\varepsilon_0$
② $20(5a_x-10a_y+6a_z)\varepsilon_0$
③ $50(2a_x+3a_y-4a_z)\varepsilon_0$
④ $50(2a_x-3a_y+4a_z)\varepsilon_0$

[정답] 2019년 1회 01 ④ 02 ④ 03 ③ 04 ①

해설

**복합유전체의 경계면 조건**

경계면에 전계가 수직입사이므로 경계면 양측에서 전속밀도는 같아야 된다.

$D_1=D_2$, $\varepsilon_1 E_1=\varepsilon_2 E_2$이고 이를 정리하면

$E_1=\frac{\varepsilon_0\varepsilon_{r2}}{\varepsilon_0\varepsilon_{r1}}E_2=\frac{5}{3}E_2$

$x$의 영역이므로 $E_1=\frac{5}{3}\times 20a_x+30a_y-40a_z$

$=\frac{100}{3}a_x+30a_y-40a_z[\text{V/m}]$

전속밀도 $D_1=\varepsilon_0\varepsilon_{r1}E_1=\varepsilon_0 3(\frac{100}{3}a_x+30a_y-40a_z)$

$=\varepsilon_0(100a_x+90a_y-120a_z)$

$=10(10a_x+9a_y-12a_z)\varepsilon_0[\text{C/m}^2]$

## 05 $q[\text{C}]$의 전하가 진공 중에서 $v[\text{m/s}]$의 속도로 운동하고 있을 때, 이 운동방향과 $\theta$의 각으로 $r[\text{m}]$ 떨어진 점의 자계의 세계 $[\text{AT/m}]$는?

① $\frac{q\sin\theta}{4\pi r^2 v}$　② $\frac{v\sin\theta}{4\pi r^2 q}$

③ $\frac{qv\sin\theta}{4\pi r^2}$　④ $\frac{v\sin\theta}{4\pi r^2 q^2}$

해설

**전류에 의한 자계**

비오-사바르의 법칙을 이용 $dH=\frac{I\sin\theta}{4\pi r^2}dl[\text{AT/m}]$

$H=\frac{Il}{4\pi r^2}\sin\theta=\frac{qv}{4\pi r^2}\sin\theta[\text{AT/m}]$

($\theta$는 $r$과 전류방향($I$)가 이루는 각)

여기서, $Il=\frac{Q}{t}l[\text{C/s}\cdot\text{m}]=qv[\text{C}\cdot\text{m/s}=\text{C/s}\cdot\text{m}]$

## 06 원형 선전류 $I[\text{A}]$의 중심축상 점 $P$의 자위$[\text{A}]$를 나타내는 식은? (단, $\theta$는 점 $P$에서 원형전류를 바라보는 평면각이다.)

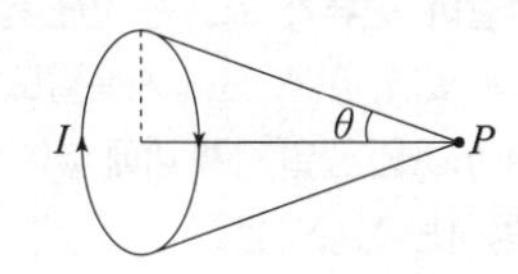


① $\frac{I}{2}(1-\cos\theta)$　② $\frac{I}{4}(1-\cos\theta)$

③ $\frac{I}{2}(1-\sin\theta)$　④ $\frac{I}{4}(1-\sin\theta)$

해설

**전류에 의한 자위**

$U=\frac{I}{4\pi}\omega=\frac{I}{4\pi}2\pi(1-\cos\theta)=\frac{I}{2}(1-\cos\theta)[\text{A}]$

여기서, $\omega=2\pi(1-\cos\theta)[\text{sr}]$ : 입체각

## 07 진공 중에서 무한장 직선도체에 선전하밀도 $\rho_L=2\pi\times 10^{-3}[\text{C/m}]$가 균일하게 분포된 경우 직선도체에서 $2[\text{m}]$와 $4[\text{m}]$ 떨어진 두 점사이의 전위차는 몇 $[\text{V}]$인가?

① $\frac{10^{-3}}{\pi\varepsilon_0}\ln 2$　② $\frac{10^{-3}}{\varepsilon_0}\ln 2$

③ $\frac{1}{\pi\varepsilon_0}\ln 2$　④ $\frac{1}{\varepsilon_0}\ln 2$

해설

**전위**

원통, 원주 , 동축에서 $a$와 $b$ 사이의 전위차

$V=\frac{\rho_L}{2\pi\varepsilon_0}\ln\frac{b}{a}[\text{V}]$

$b>a$이므로 $a=2[\text{m}]$, $b=4[\text{m}]$

$V=\frac{2\pi\times 10^{-3}}{2\pi\varepsilon_0}\ln\frac{4}{2}=\frac{10^{-3}}{\varepsilon_0}\ln 2[\text{V}]$

여기서, $a[\text{m}]$ : 내원통 반지름, $b[\text{m}]$ : 외원통 반지름,

$\lambda=\rho_L[\text{C/m}]$ : 선전하

## 08 균일한 자장 내에 놓여 있는 직선도선에 전류 및 길이를 각각 2배로 하면 이 도선에 작용하는 힘은 몇 배가 되는가?

① 1　② 2

③ 4　④ 8

해설

**전자력**

자계가 있는 공간에 도선을 놓고 도선에 전류를 인가 시 도선에서도 자계가 발생하여 도선에 힘이 작용한다. 이와 같은 자계와 전류 간에 작용하는 힘을 전자력이라 하며 전자력을 해석 시에는 플레밍의 왼손법칙을 이용한다.

[정답] 05 ③ 06 ① 07 ② 08 ③

$F=BIl\sin\theta=\mu_0 HIl\sin\theta=\oint(Idl)\times B[\mathrm{N}]$

여기서, $l[\mathrm{m}]$ : 도선의 길이, $H[\mathrm{AT/m}]$ : 자계

엄지 : $F[\mathrm{N}]$(힘의 방향=전자력의 방향)

검지 : $B[\mathrm{Wb/m^2}]$(자속밀도, 자장, 자계의 방향)

중지 : $I[\mathrm{A}]$(전류의 방향)

$F=B2I2l\sin\theta=4BIl\sin\theta[\mathrm{N}]$이므로 4배 증가한다.

## 09 환상철심에 권수 3000회 A코일과 권수 200회 B 코일이 감겨져 있다. A코일의 자기인덕턴스가 360[mH]일 때 A, B 두 코일의 상호 인덕턴스는 몇 [mH]인가? (단, 결합계수는 1이다.)

① 16 ② 24

③ 36 ④ 72

**해설**

**상호인덕턴스**

$$M=\frac{\mu SN_1N_2}{l}=\frac{N_1N_2}{R_m}=L_1\frac{N_2}{N_1}=L_2\frac{N_1}{N_2}=\frac{e\cdot t}{I}[\mathrm{H}]$$

여기서, $\mu=\mu_0\mu_s[\mathrm{H/m}]$ : 투자율,

$S=\pi a^2=\frac{\pi D^2}{4}[\mathrm{m^2}]$ : 철심의 단면적, $a[\mathrm{m}]$ : 철심 단면적 반지름,

$D[\mathrm{m}]$ : 철심 단면적 지름, $l=2\pi r=\pi d[\mathrm{m}]$ : 자로(철심)의 길이

$r[\mathrm{m}]$ : 평균 반지름, $d[\mathrm{m}]$ : 평균 지름, $e[\mathrm{V}]$ : 유도(기)기전력,

$t[\mathrm{s}]$ : 시간, $I[\mathrm{A}]$ : 전류

$$M=L_A\frac{N_B}{N_A}=360\times\frac{200}{3000}=24[\mathrm{mH}]$$

## 10 맥스웰방정식 중 틀린 것은?

① $\oint_s B\cdot dS=\rho_s$

② $\oint_s D\cdot dS=\int_v \rho dv$

③ $\oint_c E\cdot dl=-\int_s \frac{\partial B}{\partial t}\cdot dS$

④ $\oint_c H\cdot dl=I+\int_s \frac{\partial D}{\partial t}\cdot dS$

**해설**

**맥스웰의 방정식**

정자계의 가우스의 정리

1) 적분형 $\oint_s BdS=\oint_v divBdv=0$

2) 미분형 $divB=\nabla\cdot B=0$

① 자속의 연속성을 나타낸 식이다.

② 고립(독립)된 자극(자하)는 없으며 N극과 S극이 항상 공존한다.

## 11 자기회로의 자기저항에 대한 설명으로 옳은 것은?

① 투자율에 반비례한다.

② 자기회로의 단면적에 비례한다.

③ 자기회로의 길이에 반비례한다.

④ 단면적에 반비례하고, 길이의 제곱에 비례한다.

**해설**

**자기회로**

자기저항 $R_m=\frac{F}{\phi_m}=\frac{l}{\mu\cdot S}[\mathrm{AT/Wb}]$이므로

투자율(비투자율) 및 단면적에 반비례하며 길이에 비례한다.

## 12 접지된 구도체와 점전하 간에 작용하는 힘은?

① 항상 흡인력이다. ② 항상 반발력이다.

③ 조건적 흡인력이다. ④ 조건적 반발력이다.

**해설**

**접지 구도체와 점전하**

$d>a$ 접지구도체와 점전하

영상전하와 점전하 사이에 작용하는 힘

$$F=\frac{Q\cdot Q'}{4\pi\epsilon_0\left(\frac{d^2-a^2}{d}\right)^2}=-\frac{adQ^2}{4\pi\epsilon_0(d^2-a^2)^2}[\mathrm{N}]$$

(−) : 항상 흡인력을 의미

## 13 그림과 같이 전류가 흐르는 반원형 도선이 평면 $Z=0$ 상에 놓여 있다. 이 도선이 자속밀도 $B=0.8a_x-0.7a_y+a_z[\mathrm{Wb/m^2}]$인 균일 자계 내에 놓여 있을 때 도선의 직선 부분에 작용하는 힘[N]은?

[정답] 09 ② 10 ① 11 ① 12 ① 13 ②

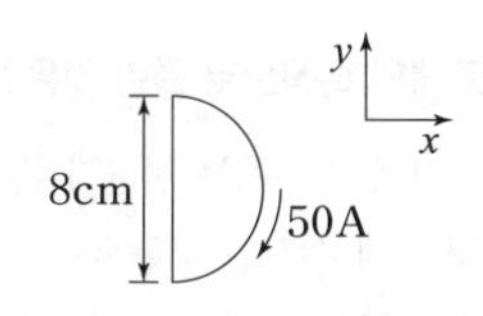


① $4a_x+2.4a_z$　② $4a_x-3.2a_z$

③ $5a_x-3.5a_z$　④ $-5a_x+3.5a_z$

해설

**전자력**

자계가 있는 공간에 도선을 놓고 도선에 전류를 인가 시 도선에서도 자계가 발생하여 도선에 힘이 작용한다. 이와 같은 자계와 전류 간에 작용하는 힘을 전자력이라 하며 전자력을 해석 시에는 플레밍의 왼손법칙을 이용한다.

$F=BIl\sin\theta=\mu_0 HIl\sin\theta=\oint(Idl)\times B[\mathrm{N}]$

여기서, $l[\mathrm{m}]$ : 도선의 길이, $H[\mathrm{AT/m}]$ : 자계

엄지 : $F[\mathrm{N}]$(힘의 방향=전자력의 방향)

검지 : $B[\mathrm{Wb/m^2}]$(자속밀도, 자장, 자계의 방향)

중지 : $I[\mathrm{A}]$(전류의 방향)

그림에서 반원의 전류의 흐름을 보면

전류가 반원을 돌아 $8[\mathrm{cm}]$ 직선부분에 흐를 때

아래에서 위로 흐르는 모양이므로 전류는 $y$축 방향이다.

$I=50a_y[\mathrm{A}]$

$$I\times B=\begin{vmatrix} a_x & a_y & a_z \\ 0 & 50 & 0 \\ 0.8 & -0.7 & 1 \end{vmatrix}=50a_x-40a_z$$

$F=(I\times B)l=(50a_x-40a_z)\cdot 0.08=4a_x-3.2a_z[\mathrm{N}]$

## 14 평행한 두 도선간의 전자력은? (단, 두 도선간의 거리는 $r[\mathrm{m}]$라 한다.)

① $r$에 비례　② $r^2$에 비례

③ $r$에 반비례　④ $r^2$에 반비례

해설

**전자력**

평행 두 도선 간에 작용하는 힘(전자력)

1) 단위 길이당 작용하는 힘

$$F=\frac{\mu_0 I_1 I_2}{2\pi d}=\frac{2I_1 I_2}{d}\times 10^{-7}[\mathrm{N/m}]$$

여기서, $d=r[\mathrm{m}]$ : 두 도선 간 떨어진 거리

2) 전류의 방향이 같은 경우 : 흡인력이 작용한다.

전류의 방향이 반대인 경우 : 반발력이 작용한다.

## 15 다음의 관계식 중 성립할 수 없는 것은? (단, $\mu$는 투자율, $\chi$는 자화율, $\mu_0$는 진공의 투자율, $J$는 자화의 세기이다.)

① $J=\chi B$　② $B=\mu H$

③ $\mu=\mu_0+\chi$　④ $\mu_s=1+\dfrac{\chi}{\mu_0}$

해설

**자화의 세기**

$$J=\frac{M[\mathrm{Wb\cdot m}]}{v[\mathrm{m^3}]}=B-\mu_0 H=\mu_0(\mu_s-1)H=xH$$

$$=B\left(1-\frac{1}{\mu_s}\right)[\mathrm{Wb/m^2}]$$

1) 자화율 $x=\mu_0(\mu_s-1)$

2) 비자화율 $x_m=\dfrac{x}{\mu_0}=\mu_s-1$

3) 비투자율 $\mu_s=\dfrac{x}{\mu_0}+1$

## 16 평행판 콘덴서의 극판 사이에 유전율 $\varepsilon$, 저항률 $\rho$인 유전체를 삽입하였을 때, 두 전극간의 저항 $R$과 정전용량 $C$의 관계는?

① $R=\rho\varepsilon C$　② $RC=\dfrac{\varepsilon}{\rho}$

③ $RC=\rho\varepsilon$　④ $RC\rho\varepsilon=1$

해설

**저항의 종류**

정전용량과 저항의 관계

$RC=\rho\varepsilon,\ \dfrac{C}{G}=\dfrac{\varepsilon}{k}$

여기서, $R=\dfrac{1}{G}[\Omega]$ : 저항, $G=\dfrac{1}{R}[\mho=\mathrm{S}]$ : 컨덕턴스

$k=\sigma=\dfrac{1}{\rho}[\mho/\mathrm{m}]$ : 도전율, $\rho=\dfrac{1}{k}[\Omega\mathrm{m}]$ : 고유 저항

## 17 비투자율 $\mu_s=1$, 비유전율 $\varepsilon_s=90$인 매질 내의 고유임피던스는 약 몇 $[\Omega]$인가?

① 32.5　② 39.7

③ 42.3　④ 45.6

[정답] 14 ① 15 ① 16 ③ 17 ②

해설

**전자파**

파동 고유임피던스

$$Z=\sqrt{\frac{\mu}{\varepsilon}}=\sqrt{\frac{\mu_o}{\varepsilon_o}}\sqrt{\frac{\mu_s}{\varepsilon_s}}=377\sqrt{\frac{\mu_s}{\varepsilon_s}}[\Omega]$$

$$Z=377\sqrt{\frac{1}{90}}=39.739\fallingdotseq 39.7[\Omega]$$

**18** 사이클로트론에서 양자가 매초 $3\times10^{15}$ 개의 비율로 가속되어 나오고 있다. 양자가 15[MeV]의 에너지를 가지고 있다고 할 때, 이 사이클로트론은 가속용 고주파 전계를 만들기 위해서 150[kW]의 전력을 필요로 한다면 에너지 효율[%]은?

① 2.8 ② 3.8
③ 4.8 ④ 5.8

해설

$$\text{효율}=\frac{\text{출력}}{\text{입력}}=\times100[\%]$$

에너지 $W=QV=neV=Pt[J]$

출력 전력 $P=\frac{W}{t}=\frac{neV}{t}[W]$, 입력 전력 150[kW]

매초 $t=1[s]$이므로 $P=neV[W]$

$$\text{효율}=\frac{3\times10^{15}\times1.602\times10^{-19}\times15\times10^{6}\times10^{-3}}{150}\times100=4.806[\%]$$

여기서, $n$[개] : 전자의 개수, $e$[C] : 전자 1개의 전기량
$V$[V] : 전압, $Q$[C] : 전하량, $t$[s] : 시간, $P$[W] : 전력

**19** 단면적 4[$cm^2$]의 철심에 $6\times10^{-4}$[Wb]의 자속을 통하게 하려면 2800[AT/m]의 자계가 필요하다. 이 철심의 비투자율은 약 얼마인가?

① 346 ② 375
③ 407 ④ 426

해설

자속밀도 $B=\frac{\phi}{S}=\mu_o\mu_sH[Wb/m^2]$

자속 $\phi=BS=\mu HS=\mu_o\mu_sHS[Wb]$

비투자율 $\mu_s=\frac{\phi}{\mu_oHS}$이므로 주어진 수치를 대입하면

$$\mu_s=\frac{6\times10^{-4}}{4\pi\times10^{-7}\times2800\times4\times10^{-4}}=426.307\fallingdotseq426$$

**20** 대전된 도체의 특징으로 틀린 것은?

① 가우스정리에 의해 내부에는 전하가 존재한다.
② 전계는 도체 표면에 수직인 방향으로 진행된다.
③ 도체에 인가된 전하는 도체 표면에만 분포한다.
④ 도체 표면에서의 전하밀도는 곡률이 클수록 높다.

해설

**전기력선의 성질**

1) 전하가 없는 점에서는 전기력선의 발생 및 소멸은 없다.
2) 전기력선은 정(+)전하에서 시작하여 부(-)전하에서 끝난다.
3) 전기력선의 방향은 그 점의 전계의 방향과 일치한다.
4) 전기력선의 밀도는 전계의 세기와 같다.
5) 전기력선은 전위가 높은 점에서 낮은 점으로 향한다.
6) 전기력선은 도체 표면(등전위면)에 수직으로 만난다.
7) 도체에 주어진 전하는 도체 표면에만 분포한다.
8) 전기력선은 대전도체 내부에는 존재하지 않는다.
9) 전하는 곡률이 큰 곳 곡률이 반경이 작은 곳에 큰 밀도를 이룬다.
10) 전기력선은 서로 반발하여 교차 할 수 없으며 그 자신만으로 폐곡선을 이룰 수 없다.

## 시행일 2019년 2회

**01** 어떤 환상 솔레노이드의 단면적이 $S$이고, 자로의 길이가 $\ell$, 투자율이 $\mu$라고 한다. 이 철심에 균등하게 코일을 $N$회 감고 전류를 흘렸을 때 자기 인덕턴스에 대한 설명으로 옳은 것은?

① 투자율 $\mu$에 반비례한다.
② 권선수 $N^2$에 비례한다.
③ 자로의 길이 $\ell$에 비례한다.
④ 단면적 $S$에 반비례한다.

해설

**자기 인덕턴스**

환상솔레노이드의 인덕턴스

$$L=\frac{\mu SN^2}{l}=\frac{N^2}{R_m}[H]\propto\mu\propto S\propto\frac{1}{l}$$

여기서, $\mu=\mu_0\mu_s[H/m]$ : 투자율, $R_m=\frac{l}{\mu S}[AT/m]$ : 자기저항

$S=\pi a^2=\frac{\pi D^2}{4}[m^2]$ : 철심의 단면적, $a[m]$ : 철심 단면적 반지름,
$D[m]$ : 철심 단면적 지름, $l=2\pi r=\pi d[m]$ : 자로(철심)의 길이
$r[m]$ : 평균 반지름, $d[m]$ : 평균 지름

[정답] 18 ③ 19 ④ 20 ① 2019년 2회 01 ②

**02 상이한 매질의 경계면에서 전자파가 만족해야 할 조건이 아닌 것은? (단, 경계면은 두 개의 무손실 매질 사이이다.)**

① 경계면의 양측에서 전계의 접선성분은 서로 같다.

② 경계면의 양측에서 자계의 접선성분은 서로 같다.

③ 경계면의 양측에서 자속밀도의 접선성분은 서로 같다.

④ 경계면의 양측에서 전속밀도의 법선성분은 서로 같다.

해설

**전자파**

상이한 매질의 경계면에서 전자파는 다음과 같은 조건을 만족한다.

① 경계면의 양측에서 전계의 세기의 접선성분은 같다.
($E_{t1}=E_{t2}=E$)

② 경계면의 양측에서는 전속밀도의 법선성분이 같다.($D_{n1}=D_{n2}$)

③ 경계면의 양측에서는 자계의 세기의 접선성분이 같다. ($H_{t1}=H_{t2}$)

④ 경계면의 양측에서는 자속밀도의 법선성분이 같다.($B_{n1}-B_{n2}$)

⑤ 이상 도체면에서는 자계의 세기의 접선 성분은 표면 전류 밀도가 같다.

**03 유전율이 $\varepsilon$, 도전율이 $\sigma$, 반경이 $r_1$, $r_2(r_1<r_2)$, 길이가 $\ell$인 동축케이블에서 저항 $R$은 얼마인가?**

① $\dfrac{2\pi rl}{\ln\dfrac{r_2}{r_1}}$ ② $\dfrac{2\pi\varepsilon l}{\dfrac{1}{r_1}-\dfrac{1}{r_2}}$

③ $\dfrac{1}{2\pi\sigma l}\ln\dfrac{r_2}{r_1}$ ④ $\dfrac{1}{2\pi rl}\ln\dfrac{r_2}{r_1}$

해설

**저항의 종류**

동축 및 원주형 도체 정전용량 $C=\dfrac{2\pi\varepsilon l}{\ln\dfrac{r_2}{r_1}}[\mathrm{F}]$

$$R=\frac{\rho\varepsilon}{C}=\frac{\rho\varepsilon}{2\pi\varepsilon l}\ln\frac{r_2}{r_1}=\frac{\rho}{2\pi l}\ln\frac{r_2}{r_1}=\frac{1}{2\pi\sigma l}\ln\frac{r_2}{r_1}[\Omega]$$

여기서, 고유저항 $\rho=\dfrac{1}{k}[\Omega\cdot\mathrm{m}]$, 도전율 $k=\sigma=\dfrac{1}{\rho}[℧/\mathrm{m}]$

**04 단면적 $S$, 길이 $l$, 투자율 $\mu$인 자성체의 자기회로에 권선을 $N$회 감아서 $I$의 전류를 흐르게 할 때 자속은?**

① $\dfrac{\mu SI}{Nl}$ ② $\dfrac{\mu NI}{Sl}$

③ $\dfrac{NIl}{\mu S}$ ④ $\dfrac{\mu SNI}{l}$

해설

**자기회로**

자기회로에서 자속 $\phi=\dfrac{F}{R_m}=\dfrac{NI}{\dfrac{l}{\mu S}}=\dfrac{\mu SNI}{l}[\mathrm{Wb}]$

**05 $30[\mathrm{V/m}]$의 전계내의 $80[\mathrm{V}]$ 되는 점에서 $1[\mathrm{C}]$의 전하를 전계 방향으로 $80[\mathrm{cm}]$ 이동한 경우, 그 점의 전위$[\mathrm{V}]$는?**

① 9 ② 24

③ 30 ④ 56

해설

**전위 및 전위차**

• 전위 $V=Er=El=Ed=Gr[\mathrm{V}]$

• 전계 $E=\dfrac{V}{r}=[\mathrm{V/m}]$

여기서, $G[\mathrm{V/m}]$ : 절연내력 $r=l=d[\mathrm{m}]$ : 거리, 길이, 간격

전위차 $V_{AB}=E\cdot r=30\times0.8=24[\mathrm{V}]$이므로 전계의 방향은 전위가 감소하는 방향이므로 $V_B=V_A-V_{AB}=80-24=56[\mathrm{V}]$

**06 도전율 $\sigma$인 도체에서 전장 $E$에 의해 전류밀도 $J$가 흘렀을 때 이 도체에서 소비되는 전력을 표시한 식은?**

① $\displaystyle\int_v E\cdot J dv$ ② $\displaystyle\int_v E\times J dv$

③ $\displaystyle\frac{1}{\sigma}\int E\cdot J dv$ ④ $\displaystyle\frac{1}{\sigma}\int_v E\times J dv$

해설

전력 $P=VI[\mathrm{W}]$

이때 전위 $V=Er[\mathrm{V}]$이고 전류 $I=JS[\mathrm{A}]$이므로

$P=ErJS=EJv[\mathrm{W}]$

여기서, 체적 $v[\mathrm{m^3}]=r[\mathrm{m}]\cdot S[\mathrm{m^2}]$, $J[\mathrm{A/m^2}]$ : 전류밀도

이를 적분형으로 표현하면 $P=\displaystyle\int_v EJdv[\mathrm{W}]$이다.

[정답] 02 ③ 03 ③ 04 ④ 05 ④ 06 ①

## 07 자극의 세기가 $8\times10^{-6}$[Wb], 길이가 3[cm]인 막대자석을 120[AT/m]의 평등자계 내에 자력선과 30°의 각도로 놓으면 이 막대자석이 받는 회전력은 몇 [N·m]인가?

① $1.44\times10^{-4}$ ② $1.44\times10^{-5}$
③ $3.02\times10^{-4}$ ④ $3.02\times10^{-5}$

해설

**막대자석에 작용하는 회전력**

$T=Fl\sin\theta=mlH\sin\theta=MH\sin\theta$[N·m=N·m/rad]

여기서, $M=ml$[Wb·m] : 자기 쌍극자 모멘트
$F=mH$[N] : 자계 내 $m$[Wb]이 받는 힘

$T=8\times10^{-6}\times30\times10^{-2}\times120\times\sin30°=1.44\times10^{-4}$[N·m]

## 08 정상전류계에서 옴의 법칙에 대한 미분형은? (단, $i$는 전류밀도, $k$는 도전율, $\rho$는 고유저항, $E$는 전계의 세기이다.)

① $i=kE$ ② $i=\dfrac{E}{k}$
③ $i=\rho E$ ④ $i=-kE$

해설

**전류의 종류**

$i=i_c=J=\dfrac{I_c}{S}=kE=\dfrac{E}{\rho}=nev=Qv$[A/m²]

여기서, $I$[A] : 전류, $S$[m²] : 면적, $k$[℧/m]$=\dfrac{1}{\rho}$ : 도전율,
$E$[V/m] : 전계의 세기, $n$[개/m³] : 단위체적당 전자 개수,
$v$[m/sec] : 전자 이동속도, $Q$[C/m³] : 단위체적당 전하량

## 09 자기인덕턴스의 성질을 옳게 표현한 것은?

① 항상 0이다.
② 항상 정(正)이다.
③ 항상 부(負)이다.
④ 유도되는 기전력에 따라 정도 되고 부(負)도 된다.

해설

**자기 인덕턴스**

자기회로에 전위 전류가 흐를 때 발생되는 자속 쇄교수를 인덕턴스 또는 자기유도계수라 한다. 성질은 항상 정(+)이다.

## 10 4[A]전류가 흐르는 코일과 쇄교하는 자속수가 4[Wb]이다. 이 전류 회로에 축적되어 있는 자기 에너지[J]는?

① 4 ② 2
③ 8 ④ 16

해설

**전자에너지**

코일에 축적되는 에너지=전자에너지

$W=\dfrac{1}{2}LI^2=\dfrac{\phi^2}{2L}=\dfrac{1}{2}\phi I=\dfrac{1}{2}\phi NI=\dfrac{1}{2}\phi F$[J]이다.

여기서, $L$[H] : 인덕턴스, $\phi$[Wb] : 자속, $I$[A] : 전류
$N$[T] : 권수, $F=NI$[AT] : 기자력

$W=\dfrac{1}{2}\phi I=\dfrac{1}{2}\times4\times4=8$[J]

## 11 진공 중에서 빛의 속도와 일치하는 전자파의 전파속도를 얻기 위한 조건으로 옳은 것은?

① $\varepsilon_r=0,\ \mu_r=0$ ② $\varepsilon_r=1,\ \mu_r=1$
③ $\varepsilon_r=0,\ \mu_r=1$ ④ $\varepsilon_r=1,\ \mu_r=0$

해설

**전자파**

전자파의(전파)속도 $v=\lambda f=\dfrac{\omega}{\beta}=\dfrac{1}{\sqrt{LC}}=\dfrac{1}{\sqrt{\mu\varepsilon}}$[m/s]

여기서, $\beta=\omega\sqrt{LC}$ : 위상정수, $\lambda$[m] : 파장, $f$[Hz] : 주파수

공기(진공)중 전자파의 속도 $\varepsilon_r=1,\ \mu_r=1$이므로

$v=\dfrac{1}{\sqrt{\mu_0\varepsilon_0}}\fallingdotseq3\times10^8$[m/s]

## 12 그림과 같이 평행한 무한장 직선도선에 $I$[A], $4I$[A]인 전류가 흐른다. 두 선 사이의 점 $P$에서 자계의 세기가 0이라고 하면 $\dfrac{a}{b}$는?

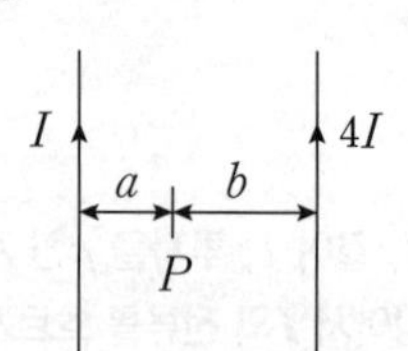


[정답] 07 ① 08 ① 09 ② 10 ③ 11 ② 12 ④

① 2　　② 4

③ $\frac{1}{2}$　　④ $\frac{1}{4}$

해설

**전류에 의한 자계 - 1**

$P$점에 작용하는 자계의 세기는 2개이며 자계의 방향이 반대이므로 크기가 같으면 $P$점의 자계의 세기가 0이 된다.

$I$　$a$ $P$ $b$　$4I$

$H_1 \otimes \odot H_2$

$H_1 = \frac{I}{2\pi a}$[AT/m], $H_2 = \frac{4I}{2\pi b}$[AT/m]

자계의 세기가 0이 되는 조건 $H_1 = H_2$이고

$\frac{I}{2\pi a} = \frac{4I}{2\pi b}$이다.

이를 정리하면 $\frac{a}{b} = \frac{1}{4}$이다.

## 13 자기회로와 전기회로의 대응으로 틀린 것은?

① 자속 ↔ 전류

② 기자력 ↔ 기전력

③ 투사율 ↔ 유전율

④ 자계의 세기 ↔ 전계의 세기

해설

**자기회로**

전기회로와 자기회로의 대응관계

| 전기회로 | | 자기회로 | |
|---|---|---|---|
| 기전력 | $V = IR$[V] | 기자력 | $F = NI = R_m \phi$[AT] |
| 전류 | $I = \frac{V}{R}$[A] | 자속 | $\phi = \frac{F}{R_m} = \frac{\mu SNI}{l}$[Wb] |
| 전기저항 | $R = \rho\frac{l}{S} = \frac{l}{k \cdot S}$[Ω] | 자기저항 | $R_m = \frac{F}{\phi_m} = \frac{l}{\mu \cdot S}$[AT/Wb] |
| 도전율 | $k = \sigma$[℧/m] | 투자율 | $\mu$[H/m] |
| 전류밀도 | $i_c = \frac{I}{S}$[A/m²] | 자속밀도 | $B = \frac{\phi}{S}$[Wb/m²] |
| 컨덕턴스 | $G = \frac{1}{R}$[℧=S] | 퍼미언스 | $P = \frac{1}{R_m}$[Wb/AT] |

## 14 자속밀도가 0.3[Wb/m²] 인 평등자계 내에 5[A]의 전류가 흐르는 길이 2[m]인 직선도체가 있다 이 도체를 자계 방향에 대하여 60°의 각도로 놓았을 때 이 도체가 받는 힘은 약 몇 [N]인가?

① 1.3　　② 2.6

③ 4.7　　④ 5.7

해설

**전자력**

전류가 흐르는 도선을 자계 안에 놓으면 이 도선에 힘이 작용 한다. 이와 같은 자계와 전류 간에 작용하는 힘을 전자력이라 하며 그 세기는 플레밍의 왼손법칙을 이용 한다.

플레밍의 왼손 법칙 : 전동기원리 및 회전방향 결정

$F = BIl\sin\theta = \mu_0 HIl\sin\theta = \oint (Idl) \times B$[N]

엄지 : $F$[N](힘의 방향=전자력의 방향)

검지 : $B$[Wb/m²](자속밀도, 자속, 자장의 방향)

중지 : $I$[A](전류의 방향)

$F = 0.3 \times 5 \times 2 \times \sin 60° = 2.598 ≒ 2.6$[N]

## 15 진공 중에서 한 변의 길이가 $a$[m]인 정사각형 단일 코일이 있다. 코일에 $I$[A]의 전류를 흘릴 때 정사각형 중심에서 자계의 세기는 몇 [AT/m]인가?

① $\frac{2\sqrt{2}I}{\pi a}$　　② $\frac{I}{\sqrt{2}a}$

③ $\frac{I}{2a}$　　④ $\frac{4I}{a}$

해설

**전류에 의한 자계 - 2**

1) 정삼각형 중심의 자계의 세기 : $H = \frac{9I}{2\pi l}$[AT/m]

2) 정사각형 중심의 자계의 세기 : $H = \frac{2\sqrt{2}I}{\pi l}$[AT/m]

3) 정육각형 중심의 자계의 세기 : $H = \frac{\sqrt{3}I}{\pi l}$[AT/m]

여기서, $l = a$[m] : 한변의 길이, $I$[A] : 전류

4) 반지름 $r$[m]인 원에 내접하는 $n$각형 중심의 자계의 세기 :

$H = \frac{nI}{2\pi r}\tan\frac{\pi}{n}$[AT/m]

[정답] 13③ 14② 15①

**16** 진공내의 점(3, 0, 0)[m]에 $4\times10^{-9}$ [C]의 전하가 있다. 이 때 점(6, 4, 0)[m]의 전계의 크기는 약 몇 [V/m]이며, 전계의 방향을 표시하는 단위벡터는 어떻게 표시되는가?

① 전계의 크기 : $\frac{36}{25}$, 단위벡터 : $\frac{1}{5}(3a_x+4a_y)$

② 전계의 크기 : $\frac{36}{125}$, 단위벡터 : $3a_x+4a_y$

③ 전계의 크기 : $\frac{36}{25}$, 단위벡터 : $a_x+a_y$

④ 전계의 크기 : $\frac{36}{125}$, 단위벡터 : $\frac{1}{5}(a_x+a_y)$

해설

**전계의 세기 벡터 표시 방법**

1) 점(3, 0, 0)에서 점(6, 4, 0)에 대한 거리벡터 :
$\vec{r}=(6-3)a_x+(4-0)a_y+(0-0)a_z=3a_x+4a_y$

2) 거리벡터의 크기 : $|\vec{r}|=\sqrt{3^2+4^2}=5[m]$

3) 점전하 $Q=4\times10^{-9}$[C]에 의한 전계의 세기
$$E=6\times10^9\times\frac{Q}{r^2}=9\times10^9\times\frac{4\times10^{-9}}{5^2}=\frac{36}{25}[V/m]$$

4) 전계방향의 단위벡터 : $\vec{n}=\frac{\vec{r}}{|\vec{r}|}=\frac{3a_x+4a_y}{5}=\frac{1}{5}(3a_x+4a_y)$

**17** 전속밀도 $D=X^2i+Y^2j+Z^2k$ [C/m²]를 발생시키는 점(1, 2, 3)에서의 체적 전하밀도는 몇 [C/m³]인가?

① 12　② 13
③ 14　④ 15

해설

**여러 가지 방정식**

가우스의 정리미분형
전속밀도 $D$[C/m²]로 체적전하 $\rho$[C/m³]를 계산 시
$$divD=\nabla\cdot D=\frac{\partial D_x}{\partial x}+\frac{\partial D_y}{\partial y}+\frac{\partial D_z}{\partial z}=\rho[C/m^3]$$
$$D=D_xi+D_yj+D_zk=X^2i+Y^2j+Z^2k[C/m^2]$$
$$\nabla\cdot D=\frac{\partial X^2}{\partial x}+\frac{\partial Y^2}{\partial y}+\frac{\partial Z^2}{\partial z}=2X+2Y+2Z$$
여기서 (1, 2, 3) $X=1,\ Y=2,\ Z=3$을 대입 정리하면
$2+4+6=12[C/m^2]$

**18** 다음 식 중에서 틀린 것은?

① $E=-grad\,V$

② $\int_s E\cdot nds=\frac{Q}{\varepsilon_o}$

③ $grad\,V=i\frac{\partial^2 V}{\partial x^2}+j\frac{\partial^2 V}{\partial y^2}+k\frac{\partial^2 V}{\partial z^2}$

④ $V=\int_p^\infty E\cdot d\ell$

해설

**여러 가지 방정식**

① $E=-grad\,V$ : 전위 기울기

② $\int_s E\cdot nds=\frac{Q}{\varepsilon_o}$ : 가우스의 정리

③ $grad\,V=i\frac{\partial V}{\partial x}+j\frac{\partial V}{\partial y}+k\frac{\partial V}{\partial z}$ : 전위 경도

④ $V=\int_p^\infty E\cdot d\ell$ : 전위

**19** 어떤 대전체가 진공 중에서 전속이 $Q$[C]이었다. 이 대전체를 비유전율 10인 유전체 속으로 가져갈 경우에 전속[C]은?

① $Q$　② $10Q$
③ $\frac{Q}{10}$　④ $10\varepsilon_0 Q$

해설

**유전체**

전속선은 매질과 관계가 없고 전하량만큼 발생하므로 유전체내 전속선은 $\psi=Q$

**20** 다음 중 스토크스(stokes)의 정리는?

① $\oint H\cdot ds=\iint_s(\nabla\cdot H)\cdot ds$

② $\int B\cdot ds=\int_s(\nabla\times H)\cdot ds$

[정답] 16① 17① 18③ 19① 20④

③ $\oint_c H \cdot ds = \int (\nabla \cdot H) \cdot dl$

④ $\oint_c H \cdot dl = \int_s (\nabla \times H) \cdot ds$

해설

**스토크스 정리**

스토크스 정리는 선적분과 면적적분의 변환식

$\oint_c Edl = \int_s rotEds = \int_s \nabla \times Eds$

## 시행일 2019년 3회

**01 원통 좌표계에서 일반적으로 벡터가 $A=5r\sin\phi a_{rz}$로 표현될 때 점$(2, \frac{\pi}{2}, 0)$에서 curl$A$를 구하면?**

① $5a_r$　② $5\pi a_\phi$

③ $-5a_\phi$　④ $-5\pi a_\phi$

해설

**벡터의 회전**

$A=5r\sin\phi a_z$일때 원통 좌표계의 벡터 $A$의 회전

$$rotA = \nabla \times A = \frac{1}{r}\begin{vmatrix} a_r & ra_\phi & a_z \\ \frac{\partial}{\partial r} & \frac{\partial}{\partial \phi} & \frac{\partial}{\partial z} \\ 0 & 0 & 5r\sin\phi \end{vmatrix}$$

$$= \frac{1}{r}\left[a_r(\frac{\partial}{\partial \phi}5r\sin\phi) - ra_\phi(\frac{\partial}{\partial r}5r\sin\phi)\right]$$

$= \frac{1}{r}a_r(5r\cos\phi) - a_\phi(5\sin\phi)$이므로

$r=2, \phi=\frac{\pi}{2}, z=0$을 대입하면

$\frac{1}{2}a_r(5\cdot 2\cos\frac{\pi}{2}) - a_\phi(5\sin\frac{\pi}{2}) = -a_\phi 5$이다.

여기서, $\cos\frac{\pi}{2} = \cos 90° = 0$, $\sin\frac{\pi}{2} = \sin 90° = 1$

**02 전하 $q$[C]가 진공 중의 자계 $H$[AT/m]에 수직 방향으로 $v$[m/s]의 속도로 움직일 때 받는 힘은 몇 [N]인가? (단, 진공 중의 투자율은 $\mu_o$이다.)**

① $qvH$　② $\mu_o qH$

③ $\pi qvH$　④ $\mu_o qvH$

해설

**전자력**

자계 내에 전하, 전자, 하전입자가 속도 $v$[m/s]를 가지고 이동 시 전하가 받는 힘 $F=Bqv\sin\theta=\mu_0 Hqv\sin\theta=(\vec{v}\times\vec{B})q$[N]에서 수직 입사이므로 $F=Bqv\sin 90°=qvB=qv\mu_o H$[N]가된다.

여기서, $q=e$[C]

**03 환상철심의 평균 자계의 세기가 3000[AT/m]이고, 비투자율이 600인 철심 중의 자화의 세기는 약 몇 [Wb/m²]인가?**

① 0.75　② 2.26

③ 4.52　④ 9.04

해설

**자화의 세기**

$$J = \frac{M[\text{Wb}\cdot\text{m}]}{v[\text{m}^3]} = B - \mu_0 H = \mu_0(\mu_s - 1)H$$

$$= B\left(1 - \frac{1}{\mu_s}\right) = xH[\text{Wb/m}^2]$$

$J = \mu_0(\mu_s - 1)H = 4\pi \times 10^{-7}(600-1) \times 3000$

$= 2.258 \fallingdotseq 2.26[\text{Wb/m}^2]$

**04 강자성체의 세 가지 특성에 포함되지 않는 것은?**

① 자기포화 특성　② 와전류 특성

③ 고투자율 특성　④ 히스테리시스 특성

해설

**자성체**

강자성체의 특징

① 고투자률을 가질 것

② 자기포화특성이 있을 것

③ 히스테리시스 특성

④ 자구의 미소 영역을 갖을 것

[정답] 2019년 3회 01 ③ 02 ④ 03 ② 04 ②

## 05 전기 저항에 대한 설명으로 틀린 것은?

① 저항의 단위는 옴[Ω]을 사용한다.

② 저항률($\rho$)의 역수를 도전율이라고 한다.

③ 금속선의 저항 $R$은 길이 $\ell$에 반비례한다.

④ 전류가 흐르고 있는 금속선에 있어서 임의 두 점간의 전위차는 전류에 비례한다.

**해설**

**전기저항**

$R=\rho\frac{l}{S}=\rho\frac{l}{\pi r^2}=\rho\frac{4l}{\pi D^2}=\rho\frac{l}{kS}[\Omega]$

여기서, $k=\sigma=\frac{1}{\rho}[℧/m]$ : 도전율, $\rho=\frac{1}{k}[\Omega\cdot m]$ : 고유 저항

$l[m]$ : 도선의 길이, $S=\pi r^2=\frac{\pi D^2}{4}[m^2]$ : 도선의 단면적

$r[m]$ : 도선 단면적의 반지름, $D[m]$ : 도선 단s면적의 지름

## 06 변위 전류와 가장 관계가 깊은 것은?

① 도체 ② 반도체

③ 유전체 ④ 자성체

**해설**

**변위전류**

전속밀도의 시간적 변화율로서 유전체를 통해 흐르는 가상의 전류를 변위전류라 한다.

## 07 전자파의 특성에 대한 설명으로 틀린 것은?

① 전자파의 속도는 주파수와 무관하다.

② 전파 $E_x$를 고유임피던스로 나누면 자파 $H_y$가 된다.

③ 전파 $E_x$와 자파 $H_y$의 진동방향은 진행방향에 수평인 종파이다.

④ 매질이 도전성을 갖지 않으면 전파 $E_x$와 자파 $H_y$는 동위상이 된다.

**해설**

**전자파**

전자파의 특징

① 전자파에서는 전계와 자계가 동시에 존재하고 위상은 동상이다.

② 전계 에너지와 자계 에너지는 같다.

③ 전자파의 진행 방향 : $E\times H$의 외적 방향이다.

④ 전자파는 진행 방향에 대한 전계와 자계의 성분은 없고 수직 성분만 존재 한다.

즉 $z$방향으로 진행하는 전자파는 진행성분인 $z$방향의 전계와 자계는 존재하지 않으며 $z$의 수직성분인 $x$, $y$ 성분의 전계와 자계는 존재한다. 또한 $x$, $y$에 대한 1차 도함수(미분계수)는 0이며 $z$에 대한 1차 도함수(미분계수)는 0이 아니다.

⑤ 포인팅 벡터 : 임의의 점을 통과할 때 전력밀도 또는 면적당 전력

$R=\frac{P}{S}=E\times H=EH\sin\theta=EH\sin 90^\circ=EH[W/m^2]$

⑥ 진공, 공기중에서 포인팅 벡터

$R=EH=377H^2=\frac{1}{377}E^2=\frac{P}{S}[W/m^2]$

## 08 도전도 $k=6\times10^{17}[℧/m]$, 투자율 $\mu=\frac{6}{\pi}\times10^{-7}[H/m]$인 평면도체 표면에 10[kHz]의 전류가 흐를 때, 침투깊이 $\delta[m]$는?

① $\frac{1}{6}\times10^{-7}$ ② $\frac{1}{8.5}\times10^{-7}$

③ $\frac{36}{\pi}\times10^{-7}$ ④ $\frac{36}{\pi}\times10^{-10}$

**해설**

**표피 효과 및 와전류**

표피두께 또는 침투깊이

$\delta=\sqrt{\frac{2}{\omega\mu\sigma}}=\frac{1}{\sqrt{\pi f\mu\sigma}}[m]$

여기서, $\sigma[℧/m]$ 도전율이고 $\sigma=k=\frac{1}{\rho}[℧/m]$,

고유저항 $\rho=\frac{1}{\sigma}=\frac{1}{k}[\Omega\cdot m]$이므로

$\delta=\frac{1}{\sqrt{\pi f\mu\sigma}}[m]$이고

침투 깊이 $\delta=\frac{1}{\sqrt{\pi\times10\times10^3\times\frac{6}{\pi}\times10^{-7}\times6\times10^{17}}}$

$=\frac{1}{6}\times10^{-7}[m]$

[정답] 05 ③ 06 ③ 07 ③ 08 ①

**09** **평행판 콘덴서의 극간 전압이 일정한 상태에서 극간에 공기가 있을 때의 흡인력을 $F_1$, 극판 사이에 극판 간격의 $\frac{2}{3}$ 두께의 유리판($\varepsilon_r=10$)을 삽입할 때의 흡인력을 $F_2$라 하면 $\frac{F_2}{F_1}$는?**

① 0.6 ② 0.8
③ 1.5 ④ 2.5

해설

**복합유전체에 의한 콘덴서의 합성 정전용량**

매질이 공기인 경우 정전용량 $C_0=\frac{\varepsilon_0 S}{d}$[F]에서

비유전율 $\varepsilon_r=10$을 극판간격 $\frac{2}{3}$ 두께만큼 삽입 시

극판의 간격이 나누어 졌으므로 직렬연결이므로 직렬연결 시

합성 정전용량은 $C=\frac{1}{\frac{d_1}{\varepsilon_1}+\frac{d_2}{\varepsilon_2}}=\frac{\varepsilon_1\varepsilon_2 S}{\varepsilon_1 d_2+\varepsilon_2 d_1}$[F]가 되고

$\varepsilon_1=\varepsilon_0,\ d_1=\frac{d}{3},\ \varepsilon_2=\varepsilon_0\varepsilon_s,\ d_2=\frac{2d}{3}$

이를 대입 정리하면

$$C=\frac{\varepsilon_1\varepsilon_2 S}{\varepsilon_1 d_2+\varepsilon_2 d_1}=\frac{\varepsilon_0\varepsilon_0\varepsilon_r S}{\varepsilon_0\frac{2d}{3}+\varepsilon_0\varepsilon_r\frac{d}{3}}=\frac{3\varepsilon_0\varepsilon_r S}{d(2+\varepsilon_r)}$$

$=\frac{3\varepsilon_r}{2+\varepsilon_r}C_0$[F]가 된다.

극판사이에 작용하는 힘은 정전용량에 비례하므로

$\frac{F_2}{F_1}\propto\frac{C}{C_0}=\frac{\frac{3\varepsilon_r}{2+\varepsilon_r}C_0}{C_0}=\frac{3\varepsilon_r}{2+\varepsilon_r}=\frac{3\times 10}{2+10}=2.5$가 된다.

**10** **자계의 벡터포텐셜을 $A$라 할 때 자계의 시간적 변화에 의하여 생기는 전계의 세기 $E$는?**

① $E=rotA$ ② $rotE=A$
③ $E=-\frac{\partial A}{\partial t}$ ④ $rotE=-\frac{\partial A}{\partial t}$

해설

**맥스웰의 방정식**

벡터포텐셜($\vec{A}$)의 회전은 자속밀도를 형성한다.

$rot\vec{A}=\nabla\times\vec{A}=B$[Wb/m²]이므로

맥스웰의 제2방정식 $\nabla\times E=-\frac{\partial B}{\partial t}$에서 이를 대입하면

$\nabla\times E=-\frac{\partial B}{\partial t}=-\frac{\partial}{\partial t}(\nabla\times A)=\nabla\times\left(-\frac{\partial A}{\partial t}\right)$이므로

$E=-\frac{\partial A}{\partial t}$

**11** **무한장 직선형 도선에 $I$[A]의 전류가 흐를 경우 도선으로부터 $R$[m] 떨어진 점의 자속밀도 $B$[Wb/m²]는?**

① $B=\frac{\mu I}{2\pi R}$ ② $B=\frac{I}{2\pi\mu R}$
③ $B=\frac{\mu I}{4\pi R}$ ④ $B=\frac{I}{4\pi\mu R}$

해설

**전류에 의한 자계 - 1**

자속밀도 $B=\mu H$[Wb/m²]이며

무한장 직선 도체의 자계 $H=\frac{I}{2\pi R}$[AT/m]이므로

이를 대입하면 $B=\mu H=\frac{\mu I}{2\pi R}$[Wb/m²]이다.

**12** **송전선의 전류가 0.01초 사이에 10[kA] 변화될 때 이 송전선에 나란한 통신선에 유도되는 유도 전압은 몇 [V]인가? (단, 송전선과 통신선 간의 상호유도계수는 10.3 [mH]이다.)**

① 30 ② 300
③ 3000 ④ 30000

해설

**상호인덕턴스**

$e_2=M\frac{dI_1}{dt}=0.3\times 10^{-3}\times\frac{10\times 10^3}{0.01}=300$[V]

여기서, $M$[H] : 상호유도계수, $I$[A] : 전류, $t$[s] : 시간(초)

[정답] 09 ④ 10 ③ 11 ① 12 ②

**13** 단면적 15[cm²]의 자석 근처에 같은 단면적을 가진 철편을 놓을 때 그 곳을 통하는 자속이 $3\times10^{-4}$ [Wb]이면 철편에 작용하는 흡인력은 약 몇 [N]인가?

① 12.2 ② 23.9

③ 36.6 ④ 48.8

해설

**흡인력과 축적 에너지 비교**

자계내에 축적되는 단위 체적당 에너지 및 자석의 흡인력

$$F=f_m\cdot S=\frac{B^2}{2\mu_0}\cdot S=\frac{\left(\frac{\phi}{S}\right)^2}{2\mu_0}\cdot S=\frac{\phi^2}{2\mu_0 S}$$

$$=\frac{(3\times10^{-4})^2}{2\times4\pi\times10^{-7}\times15\times10^{-4}}=23.88[\text{N}]$$

**14** 길이 $\ell$[m]인 동축 원통 도체의 내외원통에 각각 $+\lambda$, $-\lambda$[C/m]의 전하가 분포되어 있다. 내외원통 사이에 유전율 $\varepsilon$인 유전체가 채워져 있을 때, 전계의 세기[V/m]는? (단, $V$는 내외 원통 간의 전위차, D는 전속밀도이고, $a$, $b$는 내외원통의 반지름이며, 원통 중심에서의 거리 $r$은 $a<r<b$인 경우이다.)

① $\dfrac{V}{r\cdot\ln\frac{b}{a}}$ ② $\dfrac{V}{\varepsilon\cdot\ln\frac{b}{a}}$

③ $\dfrac{D}{r\cdot\ln\frac{b}{a}}$ ④ $\dfrac{D}{\varepsilon\cdot\ln\frac{b}{a}}$

해설

**도체 모양에 따른 전위 공식**

동축 원통 도체에서의 임의의 한 점

$dr$지점의 전계의 세기는 $E=\dfrac{\lambda}{2\pi\varepsilon r}$[V/m]이고

동축 원통 사이 $a$와 $b$ 사이의 전위차 $V=\dfrac{\lambda}{2\pi\varepsilon}\ln\dfrac{b}{a}$[V]

여기서, $a$[m] : 내원통 반지름, $b$[m] : 외원통 반지름,
$\lambda=\rho_l$[C/m] : 선전하

전계와 전위의 관계 $V=E\cdot r$[V]을 이용

$V_{ab}=\dfrac{\lambda}{2\pi\varepsilon}\ln\dfrac{b}{a}=E\cdot r\ln\dfrac{b}{a}$[V]이므로

전계 $E=\dfrac{V_{ab}}{r\cdot\ln\frac{b}{a}}$[V/m]이다.

**15** 정전용량이 1[μF]이고 판의 간격이 $d$인 공기콘덴서가 있다. 두께 $\frac{1}{2}d$, 비유전율 $\varepsilon_r=2$ 유전체를 그 콘덴서의 한 전극면에 접촉하여 넣었을 때 전체의 정전용량[μF]은?

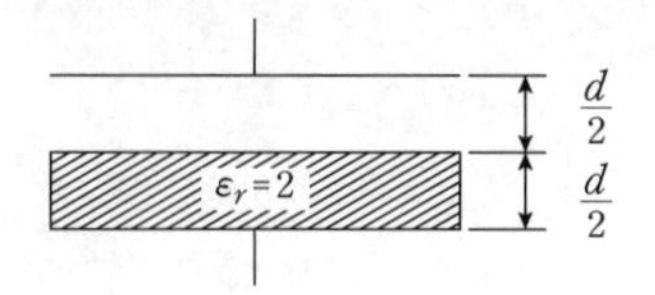


① 2 ② $\dfrac{1}{2}$

③ $\dfrac{4}{3}$ ④ $\dfrac{5}{3}$

해설

**복합유전체에 의한 콘덴서의 합성 정전용량**

공기 콘덴서에 유전체를 판간격 반만 평행하게 채운 경우

$$C=\frac{1}{\frac{1}{C_1}+\frac{1}{C_2}}=\frac{2C_0}{1+\frac{\varepsilon_0}{\varepsilon}}=\frac{2C_0}{1+\frac{\varepsilon_0}{\varepsilon_s}}=\frac{2\varepsilon_s}{1+\varepsilon_s}C_0[\text{F}]$$

공기콘덴서 정전용량 $C_0=1[\mu\text{F}]$, 비유전율 $\varepsilon_s=2$일 때

공기콘덴서 판간격 절반 두께에 유전체를 평행판에 수평으로 채운경우의 정전용량은 $C=\dfrac{2\varepsilon_s}{1+\varepsilon_s}C_0=\dfrac{2\times2}{1+2}\times1=\dfrac{4}{3}[\mu\text{F}]$

**16** 정전용량이 각각 $C_1$, $C_2$, 그 사이의 상호 유도계수가 $M$인 절연된 두 도체가 있다. 두 도체를 가는 선으로 연결할 경우, 정전용량은 어떻게 표현되는가?

① $C_1+C_2-M$ ② $C_1+C_2+M$

③ $C_1+C_2+2M$ ④ $2C_1+2C_2+M$

해설

**전위계수와 용량계수 및 유도 계수**

도체에 축적되는 전하

$Q_1=q_{11}V_1+q_{12}V_2$[F], $Q_2=q_{21}V_1+q_{22}V_2$ 식에서

$q_{11}=C_1$, $q_{22}=C_2$, $q_{12}=q_{21}=M$이고, $V_1=V_2=V$ 이므로

$Q_1=(q_{11}+q_{12})V=(C_1+M)V$[C],

$Q_2=(q_{21}+q_{22})V=(M+C_2)V$[C]가 되므로

정전 용량 $C=\dfrac{Q_1+Q_2}{V}=\dfrac{(C_1+M)V+(M+C_2)V}{V}$

$=C_1+C_2+2M$

[정답] 13 ② 14 ① 15 ③ 16 ③

**17** 진공 중에서 점 $P(1, 2, 3)$ 및 점 $Q(2, 0, 5)$에 각각 $300\mu C$, $-100\mu C$인 점전하가 놓여 있을 때 점전하 $-100\ \mu C$에 작용하는 힘은 몇 [N]인가?

① $10i-20i+20k$ ② $10i+20i-20k$

③ $-10i+20i+20k$ ④ $-10i+20i-20k$

해설

**쿨롱의 법칙**

두 전하사이에 작용하는 힘=쿨롱의 법칙 $F=k\frac{Q_1Q_2}{r^2}[\mathrm{N}]$

여기서, $k$ 쿨롱상수라하며 $k=\frac{1}{4\pi\varepsilon_0}=9\times10^9$

• $F=\frac{Q_1Q_2}{4\pi\varepsilon_0|r|^2}\cdot n=9\times10^9\times\frac{Q_1Q_2}{|r|^2}\cdot n[\mathrm{N}]$

여기서, $Q_1Q_2[\mathrm{C}]$ : 임의의 전하량, $r[\mathrm{m}]$ : 두 전하사이의 거리

• 방향벡터 $n=\frac{\text{벡터}}{\text{스칼라}}=\frac{r}{|r|}\cdot n[\mathrm{N}]$

$-Q[\mathrm{C}]$측으로 흡인력이 작용하므로 $Q(2, 0, 5)$, $P(1, 2, 3)$

$r=Q-P=(2-1)i+(0-2)j+(5-3)k=i-2j+2k[\mathrm{m}]$

$|r|=\sqrt{1^2+(-2)^2+2^2}=3[\mathrm{m}]$

• $300[\mu\mathrm{C}]$에 작용하는 힘

$F=9\times10^9\times\frac{300\times10^{-6}\times-100\times10^{-6}}{3^2}\cdot-\left(\frac{i-2j+2k}{3}\right)$

$=10i-20j+20k[\mathrm{N}]$

• $-100[\mu\mathrm{C}]$에 작용하는 힘

$F=9\times10^9\times\frac{300\times10^{-6}\times-100\times10^{-6}}{3^2}\cdot\frac{i-2j+2k}{3}$

$=-10i+20j-20k[\mathrm{N}]$

**18** 단면적이 $s[\mathrm{m}^2]$, 단위 길이에 대한 권수가 $n$ [회/m]인 무한히 긴 솔레노이드의 단위 길이 당 자기 인덕턴스[H/m]는?

① $\mu\cdot s\cdot n$ ② $\mu\cdot s\cdot n^2$

③ $\mu\cdot s^2\cdot n$ ④ $\mu\cdot s^2\cdot n^2$

해설

**자기인덕턴스**

무한장 솔레노이드의 단위 길이당 자기인덕턴스

$L=\mu Sn^2=\mu\pi a^2n^2[\mathrm{H/m}]$

여기서, $n[\mathrm{T/m}]$ : 단위 길이 당 권수, $a[\mathrm{m}]$ : 철심의 반지름,

$\mu[\mathrm{H}]$ : 투자율

$L\propto\mu\propto a^2\propto n^2$

**19** 반지름 $a[\mathrm{m}]$의 구 도체에 전하 $Q[\mathrm{C}]$가 주어질 때 구 도체 표면에 작용하는 정전 응력은 몇 $[\mathrm{N/m^2}]$ 인가?

① $\frac{9Q^2}{16\pi^2\varepsilon_0a^6}$ ② $\frac{9Q^2}{32\pi^2\varepsilon_0a^6}$

③ $\frac{Q^2}{16\pi^2\varepsilon_0a^4}$ ④ $\frac{Q^2}{32\pi^2\varepsilon_0a^4}$

해설

**정전 흡인력**

대전된 도체의 면적당 작용하는 힘=정전응력=정전흡인력=면(판)에 작용하는 힘

• 면적당 작용하는 힘 $f=\frac{1}{2}\varepsilon_0E^2[\mathrm{N/m^2}]$

구도체의 전계의 세기 $E=\frac{Q}{4\pi\varepsilon_0a^2}[\mathrm{V/m}]$

여기서, $a[\mathrm{m}]$ : 구 도체의 반지름

$f=\frac{1}{2}\varepsilon_0\left(\frac{Q}{4\pi\varepsilon_0a^2}\right)^2=\frac{Q^2}{32\pi^2\varepsilon_0a^4}[\mathrm{N/m^2}]$

**20** 다음 금속 중 저항률이 가장 작은 것은?

① 은 ② 철

③ 백금 ④ 알루미늄

해설

**저항의 종류**

금속도체의 저항률(단위 $10^{-8}[\Omega\cdot\mathrm{m}]$) $20[^\circ\mathrm{C}]$기준

| 은 | 1.62 | 니켈 | 6.9 |
|---|---|---|---|
| 구리 | 1.69 | 철 | 10.0 |
| 알루미늄 | 2.62 | 백금 | 10.5 |
| 마그네슘 | 4.46 | 주석 | 11.4 |
| 몰디브덴 | 4.77 | 납 | 21.9 |
| 아연 | 6.1 | 수은 | 95.8 |

[정답] 17 ④ 18 ② 19 ④ 20 ①

시행일 **2020년 1회**

**01** **면적이 매우 넓은 두 개의 도체 판을 $d$[m] 간격으로 수평하게 평행 배치하고, 이 평행도체 판 사이에 놓인 전자가 정지하고 있기 위해서 그 도체 판 사이에 가하여야할 전위차[V]는? ( 단, $g$는 중력 가속도이고, $m$은 전자의 질량이고, $e$는 전자의 전하량이다.)**

① $mged$ ② $\frac{ed}{mg}$

③ $\frac{mgd}{e}$ ④ $\frac{mge}{d}$

해설

**전계와 전위의 관계식**

평행도체 판 사이 전계

$E=\frac{V}{d}=\frac{F}{Q}=\frac{F}{e}=\frac{mg}{e}$[V/m]를 이용 $V=\frac{mgd}{e}$[V]이다.

여기서, $F=ma=mg=\frac{Q_1Q_2}{4\pi\varepsilon_0 r^2}=QE$[N]

$m$[kg] : 전자의 질량, $a$[m/s$^2$] : 가속도, $g$[cm/s$^2$] : 중력가속도

**02** **자기회로에서 자기저항의 크기에 대한 설명으로 옳은 것은?**

① 자기회로의 길이에 비례

② 자기회로의 단면적에 비례

③ 자성체의 비투자율에 비례

④ 자성체의 비투자율의 제곱에 비례

해설

**자기회로**

자기저항 $R_m=\frac{F}{\phi_m}=\frac{l}{\mu\cdot S}=\frac{l}{\mu_o\mu_s S}$[AT/Wb]

여기서, $S$[m$^2$] : 철심의 단면적, $l$[m] : 철심의 길이,
$\mu_s$ : 비투자율, $\mu_o$[H/m] : 공기(진공)중 투자율,
$\phi$[Wb] : 자속, $F$[AT] : 기자력

**03** **전위함수 $V=x^2+y^2$[V]일 때 점 (3, 4)[m]에서의 등전위선의 반지름은 몇 [m]이며, 전기력선 방정식은 어떻게 되는가?**

① 등전위선의 반지름 : 3, 전기력선의 방정식 : $y=\frac{3}{4}x$

② 등전위선의 반지름 : 4, 전기력선의 방정식 : $y=\frac{4}{3}x$

③ 등전위선의 반지름 : 5, 전기력선의 방정식 : $x=\frac{4}{3}y$

④ 등전위선의 반지름 : 5, 전기력선의 방정식 : $x=\frac{3}{4}y$

해설

**전기력선의 방정식**

전위 함수로 전계의 세기를 계산시 전위 기울기를 이용

$E=-gradV=-\nabla V=-\left(\frac{\partial V}{\partial x}i+\frac{\partial V}{\partial y}j+\frac{\partial V}{\partial z}k\right)$

$=-2xi-2yj$[V/m]

전기력선의 방정식 성립 조건식을 이용

$\frac{dx}{E_x}=\frac{dy}{E_y}$, $\frac{dx}{-2x}=\frac{dy}{-2y}$

여기서, $E_x=-2x$이고 $E_y=-2y$이므로

$\frac{dx}{-2x}=\frac{dy}{-2y}$, $\frac{dx}{x}=\frac{dy}{y}$

이를 양변 적분하면 $\int\frac{1}{x}dx=\int\frac{1}{y}dy$

$\ln x+\ln C_1=\ln y+\ln C_2$, $C_1x=C_2y$

여기서, $x=3$, $y=4$를 대입

$3C_1=4C_2$, $\frac{C_1}{C_2}=\frac{4}{3}$ 이므로 $y=\frac{4}{3}x$

등전위선의 반지름은 $r=\sqrt{3^2+4^2}=5$[m]

**04** **10[mm]의 지름을 가진 동선에 50[A]의 전류가 흐르고 있을 때 단위 시간에 동선의 단면을 통과하는 전자의 수는 약 몇 개인가?**

① $7.85\times10^{16}$ ② $20.45\times10^{15}$

③ $31.21\times10^{19}$ ④ $50\times10^{19}$

해설

전기량 $Q=It=ne$[C] 이때 전류 $I=\frac{ne}{t}$[A]

이때 전자의 수 $n=\frac{I\cdot t}{e}=\frac{50\times1}{1.602\times10^{-19}}\fallingdotseq31.25\times10^{19}$

[정답] 2020년 1회 01 ③ 02 ① 03 ④ 04 ③

**05 자기 인덕턴스와 상호 인덕턴스와의 관계에서 결합 계수의 범위는?**

① $0 \leq k \leq \frac{1}{2}$ ② $0 \leq k \leq 1$

③ $0 \leq k \leq 2$ ④ $0 \leq k \leq 10$

해설

**상호인덕턴스**

결합계수 $k = \frac{M}{\sqrt{L_1 \cdot L_2}}$ $0 \leq k \leq 1$

**06 면적이 $S\,[\mathrm{m}^2]$이고 극판간의 거리가 $D\,[\mathrm{m}]$인 평행판 콘덴서에 비유전율이 $\varepsilon_r$인 유전체를 채울 때 정전용량 [F]은? (단, $\varepsilon_o$는 진공의 유전율이다.)**

① $\frac{2\varepsilon_o \varepsilon_r S}{d}$ ② $\frac{\varepsilon_o \varepsilon_r S}{\pi d}$

③ $\frac{\varepsilon_o \varepsilon_r S}{d}$ ④ $\frac{2\pi \varepsilon_o \varepsilon_r S}{d}$

해설

**도체 모양에 따른 정전용량 공식**

평행판 콘덴서 $C = \frac{\varepsilon_o \varepsilon_r S}{d}\,[\mathrm{F}]$

**07 반자성체의 비투자율($\mu_r$) 값의 범위는?**

① $\mu_r = 1$ ② $\mu_r < 1$

③ $\mu_r > 1$ ④ $\mu_r = 0$

해설

**자성체의 종류**

① 상자성체
자화가 외부 자계와 같은 방향으로 자화 되는 자성체로 자화 시 미약하게 자화되며 비투자율이 $\mu_s \geq 1$ 물질을 말한다.
알루미늄(Al), 백금(Pt), 주석(Sn), 산소($O_2$) 등이 있다.

② 반(역)자성체
자화가 외부 자계와 반대 방향으로 역자화 되는 자성체로 비투자율이 $\mu_s > 1$ 물질을 말한다.
납(Pb), 아연(Zn), 비스무트(Bi), 구리(Cu) 등이 있다.

③ 강자성체 : 상자성체중 자화가 강하게 되는 자성체로 자화 시 강하게 자화되며 비투자율이 $\mu_s \gg 1$ 물질을 말한다.
철(Fe), 니켈(Ni), 코발트(Co) 등이 있다.

**08 반지름 $r\,[\mathrm{m}]$인 무한장 원통형 도체에 전류가 균일하게 흐를 때 도체 내부에서 자계의 세기 [AT/m]는?**

① 원통 중심축으로부터 거리에 비례한다.

② 원통 중심축으로부터 거리에 반비례한다.

③ 원통 중심축으로부터 거리의 제곱에 비례한다.

④ 원통 중심축으로부터 거리의 제곱에 반비례한다.

해설

전류가 도체 내외 균일하게 흐를 시 (내부에도 전류가 존재한다)

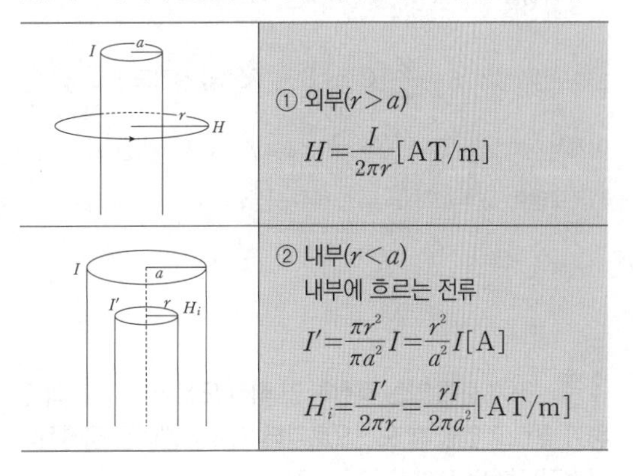


① 외부($r > a$)

$H = \frac{I}{2\pi r}\,[\mathrm{AT/m}]$

② 내부($r < a$)
내부에 흐르는 전류

$I' = \frac{\pi r^2}{\pi a^2} I = \frac{r^2}{a^2} I\,[\mathrm{A}]$

$H_i = \frac{I'}{2\pi r} = \frac{rI}{2\pi a^2}\,[\mathrm{AT/m}]$

**09 정전계 해석에 관한 설명으로 틀린 것은?**

① 포아송 방정식은 가우스 정리의 미분형으로 구할 수 있다.

② 도체 표면에서의 전계의 세기는 표면에 대해 법선 방향을 갖는다.

③ 라플라스 방정식은 전극이나 도체의 형태에 관계없이 체적전하밀도가 0인 모든점에서 $\nabla^2 V = 0$을 만족한다.

④ 라플라스 방정식은 비선형 방정식이다.

해설

**여러 가지 방정식**

라플라스 방정식은 선형 동차 미분방정식 또는 2차 편미분 방정식이라 한다.

**[정답]** 05 ② 06 ③ 07 ② 08 ① 09 ④

**10** 비유전율 $\varepsilon_r$이 4인 유전체의 분극률은 진공의 유전율 $\varepsilon_o$의 몇배인가?

① 1 ② 3
③ 9 ④ 12

해설

**분극의 세기**

분극전하밀도 또는 전기분극도 및 유전체 표면의 전하밀도라 한다.

$P=D-\varepsilon_0 E=\varepsilon_0(\varepsilon_r-1)E=xE=D(1-\frac{1}{\varepsilon_r})=\frac{M}{v}[\mathrm{C/m^2}]$

① 분극률 $x=\varepsilon_0(\varepsilon_r-1)$

② 비분극률(전기 감수율) $x_m=\frac{x}{\varepsilon_0}=\varepsilon_r-1$

분극률과 진공중의 유전율의 비가 비분극률이므로

$x_m=\varepsilon_r-1=4-1=3$

③ 비유전률 $\varepsilon_r=\frac{x}{\varepsilon_0}+1$

④ 분극의 정의 $P=\frac{M}{v}[\mathrm{C/m^2}]$ 단위체적당 전기모멘트

여기서 전속밀도 $D=\frac{Q}{S}=\varepsilon E=\varepsilon_0\varepsilon_r E=\varepsilon_0 E+P[\mathrm{C/m^2}]$

전기모멘트 $M=Q\delta[\mathrm{C\cdot m}]$, 체적 $v[\mathrm{m^3}]$

**11** 공기 중에 있는 무한히 긴 직선 도선에 10[A]의 전류가 흐르고 있을 때 도선으로부터 2[m] 떨어진 점에서의 자속밀도는 몇 [Wb/m²]인가?

① $10^{-5}$ ② $0.5\times10^{-6}$
③ $10^{-6}$ ④ $2\times10^{-6}$

해설

**전류에 의한 자계 - 1**

공기중 자속밀도 $B=\mu_0 H[\mathrm{Wb/m^2}]$이며

무한장 직선 도체의 자계 $H=\frac{I}{2\pi r}[\mathrm{AT/m}]$이므로

이를 대입하면 $B=\frac{\mu_0 I}{2\pi r}=\frac{4\pi\times10^{-7}\times10}{2\pi\times2}=10^{-6}[\mathrm{Wb/m^2}]$

**12** 그림에서 $N=1000$[회], $l=100$[cm], $S=10$[cm²]인 환상 철심의 자기회로에 전류 $I=10$[A]를 흘렸을 때 축적되는 자계 에너지는 몇 [J]인가? (단, 비투자율 $\mu_r=100$이다.)

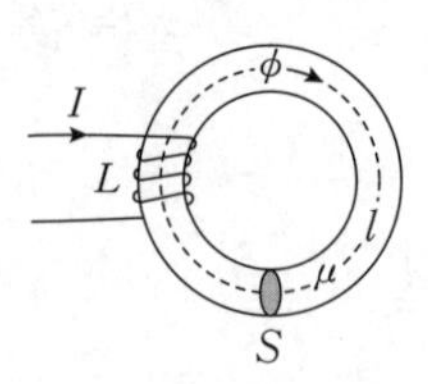


① $2\pi\times10^{-3}$ ② $2\pi\times10^{-2}$
③ $2\pi\times10^{-1}$ ④ $2\pi$

해설

**전자에너지**

코일에 축적되는 에너지 $W=\frac{1}{2}LI^2[\mathrm{J}]$

환상솔레노이드의 인덕턴스를 적용

$W=\frac{1}{2}\frac{\mu SN^2}{l}I^2=\frac{1}{2}\frac{\mu_0\mu_s SN^2}{l}I^2[\mathrm{J}]$

주어진 수치를 대입하면

$W=\frac{1}{2}\frac{4\pi\times10^{-7}\times100\times10\times10^{-4}\times1000^2}{100\times10^{-2}}\times10^2=2\pi[\mathrm{J}]$

**13** 자기유도계수 $L$의 계산방법이 아닌 것은? (단, $N$ : 권수, $\phi$ : 자속[Wb], $I$ : 전류[A], $A$ : 벡터 퍼텐셜[Wb/m], $i$ : 전류밀도[A/m²], $B$ : 자속밀도[Wb/m²], $H$ : 자계의 세기[AT/m]이다.)

① $L=\frac{N\phi}{I}$ ② $L=\frac{\int_v A\cdot i dv}{I^2}$

③ $L=\frac{\int_v B\cdot H dv}{I^2}$ ④ $L=\frac{\int_v A\cdot i dv}{I}$

해설

**자기 인덕턴스**

자기유도계수는 자기인덕턴스를 말하므로 $L=\frac{N\phi}{I}[\mathrm{H}]$이고

자속 $d\phi=BS[\mathrm{Wb}]$이고 이를 적분하면 $\phi=\int_s Bds[\mathrm{Wb}]$이고

[정답] 10② 11③ 12④ 13④

여기서, 자속밀도 $B=rot\,A[\mathrm{Wb/m^2}]$이므로

이를 적용하면 $\phi=\int_s Bds=\int_s rot\,Ads[\mathrm{Wb}]$

스토크스의 정리를 이용하여 표현하면

$\phi=\int_s Bds=\int_s rot\,Ads=\oint_c Adl[\mathrm{Wb}]$이고

이를 이용하면 $L=\frac{N}{I}\oint_c Adl=\frac{N}{I^2}\oint_c Adl$이다.

또한 전류 $I=iS[\mathrm{A}]$이고 이를 적분으로 표현하면

$I=\int_s ids[\mathrm{A}]$를 적용하면

$$L=\frac{N}{I}\oint_c Adl=\frac{N}{I^2}\oint_c IAdl=\frac{N}{I^2}\oint_c\int_s Aidsdl$$
$$=\frac{N}{I^2}\int_v Aidv=\frac{N}{I^2}\int_v BHdv\text{이다.}$$

## 14 20[°C]에서 저항의 온도계수가 0.002인 니크롬선의 저항이 100[Ω]이다. 온도가 60[°C]로 상승되면 저항은 몇 [Ω]이 되겠는가?

① 108 ② 112

③ 115 ④ 120

해설

**저항의 종류**

온도 변화에 따른 저항값 계산은 다음과 같다.

$R_T=R_t\{1+\alpha_t(T-t)\}$

여기서, $R_t[\Omega]$ : 온도 상승 전 저항, $(T-t)[°\mathrm{C}]$ : 온도차

$\alpha_t[1/°\mathrm{C}]$ : 온도계수 온도 저항률

$R_T=100\{1+0.002(60-20)\}=108[\Omega]$

## 15 전계 및 자계의 세기가 각각 $E$[V/m], $H$[AT/m]일 때, 포인팅벡터 $P$[W/m²]의 표현으로 옳은 것은?

① $P=\frac{1}{2}E\times H$ ② $P=ErotH$

③ $P=E\times H$ ④ $P=HrotE$

해설

**전자파**

① 포인팅 벡터 : 임의의 점을 통과할 때 전력밀도 또는 면적당 전력

$R=\frac{P}{S}=E\times H=EH\sin\theta=EH\sin 90°=EH[\mathrm{W/m^2}]$

② 진공, 공기중에서 포인팅 벡터

$R=EH=377H^2=\frac{1}{377}E^2=\frac{P}{S}[\mathrm{W/m^2}]$

## 16 평등 자계 내에 전자가 수직으로 입사 하였을 때 전자의 운동에 대한 설명으로 옳은 것은?

① 원심력은 전자속도에 반비례 한다.

② 구심력은 자계의 세기에 반비례 한다.

③ 원운동을 하고, 반지름은 자계의 세기에 비례한다.

④ 원운동을 하고, 반지름은 전자의 회전속도에 비례한다.

해설

**자계 내에 전자 수직 입사**

자계가 회전하고 있는 공간에 전자가 수직으로 입사 시 회전하는 자계의 원심력 과 전자력에 의해 전자가 항상 원운동을 한다.

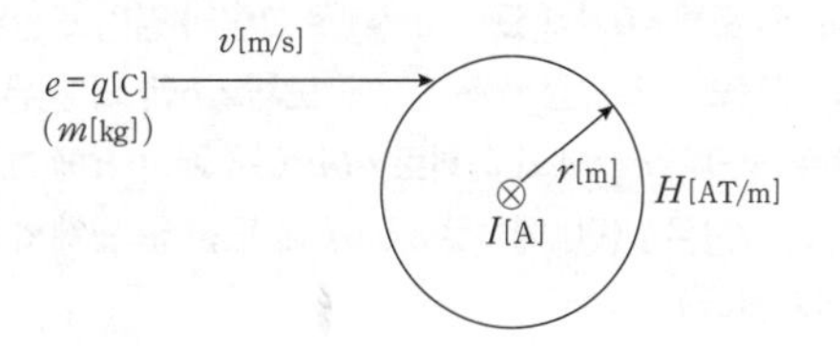


① 원심력과 전자력

$F=\frac{mv^2}{r}=qvB\sin\theta[\mathrm{N}]$

전자가 수직으로 입사하므로 $\sin 90°=1$

$$F=\frac{mv^2}{r}=qvB[\mathrm{N}]$$

② 회전 반경(궤도)

$$r=\frac{mv}{eB}=\frac{mv}{e\mu_o H}[\mathrm{m}]$$

여기서, $e[\mathrm{C}]$ : 전자, $v[\mathrm{m/s}]$ : 속도,

$B[\mathrm{Wb/m^2}]$ : 자속밀도, $m[\mathrm{kg}]$ : 질량

③ 전자의 운동속도 : $v=\frac{eBr}{m}[\mathrm{m/s}]$

④ 각속도 (각주파수) : $\omega=\frac{v}{r}=\frac{eB}{m}=2\pi f[\mathrm{rads}]$

⑤ 주파수 : $f=\frac{1}{T}=\frac{\omega}{2\pi}=\frac{eB}{2\pi m}[\mathrm{Hz}]$

⑥ 주기 : $T=\frac{1}{f}=\frac{2\pi}{\omega}=\frac{2\pi m}{eB}[\mathrm{sec}]$

[정답] 14 ① 15 ③ 16 ④

**17** **진공 중 3[m] 간격으로 두 개의 평행한 무한 평판 도체에 각각 +4[C/m²], −4[C/m²]의 전하를 주었을 때, 두 도체 간의 전위차는 약 몇 [V]인가?**

① $1.5\times10^{11}$　② $1.5\times10^{12}$
③ $1.36\times10^{11}$　④ $1.36\times10^{12}$

해설

**도체 모양에 따른 전위 공식**
평행판

- 전계 $E=\frac{\sigma}{\varepsilon_0}$[V/m]
- 전위 $V=Ed=\frac{\sigma}{\varepsilon_0}\cdot d=\frac{4}{8.855\times10^{-12}}\times3=1.36\times10^{12}$[V]

**18** **자속밀도 $B$[Wb/m²]의 평등 자계 내에서 길이 $l$[m]인 도체 $ab$가 속도 $v$[m/s]로 그림과 같이 도선을 따라서 자계와 수직으로 이동 할 때, 도체 $ab$에 의해 유기된 기전력의 크기 $e$[V]와 폐회로 $abcd$ 내 저항 $R$에 흐르는 전류의 방향은? (단, 폐회로 $abcd$ 내 도선 및 도체의 저항은 무시한다.)**

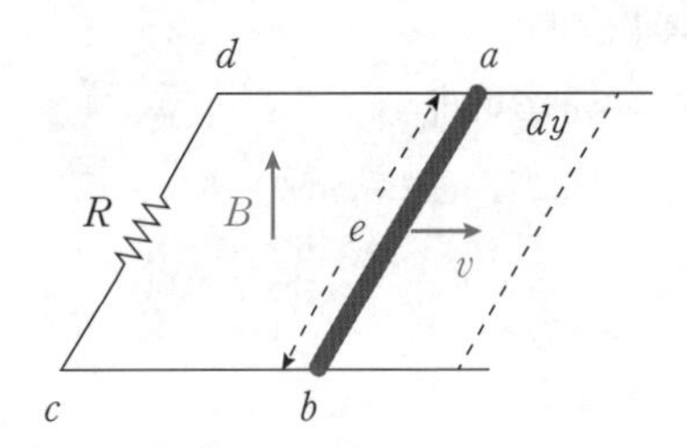


① $e=Blv$, 전류 방향 : $c\rightarrow d$
② $e=Blv$, 전류 방향 : $d\rightarrow c$
③ $e=Blv^2$, 전류 방향 : $c\rightarrow d$
④ $e=Blv^2$, 전류 방향 : $d\rightarrow c$

해설

**플레밍의 오른손법칙**
① 자계내 도체 이동시 유기기전력의 크기
$e=Blv\sin\theta=(\vec{v}\times\vec{B})$
② 유기기전력의 방향
$\vec{v}\times\vec{B}$ (외적의 방향)

외적의 방향은 오른나사 법칙에 의해 벡터 $\vec{v}$에서 뒤쪽 벡터 $\vec{B}$를 오른손으로 감았을 때 엄지손가락의 방향이 된다. 그림에서 자계와 이루는 각도는 수직($\theta=90^\circ$)이므로 유기기전력의 크기는 $e=Blv\sin90^\circ=Blv$[V]이며 오른손가락 방향 : $v$[m/s] : 엄지, $B$[Wb/m²] : 검지(인지), $e$[V] : 중지 이므로 도체를 기준으로 $a$에서 $b$ 방향으로 발생하나 저항을 기준으로는 $c$에서 $d$로 흐른다.

**19** **그림과 같이 내부 도체구 $A$에 $+Q$[C], 외부도체구 $B$에 $-Q$[C]를 부여한 동심 도체구 사이의 정전용량 $C$[F]는?**

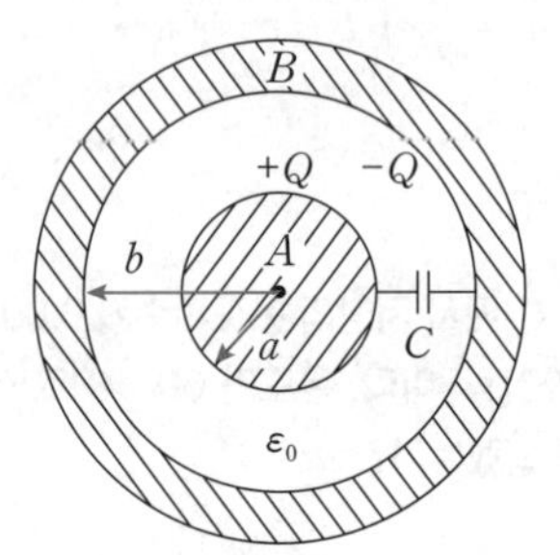


① $4\pi\varepsilon_0(b-a)$　② $\frac{4\pi\varepsilon_0 ab}{b-a}$
③ $\frac{ab}{4\pi\varepsilon_0(b-a)}$　④ $4\pi\varepsilon_0\left(\frac{1}{a}-\frac{1}{b}\right)$

해설

**도체 모양에 따른 정전용량 공식**
$b>a$ 동심구의 정전용량

$$C=\frac{4\pi\varepsilon_0}{\frac{1}{a}+\frac{1}{b}}=\frac{4\pi\varepsilon_0 ab}{b-a}=\frac{1}{9\times10^9}\cdot\frac{ab}{b-a}\text{[F]}$$

$b>a$이라면 $b$가 외구의 반지름, $a$가 내구의 반지름을 말한다.

**20** **유전율이 $\varepsilon_1$, $\varepsilon_2$[F/m]인 유전체 경계면에 단위면적당 작용하는 힘은 몇 [N/m²]인가? (단, 전계가 경계면에 수직인 경우이며, 두 유전체의 전속밀도 $D_1=D_2=D$[C/m²]이다.)**

① $2(\frac{1}{\varepsilon_1}-\frac{1}{\varepsilon_2})D^2$　② $2(\frac{1}{\varepsilon_1}+\frac{1}{\varepsilon_2})D^2$
③ $\frac{1}{2}(\frac{1}{\varepsilon_1}+\frac{1}{\varepsilon_2})D^2$　④ $\frac{1}{2}(\frac{1}{\varepsilon_2}-\frac{1}{\varepsilon_1})D^2$

[정답] 17 ④ 18 ① 19 ② 20 ④

**해설**

**복합유전체의 경계면 조건**

전계가 수직입사이므로 전속밀도가 같으므로 경계면에 작용하는 힘은

$\varepsilon_1 > \varepsilon_2$일 경우 $f = \frac{1}{2}(\frac{1}{\varepsilon_2} - \frac{1}{\varepsilon_1})D^2[N/m^2]$가 되고

$\varepsilon_1 < \varepsilon_2$일 경우 $f = \frac{1}{2}(\frac{1}{\varepsilon_1} - \frac{1}{\varepsilon_2})D^2[N/m^2]$가 된다

작용하는 힘은 유전율이 큰 쪽에서 작은 쪽으로 작용한다.
이를 만족하는 답은 보기 ④번 이다.

시행일 **2020년 2회**

**01** **주파수가 100[MHz]일 때 구리의 표피두께(skin depth)는 약 몇 [mm]인가? (단, 구리의 도전율은 $5.9 \times 10^7$ [℧/m]이고, 비투자율은 0.99이다.)**

① $3.3 \times 10^{-2}$　② $6.6 \times 10^{-2}$
③ $3.3 \times 10^{-3}$　④ $6.6 \times 10^{-3}$

**해설**

**표피효과 및 와전류**

표피두께 또는 침투깊이 $\delta = \sqrt{\frac{2}{\omega\mu\sigma}} = \frac{1}{\sqrt{\pi f\mu\sigma}}[m]$

여기서, $\omega = 2\pi f[rad/s]$ : 각속도(각주파수), $\mu[H/m]$ : 투자율,

$\sigma = k = \frac{1}{\rho}$[℧/m] : 도전율

$\delta = \frac{1}{\sqrt{\pi f\mu\sigma}} = \frac{1}{\sqrt{\pi f\mu_0\mu_s\sigma}}[m]$이므로

$$\delta = \frac{1}{\sqrt{\pi \times 100 \times 10^6 \times 4\pi \times 10^{-7} \times 0.99 \times 5.9 \times 10^7}} \times 10^3$$

$$= 6.585 \times 10^{-3} \fallingdotseq 6.6 \times 10^{-3}[mm]$$

**02** **정전용량이 0.03[$\mu$F]인 평행판 공기 콘덴서의 두 극판 사이에 절반 두께의 비유전율 10인 유리판을 극판과 평행하게 넣었다면 이 콘덴서의 정전용량은 몇 [$\mu$F]이 되는가?**

① 1.83　②18.3
③ 0.055　④ 0.55

**해설**

**복합 유전체에 의한 콘덴서의 합성정전용량**

공기 콘덴서에 판간격 반만 평행하게 채운 경우의 정전용량은

$$C = \frac{1}{\frac{1}{C_1} + \frac{1}{C_2}} = \frac{2C_0}{1 + \frac{\varepsilon_0}{\varepsilon}} = \frac{2C_0}{1 + \frac{1}{\varepsilon_s}} = \frac{2\varepsilon_s}{1 + \varepsilon_s}C_0[F]$$

여기서 $C_0[F]$ : 공기콘덴서 용량

$$C = \frac{2\varepsilon_s}{1 + \varepsilon_s}C_0 = \frac{2 \times 10}{1 + 10} \times 0.03 = 0.0545 \fallingdotseq 0.055[\mu F]$$

**03** **2장의 무한평판 도체를 4[cm]의 간격으로 놓은 후 평판 도체 표면에 2[$\mu C/m^2$]의 전하밀도가 생겼다. 이때 평행 도체 표면에 작용하는 정전응력은 약 몇 [$N/m^2$] 인가?**

① 0.057　② 0.226
③ 0.57　④ 2.26

**해설**

대전된 도체의 면적당 작용하는 힘=정전응력=정전흡인력=면(판)에 작용하는 힘

면적당 작용하는 힘 $f = \frac{\sigma^2}{2\varepsilon_o} = \frac{D^2}{2\varepsilon_o} = \frac{1}{2}\varepsilon_0 E^2 = \frac{1}{2}ED[N/m^2]$

여기서, $\sigma = \rho_s = D[C/m^2]$ : 면전하밀도=전속밀도,
$E[V/m]$ : 전계

$$f = \frac{\sigma^2}{2\varepsilon_o} = \frac{D^2}{2\varepsilon_o} = \frac{(2 \times 10^{-6})^2}{2 \times 8.855 \times 10^{-12}} = 0.2258 \fallingdotseq 0.226[N/m^2]$$

**04** **공기 중에서 2[V/m]의 전계의 세기에 의한 변위전류 밀도의 크기를 2[$A/m^2$]으로 흐르게 하려면 전계의 주파수는 약 몇 [MHz]가 되어야 하는가 ?**

① 9000　② 18000
③ 36000　④ 72000

**해설**

**변위 전류 밀도**

전속밀도의 시간적 변화는 변위 전류를 발생하고 그리고 변위전류는 자계를 발생 시킨다.

$$i_D = i_d = \frac{\partial D}{\partial t} = \varepsilon\frac{\partial E}{\partial t} = \frac{\varepsilon}{d}\frac{\partial V}{\partial t}[A/m^2]$$

[정답] 2020년 2회 01 ④ 02 ③ 03 ② 04 ②

여기서, $D=\varepsilon E[\mathrm{C/m^2}]$ : 전속밀도, $E=\dfrac{V}{d}[\mathrm{V/m}]$ : 전계,
$V=Ed[\mathrm{V}]$ : 전위
이때 전계 $E=E_m\sin\omega t[\mathrm{V/m}]$일 때 변위 전류밀도

$i_D=\varepsilon\dfrac{\partial}{\partial t}E_m\sin\omega t=\omega\varepsilon E_m\cos\omega t=\omega\varepsilon E_m\sin(\omega t+90^\circ)$
$=j\omega\varepsilon E_m\sin\omega t=j\omega\varepsilon E[\mathrm{A/m^2}]$

문제에서는 위상 또는 주기함수를 주지 않았기에 최대값으로 계산을 하면 $i_D=\omega\varepsilon E[\mathrm{A/m^2}]$이며 조건에서 매질은 공기이므로 $i_D=\omega\varepsilon E=2\pi f\varepsilon_0 E[\mathrm{A/m^2}]$

주파수 $f=\dfrac{i_D}{2\pi\varepsilon_0 E}[\mathrm{Hz}]=\dfrac{2}{2\pi\times 8.855\times 10^{-12}\times 2}\times 10^{-6}$
$=17973.454\fallingdotseq 18000[\mathrm{MHz}]$

## 05 정전계에서 도체에 정(+)의 전하를 주었을 때의 설명으로 틀린 것은?

① 도체 표면의 곡률 반지름이 작은 곳에 전하가 많이 분포한다.

② 도체 외측의 표면에만 전하가 분포한다.

③ 도체 표면에서 수직으로 전기력선이 출입한다.

④ 도체 내에 있는 공동면에도 전하가 골고루 분포한다.

해설

**전기력선의 성질**

① 전하가 없는 점에서는 전기력선의 발생 및 소멸은 없다.
② 전기력선은 정(+)전하에서 시작하여 부(-)전하에서 끝난다.
③ 전기력선의 방향은 그 점의 전계의 방향과 일치한다.
④ 전기력선의 밀도는 전계의 세기와 같다.
⑤ 전기력선은 전위가 높은 점에서 낮은 점으로 향한다.
⑥ 전기력선은 도체 표면(등전위면)에 수직으로 만난다.
⑦ 도체에 주어진 전하는 도체 표면에만 분포한다.
⑧ 전기력선은 대전도체 내부에는 존재하지 않는다.
⑨ 전하는 곡률이 큰 곳 곡률이 반경이 작은 곳에 큰 밀도를 이룬다.
⑩ 전기력선은 서로 반발하여 교차 할 수 없으며 그 자신만으로 폐곡선을 이룰 수 없다.

※ 정전계에서 도체에 정(+)의 전하를 주었을 때는 대전된 상태이므로 도체 내부에는 전하가 존재 하지 않고 도체에 주어진 전하는 도체 표면에만 분포한다.

## 06 대지의 고유저항이 $\rho\,[\Omega\cdot\mathrm{m}]$일 때 반지름 $a\,[\mathrm{m}]$인 그림과 같은 반구 접지극의 접지저항[Ω]은?

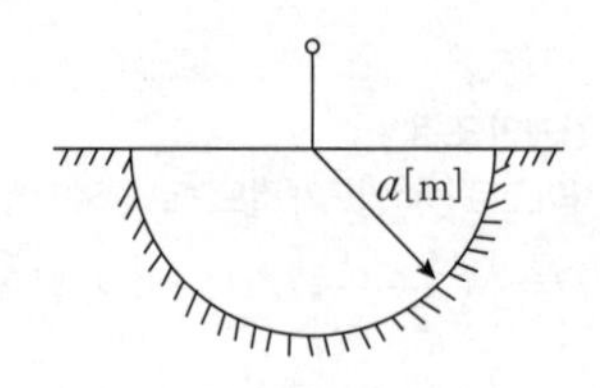


① $\dfrac{\rho}{4\pi a}$　② $\dfrac{\rho}{2\pi a}$

③ $\dfrac{2\pi\rho}{a}$　④ $2\pi\rho a$

해설

**정전용량과 저항의 관계**

정전용량과 저항의 관계 $RC=\rho\varepsilon$을 이용하여 접지저항 $R=\dfrac{\rho\varepsilon}{C}[\Omega]$

반구형이므로 정전용량 $C=2\pi\varepsilon a[\mathrm{F}]$이므로

$R=\dfrac{\rho\varepsilon}{C}=\dfrac{\rho\varepsilon}{2\pi\varepsilon a}=\dfrac{\rho}{2\pi a}[\Omega]$

여기서, $R=\dfrac{1}{G}[\Omega]$ : 저항, $G=\dfrac{1}{R}[\mho=\mathrm{S}]$ : 컨덕턴스,
$a[\mathrm{m}]$ : 반구의 반지름

## 07 그림과 같은 직사각형의 평면 코일이 $B=\dfrac{0.05}{\sqrt{2}}(a_x+a_y)\,[\mathrm{Wb/m^2}]$인 자계에 위치하고 있다. 이 코일에 흐르는 전류가 5[A]일 때 $z$축에 있는 코일에서의 토크는 약 몇 $[\mathrm{N\cdot m}]$인가?

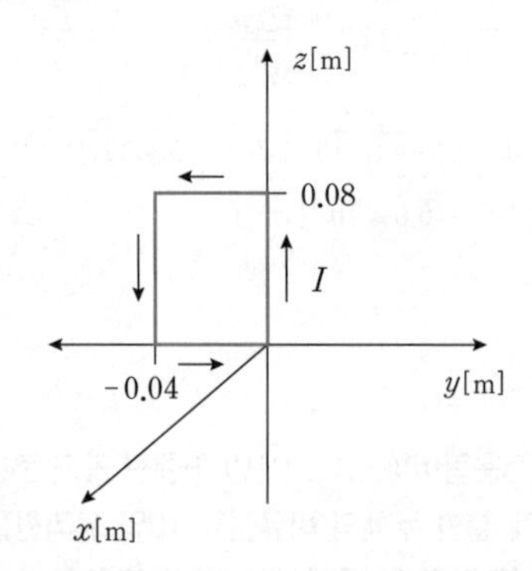


① $2.66\times 10^{-4}a_x$　② $5.66\times 10^{-4}a_x$

③ $2.66\times 10^{-4}a_z$　④ $5.66\times 10^{-4}a_z$

해설

[정답] 05 ④ 06 ② 07 ④

토크 $T=F\cdot r[\mathrm{N\cdot m}]$ 이를 벡터로 표현하면 $\vec{T}=\vec{r}\times\vec{F}$
여기서 힘은 자계가 있는 공간에 도선을 넣고
전류 인가 시 작용하는 힘은 플레밍의 왼손법칙을 적용
$F=BIl\sin\theta[\mathrm{N}]$는 $\vec{F}=(\vec{I}\times\vec{B})l$이므로
$I=5a_z,\ B=0.05\dfrac{a_x+a_y}{\sqrt{2}}=0.035a_x+0.035a_y$이므로

$$\vec{I}\times\vec{B}=\begin{vmatrix} a_x & a_y & a_z \\ 0 & 0 & 5 \\ 0.035 & 0.035 & 0 \end{vmatrix}=-0.175a_x+0.175a_y$$

$\vec{F}=(\vec{I}\times\vec{B})l=(-0.175a_x+0.175a_y)\cdot 0.08$
$=-0.014a_x+0.014a_y[\mathrm{N}]$
토크 $\vec{T}=\vec{r}\times\vec{F}$ 여기서 $\vec{r}=-0.04a_y$

$$\vec{r}\times\vec{F}=\begin{vmatrix} a_x & a_y & a_z \\ 0 & -0.04 & 0 \\ -0.014 & 0.014 & 0 \end{vmatrix}=5.6\times10^{-4}a_z[\mathrm{N\cdot m}]$$

## 08 분극의 세기 $P$, 전계 $E$, 전속밀도 $D$의 관계를 나타낸 것으로 옳은 것은? (단, $\varepsilon_0$는 진공의 유전율이고, $\varepsilon_r$은 유전체의 비유전율이고, $\varepsilon$은 유전체의 유전율이다.)

① $P=\varepsilon_0(\varepsilon+1)E$　　② $E=\dfrac{D+P}{\varepsilon_0}$

③ $P=D-\varepsilon_0E$　　④ $\varepsilon_0=D-E$

**해설**

**분극현상**

$P=D-\varepsilon_0E=\varepsilon_0(\varepsilon_s-1)E=xE=D(1-\dfrac{1}{\varepsilon_s})=\dfrac{M}{v}[\mathrm{C/m^2}]$

① 분극률 $x=\varepsilon_0(\varepsilon_s-1)$

② 비분극률 $x_m=\dfrac{x}{\varepsilon_0}=\varepsilon_s-1$

③ 비유전률 $\varepsilon_s=\dfrac{x}{\varepsilon_0}+1$

## 09 반지름이 5[mm], 길이가 15[mm], 비투자율이 50인 자성체 막대에 코일을 감고 전류를 흘려서 자성체 막대에 코일을 감고 전류를 흘려서 자성체 내의 자속밀도를 50[Wb/m²]으로 하였을 때 자성체 내에서의 자계의 세기는 몇 [AT/m]인가?

① $\dfrac{10^7}{\pi}$　　② $\dfrac{10^7}{2\pi}$

③ $\dfrac{10^7}{4\pi}$　　④ $\dfrac{10^7}{8\pi}$

**해설**

**자화의 세기**

자속밀도 $B=\dfrac{\phi}{S}=\mu_o\mu_sH[\mathrm{Wb/m^2}]$을 이용하여

자계 $H=\dfrac{B}{\mu_0\mu_s}=\dfrac{50}{4\pi\times10^{-7}\times50}=\dfrac{10^7}{4\pi}[\mathrm{AT/m}]$

## 10 내부 장치 또는 공간을 물질로 포위시켜 외부자계의 영향을 차폐시키는 방식을 자기차폐라 한다. 자기차폐에 가장 적합한 것은?

① 비투자율이 1 보다 작은 역자성체

② 강자성체 중에서 비투자율이 큰 물질

③ 강자성체 중에서 비투자율이 작은 물질

④ 비투자율에 관계없이 물질의 두께에만 관계되므로 되도록 두꺼운 물질

**해설**

**자성체**

강자성체는 자석재료이며 자기 차폐제로 이용된다.
자기차폐란 강자성체로 물질이나 공간을 포위시켜서 외부 자계의 영향을 차폐시키는 현상으로 완전 차폐는 되지 않는다.

## 11 자성체 내의 자계의 세기가 $H$[AT/m]이고 자속밀도가 $B$[Wb/m²]일 때, 자계 에너지 밀도[J/m³]는?

① $HB$　　② $\dfrac{1}{2\mu}H^2$

③ $\dfrac{\mu}{2}B^2$　　④ $\dfrac{1}{2\mu}B^2$

**해설**

**자계내에 축적되는 단위 체적당 에너지 및 자석의 흡인력**

① 자석의 흡인력( 단위 면적당 받는 힘)

$$f_m=\frac{F}{S}=\frac{B^2}{2\mu}=\frac{1}{2}\mu H^2=\frac{1}{2}BH[\mathrm{N/m^2}]$$

② 자계내에 축적되는 단위 체적당 에너지

$$W=\frac{B^2}{2\mu}=\frac{1}{2}\mu H^2=\frac{1}{2}BH[\mathrm{J/m^3}]$$

여기서, $B[\mathrm{Wb/m^2}]$ : 자속밀도, $\mu[\mathrm{H/m}]$ : 투자율,
$H[\mathrm{AT/m}]$ : 자계

[정답] 08 ③ 09 ③ 10 ② 11 ④

**12** 임의의 방향으로 배열되었던 강자성체의 자구가 외부 자기장의 힘이 일정치 이상이 되는 순간에 급격히 회전하여 자기장의 방향으로 배열되고 자속밀도가 증가하는 현상을 무엇이라 하는가?

① 자기여효　② 바크하우젠 효과
③ 자기왜현상　④ 핀치 효과

해설

**바크하우젠 효과**

히스테리시스 곡선은 매끈한 곡선이 아니라 계단형 곡선이며 자성체내에서 임의의 방향으로 배열되었던 자구가 외부자장의 힘이 일정치 이상이 되면 순간적으로 회전하여 자장의 방향으로 배열되기 때문에 자속밀도가 증가하며 B-H곡선을 자세히 관찰하면 매끈한 곡선이 아니라 B가 계단적으로 증가 또는 감소함을 알 수 있는 효과를 말한다.

**13** 반지름이 30[cm]인 원판 전극의 평행판 콘덴서가 있다. 전극의 간격이 0.1[cm]이며 전극 사이 유전체의 비유전율이 4.0이라 한다. 이 콘덴서의 정전용량은 약 몇 [$\mu$F]인가?

① 0.01　② 0.02
③ 0.03　④ 0.04

해설

**유전체**

원판의 반지름 $r=30$[cm], 극판 간격 $d=0.1$[cm],

비유전율 $\varepsilon_s=4.0$일 때 정전용량은 $C=\frac{\varepsilon_o\varepsilon_s S}{d}=\frac{\varepsilon_o\varepsilon_s\pi r^2}{d}$[F]

주어진 수치를 대입하면

$C=\frac{8.855\times10^{-12}\times4\times\pi\times(30\times10^{-2})^2}{0.1\times10^{-2}}\times10^6=0.01[\mu F]$

여기서, 극판의 면적 $S=\pi r^2=\frac{\pi D^2}{4}[m^2]$이며

$r$[m]은 원판의 반지름, $D$[m]은 원판의 지름

**14** 평행 도선에 같은 크기의 왕복 전류가 흐를 때 두 도선 사이에 작용하는 힘에 대한 설명으로 옳은 것은?

① 흡인력이다.
② 전류의 제곱에 비례한다.
③ 주위 매질의 투자율에 반비례한다.
④ 두 도선 사이 간격의 제곱에 반비례한다.

해설

**전자력**

평행 두 도선 사이에 작용하는 힘
① 단위 길이당 작용하는 힘

$F=\frac{\mu_o I_1 I_2}{2\pi d}=\frac{2I_1I_2}{d}\times10^{-7}[N/m]$

② 전류의 방향이 같은 경우 : 흡인력이 작용한다.
전류의 방향이 반대인 경우 : 반발력이 작용한다.
③ 두 도선 간 흐르는 전류의 크기는 같은 왕복 도선이므로

$F=\frac{\mu_o I^2}{2\pi d}=\frac{2I^2}{d}\times10^{-7}\propto I^2\propto\frac{1}{d}[N/m]$

**15** 압전기 현상에서 전기 분극이 기계적 응력에 수직한 방향으로 발생하는 현상은?

① 종효과　② 횡효과
③ 역효과　④ 직접효과

해설

**전기의 여러 가지 현상**

응력과 분극방향이 동일방향인 경우를 종효과라 하며 응력과 분극방향이 수직방향인 경우를 횡효과라 한다.

**16** 구리의 고유저항은 20[℃]에서 $1.69\times10^{-8}[\Omega\cdot m]$이고 온도계수는 0.00393이다. 단면적이 2[$mm^2$]이고 100[m]인 구리선의 저항값은 40[℃]에서 약 몇 [Ω]인가?

① $0.91\times10^{-3}$　② $1.89\times10^{-3}$
③ 0.91　④ 1.89

해설

**저항의 종류**

온도 변화에 따른 저항값 계산은 다음과 같다.

$$R_T=R_t\{1+\alpha_t(T-t)\}=R_t\frac{234.5+T}{234.5+t}[\Omega]$$

[정답] 12② 13① 14② 15② 16③

여기서, $R_t[\Omega]$ : 온도 상승 전 저항,
$\alpha_t[1/{}^\circ C]$ : 온도계수 온도 저항률, $(T-t)[{}^\circ C]$ : 온도차
문제 조건에서 온도 상승 전 저항 값이 없고 온도 상승 전 고유 저항을 주었으므로
$\rho_{40}=\rho_{20}\{1+\alpha_{20}(T-t)\}$
$=1.69\times10^{-8}\{1+0.00393(40-20)\}$
$=1.822\times10^{-8}[\Omega\cdot m]$

도선의 전기저항

$$R=\rho\frac{l}{S}=\rho\frac{l}{\pi r^2}=\rho\frac{4l}{\pi D^2}=\frac{l}{kS}[\Omega]$$

여기서, $k=\sigma=\frac{1}{\rho}[℧/m]$ : 도전율, $\rho=\frac{1}{k}[\Omega m]$ : 고유 저항
$l[m]$ : 도선의 길이, $S=\pi r^2=\frac{\pi D^2}{4}[m^2]$ : 도선의 단면적
$r[m]$ : 도선 단면적의 반지름, $D[m]$ : 도선 단면적의 지름
$R_{40}=\rho_{40}\frac{l}{S}=1.822\times10^{-8}\times\frac{100}{2\times10^{-6}}=0.911 ≒ 0.91[\Omega]$

**17** **한 변의 길이가 $l$ [m]인 정사각형 도체 회로에 전류 $I$ [A]를 흘릴 때 회로의 중심점에서 자계의 세기는 몇 [AT/m]인가?**

① $\frac{2I}{\pi l}$　② $\frac{I}{\sqrt{2}\pi l}$
③ $\frac{\sqrt{2}I}{\pi l}$　④ $\frac{2\sqrt{2}I}{\pi l}$

해설

**전류에 의한 자계 - 2**

① 정삼각형 중심의 자계의 세기 : $H=\frac{9I}{2\pi l}[AT/m]$
② 정사각형 중심의 자계의 세기 : $H=\frac{2\sqrt{2}I}{\pi l}[AT/m]$
③ 정육각형 중심의 자계의 세기 : $H=\frac{\sqrt{3}I}{\pi l}[AT/m]$
여기서, $l[m]$ : 한변의 길이, $I[A]$ : 전류
④ 반지름 $r[m]$인 원에 내접하는 $n$각형 중심의 자계의 세기 :
$H=\frac{nI}{2\pi r}\tan\frac{\pi}{n}[AT/m]$
여기서, $l[m]$ : 한변의 길이

**18** **정전용량이 각각 $C_1=1[\mu F]$, $C_2=2[\mu F]$인 도체에 전하 $Q_1=-5[\mu C]$, $Q_2=2[\mu C]$을 각각 주고 각 도체를 가는 철사로 연결하였을 때 $C_1$에서 $C_2$로 이동하는 전하 $Q[\mu C]$는?**

① −4　② −3.5
③ −3　④ −1.5

해설

가는 선(철사)으로 연결 및 접촉 시 콘덴서의 병렬연결이므로 공통 전위를 이용, 가는 철사로 연결한 후 $C_1[F]$의 전하는 감소하므로 이때 전하 $Q_1'=Q_1-Q[C]$
$C_2[F]$의 전하는 증가하므로 이때 전하 $Q_2'=Q_2+Q[C]$라면
$V=\frac{Q_1'}{C_1}=\frac{Q_2'}{C_2}[V]$이므로 $\frac{Q_1-Q}{C_1}=\frac{Q_2-Q}{C_2}$
이를 이용 $(Q_1-Q)C_2=(Q_2+Q)C_1$ 이를 정리하면
$Q=\frac{Q_1C_2-Q_2C_1}{C_1+C_2}=\frac{(-5\times2)-(2\times1)}{1+2}=-4[\mu C]$

**19** **비유전율 3, 비투자율 3인 매질에서 전자기파의 진행속도 $v$ [m/s]와 진공에서의 속도 $v_0$ [m/s]의 관계는?**

① $v=\frac{1}{9}v_0$　② $v=\frac{1}{3}v_0$
③ $v=3v_0$　④ $v=9v_0$

해설

**전자파**

전자파의(전파)속도 $v=\lambda f=\frac{\omega}{\beta}=\frac{1}{\sqrt{LC}}=\frac{1}{\sqrt{\mu\varepsilon}}$을 이용
$v=\frac{1}{\sqrt{\mu\varepsilon}}=\frac{1}{\sqrt{\mu_0\varepsilon_0}}\cdot\frac{1}{\sqrt{\mu_s\varepsilon_s}}[m/s]$
이때 진공 중의 속도 $v_0=\frac{1}{\sqrt{\mu_0\varepsilon_0}}[m/s]$이고
비유전율 $\varepsilon_s=3$, 비투자율 $\mu_s=3$을 대입
$v=\frac{v_0}{\sqrt{3\times3}}=\frac{1}{3}v_0[m/s]$
여기서, $\beta=\omega\sqrt{LC}$ : 위상정수, $\lambda[m]$ : 파장, $f[Hz]$ : 주파수

[정답] 17 ④ 18 ① 19 ②

## 20 전위경도 $V$와 전계 $E$의 관계식은?

① E = gradV ② E = divV
③ E = −gradV ④ E = −divV

해설

**전위의 기울기 및 경도**
전위와 전계의 세기와의 관계식
$E=-grad\,V=-\nabla V=-\left(\frac{\partial V}{\partial x}i+\frac{\partial V}{\partial y}j+\frac{\partial V}{\partial z}k\right)$[V/m]이며
이에 전위경도는
$E=gradV=\nabla V=\frac{\partial V}{\partial x}i+\frac{\partial V}{\partial y}j+\frac{\partial V}{\partial z}k$[V/m]이다.
즉, 전위 경도는 전계의 세기와 크기는 같고, 방향은 반대 방향이다.

**시행일** **2020년 3회**

## 01 환상 솔레노이드 철심 내부에서 자계의 세기[AT/m]는? (단, $N$은 코일 권선수, $r$은 환상 철심의 평균 반지름, $I$는 코일에 흐르는 전류이다.)

① $NI$ ② $\frac{NI}{2\pi r}$
③ $\frac{NI}{2r}$ ④ $\frac{NI}{4\pi r}$

해설

**솔레노이드에 의한 자계**
환상 솔레노이드에 의한 내부 자계의 세기는
$H=\frac{NI}{l}=\frac{NI}{2\pi r}$[AT/m]이된다.
여기서, $r$[m] : 평균 반지름, $N$[T] : 권수, $I$[A] : 전류

## 02 전류 $I$가 흐르는 무한 직선 도체가 있다. 이 도체로부터 수직으로 0.1[m] 떨어진 점에서 자계의 세기가 180[AT/m]이다. 도체로부터 수직으로 0.3[m] 떨어진 점에서 자계의 세기[AT/m]는?

① 20 ② 60
③ 180 ④ 540

해설

**전류에 의한 자계 – 1**
무한장 직선 도체에 의한 자계의 세기 $H=\frac{I}{2\pi r}$[AT/m]이고
자계는 $H\propto\frac{1}{r}$이므로 $H_1=180$, $r_1=0.1$ 일 때 $r_2=0.3$에 대한
$H_2=\frac{r_1}{r_2}H_1=\frac{0.1}{0.3}\times180=60$[AT/m]가 된다.

## 03 길이가 $l$[m], 단면적의 반지름이 $a$[m]인 원통의 길이 방향으로 균일하게 자화되어 자화의 세기가 $J$[Wb/m²]인 경우 원통 양단에서의 전자극의 세기 $m$[Wb]은?

① $alJ$ ② $2\pi alJ$
③ $\pi a^2J$ ④ $\frac{J}{\pi a^2}$

해설

**자화의 세기**
자화의 세기 $J=\frac{M[\text{모멘트}]}{v[\text{체적}]}=\frac{m\cdot l}{\pi a^2\cdot l}=\frac{m}{\pi a^2}$[Wb/m²]이고
여기서, $a$[m] : 반지름, $d$[m] : 지름이므로 자극의 세기 $m$를 구하면
$m=\pi a^2\cdot J=\pi\times\left(\frac{d}{2}\right)^2\cdot J=\frac{\pi d^2J}{4}$[Wb]가 되며
자기모멘트를 구하면
$M=\pi a^2\cdot J\cdot l=\pi\times\left(\frac{d}{2}\right)^2\cdot J\cdot l=\frac{\pi d^2J\cdot l}{4}$[Wb·m]이 된다.

## 04 임의의 형상의 도선에 전류 $I$[A]가 흐를 때, 거리 $r$[m]만큼 떨어진 점에서의 자계의 세기 $H$[AT/m]를 구하는 비오-사바르의 법칙에서, 자계의 세기 $H$[AT/m]와 거리 $r$[m]의 관계로 옳은 것은?

① $r$에 반비례 ② $r$에 비례
③ $r^2$에 반비례 ④ $r^2$에 비례

해설

**전류에 의한 자계 – 2**
임의의 형상의 도선에 전류에 의한 자계의 크기를 결정하며
미소길이 $dl$에 대한 미소자장 $dH$를 계산 시
비오-사바르 법칙 $dH=\frac{Idl}{4\pi r^2}\sin\theta$[AT/m]
외적표현 $dH=\frac{Idl\times a_r}{4\pi r^2}=\frac{I\times a_r}{4\pi r^2}dl$[AT/m]

[정답] 20 ③ 2020년 3회 01 ② 02 ② 03 ③ 04 ③

## 05 진공 중에서 전자파의 전파속도[m/s]는?

① $C_0=\frac{1}{\sqrt{\varepsilon_0\mu_0}}$　② $C_0=\sqrt{\varepsilon_0\mu_0}$

③ $C_0=\frac{1}{\sqrt{\varepsilon_0}}$　④ $C_0=\frac{1}{\sqrt{\mu_0}}$

**해설**

**전자파**

전자파의(전파)속도 $v=\lambda f=\frac{\omega}{\beta}=\frac{1}{\sqrt{LC}}=\frac{1}{\sqrt{\mu\varepsilon}}$[m/s]

공기(진공)중 속도 $v=C_0=\frac{1}{\sqrt{\mu_0\varepsilon_0}}$[m/s]

여기서, $\beta=\omega\sqrt{LC}$ : 위상정수, $\lambda$[m] : 파장, $f$[Hz] : 주파수

## 06 영구자석 재료로 사용하기에 적합한 특성은?

① 잔류자기와 보자력이 모두 큰 것이 적합하다.
② 잔류자기는 크고 보자력은 작은 것이 적합하다.
③ 잔류자기는 작고 보자력은 큰 것이 적합하다.
④ 잔류자기와 보자력이 모두 작은 것이 적합하다.

**해설**

**자성체**

영구 자석의 재료 조건은 히스테리시스곡선의 면적이 크고, 잔류자기와 보자력이 모두 큰 것이 적합하다.

## 07 변위전류와 관계가 가장 깊은 것은?

① 도체　② 반도체
③ 자성체　④ 유전체

**해설**

**변위전류**

변위전류밀도 $i_d=\frac{\partial D}{\partial t}$[A/m²]이므로 전속밀도의 시간적 변화에 의해서 유전체를 통해 평행판 사이에 흐르는 전류이다.

## 08 자속밀도가 10[Wb/m²]인 자계 내에 길이 4[cm]의 도체를 자계와 직각으로 놓고 이 도체를 0.4초 동안 1[m]씩 균일하게 이동 하였을 때 발생하는 기전력은 몇 [V]인가?

① 1　② 2
③ 3　④ 4

**해설**

**전자유도법칙(현상)**

플레밍의 오른손 법칙으로 자계 내에 도체(도선)을 넣고 속도를 가지고 운동 시 발생되는 유도기전력의 크기 및 방향을 결정 하는 법칙으로 발전기의 원리가 된다.

플레밍의 오른손 법칙 이용 $e=Blv\sin\theta=(\vec{v}\times\vec{B})l=\frac{F}{I}v$[V]

여기서, $B$[Wb/m²] : 자속밀도, $l$[m] : 도체의 길이,
$v$[m/s] : 이동속도, $F$[N] : 전자력, $I$[A] : 전류

이때 속도 $v=\frac{1}{0.4}$[m/s]이고 자속을 수직으로 끊으므로 $\sin 90°=1$

$e=10\times4\times10^{-2}\times\frac{1}{0.4}=1$[V]

## 09 내부 원통의 반지름이 $a$, 외부 원통의 반지름이 $b$인 동축 원통 콘덴서의 내외 원통 사이에 공기를 넣었을 때 정전용량이 $C_1$이었다. 내외 반지름을 모두 3배로 증가시키고 공기 대신 비유전율이 3인 유전체를 넣었을 경우 정전용량 $C_2$는?

① $C_2=\frac{C_1}{9}$　② $C_2=\frac{C_1}{3}$
③ $C_2=3C_1$　④ $C_2=9C_1$

**해설**

**도체 모양에 따른 정전용량 공식**

$b>a$원통사이의 단위 길이 당 정전 용량은

$C=\frac{2\pi\varepsilon_0}{\ln\frac{b}{a}}$[F/m]을 이용하여

1) 공기(진공)중 원통의 정전용량 $C_1=\frac{2\pi\varepsilon_0}{\ln\frac{b}{a}}$[F/m]

2) 유전체중 원통의 정전용량 $C_2=\frac{2\pi\varepsilon}{\ln\frac{b}{a}}=\frac{2\pi\varepsilon_0\varepsilon_s}{\ln\frac{b}{a}}$[F/m]

[정답] 05 ① 06 ① 07 ④ 08 ① 09 ③

이때 비유전율 $\varepsilon_s=3$, 내외 원통의 반지름을 3배 증가시

$$C=\frac{2\pi\varepsilon_0\cdot 3}{\ln\frac{3b}{3a}}=\frac{2\pi\varepsilon_0}{\ln\frac{b}{a}}\cdot 3=3C_1[\mathrm{F/m}]$$

여기서, $a[\mathrm{m}]$ : 내부 원통의 반지름, $b[\mathrm{m}]$ : 외부 원통의 반지름

## 10 다음 정전계에 관한 식 중에서 틀린 것은? (단, $D$ 전속밀도, $V$는 전위, $\rho$는 공간(체적)전하밀도, $\varepsilon$은 유전율이다.)

① 가우스의 정리 : $\mathrm{div}D=\rho$

② 포아송의 방정식 : $\nabla^2 V=\frac{\rho}{\varepsilon}$

③ 라플라스의 방정식 : $\nabla^2 V=0$

④ 발산의 정리 : $\oint_s D\cdot ds=\int_v \mathrm{div}Ddv$

해설

**포아송의 방정식**

$-\nabla^2 V=\frac{\rho}{\varepsilon_0}$ 또는 $\nabla^2 V=-\frac{\rho}{\varepsilon_0}$이다.

## 11 질량($m$)이 $10^{-10}[\mathrm{kg}]$ 이고, 전하량($Q$)이 $10^{-8}[\mathrm{C}]$인 전하가 전기장에 의해 가속되어 운동하고 있다. 가속도 $a=10^2 i+10^2 j[\mathrm{m/s^2}]$일 때 전기장의 세기 $E[\mathrm{V/m}]$는?

① $E=10^4 i+10^5 j$　　② $E=i+10j$

③ $E=i+j$　　④ $E=10^{-6}i+10^{-4}j$

해설

$F=QE=ma=mg[\mathrm{N}]$

여기서, $m[\mathrm{kg}]$은 질량 $a[\mathrm{m/s^2}]$가속도, $g[\mathrm{cm/s^2}]$ 중력가속도라 한다.

$m=10^{-8}[\mathrm{kg}]$, $q=10^{-6}[\mathrm{C}]$, $a=10^2 i+10^2 j[\mathrm{V/m}]$일 때

$F=QE=ma=mg[\mathrm{N}]$를 이용하여

전계 $E=\frac{ma}{Q}=\frac{ma}{q}=\frac{10^{-8}}{10^{-6}}(10^2 i+10^2 j)=i+j[\mathrm{V/m}]$이 된다.

## 12 유전율이 $\varepsilon_1$, $\varepsilon_2$인 유전체 경계면에 수직으로 전계가 작용할 때 단위 면적당 수직으로 작용하는 힘$[\mathrm{N/m^2}]$은? (단, $E$는 전계$[\mathrm{V/m}]$, $D$는 전속밀도$[\mathrm{C/m^2}]$이다.)

① $2\left(\frac{1}{\varepsilon_2}-\frac{1}{\varepsilon_1}\right)E^2$　　② $2\left(\frac{1}{\varepsilon_2}-\frac{1}{\varepsilon_1}\right)D^2$

③ $\frac{1}{2}\left(\frac{1}{\varepsilon_2}-\frac{1}{\varepsilon_1}\right)E^2$　　④ $\frac{1}{2}\left(\frac{1}{\varepsilon_2}-\frac{1}{\varepsilon_1}\right)D^2$

해설

**복합유전체의 경계면 조건**

전계가 수직입사이므로 전속밀도가 같으므로 경계면에 작용하는 힘은 $f=\frac{D^2}{2}(\frac{1}{\varepsilon_2}-\frac{1}{\varepsilon_1})[\mathrm{N/m^2}]$가 되고 작용하는 힘은 유전율이 큰 쪽에서 작은 쪽으로 작용하므로 $\varepsilon_1$에서 $\varepsilon_2$로 작용한다.

## 13 진공 중에서 $2[\mathrm{m}]$ 떨어진 두 개의 무한 평행 도선에 단위 길이 당 $10^{-7}[\mathrm{N}]$의 반발력이 작용할 때 각 도선에 흐르는 전류의 크기와 방향은? (단, 각 도선에 흐르는 전류의 크기는 같다.)

① 각 도선에 $2[\mathrm{A}]$가 반대 방향으로 흐른다.

② 각 도선에 $2[\mathrm{A}]$가 같은 방향으로 흐른다.

③ 각 도선에 $1[\mathrm{A}]$가 반대 방향으로 흐른다.

④ 각 도선에 $1[\mathrm{A}]$가 같은 방향으로 흐른다.

해설

**전자력**

평행 두 도선 사이에 작용하는 힘

1) 단위 길이당 작용하는 힘 $F=\frac{\mu_o I_1 I_2}{2\pi d}=\frac{2I_1 I_2}{d}\times 10^{-7}[\mathrm{N/m}]$

2) 전류의 방향이 같은 경우 : 흡인력이 작용한다.
   전류의 방향이 반대인 경우 : 반발력이 작용한다.

3) 두 도선 간 반발력이 작용하므로 흐르는 전류의 크기는 같고 방향이 서로 반대이므로

$$F=\frac{\mu_o I^2}{2\pi d}=\frac{2I^2}{d}\times 10^{-7}\propto I^2\propto\frac{1}{d}[\mathrm{N/m}]$$

$$I=\sqrt{\frac{F\cdot r^2}{2\times 10^{-7}}}=\sqrt{\frac{10^{-7}\times 2^2}{2\times 10^{-7}}}=1[\mathrm{A}]$$

[정답] 10 ② 11 ③ 12 ④ 13 ③

**14** **자기 인덕턴스(self inductance) $L$[H]을 나타낸 식은? (단, $N$은 권선수, $I$는 전류[A], $\phi$는 자속[Wb], $B$는 자속밀도[Wb/m²], $A$는 벡터 퍼텐셜[Wb/m], $J$는 전류밀도[A/m²]이다.)**

① $L=\dfrac{N\phi}{I^2}$　　② $L=\dfrac{1}{2I^2}\int B\cdot H dv$

③ $L=\dfrac{1}{I^2}\int A\cdot J dv$　　④ $L=\dfrac{1}{I}\int B\cdot H dv$

해설

자기유도계수는 자기인덕턴스를 말하므로 $L=\dfrac{N\phi}{I}$[H]이고

자속 $d\phi=BS$[Wb]이고 이를 적분하면 $\phi=\int_s B ds$이고

여기서 자속밀도 $B=rot A$[Wb/m²]이므로 이를 적용하면

$\phi=\int_s B ds=\int_s rot A ds$[Wb]

스토크스의 정리를 이용하여 표현하면

$\phi=\int_s B ds=\int_s rot A ds=\oint_c A dl$[Wb]이고 이를 이용하면

$L=\dfrac{N}{I}\oint_c A dl=\dfrac{N}{I^2}\oint_c IA dl$이다.

또한 전류 $I=JS$[A]이고 이를 적분으로 표현하면

$I=\int_s J ds$를 적용하면 $L=\dfrac{N}{I}\oint_c A dl=\dfrac{N}{I^2}\oint_c IA dl$

$=\dfrac{N}{I^2}\oint_c\int_s AJ dl ds=\dfrac{N}{I^2}\int_v AJ dv=\dfrac{N}{I^2}\int_v BH dv$

**15** **반지름이 $a$[m], $b$[m]인 두 개의 구 형상 도체 전극이 도전율 $k$인 매질 속에 거리 $r$[m] 만큼 떨어져 있다. 양 전극 간의 저항[Ω]은? (단, $r\gg a$, $r\gg b$이다.)**

① $4\pi k\left(\dfrac{1}{a}+\dfrac{1}{b}\right)$　　② $4\pi k\left(\dfrac{1}{a}-\dfrac{1}{b}\right)$

③ $\dfrac{1}{4\pi k}\left(\dfrac{1}{a}+\dfrac{1}{b}\right)$　　④ $\dfrac{1}{4\pi k}\left(\dfrac{1}{a}-\dfrac{1}{b}\right)$

해설

**저항의 종류**

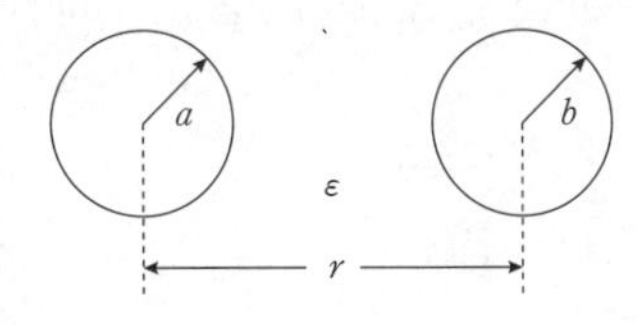


1) 반지름 $a$[m]인 도체구 $C_1=4\pi\varepsilon a$[F], $R_1=\dfrac{\rho\varepsilon}{C_1}=\dfrac{\rho}{4\pi a}$[Ω]

2) 반지름 $b$[m]인 도체구 $C_2=4\pi\varepsilon b$[F], $R_2=\dfrac{\rho\varepsilon}{C_2}=\dfrac{\rho}{4\pi b}$[Ω]

3) 전체 저항은 직렬 연결이므로

$R=R_1+R_2=\dfrac{\rho}{4\pi}\left(\dfrac{1}{a}+\dfrac{1}{b}\right)=\dfrac{1}{4\pi k}\left(\dfrac{1}{a}+\dfrac{1}{b}\right)$[Ω]

**16** **정전계 내 도체 표면에서 전계의 세기가 $E=\dfrac{a_x-2a_y+2a_z}{\varepsilon_0}$[V/m]일 때 도체 표면상의 전하 밀도 $\rho_s$[C/m²]를 구하면? (단, 자유공간이다.)**

① 1　　② 2

③ 3　　④ 5

해설

**전속 및 전속 밀도**

$D=\dfrac{\psi}{S}=\dfrac{Q}{S}=\dfrac{Q}{4\pi r^2}=\varepsilon_0 E=\rho_s=\sigma$[C/m²]이므로

$\rho_s=\varepsilon_0 E=\varepsilon_0\times\dfrac{a_x-2a_y+2a_z}{\varepsilon_0}=a_x-2a_y+2a_z$[C/m²]

$|\rho_s|=\sqrt{1^2+(-2)^2+2^2}=3$[C/m²]

**17** **저항의 크기가 1[Ω]인 전선이 있다. 전선의 체적을 동일하게 유지하면서 길이를 2배로 늘였을 때 전선의 저항[Ω]은?**

① 0.5　　② 1

③ 2　　④ 4

해설

**저항의 종류**

전기저항 $R=\rho\dfrac{l}{S}=$[Ω]

여기서, 체적 $v=S\cdot l$[m³] 이므로 $R=\rho\dfrac{l^2}{v}\propto l^2$이 된다.

그러므로 $l^2=2^2=4$배로 증가하므로 4[Ω]이 된다.

[정답] 14③ 15③ 16④ 17④

**18** 반지름이 3[cm]인 원형 단면을 가지고 있는 환상 연철심에 코일을 감고 여기에 전류를 흘려서 철심 중의 자계 세기가 400[AT/m]가 되도록 여자할 때, 철심 중의 자속밀도는 약 몇 [Wb/m²]인가? (단, 철심의 비투자율은 400이라고 한다.)

① 0.2　② 0.8
③ 1.6　④ 2.0

해설

**자화의 세기**

자속밀도 $B=\mu_o\mu_s H=4\pi\times10^{-7}\times400\times400=0.2[\text{Wb/m}^2]$

**19** 자기회로와 전기회로에 대한 설명으로 틀린 것은?

① 자기저항의 역수를 컨덕턴스라 한다.
② 자기회로의 투자율은 전기회로의 도전율에 대응된다.
③ 전기회로의 전류는 자기회로의 자속에 대응된다.
④ 자기저항의 단위는 [AT/Wb]이다.

해설

**자기회로**

전기회로와 자기회로의 대응관계

| 전기회로 | | 자기회로 | |
|---|---|---|---|
| 기전력 | $V=IR[\text{V}]$ | 기자력 | $F=NI=R_m\phi[\text{AT}]$ |
| 전류 | $I=\frac{V}{R}[\text{A}]$ | 자속 | $\phi=\frac{F}{R_m}=\frac{\mu SNI}{l}[\text{Wb}]$ |
| 전기저항 | $R=\rho\frac{l}{S}=\frac{l}{k\cdot S}[\Omega]$ | 자기저항 | $R_m=\frac{F}{\phi_m}=\frac{l}{\mu\cdot S}[\text{AT/Wb}]$ |
| 도전율 | $k=\sigma[\mho/\text{m}]$ | 투자율 | $\mu[\text{H/m}]$ |
| 전류밀도 | $i_c=\frac{I}{S}[\text{A/m}^2]$ | 자속밀도 | $B=\frac{\phi}{S}[\text{Wb/m}^2]$ |
| 컨덕턴스 | $G=\frac{1}{R}[\mho=\text{S}]$ | 퍼미언스 | $P=\frac{1}{R_m}[\text{Wb/AT}]$ |

**20** 서로 같은 2개의 구 도체에 동일양의 전하로 대전시킨 후 20[cm] 떨어뜨린 결과 구 도체에 서로 $8.6\times10^{-4}$[N]의 반발력이 작용하였다. 구 도체에 주어진 전하는 약 몇 [C]인가?

① $5.2\times10^{-8}$
② $6.2\times10^{-8}$
③ $7.2\times10^{-8}$
④ $8.2\times10^{-8}$

해설

**쿨롱의 법칙**

쿨롱의 법칙 $F=9\times10^9\frac{Q_1Q_2}{r^2}[\text{N}]$이며
두 개의 똑같은 전하량을 대전 시켰으므로
두 전하의 크기는 $Q_1=Q_2$, $F=9\times10^9\frac{Q_2}{r^2}[\text{N}]$로 표현한다.

$$Q=\sqrt{\frac{Fr^2}{9\times10^9}}=\sqrt{\frac{8.6\times10^{-4}\times(20\times10^{-2})^2}{9\times10^9}}$$
$$=6.182\times10^{-8}\fallingdotseq6.2\times10^{-8}[\text{C}]$$

## 시행일 2021년 1회

**01** 평등 전계 중에 유전체 구에 의한 전속 분포가 그림과 같을 때 $\varepsilon_1$과 $\varepsilon_2$의 관계는?

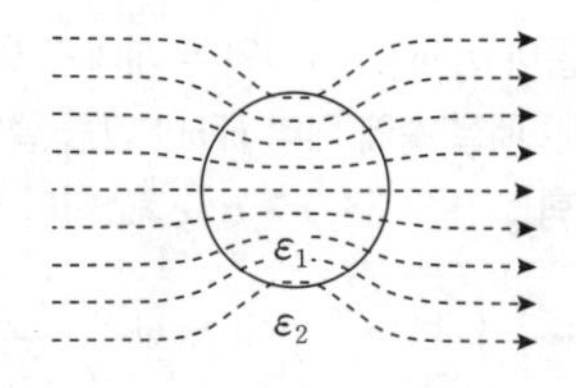


① $\varepsilon_1>\varepsilon_2$　② $\varepsilon_2>\varepsilon_1$
③ $\varepsilon_1=\varepsilon_2$　④ $\varepsilon_2<\varepsilon_1$

해설

전속선은 유전율이 큰 쪽으로 집속되므로 $\varepsilon_1>\varepsilon_2$이 된다.

[정답] 18 ① 19 ① 20 ② 2021년 1회 01 ①

**02** 커패시터를 제조하는데 $A, B, C, D$와 같은 4가지의 유전재료가 있다. 커패시터 내에서 단위체적당 가장 큰 에너지 밀도를 나타내는 재료부터 순서대로 나열하면? (단, 유전재료 $A$, $B$, $C$, $D$의 비유전율은 각각 $\varepsilon_{rA}=8$, $\varepsilon_{rB}=10$, $\varepsilon_{rC}=2$, $\varepsilon_{rD}=4$이다.)

① $B>A>D>C$ ② $A>B>D>C$
③ $D>A>C>B$ ④ $C>D>A>B$

해설

전계 내 또는 유전체내에 축적되는 단위 체적당 에너지

$W=\frac{1}{2}\varepsilon E^2[\text{J/m}^3]$에서 $W\propto\varepsilon_r$

즉 에너지 밀도는 비유전율에 비례한다.

따라서, $\varepsilon_{rB}>\varepsilon_{rA}>\varepsilon_{rD}>\varepsilon_{rC}$ 이므로 $B>A>D>C$

**03** 정상전류계에서 $\nabla\cdot i=0$에 대한 설명으로 틀린 것은?

① 도체 내에 흐르는 전류는 연속이다.
② 도체 내에 흐르는 전류는 일정하다.
③ 단위 시간당 전하의 변화가 없다.
④ 도체 내에 전류가 흐르지 않는다.

해설

**키르히호프의 전류 법칙**

임의의 도체 단면에 유입하는 전류의 총합은 유출하는 전류의 총합과 같다.

적분형 $\sum I=0=\int_s i\cdot dS=\int_v div\, i\, dv=0$

미분형 $div\, i=\nabla\cdot i=0$ : 전류의 연속성을 나타낸다.

단위 체적당의 전류의 발산은 없으며 단위 시간당 전하가 일정하며 전류가 일정하다는 의미이다.

**04** 진공내의 점(2, 2, 2)[m]에 $10^{-9}$[C]의 전하가 놓여 있다. 점(2, 5, 6)[m]의 전계$E$ 크기는 약 몇 [V/m]인가? (단 $a_y$, $a_z$는 단위 벡터이다.)

① $0.278a_y+2.888a_z$ ② $0.216a_y+0.288a_z$
③ $0.288a_y+0.216a_z$ ④ $0.291a_y+0.288a_z$

해설

① 점(2, 2, 2)에서 점(2, 6, 6)에 대한 거리벡터 :

$\vec{r}=(2-2)a_x+(5-2)a_y+(6-2)a_z=3a_y+4a_z$

거리벡터의 크기 : $|\vec{r}|=\sqrt{3^2+4^2}=5[\text{m}]$

전계방향의 단위벡터 : $\vec{n}=\frac{\vec{r}}{|\vec{r}|}=\frac{3a_y+4a_z}{5}=\frac{1}{5}(3a_y+4a_z)$

$=0.6a_y+0.8a_z$

② 점전하 $Q=10^{-9}[\text{C}]$에 의한 전계의 세기 :

$E=9\times10^9\times\frac{10^{-9}}{5^2}=\frac{9}{25}[\text{V/m}]$

③ $\vec{E}=E\cdot\vec{n}=\frac{9}{25}(0.6a_y+0.8a_z)=0.216a_y+0.288a_z[\text{V/m}]$

**05** 방송국 안테나 출력이 $W$[W]이고 이로부터 진공 중에 $r$[m]떨어진 점에서 자계의 세기의 실효치는 약 몇 [A/m]인가?

① $\frac{1}{r}\sqrt{\frac{W}{377\pi}}$ ② $\frac{1}{2r}\sqrt{\frac{W}{377\pi}}$
③ $\frac{1}{2r}\sqrt{\frac{W}{188\pi}}$ ④ $\frac{1}{r}\sqrt{\frac{2W}{377\pi}}$

해설

① 포인팅 벡터 : 임의의 점을 통과할 때 전력밀도 또는 면적당 전력

$R=\frac{P}{S}=E\times H=EH\sin\theta=EH\sin90^\circ=EH[\text{W/m}^2]$

② 진공, 공기중에서 포인팅 벡터

$R=EH=377H^2=\frac{1}{377}E^2=\frac{P}{S}[\text{W/m}^2]$

여기서 $W=P[\text{W}]$ : 전력, $S=4\pi r^2[\text{m}^2]$ : 방사면적

$377H^2=\frac{W}{S}[\text{W/m}^2]$을 이용 $H^2=\frac{W}{377S}$이고 이를 정리하면

$H=\sqrt{\frac{W}{377S}}=\sqrt{\frac{W}{377\times4\pi r^2}}=\frac{1}{2r}\sqrt{\frac{W}{377\pi}}\,[\text{A/m}^2]$

**06** 반지름 $a$[m]인 2개의 원형 선조 루프가 $\pm Z$축상에 그림과 같이 놓여진 경우 $I$[A]의 전류가 흐를 때 원형 전류 중심축상의 자계 $H_z$[AT/m]는? (단 $a_z$, $a_\phi$는 단위 벡터이다)

[정답] 02 ① 03 ④ 04 ② 05 ② 06 ②

전기자기학 | 전력공학 | 전기기기 | 회로이론 | 제어공학 | 전기설비기술기준

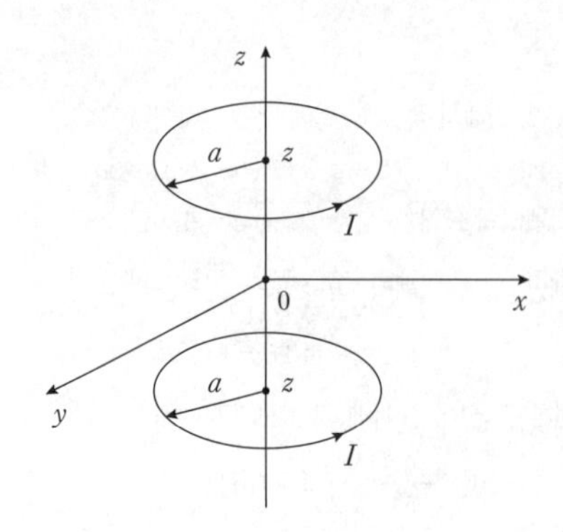


① $H_z=\dfrac{a^2Ia_z}{(a^2+z^2)^{\frac{3}{2}}}$　　② $H_z=\dfrac{a^2Ia_\phi}{(a^2+z^2)^{\frac{3}{2}}}$

③ $H_z=\dfrac{a^2Ia_z}{2(a^2+z^2)^{\frac{3}{2}}}$　　④ $H_z=\dfrac{a^2Ia_\phi}{2(a^2+z^2)^{\frac{3}{2}}}$

**해설**

반지름 $a$[m]인 원형 코일 중심에서 $x$[m]떨어진 지점의

자계 $H=\dfrac{Ia^2}{2(a^2+x^2)^{\frac{3}{2}}}$[AT/m]

여기서 $x=z$[m]이므로 $H=\dfrac{Ia^2}{2(a^2+z^2)^{\frac{3}{2}}}$[AT/m]이며

원형 코일의 전류와 자계가 같은 방향이므로
자계의 세기가 2배가 되므로

$H_z=2H=2\cdot\dfrac{Ia^2a_z}{2(a^2+z^2)^{\frac{3}{2}}}=\dfrac{Ia^2a_z}{(a^2+z^2)^{\frac{3}{2}}}$[AT/m]

## 07 직교하는 무한 평판 도체와 점전하에 의한 영상 전하는 몇 개 존재하는가?

① 2　　② 3

③ 4　　④ 5

**해설**

직교평면 전하인 경우의 영상전하는 $n=\dfrac{360}{\theta}-1$이며

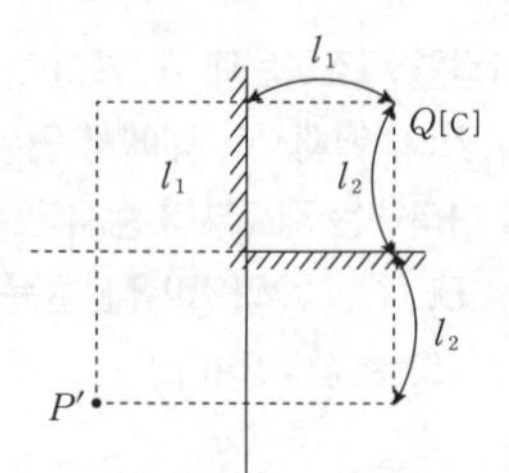


그림과 같이 직교하므로 $n=\dfrac{360}{90}-1=3$개가 발생한다.

## 08 전하 $e$[C], 질량 $m$[kg]인 전자가 전계 $E$[V/m] 내에 놓여 있을 때 최초에 정지해 있었다고 한다면 $t$[s]후에 전자는 어떠한 속도[m/s]를 얻게 되는가?

① $v=meEt$　　② $v=\dfrac{me}{E}t$

③ $v=\dfrac{mE}{e}t$　　④ $v=\dfrac{Ee}{m}t$

**해설**

**전계의 세기**

전계내 전하를 놓았을 때 작용하는 힘 $F=QE$[N]이므로
전하량 $Q=e$[C]를 대입하면 $F=eE=me$[N]
여기서 $m$[kg]은 질량 $a$[m/s$^2$]을 말하며

가속도 $a=\dfrac{eE}{m}$[m/s$^2$]이 되며

전자의 이동속도 $v=\int\dfrac{eE}{m}dt=\dfrac{eE}{m}t$[m/sec]가 된다.

## 09 그림과 같은 환상 솔레노이드 (Solenoid) 내의 철심 중심에서의 자계의 세기 $H$[AT/m]는? (단, 환상 철심의 평균 반지름 $r$[m], 코일의 권수 $N$회, 코일에 흐르는 전류는 $I$[A]이다.)

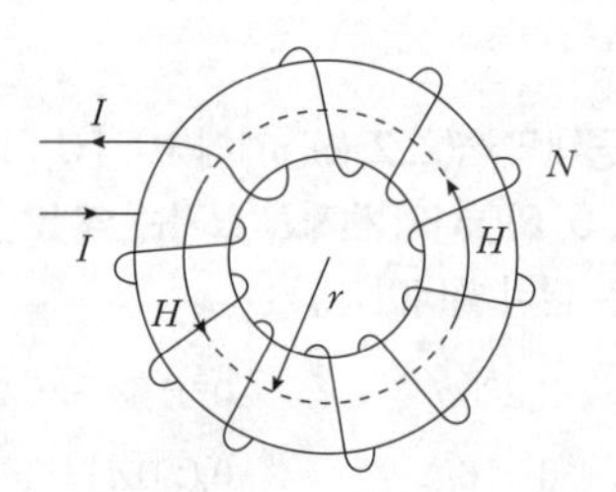


[정답] 07 ② 08 ④ 09 ②

① $\frac{NI}{\pi r}$　　② $\frac{NI}{2\pi r}$

③ $\frac{NI}{2r}$　　④ $\frac{NI}{4\pi r}$

해설

**환상솔레노이드의 자계의 세기**

① 철심 외부 자계 : $H=0$[AT/m](그림에서 0점의 자계의 세기)

② 철심 내부 자계 : $H=\frac{NI}{l}=\frac{NI}{2\pi r}$[AT/m]

여기서, $N$[T] : 권수, $I$[A] : 전류, $l=2\pi r$[m] : 자로의 길이, $r$[m] : 평균 반지름

## 10 환상 솔레노이드의 단면적이 $S$, 평균 반지름이 $r$, 권선수가 $N$이고 누설자속이 없는 경우 자기인덕턴스의 크기는?

① 권선수 및 단면적에 비례한다.

② 권선수의 제곱 및 단면적에 비례한다.

③ 권선수의 제곱 및 평균 반지름에 비례한다.

④ 권선수의 제곱에 비례하고 단면적에 반비례한다.

해설

환상솔레노이드의 인덕턴스

$$L=\frac{N\phi}{I}=\frac{N}{I}\times\frac{\mu SNI}{l}=\frac{\mu SN^2}{l}=\frac{N^2}{R_m}\propto N^2[\text{H}]$$

여기서, $l=2\pi r=\pi d$[m] : 자로(철심)의 길이, $r$[m] : 평균반지름, $d$[m] : 평균 지름, $S=\pi a^2$[m$^2$] : 철심의 단면적,

$R_m=\frac{l}{\mu S}$[AT/m] : 자기저항

## 11 다음 중 비투자율이$(\mu_r)$이 가장 큰 것은?

① 금　　② 은

③ 구리　　④ 니켈

해설

보기 ①, ②, ③번은 반(역)자성체이며 보기 ④는 강자성체이다.

## 12 한변의 길이가 $l$[m]인 정사각형 도체에 전류 $I$[A]가 흐르고 있을 때 중심점 $P$에서의 자계의 세기는 몇 [A/m]인가?

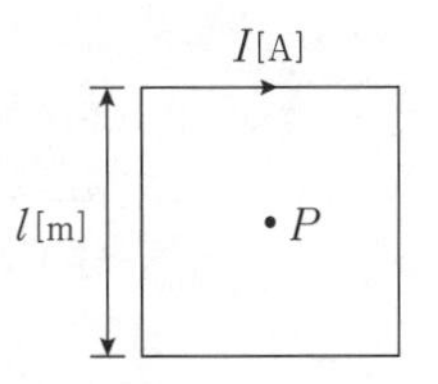


① $16\pi lI$　　② $4\pi lI$

③ $\frac{\sqrt{3}\,\pi}{2l}$　　④ $\frac{2\sqrt{2}}{\pi l}I$

해설

① 정삼각형 중심의 자계의 세기 : $H=\frac{9I}{2\pi l}$[AT/m]

② 정사각형 중심의 자계의 세기 : $H=\frac{2\sqrt{2}\,I}{\pi l}$[AT/m]

③ 정육각형 중심의 자계의 세기 : $H=\frac{\sqrt{3}\,I}{\pi l}$[AT/m]

여기서, $l$[m] : 한변의 길이, $I$[A] : 전류

④ 반지름 $r$[m]인 원에 내접하는 $n$각형 중심의 자계의 세기 :

$H=\frac{nI}{2\pi r}\tan\frac{\pi}{n}$[AT/m]

## 13 간격 3[cm]이고 면적이 30[cm$^2$]인 평행판의 공기 콘덴서에 220[V]의 전압을 가하면 두 판 사이에 작용하는 힘은 약 몇 [N]인가?

① $6.3\times10^{-6}$　　② $7.14\times10^{-7}$

③ $8\times10^{-5}$　　④ $5.75\times10^{-4}$

해설

정전 흡인력 $F=fS$[N]이므로 정리하면 $F=\frac{1}{2}\varepsilon_0E^2S$[N]

전계 $E=\frac{V}{d}$[V/m]대입하면 $F=\frac{1}{2}\varepsilon_0\left(\frac{V}{d}\right)^2S$[N]이고

$$F=\frac{1}{2}\times8.855\times10^{-12}\times\left(\frac{220}{3\times10^{-2}}\right)^2\times30\times10^{-4}=7.14\times10^{-7}[\text{N}]$$

[정답] 10 ② 11 ④ 12 ④ 13 ②

**14** **비유전율 2, 비투자율 2인 매질 내에서의 전자파의 전파속도 $v$[m/s]와 진공중의 빛의 속도 $v_0$[m/s] 사이 관계는?**

① $v=\frac{1}{2}v_0$ ② $v=\frac{1}{4}v_0$

③ $v=\frac{1}{6}v_0$ ④ $v=\frac{1}{8}v_0$

해설

전자파의 전파속도

$v=\frac{3\times10^8}{\sqrt{\varepsilon_s\mu_s}}=\frac{3\times10^8}{\sqrt{2\times2}}=\frac{3\times10^8}{2}=\frac{1}{2}v_0$[m/sec]

단, $v_0=3\times10^8$[m/sec] : 진공시 빛의 속도

**15** **영구 자석의 재료로 적합한 것은?**

① 잔류 자속밀도($B_r$)은 크고, 보자력($H_c$)은 작아야 한다.

② 잔류 자속밀도($B_r$)은 작고, 보자력($H_c$)은 커야 한다.

③ 잔류 자속밀도($B_r$)와 보자력($H_c$) 모두 작아야 한다.

④ 잔류 자속밀도($B_r$)와 보자력($H_c$) 모두 커야 한다.

해설

영구 자석의 재료 조건은 히스테리시스곡선의 면적이 크고, 잔류자기와 보자력이 모두 큰 것

**16** **전계 $E$[V/m], 전속밀도 $D$[C/m²], 유전율 $\varepsilon=\varepsilon_0\varepsilon_s$, 분극의 세기 $P$[C/m²] 사이의 관계는?**

① $P=D+\varepsilon_0 E$ ② $P=D-\varepsilon_0 E$

③ $P=\frac{D+E}{\varepsilon_0}$ ④ $P=\frac{D-E}{\varepsilon_0}$

해설

**분극의 세기(분극전하밀도=전기분극도=유전체 표면의 전하밀도)**

$P=D-\varepsilon_0 E=\varepsilon_0(\varepsilon_s-1)E=xE=D(1-\frac{1}{\varepsilon_s})=\frac{M}{V}$[C/m²]

① 분극률 $x=\varepsilon_0(\varepsilon_s-1)$

② 비분극률 $x_m=\frac{x}{\varepsilon_0}=\varepsilon_s-1$

③ 비유전률 $\varepsilon_s=\frac{x}{\varepsilon_0}+1$

④ 분극의 정의 : $P=\frac{M}{v}$[C/m²] 단위체적당 전기모멘트

여기서, 전속밀도 $D=\frac{Q}{S}=\varepsilon E=\varepsilon_0\varepsilon_s E=\varepsilon_0 E+P$[C/m²]

전기모멘트 $M=Q\delta$[C·m], 체적 $v$[m³]

⑤ 유전체의 전계와 분극의 세기 관계

$E=\frac{\sigma-\sigma_p}{\varepsilon_0}=\frac{D-P}{\varepsilon_0}$[V/m]

**17** **동일한 금속 도선의 두점 사이에 온도차를 주고 전류를 흘렸을 때 열의 흡수 및 발생 또는 흡수가 일어나는 현상은?**

① 펠티에 효과(Peltier effect)

② 볼타 법칙(Volta law)

③ 제벡 효과(Seebeck effect)

④ 톰슨 효과(Thomson effect)

해설

**전기의 여러 가지 현상**

① 제백 효과(열전효과) : 서로 다른 금속을 접속하고 접속점을 서로 다른 온도를 유지하면 기전력이 생겨 일정한 방향으로 전류가 흐른다.

② 펠티어 효과(제벡의 역효과) : 서로 다른 금속에서 다른 쪽 금속으로 전류를 흘리면 열의 발생 또는 흡수가 일어나는 현상을 펠티어 효과라 한다. 전자 냉동기의 원리

③ 톰슨 효과 : 동종의 금속에서 각부에서 온도가 다르면 그 부분에서 열의 발생 또는 흡수가 일어나는 효과를 톰슨 효과라 한다.

④ 접촉전기(=볼타효과) : 도체와 도체, 유전체와 유전체, 유전체와 도체를 접촉시키면 전자가 이동하여 양, 음으로 대전되는 현상

**18** **강자성체가 아닌 것은?**

① 코발트 ② 니켈

③ 철 ④ 구리

해설

보기 ①, ②, ③번은 강자성체이며 보기 ④은 반(역)자성체이다.

[정답] 14① 15④ 16② 17④ 18④

**19** **내구의 반지름이 2[cm], 외구의 반지름이 3[cm]인 동심 구 도체 간에 고유 저항이 $1.884\times10^2$[Ω·m]인 저항 물질로 채워져 있을 때, 내 외구 간의 합성저항은 약 몇 [Ω]인가?**

① 2.5 ② 5.0
③ 250 ④ 500

해설

$b>a$ 동심구의 정전용량 $C=\dfrac{4\pi\varepsilon}{\frac{1}{a}-\frac{1}{b}}$[F]

$R=\dfrac{\rho\varepsilon}{C}=\dfrac{\rho}{4\pi}\left(\dfrac{1}{a}-\dfrac{1}{b}\right)=\dfrac{1}{4\pi k}\left(\dfrac{1}{a}-\dfrac{1}{b}\right)$[Ω]

여기서 고유저항 $\rho=\dfrac{1}{k}$[Ω·m], 도전율 $k=\sigma=\dfrac{1}{\rho}$[℧/m]

저항 $R=\dfrac{\rho\varepsilon}{C}=\dfrac{\rho}{4\pi}\left(\dfrac{1}{a}-\dfrac{1}{b}\right)$

$=\dfrac{1.884\times10^2}{4\pi}\left(\dfrac{1}{2\times10^{-2}}-\dfrac{1}{3\times10^{-2}}\right)$

$=249.873\fallingdotseq250$[Ω]이다.

**20** **비투자율 $\mu_r=800$, 원형 단면적이 $S=10[cm^2]$, 평균 자로 길이 $l=16\pi\times10^{-2}$[m]의 환상 철심에 600회의 코일을 감고 이 코일에 1[A]의 전류를 흘리면 환상 철심 내부의 자속은 몇 [Wb]인가?**

① $1.2\times10^{-3}$ ② $1.2\times10^{-5}$
③ $2.4\times10^{-3}$ ④ $2.4\times10^{-5}$

해설

자속 $\phi=B\cdot S=\mu HS=\dfrac{F}{R_m}=\dfrac{\mu SNI}{l}$[Wb]

$\phi=\dfrac{\mu_0\mu_s SNI}{l}=\dfrac{4\pi\times10^{-7}\times800\times10\times10^{-4}\times600\times1}{16\pi\times10^{-2}}$

$=1.2\times10^{-3}$[Wb]

여기서, $\phi$[Wb] : 자속, $B[Wb/m^2]$ : 자속밀도, $N$[T] : 권수, $S[m^2]$ : 철심의 단면적, $I$[A] : 전류, $l$[m] : 자로의 길이, $R_m$[AT/Wb] : 자기저항, $F$[AT] : 기자력
$l=2\pi r=\pi d$[m] : 자로의 길이, $r$[m] : 평균반지름, $d$[m] : 평균지름

시행일 2021년 2회

**01** **두 종류의 유전율($\varepsilon_1$, $\varepsilon_2$)을 가진 유전체 경계면에 진전하가 존재하지 않을 때 성립하는 경계조건을 옳게 나타낸 것은? (단, $\theta_1$, $\theta_2$는 각각 유전체 경계면의 법선벡터와 $E_1$, $E_2$가 이루는 각이다.)**

① $E_1\sin\theta_1=E_2\sin\theta_2$, $D_1\sin\theta_1=D_2\sin\theta_2$, $\dfrac{\tan\theta_1}{\tan\theta_2}=\dfrac{\varepsilon_2}{\varepsilon_1}$

② $E_1\cos\theta_1=E_2\cos\theta_2$, $D_1\sin\theta_1=D_2\sin\theta_2$, $\dfrac{\tan\theta_1}{\tan\theta_2}=\dfrac{\varepsilon_2}{\varepsilon_1}$

③ $E_1\sin\theta_1=E_2\sin\theta_2$, $D_1\cos\theta_1=D_2\cos\theta_2$, $\dfrac{\tan\theta_1}{\tan\theta_2}=\dfrac{\varepsilon_1}{\varepsilon_2}$

④ $E_1\cos\theta_1=E_2\cos\theta_2$, $D_1\cos\theta_1=D_2\cos\theta_2$, $\dfrac{\tan\theta_1}{\tan\theta_2}=\dfrac{\varepsilon_1}{\varepsilon_2}$

해설

**복합유전체의 경계면 조건**

① 완전경계조건 : 경계면(접선)에는 진전하밀도가 존재하지 않고, 전위차는 없다.
② 법선(수직)에는 전속밀도 $D_1=D_2$만 존재(법 밀 코)
ⓐ $D_1=D_2$ : 연속적이다.
ⓑ $E_1\neq E_2$ : 불연속적이다.
ⓒ $D_1\cos\theta_1=D_2\cos\theta_2$, $\varepsilon_1E_1\cos\theta_1=\varepsilon_2E_2\cos\theta_2$
③ 접선(수평)=경계면에는 전계 $E_1=E_2$만 존재(접 계 싸)
ⓐ $E_1=E_2$ : 연속적이다.
ⓑ $D_1\neq D_2$ : 불연속적이다.
ⓒ $E_1\sin\theta_1=E_2\sin\theta_2$
④ 굴절각 $\varepsilon_1\tan\theta_2=\varepsilon_2\tan\theta_1$이며 유전체에 비례한다.
⑤ 굴절하지 않는 경우 : 문제에서 각도가 주어지지 않는 경우 경계면에 수직으로 입사하는 것으로 본다. 즉 전속 또는 전기력선이 경계면에 수직으로 입사 시 $\theta_1=0$, $\theta_2=0$이므로 다음과 같은 관계가 성립.
ⓐ 전속과 전기력선은 굴절하지 않는다.
ⓑ 전속밀도만 법선에 존재하며 전속밀도는 불변이다.
ⓒ 전계의 세기는 불연속적이다.

**02** **공기 중에서 반지름 0.03[m]의 구도체에 줄 수 있는 최대 전하는 약 몇 [C]인가? (단, 이 구도체의 주위 공기에 대한 절연내력은 $5\times10^6$[V/m]이다.)**

① $5\times10^{-7}$ ② $2\times10^{-6}$
③ $5\times10^{-5}$ ④ $2\times\times10^{-4}$

[정답] 19 ③ 20 ① 2021년 2회 01 ③ 02 ①

**해설**

전하량 $Q=CV[C]$, 반지름 $a$인 구도체의 정전용량 $C=4\pi\varepsilon_0 a[F]$, 전위 $V=E\cdot a[V]$이므로 $Q=4\pi\varepsilon_0 a\cdot Ea=4\pi\varepsilon_0\cdot E\cdot a^2[C]$

$Q=4\pi\times 8.855\times 10^{-12}\times 5\times 10^6\times 0.03^2=5.006\times 10^{-7}$

$\fallingdotseq 5\times 10^{-7}[C]$

**03** 진공 중의 평등자계 $H_0$ 중에 반지름이 $a[m]$이고, 투자율이 $\mu$인 구 자성체가 있다. 이 구 자성체의 감자율은? (단, 구 자성체 내부의 자계는 $H=\dfrac{3\mu_0}{2\mu_0+\mu}H_0$이다.)

① 1 ② $\dfrac{1}{2}$

③ $\dfrac{1}{3}$ ④ $\dfrac{1}{4}$

**해설**

**감자율**

① 가늘고 긴 막대 $N\fallingdotseq 0$

② 환상(솔레노이드) 철심 $N=0$

③ 굵고 짧은 막대 $N=1$

④ 구자성체 $N\fallingdotseq\dfrac{1}{3}$

**04** 유전율 $\varepsilon$, 전계의 세기 $E$인 유전체의 단위 체적당 축적되는 정전에너지는?

① $\dfrac{E}{2\varepsilon}$ ② $\dfrac{\varepsilon E}{2}$

③ $\dfrac{\varepsilon E^2}{2}$ ④ $\dfrac{\varepsilon^2 E^2}{2}$

**해설**

**전계 내 또는 유전체내에 축적되는 단위 체적당 에너지**

$W=\dfrac{\sigma^2}{2\varepsilon}=\dfrac{D^2}{2\varepsilon}=\dfrac{1}{2}\varepsilon E^2=\dfrac{1}{2}ED[J/m^3]$

**05** 단면적이 균일한 환상철심에 권수 $N_A$인 A코일과 권수 $N_B$인 B코일이 있을 때, B코일의 자기 인덕턴스가 $L_A[H]$라면 두 코일의 상호 인덕턴스[H]는? (단, 누설자속은 0이다.)

① $\dfrac{L_A N_A}{N_B}$ ② $\dfrac{L_A N_B}{N_A}$

③ $\dfrac{N_A}{L_A N_B}$ ④ $\dfrac{N_B}{L_A N_A}$

**해설**

결합계수 $k=1$일 경우

상호 인덕턴스 $N_A$인 A코일과 권수 $N_B$인 B코일이 있을 때,

A코일의 자기 인덕턴스가 $L_A$, B코일의 자기 인덕턴스가 $L_B$라 하면

$M=\dfrac{\mu S N_A N_B}{l}=\dfrac{N_A N_B}{R_m}=L_A\dfrac{N_A}{N_B}=L_B\dfrac{N_B}{N_A}[H]$

문제에서 조건은 $N_A$인 A코일과 권수 $N_B$인 B코일이 있을 때,

B코일의 자기 인덕턴스가 $L_A$이므로

A코일의 자기인덕턴스를 $L_B$라고 보면

$M=\dfrac{\mu S N_A N_B}{l}=\dfrac{N_A N_A}{R_m}=L_A\dfrac{N_A}{N_B}=L_B\dfrac{N_B}{N_A}[H]$가 된다.

**06** 비투자율이 350인 환상철심 내부의 평균 자계의 세기가 342[AT/m]일 때 자화의 세기는 약 몇 $[Wb/m^2]$인가?

① 0.12 ② 0.15

③ 0.18 ④ 0.21

**해설**

자화의 세기 $J=P_m=B-\mu_0 H=\mu_0(\mu_s-1)H=xH$

$=B\left(1-\dfrac{1}{\mu_s}\right)=\dfrac{M}{v}[Wb/m^2]$

① 자화율 $x=\mu_0(\mu_s-1)$

② 비자화율 $x_m=\dfrac{x}{\mu_0}=\mu_s-1$

③ 비투자율 $\mu_s=\dfrac{x}{\mu_0}+1$

$J=\mu_0(\mu_r-1)H=4\pi\times 10^{-7}\times(350-1)\times 342$

$=0.149\fallingdotseq 0.15[Wb/m^2]$

[정답] 03 ③ 04 ③ 05 ① 06 ②

**07** **진공 중에 놓인 $Q$[C]의 전하에서 발산되는 전기력선의 수는?**

① $Q$ ② $\varepsilon_0$

③ $\dfrac{Q}{\varepsilon_0}$ ④ $\dfrac{\varepsilon_0}{Q}$

해설

진공(공기)시 $Q$[C]에서 발생하는 전기력선의 총수는 $\dfrac{Q}{\varepsilon_0}$개다.

**08** **비투자율이 50인 환상 철심을 이용하여 100[cm] 길이의 자기회로를 구성할 때 자기저항을 $2.0\times10^7$[AT/Wb] 이하로 하기 위해서는 철심의 단면적을 약 몇 [$m^2$] 이상으로 하여야 하는가?**

① $3.6\times10^{-4}$ ② $6.4\times10^{-4}$

③ $8.0\times10^{-4}$ ④ $9.2\times10^{-4}$

해설

자기저항 $R_m=\dfrac{F}{\phi_m}=\dfrac{l}{\mu\cdot S}=\dfrac{l}{\mu_0\mu_s S}$[AT/Wb]

철심의 단면적 $S=\dfrac{l}{\mu_0\mu_s R_m}=\dfrac{100\times10^{-2}}{4\pi\times10^{-7}\times50\times2\times10^7}$

$=7.957\times10^{-4}\fallingdotseq8\times10^{-4}[m^2]$

**09** **자속밀도가 10[$Wb/m^2$]인 자계 중에 10[cm] 도체를 자계와 60°의 각도로 30[m/s]로 움직일 때, 이 도체에 유기되는 기전력은 몇 [V]인가?**

① 15 ② $15\sqrt{3}$

③ 1500 ④ $1500\sqrt{3}$

해설

자계 내 도체 이동시 도체에 전압이 유기 되는 현상으로 플레밍의 오른손 법칙 이용

$e=Blv\sin\theta=(\vec{v}\times\vec{B})l=\dfrac{F}{I}v$[V]

여기서, $B[Wb/m^2]$ : 자속밀도, $l$[m] : 도체의 길이,
$v$[m/s] : 이동속도, $F$[N] : 전자력, $I$[A] : 전류

$e=10\times10\times10^{-2}\times30\times\sin60^\circ=15\sqrt{3}$ [V]

**10** **전기력선의 성질에 대한 설명으로 옳은 것은?**

① 전기력선은 등전위면과 평행하다.

② 전기력선은 도체 표면과 직교한다.

③ 전기력선은 도체 내부에 존재할 수 있다.

④ 전기력선은 전위가 낮은 점에서 높은 점으로 향한다.

해설

① 전하가 없는 점에서는 전기력선의 발생 및 소멸은 없다.
② 전기력선은 정(+)전하에서 시작하여 부(−)전하에서 끝난다.
③ 전기력선의 방향은 그 점의 전계의 방향과 일치한다.
④ 전기력선의 밀도는 전계의 세기와 같다.
⑤ 전기력선은 전위가 높은 점에서 낮은 점으로 향한다.
⑥ 전기력선은 도체 표면(등전위면)에 수직으로 만난다.
⑦ 도체에 주어진 전하는 도체 표면에만 분포한다.
⑧ 전기력선은 대전도체 내부에는 존재하지 않는다.
⑨ 전하는 곡률이 큰 곳 곡률이 작은 곳에 큰 밀도를 이룬다.
⑩ 전기력선은 서로 반발하여 교차 할 수 없으며 그 자신만으로 폐곡선을 이룰 수 없다.

**11** **평등자계와 직각방향으로 일정한 속도로 발사된 전자의 원운동에 관한 설명으로 옳은 것은?**

① 플레밍의 오른손법칙에 의한 로렌츠의 힘과 원심력의 평형 원운동이다.

② 원의 반지름은 전자의 발사속도와 전계의 세기의 곱에 반비례한다.

③ 전자의 원운동 주기는 전자의 발사 속도와 무관하다.

④ 전자의 원운동 주파수는 전자의 질량에 비례한다.

해설

자계가 회전하고 있는 공간에 전자가 수직으로 입사 시 회전하는 자계의 원심력 과 전자력에 의해 전자가 항상 원운동을 한다.

① 원심력과 전자력

$F=\dfrac{mv^2}{r}=qvB\sin\theta$[N]

전자가 수직으로 입사하므로 $\sin90^\circ=1$

$$F=\frac{mv^2}{r}=qvB[N]$$

② 회전 반경(궤도)

$$r=\frac{mv}{eB}=\frac{mv}{e\mu_o H}[m]$$

[정답] 07 ③ 08 ① 09 ② 10 ② 11 ③

여기서, $e$[C] : 전자, $v$[m/s] : 속도,
$B$[Wb/m²] : 자속밀도, $m$[kg] : 질량

③ 전자의 운동속도 : $v=\dfrac{eBr}{m}$[m/s]

④ 각속도 (각주파수) : $\omega=\dfrac{v}{r}=\dfrac{eB}{m}=2\pi f$[rads]

⑤ 주파수 : $f=\dfrac{1}{T}=\dfrac{\omega}{2\pi}=\dfrac{eB}{2\pi m}$[Hz]

⑥ 주기 : $T=\dfrac{1}{f}=\dfrac{2\pi}{\omega}=\dfrac{2\pi m}{eB}$[sec]

**12** **전계 $E$[V/m]가 두 유전체의 경계면에 평행으로 작용하는 경우 경계면에 단위면적당 작용하는 힘의 크기는 몇 [N/m²]인가? (단, $\varepsilon_1$, $\varepsilon_2$는 각 유전체의 유전율이다.)**

① $f=E^2(\varepsilon_1-\varepsilon_2)$
② $f=\dfrac{1}{E^2}(\varepsilon_1-\varepsilon_2)$
③ $f=\dfrac{1}{2}E^2(\varepsilon_1-\varepsilon_2)$
④ $f=\dfrac{1}{2E^2}(\varepsilon_1-\varepsilon_2)$

**해설**

① 전계가 경계면에 수평으로 입사 시

$\varepsilon_1>\varepsilon_2 \quad f=\dfrac{1}{2}(\varepsilon_1-\varepsilon_2)E^2$[N/m²]

② 전계가 경계면에 수직으로 입사 시

$\varepsilon_1>\varepsilon_2 \quad f=\dfrac{1}{2}(\dfrac{1}{\varepsilon_2}-\dfrac{1}{\varepsilon_1})D^2$[N/m²]

**13** **공기 중에 있는 반지름 $a$[m]의 독립 금속구의 정전용량은 몇 [F]인가?**

① $2\pi\varepsilon_0 a$
② $4\pi\varepsilon_0 a$
③ $\dfrac{1}{2\pi\varepsilon_0 a}$
④ $\dfrac{1}{4\pi\varepsilon_0 a}$

**해설**

구도체의 정전용량

$C=\dfrac{Q}{V}=\dfrac{Q}{\dfrac{Q}{4\pi\varepsilon_0 a}}=4\pi\varepsilon_0 a=\dfrac{a}{9\times10^9}$[F]

여기서, $a$[m] : 반지름

**14** **와전류가 이용되고 있는 것은?**

① 수중 음파 탐지기
② 레이더
③ 자기 브레이크(magnetic brake)
④ 사이클로트론 (cyclotron)

**해설**

① 와전류손 : $Pe=(fB_m t)^2=k(fB_m)^2$[W/m³] 방지책으로서 성층결선을 사용한다.
여기서, $B_m$[Wb/m²] : 자속밀도, $f$[Hz] : 주파수,
$t$[m] : 철판의 두께, $k$[℧/m] : 도전율
② 와전류의 방향은 자속이 수직인 면에 회전한다
③ 와전류 응용 : 제동법 (마그네트 브레이크)

**15** **전계 $E=\dfrac{2}{x}\hat{x}+\dfrac{2}{y}\hat{y}$[V/m]에서 점(3, 5)[m]를 통과하는 전기력선의 방정식은? (단, $\hat{x}$, $\hat{y}$는 단위벡터이다.)**

① $x^2+y^2=12$
② $y^2-x^2=12$
③ $x^2+y^2=16$
④ $y^2-x^2=16$

**해설**

전계의 세기가 $E=\dfrac{2}{x}\hat{x}+\dfrac{2}{y}\hat{y}$일 때 전기력선의 방정식을 구하면

전기력선의 방정식 $\dfrac{dx}{Ex}=\dfrac{dy}{Ey}$이므로

$\dfrac{dx}{\frac{2}{x}}=\dfrac{dy}{\frac{2}{y}}$ → $xdx=ydy$에서 양변을 적분하면

$\dfrac{1}{2}x^2+\dfrac{1}{2}y^2+k$, $x=3$, $y=5$이므로 $k=-8$가 된다.

따라서 이에 등식이 해당되는 보기는 $y^2-x^2=16$이다.

**16** **전계 $E=\sqrt{2}\,E_e\sin\omega\left(t-\dfrac{x}{c}\right)$[V/m]의 평면 전자파가 있다. 진공 중에서 자계의 실효값은 몇 [A/m]인가?**

① $\dfrac{1}{4\pi}E_e$
② $\dfrac{1}{36\pi}E_e$
③ $\dfrac{1}{120\pi}E_e$
④ $\dfrac{1}{360\pi}E_e$

[정답] 12 ③ 13 ② 14 ③ 15 ④ 16 ③

**해설**

공기 및 진공중 파동 임피던스 $Z=\frac{E}{H}=\sqrt{\frac{\mu_0}{\varepsilon_0}}=120\pi=377[\Omega]$를 이용 $\frac{E}{120\pi}=H$이 된다.

**17** 진공 중에 서로 떨어져 있는 두 도체 $A$, $B$가 있다. 도체 $A$에만 1[C]의 전하를 줄 때, 도체 $A$, $B$의 전위가 각각 3[V], 2[V]이었다. 지금 도체 $A$, $B$에 각각 1[C]과 2[C]의 전하를 주면 도체 $A$의 전위는 몇 [V]인가?

① 6 ② 7
③ 8 ④ 9

**해설**

A 도체(1도체)에만 1[C]의 전하를 주었으므로 B(2도체)도체에 전하량은 0[C]이 된다.
두 도체의 전위 $V_1=P_{11}Q_1+P_{12}Q_2$, $V_2=P_{21}Q_2+P_{22}Q_2$,
$Q_1=1[C]$, $Q_2=0[C]$, $V_1=4$, $V_2=6$을 대입정리하면,
$P_{11}=3$, $P_{21}=P_{12}=2$가 된다.
지금 두 도체에 $Q_1=1[C]$, $Q_2=2[C]$을 주었을 때의
1 도체의 전위는 $V_1=P_{11}Q_1+P_{12}Q_2=3\times1+2\times2=7[V]$가 된다.

**18** 한 변의 길이가 4[m]인 정사각형의 루프에 1[A]의 전류가 흐를 때, 중심점에서의 자속밀도 $B$는 약 몇 [Wb/m²]인가?

① $2.83\times10^{-7}$ ② $5.65\times10^{-7}$
③ $11.31\times10^{-7}$ ④ $14.14\times10^{-7}$

**해설**

정사각형(정방형) 코일에 의한 중심점에 작용하는 자계는
$H=\frac{2\sqrt{2}I}{\pi l}[AT/m]$

자속밀도 $B=\mu_0 H=\mu_0\frac{2\sqrt{2}I}{\pi l}=4\pi\times10^{-7}\times\frac{2\sqrt{2}\times1}{\pi\times4}$
$=2.828\times10^{-7}\fallingdotseq2.83\times10^{-7}[Wb/m^2]$

**19** 원점에 1[$\mu$C]의 점전하가 있을 때 점 $P(2, -2, 4)$[m]에서의 전계의 세기에 대한 단위벡터는 약 얼마인가?

① $0.41a_x-0.41a_y+0.8a_z$
② $-0.33a_x+0.33a_y-0.6a_z$
③ $-0.41a_x+0.41a_y-0.8a_z$
④ $0.33a_x-0.33a_y+0.6a_z$

**해설**

원점(0, 0, 0)에서 $P$점 (2, −2, 4)에 대한 거리벡터
$\vec{r}=(2-0)a_x+(-2-0)a_y+(4-0)a_z$
$=2a_x-2a_y+4a_z[m]$이고
전계의 세기의 방향의 단위 벡터 $\vec{n}$는
$\vec{n}=\frac{\vec{r}}{|\vec{r}|}=\frac{2a_x-2a_y+4a_z}{\sqrt{2^2+2^2+4^2}}=0.41a_x-0.41a_y+0.82a_z$이다.
여기서 벡터연산자 $i=a_x$, $j=a_y$, $k=a_z$

**20** 공기 중에서 전자기파의 파장이 3[m]라면 그 주파수는 몇 [MHz]인가?

① 100 ② 300
③ 1000 ④ 3000

**해설**

전자파의 전파속도 $v=\frac{1}{\sqrt{\varepsilon\mu}}=\lambda f[m/sec]$에서

공기(진공) 중 주파수 $f=\frac{1}{\lambda\sqrt{\varepsilon_0\mu_0}}[Hz]$이므로 이를 이용

$f=\frac{1}{\lambda\sqrt{\varepsilon_0\mu_0}}=\frac{3\times10^8}{\lambda}=\frac{3\times10^8}{3}\times10^{-6}=100[MHz]$

여기서, $v=\frac{1}{\sqrt{\varepsilon_0\mu_0}}=3\times10^8[m/sec]$ : 진공(공기) 중 광속도 및 전자파의 속도

[정답] 17 ② 18 ① 19 ① 20 ①

시행일 **2021년 3회**

**01** 자기 인덕턴스가 각각 $L_1$, $L_2$인 두 코일의 상호 인덕턴스가 M일 때 결합 계수는?

① $\dfrac{M}{L_1L_2}$ ② $\dfrac{L_1L_2}{M}$

③ $\dfrac{M}{\sqrt{L_1L_2}}$ ④ $\dfrac{\sqrt{L_1L_2}}{M}$

해설

**상호 인덕턴스**

- 상호인덕턴스 $M=k\sqrt{L_1L_2}$ [H]
- 결합계수 $k=\dfrac{M}{\sqrt{L_1L_2}}$

**02** 정상 전류계에서 $J$는 전류밀도, $\sigma$는 도전율, $\rho$는 고유저항, $E$는 전계의 세기일 때, 옴의 법칙의 미분형은?

① $J=\sigma E$ ② $J=\dfrac{E}{\rho}$

③ $J=\rho E$ ④ $J=\rho\sigma E$

해설

전류 밀도 $i[\mathrm{A/m^2}]$ : 단위 면적당 전류

$i=i_c=J=\dfrac{I_c}{S}=kE=\dfrac{E}{\rho}=nev=Qv[\mathrm{A/m^2}]$

여기서, $I[\mathrm{A}]$ : 전류, $S[\mathrm{m^2}]$ : 면적, $k=\sigma[\mho/\mathrm{m}]$ : 도전율, $E=[\mathrm{V/m}]$ : 전계의 세기, $n$[개/$\mathrm{m^3}$] : 단위체적당 전자 개수, $v[\mathrm{m/sec}]$ : 전자 이동속도, $Q[\mathrm{C/m^3}]$ : 단위체적당 전하량

**03** 길이가 10[cm]이고 단면의 반지름이 1[cm]인 원통형 자성체가 길이 방향으로 균일하게 자화되어 있을 때 자화의 세기가 0.5[$\mathrm{Wb/m^2}$]이라면 이 자성체의 자기모멘트 [Wb·m]는?

① $1.57\times10^{-5}$ ② $1.57\times10^{-4}$

③ $1.57\times10^{-3}$ ④ $1.57\times10^{-2}$

해설

자화의 세기 $J=\dfrac{M[\text{모멘트}]}{v[\text{체적}]}=\dfrac{m\cdot l}{Sl}=\dfrac{m\cdot l}{\pi a^2\cdot l}=\dfrac{m}{\pi a^2}[\mathrm{Wb/m^2}]$이고

① 자극의 세기 $m$를 구하면

$$m=\pi a^2\cdot J=\pi\times\left(\frac{d}{2}\right)^2\cdot J=\frac{\pi d^2J}{4}[\mathrm{Wb}]$$

② 자기모멘트 $M$을 구하면

$$M=\pi a^2\cdot J\cdot l=\pi\times\left(\frac{d}{2}\right)^2\cdot J\cdot l=\frac{\pi d^2J\cdot l}{4}[\mathrm{Wb\cdot m}]$$

여기서, $a[\mathrm{m}]$ : 반지름, $d[\mathrm{m}]$ : 지름

$M=\pi a^2\cdot J\cdot l=\pi\times(1\times10^{-2})^2\times0.5\times10\times10^{-2}$
$=1.570\times10^{-5}[\mathrm{Wb\cdot m}]$

**04** 그림과 같이 공기 중 2개의 동심 구도체에서 내구($A$)에만 전하 $Q$를 주고 외구($B$)를 접지하였을 때 내구($A$)의 전위는?

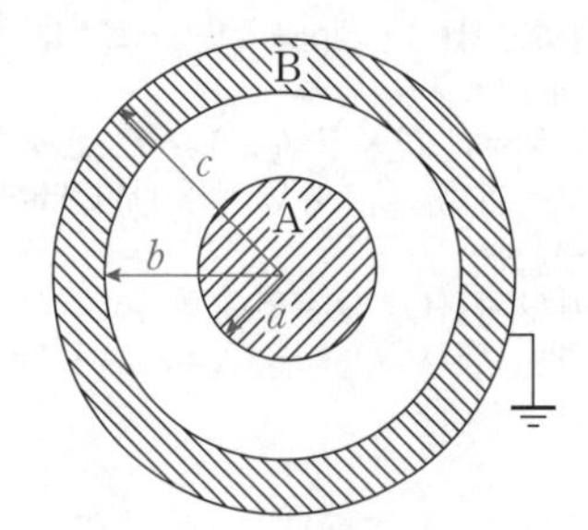


① $\dfrac{Q}{4\pi\varepsilon_0}\left(\dfrac{1}{a}-\dfrac{1}{b}+\dfrac{1}{c}\right)$ ② $\dfrac{Q}{4\pi\varepsilon_0}\left(\dfrac{1}{a}-\dfrac{1}{b}\right)$

③ $\dfrac{Q}{4\pi\varepsilon_0}\cdot\dfrac{1}{c}$ ④ 0

해설

접지된 도체의 전위는 영전위 이고 정전차폐가 된다.
도체$A$에 준 전하에 의한 전계는 $B$도체 외부로 발산되지 못하므로

$$V=-\int_b^a Edr=-\int_b^a\frac{Q}{4\pi\varepsilon_0 r^2}dr=\frac{Q}{4\pi\varepsilon_0}\left(\frac{1}{a}-\frac{1}{b}\right)[\mathrm{V}]$$

**05** 평행판 커패시터에 어떤 유전체를 넣었을 때 전속밀도가 $4.8\times10^{-7}[\mathrm{C/m^2}]$이고 단위 체적당 정전에너지가 $5.3\times10^{-3}[\mathrm{J/m^3}]$이었다. 이 유전체의 유전율은 약 몇 [F/m]인가?

[정답] 2021년 3회 01 ③ 02 ① 03 ① 04 ② 05 ②

① $1.15\times10^{-11}$　② $2.17\times10^{-11}$
③ $3.19\times10^{-11}$　④ $4.21\times10^{-11}$

해설

전속밀도 $D=4.8\times10^{-7}[\mathrm{C/m^2}]$
단위체적당 정전에너지 $W=5.3\times10^{-3}[\mathrm{J/m^3}]$이므로
$W=\dfrac{D^2}{2\varepsilon}$을 이용하여 유전율을 구하면

$$\varepsilon=\frac{D^2}{2W}=\frac{(4.8\times10^{-7})^2}{2\times5.3\times10^{-3}}=2.17\times10^{-11}[\mathrm{F/m^2}]$$

**06** **히스테리시스 곡선에서 히스테리시스 손실에 해당하는 것은?**

① 보자력의 크기
② 잔류자기의 크기
③ 보자력과 잔류자기의 곱
④ 히스테리시스 곡선의 면적

해설

히스테리시스 루프의 면적은 강자성체의 자화 시 필요한 단위체적당 필요한 에너지 또는 히스테리시스 손의 면적을 뜻한다.

**07** **그림과 같이 극판의 면적이 $S[\mathrm{m^2}]$인 평행판 커패시터에 유전율이 각각 $\varepsilon_1=4$, $\varepsilon_2=2$인 유전체를 채우고 $a$, $b$ 양단에 $V[\mathrm{V}]$의 전압을 인가했을 때, $\varepsilon_1$, $\varepsilon_2$인 유전체 내부의 전계의 세기 $E_1$과 $E_2$의 관계식은? (단, $\sigma[\mathrm{C/m^2}]$는 면전하밀도이다.)**

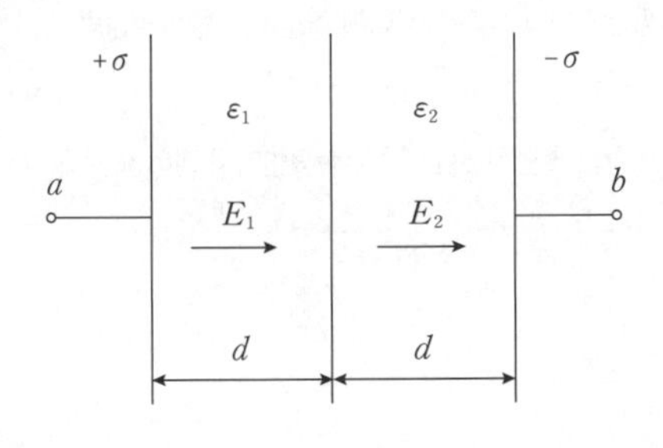


① $E_1=2E_2$　② $E_1=4E_2$
③ $2E_1=E_2$　④ $E_1=E_2$

해설

그림에서 경계면에 전계가 수직입사이므로 경계면 양측에서 전속밀도는 같아야 한다.
$D_1=D_2$의 조건을 이용 이를 정리하면 $\varepsilon_1E_1=\varepsilon_2E_2$, $\varepsilon_1=4$, $\varepsilon_2=2$이므로, $4E_1=2E_2$, $2E_1=E_2$가 된다.

**08** **간격이 $d[\mathrm{m}]$이고 면적이 $S[\mathrm{m^2}]$인 평행판 커패시터의 전극 사이에 유전율이 $\varepsilon$인 유전체를 넣고 전극 간에 $V[\mathrm{V}]$의 전압을 가했을 때, 이 커패시터의 전극판을 떼어내는데 필요한 힘의 크기$[\mathrm{N}]$는?**

① $\dfrac{1}{2\varepsilon}\dfrac{V^2}{d^2S}$　② $\dfrac{1}{2\varepsilon}\dfrac{dV^2}{S}$

③ $\dfrac{1}{2}\varepsilon\dfrac{V}{d}S$　④ $\dfrac{1}{2}\varepsilon\dfrac{V^2}{d^2}S$

해설

대전 도체에 작용하는힘=면(판)에 작용하는 힘=정전응력=정전흡인력
① 단위 면적당 작용하는 힘 :
$$f=\frac{\sigma^2}{2\varepsilon_o}=\frac{D^2}{2\varepsilon_o}=\frac{1}{2}\varepsilon_oE^2=\frac{1}{2}ED[\mathrm{N/m^2}]$$
② 정전응력 전체적인 힘 $F=fS[\mathrm{N}]$
$F=\dfrac{1}{2}\varepsilon E^2S[\mathrm{N}]$에서 평행판에 작용하는 전계의 세기는
$E=\dfrac{V}{d}[\mathrm{V/m}]$이므로 이를 대입하면
$F=\dfrac{1}{2}\varepsilon\left(\dfrac{V}{d}\right)^2S=\dfrac{1}{2}\varepsilon\dfrac{V^2}{d^2}S[\mathrm{N}]$가 된다.

**09** **다음 중 기자력(magnetomotive force)에 대한 설명으로 틀린 것은?**

① SI 단위는 암페어[A]이다.
② 전기회로의 기전력에 대응한다.
③ 자기회로의 자기저항과 자속의 곱과 동일하다.
④ 코일에 전류를 흘렸을 때 전류밀도와 코일의 권수의 곱의 크기와 같다.

해설

기자력 $F=NI=\phi R_m[\mathrm{AT=A}]$이므로 코일에 전류를 흘렸을 때 전류와 코일의 권수의 곱의 크기와 같다.

[정답] 06 ④ 07 ③ 08 ④ 09 ④

**10** 유전율 $\varepsilon$, 투자율 $\mu$인 매질 내에서 전자파의 전파속도는?

① $\sqrt{\frac{\mu}{\varepsilon}}$　② $\sqrt{\mu\varepsilon}$
③ $\sqrt{\frac{\varepsilon}{\mu}}$　④ $\frac{1}{\sqrt{\mu\varepsilon}}$

해설

$v=\frac{1}{\sqrt{\varepsilon\mu}}=\frac{3\times10^8}{\sqrt{\varepsilon_s\mu_s}}=\frac{\omega}{\beta}=\frac{1}{\sqrt{LC}}=\lambda f$[m/s]

여기서, $\beta=\omega\sqrt{LC}$ : 위상정수, $\lambda$[m] : 파장, $f$[Hz] : 주파수
전자파의 속도는 완전절연체에서는 주파수 $f$[Hz]와 무관하며 매질의 특성 $\varepsilon\mu$에 관계가 있으며 완전 절연체(유전체)에서 전자파는 무감쇠 진동을 한다.

**11** 평균 반지름($r$)이 20[cm] 단면적($S$)이 6[cm²]인 환상 철심에서 권선수($N$)가 500회인 코일에 흐르는 전류($I$)가 4[A]일 때 철심 내부에서의 자계의 세기($H$)는 약 몇 [AT/m]인가?

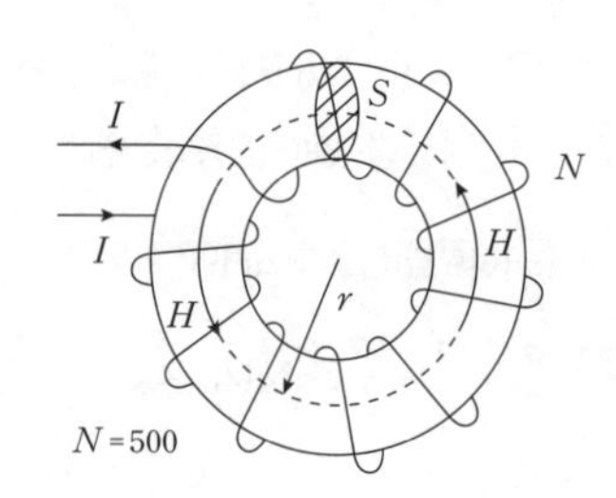


① 1590　② 1700
③ 1870　④ 2120

해설

**환상솔레노이드의 자계의 세기**

① 철심 외부 자계 : $H=0$[AT/m](그림에서 0점의 자계의 세기)
② 철심 내부 자계 : $H=\frac{NI}{l}=\frac{NI}{2\pi r}$[AT/m]

여기서, $N$[T] : 권수, $I$[A] : 전류, $l=2\pi r$[m] : 자로의 길이, $r$[m] : 평균 반지름

$H=\frac{NI}{2\pi r}=\frac{500\times4}{2\pi\times20\times10^{-2}}=1591.549≒1590$[AT/m]

**12** 패러데이관(Faraday tube)의 성질에 대한 설명으로 틀린 것은?

① 패러데이관 중에 있는 전속수는 그 관속에 진전하가 없으면 일정하며 연속적이다.
② 패러데이관의 양단에는 양 또는 음의 단의 진전하가 존재하고 있다.
③ 패러데이관 한 개의 단위 전위차 당 보유에너지는 $\frac{1}{2}J$이다.
④ 패러데이관의 밀도는 전속밀도와 같지 않다.

해설

**패러데이관**

전속밀도의 역선인 전속선으로 역선에 의해 생긴 역관이라고도 한다.
① 패러데이관내의 전속수는 일정하다.
② 패러데이관 양단에는 정, 부 단위 전하가 있다.
③ 진 전하가 없는 점에는 패러데이관은 연속이다.
④ 패러데이관의 밀도는 전속밀도와 같다.
⑤ 패러데이관에서 단위 전위차시 에너지는 1/2[J]이다.

**13** 공기 중 무한 평면도체의 표면으로부터 2[m] 떨어진 곳에 4[C]의 점전하가 있다. 이 점전하가 받는 힘은 몇 [N]인가?

① $\frac{1}{\pi\varepsilon_0}$　② $\frac{1}{4\pi\varepsilon_0}$
③ $\frac{1}{8\pi\varepsilon_0}$　④ $\frac{1}{16\pi\varepsilon_0}$

해설

무한 평면도체와 점전하 사이에 작용하는 힘＝영상력

$F=-9\times10^9\frac{Q^2}{4a^2}=-2.25\times10^9\frac{Q^2}{a^2}=-\frac{Q^2}{16\pi\varepsilon_0 a^2}$[N]

(－) : 항상 흡인력 $a$[m] : 무한평면에서 떨어진 거리

$F=-\frac{Q^2}{16\pi\varepsilon_0 a^2}=-\frac{4^2}{16\pi\varepsilon_0\times2^2}=-\frac{1}{4\pi\varepsilon_0}$[N]

**14** 반지름이 $r$[m]인 반원형 전류 $I$[A]에 의한 반원의 중심(0)점에서 자계의 세기[AT/m]?

[정답] 10④ 11① 12④ 13② 14④

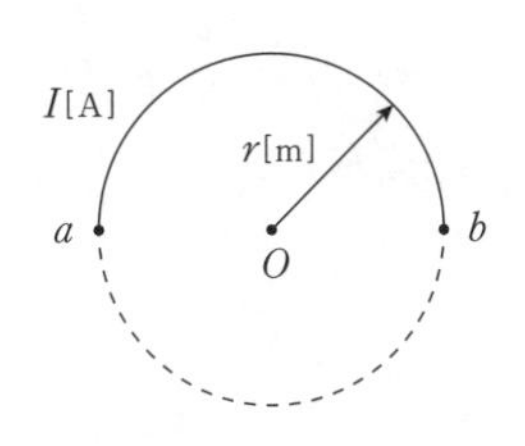


① $\frac{2I}{r}$ ② $\frac{I}{r}$

③ $\frac{I}{2r}$ ④ $\frac{I}{4r}$

해설

반원 중심의 자계는 원형코일 중심점의 자계의 세기에 반만 작용하므로 $H=\frac{I}{2r}\times\frac{1}{2}=\frac{I}{4r}[\text{AT/m}]$

**15** **진공 중에서 점$(0, 1)$[m]의 위치에 $-2\times10^{-9}$[C] 전하가 있을 때, 점$(2, 0)$[m]에 있는 1[C]의 점전하에 작용하는 힘은 몇 [N]인가? (단, $\hat{x}$, $\hat{y}$는 단위벡터이다.)**

① $-\frac{18}{3\sqrt{5}}\hat{x}+\frac{36}{3\sqrt{5}}\hat{y}$ ② $-\frac{36}{5\sqrt{5}}\hat{x}+\frac{18}{5\sqrt{5}}\hat{y}$

③ $-\frac{36}{3\sqrt{5}}\hat{x}+\frac{18}{3\sqrt{5}}\hat{y}$ ④ $\frac{36}{5\sqrt{5}}\hat{x}+\frac{18}{5\sqrt{5}}\hat{y}$

해설

쿨롱의 법칙 $F=\frac{Q_1Q_2}{4\pi\varepsilon_o|r|^2}\cdot n=9\times10^9\times\frac{Q_1Q_2}{|r|^2}\cdot n[\text{N}]$

여기서, $Q_1Q_2$[C] : 전하량, $r$[m] : 두 전하사이의 거리,

방향 벡터 : $n=\frac{\text{벡터}}{\text{스칼라}}=\frac{r}{|r|}$

$-Q$[C]측으로 흡인력이 작용하므로 거리벡터

$r$=종점−시점$=(0-2)\hat{x}+(1-0)\hat{y}=-2\hat{x}+\hat{y}$[m]

$|r|=\sqrt{(-2)^2+1^2}=\sqrt{5}$[m]

$n=\frac{r}{|r|}=-\frac{2}{\sqrt{5}}\hat{x}+\frac{1}{\sqrt{5}}\hat{y}$

① +에서 −로 작용하는 힘

$$F=9\times10^9\times\frac{1\times(-2\times10^{-9})}{(\sqrt{5})^2}\cdot\left(-\frac{2}{\sqrt{5}}\hat{x}+\frac{1}{\sqrt{5}}\hat{y}\right)$$

$$=\frac{36}{5\sqrt{5}}\hat{x}+\frac{18}{5\sqrt{5}}\hat{y}\text{ [N]}$$

② −에서 +로 작용하는 힘($P$점에 작용하는 힘)을 계산하는 것이므로 반대 방향으로 작용하는 방향 벡터는 $-n$이 된다.

$$F=9\times10^9\times\frac{1\times(-2\times10^{-9})}{(\sqrt{5})^2}\cdot-\left(\frac{2}{\sqrt{5}}\hat{x}+\frac{1}{\sqrt{5}}\hat{y}\right)$$

$$=-\frac{36}{5\sqrt{5}}\hat{x}+\frac{18}{5\sqrt{5}}\hat{y}\text{ [N]}$$

**16** **내압이 2.0[kV]고 정전용량이 각각 0.01[$\mu$F], 0.02[$\mu$F], 0.04[$\mu$F]인 3개의 커패시터를 직렬로 연결했을 때 전체 내압은 몇 [V]인가?**

① 1750 ② 2000

③ 3500 ④ 4000

해설

$C_1=0.01[\mu\text{F}]$, $C_2=0.02[\mu\text{F}]$, $C_3=0.04[\mu\text{F}]$이고

$V_1=V_2=V_3=2[\text{kV}]$일 때 각 콘덴서의 전하

$Q_1=C_1V_1=0.01\times10^{-6}\times2\times10^3=2\times10^{-5}[\text{C}]$

$Q_2=C_2V_2=0.02\times10^{-6}\times2\times10^3=4\times10^{-5}[\text{C}]$

$Q_3=C_3V_3=0.04\times10^{-6}\times2\times10^3=8\times10^{-5}[\text{C}]$

전하량이 가장 작은 $C_1$콘덴서가 먼저 파괴되므로 이를 기준하면

$$V=\frac{\frac{1}{C_1}+\frac{1}{C_2}+\frac{1}{C_3}}{\frac{1}{C_1}}V_1=\frac{\frac{1}{0.01}+\frac{1}{0.02}+\frac{1}{0.04}}{\frac{1}{0.01}}\times2000$$

$=3500[\text{V}]$

**17** **그림과 같이 단면적 $S[\text{m}^2]$가 균일한 환상철심에 권수 $N_2$인 $B$코일이 있을 때, $A$코일의 자기 인덕턴스가 $L_1$[H]이라면 두 코일의 상호 인덕턴스 $M$[H]는? (단, 누설자속은 0이다.)**

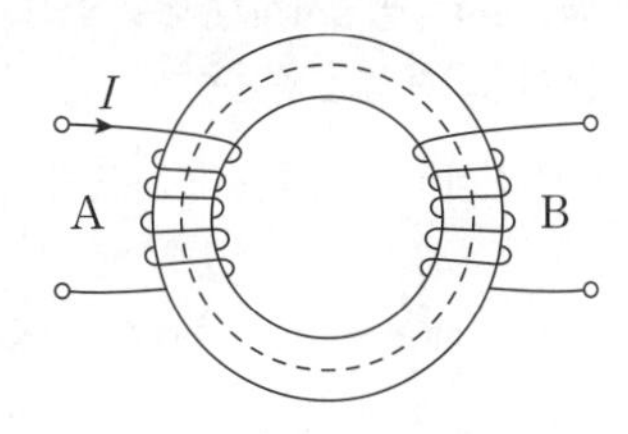


① $\frac{L_1N_2}{N_1}$ ② $\frac{N_2}{L_1N_1}$

③ $\frac{L_1N_1}{N_2}$ ④ $\frac{N_1}{L_1N_2}$

[정답] 15② 16③ 17①

해설

A코일의 인덕턴스 권수 $N_1$일 때 $L_1=\frac{\mu SN_1^2}{l}$[H]

B코일의 인덕턴스 권수 $N_1$일 때 $L_2=\frac{\mu SN_2^2}{l}$[H]

결합계수 $k=1$일 경우 상호 인덕턴스

$M=\frac{\mu SN_1N_2}{l}=\frac{N_1N_2}{R_m}=L_1\frac{N_2}{N_1}=L_2\frac{N_1}{N_2}$[H]

## 18 간격 $d$[m], 면적 $S$[m²]의 평행판 전극 사이에 유전율이 $\varepsilon$인 유전체가 있다. 전극 간에 $v(t)=V_m\sin\omega t$의 전압을 가했을 때, 유전체속의 변위전류밀도[A/m²]는?

① $\frac{\varepsilon\omega V_m}{d}\cos\omega t$　② $\frac{\varepsilon\omega V_m}{d}\sin\omega t$

③ $\frac{\varepsilon V_m}{\omega d}\cos\omega t$　④ $\frac{\varepsilon V_m}{\omega d}\sin\omega t$

해설

변위 전류 밀도 $i_D=i_d=\frac{\partial D}{\partial t}=\varepsilon\frac{\partial E}{\partial t}=\frac{\varepsilon}{d}\frac{\partial V}{\partial t}$[A/m²]

전속밀도의 시간적 변화는 변위 전류를 만들고 변위전류는 자계를 발생 시킨다.

여기서, $D=\varepsilon E$[C/m²] : 전속밀도, $E=\frac{V}{d}$[V/m] : 전계,

$V=Ed$[V] : 전위

$i_D=\frac{\varepsilon}{d}\frac{\partial V}{\partial t}V_m\sin\omega t=\omega\frac{\varepsilon}{d}V_m\cos\omega t$[A/m²]

## 19 속도 $v$의 전자가 평등자계 내에 수직으로 들어갈 때, 이 전자에 대한 설명으로 옳은 것은?

① 구면위에서 회전하고 구의 반지름은 자계의 세기에 비례한다.

② 원운동을 하고 원의 반지름은 자계의 세기에 비례한다.

③ 원운동을 하고 원의 반지름은 자계의 세기에 반비례한다.

④ 원운동을 하고 원의 반지름은 전자의 처음 속도의 제곱에 비례한다.

해설

회전 반경 즉 원의 반지름은 $r=\frac{mv}{Be}=\frac{mv}{\mu_0He}$[m]$\propto v\propto\frac{1}{r}$에 비례하며 항상 원운동을 한다.

## 20 쌍극자 모멘트가 $M$[Wb·m]인 전기쌍극자에 의한 임의의 점 $P$에서의 전계의 크기는 전기 쌍극자의 중심에서 축방향과 점 $P$를 잇는 선분 사이의 각이 얼마 일 때 최대가 되는가?

① 0　② $\frac{\pi}{2}$

③ $\frac{\pi}{3}$　④ $\frac{\pi}{4}$

해설

전기 쌍극자 전계의 중심에서 축방향의 전계

$E=\frac{M}{4\pi\varepsilon_0 r^3}\sqrt{1+3\cos^2\theta}$[V/m]이므로

전계가 최대일 경우 $\theta=0°$ 최소일 경우 $\theta=90°=\frac{\pi}{2}$ 일 때이다.

# 시행일 2022년 1회

## 01 면적이 0.02[m²], 간격이 0.03[m]이고, 공기로 채워진 평행평판의 커패시터에 $1.0\times10^{-6}$[C]의 전하를 충전시킬 때, 두 판 사이에 작용하는 힘의 크기는 약 몇 [N]인가?

① 1.13　② 1.41

③ 1.89　④ 2.83

해설

**정전 흡입력**

단위 면적당 정전 흡입력

$f=\frac{F}{S}=\frac{\sigma^2}{2\varepsilon_0}=\frac{D^2}{2\varepsilon_0}=\frac{\varepsilon_0E^2}{2}=\frac{ED}{2}$[N/m²]에서

$$F=f\cdot S=\frac{\sigma^2}{2\varepsilon_0}S=\frac{\left(\frac{Q}{S}\right)^2}{2\varepsilon_0}S=\frac{Q^2}{2\varepsilon_0 S}$$

$$=\frac{(1.0\times10^{-6})^2}{2\times8.855\times10^{-12}\times0.02}=2.83[\text{N}]$$

[정답] 18 ① 19 ③ 20 ① 2022년 1회 01 ④

**02** **자극의 세기가 $7.4\times10^{-5}$[Wb], 길이가 10[cm]인 막대자석이 100[AT/m]의 평등자계 내에 자계의 방향과 30°로 놓여 있을 때 이 자석에 작용하는 회전력[N·m]은?**

① $2.5\times10^{-3}$　② $3.7\times10^{-4}$
③ $5.3\times10^{-5}$　④ $6.2\times10^{-6}$

해설

**막대자석의 회전력**

$T=mlH\sin\theta=MH\sin\theta\equiv M\times H$에서
$m=7.4\times10^{-5}$[Wb], $l=0.1$[m],
$H=100$[AT/m], $\theta=30°$이므로
$T=7.4\times10^{-5}\times0.1\times100\times\sin30°=3.7\times10^{-4}$[N·m]

**03** **유전율이 $\varepsilon=2\varepsilon_0$이고 투자율이 $\mu_0$인 비도전성 유전체에서 전자파의 전계의 세기가 $E=(z,t)=120\pi\cos(10^9t-\beta z)\hat{y}$[V/m] 일 때, 자계의 세기 $H$[A/m]는? (단, $\hat{x}$, $\hat{y}$는 단위벡터이다.)**

① $-\sqrt{2}\cos(10^9t-\beta z)\hat{x}$
② $\sqrt{2}\cos(10^9t-\beta z)\hat{x}$
③ $-2\cos(10^9t-\beta z)\hat{x}$
④ $2\cos(10^9t-\beta z)\hat{x}$

해설

**전자파**

$$H_m=\sqrt{\frac{\varepsilon}{\mu}}E=\sqrt{\frac{2\varepsilon_0}{\mu_0}}E_m=\sqrt{2}\times\sqrt{\frac{\varepsilon_0}{\mu_0}}E_m$$
$$=\sqrt{2}\times\frac{1}{377}\times120\pi=\sqrt{2}\text{ [A/m]}$$이며

$E=(z,t)=120\pi\cos(10^9t-\beta z)\hat{y}$[V/m]에서
$E$의 크기는 $\hat{y}$ 방향, 즉 $y$축 방향이 된다.
전자파의 진행방향은 $E\times H=\hat{z}$ 방향이므로
오른나사 법칙을 이용, $H$의 방향은 $-\hat{x}$ 방향임을 알 수 있다.
$\therefore H=-\sqrt{2}\cos(10^9t-\beta z)\hat{x}$[AT/m]

**04** **자기회로에서 전기회로의 도전율 $\sigma$[℧/m]에 대응되는 것은?**

① 자속　② 기자력
③ 투자율　④ 자기저항

해설

**자기회로**

전기회로와 자기회로의 비교

| 전기회로 | | 자기회로 | |
|---|---|---|---|
| 도전율 | $k=\sigma$[℧/m] | 투자율 | $\mu$[H/m] |
| 전기저항 | $R=\frac{l}{kS}[\Omega]$ | 자기저항 | $R_m=\frac{l}{\mu S}[\Omega]$ |
| 기전력 | $V=IR$[V] | 기자력 | $F=NI=\phi R_m$[AT] |
| 전류 | $I=\frac{V}{R}$[A] | 자속 | $\phi=\frac{F}{R_m}=\frac{\mu SNI}{l}$[Wb] |
| 전류밀도 | $i_c=\frac{I}{S}$[A/m²] | 자속밀도 | $B=\frac{\phi}{S}$[Wb/m²] |

**05** **단면적이 균일한 환상철심에 권수 1000회인 A 코일과 권수 $N_B$회인 B 코일이 감겨져 있다. A 코일의 자기 인덕턴스가 100[mH]이고, 두 코일 사이의 상호 인덕턴스가 20[mH]이고, 결합계수가 1일 때, B 코일의 권수($N_B$)는 몇 회인가?**

① 100　② 200
③ 300　④ 400

해설

**상호 인덕턴스**

상호 인덕턴스 $M=\frac{\mu SN_1N_2}{l}=\frac{N_1N_2}{R_m}$
$$=L_1\frac{N_2}{N_1}=L_2\frac{N_1}{N_2}=\frac{et}{I}\text{[H]}$$
$$L_2=\frac{MN_1}{L_1}=\frac{20\times10^{-3}\times1000}{100\times10^{-3}}=200\text{[회]}$$

[정답] 02 ② 03 ① 04 ③ 05 ②

**06** 공기 중에서 $1[V/m]$의 전계의 세기에 의한 변위전류밀도의 크기를 $2[A/m^2]$으로 흐르게 하려면 전계의 주파수는 몇 $[MHz]$가 되어야 하는가?

① 9000 ② 18000
③ 36000 ④ 72000

해설

**변위전류**

변위전류밀도 $i_d=\dfrac{\partial D}{\partial t}=\omega\varepsilon E=2\pi f\varepsilon E[A/m^2]$

$$f=\frac{i_d}{2\pi\varepsilon E}=\frac{2}{2\pi\times8.855\times10^{-12}\times1}\times10^6=36000[MHz]$$

**07** 내부 원통 도체의 반지름이 $a[m]$, 외부 원통도체의 반지름이 $b[m]$인 동축 원통 도체에서 내외 도체 간 물질의 도전율이 $\sigma[℧/m]$일 때 내외 도체 간의 단위 길이당 컨덕턴스 $\sigma[℧/m]$는?

① $\dfrac{2\pi\sigma}{\ln\dfrac{b}{a}}$ ② $\dfrac{2\pi\sigma}{\ln\dfrac{a}{b}}$

③ $\dfrac{4\pi\sigma}{\ln\dfrac{b}{a}}$ ④ $\dfrac{4\pi\sigma}{\ln\dfrac{a}{b}}$

해설

**저항의 종류**

원통도체 내외 정전용량 $C=\dfrac{2\pi\varepsilon}{\ln\dfrac{b}{a}}[F]$

컨덕턴스 $G=\dfrac{1}{R}=\dfrac{C}{\rho\varepsilon}=\dfrac{\dfrac{2\pi\varepsilon}{\ln\dfrac{b}{a}}}{\rho\varepsilon}=\dfrac{2\pi}{\rho\ln\dfrac{b}{a}}=\dfrac{2\pi\sigma}{\ln\dfrac{b}{a}}[℧/m]$

**08** $z$축 상에 놓인 길이가 긴 직선 도체에 $10[A]$의 전류가 $+z$ 방향으로 흐르고 있다. 이 도체 주위의 자속밀도가 $3\hat{x}-4\hat{y}[Wb/m^2]$일 때 도체가 받는 단위 길이다 힘 $[N/m]$은? (단, $x$, $y$는 단위벡터이다.)

① $-40\hat{x}+30\hat{y}$ ② $-30\hat{x}+40\hat{y}$
③ $30\hat{x}+40\hat{y}$ ④ $40\hat{x}+30\hat{y}$

해설

**전자력**

플레밍의 왼손법칙 $F=BIl\sin\theta=\mu_0HIl\sin\theta=(\times B)l[N]$

전류 $I=10\hat{z}[A]$, 자속밀도 $B=3\hat{x}-4\hat{y}[Wb/m^2]$이므로

단위길이당 힘 $f=\dfrac{F}{l}=I\times B=\begin{vmatrix}\hat{x} & \hat{y} & \hat{z}\\ 0 & 0 & 10\\ 3 & -4 & 0\end{vmatrix}$

$=(0+40)\hat{x}-(0-30)\hat{y}+(0-0)\hat{z}=40\hat{x}+30\hat{y}[N/m]$

**09** 진공 중 한 변의 길이가 $0.1[m]$인 정삼각형의 3정점 A, B, C에 각각 $2.0\times10^{-6}[C]$의 점전하가 있을 때, 점 A의 전하에 작용하는 힘은 몇 $[N]$인가?

① $1.8\sqrt{2}$ ② $1.8\sqrt{3}$
③ $3.6\sqrt{2}$ ④ $3.6\sqrt{3}$

해설

**쿨롱의 법칙**

정삼각형 각 정점에 동종의 같은 크기 전하 존재시

각 점전하에 의한 힘을 $F_1$, $F_2$라 한다면 $F_1=F_2$

$$F_1=F_2=\frac{Q_1Q_2}{4\pi\varepsilon_0 r^2}=\frac{Q^2}{4\pi\varepsilon_0 r^2}=9\times10^9\times\frac{Q^2}{r}[N]$$

점 A의 전하에 작용하는 전체 힘

$$F=\sqrt{F_1^{\,2}+F_2^{\,2}+2F_1F_2\cos\theta}=\sqrt{3}F_1$$

$$=\sqrt{3}\times9\times10^9\times\frac{(2.0\times10^{-6})^2}{0.1^2}=3.6\sqrt{3}[N]$$

**10** 투자율이 $\mu[H/m]$, 자계의 세기가 $H[AT/m]$, 자속밀도가 $B[Wb/m^2]$인 곳에서의 자계에너지 밀도$[J/m^3]$는?

① $\dfrac{B^2}{2\mu}$ ② $\dfrac{H^2}{2\mu}$

③ $\dfrac{1}{2}\mu H$ ④ $BH$

해설

[정답] 06 ③ 07 ① 08 ④ 09 ④ 10 ①

**자계 에너지**

단위 체적당 자계 에너지 $\omega=\frac{B^2}{2\mu_0}=\frac{1}{2}\mu_0 H^2=\frac{1}{2}BH[J/m^3]$

## 11 전공 내 전위함수가 $V=x^2+y^2[V]$로 주어졌을 때, $0\le x\le 1, 0\le y\le 1, 0\le z\le 1$인 공간에 저장되는 정전에너지[J]는?

① $\frac{4}{3}\varepsilon_0$ ② $\frac{2}{3}\varepsilon_0$

③ $4\varepsilon_0$ ④ $2\varepsilon_0$

해설

**정전 에너지**

전계의 세기 $E=-gradV=-i\frac{\partial V}{\partial x}-j\frac{\partial V}{\partial y}+k\frac{\partial V}{\partial z}$

$=-2xi-2yj$

$E^2=E\circ E=(-2xi-2yj)\circ(-2xi-2yj)=4x^2+4y^2$

$W=\frac{1}{2}\varepsilon_0 E^2 v=\int_v \frac{1}{2}\varepsilon_0 E^2 dv$

$\frac{1}{2}\varepsilon_0\int_0^1\int_0^1\int_0^1(4x^2+4y^2)dxdydz=\frac{4}{3}\varepsilon_0[J]$

## 12 전계가 유리에서 공기로 입사할 때 입사각 $\theta_1$과 굴절각 $\theta_2$의 관계와 유리에서의 전계 $E_1$과 공기에서의 전계 $E_2$의 관계는?

① $\theta_1>\theta_2,\ E_1>E_2$ ② $\theta_1<\theta_2,\ E_1>E_2$

③ $\theta_1>\theta_2,\ E_1<E_2$ ④ $\theta_1<\theta_2,\ E_1<E_2$

해설

**유전체 경계면 조건**

유리의 유전율을 $\varepsilon_1$, 공기의 유전율을 $\varepsilon_2$라고 하면 $\varepsilon_1>\varepsilon_2$

$D, \varepsilon, \theta$는 서로 비례하고 $E$와 반비례하므로 $\theta_1>\theta_2,\ E_1<E_2$

## 13 진공 중 4[m] 간격으로 평행한 두 개의 무한평판 도체에 각각 $+4[C/m^2]$, $-4[C/m^2]$의 전하를 주었을 때, 두 도체 간의 전위차는 약 몇 [V]인가?

① $1.36\times10^{11}$ ② $1.36\times10^{12}$

③ $1.8\times10^{11}$ ④ $1.8\times10^{12}$

해설

**도체 모양에 따른 전위**

평행판 사이 전위차

$V=E\cdot d=\frac{\sigma}{\varepsilon_0}d=\frac{4}{8.855\times10^{-12}}\times4=1.8\times10^{12}[V]$

## 14 인덕턴스[H]의 단위를 나타낸 것으로 틀린 것은?

① $\Omega\cdot s$ ② Wb/A

③ $J/A^2$ ④ $N/(A\cdot m)$

해설

**자기 인덕턴스**

자기 인덕턴스 단위

$[H]=[V\cdot sec/A]=[\Omega\cdot sec]=[Wb/A]=[J/A^2]$

## 15 진공 중 반지름이 $a$[m]인 무한길이의 원통도체 2개가 간격 $d$[m]로 평행하게 배치되어 있다. 두 도체 사이의 정전용량[C]을 나타낸 것으로 옳은 것은?

① $\pi\varepsilon_0\ln\frac{d-a}{a}$ ② $C=\frac{\pi\varepsilon_0}{\ln\frac{d-a}{a}}$

③ $\pi\varepsilon_0\ln\frac{a}{d-a}$ ④ $C=\frac{\pi\varepsilon_0}{\ln\frac{a}{d-a}}$

해설

**도체 모양에 따른 정전용량**

평행도선 사이 정전용량 $C=\frac{\pi\varepsilon_0}{\ln\frac{d-a}{a}}[F/m]$이며

$d\gg a$일 경우 $C=\frac{\pi\varepsilon_0}{\ln\frac{d}{a}}[F/m]$

[정답] 11 ① 12 ③ 13 ④ 14 ④ 15 ②

**16** 진공 중에 4[m]의 간격으로 놓여진 평행 도선에 같은 크기의 왕복 전류가 흐를 때 단위 길이당 $2.0\times10^{-7}$[N]의 힘이 작용하였다. 이 때 평행 도선에 흐르는 전류는 몇 [A]인가?

① 1 ② 2
③ 4 ④ 8

해설

**평행도선 사이에 작용하는 힘**

같은 크기의 왕복 전류이므로 $I_1=I_2=I$[A]

$F=\frac{\mu_0 I_1 I_2}{2\pi d}=\frac{2I_1I_2}{d}\times10^{-7}=\frac{2I^2}{d}\times10^{-7}$[N/m],

$I=\sqrt{\frac{FD}{2\times10^{-7}}}=\sqrt{\frac{2.0\times10^{-7}\times4}{2\times10^{-7}}}=2$[A]

**17** 평행 극판 사이 간격이 $d$[m]이고 정전용량이 0.3[$\mu$F]인 공기 커패시터가 있다. 그림과 같이 두 극판 사이에 비유전율이 5인 유전체를 절반두께 만큼 넣었을 때 이 커패시터의 정전용량은 몇 [$\mu$F]이 되는가?

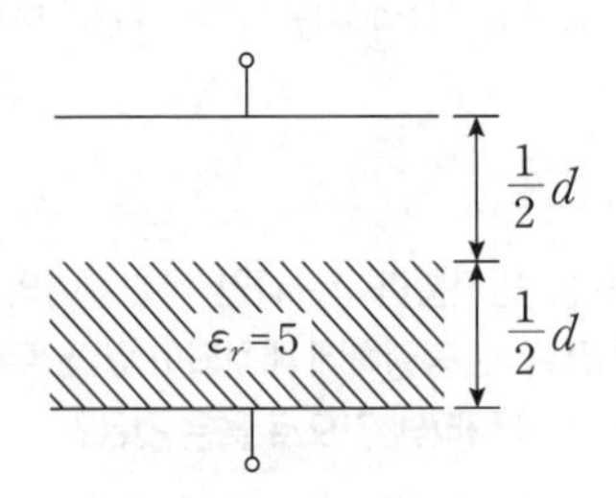


① 0.01 ② 0.05
③ 0.1 ④ 0.5

해설

**복합유전체에 의한 합성정전용량**

공기 콘덴서 정전용량 $C_0=0.2$[$\mu$F], 비유전율 $\varepsilon_s=5$일 때
공기 콘덴서 판간격 절반 두께에 유전체를
평행판에 수평으로 채운 경우

$C=C_0\times\frac{2\varepsilon_s}{1+\varepsilon_s}=0.3\times\frac{2\times5}{1+5}=0.5$[$\mu$F]

**18** 반지름이 $a$[m]인 접지된 구도체와 구도체의 중심에서 거리 $d$[m] 떨어진 곳에 점전하가 존재할 때, 점전하에 의한 접지된 구도체에서의 영상전하에 대한 설명으로 틀린 것은?

① 영상전하는 구도체 내부에 존재한다.
② 영상전하는 점전하와 구도체 중심을 이은 직선상에 존재한다.
③ 영상전하의 전하량과 점전하의 전하량은 크기는 같고 부호는 반대이다.
④ 영상전하의 위치는 구도체의 중심과 사이 거리($d$[m])와 구도체의 반지름($a$[m])에 의해 결정된다.

해설

**접지구도체과 점전하**

접지구도체와 점전하 $Q$에서, 영상전하 $Q'=-\frac{a}{d}Q$[C]이므로
부호는 반대지만 크기는 같지 않다.

**19** 평등 전계 중에 유전체 구에 의한 전계 분포가 그림과 같이 되었을 때 $\varepsilon_1$과 $\varepsilon_2$의 크기 관계는?

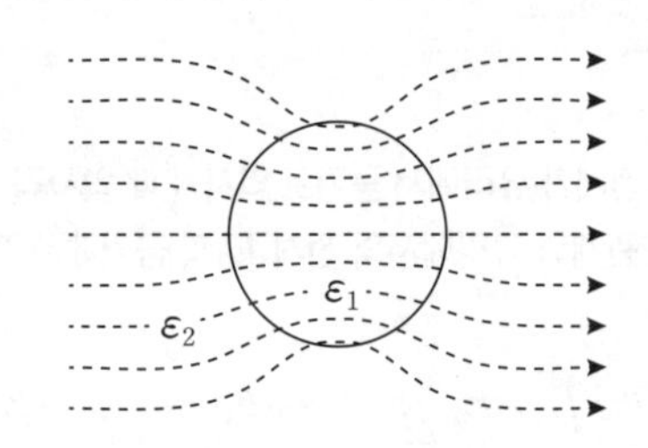


① $\varepsilon_1>\varepsilon_2$ ② $\varepsilon_1<\varepsilon_2$
③ $\varepsilon_1=\varepsilon_2$ ④ 무관하다.

해설

**유전체 경계면 조건**

전계의 세기는 전기력선 밀도와 같다.
전기력선은 유전율이 작은 쪽으로 모이므로 $\varepsilon_1<\varepsilon_2$임을 알 수 있다.

[정답] 16② 17④ 18③ 19②

**20** 어떤 도체에 교류 전류가 흐를 때 도체에서 나타나는 표피 효과에 대한 설명으로 틀린 것은?

① 도체 중심부보다 도체 표면부에 더 많은 전류가 흐르는 것을 표피 효과라 한다.

② 전류의 주파수가 높을수록 표피 효과는 작아진다.

③ 도체의 도전율이 클수록 표피 효과는 커진다.

④ 도체의 투자율이 클수록 표피 효과는 커진다.

해설

**표피효과**

표피효과 $\propto \frac{1}{\delta} = \sqrt{\pi f \sigma \mu}$ 이므로 주파수가 클수록,

투자율이 클수록, 도전율이 높을수록 표피효과는 커진다.

## 시행일 2022년 2회

**01** $\varepsilon_r = 81$, $\mu_r = 1$인 매질의 고유 임피던스는 약 몇 $[\Omega]$인가? (단, $\varepsilon_r$은 비유전율이고, $\mu_r$은 비투자율이다.)

① 13.9 ② 21.9

③ 33.9 ④ 41.9

해설

**파동 고유 임피던스**

$$\eta = \frac{E}{H} = \sqrt{\frac{\mu}{\varepsilon}} = \sqrt{\frac{\mu_o \mu_s}{\varepsilon_o \varepsilon_s}} = 377\sqrt{\frac{\mu_s}{\varepsilon_s}} = 377\sqrt{\frac{1}{81}} = 41.9[\Omega]$$

**02** 강자성체의 $B-H$ 곡선을 자세히 관찰하면 매끈한 곡선이 아니라 자속밀도가 어느 순간 급격히 계단적으로 증가 또는 감소하는 것을 알 수 있다. 이러한 현상을 무엇이라 하는가?

① 퀴리점 (Curie point)

② 자왜현상 (Magneto-striction)

③ 바크하우젠 효과 (Barkhausen effect)

④ 자기여자 효과 (Magnetic after effect)

해설

**바크하우젠 효과**

자성체 내에서 임의의 방향으로 배열되었던 자구가 외부 자장의 힘이 일정치 이상이 되면 순간적으로 회전하여 자장의 방향으로 배열되기 때문에 자속밀도가 증가하는 현상을 말하며, $B-H$ 곡선을 자세히 관찰하면 매끈한 곡선이 아니라 $B$가 계단적으로 증가 또는 감소함을 알 수가 있다.

**03** 진공 중에 무한 평면도체와 $d[\mathrm{m}]$만큼 떨어진 곳에 선전하밀도 $\lambda[\mathrm{C/m}]$의 무한 직선도체가 평행하게 놓여 있을 경우 직선 도체의 단위 길이당 받는 힘은 몇 $[\mathrm{N/m}]$인가?

① $\frac{\lambda^2}{\pi\varepsilon_0 d}$ ② $\frac{\lambda^2}{2\pi\varepsilon_0 d}$

③ $\frac{\lambda^2}{4\pi\varepsilon_0 d}$ ④ $\frac{\lambda^2}{16\pi\varepsilon_0 d}$

해설

**접지무한평면과 선전하**

접지무한평면과 선전하 사이 발생하는 힘

$$F = QE = \lambda l \frac{\lambda}{2\pi\varepsilon_0(2d)} = -\frac{-\lambda^2 l}{4\pi\varepsilon_0 d}[\mathrm{N}]$$

단위길이당 작용하는 힘 $F' = \frac{F}{l} = -\frac{-\lambda^2}{4\pi\varepsilon_0 d}[\mathrm{N/m}]$

**04** 평행 극판 사이에 유전율이 각각 $\varepsilon_1$, $\varepsilon_2$인 유전체를 그림과 같이 채우고, 극판 사이에 일정한 전압을 걸었을 때 두 유전체 사이에 작용하는 힘은? (단, $\varepsilon_1 > \varepsilon_2$)

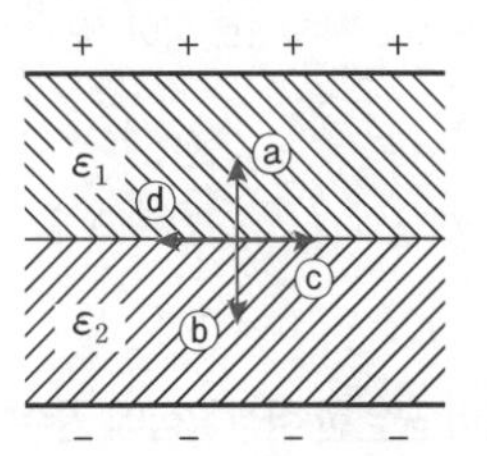


① ⓐ의 방향 ② ⓑ의 방향

③ ⓒ의 방향 ④ ⓓ의 방향

해설

**경계면에 작용하는 힘**

경계면에 작용하는 힘은 유전율이 큰 쪽에서 작은 쪽으로 작용하므로 $\varepsilon_1$에서 $\varepsilon_2$방향으로 작용하는 ⓑ 방향이 된다.

[정답] 20 ② 2022년 2회 01 ④ 02 ③ 03 ③ 04 ②

**05** 정전용량이 20[$\mu$F]인 공기의 평행판 커패시터에 0.1[C]의 전하량을 충전하였다. 두 평행판 사이에 비유전율이 10인 유전체를 채웠을 때 유전체 표면에 나타나는 분극 전하량[C]은?

① 0.009　② 0.01
③ 0.09　④ 0.1

해설

**분극의 세기**

분극의 세기=분극전하밀도 $\sigma_P=D\left(1-\frac{1}{\varepsilon_s}\right)=\frac{Q}{S}\left(1-\frac{1}{\varepsilon_s}\right)$

분극전하량 $Q_P=\sigma_P\cdot S=Q\left(1-\frac{1}{\varepsilon_s}\right)=0.1\times\left(1-\frac{1}{10}\right)=0.09$[C]

**06** 유전율이 $\varepsilon_1$과 $\varepsilon_2$인 두 유전체가 경계를 이루어 평행하게 접하고 있는 경우 유전율이 $\varepsilon_1$인 영역에 전하 $Q$가 존재할 때 이 전하와 $\varepsilon_2$인 유전체 사이에 작용하는 힘에 대한 설명으로 옳은 것은?

① $\varepsilon_1>\varepsilon_2$인 경우 반발력이 작용한다.
② $\varepsilon_1>\varepsilon_2$인 경우 흡인력이 작용한다.
③ $\varepsilon_1$과 $\varepsilon_2$에 상관없이 반발력이 작용한다.
④ $\varepsilon_1$과 $\varepsilon_2$에 상관없이 흡인력이 작용한다.

해설

**경계면에 작용하는 힘**

$\varepsilon_1>\varepsilon_2$인 경우 $\varepsilon_1$에서 $\varepsilon_2$ 방향으로 힘이 작용하며 이 때의 힘은 반발력이다.

**07** 단면적이 균일한 환상철심에 권수 100회인 A코일과 권수 400회인 B 코일이 있을 때 A 코일의 자기 인덕턴스가 4[H]라면 두 코일의 상호 인덕턴스가 몇 [H]인가? (단, 누설자속은 0이다.)

① 4　② 8
③ 12　④ 16

해설

**상호 인덕턴스**

$M=\frac{\mu S N_1 N_2}{l}=\frac{N_1 N_2}{R_m}=L_1\frac{N_2}{N_1}=L_2\frac{N_1}{N_2}=\frac{et}{I}$[H]이므로

$M=L_1\frac{N_2}{N_1}=4\times\frac{400}{100}=16$[H]

**08** 평균 자로의 길이가 10[cm], 평균 단면적이 2[cm$^2$]인 환상 솔레노이드의 자기 인덕턴스를 5.4[mH] 정도로 하고자 한다. 이때 필요한 코일의 권선수는 약 몇 회인가? (단, 철심의 비투자율은 15000이다.)

① 6　② 12
③ 24　④ 29

해설

**솔레노이드 자기 인덕턴스**

솔레노이드 내부 인덕턴스 $L=\frac{\mu S N^2}{l}$[H]

$N=\sqrt{\frac{Ll}{\mu_0\mu_s S}}=\sqrt{\frac{5.4\times10^{-3}\times0.1}{4\pi\times10^{-7}\times15000\times2\times10^{-4}}}=11.97$[회]

**09** 투자율이 $\mu$[H/m], 단면적이 $S$[m$^2$], 길이가 $l$[m]인 자성체에 권선을 $N$회 감아서 $I$[A]의 전류를 흘렸을 때 이 자성체의 단면적 $S$[m$^2$]를 통과하는 자속[Wb]은?

① $\mu\frac{I}{Ll}S$　② $\mu\frac{NI}{Sl}$
③ $\frac{NI}{\mu S}l$　④ $\mu\frac{NI}{l}S$

해설

**자기회로**

자속 $\phi=\frac{F}{R_m}=\frac{NI}{\frac{l}{\mu S}}=\frac{\mu SNI}{l}$[Wb]

[정답] 05 ③ 06 ① 07 ④ 08 ② 09 ④

**10** **그림은 커패시터의 유전체 내에 흐르는 변위전류를 보여준다. 커패시터의 전극 면적을 $S$[m$^2$], 전극에 축적된 전하를 $q$[C], 전극의 표면전하 밀도를 $\sigma$[C/m$^2$], 전극 사이의 전속밀도를 $D$[C/m$^2$]라 하면 변위전류밀도 $i_d$[A/m$^2$]는?**

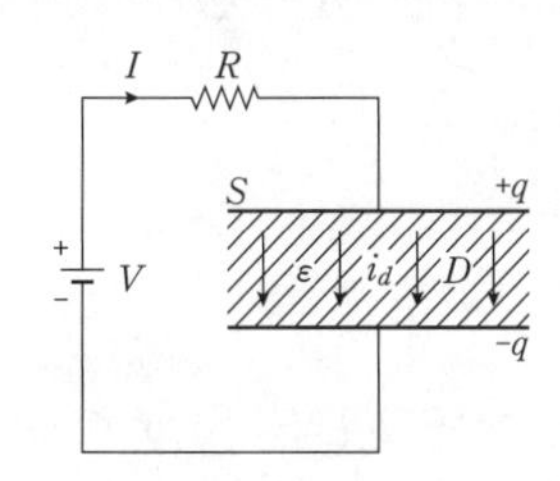


① $\dfrac{\partial D}{\partial t}$　② $\dfrac{\partial q}{\partial t}$

③ $S\dfrac{\partial D}{\partial t}$　④ $\dfrac{1}{S}\dfrac{\partial D}{\partial t}$

해설

**변위전류**

변위전류밀도 $i_d=\dfrac{I}{S}=\dfrac{1}{S}\cdot\dfrac{\partial Q}{\partial t}=\dfrac{\partial}{\partial t}\left(\dfrac{Q}{S}\right)=\dfrac{\partial}{\partial t}\left(\dfrac{\psi}{S}\right)$

$=\dfrac{\partial D}{\partial t}$[A/m$^2$]

**11** **진공 중에서 점(1, 3)[m]의 위치에 $-2\times10^{-9}$[C]의 점전하가 있을 때 점(2, 1)[m]에 있는 1[C]의 점전하에 작용하는 힘은 몇 [N]인가? (단, $\hat{x}$, $\hat{y}$는 단위벡터이다.)**

① $-\dfrac{18}{5\sqrt{5}}\hat{x}+\dfrac{36}{5\sqrt{5}}\hat{y}$　② $-\dfrac{36}{5\sqrt{5}}\hat{x}+\dfrac{18}{5\sqrt{5}}\hat{y}$

③ $-\dfrac{36}{5\sqrt{5}}\hat{x}-\dfrac{18}{5\sqrt{5}}\hat{y}$　④ $\dfrac{18}{5\sqrt{5}}\hat{x}+\dfrac{36}{5\sqrt{5}}\hat{y}$

해설

**쿨롱의 법칙**

점(1, 3)[m]에 음전하가 있으므로 점 (2, 1)[m]에 있는 점전하에 작용하는 힘은 (1, 3)[m] 방향으로 발생한다.

힘의 방향 $\vec{r}=(1-2)\hat{x}+(3-1)\hat{y}=-\hat{x}+2\hat{y}$

$|\vec{r}|=\sqrt{(-1)^2+2^2}=\sqrt{5}$ [m]

단위벡터 $\vec{n}=\dfrac{\vec{r}}{|\vec{r}|}=\dfrac{-\hat{x}+2\hat{y}}{\sqrt{5}}$

힘의 크기 $F=9\times10^9\times\dfrac{Q_1Q_2}{r^2}=9\times10^9\times\dfrac{2\times10^{-9}\times1}{\sqrt{5^2}}=\dfrac{18}{5}$

$\vec{F}=F\vec{n}=\dfrac{18}{5}\left(\dfrac{-\hat{x}+2\hat{y}}{\sqrt{5}}\right)=\dfrac{-18\hat{x}}{5\sqrt{5}}+\dfrac{36\hat{y}}{5\sqrt{5}}$[N]

**12** **정전용량이 $C_0$[$\mu$F]인 평행판의 공기 커패시터가 있다. 두 극판 사이에 극판과 평행하게 절반을 비유전율이 $\varepsilon_r$인 유전체로 채우면 커패시터의 정전용량[$\mu$F]은?**

① $\dfrac{C_0}{2\left(1+\dfrac{1}{\varepsilon_r}\right)}$　② $\dfrac{C_0}{1+\dfrac{1}{\varepsilon_r}}$

③ $\dfrac{2C_0}{1+\dfrac{1}{\varepsilon_r}}$　④ $\dfrac{4C_0}{1+\dfrac{1}{\varepsilon_r}}$

해설

**복합유전체의 합성정전용량**

공기 콘덴서 판간격 절반 두께에 유전체를 평행판에 수평으로

채운 경우 $C=C_0\times\dfrac{2\varepsilon_r}{1+\varepsilon_r}=C_0\times\dfrac{2\varepsilon_r}{1+\varepsilon_r}\times\dfrac{\frac{1}{\varepsilon_r}}{\frac{1}{\varepsilon_r}}=\dfrac{2C_0}{1+\dfrac{1}{\varepsilon_r}}$[$\mu$F]

**13** **그림과 같이 점 $O$를 중심으로 반지름이 $a$[m]인 구도체 1과 안쪽 반지름이 $b$[m]이고 바깥쪽 반지름이 $c$[m]인 구도체가 2가 있다. 이 도체계에서 전위계수 $P_{11}$[1/F]에 해당되는 것은?**

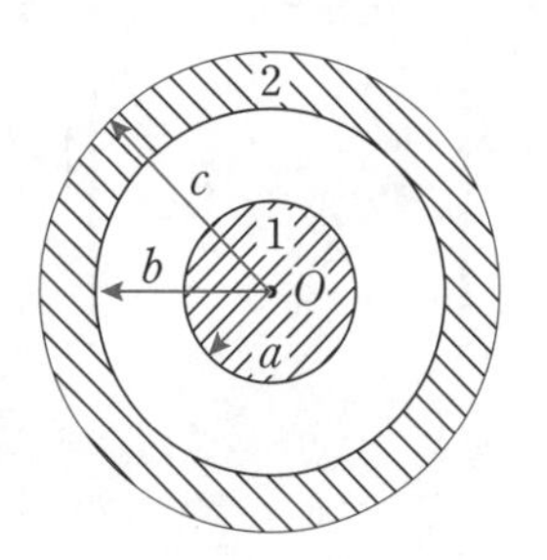


① $\dfrac{1}{4\pi\varepsilon}\dfrac{1}{a}$　② $\dfrac{1}{4\pi\varepsilon}\left(\dfrac{1}{a}-\dfrac{1}{b}\right)$

③ $\dfrac{1}{4\pi\varepsilon}\left(\dfrac{1}{b}-\dfrac{1}{c}\right)$　④ $\dfrac{1}{4\pi\varepsilon}\left(\dfrac{1}{a}-\dfrac{1}{b}+\dfrac{1}{c}\right)$

[정답] 10 ① 11 ① 12 ③ 13 ④

해설

**전위계수**

도체 1 및 도체 2의 전위를 $V_1$, $V_2$, 전하를 $Q_1$, $Q_2$이라고 하면
$V_1=P_{11}Q_1+P_{12}Q_2[\text{V}]$, $V_2=P_{21}Q_1+P_{22}Q_2[\text{V}]$
$Q_1=1$, $Q_2=0$일 경우 $V_1-P_{11}$, $V_2=P_{21}$
$Q_1=0$, $Q_2=1$일 경우 $V_1-P_{12}$, $V_2=P_{12}$이다.
내구(도체1)에 $Q_1=1$를 주면 외구에는 $-1[\text{C}]$, $1[\text{C}]$의 전하가 유기되므로 내구의 전위 $V_1=\dfrac{Q}{4\pi\varepsilon_0}\left(\dfrac{1}{a}-\dfrac{1}{b}+\dfrac{1}{c}\right)[\text{V}]$이다.

$\therefore P_{11}=\dfrac{V_1}{Q_1}=\dfrac{1}{4\pi\varepsilon_0}\left(\dfrac{1}{a}-\dfrac{1}{b}+\dfrac{1}{c}\right)[1/\text{F}]$

## 14 자계의 세기를 나타내는 단위가 아닌 것은?

① A/m ② N/Wb
③ (H·A)/m² ④ Wb/(H·m)

해설

**자계의 세기**

자계의 세기 단위 $[\text{A/m}]=[\text{N/Wb}]$

자속 $\phi=LI[\text{Wb}]$, $I=\dfrac{\phi}{L}[\text{A}=\text{Wb/H}]$이므로

$\therefore [\text{A/m}]=[\text{Wb/H}\cdot\text{m}]$

## 15 그림과 같이 평행한 무한장 직선의 두 도선에 $I$[A], $4I$[A]인 전류가 각각 흐른다. 두 도선 사이 점 P에서의 자계의 세기가 0이라면 $\dfrac{a}{b}$는?

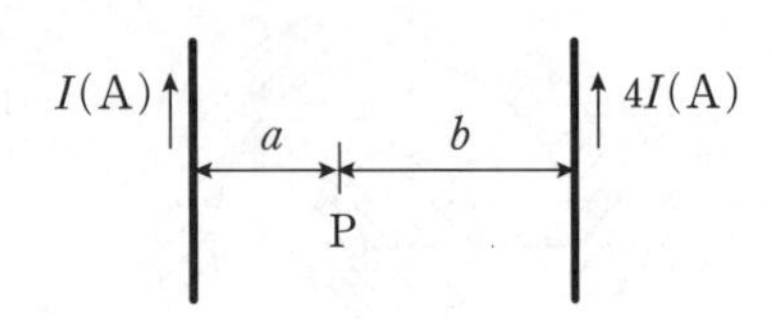


① 2 ② 4
③ $\dfrac{1}{2}$ ④ $\dfrac{1}{4}$

해설

**무한장 직선도체에 의한 자계**

두 도선에 의한 자계를 각각 $H_1$, $H_2$라 하면
앙페르의 오른나사 법칙에 의해 점 P에서 $H_1$, $H_2$는 방향이 반대이며 자계의 세기가 0이므로

$H_1=\dfrac{I_1}{2\pi a}=\dfrac{I_2}{2\pi b}=H_2$가 성립된다.

$I_1=1[\text{A}]$, $I_2=4[\text{A}]$라면 $\dfrac{1}{2\pi a}=\dfrac{4}{2\pi b}$

$\therefore \dfrac{a}{b}=\dfrac{1}{4}$

## 16 내압 및 정전용량이 각각 1000[V]-2[μF], 700[V]-3[μF], 600[V]-4[μF], 300[V]-8[μF]인 4개의 커패시터가 있다. 이 커패시터들을 직렬로 연결하여 양단에 전압을 인가한 후 전압을 상승시키면 가장 먼저 절연이 파괴되는 커패시터는? (단, 커패시터의 재질이나 형태는 동일하다.)

① 1000[V]-2[μF] ② 700[V]-3[μF]
③ 600[V]-4[μF] ④ 300[V]-8[μF]

해설

**가장 먼저 파괴되는 콘덴서**

콘덴서의 최대 축적 전하량
$Q_1=C_1V_1=(2\times10^{-6})\times1000=2\times10^{-3}[\text{C}]$
$Q_2=C_2V_2=(3\times10^{-6})\times700=2.1\times10^{-3}[\text{C}]$
$Q_3=C_3V_3=(4\times10^{-6})\times600=2.4\times10^{-3}[\text{C}]$
$Q_4=C_4V_4=(8\times10^{-6})\times300=2.4\times10^{-3}[\text{C}]$
콘덴서 직렬 연결시 동일한 전하량이 축적되므로
전압 상승시 최대 축적 전하량이 가장 작은 콘덴서가 먼저 파괴된다.

## 17 반지름이 2[m]이고 권수가 120회인 원형코일 중심에서의 자계의 세기를 30[AT/m]로 하려면 원형코일에 몇 [A]의 전류를 흘려야 하는가?

① 1 ② 2
③ 3 ④ 4

해설

**원형도체 중심점 자계**

원형도체 중심점 자계 $H=\dfrac{NI}{2a}$

$I=\dfrac{2aH}{N}=\dfrac{2\times2\times30}{120}=1[\text{A}]$

[정답] 14 ③ 15 ④ 16 ① 17 ①

**18** 내구의 반지름이 $a=5$[cm], 외구의 반지름이 $b=10$[cm]이고, 공기로 채워진 동심구형 커패시터의 정전용량은 약 몇 [pF]인가?

① 11.1 ② 22.2
③ 33.3 ④ 44.4

해설

**도체 모양에 따른 정전용량**

$$C=\frac{4\pi\varepsilon_0}{\frac{1}{a}-\frac{1}{b}}=4\pi\varepsilon_0\frac{ab}{b-a}=\frac{1}{9\times10^9}\times\frac{0.05\times0.1}{0.1-0.05}\times10^{12}=11.1[\text{pF}]$$

**19** 자성체의 종류에 대한 설명으로 옳은 것은? (단, $\chi_m$는 자화율이고, $\mu_r$은 비투자율이다.)

① $\chi_m>0$이면, 역자성체이다.
② $\chi_m<0$이면, 상자성체이다.
③ $\mu_r>1$이면, 비자성체이다.
④ $\mu_r<1$이면, 역자성체이다.

해설

**자성체의 종류**

자화율 $\chi_m=\mu_0(\mu_r-1)$에서
상자성체는 $\mu_r>1$이므로 $\mu_r-1>0$, $\chi_m>0$이다.
역자성체는 $\mu_r<1$이므로 $\mu_r-1<0$, $\chi_m<0$이다.

**20** 구좌표계에서 $\nabla^2 r$의 값은 얼마인가? (단, $r=\sqrt{x^2+y^2+z^2}$)

① $\frac{1}{r}$ ② $\frac{2}{r}$
③ $r$ ④ $2r$

해설

**구면좌표계**

$$\nabla^2=\frac{1}{r^2}\frac{\partial}{\partial r}\left(r^2\frac{\partial}{\partial r}\right)+\frac{1}{r^2\sin\theta}\frac{\partial}{\partial r}\left(\sin\theta\frac{\partial}{\partial\theta}\right)+\frac{1}{r^2\sin\theta}\left(\frac{\partial^2}{\partial\phi^2}\right)$$

$$\nabla^2 r=\frac{1}{r^2}\frac{\partial}{\partial r}\left(r^2\frac{\partial r}{\partial r}\right)+\frac{1}{r^2\sin\theta}\frac{\partial}{\partial r}\left(\sin\theta\frac{\partial r}{\partial\theta}\right)+\frac{1}{r^2\sin\theta}\left(\frac{\partial^2 r}{\partial\phi^2}\right)$$

$$=\frac{1}{r^2}\cdot 2r=\frac{2}{r}$$

## 시행일 2022년 3회

**01** 유전율 $\varepsilon$, 전계의 세기 $E$인 유전체의 단위 체적당 축적되는 정전에너지는?

① $\frac{E}{2\varepsilon}$ ② $\frac{\varepsilon E}{2}$
③ $\frac{\varepsilon E^2}{2}$ ④ $\frac{\varepsilon^2 E^2}{2}$

해설

**정전에너지**

단위 체적당 축적되는 에너지 $\omega=\frac{\sigma^2}{2\varepsilon_0}=\frac{D^2}{2\varepsilon_0}=\frac{\varepsilon_0 E^2}{2}=\frac{ED}{2}[\text{J/m}^3]$

**02** 자기인덕턴스 $L_1$[H], $L_2$[H]와 상호인덕턴스 $M$[H]와의 결합계수는?

① $\frac{M}{\sqrt{L_1L_2}}$ ② $\frac{M}{L_1L_2}$
③ $\frac{\sqrt{L_1L_2}}{M}$ ④ $\frac{L_1L_2}{M}$

해설

**결합계수**

결합계수 $K=\frac{M}{\sqrt{L_1L_2}}$

**03** $R=20$[Ω], $L=0.1$[H]의 직렬 회로에 60[Hz], 115[V]의 교류 전압이 인가되어 있다. 인덕턴스에 축적되는 자기 에너지의 평균값은 약 몇 [J]인가?

① 0.14 ② 0.36
③ 0.75 ④ 1.45

해설

**자기 에너지**

$$W=\frac{1}{2}LI^2=\frac{1}{2}L\left(\frac{V}{\sqrt{R^2+X_L^2}}\right)^2=\frac{1}{2}\times L\times\frac{V^2}{R^2+(2\pi fL)^2}$$

$$=\frac{1}{2}\times0.1\times\frac{115^2}{20^2+(2\pi\times60\times0.1)^2}=0.36[\text{A}]$$

[정답] 18 ① 19 ④ 20 ② 2022년 3회 01 ③ 02 ① 03 ②

**04** **강자성체의 3가지 특성이 아닌 것은?**

① 와전류 특성　② 히스테리시스 특성
③ 고투자율 특성　④ 포화특성

해설

**강자성체의 특징**

① 고투자율을 가질 것　② 자기포화 특성을 가질 것
③ 히스테리시스 특성　④ 자구의 미소영역을 가질 것

**05** **맥스웰의 전자방정식에 대한 의미를 설명한 것으로 잘못된 것은?**

① 자계의 회전은 전류밀도와 같다.
② 전계의 회전은 자속밀도의 시간적 감소비율과 같다.
③ 단위체적 당 발산 전속수는 단위 체적당 공간전하 밀도와 같다.
④ 자계는 발산하며, 자극은 단독으로 존재한다.

해설

**맥스웰의 전자방정식**

1. 맥스웰의 제 1의 기본 방정식

$$rot H = curl H = \nabla \times H = i_c + \frac{\partial D}{\partial t} = i_c + \varepsilon \frac{\partial E}{\partial t} [\mathrm{A/m^2}]$$

① 암페어(앙페르)의 주회적분법칙에서 유도한 식이다.
② 전도전류, 변위전류는 자계를 형성한다.
③ 전류와 자계와의 관계를 나타내며 전류의 연속성을 표현한다.

2. 맥스웰의 제 2의 기본 방정식

$$rot E = curl E = \nabla \times E = -\frac{\partial B}{\partial t} = -\mu \frac{\partial H}{\partial t} [\mathrm{V}]$$

① 패러데이의 법칙에서 유도한 식이다.
② 자속밀도의 시간적 변화는 전계를 회전시키고 유기기전력을 형성한다.

3. 정전계의 가우스의 미분형

$div D = \nabla \cdot D = \rho [\mathrm{C/m^3}]$

① 임의의 폐곡면 내의 전하에서 전속선이 발산한다.
② 가우스 발산 정리에 의하여 유도된 식
③ 고립(독립)된 전하는 존재한다.

4. 정자계의 가우스의 미분형

$div B = \nabla \cdot B = 0$

① 자속의 연속성을 나타낸 식이다.
② 고립(독립)된 자극(자하)는 없으며 N극과 S극이 항상 공존한다.

5. 벡터 포텐셜

$rot \vec{A} = \nabla \times \vec{A} = B [\mathrm{Wb/m^2}]$

벡터포텐셜($\vec{A}$)의 회전은 자속밀도를 형성한다.

**06** **정전계 내 도체 표면에서 전계의 세기가 $E = \dfrac{a_x - 2a_y + 2a_x}{\varepsilon_0} [\mathrm{V/m}]$일 때 도체 표면상의 전하 밀도 $\rho_s [\mathrm{C/m^2}]$를 구하면? (단, 자유공간이다.)**

① 1　② 2
③ 3　④ 5

해설

**전속밀도**

$$\rho_s = D = \varepsilon_0 E = \varepsilon_0 \times \frac{a_x - 2a_y + 2a_z}{\varepsilon_0} = a_x - 2a_y + 2a_z [\mathrm{C/m^2}]$$

$$|\rho_s| = \sqrt{1^2 (-2)^2 + 2^2} = 3 [\mathrm{C/m^2}]$$

**07** **반지름이 30[cm]인 원판 전극의 평행판 콘덴서가 있다. 전극의 간격이 0.1[cm]이며 전극 사이 유전체의 비유전율이 4.0이라 한다. 이 콘덴서의 정전용량은 약 몇 [μF]인가?**

① 0.01　② 0.02
③ 0.03　④ 0.04

해설

**평행판 콘덴서**

평행판 콘덴서 정전용량

$$C = \frac{\varepsilon S}{d} = \frac{\varepsilon_0 \varepsilon_s S}{d} = \frac{\varepsilon_0 \varepsilon_s (\pi r^2)}{d}$$

$$= \frac{8.855 \times 10^{-12} \times 4 \times \pi \times (30 \times 10^{-2})^2}{0.1 \times 10^{-2}} \times 10^6 = 0.01 [\mu\mathrm{F}]$$

**08** **진공 중에 선전하 밀도가 $\lambda$[C/m]로 균일하게 대전된 무한히 긴 직선도체가 있다. 이 직선도체에서 수직거리 $r$[m]점의 전계의 세기는 몇 [V/m] 인가?**

[정답] 04 ① 05 ④ 06 ③ 07 ① 08 ①

① $E=\dfrac{\lambda}{2\pi\varepsilon_0 r}$　　② $E=\dfrac{\lambda}{4\pi\varepsilon_0 r}$

③ $E=\dfrac{\lambda}{\pi\varepsilon_0}\log\dfrac{1}{r}$　　④ $E=\dfrac{\lambda}{4\pi\varepsilon_0 r^2}$

해설

**도체 모양에 따른 전계**

무한장 직선 도체에 의한 전계의 세기 $E=\dfrac{\lambda}{2\pi\varepsilon_0 r}[\mathrm{V/m}]$

## 09 점전하와 접지된 유한한 도체 구가 존재할 때 점전하에 의한 접지 구 도체의 영상전하에 관한 설명 중 틀린 것은?

① 영상전하는 구 도체 내부에 존재한다.

② 영상전하는 점전하와 크기는 같고 부호는 반대이다.

③ 영상전하는 점전하와 도체 중심축을 이은 직선상에 존재한다.

④ 영상전하가 놓인 위치는 도체 중심과 점전하와의 거리와 도체 반지름에 결정된다.

해설

**접지구도체과 점전하**

접지구도체와 점전하 $Q$에서 영상전하 $Q'=-\dfrac{a}{d}Q[\mathrm{C}]$이므로 부호는 반대지만 크기는 같지 않다.

## 10 자기 모멘트 $9.8\times10^{-5}[\mathrm{Wb\cdot m}]$의 막대자석을 지구자계의 수평성분 $10.5[\mathrm{AT/m}]$인 곳에서 지자기 자오면으로부터 $90^\circ$ 회전시키는데 필요한 일은 약 몇 $[\mathrm{J}]$인가?

① $1.03\times10^{-3}$　　② $1.03\times10^{-5}$

③ $9.03\times10^{-3}$　　④ $9.03\times10^{-5}$

해설

막대자석을 $\theta$만큼 회전시 필요한 일

$$W=\int_0^\theta T d\theta=\int_0^\theta MH\sin\theta d\theta=MH(1-\cos\theta)$$

$$=9.8\times10^{-5}\times10.5\times(1-\cos90^\circ)=1.029\times10^{-3}[\mathrm{J}]$$

## 11 평행 극판 사이의 간격이 $d[\mathrm{m}]$이고 정전용량이 $0.3[\mu\mathrm{F}]$인 공기 커패시터가 있다. 그림과 같이 두 극판 사이에 비유전율이 5인 유전체를 절반 두께 만큼 넣었을 때 이 커패시터의 정전용량은 몇 $[\mu\mathrm{F}]$이 되는가?

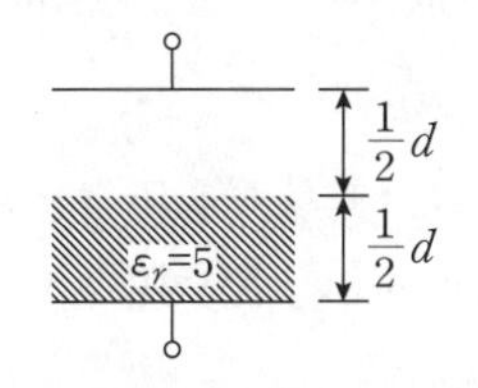


① 0.01　　② 0.05

③ 0.1　　④ 0.5

해설

**복합유전체에 의한 합성정전용량**

공기 콘덴서 정전용량 $C_0=0.3[\mu\mathrm{F}]$, 비유전율 $\varepsilon_s=5$일 때
공기 콘덴서 판간격 절반 두께에 유전체를 평행판에 수평으로 채운 경우 $C=C_0\times\dfrac{2\varepsilon_s}{1+\varepsilon_s}=0.3\times\dfrac{2\times5}{1+5}=0.5[\mu\mathrm{F}]$

## 12 한 변의 길이가 $10[\mathrm{cm}]$인 정사각형 회로에 직류전류 $10[\mathrm{A}]$가 흐를 때, 정사각형의 중심에서의 자계 세기는 몇 $[\mathrm{A/m}]$인가?

① $\dfrac{100\sqrt{2}}{\pi}$　　② $\dfrac{200\sqrt{2}}{\pi}$

③ $\dfrac{300\sqrt{2}}{\pi}$　　④ $\dfrac{400\sqrt{2}}{\pi}$

해설

**도형 중심점 자계의 세기**

정사각형 코일 중심점 자계 $H=\dfrac{2\sqrt{2}I}{\pi l}=\dfrac{2\sqrt{2}\times10}{\pi\times0.1}$

$$=\frac{200\sqrt{2}}{\pi}[\mathrm{AT/m}]$$

## 13 두 개의 길고 직선인 도체가 평행으로 그림과 같이 위치하고 있다. 각 도체에는 $10[\mathrm{A}]$의 전류가 같은 방향으로 흐르고 있으며, 이격거리는 $0.2[\mathrm{m}]$일 때 오른쪽 도체의 단위 길이 당 힘은? (단, $a_x$, $a_z$는 단위벡터 이다.)

[정답] 09 ② 10 ① 11 ④ 12 ② 13 ②

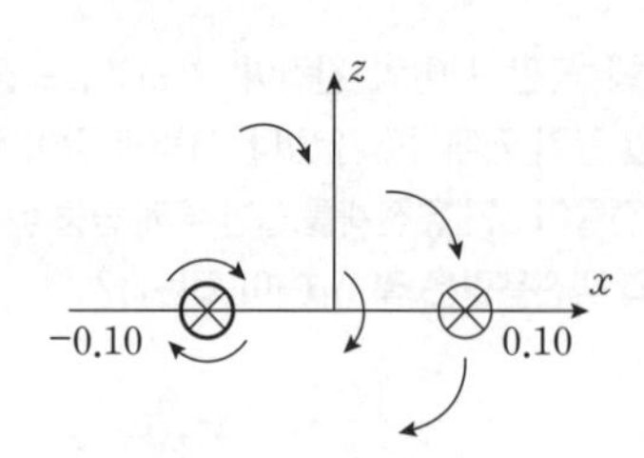


① $10^{-2}(-a_x)$[N/m]　② $10^{-4}(-a_x)$[N/m]
③ $10^{-2}(-a_z)$[N/m]　④ $10^{-4}(-a_z)$[N/m]

해설

**평행도선 사이에 작용하는 힘**

$F=\frac{\mu_0 I_1 I_2}{2\pi d}=\frac{2I_1 I_2}{d}\times 10^{-7}=\frac{2\times 10^2}{0.2}\times 10^{-7}=10^{-4}$[N/m]

전류가 같은 방향이므로 흡인력이 작용하게 되고 오른쪽 도체는 $-x$축 방향으로 힘이 작용한다.

## 14 유전체에 대한 경계조건에 설명이 옳지 않은 것은?

① 표면전하 밀도란 구속전하의 표면밀도를 말하는 것이다.
② 완전 유전체 내에서는 자유전하는 존재하지 않는다.
③ 경계면에 외부전하가 있으면, 유전체의 내부와 외부의 전하는 평형 되지 않는다.
④ 특수한 경우를 제외하고 경계면에서 표면전하 밀도는 영(zero)이다.

해설

**유전체 경계조건**

유전체에서의 표면전하 밀도란 유전체 내의 구속전하의 변위현상에 의해 발생되는 것이다.

## 15 비투자율 $\mu_s=800$, 원형 단면적이 $s=10$[cm ], 평균 자로 길이 $l=8\pi\times 10^{-2}$[m]의 환상 철심에 600회의 코일을 감고 이것에 1[A]의 전류를 흘리면 내부의 자속은 몇 [Wb]인가?

① $1.2\times 10^{-3}$　② $1.2\times 10^{-5}$
③ $2.4\times 10^{-3}$　④ $2.4\times 10^{-5}$

해설

**자기회로**

자속 $\phi=\frac{F}{R_m}=\frac{R_m}{\frac{l}{\mu S}}=\frac{\mu SNI}{l}$

$=\frac{(4\pi\times 10^{-7}\times 800)\times(10\times 10^{-4})\times 600\times 1}{8\pi\times 10^{-2}}$

$=2.4\times 10^{-3}$[Wb]

## 16 강자성체의 히스테리시스 루프의 면적은?

① 강자성체의 단위체적당의 필요한 에너지이다.
② 강자성체의 단위면적당의 필요한 에너지이다.
③ 강자성체의 단위길이당의 필요한 에너지이다.
④ 강자성체의 전체 체적의 필요한 에너지이다.

해설

**히스테리시스 곡선**

강자성체에서 히스테리시스 루프의 면적은 강자성체의 단위체적당 필요한 에너지이다.

$S=\int_0^B HdB$[J/m³]

## 17 내부 원통 도체의 반지름이 $a$[m], 외부 원통 도체의 반지름이 $b$[m]인 동축 원통 도체에서 내외 도체 간 물질의 도전율이 $\sigma$[℧/m]일 때 내외 도체 간의 단위 길이당 컨덕턴스[℧/m]는?

① $\frac{2\pi\sigma}{\ln\frac{b}{a}}$　② $\frac{2\pi\sigma}{\ln\frac{a}{b}}$
③ $\frac{4\pi\sigma}{\ln\frac{b}{a}}$　④ $\frac{4\pi\sigma}{\ln\frac{a}{b}}$

해설

**저항의 종류**

원통도체 내외 정전용량 $C=\frac{2\pi\varepsilon}{\ln\frac{b}{a}}$[F]

[정답] 14① 15③ 16① 17①

컨덕턴스 $G=\frac{1}{R}=\frac{C}{\rho\varepsilon}=\frac{\frac{2\pi\varepsilon}{\ln\frac{b}{a}}}{\rho\varepsilon}=\frac{2\pi}{\rho\ln\frac{b}{a}}=\frac{2\pi\sigma}{\rho\ln\frac{b}{a}}$[℧/m]

**18** **서로 같은 두개의 구 도체에 동일양의 전하를 대전시킨 후 20[cm] 떨어뜨린 결과 구 도체에 서로 $6\times10^{-4}$[N]의 반발력이 작용한다. 구 도체에 주어진 전하는?**

① 약 $5.2\times10^{-8}$[C]
② 약 $6.2\times10^{-8}$[C]
③ 약 $7.2\times10^{-8}$[C]
④ 약 $8.2\times10^{-8}$[C]

해설

**쿨롱의 법칙**

$F=\frac{Q_1Q_2}{4\pi\varepsilon_0 r^2}=\frac{Q^2}{4\pi\varepsilon_0 r^2}=9\times10^9\times\frac{Q^2}{r^2}$

$Q=\sqrt{\frac{F\times r^2}{9\times10^9}}=\sqrt{\frac{6\times10^{-4}\times0.2^2}{9\times10^9}}=5.16\times10^{-8}$[C]

**19** **간격이 $d$[m]이고 면적이 $S$[m$^2$]인 평행판 커패시터의 전극 사이에 유전율이 $\varepsilon$인 유전체를 넣고 전극 간에 $V$[V]의 전압을 가했을 때, 이 커패시터의 전극판을 떼어내는데 필요한 힘의 크기[N]는?**

① $\frac{1}{2\varepsilon}\frac{V^2}{d^2S}$　② $\frac{1}{2\varepsilon}\frac{dV^2}{S}$

③ $\frac{1}{2}\varepsilon\frac{V}{d}S$　④ $\frac{1}{2}\varepsilon\frac{V^2}{d^2}S$

해설

**정전에너지**

단위 면적당 정전 흡입력

$f=\frac{F}{S}=\frac{\sigma^2}{2\varepsilon_0}=\frac{D^2}{2\varepsilon_0}=\frac{\varepsilon_0E^2}{2}=\frac{ED}{2}$[N/m$^2$]에서

$F=f\cdot S=\frac{\varepsilon E^2}{2}S=\frac{\varepsilon\left(\frac{V}{d}\right)^2}{2}S=\frac{1}{2}\varepsilon\frac{V^2}{d^2}S$[N]

**20** **주파수가 100[MHz]일 때 구리의 표피두께(skin depth)는 약 몇 [mm]인가? (단, 구리의 도전율은 5.9×107[℧/m]이고, 비투자율은 0.99이다.)**

① $3.3\times10^{-2}$　② $6.6\times10^{-2}$

③ $3.3\times10^{-3}$　④ $6.6\times10^{-3}$

해설

**표피효과**

표피두께(침투깊이) $\delta=\frac{1}{\sqrt{\pi f\mu\sigma}}=\frac{1}{\sqrt{\pi f\mu_0\mu_s\sigma}}$

$=\frac{1}{\sqrt{\pi\times100\times10^6\times5.9\times10^7\times4\pi\times10^{-7}\times0.99}}\times10^3$

$=6.59\times10^{-3}$[mm]

## 시행일 2023년 1회

**01** **정전계에서 도체에 정전하를 주었을 때의 설명으로 틀린 것은?**

① 도체 표면에서 수직으로 전기력선이 출입한다.
② 도체 외측의 표면에만 전하가 분포한다.
③ 도체 내에 있는 공동면에도 전하가 골고루 분포한다.
④ 도체 표면의 곡률 반지름이 작은 곳에 전하가 많이 분포한다.

해설

**전기력선의 성질**

전하는 도체 표면과 외부 공간에 존재하고 도체 내부에는 존재하지 않는다.

**02** **비오-사바르의 법칙으로 무엇을 구할 수 있는가?**

① 자계의 방향　② 자계의 세기

③ 전계의 방향　④ 전계의 세기

해설

**비오-사바르의 법칙**

비오-사바르의 법칙은 전류에 의한 자계의 크기를 결정하는 법칙이다.

[정답] 18 ① 19 ④ 20 ④ 2023년 1회 01 ③ 02 ②

**03** **반지름이 1[m]인 구의 중심으로부터 5[m] 떨어진 지점의 전위가 2[V] 일 때 구도체의 공간전하밀도[C/m³]는?**

① $\frac{\varepsilon_0}{15}$ ② $\frac{\varepsilon_0}{30}$

③ $15\varepsilon_0$ ④ $30\varepsilon_0$

해설

**전위**

구도체 부피 $v=\frac{4}{3}\pi a^3$이므로

구도체 외부의 전위 $V=\frac{Q}{4\pi\varepsilon_0 r}=\frac{\rho_v v}{4\pi\varepsilon_0 r}=\frac{\rho_v \frac{4}{3}\pi a^3}{4\pi\varepsilon_0 r}=\frac{\rho_v a^3}{3\varepsilon_0 r}$[V]

$\rho_v=V\frac{3\varepsilon_0 r}{a^3}=2\times\frac{3\times\varepsilon_0\times 5}{1^3}=30\varepsilon_0$ [C/m³]

**04** **두 종류의 금속선으로 된 회로에 전류를 통하면 각 접속점에서 열의 흡수 또는 발생이 일어나는 현상은?**

① 톰슨 효과 ② 펠티에 효과

③ 볼타 효과 ④ 제벡 효과

해설

**여러 가지 전기현상**

서로 다른 금속으로 이루어진 폐회로에 전류를 흘리면 양 접속점에서 열의 발생 또는 흡수가 일어나는 현상을 펠티에 효과라 하며 전자 냉동기의 원리로 이용한다.

**05** **단면적이 $S$[m²], 단위 길이에 대한 권수가 $n$[T/m]인 무한히 긴 솔레노이드의 단위 길이당 자기 인덕턴스[H/m]를 구하면?**

① $\mu Sn$ ② $\mu Sn^2$

③ $\mu S^2n^2$ ④ $\mu S^2n$

해설

**솔레노이드 자기 인덕턴스**

무한장 솔레노이드 자기 인덕턴스 $L=\mu Sn^2$[H/m]

**06** **정전계와 정자계의 대응관계로 올바른 것은?**

① $E=9\times10^9\times\frac{Q}{r^2} \leftrightarrow H=6.33\times10^{-4}\times\frac{m}{r^2}$

② $W=\frac{1}{2}CV^2 \leftrightarrow W=\frac{1}{2}LI^2$

③ $\nabla\cdot D=\rho \leftrightarrow \nabla\cdot B=\rho_m$

④ $F=QE \leftrightarrow F=\mu_0 H$

해설

**정전계 정자계 대응관계**

① 전계의 세기 $E=\frac{Q}{4\pi\varepsilon_0 r^2}=9\times10^9\times\frac{Q}{r^2}\leftrightarrow$

자계의 세기 $H=\frac{m}{4\pi\mu_0 r^2}=6.33\times10^4\times\frac{m}{r^2}$

② 콘덴서에 저장되는 에너지 $W=\frac{1}{2}CV^2\leftrightarrow$

코일에 저장되는 에너지 $W=\frac{1}{2}LI^2$

③ 정전계의 가우스 미분형 $\nabla\cdot D=\rho$ ↔ 정자계의 가우스 미분형 $\nabla\cdot B=0$

④ 전계 내 전하가 받는 힘 $F=QE$ ↔ 자계 내 자하가 받는 힘 $F=mH$

**07** **공기 중에 0.3[Wb/m²]인 평등자계 내에 5[A]의 전류가 흐르고 있는 길이 2[m]인 직선도체를 자계의 방향에 대하여 60°의 각도로 놓았을 때 이 도체가 받는 힘은 약 몇 [N]인가?**

① 5.5 ② 4.7

③ 3.3 ④ 2.6

해설

**플레밍의 왼손 법칙**

$F=BIl\sin\theta=0.3\times5\times2\times\sin60^\circ=2.6$[N]

**08** **무한히 넓은 두 장의 도체판을 $d$[m]의 간격으로 평행하게 놓은 후 두 판 사이에 $V$[V]의 전압을 가한 경우 단위 면적당 작용하는 힘은 몇 [N/m²]인가?**

[정답] 03 ④ 04 ② 05 ② 06 ② 07 ④ 08 ③

① $\varepsilon_0 \dfrac{V^2}{d}$ ② $\dfrac{1}{2}\varepsilon_0 \dfrac{V^2}{d}$

③ $\dfrac{1}{2}\varepsilon_0 \left(\dfrac{V}{d}\right)^2$ ④ $\dfrac{1}{2}\dfrac{1}{\varepsilon_0}\left(\dfrac{V}{d}\right)^2$

해설

**정전흡인력**

단위 면적당 정전 흡인력 $f=\dfrac{\sigma^2}{2\varepsilon_0}=\dfrac{D^2}{2\varepsilon_0}=\dfrac{1}{2}\varepsilon_0 E^2=\dfrac{1}{2}ED[\text{N/m}^2]$

전위차 $V=Ed[\text{V}]$, 전계 $E=\dfrac{V}{d}[\text{V/m}]$이므로

$f=\dfrac{1}{2}\varepsilon_0 E^2=\dfrac{1}{2}\varepsilon_0\left(\dfrac{V}{d}\right)^2[\text{N/m}^2]$

## 09 벡터포텐셜 $A=-3xyza_x+2x^2a_y$일 때 자속밀도는?

① $-3xya_y+(4x+3xz)a_z$

② $3xa_y+(3xz+4y)a_z$

③ $(4x+3xz)a_x-3xya_y$

④ $3yza_x$

해설

**벡터포텐셜**

$rot A=B$이므로

$$rot A=\nabla\times A=\begin{bmatrix} a_x & a_y & a_z \\ \dfrac{\partial}{\partial x} & \dfrac{\partial}{\partial y} & \dfrac{\partial}{\partial z} \\ -3xyz & 2x^2 & 0 \end{bmatrix}$$

$$=\left\{\frac{\partial}{\partial y}0-\frac{\partial}{\partial z}2x^2\right\}a_x-\left\{\frac{\partial}{\partial x}0-\frac{\partial}{\partial z}(-3xyz)\right\}a_y+\left\{\frac{\partial}{\partial x}2x^2-\frac{\partial}{\partial z}(-3xyz)\right\}a_z$$

$$=-3xya_y+(4x+3xz)a_z$$

## 10 전속밀도에 대한 설명으로 가장 옳은 것은?

① 전속은 스칼라량이기 때문에 전속밀도도 스칼라량이다.

② 전속밀도는 전계의 세기의 방향과 반대 방향이다.

③ 전속밀도는 유전체와 관계없이 크기는 일정하다.

④ 전속밀도는 유전체 내에 분극의 세기와 같다.

해설

**전속밀도**

전속밀도 $D=\dfrac{\psi}{S}=\dfrac{Q}{S}[\text{C/m}^2]$로 유전체와 관계 없다.

## 11 0.2[$\mu$F]인 평행판 공기 콘덴서가 있다. 전극 간에 그 간격의 절반 두께의 유리판을 넣었다면 콘덴서의 용량은 약 몇 [$\mu$F]인가? 단, 유리의 비유전율은 10이다.

① 0.26 ② 0.36

③ 0.46 ④ 0.56

해설

**복합유전체 합성정전용량**

공기 콘덴서 정전용량 $C_0=0.2[\mu\text{F}]$일 때

공기 콘덴서에 유전체를 판 간격 절반만 평행하게 채운 경우

정전용량 $C=C_0\times\dfrac{2\varepsilon_s}{1+\varepsilon_s}=0.2+\dfrac{2\times10}{1+10}=0.36[\mu\text{F}]$

## 12 전위함수 $V=3xy+z+4[\text{V}]$일 때 전계의 세기 [V/m]는?

① $3xi+yj+k$ ② $-3yi+3xj+k$

③ $3xi-3yj-k$ ④ $-3yi-3xj-k$

해설

**전위의 기울기**

$$-grad\,V=-\nabla V=-\left(\frac{\partial V}{\partial x}i+\frac{\partial V}{\partial y}j+\frac{\partial V}{\partial z}k\right)=E$$

$$=-3yi-3xi-k$$

## 13 전하 $q[\text{C}]$가 진공중의 자계 $H[\text{AT/m}]$에 수직 방향으로 $v[\text{m/s}]$의 속도로 움직일 때 받는 힘은 몇 [N]인가?

① $\dfrac{qH}{\mu_0 v}$ ② $qvH$

③ $\dfrac{1}{\mu_0}qvH$ ④ $\mu_0 qvH$

[정답] 09 ① 10 ③ 11 ② 12 ④ 13 ④

해설

**로렌츠힘**

자계 내 전하, 전자가 $v[\mathrm{m/s}]$의 속도로 이동시 전하가 받는 힘
$F = Bqv\sin\theta = \mu_0 Hqv\sin\theta = q(v \times B)[\mathrm{N}]$
자계와 수직방향으로 이동하므로
$F = \mu_0 Hqv\sin 90^\circ = \mu_o Hqv$

## 14 렌쯔의 법칙에 대한 설명으로 가장 적합한 것은?

① 전자유도에 의해 생기는 전류의 방향은 항상 일정하다.
② 전자유도에 의하여 생기는 전류의 방향은 자속변화를 방해하는 방향이다.
③ 전자유도에 의하여 생기는 전류의 방향은 자속변화를 도와주는 방향이다.
④ 전자유도에 의하여 생기는 전류의 방향은 자속변화와는 관계가 없다.

해설

**전자유도법칙**

렌츠의 법칙은 유도기전력의 방향을 결정하는 법칙으로 전자유도에 의하여 발생하는 전류의 방향은 자속의 변화를 방해하는 방향이다.

## 15 공극(air gap)이 $\delta[\mathrm{m}]$인 강자성체로 된 환상 영구자석에서 성립하는 식은? (단 $l[\mathrm{m}]$는 영구자석의 길이이며 $l \gg \delta$이고, 자속밀도와 자계의 세기를 각각 $B[\mathrm{Wb/m^2}]$, $H[\mathrm{AT/m}]$라 한다.

① $\dfrac{B}{H} = -\dfrac{l\mu_0}{\delta}$　② $\dfrac{B}{H} = -\dfrac{\delta\mu_0}{l}$

③ $\dfrac{B}{H} = \dfrac{\delta\mu_0}{l}$　④ $\dfrac{B}{H} = \dfrac{l\mu_0}{\delta}$

해설

**공극시 자기저항**

영구자석은 코일권선이 없으므로 $I=0$
기자력 $F = NI = R_m\phi = 0[\mathrm{AT}]$
영구자석에서 자속이 발생하므로 $\phi \neq 0$이고 따라서 $R_m = 0$

$R_m = \dfrac{1+\mu_s\delta}{\mu S} = \dfrac{l}{\mu S} + \dfrac{\delta}{\mu_0 S} = 0,\ \dfrac{l}{\mu} + \dfrac{\delta}{\mu_0} = 0$

$B = \mu H$이므로

$\therefore \dfrac{B}{H} = \mu = -\dfrac{l\mu_0}{\delta}$

## 16 한 변의 길이가 $l[\mathrm{m}]$인 정삼각형 회로에 전류 $I[\mathrm{A}]$가 흐르고 있을 때 정삼각형 중심에서의 자계의 세기$[\mathrm{AT/m}]$는?

① $\dfrac{9I}{2\pi l}$　② $\dfrac{9I}{\pi l}$

③ $\dfrac{\sqrt{2}\,I}{2\pi l}$　④ $\dfrac{2\sqrt{2}\,I}{\pi l}$

해설

**도형 중심점 자계**

① 정삼각형 중심의 자계의 세기 : $H = \dfrac{9I}{2\pi l}[\mathrm{AT/m}]$

② 정사각형 중심의 자계의 세기 : $H = \dfrac{2\sqrt{2}\,I}{\pi l}[\mathrm{AT/m}]$

③ 정육각형 중심의 자계의 세기 : $H = \dfrac{\sqrt{3}\,I}{\pi l}[\mathrm{AT/m}]$

## 17 전위함수 $V = \dfrac{1}{x^2+y^2}[\mathrm{V}]$일 때 전계의 세기$[\mathrm{V/m}]$는?

① $-\dfrac{yi+xj}{(x^2+y^2)^2}$　② $\dfrac{xi+yj}{(x^2+y^2)^2}$

③ $-\dfrac{2yi+2xj}{(x^2+y^2)^2}$　④ $\dfrac{2xi+2yj}{(x^2+y^2)^2}$

해설

**전위의 기울기**

$$-grad\,V = -\nabla V = -\left(\frac{\partial V}{\partial x}i + \frac{\partial V}{\partial y}j + \frac{\partial V}{\partial z}k\right)$$
$$= -\left\{-\frac{2x}{(x^2+y^2)^2}i - \frac{2y}{(x^2+y^2)^2}j\right\} = \frac{2xi+2yj}{(x^2+y^2)^2}$$

[정답] 14 ② 15 ① 16 ① 17 ④

**18** 유전율이 다른 두 유전체의 경계면에 작용하는 힘은? (단, 유전체의 경계면과 전계방향은 수직이다.)

① 유전율의 차이에 비례
② 유전율의 차이에 반비례
③ 경계면의 전계의 세기의 제곱에 비례
④ 경계면의 전하밀도의 제곱에 비례

해설

**경계면에 작용하는 힘**
전계가 경계면에 수직 입사시 경계면에 작용하는 힘
$f=\frac{1}{2}\left(\frac{1}{\varepsilon_2}-\frac{1}{\varepsilon_1}\right)D^2[\mathrm{N/m^2}]$이므로 $f\propto D^2=\sigma^2$

**19** 자기 인덕턴스 $L[\mathrm{H}]$인 코일에 전류 $I[\mathrm{A}]$를 흘렸을 때, 자계의 세기가 $H[\mathrm{AT/m}]$이었다. 이 코일을 진공 중에서 자화시키는데 필요한 에너지 밀도$[\mathrm{J/m^3}]$는?

① $LI^2$　② $\frac{1}{2}LI^2$
③ $\mu_0H^2$　④ $\frac{1}{2}\mu_0H^2$

해설

**자계 내 축적 에너지**
자계 내 단위 체적당 축적 에너지
$w=\frac{B^2}{2\mu_0}=\frac{1}{2}\mu_0H^2=\frac{1}{2}BH[\mathrm{J/m^3}]$

**20** $1[\mu\mathrm{A}]$의 전류가 흐르고 있을 때, 1초 동안 통과하는 전자 수는 약 몇 개인가? (단, 전자 1개의 전하는 $1.602\times10^{-19}[\mathrm{C}]$이다.)

① $6.24\times10^{-10}$　② $6.24\times10^{-11}$
③ $6.24\times10^{-12}$　④ $6.24\times10^{-13}$

해설

**전류**
$I=\frac{Q}{t}=\frac{ne}{t}$이므로
$n=\frac{It}{e}=\frac{1\times10^{-6}\times1}{1.602\times10^{-19}}=6.24\times10^{-12}$

## 시행일 2023년 2회

**01** 전계 $E[\mathrm{V/m}]$, 전속밀도 $D[\mathrm{C/m^2}]$, 유전율 $\varepsilon=\varepsilon_0\varepsilon_s[\mathrm{F/m}]$, 분극의 세기 $P[\mathrm{C/m^2}]$ 사이의 관계는?

① $P=D+\varepsilon_0E$　② $P=D-\varepsilon_0E$
③ $P=\frac{D+E}{\varepsilon_0}$　④ $P=\frac{D-E}{\varepsilon_0}$

해설

**분극의 세기**
$P=D-\varepsilon_0E=\varepsilon_0(\varepsilon_s-1)E=D(1-\frac{1}{\varepsilon_s})=\chi E=\frac{M}{v}[\mathrm{C/m^2}]$

**02** 반지름 $2[\mathrm{mm}]$의 두 개의 무한히 긴 원통 도체가 중심 간격 $2[\mathrm{m}]$ 간격으로 진공 중에 평행하게 놓여 있을 때 $1[\mathrm{km}]$당 정전용량은 약 몇 $[\mu\mathrm{F}]$인가?

① $3\times10^{-3}$　② $6\times10^{-3}$
③ $5\times10^{-3}$　④ $4\times10^{-3}$

해설

**도체 모양에 따른 정전용량**
평행도선 사이 정전용량
$C=\frac{\pi\varepsilon_0 l}{\ln\frac{d}{a}}=\frac{\pi\times8.855\times10^{-12}\times1\times10^3}{\ln\frac{2}{2\times10^{-3}}}\times10^6$
$=4.03\times10^{-3}[\mu\mathrm{F}]$

**03** $4\pi[\mathrm{A}]$의 전류가 흐르고 있는 무한직선도체로부터 일정 거리 떨어진 자유 공간 내 $P$점의 자계의 세기가 $4[\mathrm{AT/m}]$이다. 떨어진 거리$[\mathrm{m}]$는?

① 2　② 4
③ 0.5　④ 1

해설

**무한장 직선도체에 의한 자계**
$H=\frac{I}{2\pi r}[\mathrm{AT/m}]$
$r=\frac{I}{2\pi H}=\frac{4\pi}{2\pi\times4}=0.5[\mathrm{m}]$

[정답] 18 ④　19 ④　20 ③　2023년 2회 01 ②　02 ④　03 ③

전기자기학 / 전력공학 / 전기기기 / 회로이론 / 제어공학 / 전기설비기술기준

**04** **평등 자계 내 수직으로 돌입한 전자의 궤적은?**

① 원운동을 하는데 반지름은 자계의 세기에 비례한다.
② 구면위에서 회전하고 반지름은 자계의 세기에 비례한다.
③ 원운동을 하고 반지름은 전자의 처음 속도에 반비례한다.
④ 원운동을 하고 반지름은 자계의 세기에 반비례한다.

해설

**자계 내 전자 수직 입사**

자계 내 전자가 수직으로 입사 시 원심력과 전자력에 의해 전자가 항상 원운동을 한다.

이 때, 전자의 회전반경 $r=\frac{mv}{eB}=\frac{mv}{\mu_0 He}[\mathrm{m}]$로 자계의 세기와 반비례한다.

**05** **공기 중에서 무한 평면 도체 표면 아래의 $1[\mathrm{m}]$ 떨어진 곳에 $4[\mathrm{C}]$의 전하가 있다. 전하가 받는 힘의 크기$[\mathrm{N}]$는?**

① $3.6\times10^{10}$　② $4.6\times10^{10}$
③ $5.6\times10^{10}$　④ $6.6\times10^{10}$

해설

**접지무한평면과 점전하**

영상전하와 점전하 사이 작용하는 힘

$$F=\frac{-Q^2}{16\pi\varepsilon_0 a^2}=-\frac{9}{4}\times10^9\times\frac{4^2}{1^2}=-3.6\times10^{10}[\mathrm{N}]$$

$-$는 흡인력을 의미하므로 힘의 크기 $F=3.6\times10^{10}[\mathrm{N}]$

**06** **반지름 $a$인 접지된 구형도체와 점전하가 유전율 $\varepsilon$인 공간에서 각각 원점과 $(d, 0, 0)$인 점에 있다. 구형도체를 제외한 공간의 전계를 구할 수 있도록 구형도체를 영상전하로 대치할 때의 영상점전하의 위치는?**

① $\left(-\frac{a^2}{d}, 0, 0\right)$　② $\left(\frac{a^2}{d}, 0, 0\right)$
③ $\left(0, +\frac{a^2}{d}, 0\right)$　④ $\left(\frac{d^2}{4a}, 0, 0\right)$

해설

**접지도체구와 점전하**

영상전하 위치 $x=\frac{a^2}{d}[\mathrm{m}]$이며 이 때 접지구도체 중심과 점전하를 지나는 일직선상인 $\left(\frac{a^2}{d}, 0, 0\right)$에 존재한다.

**07** **자유공간 중에서 전위 $V=3x+y[\mathrm{V}]$로 주어질 때 $0\le x\le1$, $0\le y\le1$, $0\le z\le1$인 입방체에 존재하는 정전에너지는 몇 $[\mathrm{J}]$인가?**

① $2.15\times10^{-11}$　② $5.62\times10^{-11}$
③ $4.43\times10^{-11}$　④ $6.98\times10^{-11}$

해설

**정전에너지**

$$E=-gradV=-\left(\frac{\partial V}{\partial x}i+\frac{\partial V}{\partial y}j+\frac{\partial V}{\partial z}k\right)$$
$$=-3i-j[\mathrm{V/m}]$$
$$|E|=\sqrt{(-3)^2+(-1)^2}=\sqrt{10}\,[\mathrm{V/m}]$$

$0\le x\le1$, $0\le y\le1$, $0\le z\le1$인 입방체의 체적은 $1[\mathrm{m}^3]$
즉 단위체적이므로 정전에너지

$$W=\frac{1}{2}\varepsilon_0 E^2=\frac{1}{2}\times8.855\times10^{-12}\times(\sqrt{10})^2=4.43\times10^{-11}[\mathrm{J}]$$

**08** **내부도체 반지름이 $a$, 외부도체 내반지름이 $b$인 동축 케이블에서 내부도체 표면에 전류가 흐르고 얇은 외부도체에는 크기는 같고 반대방향인 전류가 흐를 때 단위 길이당 외부 인덕턴스는 약 몇 $[\mathrm{H/m}]$인가?**

① $2\times10^{-7}\ln\frac{b}{a}$　② $4\times10^{-7}\ln\frac{b}{a}$
③ $\frac{1}{2\times10^{-7}}\ln\frac{b}{a}$　④ $\frac{1}{4\times10^{-7}}\ln\frac{b}{a}$

해설

**도체 모양에 따른 인덕턴스**

동심 원통 사이 자기 인덕턴스

$$L=\frac{\mu_0}{2\pi}\ln\frac{b}{a}=\frac{4\pi\times10^{-7}}{2\pi}\times\ln\frac{b}{a}=2\times10^{-7}\ln\frac{b}{a}[\mathrm{H/m}]$$

[정답] 04 ④　05 ①　06 ②　07 ③　08 ①

**09** 무손실 매질에서 고유 임피던스 $\eta=60\pi$, 비투자율 $\mu_s=1$, 자계 $H=-0.1\cos(\omega t-z)\hat{x}+0.5\sin(\omega t-z)\hat{y}$[AT/m]일 때 각주파수[rad/s]는?

① $6\times10^8$　② $3\times10^8$
③ $0.5\times10^8$　④ $1.5\times10^8$

해설

**전자파**

$H=H_m\cos(\omega t-\beta z)$이므로 $\beta=1$

고유 임피던스 $\eta=377\times\sqrt{\frac{\mu_s}{\varepsilon_s}}$ 에서

$\varepsilon_s=\left(\frac{377}{\eta}\right)^2\mu_s=\left(\frac{377}{60\pi}\right)^2\times1=4$

전파속도 $v=\frac{3\times10^8}{\sqrt{\mu_s\varepsilon_s}}=\frac{\omega}{\beta}$ 에서

$\omega=\frac{3\times10^8}{\sqrt{\mu_s\varepsilon_s}}\times\beta=\frac{3\times10^8}{\sqrt{1\times4}}\times1=1.5\times10^8$[rad/sec]

**10** 그림과 같은 유전속의 분포에서 $\varepsilon_1$과 $\varepsilon_2$의 관계는?

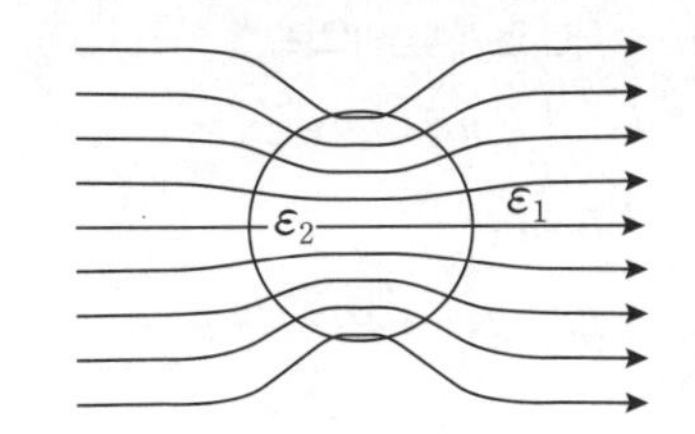


① $\varepsilon_1>\varepsilon_2$　② $\varepsilon_2>\varepsilon_1$
③ $\varepsilon_1=\varepsilon_2$　④ $\varepsilon_1>0,\ \varepsilon_2>0$

해설

**유전체 경계면 조건**

전속선은 유전율이 큰 쪽으로 모이므로 $\varepsilon_2>\varepsilon_1$

**11** 자계의 벡터 포텐셜(Vector potential)을 $A$[Wb/m²]라 할 때 도체 주위에서 자계 $B$[Wb/m²]가 시간적으로 변화하면 도체에 발생하는 전계의 세기 $E$[V/m]는?

① $E=-\frac{\partial A}{\partial t}$　② $rotE=-\frac{\partial A}{\partial t}$
③ $rotE=\frac{\partial B}{\partial t}$　④ $E=rotB$

해설

**맥스웰의 전자방정식**

$rotA=B$이므로 $rotE=-\frac{\partial B}{\partial t}=-\frac{\partial}{\partial t}rotA$

양변의 $rot$를 소거하면 $E=-\frac{\partial A}{\partial t}$[V/m]

**12** 점전하 $Q$[C]에 의한 무한 평면 도체의 영상 전하는?

① $-Q$[C]보다 작다.　② $-Q$[C]과 같다.
③ $Q$[C]보다 크다.　④ $Q$[C]과 같다.

해설

**접지무한평면과 점전하**

무한평면에 의한 영상전하 $Q'=-Q$[C]

**13** 인덕턴스의 단위[H]와 같지 않은 것은?

① [Ω·s]　② [Wb/A]
③ [J/A·s]　④ [J/A²]

해설

**자기 인덕턴스**

자기 인덕턴스의 단위

$L=\frac{\phi}{I}=\frac{et}{I}=\frac{2W}{I^2}$[Wb/A=Vsec/A=Ω·sec=J/A²=H]

**14** 자화율(Magnetic susceptibility) $\chi$는 상자성체에서 일반적으로 어떤 값을 갖는가?

① $\chi=0$　② $\chi=1$
③ $\chi<0$　④ $\chi>0$

해설

**자화의 세기**

상자성체는 비투자율 $\mu_s>1$이므로 자화율 $\chi=\mu_0(\mu_s-1)>0$

[정답] 09 ④　10 ②　11 ①　12 ②　13 ③　14 ④

**15** $x>0$인 영역에 비유전율 $\epsilon_{r1}=3$인 유전체, $x<0$인 영역에 비유전율 $\epsilon_{r2}=5$인 유전체가 있다. $x<0$인 영역에서 전계 $E_2=20a_x+30a_y-40a_z$[V/m]일 때 $x>0$인 영역에서의 전속밀도는 몇 [C/m²]인가?

① $10(10a_x+9a_y-12a_z)\epsilon_0$

② $20(5a_x-10a_y+6a_z)\epsilon_0$

③ $50(5a_x-10a_y+6a_z)\epsilon_0$

④ $50(2a_x-3a_y+4a_z)\epsilon_0$

해설

**유전체 경계면 조건**

$x>0$인 영역에서의 전계 $E_1=E_{1x}a_x+E_{1y}a_y+E_{1z}a_z$에서

$a_y$, $a_z$ 성분은 경계면과 수평한 방향이므로 전계의 세기가 같다.

$E_{1y}=30$, $E_{1z}=-40$

$a_x$ 성분은 경계면과 수직한 방향이므로 전속밀도가 같다.

$D_{1x}=D_{2x}$, $\epsilon_1E_{1x}=\epsilon_2E_{2x}$, $3\epsilon_0E_{1x}=5\epsilon_0\times20=100\epsilon_0$, $E_{1x}=\frac{100}{3}$

$D_1=\epsilon_1E_1=3\epsilon_0E_1=3\epsilon_0\left(\frac{100}{3}a_x+30a_y-40a_z\right)$

$=10(10a_x+9a_y-12a_z)\epsilon_0$[C/m²]

**16** 저항 10[Ω]의 코일을 지나는 자속이 $5\sin10t$[Wb]일 때 코일에 흐르는 전류의 최대치는?

① 5　　② 15

③ 10　　④ 12

해설

**정현파 자속에 의한 유기기전력**

최대 유기기전력 $e_m=\omega N\phi_m=10\times1\times5=50$[V]

$I_m=\frac{e_m}{R}=\frac{50}{10}=5$[A]

**17** 그림과 같이 비투자율이 $\mu_{s1}$, $\mu_{s2}$인 각각 다른 자성체를 접하여 놓고 $\theta_1$을 입사각이라 하고, $\theta_2$를 굴절각이라 한다. 경계면에 자하가 없을 경우 미소 폐곡면을 취하여 이 곳에 출입하는 자속수를 구하면?

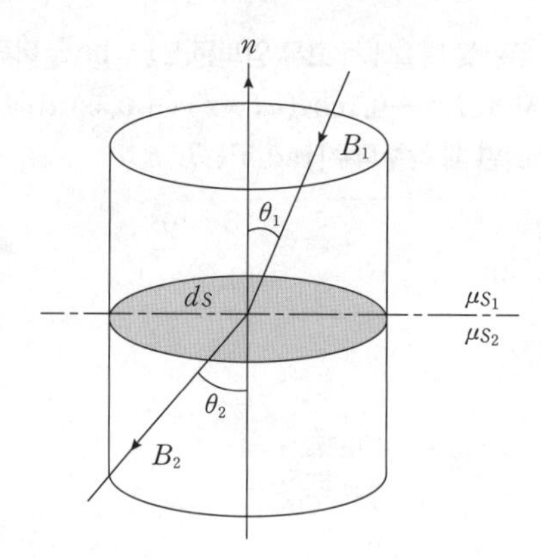


① $\int B\cdot nds=0$　　② $\int B\cdot ndl=0$

③ $\int B\cdot n\sin\theta ds=0$　　④ $\int Bds=0$

해설

**자성체 경계면 조건**

경계면과 수직인 자속밀도는 같으므로

$B_1\cos\theta_1=B_2\cos\theta_2$, $\int B_1\cos\theta_1ds=\int B_2\cos\theta_2ds$

$n$은 경계면과 수직한 단위벡터이므로

$\int B_1n\cos\theta_1ds=\int B_2n\cos\theta_2ds$,

$\int B_1\cdot nds=\int B_2\cdot nds$,

$\int B_1\cdot nds-\int B_2\cdot nds=\int B\cdot nds=0$

**18** 진공 중에서 한 변이 $a$[m]인 정사각형 단일 코일이 있다. 코일에 $I$[A]의 전류를 흘릴 때 정사각형 중심에서 자계의 세기는 몇 [AT/m]인가?

① $\frac{2\sqrt{2}I}{\pi a}$　　② $\frac{I}{\sqrt{2}a}$

③ $\frac{I}{2a}$　　④ $\frac{4I}{a}$

해설

**도형 중심점 자계**

① 정삼각형 중심의 자계의 세기 : $H=\frac{9I}{2\pi l}$[AT/m]

② 정사각형 중심의 자계의 세기 : $H=\frac{2\sqrt{2}I}{\pi l}$[AT/m]

③ 정육각형 중심의 자계의 세기 : $H=\frac{\sqrt{3}I}{\pi l}$[AT/m]

[정답] 15 ① 16 ① 17 ① 18 ①

**19** 자극의 세기 $8\times10^{-6}$[Wb], 길이 3[cm]인 막대자석을 120[AT/m]의 평등 자계 내에 자계와 30°의 각도로 놓았다면 자석이 받는 회전력은 몇 [N·m]인가?

① $1.44\times10^{-5}$ ② $2.49\times10^{-5}$
③ $1.44\times10^{-4}$ ④ $2.49\times10^{-4}$

해설

**막대자석의 회전력**

$T=mlH\sin\theta=8\times10^{-6}\times3\times10^{-2}\times120\times\sin30^\circ$
$=1.44\times10^{-5}$[N·m]

**20** 진공 중 4[m] 간격으로 두 개의 평행한 무한 평판 도체에 각각 +4[C/m²], −4[C/m²]의 전하를 주었을 때, 두 도체 간의 전위차는 몇 [V]인가?

① $1.5\times10^{12}$ ② $1.8\times10^{12}$
③ $1.5\times10^{11}$ ④ $1.8\times10^{11}$

해설

**도체 모양에 따른 전위**

평행판 사이 전위차

$$V=Ed=\frac{\sigma}{\varepsilon_0}d=\frac{4}{8.855\times10^{-12}}\times4=1.8\times10^{12}[\text{V}]$$

## 시행일 2023년 3회

**01** 평면도체 표면에서 $r$[m]의 거리에 점전하 $Q$[C]이 있을 때 이 전하를 무한원까지 운반하는 데 필요한 일은 몇 [J]인가?

① $\dfrac{Q^2}{16\pi\varepsilon_0 r}$ ② $\dfrac{Q^2}{8\pi\varepsilon_0 r}$
③ $\dfrac{Q^2}{4\pi\varepsilon_0 r}$ ④ $\dfrac{Q^2}{32\pi\varepsilon_0 r}$

해설

**무한평면도체와 점전하**

$$W=-\int_r^\infty Fdr=-\int_r^\infty\left(-\frac{Q^2}{16\pi\varepsilon_0 r^2}\right)dr=\frac{Q^2}{16\pi\varepsilon_0 r}[\text{J}]$$

**02** 인접 영구 자기 쌍극자가 크기는 같으나 방향이 서로 반대방향으로 배열된 자성체를 어떤 자성체라 하는가?

① 강자성체 ② 상자성체
③ 반자성체 ④ 반강자성체

해설

**자성체의 스핀배열**

① 상자성체 : 배열이 불규칙하다.
② 강자성체 : 크기와 방향이 동일하다.
③ 반강자성체 : 크기는 같으나 방향이 서로 반대이다.
④ 페리자성체 : 크기와 방향 모두 다르다.

**03** 두 개의 자극판이 놓여 있다. 이 때 자극판 사이의 자속밀도 $B$[Wb/m²], 자계의 세기 $H$[AT/m], 투자율이 $\mu$인 곳의 자계의 에너지 밀도[J/m³]는?

① $\dfrac{1}{2}BH$ ② $BH$
③ $\dfrac{1}{2}H^2$ ④ $\dfrac{1}{2}HB^2$

해설

**자계 내 축적 에너지**

자계 내 축적되는 단위 체적당 에너지 밀도

$$w=\frac{B^2}{2\mu}=\frac{1}{2}\mu H^2=\frac{1}{2}BH[\text{J/m}^3]$$

**04** 비유전율이 6인 등방 유전체의 한 점에서 전계의 세기가 $10^4$[V/m]일 때 이 점의 분극의 세기는 몇 [C/m²]인가?

① $\dfrac{5}{9\pi}\times10^{-5}$ ② $\dfrac{5}{36\pi}\times10^{-4}$
③ $\dfrac{5}{9\pi}\times10^{-4}$ ④ $\dfrac{5}{36\pi}\times10^{-5}$

해설

**분극의 세기**

$$P=\varepsilon_0(\varepsilon_s-1)E=\frac{10^{-9}}{36\pi}(6-1)\times10^4=\frac{5}{36\pi}\times10^{-5}[\text{C/m}^2]$$

[정답] 19 ① 20 ② 2023년 3회 01 ① 02 ④ 03 ① 04 ④

**05** **유전율이 각각 $\varepsilon_1$, $\varepsilon_2$인 두 유전체가 접한 경계면에서 전하가 존재하지 않는다고 할 때 유전율이 $\varepsilon_1$인 유전체에서 유전율이 $\varepsilon_2$인 유전체로 전계 $E_1$이 입사각 $\theta=0°$로 입사할 때 성립하는 식은?**

① $\dfrac{E_2}{E_1}=\dfrac{\varepsilon_1}{\varepsilon_2}$ ② $E_1=E_2$

③ $\dfrac{E_1}{E_2}=\dfrac{\varepsilon_1}{\varepsilon_2}$ ④ $E_1=\varepsilon_1\varepsilon_2 E_2$

해설

**유전체 경계면 조건**

$D_1\cos\theta_1=D_2\cos\theta_2$, $\varepsilon_1E_1\cos\theta_1=\varepsilon_2E_2\cos\theta_2$에서

$\cos0°=1$이므로 $\varepsilon_1E_1=\varepsilon_2E_2$

이를 정리하면 $\dfrac{E_2}{E_1}=\dfrac{\varepsilon_1}{\varepsilon_2}$

**06** **정현파 자속의 주파수를 2배, 최대값을 3배로 늘렸을 때 코일에 유기되는 기전력의 최대값을 몇 배가 되는가?**

① 2배 ② 3배

③ 6배 ④ 9배

해설

**정현파 자속에 의한 유기기전력**

$e_{\max}=\omega N\phi_m=2\pi fN\phi_m[\mathrm{V}]$

$e_{\max}\propto f\cdot\phi_m$이므로 $2\times3=6$배

**07** **전계 $6[\mathrm{V/m}]$, 주파수 $10[\mathrm{MHz}]$인 전자파에서 포인팅벡터는 몇 $[\mathrm{W/m^2}]$인가?**

① $4.8\times10^{-2}$ ② $9.5\times10^{-2}$

③ $4.8\times10^{-3}$ ④ $9.5\times10^{-3}$

해설

**포인팅벡터**

진공 공기시 포인팅벡터

$R=\dfrac{P}{S}=EH=377H^2=\dfrac{1}{377}E^2$

$=\dfrac{1}{377}\times6^2=9.5\times10^{-2}[\mathrm{W/m^2}]$

**08** **플레밍의 왼손법칙을 이용한 것은?**

① 직류발전기 ② 직류전동기

③ 교류전동기 ④ 교류발전기

해설

**플레밍의 왼손법칙**

플레밍의 왼손법칙은 직류전동기의 원리이다.

**09** **$\varepsilon_r=81$, $\mu_r=1$인 매질의 고유 임피던스는 약 몇 $[\Omega]$인가? (단, $\varepsilon_r$은 비유전율이고, $\mu_r$은 비투자율이다.)**

① 13.9 ② 21.9

③ 33.9 ④ 41.9

해설

**파동 고유 임피던스**

$\eta=\dfrac{E}{H}=\sqrt{\dfrac{\mu}{\varepsilon}}=377\sqrt{\dfrac{\mu_r}{\varepsilon_r}}=377\sqrt{\dfrac{1}{81}}=41.89[\Omega]$

**10** **대지면에 높이 $h[\mathrm{m}]$로 평행 가설된 매우 긴 선전하(선전하밀도$[\mathrm{C/m}]$)가 지면으로부터 받는 힘$[\mathrm{N/m}]$은?**

① $h$에 비례한다. ② $h$에 반비례한다.

③ $h^2$에 비례한다. ④ $h^2$에 반비례한다.

해설

**무한평면도체와 선전하**

대지면과 선전하 사이 발생하는 힘 $F=\dfrac{-\lambda^2}{4\pi\varepsilon_0 h}\propto\dfrac{1}{h}$

**11** **전계 $E[\mathrm{V/m}]$ 및 자계 $H[\mathrm{AT/m}]$의 전자계가 평면파를 이루고 공기 중을 $C_0[\mathrm{m/s}]$의 속도로 전파될 때 단위 시간당 단위면적을 지나는 에너지는 몇 $[\mathrm{W/m^2}]$인가? (단 $C_0$는 빛의 속도를 나타낸다.)**

[정답] 05 ① 06 ③ 07 ② 08 ② 09 ④ 10 ② 11 ②

① $EH^2$ ② $EH$

③ $E^2H$ ④ $\frac{1}{2}E^2H^2$

해설

**포인팅벡터**

$R=\frac{P}{S}=E\times H=EH\sin\theta=EH\sin 90°=EH[\mathrm{W/m^2}]$

## 12 공기 중 두 점전하 사이에 작용하는 힘이 5[N]이었다. 두 전하 사이에 유전체를 넣었더니 힘이 2[N]이 되었다면 유전체의 비유전율은 얼마인가?

① 15 ② 10

③ 5 ④ 2.5

해설

**유전체**

공기 중 $F_0=\frac{Q_1Q_2}{4\pi\varepsilon_0 r^2}=5[\mathrm{N}]$

유전체 내 $F=\frac{Q_1Q_2}{4\pi\varepsilon_0\varepsilon_s r^2}=\frac{F_0}{\varepsilon_s}=\frac{5}{\varepsilon_s}=2[\mathrm{N}]$

$\varepsilon_s=2.5$

## 13 $\nabla\cdot J=-\frac{\partial\rho}{\partial t}$에 대한 설명으로 옳지 않은 것은?

① "−" 부호는 전류가 폐곡면에서 유출되고 있음을 뜻한다.

② 단위 체적당 전하 밀도의 시간당 증가 비율이다.

③ 전류가 정상 전류가 흐르면 폐곡면에 통과하는 전류는 0(Zero)이다.

④ 폐곡면에서 수직으로 유출되는 전류밀도는 미소체적인 한 점에서 유출되는 단위체적당 전류가 된다.

해설

**전류의 불연속성**

$\nabla\cdot i=div\,i=-\frac{\partial\rho}{\partial t}$ 은 단위체적당 전하 밀도의 시간당 감소 비율을 나타낸다.

## 14 자계 내 전자가 반경 $0.35\times10^{-10}$[m], 각속도 $2\times10^{16}$[rad/sec]의 원운동을 지속하기 위한 구심력은 약 몇 [N]인가? (단, 전자의 질량은 $9.109\times10^{-31}$[kg]이다.)

① $1.28\times10^{-7}$ ② $2.56\times10^{-7}$

③ $1.28\times10^{-8}$ ④ $2.56\times10^{-8}$

해설

**자계 내 전자 수직 입사시**

구심력 $F=\frac{mv^2}{r}=\frac{mv^2r}{r^2}=m\omega^2r$

$=9.109\times10^{-31}\times(2\times10^{16})^2\times0.35\times10^{-10}$

$=1.28\times10^{-8}[\mathrm{N}]$

## 15 그림과 같은 동축 원통의 왕복 전류회로가 있다. 도체 단면에 고르게 퍼진 일정 크기의 전류가 내부 도체로 흘러 들어가고 외부 도체로 흘러나올 때, 전류에 의해 생기는 자계에 대하여 틀린 것은?

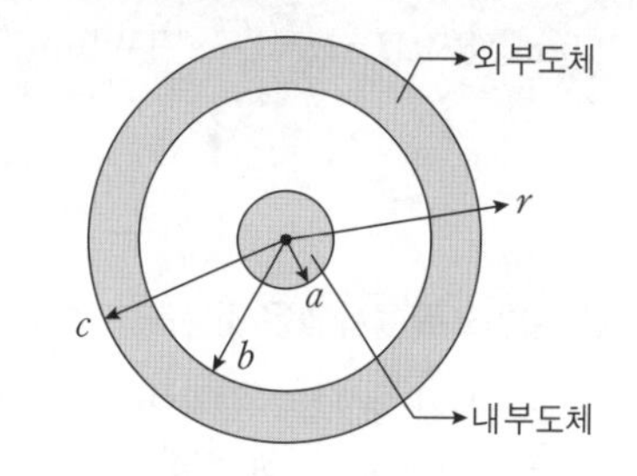


① 외부공간($r>c$)의 자계는 영(0)이다.

② 내부 도체 내($r<a$)에 생기는 자계의 크기는 중심으로부터 거리에 비례한다.

③ 외부 도체 내($b<r<c$)에 생기는 자계의 크기는 중심으로부터 거리에 관계없이 일정하다.

④ 두 도체 사이(내부공간)($a<r<b$)에 생기는 자계의 크기는 중심으로부터 거리에 반비례한다.

해설

**동축 원통 내외 자계의 세기**

① $r>c$ : $H_1=\frac{I}{2\pi r}-\frac{I}{2\pi r}=0[\mathrm{AT/m}]$로 외부 공간의 자계는 0이다.

[정답] 12④ 13② 14③ 15③

② $r<a$ : $H_2=\frac{Ir}{2\pi a^2}$[AT/m]로 중심으로부터 거리에 비례한다.

③ $b<r<c$ : $H_3=\frac{I}{2\pi r}\left(1-\frac{r^2-b^2}{c^2-b^2}\right)$[AT/m]로 중심으로부터 거리와 관계있다.

④ $a<r<b$ : $H_4=\frac{I}{2\pi r}$[AT/m]로 중심으로부터 거리에 반비례한다.

**16** 균등하게 자화된 구 자성체의 반지름을 $a$[m], 자화의 세기를 $J$[Wb/m²]라 할 때, 자기 모멘트[Wb·m]는?

① $\frac{4}{3}\pi a^3 J$　② $\pi a^2 J$
③ $2\pi a J$　④ $\frac{\pi a^2 J}{4}$

해설

**자화의 세기**

$J=\frac{M}{v}$[Wb/m²]에서 $M=vJ=\frac{4}{3}\pi a^3 J$[Wb·m]

**17** 다음 설명으로 옳지 않은 것은?

① 초전도체는 온도가 높아질수록 저항이 낮아진다.
② 자화의 세기는 단위 체적당의 자기 모멘트이다.
③ 상자성체에서 자극 N극을 접근시키면 S극이 유도된다.
④ 니켈, 코발트 등은 강자성체에 속한다.

해설

**초전도체**

특정온도 이하에서 저항이 0이 되는 물질을 초전도체라 하며 온도가 낮아질수록 저항이 낮아지는 성질이 있다.

**18** 반지름이 $a$[m]이고 단위길이에 대한 권수가 $n$인 무한장 솔레노이드의 단위길이당 자기 인덕턴스는 몇 [H/m]인가?

① $\mu\pi a n$　② $\frac{an}{2\mu\pi}$
③ $\mu\pi a^2 n^2$　④ $4\mu\pi a^2 n^2$

해설

**솔레노이드 자기 인덕턴스**

무한장 솔레노이드 자기 인덕턴스 $L=\mu S n^2=\mu\pi a^2 n^2$[H/m]

**19** 투자율이 $\mu$, 길이가 $l$[m]인 원주도체 내부에 균일한 전류 $I$[A]가 흐를 때 원주도체 내부에 저장되는 에너지[J]는?

① $\frac{\mu l}{8\pi}$　② $\frac{\mu I l}{4\pi}$
③ $\frac{\mu}{8\pi}$　④ $\frac{\mu I^2 l}{16\pi}$

해설

**코일에 축적되는 에너지**

원주도체 내부 저장 에너지 $W=\frac{1}{2}LI^2=\frac{1}{2}\left(\frac{\mu l}{8\pi}\right)I^2=\frac{\mu l I^2}{16\pi}$[J]

**20** 평행판 콘덴서에 어떤 유전체를 넣었을 때 전속밀도가 $2.4\times10^{-7}$[C/m²]이고, 단위 체적중의 에너지가 $5.3\times10^{-3}$[J/m³]이었다. 이 유전체의 유전율은 약 몇 [F/m]인가?

① $2.17\times10^{-11}$　② $5.43\times10^{-11}$
③ $5.17\times10^{-12}$　④ $5.43\times10^{-12}$

해설

**정전에너지**

단위체적당 정전에너지 $w=\frac{\sigma^2}{2\varepsilon}=\frac{D^2}{2\varepsilon}=\frac{1}{2}\varepsilon E^2=\frac{1}{2}ED$[J/m³]에서

$\varepsilon=\frac{D^2}{2w}=\frac{(2.4\times10^{-7})^2}{2\times5.3\times10^{-3}}=5.43\times10^{-12}$[F/m]

[정답] 16① 17① 18③ 19④ 20④

국가기술자격검정필기시험문제

| 자격종목 및 등급 | 과목명 | 시험시간 | 성명 |
|---|---|---|---|
| 전기기사 | 전력공학 | 2시간 30분 | 대산전기학원 |

## 시행일 2019년 1회

**01** 송배전 선로에서 도체의 굵기는 같게 하고 도체간의 간격을 크게 하면 도체의 인덕턴스는?

① 커진다.
② 작아진다.
③ 변함이 없다.
④ 도체의 굵기 및 도체간의 간격과는 무관하다.

해설

$L=0.05+0.4605\log_{10}\dfrac{D}{r}$[mH/km]

인덕턴스($L$)는 도체간의 간격($D$)과 비례한다.

**02** 동일전력을 동일 선간전압, 동일역률로 동일거리에 보낼 때 사용하는 전선의 총중량이 같으면 3상 3선식인 때와 단상 2선식일 때는 전력손실비는?

① 1
② $\dfrac{3}{4}$
③ $\dfrac{2}{3}$
④ $\dfrac{1}{\sqrt{3}}$

해설

전력이 동일하므로 $VI_1=\sqrt{3}\,VI_3$이 성립되고, 전압이 동일하여 약분된다.

$\therefore I_1=\sqrt{3}\,I_3$

전선의 총중량이 같으므로 $2\sigma A_1 l=3\sigma A_3 l$, 거리가 동일하여 약분된다.

$\therefore 2A_1=3A_3$

$R=\rho\dfrac{l}{A}$에서 전선의 단면적과 저항은 반비례관계에 있으므로

$\therefore 2R_3=3R_1 \rightarrow R_1=\dfrac{2}{3}R_3$

$$\frac{\text{3상 3선식 전력손실}}{\text{단상 2선식 전력손실}}=\frac{3I_3^2R_3}{2I_1^2R_1}=\frac{3I_3^2R_3}{2\times(\sqrt{3}\,I_3)^2\times\frac{2}{3}R_3}=\frac{3}{4}$$

**03** 배전반에 접속되어 운전 중인 계기용 변압기(PT) 및 변류기(CT)의 2차측 회로를 점검할 때 조치사항으로 옳은 것은?

① CT만 단락시킨다.
② PT만 단락시킨다.
③ CT와 PT 모두를 단락시킨다.
④ CT와 PT 모두를 개방시킨다.

해설

**PT와 CT점검시 주의 사항**

- PT : 2차측 개방
- CT : 2차측 단락(2차측 절연보호를 위해)

**04** 배전선로의 역률 개선에 따른 효과로 적합하지 않은 것은?

① 선로의 전력손실 경감
② 선로의 전압강하의 감소
③ 전원측 설비의 이용률 향상
④ 선로 절연의 비용 절감

해설

**전력용 콘덴서 설치 목적**

- 전력손실 감소
- 전압강하 감소
- 설비이용률 향상
- 전기요금 절감

[정답] 2019년 1회 01 ① 02 ② 03 ① 04 ④

**05** **총 낙차 300[m], 사용수량 20[m³/s]인 수력발전소의 발전기출력은 약 몇 [kW]인가? (단, 수차 및 발전기 효율은 각각 90[%], 98[%]라하고, 손실낙차는 총 낙차의 6[%]라고 한다.)**

① 48750　　② 51860
③ 54170　　④ 54970

해설

유효낙차=총낙차×(1−손실낙차율)
$=300\times(1-0.06)=282[\text{m}]$
발전기 출력 $P=9.8QH\eta$
$=9.8\times20\times282\times0.9\times0.98=48750[\text{kW}]$

**06** **수전단을 단락한 경우 송전단에서 본 임피던스가 330[Ω]이고, 수전단을 개방한 경우 송전단에서 본 어드미턴스가 1.875×10⁻³[℧]일 때 송전단의 특성임피던스는 약 몇 [Ω]인가?**

① 120　　② 220
③ 320　　④ 420

해설

특성임피던스 $Z_0=\sqrt{\dfrac{Z}{Y}}=\sqrt{\dfrac{330}{1.875\times10^{-3}}}\fallingdotseq420[\Omega]$

**07** **다중접지 계통에 사용되는 재폐로 기능을 갖는 일종의 차단기로서 과부하 또는 고장전류가 흐르면 순시동작하고, 일정시간 후에는 자동적으로 재폐로 하는 보호기기는?**

① 라인퓨즈　　② 리클로저
③ 섹셔널라이저　　④ 고장구간 자동개폐기

해설

**배전선로의 보호협조**

- 리클로저(recloser) : 자동재폐로차단기
  22.9[kV] 배전선로에 고장이 발생하였을 때 고장전류를 검출하여 지정된 시간 내에 고속차단하고 자동재폐로 동작을 수행하여 고장구간을 분리하거나 재송전하는 기능을 가진 차단기
- 섹셔널라이저(sectionalizer)
  - 고장 발생시 리클로저와 협조하여 고장구간을 신속히 개방하여 사고를 국부적으로 분리시키는 장치(부하측에 설치)
  - 고장전로를 차단하는 능력이 없기 때문에 리클로저와 직렬로 조합하여 사용한다.
- 라인퓨즈(line fuse) : 배전선로 도중에 삽이되는 fuse로 배전용 COS라고 한다.

**08** **송전선 중간에 전원이 없을 경우에 송전단의 전압 $E_S=AE_R+BI_R$이 된다. 수전단의 전압 $E_R$의 식으로 옳은 것은? (단, $I_S$, $I_R$는 송전단 및 수전단의 전류이다.)**

① $E_R=AE_S+CI_S$　　② $E_R=BE_S+AI_S$
③ $E_R=DE_S-BI_S$　　④ $E_R=CE_S-DI_S$

해설

$E_S=AE_R+BI_R$ → ①×$D$
$I_S=CE_R+DI_R$ → ②×$B$
①식에 $D$를 ②식에 $B$를 곱해서 빼주면

　①×$D$
− ②×$B$

$DE_S-BI_S=(AD-BC)E_R$
$\therefore E_R=DE_S-BI_S$

**09** **비접지식 3상 송배전계통에서 1선 지락고장 시 고장전류를 계산하는데 사용되는 정전용량은?**

① 작용정전용량　　② 대지정전용량
③ 합성정전용량　　④ 선간정전용량

해설

1선 지락시 지락전류는 대지 충전전류로 대지정전용량에 기인한다.
이때 1선 지락시 건전상의 전압이 $\sqrt{3}$ 배 상승한다.
$I_g=3j\omega C_sE=\sqrt{3}\,j\omega C_sV$ ($C_s$ : 대지정전용량)

**10** **비접지 계통의 지락사고 시 계전기에 영상전류를 공급하기 위하여 설치하는 기기는?**

[정답] 05 ① 06 ④ 07 ② 08 ③ 09 ② 10 ③

① PT ② CT
③ ZCT ④ GPT

해설

**지락 사고시 고장분을 검출하기 위해 동작하는 계전기**
- 영상전류 검출 : ZCT(영상 변류기)
- 영상전압 검출 : GPT(접지형 계기용 변압기)

**11** **이상전압의 파고값을 저감시켜 전력사용설비를 보호하기 위하여 설치하는 것은?**

① 초호환 ② 피뢰기
③ 계전기 ④ 접지봉

해설

**피뢰기의 역할**
방전전류를 흘려 뇌전압의 파고값을 저감시키고 속류를 억제 시킨다.

**12** **임피던스 $Z_1$, $Z_2$ 및 $Z_3$을 그림과 같이 접속한 선로의 $A$쪽에서 전압파 $E$가 진행해 왔을 때 접속점 $B$에서 무반사로 되기 위한 조건은?**

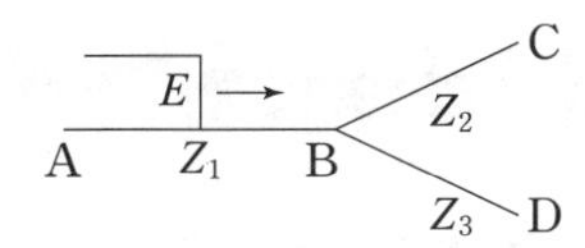


① $Z_1=Z_2+Z_3$ ② $\frac{1}{Z_3}=\frac{1}{Z_1}+\frac{1}{Z_2}$
③ $\frac{1}{Z_1}=\frac{1}{Z_2}+\frac{1}{Z_3}$ ④ $\frac{1}{Z_2}=\frac{1}{Z_1}+\frac{1}{Z_3}$

해설

파동임피던스 $Z_1$을 통해서 진행파가 들어왔을 때 파동임피던스 $Z_2$와 $Z_3$을 통해서 일부는 반사되고 나머지는 투과되어 나타나게 된다. 이때 무반사 조건은 진행파와 투과파를 같게 해주어야 하며 진행파와 투과파의 파동임피던스를 갖게 해주어야 한다.

$Z_1=\frac{1}{\frac{1}{Z_2}+\frac{1}{Z_3}}$ = 또는 $\frac{1}{Z_1}=\frac{1}{Z_2}+\frac{1}{Z_3}$

**13** **저압뱅킹방식에서 저전압의 고장에 의하여 건전한 변압기의 일부 또는 전부가 차단되는 현상은?**

① 아킹(Arcing) ② 플리커(Flicker)
③ 밸런스(Balance) ④ 캐스케이딩(Cascading)

해설

**캐스케이딩(Cascading) 현상**
변압기 2차측 저압선 일부의 고장으로 인하여 건전한 변압기의 일부 또는 전부가 변압기 1차측 보호장치에 의하여 차단되는 현상이다.

**14** **변전소의 가스차단기에 대한 설명으로 틀린 것은?**

① 근거리 차단에 유리하지 못하다.
② 불연성이므로 화재의 위험성이 적다.
③ 특고압 계통의 차단기로 많이 사용된다.
④ 이상전압의 발생이 적고, 절연회복이 우수하다.

해설

**가스차단기의 장점**
- 소음 공해가 없다.
- 화재위험이 적다.
- 소호능력이 크다.
- 고전압 대전류 차단에 적합하다.
- 절연내력이 높으며, 절연회복이 빠르다.

**15** **켈빈(Kelvin)의 법칙이 적용되는 경우는?**

① 전압 강하를 감소시키고자 하는 경우
② 부하 배분의 균형을 얻고자 하는 경우
③ 전력 손실량을 축소시키고자 하는 경우
④ 경제적인 전선의 굵기를 선정하고자 하는 경우

해설

경제적인 전선의 굵기를 선정 할 경우 켈빈의 법칙(Kelvin's law)을 이용하여 계산한다. 한편, 전선의 굵기를 선정할 경우 고려해야 할 사항은 허용전류, 전압강하, 기계적 강도이며, 가장 중요한 것은 허용전류이다.

[정답] 11 ② 12 ③ 13 ④ 14 ① 15 ④

**16** **보호계전기의 반한시-정한시 특성은?**

① 동작전류가 커질수록 동작시간이 짧게 되는 특성
② 최소 동작전류 이상의 전류가 흐르면 즉시 동작하는 특성
③ 동작전류의 크기에 관계없이 일정한 시간에 동작하는 특성
④ 동작전류가 커질수록 동작시간이 짧아지며, 어떤 전류 이상이 되면 동작전류의 크기에 관계없이 일정한 시간에서 동작하는 특성

해설

**반한시-정한시 계전기**

동작전류가 커질수록 동작시간이 짧아지며, 어떤 전류 이상이 되면 동작전류의 크기에 관계없이 일정한 시간에서 동작하는 특성

**17** **단도체 방식과 비교할 때 복도체 방식의 특징이 아닌 것은?**

① 안정도가 증가된다.
② 인덕턴스가 감소된다.
③ 송전용량이 증가된다.
④ 코로나 임계전압이 감소된다.

해설

**복도체의 장점**

- 인덕턴스 감소, 정전용량 증가
- 송전용량 증가, 허용전류 증가
- 코로나 임계전압이 상승하여 코로나손 감소
- 전선표면 전위경도가 감소

**18** **1선 지락 시에 지락전류가 가장 작은 송전계통은?**

① 비접지식 ② 직접접지식
③ 저항접지식 ④ 소호리액터접지식

해설

소호리액터 접지는 지락사고시 병렬 공진에 의해서 지락전류를 최소화 시킨다.

**19** **수차의 캐비테이션 방지책으로 틀린 것은?**

① 흡출수두를 증대시킨다.
② 과부화 운전을 가능한 한 피한다.
③ 수차의 비속도를 너무 크게 잡지 않는다.
④ 침식에 강한 금속재료로 러너를 제작한다.

해설

**케비테이션 방지대책**

- 흡출관높이를 높게 취하지 않는다.
- 비속도를 너무 크게 잡지 않는다.
- 침식에 강한 재료로 제작한다.
- 러너표면을 매끄럽게 가공한다.

**20** **선간전압이 154[kV]이고, 1상당의 임피던스가 $j8$[Ω]인 기기가 있을 때, 기준용량을 100[MVA]로 하면 % 임피던스는 약 몇 %인가?**

① 2.75 ② 3.15
③ 3.37 ④ 4.25

해설

$$\%Z=\frac{PZ}{10V^2}=\frac{100000\times 8}{10\times 154^2}\fallingdotseq 3.37[\%]$$

시행일 **2019년 2회**

**01** **직류 송전방식에 관한 설명으로 틀린 것은?**

① 교류 송전방식보다 안정도가 낮다.
② 직류계통과 연계 운전 시 교류계통의 차단용량은 작아진다.
③ 교류 송전방식에 비해 절연계급을 낮출 수 있다.
④ 비동기 연계가 가능하다.

해설

**직류 송전 방식**

| 장점 | 단점 |
|---|---|
| • 절연계급을 낮출 수 있다.<br>• 안정도가 높다.<br>• 비동기 연계가 가능하다. | • 전압의 승압 및 강압이 어렵다.<br>• 전류차단이 어렵다.<br>• 회전자계를 얻기 어렵다. |

[정답] 16 ④ 17 ④ 18 ④ 19 ① 20 ③ 2019년 2회 01 ①

**02** **유효낙차 100[m], 최대사용수량 20[$m^3$/s], 수차 효율 70[%]인 수력발전소의 연간 발전전력량은 약 몇 [kWh]인가? (단, 발전기의 효율은 85[%]라고 한다.)**

① $2.5\times10^7$ ② $5\times10^7$
③ $10\times10^7$ ④ $20\times10^7$

해설

수력발전소의 출력 $P=9.8QH\eta$[kW]
$P=9.8\times20\times100\times0.7\times0.85=11662$[kW]
연간발전전력량
$W=P\times t=11662\times24\times365\fallingdotseq10\times10^7$[kWh]

**03** **일반 회로정수가 $A, B, C, D$이고 송전단 전압이 $E_S$인 경우 무부하시 수전단 전압은?**

① $\dfrac{E_S}{A}$ ② $\dfrac{E_S}{B}$
③ $\dfrac{A}{C}E_S$ ④ $\dfrac{C}{A}E_S$

해설

$E_S=AE_r+BI_r$ 무부하 이므로 $I_r=0$이다.
대입하면 $E_S=AE_r$, $E_r=\dfrac{E_S}{A}$

**04** **한 대의 주상변압기에 역률(뒤짐) $\cos\theta_1$, 유효전력 $P_1$[kW]의 부하와 역률(뒤짐) $\cos\theta_2$, 유효전력 $P_2$[kW]의 부하가 병렬로 접속되어 있을 때 주상변압기 2차 측에서 본 부하의 종합역률은 어떻게 되는가?**

① $\dfrac{P_1+P_2}{\dfrac{P_1}{\cos\theta_1}+\dfrac{P_2}{\cos\theta_2}}$

② $\dfrac{P_1+P_2}{\dfrac{P_1}{\sin\theta_1}+\dfrac{P_2}{\sin\theta_2}}$

③ $\dfrac{P_1+P_2}{\sqrt{(P_1+P_2)^2+(P_1\tan\theta_1+P_2\tan\theta_2)^2}}$

④ $\dfrac{P_1+P_2}{\sqrt{(P_1+P_2)^2+(P_1\sin\theta_1+P_2\sin\theta_2)^2}}$

해설

$P_1$의 무효전력$=P_1\tan\theta$[kVar]
$P_2$의 무효전력$=P_2\tan\theta$[kVar]
종합역률$=\dfrac{\text{합성무효전력}}{\text{합성피상전력}}=\dfrac{P_1+P_2}{\sqrt{(P_1+P_2)^2+(P_1\tan\theta_1+P_2\tan\theta_2)}}$

**05** **옥내배선의 전선 굵기를 결정할 때 고려해야 할 사항으로 틀린 것은?**

① 허용전류 ② 전압강하
③ 배선방식 ④ 기계적강도

해설

옥내배선의 전선 굵기 결정시 배선방식은 고려하지 않는다.

**06** **선택 지락 계전기의 용도를 옳게 설명한 것은?**

① 단일 회선에서 지락고장 회선의 선택 차단
② 단일 회선에서 지락전류의 방향 선택 차단
③ 병행 2회선에서 지락고장 회선의 선택 차단
④ 병행 2회선에서 지락고장의 지속시간 선택 차단

해설

2회선의 접지고장 회선의 선택 차단 : SGR(선택지락 계전기)

**07** **33[kV] 이하의 단거리 송배전선로에 적용되는 비접지 방식에서 지락전류는 다음 중 어느 것을 말하는가?**

① 누설전류 ② 충전전류
③ 뒤진전류 ④ 단락전류

해설

비접지 방식에서 지락전류는 대지 충전전류로 대지정전용량에 기인한다.(진상전류=앞선전류=빠른전류=충전전류)
$I_g=j3\omega C_sE=j\sqrt{3}\,\omega C_sV$[A] ($C_s$ : 대지정전용량)

[정답] 02 ③ 03 ① 04 ④ 05 ③ 06 ③ 07 ②

**08** **터빈(turbine)의 임계속도란?**

① 비상조속기를 동작시키는 회전수
② 회전자의 고유 진동수와 일치하는 위험 회전수
③ 부하를 급히 차단하였을 때의 순간 최대 회전수
④ 부하 차단 후 자동적으로 정정된 회전수

해설

회전자와 고유 진동수가 일치하여 공진이 발생되는 지점의 회전속도를 임계속도라 한다.

**09** **공통 중성선 다중 접지방식의 배전선로에서 Recloser($R$), Sectionalizer($S$), Line fuse($F$)의 보호협조가 가장 적합한 배열은? (단, 보호협조는 변전소를 기준으로 한다.)**

① $S-F-R$　　② $S-R-F$
③ $F-S-R$　　④ $R-S-F$

해설

**보호협조 순서**
리클로저(recloser) - 섹셔널라이저(Sectionalizer) - 퓨즈(line fuse)

**10** **송전선의 특성임피던스와 전파정수는 어떤 시험으로 구할 수 있는가?**

① 뇌파시험　　② 정격부하시험
③ 절연강도 측정시험　　④ 무부하시험과 단락시험

해설

무부하시험($I_r=0$)과 단락시험($E_r=0$)을 통해서 특성임피던스와 전파정수를 구한다.

**11** **단도체 방식과 비교하여 복도체 방식의 송전선로를 설명한 것으로 틀린 것은?**

① 선로의 송전용량이 증가된다.
② 계통의 안정도를 증진시킨다.
③ 전선의 인덕턴스가 감소하고, 정전용량이 증가된다.
④ 전선 표면의 전위경도가 저감되어 코로나 임계전압을 낮출 수 있다.

해설

| 장점 | 단점 |
|---|---|
| · 리액턴스가 감소된다.<br>· 안정도가 좋아진다.<br>· 코로나 임계전압이 높아진다.<br>· 송전용량이 증대된다. | · 페란티 현상이 발생한다.<br>· 소도체가 충돌해 전선표면을 손상 시킨다. |

**12** **10000[kVA] 기준으로 등가 임피던스가 0.4[%]인 발전소에 설치될 차단기의 차단용량은 몇 [MVA]인가?**

① 1000　　② 1500
③ 2000　　④ 2500

해설

$$P_s=\frac{100}{\%Z}\times P_n=\frac{100}{0.4}\times 10000\times 10^{-3}=2500[\text{MVA}]$$

**13** **고압 배전선로 구성방식 중, 고장 시 자동적으로 고장개소의 분리 및 건전선로에 폐로하여 전력을 공급하는 개폐기를 가지며, 수요 분포에 따라 임의의 분기선으로부터 전력을 공급하는 방식은?**

① 환상식　　② 망상식
③ 뱅킹식　　④ 가지식(수지식)

해설

**환상식(loop) 특징**
- 전압강하가 적다.
- 시설비가 많이 든다.
- 부하밀도가 높은 시가지에 적당하다.
- 간선의 어느한곳에 고장이 생길 경우 그 고장구간을 분리해도 다른 구간에는 배전을 계속 할 수 있다.

[정답] 08 ② 09 ④ 10 ④ 11 ④ 12 ④ 13 ①

**14** **중거리 송전선로의 $T$형 회로에서 송전단 전류 $I_s$는? (단, $Z$, $Y$는 선로의 직렬 임피던스와 병렬 어드미턴스이고, $E_r$은 수전단 전압, $I_r$은 수전단 전류이다.)**

① $E_r(1+\frac{ZY}{2})+ZI_r$

② $I_r(1+\frac{ZY}{2})+E_rY$

③ $E_r(1+\frac{ZY}{2})+ZI_r(1+\frac{ZY}{4})$

④ $I_r(1+\frac{ZY}{2})+E_rY(1+\frac{ZY}{4})$

해설

**4단자 정수**

$T$형 회로의 4단자 정수는

$$\begin{bmatrix} A & B \\ C & D \end{bmatrix}=\begin{bmatrix} 1+\frac{ZY}{2} & Z(1+\frac{ZY}{4}) \\ Y & 1+\frac{ZY}{2} \end{bmatrix}$$ 이므로

$I_S=CE_r+DI_r$에 대입

$\therefore I_r\left(1+\frac{Z\cdot Y}{2}\right)+E_r\cdot Y$

**15** **전력계통 연계 시의 특징으로 틀린 것은?**

① 단락전류가 감소한다.

② 경제 급전이 용이하다.

③ 공급신뢰도가 향상된다.

④ 사고 시 다른 계통으로의 영향이 파급될 수 있다.

해설

**전력계통 연계 시 장 · 단점**

- 장점
  - 계통 전체에 대한 신뢰도가 증가한다.
  - 전력운용의 융통성이 커져서 설비용량이 감소한다.
  - 부하 변동에 의한 주파수 변동이 작아지므로 안정된 주파수 유지가 가능하다.
  - 건설비, 운전비용 절감에 의한 경제급전이 가능하다.
- 단점
  - 사고시 타 계통으로의 파급확대될 우려가 크다.
  - 사고시 단락전류가 증대되어 통신선에 유도장해 초래한다.

**16** **아킹혼(Arcing Horn)의 설치 목적은?**

① 이상전압 소멸　　② 전선의 진동방지

③ 코로나 손실방지　　④ 섬락사고에 대한 애자보호

해설

**아킹링, 아킹혼의 역할**

- 애자련을 보호
- 애자련에 걸리는 전압분담 균일

**17** **변전소에서 접지를 하는 목적으로 적절하지 않은 것은?**

① 기기의 보호　　② 근무자의 안전

③ 차단 시 아크의 소호　　④ 송전시스템의 중성점 접지

해설

**변전소 접지의 목적**

- 감전 및 화재사고방지
- 기기 손상 방지
- 보호 계전기의 확실한 동작
- 이상전압의 억제

**18** **그림과 같은 2기 계통에 있어서 발전기에서 전동기로 전달되는 전력 $P$는? (단, $X=X_G+X_L+X_M$이고 $E_G$, $E_M$은 각각 발전기 및 전동기의 유기기전력, $\delta$는 $E_G$와 $E_M$간의 상차각이다.)**

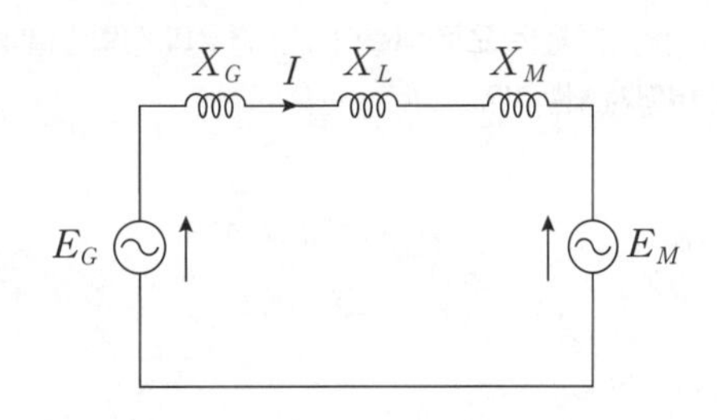


① $P=\frac{E_G}{XE_M}\sin\delta$　　② $P=\frac{E_GE_M}{X}\sin\delta$

③ $P=\frac{E_GE_M}{X}\cos\delta$　　④ $P=XE_GE_M\cos\delta$

[정답] 14② 15① 16④ 17③ 18②

해설

발전기에서 전동기로 전달되는 전력 $P=\frac{E_r E_s}{X}\times\sin\delta$

$E_s=E_G$, $E_r=E_M$이므로 $P=\frac{E_G E_M}{X}\sin\delta$이다.

## 19 변전소, 발전소 등에 설치하는 피뢰기에 대한 설명 중 틀린 것은?

① 방전전류는 뇌충격전류의 파고값으로 표시한다.

② 피뢰기의 직렬갭은 속류를 차단 및 소호하는 역할을 한다.

③ 정격전압은 상용주파수 정현파 전압의 최고 한도를 규정한 순시값이다.

④ 속류란 방전현상이 실질적으로 끝난 후에도 전력계통에서 피뢰기에 공급되어 흐르는 전류를 말한다.

해설

**피뢰기(LA) 관련 용어**

- 속류 : 방전현상이 실질적으로 끝난 후에도 전력계통에서 피뢰기에 공급되어 흐르는 전류
- 방전전류 : 뇌충격전류의 파고값
- 직렬갭 : 속류를 차단 및 소호하는 역할
- 정격전압 : 속류를 차단하는 사용주파수 최고의 교류전압

## 20 부하역률이 $\cos\theta$인 경우 배전선로의 전력손실은 같은 크기의 부하전력으로 역률이 1인 경우의 전력손실에 비하여 어떻게 되는가?

① $\frac{1}{\cos\theta}$　② $\frac{1}{\cos^2\theta}$

③ $\cos\theta$　④ $\cos^2\theta$

해설

전력손실 $P_\ell=\frac{P^2R}{V^2\cos^2\theta}$에서 역률과 제곱의 반비례 하므로,

같은크기의 부하전력일 경우 전력손실은 $\frac{1}{\cos^2\theta}$배 된다.

## 시행일 2019년 3회

## 01 플리커 경감을 위한 전력 공급측의 방안이 아닌 것은?

① 공급전압을 낮춘다.

② 전용 변압기로 공급한다.

③ 단독 공급계통을 구성한다.

④ 단락용량이 큰 계통에서 공급한다.

해설

**플리커 방지대책**

- 내부 임피던스가 작은 대용량의 변압기를 선정한다.
- 저압 배전선을 굵은 전선으로 바꾸어 준다.
- 저압 뱅킹 또는 저압 네트워크방식을 채용한다.
- 플리커를 발생하는 동요 부하는 독립된 주상 변압기로부터 직접 공급하도록 설계한다.

## 02 수력발전설비에서 흡출관을 사용하는 목적으로 옳은 것은?

① 압력을 줄이기 위하여

② 유효낙차를 늘리기 위하여

③ 속도 변동률을 적게 하기 위하여

④ 물의 유선을 일정하게 하기 위하여

해설

**흡출관**

반동수차의 러너출구에서 방수로까지 이르는 관으로 유효낙차를 늘린다.

## 03 원자로에서 중성자가 원자로 외부로 유출되어 인체에 위험을 주는 것을 방지하고 방열의 효과를 주기 위한 것은?

① 제어재　② 차폐재

③ 반사체　④ 구조재

해설

**차폐제**

원자로 내부의 방사선이 외부에 누출되는 것을 방지하기 위한 벽의 역할을 한다.

[정답] 19 ③ 20 ② 2019년 3회 01 ① 02 ② 03 ②

**04** **역률 80[%], 500[kVA]의 부하설비에 100[kVA]의 진상용 콘덴서를 설치하여 역률을 개선하면 수전점에서의 부하는 약 몇 [kVA]가 되는가?**

① 400 ② 425
③ 450 ④ 475

해설

역률 80[%], 500[kVA]의 부하설비는
개선 전 무효전력 : $500 \times 0.6 = 300$[kVar]
콘덴서 설치 후 무효전력 : $500 \times 0.6 - 100 = 200$[kVar]
역률개선 후 부하의 피상전력$=\sqrt{400^2+200^2} \fallingdotseq 450$[kVA]

**05** **변성기의 정격부담을 표시하는 단위는?**

① W ② S
③ dyne ④ VA

해설

변성기는 전압 또는 전류를 다른 값으로 변환하는 장치이다.
정격부담은 변성기 2차측에 연결할 수 있는 부하용량의 한도이며, 단위는 [VA]이다.

**06** **같은 선로와 같은 부하에서 교류 단상 3선식은 단상 2선식에 비하여 전압강하와 배전효율이 어떻게 되는가?**

① 전압강하는 적고, 배전효율은 높다.
② 전압강하는 크고, 배전효율은 낮다.
③ 전압강하는 적고, 배전효율은 낮다.
④ 전압강하는 크고, 배전효율은 높다.

해설

**배전방식 전기적 특성**

| 구분 | 단상2선식 | 단상3선식 |
|---|---|---|
| 공급전력 | 100[%] | 133[%] |
| 선로전류 | 100[%] | 50[%] |
| 전력손실 | 100[%] | 25[%] |
| 전선량 | 100[%] | 37.5[%] |

**07** **부하전류의 차단에 사용되지 않는 것은?**

① DS ② ACB
③ OCB ④ VCB

해설

**단로기는(DS)의 역할**

무전압 상태에서 기기의 점검 및 수리시 또는 회로의 접속을 변경하는 경우 단로기를 사용한다. 단로기는 아크소호 능력이 없기 때문에 부하전류, 고장전류를 차단할 수 없다.

**08** **인터록(interlock)의 기능에 대한 설명으로 옳은 것은?**

① 조작자의 의중에 따라 개폐되어야 한다.
② 차단기가 열려 있어야 단로기를 닫을 수 있다.
③ 차단기가 닫혀 있어야 단로기를 닫을 수 있다.
④ 차단기와 단로기를 별도로 닫고, 열 수 있어야 한다.

해설

**인터록**

고장전류나 부하전류가 흐르고 있는 경우에는 단로기로 선로를 개폐하거나 차단이 불가능하다. 무부하상태의 조건을 만족하게 되면 단로기는 조작이 가능하게 되며 그 이외에는 단로기를 조작할 수 없도록 시설하는 것을 인터록이라 한다.

**09** **각 전력계통을 연계선으로 상호 연결하였으 때 장점으로 틀린 것은?**

① 건설비 및 운전경비를 절감하므로 경제급전이 용이하다.
② 주파수의 변화가 작아진다.
③ 각 전력계통의 신뢰도가 증가된다.
④ 선로 임피던스가 증가되어 단락전류가 감소된다.

해설

**전력계통 연계시 장·단점**

[정답] 04 ③ 05 ④ 06 ① 07 ① 08 ② 09 ④

| 장 점 | 단 점 |
|---|---|
| • 계통 전체에 신뢰도가 증가한다.<br>• 전력운용의 융통성이 커져서 설비용량이 감소한다.<br>• 부하 변동에 의한 주파수 변동이 작아지므로 안정된 주파수 유지가 가능하다.<br>• 건설비, 운전비용 절감에 의한 경제급전이 가능하다. | • 사고시 타 계통으로의 고장이 파급될 우려가 크다.<br>• 사고시 단락전류가 증대되어 통신선에 유도장해 초래할 수 있다. |

## 10 연가에 의한 효과가 아닌 것은?

① 직렬공진의 방지　② 대지정전용량의 감소
③ 통신선의 유도장해 감소　④ 선로정수의 평형

해설

**연가의 목적**

- 선로정수의 평형
- 직렬공진 방지
- 연가의 효과
- 통신선의 유도장해 감소

## 11 가공지선에 대한 설명 중 틀린 것은?

① 유도뢰 서지에 대하여도 그 가설구간 전체에 사고방지의 효과가 있다.
② 직격뢰에 대하여 특히 유효하며 탑 상부에 시설하므로 뇌는 주로 가공지선에 내습한다.
③ 송전선의 1선 지락 시 지락전류의 일부가 가공지선에 흘러 차폐작용을 하므로 전자유도장해를 적게 할 수 있다.
④ 가공지선 때문에 송전선로의 대지정전용량이 감소하므로 대지사이에 방전할 때 유도전압이 특히 커서 차폐 효과가 좋다.

해설

**가공지선**

- 설치목적 : 직격뢰로부터 송전선로를 보호하기 위하여 지지물의 최상단에 설치
- 효과 : 직격뢰 차폐, 유도뢰 차폐, 통신선의 유도장해 차폐

## 12 케이블의 전력 손실과 관계가 없는 것은?

① 철손　② 유전체손
③ 시스손　④ 도체의 저항손

해설

케이블의 전력 손실에는 저항손, 유전체손, 시스손이 있다.
철손은 변압기, 전동기에서 발생하는 무부하손이다.

## 13 전압요소가 필요한 계전기가 아닌 것은?

① 주파수 계전기　② 동기탈조 계전기
③ 지락 과전류 계전기　④ 방향성 지락 과전류 계전기

해설

지락과전류계전기[OCGR]는 전압요소가 필요없는 단일 전류요소 계전기이다.

## 14 다음 중 송전선로의 코로나 임계전압이 높아지는 경우가 아닌 것은?

① 날씨가 맑다.
② 기압이 높다.
③ 상대 공기밀도가 낮다.
④ 전선의 반지름과 선간거리가 크다.

해설

- 코로나 임계전압 $E_0 = 24.3 m_0 m_1 \delta d \log_{10}\frac{D}{r}$[kV]
  여기서, $m_0$ : 표면계수, $m_1$ : 날씨계수, $\delta$ : 공기밀도,
  $d$[cm] : 전선직경, $D$[cm] : 선간거리
- 상대공기밀도가 낮으면 임계전압은 낮아진다.

## 15 가공선 계통은 지중선 계통보다 인덕턴스 및 정전용량이 어떠한가?

① 인덕턴스, 정전용량이 모두 작다.
② 인덕턴스, 정전용량이 모두 크다.

[정답] 10 ② 11 ④ 12 ① 13 ③ 14 ③ 15 ③

③ 인덕턴스는 크고, 정전용량은 작다.

④ 인덕턴스는 작고, 정전용량은 크다.

**해설**

가공선 계통은 지중선 계통보다 인덕턴스는 크고, 정전 용량은 작다.

## 16 3상 무부하 발전기의 1선 지락 고장 시에 흐르는 지락 전류는? (단, $E$는 접지된 상의 무부하 기전력이고, $Z_0$, $Z_1$, $Z_2$는 발전기의 영상, 정상, 역상 임피던스이다.)

① $\dfrac{E}{Z_0+Z_1+Z_2}$  ② $\dfrac{\sqrt{3}E}{Z_0+Z_1+Z_2}$

③ $\dfrac{3E}{Z_0+Z_1+Z_2}$  ④ $\dfrac{E^2}{Z_0+Z_1+Z_2}$

**해설**

**1선지락사고시 지락전류($I_g$)**

$a$상이 지락시 $I_b=I_c=0,\ V_a=0$

$I_0=I_1=I_2=\frac{1}{3}I_a=\frac{1}{3}I_g=\frac{E_a}{Z_0+Z_1+Z_2}$ [A]

$I_0=I_1=I_2\neq 0$

$I_g=3I_0=\frac{3E_a}{Z_0+Z_1+Z_2}$ [A]

## 17 송전선의 특성임피던스는 저항과 누설 컨덕턴스를 무시하면 어떻게 표현되는가? (단, $L$은 선로의 인덕턴스, $C$는 선로의 정전용량이다.)

① $\sqrt{\dfrac{L}{C}}$  ② $\sqrt{\dfrac{C}{L}}$

③ $\dfrac{L}{C}$  ④ $\dfrac{C}{L}$

**해설**

송전선의 특성임피던스 $Z_0=\sqrt{\frac{Z}{Y}}=\sqrt{\frac{L}{C}}$

## 18 전력 원선도에서는 알 수 없는 것은?

① 송수전할 수 있는 최대전력

② 선로 손실

③ 수전단 역률

④ 코로나손

**해설**

전력원선도에서 알 수 있는 것은 송·수전단 전압간의 상차각, 송·수전할 수 있는 최대전력, 선로손실과 송전효율, 수전단의역률, 필요로 하는 조상용량이 있다.

## 19 수력발전소의 분류 중 낙차를 얻는 방법에 의한 분류 방법이 아닌 것은?

① 댐식 발전소  ② 수로식 발전소

③ 양수식 발전소  ④ 유역 변경식 발전소

**해설**

**수력발전소의 분류 방법**

- 낙차를 얻는 방법에 따른 분류
  : 수로식, 댐식, 댐수로식, 유역변경식
- 유량의 사용방법에 따른 분류
  : 역조정지식, 저수지식, 양수식

## 20 어느 수용가의 부하설비는 전등설비가 500 [W], 전열설비가 600 [W], 전동기 설비가 400 [W], 기타설비가 100 [W]이다. 이 수용가의 최대수용전력이 1200 [W]이면 수용률은 몇 [%]인가?

① 55  ② 65

③ 75  ④ 85

**해설**

$$수용율=\frac{최대수용전력[kW]}{부하설비용량[kW]}\times 100$$

$$=\frac{1200}{500+600+400+100}\times 100=75[\%]$$

[정답] 16③ 17① 18④ 19③ 20③

## 시행일 2020년 1회

### 01 중성점 직접접지방식의 발전기가 있다. 1선 지락 사고 시 지락전류는?(단, $Z_1$, $Z_2$, $Z_0$는 각각 정상, 역상, 영상 임피던스이며, $E_a$는 지락된 상의 무부하 기전력이다.)

① $\dfrac{E_a}{Z_0+Z_1+Z_2}$　　② $\dfrac{Z_1E_a}{Z_0+Z_1+Z_2}$

③ $\dfrac{3E_a}{Z_0+Z_1+Z_2}$　　④ $\dfrac{Z_0E_a}{Z_0+Z_1+Z_2}$

**해설**

중성점 직접접지방식의 경우 지락전류의 크기는 영상전류의 3배의 이다.

$I_a=3I_0=3\times\dfrac{E}{Z_0+Z_1+Z_2}$

### 02 다음 중 송전계통의 절연협조에 있어서 절연레벨이 가장 낮은 기기는?

① 피뢰기　　② 단로기

③ 변압기　　④ 차단기

**해설**

피뢰기의 제한전압은 절연협조의 기본이 되며 반드시 변압기의 기준충격절연강도는 이보다 높아야 한다.

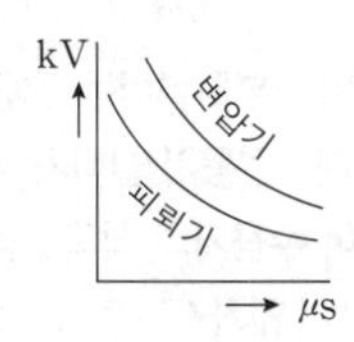


### 03 화력발전소에서 절탄기의 용도는?

① 보일러에 공급되는 급수를 예열한다.

② 포화증기를 과열한다.

③ 연소용 공기를 예열한다.

④ 석탄을 건조한다.

**해설**

- 절탄기: 연도에 설치하여 보일러 급수를 예열
- 재열기 :고압터빈에서 나온 증기를 가열
- 집진기 : 회분을 제거하여 대기오염을 방지
- 공기예열기 : 기력 발전소 연도 끝에 설치하여 절탄기에서 나온 연소가스의 열을 회수하여 공기를 예열

### 04 3상 배전선로의 말단에 역률 60[%](늦음), 60[kW]의 평형 3상 부하가 있다. 부하점에 부하와 병렬로 전력용 콘덴서(SC)를 접속하여 선로손실을 최소로 하고자 할 때 콘덴서 용량[kVA]은?(단, 부하단의 전압은 일정하다.)

① 40　　② 60

③ 80　　④ 100

**해설**

**콘덴서 용량**

$Q_c=P\times\left(\dfrac{\sqrt{1-\cos^2\theta_1}}{\cos\theta_1}-\dfrac{\sqrt{1-\cos^2\theta_2}}{\cos\theta_2}\right)[\text{kVA}]$

선로손실을 최소로 하기 위해 역률은 1이 되어야 한다.

$Q_c=60\times\left(\dfrac{0.8}{0.6}-\dfrac{0}{1}\right)=80[\text{kVA}]$

### 05 송배전 선로에서 선택지락계전기(SGR)의 용도는?

① 다회선에서 접지 고장 회선의 선택

② 단일 회선에서 접지 전류의 대소 선택

③ 단일 회선에서 접지 전류의 방향 선택

④ 단일 회선에서 접지 사고의 지속 시간 선택

**해설**

**선택지락계전기(SGR)**

전압은 접지형계기용변압기(GPT)에서, 전류는 영상변류기(ZCT)에서 공급받아 동작하며, 선택지락계전기는 특히 병행 2회선 또는 다회선 선로에서 1회선에서 지락사고가 발생했을 때 고장 회선만을 선택하여 차단한다.

[정답] 2020년 1회 01 ③ 02 ① 03 ① 04 ③ 05 ①

**06** 정격전압 7.2[kV], 정격차단용량 100[MVA]인 3상 차단기의 정격 차단전류는 약 몇 [kA]인가?

① 4 ② 6
③ 7 ④ 8

해설

**3상 정격차단전류**

$$I_s = \frac{P_s}{\sqrt{3}V_n} = \frac{100\times10^3}{\sqrt{3}\times7.2}\times10^{-3} = 8.02[\text{kA}]$$

**07** 고장 즉시 동작하는 특성을 갖는 계전기는?

① 순시 계전기 ② 정한시 계전기
③ 반한시 계전기 ④ 반한시성 정한시 계전기

해설

**계전기의 한시특성**

- 순한시 계전기 : 정정된 전류 이상의 전류가 흐르면 즉시 동작
- 정한시 계전기 : 동작전류의 크기와는 관계없이 항상 정해진 일정한 시간에서 동작
- 반한시 계전기 : 전류 값이 클수록 빨리 동작하고 반대로 전류 값이 작아질수록 느리게 동작
- 정한시-반한시 계전기 : 정한시와 반한시 계전기의 특성을 조합

**08** 30000[kW]의 전력을 51[km] 떨어진 지점에 송전하는데 필요한 전압은 약 몇 [kV]인가? (단, Still의 식에 의하여 산정한다.)

① 22 ② 33
③ 66 ④ 100

해설

**송전전압(스틸의 식)**

$$V_s = 5.5\times\sqrt{0.6\ell + \frac{P[\text{kW}]}{100}}[\text{kV}]$$

$$= 5.5\times\sqrt{0.6\times51 + \frac{30000}{100}}$$

$$= 100[\text{kV}]$$

**09** 댐의 부속설비가 아닌 것은?

① 수로 ② 수조
③ 취수구 ④ 흡출관

해설

**흡출관**

반동수차의 러너 출구에서 방수로까지 이르는 관으로 유효낙차를 증가시킨다. 다만 흡출관은 반동수차 방식에서 필요하며, 충동수차방식인 펠턴수차에서는 필요 없다.

**10** 3상3선식에서 전선 한 가닥에 흐르는 전류는 단상 2선식의 경우의 몇 배가 되는가? (단, 송전전력, 부하역률, 송전거리, 전력손실 및 선간전압이 같다.)

① $\frac{1}{\sqrt{3}}$ ② $\frac{2}{3}$
③ $\frac{3}{4}$ ④ $\frac{4}{9}$

해설

$P_3 = \sqrt{3}VI_3\cos\theta$, $P_1 = VI_1\cos\theta$

$P_3 = P_1$이므로, $\sqrt{3}VI_3\cos\theta = VI_1\cos\theta$

$$I_3 = \frac{VI_1\cos\theta}{\sqrt{3}V\cos\theta} = \frac{I_1}{\sqrt{3}} = \frac{1}{\sqrt{3}}I_1$$

**11** 사고, 정전 등의 중대한 영향을 받는 지역에서 정전과 동시에 자동적으로 예비전원용 배전선로로 전환하는 장치는?

① 차단기
② 리클로저(Recloser)
③ 섹셔널라이저(Sectionalizer)
④ 자동 부하 전환개폐기(Auto Load Transfer Switch)

해설

**자동부하 전환 개폐기(ALTS)**

22.9[kV] 가공 배전선로에서 주 공급 선로의 정전 사고 시 예비전원 선로로 자동 전환되는 개폐장치로서 무정전 전원공급을 수행하는 개폐기이다.

[정답] 06 ④ 07 ① 08 ④ 09 ④ 10 ① 11 ④

## 12 전선의 표피 효과에 대한 설명으로 알맞은 것은?

① 전선이 굵을수록, 주파수가 높을수록 커진다.

② 전선이 굵을수록, 주파수가 낮을수록 커진다.

③ 전선이 가늘수록, 주파수가 높을수록 커진다.

④ 전선이 가늘수록, 주파수가 낮을수록 커진다.

**해설**

표피효과란 도선의 중심으로 갈수록 전류밀도가 작아지고, 표피 쪽으로 갈수록 전류밀도가 커지는 현상이다. 표피 효과는 주파수, 전선의 단면적, 도전율, 비투자율에 비례한다.

## 13 일반회로정수가 같은 평행 2회선에서 $A$, $B$, $C$, $D$는 각각 1회선의 경우의 몇 배로 되는가?

① $A$ : 2배, $B$ : 2배, $C$ : $\frac{1}{2}$배, $D$ : 1배

② $A$ : 1배, $B$ : 2배, $C$ : $\frac{1}{2}$배, $D$ : 1배

③ $A$ : 1배, $B$ : $\frac{1}{2}$배, $C$ : 2배, $D$ : 1배

④ $A$ : 1배, $B$ : $\frac{1}{2}$배, $C$ : 2배, $D$ : 2배

**해설**

**2회선 선로의 4단자 정수**

4단자 정수가 $A, B, C, D$인 송전선로를 2회선으로 운용할 경우 $A$와 $D$는 즉, 전압비와 전류비는 변하지 않는다. 그러나, 직렬성분인 임피던스 $B$은 병렬접속이므로 1/2배로 감소하고 어드미턴스 $C$는 병렬접속이므로 2배 증가한다.

안정운전
1회선 → 2회선
G G
$B \underset{2}{\overset{\frac{1}{2}}{\rightleftarrows}} \frac{B}{2}$
$C \underset{\frac{1}{2}}{\overset{2}{\rightleftarrows}} 2C$
$A=D \underset{1}{\overset{1}{\rightleftarrows}} A=D$

## 14 변전소에서 비접지 선로의 접지보호용으로 사용되는 계전기에 영상전류를 공급하는 것은?

① CT ② GPT

③ ZCT ④ PT

**해설**

- 영상변류기(ZCT) : 영상전류 검출
- 접지형 계기용변압기(GPT) : 영상전압 검출

1선지락시 GPT 2차측에 나타나는 영상전압은 190[V]이다.

## 15 단로기에 대한 설명으로 틀린 것은?

① 소호장치가 있어 아크를 소멸시킨다.

② 무부하 및 여자전류의 개폐에 사용된다.

③ 사용 회로수에 의해 분류하던 단투형과 쌍투형이 있다.

④ 회로의 분리 또는 계통의 접속 변경 시 사용한다.

**해설**

단로기(DS)
단로기는 선로의 분리 또는 계통의 접속 변경 시 사용하는 개폐기이며, 아크소호능력이 없기 때문에 부하전류의 개폐를 하지 않는 것이 원칙이다. 다만, 긴급할 경우 여자전류, 충전전류는 차단할 수 있다. 한편, 66[kV]이상의 경우 선로개폐기(LS)를 사용한다.

## 16 4단자 정수 $A=0.9918+j0.0042$, $B=34.17+j50.38$, $C=(-0.006+j3247)\times10^{-4}$인 송전 선로의 송전단에 66[kV]를 인가하고 수전단을 개방하였을 때 수전단 선간전압은 약 몇 [kV]인가?

① $\frac{66.55}{\sqrt{3}}$ ② 62.5

③ $\frac{62.5}{\sqrt{3}}$ ④ 66.55

**해설**

수전단을 개방하였을 때 $I_r=0$이다.

그러므로, $E_s=AE_r \rightarrow E_r=\frac{E_s}{A}$이다.

[정답] 12 ① 13 ③ 14 ③ 15 ① 16 ④

한편, 수전단 전압은 선간전압으로 나타낸다.

$$V_r = \frac{V_s}{A} = \frac{66}{\sqrt{0.9918^2 + 0.0042^2}} = 66.55[\text{kV}]$$

**17** **증기터빈 출력을 $P$[kW], 증기량을 $W$[t/h], 초압 및 배기의 증기 엔탈피를 각각 $i_0$, $i_1$[kcal/kg]이라 하면 터빈의 효율 $\eta_T$[%]는?**

① $\frac{860P \times 10^3}{W(i_0 - i_1)} \times 100$

② $\frac{860P \times 10^3}{W(i_1 - i_0)} \times 100$

③ $\frac{860P}{W(i_0 - i_1) \times 10^3} \times 100$

④ $\frac{860P}{W(i_1 - i_0) \times 10^3} \times 100$

해설

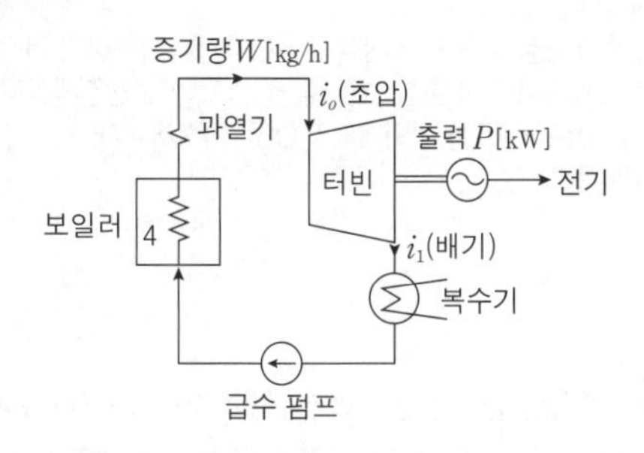


- 터빈효율$(\eta_T)$ = $\frac{\text{터빈축 출력 환산열량}}{\text{증기가 터빈에 들어가서 소비하는 열량}}$
- 증기량 : $W[\text{t/h}] = W \times 10^3[\text{kg/h}]$
- $\eta_T = \frac{860P}{W(i_0 - i_1) \times 10^3} \times 100$

**18** **송전선로에서 가공지선을 설치하는 목적이 아닌 것은?**

① 뇌(雷)의 직격을 받을 경우 송전선 보호
② 유도뢰에 의한 송전선의 고전위 방지
③ 통신선에 대한 전자유도장해 경감
④ 철탑의 접지저항 경감

해설

철탑의 탑각 접지저항이 크면 낙뢰시 철탑의 전위가 상승하여 철탑으로부터 송전선으로 뇌 전류가 흘러 역섬락이 발생한다. 이를 방지하기 위해 매설지선을 설치한다.
매설지선을 설치할 경우 탑각의 접지저항이 감소되어 역섬락을 방지할 수 있다.

**19** **수전단의 전력원 방정식이 $P_r^2 + (Q_r + 400)^2 = 250000$으로 표현되는 전력계통에서 조상설비 없이 전압을 일정하게 유지하면서 공급할 수 있는 부하전력은? (단, 부하는 무유도성이다.)**

① 200　　② 250
③ 300　　④ 350

해설

조상설비가 없으므로 무효전력$(Q_r = 0)$을 추가로 공급할 수는 없다.
그러므로, 전압을 일정하게 유지하면서 공급할 수 있는 부하전력$(P_r)$은 $P_r^2 + 400^2 = 250000$이며, $P_r = 300$ 됨을 알 수 있다.

**20** **전력설비의 수용률을 나타낸 것은?**

① 수용률 $= \frac{\text{평균 전력[kW]}}{\text{부하설비 용량[kW]}} \times 100[\%]$

② 수용률 $= \frac{\text{부하설비 용량[kW]}}{\text{평균 전력[kW]}} \times 100[\%]$

③ 수용률 $= \frac{\text{최대수용 전력[kW]}}{\text{부하설비 용량[kW]}} \times 100[\%]$

④ 수용률 $= \frac{\text{부하설비 용량[kW]}}{\text{최대수용 전력[kW]}} \times 100[\%]$

해설

어느 기간 중에 총 설비용량에 대한 최대수용전력의 비로 정의하며, 수용률이 낮을수록 경제적이다. 수용률은 부하의 종류, 사용기간, 계절에 따라 다르고 1보다는 작다.

[정답] 17③ 18④ 19③ 20③

## 시행일 2020년 2회

**01 계통의 안정도 증진대책이 아닌 것은?**

① 발전기나 변압기의 리액턴스를 작게 한다.

② 선로의 회선수를 감소시킨다.

③ 중간 조상 방식을 채용한다.

④ 고속도 재폐로 방식을 채용한다.

해설

**안정도 향상대책**

1) 직렬 리액턴스의 감소
- 선로의 병행 회선을 증가, 복도체 사용
- 직렬 콘덴서를 설치하여 유도성 리액턴스 보상
- 발전기나 변압기의 리액턴스 감소, 발전기의 단락비 증가

2) 전압 변동의 억제
- 계통의 연계
- 속응 여자방식 채용
- 중간 조상방식 채용

3) 계통에 주는 충격을 경감
- 고속도 재폐로방식 채용
- 고속 차단방식 채용
- 적당한 중성점 접지방식을 채용

**02 3상 3선식 송전선에서 $L$을 작용 인덕턴스라 하고, $L_e$ 및 $L_m$은 대지를 귀로로 하는 1선의 자기 인덕턴스 및 상호 인덕턴스라고 할 때 이들 사이의 관계식은?**

① $L=L_m-L_e$ ② $L=L_e-L_m$

③ $L=L_m+L_e$ ④ $L=\dfrac{L_m}{L_e}$

해설

**자기·상호·작용인덕턴스의 관계**

대지를 귀로로 하는 1선의 자기인덕턴스 $L_e=2.4[\text{m/H}]$

대지를 귀로로 하는 1선의 상호인덕턴스 $L_m=1.1[\text{m/H}]$

작용 인덕턴스의 대략값 $L=L_e-L_m=2.4-1.1=1.3[\text{m/H}]$

**03 1상의 대지 정전용량이 0.5[$\mu$F], 주파수가 60[Hz]인 3상 송전선이 있다. 이 선로에 소호리액터를 설치한다면, 소호리액터의 공진리액턴스는 약 몇 [Ω]이면 되는가?**

① 970 ② 1370

③ 1770 ④ 3570

해설

**소호리액터의 공진리액턴스**

$$X_L=\frac{1}{3\omega C_s}[\Omega]$$

$$X_L=\frac{1}{3\times 2\pi\times 60\times 0.5\times 10^{-6}}=1768.39[\Omega]$$

**04 배전선로의 고장 또는 보수 점검 시 정전구간을 축소하기 위하여 사용되는 것은?**

① 단로기 ② 컷아웃스위치

③ 계자저항기 ④ 구분개폐기

해설

**구분개폐기**

배전선로의 고장 또는 보수 점검시 정전구간을 축소하기 위하여 사용되는 기기로써 부하전류는 개폐할 수 있으나, 고장전류를 차단할 수 없다. 구분개폐로는 유입개폐기(OS), 기중개폐기(AS), 진공개폐기(VS) 등이 있다.

**05 수전단 전력 원선도의 전력 방식이 $P_r^2+(Q_r+400)^2=250000$으로 표현되는 전력계통에서 가능한 최대로 공급할 수 있는 부하전력($P_r$)과 이때 전압을 일정하게 유지하는데 필요한 무효전력($Q_r$)은 각각 얼마인가?**

① $P_r=500,\ Q_r=-400$

② $P_r=400,\ Q_r=500$

③ $P_r=300,\ Q_r=100$

④ $P_r=200,\ Q_r=-300$

해설

**전력원선도**

계통에서 전력을 최대로 공급하기 위해서는 무효전력의 성분이 '0'이 되어야 한다. 만약 무효성분이 '0'이라고 하고 $P_r$을 계산하면, $P_r^2=250000$에서 $P_r=500$이다. 한편, 무효전력을 '0'으로 하기 위해서는 현재 400의 지상무효전력을 보상하기 위해 $-400$만큼의 진상 무효전력을 공급한다.

[정답] 2020년 2회 01 ② 02 ② 03 ③ 04 ④ 05 ①

**06** 송전선에서 뇌격에 대한 차폐 등을 위해 가선하는 가공지선에 대한 설명으로 옳은 것은?

① 차폐각은 보통 15~30° 정도로 하고 있다.
② 차폐각이 클수록 벼락에 대한 차폐효과가 크다.
③ 가공지선을 2선으로 하면 차폐각이 적어진다.
④ 가공지선으로는 연동선을 주로 사용한다.

해설

**가공지선**

직격뢰 차폐, 유도뢰 차폐, 통신선의 유도장해를 경감을 목적으로 하며, 차폐각은 작을수록 보호율이 높고 건설비가 비싸다. 또한, 가공지선을 2회선으로 하면 차폐각이 작아져서 보호율이 상승한다.

**07** 3상 전원에 접속된 △결선의 커패시터를 $Y$결선으로 바꾸면 진상 용량 $Q_Y$[kVA]는? (단, $Q_\triangle$는 △결선된 커패시터의 진상 용량이고, $Q_Y$는 $Y$결선된 커패시터의 진상 용량이다.)

① $Q_Y=\sqrt{3}\,Q_\triangle$　② $Q_Y=\frac{1}{3}Q_\triangle$
③ $Q_Y=3Q_\triangle$　④ $Q_Y=\frac{1}{\sqrt{3}}Q_\triangle$

해설

**콘덴서 결선방식에 따른 진상용량**

| 구분 | $Y$결선 | △결선 |
|---|---|---|
| 정전용량 | 3 | 1 |
| 진상용량 | 1 | 3 |

**08** 송전 철탑에서 역섬락을 방지하기 위한 대책은?

① 가공지선의 설치　② 탑각 접지저항의 감소
③ 전력선의 연가　④ 아크혼의 설치

해설

**매설지선**

철탑의 탑각 접지저항이 크면 낙뢰시 철탑의 전위가 상승하여 철탑으로부터 송전선으로 뇌 전류가 흘러 역섬락이 발생한다. 이를 방지하기 위해 매설지선을 설치한다. 매설지선을 설치할 경우 탑각의 접지저항이 감소되어 역섬락을 방지할 수 있다.

**09** 배전선로의 전압을 3[kV]에서 6[kV]로 승압하면 전압강하율($\delta$)은 어떻게 되는가? (단, $\delta_{3kV}$는 전압이 3[kV]일 때 전압강하율이고, $\delta_{6kV}$는 전압이 6[kV]일 때 전압강하율이고, 부하는 일정하다고 한다.)

① $\delta_{6kV}=\frac{1}{2}\delta_{3kV}$　② $\delta_{6kV}=\frac{1}{4}\delta_{3kV}$
③ $\delta_{6kV}=2\delta_{3kV}$　④ $\delta_{6kV}=4\delta_{3kV}$

해설

**전압강하율**

전압강하율은 전압의 제곱에 반비례 한다.

$$e=\frac{P}{V_r^2}(R+x\tan\theta)$$

$$\delta=\frac{1}{V_r^2}=\frac{1}{2^2}=\frac{1}{4}$$

**10** 정격전압 6600[V], $Y$결선, 3상 발전기의 중성점을 1선 지락 시 지락전류를 100[A]로 제한하는 저항기로 접지하려고 한다. 저항기의 저항 값은 약 몇 [Ω]인가?

① 44　② 41
③ 38　④ 35

해설

**중성점 저항접지**

$$I=\frac{E}{R}=\frac{6600/\sqrt{3}}{100}=38.1[\Omega]$$

**11** 배전선의 전력손실 경감 대책이 아닌 것은?

① 다중접지 방식을 채용한다.
② 역률을 개선한다.
③ 배전 전압을 높인다.
④ 부하의 불평형을 방지한다.

해설

**전력손실 경감대책**

- 배전전압을 높인다.
- 부하의 역률을 개선한다.
- 부하의 불평형을 방지한다.

[정답] 06 ③ 07 ② 08 ② 09 ② 10 ③ 11 ①

## 12 조속기의 폐쇄시간이 짧을수록 나타나는 현상으로 옳은 것은?

① 수격작용은 작아진다.

② 발전기의 전압 상승률은 커진다.

③ 수차의 속도 변동률은 작아진다.

④ 수압관 내의 수압 상승률은 작아진다.

해설

**조속기의 폐쇄시간**

조속기는 부하변동에 따른 수차의 회전속도를 자동으로 조정해주는 장치이다. 조속기가 예민하면 난조탈조를 일으킬 수 있다. 한편, 조속기의 폐쇄시간이란 니들밸브 또는 안내날개가 움직이기 시작해서 완전히 폐쇄될 때 까지 걸리는 시간(1.5~5초)을 말한다.

## 13 교류 배전선로에서 전압강하 계산식은 $V_d=k(R\cos\theta+X\sin\theta)I$로 표현된다. 3상 3선식 배전선로인 경우에 $k$는?

① $\sqrt{3}$  ② $\sqrt{2}$

③ 3  ④ 2

해설

**3상 3선식전압강하**

- $e=\sqrt{3}I(R\cos\theta+X\sin\theta)[V]$

참고

**단상 2선식의 전압강하**

- 전선 한 가닥의 저항인 경우
  $e=2I(R\cos\theta+X\sin\theta)[V]$
- 왕복선의 저항인 경우
  $e=I(R\cos\theta+X\sin\theta)[V]$

## 14 수전용 변전설비의 1차측 차단기의 차단용량은 주로 어느 것에 의하여 정해지는가?

① 수전 계약용량

② 부하설비의 단락용량

③ 공급측 전원의 단락용량

④ 수전전력의 역률과 부하율

해설

**변압기 1차측 차단기 차단용량의 산정**

공급측 전원의 크기 또는 공급측 전원의 단락용량에 의해 주로 정해진다. 한편, 차단전류 계산시 고장점에서 전원측을 바라보고 환산한 각각의 $\%Z$를 집계 및 합성한다.

## 15 표피효과에 대한 설명으로 옳은 것은?

① 표피효과는 주파수에 비례한다.

② 표피효과는 전선의 단면적에 반비례한다.

③ 표피효과는 전선의 비투자율에 반비례한다.

④ 표피효과는 전선의 도전율에 반비례한다.

해설

**표피효과[Skin Effect]**

도선의 중심으로 갈수록 전류밀도가 작아지고, 표피 쪽으로 갈수록 전류밀도가 커지는 현상이다. 표피 효과는 주파수, 전선의 단면적, 도전율, 비투자율에 비례한다.

## 16 그림과 같은 이상 변압기에서 2차 측에 5[Ω]의 저항부하를 연결하였을 때 1차 측에 흐르는 전류($I$)는 약 몇 [A]인가?

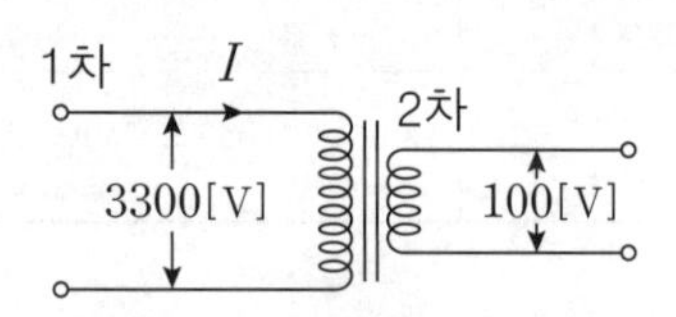


① 0.6  ② 1.8

③ 20  ④ 660

해설

2차 전류 $I_2=\frac{V_2}{R_L}=\frac{100}{5}=20[A]$

변압기 권수비 $a=\frac{V_1}{V_2}=\frac{N_1}{N_2}=\frac{I_2}{I_1}$

$a=\frac{V_1}{V_2}=\frac{3300}{100}=33$

$a=\frac{I_2}{I_1} \rightarrow I_1=\frac{I_2}{a}=\frac{20}{33}\fallingdotseq 0.6[A]$

[정답] 12③ 13① 14③ 15① 16①

**17** **복도체에서 2본의 전선이 서로 충돌하는 것을 방지하기 위하여 2본의 전선 사이에 적당한 간격을 두어 설치하는 것은?**

① 아모로드 ② 댐퍼
③ 아킹혼 ④ 스페이서

해설

**스페이서(Spacer)**

송전선로를 2선 이상으로 설치하는 방식을 다도체 또는 복도체방식이라 한다. 154[kV]는 2도체, 345[kV]는 4도체, 765[kV] 송전선로에서는 6도체를 사용하고 있다. 2도체 이상 사용할 경우 도체 간의 흡인력으로 인한 충돌을 방지하기 위해 스페이서(spacer)를 설치한다.

**18** **전압과 유효전력이 일정할 경우 부하 역률이 70[%]인 선로에서의 저항 손실($P_{70\%}$)은 역률이 90[%]인 선로에서의 저항 손실($P_{90\%}$)과 비교하면 약 얼마인가?**

① $P_{70\%}=0.6P_{90\%}$ ② $P_{70\%}=1.7P_{90\%}$
③ $P_{70\%}=0.3P_{90\%}$ ④ $P_{70\%}=2.7P_{90\%}$

해설

**전력손실**

전력손실은 역률의 제곱에 반비례한다.

$$\frac{P_{70\%}}{P_{90\%}}=\frac{1/0.7^2}{1/0.9^2}=\left(\frac{0.9}{0.7}\right)^2=1.65\fallingdotseq1.7$$

**19** **주변압기 등에서 발생하는 제5고조파를 줄이는 방법으로 옳은 것은?**

① 전력용 콘덴서에 직렬리액터를 연결한다.
② 변압기 2차측에 분로리액터를 연결한다.
③ 모선에 방전코일을 연결한다.
④ 모선에 공심 리액터를 연결한다.

해설

**직렬리액터[SR]**

- 직렬리액터 : 제 5고조파 제거
- 변압기 델타결선 : 제 3고조파 제거

참고

- 병렬리액터 : 페란티 현상 방지
- 소호리액터 : 아크소호
- 한류리액터 : 단락전류 제한

**20** **프란시스 수차의 특유속도[m·kW]의 한계를 나타내는 식은? (단, $H$[m]는 유효낙차이다.)**

① $\frac{13000}{H+50}+10$ ② $\frac{13000}{H+50}+30$
③ $\frac{20000}{H+20}+10$ ④ $\frac{20000}{H+20}+30$

해설

**특유속도의 한계값**

| 종류 | | $N_s$의 한계값 | |
|---|---|---|---|
| 펠톤수차 | | $12\le N_s\le 23$ | |
| 프란시스 수차 | 저속도형 | $N_s\le\frac{20000}{H+20}+30$ | 65~150 |
| | 중속도형 | | 150~250 |
| | 고속도형 | | 250~350 |
| 사류수차 | | $N_s\le\frac{20000}{H+20}+40$ | 150~250 |
| 카플란 수차<br>프로펠러 수차 | | $N_s\le\frac{20000}{H+20}+50$ | 350~800 |

## 시행일 2020년 3회

**01** **전력원선도에서 구할 수 없는 것은?**

① 송 · 수전할 수 있는 최대 전력
② 필요한 전력을 보내기 위한 송 · 수전단 전압간의 상차각
③ 선로 손실과 송전 효율
④ 과도극한전력

해설

**전력원선도**

① 전력원선도에서 알 수 있는 사항
- 송·전단 전압간의 상차각
- 송·수전할 수 있는 최대전력

[정답] 17 ④ 18 ② 19 ① 20 ④ 2020년 3회 01 ④

전기자기학 전력공학 전기기기 회로이론 제어공학 전기설비기술기준

- 선로손실, 송전효율
- 수전단의 역률, 조상용량

② 전력원선도에서 알 수 없는 사항
- 과도 안정 극한전력
- 코로나 손실

## 02 다음 중 그 값이 항상 1 이상인 것은?

① 부등률　② 부하율
③ 수용률　④ 전압강하율

해설

**부등률**
최대전력의 발생시각 또는 발생시기의 분산을 나타내는 지표를 부등률이라 한다. 일반적으로 부등률은 1보다 크며, 퍼센트로 나타내는 않는다.

## 03 송전전력, 송전거리, 전선로의 전력손실이 일정하고, 같은 재료의 전선을 사용한 경우 단상 2선식에 대한 3상·4상선식의 1선당 전력비는 약 얼마인가?

① 0.7　② 0.87
③ 0.94　④ 1.15

해설

$$\frac{3\phi 4\omega}{1\phi 2\omega}=\frac{\frac{\sqrt{3}}{4}VI\cos\theta}{\frac{1}{2}VI\cos\theta}=0.87$$

## 04 3상용 차단기의 정격 차단용량은?

① $\sqrt{3}$ × 정격전압 × 정격차단전류
② $\sqrt{3}$ × 정격전압 × 정격전류
③ 3 × 정격전압 × 정격차단전류
④ 3 × 정격전압 × 정격전류

해설

**3상 단락고장**
3상 차단기의 정격차단용량은 정격전압과 정격차단전류의 곱에 루트3배를 곱하며, 단상의 선로에서 정격차단용량은 정격전압과 정격차단전류의 곱으로만 계산한다.

## 05 개폐서지의 이상전압을 감쇄할 목적으로 설치하는 것은?

① 단로기　② 차단기
③ 리액터　④ 개폐저항기

해설

**이상전압의 분류**

| 구분 | 원 인 | 종 류 | 대 책 |
|---|---|---|---|
| 내부 | 진상전류 | 개폐 서지 | 개폐 저항기 |
| | | 지락시 전위상승 | 중성점 접지 |
| | | 페란티 현상 | 분로 리액터 |
| | | 중성점 잔류전압 | 연가 |
| 외부 | 뢰 | 직격뢰·유도뢰 | 가공지선 |

## 06 부하의 역률을 개선할 경우 배전선로에 대한 설명으로 틀린 것은? (단, 다른 조건은 동일하다.)

① 설비용량의 여유 증가　② 전압강하의 감소
③ 선로전류의 증가　④ 전력손실의 감소

해설

**역률 개선시 효과**
- 전력손실 감소
- 전압강하 감소
- 설비용량 여유증가
- 전기요금 절감

## 07 수력발전소의 형식을 취수방법, 운용방법에 따라 분류할 수 있다. 다음 중 취수방법에 따른 분류가 아닌 것은?

① 댐식　② 수로식
③ 조정지식　④ 유역 변경식

[정답] 02 ① 03 ② 04 ① 05 ④ 06 ③ 07 ③

해설

- 취수방법에 따른 분류
  수로식, 댐식, 댐수로식, 유역 변경식
- 유량의 사용 방법에 따른 분류
  자연유입식, 저수지식, 조정지식, 양수식

**08** 한류리액터를 사용하는 가장 큰 목적은?

① 충전전류의 제한 ② 접지전류의 제한
③ 누설전류의 제한 ④ 단락전류의 제한

해설

한류리액터 : 단락전류 제한

**09** 66/22[kV], 2000[kVA] 단상변압기 3대를 1뱅크로 운전하는 변전소로부터 전력을 공급받는 어떤 수전점에서의 3상단락전류는 약 몇 [A]인가? (단, 변압기의 %리액턴스는 7[%]이고 선로의 임피던스는 0이다.)

① 750 ② 1570
③ 1900 ④ 2250

해설

**3상 단락전류**

$$I_s=\frac{100}{\%Z}\times\frac{P}{\sqrt{3}V}=\frac{100}{7}\times\frac{2000\times3}{\sqrt{3}\times22}=2250[\mathrm{A}]$$

**10** 반지름 0.6[cm]인 경동선을 사용하는 3상 1회선 송전선에서 선간거리를 2[m]로 정삼각형 배치할 경우, 각 선의 인덕턴스[mH/km]는 약 얼마인가?

① 0.81 ② 1.21
③ 1.51 ④ 1.81

해설

**작용 인덕턴스**

$$L=0.05+0.4605\log_{10}\frac{200}{0.6}=1.21[\mathrm{mH/km}]$$

**11** 파동임피던스 $Z_1=500[\Omega]$인 선로에 파동임피던스 $Z_2=1500[\Omega]$인 변압기가 접속되어 있다. 선로로부터 600[kV]의 전압파가 들어왔을 때, 접속점에서의 투과파 전압[kV]은?

① 300 ② 600
③ 900 ④ 1200

해설

**투과파 전압**

$$e_3=\left(\frac{2Z_2}{Z_2+Z_1}\right)\times e_1=\frac{2\times1500}{1500+500}\times600=900[\mathrm{kV}]$$

**12** 원자력발전소에서 비등수형 원자로에 대한 설명으로 틀린 것은?

① 연료로 농축 우라늄을 사용한다.
② 냉각재로 경수를 사용한다.
③ 물을 원자로 내에서 직접 비등시킨다.
④ 가압수형 원자로에 비해 노심의 출력밀도가 높다.

해설

**비등수형 원자로[BWR]**

- 감속재와 냉각재로 경수, 연료로는 농축우라늄을 사용한다.
- 증기가 직접 터빈에 들어가므로 누출을 적절히 방지해야 한다.
- 물을 원자로 내에서 직접 비등시켜 열 교환기가 필요 없다.
- 원자로는 노 내에서 물이 끓으므로 내부압력은 가압수형 원자로보다 낮다.

**13** 송배전선로의 고장전류 계산에서 영상 임피던스가 필요한 경우는?

① 3상 단락 계산 ② 선간 단락 계산
③ 1선 지락 계산 ④ 3선 단선 계산

해설

**고장해석**

① 1선 지락사고 : 정상분, 역상분, 영상분
② 선간 단락사고 : 정상분, 역상분
③ 3상 단락사고 : 정상분

[정답] 08④ 09④ 10② 11③ 12④ 13③

전기자기학 전력공학 전기기기 회로이론 제어공학 전기설비기술기준

## 14 증기 사이클에 대한 설명 중 틀린 것은?

① 랭킨사이클의 열효율은 초기 온도 및 초기 압력이 높을수록 효율이 크다.

② 재열사이클은 저압터빈에서 증기가 포화상태에 가까워졌을 때 증기를 다시 가열하여 고압터빈으로 보낸다.

③ 재생사이클은 증기 원동기 내에서 증기의 팽창 도중에서 증기를 추출하여 급수를 예열한다.

④ 재열재생사이클은 재생사이클과 재열사이클을 조합하여 병용하는 방식이다.

해설

**재열사이클**

고압터빈(HT)에서 나온 증기를 모두 추기하여 보일러의 재열기로 보내어 다시 과열증기로 만들어 이것을 저압터빈(LT)으로 보냄

## 15 다음 중 송전선로의 역섬락을 방지하기 위한 대책으로 가장 알맞은 방법은?

① 가공지선 설치　　② 피뢰기 설치

③ 매설지선 설치　　④ 소호각 설치

해설

**매설지선**

철탑의 탑각 접지저항이 크면 낙뢰시 철탑의 전위가 상승하여 철탑으로부터 송전선으로 뇌 전류가 흘러 역섬락이 발생한다. 이를 방지하기 위해 매설지선을 설치한다. 매설지선을 설치할 경우 탑각의 접지저항이 감소되어 역섬락을 방지할 수 있다.

## 16 전원이 양단에 있는 환상선로의 단락보호에 사용되는 계전기는?

① 방향거리 계전기　　② 부족전압 계전기

③ 선택접지 계전기　　④ 부족전류 계전기

해설

**송전선로의 단락보호**

① 방사 선로
- 전원이 1단에만 있는 경우 : 과전류 계전기
- 전원이 양단에 있는 경우 : 과전류 계전기＋방향단락 계전기

② 환상 선로
- 전원이 1단에만 있을 경우 : 방향 단락 계전기
- 전원이 두 군데 이상 있는 경우 : 방향 거리 계전기

## 17 전력계통을 연계시켜서 얻는 이득이 아닌 것은?

① 배후 전력이 커져서 단락용량이 작아진다.

② 부하 증가 시 종합첨두부하가 저감된다.

③ 공급 예비력이 절감된다.

④ 공급 신뢰도가 향상된다.

해설

**안정도 향상대책**

계통연계시 임피던스의 감소로 단락용량이 증대된다.

## 18 배전선로에 3상 3선식 비접지 방식을 채용할 경우 나타나는 현상은?

① 1선 지락 고장 시 고장 전류가 크다.

② 1선 지락 고장 시 인접 통신선의 유도장해가 크다.

③ 고저압 혼촉고장 시 저압선의 전위상승이 크다.

④ 1선 지락 고장 시 건전상의 대지 전위상승이 크다.

해설

**중성점 접지방식의 비교**

| 구 분 | 건전상 전위상승 | 지락전류 |
|---|---|---|
| 직접 접지 | 1.3배 이하(최저) | $I_g=3I_o$(최대) |
| 소호 리액터 접지 | $\sqrt{3}$ 배 이상(최대) | $I_g=0$(최저) |
| 비접지방식 | $\sqrt{3}$ 배 | $0 \le I_g \le 1$ |

## 19 선간전압이 $V$[kV]이고 3상 정격용량이 $P$[kVA]인 전력계통에서 리액턴스가 $X$[Ω]라고 할 때, 이 리액턴스를 %리액턴스로 나타내면?

① $\dfrac{XP}{10V}$　　② $\dfrac{XP}{10V^2}$

③ $\dfrac{XP}{V^2}$　　④ $\dfrac{10V^2}{XP}$

[정답] 14② 15③ 16① 17① 18④ 19②

해설

**퍼센트 임피던스의 계산**

① 정격전류[A]가 기지값인 경우

$$\%Z=\frac{Z[\Omega]I[A]}{E[V]}\times 100[\%]$$

② 정격용량[kVA]이 기지값인 경우

$$\%Z=\frac{P_a[kVA]Z[\Omega]}{10V^2[kV]}$$

**20** **전력용콘덴서를 변전소에 설치할 때 직렬리액터를 설치하고자 한다. 직렬리액터의 용량을 결정하는 계산식은? (단, $f_0$는 전원의 기본주파수, $C$는 역률 개선용 콘덴서의 용량, $L$은 직렬리액터의 용량이다.)**

① $L=\frac{1}{(2\pi f_0)^2C}$　② $L=\frac{1}{(5\pi f_0)^2C}$

③ $L=\frac{1}{(6\pi f_0)^2C}$　④ $L=\frac{1}{(10\pi f_0)^2C}$

해설

**직렬리액터 용량 근거식**

$2\pi\times 5f_0L=\frac{1}{2\pi\times 5f_0C}$ 또는 $10\pi f_0L=\frac{1}{10\pi f_0C}$

$\therefore L=\frac{1}{(10\pi f_0)^2C}$

## 시행일 2021년 1회

**01** **그림과 같은 유황곡선을 가진 수력지점에서 최대사용수량 OC로 1년간 계속 발전하는 데 필요한 저수지의 용량은?**

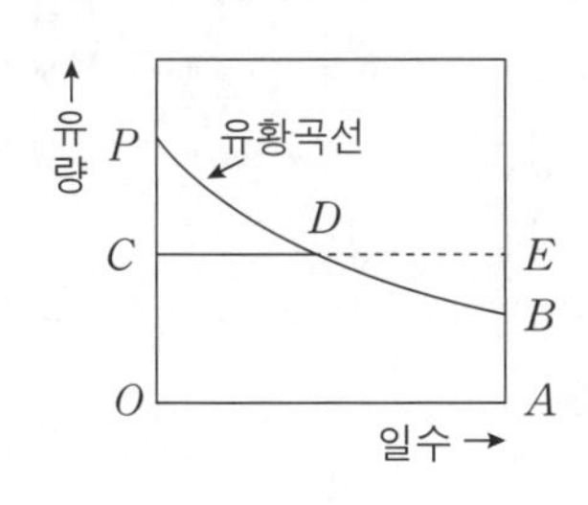


① 면적 OCPBA　② 면적 OCDBA

③ 면적 DEB　④ 면적 PCD

해설

**저수지 용량**

최대사용수량이 OC로 1년간 발전하는데 필요한 전체 수량은 OCEA이다. 여기서, 면적 DEB만큼의 수량이 부족하므로 DEB만큼의 저수지를 건설하여 연간 일정한(OC) 수량으로 발전할 수 있다.

**02** **고장전류의 크기가 커질수록 동작시간이 짧게 되는 특성을 가진 계전기는?**

① 순한시 계전기　② 정한시 계전기

③ 반한시 계전기　④ 반한시 정한시 계전기

해설

**계전기의 동작시한 특성**

- 순한시 계전기 : 정정된 전류 이상의 전류가 흐르면 즉시 동작
- 정한시 계전기 : 동작전류의 크기와는 관계없이 항상 정해진 일정한 시간에서 동작
- 반한시 계전기 : 전류 값이 클수록 빨리 동작하고 반대로 전류값이 작아질수록 느리게 동작
- 반한시 정한시계전기: 정한시와 반한시 계전기의 특성을 조합

**03** **접지봉으로 탑각의 접지저항값을 희망하는 접지저항 값까지 줄일 수 없을 때 사용하는 것은?**

① 가공지선　② 매설지선

③ 크로스본드선　④ 차폐선

해설

**매설지선**

철탑의 탑각 접지저항이 크면 낙뢰시 철탑의 전위가 상승하여 철탑으로부터 송전선으로 뇌 전류가 흘러 역섬락이 발생한다. 이를 방지하기 위해 매설지선을 설치한다.

매설지선을 설치할 경우 탑각의 접지저항이 감소되어 역섬락을 방지할 수 있다.

[정답] 20 ④ 2021년 1회 01 ③ 02 ③ 03 ②

## 04 3상 3선식 송전선에서 한 선의 저항이 10[Ω], 리액턴스가 20[Ω]이며, 수전단의 선간전압이 60[kV], 부하역률이 0.8인 경우에 전압강하율이 10[%]라 하면 이 송전선로로는 약 몇 [kW]까지 수전할 수 있는가?

① 10000 ② 12000
③ 14400 ④ 18000

해설

**전압강하율**

$$P=\frac{\delta\times V^2}{(R+X\tan\theta)}=\frac{0.1\times 60000^2}{10+20\times\frac{0.6}{0.8}}\times10^{-3}=14400[\text{kW}]$$

## 05 배전선로의 주상변압기에서 고압측-저압측에 주로 사용되는 보호장치의 조합으로 적합한 것은?

① 고압측 : 컷아웃 스위치, 저압측 : 캐치홀더
② 고압측 : 캐치홀더, 저압측 : 컷아웃 스위치
③ 고압측 : 리클로저, 저압측 : 라인퓨즈
④ 고압측 : 라인퓨즈, 저압측 : 리클로저

해설

**컷아웃스위치[COS]**

컷아웃스위치는 배전용 변압기의 과전류에 대한 보호장치로 1차 측인 고압측에 설치한다. 한편, 변압기의 2차측인 저압측 보호에는 캐치홀더를 사용한다.

## 06 %임피던스에 대한 설명으로 틀린 것은?

① 단위를 갖지 않는다.
② 절대량이 아닌 기준량에 대한 비를 나타낸 것이다.
③ 기기 용량의 크기와 관계없이 일정한 범위의 값을 갖는다.
④ 변압기나 동기기의 내부 임피던스에만 사용할 수 있다.

해설

**퍼센트임피던스**

% 임피던스는 변압기나 동기기의 내부 임피던스, 발전기, 송전선로 등에 사용할 수 있다.

## 07 연료의 발열량이 430[kcal/kg]일 때, 화력발전소의 열효율[%]은? (단, 발전기 출력은 $P_G$[kW], 시간당 연료의 소비량은 B[kg/h]이다.)

① $\frac{P_G}{B}\times100$ ② $\sqrt{2}\times\frac{P_G}{B}\times100$
③ $\sqrt{3}\times\frac{P_G}{B}\times100$ ④ $2\times\frac{P_G}{B}\times100$

해설

**화력발전소의 열효율**

$$\eta=\frac{860W}{BH}\times100=\frac{860\times W}{B\times430}\times100=\frac{2\times P_G}{B}\times100$$

## 08 수용가의 수용률을 나타낸 식은?

① $\frac{\text{합성최대수용전력[kW]}}{\text{평균전력[kW]}}\times100[\%]$

② $\frac{\text{평균전력[kW]}}{\text{합성최대수용전력[kW]}}\times100[\%]$

③ $\frac{\text{부하설비합계[kW]}}{\text{최대수용전력[kW]}}\times100[\%]$

④ $\frac{\text{최대수용전력[kW]}}{\text{부하설비합계[kW]}}\times100[\%]$

해설

**수용률**

$$\text{수용률}=\frac{\text{최대수용전력[kW]}}{\text{부하설비합계[kW]}}\times100[\%]$$

## 09 화력발전소에서 증기 및 급수가 흐르는 순서는?

① 절탄기 → 보일러 → 과열기 → 터빈 → 복수기
② 보일러 → 절탄기 → 과열기 → 터빈 → 복수기
③ 보일러 → 과열기 → 절탄기 → 터빈 → 복수기
④ 절탄기 → 과열기 → 보일러 → 터빈 → 복수기

해설

**랭킨 사이클**

[정답] 04 ③ 05 ① 06 ④ 07 ④ 08 ④ 09 ①

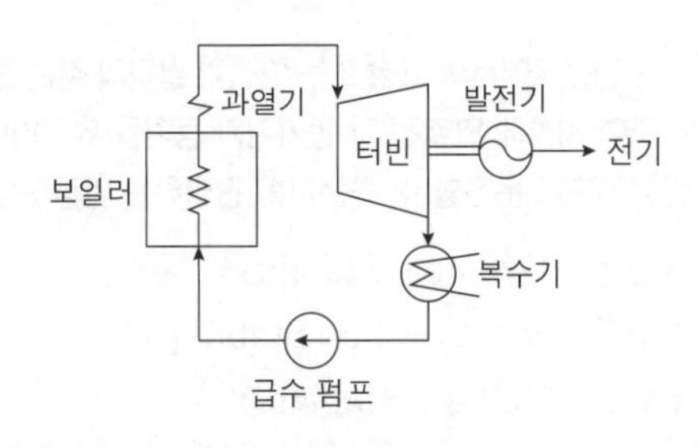


**10** 역률 0.8, 출력 320[kW]인 부하에 전력을 공급하는 변전소에 역률 개선을 위해 전력용 콘덴서 140[kVA]를 설치했을 때 합성역률은?

① 0.93　② 0.95
③ 0.97　④ 0.99

해설

**전력용콘덴서**

- 콘덴서 설치 전 부하의 지상무효분
  $P_{r1}=P\times\tan\theta=320\times\frac{0.6}{0.8}=240$[kVar]
- 콘덴서 설치 후 부하의 지상무효분
  $P_{r2}=P_{r1}-Q_c=240-140=100$[kVar]

  ∴ 합성역률$=\frac{320}{\sqrt{320^2+100^2}}=0.95$

**11** 용량 20[kVA]인 단상 주상 변압기에 걸리는 하루 동안의 부하가 처음 14시간 동안은 20[kW], 다음 10시간 동안은 10[kW]일 때, 이 변압기에 의한 하루 동안의 손실량[Wh]은? (단, 부하의 역률은 1로 가정하고, 변압기의 전부하동손은 300[W], 철손은 100[W]이다.)

① 6850　② 7200
③ 7350　④ 7800

해설

**변압기 손실**

- 철손량 : $P_i=24P_i=24\times100=2400$[Wh]
- 동손량 : $P_c=m^2P_c\times T$[Wh]
  $P_c=1^2\times300\times14+0.5^2\times300\times100=4950$[Wh]
- 변압기 전체 손실량$=2400+4950=7350$[Wh]

**12** 통신선과 평행인 주파수 60[Hz]의 3상 1회선 송전선이 있다. 1선 지락 때문에 영상전류가 100[A] 흐르고 있다면 통신선에 유도되는 전자유도전압[V]은 약 얼마인가? (단, 영상전류는 전 전선에 걸쳐서 같으며, 송전선과 통신선과의 상호 인덕턴스는 0.06[mH/km], 그 평행 길이는 40[km]이다.)

① 156.6　② 162.8
③ 230.2　④ 271.4

해설

**전자유도전압**

$E_m=\omega Ml\times3I_0$
$=2\pi\times60\times0.06\times10^{-3}\times40\times3\times100$
$=271.4$[V]

**13** 케이블 단선사고에 의한 고장점까지의 거리를 정전용량 측정법으로 구하는 경우, 건전상의 정전용량이 $C$, 고장점까지의 정전용량이 $C_x$, 케이블의 길이가 $l$일 때 고장점까지의 거리를 나타내는 식으로 알맞은 것은?

① $\frac{C}{C_x}l$　② $\frac{2C_x}{C}l$
③ $\frac{C_x}{C}l$　④ $\frac{C_x}{2C}l$

해설

**정전용량 측정법**

정전용량 측정법은 케이블의 단선사고에만 사용하는 고장점 탐지법이다.
고장점까지의 거리 $L=\frac{C_x}{C}\times l$

**14** 전력 퓨즈(Power Fuse)는 고압, 특고압기기의 주로 어떤 전류의 차단을 목적으로 설치하는가?

① 충전전류　② 부하전류
③ 단락전류　④ 영상전류

해설

**전력퓨즈[PF]**

단락사고시 단락전류를 주로 차단하기 위해 전력퓨즈를 사용하며, 과도전류에 용단 되기 쉽다는 단점이 있다.

[정답] 10 ② 11 ③ 12 ④ 13 ③ 14 ③

**15** 송전선로에서 1선 지락 시에 건전상의 전압 상승이 가장 적은 접지방식은?

① 비접지방식 ② 직접접지방식
③ 저항접지방식 ④ 소호리액터접지방식

해설

**중성점접지방식**

| 구분 \ 종류 | 직접접지 |
|---|---|
| 건전상의 전위상승 | 최소 |
| 절연레벨 | 최저 |
| 지락전류의 크기 | 대 |
| 보호계전기 동작 | 확실 |
| 통신선 유도장해 | 대 |
| 과도안정도 | 좋음 |

**16** 기준 선간전압 23[kV], 기준 3상 용량 5,000[kVA], 1선의 유도 리액턴스가 15[Ω]일 때 %리액턴스는?

① 28.36[%] ② 14.18[%]
③ 7.09[%] ④ 3.55[%]

해설

**%리액턴스**

$$\%X = \frac{P_n X}{10V^2} = \frac{5000 \times 15}{10 \times 23^2} = 14.18[\%]$$

**17** 전력원선도의 가로축과 세로축을 나타내는 것은?

① 전압과 전류 ② 전압과 전력
③ 전류와 전력 ④ 유효전력과 무효전력

해설

**전력원선도**

전력원선도의 가로축은 유효전력 및 세로축은 무효전력이다. 한편, 전력 방정식에 의해서 송·수전단 전압($E_s$, $E_r$)과 일반 회로정수($A, B, C, D$)가 필요하다.

**18** 송전선로에서의 고장 또는 발전기 탈락과 같은 큰 외란에 대하여 계통에 연결된 각 동기기가 동기를 유지하면서 계속 안정적으로 운전할 수 있는지를 판별하는 안정도는?

① 동태안정도(Dynamic Stability)
② 정태안정도(Steady-state Stability)
③ 전압안정도(Voltage Stability)
④ 과도안정도(Transient Stability)

해설

**과도안정도**

송전선로에서의 고장 또는 발전기 탈락과 같은 큰 외란에 대하여 계통에 연결된 각 동기기가 동기를 유지하면서 계속 안정적으로 운전할 수 있는지를 판별하는 안정도를 과도안정도(Transient Stability)라 한다.

**19** 정전용량이 $C_1$이고, $V_1$의 전압에서 $Q_r$의 무효전력을 발생하는 콘덴서가 있다. 정전용량을 변화시켜 2배로 승압된 전압($2V_1$)에서도 동일한 무효전력 $Q_r$을 발생시키고자 할 때, 필요한 콘덴서의 정전용량 $C_2$는?

① $C_2 = 4C_1$ ② $C_2 = 2C_1$
③ $C_2 = \frac{1}{2}C_1$ ④ $C_2 = \frac{1}{4}C_1$

해설

**콘덴서의 정전용량**

정전용량은 1/4배가 되면 전압이 2배 증가 되더라도 무효전력은 동일하게 된다.

**20** 송전선로의 고장전류 계산에 영상 임피던스가 필요한 경우는?

① 1선 지락 ② 3상 단락
③ 3선 단선 ④ 선간 단락

해설

**대칭좌표법**

- 1선 지락 : 정상분, 역상분, 영상분
- 선간단락 : 정상분, 역상분
- 3상단락 : 정상분

[정답] 15② 16② 17④ 18④ 19④ 20①

시행일 2021년 2회

## 01 비등수형 원자로의 특징에 대한 설명으로 틀린 것은?

① 증기 발생기가 필요하다.
② 저농축 우라늄을 연료로 사용한다.
③ 노심에서 비등을 일으킨 증기가 직접 터빈에 공급되는 방식이다.
④ 가압수형 원자로에 비해 출력밀도가 낮다.

해설

**원자력발전**

비등수형 원자로[BWR]는 물을 원자로 내에서 직접 비등시켜 열교환기가 필요 없다.(증기 발생기가 필요 없다.)

## 02 전력계통에서 내부 이상전압의 크기가 가장 큰 경우는?

① 유도성 소전류 차단 시
② 수차발전기의 부하 차단 시
③ 무부하 선로 충전전류 차단 시
④ 송전선로의 부하 차단기 투입 시

해설

**개폐서지**

송전선로의 개폐 조작에 따른 과도현상 때문에 발생하는 이상전압이다. 일반적으로 회로를 투입할 때보다도 개방하는 경우, 부하가 있는 회로를 개방하는 것보다 무부하의 회로를 개방할 때가 더 높은 이상전압이 발생한다. 그러므로 이상전압이 가장 큰 경우는 무부하 송전선로의 충전전류를 차단하는 경우이며, 송전선 대지전압의 최고 4배 정도다. 한편, 재점호가 일어나기 쉬운 전류는 진상전류이다.

## 03 송전단 전압을 $V_s$, 수전단 전압을 $V_r$, 선로의 리액턴스 $X$라 할 때 정상 시의 최대 송전전력의 개략적인 값은?

① $\dfrac{V_s-V_r}{X}$  ② $\dfrac{V_s^2-V_r^2}{X}$
③ $\dfrac{V_s(V_s-V_r)}{X}$  ④ $\dfrac{V_sV_r}{X}$

해설

**송전용량**

$$P=\frac{V_sV_r}{X}\times\sin\delta$$

여기서, $\delta$는 송수전단 전압의 상차각으로 90도일 때 송전용량($\sin 90^\circ=1$)은 최대가 된다.

## 04 망상(network)배전방식의 장점이 아닌 것은?

① 전압변동이 적다.
② 인축의 접지사고가 적어진다.
③ 부하의 증가에 대한 융통성이 크다.
④ 무정전 공급이 가능하다.

해설

**망상배전방식**

무정전 공급이 가능하여 배전의 신뢰도가 가장 높고, 부하증가의 양호한 적응성, 낮은 전력손실이 특징이다. 반면에, 건설비가 비싸며 인축의 접촉사고가 많아진다.

## 05 500[kVA]의 단상 변압기 상용 3대(결선 △-△), 예비 1대를 갖는 변전소가 있다. 부하의 증가로 인하여 예비 변압기 까지 동원해서 사용한다면 응할 수 있는 최대부하[kVA]는약 얼마인가?

① 2000  ② 1730
③ 1500  ④ 830

해설

**변압기 V결선시 출력**

$P_V=\sqrt{3}\times P_1$(여기서, $P_1$ : 단상 변압기 1대 용량)

단상 변압기 상용 3대와 예비 1대를 동시에 사용하기 위해서는 변압기를 V결선하여 사용한다. 변압기를 V결선한 뱅크가 2개가 된다.

$P_V=\sqrt{3}\times 500\times 2=1730[\text{kVA}]$

## 06 배전용 변전소의 주변압기로 주로 사용되는 것은?

① 강압 변압기  ② 체승 변압기
③ 단권 변압기  ④ 3권선 변압기

[정답] 2021년 2회 01 ① 02 ③ 03 ④ 04 ② 05 ② 06 ①

해설

**변전소의 변압기**

- 송전용 변압기 : 체승 변압기(승압용)
- 배전용 변압기 : 체강 변압기(강압용)

## 07 3상용 차단기의 정격 차단 용량은?

① $\sqrt{3}$ × 정격전압 × 정격차단전류

② $\sqrt{3}$ × 정격전압 × 정격전류

③ 3 × 정격전압 × 정격차단전류

④ $\sqrt{3}$ × 정격전압 × 정격전류

해설

**정격차단용량**

3상 차단기의 정격차단용량은 정격전압과 정격차단전류의 곱에 루트3배를 곱하며, 단상의 선로에서 정격차단용량은 정격전압과 정격차단전류의 곱으로 계산한다.

## 08 3상 3선식 송전선로에서 각 선의 대지정전용량이 0.5096[$\mu$F]이고, 선간정전용량이 0.1295[$\mu$F]일 때, 1선의 작용정전용량은 약 몇 [$\mu$F]인가?

① 0.6 ② 0.9

③ 1.2 ④ 1.8

해설

**작용 정전용량**

$C=C_s+3C_m=0.5096+3\times0.1295=0.9[\mu\text{F}]$

## 09 그림과 같은 송전계통에서 $S$점에 3상 단락사고가 발생했을 때 단락전류[A]는 약 얼마인가? (단, 선로의 길이와 리액턴스는 각각 50[km], 0.6[Ω/km]이다.)

G1

T : 40[MVA], 11/110[kV]

리액턴스 8[%]

G1, G2 : 20[MVA], 11[kV]

리액턴스 20[%]

G2

① 224 ② 324

③ 454 ④ 554

해설

**3상 단락전류**

- 선로의 리액턴스 : $X_{tl}=50\times0.6=30[\Omega]$
  기준용량을 40MVA로 정한 후 선로의 %리액턴스를 계산한다.
- 선로의 %리액턴스 : $\%X_{tl}=\dfrac{P_nX_{tl}}{10V^2}=\dfrac{40\times10^3\times30}{10\times110^2}=9.92[\%]$
- 기준용량에 맞게 발전기의 퍼센트 리액턴스를 환산한다.
  $\%X_{G1}=\dfrac{40}{20}\times20=40[\%]$, $\%X_{G2}=\dfrac{40}{20}\times20=40[\%]$
- 고장점에서 %리액턴스를 합성한다.
  $\%X_{total}=9.92+8+\dfrac{40}{2}=37.92[\%]$
  $\therefore I_s=\dfrac{100}{\%X}\times I_n=\dfrac{100}{37.92}\times\dfrac{40\times10^3}{\sqrt{3}\times110}=554[\text{A}]$

## 10 전력계통의 전압을 조정하는 가장 보편적인 방법은?

① 발전기의 유효전력 조정

② 부하의 유효전력 조정

③ 계통의 주파수 조정

④ 계통의 무효전력 조정

해설

**계통의 전압조정방법**

전력계통의 진상 및 지상 무효전력을 조정하여 전압을 조정한다. 무효전력 조정에 사용되는 기기는 전력용 콘덴서와 리액터 등이 있다.

## 11 역률 0.8(지상)의 2800[kW] 부하에 전력용 콘덴서를 병렬로 접속하여 합성역률을 0.9로 개선하고자 할 경우, 필요한 전력용 콘덴서의 용량[kVA]은 약 얼마인가?

① 372 ② 558

③ 744 ④ 1116

해설

**콘덴서 용량**

$Q_c=P\times\left(\dfrac{\sqrt{1-\cos^2\theta_1}}{\cos\theta_1}-\dfrac{\sqrt{1-\cos^2\theta_2}}{\cos\theta_2}\right)$

$=2800\times\left(\dfrac{0.6}{0.8}-\dfrac{\sqrt{1-0.9^2}}{0.9}\right)=744[\text{kVA}]$

[정답] 07 ① 08 ② 09 ④ 10 ④ 11 ③

**12** **컴퓨터에 의한 전력조류 계산에서 슬랙(slack)모선의 초기치로 지정하는 값은? (단, 슬랙 모선을 기준 모선으로 한다.)**

① 유효 전력과 무효전력
② 전압 크기와 유효전력
③ 전압 크기와 위상각
④ 전압 크기와 무효전력

해설

**슬랙모선**
전력조류계산시 슬랙모선의 전압과 위상각을 지정한다. 한편, 전력조류계산을 통해 유효전력, 무효전력, 전력손실 등을 계산할 수 있다.

**13** **직격뢰에 대한 방호설비로 가장 적당한 것은?**

① 복도체 ② 가공지선
③ 서지흡수기 ④ 정전방전기

해설

**가공지선**
직격뢰 차폐, 유도뢰 차폐, 통신선의 유도장해를 경감을 목적으로 하며, 차폐각은 작을수록 보호율이 높고 건설비가 비싸다. 또한, 가공지선을 2회선으로 하면 차폐각이 작아져서 보호율이 상승한다.

**14** **저압배전선로에 대한 설명으로 틀린 것은?**

① 저압 뱅킹 방식은 전압변동을 경감할 수 있다.
② 밸런서(balancer)는 단상 2선식에 필요하다.
③ 부하율($F$)과 손실계수($H$) 사이에는 $1 \geq F \geq H \geq F^2 \geq 0$의 관계가 있다.
④ 수용률이란 최대수용전력을 설비용량으로 나눈 값을 퍼센트로 나타낸 것이다.

해설

**단상 3선식의 특징**
- 2종의 전압을 얻을 수 있다.
- 단상 2선식보다 전압강하, 전력손실이 작다.
- 단상 2선식보다 전선량이 절약되는 이점이 있다.
- 중성선 단선시 전압의 불평형이 발생한다.(밸런서 설치 필요)

**15** **증기터빈 내에서 팽창 도중에 있는 증기를 일부 추기하여 그것이 갖는 열을 급수가열에 이용하는 열사이클은?**

① 랭킨사이클 ② 카르노사이클
③ 재생사이클 ④ 재열사이클

해설

**재생사이클**
증기터빈 내에서 팽창 도중에 있는 증기를 일부 추기하여 그것이 갖는 열을 급수가열에 이용하는 열사이클은 재생사이클이다. 한편, 재열사이클은 고압터빈(HT)에서 나온 증기를 모두 추기하여 보일러의 재열기로 보내어 다시 과열증기로 만들어 이것을 저압터빈(LT)으로 보내는 방식이다.

**16** **단상 2선식 배전선로의 말단에 지상역률 $\cos\theta$인 부하 $P$[kW]가 접속되어 있고 선로 말단의 전압은 $V$[V]이다. 선로 한 가닥의 저항을 $R$[Ω]이라 할 때 송전단의 공급전력[kW]은?**

① $P+\dfrac{P^2R}{V\cos\theta}\times 10^3$ ② $P+\dfrac{2P^2R}{V\cos\theta}\times 10^3$
③ $P+\dfrac{P^2R}{V^2\cos^2\theta}\times 10^3$ ④ $P+\dfrac{2P^2R}{V^2\cos^2\theta}\times 10^3$

해설

**전력손실**

$$P_s=P+P_l=P+2I^2R$$
$$=P+2\times\left(\frac{P}{V\cos\theta}\right)^2\times R$$
$$=P+\frac{2P^2R}{V^2\cos^2\theta}\times 10^3[\text{kW}]$$

**17** **선로, 기기 등의 절연 수준 저감 및 전력용 변압기의 단절연을 모두 행할 수 있는 중성점접지방식은?**

① 직접접지방식 ② 소호리액터접지방식
③ 고저항접지방식 ④ 비접지방식

해설

**중성점접지방식**

[정답] 12 ③ 13 ② 14 ② 15 ③ 16 ④ 17 ①

직접접지 계통에서는 건전상의 대지 전위상승이 매우 낮으므로 변압기의 절연을 낮출 수 있어 정격전압이 낮은 피뢰기를 사용할 수 있다. 하여, 피뢰기의 충격방전개시전압 및 제한전압도 저하되어 변압기 및 기타 기기의 절연을 저감할 수 있다.

**18** 최대수용전력이 3[kW]인 수용가가 3세대, 5[kW]인 수용가가 6세대라고 할 때, 이 수용가군에 전력을 공급할 수 있는 주상변압기의 최소 용량[kVA]은? (단, 역률은 1, 수용가간의 부등률은 1.3이다.)

① 25　② 30
③ 35　④ 40

해설

**변압기용량**

변압기용량 $=\dfrac{3\times3+5\times6}{1.3\times1}=30[\text{kVA}]$

**19** 부하전류 차단이 불가능한 전력 개폐 장치는?

① 진공차단기　② 유입차단기
③ 단로기　④ 가스차단기

해설

**단로기[DS]**

아크소호능력이 없기 때문에 부하전류의 개폐를 하지 않는 것이 원칙이다. 다만, 긴급할 경우 여자전류, 충전전류는 차단할 수 있다.

**20** 가공송전선로에서 총 단면적이 같은 경우 단도체와 비교하여 복도체의 장점이 아닌 것은?

① 안정도를 증대시킬 수 있다.
② 공사비가 저렴하고 시공이 간편하다.
③ 전선표면의 전위경도를 감소시켜 코로나 임계전압이 높아진다.
④ 선로의 인덕턴스가 감소되고, 정전용량이 증가해서 송전용량이 증대된다.

해설

**복도체의 장점**

- 인덕턴스 감소
- 송전용량 증가
- 허용전류 증가
- 코로나 방지

## 시행일 2021년 3회

**01** 동작 시간에 따른 보호계전기의 분류와 이에 대한 설명으로 틀린 것은?

① 순한시 계전기는 설정된 최소동작전류이상의 전류가 흐르면 즉시 동작한다.
② 반한시 계전기는 동작시간이 전류값의 크기에 따라 변하는 것으로 전류값이 클수록 느리게 동작하고 반대로 전류값이 작아질수록 빠르게 동작하는 계전기이다.
③ 정한시 계전기는 설정된 값 이상의 전류가 흘렀을 때 동작전류의 크기와는 관계없이 항상 일정한 시간 후에 동작하는 계전기이다.
④ 반한시·정한시 계전기는 어느 전류값까지는 반한시성이지만 그 이상이 되면 정한시로 동작하는 계전기이다.

해설

**보호계전기의 한시특성**

- 순한시 계전기 : 정정된 전류 이상의 전류가 흐르면 즉시 동작
- 정한시 계전기 : 동작전류의 크기와는 관계없이 항상 정해진 일정한 시간에서 동작
- 반한시 계전기 : 전류 값이 클수록 빨리 동작하고 반대로 전류 값이 작아질수록 느리게 동작
- 정한시-반한시 계전기 : 정한시와 반한시 계전기의 특성을 조합

**02** 환상선로의 단락보호에 주로 사용하는 계전방식은?

① 비율차동계전방식
② 방향거리계전방식
③ 과전류계전방식
④ 선택접지계전방식

[정답] 18 ② 19 ③ 20 ② 2021년 3회 01 ② 02 ②

해설

**송전선로의 단락보호**

① 방사 선로
- 전원이 1단에만 있는 경우 : 과전류 계전기
- 전원이 양단에 있는 경우 : 과전류 계전기+방향단락 계전기

② 환상 선로
- 전원이 1단에만 있을 경우 : 방향 단락 계전기
- 전원이 두 군데 이상 있는 경우 : 방향 거리 계전기

**03** 옥내배선을 단상 2선식에서 단상 3선식으로 변경하였을 때, 전선 1선당 공급전력은 약 몇 배 증가하는가? [단, 선간전압(단상 3선식의 경우는 중성선과 타선간의 전압), 선로전류(중성선의 전류제외) 및 역률은 같다.]

① 0.71 ② 1.33
③ 1.41 ④ 1.73

해설

**전기방식의 비교**

| 전기방식 | 1선당 전력 | 1선당 공급전력 비교 |
|---|---|---|
| 단상 2선식 | $0.5VI\cos\theta$ | 1 |
| 단상 3선식 | $0.67VI\cos\theta$ | 1.33 |
| 3상 3선식 | $0.57VI\cos\theta$ | 1.15 |
| 3상 4선식 | $0.75VI\cos\theta$ | 1.5 |

**04** 3상용 차단기의 정격차단용량은 그 차단기의 정격전압과 정격차단전류와의 곱을 몇 배한 것인가?

① $\frac{1}{\sqrt{2}}$ ② $\frac{1}{\sqrt{3}}$
③ $\sqrt{2}$ ④ $\sqrt{3}$

해설

**차단기의 정격차단용량**

3상에서 차단기의 정격차단용량은 차단기의 정격전압과 정격차단전류의 곱에 루트3배를 하여 계산한다.

**05** 유효낙차 100[m], 최대 유량 20[m³/s]의 수차가 있다. 낙차가 81[m]로 감소하면 유량[m³/s]은? (단, 수차에서 발생 되는 손실 등은 무시하며 수차 효율은 일정하다.)

① 15 ② 18
③ 24 ④ 30

해설

**낙차변화에 의한 유량변화**

$$\frac{Q_2}{Q_1}=\left(\frac{H_2}{H_1}\right)^{\frac{1}{2}}$$

$$Q_2=20\times\left(\frac{81}{100}\right)^{\frac{1}{2}}=18[\mathrm{m^3/s}]$$

**06** 단락용량 3000[MVA]인 모선의 전압이 154[kV]라면 등가 모선 임피던스[Ω]는 약 얼마인가?

① 5.81 ② 6.21
③ 7.91 ④ 8.71

해설

**단락용량**

$$P_s=\sqrt{3}VI_s=\sqrt{3}\times V\times\frac{E}{Z}=\sqrt{3}\times V\times\frac{V/\sqrt{3}}{Z}$$

$$P_s=\frac{V^2}{Z}\rightarrow Z=\frac{V^2}{P_s}=\frac{154000^2}{3000\times10^6}=7.91[\Omega]$$

**07** 중성점 접지 방식 중 직접접지 송전방식에 대한 설명으로 틀린 것은?

① 1선 지락 사고 시 지락전류는 타접지방식에 비하여 최대로 된다.
② 1선 지락 사고 시 지락계전기의 동작이 확실하고 선택 차단이 가능하다.
③ 통신선에서의 유도장해는 비접지방식에 비항 크다.
④ 기기의 절연레벨을 상승시킬 수 있다.

해설

**중성점 직접접지**

[정답] 03 ② 04 ④ 05 ② 06 ③ 07 ④

| 구분 \ 종류 | 직접접지 154·345[kV] |
|---|---|
| 건전상의 전위 상승 | 최저 |
| 절연레벨(단절연/저감절연) | 최저(可) |
| 지락전류의 크기 | 대 |
| 보호계전기 동작 | 확실 |
| 통신선 유도장해 | 대 |

## 08 송전선에 직렬콘덴서를 설치하였을 때의 특징으로 틀린 것은?

① 선로 중에서 일어나는 전압강하는 감소시킨다.
② 송전전력의 증가를 꾀할 수 있다.
③ 부하역률이 좋을수록 설치효과가 크다.
④ 단락사고가 발생하는 경우 사고전류에 의하여 과전압이 발생한다.

해설

**직렬콘덴서 장점**
부하역률이 나쁠수록 설치효과가 크다.

## 09 수압철관의 안지름이 4[m]인 곳에서의 유속이 4[m/s]이다. 안지름이 3.5[m]인 곳에서의 유속[m/s]은 약 얼마인가?

① 4.2 ② 5.2
③ 6.2 ④ 7.2

해설

**연속의 원리**

$Q=A_1v_1=A_2v_2[\text{m}^3/\text{s}]$

$v_2=\dfrac{A_1}{A_2}\times v_1=\left(\dfrac{d_1}{d_2}\right)^2\times v_1=\left(\dfrac{4}{3.5}\right)^2\times 4=5.2[\text{m/s}]$

## 10 경간이 200[m]인 가공전선로가 있다. 사용 전선의 길이는 경간보다 약 몇 [m] 더 길어야 하는가? (단, 전선의 1[m]당 하중은 2[kg], 인장하중은 4000[kg]이고, 풍압하중은 무시하며, 전선의 안전율은 2이다.)

① 0.33 ② 0.61
③ 1.41 ④ 1.73

해설

**이도**

$D=\dfrac{WS^2}{8T}=\dfrac{8\times 5^2}{8\times\dfrac{4000}{2}}=5[\text{m}]$

그러므로, 전선의 늘어난 길이 $\dfrac{8D^2}{3S}=\dfrac{8\times 5^2}{3\times 200}=0.33[\text{m}]$

## 11 송전선로에서 현수 애자련의 연면 섬락과 가장 관계가 먼 것은?

① 댐퍼
② 철탑 접지 저항
③ 현수 애자련의 개수
④ 현수 애자련의 소손

해설

**연면 섬락(Surface Flashover)**
고체 절연체의 표면을 따라서 생기는 코로나를 연면 코로나 또는 연면 섬락이라고 한다. 철탑의 접지저항, 애자련의 개수, 애자의 오손 및 소손등과 관련이 있다.

## 12 전력계통의 중성점 다중 접지방식의 특징으로 옳은 것은?

① 통신선의 유도장해가 적다.
② 합성 접지 저항이 매우 높다.
③ 건전상의 전위 상승이 매우 높다.
④ 지락보호 계전기의 동작이 확실하다.

해설

**중성점 다중 접지방식**

[정답] 08 ③ 09 ② 10 ① 11 ① 12 ④

| 구분 \ 종류 | 다중접지 22.9[kV] |
|---|---|
| 건전상의 전위 상승 | 저 |
| 절연레벨 | 저 |
| 지락전류의 크기 | 대 |
| 보호계전기 동작 | 확실 |
| 통신선 유도장해 | 대 |

## 13 전력계통의 전압조정설비에 대한 특징으로 틀린 것은?

① 병렬콘덴서는 진상능력만을 가지며 병렬리액터는 진상능력이 없다.
② 동기조상기는 조정의 단계가 불연속적이나 직렬콘덴서 및 병렬리액터는 연속적이다.
③ 동기조상기는 무효전력의 공급과 흡수가 모두 가능하여 진상 및 지상용량을 갖는다.
④ 병렬리액터는 경부하시에 계통 전압이 상승하는 것을 억제하기 위하여 초고압송전선 등에 설치된다.

해설

**조상설비의 특성**

| 구 분 | 동기조상기 | 콘덴서 |
|---|---|---|
| 무효전력 | 진상 및 지상 | 진상 |
| 조정의 형태 | 연속 | 불연속 |
| 보수 | 곤란 | 용이 |
| 손실 | 대 | 소 |
| 시충전 | 가능 | 불가능 |

## 14 변압기 보호용 비율차동계전기를 사용하여 △-Y 결선의 변압기를 보호하려고 한다. 이때 변압기 1, 2차 측에 설치하는 변류기의 결선방식은? (단, 위상 보정 기능이 없는 경우이다.)

① △ - △ ② △ - Y
③ Y - △ ④ Y - Y

해설

**비율차동계전기**

발전기, 변압기의 내부고장 보호용, 모선 보호용으로 사용되며 변압기 결선을 △-Y로 하였을 경우 1차측과 2차측은 30°의 위상차가 발생한다. 따라서 비율차동계전기에 연결된 변류기의 결선은 1차측은 Y, 2차측은 △로 접속하여 차동 계전기의 입력전류는 동상이 되도록 한다.

## 15 송전선로에 단도체 대신 복도체를 사용하는 경우에 나타나는 현상으로 틀린 것은?

① 전선의 작용인덕턴스를 감소시킨다.
② 선로의 작용정전용량을 증가시킨다.
③ 전선 표면의 전위경도를 저감시킨다.
④ 전선의 코로나 임계전압을 저감시킨다.

해설

**복도체**

복도체의 특징

- 인덕턴스 감소, 정전용량 증가
- 송전용량 증가, 안정도 증가
- 전선표면의 전위경도가 감소
- 코로나 임계전압이 상승하여 코로나 방지

## 16 어느 화력발전소에서 40000[kWh]를 발전하는데 발열량 860[kcal/kg]의 석탄이 60톤 사용된다. 이 발전소의 열효율[%]은 약 얼마인가?

① 56.7 ② 66.7
③ 76.7 ④ 86.7

해설

**화력발전 열효율**

$$\eta=\frac{860W}{mH}\times 100$$

$$\eta=\frac{860\times 40000}{60\times 10^3\times 860}\times 100=66.7[\%]$$

[정답] 13② 14③ 15④ 16②

**17 가공 송전선의 코로나 임계전압에 영향을 미치는 여러 가지 인자에 대한 설명 중 틀린 것은?**

① 전선표면이 매끈할수록 임계전압이 낮아진다.
② 날씨가 흐릴수록 임계전압은 낮아진다.
③ 기압이 낮을수록, 온도가 높을수록 임계전압은 낮아진다.
④ 전선의 반지름이 클수록 임계전압은 높아진다.

해설

**코로나 임계전압**
코로나 임계전압은 날씨가 맑은 날, 상대공기밀도가 높은 경우, 기압이 높은 경우, 온도가 낮은 경우, 전선의 직경이 큰 경우, 전선의 표면이 매끈할수록 높아진다.

**18 송전선의 특성 임피던스의 특징으로 옳은 것은?**

① 선로의 길이가 길어질수록 값이 커진다.
② 선로의 길이가 길어질수록 값이 작아진다.
③ 선로의 길이에 따라 값이 변하지 않는다.
④ 부하용량에 따라 값이 변한다.

해설

**특성임피던스**
가공 송전선에서 특성임피던스는 300∼500[Ω]이며, 특성임피던스는 선로의 길이에 관계 없이 일정하다.

**19 송전 선로의 보호 계전 방식이 아닌 것은?**

① 전류 위상 비교 방식　② 전류 차동 보호 계전 방식
③ 방향 비교 방식　④ 전압 균형 방식

해설

**송전선로의 보호 계전 방식**
- 과전류 방식
- 거리 보호 계전방식
- 방향 비교 보호 계전방식
- 전류 균형 보호 계전방식
- 전류 차동 보호 계전방식
- 전류 위상 비교 보호 계전방식

**20 선로고장 발생 시 고장전류를 차단할 수 없어 리클로저와 같이 차단 기능이 있는 후비보호장치와 함께 설치되어야 하는 장치는?**

① 배선용차단기　② 유입개폐기
③ 컷아웃스위치　④ 섹셔널라이저

해설

**섹셔널라이저**
섹셔널라이저는 부하측에 설치하며, 선로 고장 발생시 타 보호기기와의 협조에 의해 고장 구간을 신속히 개방하는 자동구간 개폐기이다. 고장전류를 차단할 수 없어 차단 기능이 있는 후비 보호장치[리클로저]와 직렬로 설치되어야 한다.

## 시행일 2022년 1회

**01 소호리액터를 송전계통에 사용하면 리액터의 인덕턴스와 선로의 정전용량이 어떤상태로 되어 지락전류를 소멸시키는가?**

① 병렬공진　② 직렬공진
③ 고임피던스　④ 저임피던스

해설

**소호리액터 접지방식**
송전선에 접속되는 변압기의 중성점에 리액터를 설치하는 방식이다. 대지정전용량 $C_s$과 소호리액터 $X_L$가 병렬공진이 되면 지락전류의 소멸 및 아크가 소호된다.

**02 어느 발전소에서 40000[kWh]를 발전하는데 발열량 5000[kcal/kg]의 석탄을 20톤 사용하였다. 이 화력발전소의 열효율은 약 [%]인가?**

① 27.5　② 30.4
③ 34.4　④ 38.5

해설

**화력발전소의 열효율**

$$\eta=\frac{860W}{mH}\times 100=\frac{860\times 40000}{20\times 10^3\times 5000}\times 100=34.4[\%]$$

[정답] 17 ① 18 ③ 19 ④ 20 ④ 2022년 1회 01 ① 02 ③

**03** 송전전력, 선간전압, 부하역률, 전력손실 및 송전거리를 동일하게 하였을 경우 단상 2선식에 대한 3상 3선식의 총 전선량(중량)비는 얼마인가?

① 0.75 ② 0.94

③ 1.15 ④ 1.33

해설

**전기방식의 비교**

| 전기방식 | 전선량 비 | 전선량 비 |
|---|---|---|
| 단상 2선식 | 100% | 1 |
| 단상 3선식 | 37.5% | 3/8 |
| 3상 3선식 | 75% | 3/4 |
| 3상 4선식 | 33.3% | 1/3 |

**04** 3상 송전선로가 선간단락(2선 단락)이 되었을 때 나타나는 현상으로 옳은 것은?

① 역상전류만 흐른다.

② 정상전류와 역상전류가 흐른다.

③ 역상전류와 영상전류가 흐른다.

④ 정상전류와 영상전류가 흐른다.

해설

**대칭좌표법**

선간 단락 고장 발생시 영상분은 나타나지 않고, 정상분 및 역상분 전류가 흐른다.

참고

**고장의 종류별 대칭분**

- 1선지락 고장 : 정상분, 역상분, 영상분
- 선간단락 고장 : 정상분, 역상분
- 3상단락 고장 : 정상분

**05** 중거리 송전선로의 4단자 정수가 $A=1.0$, $B=j190$, $D=1.0$일 때 $C$의 값은 얼마인가?

① 0 ② $-j120$

③ $j$ ④ $j190$

해설

**전송 파라미터[A·B·C·D]**

$AD-BC=1$에서 어드미턴스를 계산한다.

$$C=\frac{AD-1}{B}=\frac{1\times1-1}{j190}=0$$

**06** 배선전압을 $\sqrt{2}$ 배로 하였을 때 같은 손실률로 보낼 수 있는 전력은 몇 배가 되는가?

① $\sqrt{2}$ ② $\sqrt{3}$

③ 2 ④ 3

해설

전력손실률이 일정한 경우 전력은 전압에 제곱에 비례하므로, 전압을 $\sqrt{2}$배로 하면 전력은 2배가 된다.

**07** 다음 중 재점호가 가장 일어나기 쉬운 차단전류는?

① 동상전류 ② 지상전류

③ 진상전류 ④ 단락전류

해설

재점호가 일어나기 쉬운 전류는 무부하 충전전류인 경우로 진상전류를 차단할 때이다.

**08** 현수애자에 대한 설명이 아닌 것은?

① 애자를 연결하는 방법에 따라 클레비스(Clevis)형과 볼소켓형이 있다.

② 애자를 표시하는 기호는 P이며 구조는 2~5층의 갓 모양의 자기편을 시멘트로 접착하고 그 자기를 주철재 base로 지지한다.

③ 애자의 연결개수를 가감함으로써 임의의 송전전압에 사용할 수 있다.

④ 큰 하중에 대하여는 2련 또는 3련으로 하여 사용할 수 있다.

[정답] 03 ① 04 ② 05 ① 06 ③ 07 ③ 08 ②

해설

**핀애자[Pin]**

애자를 표시하는 기호는 P이며 구조는 2~5층의 갓 모양의 자기편을 시멘트로 접착하고 그 자기를 주철재 Base로 지지한다.

## 09 교류발전기의 전압조정 장치로 속응 여자방식을 채택하는 이유로 틀린 것은?

① 전력계통에 고장이 발생할 때 발전기의 동기화력을 증가시킨다.
② 송전계통의 안정도를 높인다.
③ 여자기의 전압 상승률을 크게 한다.
④ 전압조정용 탭의 수동변환을 원활히 하기 위함이다.

해설

교류발전기의 전압조정 장치로 속응여자방식과 전압조정용 탭의 수동변환과는 무관한다.

## 10 차단기의 정격차단시간에 대한 설명으로 옳은 것은?

① 고장 발생부터 소호까지의 시간
② 트립코일 여자로부터 소호까지의 시간
③ 가동 접촉자의 개극부터 소호까지의 시간
④ 가동 접촉자의 동작 시간부터 소호까지의 시간

해설

차단기의 정격차단시간이란 트립코일이 여자되는 순간부터 아크가 소호되는데 까지 걸리는 시간을 말하며 3~8[Cycle/sec]이다.

## 11 3상 1회선 송전선을 정삼각형으로 배치한 3상선로의 작용 인덕턴스를 구하는 식은? (단, D는 전선의 선간 거리[m], r은 전선의 반지름[m]이다.)

① $L=0.5+0.4605\log_{10}\dfrac{D}{r}$

② $L=0.5+0.4605\log_{10}\dfrac{D}{r^2}$

③ $L=0.05+0.4605\log_{10}\dfrac{D}{r}$

④ $L=0.05+0.4605\log_{10}\dfrac{D}{r^2}$

해설

**단도체의 인덕턴스**

$L=0.05+0.4605\log_{10}\dfrac{D}{r}$[mH/km]

여기서, $r$은 반지름, $D$는 등가 선간거리

## 12 불평형 부하에서 역률(%)은?

① $\dfrac{\text{유효전력}}{\text{각 상의 피상전력의 산술합}}\times 100$

② $\dfrac{\text{무효전력}}{\text{각 상의 피상전력의 산술합}}\times 100$

③ $\dfrac{\text{무효전력}}{\text{각 상의 피상전력의 벡터합}}\times 100$

④ $\dfrac{\text{유효전력}}{\text{각 상의 피상전력의 벡터합}}\times 100$

해설

불평형 부하에서 역률은 각 상의 피상전력의 벡터 합에 대한 유효전력으로 표현한다.

## 13 다음 중 동작속도가 가장 느린 계전 방식은?

① 전류 차동 보호 계전 방식
② 거리 보호 계전 방식
③ 전류 위상 비교 보호 계전 방식
④ 방향 비교 보호 계전 방식

해설

**보호계전기의 성능 비교**

| 계전방식 종류 | 동작속도 |
|---|---|
| 전류 차동 보호 | 빠르다 |
| 전류 위상 비교 보호 | 빠르다 |
| 방향 비교 보호 | 빠르다 |
| 거리 보호 | 느리다 |

[정답] 09 ④ 10 ② 11 ③ 12 ④ 13 ②

**14** **부하 회로에서 공진 현상으로 발생하는 고조파 장해가 있을 경우 공진현상을 회피하기 위하여 설치하는 것은?**

① 진상용 콘덴서 ② 직렬 리액터
③ 방전코일 ④ 진공 차단기

해설

부하 회로에서 공진 현상으로 발생하는 고조파 장해가 있을 경우 공진현상을 회피하기 위하여 직렬 리액터를 설치한다.

**15** **경간이 200[m]인 가공전선로가 있다. 사용 전선의 길이는 경간보다 몇 [m] 더 길게 하면 되는가? (단, 사용전선의 1[m] 당 무게는 2[kg], 인장하중은 4000[kg], 전선의 안전율은 2로 하고 풍압하중은 무시한다.)**

① $\frac{1}{2}$ ② $\sqrt{2}$
③ $\frac{1}{3}$ ④ $\sqrt{3}$

해설

이도 $D=\frac{WS^2}{8T}=\frac{2\times200^2}{8\times\frac{4000}{2}}=5[m]$

전선의 길이는 경간보다 $\frac{8D^2}{3S}$ 만큼 길다.

$\therefore \frac{8D^2}{3S}=\frac{8\times5^2}{3\times200}=\frac{1}{3}[m]$

**16** **송전단 전압이 100[V], 수전단 전압이 90[V]인 단거리 배전선로의 전압강하율[%]은 약 얼마인가?**

① 5 ② 11
③ 15 ④ 20

해설

**전압강하율**

$\delta=\frac{V_s-V_r}{V_r}\times100=\frac{100-90}{90}\times100=11.11[\%]$

**17** **다음 중 환상(루프) 방식과 비교할 때 방사상 배전선로 구성방식에 해당되는 사항은?**

① 전력 수요가 증가 시 간선이나 분기선을 연장하여 쉽게 공급이 가능하다.
② 전압 변동 및 전력손실이 작다.
③ 사고 발생 시 다른 간선으로의 전환이 쉽다.
④ 환상방식 보다 신뢰도가 높은 방식이다.

해설

**방사상 배전방식**

변압기 단위로 저압 배전선이 분할되고 있으며 부하의 증설에 따라 수지상 모양으로 간선이나 분기선이 접속되어 있는 배전방식이다. 이는 전력 수요가 증가시 연장하여 쉽게 공급이 가능하다. 또한, 공사비가 저렴하고 농·어촌에 적합하다. 반면에, 정전범위, 전압강하, 전압변동이 크며 신뢰성이 낮은 배전방식이다.

**18** **초호각(Arcing horn)의 역할은?**

① 풍압을 조절한다.
② 송전 효율을 높인다.
③ 선로의 섬락 시 애자의 파손을 방지한다.
④ 고주파수의 섬락전압을 높인다.

해설

**초호각(Arcing horn)**

송전선에 낙뢰가 가해져서 애자에 섬락이 생기면 아크가 발생하여 애자가 손상되는 경우가 있다. 이것을 방지하기 위해 소호환 또는소호각(아킹링,아킹혼)을 설치한다.

**19** **유효낙차 90[m], 출력 104500[kW], 비속도(특유속도) 210[m·kW]인 수차의 회전속도는 약 몇 [rpm] 인가?**

① 150 ② 180
③ 210 ④ 240

해설

**특유속도**

$N=N_s\times\frac{H^{\frac{5}{4}}}{\sqrt{P}}=210\times\frac{H^{\frac{5}{4}}}{104500^{0.5}}=180[rpm]$

[정답] 14② 15③ 16② 17① 18③ 19②

**20** **발전기 또는 주변압기의 내부고장 보호용으로 가장 널리 쓰이는 것은?**

① 거리 계전기
② 과전류 계전기
③ 비율차동 계전기
④ 방향단락 계전기

해설

**비율차동계전기**

발전기 또는 변압기의 내부고장, 모선 보호용으로 사용되며 변압기 결선을 Y－△로 하였을 경우 1차측과 2차측은 30°의 위상차가 발생한다. 따라서 비율차동계전기에 연결된 변류기의 결선은 1차측은 △, 2차측은 Y로 접속하여 차동계전기의 입력전류는 동상이 되도록 한다.

## 시행일 2022년 2회

**01** **피뢰기의 충격방전 개시전압은 무엇으로 표시하는가?**

① 직류전압의 크기
② 충격파의 평균치
③ 충격파의 최대치
④ 충격파의 실효치

해설

피뢰기의 충격방전 개시전압은 충격파의 최대치로 표시한다.

**02** **전력용 콘덴서에 비해 동기조상기의 이점으로 옳은 것은?**

① 소음이 적다.
② 진상전류 이외에 지상전류를 취할수 있다.
③ 전력손실이 적다.
④ 유지보수가 쉽다.

해설

**조상설비의 특성**

| 구 분 | 동기조상기 | 콘덴서 |
|---|---|---|
| 무효전력 | 진상 및 지상 | 진상 |
| 조정의 형태 | 연속 | 불연속 |
| 보수 | 곤란 | 용이 |
| 손실 | 대 | 소 |
| 시충전 | 가능 | 불가능 |

**03** **단락보호방식에 관한 설명으로 틀린 것은?**

① 방사상 선로의 단락 보호방식에서 전원이 양단에 있을 경우 방향 단락계전기와 과전류 과전기를 조합시켜 사용한다.
② 전원이 1단에만 있는 방사상 송전선로에서의 고장 전류는 모두 발전소로부터 방사상으로 흘러나간다.
③ 환상 선로의 단락 보호방식에서 전원이 두군데 이상 있는 경우에는 방향 거리 계전기를 사용한다.
④ 환상 선로의 단락 보호방식에서 전원이 1단에만 있는 경우 선택 단락계전기를 사용한다.

해설

환상 선로의 단락 보호방식에서 전원이 1단에만 있는 경우 방향 단락계전기를 사용한다.

**04** **밸런서의 설치가 가장 필요한 배전방식은?**

① 단상 2선식 ② 단상 3선식
③ 3상 3선식 ④ 3상 4선식

해설

**단상 3선식의 특징**

- 2종의 전압을 얻을 수 있다.
- 단상 2선식보다 전압강하, 전력손실이 작다
- 단상 2선식보다 전선량이 절약되는 이점이 있다.
- 중성선 단선시 전압의 불평형이 발생한다.(밸런서 설치 필요)

[정답] 20 ③ 2022년 2회 01 ③ 02 ② 03 ④ 04 ②

**05 부하전류가 흐르는 전로는 개폐할 수 없으나 기기의 점검이나 수리를 위하여 회로를 분리하거나, 계통의 접속을 바꾸는데 사용하는 것은?**

① 차단기 ② 단로기
③ 전력용 퓨즈 ④ 부하 개폐기

해설

단로기는 기기의 점검이나 수리를 위하여 회로를 분리하거나, 계통의 접속을 바꾸는데 사용한다. 단로기는 아크소호능력이 없기 때문에 부하전류의 개폐를 하지 않는 것이 원칙이며 무부하시에만 서로를 개폐한다. 다만, 긴급할 경우 여자전류, 충전전류는 차단할 수 있다. 한편, 66[kV]이상의 경우 선로개폐기(LS)를 사용한다.

**06 정전용량 0.01 [μF/km], 길이 173.2 [km], 선간전압 60 [kV], 주파수 60 [Hz]인 3상 송전선로의 충전전류는 약 몇 [A]인가?**

① 6.3 ② 12.5
③ 22.6 ④ 37.2

해설

선로의 정전용량으로 인해 흐르는 전류를 충전전류라 하며, 충전전류는 전압보다 90°앞선 진상전류이다. 충전전류를 계산할 경우에는 변압기 결선과 관계없이 대지전압($V/\sqrt{3}$)을 적용한다.

$$I_c = 2\times 3.14\times 60\times 0.01\times 10^{-6}\times 173.2\times \frac{60\times 10^3}{\sqrt{3}}$$

$=22.6[\text{A}]$이다.

**07 보호계전기의 반한시·정한시 특성은?**

① 동작전류가 커질수록 동작시간이 짧게 되는 특성
② 최소 동작전류 이상의 전류가 흐르면 즉시 동작하는 특성
③ 동작전류의 크기에 관계없이 일정한 시간에 동작하는 특성
④ 동작전류가 커질수록 동작시간이 짧아지며, 어떤 전류 이상이 되면 동작전류의 크기에 관계없이 일정한 시간에서 동작하는 특성

해설

**보호계전기의 한시특성**

- 순한시 계전기 : 정정된 전류 이상의 전류가 흐르면 즉시 동작
- 정한시 계전기 : 동작전류의 크기와는 관계없이 항상 정해진 일정한 시간에서 동작
- 반한시 계전기 : 전류 값이 클수록 빨리 동작하고 반대로 전류 값이 작아질수록 느리게 동작
- 정한시-반한시 계전기 : 정한시와 반한시 계전기의 특성을 조합

**08 전력계통의 안정도에서 안정도의 종류에 해당하지 않는 것은?**

① 정태 안정도 ② 상태 안정도
③ 과도 안정도 ④ 동태 안정도

해설

**안정도의 종류**

- 정태안정도 : 정상상태에서 서서히 부하를 증가시켰을 경우 운전능력
- 동태안정도 : AVR 등이 갖는 제어효과까지 고려했을 경우 운전능력
- 과도안정도 : 선로의 사고, 발전기 탈락 등의 큰 외란에 대한 운전능력

**09 배전선로의 역률 개선에 따른 효과로 적합하지 않은 것은?**

① 선로의 전력손실 경감
② 선로의 전압강하의 감소
③ 전원측 설비의 이용률 향상
④ 선로 절연의 비용 절감

해설

**역률 개선시 효과**

- 전력손실 감소
- 전압강하 감소
- 전기요금 절감
- 설비용량 여유증가

[정답] 05 ② 06 ③ 07 ④ 08 ② 09 ④

**10** 저압뱅킹 배전방식에서 캐스케이딩현상을 방지하기 위하여 인접 변압기를 연락하는 저압선의 중간에 설치하는 것으로 알맞은 것은?

① 구분퓨즈 ② 리클로저
③ 섹셔널라이저 ④ 구분개폐기

해설

저압뱅킹 배전방식에서 캐스케이딩현상을 방지하기 위하여 인접 변압기를 연락하는 저압선의 중간에 구분퓨즈를 설치한다.

**11** 승압기에 의하여 전압 $V_e$에서 $V_h$로 승압할 때, 2차 정격전압 $e$, 자기용량 $W$인 단상 승압기가 공급할 수 있는 부하용량은?

① $\frac{V_h}{e} \times W$ ② $\frac{V_e}{e} \times W$
③ $\frac{V_e}{V_h - V_e} \times W$ ④ $\frac{V_h - V_e}{e} \times W$

해설

승압기 부하용량 $= \frac{V_h}{e} \times W$

**12** 배기가스의 여열을 이용해서 보일러에 공급되는 급수를 예열함으로써 연료 소비량을 줄이거나 증발량을 증가시키기 위해서 설치하는 여열회수 장치는?

① 과열기 ② 공기 예열기
③ 절탄기 ④ 재열기

해설

절탄기는 배기가스의 여열을 이용해서 보일러에 공급되는 급수를 예열함으로써 연료 소비량을 줄이거나 증발량을 증가시키기 위해서 설치한다.

**13** 직렬콘덴서를 선로에 삽입할 때의 이점이 아닌 것은?

① 선로의 인덕턴스를 보상한다
② 수전단의 전압강하를 줄인다.
③ 정태안정도를 증가한다.
④ 송전단의 역률을 개선한다.

해설

**직렬콘덴서 설치시 장점**

- 선로의 인덕턴스를 보상한다
- 수전단의 전압강하를 줄인다.
- 정태안정도를 증가한다.

**14** 전선의 굵기가 균일하고 부하가 균등하게 분산되어 있는 배전선로의 전력손실은 전체 부하가 선로 말단에 집중되어 있는 경우에 비하여 어느 정도가 되는가?

① $\frac{1}{2}$ ② $\frac{1}{3}$
③ $\frac{2}{3}$ ④ $\frac{3}{4}$

해설

**균등부하의 전기적 특징**

| 구분 | 전압강하 | 전력손실 |
|---|---|---|
| 말단부하 | 1 | 1 |
| 균등부하 | 1/2 | 1/3 |

**15** 송전단 전압 161[kV], 수전단 전압 154[kV], 상차각 35°, 리액턴스 60[Ω]일 때 선로 손실을 무시하면 전송전력[MW]은 약 얼마인가?

① 356 ② 307
③ 237 ④ 161

해설

$$P = \frac{V_s V_r}{X} \times \sin\delta = \frac{161 \times 154}{60} \times \sin 35 = 237[\mathrm{MW}]$$

[정답] 10① 11① 12③ 13④ 14② 15③

## 16 직접접지방식에 대한 설명으로 틀린 것은?

① 1선 지락 사고시 건전상의 대지 전압이 거의 상승하지 않는다.
② 계통의 절연수준이 낮아지므로 경제적이다.
③ 변압기의 단절연이 가능하다.
④ 보호계전기가 신속히 동작하므로 과도안정도가 좋다.

해설

**접지방식 비교**

| 구분 \ 종류 | 직접접지 | 소호리액터 |
|---|---|---|
| 전위상승 | 최소 | 최대 |
| 절연레벨 | 최소 | 최대 |
| 단절연/저감절연 | 가능 | 불가능 |
| 지락전류 | 최대 | 최소 |
| 보호계전기 동작 | 확실 | 불확실 |
| 통신선 유도장해 | 최대 | 최소 |
| 과도안정도 | 나쁨 | 좋음 |

## 17 그림과 같이 지지점 A, B, C에는 고저차가 없으며, 경간 AB와 BC 사이에 전선이 가설되어 그 이도가 각각 12[cm] 이다. 지지점 B에서 전선이 떨어져 전선의 이도가 D로 되었다면 D의 길이[cm]는? (단, 지지점 B는 A와 C의 중점이며 지지점 B에서 전선이 떨어지기 전, 후의 길이는 같다.)

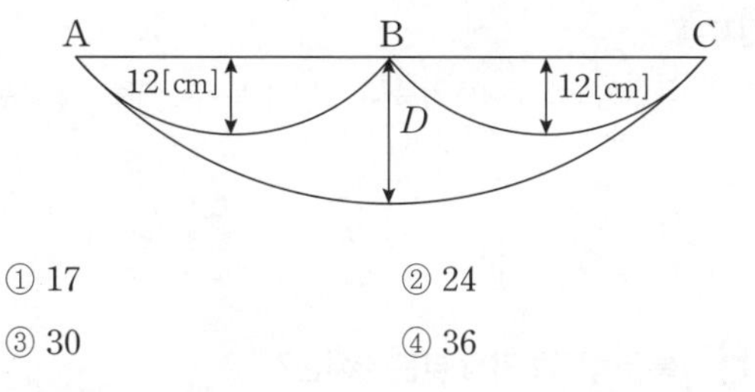


① 17　② 24
③ 30　④ 36

해설

양쪽의 이도가 같을 때 B에서 전선이 떨어지면 한쪽 이도의 2배가 된다.

## 18 수차의 캐비테이션 방지책으로 틀린 것은?

① 흡출수두를 증대시킨다.
② 과부하 운전을 가능한 한 피한다.
③ 수차의 비속도를 너무 크게 잡지 않는다.
④ 침식에 강한 금속재료로 러너를 제작한다.

해설

**캐비테이션 방지대책**

- 흡출수두를 증대시키지 않는다.
- 수차의 비속도를 너무 크게 잡지 않는다.
- 침식에 강한 금속재료로 러너를 제작한다.

## 19 송전선로에 매설지선을 설치하는 목적은?

① 철탑 기초의 강도를 보강하기 위하여
② 직격뇌로부터 송전선을 차폐보호하기 위하여
③ 현수애자 1연의 전압 분담을 균일화하기 위하여
④ 철탑으로부터 송전선로로의 역섬락을 방지하기 위하여

해설

**매설지선**

철탑의 탑각 접지저항이 크면 낙뢰시 철탑의 전위가 상승하여 철탑으로부터 송전선으로 뇌 전류가 흘러 역섬락이 발생한다. 이를 방지하기 위해 매설지선을 설치한다. 매설지선을 설치할 경우 탑각의 접지저항이 감소되어 역섬락을 방지할 수 있다.

## 20 1회선 송전선과 변압기의 조합에서 변압기의 여자 어드미턴스를 무시하였을 경우 송수전단의 관계를 나타내는 4단자 정수 $C_0$는? (단, $A_0=A+CZ_{ts}$, $B_0=B+AZ_{tr}+DZ_{ts}+CZ_{tr}Z_{ts}$, $D_0=D+CZ_{tr}$ 여기서 $Z_{ts}$는 송전단변압기의 임피던스이며, $Z_{tr}$은 수전단변압기 임피던스이다.)

① $C$　② $C+DZ_{ts}$
③ $C+AZ_{ts}$　④ $CD+CA$

해설

$$\begin{bmatrix} A_0 & B_0 \\ C_0 & D_0 \end{bmatrix}=\begin{bmatrix} 1 & Z_{ts} \\ 0 & 1 \end{bmatrix}\begin{bmatrix} A & B \\ C & D \end{bmatrix}\begin{bmatrix} 1 & Z_{tr} \\ 0 & 1 \end{bmatrix}$$

$\therefore C_0=C$

[정답] 16④ 17② 18① 19④ 20①

## 시행일 2022년 3회

### 01 가공지선을 설치하는 목적이 아닌 것은?

① 뇌해 방지 ② 정전 차폐효과
③ 전자 차폐 효과 ④ 코로나의 발생 방지

해설

**가공지선**

직격뢰 차폐, 유도뢰 차폐, 통신선의 유도장해를 경감을 목적으로 하며, 차폐각은 작을수록 보호율이 높고 건설비가 비싸다. 또한, 가공지선을 2회선으로 하면 차폐각이 작아져서 보호율이 상승한다.

### 02 다음 중 전력 원선도에서 알 수 없는 것은?

① 전력 ② 조상기 용량
③ 손실 ④ 코로나 손실

해설

**전력 원선도에서 알 수 없는 사항**

- 과도 안정 극한전력
- 코로나 손실

참고

**전력 원선도에서 알 수 있는 사항**

- 송·수전단 전압간의 상차각
- 송·수전할 수 있는 최대전력
- 선로손실, 송전효율
- 수전단의 역률, 조상용량

### 03 파동임피던스가 500[Ω]인 가공 송전선 1[km]당의 인덕턴스는 약 몇 [mH/km]인가?

① 1.67 ② 2.67
③ 3.67 ④ 4.67

해설

**특성임피던스**

$$Z_0=\sqrt{\frac{Z}{Y}}=\sqrt{\frac{L}{C}}=138\log\frac{D}{r}[\Omega]$$

$138\log\frac{D}{r}=500[\Omega]$이므로, $\log\frac{D}{r}=\frac{500}{138}$이다.

$$L=0.4605\times\frac{500}{138}=1.67[\text{mH/km}]$$

### 04 유효낙차 100[m], 최대사용수량 20[m³/s], 수차효율 70[%]인 수력발전소의 연간 발전전력량은 약 몇 [kWh]인가? (단, 발전기의 효율은 85[%]라고 한다.)

① $2.5\times10^7$ ② $5\times10^7$
③ $10\times10^7$ ④ $20\times10^7$

해설

**수력발전소 연간 발전전력량**

$$W=9.8QH\eta\times T[\text{kWh}]$$
$$=9.8\times20\times100\times0.7\times0.85\times8760$$
$$=10\times10^7[\text{kWh}]$$

### 05 수력발전소에서 사용되고, 횡축에 1년 365일을 종축에 유량을 표시하는 유황곡선이란?

① 유량이 적은 것부터 순차적으로 배열하여 이들 점을 연결한 것이다.
② 유량이 큰 것부터 순차적으로 배열하여 이들 점을 연결한 것이다.
③ 유량의 월별 평균값을 구하여 선으로 연결한 것이다.
④ 각 월에 가장 큰 유량만을 선으로 연결한 것이다.

해설

유황곡선은 유량도를 토대로 가로축에 1년의 일수를, 세로축에 매일의 유량을 큰 순서대로 나타낸 곡선이다.

### 06 특유속도가 가장 낮은 수차는?

① 펠톤수차 ② 사류수차
③ 프로펠라수차 ④ 프란시스수차

[정답] 2022년 3회 01 ④ 02 ④ 03 ① 04 ③ 05 ② 06 ①

**해설**

펠턴수차는 고낙차 영역(300[m] 이상)에서 사용하는 충동수차 방식의 수차 이므로, 유효낙차가 높은 곳에서 사용한다. 유효낙차와 특유속도는 반비례하기 때문에 펠톤수차가 특유속도가 가장 낮다.

## 07 길이 20[km], 전압 20[kV], 주파수 60[Hz]인 1회선의 3상 지중송전선 정전용량이 0.5[μF/km]일 때, 이 송전선의 무부하 충전용량은 약 몇 [kVA]인가?

① 1412 ② 1508

③ 1725 ④ 1904

**해설**

**송전선의 무부하 충전용량**

$Q=3\times 2\pi fCE^2\times 10^{-3}[\text{kVA}]$

$Q=3\times 2\pi\times 60\times 0.5\times 10^{-6}\times 20\times\left(\frac{20000}{\sqrt{3}}\right)^2\times 10^{-3}$

$=1508[\text{kVA}]$

## 08 154[kV] 송전계통의 뇌에 대한 보호에서 절연강도의 순서가 가장 경제적이고 합리적인 것은?

① 피뢰기 → 변압기코일 → 기기부싱 → 결합콘덴서 → 선로애자

② 변압기코일 → 결합콘덴서 → 피뢰기 → 선로애자 → 기기부싱

③ 결합콘덴서 → 기기부싱 → 선로애자 → 변압기코일 → 피뢰기

④ 기기부싱 → 결합콘덴서 → 변압기코일 → 피뢰기 → 선로애자

**해설**

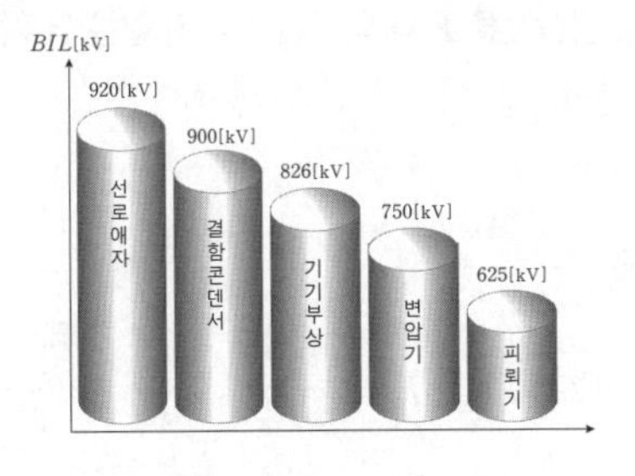


## 09 송전단 전압을 $V_S$, 수전단 전압을 $V_r$, 선로의 리액턴스를 X라 할 때, 정상 시의 최대 송전전력의 개략적인 값은?

① $\frac{V_S-V_r}{X}$ ② $\frac{V_S^2-V_r^2}{X}$

③ $\frac{V_S(V_S-V_r)}{X}$ ④ $\frac{V_SV_r}{X}$

**해설**

**송전전력**

$P=\frac{V_sV_r}{X}\times\sin\delta[\text{MW}]$ 단, $V_sV_r$ : 송수전단전압[kV]

여기서, 리액턴스 $X$, $\delta$ : 송·수전단 전압의 상차각

최대 송전전력은 송·수전단 전압의 상차각 90°일 때이다.

$P_{max}=\frac{V_SV_r}{X}$ 이다.

## 10 동기조상기에 대한 설명으로 틀린 것은?

① 시충전이 불가능하다.

② 전압 조정이 연속적이다.

③ 중부하시에는 과여자로 운전하여 앞선 전류를 취한다.

④ 경부하시에는 부족여자로 운전하여 뒤진 전류를 취한다.

**해설**

**조상설비의 특성**

| 구 분 | 동기조상기 | 콘덴서 |
|---|---|---|
| 무효전력 | 진상 및 지상 | 진상 |
| 조정의 형태 | 연속 | 불연속 |
| 보수 | 곤란 | 용이 |
| 손실 | 대 | 소 |
| 시충전 | 가능 | 불가능 |

[정답] 07 ② 08 ① 09 ④ 10 ①

**11** **전력계통의 전압조정설비에 대한 특징으로 틀린 것은?**

① 병렬콘덴서는 진상능력만을 가지며 병렬리액터는 진상능력이 없다.
② 동기조상기는 조정의 단계가 불연속적이나 직렬콘덴서 및 병렬리액터는 연속적이다.
③ 동기조상기는 무효전력의 공급과 흡수가 모두 가능하여 진상 및 지상용량을 갖는다.
④ 병렬리액터는 경부하 시에 계통 전압이 상승하는 것을 억제하기 위하여 초고압송전선 등에 설치된다.

해설

**조상설비의 특성**

| 구 분 | 동기조상기 | 콘덴서 |
|---|---|---|
| 무효전력 | 진상 및 지상 | 진상 |
| 조정의 형태 | 연속 | 불연속 |
| 보수 | 곤란 | 용이 |
| 손실 | 대 | 소 |
| 시충전 | 가능 | 불가능 |

**12** **송전계통의 안정도 향상 대책이 아닌 것은?**

① 계통의 직렬 리액턴스를 증가시킨다.
② 전압 변동을 적게 한다.
③ 고장시간, 고장전류를 적게 한다.
④ 계통분리방식을 적용한다.

해설

**안정도 향상대책**

① 직렬 리액턴스 감소
- 선로의 병행 회선을 증가, 복도체 사용
- 직렬 콘덴서를 설치하여 유도성 리액턴스 보상
- 발전기나 변압기의 리액턴스 감소, 발전기의 단락비 증가

② 전압 변동 억제
- 계통의 연계
- 속응 여자방식 채용
- 중간 조상방식 채용

③ 계통에 주는 충격 경감
- 고속도 재폐로방식 채용
- 고속 차단방식 채용
- 적당한 중성점 접지방식 채용

**13** **다음 중 송전선로의 역섬락을 방지하기 위한 대책으로 가장 알맞은 방법은?**

① 가공지선을 설치함 ② 피뢰기를 설치함
③ 탑각저항을 낮게함 ④ 소호각을 설치함

해설

**매설지선**

철탑의 탑각 접지저항이 크면 낙뢰시 철탑의 전위가 상승하여 철탑으로부터 송전선으로 뇌 전류가 흘러 역섬락이 발생한다. 이를 방지하기 위해 매설지선을 설치한다. 매설지선을 설치할 경우 탑각의 접지저항이 감소되어 역섬락을 방지할 수 있다.

**14** **3상용 차단기의 정격전압은 170[kV]이고 정격차단전류가 50[kA]일 때 차단기의 정격차단용량은 약 몇 [MVA]인가?**

① 5000 ② 10000
③ 15000 ④ 20000

해설

**정격차단용량**

$P_s=\sqrt{3}V_nI_{kA}=\sqrt{3}\times170\times50=15000[\mathrm{MVA}]$

**15** **3상 동기발전기 단자에서의 고장 전류 계산 시 영상전류 $I_0$, 정상전류 $I_1$과 역상전류 $I_2$가 같은 경우는?**

① 1선 지락고장 ② 2선 지락고장
③ 선간 단락고장 ④ 3상 단락고장

해설

1선 지락사고 : 정상분, 역상분, 영상분
$a$상 지락시 $I_b=I_c=0,\ I_0=I_1=I_2$

[정답] 11② 12① 13③ 14③ 15①

$$I_0=\frac{1}{3}I_a=\frac{1}{3}I_g=\frac{E}{Z_0+Z_1+Z_2}[\text{A}]$$

$$I_g=3I_0=\frac{3E}{Z_0+Z_1+Z_2}$$

## 16 변전소에서 비접지 선로의 접지보호용으로 사용되는 계전기에 영상전류를 공급하는 것은?

① CT　② GPT
③ ZCT　④ PT

해설

**비접지 선로의 지락보호**

- 영상변류기[ZCT]-영상전류 검출
- 접지형 계기용변압기[GPT]-영상전압 검출
- 선택지락계전기[SGR]

영상전압은 접지형계기용변압기[GPT]에서, 영상전류는 영상변류기[ZCT]에서 공급받아 동작하며, 병행 2회선 선로에서 1회선에서 지락사고가 발생했을 때 고장 회선만을 선택하여 차단한다.

## 17 비접지방식을 직접접지방식과 비교한 것 중 옳지 않은 것은?

① 전자유도장해가 경감된다.
② 지락전류가 작다.
③ 보호계전기의 동작이 확실하다.
④ △결선을 하여 영상전류를 흘릴 수 있다.

해설

**접지방식 비교**

| 구분 \ 종류 | 직접접지 | 비접지 |
|---|---|---|
| 전위상승 | 최소 | $\sqrt{3}$ 배 |
| 절연레벨 | 최소 | 대 |
| 단절연/저감절연 | 가능 | 불가능 |
| 지락전류 | 최대 | 소 |
| 보호계전기 동작 | 확실 | 불확실 |
| 통신선 유도장해 | 최대 | 소 |
| 과도 안정도 | 나쁨 | 좋음 |

## 18 1선 지락 시에 지락전류가 가장 작은 송전계통은?

① 비접지식　② 직접접지식
③ 저항접지식　④ 소호리액터접지식

해설

**지락전류 크기 순서**

직접접지 > 저항접지 > 비접지 > 소호리액터 접지

## 19 일반적으로 화력발전소에서 적용하고 있는 열사이클 중 가장 열효율이 좋은 것은?

① 재생 사이클　② 랭킨 사이클
③ 재열 사이클　④ 재생재열 사이클

해설

**재생·재열 사이클**

재생 사이클과 재열 사이클의 방식을 조합하여 효율을 향상시킨 사이클로서 가장 효율이 좋다.

## 20 $SF_6$ 가스차단기에 대한 설명으로 틀린 것은?

① $SF_6$ 가스 자체는 불활성 기체이다.
② $SF_6$ 가스는 공기에 비하여 소호능력이 약 100배 정도이다.
③ 절연거리를 적게 할 수 있어 차단기 전체를 소형, 경량화 할 수 있다.
④ $SF_6$ 가스를 이용한 것으로서 독성이 있으므로 취급에 유의하여야 한다.

해설

가스차단기[GCB]는 아크에 $SF_6$(무독, 무취, 무해)가스를 불어 넣어 소호시킨다.

[정답] 16 ③　17 ③　18 ④　19 ④　20 ④

전기자기학 | 전력공학 | 전기기기 | 회로이론 | 제어공학 | 전기설비기술기준

## 시행일 2023년 1회

**01** 가공 왕복선 배치에서 지름이 $d$[m]이고 선간거리가 $D$[m]인 선로 한 가닥의 작용 인덕턴스는 몇 [mH/km]인가? (단, 선로의 투자율은 1이라 한다.)

① $0.05+0.04605\log_{10}\frac{D}{d}$

② $0.05+0.4605\log_{10}\frac{D}{d}$

③ $0.5+0.4605\log_{10}\frac{2D}{d}$

④ $0.05+0.4605\log_{10}\frac{2D}{d}$

**해설**

분모의 반지름이 지름으로 표현되어 있으므로, 분자에도 2를 곱한다.

$\therefore L=0.05+0.4605\log_{10}\frac{2D}{d}$[mH/km]

**02** 선로정수에 영향을 가장 많이 주는 것은?

① 전선의 배치 ② 송전전압

③ 송전전류 ④ 역률

**해설**

송·배전 선로는 저항 $R$, 인덕턴스 $L$, 정전용량(커패시턴스) $C$, 누설 컨덕턴스 $G$라는 4개의 정수로 이루어진 연속된 전기회로이다. 이들 정수를 선로정수(Line Constant)라고 부르는데 이것은 전선의 배치, 전선의 종류, 전선의 굵기 등에 따라 정해지며 전선의 배치에 가장 많은 영향을 받는다.

**03** 전력계통에서 내부 이상전압의 크기가 가장 큰 경우는?

① 유도성 소전류 차단 시

② 수차발전기의 부하 차단 시

③ 무부하 선로 충전전류 차단 시

④ 송전선로의 부하 차단기 투입 시

**해설**

전력계통에서 내부 이상전압의 크기가 가장 큰 경우는 무부하 선로 충전전류 차단 시 발생한다.

**04** 역률 80[%]의 3상 평형부하에 공급하고 있는 선로 길이 2[km]의 3상 3선식 배전선로가 있다. 부하의 단자전압을 6000[V]로 유지하였을 경우, 선로의 전압강하율 10[%]를 넘지 않게 하기 위해서는 부하전력을 약 몇 [kW]까지 허용할 수 있는가? (단, 전선 1선당의 저항은 0.82[Ω/km] 리액턴스는 0.38[Ω/km]라 하고, 그 밖의 정수는 무시한다.)

① 1303 ② 1629

③ 2257 ④ 2821

**해설**

$$P=\frac{\delta\times V^2}{(R+X\tan\theta)}=\frac{0.1\times6000^2}{0.82\times2+0.38\times2\times\frac{0.6}{0.8}}\times10^{-3}$$

$=1629$[kW]

**05** 송전단전압 161[kV], 수전단전압 154[kV], 상차각 40°, 리액턴스 45[Ω]일 때 선로손실을 무시하면 전송전력은 약 몇 [MW]인가?

① 323 ② 443

③ 354 ④ 623

**해설**

$$P=\frac{V_sV_r}{X}\times\sin\delta\text{[MW]}$$

$$=\frac{161\times154}{45}\times\sin40=354\text{[MW]}$$

**06** 증기의 엔탈피란?

① 증기 1[kg]의 잠열

② 증기 1[kg]의 보유열량

[정답] 2023년 1회 01 ④ 02 ① 03 ③ 04 ② 05 ③ 06 ②

③ 증기 1[kg]의 현열

④ 증기 1[kg]의 증발열을 그 온도로 나눈 것

해설

엔탈피란 각 온도에 있어서 1[kg] 증기의 보유열량을 말한다.

## 07 모선 보호에 사용되는 계전방식이 아닌 것은?

① 위상 비교방식　② 선택접지 계전방식

③ 방향거리 계전방식　④ 전류차동 보호방식

해설

**모선 보호 계전방식의 종류**

- 전류차동 계전방식
- 전압차동 계전방식
- 방향비교 계전방식
- 위상비교 계전방식

## 08 다음 중 특유속도가 가장 작은 수차는?

① 프로펠러수차　② 프란시스수차

③ 펠턴수차　④ 카플란수차

해설

특유속도와 낙차는 반비례하므로, 고 낙차 영역에서 사용하는 펠턴수차가 특유속도가 가장 작다.

| 저 낙차 | 중 낙차 | | 고 낙차 |
|---|---|---|---|
| 15[m] 이하 | 15~45[m] 이하 | 50~500[m] 이하 | 350[m] 이상 |
| 원통형수차<br>튜블러수차 | 프로펠러수차<br>카플란수차 | 프란시스수차<br>사류수차 | 펠턴수차 |
| 반동수차 | | | 충동수차 |

## 09 전력계통의 주파수 변동은 주로 무엇의 변화에 기인하는가?

① 유효전력　② 무효전력

③ 계통 전압　④ 계통 임피던스

해설

전력계통의 주파수 변동은 주로 유효전력의 변동 때문에 발생한다. 예를 들어 전력계통의 주파수가 기준치보다 증가하는 경우 발전출력 [kW]을 감소시켜 주파수를 다시 낮춤으로 정주파수를 유지한다.

## 10 케이블 단선사고에 의한 고장점까지의 거리를 정전용량 측정법으로 구하는 경우, 건전상의 정전용량이 $C$, 고장점까지의 정전용량이 $C_x$, 케이블의 길이가 $l$일 때 고장점까지의 거리를 나타내는 식으로 알맞은 것은?

① $\frac{C}{C_x}l$　② $\frac{2C_x}{C}l$

③ $\frac{C_x}{C}l$　④ $\frac{C_x}{2C}l$

해설

**정전용량 측정법**

정전용량 측정법은 케이블의 단선사고에만 사용하는 고장점 탐지법이다.

고장점까지의 거리 $L=\frac{C_x}{C}\times l$

## 11 통신선과 평행된 주파수 60[Hz]의 3상 1회선 송전선에서 1선 지락으로 영상전류가 110[A] 흐르고 있을 때 통신선에 유기되는 전자유도전압은 약 몇 [V]인가? (단, 영상전류는 송전선 전체에 걸쳐 같으며, 통신선과 송전선의 상호 인덕턴스는 0.05[mH/km]이고, 양 선로의 병행 길이는 55[km]이다.)

① 94[V]　② 163[V]

③ 242[V]　④ 342[V]

해설

**전자유도전압**

$E_m=\omega Ml\times 3I_0$

$=2\pi\times 60\times 0.05\times 10^{-3}\times 55\times 3\times 110$

$=342$[V]

[정답] 07 ② 08 ③ 09 ① 10 ③ 11 ④

**12** 수용가를 2군으로 나누어서 각 군에 변압기 1대씩을 설치하고 각 군 수용가의 총 설비부하용량을 각각 15[kW] 및 10[kW]라 하자. 각 수용가의 수용률을 0.5 수용가 상호간의 부등률을 1.2 변압기 상호간의 부등률을 1.3이라 하면 고압 간선에 대한 최대부하는 몇 [kVA]인가? (단, 부하역률은 모두 0.8이라고 한다.)

① 13 ② 16
③ 20 ④ 25

해설

**합성최대전력**

최대부하$=\dfrac{\frac{15+10}{1.2}}{1.3\times0.8}=20[\text{kVA}]$

**13** 그림과 같은 주상변압기 2차측 접지공사의 목적은?

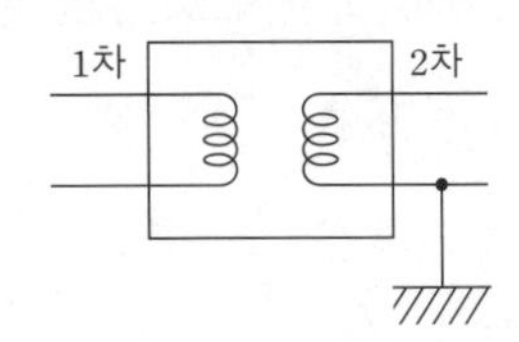


① 1차측 과전류 억제 ② 2차측 과전류 억제
③ 1차측 전압 상승 억제 ④ 2차측 전압 상승 억제

해설

주상변압기 2차측 접지는 고저압 혼촉사고 시 2차측 전압 상승을 억제한다.

**14** 1[m]의 하중이 0.37[kg]인 전선을 지지점이 수평인 경간 80[m]에 가설하여 이도를 0.8[m]로 하면 전선의 수평장력은 몇 [kg]인가?

① 350 ② 360
③ 370 ④ 380

해설

장력 $T=\dfrac{WS^2}{8D}=\dfrac{0.37\times80^2}{8\times0.8}=370[\text{kg}]$

**15** 선로 고장 발생시 타 보호기기와의 협조에 의해 고장구간을 신속히 개방하는 자동구간 개폐기로서 고장전류를 차단할 수 없어 차단 기능이 있는 후비 보호장치와 직렬로 설치되어야 하는 배전용 개폐기는?

① 배전용 차단기 ② 부하 개폐기
③ 컷아웃스위치 ④ 섹셔널라이저

해설

섹셔널라이저는 부하측에 설치하며, 선로 고장 발생시 타 보호기기와의 협조에 의해 고장 구간을 신속히 개방하는 자동구간 개폐기로서 고장전류를 차단할 수 없어 차단 기능이 있는 후비 보호장치와 직렬로 설치되어야 하는 배전용 개폐기이다.

**16** 정격전압 7.2[kV]인 3상용 차단기의 차단용량이 100[MVA]라면 정격차단전류는 약 몇 [kA]인가?

① 2 ② 4
③ 8 ④ 12

해설

**정격차단전류**

$I_{kA}=\dfrac{P_s}{\sqrt{3}\times V_n}=\dfrac{100\times10^3}{\sqrt{3}\times7.2}\times10^{-3}\fallingdotseq8[\text{kA}]$

**17** 수차의 유효낙차와 안내날개, 그리고 노즐의 열린 정도를 일정하게 하여 놓은 상태에서 조속기가 동작하지 않게 하고, 전부하 정격속도로 운전 중에 무부하로 하였을 경우에 도달하는 최고 속도를 무엇이라 하는가?

① 특유 속도(specific speed)
② 동기 속도(synchronous speed)
③ 무구속 속도(runaway speed)
④ 임펄스 속도(impulse speed)

해설

발전기의 부하를 차단하였을 때의 수차 회전수의 상승한도를 무구속 속도라 한다. 안내날개의 개도를 일정하게 둔 채로 부하를 차단하더라도 회전수는 무한대로 상승하지 않고 일정한 최고속도에 도달하면 그 이상으로는 상승하지 않는다. 무구속 속도의 범위는 수차마다 다르며, 대략 정격속도의 200% 정도이다.

[정답] 12 ③ 13 ④ 14 ③ 15 ④ 16 ③ 17 ③

**18** **송전계통의 안정도 향상대책으로 적당하지 않은 것은?**

① 계통의 리액턴스를 직렬콘덴서로 감소시킨다.
② 기기의 리액턴스를 감소한다.
③ 발전기의 단락비를 작게 한다.
④ 계통을 연계한다.

해설

발전기의 단락비가 크다는 것은 동기임피던스가 작다는 것을 의미하고, 이는 발전기의 리액턴스가 작다는 의미이다. 즉, 안정도 향상을 위해서는 단락비가 커야한다.

**19** **전력계통의 전압조정과 무관한 것은?**

① 전력용콘덴서 ② 자동전압조정기
③ 발전기의 조속기 ④ 부하 시 탭 조정장치

해설

출력의 증감에 관계없이 수차의 회전수를 일정하게 유지하기 위해 조속기를 사용한다.

**20** **전력계통에서 무효전력을 조정하는 조상설비 중 전력용 콘덴서를 동기조상기와 비교할 때 옳은 것은?**

① 전력손실이 크다.
② 지상 무효전력분을 공급할 수 있다.
③ 전압조정을 계단적으로 밖에 못한다.
④ 송전선로를 시송전할 때 선로를 충천할 수 있다.

해설

| 구 분 | 동기조상기 | 콘덴서 |
|---|---|---|
| 무효전력 | 진상 및 지상 | 진상 |
| 조정의 형태 | 연속 | 불연속 |
| 보수 | 곤란 | 용이 |
| 손실 | 대 | 소 |
| 시송전 | 가능 | 불가능 |

## 시행일 2023년 2회

**01** **전력퓨즈(Power fuse)는 고압, 특고압기기의 주로 어떤 전류의 차단을 목적으로 설치하는가?**

① 충전전류 ② 부하전류
③ 단락전류 ④ 영상전류

해설

**전력퓨즈의 역할**

- 단락 사고 시 단락전류를 차단한다.
- 부하전류를 안전하게 통전한다.

**02** **한류리액터를 사용하는 가장 큰 목적은?**

① 충전전류의 제한 ② 접지전류의 제한
③ 누설전류의 제한 ④ 단락전류의 제한

해설

**한류리액터**

단락전류를 제한하여 차단기 용량을 감소시키기 위해 한류리액터를 설치한다.

**03** **출력 185000[kW]의 화력발전소에서 매시간 140[t]의 석탄을 사용한다고 한다. 이 발전소의 열효율은 약 몇 [%]인가? (단, 사용하는 석탄의 발열량은 4000[kcal/kg]이다.)**

① 28.4 ② 30.7
③ 32.6 ④ 34.5

해설

$$\eta=\frac{860W}{mH}\times 100=\frac{860\times 185000}{140\times 10^3\times 4000}\times 100=28.41[\%]$$

[정답] 18 ③ 19 ③ 20 ③ 2023년 2회 01 ③ 02 ④ 03 ①

**04** 부하전력 및 역률이 같을 때 전압을 $n$배 승압하면 전압 강하율과 전력손실은 어떻게 되는가?

① 전압강하율 : $\frac{1}{n}$, 전력손실 : $\frac{1}{n^2}$

② 전압강하율 : $\frac{1}{n^2}$, 전력손실 : $\frac{1}{n}$

③ 전압강하율 : $\frac{1}{n}$, 전력손실 : $\frac{1}{n}$

④ 전압강하율 : $\frac{1}{n^2}$, 전력손실 : $\frac{1}{n^2}$

해설

- 전압강하율 $\delta=\frac{P}{V^2}(R\cos\theta+\sin\theta) \rightarrow \delta\propto\frac{1}{V^2}$
- 전력손실 $P_l=\frac{P^2R}{V^2\cos^2\theta} \rightarrow P_l\propto\frac{1}{V^2}$

전압강하율과 전력손실 모두 전압의 제곱에 반비례한다.

**05** 전력선 $a$의 충전 전압을 $E$, 통신선 $b$의 대지 정전용량을 $C_b$, $ab$ 사이의 상호정전용량을 $C_{ab}$라고 하면 통신선 $b$의 정전유도전압 $E_s$는?

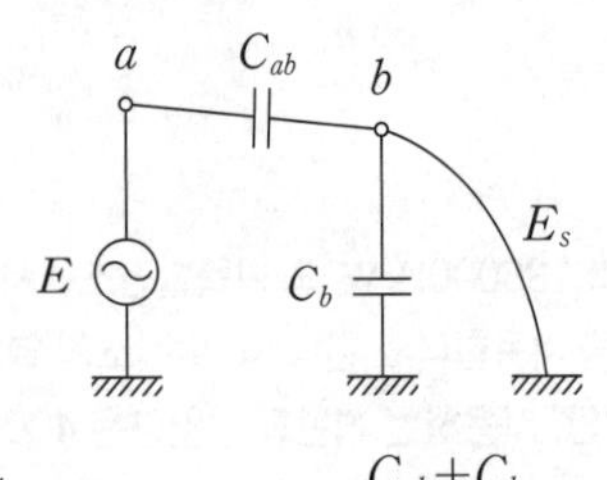


① $\frac{C_{ab}+C_b}{C_{ab}}E$　② $\frac{C_{ab}+C_b}{C_b}E$

③ $\frac{C_b}{C_{ab}+C_b}E$　④ $\frac{C_{ab}}{C_{ab}+C_b}E$

해설

**단상인 경우 통신선의 정전 유도전압**

$E_s=\frac{C_{ab}}{C_{ab}+C_b}E[\text{V}]$

전력선과 통신선 사이의 선간정전용량은 $C_{ab}$이고,
통신선과 대지사이의 대지정전용량 $C_b$

**06** 154[kV] 3상 3선식 전선로에서 각 선의 정전용량이 각각 $C_a=0.031[\mu\text{F}]$, $C_b=0.030[\mu\text{F}]$, $C_c=0.032[\mu\text{F}]$일 때 변압기의 중성점 잔류전압은 계통 상전압의 약 몇 [%]정도 되는가?

① 1.9[%]　② 2.8[%]

③ 3.7[%]　④ 5.5[%]

해설

**3상인 경우 정전 유도전압**

$$E_s=\frac{\sqrt{C_a(C_a-C_b)+C_b(C_b-C_c)+C_c(C_c-C_a)}}{C_a+C_b+C_c}\times\frac{V}{\sqrt{3}}$$

$$=\frac{\sqrt{0.031(0.031-0.030)+0.030(0.030-0.032)+0.032(0.032-0.031)}}{0.031+0.030+0.032}$$

$$\times\frac{154000}{\sqrt{3}}=1655.91$$

$$\therefore \frac{1655.91}{\frac{154000}{\sqrt{3}}}\times100=1.86[\%]$$

**07** 전력선측의 유도장해 방지대책이 아닌 것은?

① 전력선과 통신선의 이격거리를 증대한다.

② 전력선의 연가를 충분히 한다.

③ 배류코일을 사용한다.

④ 차폐선을 설치한다.

해설

**유도장해 경감대책**

전력선측의 대책

- 차폐선을 설치한다.
- 전력선을 케이블화 한다.
- 전력선과 통신선을 수직 교차시킨다.
- 소호리액터 접지를 채용하여 지락전류를 줄인다.
- 연가를 충분히 하여 중성점의 잔류 전압을 줄인다.
- 고속도차단기를 설치하여 고장전류를 신속히 제거한다.
- 전력선과 통신선의 이격거리를 증대시켜 상호인덕턴스를 줄인다.

[정답] 04 ④　05 ④　06 ①　07 ③

**08** 피뢰기에서 속류를 끊을 수 있는 최고의 교류 전압은?

① 정격전압 ② 제한전압
③ 차단전압 ④ 방전개시전압

해설

**피뢰기의 정격전압**
속류를 차단할 수 있는 최고의 교류전압

**09** 송전단 전압 161[kV], 수전단 전압 155[kV], 전력 상차각 30°, 리액턴스 50[Ω]일 때 송전전력은 약 몇 [MW]인가?

① 210 ② 250
③ 370 ④ 430

해설

**정태안정극한전력에 의한 송전용량**

$$P=\frac{V_sV_r}{X}\times\sin\delta$$

$$=\frac{161\times155}{50}\times\sin30^\circ=249.55[\text{MW}]\fallingdotseq250[\text{MW}]$$

**10** 화력 발전소에서 재열기의 목적은?

① 급수예열 ② 석탄건조
③ 공기예열 ④ 증기가열

해설

**재열기**
재열기는 고압터빈의 증기를 모두 추기하여 증기를 가열한다.

**11** 어떤 수력발전소의 안내날개의 열림 등 기타조건은 불변으로하여 유효낙차가 30[%] 저하되면 수차의 효율이 10[%] 저하 된다면, 이런 경우에는 원래 출력의 약 몇 [%]가 되는가?

① 53 ② 58
③ 63 ④ 68

해설

**출력과 낙차의 관계식**

$P\propto H^{\frac{3}{2}}$

$\therefore P=(0.7)^{\frac{3}{2}}\times0.9\times100\fallingdotseq53[\%]$

**12** 그림과 같은 전력계통의 154[kV] 송전선로에서 고장 지락 임피던스 를 통해서 1선 지락고장이 발생되었을 때 고장점에서 본 영상 %임피던스는? (단, 그림에 표시한 임피던스는 모두 동일용량, 100[MVA] 기준으로 환산한 %임피던스임)

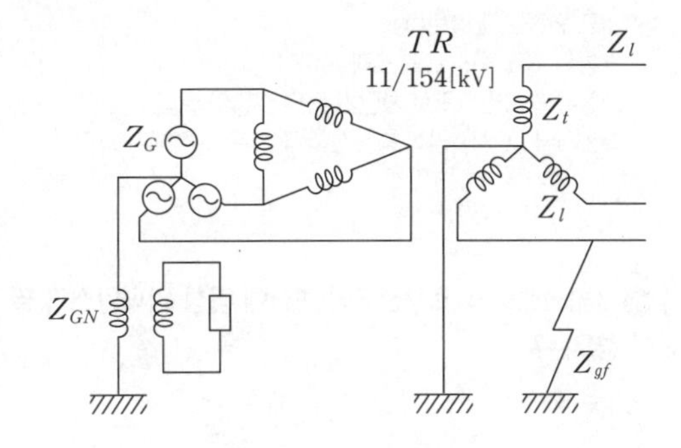


① $Z_0=Z_l+Z_t+Z$
② $Z_0=Z_l+Z_t+Z_{gf}$
③ $Z_0=Z_l+Z_t+3Z_{gf}$
④ $Z_0=Z_l+Z_t+Z_{gf}+G_G+Z_{GN}$

해설

1선 지락전류 $I_g=3I_0$
따라서 지락의 3배인 $3Z_{gf}$의 관계식인 $Z_0=Z_l+Z_t+3Z_{gf}$ 적용

**13** 송전선로의 보호를 위한 것이 아닌 것은?

① 과전류 계전방식 ② 방향 계전방식
③ 평행 계전방식 ④ 전류 차동 보호방식

해설

**송전선로의 보호계전방식**
송전선로의 보호계전방식으로는 과전류, 과전압, 부족전압, 방향단락, 평행 계전방식 등이 있다.

[정답] 08 ① 09 ② 10 ④ 11 ① 12 ③ 13 ④

## 14 직접접지방식의 특성이 아닌 것은?

① 변압기 절연이 낮아진다.

② 지락전류가 커진다.

③ 단선고장시의 이상전압이 대단히 높다.

④ 통신선의 유도장해가 크다.

**해설**

**직접접지방식의 특성**

① 장점
- 1선지락 고장시 건전상 전압상승이 작다.
- 계통에 대한 절연 레벨을 낮출 수 있다.
- 고장 전류가 크므로 보호계전기의 동작이 확실하다.

② 단점
- 과도 안정도가 나쁘다.
- 계통의 기계적 강도를 크게 하여야 한다.
- 대전류를 차단하므로 차단기 등의 수명이 짧다.
- 1선 지락 고장시 인접 통신선에 대한 유도 장해가 크다.

## 15 송전선로의 고장전류의 계산에 영상 임피던스가 필요한 경우는?

① 3상 단락 ② 3선 단선

③ 1선 지락 ④ 선간 단락

**해설**

| 특성 / 사고종류 | 정상분 | 역상분 | 영상분 |
|---|---|---|---|
| 1선 지락 | ○ | ○ | ○ |
| 선간 단락 | ○ | ○ | × |
| 3상 단락 | ○ | × | × |

## 16 과도 안정도 향상 대책이 아닌 것은?

① 속응 여자시스템 사용

② 빠른 고장 제거

③ 큰 임피던스의 변압기 사용

④ 송전선로에 직렬 커패시터 사용

**해설**

**안정도 향상 대책**

- 계통의 전달 리액턴스를 감소시킨다.
- 전압변동을 억제한다.
- 계통에 주는 충격을 완화시킨다.
- 고장 시 발전기의 입출력 불평형을 적게 한다.

## 17 단권 변압기를 초고압 계통의 연계용으로 이용할 때 장점이 아닌 것은?

① 2차측의 절연 강도를 낮출 수 있다.

② 동량이 경감된다.

③ 부하 용량은 변압기 고유 용량보다 크다.

④ 분로 권선에는 누설 자속이 없어 전압 변동률이 작다.

**해설**

단권변압기는 1차, 2차 코일을 공유하기 때문에 일반 변압기에 비해 임피던스 전압강하, 전압변동률이 작고, 동량도 작아서 동손도 감소한다. 단점은 단락전류가 커서 기계적 강도를 높여야 한다.

## 18 개폐서지의 이상전압을 감쇄할 목적으로 설치하는 것은?

① 단로기 ② 차단기

③ 리액터 ④ 개폐저항기

**해설**

**개폐 저항기**

차단기 개폐시에 재점호로 인하여 이상전압이 발생할 경우 이것을 낮추고 절연내력을 높여주는 역할을 한다.

## 19 수용가의 수용률을 나타낸 식은?

① $\dfrac{\text{합성최대수용전력[kW]}}{\text{평균전력[kW]}} \times 100\,[\%]$

② $\dfrac{\text{평균전력[kW]}}{\text{합성최대수용전력[kW]}} \times 100\,[\%]$

③ $\dfrac{\text{부하설비합계[kW]}}{\text{최대수용전력[kW]}} \times 100\,[\%]$

④ $\dfrac{\text{최대수용전력[kW]}}{\text{부하설비합계[kW]}} \times 100\,[\%]$

[정답] 14③ 15③ 16③ 17① 18④ 19④

해설

**수용률**

$$수용률=\frac{최대수용전력의\ 합[kW]}{부하설비용량[kW]}\times 100[\%]$$

## 20 송전선에 복도체를 사용할 경우, 같은 단면적의 단도체를 사용하였을 경우와 비교할 때 옳지 않은 것은?

① 전선의 인덕턴스는 감소되고 정전용량은 증가된다.

② 고유 송전용량이 증대되고 정태안정도가 증대된다.

③ 전선표면의 전위경도가 증가한다.

④ 전선의 코로나 개시전압이 높아진다.

해설

**복도체의 장점**

- 송전용량 증가
- 인덕턴스 감소, 정전용량 증가
- 코로나 임계전압이 상승하여 코로나손 감소
- 전선의 표면 전위경도 감소

# 시행일 2023년 3회

## 01 유효접지계통에서 피뢰기의 정격전압을 결정하는 데 가장 중요한 요소는?

① 선로 애자련의 충격섬락전압

② 내부이상전압 중 과도이상전압의 크기

③ 유도뢰의 전압의 크기

④ 1선지락고장시 건전상의 대지전위 즉, 지속성 이상전압

해설

**피뢰기의 정격전압**

피뢰기의 정격전압이란 속류가 차단되는 최고의 교류전압으로서 유효접지계통은 공칭전압의 0.8~1.0배, 소호리액터접지계통은 1.4~1.6배로 선정한다. 이는 1선지락 사고시 건전상의 대지전위 상승을 고려한 값으로서 지속성 이상전압에 해당하는 값이다.

## 02 고압 배전선로의 중간에 승압기를 설치하는 주목적은?

① 부하의 불평형 방지

② 말단의 전압강하 방지

③ 전력손실의 감소

④ 역률 개선

해설

**승압기 설치목적**

고압 배전선로의 중간에 승압기를 설치하면 배전선로 말단의 전압강하를 방지할 수 있다.

## 03 배전계통에서 전력용 콘덴서를 설치하는 목적으로 가장 타당한 것은?

① 배전선의 전력손실 감소

② 전압강하 증대

③ 고장 시 영상전류 감소

④ 변압기 여유율 감소

해설

**전력용 콘덴서 설치 목적**

- 전력손실 감소
- 전압강하 감소
- 설비용량의 여유 증가
- 전기요금 감소

## 04 전등만으로 구성된 수용가를 두 군으로 나누어 각 군에 변압기 1개씩을 설치하며 각 군의 수용가의 총 설비용량을 각각 30[kW], 50[kW]라 한다. 각 수용가의 수용률을 0.6, 수용가간 부등률을 1.2, 변압기군의 부등률을 1.3이라고 하면 고압간선에 대한 최대 부하는 약 몇 [kW]인가? (단, 간선의 역률은 100[%]이다.)

① 15

② 22

③ 31

④ 35

해설

**합성최대수용전력**

$$최대수용전력=\frac{설비부하용량\times 수용률}{부등률}[kW]$$

$$P_A=\frac{30\times 0.6}{1.2}=15[kW],\ P_B=\frac{50\times 0.6}{1.2}=25[kW]$$

$$\therefore P_m=\frac{P_A+P_B}{변압기군\ 부등률}=\frac{15+25}{1.3}=31[kW]$$

[정답] 20 ③ 전력공학 01 ④ 02 ② 03 ① 04 ③

**05** 가공지선의 설치 목적이 아닌 것은?

① 전압 강하의 방지
② 직격뢰에 대한 차폐
③ 유도뢰에 대한 정전차폐
④ 통신선에 대한 전자유도 장해 경감

해설

**가공지선의 역할**
- 직격뢰 차폐
- 유도뢰 차폐
- 통신선의 유도장해 차폐

**06** 직접 접지방식에서 변압기에 단절연이 가능한 이유는?

① 고장 전류가 크므로
② 지락 전류가 저역률이므로
③ 중성점 전위가 낮으므로
④ 보호 계전기 동작이 확실하므로

해설

변압기의 중성점이 0전위 부근에 유지되므로 단절연 변압기의 사용이 가능하다.

**07** 3상 3선식 송전선로에서 선간전압을 3000[V]에서 5200[V]로 높일 때 전선이 같고 송전 손실률과 역률이 같다고 하면 송전전력[kW]은 약 몇 배로 증가하는가?

① $\sqrt{3}$　　② 3
③ 5.4　　④ 6

해설

손실률과 역률이 같을 경우 송전전력은 $P \propto V^2$이므로

$P = \left(\frac{5200}{3000}\right)^2 = 3$배

**08** 최근에 우리나라에서 많이 채용되고 있는 가스절연 개폐설비(GIS)의 특징으로 틀린 것은?

① 대기 절연을 이용한 것에 비해 현저하게 소형화 할 수 있으나 비교적 고가이다.
② 소음이 적고 충전부가 완전한 밀폐형으로 되어 있기 때문에 안정성이 높다.
③ 가스압력에 대한 엄중 감시가 필요하며 내부 점검 및 부품 교환이 번거롭다.
④ 한랭지, 산악 지방에서도 액화 방지 및 산화 방지 대책이 필요 없다.

해설

**GIS의 단점**
- 비교적 고가이다.
- 내부를 직접 눈으로 볼 수 없다.
- 가스압력, 수분 등을 엄중하게 감시할 필요가 있다.
- 한랭지, 산악지방에서는 액화방지대책이 필요하다.

**09** 다음 중 재점호가 가장 일어나기 쉬운 차단전류는?

① 동상전류　　② 지상전류
③ 진상전류　　④ 단락전류

해설

**재점호**
재점호 현상은 진상전류(=앞선전류=빠른전류)가 흐를때 잘 일어난다.

**10** 피뢰기의 충격방전 개시전압은 무엇으로 표시하는가?

① 직류전압의 크기　　② 충격파의 평균치
③ 충격파의 최대치　　④ 충격파의 실효치

해설

**충격방전 개시전압**
피뢰기의 충격방전 개시전압은 충격파의 최대치로 표시한다.

[정답] 05 ① 06 ③ 07 ② 08 ④ 09 ③ 10 ③

**11** 지중 케이블에 있어서 고장점을 찾는 방법이 아닌 것은?

① 머리 루프 시험기에 의한 방법
② 메거에 의한 측정방법
③ 수색 코일에 의한 방법
④ 펄스에 의한 측정법

해설

**케이블의 고장점 측정법의 종류**

- 머레이 루프법
- 수색 코일법
- 펄스 레이더법
- 정전용량 법
- 임피던스 브리지법

**12** ACSR은 동일한 길이에서 동일한 전기저항을 갖는 경동연선에 비하여 어떠한가?

① 바깥지름은 크고 중량은 작다.
② 바깥지름은 작고 중량은 크다.
③ 바깥지름과 중량이 모두 크다.
④ 바깥지름과 중량이 모두 작다.

해설

**ACSR**

ACSR은 경알루미늄선을 인장강도가 큰 강선의 주위에 여러 가닥을 꼬아서 만든 선으로서 경동연선에 비해 중량이 가벼워 전선의 바깥지름을 크게 할 수 있다는 이점이 있다.

**13** 송전단전압 161[kV], 수전단전압 154[kV], 상차각 40°, 리액턴스 45[Ω]일 때 선로손실을 무시하면 전송전력은 약 몇 [MW]인가?

① 323　　② 443
③ 354　　④ 623

해설

**정태안정극한전력에 의한 송전용량**

$$P=\frac{V_sV_r}{X}\times\sin\delta=\frac{161\times154}{45}\times\sin40^\circ\fallingdotseq354[\mathrm{MW}]$$

**14** 화력발전소에서 재열기로 가열하는 것은?

① 석탄　　② 급수
③ 공기　　④ 증기

해설

**재열기**

재열기란 고압터빈 내에서 팽창한 증기를 일부 추출, 보일러에서 재가열함으로써 건조도를 높여 적당한 과열도를 갖도록 하는 과열기이다. 즉, 재열기는 증기를 가열한다.

**15** 수력발전소에서 사용되는 다음의 수차 중 특유속도가 가장 높은 수차는?

① 펠턴 수차　　② 프로펠러 수차
③ 프란시스 수차　　④ 사류 수차

해설

**수차의 특유속도**

튜블러수차 > 프로펠러 > 프란시스 > 펠턴수차

**16** 고장전류와 같은 대전류를 차단할 수 있는 것은?

① 단로기　　② 선로개폐기
③ 유입개폐기　　④ 차단기

해설

**차단기와 단로기**

| 명 칭 | 약호 | 기능 및 용도 |
|---|---|---|
| 단로기 | DS | 무부하시 보수·점검 등을 위해 선로 개폐 |
| 차단기 | CB | 고장전류 차단 및 부하전류의 개폐 모두 가능 |

[정답] 11 ② 12 ① 13 ③ 14 ④ 15 ② 16 ④

**17** 그림에서와 같이 부하가 균일한 밀도로 도중에서 분기되어 선로 전류가, 송전단에 이를수록 직선적으로 증가할 경우 선로 말단의 전압 강하는 이 송전단 전류와 같은 전류의 부하가 선로의 말단에만 집중되어 있을 경우의 전압강하보다 대략 어떻게 되는가? (단, 부하역률은 모두 같다고 한다)

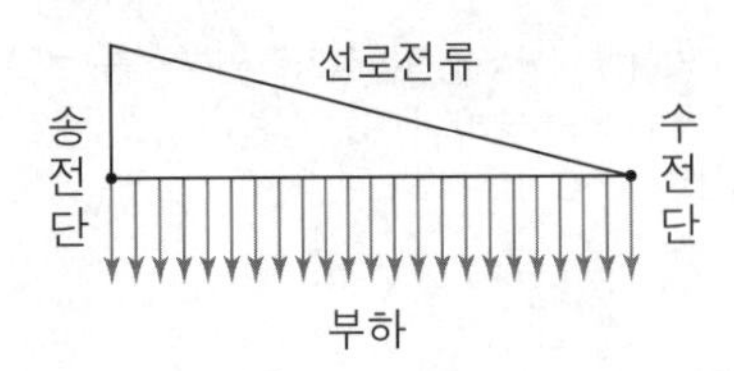


① $\frac{1}{3}$로 된다. ② $\frac{1}{2}$로 된다.

③ 동일하다. ④ $\frac{1}{4}$로 된다.

해설

부하가 균일하게 분포되어 있을 때에는

전압강하는 $\frac{1}{2}$배, 전력손실은 $\frac{1}{3}$배 감소한다.

**18** 그림과 같은 단상 2선식 배선에서 인입구 A점의 전압이 220[V]라면 C점의 전압[V]은? (단, 저항값은 1선의 값이며 AB간은 0.05[Ω], BC간은 0.1[Ω]이다.)

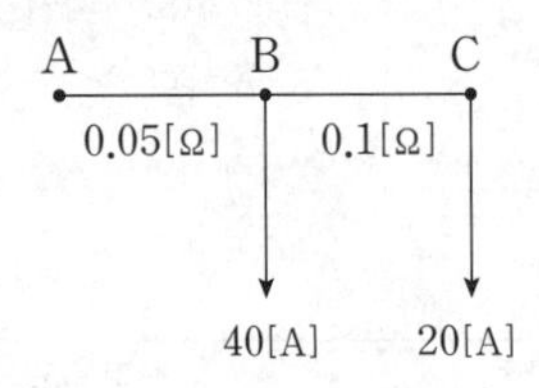


① 214 ② 210

③ 196 ④ 192

해설

$V_B = V_A - 2IR = 220 - 2 \times 60 \times 0.05 = 214$[V]
$V_C = V_B - 2IR = 214 - 2 \times 20 \times 0.1 = 210$[V]

**19** 단상 2선식 배전선로의 말단에 지상역률 $\cos\theta$인 부하 $P$[kW]가 접속되어 있고 선로 말단의 전압은 $V$[V]이다. 선로 한 가닥의 저항을 $R$[Ω]이라 할 때 송전단의 공급전력[kW]은?

① $P + \frac{P^2R}{V\cos\theta} \times 10^3$ ② $P + \frac{2P^2R}{V\cos\theta} \times 10^3$

③ $P + \frac{P^2R}{V^2\cos^2\theta} \times 10^3$ ④ $P + \frac{2P^2R}{V^2\cos^2\theta} \times 10^3$

해설

단상 2선식 전력손실

$P_s = P + P_l = P + 2I^2R$

$= P + 2 \times \left(\frac{P}{V\cos\theta}\right)^2 \times R = P + \frac{2P^2R}{V^2\cos^2\theta} \times 10^3$[kW]

**20** 수전단의 전력원 방정식이 $P_r^2 + (Q_r + 400)^2 = 250000$으로 표현되는 전력계통에서 가능한 최대로 공급할 수 있는 부하전력 $P_r$과 이때 전압을 일정하게 유지하는데 필요한 무효전력 $Q_r$은 각각 얼마인가?

① $P_r = 500$, $Q_r = -400$

② $P_r = 400$, $Q_r = 500$

③ $P_r = 300$, $Q_r = 100$

④ $P_r = 200$, $Q_r = -300$

해설

전력원선도

$P_r^2 + (Q_r + 400)^2 = 250000$에서

$Q_r + 400 = 0$일 때 부하전력($P_r$)이 최대

$\therefore P_r^2 = 250000$, $P_r = 500$, $Q_r + 400 = 0$, $Q_r = -400$

[정답] 17 ② 18 ② 19 ④ 20 ①

electrical engineer

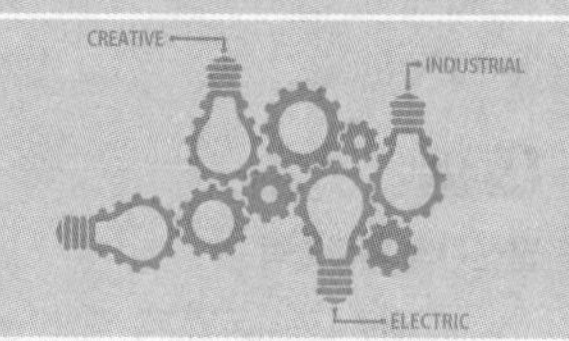

국가기술자격검정필기시험문제

| 자격종목 및 등급 | 과목명 | 시험시간 | 성명 |
|---|---|---|---|
| 전기기사 | 전기기기 | 2시간 30분 | 대산전기학원 |

## 시행일 2019년 1회

**01** **3상 비돌극형 동기발전기가 있다. 정격출력 5000[kVA], 정격전압 6000[V], 정격역률 0.8이다. 여자를 정격상태로 유지할 때 이 발전기의 최대출력은 약 몇 [kW]인가? (단, 1상의 동기리액턴스는 0.8P.U이며 저항은 무시한다.)**

① 7500 ② 10000
③ 11500 ④ 12500

해설

**발전기의 최대출력**

$$P=\frac{\sqrt{\cos^2\theta+(\sin\theta+x_s)^2}}{x_s}\times P_m$$

$$=\frac{\sqrt{0.8^2+(0.6+0.8)^2}}{0.8}\times 5000 \fallingdotseq 10000[\mathrm{kW}]$$

**02** **직류기의 손실 중에서 기계손으로 옳은 것은?**

① 풍손 ② 와류손
③ 표류 부하손 ④ 브러시의 전기손

해설

기계손은 전기자 회전에 따라 생기는 풍손과 베어링 부분 및 브러시의 접촉에 의한 마찰손이다.

**03** **다음 ( )에 알맞은 것은?**

> 직류발전기에서 계자권선이 전기자에 병렬로 연결된 직류기는 ( ⓐ ) 발전기라 하며, 전기자권선과 계자권선이 직렬로 접속된 직류기는 ( ⓑ ) 발전기라 한다.

① ⓐ 분권, ⓑ 직권 ② ⓐ 직권, ⓑ 분권
③ ⓐ 복권, ⓑ 분권 ④ ⓐ 자여자, ⓑ 타여자

해설

**직류 발전기**

- 계자권선이 병렬로 연결 : 분권 발전기
- 계자권선이 직렬로 연결 : 직권 발전기

**04** **1차 전압 6600[V], 2차 전압 220[V], 주파수 60[Hz], 1차 권수 1200회인 경우 변압기의 최대 자속[Wb]은?**

① 0.36 ② 0.63
③ 0.012 ④ 0.021

해설

$E=4.44f\phi N=6600[\mathrm{V}]$, $f=60[\mathrm{Hz}]$, $N=1200$이므로

$$\phi=\frac{6600}{4.44\times 60\times 1200}\fallingdotseq 0.021[\mathrm{Wb}]$$

**05** **직류발전기의 정류 초기에 전류변화가 크며 이때 발생되는 불꽃정류로 옳은 것은?**

① 과정류 ② 직선정류
③ 부족정류 ④ 정현파정류

해설

- 정류 초기 불꽃 발생 : 부족정류
- 정류 말기 불꽃 발생 : 과정류

**06** **3상 유도전동기의 속도제어법으로 틀린 것은?**

① 1차 저항법 ② 극수 제어법
③ 전압 제어법 ④ 주파수 제어법

[정답] 2019년 1회 01 ② 02 ① 03 ① 04 ④ 05 ① 06 ①

해설

**3상 유도 전동기 속도제어법**

- 종속법
- 2차 저항법
- 2차 여자법
- 극수 변환법
- 전압 제어법
- 주파수 반환법

**07** 60[Hz]의 변압기에 50[Hz]의 동일전압을 가했을 때의 자속밀도는 60[Hz] 때와 비교하였을 경우 어떻게 되는가?

① $\frac{5}{6}$로 감소　② $\frac{6}{5}$로 증가

③ $(\frac{5}{6})^{1.6}$로 감소　④ $(\frac{6}{5})^{2}$으로 증가

해설

$E=4.44f\phi N$에서 $E$가 일정하므로 주파수 $f$와 자속 $\phi$는 반비례 관계이다. 따라서 60[Hz]에서 50[Hz]로 변하면 자속밀도는 $\frac{6}{5}$ 증가하게 된다.

**08** 2대의 변압기로 $V$결선하여 3상 변압하는 경우 변압기 이용률은 약 몇 [%]인가?

① 57.8　② 66.6

③ 86.6　④ 100

해설

**$V$결선 변압기 이용률**

$$\frac{V\text{결선 변압기 용량}}{2\text{대 변압기 용량}}\times 100=\frac{\sqrt{3}P}{2P}\times 100 \fallingdotseq 86.6[\%]$$

**09** 3상 유도전동기의 기동법 중 전전압 기동에 대한 설명으로 틀린 것은?

① 기동 시에 역률이 좋지 않다.

② 소용량으로 기동 시간이 길다.

③ 소용량 농형 전동기의 기동법이다.

④ 전동기 단자에 직접 정격전압을 가한다.

해설

**전전압 기동법(직입 기동)**

5[kW] 미만 이면서 단시간 기동인 소용량 농형 유도전동기에 별도의 기동장치 없이 직접 전전압을 공급하여 기동하는 방법이다.

**10** 동기발전기의 전기자 권선법 중 집중권인 경우 매극 매상의 홈(slot) 수는?

① 1개　② 2개

③ 3개　④ 4개

해설

- 집중권 매극매상의 슬롯수 : 1개
- 분포권 매극매상의 슬롯수 : 2개 이상

**11** 유도전동기의 속도제어를 인버터방식으로 사용하는 경우 1차 주파수에 비례하여 1차 전압을 공급하는 이유는?

① 역률을 제어하기 위해

② 슬립을 증가시키기 위해

③ 자속을 일정하게 하기 위해

④ 발생토크를 증가시키기 위해

해설

인버터방식을 사용할 때 1차 전압을 공급해주는 이유는 자속을 일정하게 하기 위함이다.

**12** 3상 유도전압조정기의 원리를 응용한 것은?

① 3상 변압기　② 3상 유도전동기

③ 3상 동기발전기　④ 3상 교류자전동기

해설

유도 전압조정기란 회전부의 위치를 바꾸면 출력측의 전압을 자유로이 바꾸는 기기로 회전자계원리를 이용한 것으로 3상 유도전동기를 응용한 것이다.

[정답] 07 ② 08 ③ 09 ② 10 ① 11 ③ 12 ②

## 13 정류회로에서 상의 수를 크게 했을 경우 옳은 것은?

① 맥동 주파수와 맥동률이 증가한다.
② 맥동률과 맥동 주파수가 감소한다.
③ 맥동 주파수는 증가하고 맥동률은 감소한다.
④ 맥동률과 주파수는 감소하나 출력이 증가한다.

해설

상의 수를 크게 하면 한 주기에 나오는 파형이 많아져서, 맥동 주파수는 증가하게 되고, 맥동률은 감소하여 파형이 개선된다.

## 14 동기전동기의 위상특성곡선($V$곡선)에 대한 설명으로 옳은 것은?

① 출력을 일정하게 유지할 때 부하전류와 전기자전류의 관계를 나타낸 곡선
② 역률을 일정하게 유지할 때 계자전류와 전기자전류의 관계를 나타낸 곡선
③ 계자전류를 일정하게 유지할 때 전기자전류와 출력사이의 관계를 나타낸 곡선
④ 공급전압 $V$와 부하가 일정할 때 계자전류의 변화에 대한 전기자전류의 변화를 나타낸 곡선

해설

**위상특성곡선($V$곡선)**
공급전압과 부하가 일정할 때 계자전류의 변화에 대한 전기자 전류의 변화를 나타낸 곡선

## 15 유도전동기의 기동 시 공급하는 전압을 단권변압기에 의해서 일시 강하시켜서 기동전류를 제한하는 기동방법은?

① Y－△기동　② 저항기동
③ 직접기동　④ 기동 보상기에 의한 기동

해설

**기동보상기 기동**
15[kW] 이상 용량에서 사용하며 강압용 단권변압기로 공급전압을 낮추어 기동하는 방법으로 탭전압을 전동기에 가하여 기동전류를 제한하는 방법이다.

## 16 그림과 같은 회로에서 $V$(전원전압의 실효치)=100[V], 점호각 $\alpha=30°$인 때의 부하 시의 직류전압 $E_{d\alpha}$[V]는 약 얼마인가? (단, 전류가 연속하는 경우이다.)

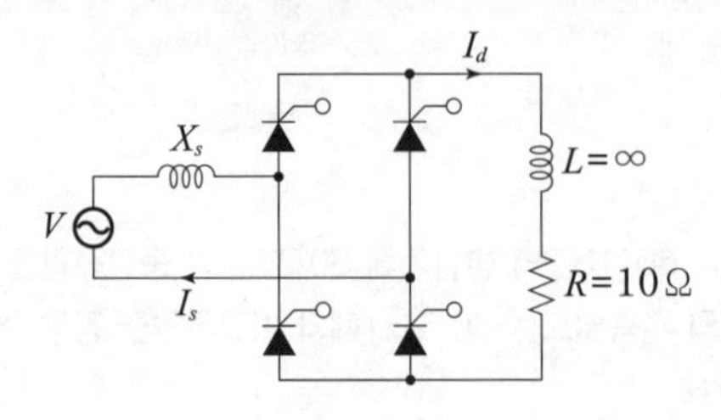


① 90　② 86
③ 77.9　④ 100

해설

$E_{ds}=0.9E\times\cos\alpha=0.9\times100\times\frac{\sqrt{3}}{2}=77.9$[V]

## 17 직류 분권전동기가 전기자 전류 100[A]일 때 50[kg·m]의 토크를 발생하고 있다. 부하가 증가하여 전기자 전류가 120[A]로 되었다면 발생 토크[kg·m]는 얼마인가?

① 60　② 67
③ 88　④ 160

해설

토크 $T=\frac{60EI_a}{2\pi N}$
이때 $T$(토크)와 $I_a$(전기자 전류)는 서로 비례한다.
따라서 부하전류가 120[A]가 되면 토크는
$\therefore 50\times\frac{100}{120}=60$[kg·m]

## 18 비례추이와 관계있는 전동기로 옳은 것은?

① 동기전동기　② 농형 유도전동기
③ 단상정류자전동기　④ 권선형 유도전동기

[정답] 13③ 14④ 15④ 16③ 17① 18④

해설

**비례추이**

권선형 유도전동기는 2차저항을 증감시키기 위해 외부회로에 가변저항기(기동저항기)를 접속하여 토크 및 속도제어를 하며 이를 비례추이라 한다.

**19** **동기발전기의 단락비가 적을 때의 설명으로 옳은 것은?**

① 동기 임피던스가 크고 전기자 반작용이 작다.
② 동기 임피던스가 크고 전기자 반작용이 크다.
③ 동기 임피던스가 작고 전기자 반작용이 작다.
④ 동기 임피던스가 작고 전기자 반작용이 크다.

해설

**단락비가 작은 기계의 특성**

- 안정도가 떨어진다.
- 전기자 반작용이 크다.
- 선로의 충전용량이 작다.
- 철손이 작아져 효율이 좋아진다.
- 단락비가 작아서 동기 임피던스가 크고 전압 변동률이 크다.

**20** **3/4 부하에서 효율이 최대인 주상변압기의 전부하 시 철손과 동손의 비는?**

① 8:4　　② 4:4
③ 9:16　　④ 16:9

해설

부하율 $\frac{1}{m}=\sqrt{\frac{P_c}{P_i}}=\frac{4}{3}$, $P_c\times 9=P_i\times 16$

따라서 철손과 동손의 비는 9 : 16이다.

## 시행일 2019년 2회

**01** **100[V], 10[A], 1500[rpm]인 직류 분권발전기의 정격 시의 계자전류는 2[A]이다. 이 때 계자 회로에는 10[Ω]의 외부저항이 삽입되어 있다. 계자권선의 저항[Ω]은?**

① 20　　② 40
③ 80　　④ 100

해설

$I_f=\frac{V}{R_f}=2[A]$, $V=100[V]$이고

계자회로에 외부저항 10[Ω]이 삽입 되어 있으므로

$I_f=\frac{100}{R_f+10}=2[A]$　$\therefore R_f=40$

**02** **직류발전기의 외부 특성곡선에서 나타내는 관계로 옳은 것은?**

① 계자전류와 단자전압　　② 계자전류와 부하전류
③ 부하전류와 단자전압　　④ 부하전류와 유기기전력

해설

**발전기 특성곡선의 종류**

| 구분 | 횡축 – 종축 |
|---|---|
| 부하 특성곡선 | 계자전류 – 단자전압 |
| 무부하 특성곡선 | 계자전류 – 유기기전력 |
| 외부 특성곡선 | 부하전류 – 단자전압 |

**03** **가정용 재봉틀, 소형공구, 영사기, 치과의료용, 엔진 등에 사용하고 있으며, 교류, 직류 양쪽 모두에 사용되는 만능전동기는?**

① 전기 동력계　　② 3상 유도전동기
③ 차동 복권전동기　　④ 단상 직권정류자전동기

[정답] 19 ② 20 ③ 2019년 2회 01 ② 02 ③ 03 ④

**해설**

단상 직권 정류자 전동기는 계자권선과 전기자권선이 직렬연결되어 있으며 교류전압이 가해질 때 계자의 극성과 전기자 전류의 방향이 모두 반대가 되어 회전방향이 변하지 않는 특성이 있으므로 직류와 교류 모두 사용가능한 만능 전동기이다.

**04** **동기발전기에 회전계자형을 사용하는 경우에 대한 이유로 틀린 것은?**

① 기전력의 파형을 개선한다.
② 전기자가 고정자이므로 고압 대전류용에 좋고, 절연하기 쉽다.
③ 계자가 회전자지만 저압 소용량의 직류이므로 구조가 간단하다.
④ 전기자보다 계자극을 회전자로 하는 것이 기계적으로 튼튼하다.

**해설**

**회전 계자형으로 사용하는 이유**

- 절연하는데 용이
- 회전시 위험성이 적음
- 회전시 기계적으로 튼튼함
- 원동기 측에서 볼 때 출력이 증대

**05** **전력용 변압기에서 1차에 정현파 전압을 인가하였을 때, 2차에 정현파 전압이 유기되기 위해서는 1차에 흘러들어가는 여자전류는 기본파 전류 외에 주로 몇 고조파 전류가 포함되는가?**

① 제2고조파 ② 제3고조파
③ 제4고조파 ④ 제5고조파

**해설**

변압기 여자전류에는 제 3고조파가 가장 많이 포함되어 있으며 이는 철심의 자기포화 및 히스테리시스 현상 때문이다.

**06** **동기발전기의 병렬 운전 중 위상차가 생기면 어떤 현상이 발생하는가?**

① 무효 횡류가 흐른다.
② 무효 전력이 생긴다.
③ 유효 횡류가 흐른다.
④ 출력이 요동하고 권선이 가열된다.

**해설**

동기 발전기의 병렬운전 시 위상차가 생기면 동기화전류(유효순환전류)가 흘러 위상이 앞선 발전기는 위상이 뒤진 발전기로 동기화력을 발생시켜 위상을 동일하게 한다.

**07** **변압기에서 사용되는 변압기유의 구비 조건으로 틀린 것은?**

① 점도가 높을 것 ② 응고점이 낮을 것
③ 인화점이 높을 것 ④ 절연 내력이 클 것

**해설**

**변압기유 구비조건**

- 절연내력이 클 것
- 인화점이 높고, 응고점이 낮을 것
- 비열이 커서 냉각효과가 크고, 점도가 작을 것
- 고온에서 산화하지 않고, 석출물이 생기지 않을 것

**08** **상전압 200[V]의 3상 반파정류회로의 각 상에 SCR을 사용하여 정류제어 할 때 위상각을 $\frac{\pi}{6}$로 하면 순 저항부하에서 얻을 수 있는 직류전압[V]은?**

① 90 ② 180
③ 203 ④ 234

**해설**

**3상 반파정류회로의 직류전압**

$E_d = 1.17 \times V \times \cos\theta$

$\therefore 1.17 \times 200 \times \cos\frac{\pi}{6} \fallingdotseq 203[V]$

[정답] 04 ① 05 ② 06 ③ 07 ① 08 ③

**09** 그림은 전원전압 및 주파수가 일정할 때의 다상 유도전동기의 특성을 표시하는 곡선이다. 1차 전류를 나타내는 곡선은 몇 번 곡선인가?

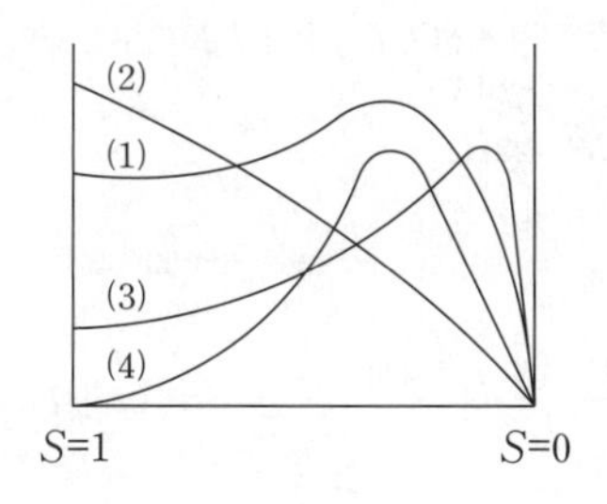


① (1) ② (2)
③ (3) ④ (4)

해설

$S=1$일 때 회전하기 전에는 1차전류가 전부 들어가기 때문에 가장 크고, $S=0$일 때 속도 같으므로 1차, 2차 전류의 크기는 동일하지만 반대로 흐르므로 0이 된다.

**10** 동기전동기가 무부하 운전 중에 부하가 걸리면 동기전동기의 속도는?

① 정지한다.
② 동기속도와 같다.
③ 동기속도보다 빨라진다.
④ 동기속도 이하로 떨어진다.

해설

동기전동기 동기 속도 $N=\frac{120}{p}\times f$이므로, 부하에 상관없이 전동기 속도는 일정하다.

**11** 직류기발전기에서 양호한 정류(整流)를 얻는 조건으로 틀린 것은?

① 정류주기를 크게 할 것
② 리액턴스 전압을 크게 할 것
③ 브러시의 접촉저항을 크게 할 것
④ 전기자 코일의 인덕턴스를 작게 할 것

해설

직류발전기에서 양호한 정류 얻는 조건
- 보극을 설치한다.
- 단절권을 사용한다.
- 탄소브러시를 사용한다.
- 리액턴스전압을 작게 한다.
- 정류주기를 길게 한다.
- 브러시 접촉면 전압강하 > 평균 리액턴스 전압

**12** 스텝각이 2°, 스테핑주파수(pulse rate)가 1800[Hz]인 스테핑모터의 축속도[rps]는?

① 8 ② 10
③ 12 ④ 14

해설

스텝 속도[rps] $=(\frac{\text{스텝각}}{360°})\times$ 펄스속도(주파수 : Hz)

$=(\frac{2}{360})\times 1800=10$[rps]

**13** 직류기에 관련된 사항으로 잘못 짝지어진 것은?

① 보극 – 리액턴스 전압 감소
② 보상권선 – 전기자 반작용 감소
③ 전기자 반작용 – 직류전동기 속도 감소
④ 정류기간 – 전기자 코일이 단락되는 기간

해설

전기자 반작용 – 주 자속이 감소하여 $N=k\frac{V-I_aR_a}{\phi}$ 직류전동기 속도는 증가한다.

**14** 단상 변압기의 병렬운전 시 요구사항으로 틀린 것은?

① 극성이 같을 것
② 정격출력이 같을 것
③ 정격전압과 권수비가 같을 것
④ 저항과 리액턴스의 비가 같을 것

[정답] 09 ② 10 ② 11 ② 12 ② 13 ③ 14 ②

해설

**단상 변압기 병렬운전 조건**

- 극성이 같을 것
- 정격전압과 권수비가 같을 것
- %임피던스 강하가 같으며 저항과 리액턴스 비가 같을 것
- 부하분담 시 용량에는 비례하고 %Z에는 반비례 할 것

## 15 변압기의 누설리액턴스를 나타낸 것은? (단, $N$은 권수이다.)

① $N$에 비례 ② $N^2$에 반비례
③ $N^2$에 비례 ④ $N$에 반비례

해설

변압기 누설리액턴스 $N \propto \frac{\mu A N^2}{l}$ 이다.

## 16 3상 동기발전기의 매극 매상의 슬롯수를 3이라 할 때 분포권 계수는?

① $6\sin\frac{\pi}{18}$ ② $3\sin\frac{\pi}{36}$
③ $\frac{1}{6\sin\frac{\pi}{18}}$ ④ $\frac{1}{12\sin\frac{\pi}{36}}$

해설

동기 발전기의 분포권 계수 $k_d = \frac{\sin\frac{\pi}{2m}}{q\sin\frac{\pi}{2mq}}$ 에서

상수 $m=3$, 매극매상의 슬롯수 $q=3$을 대입하면

$$k_d = \frac{\sin\frac{\pi}{6}}{3\sin\frac{\pi}{18}} = \frac{1}{6\sin\frac{\pi}{18}}$$

## 17 정격전압 220[V], 무부하 단자전압 230[V], 정격출력이 40[kW]인 직류 분권발전기의 계자저항이 22[Ω], 전기자 반작용에 의한 전압강하가 5[V]라면 전기자 회로의 저항[Ω]은 약 얼마인가?

① 0.026 ② 0.028
③ 0.035 ④ 0.042

해설

- 직류 분권 발전기 기전력 $E = V + I_a R_a + e = 230[V]$
- 단자전압 $V = 220[V]$
  계자저항 $R_f = 22[\Omega]$
  전압강하 $e = 5[V]$
  전기자 전류 $I_a = I + I_f = \frac{P}{V} + \frac{V}{R_f} = \frac{40000}{220} + \frac{220}{22} \fallingdotseq 191.82[A]$
  $\therefore R_a = \frac{E - V - e}{I_a} = \frac{230 - 220 - 5}{191.82} \fallingdotseq 0.026[\Omega]$

## 18 유도전동기로 동기전동기를 기동하는 경우, 유도전동기의 극수는 동기전동기의 극수보다 2극 적은 것은 사용하는 이유로 옳은 것은? (단, $s$는 슬립이며 $N_s$는 동기속도이다.)

① 같은 극수의 유도전동기는 동기속도보다 $sN_s$ 만큼 늦으므로
② 같은 극수의 유도전동기는 동기속도보다 $sN_s$ 만큼 빠르므로
③ 같은 극수의 유도전동기는 동기속도보다 $(1-s)N_s$ 만큼 늦으므로
④ 같은 극수의 유도전동기는 동기속도보다 $(1-s)N_s$ 만큼 빠르므로

해설

유도 전동기의 회전자 속도 $N = (1-s)N_s = N_s - sN_s$
∴ 동기속도보다 $s \times N_s$ 만큼 느리기 때문에 2극만큼 작다.

## 19 50[Hz]로 설계된 3상 유도전동기를 60[Hz]에 사용하는 경우 단자전압을 110[%]로 높일 때 일어나는 현상으로 틀린 것은?

① 철손불변
② 여자전류감소
③ 온도상승증가
④ 출력이 일정하면 유효전류 감소

[정답] 15 ③ 16 ③ 17 ① 18 ① 19 ③

해설

손실이 감소하고 회전 속도가 증가하면서 냉각 팬의 속도가 증가하여 전체적으로 온도가 감소한다.

**20 단상 유도전동기의 토크에 대한 2차 저항을 어느 정도 이상으로 증가시킬 때 나타나는 현상으로 옳은 것은?**

① 역회전 가능 ② 최대토크 일정
③ 기동토크 증가 ④ 토크는 항상(+)

해설

2차 저항이 증감하면 슬립은 변화하지만 최대토크는 불변(일정)하다.

## 시행일 2019년 3회

**01 터빈 발전기의 냉각을 수소냉각방식으로 하는 이유로 틀린 것은?**

① 풍손이 공기 냉각 시의 약 1/10로 줄어든다.
② 열전도율이 좋고 가스냉각기의 크기가 작아진다.
③ 절연물의 산화작용이 없으므로 절연열화가 작아서 수명이 길다.
④ 반폐형으로 하기 때문에 이물질의 침입이 없고 소음이 감소한다.

해설

터빈발전기는 수소에 의한 폭발사고를 방지하기 위하여 밀폐형으로 제작한다.

**02 전력변환기기로 틀린 것은?**

① 컨버터 ② 정류기
③ 인버터 ④ 유도전동기

해설

전동기는 전기적 에너지를 기계적 에너지로 바꿔준다.

**03 동기발전기의 돌발 단락 시 발생되는 현상으로 틀린 것은?**

① 큰 과도전류가 흘러 권선 소손
② 단락전류는 전기자 저항으로 제한
③ 코일 상호간 큰 전자력에 의한 코일 파손
④ 큰 단락전류 후 점차 감소하여 지속 단락전류 유지

해설

동기발전기의 돌발 단락시 누설리액턴스에 의해 제한되며, 이후에는 지속단락전류가 흐르고 동기 리액턴스에 의해 제한된다.

**04 정류자형 주파수변환기의 회전자에 주파수 $f_1$의 교류를 가할 때 시계방향으로 회전자계가 발생하였다. 정류자 위의 브러시 사이에 나타나는 주파수 $f_c$를 설명한 것 중 틀린 것은? (단, $n$ : 회전자의 속도, $n_s$ : 회전자계의 속도, $s$ : 슬립이다.)**

① 회전자를 정지시키면 $f_c=f_1$인 주파수가 된다.
② 회전자를 반시계방향으로 $n=n_s$의 속도로 회전시키면, $f_c=0\,[\mathrm{Hz}]$가 된다.
③ 회전자를 반시계방향으로 $n<n_s$의 속도로 회전시키면, $f_c=sf_1\,[\mathrm{Hz}]$가 된다.
④ 회전자를 시계방향으로 $n<n_s$의 속도로 회전시키면, $f_c<f_1$인 주파수가 된다.

해설

회전자를 시계방향으로 $n<n_s$의 속도로 회전시키면, $f_c<f+f_1$인 주파수가 된다.

**05 $E$를 전압, $r$을 1차로 환산한 저항, $x$를 1차로 환산한 리액턴스라고 할 때 유도전동기의 원선도에서 원의 지름을 나타내는 것은?**

① $E\cdot r$ ② $E\cdot x$
③ $\dfrac{E}{x}$ ④ $\dfrac{E}{r}$

[정답] 20 ① 2019년 3회 01 ④ 02 ③ 03 ② 04 ④ 05 ③

해설

유도 전동기는 부하에 의해 변화하는 전류 벡터의 궤적, 즉 원선도의 지름은 전압에 비례하고 리액턴스에 반비례 한다.

**06** **변압기의 백분율 저항강하가 3[%], 백분율 리액턴스 강하가 4[%] 일 때 뒤진 역률 80[%] 인 경우의 전압변동률[%] 은?**

① 2.5 ② 3.4
③ 4.8 ④ −3.6

해설

백분율 저항강하 $p=3[\%]$, 백분율 리액턴스 강하 $q=4[\%]$,
역률 $\cos\theta=0.8$, 무효율 $\sin\theta=\sqrt{1-\cos^2\theta}=\sqrt{1-0.8^2}=0.6$
변압기의 전압변동률 $\varepsilon=p\cos\theta+q\sin\theta=3\times0.8+4\times0.6=4.8[\%]$

**07** **직류발전기에 직결한 3상 유도전동기가 있다. 발전기의 부하 100[kW], 효율 90[%] 이며 전동기 단자전압 3300[V], 효율 90[%], 역률 90[%] 이다. 전동기에 흘러들어가는 전류는 약 몇 [A] 인가?**

① 2.4 ② 4.8
③ 19 ④ 24

해설

전류 $I=\dfrac{P}{\sqrt{3}V\cos\theta\eta_1\eta_2}=\dfrac{100000}{\sqrt{3}\times3300\times0.8\times0.9\times0.9}=24[\mathrm{A}]$

**08** **농형 유도전동기에 주로 사용되는 속도제어법은?**

① 극수 변환법 ② 종속 접속법
③ 2차 저항제어법 ④ 2차 여자제어법

해설

**농형 속도제어법**
주파수 변환법, 극수 변환법, 전압제어법

**09** **단상 유도전동기의 특징을 설명한 것으로 옳은 것은?**

① 기동 토크가 없으므로 기동장치가 필요하다.
② 기계손이 있어도 무부하 속도는 동기속도보다 크다.
③ 권선형은 비례추이가 불가능하며, 최대 토크는 불변이다.
④ 슬립은 $0>s>-1$이고 2보다 작고 이 되기 전에 토크가 0이 된다.

해설

**단상 유도 전동기의 특징**
- 기동토크가 0이다.
- 비례 추이할 수 없다.
- 2차 저항이 증가하면 토크는 감소한다.
- 슬립이 0일 때는 토크가 부(−)가 된다.

**10** **유도전동기의 회전속도를 $N$[rpm], 동기속도를 $N_s$[rpm] 이라하고 순방향 회전자계의 슬립을 $s$라고하면, 역방향 회전자계에 대한 회전자 슬립은?**

① $s-1$ ② $1-s$
③ $s-2$ ④ $2-s$

해설

**역회전 시 슬립**

$s=\dfrac{N_s-(-N)}{N_s}\times100[\%]=1+(1-s)=2-s$

**11** **그림은 여러 직류전동기의 속도 특성곡선을 나타낸 것이다. 1부터 4까지 차례로 옳은 것은?**

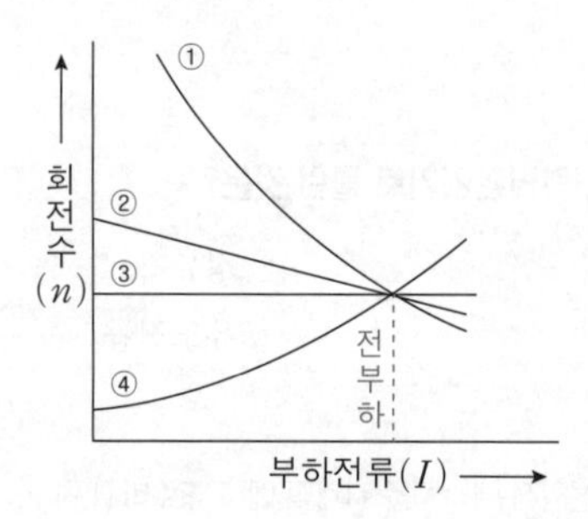


[정답] 06 ③ 07 ④ 08 ① 09 ① 10 ④ 11 ②

① 차동복권, 분권, 가동복권, 직권
② 직권, 가동복권, 분권, 차동복권
③ 가동복권, 차동복권, 직권, 분권
④ 분권, 직권, 가동복권, 차동복권

해설

직류 전동기중 부하가 증가 할 때 회전수가 급격히 감소하며 기동 토크가 증가하는 전동기의 순서는 다음과 같다.
직권전동기 ➜ 가동복권전동기 ➜ 분권전동기 ➜ 차동복권전동기

**12** **동기발전기의 3상 단락곡선에서 단락전류가 계자전류에 비례하여 거의 직선이 되는 이유로 가장 옳은 것은?**

① 무부하 상태이므로 ② 전기자 반작용으로
③ 자기포화가 있으므로 ④ 누설 리액턴스가 크므로

해설

철심이 포화되면 전기자 반작용에 의해 감자작용이 발생하여 철심의 자기포화가 되지 않아 단락전류는 직선으로 상승한다.

**13** **그림과 같은 변압기 회로에서 부하 $R_2$에 공급되는 전력이 최대로 되는 변압기의, 권수비 $a$는?**

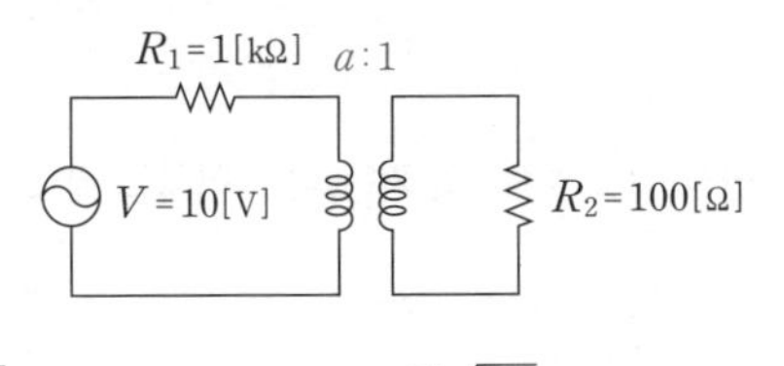


① $\sqrt{5}$ ② $\sqrt{10}$
③ 5 ④ 10

해설

변압기의 권수비

$$a=\sqrt{\frac{Z_1}{Z_2}}=\sqrt{\frac{R_1}{R_2}}=\sqrt{\frac{1000}{100}}=\sqrt{10}$$

**14** **1차 전압 $V_1$, 2차 전압 $V_2$인 단권 변압기를 Y결선 했을 때, 등가용량과 부하용량의 비는? (단, $V_1>V_2$이다.)**

① $\frac{V_1-V_2}{\sqrt{3}V_1}$ ② $\frac{V_1-V_2}{V_1}$
③ $\frac{V_1^2-V_2^2}{\sqrt{3}V_1V_2}$ ④ $\frac{\sqrt{3}(V_1-V_2)}{2V_1}$

해설

단권 변압기 Y결선시, 등가용량과 부하용량의 비

$$\frac{\text{자기용량}}{\text{부하용량}}=\frac{V_1-V_2}{V_1}$$

**15** **몰드변압기의 특징으로 틀린 것은?**

① 자기 소화성이 우수하다.
② 소형 경량화가 가능하다.
③ 건식변압기에 비해 소음이 적다.
④ 유입변압기에 비해 절연레벨이 낮다.

해설

**몰드 변압기**

| 장 점 | 단 점 |
|---|---|
| • 관리가 용이하고 소형,경량이다.<br>• 장시간 정지 후 사용이 가능하다.<br>• 내습, 내구성이 강하고 내진성이 우수하다.<br>• 난연성, 효율이 우수하고, 절연의 신뢰성이 있다. | • 가격이 고가이다<br>• 폐기시 환경문제가 높다.<br>• 유입식에 비해 기준충격절연강도(BIL)이 약하다.<br>• 옥내에서만 사용이 가능하고 대형제작이 곤란하다. |

**16** **정격전압 100[V], 정격전류 50[A]인 분권발전기의 유기기전력은 몇 [V]인가? (단, 전기자 저항 0.2[Ω], 계자전류 및 전기자 - 반작용은 무시한다.)**

① 110 ② 120
③ 125 ④ 127.5

해설

분권발전기의 유기기전력 $E=V+I_aR_a$
$R_a=0.2[\Omega]$, $I_a=50[\text{A}]$, $V=100[\text{V}]$이므로
$E=100+0.2\times50=110[\text{V}]$

[정답] 12② 13② 14② 15④ 16①

## 17 단상 변압기를 병렬 운전하는 경우 각 변압기의 부하분담이 변압기의 용량에 비례하려면 각각의 변압기의 %임피던스는 어느 것에 해당되는가?

① 어떠한 값이라도 좋다.
② 변압기 용량에 비례하여야 한다.
③ 변압기 용량에 반비례하여야 한다.
④ 변압기 용량에 관계없이 같아야 한다.

해설

변압기의 부하분담은 용량에는 비례, 퍼센트 임피던스에 반비례하므로 퍼센트 임피던스는 변압기 용량에 반비례한다.

## 18 SCR의 특징으로 틀린 것은?

① 과전압에 약하다.
② 열용량이 적어 고온에 약하다.
③ 전류가 흐르고 있을 때의 양극 전압강하가 크다.
④ 게이트에 신호를 인가할 때부터 도통할 때까지의 시간이 짧다.

해설

SCR의 전압강하는 1[V] 정도로 작다.

## 19 유도발전기의 동작특성에 관한 설명 중 틀린 것은?

① 병렬로 접속된 동기발전기에서 여자를 취해야 한다.
② 효율과 역률이 낮으며 소출력의 자동수력발전기와 같은 용도에 사용된다.
③ 유도발전기의 주파수를 증가하려면 회전속도를 동기속도 이상으로 회전시켜야 한다.
④ 선로에 단락이 생긴 경우에는 여자가 상실되므로 단락전류는 동기발전기에 비해 적고 지속시간도 짧다.

해설

유도발전기에서 주파수는 회전속도와 관계없다.

## 20 변압기의 보호에 사용되지 않는 것은?

① 온도계전기　② 과전류계전기
③ 임피던스계전기　④ 비율차동계전기

해설

**변압기 보호장치 종류**

- 과전류 계전기
- 비율차동 계전기
- 부흐홀쯔 계전기
- 가스검출 계전기
- 압력계전기
- 온도 계전기

# 시행일 2020년 1회

## 01 전원전압이 100[V]인 단상 전파정류제어에서 점호각이 30°일 때 직류 평균전압은 약 몇 [V]인가?

① 54　② 64
③ 84　④ 94

해설

**SCR 단상 전파 직류 전압**

$$E_d = \frac{2\sqrt{2}\,E}{\pi}\left(\frac{1+\cos\alpha}{2}\right) = \frac{2\sqrt{2}\,E}{\pi}\left(\frac{1+\cos 30^\circ}{2}\right) = 84$$

## 02 단상 유도전동기의 기동 시 브러시를 필요로 하는 것은?

① 분상 기동형
② 반발 기동형
③ 콘덴서 분상 기동형
④ 셰이딩 코일 기동형

해설

**반발기동형 유도전동기**

기동시에 브러시를 통해 외부에서 단락된 반발 전동기 특유의 큰 기동토크에 의해 기동

[정답] 17 ③ 18 ③ 19 ③ 20 ③ 2020년 1회 01 ③ 02 ②

**03** 3선 중 2선의 전원 단자를 서로 바꾸어서 결선하면 회전방향이 바뀌는 기기가 아닌 것은?

① 회전변류기
② 유도전동기
③ 동기전동기
④ 정류자형 주파수 변환기

해설

**3선중 2선의 단자를 바꾸면 회전방향이 바뀌는 기기**
유도전동기, 동기전동기, 회전변류기

**04** 단상 유도전동기의 분상 기동형에 대한 설명으로 틀린 것은?

① 보조권선은 높은 저항과 낮은 리액턴스를 갖는다.
② 주권선은 비교적 낮은 저항과 높은 리액턴스를 갖는다.
③ 높은 토크를 발생시키려면 보조권선에 병렬로 저항을 삽입한다.
④ 전동기가 기동하여 속도가 어느정도 상승하면 보조권선을 전원에서 분리해야 한다.

해설

높은 토크를 발생시키기 위해 주권선의 전류가 커져야 되며, 보조권선 저항을 크게 해야 한다. 따라서 병렬로 저항을 삽입하면 안된다.

**05** 변압기의 $\%Z$가 커지면 단락전류는 어떻게 변화하는가?

① 커진다. ② 변동없다.
③ 작아진다. ④ 무한대로 커진다.

해설

$I_s=\dfrac{100}{\%Z}\times I_n$이므로 퍼센트 임피던스가 커질 경우 단락전류는 작아진다.

**06** 정격전압 6600[V]인 3상 동기발전기가 정격출력(역률=1)으로 운전할 때 전압변동률이 12[%]이었다. 여자전류와 회전수를 조정하지 않은 상태로 무부하 운전하는 경우 단자전압[V]은?

① 6433 ② 6943
③ 7392 ④ 7842

해설

$$\varepsilon(\text{전압변동률})=\frac{V_0(\text{무부하전압})-V_n(\text{정격전압})}{V_n(\text{정격전압})}\times 100$$

$$V_0=V_n\left(1+\frac{\varepsilon}{100}\right)=6600(1+0.12)=7392[\mathrm{V}]$$

**07** 계자 권선이 전기자에 병렬로만 연결된 직류기는?

① 분권기 ② 직권기
③ 복권기 ④ 타여자기

해설

- 분권기 : 계자 권선이 전기자와 병렬로 연결된 직류기
- 직권기 : 계자 권선이 전기자와 직렬로 연결된 직류기
- 복권기 : 계자 권선이 전기자와 직렬과 병렬로 연결된 직류기
- 타여자기 : 계자 권선이 전기자와 독립된 전원과 연결된 직류기

**08** 3상 20000[kVA]인 동기발전기가 있다. 이 발전기는 60[Hz]일 때는 200[rpm], 50[Hz]일 때는 약 167[rpm]으로 회전한다. 이 동기발전기의 극수는?

① 18극 ② 36극
③ 54극 ④ 72극

해설

$$N_s=\frac{120\times f(\text{주파수})}{p(\text{극수})}$$

$$p=\frac{120\times f}{N_s}=\frac{120\times 60}{200}=36[\text{극}]$$

[정답] 03 ④ 04 ③ 05 ③ 06 ③ 07 ① 08 ②

**09** **1차 전압 6600[V], 권수비 30인 단상변압기로 전등부하에 30[A]를 공급할 때의 입력[kW]은? (단, 변압기의 손실은 무시한다.)**

① 4.4　　② 5.5
③ 6.6　　④ 7.7

**해설**

$V_1 = 6600$

$I_1 = \frac{I_2}{30} = \frac{30}{30} = 1[A]$

$P_1 = V_1 I_1 = 6600 \times 1 \times 10^{-3}[kW]$

$P_1 = 6.6[kW]$

**10** **스텝 모터에 대한 설명으로 틀린 것은?**

① 가속과 감속이 용이하다.
② 정 · 역 및 변속이 용이하다.
③ 위치제어시 각도 오차가 작다.
④ 브러시 등 부품수가 많아 유지보수 필요성이 크다.

**해설**

**스테핑 모터**

- 디지털 신호에 비례하여 일정 각도만큼 회전 하는 모터
- 유지보수 용이
- 가속 감속 용이하며 정·역 및 변속이 용이
- 속도제어 범위가 광범위, 초저속에서 큰토크 갖음
- 디지털 신호로 직접제어 가능하여 컨버터 필요없음
- 손쉽게 속도 및 위치제어 가능(피드백 루프가 필요없음 : 회로가 단순)

**11** **출력이 20[kW]인 직류발전기의 효율이 80[%]이면 전 손실은 약 몇 [kW]인가?**

① 0.8　　② 1.25
③ 5　　④ 45

**해설**

$\eta_G = \frac{출력(P_o)}{출력(P_o)+손실(P_l)} = 0.8$

$P_o = 0.8(P_o + P_l)$

$P_l = \frac{P_o(1-0.8)}{0.8} = 20 \times \frac{0.2}{0.8} = 5[kW]$

**12** **동기 전동기의 공급 전압과 부하를 일정하게 유지하면서 역률을 1로 운전하고 있는 상태에서 여자 전류를 증가시키면 전기자 전류는?**

① 앞선 무효전류가 증가
② 앞선 무효전류가 감소
③ 뒤진 무효전류가 증가
④ 뒤진 무효전류가 감소

**해설**

**동기전동기**

여자전류 증가시 진상전류 증가
여자전류 감소시 지상전류 증가
따라서, 여자 증가로 인해 진상 무효전류가 증가한다.

**13** **전압변동률이 작은 발전기의 특성으로 옳은 것은?**

① 단락비가 크다.　　② 속도변동률이 크다.
③ 동기 리액턴스가 크다.　　④ 전기자 반작용이 크다.

**해설**

**단락비가 큰 발전기 특징**

- $\%Z$와 전압강하가 작다
- 전압변동률이 작다.
- 전기자반작용이 크다.
- 계자철심이 크다.
- 효율이 나쁘다.(손실이 증가한다.)

**14** **직류발전기에 $P$[N·m/s]의 기계적 동력을 주면 전력은 몇 [W]로 변환되는가? (단, 손실은 없으며, $i_a$는 전기자 도체의 전류, $e$는 전기자 도체의 유도기전력, $Z$는 총 도체수이다.)**

① $P = i_a e Z$　　② $P = \frac{i_a e}{Z}$
③ $P = \frac{i_a Z}{e}$　　④ $P = \frac{eZ}{i_a}$

**해설**

전력 $P$는 전압×전류이므로 $P = e \times i_a$이다.
단, 전기자 도체 하나에서 발생되는 전압과 전류 이므로 직류발전기에서 발생되는 전력은 $P = i_a \times e \times Z$이다.

[정답] 09③ 10④ 11③ 12① 13① 14①

**15** **도통(on)상태에 있는 SCR을 차단(off)상태로 만들기 위해서는 어떻게 하여야 하는가?**

① 게이트 펄스전압을 가한다.
② 게이트 전류를 증가시킨다.
③ 게이트 전압이 부(−)가 되도록 한다.
④ 전원전압의 극성이 반대가 되도록 한다.

해설

SCR을 off상태로 만들기 위해서는 전원 전압의 극성이 반대가 되도록 하거나 유지전류 이하의 전류를 흘려 준다.

**16** **직류전동기의 워드레오나드 속도제어 방식으로 옳은 것은?**

① 전압제어 ② 저항제어
③ 계자제어 ④ 직병렬제어

해설

워드레오나드 속도제어 방식은 MGM 방식으로 전압을 제어하는 방법이다.

**17** **단권변압기의 설명으로 틀린 것은?**

① 분로권선과 직렬권선으로 구분된다.
② 1차 권선과 2차 권선의 일부가 공통으로 사용된다.
③ 3상에는 사용할 수 없고 단상으로만 사용한다.
④ 분로권선에는 누설자속이 없기 때문에 전압변동률이 작다.

해설

**단권변압기의 특징**

- 분로권선과 직렬권선으로 구분된다.
- 1차 권선과 2차 권선의 일부가 공통으로 사용된다.
- 단상 변압기 3대를 결선을 통해 3상으로 사용 가능하다.
- 분로 권선에는 누설자속이 없어서 전압변동률이 작다.

**18** **유도전동기를 정격상태로 사용 중, 전압이 10[%] 상승할 때 특성변화로 틀린 것은? (단, 부하는 일정 토크라고 가정한다.)**

① 슬립이 작아진다.
② 역률이 떨어진다.
③ 속도가 감소한다.
④ 히스테리시스손과 와류손이 증가한다.

해설

**유도전동기 전압 상승시 영향**

- 정격전류 감소
- 역률 감소
- 슬립 감소로 인해 속도 증가
- 무부하손 2～3승에 비례

**19** **단자전압 110[V], 전기자 전류 15[A], 전기자 회로의 저항 2[Ω], 정격속도 1800[rpm]으로 전부하에서 운전하고 있는 직류 분권전동기의 토크는 약 몇 [N·m] 인가?**

① 6.0 ② 6.4
③ 10.08 ④ 11.14

해설

$$T=\frac{60E\times I_a}{2\pi N}=\frac{60I_a(V-I_aR_a)}{2\pi N}$$
$$=\frac{60\times 15\times(110-15\times 2)}{2\pi 1800}=6.4[\text{N}\cdot\text{m}]$$

**20** **용량 1[kVA], 3000/200[V]의 단상 변압기를 단권변압기로 결선해서 3000/3200[V]의 승압기로 사용할 때 그 부하용량[kVA]은?**

① $\frac{1}{16}$ ② 1
③ 15 ④ 16

해설

$$\text{부하용량}=\text{자기용량}\times\frac{V_h}{V_h-V_l}=1\times\frac{3200}{3200-3000}=16[\text{kVA}]$$

[정답] 15④ 16① 17③ 18③ 19② 20④

## 시행일 2020년 2회

**01** **서브모터의 특징에 대한 설명을 틀린 것은?**

① 발생토크는 입력신호에 비례하고, 그 비가 클 것
② 직류 서브모터에 비하여 교류 서보모터의 시동 토크가 매우 클 것
③ 시동 토크는 크나 회전부의 관성모멘트가 작고, 전기적 시정수가 짧을 것
④ 빈번한 시동, 정지, 역전, 등의 가혹한 상태에 견디도록 견고하고, 큰 돌입전류에 견딜 것

**해설**

직류 서보모터가 교류 서보모터의 시동토크보다 크다.

**02** **3300/220[V] 변압기 $A$, $B$의 정격용량이 각각 400[kVA], 300[kVA]이고, %임피던스 강하가 각각 2.4[%]와 3.6[%]일 때 그 2대의 변압기에 걸 수 있는 합성부하용량은 몇 [kVA]인가?**

① 550 ② 600
③ 650 ④ 700

**해설**

**합성 부하용량**

$$P=P_{大}+P_{小}\times\frac{\%Z_{小}}{\%Z_{大}}=400+300\times\frac{2.4}{3.6}=600[\text{kVA}]$$

**03** **정격출력 50[kW], 4극 220[V], 60[Hz]인 3상 유도전동기가 전부하 슬립 0.04, 효율 90[%]로 운전되고 있을 때 다음 중 틀린 것은?**

① 2차 효율=92[%]
② 1차 입력=55.56[kW]
③ 회전자 동손=2.08[kW]
④ 회전자 입력=52.08[kW]

**해설**

- 2차 효율 $\eta_2=(1-s)=(1-0.04)=96[\%]$
- 1차 입력 $P_1=\frac{P_o}{\eta}=\frac{50[\text{kW}]}{0.9}\fallingdotseq 55.56[\text{kW}]$
- 회전자 동손 $P_{2c}=sP_2=0.04\times 52.08=2.08[\text{kW}]$
- 회전자 입력 $P_2=\frac{P_0}{1-s}=\frac{50[\text{kW}]}{1-0.04}\fallingdotseq 52.08[\text{kW}]$

**04** **3상 유도전동기에서 2차측 저항을 2배로 하면 그 최대토크는 어떻게 변하는가?**

① 2배로 커진다. ② 3배로 커진다.
③ 변하지 않는다. ④ $\sqrt{2}$ 배로 커진다.

**해설**

3상 유도전동기의 최대토크는 비례추이해도 변하지 않는다.

**05** **단상 유도전동기를 2전동기설로 설명하는 경우 정방향 회전자계의 슬립이 0.2이면, 역방향 회전자계의 슬립은 얼마인가?**

① 0.2 ② 0.8
③ 1.8 ④ 2.0

**해설**

**역방향일 경우**

$s'=2-s=2-0.2=1.8$

**06** **동기발전기를 병렬운전 하는데 필요하지 않은 조건은?**

① 기전력의 용량이 같을 것
② 기전력의 파형이 같을 것
③ 기전력의 크기가 같을 것
④ 기전력의 주파수가 같을 것

[정답] 2020년 2회 01 ② 02 ② 03 ① 04 ③ 05 ③ 06 ①

**해설**

**동기발전기 병렬운전 조건 (주,위,파,크,상)**

| | | |
|---|---|---|
| 3상 | 단상 | 기전력의 주파수가 같을것 |
| | | 기전력의 위상이 같을 것 |
| | | 기전력의 파형이 같을 것 |
| | | 기전력의 크기가 같을 것 |
| | | 상회전이 같을 것 |

## 07 IGBT에 대한 설명으로 틀린 것은?

① MOSFET와 같이 전압제어 소자이다.

② GTO 사이리스터와 같이 역방향 전압저지 특성을 갖는다.

③ 게이트와 에미터 사이의 입력 임피던스가 매우 낮아 BJT보다 구동하기 쉽다.

④ BJT처럼 on-drop이 전류에 관계없이 낮고 거의 일정하며, MOSFET보다 훨씬 큰 전류를 흘릴 수 있다.

**해설**

게이트와 에미터 사이의 입력 임피던스가 매우 크다.

## 08 3[kVA], 3000/200[V]의 변압기의 단락시험에서 임피던스전압 120[V], 동손 150[W]라 하면 %저항강하는 몇 [%]인가?

① 1　　② 3

③ 5　　④ 7

**해설**

$$\%R=\frac{I\times R}{V}=\frac{I^2\times R(\text{동손})}{V\times I(\text{용량})}\times 100=\frac{150}{3\times 10}\times 100=5[\%]$$

## 09 직류 가동복권발전기를 전동기로 사용하면 어느 전동기가 되는가?

① 직류 직권 전동기　　② 직류 분권 전동기

③ 직류 가동복권 전동기　　④ 직류 차동복권 전동기

**해설**

가동복권 발전기에 전원을 연결하면 차동복권 전동기로 동작한다.

## 10 동기 발전기에 설치된 제동권선의 효과로 틀린 것은?

① 난조 방지

② 과부하 내량의 증대

③ 송전선의 불평형 단락 시 이상전압 방지

④ 불평형 부하 시의 전류, 전압 파형의 개선

**해설**

**제동권선의 효과**

- 난조 방지
- 기동토크 발생
- 불평형시 파형개선
- 불평형 단락시 이상전압 방지

## 11 직류 전동기의 속도제어법이 아닌 것은?

① 계자 제어법　　② 전력 제어법

③ 전압 제어법　　④ 저항 제어법

**해설**

**직류 전동기의 속도제어법**

$$N=K'\frac{V-I_aR_a}{\phi}$$

전압제어, 계자제어, 저항제어

## 12 유도전동기에서 공급 전압의 크기가 일정하고 전원 주파수만 낮아질 때 일어나는 현상으로 옳은 것은?

① 철손이 감소한다.

② 온도상승이 커진다.

③ 여자전류가 감소한다.

④ 회전속도가 증가한다.

[정답] 07 ③　08 ③　09 ④　10 ②　11 ②　12 ②

해설

**주파수 변화에 따른 특성 변화**

- 유도전동기의 공급전압은 일정하고 주파수가 낮아질 경우 히스테리시스손은 증가하고, 와류손은 관계 없다.
- 주파수가 낮아지면 히스테리시스손 증가로, 철손이 증가하고 손실도 증가하게 된다.
- 손실이 증가하며, 주파수가 작아져 냉각기 회전속도가 감소되어 온도가 상승하게 된다.
- 철손이 증가하게 되므로 철손전류도 증가하게 되고 여자전류도 증가하게 된다.
- 동기속도 감소로 회전자 속도도 감소한다.

**13** **3상 변압기 2차측의 $E_W$상만을 반대로 하고 $Y-Y$ 결선을 한 경우, 2차 상전압이 $E_U=70[\mathrm{V}]$, $E_V=70[\mathrm{V}]$, $E_W=70[\mathrm{V}]$라면 2차 선간전압은 약 몇 $[\mathrm{V}]$인가?**

① $V_{U-V}=121.2[\mathrm{V}]$, $V_{V-W}=70[\mathrm{V}]$, $V_{W-U}=70[\mathrm{V}]$
② $V_{U-V}=121.2[\mathrm{V}]$, $V_{V-W}=210[\mathrm{V}]$, $V_{W-U}=70[\mathrm{V}]$
③ $V_{U-V}=121.2[\mathrm{V}]$, $V_{V-W}=121.2[\mathrm{V}]$, $V_{W-U}=70[\mathrm{V}]$
④ $V_{U-V}=121.2[\mathrm{V}]$, $V_{V-W}=121.2[\mathrm{V}]$, $V_{W-U}=121.2[\mathrm{V}]$

해설

상전압 $V_U=70\angle0°$, $V_V=70\angle240°$, $V_W=70\angle120°$일 때
$W$상을 반대로 접속하게 되면 $V_W=-70\angle120°$로 바뀐다.
선간 전압 $V_{U-V}=70\angle0°-70\angle240°=121\angle30°[\mathrm{V}]$
$V_{V-W}=70\angle240°+70\angle120°=70°[\mathrm{V}]$
$V_{W-U}=-70\angle120°-70\angle0°=70\angle-120°[\mathrm{V}]$

**14** **용접용으로 사용되는 직류 발전기의 특성 중에서 가장 중요한 것은?**

① 과부하에 견딜 것
② 전압변동률이 적을 것
③ 경부하일 때 효율이 좋을 것
④ 전류에 대한 전압특성이 수하특성일 것

해설

**용접용 발전기**

용접용에서 가장 중요한 특성은 수하특성(정전류)이다.

**15** **단상 유도 전동기에 대한 설명으로 틀린 것은?**

① 반발 기동형 : 직류전동기와 같이 정류자와 브러시를 이용하여 기동한다.
② 분상 기동형 : 별도의 보조권선을 사용하여 회전자계를 발생시켜 기동한다.
③ 커패시터 기동형 : 기동전류에 비해 기동토크가 크지만, 커패시터를 설치해야 한다.
④ 반발 유도형 : 기동 시 농형권선과 반발전동기의 회전자 권선을 함께 이용하나 운전 중에는 농형권선만을 이용한다.

해설

반발 유도전동기형은 기동에서부터 운전중에도 농형권선과 회전자[전기자]권선을 함께 사용한다.

**16** **정격전압 $120[\mathrm{V}]$, $60[\mathrm{Hz}]$인 변압기의 무부하 입력 $80[\mathrm{W}]$, 무부하 전류 $1.4[\mathrm{A}]$이다. 이 변압기의 여자 리액턴스는 약 몇 $[\Omega]$인가?**

① 97.6　　② 103.7
③ 124.7　　④ 180

해설

$I_0$(여자[무부하]전류)$=I_i$(철손전류)$+jI_\phi$(자화전류)
철손전류 $I_i=\dfrac{80[\mathrm{W}]}{120[\mathrm{V}]}=0.66[\mathrm{A}]$
자화전류 $I_\phi=\sqrt{I_0^2-I_i^2}=\sqrt{1.4^2-0.66^2}=1.23[\mathrm{A}]$
여자 리액턴스 $X=\dfrac{V}{I_\phi}=\dfrac{120}{1.23}\fallingdotseq97.6[\Omega]$

**17** **동작모드가 그림과 같이 나타나는 혼합브리지는?**

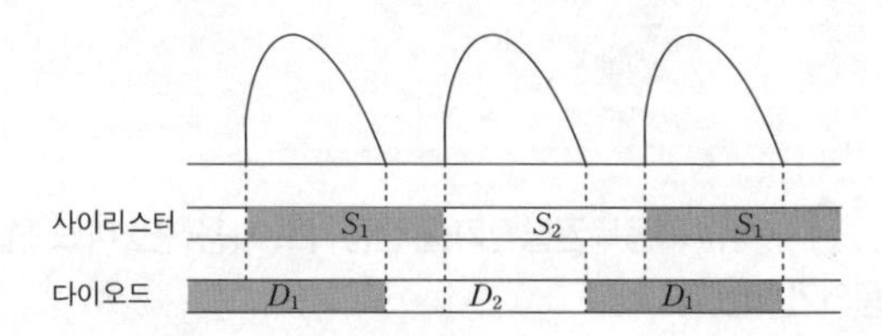


[정답] 13① 14④ 15④ 16① 17①

①
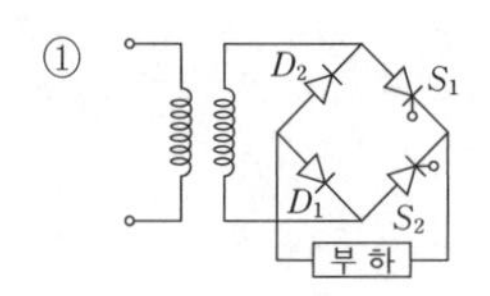


③
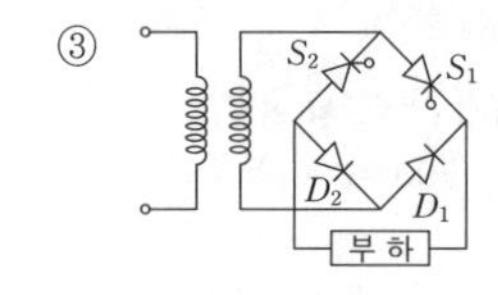


②
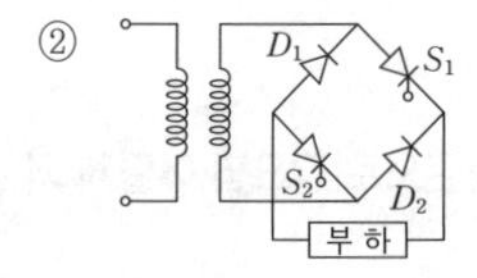


④
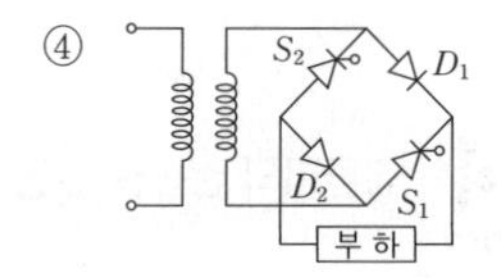


**해설**

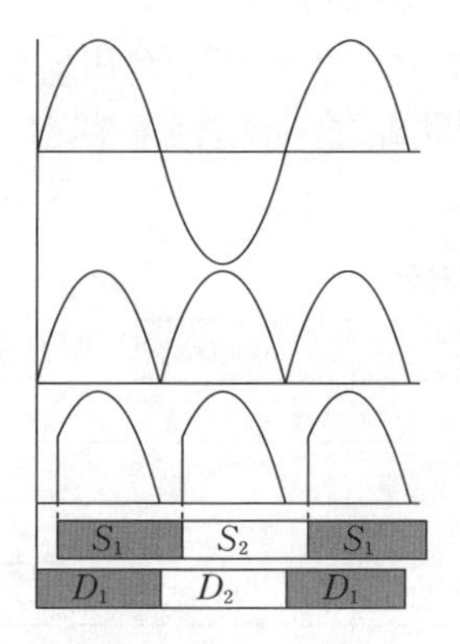


브릿지 회로를 통한 정현파 단상 전파 정류이다.
첫 번째 파형은 $S_1$과 $D_1$ 연결한 하나의 회로가 완성이 되고, 두 번째 파형은 $S_2$와 $D_2$ 연결한 하나의 회로가 완성이 되어 정류가 이루어진다.
위와 같은 정류가 가능한 회로는 1번이다.

**18** **동기기의 전기자 저항을 $r$, 전기자 반작용 리액턴스를 $X_a$, 누설 리액턴스를 $X_l$라고 하면 동기 임피던스를 표현한 식은?**

① $\sqrt{r^2+(\frac{X_a}{X_l})^2}$　② $\sqrt{r^2+X_l^2}$
③ $\sqrt{r^2+X_a^2}$　④ $\sqrt{r^2+(X_a+X_l)^2}$

**해설**

동기 임피던스$[Z_s]$=전기자저항$[R_a]+j$동기리액턴스$[X_s]$
동기리액턴스$[X_s]$=반작용리액턴스$[R_a]$+누설리액턴스$[X_l]$
동기 임피던스$=\sqrt{r^2+X^2}=\sqrt{r^2+(X_a+X_l)^2}$

**19** **극수 8, 중권 직류기의 전기자 총 도체 수 960, 매극 자속 0.04[Wb], 회전수 400[rpm]이라면 유기기전력은 몇 [V]인가?**

① 256　② 327
③ 425　④ 625

**해설**

유기기전력 $E=\frac{pZ\phi N}{60a}[\text{V}]=\frac{8\times960\times0.04\times400}{60\times8}=256[\text{V}]$
극수 $p=8$
총 도체수 $Z=960$
매극 자속 $\phi=0.04[\text{Wb}]$
회전수 $N=400$
중권이기 때문에 병렬회로 수 $a=p=8$

**20** **동기전동기에 일정한 부하를 걸고 계자전류를 0[A]에서부터 계속 증가시킬 때 관련 설명으로 옳은 것은? (단, $I_a$는 전기자 전류이다.)**

① $I_a$는 증가하다가 감소한다.
② $I_a$가 최소일 때 역률이 1이다.
③ $I_a$가 감소상태일 때 앞선 역률이다.
④ $I_a$가 증가상태일 때 뒤진 역률이다.

**해설**

동기 전동기 $V$곡선에 따라서 부하가 일정할 때 계자전류를 0[A]에서 계속 증가하면 전기자 전류 감소하다가 역률 1 지점 이후부터는 증가하게 된다. 역률 1 지점이 최소 지점이 된다.

## 시행일 2020년 3회

**01** **동기발전기 단절권의 특징이 아닌 것은?**

① 코일 간격이 극 간격보다 작다.
② 전절권에 비해 합성 유기기전력이 증가한다.
③ 전절권에 비해 코일 단이 짧게 되므로 재료가 절약된다.
④ 고조파를 제거해서 전절권에 비해 기전력의 파형이 좋아진다.

[정답] 18 ④　19 ①　20 ②　2020년 3회 01 ②

해설

**단절권의 특징**

- 코일 간격이 극 간격보다 작다.
- 동량이 감소된다.
- 고조파를 제거해서 파형이 좋아진다.
- 전절권에 비해 합성유기기전력이 감소한다.

## 02 3상 변압기의 병렬운전 조건으로 틀린 것은?

① 각 군의 임피던스가 용량에 비례할 것

② 각 변압기의 백분율 임피던스 강하가 같을 것

③ 각 변압기의 권수비가 같고 1차와 2차의 정격전압이 같을 것

④ 각 변압기의 상회전 방향 및 1차와 2차 선간전압의 위상 변위가 같을 것

해설

**변압기의 병렬운전 조건**

- 극성이 같아야 한다.
- 1차, 2차 정격전압이 같고 권수비가 같아야 한다.
- %임피던스강하가 같아야 한다.
- 저항과 리액턴스비가 같아야 한다.
- 상회전 방향과 위상변위가 같아야 한다.(3상일 경우)

## 03 210/105[V]의 변압기를 그림과 같이 결선하고 고압측에 200[V]의 전압을 가하면 전압계의 지시는 몇 [V]인가? (단, 변압기는 가극성이다.)

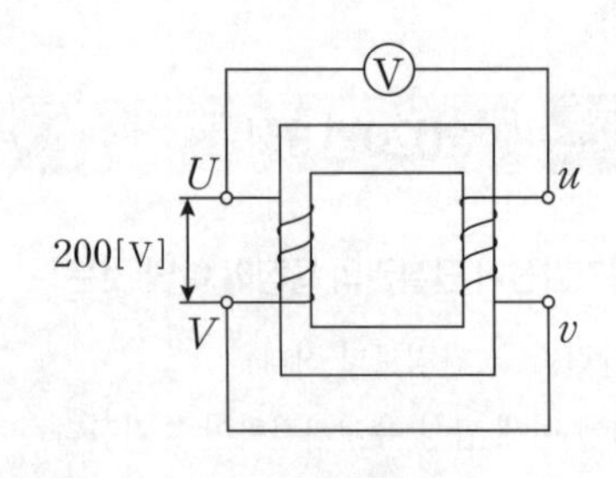


① 100 ② 200

③ 300 ④ 400

해설

**변압기 가극성시 전압**

200+100=300[V]

## 04 직류기의 권선을 단중 파권으로 감으면 어떻게 되는가?

① 저압 대전류용 권선이다.

② 균압환을 연결해야 한다.

③ 내부 병렬 회로수가 극수만큼 생긴다.

④ 전기자 병렬 회로수가 극수에 관계없이 언제나 2이다.

해설

**중권과 파권의 특징**

| | 중권(병렬권) | 파권(직렬권) |
|---|---|---|
| 전기자 병렬회로수($a$) | 극수($p$) | 2 |
| 브러시 수($b$) | 극수($p$) | 2 또는 극수($p$) |
| 용도 | 저전압 대전류 | 고전압 소전류 |
| 균압환 | 4극 이상 | 불필요 |

## 05 2상 교류 서보모터를 구동하는데 필요한 2상 전압을 얻는 방법으로 널리 쓰이는 방법은?

① 2상 전원을 직접 이용하는 방법

② 환상 결선 변압기를 이용하는 방법

③ 여자권선에 리액터를 삽입하는 방법

④ 증폭기 내에서 위상을 조정하는 방법

해설

증폭기 내에서 위상을 조정하는 방법을 이용해서 2상 교류 서보모토 구동에 필요한 2상 전압을 얻는다.

[정답] 02 ① 03 ③ 04 ④ 05 ④

**06** **4극, 중권, 총 도체 수 500, 극당 자속이 0.01[Wb]인 직류발전기 100[V]의 기전력을 발생시키는데 필요한 회전수는 몇 [rpm]인가?**

① 800 ② 1000
③ 1200 ④ 1600

해설

직류발전기 유기기전력 $E=\frac{pz\phi N}{60a}$ 에서

식을 정리하면 $N=\frac{60a\times E}{pz\phi}$[rpm]

극수 $p=4$
총 도체수 $z=500$
극당 자속 $\phi=0.01$[Wb]
병렬회로수 $a=p=4$(중권)
유기기전력 $E=100$[V]

대입을 하면 $N=\frac{60\times 4\times 100}{4\times 500\times 0.01}=1200$[rpm]

**07** **3상 분권 정류자 전동기에 속하는 것은?**

① 톰슨 전동기 ② 데리 전동기
③ 시라게 전동기 ④ 애트킨슨 전동기

해설

**시라게 전동기(Schrage Motor)**
권선형 유도 전동기의 일종이다. DC 모터와 비슷하게 브러시가 있고 브러시 간격을 조절하여 속도를 제어할 수 있다.

**08** **동기기 안정도를 증진시키는 방법이 아닌 것은?**

① 단락비를 크게 할 것
② 속응여자방식을 채용할 것
③ 정상 리액턴스를 크게 할 것
④ 영상 및 역상 임피던스를 크게 할 것

해설

동기기 안정도를 증진시키려면 정상 리액턴스는 작게 해야된다.

**09** **3상 유도전동기의 기계적 출력 $P$[kW], 회전수 $N$[rpm]인 전동기의 토크[N·m]는?**

① $0.46\frac{P}{N}$ ② $0.855\frac{P}{N}$
③ $975\frac{P}{N}$ ④ $9549.3\frac{P}{N}$

해설

3상 유도전동기 토크

$\tau=0.975\frac{P[\text{W}]}{N}[\text{kg}\cdot\text{m}]=975\frac{P[\text{kW}]}{N}[\text{kg}\cdot\text{m}]$

이때 단위가 [N·m] 이므로 [kg·m]에서 [N·m]로 단위를 변경하기 위해서 9.8을 곱해주면 된다.

$\tau=975\times 9.8\times\frac{P[\text{kW}]}{N}=9549.3\frac{P}{N}[\text{N}\cdot\text{m}]$

**10** **취급이 간단하고 기동시간이 짧아서 섬과 같이 전력계통에서 고립된 지역, 선박 등에 사용되는 소용량 전원용 발전기는?**

① 터빈 발전기 ② 엔진 발전기
③ 수차 발전기 ④ 초전도 발전기

해설

엔진발전기는 취급이 간단해 전력계통에서 고립된 지역, 선박 등에 사용되며, 소용량 전원용으로 사용한다.

**11** **평형 6상 반파정류회로에서 297[V]의 직류전압을 얻기 위한 입력측 각 상전압은 약 몇 [V]인가? (단, 부하는 순수 저항부하이다.)**

① 110 ② 220
③ 380 ④ 440

해설

평형 6상 반파 정류 회로는 3상 전파 정류회로이다.
3상 전파 정류 회로에서 직류전압 $E_d=1.35\times E$이다.
이때 $E=297$[V]이므로 직류전압 $E_d=\frac{297}{1.35}=220$[V]

[정답] 06③ 07③ 08③ 09④ 10② 11②

**12** **단면적 10[cm²]인 철심에 200회의 권선을 감고, 이 권선에 60[Hz], 60[V]인 교류전압을 인가하였을 때 철심의 최대자속밀도는 약 몇 [Wb/m²]인가?**

① $1.126 \times 10^{-3}$　　② 1.126

③ $2.252 \times 10^{-3}$　　④ 2.252

해설

교류 유기기전력 $E = 4.44 \times f \times B \times A \times N[\mathrm{V}]$

이때 철심의 최대 자속밀도 $B = \dfrac{E}{4.44 \times f \times A \times N}[\mathrm{Wb/m^2}]$

주파수 $f = 60[\mathrm{Hz}]$
단면적 $A = 10 \times 10^{-4}[\mathrm{m^2}]$
권선수 $N = 200$
유기기전력 $E = 60[\mathrm{V}]$를 대입하면

$B = \dfrac{60}{4.44 \times 60 \times 10 \times 10^{-4} \times 200} = 1.126[\mathrm{Wb/m^2}]$

**13** **전력의 일부를 전원측에 반환할 수 있는 유도전동기의 속도제어법은?**

① 극수 변호나법　　② 크레머 방식

③ 2차 저항 가감법　　④ 세르비우스 방식

해설

**세르비우스 방식**
권선형 유도 전동기의 회전자 출력을 3상 전파 정류한 후 얻어진 전지 에너지를 사이리스터에 의해 3상 전원측으로 회생시켜 되돌려 주는 방식이지만, 장치의 가격 상승과 무게의 증가 및 설치 공간의 문제점이 있다.

**14** **직류발전기를 병렬운전 할 때 균압모선이 필요한 직류기는?**

① 직권발전기, 분권발전기

② 복권발전기, 직권발전기

③ 복권발전기, 분권발전기

④ 분권발전기, 단극발전기

해설

**직류 발전기 병렬운전시 균압모선이 필요한 직류발전기**
- 복권 발전기
- 직권 발전기

**15** **전부하로 운전하고 있는 50[Hz], 4극의 권선형 유도전동기가 있다. 전부하에서 속도를 1440[rpm]에서 1000[rpm]으로 변화시키자면 2차에 약 몇 [Ω]의 저항을 넣어야 하는가? (단, 2차 저항은 0.02[Ω]이다.)**

① 0.147　　② 0.18

③ 0.02　　④ 0.024

해설

권선형 유도전동기는 $\dfrac{s}{r_2} = \dfrac{s'}{r_2 + R}$이 성립한다.
이때 $r_2$=2차 저항 $R$=2차에 삽입되는 저항값
$s$=저항삽입전 슬립, $s'$=저항삽입후 슬립이다.

$r_2 = 0.02[\Omega]$, $s = \dfrac{N_s - N}{N_s} = \dfrac{1500 - 1440}{1500} = 0.04$,

$s' = \dfrac{1500 - 1000}{1500} \fallingdotseq 0.33$

주어진 값들을 이용해서 위의 식을 정리하면
$\dfrac{0.04}{0.02} = \dfrac{0.33}{0.02 + R}$이다. 이때 $R$로 식을 정리하면 $R = 0.147[\Omega]$

**16** **권선형 유도전동기 2대를 직렬종속으로 운전하는 경우 그 동기속도는 어떤 전동기의 속도와 같은가?**

① 두 전동기 중 적은 극수를 갖는 전동기

② 두 전동기 중 많은 극수를 갖는 전동기

③ 두 전동기의 극수의 합과 같은 극수를 갖는 전동기

④ 두 전동기의 극수의 합의 평균과 같은 극수를 갖는 전동기

해설

- 직렬종속법 : $N_s = \dfrac{120f}{p_1 + p_2}[\mathrm{rpm}]$ : 극수의 합
- 차동종속법 : $N_s = \dfrac{120f}{p_1 - p_2}[\mathrm{rpm}]$ : 극수의 차
- 병렬종속법 : $N_s = \dfrac{120f}{p_1 + p_2} \times 2[\mathrm{rpm}]$ : 극수의 평균치

[정답] 12② 13④ 14② 15① 16③

**17** **GTO 사이리스터의 특징으로 틀린 것은?**

① 각 단자의 명칭은 SCR 사이리스터와 같다.
② 온(On) 상태에서는 양방향 전류특성을 보인다.
③ 온(On) 드롭(Drop)은 약 2~4[V]가 되어 SCR사이리스터 보다 약간 크다.
④ 오프(Off) 상태에서는 SCR 사이리스터처럼 양방향 전압저지능력을 갖고 있다.

해설

오프(Off) 상태에서 양방향 전류특성을 보인다.

**18** **포화되지 않은 직류발전기의 회전수가 4배로 증가되었을 때 기전력을 전과 같은 값으로 하려면 자속을 속도 변화 전에 비해 얼마로 하여야 하는가?**

① $\frac{1}{2}$　② $\frac{1}{3}$
③ $\frac{1}{4}$　④ $\frac{1}{8}$

해설

직류 발전기 유기기전력 $E=K\phi N[\mathrm{V}]$이다.
이때 유기기전력은 일정하게 할 때 속도가 4배 증가되면
자속은 $\frac{1}{4}$배 되어야 한다.

**19** **동기발전기의 단자부근에서 단락 시 단락전류는?**

① 서서히 증가하여 큰 전류가 흐른다.
② 처음부터 일정한 큰 전류가 흐른다.
③ 무시할 정도의 작은 전류가 흐른다.
④ 단락된 순간은 크나, 점차 감소한다.

해설

- 돌발 단락전류 : $I_s=\frac{E}{x_l}[\mathrm{A}]$
- 영구 단락전류 : $I_s=\frac{E}{x_a+x_l}=\frac{E}{x_s}[\mathrm{A}]$

처음에는 돌발 단락전류가 흐르나 점차 영구 단락전류로 변하게되는데, 단락된 순간 크나, 점처 감소하게된다.

**20** **단권변압기에서 1차 전압 100[V], 2차 전압 110[V]인 단권변압기의 자기용량과 부하용량의 비는?**

① $\frac{1}{10}$　② $\frac{1}{11}$
③ 10　④ 11

해설

**단권 변압기**

$$\frac{\text{자기용량}}{\text{부하용량}}=\frac{V_H-V_L}{V_H}$$

$V_H=110[\mathrm{V}]$, $V_L=100[\mathrm{V}]$ 대입하면,

$$\frac{\text{자기용량}}{\text{부하용량}}=\frac{110-100}{110}=\frac{1}{11}$$

## 시행일 2021년 1회

**01** **전류계를 교체하기 위해 우선 변류기 2차측을 단락시켜야 하는 이유는?**

① 측정오차 방지　② 2차측 절연 보호
③ 2차측 과전류 보호　④ 1차측 과전류 방지

해설

**특수변압기**

변류기 2차측을 단락하지 않으면 고전압이 유기되어 절연파괴 될 수 있다.

**02** **BJT에 대한 설명으로 틀린 것은?**

① Bipolar Junction Thyristor의 약자이다.
② 베이스 전류로 컬렉터 전류를 제어하는 전류제어 스위치이다.
③ MOSFET, IGBT 등의 전압제어 스위치보다 훨씬 큰 구동전력이 필요하다.
④ 회로기호 B, E, C는 각각 베이스(Base), 에미터(Emitter), 컬렉터(Collerctor)이다.

해설

BJT는 Bipolar Junction Transistor의 약자이다.

[정답] 17 ② 18 ③ 19 ④ 20 ② 2021년 1회 01 ② 02 ①

**03** **단상 변압기 2대를 병렬 운전할 경우, 각 변압기의 부하전류를 $I_a$, $I_b$, 1차측으로 환산한 임피던스를 $Z_a$, $Z_b$, 백분율 임피던스 강하를 $z_a$, $z_b$, 정격용량을 $P_{an}$, $P_{bn}$이라 한다. 이때 부하 분담에 대한 관계로 옳은 것은?**

① $\frac{I_a}{I_b}=\frac{Z_a}{Z_b}$
② $\frac{I_a}{I_b}=\frac{P_{bn}}{P_{an}}$
③ $\frac{I_a}{I_b}=\frac{Z_b}{Z_a}\times\frac{P_{an}}{P_{bn}}$
④ $\frac{I_a}{I_b}=\frac{Z_a}{Z_b}\times\frac{P_{an}}{P_{bn}}$

해설

**변압기의 병렬운전**

부하분담은 용량에 비례하고 퍼센트(누설)임피던스에 반비례한다.

**04** **사이클로 컨버터(Cyclo Converter)에 대한 설명으로 틀린 것은?**

① DC-DC Buck 컨버터와 동일한 구조이다.
② 출력주파수가 낮은 영역에서 많은 장점이 있다.
③ 시멘트공장의 분쇄기 등과 같이 대용량 저속 교류전동기 구동에 주로 사용된다.
④ 교류를 교류로 직접변환하면서 전압과 주파수를 동시에 가변하는 전력변환기이다.

해설

**전력변환기기**

사이클로 컨버터는 교류를 교류로 변환하는 장치이며 교류의 전압과 주파수를 변환하는 장치이다.

**05** **극수 4이며 전기자 권선은 파권, 전기자 도체수가 250인 직류발전기가 있다. 이 발전기가 1,200[rpm]으로 회전할 때 600[V]의 기전력을 유기하려면 1극당 자속은 몇 [Wb]인가?**

① 0.04
② 0.05
③ 0.06
④ 0.07

해설

**직류발전기의 유기기전력**

자속의 크기는 $\phi=\frac{60a}{pZN}E=\frac{60\times2}{4\times250\times1200}\times600$

$\phi=0.06$[Wb]이다.

**06** **직류발전기의 전기자 반작용에 대한 설명으로 틀린 것은?**

① 전기자 반작용으로 인하여 전기적 중성축을 이동시킨다.
② 정류자 편간 전압이 불균일하게 되어 섬락의 원인이 된다.
③ 전기자 반작용이 생기면 주자속이 왜곡되고 증가하게 된다.
④ 전기자 반작용이란, 전기자 전류에 의하여 생긴 자속이 계자에 의해 발생되는 주자속에 영향을 주는 현상을 말한다.

해설

**직류발전기 전기자 반작용**

직류발전기의 전기자 반작용이 생기면 감자 작용에 의해 주자속이 감소하고 편자 작용에 의해 왜곡되어 중성축이 이동한다.

**07** **기전력(1상)이 $E_o$이고, 동기임피던스(1상)가 $Z_s$인 2대의 3상 동기발전기를 무부하로 병렬 운전시킬 때 각 발전기의 기전력 사이에 $\delta_s$의 위상차가 있으면 한쪽 발전기에서 다른 쪽 발전기로 공급되는 1상당의 전력[W]은?**

① $\frac{E_o}{Z_s}\sin\delta_s$
② $\frac{E_o}{Z_s}\cos\delta_s$
③ $\frac{E_o^2}{2Z_s}\sin\delta_s$
④ $\frac{E_o^2}{2Z_s}\cos\delta_s$

해설

**수수전력**

발전기에서 다른 발전기로 공급되는 1상당의 전력이다.

$P_s=\frac{E_0}{2Z_s}\sin\delta$

[정답] 03 ③ 04 ① 05 ③ 06 ③ 07 ③

**08** 60[Hz], 6극의 3상 권선형 유도전동기가 있다. 이 전동기의 정격 부하 시 회전수는 1,140[rpm]이다. 이 전동기를 같은 공급전압에서 전부하 토크로 기동하기 위한 외부 저항은 몇 [Ω]인가? (단, 회전자 권선은 Y결선이며 슬립링 간의 저항은 0.1[Ω]이다.)

① 0.5　　② 0.85
③ 0.95　　④ 1

해설

**유도전동기의 원리와 종류**

$N_s = \frac{120f}{p} = \frac{120 \times 60}{6} = 1200[\text{rpm}]$

$s = \frac{N_s - N}{N_s} = \frac{120 - 1140}{1200} = 0.05$

슬립링간의 저항이 0.1[Ω]이므로 회전자 한상의 저항은 0.05[Ω]이다.

따라서 $\frac{r_2}{s} = \frac{r_2 + R}{s'}$ → $\frac{0.05}{0.05} = \frac{0.05 + R}{1}$

$R = 1 - 0.05 = 0.95[\Omega]$

**09** 발전기 회전자에 유도자를 주로 사용하는 발전기는?

① 수차발전기　　② 엔진발전기
③ 터빈발전기　　④ 고주파발전기

해설

**동기발전기의 분류**

계자와 전기자를 고정하고 유도자를 회전시키는 발전기는 고주파발전기이다.

**10** 3상 권선형 유도전동기 기동 시 2차측에 외부 가변 저항을 넣는 이유는?

① 회전수 감소
② 기동전류 증가
③ 기동토크 증가
④ 기동전류 감소와 기동토크 증가

해설

**유도전동기 특성**

3상 권선형 유도전동기는 2차 외부저항의 크기 변화를 통해 비례추이를 할수 있다. 이때 기동 전류의 감소와 기동토크를 증가 시킬수 있다.

**11** 1차 전압은 3,300[V]이고, 1차측 무부하 전류는 0.15[A], 철손은 330[W]인 단상 변압기의 자화전류는 약 몇 [A]인가?

① 0.112　　② 0.145
③ 0.181　　④ 0.231

해설

**변압기의 구조와 원리**

여자전류는 $I_0 = \sqrt{I_i^2 + I_\phi^2}$ 이므로 $I_\phi = \sqrt{I_0^2 - I_i^2}$ 이다.

철손은 $P_i = V_1 I_i$이므로 $I_i = \frac{P_i}{V_1} = 0.1[\text{A}]$이다.

$I_\phi = \sqrt{0.15^2 - 0.1^2} \fallingdotseq 0.112[\text{A}]$

**12** 유도전동기의 안정 운전의 조건은? (단, $T_m$ : 전동기 토크, $T_L$ : 부하 토크, $n$ : 회전수)

① $\frac{dT_m}{dn} < \frac{dT_L}{dn}$　　② $\frac{dT_m}{dn} < \frac{dT_L^2}{dn}$

③ $\frac{dT_m}{dn} > \frac{dT_L}{dn}$　　④ $\frac{dT_m}{dn} \neq \frac{dT_L^2}{dn}$

해설

**유도전동기의 특성**

유도전동기 안정 운전의 조건은 아래의 그림과 같은 조건을 성립할 때이므로 전동기 토크를 미분의 값이 부하토크의 미분 값보다 작아야한다.

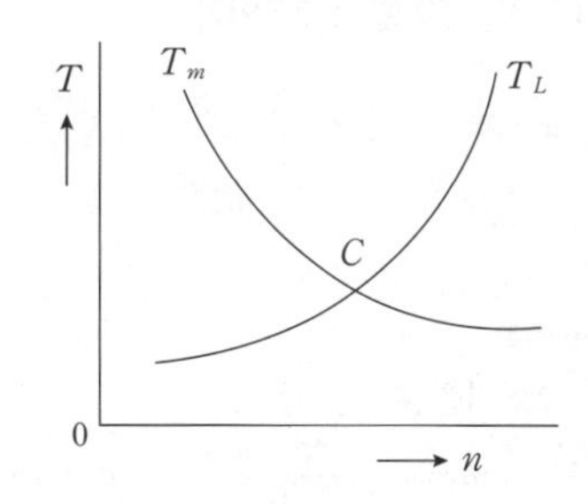


[정답] 08 ③ 09 ④ 10 ④ 11 ① 12 ①

**13** **전압이 일정한 모선에 접속되어 역률 1로 운전하고 있는 동기전동기를 동기조상기로 사용하는 경우 여자전류를 증가시키면 이 전동기는 어떻게 되는가?**

① 역률은 앞서고, 전기자 전류는 증가한다.

② 역률은 앞서고, 전기자 전류는 감소한다.

③ 역률은 뒤지고, 전기자 전류는 증가한다.

④ 역률은 뒤지고, 전기자 전류는 감소한다.

해설

**동기조상기**

동기조상기를 과여자 운전 할 경우에는 역률은 앞(진상)서고 전기자 전류는 증가하게 된다.

**14** **직류기에서 계자자속을 만들기 위하여 전자석의 권선에 전류를 흘리는 것을 무엇이라 하는가?**

① 보극 ② 여자

③ 보상권선 ④ 자화작용

해설

**직류기의 구조**

직류기의 계자에서 자속을 발생시키기 위해서는 계자 전류를 계자에 흘려줘야한다. 즉, 전자석(계자)의 권선에 전류를 흘려주는 것을 여자라 한다.

**15** **동기리액턴스 $X_s=10[\Omega]$, 전기자 권선저항 $r_a=0.1[\Omega]$, 3상 중 1상의 유도기전력 $E=6{,}400[V]$, 단자전압 $V=4{,}000[V]$, 부하각 $\delta=30°$이다. 비철극기인 3상 동기발전기의 출력은 약 몇 [kW]인가?**

① 1,280 ② 3,840

③ 5,560 ④ 6,650

해설

**동기발전기의 출력**

3상 비돌극기 발전기를 출력 공식은

$$P_{3\phi}=3\times\frac{EV}{x_s}\sin\delta=3\times\frac{6400\times4000}{10}\sin30°\times10^{-3}$$

$$P_{3\phi}=3{,}840[kW]$$

**16** **히스테리시스 전동기에 대한 설명으로 틀린 것은?**

① 유도전동기와 거의 같은 고정자이다.

② 회전자 극은 고정자 극에 비하여 항상 각도 $\delta_h$ 만큼 앞선다.

③ 회전자가 부드러운 외면을 가지므로 소음이 적으며, 순조롭게 회전시킬 수 있다.

④ 구속 시부터 동기속도만을 제외한 모든 속도 범위에서 일정한 히스테리시스 토크를 발생한다.

해설

**특수전동기**

히스테리시스 전동기는 회전자의 히스테리시스손실로 인해 유도된 회전사 사속이 고성자 자속보다 뒤쳐진다.

**17** **단자전압 220[V], 부하전류 50[A]인 분권발전기의 유도 기전력은 몇 [V]인가? (단, 여기서 전기자 저항은 0.2[Ω]이며, 계자전류 및 전기자 반작용은 무시한다.)**

① 200 ② 210

③ 220 ④ 230

해설

**분권발전기의 유기기전력**

$$E=V+I_aR_a=220+50\times0.2=230[V]$$

**18** **단상 유도전압조정기에서 단락권선의 역할은?**

① 철손 경감 ② 절연 보호

③ 전압강하 경감 ④ 전압조정 용이

해설

**유도전압조정기**

단상 유도전압조정기의 단락권선은 분로권선과 직각으로 설치된 권선으로 누설리액턴스에 의한 전압강하를 감소시킨다.

[정답] 13① 14② 15② 16② 17④ 18③

**19** **3상 유도전동기에서 회전자가 슬립 $s$로 회전하고 있을 때 2차 유기전압 $E_{2s}$ 및 2차 주파수 $f_{2s}$와 $s$와의 관계는? (단, $E_2$는 회전자가 정지하고 있을 때 2차 유기전력이며 $f_1$은 1차 주파수이다.)**

① $E_{2s}=sE_2,\ f_{2s}=sf_1$

② $E_{2s}=sE_2,\ f_{2s}=\dfrac{f_1}{s}$

③ $E_{2s}=\dfrac{E_2}{s},\ f_{2s}=\dfrac{f_1}{s}$

④ $E_{2s}=(1-s)E_2,\ f_{2s}=(1-s)f_1$

해설

**유도전동기의 원리와 종류**

유도전동기의 회전자에 걸리는 2차 유기기전력과 2차 주파수는 슬립에 비례한다.

**20** **3300/220[V]의 단상 변압기 3대를 △-Y결선하고 2차측 선간에 15[kW]의 단상 전열기를 접속하여 사용하고 있다. 결선을 △-△로 변경하는 경우 이 전열기의 소비전력은 몇 [kW]로 되는가?**

① 5　　② 12

③ 15　　④ 21

해설

**변압기의 결선**

△-Y결선시에 2차에 단상 전열기에 걸리는 전압은 $220\sqrt{3}$ 이고,

$P=\dfrac{V^2}{R}$이므로 부하의 저항은 $R=\dfrac{V^2}{P}=\dfrac{(220\sqrt{3})^2}{15000}=9.68[\Omega]$이다.

이때 △-△결선으로 2차에 같은 단상 전열기를 연결 할 경우

같은 저항이므로 $P=\dfrac{V^2}{R}=\dfrac{220^2}{9.68}\times 10^{-3}=5[\text{kW}]$이 된다.

시행일 **2021년 2회**

**01** **부하전류가 크지 않을 때 직류 직권전동기 발생 토크는? (단, 자기회로가 불포화인 경우이다.)**

① 전류에 비례한다.

② 전류에 반비례한다.

③ 전류의 제곱에 비례한다.

④ 전류의 제곱에 반비례한다.

해설

**직권전동기 특성**

직권전동기의 토크는 $T\propto I_a^{\,2}$ 이므로 부하전류의 제곱에 반비례한다.

**02** **동기전동기에 대한 설명으로 틀린 것은?**

① 동기전동기는 주로 회전계자형이다.

② 동기전동기는 무효전력을 공급할 수 있다.

③ 동기전동기는 제동권선을 이용한 기동법이 일반적으로 많이 사용된다.

④ 3상 동기전동기의 회전방향을 바꾸려면 계자권선의 전류의 방향을 반대로 한다.

해설

**동기전동기 특성**

3상 동기전동기의 고정자(전기자)권선의 3상 전류의 방향을 바꾸어 회전자계의 방향으로 바꾸어 전동기 회전방향을 바꿀수 있다.

**03** **동기발전기에서 동기속도와 극수와의 관계를 옳게 표시한 것은? (단, $N$ : 동기속도, $P$ : 극수이다.)**

①
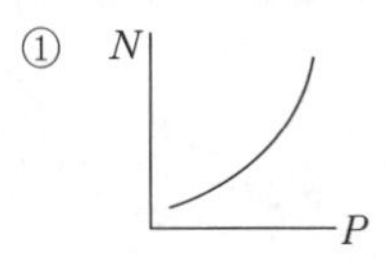

②
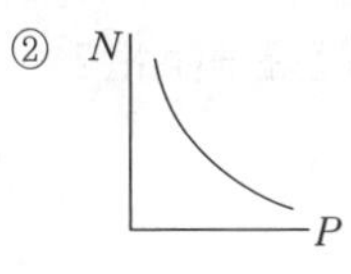

③
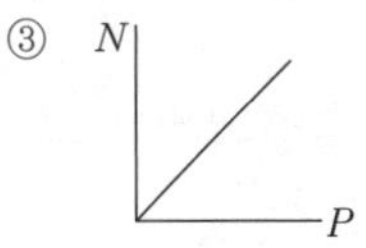

④
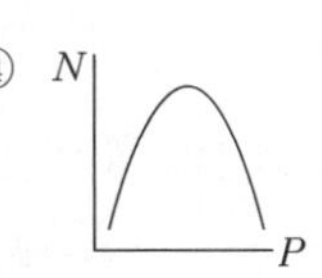

[정답] 19 ① 20 ① 2021년 2회 01 ③ 02 ④ 03 ②

해설

**동기발전기 원리**

발전기의 동기속도는 $N_s = \frac{120f}{p}$ 이므로 속도와 극수는 반비례 관계이다.

**04** 어떤 직류전동기가 역기전력 200[V], 매분 1200 회전으로 토크 158.76[N·m]를 발생하고 있을 때의 전기자 전류는 약 몇 [A]인가? (단, 기계손 및 철손은 무시한다.)

① 90 ② 95
③ 100 ④ 105

해설

전동기의 토크 공식은 $T = \frac{60EI_a}{2\pi N}$[Nm]이므로

전기자 전류의 크기는

$I_a = \frac{2\pi \times N}{60 \times E} T = \frac{2\pi \times 1200}{60 \times 200} \times 158.76 = 99.751$[A]

**05** 일반적인 DC 서보모터의 제어에 속하지 않는 것은?

① 역률제어 ② 토크제어
③ 속도제어 ④ 위치제어

해설

**제어용기기**

서보모터는 위치, 자세, 토크 등을 제어하는 모터로 직류 서보모터에서 역률을 제어하지 않는다.

**06** 극수가 4극이고 전기자권선이 단중 중권인 직류발전기의 전기자전류가 40[A]이면 전기자권선의 각 병렬회로에 흐르는 전류[A]는?

① 4 ② 6
③ 8 ④ 10

해설

중권의 병렬회로수는 극수와 동일하므로 각 병렬회로에서 흐르는 전류는 $\frac{I_a}{a} = \frac{40}{4} = 10$[A]이다.

**07** 부스트(Boost)컨버터의 입력전압이 45[V]로 일정하고, 스위칭 주기가 20[kHz], 듀티비(Duty ratio)가 0.6, 부하저항이 10[Ω]일 때 출력전압은 몇 [V]인가? (단, 인덕터에는 일정한 전류가 흐르고 커패시터 출력전압의 리플성분은 무시한다.)

① 27 ② 67.5
③ 75 ④ 112.5

해설

**정류회로**

부스트 컨버터는 DC-DC 승압 장치이고

출력전압의 크기는 $V_0 = \frac{V_i}{1-D} = \frac{45}{1-0.6} = 112.5$[V]이다.

**08** 8극, 900[rpm] 동기발전기와 병렬 운전하는 6극 동기발전기의 회전수는 몇 [rpm]인가?

① 900 ② 1000
③ 1200 ④ 1400

해설

**동기발전기의 병렬운전**

8극 발전기의 주파수 $f = \frac{p \times N_s}{120} = \frac{8 \times 900}{120} = 60$[Hz]이다.

따라서 병렬 운전 조건은 주파수가 같아야 하므로

6극 발전기의 속도 $N_s = \frac{120f}{p} = \frac{120 \times 60}{6} = 1200$[rpm]이다.

**09** 변압기 단락시험에서 변압기의 임피던스 전압이란?

① 1차 전류가 여자전류에 도달했을 때의 2차측 단자전압
② 1차 전류가 정격전류에 도달했을 때의 2차측 단자전압
③ 1차 전류가 정격전류에 도달했을 때의 변압기 내의 전압강하
④ 1차 전류가 2차 단락전류에 도달했을 때의 변압기 내의 전압강하

해설

[정답] 04 ③ 05 ① 06 ④ 07 ④ 08 ③ 09 ③

**변압기의 특성**

변압기의 임피던스 전압이란 1차 전류가 정격전류가 흐를 때 변압기 내에서 발생하는 전압 강하이다.

## 10 단상 정류자전동기의 일종인 단상 반발전동기에 해당되는 것은?

① 시라게전동기 ② 반발유도전동기

③ 아트킨손형전동기 ④ 단상 직권 정류자전동기

해설

**교류정류자기**

단상 정류자 전동기의 일종인 단상 반발 전동기의 종류는 아트킨손형과 톰슨형과 데리형이 있다.

## 11 와전류 손실을 패러데이 법칙으로 설명한 과정 중 틀린 것은?

① 와전류가 철심 내에 흘러 발열 발생

② 유도기전력 발생으로 철심에 와전류가 흐름

③ 와전류 에너지 손실량은 전류밀도에 반비례

④ 시변 자속으로 강자성체 철심에 유도기전력 발생

해설

와전류의 에너지 손실량은 전류의 크기에 비례한다.

## 12 10[kW], 3상 380[V] 유도전동기의 전부하 전류는 약 몇 [A]인가? (단, 전동기의 효율은 85[%], 역률은 85[%]이다.)

① 15 ② 21

③ 26 ④ 36

해설

**유도전동기의 특성**

유도전동기의 입력 전력은

$P_1 = \frac{P_o}{\eta \times \cos\theta} = \frac{10000}{0.85 \times 0.85} = 13840.83[VA]$

$I_1 = \frac{P_1}{\sqrt{3}V_1} = \frac{13840.83}{\sqrt{3} \times 380} = 21.02[A]$이다.

## 13 변압기의 주요시험 항목 중 전압변동률 계산에 필요한 수치를 얻기 위한 필수적인 시험은?

① 단락시험 ② 내전압시험

③ 변압비시험 ④ 온도상승시험

해설

단락시험을 통해 동손과 임피던스전압, 임피던스와트, 전압 변동률 등을 측정할 수 있다.

## 14 2전동기설에 의하여 단상 유도전동기의 가상적 2개의 회전자 중 정방향에 회전하는 회전자 슬립이 $s$이면 역방향에 회전하는 가상적 회전자의 슬립은 어떻게 표시되는가?

① $1+s$ ② $1-s$

③ $2-s$ ④ $3-s$

해설

**유도전동기의 특성**

유도전동기의 역회전 슬립은 $2-s$이다.

## 15 3상 농형 유도전동기의 전전압 기동토크는 전부하토크의 1.8배이다. 이 전동기에 기동보상기를 사용하여 기동전압을 전전압의 2/3로 낮추어 기동하면, 기동토크는 전부하 토크 $T$와 어떤 관계인가?

① $3.0T$ ② $0.8T$

③ $0.6T$ ④ $0.3T$

해설

**유도전동기의 기동 및 제동**

기동전압을 2/3으로 낮출 경우 $T' \propto V^2$이므로 $4/9T'$이므로 기동토크는 전부하 토크의 $T'=1.8T$이므로 기동보상기를 이용한 전부하 토크는 $T' = \frac{4}{9} \times 1.8T = 0.8T$이 된다.

[정답] 10③ 11③ 12② 13① 14③ 15②

**16** **변압기에서 생기는 철손 중 와류손(Eddy Current Loss)은 철심의 규소강판 두께와 어떤 관계가 있는가?**

① 두께에 비례　② 두께의 2승에 비례

③ 두께의 3승에 비례　④ 두께의 $\frac{1}{2}$승에 비례

해설

**변압기의 효율**

와류손 $P_e=(fBt)^2$이므로 두께에 제곱에 비례한다.

**17** **50[Hz], 12극의 3상 유도전동기가 10[HP]의 정격 출력을 내고 있을 때, 회전수는 약 몇 [rpm]인가? (단, 회전자 동손은 350[W]이고, 회전자 입력은 회전자 동손과 정격 출력의 합이다.)**

① 468　② 478

③ 488　④ 500

해설

**유동전동기의 전력변환**

2차 동손은 $P_{c2}=350[W]$

2차 출력은 $P_o=10\times746=7460[W]$

2차 입력은 $P_2=P_o\times P_{c2}=7460+350=7810[W]$

슬립 $s=\frac{P_{c2}}{P_2}=\frac{350}{7810}=0.0488$일때

$N_s=\frac{120f}{p}=500[rpm]$이므로 전동기 회전수는

$N=(1-s)N_s=(1-0.0488)500\fallingdotseq478[rpm]$이다.

**18** **변압기의 권수를 $N$이라고 할 때 누설리액턴스는?**

① $N$에 비례한다.　② $N^2$에 비례한다.

③ $N$에 반비례한다.　④ $N^2$에 반비례한다.

해설

**변압기의 특성**

변압기의 누설리액턴스는 $L\propto N^2$이다.

**19** **동기발전기의 병렬운전 조건에서 같지 않아도 되는 것은?**

① 기전력의 용량　② 기전력의 위상

③ 기전력의 크기　④ 기전력의 주파수

해설

**동기발전기의 병렬운전**

동기발전기의 병렬운전 조건은 기전력의 크기, 위상, 파형, 주파수가 같아야 한다.

발전기의 용량의 크기에 따라 비례하여 부하를 분담한다.

**20** **다이오드를 사용하는 정류회로에서 과대한 부하전류로 인하여 다이오드가 소손될 우려가 있을 때 가장 적절한 조치는 어느 것인가?**

① 다이오드를 병렬로 추가한다.

② 다이오드를 직렬로 추가한다.

③ 다이오드 양단에 적당한 값의 저항을 추가한다.

④ 다이오드 양단에 적당한 값의 커패시터를 추가한다.

해설

**다이오드 보호방법**

정류회로에서 다이오드를 보호하기 위한 방법은 다음과 같다.

- 과전류 보호 : 다이오드 병렬 연결
- 과전압 보호 : 다이오드 직렬 연결

## 시행일 2021년 3회

**01** **3상 변압기를 병렬 운전하는 조건으로 틀린 것은?**

① 각 변압기의 극성이 같을 것

② 각 변압기의 %임피던스 강하가 같을 것

③ 각 변압기의 1차와 2차 정격전압과 변압비가 같을 것

④ 각 변압기의 1차와 2차 선간전압의 위상변위가 다를 것

[정답] 16 ②　17 ②　18 ②　19 ①　20 ①　2021년 3회　01 ④

해설

**변압기 병렬운전**

- 각 변압기의 극성이 같을 것
- 각 변압기의 %임피던스 강하가 같을 것
- 각 변압기의 1차와 2차 정격전압과 변압비가 같을 것
- 각 변압기의 1차와 2차 선간전압의 위상변위가 같을 것

**02** 직류 직권전동기에서 분류 저항기를 직권권선에 병렬로 접속해 여자전류를 가감시켜 속도를 제어하는 방법은?

① 저항 제어 ② 전압 제어
③ 계자 제어 ④ 직·병렬 제어

해설

**직권전동기 특성**

계자 제어법 : 직권전동기의 속도제어를 위해 분류 저항기를 통해 직권 계자권선에 흐르는 전류를 변경하게 되면 자속의 크기가 변화하게 되어 속도를 제어할 수 있다.

**03** 직류발전기의 특성곡선에서 각 축에 해당하는 항목으로 틀린 것은?

① 외부특성곡선 : 부하전류와 단자전압
② 부하특성곡선 : 계자전류와 단자전압
③ 내부특성곡선 : 무부하전류와 단자전압
④ 무부하특성곡선 : 계자전류와 유도기전력

해설

**발전기의 특성곡선**

- 외부특성곡선 : 부하전류와 단자전압
- 부하특성곡선 : 계자전류와 단자전압
- 내부특성곡선 : 부하전류와 유기기전력
- 무부하특성곡선 : 계자전류와 유도기전력

**04** 60[Hz], 600[rpm]의 동기전동기에 직결된 기동용 유도전동기의 극수는?

① 6 ② 8
③ 10 ④ 12

해설

**동기전동기의 특성**

동기전동기의 전동기 기동법은 동기전동기보다 2극적은 유도전동기로 기동한다.

$p=\frac{120f}{N_s}=\frac{120\times60}{600}=12$[극]이므로 유도전동기의 극수는 10극이다.

**05** 다이오드를 사용한 정류회로에서 다이오드를 여러 개 직렬로 연결하면 어떻게 되는가?

① 전력공급의 증대
② 출력전압의 맥동률을 감소
③ 다이오드를 과전류로부터 보호
④ 다이오드를 과전압으로부터 보호

해설

**전력용 반도체 소자**

- 다이오드 과전압 보호 방법 : 다이오드 직렬 연결
- 다이오드 과전류 보호 방법 : 다이오드 병렬 연결

**06** 4극, 60[Hz]인 3상 유도전동기가 있다. 1725 [rpm]으로 회전하고 있을 때, 2차 기전력의 주파수[Hz]는?

① 2.5 ② 5
③ 7.5 ④ 10

해설

유도전동기의 원리와 종류

$N_s=\frac{120f}{p}=\frac{120\times60}{4}=1800$[rpm]이므로

$1-s=\frac{N}{N_s}=\frac{1725}{1800}=0.9583$이다.

회전시 주파수는 $f_2'=sf_1=(1-0.9583)\times60=2.5$[Hz]이다.

[정답] 02 ③ 03 ③ 04 ③ 05 ④ 06 ①

## 07 직류 분권전동기의 전압이 일정할 때 부하토크가 2배로 증가하면 부하전류는 약 몇 배가 되는가?

① 1 ② 2
③ 3 ④ 4

해설

**직류분권전동기의 특징**

$T \propto I_a \propto \frac{1}{N}$ 이므로 토크와 부하는 비례관계이다.
토크가 2배 증가하였으므로 전류도 2배로 증가한다.

## 08 유도전동기의 슬립을 측정하려고 한다. 다음 중 슬립의 측정법이 아닌 것은?

① 수화기법 ② 직류밀리볼트계법
③ 스트로보스코프법 ④ 프로니브레이크법

해설

**유도 전동기 시험**
유도전동기 슬립 측정법 : 회전계법, 직류 밀리볼트계법, 수화기법, 스트로보스코프

## 09 정격출력 10000[kVA], 정격전압 6600[V], 정격역률 0.8인 3상 비돌극 동기발전기가 있다. 여자를 정격상태로 유지할 때 이 발전기의 최대 출력은 약 몇 [kW]인가? (단, 1상의 동기 리액턴스를 0.9[pu]라하고 저항은 무시한다.)

① 17089 ② 18889
③ 21259 ④ 23619

해설

$P_m = \frac{\sqrt{\cos^2\theta + (\sin\theta + x_s)^2}}{x_s} P = \frac{\sqrt{0.8^2 + (0.6+0.9)^2}}{x_s} \times 10000$
$= 18889[\text{kW}]$

## 10 단상 반파정류회로에서 직류전압의 평균값 210[V]를 얻는데 필요한 변압기 2차 전압의 실효값은 약 몇 [V]인가? (단, 부하는 순 저항이고, 정류기의 전압강하 평균값은 15[V]로 한다.)

① 400 ② 433
③ 500 ④ 566

해설

**정류회로**
$E_d = 0.45E - e$이므로 $E = \frac{E_d + e}{0.45} = \frac{210+15}{0.45} = 500[\text{V}]$이다.

## 11 변압기유에 요구되는 특성으로 틀린 것은?

① 점도가 클 것 ② 응고점이 낮을 것
③ 인화점이 높을 것 ④ 절연 내력이 클 것

해설

**변압기유의 구조와 원리**
- 비열이 커서 냉각효과가 크고, 점도가 작을 것
- 인화점이 높고, 응고점이 낮을 것
- 절연내력이 클것

## 12 100[kVA], 2300/115[V], 철손 1[kW], 전부하 동손 1.25[kW]의 변압기가 있다. 이 변압기는 매일 무부하로 10시간, $\frac{1}{2}$정격부하 역률 1에서 8시간, 전부하 역률 0.8(지상)에서 6시간 운전하고 있다면 전일효율은 약 몇 [%]인가?

① 93.3 ② 94.3
③ 95.3 ④ 96.3

해설

**변압기의 효율**

- 전일 출력 $P = \frac{1}{2} \times 100 \times 8 + 100 \times 0.8 \times 6 = 880[\text{kW}]$
- 전일 철손 $P_i = 24 \times 1 = 24[\text{kW}]$

[정답] 07 ② 08 ④ 09 ② 10 ③ 11 ① 12 ④

- 전일 동손 $P_c=\left(\frac{1}{2}\right)^2\times1.25\times8+1.25\times6=10[kW]$
- 전일 효율 $\eta=\frac{P}{P+P_i+P_c}\times100$

$$=\frac{880}{880+24+10}\times100=96.3[\%]$$

**13** **3상 유도전동기에서 고조파 회전자계가 기본파 회전방향과 역방향인 고조파는?**

① 제3고조파　② 제5고조파
③ 제7고조파　④ 제13고조파

해설

**유도전동기의 원리와 종류**
제 5고조파의 회전자계 방향은 기본파의 역방향이다.

**14** **직류 분권전동기의 기동 시에 정격전압을 공급하면 전기자 전류가 많이 흐르다가 회전속도가 점점 증가함에 따라 전기자전류가 감소하는 원인은?**

① 전기자반작용의 증가
② 전기자권선의 저항증가
③ 브러시의 접촉저항증가
④ 전동기의 역기전력상승

해설

**직류 분권 전동기의 속도특성**
직류 분권전동기의 역기전력은 속도에 비례하므로 속도가 증가하면 역기전력이 증가하여 전기자 전류도 점점 감소하게 된다.

**15** **변압기의 전압변동률에 대한 설명으로 틀린 것은?**

① 일반적으로 부하변동에 대하여 2차 단자전압의 변동이 작을수록 좋다.
② 전부하시와 무부하시의 2차 단자전압이 서로 다른 정도를 표시하는 것이다.
③ 인가전압이 일정한 상태에서 무부하 2차단자전압에 반비례한다.
④ 전압변동률은 전등의 광도, 수명, 전동기의 출력 등에 영향을 미친다.

해설

**변압기의 전압 변동률**
변압기의 전압변동률은 $\varepsilon=\frac{V_{20}-V_{2n}}{V_{2n}}$ 이므로
무부하 2차 단자 전압에 크기 변화에 비례한다.

**16** **1상의 유도기전력이 6000[V]인 동기발전기에서 1분간 회전수를 900[rpm]에서 1800[rpm]으로 하면 유도기전력은 약 몇 [V]인가?**

① 6000　② 12000
③ 24000　④ 36000

해설

**동기발전기의 유기기전력**
유기기전력 $E=4.44f\phi\omega K_\omega$이므로 기전력은 주파수와 비례관계이다. 또한, 이므로 속도는 주파수와 비례관계이므로 속도가 증가시 기전력은 비례하여 2배가 된다.

**17** **변압기 내부고장 검출을 위해 사용하는 계전기가 아닌 것은?**

① 과전압 계전기
② 비율차동 계전기
③ 부흐홀츠 계전기
④ 충격 압력 계전기

해설

**변압기 보호계전기 및 측정시험**
- 전기적인 고장 보호장치 : 비율차동계전기, 차동계전기
- 기계적인 고장 보호장치 : 부흐홀츠 계전기, 충격압력 계전기, 가스 검출 계전기

[정답] 13 ② 14 ④ 15 ③ 16 ② 17 ①

**18** 권선형 유도전동기의 2차 여자법 중 2차단자에서 나오는 전력을 동력으로 바꿔서 직류전동기에 가하는 방식은?

① 회생방식　② 크레머방식
③ 플러깅방식　④ 세르비우스방식

해설

**유도전동기의 속도제어**

크래머 방식은 권선형 유도 전동기의 회전자 출력을 3상 전파 정류한 다음 권선형 유도 전동기의 기계적인 구동부와 동일축 상에 연결되어 있는 직류 전동기의 정류자에 연결하여 유도 전동기의 회전자 출력 전력을 직류 전동기의 기계적 출력으로 변환하여 기계적인 힘으로 권선형 유도 전동기의 출력을 도와주는 방식인데, 시스템이 복잡하고 구성 및 설치에 많은 비용이 드는 단점이 있다.

**19** 동기조상기의 구조상 특징으로 틀린 것은?

① 고정자는 수차발전기와 같다.
② 안전 운전용 제동권선이 설치된다.
③ 계자 코일이나 자극이 대단히 크다.
④ 전동기 축은 동력을 전달하는 관계로 비교적 굵다.

해설

**동기조상기**

동기조상기는 무부하 운전을 하기 때문에 전동기 축을 통해 동력을 전달할 필요가 없다.

**20** 75[W] 이하의 소출력 단상 직권정류자 전동기의 용도로 적합하지 않은 것은?

① 믹서　② 소형공구
③ 공작기계　④ 치과의료용

해설

**교류정류자기**

단상직권정류자 전동기로 사용되는 전동기는 미싱, 믹서, 소형공구, 치과 의료용 등이다.

## 시행일 2022년 1회

**01** SCR을 이용한 단상 전파 위상제어 정류회로에서 전원전압은 실효값이 220[V], 60[Hz]인 정현파이며, 부하는 순 저항으로 10[Ω]이다. SCR의 점호각 $\alpha$를 60°라 할 때 출력전류의 평균값[A]은?

① 7.54　② 9.73
③ 11.43　④ 14.86

해설

**정류회로**

$$I_d=\frac{E_d}{R}\left(\frac{1+\cos\alpha}{2}\right)=\frac{0.9E}{R}\left(\frac{1+\cos\alpha}{2}\right)$$

$$=\frac{0.9\times220}{10}\left(\frac{1+\cos60^\circ}{2}\right)=14.85[\mathrm{V}]$$

**02** 직류발전기가 90[%] 부하에서 최대효율이 된다면 이 발전기의 전부하에 있어서 고정손과 부하손의 비는?

① 0.81　② 0.9
③ 1.0　④ 1.1

해설

최대효율조건은 고정손=부하손이 된다.

$$\text{고정손}=\text{부하손}\left(\frac{1}{m}\right)^2$$

$$\left(\frac{1}{m}\right)^2=(0.9)^2$$

$$\frac{1}{m}=0.81$$

**03** 정류기의 직류측 평균전압이 2000[V] 이고 리플률이 3[%]일 경우, 리플전압의 실효값[V]은?

① 20　② 30
③ 50　④ 60

[정답] 18 ② 19 ④ 20 ③ 2022년 1회 01 ④ 02 ① 03 ④

해설

맥동률(리플률)$=\dfrac{교류분(리플전압)}{직류분}$
리플전압=맥동률×직류분전압
$=0.03\times2000=60[V]$

**04** **단상 직권 정류자전동기에서 보상권선과 저항도선의 작용에 대한 설명으로 틀린 것은?**

① 보상권선은 역률을 좋게 한다.
② 보상권선은 변압기의 기전력을 크게 한다.
③ 보상권선은 전기자 반작용을 제거해 준다.
④ 저항도선은 변압기 기전력에 의한 단락전류를 작게 한다.

해설

**단상 직권 정류자 전동기의 특징**
- 계자극에서 교번자속으로 인한 철손을 줄이기 위해 성층철심으로 한다.
- 계자권선의 리액턴스 영향으로 역률이 낮아지므로 권수를 적게 하여 주 자속을 줄이고 이에 따른 토크감소를 보상하기 위해 전기자 권수를 많이 감는다. 이를 약계자, 강전기자 형이라 하며 동일 정격의 직류기에 비해 전기자가 크고 정류 자편수도 많아진다.
- 전기자 권수가 증가함으로써 전기자 반작용이 커지므로 이로 인한 역률 감소를 방지하기 위해 보상권선을 설치한다.

**05** **3상 동기발전기에서 그림과 같이 1상의 권선을 서로 똑같은 2조로 나누어 그 1조의 권선전압을 $E$[V], 각 권선의 전류를 $I$[A]라 하고 지그재그 Y형(Zigzag Star)으로 결선하는 경우 선간전압[V], 선전류[A], 및 피상전력[VA]은?**

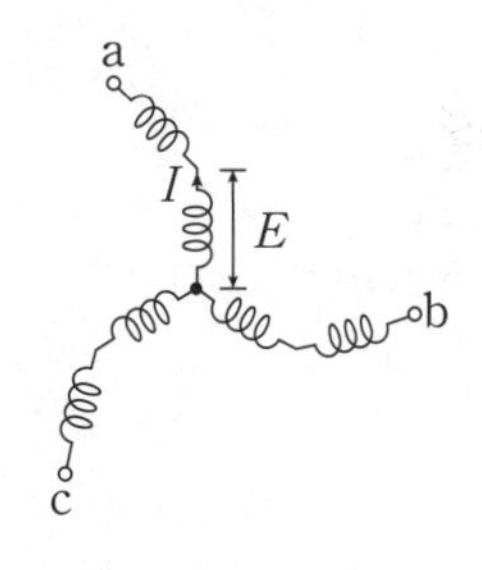


① $3E,\ I,\ \sqrt{3}\times3E\times I=5.2EI$
② $\sqrt{3}E,\ 2I,\ \sqrt{3}\times\sqrt{3}E\times2I=6EI$
③ $E,\ 2\sqrt{3}I,\ \sqrt{3}\times E\times2\sqrt{3}I=6EI$
④ $\sqrt{3}E,\ \sqrt{3}I,\ \sqrt{3}\times\sqrt{3}E\times\sqrt{3}I=5.2EI$

해설

**3상 동기발전기 권선의 종류**

| 접속 | 선간전압 | 선전류 | 피상전력 |
|---|---|---|---|
| Y결선 | $2\sqrt{3}E$ | $I$ | $6EI$ |
| 2중 Y결선 | $\sqrt{3}E$ | $2I$ | $6EI$ |
| 지그재그 Y결선 | $3E$ | $I$ | $5.19EI$ |
| △결선 | $2E$ | $\sqrt{3}I$ | $6EI$ |
| 2중 △결선 | $E$ | $2\sqrt{3}I$ | $6EI$ |
| 지그재그 △결선 | $\sqrt{3}E$ | $\sqrt{3}I$ | $5.19EI$ |

**06** **비돌극형 동기발전기 한 상의 단자전압을 $V$, 유도기전력을 $E$, 동기리액턴스를 $X_s$, 부하각이 $\delta$이고, 전기자저항을 무시할 때 한 상의 최대출력[W]은?**

① $\dfrac{EV}{X_s}$　② $\dfrac{3EV}{X_s}$
③ $\dfrac{E^2V}{X_s}$　④ $\dfrac{EV^2}{X_s}$

해설

**동기발전기 출력**

비돌극형 동기발전기의 한 상의 출력 $P_{1\phi}=\dfrac{EV}{x_s}\sin\theta$이고

$\sin\theta=90°$일 때 최대이다. $\therefore P_{1\phi}=\dfrac{EV}{x_s}$

**07** **다음 중 비례추이를 하는 전동기는?**

① 동기 전동기　② 정류자 전동기
③ 단상 유도전동기　④ 권선형 유도전동기

해설

[정답] 04 ② 05 ① 06 ① 07 ④

**권선형 유도전동기 비례추이**
권선형 유도전동기는 2차저항을 증감시키기 위해 외부회로에 가변 저항기(기동저항기)를 접속하여 토크 및 속도제어를 하며 이를 비례추이라 한다.

**08** 단자전압 200[V], 계자저항 50[Ω], 부하전류 50[A], 전기자저항 0.15[Ω], 전기자 반작용에 의한 전압강하 3[V]인 직류 분권발전기가 정격속도로 회전하고 있다. 이 때 발전기의 유도기전력은 약 몇 [V]인가?

① 211.1 ② 215.1
③ 225.1 ④ 230.1

해설

$I_a=I+I_f=I+\dfrac{V}{R_f}=50+\dfrac{200}{50}=54[A]$
$E=V+I_aR_a+e_a$(반작용 전압강하)
$E=200+54\times0.15+3=211.1[V]$

**09** 동기기의 권선법 중 기전력의 파형을 좋게 하는 권선법은?

① 전절권, 2층권 ② 단절권, 집중권
③ 단절권, 분포권 ④ 전절권, 집중권

해설

**동기발전기 전기자 권선법**
동기기의 전기자 권선법으로 사용하는 것은
고상권-폐로권-2층권-중권(분포권, 단절권)이다.

**10** 변압기에 임피던스전압을 인가할 때의 입력은?

① 철손 ② 와류손
③ 정격용량 ④ 임피던스와트

해설

**변압기 특성**
변압기의 저압 측을 단락하고 고압 측에 정격 전류를 흘렸을 때의 전력

**11** 불꽃 없는 정류를 하기 위해 평균 리액턴스전압(A)과 브러시 접촉면 전압강하(B) 사이에 필요한 조건은?

① A>B ② A<B
③ A=B ④ A, B에 관계없다.

해설

탄소브러시를 사용하여 브러시 접촉저항을 증가시켜 브러시 접촉 저항강하를 평균 리액턴스 전압보다 크게 하면 리액턴스의 영향을 줄일 수 있다.

**12** 유도전동기 1극의 자속 $\phi$, 2차 유효전류 $I_2\cos\theta_2$, 토크 $\tau$의 관계로 옳은 것은?

① $\tau\propto\phi\times I_2\cos\theta_2$ ② $\tau\propto\phi\times(I_2\cos\theta_2)^2$
③ $\tau\propto\dfrac{1}{\phi\times I_2\cos\theta_2}$ ④ $\tau\propto\dfrac{1}{\phi\times(I_2\cos\theta_2)^2}$

해설

**유도전동기 토크 특성**
$T=\dfrac{60P}{2\pi N}=\dfrac{60P_2}{2\pi N_s}=\dfrac{60P_{c2}}{2\pi sN_s}$ 이므로
$T\propto P_2=E_2I_2\cos\theta_2$, $E_2=4.44f\phi\omega K_\omega$의 관계가 되므로
$T\propto\phi I_2\cos\theta_2$관계식이 성립하게 된다.

**13** 회전자가 슬립 $s$로 회전하고 있을 때 고정자와 회전자의 실효 권수비를 $\alpha$라 하면 고정자 기전력 $E_1$과 회전자 기전력 $E_{2s}$의 비는?

① $s\alpha$ ② $(1-s)\alpha$
③ $\dfrac{\alpha}{s}$ ④ $\dfrac{\alpha}{1-s}$

해설

**유도전동기 회전시 특성**

회전시 전압비 $a=\dfrac{E_1}{2E_2}=\dfrac{a}{s}$

[정답] 08 ① 09 ③ 10 ④ 11 ② 12 ① 13 ③

**14** 직류 직권전동기의 발생 토크는 전기자전류를 변화시킬 때 어떻게 변하는가? (단, 자기포화는 무시한다.)

① 전류에 비례한다.

② 전류에 반비례한다.

③ 전류의 제곱에 비례한다.

④ 전류의 제곱에 반비례한다.

해설

**직류 전동기의 종류 및 특성**

직권전동기의 토크는 $T \propto I_a^2$이므로 부하전류의 제곱에 반비례한다.

**15** 동기발전기의 병렬운전 중 유도기전력의 위상차로 인하여 발생하는 현상으로 옳은 것은?

① 무효전력이 생긴다.

② 동기화전류가 흐른다.

③ 고조파 무효순환전류가 흐른다.

④ 출력이 요동하고 권선이 가열된다.

해설

**동기발전기의 병렬운전조건**

원동기의 출력 변화로 발전기의 위상차가 발생하게 되면 동기화전류(유효순환전류) 흐르게 된다.

**16** 3상 유도기의 기계적 출력($P_0$)에 대한 변환식으로 옳은 것은? (단, 2차 입력은 $P_2$, 2차 동손은 $P_{2c}$, 동기속도는 $N_s$, 회전속도는 $N$, 슬립은 $s$이다.)

① $P_0 = P_2 + P_{2c} = \frac{N}{N_s} P_2 = (2-s)P_2$

② $(1-s)P_2 = \frac{N}{N_s} P_2 = P_0 - P_{2c} = P_0 - sP_2$

③ $P_0 = P_2 - P_{2c} = P_2 - sP_2 = \frac{N}{N_s} P_2 = (1-s)P_2$

④ $P_0 = P_2 + P_{2c} = P_2 + sP_2 = \frac{N}{N_s} P_2 = (1+s)P_2$

해설

$P_0 = P_2 - P_{c2} = P_2 - sP_2 = (1-s)P_2 = \frac{N}{N_s} P_2$

**17** 변압기의 등가회로 구성에 필요한 시험이 아닌 것은?

① 단락시험 ② 부하시험

③ 무부하시험 ④ 권선저항 측정

해설

**변압기의 등가회로**

등가회로 작성시 필요한 시험과 측정가능한 성분

① 권선저항측정시험

② 무부하시험(개방시험) : 철손, 여자(무부하)전류, 여자어드미턴스

③ 단락시험 : 동손, 임피던스와트(전압), 단락전류

**18** 단권변압기 두 대를 V결선하여 전압을 2000[V]에서 2200[V]로 승압한 후 200[kVA]의 3상 부하에 전력을 공급하려고 한다. 이때 단권변압기 1대의 용량은 약 몇 [kVA]인가?

① 4.2 ② 10.5

③ 18.2 ④ 21

해설

**단권변압기**

$\frac{\text{자기용량}}{\text{부하용량}} = \frac{2}{\sqrt{3}} \frac{V_H - V_L}{V_H}$

자기용량 $= \frac{2}{\sqrt{3}} \frac{2200-2000}{2200} \times 200$이므로

자기용량 $= 20.99$[kVA]이다.

단, 해당 용량은 단권 변압기 변압기 두 대분의 용량이다.

따라서 1/2의 크기인 10.5[kVA]가 단권변압기의 용량이 된다.

**19** 권수비 $a = \frac{6600}{220}$, 주파수 60[Hz], 변압기의 철심 단면적 0.02[$m^2$], 최대자속밀도 1.2[$Wb/m^2$]일 때 변압기의 1차측 유도기전력은 약 몇 [V]인가?

① 1407 ② 3521

③ 42198 ④ 49814

해설

**변압기 유기기전력**

$E_1 = 4.44 f \phi_m N_1 = 4.44 f B_m A N_1$

$= 4.44 \times 60 \times 1.2 \times 0.02 \times 6600 = 42197.76$

[정답] 14④ 15② 16③ 17② 18② 19③

**20** **회전형전동기와 선형전동기(Linear Motor)를 비교한 설명으로 틀린 것은?**

① 선형의 경우 회전형에 비해 공극의 크기가 작다.

② 선형의 경우 직접적으로 직선운동을 얻을 수 있다.

③ 선형의 경우 회전형에 비해 부하관성의 영향이 크다.

④ 선형의 경우 전원의 상 순서를 바꾸어 이동방향을 변경한다.

해설

**선형전동기(Linear Motor)의 특징**

① 회전운동을 직선운동으로 바꿔주기 때문에 직접직선운동을 할 수 있다.
② 원심력에 의한 가속제한이 없기 때문에 고속운전이 가능하다.
③ 마찰없이 추진력을 얻을 수 있기 때문에 효율이 높다.
④ 기어 밸트 등의 동력 변환기구가 필요없기 때문에 구조가 간단하고 신뢰성이 높다.
⑤ 전원의 상 순서를 바꾸어 이동방향을 변경할 수 있다.
⑥ 회전형에 비해 공극의 크기가 크고 부하관성의 영향이 크다.

## 시행일 2022년 2회

**01** **단상 변압기의 무부하 상태에서 $V_1=200\sin(\omega t+30^\circ)$[V]의 전압이 인가되었을 때 $I_0=3\sin(\omega t+60^\circ)+0.7\sin(3\omega t+180^\circ)$[A]의 전류가 흘렀다. 이때 무부하손은 약 몇 [W]인가?**

① 150 ② 259.8

③ 415.2 ④ 512

해설

무부하손 $P_0=V_1I_0\cos\theta$[W]
같은 성분끼리 고려하여 계산하여야 하므로
$P_i=V_1I_0$(기본파성분)$\cos\theta$

$$=\frac{200}{\sqrt{2}}\times\frac{3}{\sqrt{2}}\cos30^\circ=259.8[\text{W}]$$

**02** **단상 직권 정류자 전동기의 전기자 권선과 계자 권선에 대한 설명으로 틀린 것은?**

① 계자권선의 권수를 적게 한다.

② 전기자 권선의 권수를 크게 한다.

③ 변압기 기전력을 적게 하여 역률 저하를 방지한다

④ 브러시로 단락되는 코일 중의 단락전류를 크게 한다.

해설

**교류 단상 직권정류자전동기의 특징**

① 와전류를 적게 하기 위해 고정자 및 회전자 철심을 전부 성층 철심으로 한다.
② 역률 및 정류개선을 위해 약계자 강전기자형으로 한다. 여기서 약계자 강전기자형이란 전기자 권선수를 계자권선수보다 더 많이 감는다는 뜻이며 주자속을 감소하면 직권계자권선의 인덕턴스가 감소하여 역률이 좋아진다.
③ 회전속도를 증가시킨다. - 속도기전력이 증가되어 전류와 동위상이 되면 역률이 좋아진다.
④ 보상권선을 설치하여 전기자기자력을 상쇄시켜 전기자반작용 억제하고 누설리액턴스를 감소시켜 변압기 기전력을 적게 하여 역률을 좋게 한다.

**03** **전부하시의 단자전압이 무부하시의 단자전압보다 높은 직류발전기는?**

① 분권발전기 ② 평복권발전기

③ 과복권발전기 ④ 차동복권발전기

해설

**직류발전기 특성곡선**

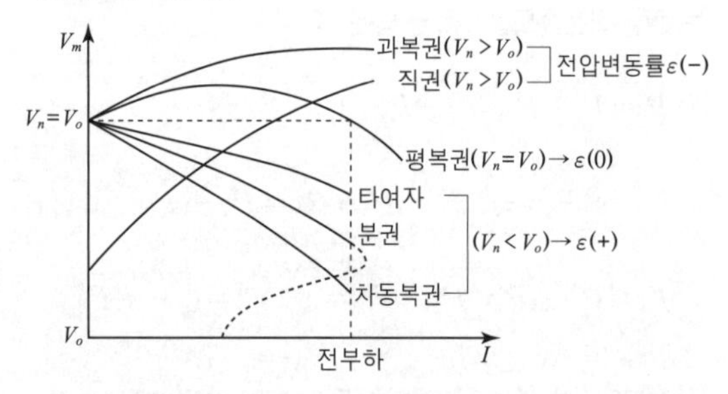


전부하시 단자전압이 무부하시 보다 높은 직류발전기는 직권 및 과복권 발전기이다.

[정답] 20 ① 2022년 2회 01 ② 02 ④ 03 ③

**04** 직류기의 다중 중권 권선법에서 전기자 병렬 회로수 $a$와 극수 $P$ 사이의 관계로 옳은 것은? (단, $m$은 다중도이다.)

① $a=2$ ② $a=2m$
③ $a=P$ ④ $a=mP$

해설

| 비교항목 | 중권(병렬권) | 파권(직렬권) |
| --- | --- | --- |
| 전기자 병렬회로수($a$) | $p$ | 2 |
| 다중도(m) | $mp$ | $2m$ |

**05** 슬립 $s_t$에서 최대 토크를 발생하는 3상 유도전동기에 2차측 한상의 저항을 $r_2$라 하면 최대 토크로 기동하기 위한 2차측 한 상에 외부로부터 가해 주어야 할 저항[Ω]은?

① $\frac{1-s_t}{s_t}r_2$ ② $\frac{1+s_t}{s_t}r_2$
③ $\frac{r_2}{1-s_t}$ ④ $\frac{r_2}{s_t}$

해설

**유도전동기의 비례추이**
기동시 최대 토크와 같은 토크로 기동하기 위한 외부저항 값
$R=\left(\frac{1}{S_t}-1\right)r_2=\left(\frac{1-S_t}{S_t}\right)r_2$

**06** 단상 변압기를 병렬 운전할 경우 부하전류의 분담은?

① 용량에 비례하고 누설 임피던스에 비례
② 용량에 비례하고 누설 임피던스에 반비례
③ 용량에 반비례하고 누설 리액턴스에 비례
④ 용량에 반비례하고 누설 리액턴스의 제곱에 비례

해설

변압기의 부하분담은 용량에는 비례하고 누설 임피던스에는 반비례한다.
$\frac{I_A}{I_B}=\frac{P_A}{P_B}\times\frac{\%Z_B}{\%Z_A}$

**07** 스텝 모터(Step motor)의 장점으로 틀린 것은?

① 회전각과 속도는 펄스 수에 비례한다.
② 위치제어를 할 때 각도 오차가 적고 누적된다.
③ 가속, 감속이 용이하며 정 · 역전 및 변속이 쉽다.
④ 피드백 없이 오픈 루프로 손쉽게 속도 및 위치제어를 할 수 있다.

해설

**스테핑 모터의 장점**
- 유지보수 용이
- 가속, 감속이 용이하며 정·역 및 변속이 용이함
- 위치제어를 할 대 각도오차가 적고 누적되지 않음
- 속도제어 범위가 광범위하며, 초저속에서 큰 토크를 갖음
- 디지털 신호로 직접제어가 가능하여 별도의 컨버터가 필요 없음
- 피드백 루프가 필요없어 오픈루트로 손쉽게 속도 및 위치제어 가능

**08** 380[V], 60[Hz], 4극, 10[kW]인 3상 유도전동기의 전부하 슬립이 4[%]이다. 전원 전압을 10[%] 낮추는 경우 전부하 슬립은 약 몇 [%]인가?

① 3.3 ② 3.6
③ 4.4 ④ 4.9

해설

**유도전동기 회전시 특성**
$V_1=380V \rightarrow s_1=4\%$
$V_2=0.9V_1 \rightarrow s_2=?$
$s\propto\frac{1}{V^2}$이므로 $s_2=\left(\frac{V_1}{V_2}\right)^2 s_1=\left(\frac{V_1}{0.9V_1}\right)^2\times 4=4.9[\%]$이 된다.

**09** 3상 권선형 유도전동기의 기동 시 2차측 저항을 2배로 하면 최대토크 값은 어떻게 되는가?

① 3배로 된다. ② 2배로 된다.
③ 1/2로 된다. ④ 변하지 않는다.

해설

**권선형 유도전동기 비례추이**
권선형 유도전동기의 최대토크는 항상 일정하다.

[정답] 04 ④ 05 ① 06 ② 07 ② 08 ④ 09 ④

**10** **직류 분권전동기에서 정출력 가변속도의 용도에 적합한 속도제어법은?**

① 계자제어　② 저항제어
③ 전압제어　④ 극수제어

해설

**직류전동기의 운전법**
계자제어법 : 정출력 가변속도의 특징을 가지고 있는 속도제어법

**11** **직류 분권전동기의 전기자전류가 10[A]일 때 5[N·m]의 토크가 발생하였다. 이 전동기의 계자 자속이 80[%]로 감소되고, 전기자전류가 12[A]로 되면 토크는 약 몇 [N·m]인가??**

① 3.9　② 4.3
③ 4.8　④ 5.2

해설

**직류 전동기 종류 및 특성**
$T=K\phi I_a$
$I_{a1}=10[A] \rightarrow T_1=5[N\cdot m]$
$I_{a2}=12[A] \rightarrow T_2=?$
$\phi_2=0.8\phi_1$ 일때
$T_2=0.8\times 1.2\times 5=4.8[N\cdot m]$

**12** **권수비가 $a$인 단상변압기 3대가 있다. 이것을 1차에 △, 2차에 Y로 결선하여 3상 교류평형 회로에 접속할 때 2차측의 단자전압을 $V$[V], 전류를 $I$[A]라고 하면 1차측의 단자전압 및 선전류는 얼마인가? (단, 변압기의 저항, 누설리액턴스, 여자전류는 무시한다.)**

① $\frac{aV}{\sqrt{3}}$[V], $\frac{\sqrt{3}I}{a}$[A]　② $\sqrt{3}aV$[V], $\frac{I}{\sqrt{3}a}$[A]
③ $\frac{\sqrt{3}V}{a}$[V], $\frac{aI}{\sqrt{3}}$[A]　④ $\frac{I}{\sqrt{3}a}$[V], $\sqrt{3}aI$[A]

해설

**변압기 결선**
△-Y결선
변압기의 전력전달은 1차 상권선에서 2차 상권선으로 전달된다.

- 1차측 △결선에서 입력되는 1차 선간전압 $V_{1l}$=1차 상전압 $V_{1p}$
- 변압기의 권수비에 의해 2차측 Y결선 상전압 $V_{1p}=aV_{2p}$
- 1차측 △결선에서 입력되는 1차 선간전류 $I_{1l}$ → 1차 상전류 $\sqrt{3}I_{1p}$
- 변압기의 권수비에 의해 2차측 △결선 상전류 $I_{1p}=\frac{I_{2p}}{a}$

$\therefore V_1=V_{1l}=V_{1p}=aV_{2p}=a\frac{V_{2l}}{\sqrt{3}}=a\frac{V}{\sqrt{3}}[V]$

$\therefore I_1=I_{1l}=\sqrt{3}I_{1p}=\sqrt{3}\frac{I_{2p}}{a}=\sqrt{3}\frac{I_{2l}}{a}=\sqrt{3}\frac{I}{a}[A]$

**13** **3상 전원전압 220[V]를 3상 반파정류회로의 각 상에 SCR을 사용하여 정류제어 할 때 위상각을 60°로 하면 순저항부하에서 얻을 수 있는 출력전압 평균값은 약 몇 [V]인가?**

① 128.65　② 148.55
③ 257.3　④ 297.1

해설

**정류회로**
$E_d=1.17E(\cos\alpha)$
$=1.17\times 200\times\cos 60°=128.7[V]$

**14** **유도자형 동기발전기의 설명으로 옳은 것은?**

① 전기자만 고정되어 있다.
② 계자극만 고정되어 있다.
③ 회전자가 없는 특수 발전기이다.
④ 계자극과 전기자가 고정되어 있다.

해설

| 분류 | 고정자 | 회전자 | 용도 |
|---|---|---|---|
| 유도자형 | 계자, 전기자 | 유도자 | 고주파발전기 |

**15** **3상 동기발전기의 여자전류 10[A]에 대한 단자전압이 $1000\sqrt{3}$[V], 3상 단락전류가 50[A]인 경우 동기임피던스는 몇 [Ω]인가?**

[정답] 10① 11③ 12① 13① 14④ 15③

① 5　　② 11
③ 20　　④ 34

해설

**동기발전기 특성**

$$Z_s = \frac{V}{\sqrt{3}I_s} = \frac{1000\sqrt{3}}{\sqrt{3}\times 50} = 20[\Omega]$$

**16** 동기발전기에서 무부하 정격전압일 때의 여자전류를 $I_{fo}$, 정격부하 정격전압일 때의 여자전류를 $I_{f1}$, 3상 단락 정격전류에 대한 여자전류를 $I_{fs}$라 하면 정격속도에서의 단락비 $K$는?

① $K=\frac{I_{fs}}{I_{fo}}$　　② $K=\frac{I_{fo}}{I_{fs}}$
③ $K=\frac{I_{fs}}{I_{f1}}$　　④ $K=\frac{I_{f1}}{I_{fs}}$

해설

$$\text{단락비 } K_s = \frac{\text{무부하 개방시험에서 정격전압시 계자전류}(I_{fo})}{\text{단락시험에서 정격전류시 계자전류}(I_{fs})}$$

**17** 변압기의 습기를 제거하여 절연을 향상시키는 건조법이 아닌 것은?

① 열풍법　　② 단락법
③ 진공법　　④ 건식법

해설

**변압기 건조법**
열풍법, 단락법, 진공법

**18** 극수 20, 주파수 60[Hz]인 3상 동기발전기의 전기자권선이 2층 중권, 전기자 전 슬롯 수 180, 각 슬롯 내의 도체 수 10, 코일피치 7 슬롯인 2중 성형결선으로 되어 있다. 선간전압 3300[V]를 유도하는데 필요한 기본파 유효자속은 약 몇 [Wb] 인가? (단, 코일피치와 자극피치의 비 $\beta=\frac{7}{9}$ 이다.)

① 0.004　　② 0.062
③ 0.053　　④ 0.07

해설

$$\omega(\text{한상의 권선수}) = \frac{180(\text{슬롯수})\times 10(\text{슬롯내 도체수})}{2(\text{권수계산})\times 3(\text{상수})\times 2(\text{2중성형})} = 150\text{회}$$

$$K_p = \sin\frac{\beta\pi}{2} = \sin\frac{\frac{7}{9}\pi}{2} = 0.94$$

$$K_d = \frac{\sin\frac{\pi}{2m}}{q\sin\frac{\pi}{2mq}} = \frac{\sin\frac{\pi}{6}}{3\sin\frac{\pi}{2\times 3\times 3}} = 0.96$$

$$q(\text{매극매상의 슬롯수}) = \frac{180(\text{슬롯수})}{20(\text{극수})\times 3(\text{상수})} = 3$$

$K_\omega$(권선계수)$=K_p$(단절계수)$\times K_d$(분포계수)
$E=4.44f\phi\omega K_\omega$이므로

$$\phi = \frac{E}{4.44f\omega K_\omega} = \frac{\frac{3300}{\sqrt{3}}}{4.44\times 60\times 150\times 0.94\times 0.96} = 0.053$$

**19** 2방향성 3단자 사이리스터는 어느 것인가?

① SCR　　② SSS
③ SCS　　④ TRIAC

해설

**사이리스터 종류**
TRIAC은 2방향성 3단자 소자이다.

**20** 일반적인 3상 유도전동기에 대한 설명으로 틀린 것은?

① 불평형 전압으로 운전하는 경우 전류는 증가하나 토크는 감소한다.
② 원선도 작성을 위해서는 무부하시험, 구속시험, 1차 권선저항 측정을 하여야한다.
③ 농형은 권선형에 비해 구조가 견고하며 권선형에 비해 대형전동기로 널리 사용된다.
④ 권선형 회전자의 3선 중 1선이 단선되면 동기속도의 50%에서 더 이상 가속되지 못하는 현상을 게르게스현상이라 한다.

[정답] 16② 17④ 18③ 19④ 20③

해설

| 3상 농형 유도전동기 | 3상 권선형 유도전동기 |
|---|---|
| • 회전자의 구조가 간단하고 튼튼하며 효율이 좋다.<br>• 별도의 장치가 없기 때문에 속도 조정이 어렵다.<br>• 고조파 제거나 소음 경감을 위해 홈이 사선이다. (사슬롯, skew slot)<br>• 기동토크가 작아 중·소형 유도전동기에 널리 사용된다. | • 회전자에 2차권선 $r_2$과 슬립링을 가진 감은 구조로서 농형에 비해 구조가 복잡하고 효율이 나쁘다.<br>• 2차 회로에 저항을 삽입하여 비례추이가 가능하여 기동이나, 속도 제어가 용이하다.<br>• 기동토크가 크기 때문에 대형 유도전동기에 적합하다. |

## 시행일 2022년 3회

**01** **출력 50[MVA], 정격전압 11[kV] 의 3상 교류발전기에서 무부하 단자전압이 11[kV]일 때, 단락전류는 1987[A]이다. 단위법 [P.U]으로 표시한 동기임피던스는 약 얼마인가?**

① 0.76　② 0.98
③ 1.32　④ 1.57

해설

**동기발전기 %동기임피던스**

$$\%Z_s[\text{P.U}]=\frac{I_n}{I_s}=\frac{\frac{P}{\sqrt{3}V}}{I_s}=\frac{\frac{50\times10^6}{\sqrt{3}\times11\times10^3}}{1987}=1.32$$

**02** **직류발전기의 부하특성곡선은 어느 관계를 표시한 것인가?**

① 단자전압과 부하전류　② 출력과 부하전력
③ 단자전압과 계자전류　④ 부하전류와 계자전류

해설

**발전기의 특성곡선**

- 외부특성곡선 : 부하전류와 단자전압
- 부하특성곡선 : 계자전류와 단자전압
- 내부특성곡선 : 부하전류와 유기기전력
- 무부하특성곡선 : 계자전류와 유도기전력

**03** **직류기의 전기자 반작용에 관한 설명으로 옳지 않은 것은?**

① 보상권선은 계자극면의 자속분포를 수정할 수 있다.
② 전기자 반작용을 보상하는 효과는 보상권선보다 보극이 유리하다.
③ 고속기나 부하변화가 큰 직류기에는 보상권선이 적당하다.
④ 보극은 바로 밑의 전기자 권선에 의한 기자력을 상쇄한다.

해설

**직류기의 전기자 반작용**

- 보상권선 : 계자극 표면에 설치하여 전기자 전류와 반대 방향의 자속을 발생시켜 전기자 반작용을 크게 줄인다.
- 보극 : 중성축 부근의 반작용만을 줄인다

**04** **직류 직권전동기의 회전수를 반으로 줄이면 토크는 약 몇 배인가?**

① 1/4　② 1/2
③ 4　④ 2

해설

**직권전동기 토크 관계식**

$T\propto I_a^2\propto\frac{1}{N^2}$ 이므로 회전수가 반이되면 토크는 4배가 된다.

**05** **반도체 사이리스터로 속도 제어를 할 수 없는 것은?**

① 정지형 레너드 제어　② 일그너 제어
③ 초퍼 제어　④ 인버터 제어

해설

**전력용 반도체 소자**

일그너 방식은 전동발전기와 플라이 휠을 이용한 제어 방식으로 반도체 소자와 관계가 없다.

[정답] 2022년 3회 01 ③ 02 ③ 03 ② 04 ③ 05 ②

## 06 변압기 결선에서 제3고조파 전압이 발생하는 결선은?

① Y-Y　　② △-△
③ △-Y　　④ Y-△

해설

**변압기 결선**

결선은 제3고조파 순환전류가 흐르지 않아 기전력의 파형이 제 3고조파를 포함하여 왜형파가 된다.

## 07 3상 권선형 유도전동기의 기동 시 2차측 저항을 2배로 하면 최대토크 값은 어떻게 되는가?

① 3배로 된다.　　② 2배로 된다.
③ 1/2로 된다.　　④ 변하지 않는다.

해설

**권선형 유도전동기 비례추이**

권선형 유도전동기의 최대토크는 항상 일정하다.

## 08 반발 기동형 단상유도전동기의 회전 방향을 변경하려면?

① 전원의 2선을 바꾼다.
② 주권선의 2선을 바꾼다.
③ 브러시의 접속선을 바꾼다.
④ 브러시의 위치를 조정한다.

해설

**단상 유도전동기의 특징**

반발 기동형 단상 유도전동기는 브러시의 위치를 조정하여 회전방향을 바꿀수 있다.

## 09 다음 중 DC서보모터의 제어 기능에 속하지 않는 것은?

① 역률 제어 기능　　② 전류 제어 기능
③ 속도 제어 기능　　④ 위치 제어 기능

해설

**제어용 기기**

서보모터는 위치, 자세, 토크 등을 제어하는 모터로 직류 서보모터에서 역률을 제어하지 않는다.

## 10 직류발전기의 정류 초기에 전류변화가 크며 이때 발생되는 불꽃정류로 옳은 것은?

① 과정류　　② 직선정류
③ 부족정류　　④ 정현파정류

해설

**직류기의 정류**

- 정류 초기 불꽃 발생 : 과정류
- 정류 말기 불꽃 발생 : 부족정류

## 11 3상 변압기 2차측의 $E_W$상만을 반대로 하고 $Y-Y$ 결선을 한 경우, 2차 상전압이 $E_U=70[V]$, $E_V=70[V]$, $E_W=70[V]$라면 2차 선간전압은 약 몇 [V]인가?

① $V_{U-V}=121.2[V]$, $V_{V-W}=70[V]$, $V_{W-U}=70[V]$
② $V_{U-V}=121.2[V]$, $V_{V-W}=210[V]$, $V_{W-U}=70[V]$
③ $V_{U-V}=121.2[V]$, $V_{V-W}=121.2[V]$, $V_{W-U}=70[V]$
④ $V_{U-V}=121.2[V]$, $V_{V-W}=121.2[V]$, $V_{W-U}=121.2[V]$

해설

상전압 $V_U=70\angle 0°$, $V_V=70\angle 240°$, $V_W=70\angle 120°$일 때
$W$상을 반대로 접속하게 되면 $V_W=-70\angle 120°$로 바뀐다.
선간 전압 $V_{U-V}=70\angle 0°-70\angle 240°=121\angle 30°[V]$
$V_{V-W}=70\angle 240°+70\angle 120°=70°[V]$
$V_{W-U}=-70\angle 120°-70\angle 0°=70\angle -120°[V]$

[정답] 06 ① 07 ④ 08 ④ 09 ① 10 ① 11 ①

## 12 정격출력 50[kW], 4극 220[V], 60[Hz]인 3상 유도전동기가 전부하 슬립 0.04, 효율 90%로 운전되고 있을 때 다음 중 틀린 것은?

① 2차 효율=92[%]

② 1차 입력=55.56[kW]

③ 회전자 동손=2.08[kW]

④ 회전자 입력=52.08[kW]

**해설**

**유도전동기 전력의 변환**

- 2차 효율 $\eta_2=1-s=1-0.04=96[\%]$
- 1차 입력 $P_1=\frac{P_o}{\eta}=\frac{50[kW]}{0.9}\fallingdotseq 55.56[kW]$
- 회전자 동손 $P_{2c}=sP_2=0.04\times 52.08=2.08[kW]$
- 회전자 입력 $P_2=\frac{P_0}{1-s}=\frac{50[kW]}{1-0.04}\fallingdotseq 52.08[kW]$

## 13 20극, 11.4[kW], 60[Hz], 3상 유도전동기의 슬립이 5[%]일 때 2차 동손이 0.6[kW]이다. 전부하 토크 [N·m]는?

① 523 ② 318

③ 276 ④ 189

**해설**

$T=0.975\frac{P}{N}=0.975\frac{P_{c2}/s}{N_s}$

$=0.975\frac{600/0.05}{360}=32.5[kg\cdot m]$

$T=32.5[kg\cdot m]=9.8\times 32.5=318.5[N\cdot m]$

## 14 동기발전기에서 기전력의 파형을 좋게 하는데 필요한 권선은?

① 전절권, 집중권 ② 단절권, 집중권

③ 집중권, 분포권 ④ 분포권, 단절권

**해설**

동기발전기의 전기자 권선법을 분포권과 단절권으로 하면 고조파를 감소시켜 기전력의 파형을 좋게 할수 있다.

## 15 단상 유도 전동기중 기동 토크가 가장 큰 것은?

① 콘덴서 기동형 ② 반발 기동형

③ 콘덴서 전동기 ④ 셰이딩 코일형

**해설**

**단상 유도전동기**

단상 유도전동기에서 기동토크가 가장 큰 기동방법은 반발 기동형이다.

## 16 변압기의 임피던스 전압이란?

① 정격 전류 시 2차측 단자전압이다.

② 변압기의 1차를 단락, 1차에 1차 정격전류와 같은 전류를 흐르게 하는데 필요한 1차 전압이다.

③ 정격 전류가 흐를 때의 변압기 내의 전압 강하이다.

④ 변압기의 2차를 단락, 2차에 2차 정격전류와 같은 전류를 흐르게 하는데 필요한 2차 전압이다.

**해설**

**임피던스 전압**

임피던스 전압이란 변압기의 2차를 단락하고 1차에 1차 정격전류와 같은 전류를 흐를 때 변압기 내의 전압강하이다.

## 17 3300[V], 60[Hz]용 변압기의 와류손이 360[W]이다. 이 변압기를 2750[V], 50[Hz]에서 사용할 때 이 변압기의 와류손은 약 몇 [W]가 되는가?

① 250 ② 330

③ 418 ④ 518

**해설**

**변압기 손실과 효율**

와류손은 단자전압의 제곱에 비례하므로

$\left(\frac{2750}{3300}\right)^2\times 360=250[W]$이다.

와류손은 주파수에 무관하고 전압의 제곱에 비례한다

[정답] 12① 13② 14④ 15② 16③ 17①

**18** 60[Hz], 12극, 회전자 외경 2[m]의 동기발전기에 있어서 자극면의 주변속도 [m/s]는 약 얼마인가?

① 34 ② 43
③ 59 ④ 62

해설

**회전자 주변속도**

$$v=\pi D\frac{N_s}{60}=\pi\times2\times=\frac{\frac{120\times60}{12}}{60}=62.83[\text{m/s}]$$

**19** 병렬 운전 중의 A, B 두 동기발전기 중 A발전기의 여자를 B보다 강하게 하면 A 발전기는?

① 부하 전류가 흐른다.
② 90도 지상 전류가 흐른다.
③ 동기화 전류가 흐른다.
④ 90도 진상 전류가 흐른다.

해설

**동기발전기의 병렬운전조건**

A발전기의 여자를 B발전기 보다 강하게 하면
- A발전기 : 90도 지상전류가 흐른다.
- B발전기 : 90도 진상전류가 흐른다.

**20** 단상 전파 정류회로에서 저항부하일 때의 맥동률 [%]은 약 얼마인가?

① 0.45 ② 0.17
③ 17 ④ 48

해설

**정류회로**

단상과 3상의 맥동률
- 단상반파=121[%]
- 단상전파=48[%]
- 3상 반판=17[%]
- 3상 전파=4[%]

## 시행일 2023년 1회

**01** 직류기의 전기자 반작용에 의한 영향이 아닌 것은?

① 자속이 감소하므로 유기기전력이 감소한다.
② 발전기의 경우 회전방향으로 기하학적 중성축이 형성된다.
③ 전동기의 경우 회전방향과 반대방향으로 기하학적 중성축이 형성된다.
④ 브러시에 의해 단락된 코일에는 기전력이 발생하므로 브러시 사이의 유기기전력이 증가한다.

해설

**직류기의 전기자반작용**
- 자속이 감소하므로 유기기전력이 감소한다.
- 발전기의 회전방향으로 기하학적 중성축이 이동한다.
- 발전기의 회전방향의 반대방향으로 기하학적 중성축이 이동한다.

**02** 정격속도로 회전하고 있는 무부하의 분권발전기가 있다. 계자저항 40[Ω], 계자전류 3[A], 전기자 저항이 2[Ω]일 때 유기기전력[V]은?

① 126 ② 132
③ 156 ④ 185

해설

**직류기 유기기전력**

$V=I_fR_f[\text{V}]$이므로
$E=V+I_aR_a=I_fR_f+I_aR_a=3\times40+3\times2=126[\text{V}]$

**03** 직류발전기를 병렬 운전할 때 균압선이 필요한 직류기는?

① 분권발전기, 직권발전기
② 분권발전기, 복권발전기
③ 직권발전기, 복권발전기
④ 분권발전기, 단극발전기

[정답] 18 ④ 19 ② 20 ④ 2023년 1회 01 ④ 02 ① 03 ③

해설

**발전기 병렬 운전**

직류발전기의 병렬 운전시 직권, 복권 발전기는 안정 운전을 위해 균압선이 필요하다.

## 04 직류 전동기의 속도 제어법이 아닌 것은?

① 계자제어법　② 전압 제어법

③ 저항제어법　④ 2차 여자법

해설

**직류 전동기의 속도 제어법**

- 전압 제어법
- 저항 제어법
- 계자 제어법

## 05 동기기의 전기자 저항을 $r$, 반작용 리액턴스를 $x_a$, 누설 리액턴스를 $x_l$이라 하면 동기 임피던스는?

① $\sqrt{r^2+\left(\dfrac{x_a}{x_l}\right)^2}$　② $\sqrt{r^2+x_l^2}$

③ $\sqrt{r^2+x_s^2}$　④ $\sqrt{r^2+(x_a+x_l)^2}$

해설

**동기 임피던스**

$Z_s$(동기 임피던스)$=r_a$(전기자 저항)$+jx_s$(동기 리액턴스)

$x_s$(동기 리액턴스)$=x_a$(반작용 리액턴스)$+x_l$(누설 리액턴스)

$Z_s=\sqrt{r^2+x_s^2}=\sqrt{r^2+(x_a+x_l)^2}$

## 06 동기발전기의 단자부근에서 단락시 단락전류는?

① 서서히 증가하여 큰전류가 흐른다.

② 처음은 크나, 점차로 감소한다.

③ 처음부터 일정한 큰전류가 흐른다.

④ 무시할 정도의 작은 전류가 흐른다.

해설

**동기발전기 단락전류**

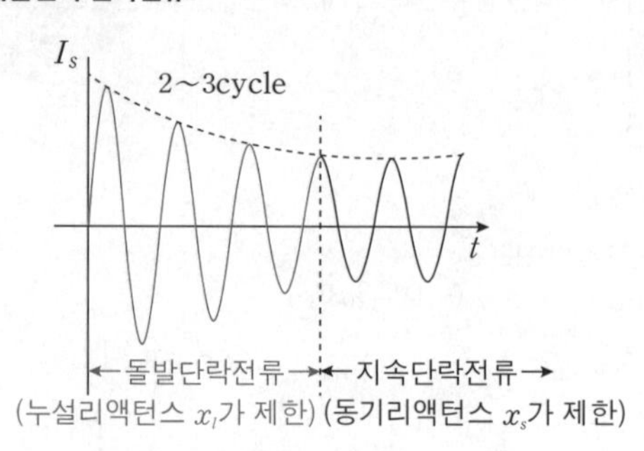


동기발전기의 단자 부근에서 단락시 처음은 큰전류가 흐르나 점차로 감소된다.

## 07 2대의 동기발전기가 병렬운전하고 있을 때 동기화 전류가 흐르는 경우는?

① 기전력의 크기에 차가 있을 때

② 기전력의 위상에 차가 있을 때

③ 기전력의 파형에 차가 있을 때

④ 분담에 차가 있을 때

해설

**동기발전기 병렬운전**

동기발전기 병렬운전시 기전력의 위상에 차가 있을 때 동기화 전류(유효순환전류)가 흐른다.

## 08 동기 전동기의 공급전압, 주파수 및 부하가 일정할 때 여자전류를 변화시키면 어떤 현상이 생기는가?

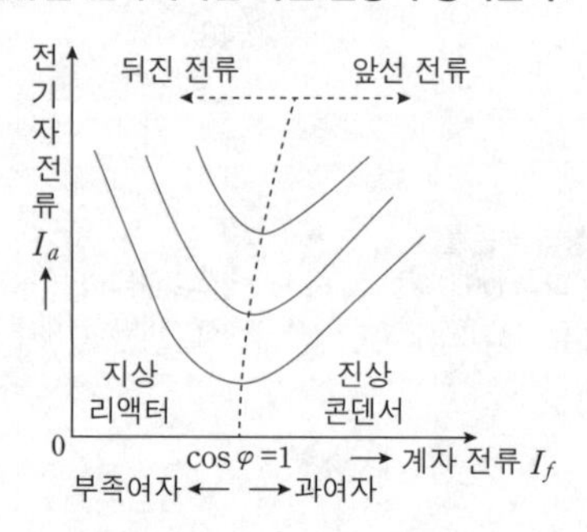


[정답] 04 ④　05 ④　06 ②　07 ②　08 ④

① 속도가 변한다.
② 회전력이 변한다.
③ 역률만 변한다.
④ 전기자 전류와 역률이 변한다.

해설

**동기기 위상특성곡선**
동기기 여자전류의 변화시 전기자 전류와 역률이 변한다.

## 09 변압기의 임피던스 전압이란?다

① 정격 전류 시 2차측 단자전압이다.
② 변압기의 1차를 단락, 1차에 1차 정격전류와 같은 전류를 흐르게 하는데 필요한 1차 전압이다.
③ 정격 전류가 흐를 때의 변압기 내의 전압 강하이다.
④ 변압기의 2차를 단락, 2차에 2차 전격전류와 같은 전류를 흐르게 하는데 필요한 2차 전압이다.

해설

**변압기의 임피던스 전압**
1차 전류가 정격전류가 흐를 때 변압기 내에서 발생하는 전압 강하이다.

## 10 와류손이 200[W]인 3300/210[V], 60[Hz]용 단상 변압기를 50[Hz], 3000[V]의 전원에 사용하면 이 변압기의 와류손은 약 몇 [W]로 되는가?

① 85.4　　② 124.2
③ 165.3　　④ 248.5

해설

**변압기의 와류손**
변압기의 와류손 $P_e \propto V^2$의 전압의 제곱에 비례한다.
$3300^2 : 200 = 3000^2 : P_e'$이므로
$$P_e' = \left(\frac{3000}{3300}\right)^2 \times 200 = 165.3[W]$$

## 11 전력용 변압기에서 1차에 정현파 전압을 인가하였을 때, 2차에 정현파 전압이 유기되기 위해서는 1차에 흘러 들어가는 여자전류는 기본파 전류 외에 주로 몇 고조파 전류가 포함되는가?

① 제2고조파　　② 제3고조파
③ 제4고조파　　④ 제5고조파

해설

**변압기 여자전류**
변압기 여자전류에는 제 3고조파가 가장 많이 포함되어 있으며 이는 철심의 자기포화와 히스테리시스 현상 때문이다.

## 12 권선비 $a$:1인 3개의 단상변압기를 △-Y라 하고, 1차 단자전압 $V_1$, 1차 전류 $I_1$이라 하면 2차의 단자 전압 $V_2$ 및 2차전류 $I_2$값은? (단, 저항 리액턴스 및 여자전류는 무시한다.)

① $V_2 = \sqrt{3}\frac{V_1}{a}$　$I_2 = I_1$
② $V_2 = V_1$　$I_2 = I_1\frac{a}{\sqrt{3}}$
③ $V_2 = \sqrt{3}\frac{V_1}{a}$　$I_2 = I_1\frac{a}{\sqrt{3}}$
④ $V_2 = \sqrt{3}\frac{V_1}{a}$　$I_2 = \sqrt{3}aI_1$

해설

**변압기 △－Y결선**
$$V_2 = V_{2l} = V_{2p} \times \sqrt{3} = \sqrt{3}\frac{V_{1p}}{a} = \sqrt{3}\frac{V_{1l}}{a} = \sqrt{3}\frac{V_1}{a}$$
$$I_2 = I_{2l} = I_{2p} = aI_{1p} = a\frac{I_{1l}}{\sqrt{3}} = a\frac{I_1}{\sqrt{3}}$$

## 13 어떤 변압기의 전압비는 무부하에서 14.5:1, 어떤 역률의 정격부하에서 15:1이다. 이 역률에서의 전압 변동률[%]은 약 얼마인가?

① 2.45　　② 3.45
③ 4.45　　④ 5.45

**[정답]** 09 ③　10 ③　11 ②　12 ③　13 ②

해설

**변압기 전압변동률**

무부하전압비 $a=\frac{V_1}{V_{20}}$ 이므로 $V_{20}=\frac{V_1}{a}=\frac{V_1}{14.5}$

정격전압비 $a=\frac{V_1}{V_{2n}}$ 이므로 $V_{2n}=\frac{V_1}{a}=\frac{V_1}{15}$

$$\varepsilon=\frac{V_{20}-V_{2n}}{V_{2n}}=\frac{\frac{V_1}{14.5}-\frac{V_1}{15}}{\frac{V_1}{15}}=0.03488=3.45[\%]$$

## 14 4극, 7.5[kW], 200[V], 60[Hz]인 3상 유도 전동기가 있다. 전부하에서 2차 입력이 7950[W]이다. 이 경우에 2차 효율 [%]은 얼마인가? (단, 기계손은 130[W]이다.)

① 93 ② 94
③ 95 ④ 96

해설

**유도전동기 전력변환**

$$\eta_2=\frac{P_0}{P_2}\times 100=\frac{P+P_0}{P_2}\times 100=\frac{7500+130}{7950}\times 100=96[\%]$$

## 15 권선형 유도 전동기 기동 시 2차측에 저항을 넣는 이유는?

① 회전수 감소
② 기동전류 증대
③ 기동 토크 감소
④ 기동전류 감소와 기동 토크 증대

해설

**비례추이**

3상 권선형 유도전동기는 비례추이를 통해 기동 전류의 감소와 기동토크를 증가 시킬 수 있다.

## 16 유도전동기의 안정 운전의 조건은? (단, $T_m$ : 전동기 토크, $T_L$ : 부하 토크, $n$ : 회전수)

① $\frac{dT_m}{dn}<\frac{dT_L}{dn}$ ② $\frac{dT_m}{dn}=\frac{dT_L^2}{dn}$
③ $\frac{dT_m}{dn}>\frac{dT_L}{dn}$ ④ $\frac{dT_m}{dn}\neq\frac{dT_L^2}{dn}$

해설

**전동기 안정 운전**

전동기 토크의 기울기는 −, 부하 토크의 기울기가 +가 되었을 때 해당 교차 지점에서 전동기는 안정운전이 된다. 따라서 안정 운전의 조건은 부하 토크의 기울기가 전동기 토크의 기울기 보다 커야 한다.

## 17 3상 전압조정기의 원리는 어느 것을 응용한 것인가?

① 3상 동기 발전기 ② 3상 변압기
③ 3상 유도 전동기 ④ 3상 교류자 전동기

해설

**유도 전압조정기**

유도 전압조정기란 회전자의 위치를 바꾸면 출력측의 전압을 자유로이 바꾸는 기기로 회전자계의 원리를 이용한 것으로 3상 유도전동기를 응용한 것이다.

## 18 농형 유도 전동기의 기동법이 아닌 것은?

① 전전압 기동
② Y – △ 기동
③ 기동 보상기에 의한 기동
④ 2차 저항에 의한 기동

해설

**농형 유도전동기 기동법**

전전압 기동, Y-△ 기동, 기동 보상기에 의한 기동, 리액터 기동, 콘돌퍼 기동

[정답] 14 ④ 15 ④ 16 ① 17 ③ 18 ④

**19** **교류 전동기에서 브러시 이동으로 속도 변화가 용이한 전동기는?**

① 동기 전동기 ② 시라게 전동기
③ 3상 농형 유도 전동기 ④ 2중 농형 유도 전동기

해설

**3상 분권 정류자 전동기**
교류전동기에서 브러시 이동으로 속도변화가 용이한 전동기는 시라게 전동기이다.

**20** **단상 정류자 전동기의 일종인 단상반발 전동기에 해당되는 것은?**

① 시라게 전동기
② 아트킨손형 전동기
③ 단상 직권 정류가 전동기
④ 반발 유도전동기

해설

**단상반발 전동기의 종류**
- 아트킨손형
- 톰슨형
- 데리형

## 시행일 2023년 2회

**01** **발생된 전원주파수를 다른 주파수로 변환기는?**

① 인버터 ② 사이클로 컨버터
③ 컨버터 ④ 회전변류기

해설

**전력변환기기**
- 인버터 : 교류를 직류로 변환
- 컨버터 : 직류를 교류로 변환
- 초퍼 : 직류를 직접 변환
- 사이클로 컨버터 : 교류의 주파수 변환

**02** **직류발전기의 유기기전력이 206[V]일 때 부하저항 1.5[Ω] 연결시 단자전압이 195[V]이다. 직류발전기의 전기자 저항[Ω]은 얼마인가?**

① 0.85 ② 7.33
③ 0.085 ④ 2.6

해설

**직류 발전기 유기기전력**
부하전류 $I_a=I=\frac{V}{R}=\frac{195}{1.5}=130[\text{A}]$
직류 발전기 $E=V+I_aR_a$
$R_a=\frac{E-V}{I_a}=\frac{206-195}{130}=0.085[\Omega]$

**03** **동기조상기의 여자전류를 감소시키면?**

① 콘덴서 역할 ② 리액터 역할
③ 전기자 전류 감소 ④ 역률은 앞선다.

해설

**동기조상기**
동기조상기의 부족여자 시 지상전류가 발생하여 리액터 역할을 한다.

**04** **동기조상기를 과여자로 사용시 설명으로 틀린 것은?**

① 콘덴서 역활
② 역률이 앞선다.
③ 전기자 전류 증가한다.
④ 위상이 뒤진 전류가 흐른다.

해설

**동기조상기**
동기조상기의 과여자 시 역류이 앞선 진상전류가 발생하여 전기자 전류가 증가하고 콘덴서 역할을 한다.

[정답] 19 ② 20 ② 2023년 2회 01 ② 02 ③ 03 ② 04 ④

**05 변압기 철심 사용 시 자장의 세기가 감소 되고 철심의 철손을 감소시키기 위한 설명으로 옳은 것은?**

① 철심의 전도도전도를 감소 시킨다.
② 철심의 두께를 크게한다.
③ 철심을 알루미늄을 사용한다.
④ 투자율을 작게한다.

해설

**변압기 철심**
전도도전도를 감소시키면 전기저항이 커져 전류가 감소하게 되어 자기장의 세기가 감소하고 철손이 감소한다.

**06 50[Hz]용 변압기에 60[Hz]의 동일 전압을 인가하여 자속밀도(A) 및 손실(B)의 변화는?**

① (A) 감소, (B) 증가 ② (A) 감소, (B) 감소
③ (A) 증가, (B) 증가 ④ (A) 감소, (B) 일정

해설

**변압기 주파수 특성**

$E=4.44fBAN$이므로 전압이 일정할 때 $B\propto\frac{1}{f}$의 관계를 가진다.

또한 철손도 $P_i\propto\frac{1}{f}$ 반비례하므로 자속밀도는 감소하게 되고, 철손도 감소하게 하게 된다.

**07 유도전동기에 게르게스 현상이 생기는 슬립은 대략 얼마인가?**

① 0.25 ② 0.5
③ 0.7 ④ 0.8

해설

**유도전동기 게르게스현상**
권선형 유도 전동기에서 무부하 또는 경부하로 운전 중 한상이 단선되어 결상되더라도 전동기가 슬립이 0.5(정격속도의 약 50[%])에서 더 이상 가속되지 않는 현상

**08 직류발전기의 전기자 권선법은?**

① 환상권 ② 개로권
③ 2층권 ④ 단층권

해설

**직류발전기의 전기자 권선법**
고상권, 폐로권, 2층권

**09 어떤 직류 전동기의 역기전력이 200[V], 매분 회전수 1500[rpm]일때 전기자 전류 100[A]일 때, 발생토크 [kg·m]는?**

① 10 ② 11
③ 12 ④ 13

해설

**직류 전동기 토크**

$$T=\frac{60EI_a}{2\pi N}=\frac{60\times200\times100}{2\pi\times1500}=127.324[\text{N}\cdot\text{m}]$$

$$T=127.324\times\frac{1}{9.8}=13[\text{kg}\cdot\text{m}]$$

**10 3상 권선형 유도전동기의 2차측 저항을 2배로 증가시 그 최대 토크는 몇 배가 되는가?**

① 2배 ② 변화하지 않는다.
③ $\sqrt{2}$ 배 ④ 1/2배

해설

**비계추이시 최대토크**
3상 권선형 유도전동기의 2차측 저항을 2배로 변화시키더라도 최대토크는 변화하지 않는다.

**11 단상직권 전동기의 종류가 아닌 것은?**

① 직권형 ② 계자형
③ 유도보상직권형 ④ 보상직권형

[정답] 05 ① 06 ② 07 ② 08 ③ 09 ④ 10 ② 11 ②

해설

**단상직권 전동기의 종류**

직권형, 유도보상직권형, 보상직권형

**12** **동기발전기를 회전계자형으로 하는 이유가 아닌 것은?**

① 계자회로는 직류의 저압회로이며, 소요전력이 적다.
② 기계적으로 튼튼하게 만드는데 용이하다.
③ 고전압에 견딜수 있게 전기자 권선을 절연하기가 쉽다.
④ 파형을 개선할 수 있다.

해설

**회전계자의 특징**

회전계자형 계자는 철의 분포가 많아 튼튼하고 직류저전압소전류를 인가하므로 절연이 용이하다.
전기자 권선에는 고전압이 발생하므로 고정자로 사용하는게 절연이 용이하다.

**13** **변압기의 임피던스 전압이란?**

① 정격전류가 흐를 때의 2차측 단자전압
② 정격전류가 흐를 때의 변압기 내의 전압강하
③ 여자전류가 흐를때의 2차측 단자 전압
④ 2차단락전류가 흐를 때의 변압기 내의 전압강하

해설

**임피던스 전압**

변압기의 2차측을 단락시 1차측에서 정격전류가 흐를 때 변압기 내의 임피던스에서 발생하는 전압강하를 말한다.

**14** **자속밀도가 0.6[Wb/m²], 도체의 길이 0.3[m]일 때, 10[m/s]의 속도로 이동시 유기전압[V]은?**

① 30 ② 18
③ 1.3 ④ 1.8

해설

**발전기 유기전압**

$e=Blv=0.6\times0.3\times10=1.8$[V]

**15** **3상 동기발전기의 전기자권선을 2중 성형결선으로 했을 때 발전기의 용량[VA]은?**

① $\sqrt{3}\,EI$ ② $2\sqrt{3}\,EI$
③ $3EI$ ④ $6EI$

해설

**2중성형결선**

성형결선이므로 선간전압$=\sqrt{3}\,E$
2중(병렬)이므로 선전류$=2I$
3상이므로 피상전력$=\sqrt{3}\times\sqrt{3}\,E\times2I=6EI$

**16** **권수비 30의 10[KVA]변압기가 있다. 2차 임피던스가 10[Ω]일 때 1차로 환산한 임피던스[kΩ]는?**

① 3000 ② 3
③ 9000 ④ 9

해설

**변압기 환산임피던스**

$a=\sqrt{\frac{R_1}{R_2}}$ 이므로 $R_1=a^2R_2=30^2\times10=9000=9$[kΩ]

**17** **다음과 같은 반도체 정류기 중에서 역방향 내전압이 가장 큰 것은?**

① 실리콘 정류기 ② 게르마늄 정류기
③ 셀렌 정류기 ④ 아산화동 정류기

해설

**실리콘 정류기**

실리콘판과 다른 금속판을 겹쳐서 열처리하여 만든 소자로서 대전류용의 제작이 가능하며 역방향 내전압이 크다.

[정답] 12④ 13② 14④ 15④ 16④ 17①

**18** 변압기의 1차측을 Y결선, 2차측을 △결선으로 한 경우 1차와 2차간의 전압의 위상 변위는?

① 0° ② 30°
③ 45° ④ 60°

해설

**Y－△결선**
Y－△결선의 1,2차 선간전압 사이에는 30°의 위상차가 발생한다.

**19** 스테핑 모터의 일반적인 특징으로 틀린 것은?

① 위치제어를 하는 분야에 주로 사용된다.
② 입력된 펄스 신호에 따라 특정 각도 만큼 회전하도록 설계된 전동기이다.
③ 스텝각이 클수록 1회전당 스텝수가 많아지고 축위치의 정밀도는 높아진다.
④ 양방향 회전이 가능하고 설정된 여러 위치에 정지하거나 해당 위치로부터 기동할 수 있다.

해설

**스테핑 모터의 특징**
위치 및 각도 제어를 위한 모터로 입력 펄스신호에 따라 회전하는 전동기이다. 스텝각이 작을수록 1회전당 스텝수가 많아지고 축위치의 정밀도는 높아진다.

**20** 일반적인 3상 유도전동기에 대한 설명으로 틀린 것은?

① 불평형 전압으로 운전하는 경우 전류는 증가하나 토크는 감소한다.
② 원선도 작성을 위해서는 무부하시험, 구속시험, 1차 권선저항 측정을 하여야 한다.
③ 농형은 권선형에 비해 구조가 견고하며 권선형에 비해 대형 전동기에 널리 사용된다.
④ 권선형 회전자의 3선 중 1선이 단선되면 동기속도의 50[%]에서 더 이상 가속되지 못하는 현상을 게르게스 현상이라 한다.

해설

**농형 유도전동기의 특징**
- 농형유도전동기 : 주로 중소형으로 사용된다.
- 권선형유도전동기 : 주로 대형에서 사용된다.

## 시행일 2023년 3회

**01** 전기철도에 주로 사용되는 직류전동기는?

① 직권 전동기 ② 타여자 전동기
③ 자여자 분권전동기 ④ 가동 복권전동기

해설

**직권전동기**
전동차, 기중기, 크레인 등에서 사용된다.

**02** 다음 중 비례추이를 하는 전동기는?

① 직권 전동기 ② 3상 권선형 유도전동기
③ 3상 동기 전동기 ④ 복권 전동기

해설

**3상권선형 유도전동기**
2차 저항을 제어하여 비례추이를 하고 속도와 토크 등을 제어할 수 있다.

**03** 유도 전동기의 속도 제어법이 아닌 것은?

① 2차 저항법 ② 2차 여자법
③ 1차 저항법 ④ 주파수 제어법

해설

**유도전동기의 속도제어법**
- 농형 유도전동기 : 주파수 제어법, 극수 제어법, 전압 제어법
- 권선형 유도전동기 : 2차 저항법, 2차 여자법, 종속법

[정답] 18 ② 19 ③ 20 ③ 2023년 3회 01 ① 02 ② 03 ③

## 04 동기 전동기에서 감자작용을 할 때는 어떤 경우인가?

① 공급 전압보다 앞선 전류가 흐를 때
② 공급 전압보다 뒤진 전류가 흐를 때
③ 공급 전압과 동상 전류가 흐를 때
④ 공급 전압에 상관없이 전류가 흐를 때

해설

**동기전동기 전기자반작용**

| | 동상 | 지상 | 진상 |
|---|---|---|---|
| 동기 발전기 | 교차 자화작용 | 감자작용 | 증자작용 |
| 동기 전동기 | 교차 자화작용 | 증자작용 | 감자작용 |

## 05 동기발전기의 무부하 포화곡선은 그림 중 어느 것인가? (단, $V$는 단자전압, $I_f$는 여자전류이다.)

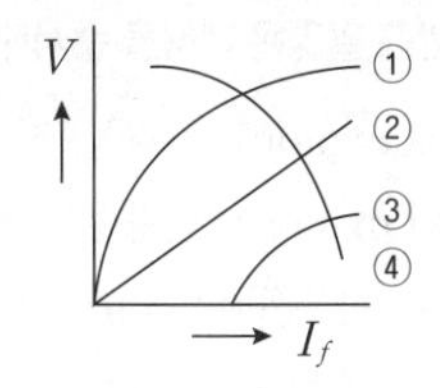


① 곡선 ① ② 곡선 ②
③ 곡선 ③ ④ 곡선 ④

해설

**무부하 포화 곡선**

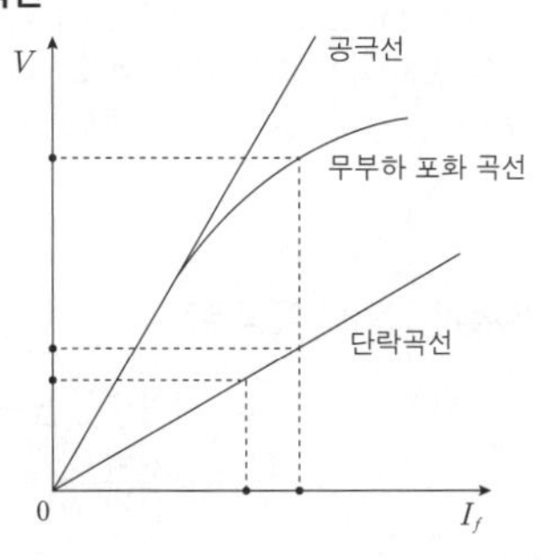


## 06 유도전동기의 극수가 6극 일 때 토오크가 $\tau$인 경우 극수가 12인 경우의 토오크는?

① $\tau$ ② $2\tau$
③ $3\tau$ ④ $4\tau$

해설

**유도전동기 토크**

$T = 0.975\frac{P}{N} = 0.975\frac{P}{120f/p} \propto p$(극수)

유도전동기 토크는 극수와 비례하므로 6극에서 12극이 되면 2배가 되어 토크도 2배가 된다.

## 07 전기자 도체의 굵기, 권수가 모두 같을 때 단중 중권에 비해 단중 파권 권선의 이점은?

① 전류는 커지며 저전압이 이루어진다.
② 전류는 적으나 저전압이 이루어진다.
③ 전류는 적으나 고전압이 이루어진다.
④ 전류가 커지며 고전압이 이루어진다.

해설

**전기자 권선법**

| | 중권(병렬권) | 파권(직렬권) |
|---|---|---|
| 전기자 병렬회로수 | 극수 | 2 |
| 특징 | 저전압 대전류 | 고전압 소전류 |

## 08 "직류기의 회전속도가 위험한 상태가 되지 않으려면 직권 전동기는 ( ㉠ ) 상태로, 분권 전동기는 ( ㉡ ) 상태가 되지 않도록 하여야 한다." ( )안에 알맞은 내용은?

① ㉠ 무부하, ㉡ 무여자 ② ㉠ 무여자, ㉡ 무부하
③ ㉠ 무여자, ㉡ 경부하 ④ ㉠ 무부하, ㉡ 경부하

해설

**직류전동기의 종류**

"직류기의 회전속도가 위험한 상태가 되지 않으려면 직권 전동기는 ( 무부하 ) 상태로, 분권 전동기는 ( 무여자 ) 상태가 되지 않도록 하여야 한다."

[정답] 04 ① 05 ① 06 ② 07 ③ 08 ①

**09** **다음 사이리스터 중 3단자 사이리스터가 아닌 것은?**

① SCS ② SCR
③ GTO ④ TRIAC

해설

**사이리스터**

- SCS : 단방향성 4단자 소자
- SCR : 단방향성 3단자 소자
- GTO : 단방향성 3단자 소자
- TRIAC : 양방향성 3단자 소자

**10** **단상 유도전압 조정기의 1차 전압 100[V], 2차 100±30[V], 2 차 전류는 6[A]이다. 이 조정기의 정격은 몇 [VA]인가?**

① 600 ② 180
③ 780 ④ 420

해설

**단상 유도전압 조정기의 정격용량**

$P=E_2 \times I_2 \times 10^{-3}[\text{kVA}]=30\times 6\times 10^{-3}=180[\text{VA}]$

**11** **전력용 변압기에서 1차에 정현파 전압을 인가하였을 때, 2차에 정현파 전압이 유기되기 위해서는 1차에 흘러들어가는 여자전류는 기본파 전류 외에 주로 몇 고조파 전류가 포함되는가?**

① 제2고조파 ② 제3고조파
③ 제4고조파 ④ 제5고조파

해설

**변압기의 여자전류**

변압기에 2차 측에 정현파 전압 유기되기 위해서 1차에 들어가는 여자전류는 기본파 전류 외에 3고조파 전류가 포함되었을 때 2차측에 유기되는 전압이 정현파가 된다.

**12** **5[kVA], 2000/200[V]의 단상변압기가 있다. 2차에 환산한 등가저항과 등가리액턴스는 각각 0.14[Ω], 0.16[Ω]이다. 이 변압기에 역률 0.8(뒤짐)의 정격부하를 걸었을 때의 전압변동률[%]은 약 얼마인가?**

① 0.026 ② 0.26
③ 2.6 ④ 26

해설

**변압기의 전압변동률**

$P=5[\text{kVA}]$, $V_1=2000[\text{V}]$, $V_2=200[\text{V}]$,
$R_{12}=0.14[\Omega]$, $X_{12}=0.16[\Omega]$, $\cos\theta=0.8$(지상)

$I_2=\dfrac{P}{V_2}=\dfrac{5000}{200}=25[\text{A}]$

$\%R=p=\dfrac{I_2R_{12}}{V_2}\times 100=1.75[\%]$

$\%X=q=\dfrac{I_2X_{12}}{V_2}\times 100=2[\%]$

$\varepsilon=p\cos\theta+q\sin\theta=1.75\times 0.8+2\times 0.6=2.6[\%]$

**13** **사이리스터(Thyristor)에서는 게이트 전류가 흐르면 순방향의 저지상태에서 (  )상태로 된다. 게이트 전류를 가하여 도통완료까지의 시간을 (  )시간이라고 하나 이 시간이 길면 (  )시의 (  )이 많고 사이리스터 소자가 파괴되는 수가 있다. (  ) 안에 알맞은 내용을 순서대로 나열한 것은?**

① 온(On), 턴온(Turn on), 스위칭, 전력손실
② 온(On), 턴온(Turn on), 전력손실, 스위칭
③ 스위칭, 온(On), 턴온(Turn on), 전력손실
④ 턴온(Turn on), 스위칭, 온(On), 전력손실

해설

**사이리스터**

사이리스터(Thyristor)에서는 게이트 전류가 흐르면 순방향의 저지상태에서 (온(on))상태로 된다. 게이트 전류를 가하여 도통완료까지의 시간을 (턴온(Turn on))시간이라고 하나 이 시간이 길면 (스위칭)시의 (전력손실)이 많고 사이리스터 소자가 파괴되는 수가 있다.

**14** **자기누설변압기의 특징은?**

① 단락전류가 크다. ② 전압변동률이 크다.
③ 역률이 좋다. ④ 표유부하손이 작다.

해설

**자기누설 변압기**

누설리액턴스와 전압강하가 커서 전압변동률이 크다. 주로 용접기로 사용된다.

[정답] 09① 10② 11② 12③ 13① 14②

## 15 직류발전기의 유기기전력과 반비례하는 것은?

① 자속 ② 회전수
③ 병렬회로수 ④ 도체수

해설

**직류발전기 유기기전력**

유기기전력 $E=\frac{pZ\phi N}{60a} \propto \frac{1}{a(\text{병렬회로수})}$ 이므로
병렬회로수에 반비례한다.

## 16 비돌극형 동기 발전기의 최대 출력시 부하각 δ는 몇 도[°]인가?

① 0° ② 30°
③ 60° ④ 90°

해설

**비돌극기 출력**

비돌극기의 출력 $P=\frac{EV}{X_s}\sin\delta$ 이므로
$\sin\delta(90°)=1$일 때 최대가 된다.

## 17 다음 중 VVVF(Variable Voltage Variable Frequency)제어방식에 가장 적당한 속도 제어는?

① 동기 전동기의 속도제어
② 유도 전동기의 속도제어
③ 직류 직권전동기의 속도제어
④ 직류 분권전동기의 속도제어

해설

**유도전동기의 속도제어**

농형 유도전동기의 속도제어시 사용되는 방법 중 인버터(VVVF) 제어방법 등이 있다.

## 18 단상 변압기 3대를 △-Y로 결선했을 때의 1차, 2차의 전압 위상차는?

① 0° ② 30°
③ 60° ④ 90°

해설

**변압기 결선**

△-Y, Y-△결선은 1차와 2차 전압 사이에 30° 위상차가 발생한다.

## 19 용량 1[kVA], 3000/200[V]의 단상 변압기를 단권변압기로 결선하여 3000/3200[V]의 승압기로 사용할 때 그 부하용량[kVA]은?

① 16 ② 15
③ 1.5 ④ 0.6

해설

**단권변압기**

$V_H=3200,\ V_L=3000,\ \frac{\text{자기용량}}{\text{부하용량}}=\frac{V_H-V_L}{V_H}$ 이므로

$\text{부하용량}=\frac{V_H}{V_H-V_L}\times\text{자기용량}$

$=\frac{3200}{3200-3000}\times 1=16[\text{kVA}]$ 이다.

## 20 병렬 운전 중의 A, B 두 동기 발전기 중 A발전기의 여자를 B보다 강하게 하면 A 발전기는?

① 부하 전류가 흐른다.
② 90도 지상 전류가 흐른다.
③ 동기화 전류가 흐른다.
④ 90도 진상 전류가 흐른다.

해설

**동기발전기 병렬운전**

동기발전기에서 병렬운전시 A발전기의 여자를 크게 하면 기전력이 증가하게 되어 A발전기에서 B발전기로 무효순환전류가 흐르게 된다. 이때 흐르는 전류는 90도 지상전류가 A발전기에서 흐르게 된다.

[정답] 15③ 16④ 17② 18② 19① 20②

국가기술자격검정필기시험문제

| 자격종목 및 등급 | 과목명 | 시험시간 | 성명 |
|---|---|---|---|
| 전기기사 | 회로이론 | 2시간 30분 | 대산전기학원 |

## 시행일 2019년 1회

**01** $e=100\sqrt{2}\sin\omega t+75\sqrt{2}\sin 3\omega t+20\sqrt{2}\sin 5\omega t$ [V]인 전압을 $RL$직렬회로에 가할 때 제3고조파 전류의 실효값은 몇 [A]인가? (단, $R=4$[Ω], $\omega L=1$[Ω]이다.)

① 15 ② $15\sqrt{2}$

③ 20 ④ $20\sqrt{2}$

해설

**$n$고조파 직렬 임피던스**

$R-L$ 직렬, $R=4$[Ω], $\omega L=1$[Ω]에서

3고조파 임피던스는

$Z_3=R+j3\omega L=4+j3\times1=4+j3=5$[Ω]

3고조파 전류는 $I_3=\dfrac{V_3}{Z_3}=\dfrac{75}{5}=15$[A]

**02** 전원과 부하가 △결선된 3상 평형회로가 있다. 전원전압이 200[V], 부하 1상의 임피던스가 $6+j8$[Ω]일 때 선전류[A]는?

① 20 ② $20\sqrt{3}$

③ $\dfrac{20}{\sqrt{3}}$ ④ $\dfrac{\sqrt{3}}{20}$

해설

**다상교류**

△결선, $V_l=200$[V], $Z=6+j8$[Ω]일 때

상전류는 $I_p=\dfrac{V_P}{Z}=\dfrac{V_l}{Z}=\dfrac{200}{\sqrt{6^2+8^2}}=20$[A]이므로

선전류는 $I_l=\sqrt{3}I_p=20\sqrt{3}$[A]

**03** 분포정수 선로에서 무왜형 조건이 성립하면 어떻게 되는가?

① 감쇠량이 최소로 된다.

② 전파속도가 최대로 된다.

③ 감쇠량은 주파수에 비례한다.

④ 위상정수가 주파수에 관계없이 일정하다.

해설

**분포정수**

무왜형 선로는 파형의 일그러짐이 없으므로 감쇠량이 최소로 된다.

**04** 회로에서 $V=10$[V], $R=10$[Ω], $L=1$[H], $C=10$[μF] 그리고 $V_C(0)=0$일 때 스위치 $K$를 닫은 직후 전류의 변화율 $\dfrac{di}{dt}(0^+)$의 값[A/sec]은?

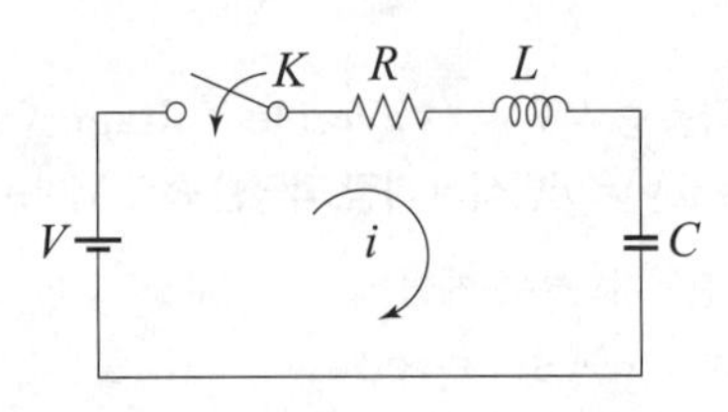


① 0 ② 1

③ 5 ④ 10

해설

**과도현상**

$t=0$인 초기상태에서는 $L$은 개방이 되므로 $L$에 걸리는 전압은

$V=L\dfrac{di(0^+)}{dt}$[V]이므로 $\dfrac{di(0^+)}{dt}=\dfrac{V}{L}=\dfrac{10}{1}=10$[A/sec]

[정답] 2019년 1회 01 ① 02 ② 03 ① 04 ④

**05** $F(s)=\dfrac{2s+15}{s^3+s^2+3s}$일 때 $f(s)$의 최종값은?

① 2 ② 3
③ 5 ④ 15

해설

**최종값 정리**

$\lim_{t\to\infty} f(t)=\lim_{s\to 0} sF(s)$에 의해서

$\lim_{t\to\infty} f(t)=\lim_{s\to 0} sF(s)=\lim_{s\to 0} s\cdot\dfrac{2s+15}{s^3+s^2+3s}=5$

**06** 대칭 5상 교류 성형결선에서 선간전압과 상전압 간의 위상차는 몇 도인가?

① 27° ② 36°
③ 54° ④ 72°

해설

**대칭 $n$상 교류회로**

Y결선시 대칭 $n$상에서 선간 전압은

상전압보다 위상이 $\dfrac{\pi}{2}\left(1-\dfrac{2}{n}\right)$[rad]만큼 앞서므로

$\therefore \theta=\dfrac{\pi}{2}\left(1-\dfrac{2}{n}\right)=\dfrac{\pi}{2}\left(1-\dfrac{2}{5}\right)=54°$

**07** 정현파 교류 $V=V_m\sin\omega t$의 전압을 반파정류하였을 때의 실효값은 몇 [V]인가?

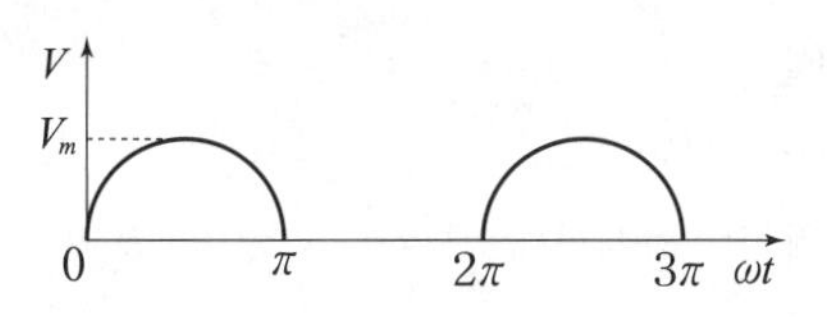


① $\dfrac{V_m}{\sqrt{2}}$ ② $\dfrac{V_m}{2}$
③ $\dfrac{V_m}{2\sqrt{2}}$ ④ $\sqrt{2}V_m$

해설

**정현반파(반파정류)의 평균값과 실효값**

- 정현반파의 평균값 $V_a=\dfrac{V_m}{\pi}$
- 정현반파의 실효값 $V=\dfrac{V_m}{2}$

**08** 회로망 출력단자 $a-b$에서 바라본 등가 임피던스는? (단, $V_1=6$[V], $V_2=3$[V], $I_1=10$[A], $R_1=15$[Ω], $R_2=10$[Ω], $L=2$[H], $j\omega=s$이다.)

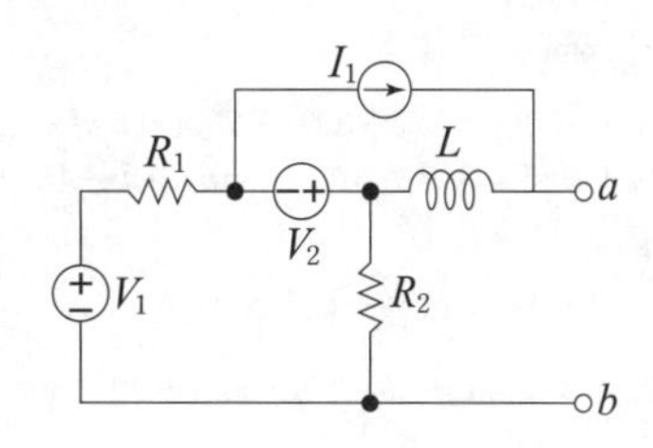


① $s+15$ ② $2s+6$
③ $\dfrac{3}{s+2}$ ④ $\dfrac{1}{s+3}$

해설

**테브난의 정리**

테브난의 정리를 이용하여 전압원 단락, 전류원 개방하여 등가 임피던스를 구하면

$Z_{ab}=2s+\dfrac{15\times 10}{15+10}=2s+6$

**09** 대칭 3상 전압이 $a$상 $V_a$, $b$상 $=V_b=a^2V_a$, c상 $V_c=aV_a$일 때 a상을 기준으로 한 대칭분 전압 중 정상분 $V_1$[V]은 어떻게 표시되는가?

① $\dfrac{1}{3}V_a$ ② $V_a$
③ $aV_a$ ④ $a^2V_a$

해설

**$a$상 기준한 대칭3상 대칭분 전압**

영상분 전압 $V_0=0$
정상분 전압 $V_1=V_a$
역상분 전압 $V_2=0$

[정답] 05 ③ 06 ③ 07 ② 08 ② 09 ②

**10** 다음과 같은 비정현파 기전력 및 전류에 의한 평균 전력을 구하면 몇 [W]인가?

$e=100\sin\omega t-50\sin(3\omega t+30°)+20\sin(5\omega t+45°)$[V]
$I=20\sin\omega t+10\sin(3\omega t-30°)+5\sin(5\omega t-45°)$[V]

① 825 ② 875
③ 925 ④ 1175

해설

**비정현파 교류전력**

$v=100\sin\omega t-50\sin(3\omega t+30°)+20\sin(5\omega t+45°)$[V]
$i=20\sin\omega t+10\sin(3\omega t-30°)+5\sin(5\omega t-45°)$[A]라면

- 유효전력

$P=V_1I_1\cos\theta_1+V_3I_3\cos\theta_3+V_5I_5\cos\theta_5$
$=\frac{1}{2}(100\times20\cos0°-50\times10\cos60°+20\times5\cos90°)$
$=875$[W]

## 시행일 2019년 2회

**01** 길이에 따라 비례하는 저항 값을 가진 어떤 전열선에 $E_0$[V]의 전압을 인가하면 $P_0$[W]의 전력이 소비된다. 이 전열선을 잘라 원래 길이의 $\frac{2}{3}$로 만들고 $E$[V]의 전압을 가한다면 소비전력 $P$[W]는?

① $P=\frac{P_0}{2}\left(\frac{E}{E_0}\right)^2$ ② $P=\frac{3P_0}{2}\left(\frac{E}{E_0}\right)^2$
③ $P=\frac{2P_0}{3}\left(\frac{E}{E_0}\right)^2$ ④ $P=\frac{\sqrt{3}P_0}{2}\left(\frac{E}{E_0}\right)^2$

해설

도선의 전기저항은 $R=\rho\frac{l}{S}$[Ω]이므로 길이 $l$에 비례하므로

길이를 $\frac{2}{3}$로 하면 저항값도 $\frac{2}{3}$가 된다.

그러므로 저항 $R$[Ω], 전압 $E_0$[V]일 때 전력이 $P_0=\frac{E_0^2}{R}$[W]이므로

저항 $R'=\frac{2}{3}R$[Ω], 전압 $E$[V]일 때 전력이 $P$[W]를 구하면

$P=\frac{E^2}{R'}=\frac{E^2}{\frac{2}{3}R}=\frac{3E^2}{2R}=\frac{3E^2}{2\frac{E_0^2}{P_0}}=\frac{3P_0}{2}\left(\frac{E}{E_0}\right)^2$[W]가 된다.

**02** 회로에서 4단자 정수 $A, B, C, D$의 값은?

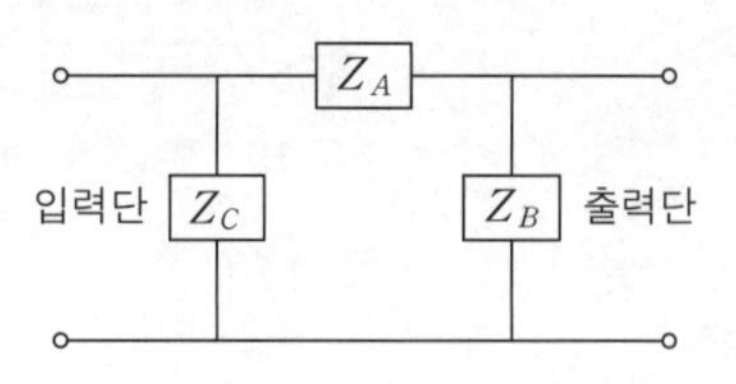


① $A=1+\frac{Z_A}{Z_B}$, $B=Z_A$, $C=\frac{1}{Z_A}$, $D=1+\frac{Z_B}{Z_A}$

② $A=1+\frac{Z_A}{Z_B}$, $B=Z_A$, $C=\frac{1}{Z_B}$, $D=1+\frac{Z_A}{Z_B}$

③ $A=1+\frac{Z_A}{Z_B}$, $B=Z_A$, $C=\frac{Z_A+Z_B+Z_C}{Z_BZ_C}$, $D=\frac{1}{Z_{BC}}$

④ $A=1+\frac{Z_A}{Z_B}$, $B=Z_A$, $C=\frac{Z_A+Z_B+Z_C}{Z_BZ_C}$, $D=1+\frac{Z_A}{Z_C}$

해설

**4단자 정수**

$\pi$형 회로의 4단자 정수는

$$\begin{bmatrix} A & B \\ C & D \end{bmatrix}=\begin{bmatrix} 1+\frac{Z_A}{Z_B} & Z_A \\ \frac{Z_A+Z_B+Z_C}{Z_BZ_C} & 1+\frac{Z_A}{Z_C} \end{bmatrix}$$

**03** 어떤 콘덴서를 300[V]로 충전하는데 9[J]의 에너지가 필요하였다. 이 콘덴서의 정전용량은 몇 [$\mu$F]인가?

① 100 ② 200
③ 300 ④ 400

해설

**콘덴서 저장 에너지**

콘덴서에 저장되는 에너지는 $W=\frac{1}{2}CV^2$[J]이므로

정전용량은 $C=\frac{2W}{V^2}=\frac{2\times9}{300^2}\times10^6=200$[$\mu$F]

**04** 그림과 같은 순 저항회로에서 대칭 3상 전압을 가할 때 각 선에 흐르는 전류가 같으려면 $R$의 값은 몇 [Ω]인가?

[정답] 10 ② 2019년 2회 01 ② 02 ④ 03 ② 04 ③

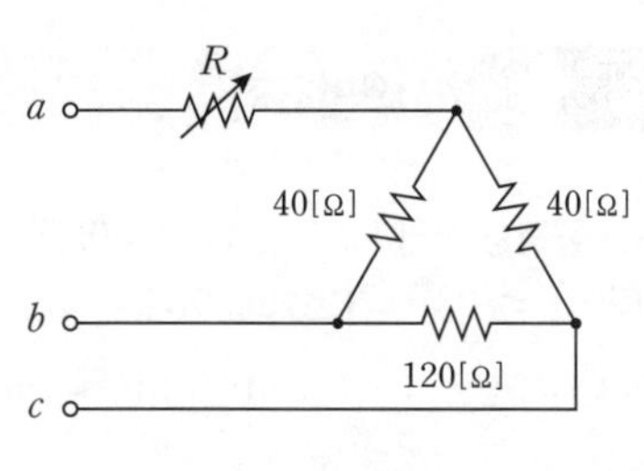


① 8　　② 12

③ 16　　④ 20

해설

**임피던스 등가변환**

대칭 3상 회로의 각 선전류가 모두 같아지려면 각 상의 저항이 모두 같아야 하므로 등가회로를 그려서 이를 알 수 있다.

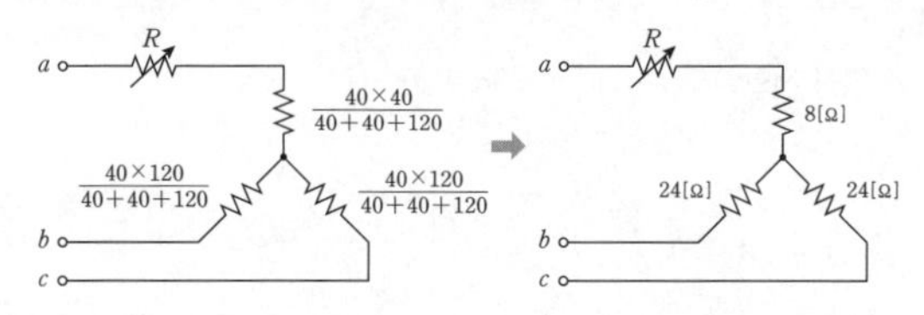


등가회로에서 각 상의 저항을 $R_a$, $R_b$, $R_c$라 하면

$R_a=R+8[\Omega]$, $R_b=24[\Omega]$, $R_c=24[\Omega]$

$R_a=R_b=R_c$인 경우

$\therefore R=16[\Omega]$

## 05 그림과 같은 $RC$ 저역통과 필터회로에 단위 임펄스를 입력으로 가했을 때 응답 $h(t)$는?

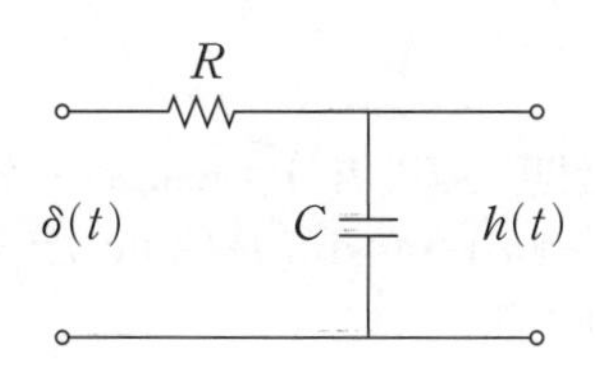


① $h(t)=RCe^{-\frac{t}{RC}}$　　② $h(t)=\frac{1}{RC}e^{-\frac{t}{RC}}$

③ $h(t)=\frac{R}{1+j\omega RC}$　　④ $h(t)=\frac{1}{RC}e^{-\frac{C}{R}t}$

해설

**전달함수**

직렬연결시 전달함수

$$G(s)=\frac{H(s)}{R(s)}=\frac{\text{출력 임피던스}}{\text{입력 임피던스}}$$

$$=\frac{\frac{1}{Cs}}{R+\frac{1}{Cs}}=\frac{1}{RCs+1}=\frac{\frac{1}{RC}}{s+\frac{1}{RC}}\text{이므로}$$

입력 $r(t)=\delta(t)$일 때 응답(출력) $h(t)$은

$$h(s)=G(s)R(s)=\frac{\frac{1}{RC}}{s+\frac{1}{RC}}\times 1=\frac{\frac{1}{RC}}{s+\frac{1}{RC}}\text{가 되므로}$$

역라플라스 변환하면 $h(t)=\frac{1}{RC}e^{-\frac{t}{RC}}$가 된다.

## 06 전류 $I=30\sin\omega t+40\sin(3\omega t+45^\circ)$[A]의 실효값[A]은?

① 25　　② $25\sqrt{2}$

③ 50　　④ $50\sqrt{2}$

해설

**비정현파 교류의 실효값**

$I=30\sin\omega t+40\sin(3\omega t+45^\circ)$의 실효값은

$$I=\sqrt{I_1^2+I_3^2}=\sqrt{\left(\frac{30}{\sqrt{2}}\right)^2+\left(\frac{40}{\sqrt{2}}\right)^2}=25\sqrt{2}\,[\mathrm{A}]$$

## 07 평형 3상 3선식 회로에서 부하는 Y결선이고, 선간전압이 $173.2\angle 0^\circ$[V]일 때 선전류는 $20\angle -120^\circ$[A]이었다면, Y결선된 부하 한상의 임피던스는 약 몇 [Ω]인가?

① $5\angle 60^\circ$　　② $5\angle 90^\circ$

③ $5\sqrt{3}\angle 60^\circ$　　④ $5\sqrt{3}\angle 90^\circ$

해설

평형 3상 Y결선시 한상의 임피던스는

$$Z=\frac{V_P}{I_P}=\frac{\frac{V_l}{\sqrt{3}}\angle -30^\circ}{I_l}=\frac{\frac{173.2\angle 0^\circ}{\sqrt{3}}\angle -30^\circ}{20\angle -120^\circ}=5\angle 90^\circ[\Omega]$$

[정답] 05 ② 06 ② 07 ②

**08** 2전력계법으로 평형 3상 전력을 측정하였더니 한 쪽의 지시가 500[W], 다른 한 쪽의 지시가 1500[W]이었다. 피상전력은 약 몇 [VA]인가?

① 2000 ② 2310
③ 2646 ④ 2771

해설

**2전력계법**

2전력계법에 의한 피상전력은

$P_a=2\sqrt{P_1^2+P_2^2-P_1P_2}$
$=2\sqrt{500^2+1500^2-500\times1500}=2646[\text{VA}]$

**09** 1[km]당 인덕턴스 25[mH], 정전용량 0.005[μF]의 선로가 있다. 무손실 선로라고 가정한 경우 진행파의 위상(전파) 속도는 약 몇 [km/s]인가?

① $8.95\times10^4$ ② $9.95\times10^4$
③ $89.5\times10^4$ ④ $99.5\times10^4$

해설

**무손실 선로**

전파속도 $v=\frac{\omega}{\beta}=\frac{2\pi f}{\beta}=\frac{1}{\sqrt{LC}}=\lambda f[\text{km/sec}]$에서

전파속도는 $v=\frac{1}{\sqrt{LC}}=\frac{1}{\sqrt{25\times10^{-3}\times0.005\times10^{-6}}}$
$=8.95\times10^4[\text{km/sec}]$

**10** $f(t)=e^{j\omega t}$의 라플라스 변환은?

① $\frac{1}{s-j\omega}$ ② $\frac{1}{s+j\omega}$
③ $\frac{1}{s^2+\omega^2}$ ④ $\frac{\omega}{s^2+\omega^2}$

해설

**라플라스 변환**

$F(s)=\pounds f(t)=\pounds[e^{j\omega t}]=\frac{1}{s-j\omega}$

## 시행일 2019년 3회

**01** 3상 불평형 전압 $V_a$, $V_b$, $V_c$가 주어진다면, 정상분 전압은? (단, $a=e^{j2\pi/3}=1\angle120°$이다.)

① $V_a+a^2V_b+aV_c$ ② $V_a+aV_b+a^2V_c$
③ $\frac{1}{3}(V_a+a^2V_b+aV_c)$ ④ $\frac{1}{3}(V_a+aV_b+a^2V_c)$

해설

**대칭분 전압**

- 영상 전압 $V_0=\frac{1}{3}(V_a+V_b+V_c)$
- 정상 전압 $V_1=\frac{1}{3}(V_a+aV_b+a^2V_c)$
- 역상 전압 $V_2=\frac{1}{3}(V_a+a^2V_b+aV_c)$

**02** 송전선로가 무손실 선로일 때, $L=96$[mH]이고 $C=0.6$[μF]이면 특성임피던스[Ω]는?

① 100 ② 200
③ 400 ④ 600

해설

**무손실 선로**

특성임피던스 $Z_0=\sqrt{\frac{L}{C}}=\sqrt{\frac{96\times10^{-3}}{0.6\times10^{-6}}}=400[\Omega]$

**03** 비정현파 전류가 $i(t)=56\sin\omega t+20\sin2\omega t+30\sin(3\omega t+30°)+40\sin(4\omega t+60°)$로 표현될 때, 왜형률은 약 얼마인가?

① 1.0 ② 0.96
③ 0.55 ④ 0.11

해설

**비정현파 교류의 왜형률**

$i(t)=56\sin\omega t+20\sin2\omega t+30\sin(3\omega t+30°)$
$+40\sin\omega t(4\omega t+60°)$에서

왜형률$=\frac{\sqrt{I_2^2+I_3^2+I_4^2}}{I_1}=\frac{\sqrt{20^2+30^2+40^2}}{56}=0.96$

[정답] 08 ③ 09 ① 10 ① 2019년 3회 01 ④ 02 ③ 03 ②

## 04 커패시터와 인덕터에서 물리적으로 급격히 변화할 수 없는 것은?

① 커패시터와 인덕터에서 모두 전압
② 커패시터와 인덕터에서 모두 전류
③ 커패시터에서 전류, 인덕터에서 전압
④ 커패시터에서 전압, 인덕터에서 전류

해설

**$L$[H] 및 $C$[F]만의 회로**

- 코일의 단자전압 $v_L = L\dfrac{di}{dt}$[V]이므로
  전류 $i$가 급격히($t=0$인 순간) 변화하면 $v_L$이 ∞가 되어 과전압이 걸린다.
- 콘덴서에 흐르는 전류 $i_c = C\dfrac{dv}{dt}$[A]이므로
  전압 $v$가 급격히($t=0$인 순간) 변화하면 $i_c$가 ∞가 되어 과전류가 흐른다.

## 05 $RL$ 직렬회로에서 $R=20$[Ω], $L=40$[mH]일 때, 이 회로의 시정수[sec]는?

① $2\times10^3$　② $2\times10^{-3}$
③ $\dfrac{1}{2}\times10^3$　④ $\dfrac{1}{2}\times10^{-3}$

해설

**과도현상**

$R-L$직렬 연결시

시정수 $\tau = \dfrac{L}{R} = \dfrac{40\times10^{-3}}{20} = 2\times10^{-3}$[sec]

## 06 2전력계법을 이용한 평형 3상회로의 전력이 각각 500[W] 및 300[W]로 측정되었을 때, 부하의 역률은 약 몇 [%]인가?

① 70.7　② 87.7
③ 89.2　④ 91.8

해설

**2전력계법**

2전력계법에 의한 역률은

$$\cos\theta = \frac{P}{P_a} = \frac{P_1+P_2}{2\sqrt{P_1^2+P_2^2-P_1P_2}} = \frac{500+300}{2\sqrt{500^2+300^2-500\times300}}$$
$$=0.9176=91.8[\%]$$

## 07 대칭 6상 성형(star)결선에서 선간전압 크기와 상전압 크기의 관계로 옳은 것은? (단, $V_t$ : 선간전압 크기, $V_p$ : 상전압 크기)

① $V_l = V_p$　② $V_l = \sqrt{3}V_p$
③ $V_l = \dfrac{1}{\sqrt{3}}V_p$　④ $V_l = \dfrac{2}{\sqrt{3}}V_p$

해설

**대칭 $n$상 교류회로**

상수 $n=6$, Y 결선, 상전압 $V_P$일 때

선간전압은 $V_l = 2\sin\dfrac{\pi}{n}V_P = 2\sin\dfrac{\pi}{6}V_P = V_P$

## 08 4단자 회로망에서 4단자 정수가 $A, B, C, D$일 때, 영상 임피던스 $\dfrac{Z_{01}}{Z_{02}}$은?

① $\dfrac{D}{A}$　② $\dfrac{B}{C}$
③ $\dfrac{C}{B}$　④ $\dfrac{A}{D}$

해설

**영상 임피던스**

1차 영상임피던스 $Z_{01} = \sqrt{\dfrac{AB}{CD}}$[Ω]

2차 영상임피던스 $Z_{02} = \sqrt{\dfrac{BD}{AC}}$[Ω]이므로

$\dfrac{Z_{01}}{Z_{02}} = \dfrac{\sqrt{\dfrac{AB}{CD}}}{\sqrt{\dfrac{BD}{AC}}} = \dfrac{A}{D}$ 가 된다.

[정답] 04 ④　05 ②　06 ④　07 ①　08 ④

전기자기학 / 전력공학 / 전기기기 / 회로이론 / 제어공학 / 전기설비기술기준

**09** $f(t)=\delta(t-T)$의 라플라스변환 $F(s)$는?

① $e^{Ts}$ ② $e^{-Ts}$

③ $\frac{1}{s}e^{Ts}$ ④ $\frac{1}{s}e^{-Ts}$

해설

시간함수 $f(t)=\delta(t-T)$이므로 시간추이정리를 이용하면 $\delta(t)$를 라플라스 변환하면 $F(s)=1$이고 시간 $T$만큼 지연을 라플라스 변환하면 $e^{-Ts}$이므로 $F(s)=1\times e^{-Ts}=e^{-Ts}$가 된다.

**10** 인덕턴스가 0.1 [H]인 코일에 실효값 100 [V], 60 [Hz], 위상 30°인 전압을 가했을 때 흐르는 전류의 실효값 크기는 약 몇 [A]인가?

① 43.7 ② 37.7

③ 5.46 ④ 2.65

해설

**$L$[H]만의 회로**

$L=0.1$[H], $V=100$[V], $f=60$[Hz]이므로 코일에 흐르는 전류는 $I=\frac{V}{X_L}=\frac{V}{\omega L}=\frac{100}{2\pi\times 60\times 0.1}=2.65$[A]

## 시행일 2020년 1회

**01** 3상전류가 $I_a=10+j3$[A], $I_b=-5-j2$[A], $I_c=-3+j4$[A]일 때 정상분 전류의 크기는 약 몇 [A]인가?

① 5 ② 6.4

③ 10.5 ④ 13.34

해설

**대칭분 전압, 전류**

정상분전류는 $I_1=\frac{1}{3}(I_a+aI_b+a^2I_c)$

$=\frac{1}{3}\left\{10+j3+\left(-\frac{1}{2}+j\frac{\sqrt{3}}{2}\right)(-5-j2)+\left(-\frac{1}{2}+j\frac{\sqrt{3}}{2}\right)(-3+j4)\right\}$

$=6.34+j0.09=\sqrt{6.34^2+0.09^2}$

$=6.34$[A]

**02** 그림의 회로에서 영상 임피던스 $Z_{01}$이 6 [Ω]일 때, 저항 $R$의 값은 몇 [Ω]인가?

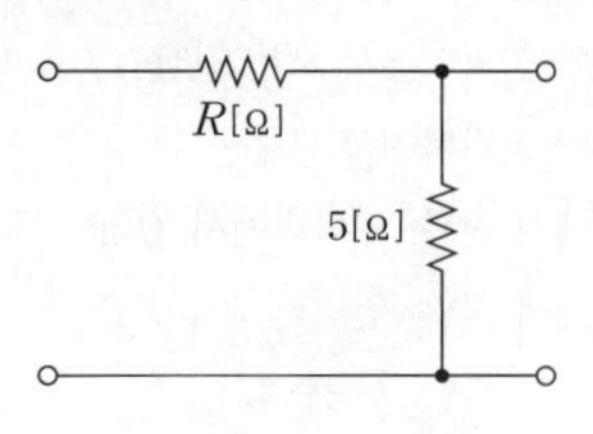


① 2 ② 4

③ 6 ④ 9

해설

**영상 임피던스**

4단자 정수 $A=1+\frac{R}{5}=\frac{5+R}{5}$, $B=R$, $C=\frac{1}{5}$, $D=1$이므로

1차 영상임피던스

$$Z_{01}=\sqrt{\frac{AB}{CD}}=\sqrt{\frac{\frac{5+R}{5}\times R}{\frac{1}{5}\times 1}}=\sqrt{(5+R)R}=6$$

$R^2+5R-36=0$, $(R+9)(R-4)=0$이므로

저항 $R=-9$, 4[Ω]이 되고 저항은 −값을 가질 수 없으므로

저항 $R=4$[Ω]이 된다.

**03** $Y$결선의 평형 3상 회로에서 선간전압 $V_{ab}$와 상전압 $V_{an}$의 관계로 옳은 것은?
(단, $V_{bn}=V_{an}e^{-j(2\pi/3)}$, $V_{cn}=V_{bn}e^{-j(2\pi/3)}$)

① $V_{ab}=\frac{1}{\sqrt{3}}e^{j(\pi/6)}V_{an}$ ② $V_{ab}=\sqrt{3}e^{j(\pi/6)}V_{an}$

③ $V_{ab}=\frac{1}{\sqrt{3}}e^{-j(\pi/6)}V_{an}$ ④ $V_{ab}=\sqrt{3}e^{-j(\pi/6)}V_{an}$

해설

**3상 $Y$결선**

3상 $Y$결선의 선간전압은

$V_{ab}=V_a-V_b=\sqrt{3}V_{an}\angle\frac{\pi}{6}=\sqrt{3}e^{j(\pi/6)}V_{an}$

[정답] 09 ② 10 ④ 2020년 1회 01 ② 02 ② 03 ②

## 04 $f(t)=t^2e^{-at}$를 라플라스 변환하면?

① $\frac{2}{(s+a)^2}$　② $\frac{3}{(s+a)^2}$

③ $\frac{2}{(s+a)^3}$　④ $\frac{3}{(s+a)^3}$

해설

**복소추이정리**

$\mathcal{L}[f(t)e^{\mp at}]=F(s)|_{s=s\pm a\text{대입}}=F(s\pm a)$이므로

$\mathcal{L}[t^2e^{-at}]=\frac{2!}{s^{2+1}}\Big|_{s=s+a\text{대입}}=\frac{2}{(s+a)^3}$

## 05 선로의 단위 길이 당 인덕턴스, 저항, 정전용량, 누설 컨덕턴스를 각각 $L, R, C, G$라 하면 전파정수는?

① $\frac{\sqrt{(R+j\omega L)}}{(G+j\omega C)}$　② $\sqrt{(R+j\omega L)(G+j\omega C)}$

③ $\sqrt{\frac{(R+j\omega C)}{(G+j\omega L)}}$　④ $\sqrt{\frac{(G+j\omega C)}{(R+j\omega L)}}$

해설

**분포정수회로**

특성임피던스 $Z_0=\sqrt{\frac{Z}{Y}}=\sqrt{\frac{R+j\omega L}{G+j\omega C}}$ [Ω]

전파정수 $\gamma=\sqrt{ZY}=\sqrt{(R+j\omega L)(G+j\omega C)}=\alpha+j\beta$

단, $\alpha$ 감쇠정수, $\beta$ 위상정수

## 06 회로에서 0.5[Ω] 양단 전압 [V]은 약 몇 [V]인가?

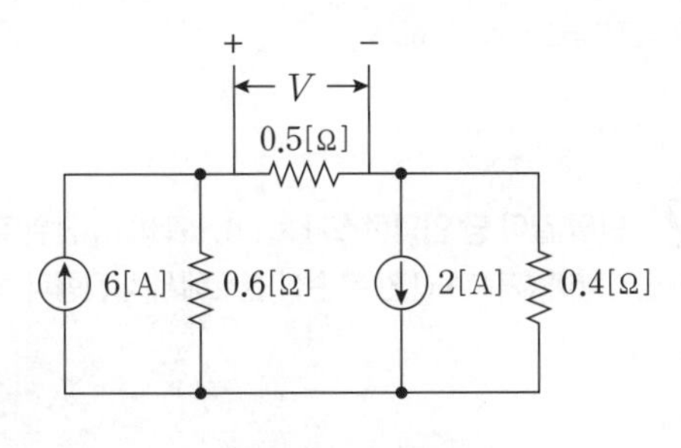


① 0.6　② 0.93

③ 1.47　④ 1.5

해설

**중첩의 정리**

전류원 2[A] 개방시 0.5[Ω]에 흐르는 전류

$I_1=\frac{0.6}{0.6+0.5+0.4}\times 6=\frac{3.6}{1.5}$[A]

전류원 6[A] 개방시 0.5[Ω]에 흐르는 전류

$I_2=\frac{0.4}{0.6+0.5+0.4}\times 2=\frac{0.8}{1.5}$[A]이므로

0.5[Ω]에 흐르는 전체전류는

$I_1=I_1+I_2=\frac{3.6}{1.5}+\frac{0.8}{1.5}=\frac{4.4}{1.5}$[A]

0.5[Ω]에 걸리는 전압

$V=IR=\frac{4.4}{1.5}\times 0.5=1.47$[V]

## 07 $RLC$ 직렬회로의 파라미터가 $R^2=\frac{4L}{C}$의 관계를 가진다면, 이 회로에 직류 전압을 인가하는 경우 과도 응답특성은?

① 무제동　② 과제동

③ 부족제동　④ 임계제동

해설

**$R-L-C$ 직렬회로의 진동(제동)조건**

① 비진동(과제동) 조건 : $R>2\sqrt{\frac{L}{C}}$

② 진동(부족제동) 조건 : $R<2\sqrt{\frac{L}{C}}$

③ 임계진동(임계제동) 조건 : $R=2\sqrt{\frac{L}{C}}$

## 08 $v(t)=3+5\sqrt{2}\sin\omega t+10\sqrt{2}\sin\left(3\omega t-\frac{\pi}{3}\right)$ [V]의 실효값 크기는 약 몇 [V]인가?

① 9.6　② 10.6

③ 11.6　④ 12.6

해설

**비정현파 교류의 실효값**

실효전압은 $V=\sqrt{V_0^2+V_1^2+V_3^2}=\sqrt{3^2+5^2+10^2}=11.6$[V]

[정답] 04 ③ 05 ② 06 ③ 07 ④ 08 ③

**09** 그림과 같이 결선된 회로의 단자 ($a$, $b$, $c$)에 선간전압이 $V$ [V]인 평형 3상 전압을 인가할 때 상전류 $I$ [A]의 크기는?

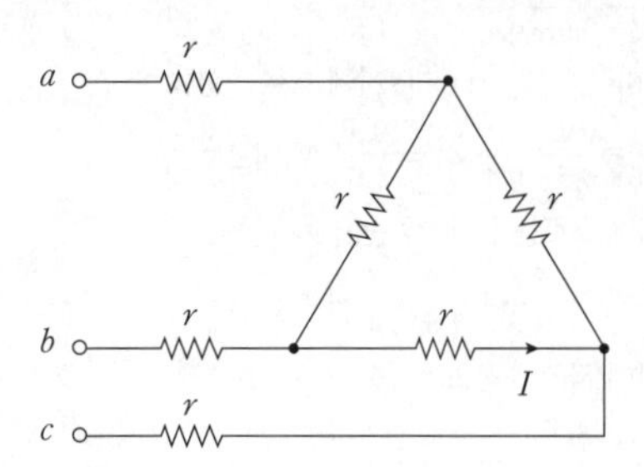


① $\dfrac{V}{4r}$　② $\dfrac{3V}{4r}$

③ $\dfrac{\sqrt{3}V}{4r}$　④ $\dfrac{V}{4\sqrt{3}r}$

**해설**

**임피던스 등가변환**

$\Delta$결선을 $Y$결선으로 변환시 각상의 저항은 1/3배로 감소하므로

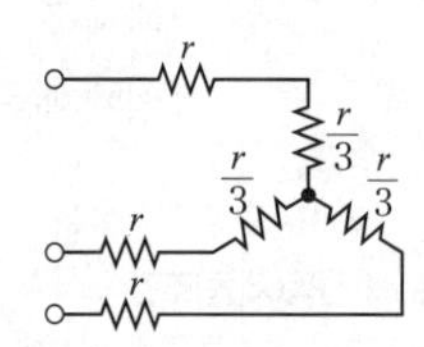


각 상의 저항 값은

$R_a=R_b=R_c=R_p=r+\dfrac{r}{3}=\dfrac{4r}{3}$[Ω]이 되므로

$Y$ 결선시 선전류 $I_l=\dfrac{\frac{V}{\sqrt{3}}}{\frac{4r}{3}}=\dfrac{\sqrt{3}}{4r}V$

$\Delta$ 결선시 상전류 $I=\dfrac{I_l}{\sqrt{3}}=\dfrac{V}{4r}$

**10** $8+j6$[Ω]인 임피던스에 $13+j20$[V]의 전압을 인가할 때 복소전력은 약 몇 [VA]인가?

① $12.7+j34.1$　② $12.7+j55.5$

③ $45.5+j34.1$　④ $45.5+j55.5$

**해설**

**복소전력**

복소전력 $P_a=V^*I=VI^*=P\pm P_r$[VA]이므로

전류 $I=\dfrac{V}{Z}=\dfrac{13+j20}{8+j6}=2.24+j0.82$[A]

$V=13+j20$[V], $I=2.24+j0.82$[A]일 때

복소전력을 구하면 $P_a=VI^*=(13+j20)(2.24-j0.82)$
$=45.52+j34.14$[VA]

## 시행일 2020년 2회

**01** 회로에서 20[Ω]의 저항이 소비하는 전력은 몇 [W]인가?

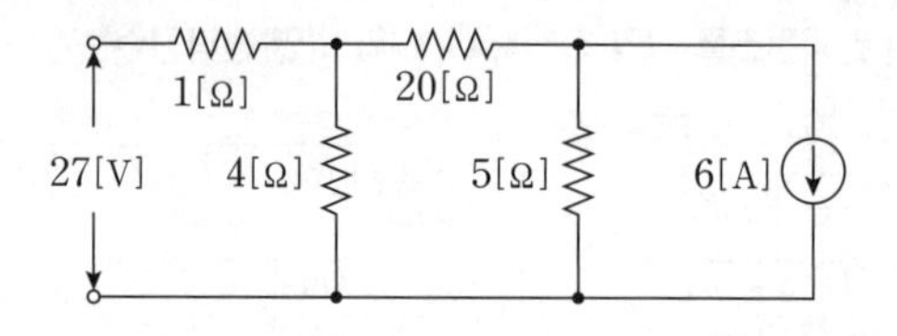


① 14　② 27

③ 40　④ 80

**해설**

테브난의 정리를 이용하여 등가회로로 나타내면

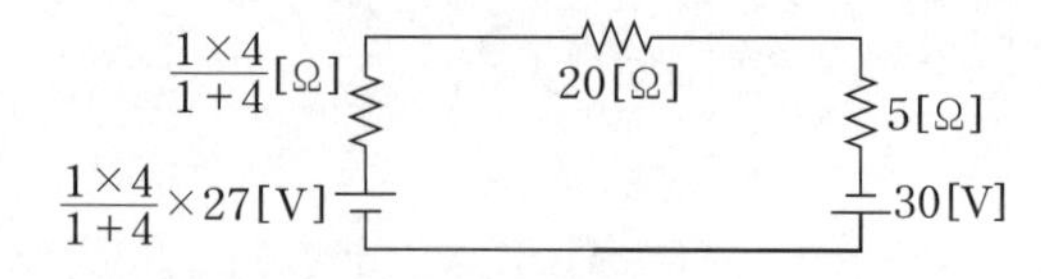


$I=\dfrac{0.8\times27+30}{0.8+20+5}=2$[A]

$\therefore P=I^2R=2^2\times20=80$[W]

**02** 단위 길이 당 인덕턴스가 $L$ [H/m]이고, 단위 길이 당 정전용량이 $C$ [F/m]인 무손실 선로에서의 진행파 속도 [m/s]는?

① $\sqrt{LC}$　② $\dfrac{1}{\sqrt{LC}}$

③ $\sqrt{\dfrac{C}{L}}$　④ $\sqrt{\dfrac{L}{C}}$

[정답] 09 ①　10 ③　2020년 2회　01 ④　02 ②

해설

무손실 선로에서의 전파(위상)속도

$v=\frac{\omega}{\beta}=\frac{2\pi f}{\beta}=\frac{1}{\sqrt{LC}}=\lambda f[\text{m/sec}]$

**03** $RC$ 직렬회로에서 직류전압 $V[\text{V}]$가 인가되었을 때, 전류 $i(t)$에 대한 전압 방정식(KVL)이 $V=Ri(t)+\frac{1}{c}\int i(t)dt[\text{V}]$이다. 전류 $i(t)$의 라플라스 변환인 $I(s)$는? (단, $C$에는 초기 전하가 없다.)

① $I(s)=\frac{V}{R}\frac{1}{s-\frac{1}{RC}}$ ② $I(s)=\frac{C}{R}\frac{1}{s+\frac{1}{RC}}$

③ $I(s)=\frac{V}{R}\frac{1}{s+\frac{1}{RC}}$ ④ $I(s)=\frac{R}{C}\frac{1}{s-\frac{1}{RC}}$

해설

$V=Ri(t)+\frac{1}{C}\int i(t)dt$가 되고 이를 라플라스 변환하면

$\frac{V}{s}=RI(s)+\frac{1}{Cs}I(s)$가 되고 이를 전류에 대하여 정리 하면

$I(s)=\frac{V}{s(R+\frac{1}{Cs})}=\frac{\frac{V}{R}}{s+\frac{1}{RC}}=\frac{V}{R}\frac{1}{s+\frac{1}{RC}}$가 된다.

**04** 선간 전압이 $V_{ab}[\text{V}]$인 3상 평형 전원에 대칭 부하 $R[\Omega]$이 그림과 같이 접속되어 있을 때, $a$, $b$ 두 상 간에 접속된 전력계의 지시 값이 $W[\text{W}]$라면 $C$상 전류의 크기 $[\text{A}]$는?

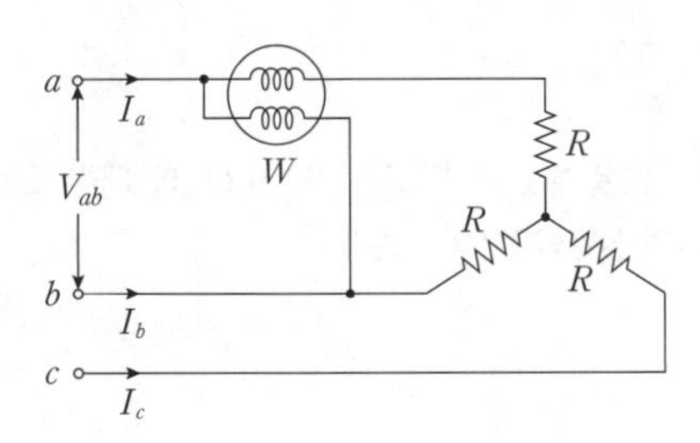


① $\frac{W}{3V_{ab}}$ ② $\frac{2W}{3V_{ab}}$

③ $\frac{2W}{\sqrt{3}V_{ab}}$ ④ $\frac{\sqrt{3}W}{V_{ab}}$

해설

1전력계법에 의한 유효전력은

$P=2W=\sqrt{3}V_{ab}I_c$이므로

$I_c=\frac{2W}{\sqrt{3}V_{ab}}=[\text{A}]$

**05** 선간전압이 $100[\text{V}]$이고, 역률이 0.6인 평형 3상 부하에서 무효전력이 $Q=10[\text{kVar}]$일 때, 선전류의 크기는 약 몇 $[\text{A}]$인가?

① 57.7 ② 72.2

③ 96.2 ④ 125

해설

3상, $V_l=100[\text{V}]$, $Q=10[\text{kVar}]$, $\cos\theta=0.6$일 때 무효전력은 $Q=\sqrt{3}V_lI_l\sin\theta[\text{Var}]$이므로

선전류 $I_l=\frac{Q}{\sqrt{3}V_l\sin\theta}=\frac{10\times10^3}{\sqrt{3}\times100\times0.8}=72.2[\text{A}]$

**06** 어떤 회로의 유효전력이 $300[\text{W}]$, 무효전력이 $400[\text{Var}]$이다. 이 회로의 복소전력의 크기$[\text{VA}]$는?

① 350 ② 500

③ 600 ④ 700

해설

$P=300[\text{W}]$, $P_r=400[\text{Var}]$일 때 피상전력은

$P_a=\sqrt{P^2+P_r^2}=\sqrt{300^2+400^2}=500[\text{VA}]$

**07** 불평형 3상 전류가 $I_a=15+j2[\text{A}]$, $I_b=-20-j14[\text{A}]$, $I_c=-3+j10[\text{A}]$일 때, 역상분 전류 $I_2[\text{A}]$는?

[정답] 03 ③ 04 ③ 05 ② 06 ② 07 ①

① $1.91+j6.24$　② $15.74-j3.57$
③ $-2.67-j0.67$　④ $-8-j2$

**해설**

역상분전류는

$$I_2=\frac{1}{3}(I_a+a^2I_b+aI_c)$$
$$=\frac{1}{3}\left\{15+j2+\left(-\frac{1}{2}-j\frac{\sqrt{3}}{2}\right)(-20-j14)+\left(-\frac{1}{2}+j\frac{\sqrt{3}}{2}\right)(-3+j10)\right\}$$
$$=1.91+j6.24[\mathrm{A}]$$

**08** $t=0$에서 스위치($S$)를 닫았을 때 $t=0^+$에서의 $i(t)$는 몇 [A]인가? (단, 커패시터에 초기 전하는 없다.)

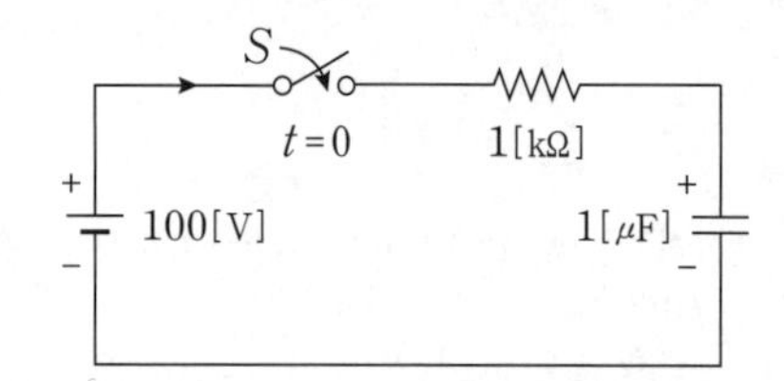


① 0.1　② 0.2
③ 0.4　④ 1.0

**해설**

$R-C$직렬회로에서 스위치 on 시 흐르는 전류는

$i(t)=\frac{E}{R}e^{-\frac{1}{RC}t}$ 에서 $t=0$이므로

$i(0)=\frac{E}{R}=\frac{100}{1\times10^3}=0.1[\mathrm{A}]$

**09** 그림과 같은 $T$형 4단자 회로망에서 4단자 정수 $A$와 $C$는? (단, $Z_1=\frac{1}{Y_1}$, $Z_2=\frac{1}{Y_2}$, $Z_3=\frac{1}{Y_3}$)

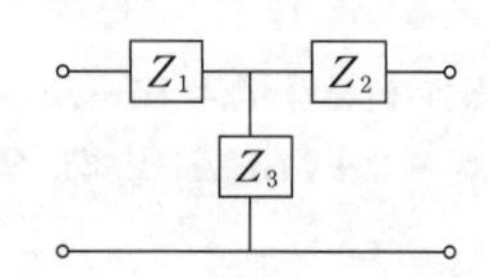


① $A=1+\frac{Y_3}{Y_1}$, $C=Y_2$

② $A=1+\frac{Y_3}{Y_1}$, $C=\frac{1}{Y_3}$

③ $A=1+\frac{Y_3}{Y_1}$, $C=Y_3$

④ $A=1+\frac{Y_1}{Y_3}$, $C=\left(1+\frac{Y_1}{Y_3}\right)\frac{1}{Y_3}+\frac{1}{Y_2}$

**해설**

**4단자 정수**

$$A=1+\frac{Z_1}{Z_3}=1+\frac{\frac{1}{Y_1}}{\frac{1}{Y_3}}=1+\frac{Y_3}{Y_1}$$

$$C=\frac{1}{Z_3}=Y_3$$

**10** $R=4[\Omega]$, $\omega L=3[\Omega]$의 직렬회로에 $e=100\sqrt{2}\sin\omega t+50\sqrt{2}\sin3\omega t[\mathrm{V}]$를 인가할 때 이 회로의 소비전력은 약 몇 [W]인가?

① 1000　② 1414
③ 1560　④ 1703

**해설**

$R=4[\Omega]$, $\omega L=3[\Omega]$, $R-L$직렬 회로

$e=100\sqrt{2}\sin\omega t+50\sqrt{2}\sin3\omega t[\mathrm{V}]$일 때 소비 전력은

$$I_1=\frac{V_1}{Z_1}=\frac{V_1}{\sqrt{R^2+(\omega L)^2}}=\frac{100}{\sqrt{4^2+3^2}}=20[\mathrm{A}]$$
$$I_3=\frac{V_3}{Z_3}=\frac{V_3}{\sqrt{R^2+(3\omega L)^2}}=\frac{50}{\sqrt{4^2+9^2}}=5.07[\mathrm{A}]$$
$$I=\sqrt{I_1^{\ 2}+I_3^{\ 2}}=\sqrt{20^2+5.07^2}=20.63[\mathrm{A}]$$
$$\therefore P=I^2R=20.63^2\times4=1702[\mathrm{W}]$$

**11** 다음 회로에서 입력 전압 $v_1(t)$에 대한 출력 전압 $v_2(t)$의 전달함수 $G(s)$는?R

[정답] 08 ① 09 ③ 10 ④ 11 ①

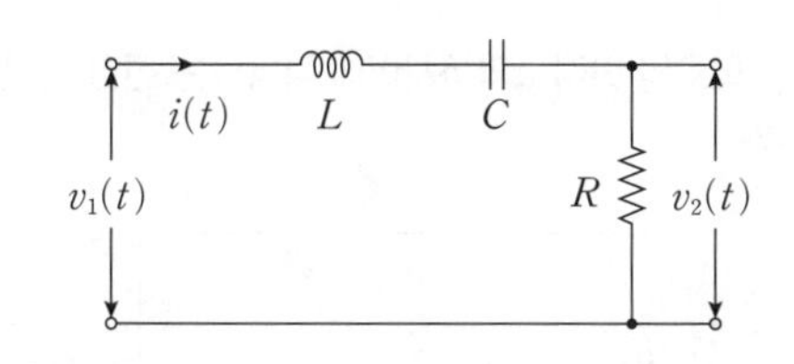


① $\dfrac{RCs}{LCs^2+RCs+1}$　② $\dfrac{RCs}{LCs^2+RCs-1}$

③ $\dfrac{Cs}{LCs^2+RCs+1}$　④ $\dfrac{Cs}{LCs^2-RCs-1}$

해설

**직렬연결시 전달함수**

$$G(s)=\frac{V_2(s)}{V_1(s)}=\frac{\text{출력 임피던스}}{\text{입력 임피던스}}$$

$$=\frac{R}{Ls+\frac{1}{Cs}+R}=\frac{RCs}{LCs^2+RCs+1}$$

시행일 **2020년 3회**

**01** 대칭 3상 전압이 공급되는 3상 유도 전동기에서 각 계기의 지시는 다음과 같다. 유도전동기의 역률은 약 얼마인가?

> 전력계($W_1$) : 2.84[kW], 전력계($W_2$) : 6.00[kW]
> 전압계($V$) : 200[V], 전류계($A$) : 30[A]

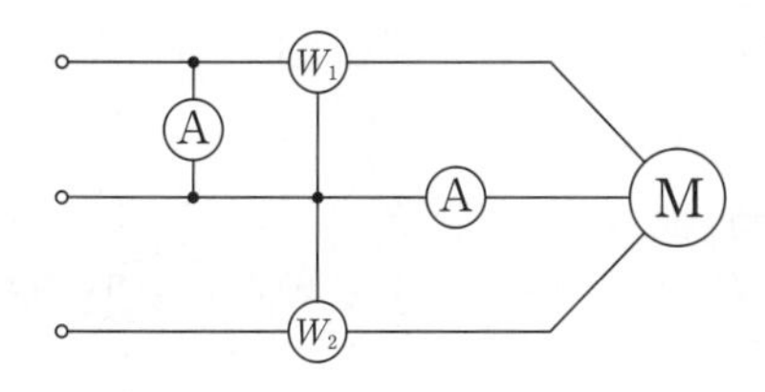


① 0.70　② 0.75

③ 0.80　④ 0.85

해설

역률 $\cos\theta=\dfrac{P}{P_a}$이므로

유효전력 $P$는 2전력계법을 이용하여 구할 수 있고
피상전력은 $P_a=\sqrt{3}\,VI$식을 이용하여 구할 수 있다.

$$\therefore \cos\theta=\frac{W_1+W_2}{\sqrt{3}VI}=\frac{2840+6000}{\sqrt{3}\times200\times30}=0.85$$

**02** 불평형 3상 전류 $I_a=25+j4$[A], $I_b=-18-j16$[A], $I_c=7+j15$[A]일 때 영상전류 $I_0$[A]는?

① $2.67+j$　② $2.67+j2$

③ $4.67+j$　④ $4.67+j2$

해설

**영상분 전류**

$$I_o=\frac{1}{3}(I_a+I_b+I_c)$$

$$=\frac{1}{3}(25+j4-18-j16+7+j15)$$

$$=\frac{1}{3}(14+j3)=4.67+j$$

**03** △결선으로 운전 중인 3상 변압기에서 하나의 변압기 고장에 의해 $V$결선으로 운전하는 경우, $V$결선으로 공급할 수 있는 전력은 고장 전 △결선으로 공급할 수 있는 전력에 비해 약 몇 [%]인가?

① 86.6　② 75.0

③ 66.7　④ 57.7

해설

- $V$결선시 이용률$=\dfrac{V\text{결선시 출력}}{\text{변압기 2대의 출력}}=0.866=86.6[\%]$
- $V$결선시 출력비$=\dfrac{\text{고장 후의 출력}}{\text{고장 전의 출력}}=0.577=57.7[\%]$

**04** 분포정수회로에서 직렬 임피던스를 $Z$, 병렬 어드미턴스를 $Y$라 할 때, 선로의 특성임피던스 $Z_c$는?

① $ZY$　② $\sqrt{ZY}$

③ $\sqrt{\dfrac{Y}{Z}}$　④ $\sqrt{\dfrac{Z}{Y}}$

해설

특성 임피던스 $Z_0=\sqrt{\dfrac{Z}{Y}}=\sqrt{\dfrac{r+j\omega L}{g+j\omega C}}$ [Ω]

전파정수 $\gamma=\sqrt{ZY}=\sqrt{(R+j\omega L)\cdot(G+j\omega C)}=\alpha+j\beta$
단, $\alpha$는 감쇠정수, $\beta$는 위상 정수

[정답] 2020년 3회　01 ④　02 ③　03 ④　04 ④

**05** 4단자 정수 $A, B, C, D$ 중에서 전압이득의 차원을 가진 정수는?

① $A$ ② $B$
③ $C$ ④ $D$

해설

$\begin{pmatrix} V_1 = AV_2 + BI_2 \\ I_1 = CV_2 + DI_2 \end{pmatrix}$에서 4단자 정수를 구하면

$A = \left.\dfrac{V_1}{V_2}\right|_{I_2=0}$ : 전압이득(전압비) ➜ 권수비 $a=n$

$C = \left.\dfrac{I_1}{V_2}\right|_{I_2=0}$ : 어드미턴스(병렬) ➜ 0

$B = \left.\dfrac{V_1}{I_2}\right|_{V_2=0}$ : 임피이던스(직렬) ➜ 0

$D = \left.\dfrac{I_1}{I_2}\right|_{V_2=0}$ : 전류이득(전류비) ➜ 권수비 역수 $\dfrac{1}{a} = \dfrac{1}{n}$

**06** 그림과 같은 회로의 구동점 임피던스[Ω]는?

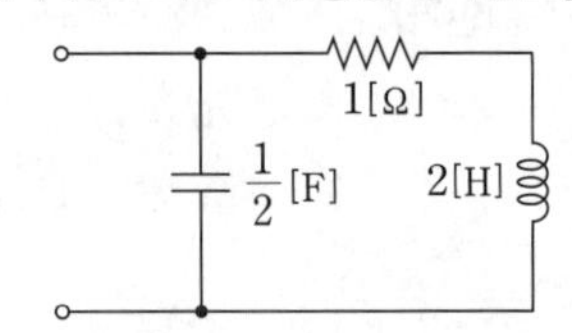


① $\dfrac{2(2s+1)}{2s^2+s+2}$ ② $\dfrac{2s^2+s-2}{-2(2s+1)}$
③ $\dfrac{-2(2s+1)}{2s^2+s-2}$ ④ $\dfrac{2s^2+s+3}{2(2s+1)}$

해설

구동점 임피던스

$$Z(s) = \frac{\frac{2}{s}\cdot(1+2s)}{\frac{2}{s}+2s+1} = \frac{2\cdot(2s+1)}{2s^2+s+2}[\Omega]$$

**07** 회로의 단자 $a$와 $b$사이에 나타나는 전압 $V_{ab}$는 몇 [V]인가?

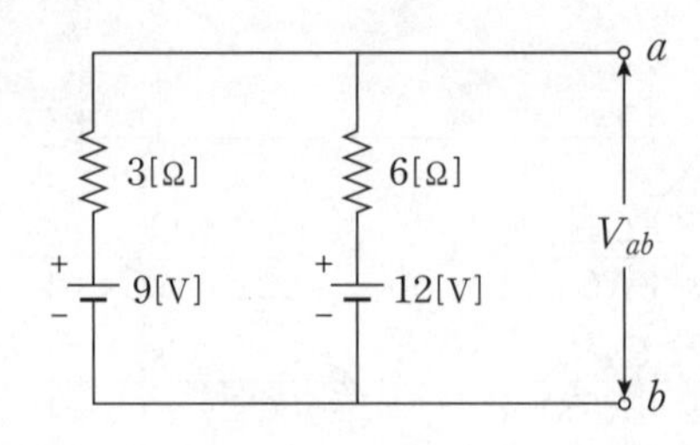


① 3 ② 9
③ 10 ④ 12

해설

밀만의 정리에 의하여

$$V_{ab} = \frac{\frac{V_1}{R_1}+\frac{V_2}{R_2}}{\frac{1}{R_1}+\frac{1}{R_2}} = \frac{\frac{9}{3}+\frac{12}{6}}{\frac{1}{3}+\frac{1}{6}} = 10[\text{V}]$$

**08** $RL$ 직렬회로에 순시치 전압 $v(t)=20+100\sin\omega t+40\sin(3\omega t+60°)+40\sin5\omega t$[V]를 가할 때 제 5고조파 전류의 실효값 크기는 약 몇 [A]인가? (단, $R=4[\Omega]$, $\omega L=1[\Omega]$이다.)

① 4.4 ② 5.66
③ 6.25 ④ 8.0

해설

- 5고조파 임피던스
  $Z_5 = R + j5\omega L = 4 + j5\times1 = 4 + j5 = \sqrt{4^2+5^2} = \sqrt{41}$ [Ω]
- 5고조파 전류

$$I_5 = \frac{V_5}{Z_5} = \frac{\frac{40}{\sqrt{2}}}{\sqrt{41}} = 4.4[\text{A}]$$

[정답] 05 ① 06 ① 07 ③ 08 ①

## 09 그림의 교류 브리지 회로가 평형이 되는 조건은?

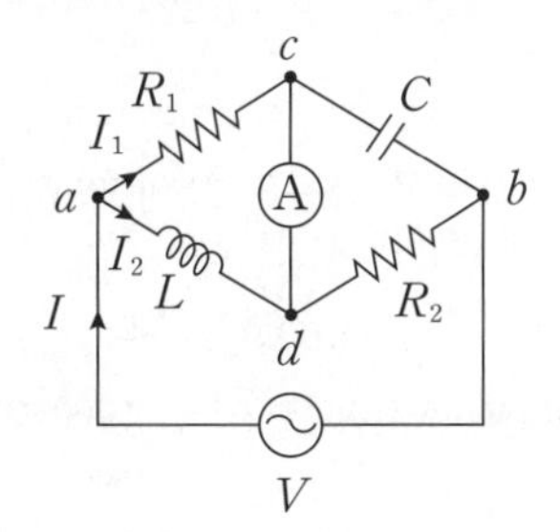


① $L=\dfrac{R_1R_2}{C}$　② $L=\dfrac{C}{R_1R_2}$

③ $L=R_1R_2C$　④ $L=\dfrac{R_2}{R_1}C$

**해설**

$R_1$의 임피던스 $Z_1=R_1[\Omega]$, $C$의 임피던스 $Z_2=\dfrac{1}{j\omega C}[\Omega]$

$R_2$의 임피던스 $Z_3=R_2[\Omega]$, $L$의 임피던스 $Z_4=j\omega L[\Omega]$이므로

교류 브릿지회로가 평형이 되는 경우는

대각선으로 임피던스의 곱이 같은 경우이므로

$Z_1Z_3=Z_2Z_4$

$R_1R_2=\dfrac{1}{j\omega C}j\omega L$

$R_1R_2=\dfrac{L}{C}$ 이므로 $L=R_1R_2C$ 가 된다.

## 10 $f(t)=t^n$ 의 라플라스 변환 식은?

① $\dfrac{n}{s^n}$　② $\dfrac{n+1}{s^{n+1}}$

③ $\dfrac{n!}{s^{n+1}}$　④ $\dfrac{n+1}{s^{n!}}$

**해설**

$F(s)=\pounds[t^n]=\dfrac{n!}{s^{n+1}}$

# 시행일 2021년 1회

## 01 $F(s)=\dfrac{2s^2+s-3}{s(s^2+4s+3)}$ 의 라플라스 역변환은?

① $1-e^{-t}+2e^{-3t}$　② $1-e^{-t}-2e^{-3t}$

③ $-1-e^{-t}-2e^{-3t}$　④ $-1+e^{-t}+2e^{-3t}$

**해설**

**역라플라스 변환**

$$F(s)=\frac{2s^2+s-3}{s(s^2+4s+3)}=\frac{2s^2+s-3}{s(s+1)(s+3)}$$
$$=\frac{A}{s}+\frac{B}{s+1}+\frac{C}{s+2}$$
$$A=F(s)s\Big|_{s=0}=\left[\frac{2s^2+s-3}{(s+1)(s+3)}\right]_{s=0}=-1$$
$$B=F(s)(s+1)\,|_{s=-1}=\left[\frac{2s^2+s-3}{s(s+3)}\right]_{s=-1}=1$$
$$C=F(s)(s+3)\,|_{s=-3}=\left[\frac{2s^2+s-3}{s(s+1)}\right]_{s=-3}=2$$
$$F(s)=\frac{-1}{s}+\frac{1}{s+1}+\frac{2}{s+3}=-\frac{1}{s}+\frac{1}{s+1}+2\frac{1}{s+3}$$
$$\therefore f(t)=-1+e^{-t}+2e^{-3t}$$

## 02 전압 및 전류가 다음과 같을 때 유효전력[W] 및 역률[%]은 각각 약 얼마인가?

$v(t)=100\sin\omega t-50\sin(3\omega t+30^\circ)$
$\quad+20\sin(5\omega t+45^\circ)$ [V]
$I(t)=20\sin(\omega t+30^\circ)+10\sin(3\omega t-30^\circ)$
$\quad+5\cos5\omega t$ [A]

① 825[W], 48.6[%]　② 776.4[W], 59.7[%]

③ 1120[W], 77.4[%]　④ 1850[W], 89.6[%]

**해설**

**비정현파 교류전력**

$v=100\sin\omega t-50\sin(3\omega t+30^\circ)+20\sin(5\omega t+45^\circ)$[V]

$i=20\sin(\omega t+30^\circ)+10\sin(3\omega t-30^\circ)+5\cos5\omega t$

$=20\sin(\omega t+30^\circ)+10\sin(3\omega t-30^\circ)$

$\quad+5\sin(5\omega t+90^\circ)$[A]라면

**[정답]** 09 ③　10 ③　2021년 1회　01 ④　02 ②

• 유효전력

$P=V_1I_1\cos\theta_1+V_3I_3\cos\theta_3+V_5I_5\cos\theta_1$

$=\frac{1}{2}(100\times20\cos30^\circ-50\times10\cos60^\circ+20\times5\cos45^\circ)$

$=776.4[W]$

• 피상전력

$P_a=VI=\sqrt{V_1^2+V_3^2+V_5^2}\cdot\sqrt{I_1^2+I_3^2+I_5^2}$

$=\sqrt{\left(\frac{100}{\sqrt{2}}\right)^2+\left(\frac{50}{\sqrt{2}}\right)^2+\left(\frac{20}{\sqrt{2}}\right)^2}\times\sqrt{\left(\frac{20}{\sqrt{2}}\right)^2+\left(\frac{10}{\sqrt{2}}\right)^2+\left(\frac{5}{\sqrt{2}}\right)^2}$

$=1301.2[VA]$

• 역률

$\cos\theta=\frac{P}{P_a}=\frac{776.4}{1301.2}\times100=59.7[\%]$

**03** 회로에서 $t=0$초일 때 닫혀 있는 스위치 $S$를 열었다. 이때 $\frac{dv(0^+)}{dt}$의 값은? (단, $C$의 초기 전압은 0[V]이다.)

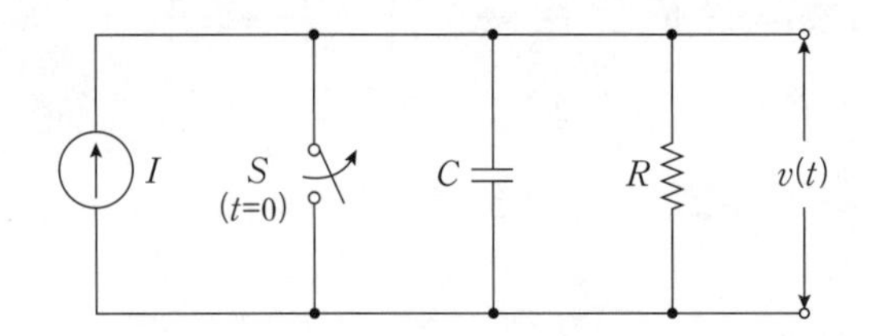


① $\frac{1}{RI}$　② $\frac{C}{I}$

③ $RI$　④ $\frac{I}{C}$

해설

$C$에 흐르는 전류 $i(t)=C\frac{dt(t)}{dt}[A]$이므로

초기값 $i(0)=C\frac{dv(0)}{dt}=I$이므로 $\frac{dv(0)}{dt}=\frac{I}{C}$가 된다.

**04** △결선된 대칭 3상 부하가 0.5[Ω]인 저항만의 선로를 통해 평형 3상 전압원에 연결되어 있다. 이 부하의 소비전력이 1800[W]이고 역률이 0.8(지상)일 때, 선로에서 발생하는 손실이 50[W]이면 부하의 단자전압[V]의 크기는?

① 627　② 525

③ 326　④ 225

해설

선로저항이 0.5[Ω]이고 전선로의 손실이 50[W]라면 $P_l=3I^2R=50[W]$이므로

$I=\sqrt{\frac{P_l}{3R}}=\sqrt{\frac{50}{3\times0.5}}=5.77[A]$가 된다.

전 소비전력이 1800[W]이므로 $P=\sqrt{3}VI\cos\theta$에서

부하 단자전압은 $V=\frac{P}{\sqrt{3}I\cos\theta}=\frac{1800}{\sqrt{3}\times5.77\times0.8}=225[V]$

**05** 그림과 같이 △회로를 Y회로로 등가 변환하였을 때 임피던스 $Z_a[\Omega]$는?

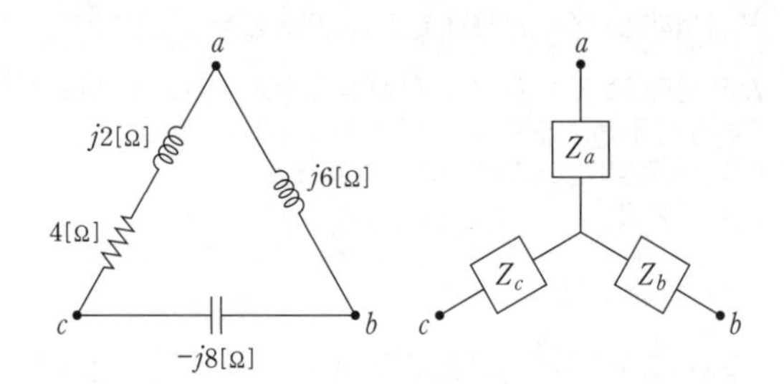


① 12　② $-3+j6$

③ $4-j8$　④ $6+j8$

해설

$Z_{ab}=j6[\Omega]$, $Z_{bc}=-j8[\Omega]$, $Z_{ca}=4+j2[\Omega]$이므로

△결선을 Y결선으로변환시 임피던스는

$Z_a=\frac{Z_{ab}\cdot Z_{ca}}{Z_{ab}+Z_{bc}+Z_{ca}}=\frac{j6\times(4+j2)}{j6-j8+4+j2}$

$=\frac{j24-12}{4}=-3+j6[\Omega]$

**06** 그림과 같은 H형 4단자 회로망에서 4단자 정수(전송파라미터) $A$는? (단, $V_1$은 입력전압이고, $V_2$는 출력전압이고, $A$는 출력 개방 시 회로망의 전압 이득 $\left(\frac{V_1}{V_2}\right)$이다.)

[정답] 03 ④ 04 ④ 05 ② 06 ②

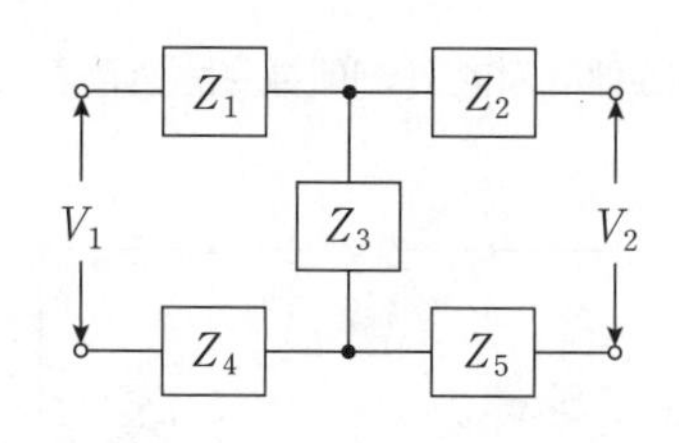


① $\dfrac{Z_1+Z_2+Z_3}{Z_3}$　② $\dfrac{Z_1+Z_3+Z_4}{Z_3}$

③ $\dfrac{Z_2+Z_3+Z_5}{Z_3}$　④ $\dfrac{Z_3+Z_4+Z_5}{Z_3}$

해설

$T$형으로 등가변환하면 아래와 같으므로

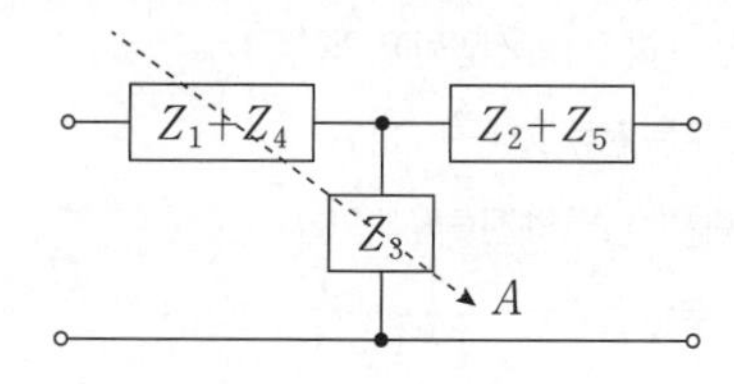


$A=1+\dfrac{Z_1+Z_4}{Z_3}=\dfrac{Z_3+Z_1+Z_4}{Z_3}$

## 07 특성 임피던스가 400[Ω]인 회로 말단에 1200[Ω]의 부하가 연결되어 있다. 전원 측에 20[kV]의 전압을 인가할 때 반사파의 크기[kV]는? (단, 선로에서의 전압감쇠는 없는 것으로 간주한다.)

① 3.3　② 5

③ 10　④ 33

해설

특성임피던스 $Z_0$, 부하저항 $Z_L$, 반사계수 $\rho$, 입사전압 $V_1$이라 하면

$\rho=\dfrac{Z_L-Z_0}{Z_L+Z_0}=\dfrac{1200-400}{1200+400}=\dfrac{800}{1600}=0.5$이므로

반사파전압 $V_2=\rho V_1=0.5\times 20=10[\text{kV}]$

## 08 회로에서 전압 $V_{ab}$[V]는?

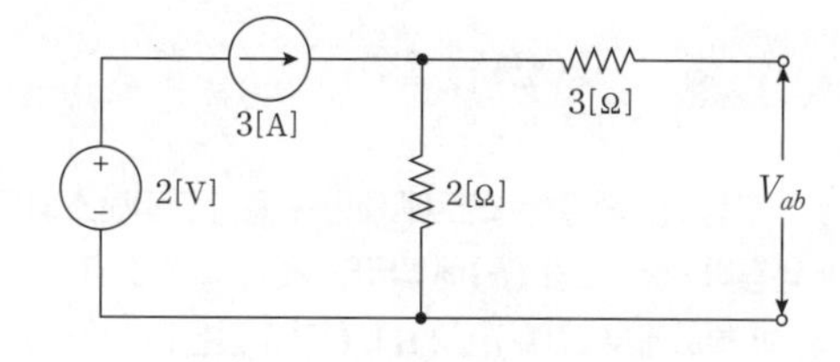


① 2　② 3

③ 6　④ 9

해설

개방단자 사이의 전압 $V_{ab}$는 2[Ω]에 걸리는 전압이므로 중첩의 정리를 이용하여 풀면

전압원 2[V]단락시 2[Ω]에 흐르는 전류 $I_1=3[\text{A}]$

전류원 3[A]개방시 2[Ω]에 흐르는 전류 $I_2=0[\text{A}]$이므로

2[Ω]에 흐르는 전체전류는 $I=I_1+I_2=3[\text{A}]$

$V_{ab}=IR=3\times 2=6[\text{V}]$

## 09 △결선된 평형 3상 부하로 흐르는 선전류가 $I_a$, $I_b$, $I_c$일 때, 이 부하로 흐르는 영상분 전류 $I_0$[A]는?

① $3I_a$　② $I_a$

③ $\dfrac{1}{3}I_a$　④ 0

해설

평형3상에서 세 전류의 합은 $I_a+I_b+I_c=0$이므로

영상분 전류 $I_o=\dfrac{1}{3}(I_a+I_b+I_c)=0$이 된다.

## 10 저항 $R=15$[Ω]과 인덕턴스 $L=3$[mH]를 병렬로 접속한 회로의 서셉턴스의 크기는 약 몇 [℧]인가? (단, $\omega=2\pi\times 10^5$)

① $3.2\times 10^{-2}$　② $8.6\times 10^{-3}$

③ $5.3\times 10^{-4}$　④ $4.9\times 10^{-5}$

해설

서셉턴스는 리액턴스의 역수이므로

$L$에 대한 유도성리액턴스의 역수를 구하면 되므로

$B_L=\dfrac{1}{X_L}=\dfrac{1}{\omega L}=\dfrac{1}{2\pi\times 10^5\times 3\times 10^{-3}}=5.3\times 10^{-4}[℧]$

[정답] 07 ③　08 ③　09 ④　10 ③

## 시행일 2021년 2회

**01** 그림 $(a)$와 같은 회로에 대한 구동점 임피던스의 극점과 영점이 각각 그림 $(b)$에 나타낸 것과 같고 $Z(0)=1$일 때, 이 회로에서 $R[\Omega]$, $L[H]$, $C[F]$ 값은?

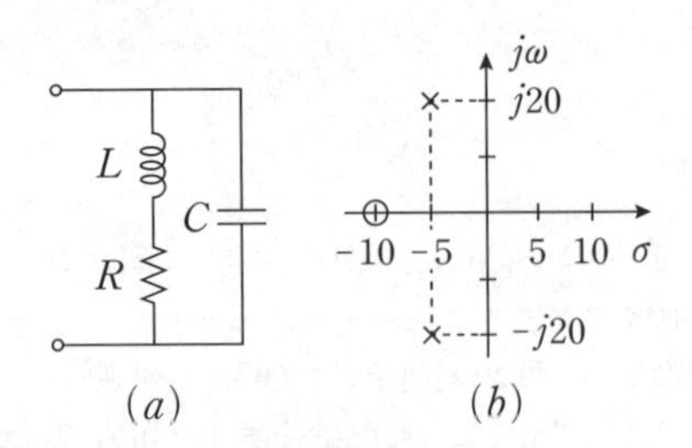


① $R=1.0[\Omega]$, $L=0.1[H]$, $C=0.0235[F]$
② $R=1.0[\Omega]$, $L=0.2[H]$, $C=1.0[F]$
③ $R=2.0[\Omega]$, $L=0.1[H]$, $C=0.0235[F]$
④ $R=2.0[\Omega]$, $L=0.2[H]$, $C=1.0[F]$

**해설**

주어진 복소평면에서 극점(×)과 영점(○)을 구하면
극점 $s_1=-5+j20$, $s_2=-5-j20$과 영점 $s_3=-10$이므로
구동점 임피던스는

$$Z(s)=\frac{s+10}{(s+5-j20)(s+5+j20)}=\frac{s+10}{(s+5)^2-(j20)^2}$$

$$=\frac{s+10}{s^2+10s+425}[\Omega]$$

$R-L$직렬과 $C$가 병렬인 회로망의 구동점 임피던스는

$$Z(s)=\frac{1}{\frac{1}{R+Ls}+Cs}=\frac{R+Ls}{LCs^2+RCs+1}[\Omega]\text{이므로}$$

$Z(0)=R=1[\Omega]$

$$Z(s)=\frac{R+Ls}{LCs^2+RCs+1}=\frac{\frac{R}{LC}+\frac{1}{C}s}{s^2+\frac{R}{L}s+\frac{1}{LC}}=\frac{\frac{1}{LC}+\frac{1}{C}s}{s^2+\frac{1}{L}s+\frac{1}{LC}}$$

$$=\frac{s+10}{s^2+10s+425}[\Omega]\text{이므로}$$

$\frac{1}{L}=10$, $L=0.1[H]$

$\frac{1}{LC}=425$, $C=\frac{1}{425L}=\frac{1}{425\times0.1}=0.0235[F]$

**02** 회로에서 저항 $1[\Omega]$에 흐르는 전류 $I[A]$는?

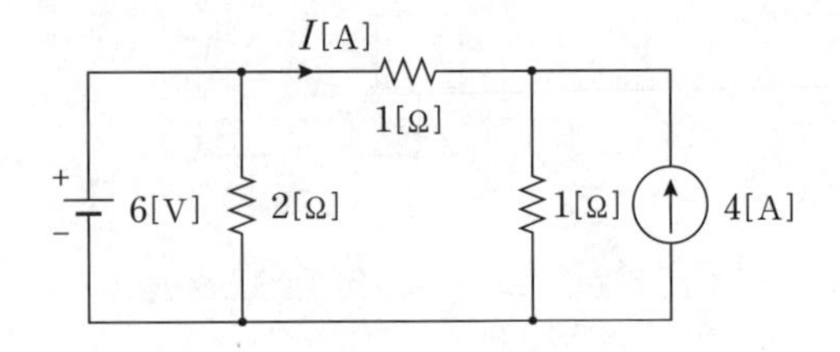


① 3 ② 2
③ 1 ④ −1

**해설**

중첩의 원리에 의하여
전류원 개방시 $6[V]$의 전압원에 의한
$1[\Omega]$에 흐르는 전류 $I_1=\frac{6}{2}=3[A]$
전압원 단락시 $4[A]$의 전류원에 의한
$1[\Omega]$에 흐르는 전류 $I_2=\frac{1}{1+1}\times4=2[A]$
$I_1$과 $I_2$의 전류의 방향이 반대이므로
$\therefore I=I_1+I_2=3-2=1[A]$

**03** 파형이 톱니파인 경우 파형률은 약 얼마인가?

① 1.155 ② 1.732
③ 1.414 ④ 0.577

**해설**

$$\text{톱니파의 파형률}=\frac{\text{실효값}}{\text{평균값}}=\frac{\frac{V_m}{\sqrt{3}}}{\frac{V_m}{2}}=\frac{2}{\sqrt{3}}=1.155$$

**04** 무한장 무손실 전송선로의 임의의 위치에서 전압이 $100[V]$이었다. 이 선로의 인덕턴스가 $7.5[\mu H/m]$이고, 커패시턴스가 $0.012[\mu F/m]$일 때 이 위치에서 전류$[A]$는?

① 2 ② 4
③ 6 ④ 8

[정답] 2021년 2회 01 ① 02 ③ 03 ① 04 ②

해설

손실 전송선로의 특성임피던스는

$Z_0=\sqrt{\frac{L}{C}}=\sqrt{\frac{7.5}{0.012}}=25[\Omega]$이므로

전류 $I=\frac{V}{Z_0}=\frac{100}{25}=4[A]$

**05** 전압 $v(t)=14.14\sin\omega t+7.07\sin\left(3\omega t+\frac{\pi}{6}\right)[V]$의 실효값은 약 몇 [V]인가?

① 3.87 ② 11.2
③ 15.8 ④ 21.2

해설

실효전압은 $V=\sqrt{V_1^2+V_3^2}=\sqrt{10^2+5^2}=11.2[V]$

**06** 그림과 같은 평형 3상회로에서 전원 전압이 $V_{ab}=200[V]$이고 부하 한상의 임피던스가 $Z=4+j3[\Omega]$인 경우 전원과 부하사이 선전류 $I_a$는 약 몇 [A]인가?

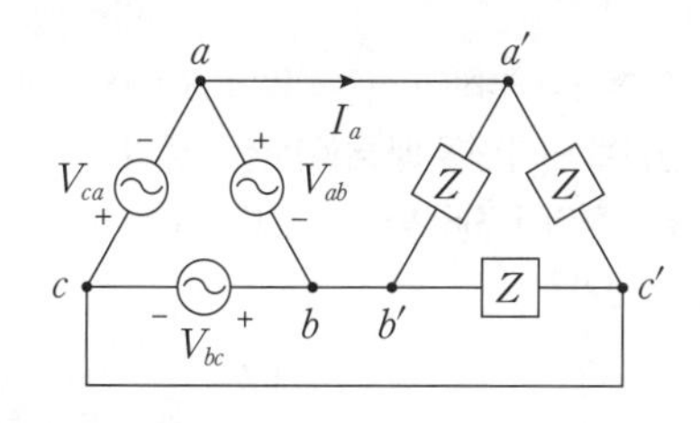


① $40\sqrt{3}\angle 36.87°$ ② $40\sqrt{3}\angle -36.87°$
③ $40\sqrt{3}\angle 66.87°$ ④ $40\sqrt{3}\angle -66.87°$

해설

△결선시 선전류 $I_l=\sqrt{3}I_p\angle-30°$이므로

$I_a=\sqrt{3}\frac{V_{ab}}{Z}\angle-30°=\sqrt{3}\frac{200}{4+j3}\angle-30°$

$=40\sqrt{3}\angle-66.87°$

**07** 정상상태에서 $t=0$초인 순간에 스위치 $S$를 열었다. 이때 흐르는 전류 $i(t)$는?

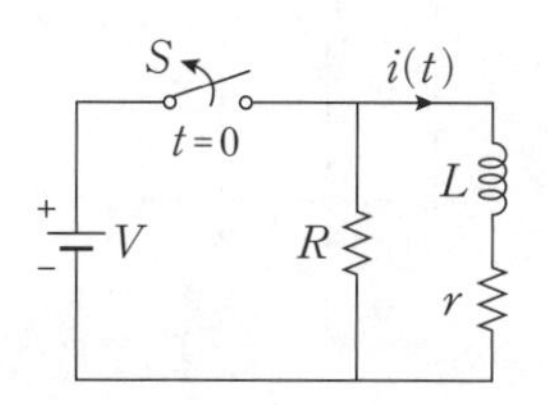


① $\frac{V}{R}e^{-\frac{R+r}{L}t}$ ② $\frac{V}{r}e^{-\frac{R+r}{L}t}$
③ $\frac{V}{R}e^{-\frac{L}{R+r}t}$ ④ $\frac{V}{r}e^{-\frac{L}{R+r}t}$

해설

스위치 $S$를 열 때 $L$에 충전되었던 전류가
$R$과 $r$을 통해서 방전하므로
$\therefore i(t)=Ae^{-\frac{R+r}{L}t}$가 된다.

$t=0$에서 스위치를 열때의 정상전류는 $\frac{V}{r}$이므로

$\therefore i(t)=\frac{V}{r}e^{-\frac{R+r}{L}t}$

**08** 선간전압이 150[V], 선전류가 $10\sqrt{3}$[A], 역률이 80[%]인 평형 3상 유도성 부하로 공급되는 무효전력[Var]은?

① 3600 ② 3000
③ 2700 ④ 1800

해설

선간 전압 $V_l=150[V]$, 선전류 $I_l=10\sqrt{3}[A]$, 역률이 0.8 일 때 무효율 $\sin\theta=0.6$ 이므로 3상 무효전력은
$P_r=\sqrt{3}V_lI_l\sin\theta=\sqrt{3}\times150\times10\sqrt{3}\times0.6=2700[Var]$

[정답] 05 ② 06 ④ 07 ② 08 ③

## 09 그림과 같은 함수의 라플라스 변환은?

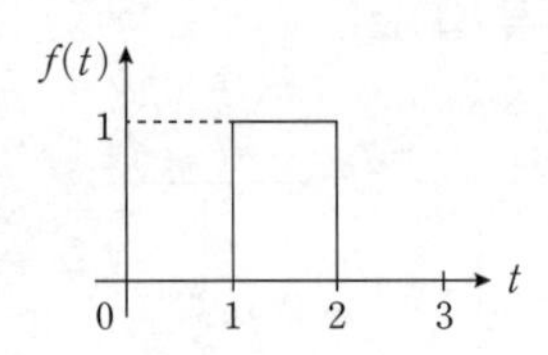


① $\frac{1}{s}(e^{s}-e^{2s})$　② $\frac{1}{s}(e^{-s}-e^{-2s})$

③ $\frac{1}{s}(e^{-2s}-e^{-s})$　④ $\frac{1}{s}(e^{-s}+e^{-2s})$

**해설**

**시간함수**

$f(t)=u(t-1)-u(t-2)$가 되므로
시간추이정리 $\mathcal{L}[f(t-a)]=F(s)e^{-as}$에 의해서
라플라스 변환하면

$F(s)=\frac{1}{s}e^{-s}-\frac{1}{s}e^{-2s}=\frac{1}{s}(e^{-s}-e^{-2s})$가 된다.

## 10 상의 순서가 $a-b-c$인 불평형 3상 전류가 $I_a=15+j2[\mathrm{A}]$, $I_b=-20-j14[\mathrm{A}]$, $I_c=-3+j10[\mathrm{A}]$일 때 영상분 전류 $I_0$는 약 몇 [A]인가?

① $2.67+j0.38$　② $2.02+j6.98$

③ $15.5-j3.56$　④ $-2.67-j0.67$

**해설**

**영상분 전류**

$I_o=\frac{1}{3}(I_a+I_b+I_c)$

$=\frac{1}{3}(15+j2-20-j14-3+j10)$

$=\frac{1}{3}(-8-j2)=-2.67-j0.67$

**시행일** 2021년 3회

## 01 제어요소 표준 형식인 적분요소에 대한 전달함수는? (단, $K$는 상수이다.)

① $Ks$　② $\frac{K}{s}$

③ $K$　④ $\frac{K}{1+Ts}$

**해설**

**제어요소의 전달함수**

| 비례 요소 | $G(s)=K$ ($K$를 이득 정수) | 1차지연 요소 | $G(s)=\frac{K}{Ts+1}$ |
|---|---|---|---|
| 미분 요소 | $G(s)=Ks$ | 2차지연 요소 | $G(s)=\frac{K\omega_n^2}{s^2+2\delta\omega_n s+\omega_n^2}$<br>$\delta$ : 감쇠 계수(제동비)<br>$\omega_n$ : 고유 진동 각주파수 |
| 적분 요소 | $G(s)=\frac{K}{s}$ | 부동작 시간 요소 | $G(s)=Ks^{-LS}$<br>($L$ : 부동작 시간) |

## 02 평형 3상 부하에 선간전압의 크기가 200[V]인 평형 3상 전압을 인가했을 때 흐르는 선전류의 크기가 8.6[A]이고 무효전력이 1298[Var]이었다. 이 때 이 부하의 역률은 약 얼마인가?

① 0.6　② 0.7

③ 0.8　④ 0.9

**해설**

3상, $V_l=200[\mathrm{V}]$, $I_l=8.6[\mathrm{A}]$, $P_r=1298[\mathrm{Var}]$일 때
무효전력은 $P_r=\sqrt{3}V_lI_l\sin\theta[\mathrm{Var}]$ 이므로

무효율 $\sin\theta=\frac{P_r}{\sqrt{3}V_lI_l}=\frac{1298}{\sqrt{3}\times200\times8.6}=0.436$이므로

역률 $\cos\theta=\sqrt{1-\sin^2\theta}=\sqrt{1-0.436^2}=0.9$

[정답] 09 ② 10 ④ 2021년 3회 01 ② 02 ④

**03** **단위 길이당 인덕턴스 및 커패시턴스가 각각 $L$ 및 $C$일 때 전송선로의 특성 임피던스는? (단, 전송선로는 무손실 선로이다.)**

① $\sqrt{\frac{L}{C}}$　② $\sqrt{\frac{C}{L}}$

③ $\frac{L}{C}$　④ $\frac{C}{L}$

해설

**무손실 선로**

① 조건 $R=G=0$

② 특성임피던스 $Z_0=\sqrt{\frac{Z}{Y}}=\sqrt{\frac{L}{C}}[\Omega]$

③ 전파정수 $\gamma=\sqrt{Z\cdot Y}=j\omega\sqrt{LC}$

($\therefore$ 감쇠정수 $\alpha=0$, 위상정수 $\beta=\omega\sqrt{LC}$)

④ 전파속도 $v=\frac{\omega}{\beta}=\frac{2\pi f}{\beta}=\frac{1}{\sqrt{LC}}=\lambda f[\text{m/sec}]$

**04** **각상의 전류가 $i_a(t)=90\sin\omega t[\text{A}]$, $i_b(t)=90\sin(\omega t-90°)[\text{A}]$, $i_c(t)=90\sin(\omega t+90°)[\text{A}]$일 때 영상분 전류[A]의 순시치는?**

① $30\cos\omega t$　② $30\sin\omega t$

③ $90\sin\omega t$　④ $90\cos\omega t$

해설

영상분 전류는

$$i_o=\frac{1}{3}(i_a+i_b+i_c)$$
$$=\frac{1}{3}\{90\sin\omega t+90\sin(\omega t-90°)+90\sin(\omega t+90°)\}$$
$$=\frac{90}{3}\{\sin\omega t+\sin\omega t\cos(-90°)+\cos\omega t\sin(-90°)+\sin\omega t\cos 90°+\cos\omega t\sin 90°\}$$
$$=30\sin\omega t$$

참고

**삼각함수 가법정리**

$\sin(\alpha\pm\beta)=\sin\alpha\cos\beta\pm\cos\alpha\sin\beta$

$\cos(\alpha\pm\beta)=\cos\alpha\cos\beta\pm\sin\alpha\sin\beta$

**05** **내부 임피던스가 $0.3+j2[\Omega]$인 발전기에 임피던스가 $1.1+j3[\Omega]$인 선로를 연결하여 어떤 부하에 전력을 공급하고 있다. 이 부하의 임피던스가 몇 $[\Omega]$일 때 발전기로부터 부하로 전달되는 전력이 최대가 되는가?**

① $1.4-j5$　② $1.4+j5$

③ $1.4$　④ $j5$

해설

내부 총임피던스는

$Z_g=0.3+j2+1.1+j3=1.4+j5[\Omega]$이므로

최대전력전달시 부하임피던스

$Z_L=\overline{Z_g}=1.4-j5[\Omega]$이다.

**06** **그림과 같은 파형의 라플라스 변환은?**

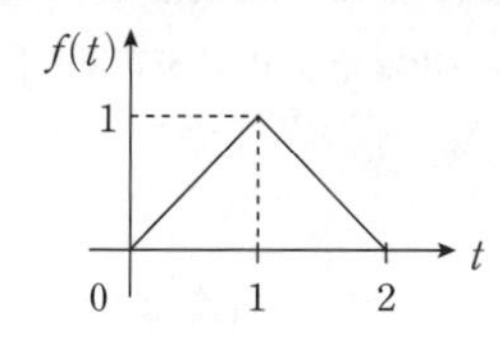


① $\frac{1}{s^2}(1-2e^{s})$　② $\frac{1}{s^2}(1-2e^{-s})$

③ $\frac{1}{s^2}(1-2e^{s}+e^{2s})$　④ $\frac{1}{s^2}(1-2e^{-s}+e^{-2s})$

해설

$0\le t\le 1$ 에서 $f_1(t)=t$

$1\le t\le 2$ 에서 $f_2(t)=2-t$ 이므로

$$\mathcal{L}[f(t)]=\int_0^1 te^{-st}dt+\int_1^2(2-t)e^{-st}dt$$
$$=\left[t\cdot\frac{e^{-st}}{-s}\right]_0^1+\frac{1}{s}\int_0^1 e^{-st}dt+\left[(2-t)\frac{e^{-st}}{-s}\right]_1^2-\frac{1}{s}\int_1^2 e^{-st}dt$$
$$=-\frac{e^{-s}}{s}-\frac{e^{-s}}{s^2}+\frac{1}{s^2}+\frac{e^{-s}}{s}+\frac{e^{-2s}}{s^2}-\frac{e^{-s}}{s^2}$$
$$=\frac{1}{s^2}(1-2e^{-s}+e^{-2s})$$

[정답] 03 ① 04 ② 05 ① 06 ④

**07** 어떤 회로에서 $t=0$초에 스위치를 닫은 후 $i=2t+3t^2$[A]의 전류가 흘렀다. 30초까지 스위치를 통과한 총 전기량[Ah]은?

① 4.25　　② 6.75

③ 7.75　　④ 8.25

해설

$Q=\int_0^t i\,dt=\int_0^{30}(2t+3t^2)dt$

$=[t^3+t^2]_0^{30}=27900[C=A\cdot S]$

$\therefore Q=\frac{27900}{3600}=7.75[Ah]$

**08** 전압 $v(t)$를 $RL$ 직렬회로에 인가했을 때 제3고조파 전류의 실효값[A]의 크기는? (단, $R=8[\Omega]$, $\omega L=2[\Omega]$ $v(t)=100\sqrt{2}\sin\omega t+200\sqrt{2}\sin 3\omega t+50\sqrt{2}\sin 5\omega t$ [V]이다.)

① 10　　② 14

③ 20　　④ 28

해설

제3고조파 전압의 실효값

$V_3=\frac{200\sqrt{2}}{\sqrt{2}}=200[V]$

제3고조파 임피던스

$Z_3=R+j3\omega L=8+j(3\times 2)=8+j6=\sqrt{8^2+6^2}=10[\Omega]$

∴ 제3고조파 전류의 실효값

$I_3=\frac{V_3}{Z_3}=\frac{200}{10}=20[A]$

**09** 회로에서 $t=0$ 초에 전압 $v_1(t)=e^{-4t}$[V]를 인가하였을 때 $v_2(t)$는 몇 [V]인가? (단, $R=2[\Omega]$, $L=1[H]$이다.)

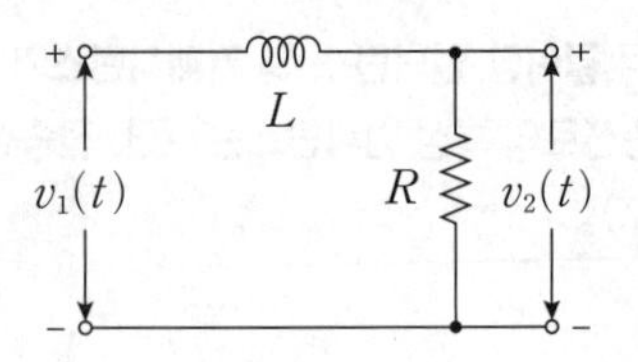


① $e^{-2t}-e^{-4t}$　　② $2e^{-2t}-2e^{-4t}$

③ $-2e^{-2t}+2e^{-4t}$　　④ $-2e^{-2t}-2e^{-4t}$

해설

$L-R$ 직렬연결시 전달함수

$G(s)=\frac{V_2(s)}{V_1(s)}=\frac{\text{출력 임피던스}}{\text{입력 임피던스}}=\frac{R}{Ls+R}=\frac{2}{s+2}$ 에서

출력 $V_2(s)=G(s)V_1(s)=\frac{2}{s+2}\times\frac{1}{s+4}$

$=\frac{2}{(s+2)(s+4)}=\frac{A}{(s+2)}+\frac{B}{(s+4)}$

$A=V_2(s)(s+2)|_{s=-2}=\left[\frac{2}{s+4}\right]_{s=-2}=1$

$B=V_2(s)(s+4)|_{s=-4}=\left[\frac{2}{s+2}\right]_{s=-4}=-1$

$V_2(s)=\frac{1}{s+2}-\frac{1}{s+4}$ 가 되므로

$\therefore v_2(t)=e^{-2t}-e^{-4t}$

**10** 동일한 저항 $R[\Omega]$ 6개를 그림과 같이 결선하고 대칭 3상 전압 $V$[V]를 가하였을 때 전류 $I$[A]의 크기는?

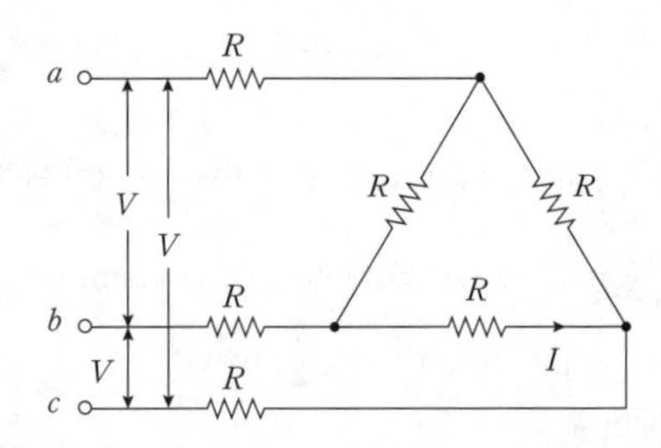


① $\frac{V}{R}$　　② $\frac{V}{2R}$

③ $\frac{V}{4R}$　　④ $\frac{V}{5R}$

[정답] 07 ③ 08 ③ 09 ① 10 ③

해설

△결선을 Y 결선으로 변환시 각상의 저항은 1/3배로 감소하므로

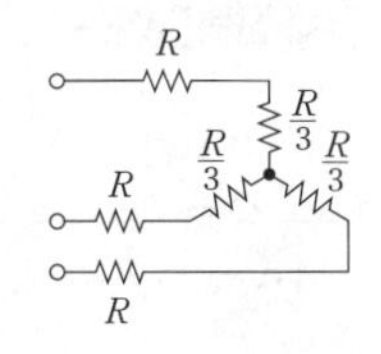

각 상의 저항 값은

$R_a = R_b = R_c = P_p = R + \frac{R}{3} = \frac{4R}{3}[\Omega]$이 되므로

$Y$ 결선시 선전류 $I_l = \frac{\frac{V}{\sqrt{3}}}{\frac{4R}{3}} = \frac{\sqrt{3}}{4R}V$

△ 결선시 상전류 $I = \frac{I_l}{\sqrt{3}} = \frac{V}{4R}$

**11** 어떤 선형 회로망의 4단자 정수가 $A=8$, $B=j2$, $D=1.625+j$ 일 때, 이 회로망의 4단자 정수 $C$는?

① $24-j14$　② $8-j11.5$
③ $4-j6$　④ $3-j4$

해설

4단자 정수의 성질 $AD-BC=1$ 이므로

$C = \frac{AD-1}{B} = \frac{8(1.625+j)-1}{j2} = 4-j6$

시행일 2022년 1회

**01** $f_e(t)$가 우함수이고 $f_o(t)$가 기함수일 때 주기함수 $f(t)=f_e(t)+f_o(t)$에 대한 다음 식 중 틀린 것은?

① $f_e(t)=f_e(-t)$
② $f_o(t)=-f_o(-t)$
③ $f_o(t)=\frac{1}{2}[f(t)-f(-t)]$
④ $f_e(t)=\frac{1}{2}[f(t)-f(-t)]$

해설

**비정현파 대칭조건**

우함수(여현대칭) $f_e(t)=f_e(-t)$
기함수(정현대칭) $f_o(t)=-f_o(-t)$이므로
주기함수 $f(t)=f_e(t)+f_o(t)$일 때

$$\frac{1}{2}[f(t)-f(-t)] = \frac{1}{2}[f_e(t)+f_o(t)-(f_e(-t)+f_o(-t))]$$
$$= \frac{1}{2}[f_e(t)+f_o(t)-f_e(-t)-f_o(-t)]$$
$$= \frac{1}{2}[f_e(t)+f_o(t)-f_e(t)+f_o(t)]$$
$$= \frac{1}{2}[f_o(t)+f_o(t)] = f_o(t)$$

**02** 3상 평형회로에 Y결선의 부하가 연결되어 있고, 부하에서의 선간전압이 $V_{ab}=100\sqrt{3}\angle 0°[V]$일 때 선전류가 $I_a=20\angle -60°[A]$이었다. 이 부하의 한 상의 임피던스 $[\Omega]$는? (단, 3상 전압의 상순은 $a-b-c$이다.)

① $5\angle 30°$　② $5\sqrt{3}\angle 30°$
③ $5\angle 60°$　④ $5\sqrt{3}\angle 60°$

해설

**성형결선(Y결선)**

Y 결선, 선간 전압 $V_l=100\sqrt{3}\angle 0°[V]$,
선전류 $I_l=20\angle -60°[A]$일 때 한상의 임피던스

$$Z = \frac{V_P}{I_P} = \frac{\frac{V_l}{\sqrt{3}}\angle -30°}{I_l} = \frac{\frac{100\sqrt{3}}{\sqrt{3}}\angle 0°-30°}{20\angle -60°}$$
$$= \frac{100\angle -30°}{20\angle -60°} = 5\angle 30°[A]$$

**03** 그림의 회로에서 120[V]와 30[V]의 전압원(능동소자)에서의 전력은 각각 몇 [W]인가? (단, 전압원(능동소자)에서 공급 또는 발생하는 전력은 양수(+)이고, 소비 또는 흡수하는 전력은 음수(−)이다.)

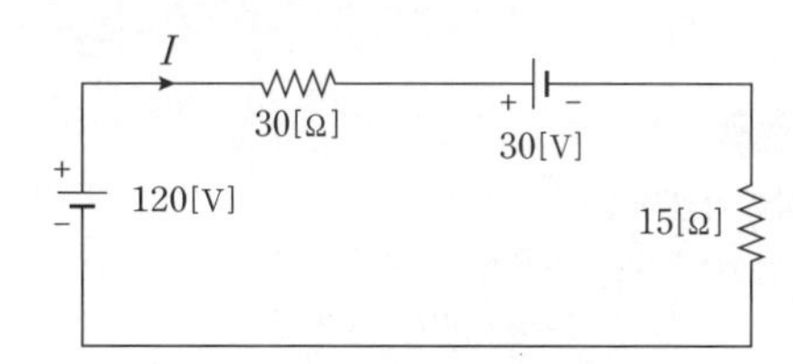


[정답] 11 ③ 2022년 1회 01 ④ 02 ① 03 ②

① 240[W], 60[W]　② 240[W], −60[W]
③ −240[W], 60[W]　④ −240[W], −60[W]

**해설**

**저항직렬연결**

전류 $I=\frac{V}{R}=\frac{120-30}{30+15}=2[A]$
발생전력은 $V_1=120[V]$에 의한전력
$P_1=V_1I=120\times2=240[W]$
흡수전력은 $V_2=30[V]$에 의한전력
$P_2=-V_2I=-30\times2=-60[W]$

## 04 각 상의 전압이 다음과 같을 때 영상분 전압[V]의 순시치는? (단, 3상 전압의 상순은 $a-b-c$이다.)

$$v_a(t)=40\sin\omega t[V]$$
$$v_b(t)=40\sin(\omega t-\frac{\pi}{2})[V]$$
$$v_c(t)=40\sin(\omega t-\frac{\pi}{2})[V]$$

① $40\sin\omega t$　② $\frac{40}{3}\sin\omega t$
③ $\frac{40}{3}\sin\left(\omega t-\frac{\pi}{2}\right)$　④ $\frac{40}{3}\sin\left(\omega t+\frac{\pi}{2}\right)$

**해설**

**대칭분 전압, 전류**
영상분 전압은

$$v_0=\frac{1}{3}(v_a+v_b+v_c)$$
$$=\frac{1}{3}\{40\sin\omega t+40\sin(\omega t-90°)+40\sin(\omega t+90°)\}$$
$$=\frac{40}{3}\{\sin\omega t+\sin\omega t\cos(-90°)+\cos\omega t\sin(-90°)+\sin\omega t\cos90°+\cos\omega t\sin90°\}$$
$$=\frac{40}{3}\sin\omega t$$

**참고**

**삼각함수 가법정리**
$\sin(\alpha\pm\beta)=\sin\alpha\cos\beta\pm\cos\alpha\sin\beta$
$\cos(\alpha\pm\beta)=\cos\alpha\cos\beta\mp\sin\alpha\sin\beta$

## 05 그림과 같이 3상 평형의 순저항 부하에 단상 전력계를 연결하였을 때 전력계가 $W$[W]를 지시하였다. 이 3상 부하에서 소모하는 전체 전력[W]은?

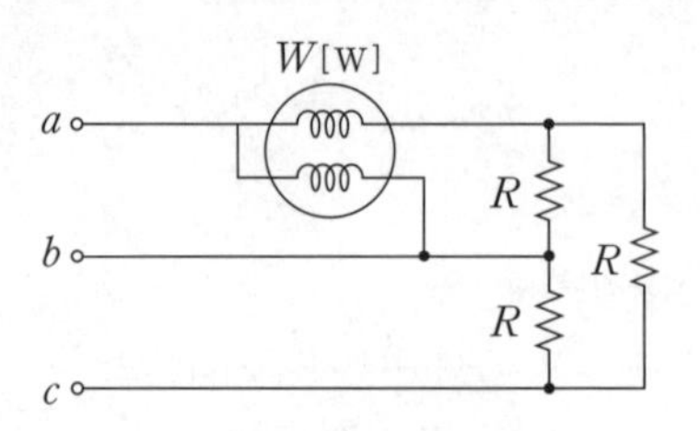


① $2W$　② $3W$
③ $\sqrt{2}W$　④ $\sqrt{3}W$

**해설**

**1전력계법**
1전력계법에 의한 유효전력은 $P=2W[W]$

## 06 정전용량이 $C$[F]인 커패시터에 단위 임펄스의 전류원이 연결되어 있다. 이 커패시터의 전압 $v_c(t)$는? (단, $u(t)$는 단위 계단함수이다.)

① $v_c(t)=C$　② $v_c(t)=Cu(t)$
③ $v_c(t)=\frac{1}{C}$　④ $v_c(t)=\frac{1}{C}u(t)$

**해설**

정전용량 $C$[F]의 전압 $v_c(t)=\frac{1}{C}\int i(t)dt[V]$를

라플라스변환하면 $V_c(s)=\frac{1}{C}\frac{1}{s}I(s)$
전류원이 단위임펄스 $i(t)=\delta(t)$이므로 $I(s)=1$를 대입하면
$V_c(s)=\frac{1}{C}\frac{1}{s}$ 가 된다.

이를 역라플라스 변환하면 $v_c(t)=\frac{1}{C}u(t)$

## 07 그림의 회로에서 $t=0$[s]에 스위치($S$)를 닫은 후 $t=1$[s]일 때 이 회로에 흐르는 전류는 약 몇 [A]인가?

[정답] 04 ② 05 ① 06 ④ 07 ①

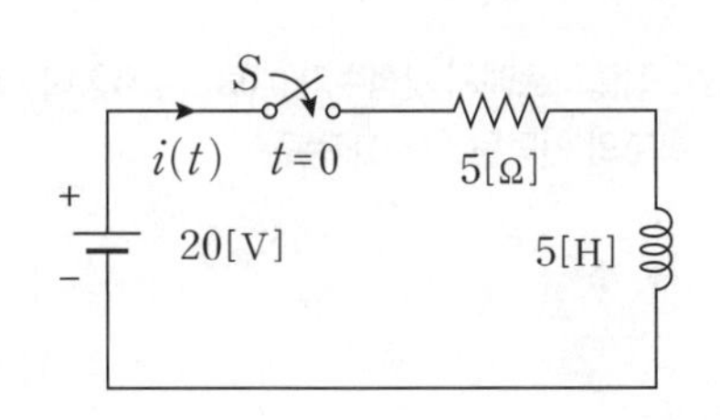


① 2.52　② 3.16
③ 4.21　④ 6.32

해설

**$R-L$직렬연결**

$R-L$직렬회로에서 스위치 on시 흐르는 전류

$i(t)=\frac{E}{R}(1-e^{-\frac{R}{L}t})$[A]이므로

$i(t)=\frac{20}{5}(1-e^{-\frac{5}{5}\times 1})=2.52$[A]

## 08 순시치 전류 $i(t)=I_m\sin(\omega t+\theta_1)$[A]의 파고율은 약 얼마인가?

① 0.577　② 0.707
③ 1.414　④ 1.732

해설

**파고율**

정현파의 파고율$=\frac{\text{최댓값}}{\text{실효값}}=\frac{I_m}{\frac{I_m}{\sqrt{2}}}=\sqrt{2}=1.414$

## 09 그림의 회로가 정저항 회로로 되기 위한 $L$[mH]은? (단, $R=10$[Ω], $C=1000$[μF]이다.)

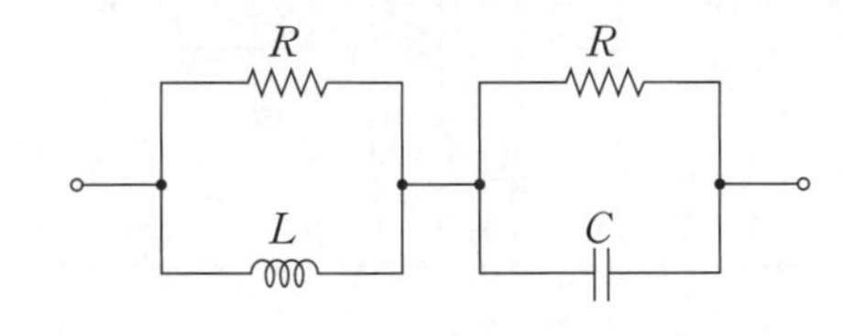


① 1　② 10
③ 100　④ 1000

해설

**정저항 회로**

$R^2=\frac{L}{C}$, $R=\sqrt{\frac{L}{C}}$ 이므로

$L=CR^2=1000\times 10^{-6}\times 10^2=0.1$[H]$=100$[mH]

## 10 분포정수 회로에 있어서 선로의 단위 길이당 저항이 100[Ω/m], 인덕턴스가 200[mH/m], 누설컨덕턴스가 0.5[℧/m]일 때 일그러짐이 없는 조건(무왜형 조건)을 만족하기 위한 단위 길이당 커패시턴스는 몇 [μF/m]인가?

① 0.001　② 0.1
③ 10　④ 1000

해설

**무왜형 선로**

무왜형선로가 되기 위한 조건은 $LG=RC$

이므로 커패시턴스 $C=\frac{LG}{R}$[F/m]이므로

주어진 수치를 대입하면

$C=\frac{200\times 10^{-3}\times 0.5}{100}\times 10^6=1000$[μF/m]

# 시행일 2022년 2회

## 01 기본 제어요소인 비례요소의 전달함수는? (단, $K$는 상수이다.)

① $G(s)=K$　② $G(s)=Ks$
③ $G(s)=\frac{K}{s}$　④ $G(s)=\frac{K}{s+K}$

해설

**제어요소의 전달함수**

- 비례 요소 : $K$
- 미분 요소 : $Ks$
- 적분 요소 : $\frac{K}{s}$
- 1차 지연 요소 : $\frac{K}{s+K}$

[정답] 08 ③　09 ③　10 ④　2022년 2회　01 ①

## 02 회로에서 6[Ω]에 흐르는 전류[A]는?

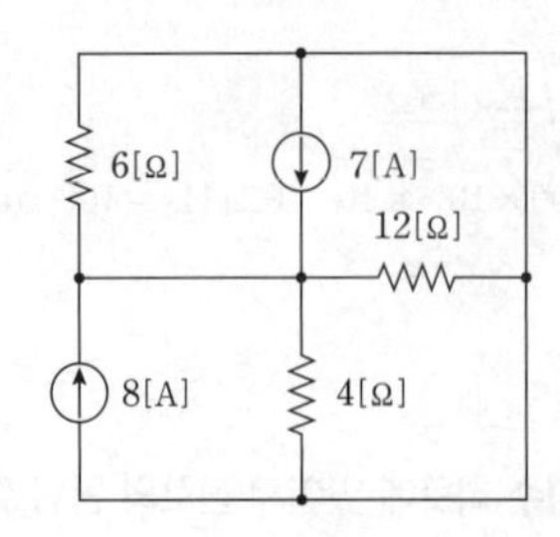


① 2.5　　② 5
③ 7.5　　④ 10

**해설**

**중첩의 정리**

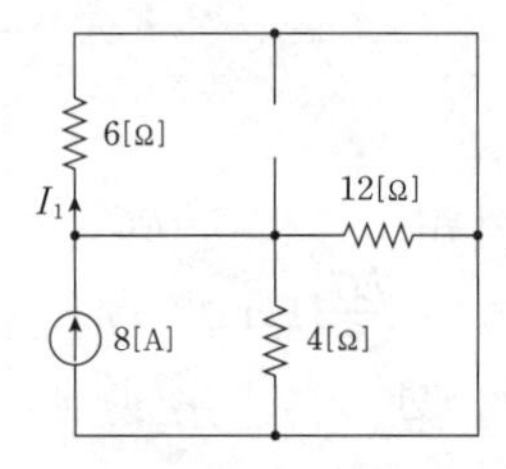


전류원 7[A] 개방시 전류 $I_1$는 12[Ω]과 4[Ω]이 병렬연결이므로

합성저항은 $R=\frac{12\times4}{12+4}=3[\Omega]$

3[Ω]과 6[Ω]이 다시병렬이므로 전류분배법칙에 의해서

$I_1=\frac{3}{6+3}\times8=\frac{8}{3}[\text{A}]$

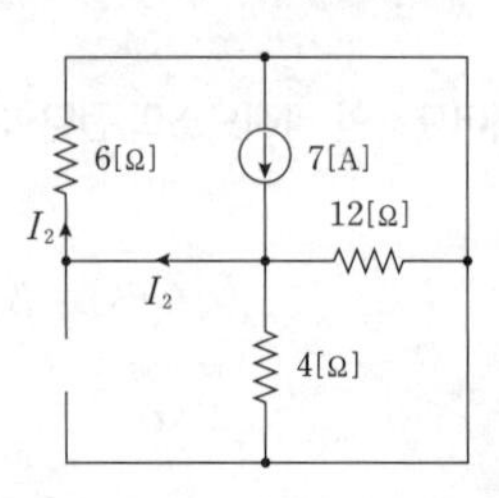


전류원 8[A] 개방시 전류 $I_2$는 12[Ω]과 4[Ω]이 병렬연결이므로

합성저항은 $R=\frac{12\times4}{12+4}=3[\Omega]$

3[Ω]과 6[Ω]이 다시병렬이므로 전류분배법칙에 의해서

$I_1=\frac{3}{6+3}\times7=\frac{7}{3}[\text{A}]$이므로 전체 6[Ω]에 흐르는 전류는

$I=I_1+I_2=\frac{8}{3}+\frac{7}{3}=5[\text{A}]$

## 03 $RL$ 직렬회로에서 시정수가 0.03[s], 저항이 14.7[Ω]일 때 이 회로의 인덕턴스[mH]는?

① 441　　② 362
③ 17.6　　④ 2.53

**해설**

**$R-L$직렬연결**

시정수 $\tau=\frac{L}{R}[\sec]$에서 인덕턴스를 구하면

$L=\tau R=0.03\times14.7\times10^3=441[\text{mH}]$

## 04 상의 순서가 $a-b-c$인 불평형 3상 교류회로에서 각 상의 전류가 $I_a=7.28\angle15.95^\circ[\text{A}]$, $I_b=12.81\angle-128.66^\circ[\text{A}]$, $I_c=7.21\angle123.69^\circ[\text{A}]$일 때 역상분 전류는 약 몇 [A]인가?

① $8.95\angle-1.14^\circ$　　② $8.95\angle1.14^\circ$
③ $2.51\angle-96.55^\circ$　　④ $2.51\angle96.55^\circ$

**해설**

**대칭분 전압, 전류**

역상분전류는

$I_2=\frac{1}{3}(I_a+a^2I_b+aI_c)$

$=\frac{1}{3}(7.28\angle15.95^\circ+1\angle240^\circ\times12.81\angle-128.66^\circ$

$+1\angle120^\circ\times7.21\angle123.69^\circ)$

$=2.51\angle96.25^\circ[\text{A}]$

## 05 그림과 같은 T형 4단자 회로의 임피던스 파라미터 $Z_{22}$는?

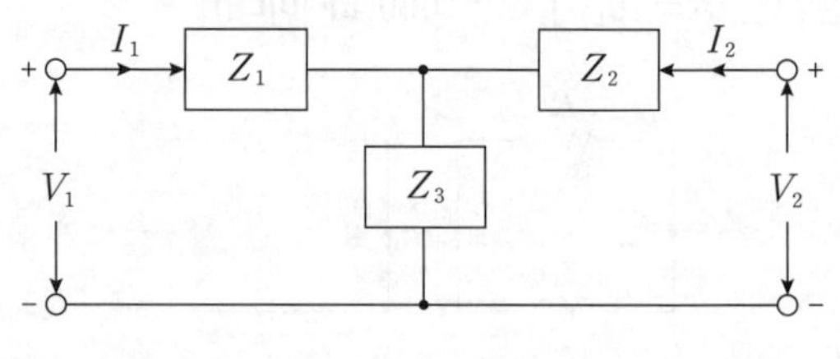


① $Z_3$　　② $Z_1+Z_2$
③ $Z_1+Z_3$　　④ $Z_2+Z_3$

[정답] 02 ② 03 ① 04 ④ 05 ④

해설

**임피던스 파라미터**

T형 회로에서 임피던스 파라미터 찾는 방법

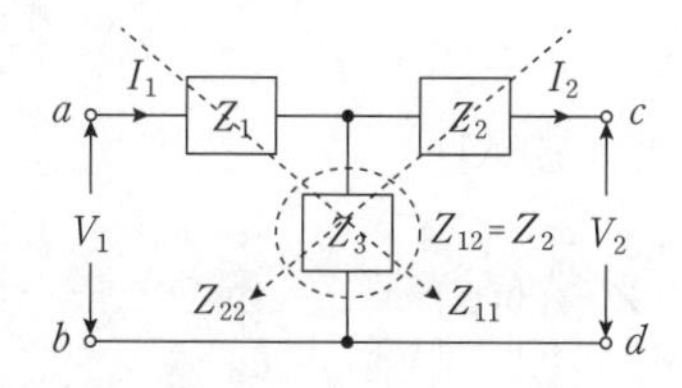


① $Z_{11}$ : 앞쪽 임피던스와 중앙 임피던스를 더한다.
$Z_{11}=Z_1+Z_3$
② $Z_{22}$ : 뒤쪽 임피던스와 중앙 임피던스를 더한다.
$Z_{22}=Z_2+Z_3$
③ $Z_{12}=Z_{21}$ → 중앙 임피던스를 취한다.
$Z_{12}=Z_{21}=Z_3$

**06** 그림과 같은 부하에 선간전압이 $V_{ab}=100\angle 30°$[V]인 평형 3상 전압을 가했을 때 선전류 $I_a$[A]는?

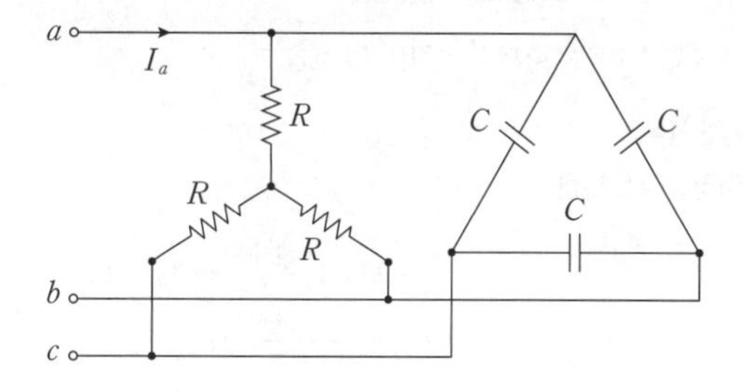


① $\frac{100}{\sqrt{3}}\left(\frac{1}{R}+j3\omega C\right)$　② $100\left(\frac{1}{R}+j\sqrt{3}\,\omega C\right)$

③ $\frac{100}{\sqrt{3}}\left(\frac{1}{R}+j\omega C\right)$　④ $100\left(\frac{1}{R}+j\omega C\right)$

해설

**3상결선**

△결선을 Y결선으로 변환하면 $C$의 임피던스는

$\frac{1}{j3\omega C}$[Ω]이 되고 $R$과 $C$가 병렬연결이므로

합성 어드미턴스는 $Y=\frac{1}{R}+j3\omega C$[℧]가 되므로

Y결선의 상전류는

$I_p=YV_p=\left(\frac{1}{R}+j3\omega C\right)\times\frac{V_l}{\sqrt{3}}=\left(\frac{1}{R}+j3\omega C\right)\times\frac{100}{\sqrt{3}}$[A]

선전류 $I_l=I_p=\left(\frac{1}{R}+j3\omega C\right)\times\frac{100}{\sqrt{3}}$[A]

**07** 분포정수로 표현된 선로의 단위 길이당 저항이 0.5[Ω/km], 인덕턴스가 1[μH/km], 커패시턴스가 6[μF/km]일 때 일그러짐이 없는 조건(무왜형 조건)을 만족하기 위한 단위 길이당 컨덕턴스[℧/km]는?

① 1　② 2
③ 3　④ 4

해설

**무왜형 선로**

무왜형선로가 되기 위한 조건은 $LG=RC$

이므로 컨덕턴스 $G=\frac{RC}{L}$[℧/km]이므로

주어진 수치를 대입하면

$G=\frac{0.5\times 6\times 10^{-6}}{1\times 10^{-6}}=3$[℧/m]

**08** 그림 (a)의 Y결선 회로를 그림 (b)의 △결선 회로로 등가 변환했을 때 $R_{ab}$, $R_{bc}$, $R_{ca}$는 각각 몇 [Ω]인가? (단, $R_a=2$[Ω], $R_b=3$[Ω], $R_c=4$[Ω])

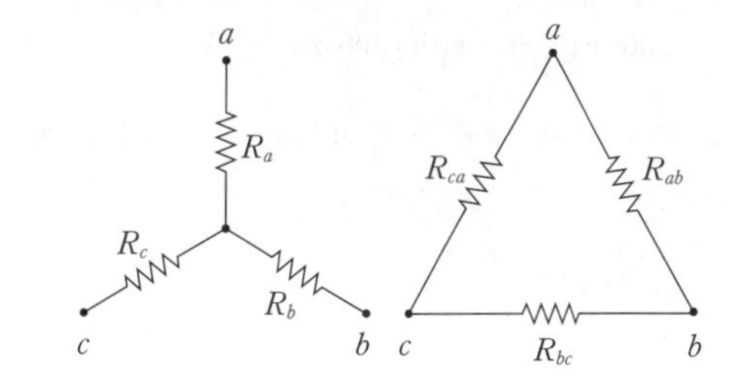


① $R_{ab}=\frac{6}{9}$, $R_{bc}=\frac{12}{9}$, $R_{ca}=\frac{8}{9}$

② $R_{ab}=\frac{1}{3}$, $R_{bc}=1$, $R_{ca}=\frac{1}{2}$

③ $R_{ab}=\frac{13}{2}$, $R_{bc}=13$, $R_{ca}=\frac{26}{3}$

④ $R_{ab}=\frac{11}{3}$, $R_{bc}=11$, $R_{ca}=\frac{11}{2}$

해설

**Y－△임피던스 등가변환**

$R_a=2$[Ω], $R_b=3$[Ω], $R_c=4$[Ω]일 때
$R_Y=R_aR_b+R_bR_c+R_cR_a=2\times 3+3\times 4+4\times 2=26$[Ω]
이므로

[정답] 06 ① 07 ③ 08 ③

$R_{ab}=\frac{R_Y}{R_C}=\frac{26}{4}=\frac{13}{2}[\Omega]$

$R_{bc}=\frac{R_Y}{R_a}=\frac{26}{2}=13[\Omega]$

$R_{ca}=\frac{R_Y}{R_b}=\frac{26}{3}[\Omega]$

## 09 다음과 같은 비정현파 교류 전압 $v(t)$와 전류 $i(t)$에 의한 평균전력은 약 몇 [W]인가?

$$v(t)=200\sin 100\pi t+80\sin\left(300\pi t-\frac{\pi}{2}\right)[\mathrm{V}]$$

$$i(t)=\frac{1}{5}\sin\left(100\omega t-\frac{\pi}{3}\right)+\frac{1}{10}\sin\left(300\omega t-\frac{\pi}{4}\right)[\mathrm{A}]$$

① 6.414 ② 8.586

③ 12.828 ④ 24.212

**해설**

**비정현파 교류전력**

$v(t)=200\sin 100\pi t+80\sin\left(300\pi t-\frac{\pi}{2}\right)[\mathrm{V}]$

$i(t)=\frac{1}{5}\sin\left(100\pi t-\frac{\pi}{3}\right)+\frac{1}{10}\sin\left(300\pi t-\frac{\pi}{4}\right)[\mathrm{A}]$일 때

평균전력은

$P=V_1I_1\cos\theta_1+V_3I_3\cos\theta_3$

$=\frac{200}{\sqrt{2}}\times\frac{0.2}{\sqrt{2}}\cos 60^\circ+\frac{80}{\sqrt{2}}\times\frac{0.1}{\sqrt{2}}\cos 45^\circ$

$=12.828[\mathrm{W}]$가 된다.

## 10 회로에서 $I_1=2e^{-j\frac{\pi}{6}}[\mathrm{A}]$, $I_2=5e^{j\frac{\pi}{6}}[\mathrm{A}]$, $I_3=5.0[\mathrm{A}]$, $Z_3=1.0[\Omega]$일 때 부하($Z_1$, $Z_2$, $Z_3$) 전체에 대한 복소 전력은 약 몇 [VA]인가?

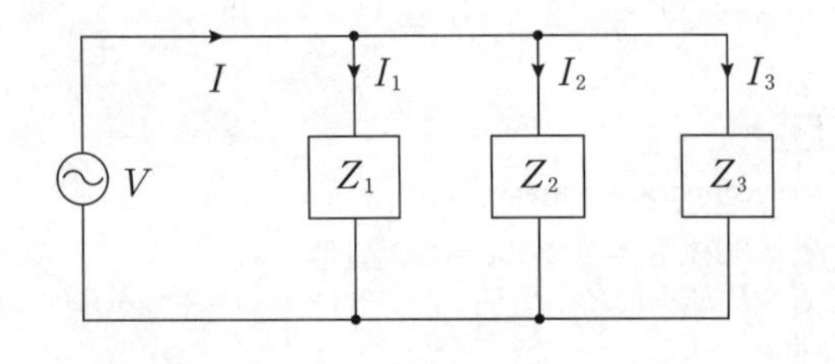


① $55.3-j7.5$ ② $55.3+j7.5$

③ $45-j26$ ④ $45+j26$

**해설**

**복소전력**

$I_1=2e^{-j\frac{\pi}{6}}=1.73-j[\mathrm{A}]$

$I_2=5e^{j\frac{\pi}{6}}=4.33+j2.5[\mathrm{A}]$

$I_3=5.0[\mathrm{A}]$, $Z_3=1.0[\Omega]$

전압 $V=I_3Z_3=5\times1=5[\mathrm{V}]$

전체전류

$I=I_1+I_2+I_3=1.73-j+4.33+j2.5+5=11.06+j1.5[\mathrm{A}]$

복소전력 $P_a=VI^*=5(11.06-j1.5)=55.3-j7.5[\mathrm{VA}]$

## 11 $f(t)=\mathcal{L}^{-1}\left[\frac{s^2+3s+2}{s^2+2s+5}\right]$는?

① $\delta(t)+e^{-t}(\cos 2t-\sin 2t)$

② $\delta(t)+e^{-t}(\cos 2t+2\sin 2t)$

③ $\delta(t)+e^{-t}(\cos 2t-2\sin 2t)$

④ $\delta(t)+e^{-t}(\cos 2t+\sin 2t)$

**해설**

**역라플라스 변환**

$F(s)=\frac{s^2+3s+2}{s^2+2s+5}=1+\frac{s-3}{s^2+2s+5}=1+\frac{s+1-4}{(s+1)^2+4}$

$=1+\frac{s+1}{(s+1)^2+2^2}-2\frac{2}{(s+1)^2+2^2}$에서

역라플라스 변환하면

$f(t)=\delta(t)+e^{-t}\cos 2t-2e^{-t}\sin 2t$

$=\delta(t)+e^{-t}(\cos 2t-2\sin 2t)$

# 시행일 2022년 3회

## 01 다음 함수의 역라플라스 변환 $f(t)$는 어떻게 되는가?

$$F(s)=\frac{2s+3}{(s^2+3s+2)}$$

① $e^{-t}+e^{-2t}$ ② $e^{-t}-e^{-2t}$

③ $e^{t}-2e^{-2t}$ ④ $e^{-t}+2e^{-2t}$

[정답] 09 ③ 10 ① 11 ③ 2022년 3회 01 ①

해설

**역라플라스 변환**

$$F(s)=\frac{2s+3}{s^2+3s+2}=\frac{2s+3}{(s+1)(s+2)}$$
$$=\frac{A}{s+1}+\frac{B}{s+2}$$
$$A=F(s)(s+1)|_{s=-1}=\frac{2s+3}{s+2}\Big|_{s=-1}=1$$
$$B=F(s)(s+2)|_{s=-2}=\frac{2s+3}{s+1}\Big|_{s=-2}=1$$
$$F(s)=\frac{1}{s+1}+\frac{1}{s+2}$$
$$\therefore f(t)=e^{-t}+e^{-2t}$$

**02** 그림과 같은 평형 3상회로에서 전원 전압이 $V_{ab}=200[\mathrm{V}]$이고 부하 한상의 임피던스가 $Z=4+j3[\Omega]$인 경우 전원과 부하사이 선전류 $I_a$는 약 몇 [A]인가?

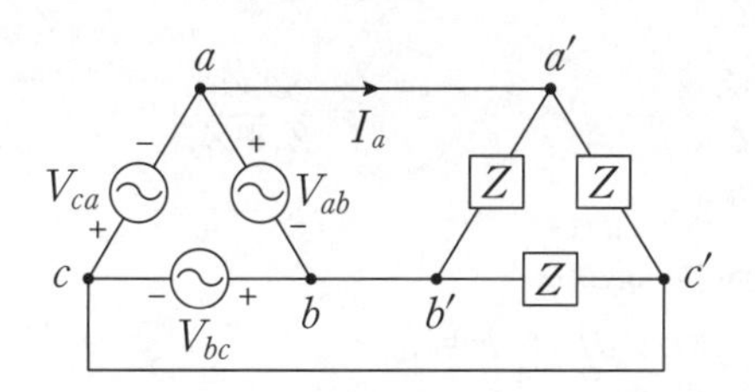


① $40\sqrt{3}\angle 36.87^\circ$ ② $40\sqrt{3}\angle -36.87^\circ$
③ $40\sqrt{3}\angle 66.87^\circ$ ④ $40\sqrt{3}\angle -66.87^\circ$

해설

△결선의 상전류는

$I_P=\frac{V_P}{Z}=\frac{V_{ab}}{Z}=\frac{200}{4+j3}=40\angle -36.87[\mathrm{A}]$이므로

선전류

$I_l=\sqrt{3}I_P\angle -30^\circ=\sqrt{3}\times 40\angle -36.87^\circ\angle -30^\circ$
$=40\sqrt{3}\angle -66.87^\circ[\mathrm{A}]$

**03** $8+j6[\Omega]$인 임피던스에 $13+j20[\mathrm{V}]$의 전압을 인가할 때 복소전력은 약 몇 [VA]인가?

① $127+j34.1$ ② $12.7+j55.5$
③ $45.5+j34.1$ ④ $45.5+j55.5$

해설

**복소전력**

$Z=8+j6[\Omega]$, $V=13+j20[\mathrm{V}]$일 때
복소전력을 구하면

$$P_a=V^*I=VI^*=(13+j20)\left(\frac{13+j20}{8+j6}\right)^*$$
$$=(13+j20)\left(\frac{13-j20}{8-j6}\right)=45.5+j34.1[\mathrm{VA}]$$

이므로 유효전력 $P=45.5[\mathrm{W}]$
무효전력 $P_r=34.1[\mathrm{Var}]$

**04** 코일에 최대값이 $E_m=200[\mathrm{V}]$, 주파수가 $50[\mathrm{Hz}]$인 정현파 전압을 가했더니 전류의 최대값 $I_m=10[\mathrm{A}]$이 되었다. 인덕턴스 $L$은 약 몇 [mH]인가? (단, 코일의 내부저항은 $5[\Omega]$이다.)

① 62 ② 52
③ 42 ④ 32

해설

$R-L$직렬시 최대전류는

$$I_m=\frac{E_m}{Z}=\frac{E_m}{\sqrt{R^2+(\omega L)^2}}=\frac{E_m}{\sqrt{R^2+(2\pi fL)^2}}[\mathrm{A}]$$

이므로 주어진 수치를 대입하면

$E_m=200[\mathrm{V}]$, $f=50[\mathrm{Hz}]$, $I_m=10[\mathrm{A}]$, $R=5[\Omega]$

$10=\frac{200}{\sqrt{5^2+(2\pi\times 60\times L)^2}}[\mathrm{A}]$에서

$L=62[\mathrm{mH}]$

**05** 그림에서 $10[\Omega]$의 저항에 흐르는 전류는 몇 [A]인가?

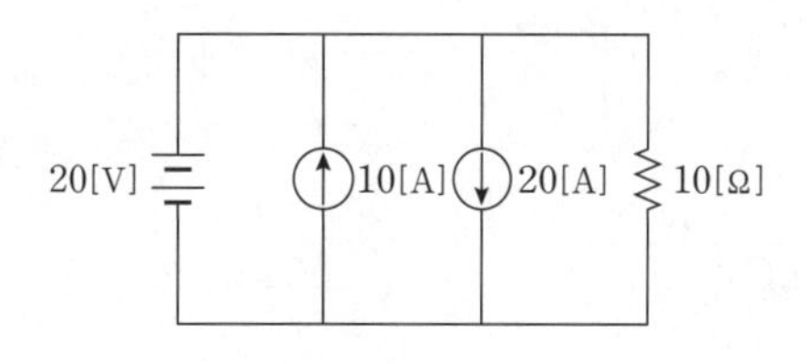


① 2 ② 12
③ 30 ④ 32

[정답] 02 ④ 03 ③ 04 ① 05 ①

해설

**중첩의 정리**

중첩의 원리에 의하여 전류원 개방시 20[V]의 전압원에 의한 전류

$I_1 = \frac{20}{10} = 2[A]$

전압원 단락시 10[A], 20[A]의 전류원에 의한 전류

$I_2 = 0[A]$

전체전류 $I = I_1 + I_2 = 2 + 0 = 2[A]$이므로

**06** 비정현파 전류가 $i(t) = 56\sin\omega t + 25\sin 2\omega t + 30\sin(3\omega t + 30^\circ) + 40\sin(4\omega t + 60^\circ)$로 표현될 때, 왜형률은 약 얼마인가?

① 약 1.414 ② 약 1
③ 약 0.8 ④ 약 0.5

해설

**비정현파 교류의 왜형률**

$i(t) = 56\sin\omega t + 25\sin 2\omega t + 30\sin(3\omega t + 30^\circ) + 40\sin(4\omega t + 60^\circ)$에서

$$\text{왜형률} = \frac{\sqrt{I_2^2 + I_3^2 + I_4^2}}{I_1} = \frac{\sqrt{25^2 + 30^2 + 40^2}}{56} = 1$$

**07** 그림과 같은 $RLC$ 회로에서 입력전압 $ei(t)$, 출력전류가 $i(t)$인 경우 이 회로의 전달함수 $I(s)/Ei(S)$는? (단, 모든 초기 조건은 0이다.)

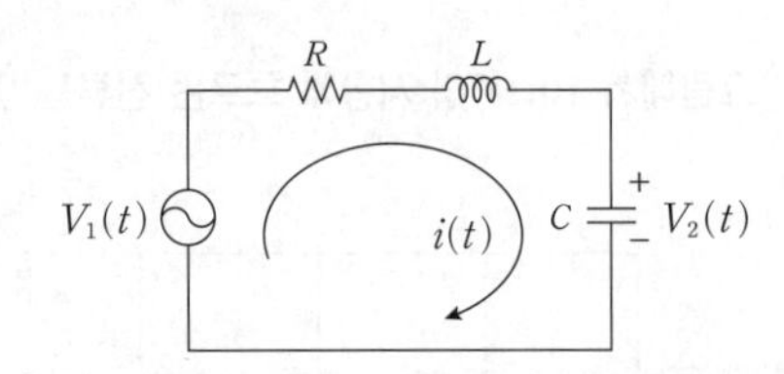


① $\frac{Rs}{LCs^2 + RCs + 1}$ ② $\frac{1}{LCs^2 + RCs - 1}$
③ $\frac{Cs}{LCs^2 + RCs + 1}$ ④ $\frac{1}{LCs^2 + RCs + 1}$

해설

**소자에 따른 전달함수**

전압에대한 전류의 전달함수는

$$G(s) = \frac{I(s)}{E_i(s)} = Y(s) = \frac{1}{Z(s)} = \frac{1}{R + Ls + \frac{1}{Cs}} = \frac{Cs}{LCs^2 + RCs + 1}$$

**08** 그림과 같은 4단자 회로망에서 하이브리드 파라미터 $H_{11}$은?

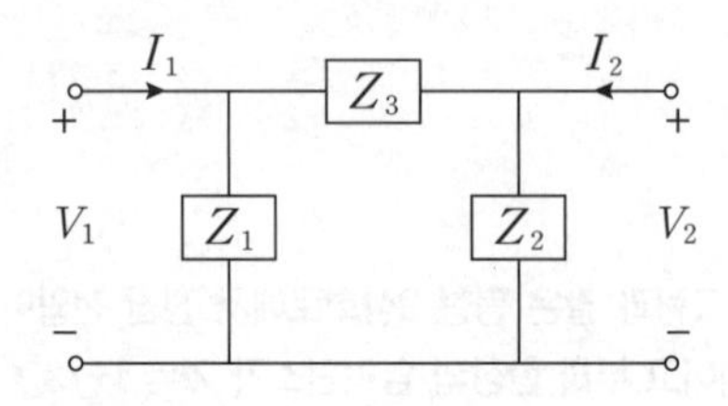


① $\frac{Z_1}{Z_1 + Z_3}$ ② $\frac{Z_1}{Z_1 + Z_2}$
③ $\frac{Z_1 Z_3}{Z_1 + Z_3}$ ④ $\frac{Z_1 Z_2}{Z_1 + Z_2}$

해설

**하이브리드 파라미터**

$\begin{bmatrix} V_1 \\ I_2 \end{bmatrix} = \begin{bmatrix} H_{11} & H_{12} \\ H_{21} & H_{22} \end{bmatrix} \begin{bmatrix} I_1 \\ V_2 \end{bmatrix}$에서

$\begin{pmatrix} V_1 = H_{11}I_1 + H_{12}V_2 \\ I_2 = H_{21}I_1 + H_{22}V_2 \end{pmatrix}$이므로 파라미터 정수를 구하면

$$H_{11} = \frac{V_1}{I_1}\bigg|_{V_2=0} = \frac{\frac{Z_1 \cdot Z_3}{Z_1 + Z_3} I_1}{I_1} = \frac{Z_1 \cdot Z_3}{Z_1 + Z_3}$$

**09** 그림과 같은 회로에서 스위치 $S$를 닫았을 때, 과도분을 포함하지 않기 위한 $R[\Omega]$은?

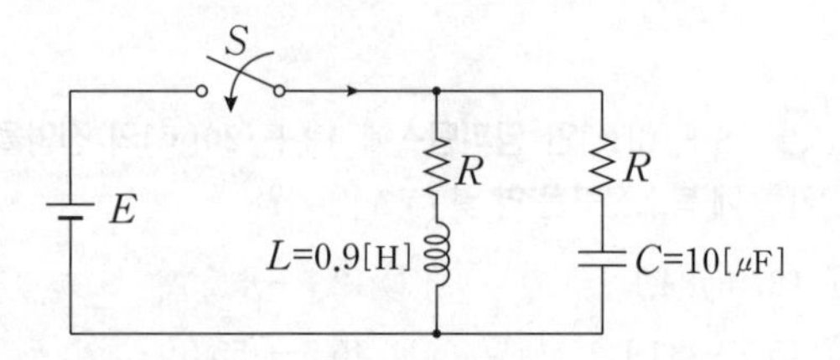


[정답] 06 ② 07 ③ 08 ③ 09 ③

① 100 ② 200
③ 300 ④ 400

해설

**정저항 회로**

$R^2=\frac{L}{C}$, $R=\sqrt{\frac{L}{C}}$ 이므로

$\therefore\ R=\sqrt{\frac{0.9}{10\times10^{-6}}}=300[\Omega]$

**10** 저항 $R[\Omega]$, 콘덴서 $C[F]$의 병렬회로에서 전원 주파수가 변할 때 임피던스 궤적은?

① 제1상한 내의 반직선이 된다.
② 제1상한 내의 반원이 된다.
③ 제4상한 내의 반원이 된다.
④ 제4상한 내의 반직선이 된다.

해설

**임피던스 궤적**

$R-C$ 병렬회로의 임피던스는

$Z(j\omega)=\frac{1}{\frac{1}{R}+j\omega C}[\Omega]$

임피던스 크기 $|z(j\omega)|=\frac{1}{\sqrt{\left(\frac{1}{R}\right)^2+(\omega C)^2}}$

전달함수의 위상 $\theta=-\tan^{-1}\omega CR$
$\omega=0$ → $|z(j\omega)|=R,\ \theta=0^\circ$
$\omega=\infty$ → $|z(j\omega)|=0,\ \theta=-90^\circ$
위의 조건으로 임피던스 궤적을 그리면

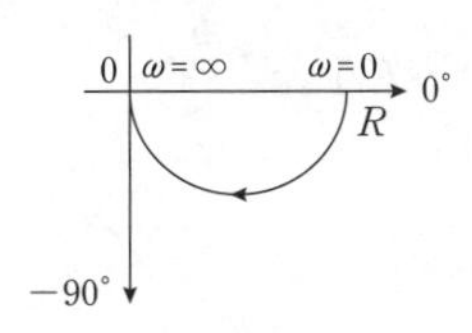


## 시행일 2023년 1회

**01** $v(t)=3+5\sqrt{2}\sin\omega t+10\sqrt{2}\sin\left(3\omega t-\frac{\pi}{3}\right)$ [V]의 실효값 크기는?

① 9.6[V] ② 10.6[V]
③ 11.6[V] ④ 12.6[V]

해설

**비정현파 교류의 실효값**

실효전압은 $V=\sqrt{V_0^2+V_1^2+V_3^2}=\sqrt{3^2+5^2+10^2}=11.6[V]$

**02** 그림에서 $a-b$단자의 전압이 10[V], $a-b$에서 본 능동 회로망 $N$의 임피던스가 $4[\Omega]$일 때 단자 $a-b$ 간에 $1[\Omega]$의 저항을 접속하면 $a-b$간에 흐르는 전류[A]는?

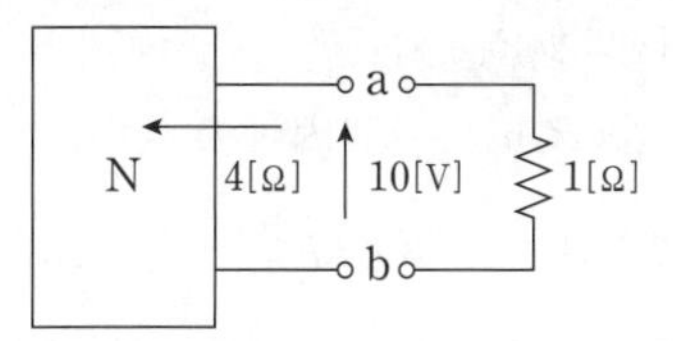


① 0.5[A] ② 1[A]
③ 1.5[A] ④ 2[A]

해설

테브난의 정리에 의해서 테브난의 등가임피던스 $Z_T=4[\Omega]$
테브난의 등가전압 $V_T=10[V]$이므로 등가회로를 작성하면

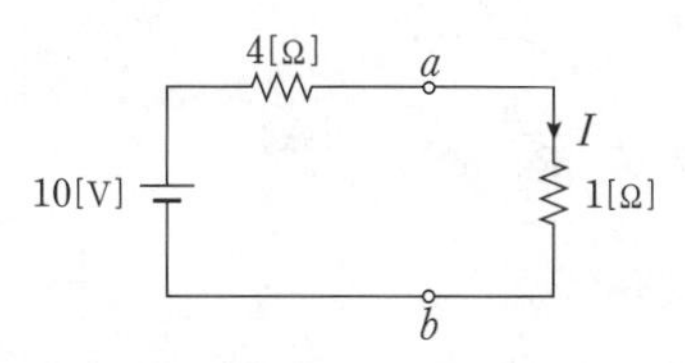


이므로 전류 $I=\frac{10}{4+1}=2[A]$

[정답] 10 ③ 2023년 1회 01 ③ 02 ④

**03** **그림과 같은 회로에서 $t=0$일 때 스위치 $K$를 닫을 때 과도 전류 $i(t)$는 어떻게 표시되는가?**

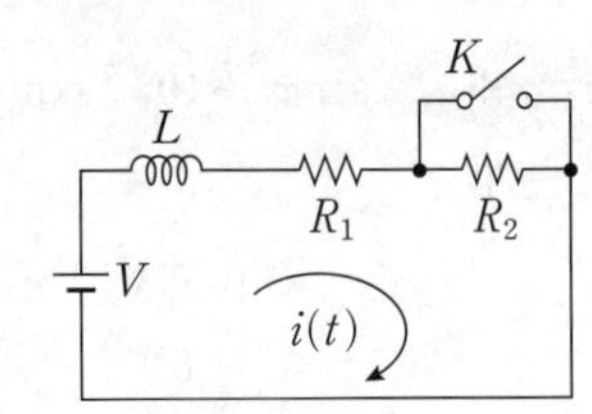


① $i(t)=\frac{V}{R_1}\left(1-\frac{R_2}{R_1+R_2}e^{-\frac{R_1}{L}t}\right)$

② $i(t)=\frac{V}{R_1+R_2}\left(1-\frac{R_2}{R_1}e^{-\frac{(R_1+R_2)}{L}t}\right)$

③ $i(t)=\frac{V}{R_1}\left(1-\frac{R_2}{R_1}e^{-\frac{R_2}{L}t}\right)$

④ $i(t)=\frac{R_1V}{R_2+R_1}\left(1-\frac{R_1}{R_2+R_1}e^{-\frac{(R_1+R_2)}{L}t}\right)$

해설

**과도현상의 성질**

스위치 off시 전압방정식

$L\frac{di(t)}{dt}+(R_1+R_2)i(t)=V$ 에서

1) 스위치 $K$를 on시 정상전류 $i_s=i(\infty)=\frac{V}{R_1}$[A]

2) 스위치 $K$를 on시 과도전류 $i_t=Ae^{pt}=Ae^{-\frac{R_1}{L}t}$[A]

그러므로 일반해 $i(t)=i_s+i_t=\frac{V}{R_1}+Ae^{-\frac{R_1}{L}t}$[A]가 된다.

3) 상수 $A$는 $t=0$에서 $i(0)=\frac{V}{R_1}+A=\frac{V}{R_1+R_2}$[A]이므로

$A=\frac{V}{R_1+R_2}-\frac{V}{R_1}=\frac{-R_2V}{R_1(R_1+R_2)}$가 된다.

$\therefore i(t)=\frac{V}{R_1}+\frac{-R_2V}{R_1(R_1+R_2)}e^{-\frac{R_1}{L}t}$

$=\frac{V}{R_1}\left(1-\frac{R_2}{R_1+R_2}e^{-\frac{R_1}{L}t}\right)$[A]

**04** **그림에서 저항 20[Ω]에 흐르는 전류는 몇 [A]인가?**

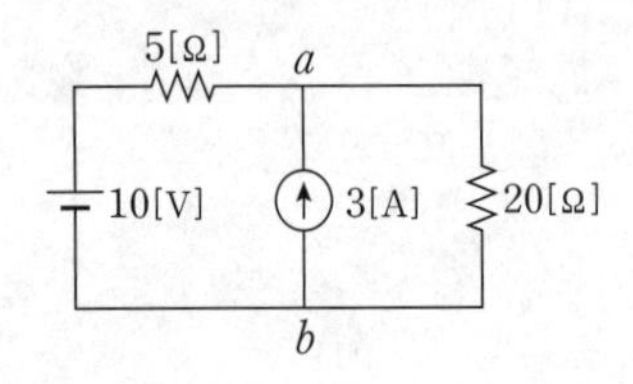


① 0.4 ② 1

③ 3 ④ 3.4

해설

**중첩의 정리**

전류원 3[A] 개방시 전압원 10[V]에 의한 20[Ω]에

흐르는 전류 $I_1=\frac{10}{5+20}=0.4$[A]

전압원 10[V] 단락시 전류원 3[A]에 의한 20[Ω]에

흐르는 전류 $I_2=\frac{5}{5+20}\times 3=0.6$[A]이므로

전체전류는 $I=I_1+I_2=0.4+0.6=1$[A]

**05** **그림과 같은 3상 Y결선 불평형 회로가 있다. 전원은 3상 평형전압 $E_1$, $E_2$, $E_3$이고 부하는 $Y_1$, $Y_2$, $Y_3$일 때 전원의 중성점과 부하의 중성점간의 전위차를 나타내는 식은?**

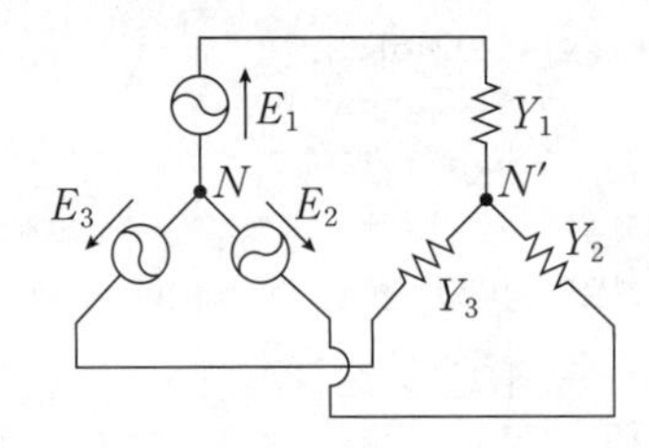


① $\frac{E_1Y_1+E_2Y_2+E_3Y_3}{Y_1+Y_2+Y_3}$

② $\frac{E_1Y_1+E_2Y_2+E_3Y_3}{Y_1Y_2Y_3}$

③ $\frac{E_1Y_1-E_2Y_2-E_3Y_3}{Y_1+Y_2+Y_3}$

④ $\frac{E_1Y_1-E_2Y_2-E_3Y_3}{Y_1Y_2Y_3}$

해설

**중성점간 전위차**

$V_{NN'}=\frac{\frac{E_1}{Z_1}+\frac{E_2}{Z_2}+\frac{E_3}{Z_3}}{\frac{1}{Z_1}+\frac{1}{Z_2}+\frac{1}{Z_3}}=\frac{E_1Y_1+E_2Y_2+E_3Y_3}{Y_1+Y_2+Y_3}$[V]

[정답] 03 ① 04 ② 05 ①

**06** **대칭 6상 성형결선 전원의 상전압의 크기가 100[V] 일 때 이 전원의 선간접압의 크기($V$)는?**

① 200 ② $100\sqrt{3}$
③ $100\sqrt{2}$ ④ 100

해설

**대칭 $n$상 교류회로**

상수 $n=6$, 성형(Y)결선, $V_P=100$[V]일 때

선간전압은 $V_l=2\sin\frac{\pi}{n}V_P=2\sin\frac{\pi}{6}\times100=100$[V]

**07** **최대값이 10[V]인 정현파 전압이 있다. $t=0$에서의 순시값이 5[V]이고 이 순간에 전압이 증가하고 있다. 주파수가 60[Hz] 일 때, $t=2ms$에서의 전압의 순시값[V]은?**

① 10sin30° ② 10sin43.2°
③ 10sin73.2° ④ 10sin103.2°

해설

**정현파의 순시값**

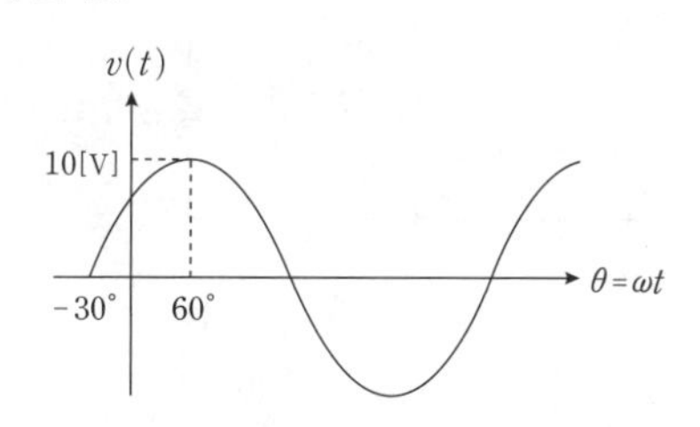


최대값 $V_m=10$[V], 주파수 $f=60$[Hz], $t=0$ 에서 순시전압 $v(t)=5$[V]이므로

$v(t)=V_m\sin(\omega t+\theta)$
$=10\sin(2\pi\times60t+\theta)$
$=10\sin(120\pi t+\theta)$

$v(0)=10\sin\theta=5$, $\sin\theta=0.5$

$\theta=\sin^{-1}0.5=30°$, 150이며 $t=0$에서

순시치 전압이 증가하는 경우의 전압은

$v(t)=10\sin(120\pi t+30°)$[V]이므로

$t=2ms$에서

$120\pi t+30°=120\times180°\times2\times10^{-3}+30°=73.2°$ 이므로

$v(t)=10\sin73.2°$[V]가 된다.

**08** **대칭 5상 기전력의 선간전압과 상전압의 위상차는 얼마인가?**

① 27° ② 36°
③ 54° ④ 72°

해설

**대칭 $n$상 교류회로**

Y결선시 대칭 $n$상에서 선간 전압은 상전압보다

위상이 $\frac{\pi}{2}\left(1-\frac{2}{n}\right)$[rad]만큼 앞서므로

$\therefore \theta=\frac{\pi}{2}\left(1-\frac{2}{n}\right)=\frac{\pi}{2}\left(1-\frac{2}{5}\right)=54°$

**09** **평형 3상 △결선 부하의 각 상의 임피던스가 $Z=8+j6$[Ω]인 회로에 대칭 3상 전원 전압 100[V]를 가할 때 무효율과 무효전력[Var]은?**

① 무효율 : 0.6, 무효전력 : 1800
② 무효율 : 0.6, 무효전력 : 2400
③ 무효율 : 0.8, 무효전력 : 1800
④ 무효율 : 0.8, 무효전력 : 2400

해설

$Z=8+j6=\sqrt{8^2+6^2}=10$[Ω], △결선, $V_l=100$[V]일 때

무효율 $\sin\theta=\frac{X}{Z}=\frac{6}{10}=0.6$

상전류 $I_P=\frac{V_P}{Z}=\frac{V_l}{Z}=\frac{100}{10}=10$[A]

무효전력 $P=3I_P^2X=3\times10^2\times6=1800$[Var]

**10** **그림과 같은 정현파의 평균값[V]은?**

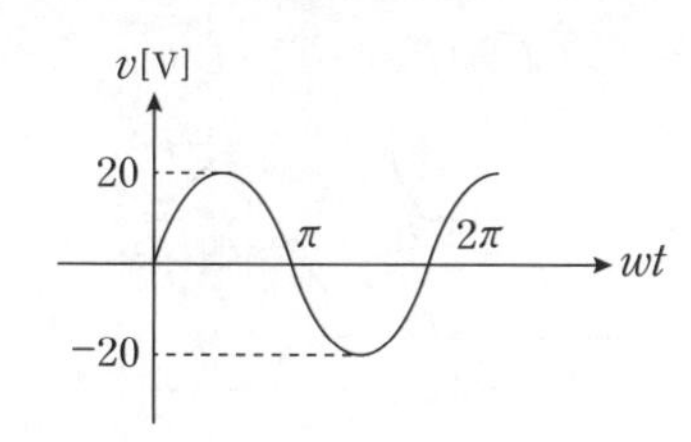


[정답] 06④ 07③ 08③ 09① 10②

전기자기학 전력공학 전기기기 회로이론 제어공학 전기설비기술기준

① 10[V] ② 12.73[V]
③ 14.14[V] ④ 20[V]

해설

**정현파의 평균값**

정현파에서 평균값 $V_a=\frac{2V_m}{\pi}=\frac{2\times 20}{\pi}=12.73[\mathrm{V}]$

## 시행일 2023년 2회

**01** $RL$ 직렬회로에 순시치 전압 $v(t)=20+100\sin\omega t+40\sin(3\omega t+60^\circ)+40\sin5\omega t[\mathrm{V}]$를 가할 때 제5고조파 전류의 실효값 크기는 약 몇 [A]인가?
(단, $R=4[\Omega]$, $\omega L=1[\Omega]$이다.)

① 6.25 ② 4.4
③ 6.86 ④ 9.7

해설

**$n$고조파 직렬 임피던스**

$R-L$ 직렬, $R=4[\Omega]$, $\omega L=1[\Omega]$에서
5고조파 임피던스는
$Z_5=R+j5\omega L=4+j5\times 1=4+j5=\sqrt{4^2+5^2}=\sqrt{41}\ [\Omega]$

5고조파 전류는 $I_5=\frac{V_5}{Z_5}=\frac{\frac{40}{\sqrt{2}}}{\sqrt{41}}=4.4[\mathrm{A}]$

**02** 그림과 같은 3상 Y결선 불평형 회로가 있다. 전원은 3상 평형전압 $E_1$, $E_2$, $E_3$이고 부하는 $Y_1$, $Y_2$, $Y_3$일 때 전원의 중성점과 부하의 중성점간의 전위차를 나타내는 식은?

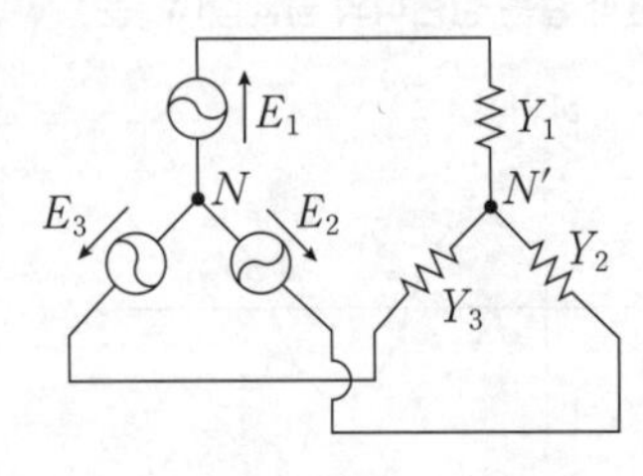


① $\frac{E_1Y_1-E_2Y_2-E_3Y_3}{Y_1+Y_2+Y_3}$

② $\frac{E_1Y_1-E_2Y_2-E_3Y_3}{Y_1-Y_2-Y_3}$

③ $\frac{E_1Y_1+E_2Y_2+E_3Y_3}{Y_1+Y_2+Y_3}$

④ $\frac{E_1Y_1+E_2Y_2+E_3Y_3}{Y_1-Y_2-Y_3}$

해설

**중성점간 전위차**

$$V_{NN'}=\frac{\frac{E_1}{Z_1}+\frac{E_2}{Z_2}+\frac{E_3}{Z_3}}{\frac{1}{Z_1}+\frac{1}{Z_2}+\frac{1}{Z_3}}=\frac{E_1Y_1+E_2Y_2+E_3Y_3}{Y_1+Y_2+Y_3}[\mathrm{V}]$$

**03** 회로에서 노드 $a$와 $b$사이에 나타나는 전압[V]의 크기는?

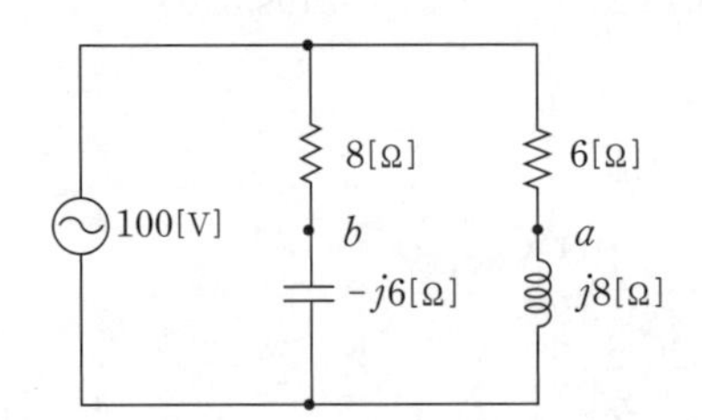


① 60 ② 20
③ 80 ④ 100

해설

**$a$와 $b$사이의 전위차**

$V_{ab}=V_b-V_a=\frac{-j6}{8-j6}\times 100-\frac{j8}{6+j8}\times 100$
$=-28-j96=\sqrt{(-28)^2+(96)^2}=100[\mathrm{V}]$

**04** 어떤 회로의 전압 $v(t)$와 전류 $i(t)$가 다음과 같을 때 이 회로의 무효전력은 몇 [Var]인가?

[정답] 2023년 2회 01 ② 02 ③ 03 ④ 04 ②

$$v(t)=50\sin(\omega t+\theta)[\text{V}]$$
$$i(t)=4\sin(\omega t+\theta-30^\circ)[\text{A}]$$

① $100\sqrt{3}$　② 50
③ $50\sqrt{3}$　④ 100

**해설**

**단상 무효전력**

$P_r=VI\sin\theta=\frac{50}{\sqrt{2}}\times\frac{4}{\sqrt{2}}\sin 30^\circ=50[\text{Var}]$

## 05 $F(s)=\frac{3s+8}{s^2+9}$의 라플라스 역변환은?

① $3\sin 3t-\frac{8}{3}\cos 3t$　② $3\cos 3t-\frac{8}{3}\sin 3t$
③ $3\sin 3t+\frac{8}{3}\cos 3t$　④ $3\cos 3t+\frac{8}{3}\sin 3t$

**해설**

**역라플라스변환**

$F(s)=\frac{3s+8}{s^2+9}=\frac{3s}{s^2+3^2}+\frac{8}{s^2+3^2}$

$=3\frac{s}{s^2+3^2}+\frac{8}{3}\frac{3}{s^2+3^2}$ 에서

역라플라스 변환하면 $f(t)=3\cos 3t+\frac{8}{3}\sin 3t$

## 06 △결선된 대칭 3상 부하가 0.5[Ω]인 저항만의 선로를 통해 평형 3상 전압원에 연결되어 있다. 이 부하의 소비전력이 1800[W]이고 역률이 0.8(지상)일 때, 선로에서 발생하는 손실이 50[W]이면 부하의 단자전압[V]의 크기는?

① 525　② 225
③ 326　④ 627

**해설**

선로저항이 0.5[Ω]이고 전선로의 손실이 50[W]라면
$P_l=3I^2R=50[\text{W}]$이므로

$I=\sqrt{\frac{P_l}{3R}}=\sqrt{\frac{50}{3\times 0.5}}=5.77[\text{A}]$가 된다.

전 소비전력이 1800[W]이므로 $P=\sqrt{3}VI\cos\theta$에서

부하 단자전압은 $V=\frac{P}{\sqrt{3}I\cos\theta}=\frac{1800}{\sqrt{3}\times 5.77\times 0.8}=225[\text{V}]$

## 07 1[km]당 인덕턴스 0.25[mH], 정전용량 0.005[μF]의 선로가 있다. 무손실 선로라고 가정한 경우 진행파의 위상(전파) 속도는 약 몇 [m/sec]인가?

① $89.5\times 10^4$　② $8.95\times 10^3$
③ $89.5\times 10^5$　④ $8.95\times 10^4$

**해설**

**무손실 선로**

전파속도 $v=\frac{\omega}{\beta}=\frac{2\pi f}{\beta}=\frac{1}{\sqrt{LC}}=\lambda f[\text{m/sec}]$에서

전파속도는 $v=\frac{1}{\sqrt{LC}}=\frac{1}{\sqrt{0.25\times 10^{-3}\times 0.005\times 10^{-6}}}$
$=89.5\times 10^4[\text{km/sec}]$

## 08 다음 회로의 구동점 임피던스[Ω]는?

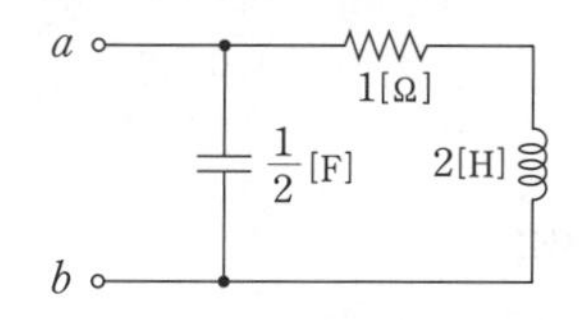


① $\frac{2(2s+1)}{2s^2+s+2}$　② $\frac{2s+1}{2s^2+s+2}$
③ $\frac{2(2s-1)}{2s^2+s+2}$　④ $\frac{2s^2+s+2}{2(2s+1)}$

**해설**

**구동점 임피던스**

$Z(s)=\frac{\frac{2}{s}\cdot(1+2s)}{\frac{2}{s}+2s+1}=\frac{2\cdot(2s+1)}{2s^2+s+2}[\Omega]$

[정답] 05 ④ 06 ② 07 ① 08 ①

**09** 그림과 같이 3상 평형의 순저항 부하에 단상 전력계를 연결하였을 때 전력계가 $W$[W]를 지시하였다. 이 3상 부하에서 소모하는 전체 전력[W]는?

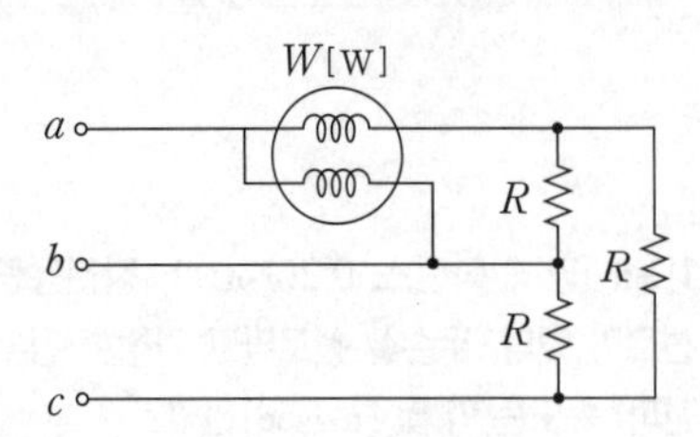


① $2W$ ② $3W$
③ $\sqrt{2}W$ ④ $\sqrt{3}W$

해설

**1전력계법**

1전력계법에 의한 유효전력은 $P=2W=\sqrt{3}VI$[W]

**10** 어떤 회로에 $e(t)=E_m\sin\omega t$[V]를 가했을 때, $i(t)=I_m(\sin\omega t-\frac{1}{\sqrt{3}}\sin 3\omega t)$[A]가 흘렀다고 한다. 이 회로의 역률은?

① 0.5 ② 0.75
③ 0.87 ④ 0.92

해설

**비정현파 교류전력**

- 유효전력

$$P=V_1I_1\cos\theta_1=\frac{E_m}{\sqrt{2}}\frac{I_m}{\sqrt{2}}\cos 0°=\frac{E_mI_m}{2}[\text{W}]$$

- 피상전력

$$P_a=VI=\frac{E_m}{\sqrt{2}}\cdot\sqrt{\left(\frac{I_m}{\sqrt{2}}\right)^2+\left(\frac{I_m}{\sqrt{3}\sqrt{2}}\right)^2}=\frac{E_mI_m}{\sqrt{3}}[\text{VA}]$$

- 역률

$$\cos\theta=\frac{P}{P_a}=\frac{\frac{E_mI_m}{2}}{\frac{E_mI_m}{\sqrt{3}}}=\frac{\sqrt{3}}{2}=0.87$$

## 시행일 2023년 3회

**01** 임피던스 $Z=15+j4$[Ω]의 회로에 $i=10(2+j)$를 흘리는데 필요한 전압[V]를 구하시오.

① $10(26+j23)$ ② $10(34+j23)$
③ $10(30+j4)$ ④ $10(15+j8)$

해설

전압 $V=IZ=10(2+j)\times(15+4j)=10(26+j23)$[V]

**02** 4단자망의 파라미터 정수에 관한 서술중 잘못된 것은?

① $A, B, C, D$ 파라미터 중 $A$ 및 $D$는 차원(Dimension)이 없다.
② $h$파라미터 중 $h_{12}2$ 및 $h_{21}$은 차원이 없다.
③ $A, B, C, D$ 파라미터 중 $B$는 어드미턴스 $C$는 임피던스차원을 갖는다.
④ $h$파라미터 중 $h_{11}$은 임피던스 $h_{22}$는 어드미턴스의 차원을 갖는다.

해설

- 4단자 정수

$V_1=AV_2+BI_2$
$I_1=CV_2+DI_2$

$A=\left.\frac{V_1}{V_2}\right|_{I_2=0}$ : 전압비 → 권수비 $n$

$C=\left.\frac{I_1}{V_2}\right|_{I_2=0}$ : 어드미턴스 → 0

$B=\left.\frac{V_1}{I_2}\right|_{V_2=0}$ : 임피이던스 → 0

$D=\left.\frac{I_1}{I_2}\right|_{V_2=0}$ : 전류비 → 권수비 역수 $\frac{1}{n}$

- $h$파라미터

$V_1=H_{11}I_1+H_{12}V_2$
$I_2=H_{21}I_1+H_{22}V_2$

$H_{11}=\left.\frac{V_1}{I_1}\right|_{V_2=0}$ : 임피던스

$H_{21}=\left.\frac{I_2}{I_1}\right|_{V_2=0}$ : 전류비

[정답] 09 ① 10 ③ 2023년 3회 01 ① 02 ③

$H_{12}=\left.\frac{V_1}{V_2}\right|_{I_1=0}$ : 전압비

$H_{22}=\left.\frac{I_2}{V_2}\right|_{I_1=0}$ : 어드미턴스

## 03 다음과 같은 회로에서 $a$, $b$ 양단의 전압은 몇 [V]인가?

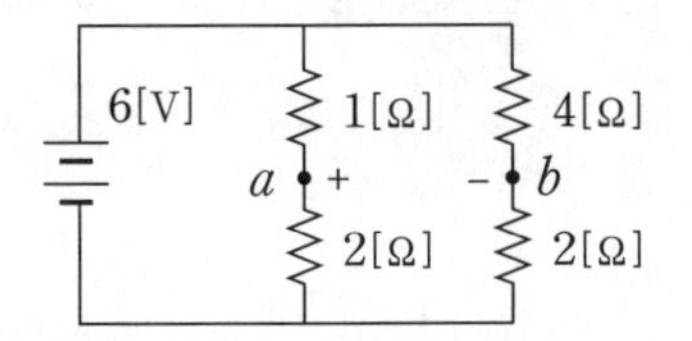


① 1　　② 2

③ 2.5　　④ 3.5

해설

**$a$, $b$ 양단의 전압**

$$V_{ab}=V_a-V_b=\frac{2}{1+2}\times 6-\frac{2}{4+2}\times 6=2[\text{V}]$$

## 04 권수가 2000회이고, 저항이 12[Ω]인 솔레노이드에 전류 10[A]를 흘릴 때 자속이 $6\times 10^{-2}$[Wb]가 발생하였다. 이 회로의 시정수는 몇 [sec]인가?

① 0.001　　② 0.01

③ 0.1　　④ 1

해설

코일의 인덕턴스 $L$은

$$L=\frac{N\phi}{I}=\frac{2000\times 6\times 10^{-2}}{10}=12[\text{H}]$$

$$\therefore \tau=\frac{L}{R}=\frac{12}{12}=1[\text{sec}]$$

## 05 그림과 같은 3상 Y결선 불평형 회로가 있다. 전원은 3상 평형전압 $E_1$, $E_2$, $E_3$이고 부하는 $Y_1$, $Y_2$, $Y_3$일 때 전원의 중성점과 부하의 중성점간의 전위차를 나타내는 식은?

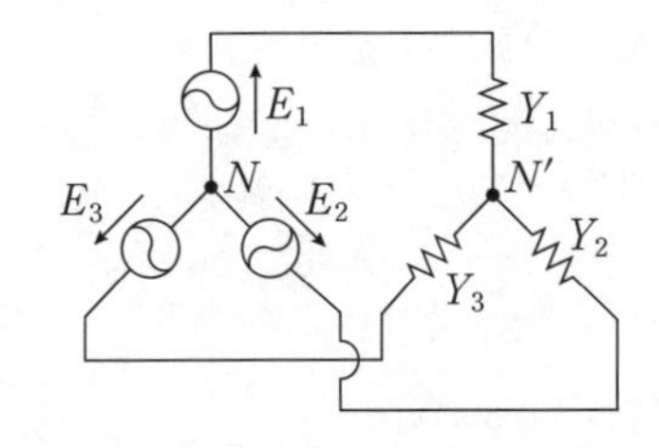


① $\dfrac{E_1Y_1+E_2Y_2+E_3Y_3}{Y_1+Y_2+Y_3}$

② $\dfrac{E_1Y_1+E_2Y_2+E_3Y_3}{Y_1Y_2Y_3}$

③ $\dfrac{E_1Y_1-E_2Y_2-E_3Y_3}{Y_1+Y_2+Y_3}$

④ $\dfrac{E_1Y_1-E_2Y_2-E_3Y_3}{Y_1Y_2Y_3}$

해설

**중성점간 전위차**

$$V_{NN'}=\frac{\frac{E_1}{Z_1}+\frac{E_2}{Z_2}+\frac{E_3}{Z_3}}{\frac{1}{Z_1}+\frac{1}{Z_2}+\frac{1}{Z_3}}=\frac{E_1Y_1+E_2Y_2+E_3Y_3}{Y_1+Y_2+Y_3}[\text{V}]$$

## 06 3상 평형회로에서 전압계 $V$, 전류계 $A$, 전력계 $W$를 그림과 같이 접속했을 때, 전압계의 지시가 100[V], 전류계의 지시가 30[A], 전력계의 지시 1.5[kW]이었다. 이 회로에서 선간전압($V_{ab}$)과 선전류($I_a$) 간의 위상차는 몇 도[°]인가? (단, 3상 전압의 상순은 $a-b-c$이다.)

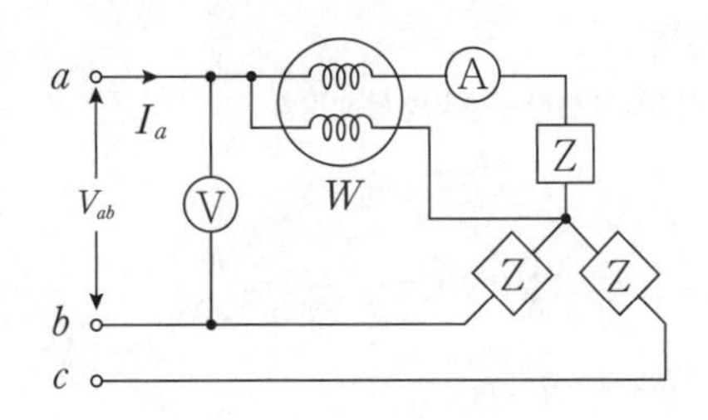


① 15°　　② 30°

③ 45°　　④ 60°

[정답] 03 ② 04 ④ 05 ① 06 ④

**해설**

전력계가 한상의 부하에 걸려 있으므로
한상의 유효전력 $P=V_aI_a\cos\theta[\mathrm{W}]$에서
부하가 3상 Y결선이므로
한상의 전압 $V_a=\frac{V_{ab}}{\sqrt{3}}=\frac{100}{\sqrt{3}}[\mathrm{V}]$
한상의 전류 $I_a=I_l=30[\mathrm{A}]$
한상의 전력 $P=1.5[\mathrm{kW}]=1500[\mathrm{W}]$를 대입하면
$1500=\frac{100}{\sqrt{3}}\times 30\cos\theta[\mathrm{W}]$에서 역률 $\cos\theta=\frac{\sqrt{3}}{2}$ 이므로
상전압과 상전류 위상차 $\theta=\cos^{-1}\frac{\sqrt{3}}{2}=30^\circ$
3상 Y결선시 전류 위상은 같고
선간전압은 상전압보다 위상이 30° 앞서므로
선간전압과 선전류의 위상차는
$\theta'=\theta+30^\circ=30^\circ+30^\circ=60^\circ$가 된다.

## 07 다음과 같은 왜형파의 실효값은?

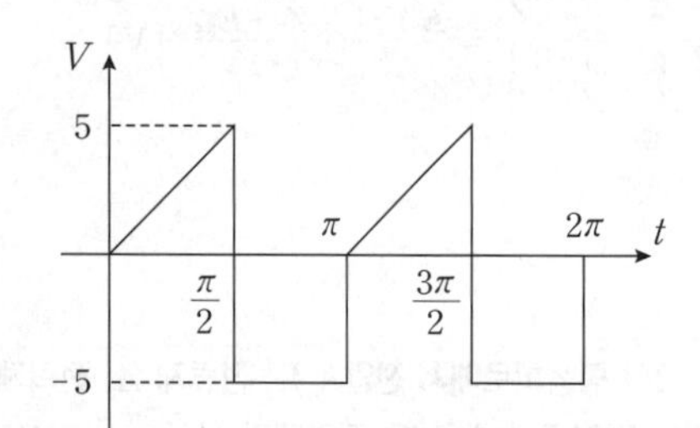


① $5\sqrt{2}$　② $\frac{10}{\sqrt{6}}$
③ 15　④ 35

**해설**

**반파 삼각파와 반파 구형파의 합성 파형**

삼각파의 실효값 $I=\frac{I_m}{\sqrt{3}}[\mathrm{A}]$

→ 반파 삼각파의 실효값 $I_1=\frac{I_m}{\sqrt{3}\times\sqrt{2}}=\frac{I_m}{\sqrt{6}}[\mathrm{A}]$

반파구형파의 실효값 $I_2=\frac{I_m}{\sqrt{2}}[\mathrm{A}]$

전체 전류 $I=\sqrt{I_1^2+I_2^2}=\sqrt{\left(\frac{I_m}{\sqrt{6}}\right)^2+\left(\frac{I_m}{\sqrt{2}}\right)^2}$

$=I_m\sqrt{\frac{1}{6}+\frac{1}{2}}=I_m\sqrt{\frac{4}{6}}=\frac{2I_m}{\sqrt{6}}=\frac{2\times 5}{\sqrt{6}}=\frac{10}{\sqrt{6}}[\mathrm{A}]$

## 08 그림과 같이 $r=1[\Omega]$인 저항을 무한히 연결할 때 $a-b$에서의 합성저항은?

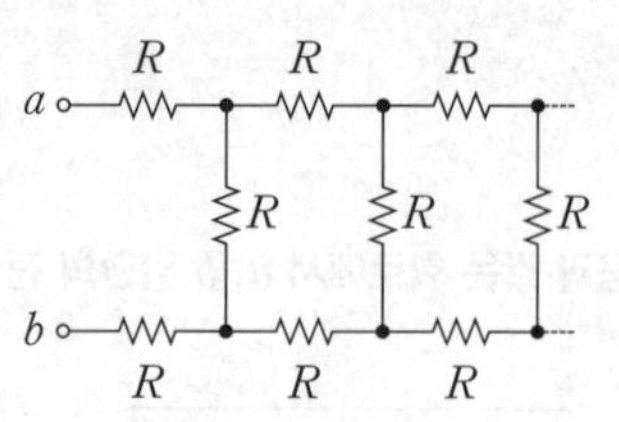


① $1+\sqrt{3}$　② $\sqrt{3}$
③ $1+\sqrt{2}$　④ ∞

**해설**

**저항의 직·병렬연결**

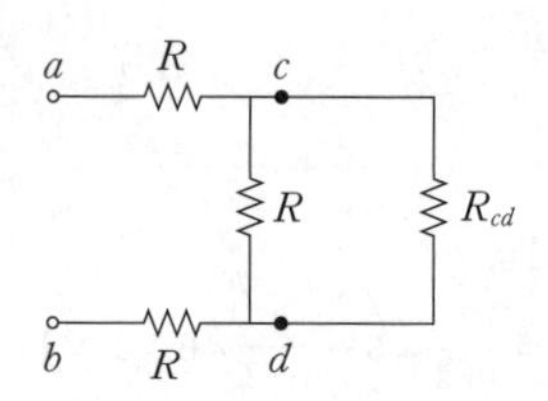


그림의 등가 회로에서 $R_{ab}=2R+\frac{R\cdot R_{cd}}{R+R_{cd}}$이며 $R_{ab}=R_{cd}$이므로
$RR_{ab}+R_{ab}^2-2R^2-2RR_{ab}=RR_{ab}$
여기서 $R=1[\Omega]$를 대입하면
$R_{ab}+R_{ab}^2-2-2R_{ab}=R_{ab}$
$R_{ab}^2-2R_{ab}-2=0$ 에서 근의 공식에 대입하면
$R_{ab}=\frac{-(-2)\pm\sqrt{(-2)^2-4\times1\times(-2)}}{2\times1}=1\pm\sqrt{3}$ 이고
저항값은 (−)값을 가지수 없으므로 $R_{ab}=1+\sqrt{3}$ 이 된다.

## 09 단위 길이당 인덕턴스 및 커패시턴스가 각각 $L$및 $C$일 때 전송선로의 특성임피던스는? (단, 무손실 선로임)

① $\sqrt{\frac{L}{C}}$　② $\sqrt{\frac{C}{L}}$
③ $\frac{L}{C}$　④ $\frac{C}{L}$

**해설**

**무손실 선로**

[정답] 07 ② 08 ① 09 ①

① 조건 $R=G=0$

② 특성임피던스 $Z_0=\sqrt{\frac{Z}{Y}}=\sqrt{\frac{L}{C}}[\Omega]$

③ 전파정수 $\gamma=\sqrt{Z\cdot Y}=j\omega\sqrt{LC}$
($\therefore$ 감쇠정수 $\alpha=0$, 위상정수 $\beta=\omega\sqrt{LC}$)

④ 전파속도 $v=\frac{\omega}{\beta}=\frac{2\pi f}{\beta}=\frac{1}{\sqrt{LC}}=\lambda f[\text{m/sec}]$

## 10 $F(s)=\frac{s+1}{s^2+2s}$ 의 역라플라스 변환은?

① $\frac{1}{2}(1-e^{-t})$　　② $\frac{1}{2}(1-e^{-2t})$

③ $\frac{1}{2}(1+e^{-t})$　　④ $\frac{1}{2}(1+e^{-2t})$

해설

**역라플라스변환**

$$F(s)=\frac{s+1}{s^2+2s}=\frac{s+1}{s(s+2)}=\frac{A}{s}+\frac{B}{s+2}$$

$$A=\lim_{s\to 0} s\cdot F(s)=\left[\frac{s+1}{s+2}\right]_{s=0}=\frac{1}{2}$$

$$B=\lim_{s\to 0} (s+2)F(s)=\left[\frac{s+1}{s}\right]_{s=-2}=\frac{1}{2}$$

$$F(s)=\frac{\frac{1}{2}}{s}+\frac{\frac{1}{2}}{s+2}=\frac{1}{2}\left(\frac{1}{s}+\frac{1}{s+2}\right)$$

$$\therefore f(t)=\frac{1}{2}(1+e^{-2t})$$

[정답] 10 ④

국가기술자격검정필기시험문제

| 자격종목 및 등급 | 과목명 | 시험시간 | 성명 |
|---|---|---|---|
| 전기기사 | 제어공학 | 2시간 30분 | 대산전기학원 |

시행일 **2019년 1회**

**01** **다음의 신호 흐름 선도를 메이슨의 공식을 이용하여 전달함수를 구하고자 한다. 이 신호흐름 선도에서 루프(Loop)는 몇 개인가?**

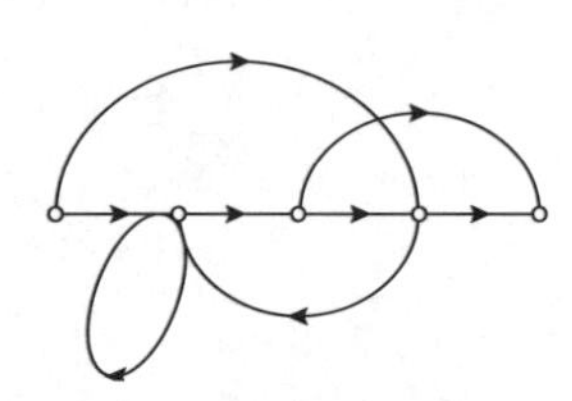

① 0 ② 1
③ 2 ④ 3

해설

아래 그림과 같이 폐루프는 2개가 존재한다.

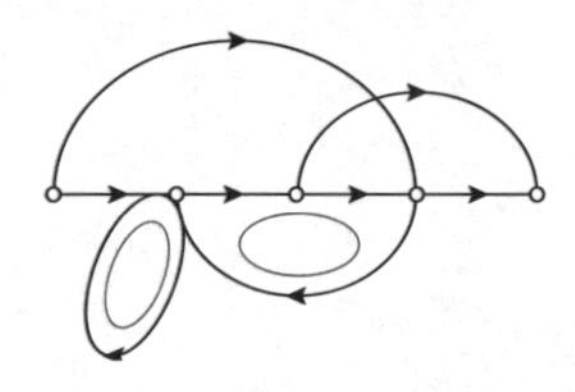

**02** **특성 방정식 중에서 안정된 시스템인 것은?**

① $2s^3+3s^2+4s+5=0$
② $s^4+3s^3-s^2+s+10=0$
③ $s^5+s^3+2s^2+4s+3=0$
④ $s^4-2s^3-3s^2+4s+5=0$

해설

제어계의 안정필요조건은 특성방정식의 모든 차수가 존재하고 부호변화가 없어야 하므로 ②번은 부호변화가 있고 ③번은 $s^4$이 없고 ④번은 부호변화가 있으므로 불안정하다.

**03** **타이머에서 입력신호가 주어지면 바로 동작하고, 입력신호가 차단된 후에는 일정시간이 지난 후에 출력이 소멸되는 동작형태는?**

① 한시동작 순시복귀 ② 순시동작 순시복귀
③ 한시동작 한시복귀 ④ 순시동작 한시복귀

해설

입력신호가 주어지면 바로 동작하고 일정시간이 지난 후 출력이 소멸되는 동작형태는 순시동작 한시복귀라 한다.

**04** **단위궤환 제어시스템의 전향경로 전달함수가 $G(s)=\dfrac{K}{s(s^2+5s+4)}$일 때, 이 시스템이 안정하기 위한 $K$의 범위는?**

① $K<-20$ ② $-20<K<0$
③ $0<K<20$ ④ $20<K$

해설

단위궤환 제어시스템의 피이드백 전달요소 $H(s)=1$이므로 전향경로 전달함수 $G(s)$와 개루우프 전달함수 $G(s)H(s)$가 서로 같으므로 $1+G(s)H(s)=0$인 특성방정식을 구하면

$$1+G(s)H(s)=1+\frac{K}{s(s^2+5s+4)}=\frac{s(s^2+5s+4)+K}{s(s^2+5s+4)}=0$$

특성방정식은 $s(s^2+5s+4)+K=s^3+5s^2+4s+K=0$ 이므로 루드 수열 판별법을 이용하여 풀면 다음과 같다.

[정답] 2019년 1회 01 ③ 02 ① 03 ④ 04 ③

| | | | |
|---|---|---|---|
| $s^3$ | 1 | 4 | 0 |
| $s^2$ | 5 | $K$ | 0 |
| $s^1$ | $\dfrac{\frac{4\times5-1\times K}{5}}{}$ $=\dfrac{20-K}{5}=A$ | $\dfrac{0\times5-1\times0}{5}=0$ | 0 |
| $s^0$ | $\dfrac{K\times A-5\times0}{A}=K$ | 0 | 0 |

제1열의 부호의 변화가 없어야 안정하므로

$\dfrac{20-K}{5}>0,\ K>0$를 정리하면

$20>K,\ K>0$이므로 동시 존재하는 구간은

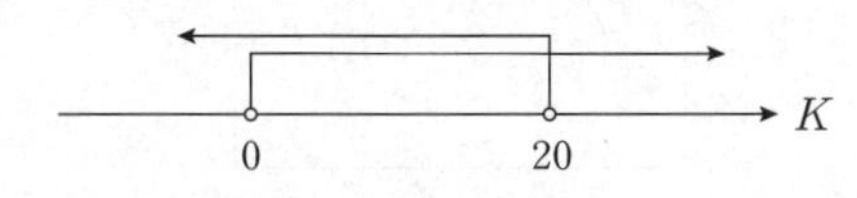


$\because\ 0<K<20$

## 05 $R(z)=\dfrac{(1-e^{-aT})z}{(z-1)(z-e^{-aT})}$의 역변환은?

① $te^{aT}$ ② $te^{-aT}$

③ $1-e^{-aT}$ ④ $1+e^{-aT}$

해설

$G(z)=\dfrac{R(z)}{z}=\dfrac{(1-e^{-aT})}{(z-1)(z-e^{-aT})}=\dfrac{A}{(z-1)}+\dfrac{B}{(z-e^{-aT})}$

$A=G(z)(z-1)|_{z=1}=1$

$B=G(z)(z-e^{-aT})|_{z=e^{-aT}}=-1$이므로

$G(z)=\dfrac{R(z)}{z}=\dfrac{1}{(z-1)}-\dfrac{1}{(z-e^{-aT})}$

$R(z)=\dfrac{z}{(z-1)}-\dfrac{z}{(z-e^{-aT})}$이므로

역 $z$ 변환하면 $r(t)=1-e^{-aT}$

## 06 시간영역에서 자동제어계를 해석할 때 기본 시험입력에 보통 사용되지 않는 입력은?

① 정속도 입력 ② 정현파 입력

③ 단위계단 입력 ④ 정가속도 입력

해설

시간 영역에서 기본 시험 입력의 종류는 단위계단 입력, 정속도 입력, 정가속도 입력이 있으며 정현파 입력은 주파수 영역에서 사용되는 입력이다.

## 07 $G(s)H(s)=\dfrac{K(s-1)}{s(s+1)(s-4)}$에서 점근선의 교차점을 구하면?

① −1 ② 0

③ 1 ④ 2

해설

개루프 전달함수 $G(s)H(s)=\dfrac{K(s-1)}{s(s+1)(s-4)}$일 때

① $G(s)H(s)$의 극점 : 분모가 0인 $s$
- $s=0$ → 1개
- $s=-1$ → 1개
- $s=4$ → 1개 이므로 극점의 수 $P=3$개

② $G(s)H(s)$의 영점 : 분자가 0인 $s$
$s=1$이므로 영점의 수 $Z=1$개

점근선의 교차점

$$\sigma=\frac{\sum G(s)H(s)\text{의 극점}-\sum G(s)H(s)\text{의 영점}}{p-z}$$

$$=\frac{(0-1+4)-(1)}{3-1}=1$$

## 08 $n$차 선형 시불변 시스템의 상태방정식을 $\dfrac{d}{dt}X(t)=AX(t)+Br(t)$로 표시할 때 상태천이 행렬 $\Phi(t)$($n\times n$행렬)에 관하여 틀린 것은?

① $\Phi(t)=e^{At}$

② $\dfrac{d\Phi(t)}{dt}=A\cdot\Phi(t)$

③ $\Phi(t)=\pounds^{-1}[(sI-A)^{-1}]$

④ $\Phi(t)$는 시스템의 정상상태응답을 나타낸다.

해설

$\Phi(t)$는 선형 시스템의 과도응답(천이행렬)을 나타낸다.

[정답] 05 ③ 06 ② 07 ③ 08 ④

## 09 다음의 신호 흐름 선도에서 $C/R$는?

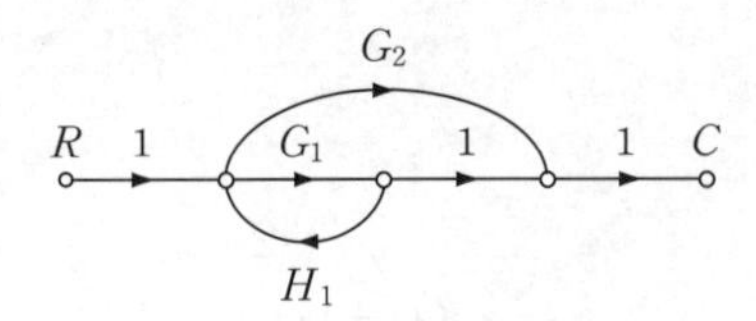


① $\dfrac{G_1+G_2}{1-G_1H_1}$　② $\dfrac{G_1G_2}{1-G_1H_1}$

③ $\dfrac{G_1+G_2}{1+G_1H_1}$　④ $\dfrac{G_1G_2}{1+G_1H_1}$

**해설**

- 첫 번째 전향경로이득 : $1\times G_1\times 1\times 1=G_1$
- 두 번째 전향경로이득 : $1\times G_2\times 1=G_2$
- 루프이득 : $G_1\times H_1=G_1H_1$
- 전달함수 $G(s)=\dfrac{C(s)}{R(s)}=\dfrac{\sum \text{전향 경로 이득}}{1-\sum \text{루프 이득}}=\dfrac{G_1+G_2}{1-G_1H_1}$

## 10 $PD$ 조절기와 전달함수 $G(s)=1.2+0.02s$의 영점은?

① −60　② −50

③ 50　④ 60

**해설**

영점은 전달함수의 분자가 0인 $s$이므로
$G(s)=1.2+0.02s=0,\ s=-60$

## 11 $F(s)=\dfrac{2s+15}{s^3+s^2+3s}$일 때 $f(s)$의 최종값은?

① 2　② 3

③ 5　④ 15

**해설**

**최종값 정리**

$\lim_{t\to\infty} f(t)=\lim_{s\to 0} sF(s)$에 의해서

$$\lim_{t\to\infty} f(t)=\lim_{s\to 0} sF(s)=\lim_{s\to 0} s\cdot\frac{2s+15}{s^3+s^2+3s}=5$$

# 시행일 2019년 2회

## 01 다음 회로망에서 입력전압을 $V_1(t)$, 출력전압을 $V_2(t)$라 할 때, $\dfrac{V_2(s)}{V_1(s)}$에 대한 고유주파수 $\omega_n$과 제동비 $\zeta$의 값은? (단, $R=100[\Omega]$, $L=2[\text{H}]$, $C=200[\mu\text{F}]$이고, 모든 초기전하는 0이다.)

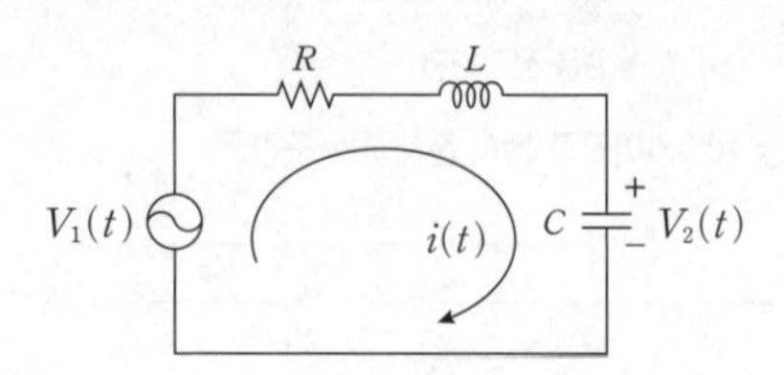


① $\omega_n=50,\ \zeta=0.5$　② $\omega_n=50,\ \zeta=0.7$

③ $\omega_n=250,\ \zeta=0.5$　④ $\omega_n=250,\ \zeta=0.7$

**해설**

**직렬연결시 전달함수**

$$G(s)=\frac{V_2(s)}{V_1(s)}=\frac{\text{출력 임피던스}}{\text{입력 임피던스}}$$

$$=\frac{\frac{1}{Cs}}{R+Ls+\frac{1}{Cs}}=\frac{1}{LCs^2+RCs+1}$$

$$=\frac{\frac{1}{LC}}{s^2+\frac{R}{L}s+\frac{1}{LC}}=\frac{\omega_n^2}{s^2+2\zeta\omega_n s+\omega_n^2}$$

$R=100[\Omega],\ L=2[\text{H}],\ C=200[\mu F]$를 대입하면

$$\omega_n=\frac{1}{\sqrt{2\times 200\times 10^{-6}}}=50$$

$$2\zeta\omega_n=\frac{R}{L},\ \zeta=\frac{R}{2\omega_n L}=\frac{100}{2\times 50\times 2}=0.5$$

## 02 다음 신호 흐름선도의 일반식은?

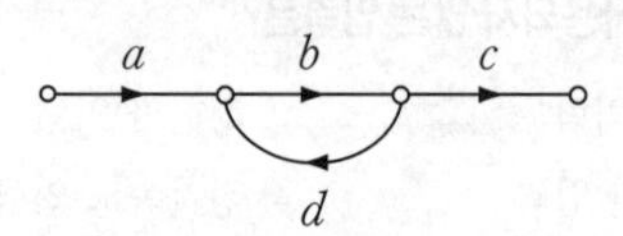


[정답] 09 ① 10 ① 11 ③ 2019년 2회 01 ① 02 ④

① $G=\dfrac{1-bd}{abc}$　② $G=\dfrac{1+bd}{abc}$

③ $G=\dfrac{abc}{1+bd}$　④ $G=\dfrac{abc}{1-bd}$

해설

**신호흐름선도의 전달함수**

- 전향경로이득 : $a\times b\times c=abc$
- 루프이득 : $b\times d=bd$
- 전달함수 $G(s)=\dfrac{C(s)}{R(s)}=\dfrac{\sum \text{전향 경로 이득}}{1-\sum \text{루프 이득}}=\dfrac{abc}{1-bd}$

## 03 폐루프 전달함수 $\dfrac{G(s)}{1+G(s)H(s)}$의 극의 위치를 개루프 전달함수 $G(s)H(s)$의 이득상수 $K$의 함수로 나타내는 기법은?

① 근궤적법　② 보드 선도법

③ 이득 선도법　④ Nyguist 판정법

해설

**근궤적법**

극의 위치를 개루프 전달함수 $G(s)H(s)$의 이득상수 $K$의 함수로 나타내는 기법을 근궤적법이라 한다.

## 04 2차계 과도응답에 대한 특성 방정식의 근은 $s_1, s_2=-\zeta\omega_n\pm j\omega_n\sqrt{1-\zeta^2}$ 이다. 감쇠비 $\zeta$가 $0<\zeta<1$ 사이에 존재할 때 나타나는 현상은?

① 과제동　② 무제동

③ 부족제동　④ 임계제동

해설

**2차계의 전달함수**

제동비(감쇠율) $\zeta$에 따른 제동 및 진동조건

- $0<\zeta<1$인 경우 : 부족 제동(감쇠 진동)
- $\zeta>1$인 경우 : 과제동(비진동)
- $\zeta=1$인 경우 : 임계 진동(임계 상태)
- $\zeta=0$인 경우 : 무제동(무한 진동 또는 완전 진동)

## 05 다음의 블록선도에서 특성방정식의 근은?

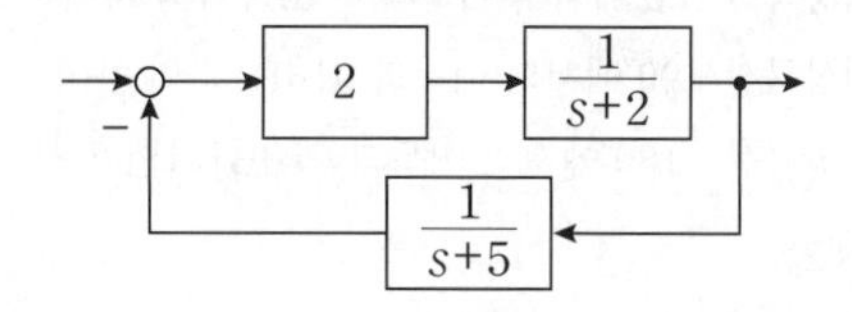


① −2, −5　② 2, 5

③ −3, −4　④ 3, 4

해설

**2차계의 전달함수**

- 전향경로이득 : $2\times\dfrac{1}{s+2}=\dfrac{2}{s+2}$
- 루프이득 : $-2\times\dfrac{1}{s+2}\times\dfrac{1}{s+5}=-\dfrac{2}{(s+2)(s+5)}$
- 전달함수 : $G(s)=\dfrac{C(s)}{R(s)}=\dfrac{\sum \text{전향 경로 이득}}{1-\sum \text{루프 이득}}$

$=\dfrac{\dfrac{2}{s+2}}{1+\dfrac{2}{(s+2)(s+5)}}=\dfrac{2(s+5)}{s^2+7s+12}$이므로

특성방정식은 전달함수의 분모가 0이 되는 방정식이므로 $s^2+7s+12=(s+3)(s+4)=0$가 되며

특성방정식의 근은 $s=-3,\ s=-4$가 된다.

## 06 다음 중 이진 값 신호가 아닌 것은?

① 디지털 신호

② 아날로그 신호

③ 스위치의 On-Off 신호

④ 반도체 소자의 동작, 부동작 상태

해설

**시퀀스 제어**

아날로그 신호는 연속동작이므로 이진 값과 관계없다.

## 07 보드 선도에서 이득여유에 대한 정보를 얻을 수 있는 것은?

[정답] 03 ① 04 ③ 05 ③ 06 ② 07 ④

① 위상곡선 0°에서의 이득과 0 [dB]과의 차이
② 위상곡선 180°에서의 이득과 0 [dB]과의 차이
③ 위상곡선 −90°에서의 이득과 0 [dB]과의 차이
④ 위상곡선 −180°에서의 이득과 0 [dB]과의 차이

해설

**이득여유 G.M[dB]**
이득여유는 위상곡선 −180°에서의 이득과 0[dB]과의 차이를 말한다.

## 08 블록선도 변환이 틀린 것은?

①
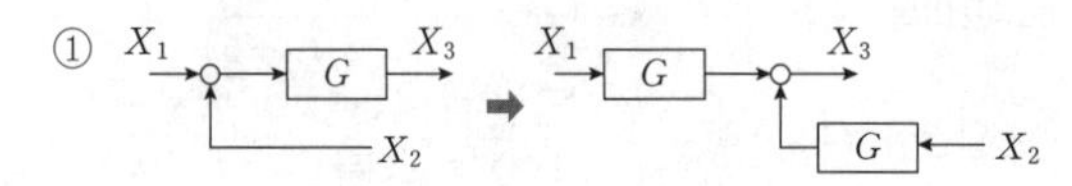

②
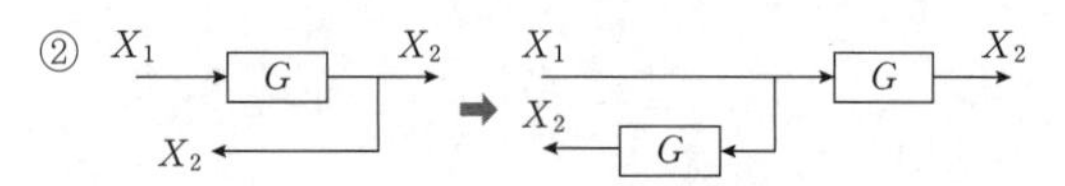

③
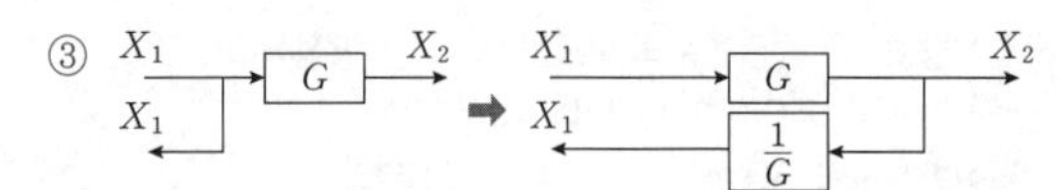

④
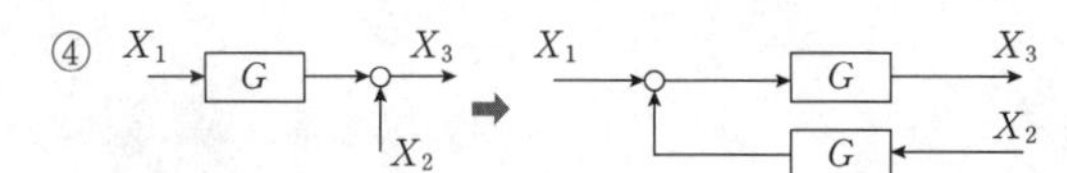

해설

**블록선도**
보기 ④에서

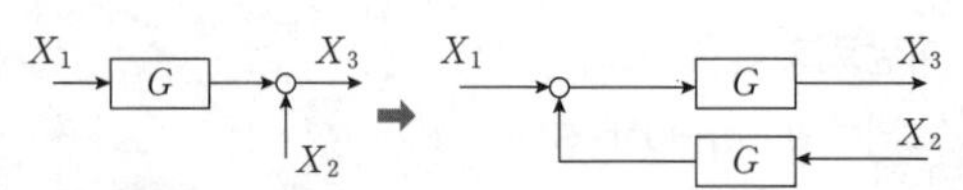

좌측의 블록선도 전달함수는 $X_3 = X_1G + X_2$가 되고
우측의 블록선도 전달함수는 $X_3 = (X_1 + X_2G)G$이므로
서로 같지가 않다.

## 09 그림의 시퀀스 회로에서 전자접촉기 $X$에 의한 $A$접점(Normal open contact)의 사용 목적은?

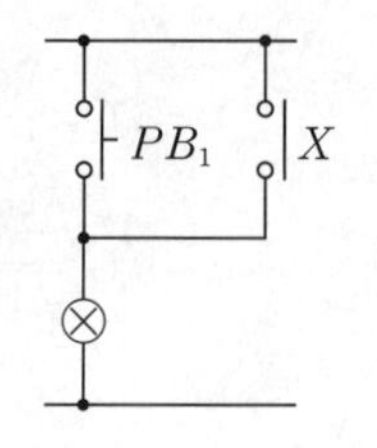

① 자기유지회로 ② 지연회로
③ 우선 선택회로 ④ 인터록(interlock)회로

해설

**시퀀스 제어**
푸시버튼 $PB_1$를 누르면 릴레이 ⊗가 여자되어 $A$접점 $X$가 on되어 푸시버튼 $PB_1$를 off시에도 릴레이 ⊗를 계속 여자 시켜주는 자기유지회로이다.

## 10 단위 궤환제어계의 개루프 전달함수가 $G(s) = \frac{K}{s(s+2)}$일 때, $K$가 $-\infty$로부터 $+\infty$까지 변하는 경우 특성방정식의 근에 대한 설명으로 틀린 것은?

① $-\infty < K < 0$에 대하여 근은 모두 실근이다.
② $0 < K < 1$에 대하여 2개의 근은 모두 음의 실근이다.
③ $K = 0$에 대하여 $s_1 = 0$, $s_2 = -2$의 근은 $G(s)$의 극점과 일치한다.
④ $1 < K < \infty$에 대하여 2개의 근은 음의 실수부 중근이다.

해설

**근궤적**
폐루우프의 특성방정식은
$s(s+2) + K = s^2 + 2s + K = 0$이므로 특성방정식의 근은

$$s = \frac{-1 \pm \sqrt{1^2 - 1 \times K}}{1} = -1 \pm \sqrt{1-K} \text{ 가 되므로}$$

① $-\infty < K < 0$ 이면 특성근 2개가 모두 실근이며 하나는 양의 실근이고 다른 하나는 음의 실근이다.
② $K = 0$이면 특성근 $s_1 = 0$, $S_2 = -2$이므로 특성근은 $G(s)$의 극점과 일치한다.
③ $0 < K < 1$이면 2개의 특성근은 모두 음의 실근이다.
④ $K = 1$이면 2개의 특성근은 $s_1 = s_2 = -1$인 중근이 된다.
⑤ $1 < K < \infty$이면 2개의 특성근은 음의 실수부를 가지는 공액복소근이다.

[정답] 08 ④ 09 ① 10 ④

## 11 그림과 같은 $RC$ 저역통과 필터회로에 단위 임펄스를 입력으로 가했을 때 응답 $h(t)$는?

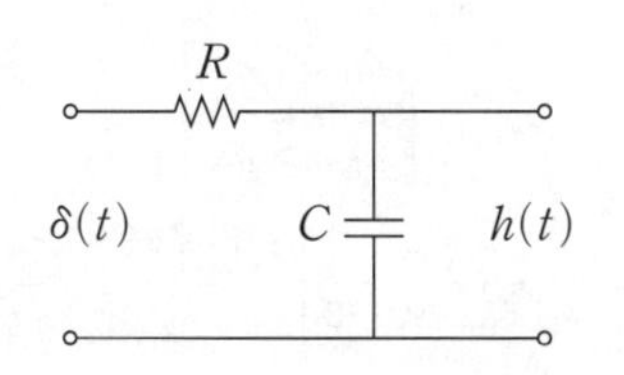


① $h(t)=RCe^{-\frac{t}{RC}}$　② $h(t)=\frac{1}{RC}e^{-\frac{t}{RC}}$

③ $h(t)=\frac{R}{1+j\omega RC}$　④ $h(t)=\frac{1}{RC}e^{-\frac{C}{R}t}$

**해설**

**전달함수**

직렬연결시 전달함수

$G(s)=\frac{H(s)}{R(s)}=\frac{\text{출력 임피던스}}{\text{입력 임피던스}}$

$=\frac{\frac{1}{Cs}}{R+\frac{1}{Cs}}=\frac{1}{RCs+1}=\frac{\frac{1}{RC}}{s+\frac{1}{RC}}$ 이므로

입력 $r(t)=\delta(t)$일 때 응답(출력) $h(t)$은

$h(s)=G(s)R(s)=\frac{\frac{1}{RC}}{s+\frac{1}{RC}}\times 1=\frac{\frac{1}{RC}}{s+\frac{1}{RC}}$ 가 되므로

역라플라스 변환하면 $h(t)=\frac{1}{RC}e^{-\frac{t}{RC}}$ 가 된다.

## 12 $f(t)=e^{j\omega t}$의 라플라스 변환은?

① $\frac{1}{s-j\omega}$　② $\frac{1}{s+j\omega}$

③ $\frac{1}{s^2+\omega^2}$　④ $\frac{\omega}{s^2+\omega^2}$

**해설**

**라플라스 변환**

$F(s)=\pounds f(t)=\pounds[e^{j\omega t}]=\frac{1}{s-j\omega}$

시행일 **2019년 3회**

## 01 함수 $e^{-at}$의 $z$ 변환으로 옳은 것은?

① $\frac{z}{z-e^{-aT}}$　② $\frac{z}{z-a}$

③ $\frac{1}{z-e^{-aT}}$　④ $\frac{1}{z-a}$

**해설**

| 시간함수 $f(t)$ | 라플라스변환 $F(s)$ | $z$변환 $F(z)$ |
|---|---|---|
| $\delta(t)$ | 1 | 1 |
| $u(t)=1$ | $\frac{1}{s}$ | $\frac{z}{z-1}$ |
| $e^{-at}$ | $\frac{1}{s+a}$ | $\frac{z}{z-e^{-aT}}$ |
| $t$ | $\frac{1}{s^2}$ | $\frac{Tz}{(z-1)^2}$ |

## 02 신호흐름선도의 전달함수 $T(s)=\frac{C(s)}{R(s)}$로 옳은 것은?

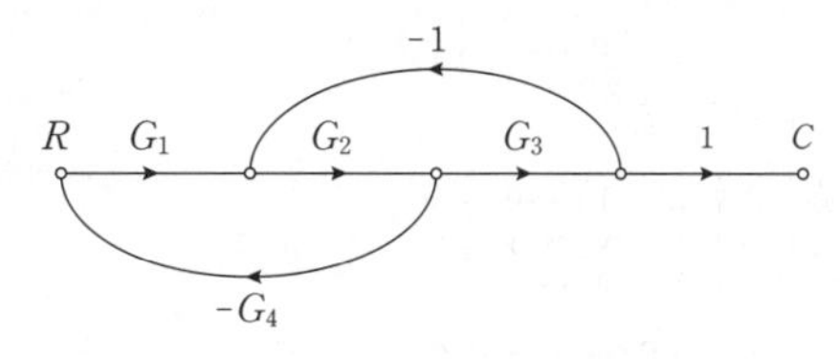


① $\frac{G_1G_2G_3}{1-G_2G_3+G_1G_2G_4}$　② $\frac{G_1G_2G_3}{1+G_1G_2G_4+G_2G_3}$

③ $\frac{G_1G_2G_3}{1+G_1G_3-G_1G_2G_4}$　④ $\frac{G_1G_2G_3}{1-G_1G_3-G_1G_2G_4}$

**해설**

**신호흐름선도의 전달함수**

- 전향경로이득 : $G_1\times G_2\times G_3\times 1=G_1G_2G_3$
- 첫 번째 루프이득 : $G_1\times G_2\times(-G_4)=-G_1G_2G_4$
- 두 번째 루프이득 : $G_2\times G_3\times(-1)=-G_2G_3$
- 전달함수 $G(s)=\frac{C(s)}{R(s)}=\frac{\sum \text{전향 경로 이득}}{1-\sum \text{루프 이득}}$

$=\frac{G_1G_2G_3}{1-(-G_1G_2G_4-G_2G_3)}=\frac{G_1G_2G_3}{1+G_1G_2G_4+G_2G_3}$

[정답] 11 ② 12 ① 2019년 3회 01 ① 02 ②

## 03 상태공간 표현식 $\begin{matrix}\dot{x}=Ax+Bu \\ y=Cx\end{matrix}$ 로 표현되는 선형 시스템에서 $A=\begin{bmatrix}0 & 1 & 0 \\ 0 & 0 & 1 \\ -2 & -9 & -8\end{bmatrix}$, $B=\begin{bmatrix}0 \\ 0 \\ 5\end{bmatrix}$, $C=[1\ 0\ 0]$, $D=0$, $x=\begin{bmatrix}x_1 \\ x_2 \\ x_3\end{bmatrix}$이면 시스템 전달함수 $\dfrac{Y(s)}{U(s)}$는?

① $\dfrac{1}{s^3+8s^2+9s+2}$ ② $\dfrac{1}{s^3+2s^2+9s+8}$

③ $\dfrac{5}{s^3+8s^2+9s+2}$ ④ $\dfrac{5}{s^3+2s^2+9s+8}$

해설

**상태방정식**

$\dot{x}=Ax+Bu$를 라플라스 변환하면

$sX(s)=A\cdot X(s)+Bu(s)$

$[sI-A]X(s)=Bu(s)$

$X(s)=[sI-A]^{-1}Bu(s)$

$y=Cx$를 라플라스 변환하면

$Y(s)=CX(s)=C[sI-A]^{-1}Bu(s)$이므로

전달함수는 $G(s)=\dfrac{C(s)}{u(s)}=C[sI-A]^{-1}B$이므로

$$[sI-A]=s\begin{bmatrix}1 & 0 & 0 \\ 0 & 1 & 0 \\ 0 & 0 & 1\end{bmatrix}-\begin{bmatrix}0 & 1 & 0 \\ 0 & 0 & 1 \\ -2 & -9 & -8\end{bmatrix}$$

$$=\begin{bmatrix}s & -1 & 0 \\ 0 & s & -1 \\ 2 & 9 & s+8\end{bmatrix}$$

$[sI-A]$의 행렬값

$$|sI-A|=\begin{bmatrix}s & -1 & 0 \\ 0 & s & -1 \\ 2 & 9 & s+8\end{bmatrix}=s^3+8s^2+2-(-9s)$$

$$=s^3+8s^2+9s+2$$

$[sI-A]$의 역행값

$$a_{11}=(-1)^{1+1}\begin{bmatrix}s & -1 \\ 9 & s+8\end{bmatrix}=s^2+8s+9$$

$$a_{12}=(-1)^{1+2}\begin{bmatrix}0 & s \\ 2 & s+8\end{bmatrix}=-2$$

$$a_{13}=(-1)^{1+3}\begin{bmatrix}0 & s \\ 2 & 9\end{bmatrix}=-2s$$

$$a_{21}=(-1)^{2+1}\begin{bmatrix}-1 & 0 \\ 9 & s+8\end{bmatrix}=s+8$$

$$a_{22}=(-1)^{2+2}\begin{bmatrix}s & 0 \\ 2s & s+8\end{bmatrix}=s^2+8s$$

$$a_{23}=(-1)^{2+3}\begin{bmatrix}s & -1 \\ 2 & 9\end{bmatrix}=-9s-2$$

$$a_{31}=(-1)^{3+1}\begin{bmatrix}-1 & 0 \\ s & -1\end{bmatrix}=1$$

$$a_{32}=(-1)^{3+2}\begin{bmatrix}s & 0 \\ 0 & -1\end{bmatrix}=s$$

$$a_{33}=(-1)^{3+3}\begin{bmatrix}s & -1 \\ 0 & s\end{bmatrix}=s^2$$

$$[sI-A]^{-1}=\frac{1}{[sI-A]}\begin{bmatrix}a_{11} & a_{21} & a_{31} \\ a_{12} & a_{22} & 32 \\ a_{13} & a_{23} & a_{33}\end{bmatrix}$$

$$=\frac{1}{s^3+8s^2+9s+2}\begin{bmatrix}s^2+8s+9 & s+8 & 1 \\ -2 & s^2+8s & s \\ -2s & -9s-2 & s^2\end{bmatrix}$$

$$G(s)=\frac{C(s)}{U(s)}=C[sI-A]^{-1}B$$

$$=\frac{1}{s^3+8s^2+9s+2}[1\,0\,0]\begin{bmatrix}s^2+8s+9 & s+8 & 1 \\ -2 & s^2+8s & s \\ -2s & -9s-2 & s^2\end{bmatrix}\begin{bmatrix}0 \\ 0 \\ 5\end{bmatrix}$$

$$=\frac{5}{s^3+8s^2+9s+2}$$

## 04 Routh-Hurwitz 표에서 제1열의 부호가 변하는 횟수로부터 알 수 있는 것은?

① $s$-평면의 좌반면에 존재하는 근의 수

② $s$-평면의 우반면에 존재하는 근의 수

③ $s$-평면의 허수축에 존재하는 근의 수

④ $s$-평면의 원점에 존재하는 근의 수

해설

**루드 수열 안정판별**

① 제1열의 부호변화가 없다 : 안정

② 제1열의 부호변화가 있다 : 불안정

③ 제1열의 부호변화의 횟수 : 불안정한 근의 수 또는 $s$-평면 우반면에 존재하는 근의 수

## 05 그림의 블록선도에 대한 전달함수 $\dfrac{C}{R}$는?

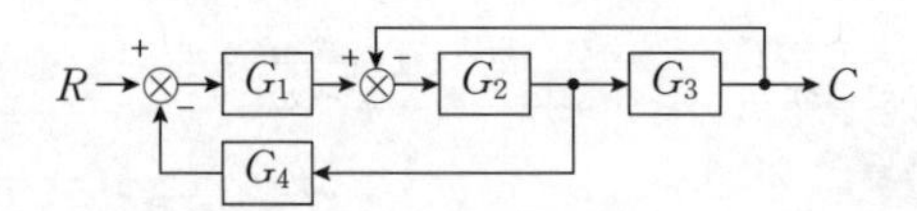


① $\dfrac{G_1G_2G_3}{1+G_1G_2+G_1G_2G_4}$ ② $\dfrac{G_1G_2G_4}{1+G_1G_2+G_1G_2G_3}$

③ $\dfrac{G_1G_2G_3}{1+G_2G_3+G_1G_2G_4}$ ④ $\dfrac{G_1G_2G_4}{1+G_2G_3+G_1G_2G_3}$

**[정답]** 03 ③ 04 ② 05 ③

**해설**

**블록선도의 전달함수**

- 전향경로이득 : $G_1 \times G_2 \times G_3$
- 첫 번째 루프이득 : $-G_1 \times G_2 \times G_4$
- 두 번째 루프이득 : $-G_2 \times G_3$
- 전달함수 : $G(s) = \dfrac{C(s)}{R(s)} = \dfrac{\sum \text{전향 경로 이득}}{1 - \sum \text{루프 이득}}$

$$= \frac{G_1G_2G_3}{1+G_1G_2G_4+G_2G_3}$$

## 06 부울 대수식 중 틀린 것은?

① $A \cdot \overline{A} = 1$　② $A+1=1$

③ $A+A=A$　④ $A \cdot A = A$

**해설**

**부울대수 정리**

$A \cdot \overline{A} = 0$

## 07 특성방정식 $s^2+Ks+2K-1=0$인 계가 안정하기 위한 $K$의 범위는?

① $K>0$　② $K>\dfrac{1}{2}$

③ $K<\dfrac{1}{2}$　④ $0<K<\dfrac{1}{2}$

**해설**

**루드 수열 안정판별**

특성방정식 $s^2+Ks+2K-1=0$에 대한 루드 수열을 작성하면 아래와 같고

| | | | |
|---|---|---|---|
| $s^2$ | $1$ | $2K-1$ | $0$ |
| $s^1$ | $K$ | $0$ | $0$ |
| $s^0$ | $\dfrac{(2K-1)\times K - 1\times 0}{K} = 2K-1$ | $0$ | $0$ |

루드 수열의 제1열의 부호의 변화가 없어야 안정하므로

$K>0$

$2K-1>0$

$K>\dfrac{1}{2}$

## 08 근궤적에 관한 설명으로 틀린 것은?

① 근궤적은 실수축에 대하여 상하 대칭으로 나타난다.

② 근궤적의 출발점은 극점이고 근궤적의 도착점은 영점이다.

③ 근궤적의 가지 수는 극점의 수와 영점의 수 중에서 큰 수와 같다.

④ 근궤적이 $s$ 평면의 우반면에 위치하는 $K$의 범위는 시스템이 안정하기 위한 조건이다.

**해설**

**근궤적**

① 개루우프 제어계의 복소근은 반드시 공액 복소 쌍을 이루므로 실수축에 관해서 상하 대칭으로 나타난다.
② 근궤적은 개루우프 전달함수 $G(s)H(s)$의 극점에서 출발하여 영점에서 도착한다.
③ 근궤적의 가지 수는 극점의 수와 영점의 수 중에서 큰 수와 같고 또는 다항식의 최고차 항의 차수와 같다.
④ 근궤적이 $s$ 평면 좌반면에 위치하는 $K$의 범위는 시스템의 안정하기 위한 조건이다.

## 09 제어시스템에서 출력이 얼마나 목표값을 잘 추종하는지를 알아볼 때, 시험용으로 많이 사용되는 신호로 다음 식의 조건을 만족하느 것은?

$$u(t-a) = \begin{cases} 0, & t<a \\ 1, & t \geq a \end{cases}$$

① 사인함수　② 임펄스함수

③ 램프함수　④ 단위계단함수

**해설**

**기준입력신호**

시간함수 $f(t)=u(t-a)$는 시간 지연을 포함한 단위계단함수이다.

[정답] 06 ① 07 ② 08 ④ 09 ④

전기자기학 / 전력공학 / 전기기기 / 회로이론 / 제어공학 / 전기설비기술기준

**10** **그림의 벡터 궤적을 갖는 계의 주파수 전달함수는?**

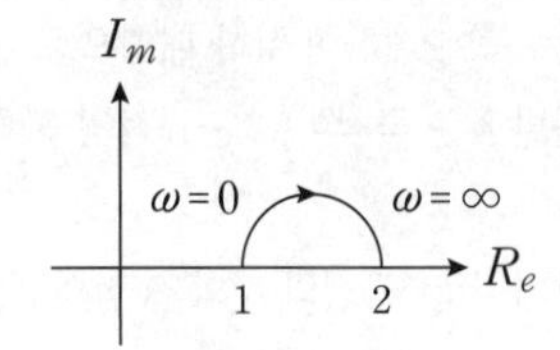


① $\dfrac{1}{j\omega+1}$ ② $\dfrac{1}{j2\omega+1}$

③ $\dfrac{j\omega+1}{j2\omega+1}$ ④ $\dfrac{j2\omega+1}{j\omega+1}$

해설

**벡터궤적**

전달함수 $G(j\omega)=\dfrac{1+j\omega T_2}{1+j\omega T_1}$에서

$\omega=0$에서 $|G(j\omega)|=1$

$\omega=\infty$에서 $|G(j\omega)|=\dfrac{T_2}{T_1}=2$, $T_2=2T_1$를 가지므로

$G(j\omega)=\dfrac{1+j2\omega}{1+j\omega}$

## 시행일 2020년 1회

**01** **특성방정식이 $s^3+2s^2+Ks+10=0$으로 주어지는 제어시스템이 안정하기 위한 $K$의 범위는?**

① $K>0$ ② $K>5$

③ $K<0$ ④ $0<K<5$

해설

특성방정식이 $s^3+2s^2+Ks+10=0$일 때 루드 수열을 작성하면

| | | | |
|---|---|---|---|
| $s^3$ | 1 | $K$ | 0 |
| $s^2$ | 2 | 10 | 0 |
| $s^1$ | $\dfrac{2\times K-1\times 10}{2}=\dfrac{2K-10}{2}=A$ | $\dfrac{0\times 2-1\times 0}{2}=0$ | 0 |
| $s^0$ | $\dfrac{10\times A-2\times 0}{A}=10$ | 0 | 0 |

이므로 제1열의 부호의 변화가 없어야 안정하므로

$A=\dfrac{2K-10}{2}>0$

$K>\dfrac{10}{2}$, $K>5$가 된다.

**02** **제어시스템의 개루프 전달함수가 $G(s)H(s)=\dfrac{K(s+30)}{S^4+S^3+2s^2+s+7}$로 주어질 때, 다음 중 $K>0$인 경우 근궤적의 점근선이 실수축과 이루는 각[°]은?**

① 20° ② 60°

③ 90° ④ 120°

해설

개루프 전달함수가 $G(s)H(s)$의 극점과 영점을 구하면
$G(s)H(s)$의 극점 : 분모가 0인 $s$ → 극점의 수 $p=4$개
$G(s)H(s)$의 영점 : 분자가 0인 $s$ → 영점의 수 $z=1$개 이므로

점금선의 각도 $\alpha_k=\dfrac{2k+1}{p-z}\times 180^\circ=\dfrac{2k+1}{3}\times 180^\circ$에서

$\alpha_{k=0}=\dfrac{2\times 0+1}{3}\times 180^\circ=60^\circ$

$\alpha_{k=1}=\dfrac{2\times 1+1}{3}\times 180^\circ=180^\circ$

$\alpha_{k=2}=\dfrac{2\times 2+1}{3}\times 180^\circ=300^\circ$

**03** **$z$ 변환된 함수 $F(z)=\dfrac{3z}{(z-e^{-3T})}$에 대응되는 라플라스 변환 함수는?**

① $\dfrac{1}{(s+3)}$ ② $\dfrac{3}{(s-3)}$

③ $\dfrac{1}{(s-3)}$ ④ $\dfrac{3}{(s+3)}$

해설

$z$ 변환 함수를 시간함수로 변환하면

$F(z)=\dfrac{3z}{(z-e^{-3T})}=3\times\dfrac{z}{(z-e^{-3T})}$ 의 시간함수는 $f(t)=3e^{-3t}$

이므로 라플라스 변환은 $F(s)=\dfrac{1}{s+3}=\dfrac{3}{s+3}$가 된다.

[정답] 10 ④ 2020년 1회 01 ② 02 ② 03 ④

## 04 그림과 같은 제어시스템의 전달함수 $\dfrac{C(s)}{R(s)}$ 는?

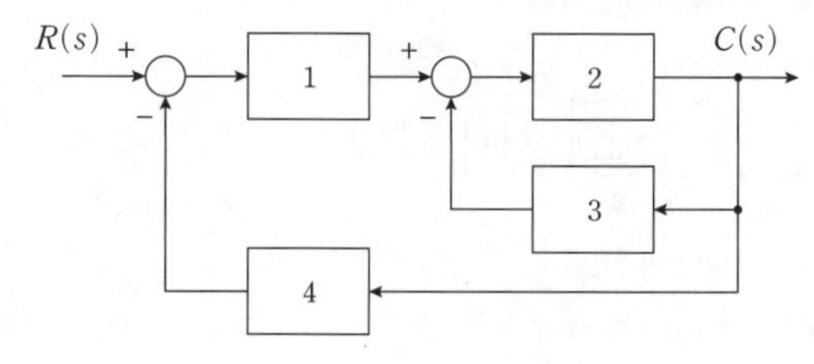


① $\dfrac{1}{15}$　② $\dfrac{2}{15}$

③ $\dfrac{3}{15}$　④ $\dfrac{4}{15}$

**해설**

블록선도의 전달함수는

전향경로이득 : $1\times2=2$

첫 번째 루프이득 : $2\times(-3)=-6$

두 번째 루프이득 : $1\times2\times(-4)=-8$이므로

전달함수 $G(s)=\dfrac{C(s)}{R(s)}=\dfrac{\sum \text{전향 경로 이득}}{1-\sum \text{루프 이득}}=\dfrac{2}{1+6+8}=\dfrac{2}{15}$

## 05 전달함수가 $G_C(s)=\dfrac{2s+5}{7s}$ 인 제어기가 있다. 이 제어기는 어떤 제어기인가?

① 비례 미분 제어기　② 적분 제어기

③ 비례 적분 제어기　④ 비례 적분 미분 제어기

**해설**

**전달함수**

$$G(s)=\frac{2s+5}{7s}=\frac{2}{7}+\frac{5}{7s}$$

$$=\frac{2}{7}\left(1+\frac{1}{\frac{2}{5}s}\right)=K_p\left(1+\frac{1}{T_i s}\right)\text{이므로}$$

비례감도 $K_p=\dfrac{2}{7}$, 적분시간 $T_i=\dfrac{2}{5}$인 비례 적분제어계이다.

## 06 단위 피드백제어계에서 개루프 전달함수 $G(s)$가 다음과 같이 주어졌을 때 단위 계단 입력에 대한 정상상태 편차는?

$$G(s)=\frac{5}{s(s+1)(s+2)}$$

① 0　② 1

③ 2　④ 3

**해설**

기준입력이 단위계단입력 $r(t)=u(t)=1$인 경우의 정상편차는 정상위치편차 $e_{ssp}$를 말하므로 먼저 위치편차상수를 구하면

$k_p=\lim_{s\to0}G(s)=\lim_{s\to0}\dfrac{5}{s(s+1)(s+2)}=\infty$이므로

정상위치편차는 $e_{ssp}=\dfrac{1}{1+\lim_{s=0}G(s)}=\dfrac{1}{1+k_p}=\dfrac{1}{1+\infty}=0$

## 07 그림과 같은 논리회로의 출력 $Y$는?

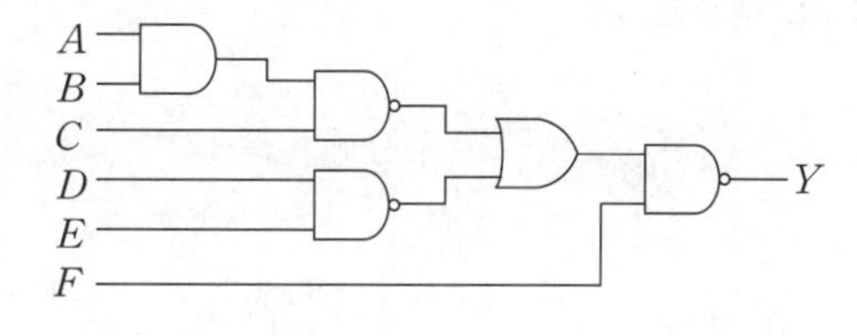


① $ABCDE+\overline{F}$

② $\overline{A}\,\overline{B}\,\overline{C}\,\overline{D}\,\overline{E}+F$

③ $\overline{A}+\overline{B}+\overline{C}+\overline{D}+\overline{E}+F$

④ $A+B+C+D+E+\overline{F}$

**해설**

$Z=\overline{\overline{(\overline{A\cdot B\cdot C}+\overline{D\cdot E})\cdot F}}$

$=\overline{\overline{A\cdot B\cdot C}+\overline{D\cdot E}}+\overline{F}$

$=\overline{\overline{A\cdot B\cdot C}}\cdot\overline{\overline{D\cdot E}}+\overline{F}$

$=ABCDE+\overline{F}$

## 08 그림의 신호흐름선도에서 전달함수 $\dfrac{C(s)}{R(s)}$ 는?

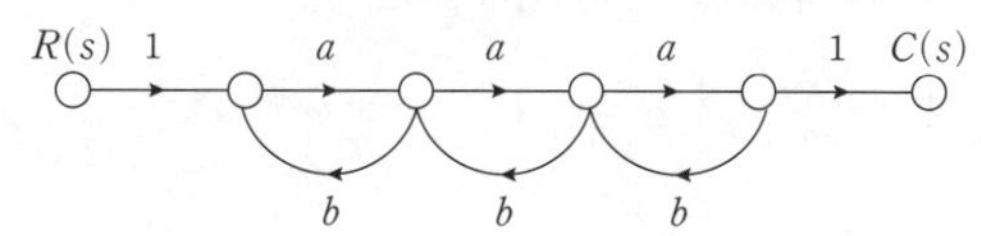


[정답] 04 ② 05 ③ 06 ① 07 ① 08 ②

① $\dfrac{a^3}{(1-ab)^3}$　② $\dfrac{a^3}{(1-3ab+a^2b^2)}$

③ $\dfrac{a^3}{1-3ab}$　④ $\dfrac{a^3}{1-3ab+2a^2b^2}$

해설

신호흐름선도의 전달함수는
$G_1=1\times a\times a\times a\times 1=a^3,\ \Delta_1=1$
$L_{11}=ab+ab+ab=3ab$
$L_{12}=(ab)\times(ab)=a^2b^2$ 이므로

$$\therefore G(s)=\frac{C(s)}{R(s)}=\frac{G_1\Delta_1}{\Delta}=\frac{G_1\Delta_1}{1-(L_{11}-L_{12})}$$
$$=\frac{a^3\times 1}{1-(3ab-a^2b^2)}=\frac{a^3}{1-3ab+a^2b^2}$$

## 09 다음과 같은 미분방정식으로 표현되는 제어시스템의 시스템 행렬 $A$는?

$$\frac{d^2c(t)}{dt^2}+5\frac{dc(t)}{dt}+3c(t)=r(t)$$

① $\begin{bmatrix}-5 & -3\\ 0 & 1\end{bmatrix}$　② $\begin{bmatrix}-3 & -5\\ 0 & 1\end{bmatrix}$

③ $\begin{bmatrix}0 & 1\\ -3 & -5\end{bmatrix}$　④ $\begin{bmatrix}0 & 1\\ -5 & -3\end{bmatrix}$

해설

계수행렬 $A$는
$c(t)=x_1$
$\dfrac{dc(t)}{dt}=\dot{x}_1=x_2$
$\dfrac{d^2c(t)}{dt^2}=\dot{x}_2$일 때
미분방정식 $\dfrac{d^2c(t)}{dt^2}+5\dfrac{dc(t)}{dt}+3c(t)=r(t)$
$\dot{x}_2+5x_2+3x_1=r(t)$이므로
상태 방정식 $\dot{x}=Ax+Br(t)$라 하면 $\dot{x}_1=x_2$
$\dot{x}_2=-3x_1-5x_2+r(t)$

$$\begin{bmatrix}\dot{x}_1\\ \dot{x}_2\end{bmatrix}=\begin{bmatrix}0 & 1\\ -3 & -5\end{bmatrix}\begin{bmatrix}x_1\\ x_2\end{bmatrix}+\begin{bmatrix}0\\ 1\end{bmatrix}r(t)$$

$$\therefore A=\begin{bmatrix}0 & 1\\ -3 & -5\end{bmatrix},\ B=\begin{bmatrix}0\\ 1\end{bmatrix}$$

참고

계수행렬 $A$ 구하는 방법

$c(\ddot{t})+5\dot{c}(t)+3c(t)=r(t)$

$$\begin{bmatrix}\dot{x}_1\\ \dot{x}_2\end{bmatrix}=\begin{bmatrix}0 & 1\\ -3 & -5\end{bmatrix}\begin{bmatrix}x_1\\ x_2\end{bmatrix}+\begin{bmatrix}0\\ 1\end{bmatrix}r(t)$$

(부호가 반대)

$$\therefore A=\begin{bmatrix}0 & 1\\ -3 & -5\end{bmatrix}$$

## 10 안정한 제어시스템의 보드 선도에서 이득 여유는?

① $-20\sim20$ [dB] 사이에 있는 크기 [dB] 값이다.
② $0\sim20$ [dB] 사이에 있는 크기 선도의 길이이다.
③ 위상이 $0°$가 되는 주파수에서 이득의 크기 [dB] 이다.
④ 위상이 $-180°$가 되는 주파수에서 이득의 크기 [dB] 이다.

해설

이득여유 G.M[dB]은 위상이 $-180°$가 되는 주파수에서 이득의 크기[dB]이다.

## 11 $f(t)=t^2e^{-at}$를 라플라스 변환하면?

① $\dfrac{2}{(s+\alpha)^2}$　② $\dfrac{3}{(s+\alpha)^2}$

③ $\dfrac{2}{(s+\alpha)^3}$　④ $\dfrac{3}{(s+\alpha)^3}$

해설

**복소추이정리**

$\pounds[f(t)e^{\mp at}]=F(s)|_{s=s\pm a\text{대입}}=F(s\pm a)$이므로

$\pounds[t^2e^{-at}]=\dfrac{2!}{s^{2+1}}\Big|_{s=s+\alpha\text{대입}}=\dfrac{2\times1}{(s+\alpha)^3}=\dfrac{2}{(s+\alpha)^3}$

[정답] 09 ③　10 ④　11 ③

시행일 **2020년 2회**

**01** 시간함수 $f(t)=\sin\omega t$의 $z$변환은?

① $\frac{z\sin\omega T}{z^2+2z\cos\omega T+1}$ ② $\frac{z\sin\omega T}{z^2-2z\cos\omega T+1}$

③ $\frac{z\sin\omega T}{z^2-2z\sin\omega T+1}$ ④ $\frac{z\cos\omega T}{z^2-2z\sin\omega T+1}$

해설

**$f(t)$, $F(s)$, $F(z)$의 비교**

| 시간함수 $f(t)$ | 라플라스변환 $F(s)$ | $z$변환 $F(z)$ |
|---|---|---|
| $\delta(t)$ | 1 | 1 |
| $u(t)=1$ | $\frac{1}{s}$ | $\frac{z}{z-1}$ |
| $e^{-at}$ | $\frac{1}{s+a}$ | $\frac{z}{z-e^{-aT}}$ |
| $t$ | $\frac{1}{s^2}$ | $\frac{Tz}{(z-1)^2}$ |
| $\sin\omega t$ | $\frac{\omega}{s^2+\omega^2}$ | $\frac{z\sin\omega T}{z^2-2z\cos\omega T+1}$ |
| $\cos\omega t$ | $\frac{s}{s^2+\omega^2}$ | $\frac{z(z-\cos\omega T)}{z^2-2z\cos\omega T+1}$ |

**02** 다음과 같은 신호흐름선도에서 $\frac{C(s)}{R(s)}$의 값은?

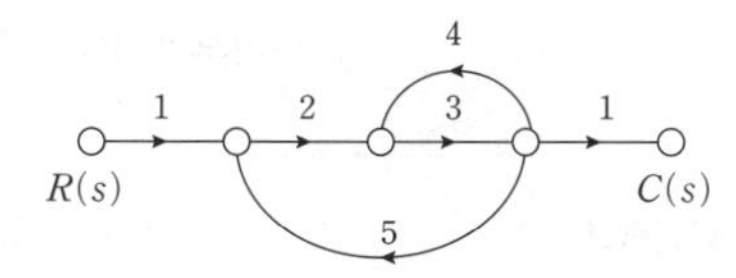


① $-\frac{1}{41}$ ② $-\frac{3}{41}$

③ $-\frac{6}{41}$ ④ $-\frac{8}{41}$

해설

**신호흐름선도의 전달함수**

전향경로이득 : $1\times2\times3\times1=6$
첫 번째 루프이득 : $3\times4=12$
두 번째 루프이득 : $2\times3\times5=30$

전달함수는

$$G(s)=\frac{C(s)}{R(s)}=\frac{\sum \text{전향 경로 이득}}{1-\sum \text{루프 이득}}$$

$$=\frac{6}{1-(12+30)}=-\frac{6}{41}$$

**03** 논리식 $((AB+A\overline{B})+AB)+\overline{A}B$를 간단히 하면?

① $A+B$ ② $\overline{A}+B$

③ $A+\overline{B}$ ④ $A+AB$

해설

$((AB+A\overline{B})+AB)+\overline{A}B=(A(B+\overline{B})+AB)+\overline{A}B$
$=(A+AB)+\overline{A}B=A(1+B)+\overline{A}B$
$=A+\overline{A}B=(A+\overline{A})(A+B)=A+B$

**04** 그림과 같은 피드백제어 시스템에서 입력이 단위계단함수일 때 정상상태 오차상수인 위치상수($K_p$)는?

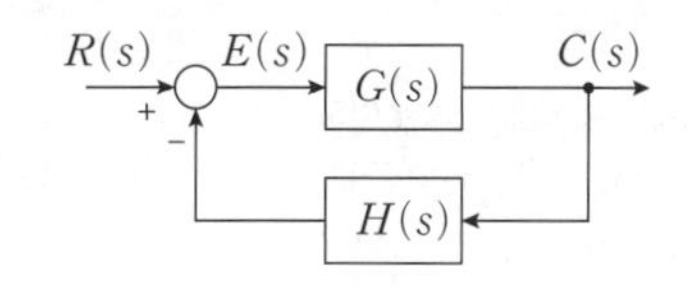


① $K_p=\lim_{s\to0}G(s)H(s)$ ② $K_p=\lim_{s\to0}\frac{G(s)}{H(s)}$

③ $K_p=\lim_{s\to\infty}G(s)H(s)$ ④ $K_p=\lim_{s\to\infty}\frac{G(s)}{H(s)}$

해설

기준입력이 단위계단함수 $r(t)=u(t)=1$인 경우 위치상수 $K_p$는 위치편차상수이므로 블록선도에서 개우프 전달함수는 $G(s)H(s)$이므로 위치편차상수 $k_p=\lim_{s\to0}G(s)H(s)$가 된다.

**05** 적분시간 4[sec], 비례감도가 4인 비례적분 동작을 하는 제어요소에 동작신호 $z(t)=2t$를 주었을 때, 이 제어 요소의 조작량은? (단, 조작량의 초기 값은 0이다.)

[정답] 2020년 2회 01 ② 02 ③ 03 ① 04 ① 05 ①

① $t^2+8t$　　② $t^2+2t$
③ $t^2-8t$　　④ $t^2-2t$

해설

비례 감도 $K_p=4$, 적분 시간 $T_i=4$, 동작신호 $z(t)=2t$일 때 비례적분동작(PI동작)전달함수는

$G(s)=\frac{Y(s)}{Z(s)}=K_p\left(1+\frac{1}{T_i s}\right)$이므로

조작량 $Y(s)=K_p\left(1+\frac{1}{T_i s}\right)Z(s)=4\left(1+\frac{1}{4s}\right)\times 2\frac{1}{s^2}$

$=\frac{8}{s^2}+\frac{2}{s^3}=8\frac{1}{s^2}+\frac{2}{s^3}$이므로

역라플라스 변환하면 $y(t)=t^2+8t$

**06** 제어시스템의 상태방정식이 $\frac{dx(t)}{dt}=Ax(t)+Bu(t)$, $A=\begin{bmatrix} 0 & 1 \\ -3 & 4 \end{bmatrix}$, $B=\begin{bmatrix} 1 \\ 1 \end{bmatrix}$일 때, 특성방정식을 구하면?

① $s^2-4s-3=0$　　② $s^2-4s+3=0$
③ $s^2+4s+3=0$　　④ $s^2+4s-3=0$

해설

상태방정식에서 계수행렬 $A$에 의한 특성방정식은 $|sI-A|=0$이므로

$sI-A=s\begin{bmatrix} 1 & 0 \\ 0 & 1 \end{bmatrix}-\begin{bmatrix} 0 & 1 \\ -3 & 4 \end{bmatrix}$

$=\begin{bmatrix} s & 0 \\ 0 & s \end{bmatrix}-\begin{bmatrix} 0 & 1 \\ -3 & 4 \end{bmatrix}=\begin{bmatrix} s & -1 \\ 3 & s-4 \end{bmatrix}$

특성방정식은

$|sI-A|=\begin{bmatrix} s & -1 \\ 3 & s-4 \end{bmatrix}$
$=s(s-4)-(-1)\times 3$
$=s^2-4s+3=0$

**07** 특성방정식의 모든 근이 $s$평면(복소평면)의 $j\omega$축(허수축)에 있을 때 이 제어시스템의 안정도는?

① 알 수 없다.　　② 안정하다.
③ 불안정하다.　　④ 임계안정이다.

해설

**복소평면($s$-평면)에 의한 안정판별**

① 좌반부(음의 반평면)에 특성방정식의 근(극점) 존재 : 안정
② 우반부(양의 반평면)에 특성방정식의 근(극점) 존재 : 불안정
③ 특성방정식의 근(극점) 허수축 존재 : 임계안정

**08** 어떤 제어시스템의 개루프 이득이 $G(s)H(s)=\frac{K(s+2)}{s(s+1)(s+3)(s+4)}$일 때 이 시스템이 가지는 근궤적의 가지(branch) 수는?

① 1　　② 3
③ 4　　④ 5

해설

**근궤적의 수**

① 개루우프 전달함수 $G(s)H(s)$의 극점의 수($p$)와 영점의 수($z$) 중에서 큰 것을 선택
② 개루우프 전달함수 $G(s)H(s)$의 다항식의 최고차 항의 차수와 같다.

그러므로 다항식의 최고차항의 차수가 4차 이므로 4개가 된다.

**09** Routh-Hurwitz 방법으로 특성방정식이 $s^4+2s^3+s^2+4s+2=0$인 시스템의 안정도를 판별하면?

① 안정　　② 불안정
③ 임계안정　　④ 조건부 안정

해설

**루드 수열 안정판별**

| | | | |
|---|---|---|---|
| $s^4$ | 1 | 1 | 2 |
| $s^3$ | 2 | 4 | 0 |
| $s^2$ | $\frac{2\times1-1\times4}{2}=-1$ | $\frac{2\times2-1\times0}{2}=2$ | 0 |
| $s^1$ | $\frac{4\times(-1)-2\times2}{-1}=8$ | $\frac{0\times(-1)-2\times0}{-1}=0$ | 0 |
| $s^0$ | $\frac{2\times8-(-1)\times0}{8}=2$ | 0 | 0 |

제1열의 부호의 변화가 2번 있으므로 불안정하고 우반부에 근을 2개가 존재한다.

[정답] 06 ② 07 ④ 08 ③ 09 ②

**10** 다음 회로에서 입력 전압 $v_1(t)$에 대한 출력 전압 $v_2(t)$의 전달함수 $G(s)$는?

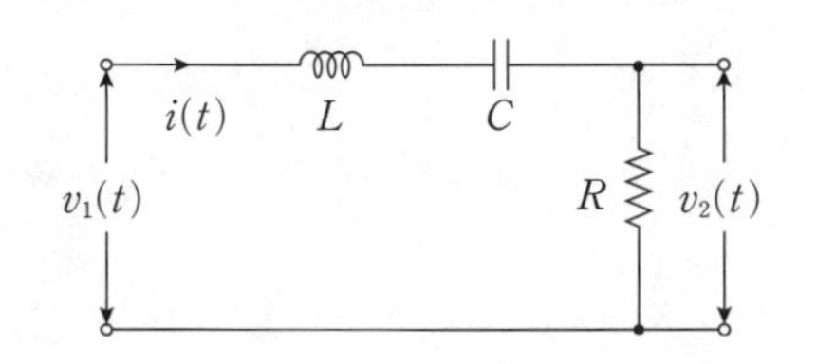


① $\dfrac{RCs}{LCs^2+RCs+1}$　② $\dfrac{RCs}{LCs^2+RCs-1}$

③ $\dfrac{Cs}{LCs^2+RCs+1}$　④ $\dfrac{Cs}{LCs^2-RCs-1}$

해설

**직렬연결시 전달함수**

$$G(s)=\frac{V_2(s)}{V_1(s)}=\frac{\text{출력 임피던스}}{\text{입력 임피던스}}$$

$$=\frac{R}{Ls+\frac{1}{Cs}+R}=\frac{RCs}{LCS^2+RCs+1}$$

## 시행일 2020년 3회

**01** 그림과 같은 블록선도의 제어시스템에서 속도 편차 상수 $K_v$는 얼마인가?

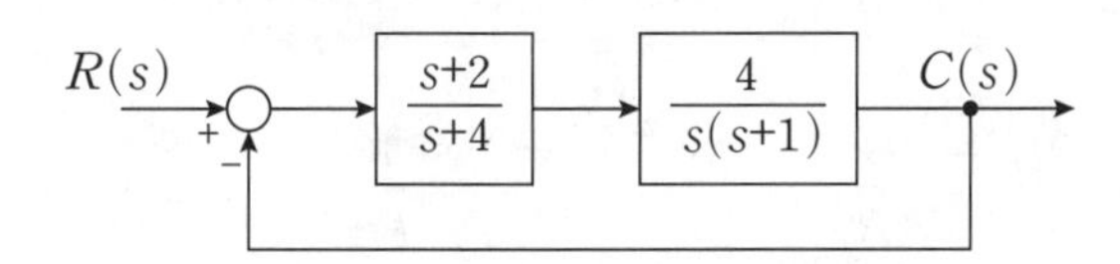


① 0　② 0.5

③ 2　④ ∞

해설

**블록선도에서 개루우프 전달함수**

$$G(s)=\frac{s+2}{s+4}\times\frac{4}{s(s+1)}=\frac{4(s+2)}{s(s+1)(s+4)}\text{이므로}$$

속도편차상수

$$k_v=\lim_{s\to 0} sG(s)=\lim_{s\to 0} s\frac{4(s+2)}{s(s+1)(s+4)}=2$$

**02** 근궤적의 성질 중 틀린 것은?

① 근궤적은 실수축을 기준으로 대칭이다.

② 점근선은 허수축 상에서 교차한다.

③ 근궤적의 가지 수는 특성방정식의 차수와 같다.

④ 근궤적은 개루프 전달함수의 극점으로부터 출발한다.

해설

**근궤적의 성질**

① 근궤적은 실수축에 관해 대칭이다.
② 근궤적의 점근선은 실수축 상에서 교차한다.
③ 근궤적의 가지수는 특정방정식의 차수와 같다.
④ 근궤적은 개루프 전달함수의 극점에서 출발하여 영점에 도착한다.

**03** Routh-Hurwitz 안정도 판별법을 이용하여 특성방정식이 $s^3+3s^2+3s+1+K=0$으로 주어진 제어시스템이 안정하기 위한 $K$의 범위를 구하면?

① $-1\le K<8$　② $-1<K\le 8$

③ $-1<K<8$　④ $K<-1$ 또는 $K>8$

해설

특성방정식이 $s^3+3s^2+3s+1+K=0$일 때 루드 수열을 작성하면

| | | | |
|---|---|---|---|
| $s^3$ | 1 | 3 | 0 |
| $s^2$ | 3 | $1+K$ | 0 |
| $s^1$ | $\frac{3\times3-1\times(1+K)}{3}=\frac{8-K}{3}=A$ | $\frac{0\times3-1\times0}{3}=0$ | 0 |
| $s^0$ | $\frac{(1+K)\times A-3\times0}{A}=1+K$ | 0 | 0 |

제1열의 부호의 변화가 없어야 안정하므로

$A=\frac{8-K}{3}>0,\ 1+K>0$에서

$K>-1,\ K<8$이므로 동시 존재하는 구간은

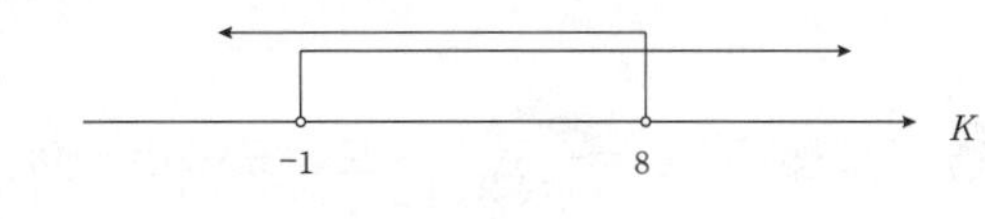


$\because -1<K<8$

[정답] 10 ① 2020년 3회 01 ③ 02 ② 03 ③

## 04 $e(t)$의 $z$변환을 $E(z)$라고 했을 때 $e(t)$의 초기값 $e(0)$는?

① $\lim_{z\to 1} E(z)$ ② $\lim_{z\to\infty} E(z)$

③ $\lim_{z\to 1} (1-Z^{-1})E(z)$ ④ $\lim_{z\to\infty} (1-z^{-1})E(z)$

해설

**$z$변환**

$z$변환의 초기값정리 $\lim_{t\to 0} e(t)=\lim_{z\to\infty} E(z)$

$z$변환의 최종값정리 $\lim_{t\to\infty} e(t)=\lim_{z\to 1} (1-z^{-1})E(z)$

## 05 그림의 신호 흐름 선도에서 $\frac{C(s)}{R(s)}$는?

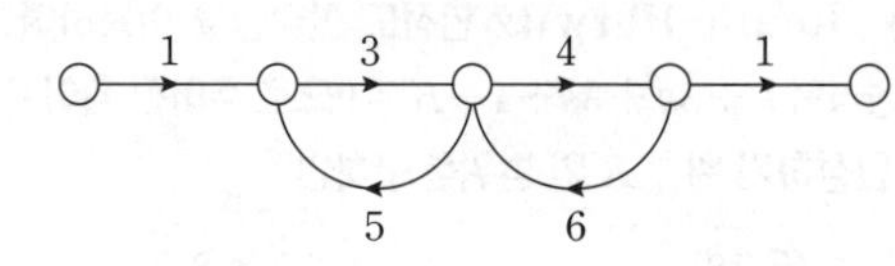


① $-\frac{2}{5}$ ② $-\frac{6}{19}$

③ $-\frac{12}{29}$ ④ $-\frac{12}{37}$

해설

**신호흐름선도의 전달함수**

전향경로이득 : $1\times3\times4\times1=12$

첫 번째 루프이득 : $3\times5=15$

두 번째 루프이득 : $4\times6=24$

전달함수

$$G(s)=\frac{C(s)}{R(s)}=\frac{\sum \text{전향 경로 이득}}{1-\sum \text{루프 이득}}=\frac{12}{1-(15+24)}$$

$$=-\frac{12}{38}=-\frac{6}{19}$$

## 06 전달함수 $G(s)=\frac{10}{s^2+3s+2}$으로 표시되는 제어계통에서 직류 이득은 얼마인가?

① 1 ② 2

③ 3 ④ 5

해설

직류이득은 주파수 $f=0$인 경우의 이득이며 주파수가 0이면 $s=j\omega=j2\pi f=0$인 경우이므로

$\therefore G(s)=\frac{10}{2}=5$

## 07 전달함수가 $\frac{C(s)}{R(s)}=\frac{25}{s^2+6s+25}$인 2차 제어시스템의 감쇠 진동 주파수($\omega_d$)는 몇 [rad/sec]인가?

① 3 ② 4

③ 5 ④ 6

해설

**2차계의 전달함수**

$G(s)=\frac{25}{s^2+6s+25}=\frac{\omega_n^2}{s^2+2\delta\omega_n s+\omega_n^2}$이므로

$\omega_n^2=25$에서 고유진동 각파수는 $\omega_n=5$[rad/sec]이고

$2\delta\omega_n=6$, $10\delta=6$이므로 제동비 $\delta=0.6$이므로 감쇠진동이 되어

이때 감쇠진동주파수 $\omega_d=\omega_n\sqrt{1-\delta^2}=5\sqrt{1-0.6^2}=4$[rad/sec]

## 08 다음 논리식을 간단히 한 것은?

$$Y=\overline{A}BC\overline{D}+\overline{A}BCD+\overline{A}\,\overline{B}C\overline{D}+\overline{A}\,\overline{B}CD$$

① $Y=\overline{A}C$ ② $Y=A\overline{C}$

③ $Y=AB$ ④ $Y=BC$

해설

$\overline{A}BC\overline{D}+\overline{A}BCD+\overline{A}\,\overline{B}C\overline{D}+\overline{A}\,\overline{B}CD$

$=\overline{A}BC(\overline{D}+D)+\overline{A}\,\overline{B}C(\overline{D}+D)$

$=\overline{A}BC+\overline{A}\,\overline{B}C$

$=\overline{A}C(B+\overline{B})$

$=\overline{A}C$

[정답] 04 ② 05 ② 06 ④ 07 ② 08 ①

**09** **폐루프 시스템에서 응답의 잔류 편차 또는 정상상태 오차를 제거하기 위한 제어 기법은?**

① 비례 제어 ② 적분 제어
③ 미분 제어 ④ On-Off 제어

해설

적분제어동작은 잔류편차 또는 정상상태오차를 제거하는 반면 진폭이 느리게 감소하거나 심지어는 커지는 진동응답을 유발시킬 수 있다.

**10** **시스템행렬 $A$가 다음과 같을 때 상태천이행렬을 구하면?**

$$A=\begin{bmatrix} 0 & 1 \\ -2 & -3 \end{bmatrix}$$

① $\begin{bmatrix} 2e^{t}-e^{-2t} & -e^{t}+e^{2t} \\ 2e^{t}-2e^{2t} & -e^{t}-2e^{2t} \end{bmatrix}$

② $\begin{bmatrix} 2e^{-t}-e^{-2t} & e^{-t}-e^{-2t} \\ -2e^{-t}-2e^{-2t} & -e^{-t}-2e^{2t} \end{bmatrix}$

③ $\begin{bmatrix} 2e^{-t}-e^{-2t} & -e^{-t}+e^{-2t} \\ 2e^{-t}-2e^{-2t} & -e^{-t}-2e^{-2t} \end{bmatrix}$

④ $\begin{bmatrix} 2e^{-t}-e^{-2t} & e^{-t}-e^{-2t} \\ -2e^{-t}+2e^{-2t} & -e^{-t}+2e^{-2t} \end{bmatrix}$

해설

**상태천이행렬**

$[sI-A]=\begin{bmatrix} s & 0 \\ 0 & s \end{bmatrix}-\begin{bmatrix} 0 & 1 \\ -2 & -3 \end{bmatrix}=\begin{bmatrix} s & -1 \\ 2 & s+3 \end{bmatrix}$

$[sI-A]^{-1}=\dfrac{1}{(s+1)(s+2)}\begin{bmatrix} s+3 & 1 \\ -2 & s \end{bmatrix}$

$=\begin{bmatrix} \dfrac{s+3}{(s+1)(s+2)} & \dfrac{1}{(s+1)(s+2)} \\ \dfrac{-2}{(s+1)(s+2)} & \dfrac{s}{(s+1)(s+2)} \end{bmatrix}$

$F_1(s)=\dfrac{s+3}{(s+1)(s+2)}=\dfrac{2}{s+1}-\dfrac{1}{s+2}$

$\rightarrow f_1(t)=2e^{-t}-e^{-2t}$

$F_2(s)=\dfrac{1}{(s+1)(s+2)}=\dfrac{1}{s+1}+\dfrac{-1}{s+2}$

$\rightarrow f_2(t)=e^{-t}-e^{-2t}$

$F_3(s)=\dfrac{-2}{(s+1)(s+2)}=\dfrac{-2}{s+1}+\dfrac{2}{s+2}$

$\rightarrow f_3(t)=-2e^{-t}+2e^{-2t}$

$F_4(s)=\dfrac{s}{(s+1)(s+2)}=\dfrac{-1}{s+1}+\dfrac{2}{s+2}$

$\rightarrow f_4(t)=-e^{-t}+2e^{-2t}$이므로

상태천이행렬은

$\phi(t)=\mathcal{L}^{-1}[(sI-A)^{-1}]$

$=\begin{bmatrix} 2e^{-t}-e^{-2t} & e^{-t}-e^{-2t} \\ -2e^{-t}+2e^{-2t} & -e^{-t}+2e^{-2t} \end{bmatrix}$

## 시행일 2021년 1회

**01** **블록선도와 같은 단위 피드백 제어시스템의 상태방정식은? (단, 상태변수는 $x_1(t)=c(t)$, $x_2=\dfrac{d}{dt}c(t)$로 한다.)**

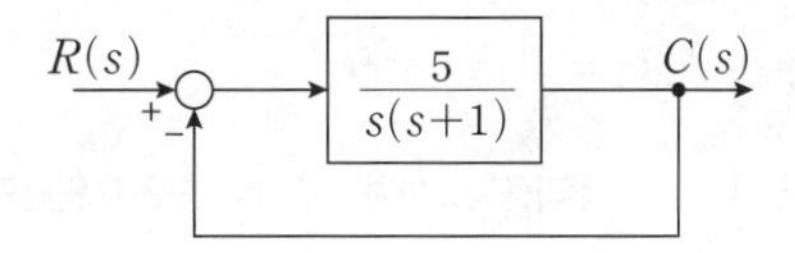


① $\dot{x}_1(t)=x_2(t)$, $\dot{x}_2(t)=-5x_1(t)-x_2(t)+5r(t)$
② $\dot{x}_1(t)=x_2(t)$, $\dot{x}_2(t)=-5x_1(t)-x_2(t)-5r(t)$
③ $\dot{x}_1(t)=-x_2(t)$, $\dot{x}_2(t)=5x_1(t)+x_2(t)-5r(t)$
④ $\dot{x}_1(t)=-x_2(t)$, $\dot{x}_2(t)=-5x_1(t)-x_2(t)+5r(t)$

해설

블록선도의 전달함수를 구하면

$G(s)=\dfrac{C(s)}{R(s)}=\dfrac{\sum \text{전향 경로 이득}}{1-\sum \text{루프 이득}}$

$=\dfrac{\dfrac{5}{s(s+1)}}{1+\dfrac{5}{s(s+1)}}=\dfrac{5}{s^2+s+5}$이므로

$s^2C(s)+sC(s)+5C(s)=5R(s)$에서 역변환시키면

$\dfrac{d^2c(t)}{dt^2}+\dfrac{dc(t)}{dt}+5c(t)=5r(t)$가되며

상태변수 $x_1(t)=c(t)$

$x_2(t)=\dot{x}_1(t)=\dfrac{dc(t)}{dt}$

[정답] 09 ② 10 ④ 2021년 1회 01 ①

$\dot{x}_2(t)=\dfrac{d^2c(t)}{dt^2}$ 를 대입하면

$\dot{x}_2(t)+x_2(t)+5x_1(t)=5r(t)$이므로

$\dot{x}_1(t)=x_2(t)$

$\dot{x}_2(t)=-5x_1(t)-x_2(t)+5r(t)$

## 02 적분 시간 3[sec], 비례 감도가 3인 비례적분동작을 하는 제어 요소가 있다. 이 제어 요소에 동작신호 $x(t)=2t$ 를 주었을 때 조작량은 얼마인가? (단, 초기 조작량 $y(t)$는 0으로 한다.)

① $t^2+2t$　　② $t^2+4t$

③ $t^2+6t$　　④ $t^2+8t$

**해설**

적분 시간 $T_i=3[\mathrm{sec}]$, 비례 감도가 $K_P=3$인 비례적분동작의 전달함수

$G(s)=\dfrac{Y(s)}{X(s)}=K_p\left(1+\dfrac{1}{T_is}\right)=3\left(1+\dfrac{1}{3s}\right)$가 되므로

조작량 $Y(s)=3\left(1+\dfrac{1}{3s}\right)X(s)$에서

동작신호 $x(t)=2t$의 라플라스변화 $X(s)=\dfrac{2}{s^2}$를 대입하면

$Y(s)=3\left(1+\dfrac{1}{3s}\right)\times\dfrac{2}{s^2}=\dfrac{6}{s^2}+\dfrac{2}{s^3}=6\dfrac{1}{s^2}+\dfrac{2}{s^3}$

$y(t)=t^2+6t$

## 03 블록선도의 제어시스템은 단위 램프 입력에 대한 정상상태 오차(정상편차)가 0.01이다. 이 제어시스템의 제어요소인 $G_{C1}(s)$의 $k$는?

$$G_{C1}(s)=k,\ G_{C2}(s)=\frac{1+0.1s}{1+0.2s}$$

$$G_{ps}=\frac{200}{s(s+1)(s+2)}$$

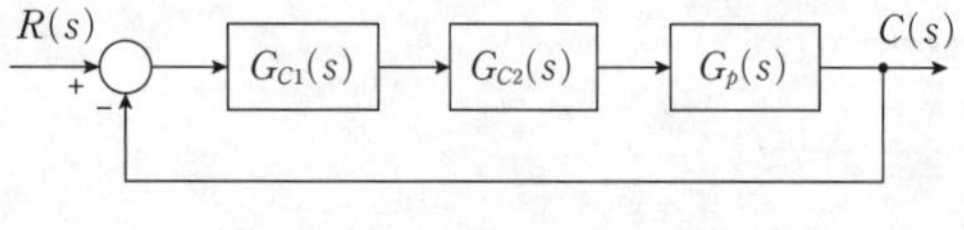


① 0.1　　② 1

③ 10　　④ 100

**해설**

기준입력이 단위속도입력 $r(t)=t$인 경우의 정상편차는 정상속도편차 $e_{ssv}$를 말하므로

블록선도에서 개루우프 전달함수

$G(s)=G_{c1}(s)G_{c2}(s)G_p(s)$

$=K\times\dfrac{1+0.1s}{1+0.2s}\times\dfrac{200}{s(s+1)(s+2)}$

$=\dfrac{200K(1+0.1s)}{s(s+1)(s+2)(1+0.2s)}$

속도편차상수

$k_p=\lim\limits_{s\to0}sG(s)=\lim\limits_{s\to0}s\dfrac{200K(1+0.1s)}{s(s+1)(s+2)(1+0.2s)}=100K$

정상속도편차

$e_{ssv}=\dfrac{1}{\lim\limits_{s\to0}sG(s)}=\dfrac{1}{k_v}=\dfrac{1}{100K}=0.01$

$K=1$

## 04 개루프 전달함수 $G(s)H(s)$로부터 근궤적을 작성할 때 실수축에서의 점근선의 교차점은?

$$G(s)H(s)=\frac{K(s-2)(s-3)}{s(s+1)(s+2)(s+4)}$$

① 2　　② 5

③ −4　　④ −6

**해설**

- 점근선의 교차점
  ① $G(s)H(s)$의 극점 : 분모가 0인 $s$
  $s=0,\ s=-1,\ s=-2,\ s=-4$ 이므로
  극점의 수 $p=4$개
  ② $G(s)H(s)$의 영점 : 분자가 0인 $s$
  $s=2,\ s=3$ 이므로 영점의 수 $z=2$개
- 실수축과의 교차점

$\sigma=\dfrac{\sum G(s)H(s)\text{의 극점}-\sum G(s)H(s)\text{의 영점}}{p-z}$

$=\dfrac{0+(-1)+(-2)+(-4)-(2+3)}{4-2}=-6$

[정답] 02 ③　03 ②　04 ④

## 05 2차 제어시스템의 감쇠율(Damping Ratio, $\zeta$)이 $\zeta<0$인 경우 제어시스템의 과도응답 특성은?

① 발산　② 무제동
③ 임계제동　④ 과제동

**해설**

**제동비(감쇠율) $\zeta$에 따른 제동 및 진동조건**

- $0<\zeta<1$인 경우 : 부족 제동(감쇠 진동)
- $\zeta>1$인 경우 : 과제동(비진동)
- $\zeta=1$인 경우 : 임계 진동(임계 상태)
- $\zeta=0$인 경우 : 무제동(무한 진동 또는 완전 진동)
- $\zeta<0$인 경우 : 발산

## 06 특성 방정식이 $2s^4+10s^3+11s^2+5s+K=0$으로 주어진 제어시스템이 안정하기 위한 조건은?

① $0<K<2$　② $0<K<5$
③ $0<K<6$　④ $0<K<10$

**해설**

**루드 수열 안정판별**

| | | | |
|---|---|---|---|
| $s^4$ | 2 | 11 | $K$ |
| $s^3$ | 10 | 5 | 0 |
| $s^2$ | $\frac{10\times11-2\times5}{10}=10$ | $\frac{10\times K-2\times0}{10}=K$ | 0 |
| $s^1$ | $\frac{10\times5-10\times K}{10}=\frac{50-10K}{10}=A$ | $\frac{10\times0-1\times0}{10}=0$ | 0 |
| $s^0$ | $\frac{A\times K-10\times0}{A}=K$ | 0 | 0 |

제1열의 부호의 변화가 없어야 안정하므로

$A=\frac{50-10K}{10}>0$, $K>0$에서

$K>0$, $K<5$이므로 동시 존재하는 구간은

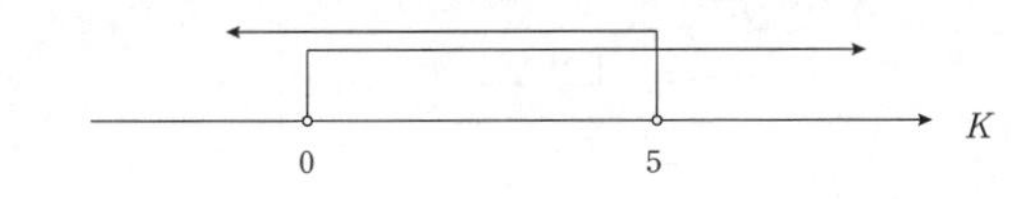


$\because 0<K<5$

## 07 블록선도의 전달함수 $\left(\frac{C(s)}{R(s)}\right)$는?

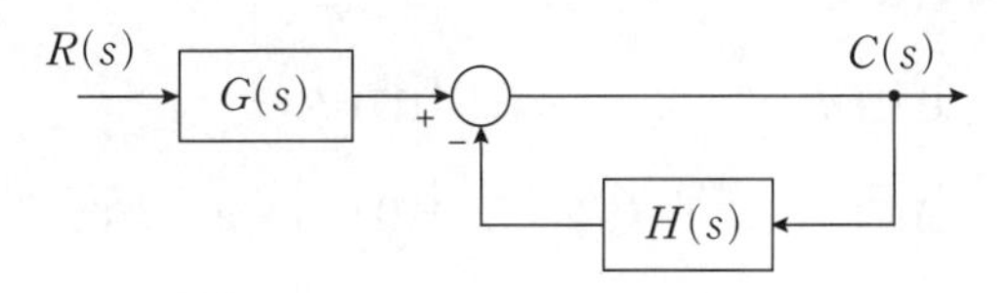


① $\frac{G(s)}{1+H(s)}$　② $\frac{G(s)}{1+G(s)H(s)}$
③ $\frac{1}{1+H(s)}$　④ $\frac{1}{1+G(s)H(s)}$

**해설**

**블록선도의 전달함수**

- 전향경로이득 : $G(s)$
- 루프이득 : $-H(s)$
- 전달함수 $G(s)=\frac{C(s)}{R(s)}=\frac{\sum \text{전향 경로 이득}}{1-\sum \text{루프 이득}}=\frac{G(s)}{1+H(s)}$

## 08 신호흐름선도에서 전달함수 $\left(\frac{C(s)}{R(s)}\right)$는?

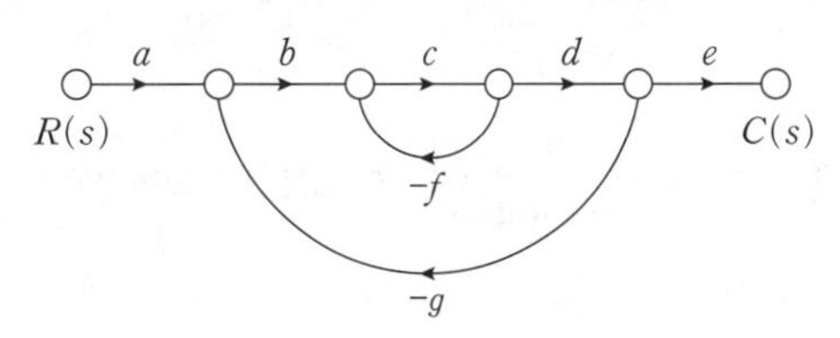


① $\frac{abcde}{1-cg-bcdg}$　② $\frac{abcde}{1-cf+bcdg}$
③ $\frac{abcde}{1+cf-bcdg}$　④ $\frac{abcde}{1+cf+bcdg}$

**해설**

**신호흐름선도의 전달함수**

- 전향경로이득 : $a\times b\times c\times d\times e=abcde$
- 첫 번째 루프이득 : $c\times(-f)=-cf$
- 두 번째 루프이득 : $b\times c\times d\times(-g)=-bcdg$
- 전달함수 $G(s)=\frac{C(s)}{R(s)}=\frac{\sum \text{전향 경로 이득}}{1-\sum \text{루프 이득}}$

$=\frac{abcde}{1-(-cf-bcdg)}=\frac{abcde}{1+cf+bcdg}$

[정답] 05 ① 06 ② 07 ① 08 ④

## 09 $e(t)$의 $z$변환을 $E(z)$라고 했을 때 $e(t)$의 최종값 $e(\infty)$는?

① $\lim_{z\to 1} E(z)$ ② $\lim_{z\to\infty} E(z)$

③ $\lim_{z\to 1} (1-Z^{-1})E(z)$ ④ $\lim_{z\to\infty} (1-z^{-1})E(z)$

해설

- $z$변환의 초기값정리 $\lim_{t\to 0} e(t)=\lim_{z\to\infty} E(z)$
- $z$변환의 최종값정리 $\lim_{t\to\infty} e(t)=\lim_{z\to 1} (1-z^{-1})E(z)$

## 10 $\overline{A}+B\cdot C$와 등가인 논리식은?

① $\overline{A\cdot(B+C)}$ ② $\overline{A+B\cdot C}$

③ $\overline{A\cdot B+C}$ ④ $\overline{A\cdot B}+C$

해설

$\overline{A}+\overline{B}\cdot\overline{C}=\overline{\overline{\overline{A}+\overline{B}+\overline{C}}}=\overline{A\cdot(B+C)}$

## 11 $F(s)=\dfrac{2s^2+s-3}{s(s+4s+3)}$의 라플라스 역변환은?

① $1-e^{-t}+2e^{-3t}$ ② $1-e^{-t}-2e^{-3t}$

③ $-1-e^{-t}-2e^{-3t}$ ④ $-1+e^{-t}+2e^{-3t}$

해설

**역라플라스 변환**

$$F(s)=\frac{2s^2+s-3}{s(s^2+4s+3)}=\frac{2s^2+s-3}{s(s+1)(s+3)}$$

$$=\frac{A}{s}+\frac{B}{s+1}+\frac{C}{s+2}$$

$$A=F(s)s\Big|_{s=0}=\left[\frac{2s^2+s-3}{(s+1)(s+3)}\right]_{s=0}=-1$$

$$B=F(s)(s+1)|_{s=-1}=\left[\frac{2s^2+s-3}{s(s+3)}\right]_{s=-1}=1$$

$$C=F(s)(s+3)|_{s=-3}=\left[\frac{2s^2+s-3}{s(s+1)}\right]_{s=-3}=2$$

$$F(s)=\frac{-1}{s}+\frac{1}{s+1}+\frac{2}{s+3}=-\frac{1}{s}+\frac{1}{s+1}+2\frac{1}{s+3}$$

$\therefore f(t)=-1+e^{-t}+2e^{-3t}$

# 시행일 2021년 2회

## 01 전달함수가 $G_C(s)=\dfrac{s^2+3s+5}{2s}$인 제어기가 있다. 이 제어기는 어떤 제어기인가?

① 비례 미분 제어기 ② 적분 제어기

③ 비례 적분 제어기 ④ 비례 적분 미분 제어기

해설

전달함수 $G(s)=\dfrac{s^2+3s+5}{2s}$

$$=\frac{1}{2}s+\frac{3}{2}+\frac{5}{2s}=\frac{3}{2}\left(1+\frac{1}{3}s+\frac{5}{3s}\right)$$

$=\dfrac{3}{2}\left(1+\dfrac{1}{3}s+\dfrac{1}{\frac{3}{5}s}\right)$이므로 비례 미분 적분 제어기

## 02 다음 논리회로의 출력 $Y$는?

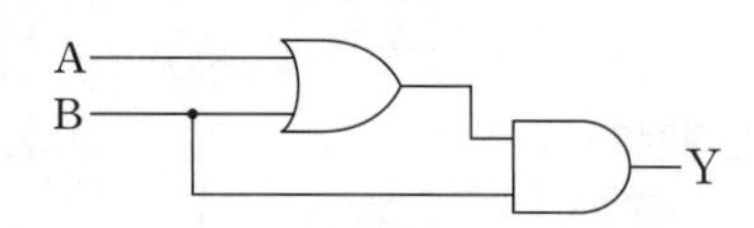


① $A$ ② $B$

③ $A+B$ ④ $A\cdot B$

해설

$Y=(A+B)\cdot B=A\cdot B+B\cdot B=A\cdot B+B$
$=(A+1)\cdot B=B$

## 03 그림과 같은 제어시스템이 안정하기 위한 $k$의 범위는?

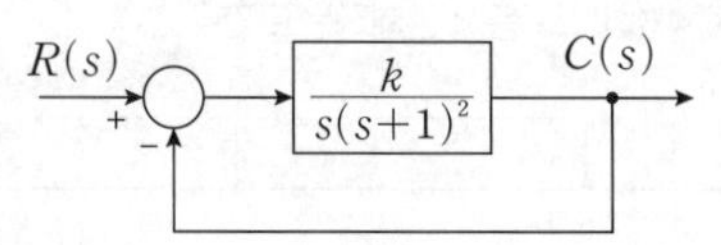


① $k>0$ ② $k>1$

③ $0<k<1$ ④ $0<k<2$

[정답] 09 ③ 10 ① 11 ④ 2021년 2회 01 ④ 02 ② 03 ④

**해설**

**루드 수열 안정판별**

$1+G(s)H(s)=0$인 특성방정식을 구하면

$$1+\frac{K}{s(s+1)^2}=\frac{s(s+1)^2+K}{s(s+1)^2}=0$$

특성방정식$=s(s+1)^2+K=s^3+2s^2+s+K=0$

루드 수열을 이용하여 풀면 다음과 같다.

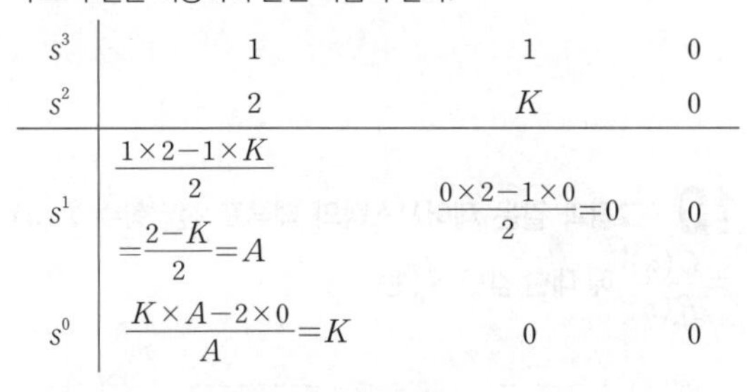

| | | | |
|---|---|---|---|
| $s^3$ | 1 | 1 | 0 |
| $s^2$ | 2 | $K$ | 0 |
| $s^1$ | $\frac{1\times2-1\times K}{2}=\frac{2-K}{2}=A$ | $\frac{0\times2-1\times0}{2}=0$ | 0 |
| $s^0$ | $\frac{K\times A-2\times0}{A}=K$ | 0 | 0 |

제1열의 부호의 변화가 없어야 안정하므로

$\frac{2-K}{2}>0,\ K>0$를 정리하면

$2>K,\ K>0$이므로 동시 존재하는 구간은

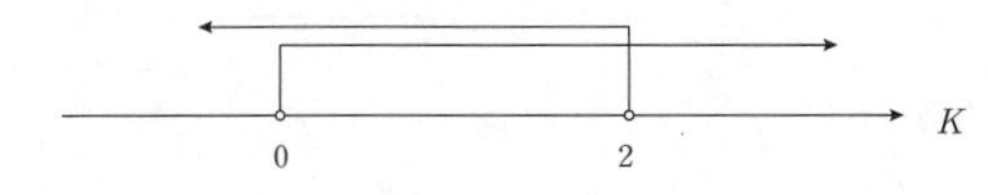


$\because 0<K<2$

## 04 다음과 같은 상태방정식으로 표현되는 제어시스템의 특성 방정식의 근($s_1,\ s_2$)은?

$$\begin{bmatrix}\dot{x}_1\\ \dot{x}_2\end{bmatrix}=\begin{bmatrix}0 & 1\\ -2 & -3\end{bmatrix}\begin{bmatrix}x_1\\ x_2\end{bmatrix}+\begin{bmatrix}1\\ 0\end{bmatrix}u$$

① $1,\ -3$　　② $-1,\ -2$

③ $-2,\ -3$　　④ $-1,\ -3$

**해설**

상태방정식에서 계수행렬 $A$에 의한 특성방정식은

$|sI-A|=0$ 이므로

$$|sI-A|=s\begin{bmatrix}1 & 0\\ 0 & 1\end{bmatrix}-\begin{bmatrix}0 & 1\\ -2 & -3\end{bmatrix}=\begin{bmatrix}s & 0\\ 0 & s\end{bmatrix}-\begin{bmatrix}0 & 1\\ -2 & -3\end{bmatrix}$$

$$=\begin{bmatrix}s & -1\\ 2 & s+3\end{bmatrix}$$

특성방정식은

$$|sI-A|=\begin{bmatrix}s & -1\\ 2 & s+3\end{bmatrix}$$

$$=s(s+3)-(-1)\times2$$

$=s^2+3s+2=(s+1)(s+2)=0$ 이므로

특성방정식의 근은 $s=-1,\ s_2=-2$

## 05 그림의 블록선도와 같이 표현되는 제어시스템에서 $A=1,\ B=1$일 때, 블록선도의 출력 $C$는 약 얼마인가?

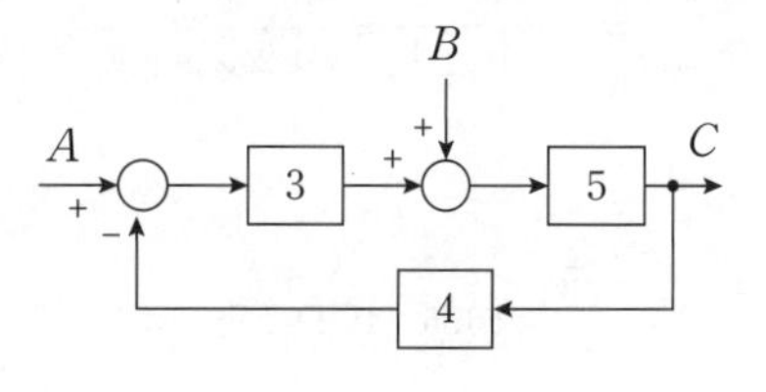


① 0.22　　② 0.33

③ 1.22　　④ 3.1

**해설**

**블록선도의 전달함수**

$$\frac{C}{A}=\frac{3\times5}{1+3\times5\times4}=\frac{15}{61}$$

$$\frac{C}{B}=\frac{5}{1+3\times5\times4}=\frac{5}{61}$$ 이므로 출력

$$C=\frac{15}{61}\times1+\frac{5}{61}\times1=\frac{15}{61}+\frac{5}{61}=\frac{20}{61}$$

## 06 제어요소가 제어대상에 주는 양은?

① 동작신호　　② 조작량

③ 제어량　　④ 궤환량

**해설**

**피드백제어계의 구성**

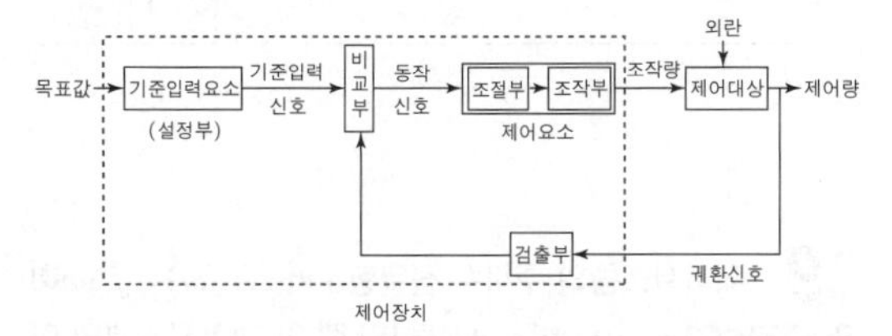


위의 블록선도에서 제어요소가 제어대상에 주는 양은 조작량이라 한다.

[정답] 04 ② 05 ② 06 ②

**07** 전달함수가 $\frac{C(s)}{R(s)}=\frac{1}{3s^2+4s+1}$인 제어시스템의 과도 응답 특성은?

① 무제동　　② 부족제동
③ 임계제동　　④ 과제동

해설

전달함수 $\frac{C(s)}{R(s)}=\frac{1}{3s^2+4s+1}$

$$=\frac{\frac{1}{3}}{s^2+\frac{4}{3}s+\frac{1}{3}}=\frac{\omega_n^2}{s^2+2\delta\omega_n s+\omega_n^2}$$

$\omega_n^2=\frac{1}{3},\ \omega_n=\frac{1}{\sqrt{3}}$

$2\delta\omega_n=\frac{4}{3},\ \delta=\frac{2\sqrt{3}}{3}=1.155>1$이므로 과 제동

**08** 함수 $f(t)=e^{-at}$의 $z$변환 함수 $F(z)$는?

① $\frac{2z}{z-e^{aT}}$　　② $\frac{1}{z+e^{aT}}$
③ $\frac{z}{z+e^{-aT}}$　　④ $\frac{z}{z-e^{-aT}}$

해설

$f(t)$, $F(s)$, $F(z)$의 비교

| 시간함수 $f(t)$ | 라플라스변환 $F(s)$ | $z$변환 $F(z)$ |
|---|---|---|
| $\delta(t)$ | 1 | 1 |
| $u(t)=1$ | $\frac{1}{s}$ | $\frac{z}{z-1}$ |
| $e^{-at}$ | $\frac{1}{s+a}$ | $\frac{z}{z-e^{-aT}}$ |
| $t$ | $\frac{1}{s^2}$ | $\frac{Tz}{(z-1)^2}$ |

**09** 제어시스템의 주파수 전달함수가 $G(j\omega)=j5\omega$이고, 주파수가 $\omega=0.02$[rad/sec]일 때 이 제어시스템의 이득[dB]은?

① 20　　② 10
③ −10　　④ −20

해설

$G(j\omega)=j5\omega|_{\omega=0.02}=j0.1$
전달함수의 크기 $|G(j\omega)|=0.1$
이득은 $g=20\log_{10}|G(j\omega)|=20\log_{10}0.1=-20$[dB]

**10** 그림과 같은 제어시스템의 폐루프 전달함수 $T(s)=\frac{C(s)}{R(s)}$에 대한 감도 $S_K^T$는?

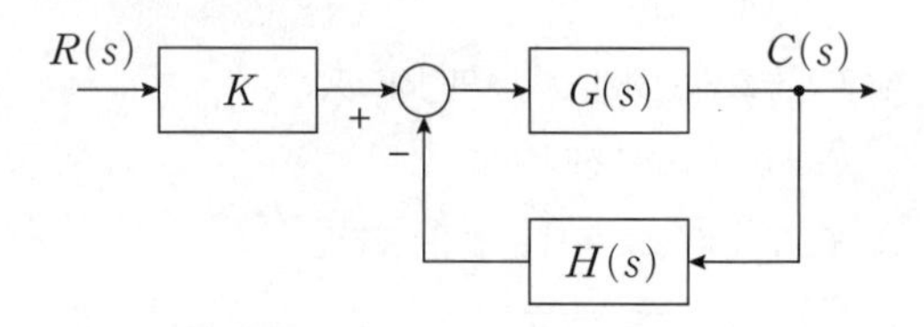


① 0.5　　② 1
③ $\frac{G}{1+GH}$　　④ $\frac{-GH}{1+GH}$

해설

먼저 전달함수 $T$를 구하면

$T=\frac{C}{R}=\frac{KG(s)}{1+G(s)H(s)}$이므로 감도 공식에 대입하면

$$S_K^T=\frac{K}{T}\cdot\frac{dT}{dK}=\frac{K}{\frac{KG(s)}{1+G(s)H(s)}}\cdot\frac{d}{dK}\left(\frac{KG(s)}{1+G(s)H(s)}\right)$$

$$=\frac{1+G(s)H(s)}{G(s)}\cdot\frac{G(s)}{1+G(s)H(s)}=1$$이 된다.

**11** 그림과 같은 함수의 라플라스 변환은?

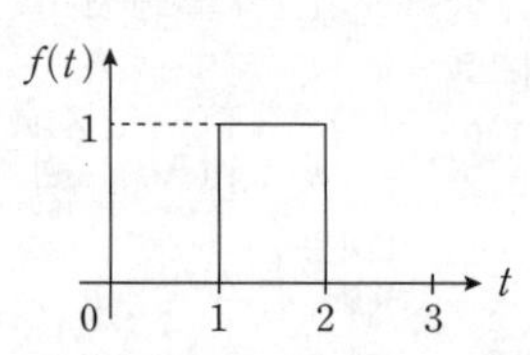


[정답] 07 ④ 08 ④ 09 ④ 10 ② 11 ②

① $\frac{1}{s}(e^{s}-e^{2s})$　② $\frac{1}{s}(e^{-s}-e^{-2s})$

③ $\frac{1}{s}(e^{-2s}-e^{-s})$　④ $\frac{1}{s}(e^{-s}+e^{-2s})$

해설

**시간함수**

$f(t)=u(t-1)-u(t-2)$가 되므로

시간추이정리 $\mathcal{L}[f(t-a)]=F(s)e^{-as}$에 의해서

라플라스 변환하면

$F(s)=\frac{1}{s}e^{-s}-\frac{1}{s}e^{-2s}=\frac{1}{s}(e^{-s}-e^{-2s})$가 된다.

시행일 2021년 3회

## 01 그림의 제어시스템이 안정하기 위한 $K$의 범위는?

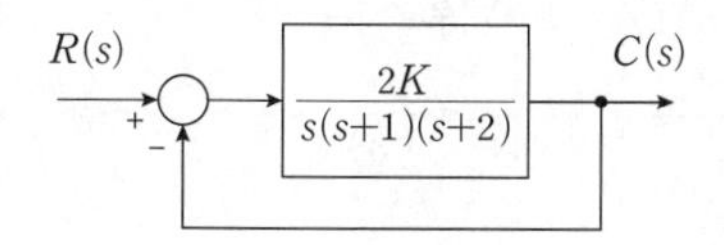


① $0<k<3$　② $0<k<4$

③ $0<k<5$　④ $0<k<6$

해설

$1+G(s)H(s)=0$인 특성방정식을 구하면

$1+\frac{2K}{s(s+1)(s+2)}=\frac{s(s+1)(s+2)+2K}{s(s+1)(s+2)}=0$에서

특성방정식$=s(s+1)(s+2)+2K$

$=s^3+3s^2+2s+2K=0$가 되므로

루드 수열을 작성하면

| | | | |
|---|---|---|---|
| $s^3$ | 1 | 2 | 0 |
| $s^2$ | 3 | $2K$ | 0 |
| $s^1$ | $\frac{2\times3-1\times2K}{3}=\frac{6-2K}{3}=A$ | $\frac{0\times3-1\times0}{3}=0$ | 0 |
| $s^0$ | $\frac{2K\times A-3\times0}{A}=2K$ | 0 | 0 |

에서 제1열의 부호의 변화가 없어야 안정하므로

$\frac{6-2K}{3}>0,\ 6-2K>0,\ K<3$

$2>K,\ K>0$이므로 동시 존재하는 구간은

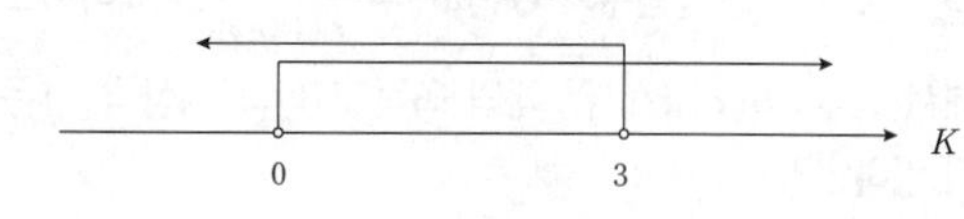


$\because 0<K<3$

## 02 블록선도의 전달함수가 $\frac{C(s)}{R(s)}=10$과 같이 되기 위한 조건은?

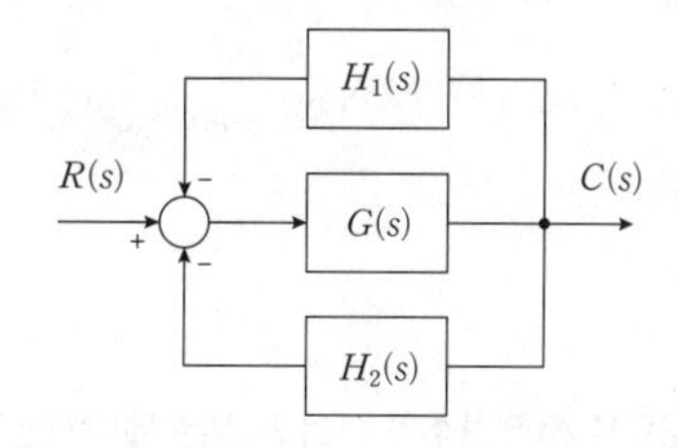


① $G(s)=\frac{1}{1-H_1(s)-H_2(s)}$

② $G(s)=\frac{10}{1-H_1(s)-H_2(s)}$

③ $G(s)=\frac{1}{1-10H_1(s)-10H_2(s)}$

④ $G(s)=\frac{10}{1-10H_1(s)-10H_2(s)}$

해설

블록선도에 의한 전달함수는

전향경로이득 : $G(s)$

첫 번째 루프이득 : $-G(s)\times H_1(s)$

두 번째 루프이득 : $-G(s)\times H_2(s)$이므로

전체 전달함수

$G=\frac{C(s)}{R(s)}=\frac{\sum \text{전향 경로 이득}}{1-\sum \text{루프 이득}}$

$=\frac{G(s)}{1+G(s)H_1(s)+G(s)H_2(s)}=10$가 되므로

$G(s)=10(1+G(s)H_1(s)+G(s)H_2(s))$

$G(s)=10+10G(s)H_1(s)+10G(s)H_2(s)$

$G(s)=\frac{10}{1-10H_1(s)-10H_2(s)}$가 된다.

[정답] 2021년 3회 01 ① 02 ④

## 02 주파수 전달함수가 $G(j\omega)=\frac{1}{j100\omega}$인 제어시스템에서 $\omega=1.0$[rad/s]일 때의 이득[dB]과 위상각(°)은 각각 얼마인가?

① 20dB, 90° ② 40dB, 90°
③ −20dB, −90° ④ −40dB, −90°

해설

**주파수 전달함수**

$G(j\omega)=\frac{1}{j100\omega}\Big|_{\omega=1}=\frac{1}{j100}$ 이므로

주파수 전달함수의 크기 $|G(j\omega)|=\frac{1}{100}$

이득 $g=20\log_{10}|G(j\omega)|=20\log_{10}\frac{1}{100}=-40[\text{dB}]$

위상각 $\theta=\angle G(j\omega)=-90°$가 된다.

## 04 개루프 전달함수가 다음과 같은 제어시스템의 근궤적이 $j\omega$(허수)축과 교차할 때 $K$는 얼마인가?

$$G(s)H(s)=\frac{K}{s(s+3)(s+4)}$$

① 30 ② 48
③ 84 ④ 180

해설

특성방정식 $1+G(s)H(s)=0$을 구하여 전개하면

$1+G(s)H(s)=1+\frac{K}{s(s+3)(s+4)}$

$=\frac{s(s+3)(s+4)+K}{s(s+3)(s+4)}=0$가 되므로

특성방정식$=s(s+3)(s+4)+K=s^3+7s^2+12s+K=0$에서 루드 수열을 작성하면

| | | | |
|---|---|---|---|
| $s^3$ | 1 | 12 | 0 |
| $s^2$ | 7 | $K$ | 0 |
| $s^1$ | $\frac{7\times12-1\times K}{7}=\frac{84-K}{7}=A$ | 0 | 0 |
| $s^0$ | $K$ | 0 | 0 |

이므로 임계 안정시 허수축에 교차하므로

$K$의 임계값은 $s^1$의 제1행 요소를 0으로 놓으면

$A=\frac{84-K}{7}=0$일 때 $K=84$

## 05 다음과 같은 신호흐름선도에서 $\frac{C(s)}{R(s)}$의 값은?

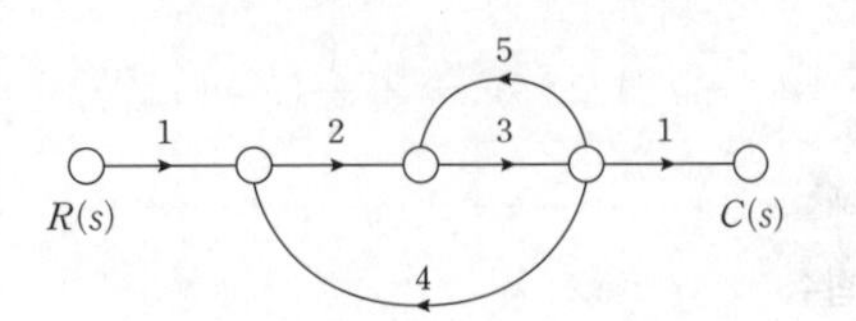


① $-\frac{6}{38}$ ② $\frac{6}{38}$
③ $-\frac{6}{41}$ ④ $\frac{6}{41}$

해설

**신호흐름선도의 전달함수**

전향경로이득 : $1\times2\times3\times1=6$
첫 번째 루프이득 : $3\times5=15$
두 번째 루프이득 : $2\times3\times4=24$이므로
신호흐름선도의 전달함수는

$G(s)=\frac{C(s)}{R(s)}=\frac{\sum \text{전향 경로 이득}}{1-\sum \text{루프 이득}}$

$=\frac{6}{1-(15+24)}=-\frac{6}{38}$

## 06 단위계단 함수 $u(t)$를 $z$변환하면?

① $\frac{1}{z-1}$ ② $\frac{z}{z-1}$
③ $\frac{1}{Tz-1}$ ④ $\frac{Tz}{Tz-1}$

해설

**$f(t)$, $F(s)$, $F(z)$의 비교**

| 시간함수 $f(t)$ | 라플라스변환 $F(s)$ | $z$변환 $F(z)$ |
|---|---|---|
| $\delta(t)$ | 1 | 1 |
| $u(t)=1$ | $\frac{1}{s}$ | $\frac{z}{z-1}$ |
| $e^{-at}$ | $\frac{1}{s+a}$ | $\frac{z}{z-e^{-aT}}$ |
| $t$ | $\frac{1}{s^2}$ | $\frac{Tz}{(z-1)^2}$ |

[정답] 03 ④ 04 ③ 05 ① 06 ②

**07** **제어요소 표준 형식인 적분요소에 대한 전달함수는? (단, $K$는 상수이다.)**

① $Ks$ ② $\frac{K}{s}$

③ $K$ ④ $\frac{K}{1+Ts}$

해설

**제어요소의 전달함수**

① 미분요소 $Ks$ ② 적분요소 $\frac{K}{s}$

③ 비례요소 $K$ ④ 1차지연요소 $\frac{K}{1+Ts}$

**08** **그림의 논리회로와 등가인 논리식은?**

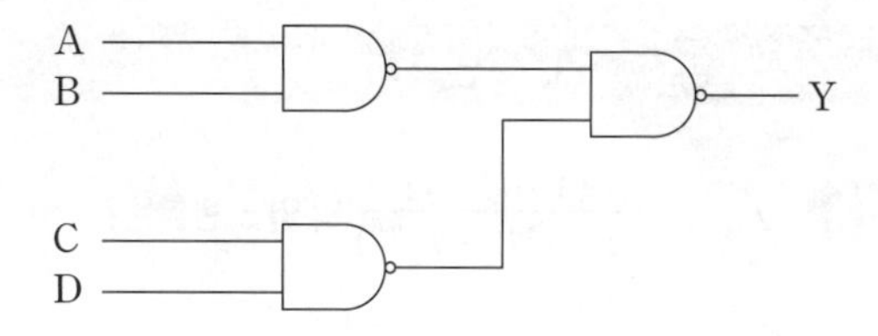


① $Y=A\cdot B\cdot C\cdot D$ ② $Y=A\cdot B+C\cdot D$

③ $Y=\overline{A\cdot B}+\overline{C\cdot D}$ ④ $Y=(\overline{A\cdot B})+(\overline{C\cdot D})$

해설

$Y=\overline{\overline{A\cdot B}\cdot\overline{C\cdot D}}=\overline{\overline{A\cdot B}}+\overline{\overline{C\cdot D}}$

$=A\cdot B+C\cdot D$

**09** **다음과 같은 상태방정식으로 표현되는 제어시스템에 대한 특성방정식의 근($s_1$, $s_2$)은?**

$$\begin{bmatrix} \dot{x}_1 \\ \dot{x}_2 \end{bmatrix}=\begin{bmatrix} 0 & -3 \\ 2 & -5 \end{bmatrix}\begin{bmatrix} x_1 \\ x_2 \end{bmatrix}+\begin{bmatrix} 1 \\ 0 \end{bmatrix}u$$

① 1, −3 ② −1, −2

③ −2, −3 ④ −1, −3

해설

상태방정식에서 계수행렬 $A$에 의한 특성방정식은 $|sI-A|=0$ 이므로

$|sI-A|=s\begin{bmatrix} 1 & 0 \\ 0 & 1 \end{bmatrix}-\begin{bmatrix} 0 & -3 \\ 2 & -5 \end{bmatrix}$

$=\begin{bmatrix} s & 0 \\ 0 & s \end{bmatrix}-\begin{bmatrix} 0 & -3 \\ 2 & -5 \end{bmatrix}=\begin{bmatrix} s & 3 \\ -2 & s+5 \end{bmatrix}$

특성방정식을 구하면

$|sI-A|=\begin{bmatrix} s & 3 \\ -2 & s+5 \end{bmatrix}$

$=s(s+5)-3\times(-2)$

$=s^2+5s+6=(s+2)(s+3)=0$ 이므로

특성방정식의 근 $s=-2,\ -3$가 된다.

**10** **블록선도의 제어시스템은 단위 램프 입력에 대한 정상상태 오차(정상편차)가 0.01이다. 이 제어시스템의 제어요소인 $G_{C1}(s)$의 $k$는?**

$$G_{c1}(s)=k,\ G_{c2}(s)=\frac{1+0.1s}{1+0.2s}$$

$$G_p(s)=\frac{20}{s(s+1)(s+2)}$$

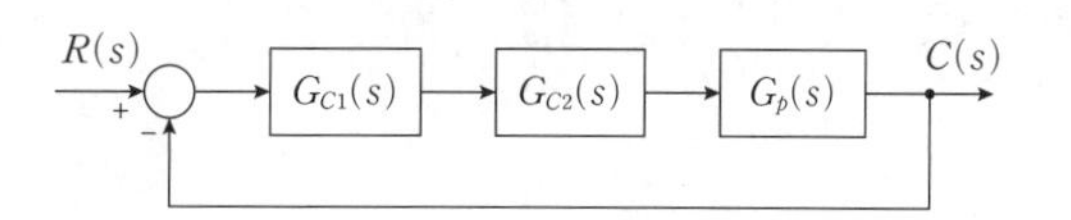


① 0.1 ② 1

③ 10 ④ 100

해설

기준입력이 단위속도입력 $r(t)=t$인 경우의 정상편차는 정상속도편차 $e_{ssv}$를 말하므로

개루우프 전달함수를 구하면

$G(s)=G_{c1}(s)G_{c2}(s)G_p(s)$

$=K\times\frac{1+0.1s}{1+0.2s}\times\frac{20}{s(s+1)(s+2)}$

$=\frac{20K(1+0.1s)}{s(s+1)(s+2)(1+0.2s)}$ 이므로

속도편차상수

$k_v=\lim_{s\to 0} sG(s)=\lim_{s\to 0} s\frac{20K(1+0.1s)}{s(s+1)(s+2)(1+0.2s)}=10K$

정상속도편차

[정답] 07 ② 08 ② 09 ③ 10 ③

$$e_{ssv}=\frac{1}{\lim_{s\to 0} sG(s)}=\frac{1}{k_v}=\frac{1}{10K}=0.01$$

$K=10$

## 11 그림과 같은 파형의 라플라스 변환은?

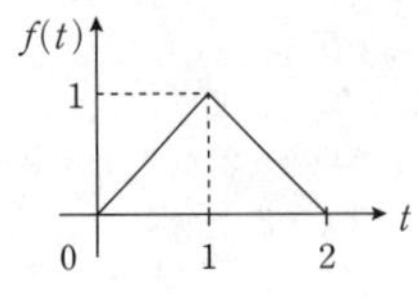


① $\frac{1}{s^2}(1-2e^{s})$　　② $\frac{1}{s^2}(1-2e^{-s})$

③ $\frac{1}{s^2}(1-2e^{s}+e^{2s})$　　④ $\frac{1}{s^2}(1-2e^{-s}+e^{-2s})$

**해설**

$0\le t\le 1$ 에서 $f_1(t)=t$

$1\le t\le 2$ 에서 $f_2(t)=2-t$ 이므로

$$\pounds[f(t)]=\int_0^1 te^{-st}dt+\int_1^2(2-t)e^{-st}dt$$

$$=\left[t\cdot\frac{e^{-st}}{-s}\right]_0^1+\frac{1}{s}\int_0^1 e^{-st}dt+\left[(2-t)\frac{e^{-st}}{-s}\right]_1^2-\frac{1}{s}\int_1^2 e^{-st}dt$$

$$=-\frac{e^{-s}}{s}-\frac{e^{-s}}{s^2}+\frac{1}{s^2}+\frac{e^{-s}}{s}+\frac{e^{-2s}}{s^2}-\frac{e^{-s}}{s^2}$$

$$=\frac{1}{s^2}(1-2e^{-s}+e^{-2s})$$

## 12 회로에서 $t=0$ 초에 전압 $v_1(t)=e^{-4t}$ [V]를 인가하였을 때 $v_2(t)$는 몇 [V]인가? (단, $R=2[\Omega]$, $L=1[\mathrm{H}]$이다.)

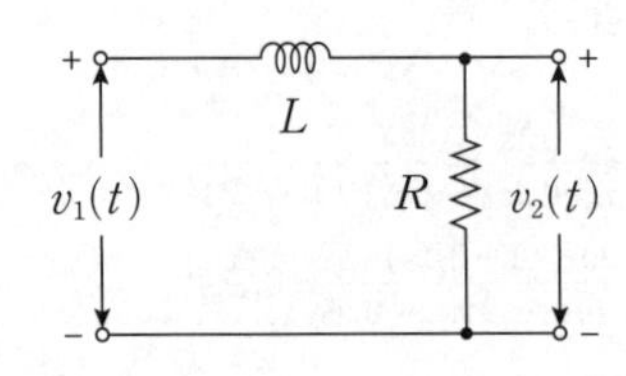


① $e^{-2t}-e^{-4t}$　　② $2e^{-2t}-2e^{-4t}$

③ $-2e^{-2t}+2e^{-4t}$　　④ $-2e^{-2t}-2e^{-4t}$

**해설**

$L-R$ 직렬연결시 전달함수은

$$G(s)=\frac{V_2(s)}{V_1(s)}=\frac{\text{출력 임피던스}}{\text{입력 임피던스}}=\frac{R}{Ls+R}=\frac{2}{s+2}$$ 에서

출력전압 라플라스는

$$V_2(s)=G(s)V_1(s)=\frac{2}{s+2}\times\frac{1}{s+4}$$

$$=\frac{2}{(s+2)(s+4)}=\frac{A}{(s+2)}+\frac{B}{(s+4)}$$

$$A=V_2(s)(s+2)|_{s=-2}=\left[\frac{2}{s+4}\right]_{s=-2}=1$$

$$B=V_2(s)(s+4)|_{s=-4}=\left[\frac{2}{s+2}\right]_{s=-4}=-1$$

$V_2(s)=\frac{1}{s+2}-\frac{1}{s+4}$ 가 되므로

시간함수 $v_2(t)=e^{-2t}-e^{-4t}$ 가 된다.

시행일 **2022년 1회**

## 01 $F(z)=\frac{(1-e^{-aT})z}{(z-1)(z-e^{-aT})}$의 역 $z$ 변환은?

① $1-e^{-at}$　　② $1+e^{-at}$

③ $t\cdot e^{-at}$　　④ $t\cdot e^{at}$

**해설**

**$z$ 변환**

$$G(z)=\frac{F(z)}{z}=\frac{(1-e^{-aT})}{(z-1)(z-e^{-aT})}=\frac{A}{(z-1)}+\frac{B}{(z-e^{-aT})}$$

$A=G(z)(z-1)|_{z=1}=1$

$B=G(z)(z-e^{-aT})|_{z=e^{-aT}}=-1$이므로

$$G(z)=\frac{F(z)}{z}=\frac{1}{(z-1)}-\frac{1}{(z-e^{-aT})}$$

$F(z)=\frac{z}{(z-1)}-\frac{z}{(z-e^{-aT})}$ 이므로

역 $z$ 변환하면 $r(t)=1-e^{-at}$

## 02 다음의 특성 방정식 중 안정한 제어시스템은?

① $s^3+3s^2+4s+5=0$

② $s^4+3s^3-s^2+s+10=0$

[정답] 11 ④ 12 ① 2022년 1회 01 ① 02 ①

③ $s^5+s^3+2s^2+4s+3=0$

④ $s^4-2s^3-3s^2+4s+5=0$

해설

**안정필요조건**

③번은 $s^4$이 없고 ②, ④번은 부호변화가 있으므로 불안정하다.

## 03 그림의 신호흐름선도에서 전달함수 $\frac{C(s)}{R(s)}$는?

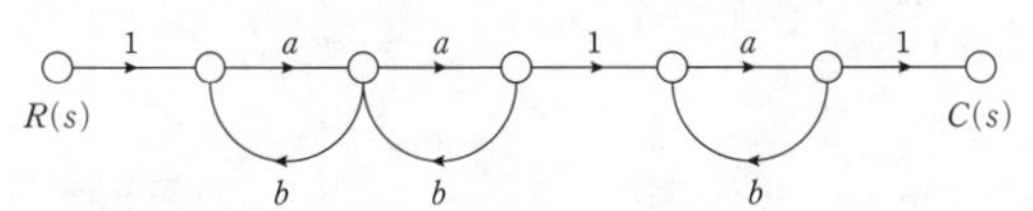


① $\frac{a^3}{(1-ab)^3}$ ② $\frac{a^3}{(1-3ab+a^2b^2)}$

③ $\frac{a^3}{1-3ab}$ ④ $\frac{a^3}{1-3ab+2a^2b^2}$

해설

신호흐름선도의 전달함수는

$G_1=1\times a\times a\times 1\times a\times 1=a^3,\ \triangle_1=1$

$L_{11}=ab+ab+ab=3ab$

$L_{12}=(ab)\times(ab)+(ab)\times(ab)=2a^2b^2$ 이므로

$$\therefore G(s)=\frac{C}{R}=\frac{G_1\triangle_1}{\triangle}=\frac{G_1\triangle_1}{1-(L_{11}-L_{12})}$$

$$=\frac{a^3\times 1}{1-(3ab-2a^2b^2)}=\frac{a^3}{1-3ab+2a^2b^2}$$

## 04 그림과 같은 블록선도의 제어시스템에 단위계단 함수가 입력되었을 때 정상상태 오차가 0.01이 되는 $a$의 값은?

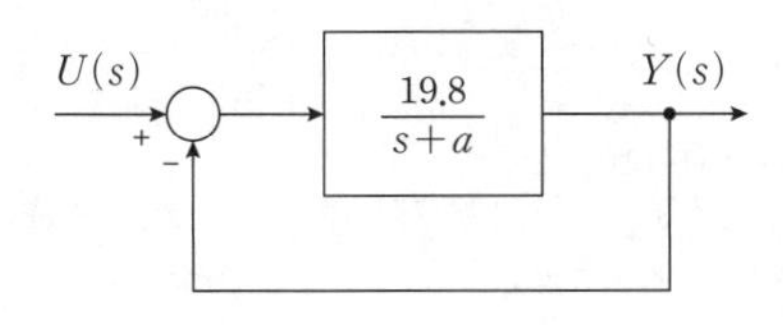


① 0.2 ② 0.6

③ 0.8 ④ 1.0

해설

**정상편차**

기준입력이 단위계단입력 $r(t)=u(t)$인 경우의 정상편차는 정상위치편차 $e_{ssp}$를 말하므로

블록선도에서 개루우프 전달함수 $G(s)=\frac{19.8}{s+a}$

위치편차상수

$$k_p=\lim_{s\to 0} G(s)=\frac{19.8}{a}$$

정상위치편차

$$e_{ssp}=\frac{1}{1+\lim_{s=0} G(s)}=\frac{1}{1+k_p}=\frac{1}{1+\frac{19.8}{a}}=0.01$$

$a=0.2$

## 05 그림과 같은 보드선도의 이득선도를 갖는 제어시스템의 전달함수는?

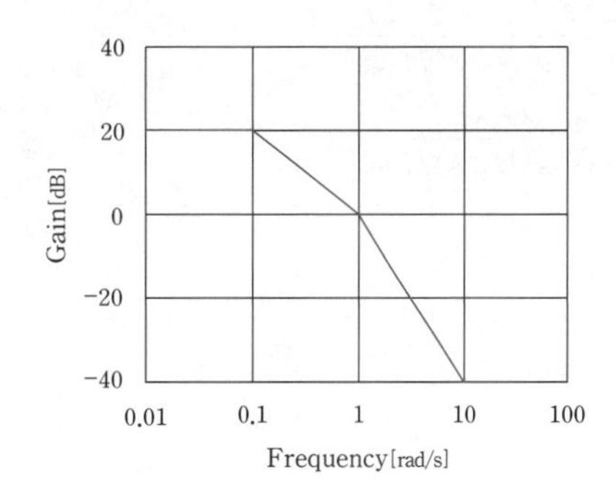


① $G(s)=\frac{10}{(s+1)(s+10)}$

② $G(s)=\frac{10}{(s+1)(10s+1)}$

③ $G(s)=\frac{20}{(s+1)(s+10)}$

④ $G(s)=\frac{20}{(s+1)(10s+1)}$

해설

**2차계의 전달함수**

$$G(s)=\frac{K}{(T_1s+1)(T_2s+1)}=\frac{K}{(j\omega T_1+1)(j\omega T_2+1)}$$

에서 절점주파수

[정답] 03 ④ 04 ① 05 ②

$\omega_1=\frac{1}{T_1}=0.1,\ T_1=10$

$\omega_2=\frac{1}{T_2}=1,\ T_2=1$

비례이득 $g=20\log_{10}K=20[\text{dB}]$에서

$K=10$이 되므로 $G(s)=\frac{10}{(10s+1)(s+1)}$이 된다.

## 06 그림과 같은 블록선도의 전달함수 $\frac{C(s)}{R(s)}$는?

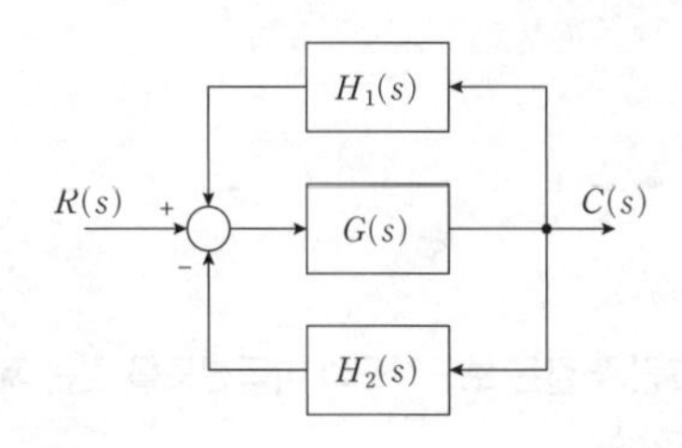


① $\frac{G(s)H_1(s)H_2(s)}{1+G(s)H_1(s)H_2(s)}$

② $\frac{G(s)}{1+G(s)H_1(s)H_2(s)}$

③ $\frac{G(s)}{1-G(s)(H_1(s)+H_2(s))}$

④ $\frac{G(s)}{1+G(s)(H_1(s)+H_2(s))}$

해설

**블록선도의 전달함수**

전향경로이득 : $G(s)$

첫 번째 루프이득 : $-G(s)\times H_1(s)$

두 번째 루프이득 : $-G(s)\times H_2(s)$

전달함수

$$G(s)=\frac{C(s)}{R(s)}=\frac{\sum \text{전향 경로 이득}}{1-\sum \text{루프 이득}}$$

$$=\frac{G(s)}{1+G(s)H_1(s)+G(s)H_2(s)}$$

$$=\frac{G(s)}{1+G(s)(H_1(s)+H_2(s))}$$

## 07 그림과 같은 논리회로와 등가인 것은?

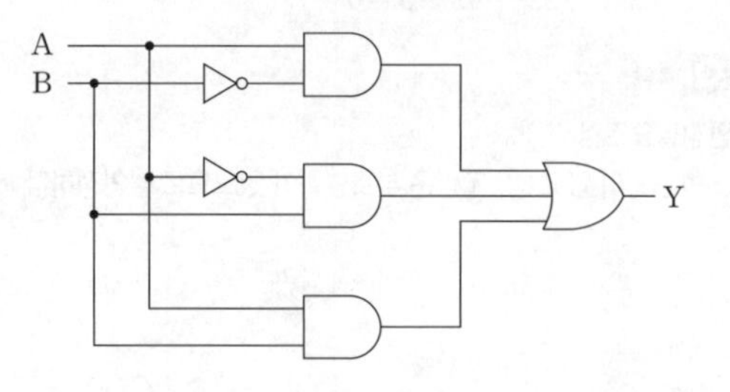


① A, B — AND — Y　② A, B — OR — Y

③ A, B — NAND — Y　④ A, B — NOR — Y

해설

시퀀스 논리회로 드모르강 정리를 이용하여 풀면

$Y=A\cdot\overline{B}+\overline{A}\cdot B+A\cdot B$

$=A\cdot\overline{B}+B\cdot(\overline{A}+A)$

$=A\cdot\overline{B}+B=(A+B)\cdot(\overline{B}+B)$

$=A+B$

이므로 OR회로와 같다.

## 08 다음의 개루프 전달함수에 대한 근궤적의 점근선이 실수축과 만나는 교차점은?

$$G(s)H(s)=\frac{K(s+3)}{s^2(s+1)(s+3)(s+4)}$$

① $\frac{5}{3}$　② $-\frac{5}{3}$

③ $\frac{5}{4}$　④ $-\frac{5}{4}$

해설

- 점근선의 교차점
  ① $G(s)H(s)$의 극점 : 분모가 0인 $s$
  $s=0$ : 2개, $s=-1$ : 1개, $s=-3$ : 1개,
  $s=-4$ : 1개이므로
  극점의 수 $P=5$개
  ② $G(s)H(s)$의 영점 : 분자가 0인 $s$
  $s=-3$ 이므로 영점의 수 $z=1$개

[정답] 06 ④ 07 ② 08 ④

• 실수축과의 교차점

$$\sigma=\frac{\sum G(s)H(s)\text{의 극점}-\sum G(s)H(s)\text{의 영점}}{p-z}$$

$$=\frac{0+0+(-1)+(-3)+(-4)-(-3)}{5-1}=-\frac{5}{4}$$

## 09 블록선도에서 ⓐ에 해당하는 기호는?

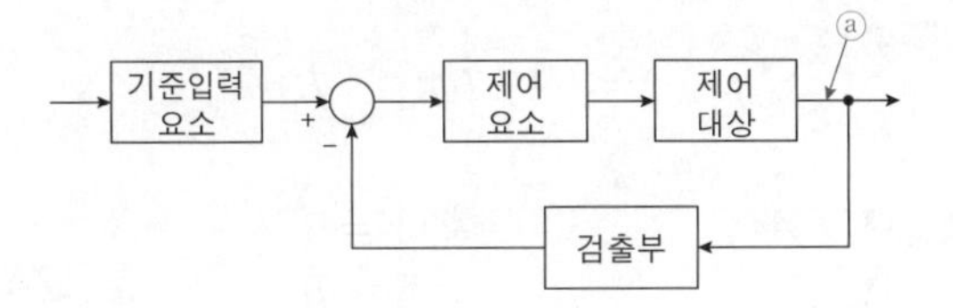


① 조작량 ② 제어량
③ 기준입력 ④ 동작신호

해설

**피드백제어계의 구성**

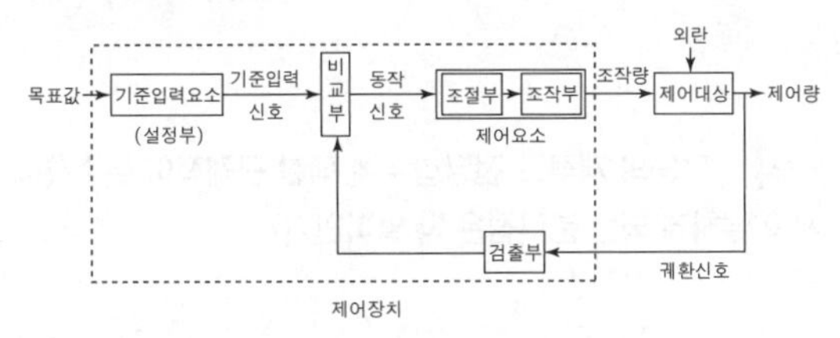


제어대상에서 나가는 양이므로 제어량이 된다.

## 10 다음의 미분방정식과 같이 표현되는 제어시스템이 있다. 이 제어시스템을 상태방정식 $\dot{x}=Ax+Bu$로 나타내었을 때 시스템 행렬 $A$는?

$$\frac{d^3C(t)}{dt^3}+5\frac{d^2C(t)}{dt^2}+\frac{dC(t)}{dt}+2C(t)=r(t)$$

① $\begin{bmatrix} 0 & 1 & 0 \\ 0 & 0 & 1 \\ -2 & -1 & -5 \end{bmatrix}$ ② $\begin{bmatrix} 1 & 0 & 0 \\ 0 & 1 & 0 \\ -2 & -1 & -5 \end{bmatrix}$

③ $\begin{bmatrix} 0 & 1 & 0 \\ 0 & 0 & 1 \\ 2 & 1 & 5 \end{bmatrix}$ ④ $\begin{bmatrix} 1 & 0 & 0 \\ 0 & 1 & 0 \\ 2 & 1 & 5 \end{bmatrix}$

해설

**계수행렬**

상태변수 $x_1=c(t)$, $x_2=\dot{x_1}=\frac{dc(t)}{dt}$

$x_3=\dot{x_2}=\frac{d^2c(t)}{dt^2}$, $\dot{x_3}=\frac{d^3c(t)}{dt^2}$

$\dot{x_3}+5x_3+x_2+2x_1=r(t)$에서

상태 방정식 $\dot{x}=Ax+Bu$라 하면

$\dot{x_1}=x_2$

$\dot{x_2}=x_3$

$\dot{x_3}=-2x_1-x_2-5x_3+u$

$$\begin{bmatrix} \dot{x_1} \\ \dot{x_2} \\ \dot{x_3} \end{bmatrix}=\begin{bmatrix} 0 & 1 & 0 \\ 0 & 0 & 1 \\ -2 & -1 & -5 \end{bmatrix}\begin{bmatrix} x_1 \\ x_2 \\ x_3 \end{bmatrix}+\begin{bmatrix} 0 \\ 0 \\ 1 \end{bmatrix}r(t)$$

$$\therefore A=\begin{bmatrix} 0 & 1 & 0 \\ 0 & 0 & 1 \\ -2 & -1 & -5 \end{bmatrix}$$

## 11 정전용량이 $C$[F]인 커패시터에 단위 임펄스의 전류원이 연결되어 있다. 이 커패시터의 전압 $v_c(t)$는? (단, $u(t)$는 단위 계단함수이다.)

① $v_c(t)=C$ ② $v_c(t)=Cu(t)$

③ $v_c(t)=\frac{1}{C}$ ④ $v_c(t)=\frac{1}{C}u(t)$

해설

정전용량 $C$[F]의 전압 $v_c(t)=\frac{1}{C}\int i(t)dt$[V]를

라플라스변환하면 $V_c(s)=\frac{1}{C}\frac{1}{s}I(s)$

전류원이 단위임펄스 $i(t)=\delta(t)$이므로

$I(s)=1$를 대입하면 $V_c(s)=\frac{1}{C}\frac{1}{s}$가 된다.

이를 역라플라스 변환하면 $v_c(t)=\frac{1}{C}u(t)$

[정답] 09 ② 10 ① 11 ④

## 시행일 2022년 2회

**01** **다음 블록선도의 전달함수 $\left(\frac{C(s)}{R(s)}\right)$는?**

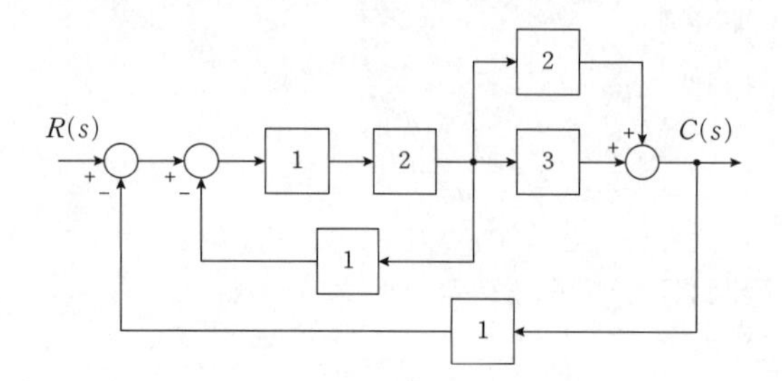


① $\frac{10}{9}$　　② $\frac{10}{13}$

③ $\frac{12}{9}$　　④ $\frac{12}{13}$

**해설**

**블록선도의 전달함수**

첫 번째 전향경로이득 : $1\times2\times3=6$

두 번째 전향경로이득 : $1\times2\times2=4$

첫 번째 루프이득 : $-(1\times2\times1)=-2$

두 번째 루프이득 : $-(1\times2\times3\times1)=-6$

세 번째 루프이득 : $-(1\times2\times2\times1)=-4$

전달함수

$$G(s)=\frac{C(s)}{R(s)}=\frac{\sum \text{전향 경로 이득}}{1-\sum \text{루프 이득}}$$

$$=\frac{6+4}{1+2+6+4}=\frac{10}{13}$$

**02** **전달함수가 $G(s)=\frac{1}{0.1s(0.01s+1)}$과 같은 제어시스템에서 $\omega=0.1[\text{rad/s}]$일 때의 이득[dB]과 위상각[°]은 약 얼마인가?**

① 40[dB], $-90°$　　② $-40$[dB], $90°$

③ 40[dB], $-180°$　　④ $-40$[dB], $-180°$

**해설**

**이득 $g$[dB]**

$$G(j\omega)=\frac{1}{0.1j\omega(1+0.01j\omega)}\bigg|_{\omega=0.1}=\frac{1}{j0.01(1+j0.001)}$$

전달함수의 크기

$$|G(j\omega)|=\frac{1}{0.01\sqrt{1^2+0.001^2}}=100$$

위상각 $\theta=\angle G(j\omega)=-\left(90°+\tan^{-1}\frac{0.001}{1}\right)=-90°$

이득은 $g=20\log_{10}|G(j\omega)|=20\log_{10}100=40[\text{dB}]$

**03** **다음의 논리식과 등가인 것은?**

$$Y=(A+B)(\overline{A}+B)$$

① $Y=A$　　② $Y=B$

③ $Y=\overline{A}$　　④ $Y=\overline{B}$

**해설**

$$Y=(A+B)(\overline{A}+B)=A\overline{A}+AB+\overline{A}B+BB$$
$$=AB+\overline{A}B+B=B(A+\overline{A}+1)=B$$

**04** **다음의 개루프 전달함수에 대한 근궤적이 실수축에서 이탈하게 되는 분리점은 약 얼마인가?**

$$G(s)H(s)=\frac{K}{s(s+3)(s+8)},\ K\geq0$$

① $-0.93$　　② $-5.74$

③ $-6.0$　　④ $-1.33$

**해설**

**근궤적의 분지점(이탈점)**

특성방정식은

$$1+G(s)H(s)=1+\frac{K}{s(s+3)(s+8)}$$

$$=\frac{s(s+3)(s+8)+K}{s(s+3)(s+8)}=0 \text{ 에서}$$

$s(s+3)(s+8)+K=0$

$K=-s(s+3)(s+8)=-s^3-11s^2-24s$

$\frac{dK}{ds}=0$을 만족하는 방정식의 근의 값을 구하면

[정답] 2022년 2회 01 ② 02 ① 03 ② 04 ④

$\frac{dK}{ds}=\frac{d}{ds}[-s^3-11s^2-24s]$

$=-(3s^2+22s+24)=0$

$3s^2+22s+24=0$

$s=\frac{-22\pm\sqrt{22^2-4\times3\times24}}{2\times3}$

$=\frac{-22\pm\sqrt{196}}{6}=-1.33,\ -6$

근궤적의 영역은 $0\sim-3$ 사이와 $-8\sim-\infty$사이에 존재하므로 이 범위에 속한 $s$값은 $-1.33$이다.

## 05 $F(z)=\frac{(1-e^{-aT})z}{(z-1)(z-e^{-aT})}$의 역 $z$ 변환은?

① $t\cdot e^{at}$  ② $a^t\cdot e^{-at}$

③ $1+e^{-at}$  ④ $1-e^{-at}$

해설

**$z$ 변환**

$G(z)=\frac{F(z)}{z}=\frac{(1-e^{-aT})}{(z-1)(z-e^{-aT})}=\frac{A}{(z-1)}+\frac{B}{(z-e^{-aT})}$

$A=G(z)(z-1)|_{z=1}=1$

$B=G(z)(z-e^{-aT})|_{z=e^{-aT}}=-1$이므로

$G(z)=\frac{F(z)}{z}=\frac{1}{(z-1)}-\frac{1}{(z-e^{-aT})}$

$F(z)=\frac{z}{(z-1)}-\frac{z}{(z-e^{-aT})}$이므로

역 $z$ 변환하면 $r(t)=1-e^{-at}$

## 06 기본 제어요소인 비례요소의 전달함수는? (단, $K$는 상수이다.)

① $G(s)=K$  ② $G(s)=Ks$

③ $G(s)=\frac{K}{s}$  ④ $G(s)=\frac{K}{s+K}$

해설

**제어요소의 전달함수**

- 비례 요소 : $K$
- 미분 요소 : $Ks$
- 적분 요소 : $\frac{K}{s}$
- 1차 지연 요소 : $\frac{K}{s+K}$

## 07 다음의 상태방정식으로 표현되는 시스템의 상태천이행렬은?

$$\begin{bmatrix}\frac{d}{dt}x_1\\ \frac{d}{dt}x_2\end{bmatrix}=\begin{bmatrix}0 & 1\\ -3 & -4\end{bmatrix}\begin{bmatrix}x_1\\ x_2\end{bmatrix}$$

① $\begin{bmatrix}1.5e^{-t}-0.5e^{-3t} & -1.5e^{-t}+1.5e^{-3t}\\ 0.5e^{-t}-0.5e^{-3t} & -0.5e^{-t}+1.5e^{-3t}\end{bmatrix}$

② $\begin{bmatrix}1.5e^{-t}-0.5e^{-3t} & 0.5e^{-t}-0.5e^{-3t}\\ -1.5e^{-t}+1.5e^{-3t} & -0.5e^{-t}+1.5e^{-3t}\end{bmatrix}$

③ $\begin{bmatrix}1.5e^{-t}-0.5e^{-4t} & 0.5e^{-t}-0.5e^{-4t}\\ -1.5e^{-t}+1.5e^{-4t} & -0.5e^{-t}+1.5e^{-4t}\end{bmatrix}$

④ $\begin{bmatrix}1.5e^{-t}-0.5e^{-4t} & -1.5e^{-t}+1.5e^{-4t}\\ 0.5e^{-t}-0.5e^{-4t} & -0.5e^{-t}+1.5e^{-4t}\end{bmatrix}$

해설

**상태천이행렬**

$[sI-A]=\begin{bmatrix}s & 0\\ 0 & s\end{bmatrix}-\begin{bmatrix}0 & 1\\ -3 & -4\end{bmatrix}=\begin{bmatrix}s & -1\\ 3 & s+4\end{bmatrix}$

$[sI-A]^{-1}=\frac{1}{s(s+4)+3}\begin{bmatrix}s+4 & 1\\ -3 & s\end{bmatrix}$

$=\frac{1}{(s+1)(s+3)}\begin{bmatrix}s+4 & 1\\ -3 & s\end{bmatrix}$

$=\begin{bmatrix}\frac{s+4}{(s+1)(s+3)} & \frac{1}{(s+1)(s+3)}\\ \frac{-3}{(s+1)(s+3)} & \frac{s}{(s+1)(s+3)}\end{bmatrix}$

$F_1(s)=\frac{s+4}{(s+1)(s+3)}=\frac{1.5}{s+1}+\frac{-0.5}{s+3}$

→ $f_1(t)=1.5e^{-t}-0.5e^{-3t}$

$F_2(s)=\frac{1}{(s+1)(s+3)}=\frac{0.5}{s+1}+\frac{-0.5}{s+3}$

→ $f_2(t)=0.5e^{-t}-0.5e^{-3t}$

$F_3(s)=\frac{-3}{(s+1)(s+3)}=\frac{-1.5}{s+1}+\frac{1.5}{s+3}$

→ $f_3(t)=-1.5e^{-t}+1.5e^{-3t}$

$F_4(s)=\frac{s}{(s+1)(s+3)}=\frac{-0.5}{s+1}+\frac{1.5}{s+3}$

→ $f_4(t)=-0.5e^{-t}+1.5e^{-3t}$이므로

상태천이행렬은

$\phi(t)=\mathcal{L}^{-1}[(sI-A)^{-1}]$

$=\begin{bmatrix}1.5e^{-t}-0.5e^{-3t} & 0.5e^{-t}-0.5e^{-3t}\\ -1.5e^{-t}+1.5e^{-3t} & -0.5e^{-t}+1.5e^{-3t}\end{bmatrix}$

[정답] 05 ④ 06 ① 07 ②

**08** 제어시스템의 전달함수가 $T(s)=\dfrac{1}{4s^2+s+1}$과 같이 표현될 때 이 시스템의 고유주파수($\omega_n$[rad/s])와 감쇠율($\zeta$)은?

① $\omega_n=0.25,\ \zeta=1.0$　② $\omega_n=0.5,\ \zeta=0.25$
③ $\omega_n=0.5,\ \zeta=0.5$　④ $\omega_n=1.0,\ \zeta=0.5$

해설

**제동비에 따른 제동조건**
전달함수

$$\frac{C(s)}{R(s)}=\frac{1}{4s^2+s+1}=\frac{\frac{1}{4}}{s^2+\frac{1}{4}s+\frac{1}{4}}$$

$$=\frac{\omega_n{}^2}{s^2+2\zeta\omega_n s+\omega_n{}^2}$$

$\omega_n{}^2=\frac{1}{4},\ \omega_n=\frac{1}{2}=0.5$

$2\zeta\omega_n=\frac{1}{4},\ \zeta=\frac{1}{4}=0.25$

**09** 그림의 신호흐름선도를 미분방정식으로 표현한 것으로 옳은 것은? (단, 모든 초기 값은 0이다.)

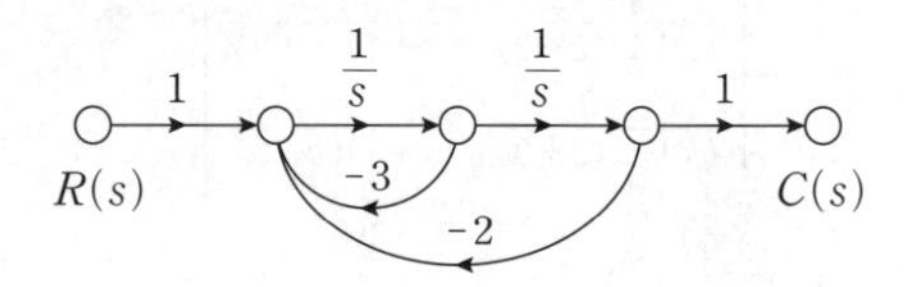


① $\dfrac{d^2c(t)}{dt^2}+3\dfrac{dc(t)}{dt}+2c(t)=r(t)$

② $\dfrac{d^2c(t)}{dt^2}+2\dfrac{dc(t)}{dt}+3c(t)=r(t)$

③ $\dfrac{d^2c(t)}{dt^2}-3\dfrac{dc(t)}{dt}-2c(t)=r(t)$

④ $\dfrac{d^2c(t)}{dt^2}-2\dfrac{dc(t)}{dt}-3c(t)=r(t)$

해설

**신호흐름선도의 전달함수**

전향경로이득$=1\times\frac{1}{s}\times\frac{1}{s}\times1=\frac{1}{s^2}$

첫 번째 루프이득$=\frac{1}{s}\times-3=-\frac{3}{s}$

두 번째 루프이득$=\frac{1}{s}\times\frac{1}{s}\times-2=-\frac{2}{s^2}$

전달함수 $G(s)=\dfrac{C(s)}{R(s)}=\dfrac{\sum \text{전향 경로 이득}}{1-\sum \text{루프 이득}}$

$$=\frac{\frac{1}{s^2}}{1-\left(-\frac{3}{s}-\frac{2}{s^2}\right)}=\frac{1}{s^2+3s+2}$$

$s^2C(s)+3sC(s)+2C(s)=R(s)$
역라플라스 변환하면
$\dfrac{d^2c(t)}{dt^2}+3\dfrac{dc(t)}{dt}+2c(t)=r(t)$

**10** 제어시스템의 특성방정식이 $s^4+s^3-3s^2-s+2=0$와 같을 때, 이 특성방정식에서 $s$ 평면의 오른쪽에 위치하는 근은 몇 개인가?

① 0　② 1
③ 2　④ 3

해설

**루드 수열 안정판별**

| | | | |
|---|---|---|---|
| $s^4$ | 1 | −3 | 2 |
| $s^3$ | 1 | −1 | 0 |
| $s^2$ | $\frac{(-3)\times1-1\times(-1)}{1}=-2$ | $\frac{2\times1-1\times0}{1}=2$ | 0 |
| $s^1$ | $\frac{(-1)\times(-2)-1\times2}{-2}=0$ → −4 | $\frac{0\times(-1)-1\times0}{-1}=0$ → 0 | 0 |
| $s^0$ | $\frac{2\times(-4)-(-2)\times0}{-4}=2$ | 0 | 0 |

$s^1$ 의 열이 모두가 0 이 되므로 $-2s^2+2$을 미분하면 $-4s$되고 $s^1$ 의 계수로 사용하면 제1열의 부호변화가 2번 있으므로 불안정하며 정의 실수부를 갖는 근이 2개 존재한다.

[정답] 08 ② 09 ① 10 ③

**11** $f(t)=\mathcal{L}^{-1}\left[\dfrac{s^2+3s+2}{s^2+2s+5}\right]$는?

① $\delta(t)+e^{-t}(\cos 2t-\sin 2t)$
② $\delta(t)+e^{-t}(\cos 2t+2\sin 2t)$
③ $\delta(t)+e^{-t}(\cos 2t-2\sin 2t)$
④ $\delta(t)+e^{-t}(\cos 2t+\sin 2t)$

해설

**역라플라스 변환**

$$F(s)=\frac{s^2+3s+2}{s^2+2s+5}=1+\frac{s-3}{s^2+2s+5}=1+\frac{s+1-4}{(s+1)^2+4}$$

$$=1+\frac{s+1}{(s+1)^2+2^2}-2\frac{2}{(s+1)^2+2^2}$$ 에서

역라플라스 변환하면

$$f(s)=\delta(t)+e^{-t}\cos 2t-2e^{-t}\sin 2t$$
$$=\delta(t)+e^{-t}(\cos 2t-2\sin 2t)$$

## 시행일 2022년 3회

**01** 다음 회로망에서 입력전압을 $V_1(t)$, 출력전압을 $V_2(t)$라 할 때, $\dfrac{V_2(s)}{V_1(s)}$에 대한 고유주파수 $\omega_n$과 제동비 $\zeta$의 값은? (단, $R=100[\Omega]$, $L=2[\text{H}]$, $C=200[\mu\text{F}]$이고, 모든 초기전하는 0이다.)

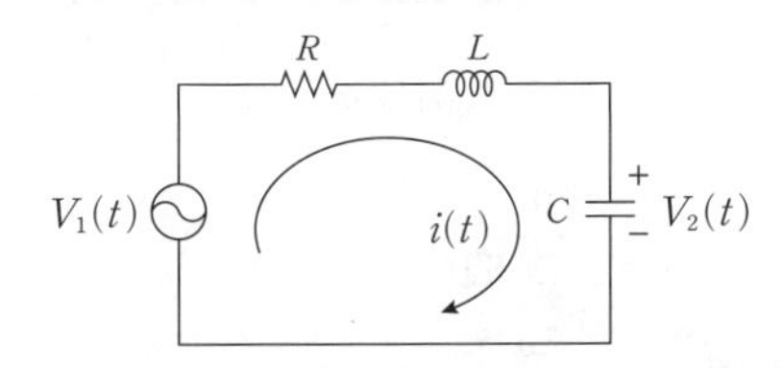


① $\omega_n=50,\ \zeta=0.5$　② $\omega_n=50,\ \zeta=0.7$
③ $\omega_n=250,\ \zeta=0.5$　④ $\omega_n=250,\ \zeta=0.7$

해설

**직렬연결시 전달함수**

$$G(s)=\frac{V_o(s)}{V_i(s)}=\frac{\text{출력 임피던스}}{\text{입력 임피던스}}$$

$$=\frac{\frac{1}{Cs}}{R+Ls+\frac{1}{Cs}}=\frac{1}{LCs^2+RCs+1}=\frac{\frac{1}{LC}}{s^2+\frac{R}{L}s+\frac{1}{LC}}$$ 이므로

$\dfrac{R}{L}=\dfrac{100}{2}=50,\ \dfrac{1}{LC}=\dfrac{1}{2\times200\times10^{-6}}=2500$를 대입하면

$$G(s)=\frac{2500}{s^2+50s+2500}=\frac{\omega_n^2}{s^2+2\zeta\omega_n s+\omega_n^2}$$ 가 되므로

고유주파수는 $\omega_n^2=2500,\ \omega=50$
제동비는 $2\zeta\omega_n=50,\ \zeta=0.5$

**02** 다음 함수의 역라플라스 변환 $f(t)$는 어떻게 되는가?

$$F(s)=\frac{2s+3}{(s^2+3s+2)}$$

① $e^{-t}+e^{-2t}$　② $e^{-t}-e^{-2t}$
③ $e^{t}-2e^{-2t}$　④ $e^{-t}+2e^{-2t}$

해설

**역라플라스 변환**

$$F(s)=\frac{2s+3}{s^2+3s+2}=\frac{2s+3}{(s+1)(s+2)}=\frac{A}{s+1}+\frac{B}{s+2}$$

$$A=F(s)(s+1)\Big|_{s=-1}=\frac{2s+3}{s+2}\Big|_{s=-1}=1$$

$$B=F(s)(s+2)\Big|_{s=-2}=\frac{2s+3}{s+1}\Big|_{s=-2}=1$$

$$F(s)=\frac{1}{s+1}+\frac{1}{s+2}$$

$$\therefore f(t)=e^{-t}+e^{-2t}$$

**03** 그림의 제어시스템이 안정하기 위한 $K$의 범위는?

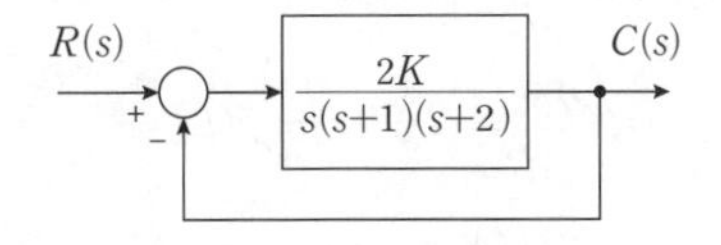


① $0<K<3$　② $0<K<4$
③ $0<K<5$　④ $0<K<6$

해설

**루드 수열 안정판별**

[정답] 11 ③ 2022년 3회 01 ① 02 ① 03 ①

$1+G(s)H(s)=0$인 특성방정식을 구하면

$$1+\frac{2K}{s(s+1)(s+2)}=\frac{s(s+1)(s+2)+2K}{s(s+1)(s+2)}=0$$

특성방정식$=s(s+1)(s+2)+2K$

$=s^3+3s^2+2s+2K=0$

루드 수열을 이용하여 풀면 다음과 같다.

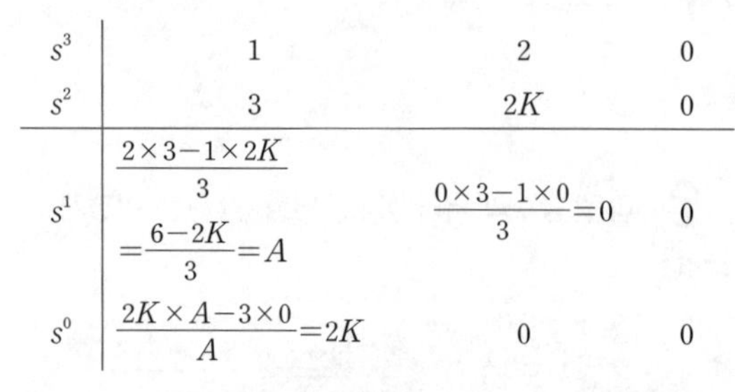

| | | | |
|---|---|---|---|
| $s^3$ | $1$ | $2$ | $0$ |
| $s^2$ | $3$ | $2K$ | $0$ |
| $s^1$ | $\frac{2\times3-1\times2K}{3}=\frac{6-2K}{3}=A$ | $\frac{0\times3-1\times0}{3}=0$ | $0$ |
| $s^0$ | $\frac{2K\times A-3\times0}{A}=2K$ | $0$ | $0$ |

제1열의 부호변화가 없어야 안정하므로

$\frac{6-2K}{3}>0,\ 6-2K>0,\ K<3$

$2>K,\ K>0$이므로 동시 존재하는 구간은

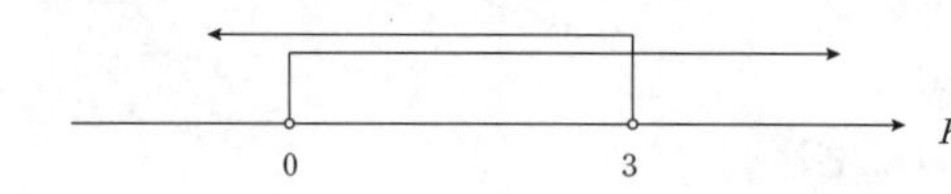


$\because\ 0<K<3$

## 04 그림과 같은 신호흐름 선도의 전달함수는?

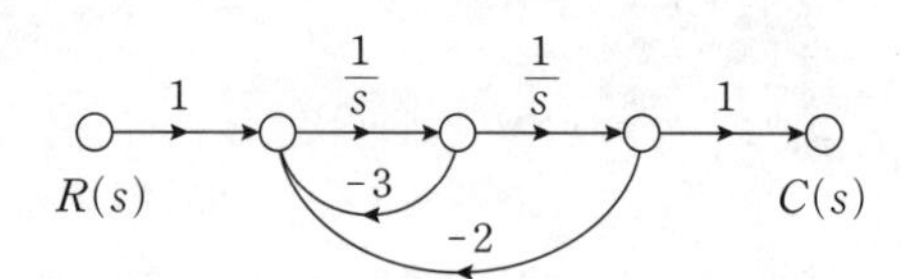


① $\frac{d^2c(t)}{dt^2}+3\frac{dc(t)}{dt}+2c(t)=r(t)$

② $\frac{d^2c(t)}{dt^2}+2\frac{dc(t)}{dt}+3c(t)=r(t)$

③ $\frac{d^2c(t)}{dt^2}-3\frac{dc(t)}{dt}-2c(t)=r(t)$

④ $\frac{d^2c(t)}{dt^2}-2\frac{dc(t)}{dt}-3c(t)=r(t)$

해설

**신호흐름선도의 전달함수**

전향경로이득 $1\times\frac{1}{s}\times\frac{1}{s}\times1=\frac{1}{s^2}$

첫 번째 루프이득 $\frac{1}{s}\times-3=-\frac{3}{s}$

두 번째 루프이득 $\frac{1}{s}\times\frac{1}{s}\times-2=-\frac{2}{s^2}$

전달함수 $G(s)=\frac{C(s)}{R(s)}=\frac{\sum \text{전향 경로 이득}}{1-\sum \text{루프 이득}}$

$$=\frac{\frac{1}{s^2}}{1-\left(-\frac{3}{s}-\frac{2}{s^2}\right)}=\frac{\frac{1}{s^2}}{1+\frac{3}{s}+\frac{2}{s^2}}$$

$=\frac{1}{s^2+3s+2}$이므로

$s^2C(s)+3sC(s)+2C(s)=R(s)$에서

역라플라스 변환하면

$$\frac{d^2c(t)}{dt^2}+3\frac{dc(t)}{dt}+2c(t)=r(t)$$

## 05 그림과 같은 보드선도의 이득선도를 갖는 제어시스템의 전달함수는?

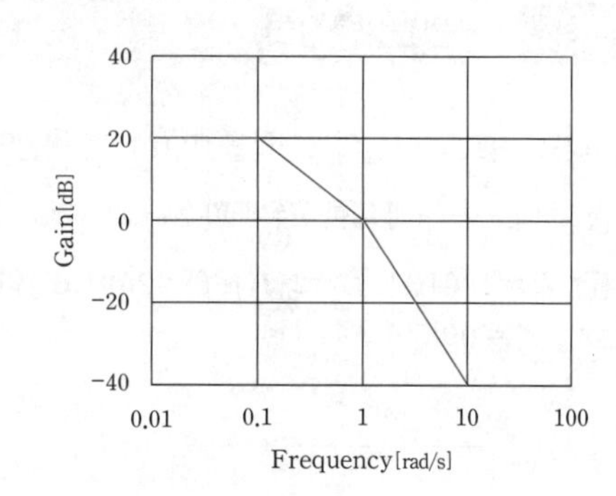


① $G(s)=\frac{10}{(s+1)(s+10)}$

② $G(s)=\frac{10}{(s+1)(10s+1)}$

③ $G(s)=\frac{20}{(s+1)(s+10)}$

④ $G(s)=\frac{20}{(s+1)(10s+1)}$

해설

**2차계의 전달함수**

$$G(s)=\frac{K}{(T_1s+1)(T_2s+1)}=\frac{K}{(j\omega T_1+1)(j\omega T_2+1)}$$

에서 절점주파수

[정답] 04 ① 05 ②

$\omega_1=\frac{1}{T_1}=0.1,\ T_1=10$

$\omega_2=\frac{1}{T_2}=1,\ T_2=1$

비례이득 $g=20\log_{10}K=20[\text{dB}]$에서

$K=10$이 되므로 $G(s)=\frac{10}{(10s+1)(s+1)}$이 된다.

## 06 블록선도의 전달함수가 $\frac{C(s)}{R(s)}=10$과 같이 되기 위한 조건은?

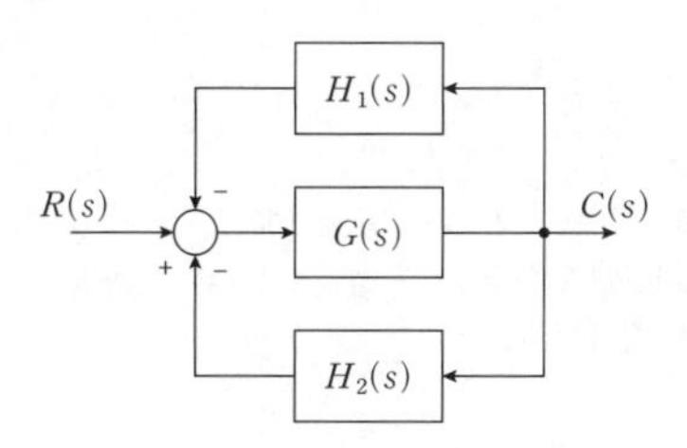


① $G(s)=\frac{1}{1-H_1(s)-H_2(s)}$

② $G(s)=\frac{10}{1-H_1(s)-H_2(s)}$

③ $G(s)=\frac{1}{1-10H_1(s)-10H_2(s)}$

④ $G(s)=\frac{10}{1-10H_1(s)-10H_2(s)}$

**해설**

블록선도에 의한 전달함수는
전향경로이득 : $G(s)$
첫 번째 루프이득 : $G(s)\times H_2(s)$
두 번째 루프이득 : $G(s)\times H_1(s)$이므로

전체 전달함수

$G=\frac{C(s)}{R(s)}=\frac{\sum \text{전향 경로 이득}}{1-\sum \text{루프 이득}}$

$=\frac{G(s)}{1+G(s)H_1(s)+G(s)H_2(s)}=10$가 되므로

$G(s)=10(1+G(s)H_1(s)+G(s)H_2(s))$

$G(s)=10+10G(s)H_1(s)+10G(s)H_2(s)$

$G(s)=\frac{10}{1-10H_1(s)-10H_2(s)}$ 가 된다.

## 07 다음의 상태방정식으로 표현되는 시스템의 상태천이행렬은?

$$\begin{bmatrix}\frac{d}{dt}x_1\\ \frac{d}{dt}x_2\end{bmatrix}=\begin{bmatrix}0 & 1\\ -3 & -4\end{bmatrix}\begin{bmatrix}x_1\\ x_2\end{bmatrix}$$

① $\begin{bmatrix}1.5e^{-t}-0.5e^{-3t} & -1.5e^{-t}+1.5e^{-3t}\\ 0.5e^{-t}-0.5e^{-3t} & -0.5e^{-t}+1.5e^{-3t}\end{bmatrix}$

② $\begin{bmatrix}1.5e^{-t}-0.5e^{-3t} & 0.5e^{-t}-0.5e^{-3t}\\ -1.5e^{-t}+1.5e^{-3t} & -0.5e^{-t}+1.5e^{-3t}\end{bmatrix}$

③ $\begin{bmatrix}1.5e^{-t}-0.5e^{-4t} & 0.5e^{-t}-0.5e^{-4t}\\ -1.5e^{-t}+1.5e^{-4t} & -0.5e^{-t}+1.5e^{-4t}\end{bmatrix}$

④ $\begin{bmatrix}1.5e^{-t}-0.5e^{-4t} & -1.5e^{-t}+1.5e^{-4t}\\ 0.5e^{-t}-0.5e^{-4t} & -0.5e^{-t}+1.5e^{-4t}\end{bmatrix}$

**해설**

**상태천이행렬**

$[sI-A]=\begin{bmatrix}s & 0\\ 0 & s\end{bmatrix}-\begin{bmatrix}0 & 1\\ -3 & -4\end{bmatrix}=\begin{bmatrix}s & -1\\ 3 & s+4\end{bmatrix}$

$[sI-A]^{-1}=\frac{1}{s(s+4)+3}\begin{bmatrix}s+4 & 1\\ -3 & s\end{bmatrix}$

$=\frac{1}{(s+1)(s+3)}\begin{bmatrix}s+4 & 1\\ -3 & s\end{bmatrix}$

$=\begin{bmatrix}\frac{s+4}{(s+1)(s+3)} & \frac{1}{(s+1)(s+3)}\\ \frac{-3}{(s+1)(s+3)} & \frac{s}{(s+1)(s+3)}\end{bmatrix}$

$F_1(s)=\frac{s+4}{(s+1)(s+3)}=\frac{1.5}{s+1}+\frac{-0.5}{s+3}$

→ $f_1(t)=1.5e^{-t}-0.5e^{-3t}$

$F_2(s)=\frac{1}{(s+1)(s+3)}=\frac{0.5}{s+1}+\frac{-0.5}{s+3}$

→ $f_2(t)=0.5e^{-t}-0.5e^{-3t}$

$F_3(s)=\frac{-3}{(s+1)(s+3)}=\frac{-1.5}{s+1}+\frac{1.5}{s+3}$

→ $f_3(t)=-1.5e^{-t}+1.5e^{-3t}$

$F_4(s)=\frac{s}{(s+1)(s+3)}=\frac{-0.5}{s+1}+\frac{1.5}{s+3}$

→ $f_4(t)=-0.5e^{-t}+1.5e^{-3t}$이므로

상태천이행렬은

$\phi(t)=\pounds^{-1}[(sI-A)^{-1}]$

$=\begin{bmatrix}1.5e^{-t}-0.5e^{-3t} & 0.5e^{-t}-0.5e^{-3t}\\ -1.5e^{-t}+1.5e^{-3t} & -0.5e^{-t}+1.5e^{-3t}\end{bmatrix}$

[정답] 06 ④ 07 ②

**08** $\overline{A}BC+\overline{A}B\overline{C}+A\overline{B}\,\overline{C}+AB\overline{C}+\overline{A}\,\overline{B}C+\overline{A}\,\overline{B}\,\overline{C}$**의 논리식을 간략화 하면?**

① $A+AC$ ② $A+C$
③ $\overline{A}+A\overline{B}$ ④ $\overline{A}+A\overline{C}$

해설

$\overline{A}BC+\overline{A}B\overline{C}+A\overline{B}\,\overline{C}+AB\overline{C}+\overline{A}\,\overline{B}C+\overline{A}\,\overline{B}\,\overline{C}$
$=\overline{A}B(C+\overline{C})+A\overline{C}(\overline{B}+B)+\overline{A}\,\overline{B}(C+\overline{C})$
$=\overline{A}B+A\overline{C}+\overline{A}\,\overline{B}$
$=\overline{A}(B+\overline{B})+A\overline{C}$
$=\overline{A}+A\overline{C}$

**09** **3차인 이산치 시스템의 특성 방정식의 근이 $-0.3$, $-0.2$, $+0.5$로 주어져 있다. 이 시스템의 안정도는?**

① 이 시스템은 안정한 시스템이다.
② 이 시스템은 불안정한 시스템이다.
③ 이 시스템은 임계 안정한 시스템이다.
④ 위 정보로서는 이 시스템의 안정도를 알 수 없다.

해설

**$z$-평면의 안정판별**
반경이 $|z|=1$인 단위원 내부는 제어계의 특성이 안정하며 문제의 근의 위치는 안정 영역에 존재함을 알 수 있다.

**10** **그림과 같은 $RLC$ 회로에서 입력전압 $ei(t)$, 출력전류가 $i(t)$인 경우 이 회로의 전달함수 $I(s)/Ei(S)$는? (단, 모든 초기 조건은 0이다.)**

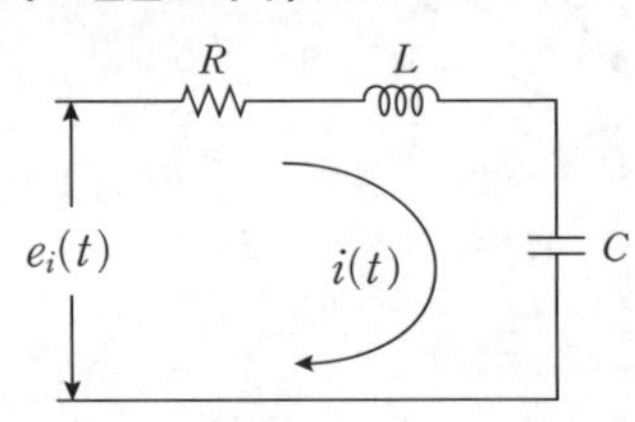


① $\dfrac{Rs}{LCs^2+RCs+1}$ ② $\dfrac{1}{LCs^2+RCs-1}$
③ $\dfrac{Cs}{LCs^2+RCs+1}$ ④ $\dfrac{1}{LCs^2+RCs+1}$

해설

**소자에 따른 전달함수**
전압에대한 전류의 전달함수는

$$G(s)=\frac{I(s)}{E_i(s)}=Y(s)=\frac{1}{Z(s)}=\frac{1}{R+Ls+\frac{1}{Cs}}=\frac{Cs}{LCs^2+RCs+1}$$

**11** $G(s)H(s)=\dfrac{K(s+1)}{s(s+2)(s+3)}$**에서 근궤적의 수는?**

① 1 ② 2
③ 3 ④ 4

해설

**근궤적의 수**
근궤적의 수($N$)는 극점의 수($p$)와 영점의 수($z$) 중에서 큰 것을 선택하면 되므로 $z=1$, $p=3$이므로 $z<p$이고 $N=p$이다. 따라서, $N=3$

**12** **다음과 같은 시스템에 단위계단입력 신호가 가해졌을 때 지연시간에 가장 가까운 값[sec]는?**

$$\frac{C(s)}{R(s)}=\frac{1}{s+1}$$

① 0.5 ② 0.7
③ 0.9 ④ 1.2

해설

**과도응답**
기준입력 $r(t)=u(t)=1,\ R(s)=\frac{1}{s}$

전달함수 $\dfrac{C(s)}{R(s)}=\dfrac{1}{s+1}$ 에서 응답(출력)

$$C(s)=\frac{1}{s+1}R(s)=\frac{1}{s+1}\cdot\frac{1}{s}=\frac{1}{s(s+1)}$$

$$C(s)=\frac{1}{s(s+1)}=\frac{A}{s}+\frac{B}{s+1}$$

$$A=\lim_{s\to0}s\cdot C(s)=\left[\frac{1}{s+1}\right]_{s=0}=1$$

$$B=\lim_{s\to0}(s+1)C(s)=\left[\frac{1}{s}\right]_{s=-1}=-1$$

$$C(s)=\frac{1}{s}-\frac{1}{s+1}$$

[정답] 08 ④ 09 ① 10 ③ 11 ③ 12 ②

$\therefore c(t)=1-e^{-t}$

지연시간은 응답이 목표값의 50%에 도달시간 이므로

$c(t)=1-e^{-t}=0.5$

$e^{-t}=0.5,\ -t=\log_e 0.5$

$t=-\log_e 0.5=0.7[\sec]$

## 시행일 2023년 1회

**01** $f(t)=\sin t+2\cos t$를 라플라스 변환하면?

① $\dfrac{2s}{s^2+1}$ ② $\dfrac{2s+1}{(s+1)^2}$

③ $\dfrac{2s+1}{s^2+1}$ ④ $\dfrac{2s}{(s+1)^2}$

해설

**선형의 정리**

$$F(s)=\pounds[f(t)]=\pounds[\sin t]+\pounds[2\cos t]=\frac{1}{s^2+1^2}+2\cdot\frac{s}{s^2+1^2}=\frac{2s+1}{s^2+1}$$

**02** 다음 논리회로의 출력 Y는?

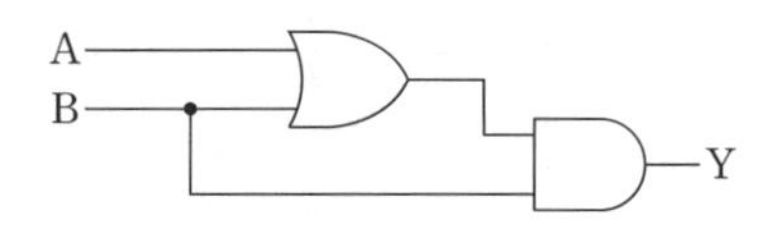


① A ② B

③ A+B ④ A·D

해설

**시퀀스 논리회로**

드모르강 정리를 이용하여 풀면

$$X=(A+B)\cdot B=A\cdot B+B\cdot B=A\cdot B+B=B(A+1)=B\cdot 1=B$$

**03** 샘플러의 주기를 $T$라 할 때 $s$평면상의 모든 점은 식 $z=e^{sT}$에 의하여 $z$평면상에 사상된다. $s$평면의 우반 평면상의 모든 점은 $z$평면상 단위원의 어느 부분으로 사상되는가?

① 내점 ② 외점

③ $z$평면 전체 ④ 원주상의 점

해설

**$s$-평면과 $z$-평면의 안정판별**

| 구간 \ 구분 | $s$평면 | $z$평면 |
|---|---|---|
| 안정 | 좌반평면(음의반평면) | 단위원 내부 |
| 임계안정 | 허수축 | 단위 원주상 |
| 불안정 | 우반평면(양의반평면) | 단위원 외부 |

**04** 그림과 같은 보드선도의 이득선도를 갖는 제어시스템의 전달함수는?

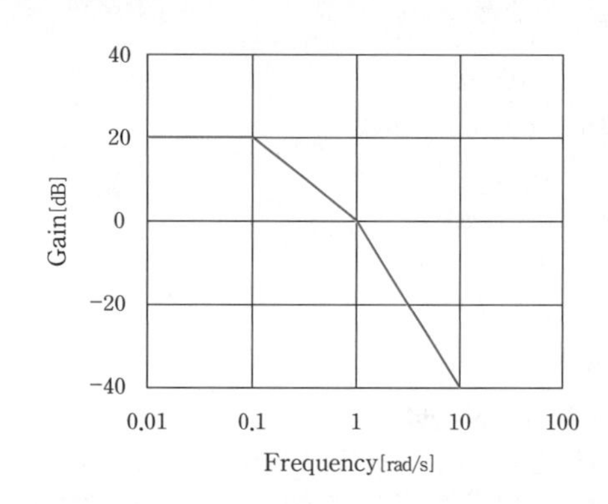


① $G(s)=\dfrac{10}{(s+1)(s+10)}$

② $G(s)=\dfrac{10}{(s+1)(10s+1)}$

③ $G(s)=\dfrac{20}{(s+1)(s+10)}$

④ $G(s)=\dfrac{20}{(s+1)(10s+1)}$

해설

[정답] 2203년 1회 01 ③ 02 ② 03 ② 04 ②

**2차계의 전달함수**

$G(s)=\dfrac{K}{(T_1s+1)(T_2s+1)}=\dfrac{K}{(j\omega T_1+1)(j\omega T_2+1)}$

에서 절점주파수

$\omega_1=\dfrac{1}{T_1}=0.1,\ T_1=10$

$\omega_2=\dfrac{1}{T_2}=1,\ T_2=1$

비례이득 $g=20\log_{10}K=20[\mathrm{dB}]$에서

$K=10$이 되므로 $G(s)=\dfrac{10}{(10s+1)(s+1)}$이 된다.

## 05 그림의 신호흐름 선도의 전달함수는?

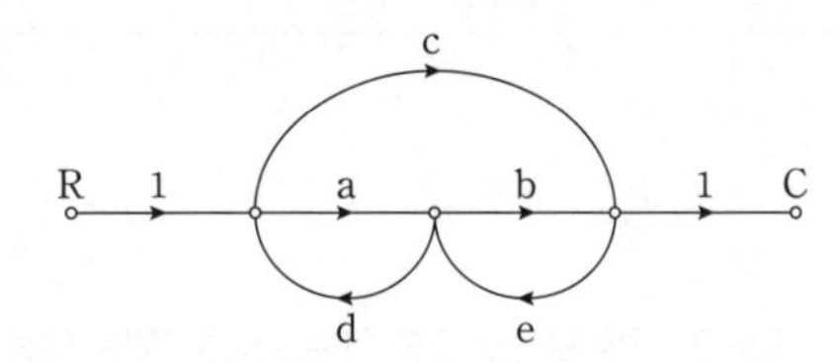


① $\dfrac{ab+c}{1-(ad+be)-cde}$

② $\dfrac{ab+c}{1+(ad+be)-cde}$

③ $\dfrac{ab+c}{1-(ad+be)}$

④ $\dfrac{ab+c}{1+(ad+be)}$

해설

**신호흐름선도의 전달함수**

첫 번째 전향경로이득 $1\times a\times b\times 1=ab$

두 번째 전향경로이득 $1\times c\times 1=c$

첫 번째 루프이득 $a\times d=ad$

두 번째 루프이득 $b\times e=be$

세 번째 루프이득 $c\times d\times e=cde$

전달함수 $G(s)=\dfrac{C(s)}{R(s)}=\dfrac{\sum \text{전향 경로 이득}}{1-\sum \text{루프 이득}}$

$=\dfrac{ab+c}{1-(ad+be+cde)}=\dfrac{ab+c}{1-(ad+be)-cde}$

## 06 $G(j\omega)=\dfrac{K}{j\omega(j\omega+1)}$의 나이퀴스트 선도를 도시한 것은? (단, $K>0$이다.)

①
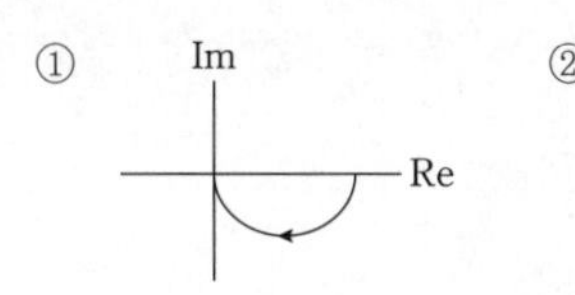


②
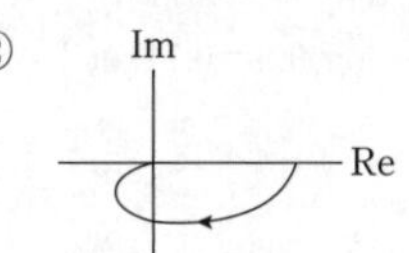


③
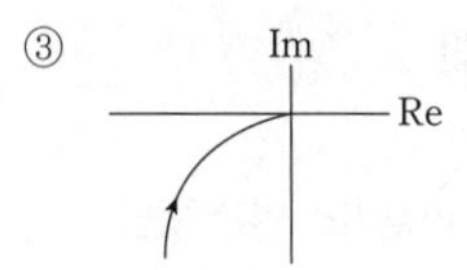


④
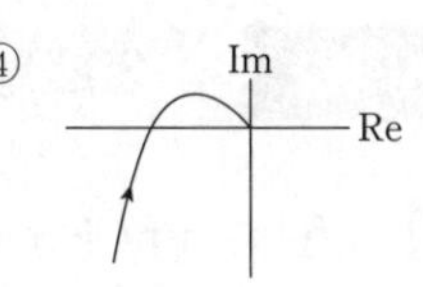


해설

**벡터궤적**

전달함수 $G(j\omega)=\dfrac{K}{j\omega(j\omega+1)}$에서 크기 및 위상은

$|G(j\omega)|=\dfrac{K}{\omega\sqrt{\omega^2+1}}=,\ \theta=\angle G(j\omega)=-90^\circ-\tan^{-1}\omega$

$\omega\to 0$일 때 이득 $|G(j\omega)|=\infty$, 위상 $\theta=-90^\circ$

$\omega\to\infty$일 때 이득 $|G(j\omega)|=0$, 위상 $\theta=-180^\circ$

위의 조건으로 나이퀴스트 선도를 그리면 된다.

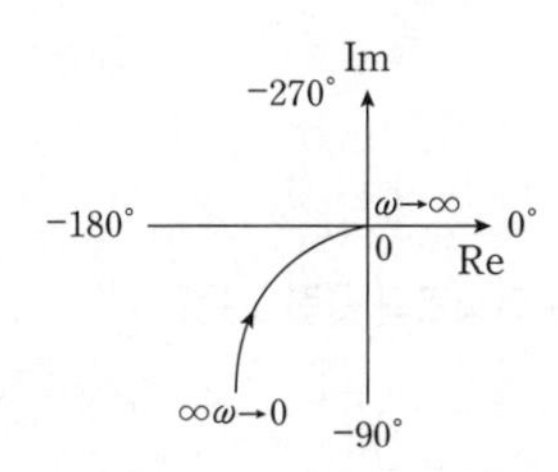


## 07 목표값이 미리 정해진 시간적 변화를 하는 경우 제어량을 그것에 추종하기 위한 제어는?

① 프로그래밍제어 ② 정치제어

③ 추종제어 ④ 비율제어

해설

**목표값(제어목적)에 의한 분류**

목표값이 미리 정해진 시간적 변화를 하는 경우 제어량을 그것에 추종시키기 위한 제어를 프로그래밍 제어라 하며 그 예로는 무인열차, 무인자판기, 무인엘리베이터등이 있다.

[정답] 05 ① 06 ③ 07 ①

## 08 $F(s)=\dfrac{1}{s(s+1)(s+2)}$일 때 $f(t)$?

① $-\frac{1}{2}-\frac{1}{2}e^{-2t}+e^{-t}$ ② $-\frac{1}{2}-\frac{1}{2}e^{-2t}-e^{-t}$

③ $\frac{1}{2}+\frac{1}{2}e^{-2t}-e^{-t}$ ④ $\frac{1}{2}-\frac{1}{2}e^{-2t}-e^{-t}$

**해설**

**역 라플라스변환**

$$F(s)=\frac{1}{s(s+1)(s+2)}=\frac{A}{s}+\frac{B}{(s+1)}+\frac{C}{(s+2)}$$

$$A=F(s)s\Big|_{s=0}=\left[\frac{1}{(s+1)(s+2)}\right]_{s=0}=\frac{1}{2}$$

$$B=F(s)(s+1)\Big|_{s=-1}=\left[\frac{1}{s(s+2)}\right]_{s=-1}=-1$$

$$C=F(s)(s+2)\Big|_{s=-2}=\left[\frac{1}{s(s+1)}\right]_{s=-2}=\frac{1}{2}$$

$$F(s)=\frac{\frac{1}{2}}{s}+\frac{-1}{s+1}+\frac{\frac{1}{2}}{s+2}=\frac{1}{2}\cdot\frac{1}{s}-\frac{1}{s+1}+\frac{1}{2}\cdot\frac{1}{s+2}$$

$$\therefore\ f(t)=\frac{1}{2}-e^{-t}+\frac{1}{2}\cdot e^{-2t}$$

## 09 입력신호 $x(t)$와 출력신호 $y(t)$의 관계가 다음과 같을 때 전달함수는?

$$\frac{d^2}{dt^2}y(t)+5\frac{d}{dt}y(t)+6y(t)=x(t)$$

① $\dfrac{1}{(s+2)(s+3)}$ ② $\dfrac{s+1}{(s+2)(s+3)}$

③ $\dfrac{s+4}{(s+2)(s+3)}$ ④ $\dfrac{s}{(s+2)(s+3)}$

**해설**

**전달함수**

미분방정식의 양변을 라플라스 변환하면

$s^2Y(s)+5sY(s)+6Y(s)=X(s)$

$(s^2+5s+6)Y(s)=X(s)$

$$\therefore\ G(s)=\frac{Y(s)}{X(s)}=\frac{1}{s^2+5s+6}=\frac{1}{(s+2)(s+3)}$$

## 10 $\int_0^t f(t)dt$을 라플라스 변환하면?

① $s^2F(s)$ ② $sF(s)$

③ $\frac{1}{s}F(s)$ ④ $\frac{1}{s^2}F(s)$

**해설**

**실적분 정리(초기값 : $f(0)=0$)**

$$\mathcal{L}\left[\int_0^t f(t)dt\right]=\frac{1}{s}F(s)$$

## 시행일 2023년 2회

## 01 시스템 행렬 $A$가 다음과 같을 때 상태천이행렬을 구하면?

$$A=\begin{bmatrix}0 & 1\\ -2 & -3\end{bmatrix}$$

① $\begin{bmatrix}2e^{t}-e^{-2t} & -e^{t}+e^{2t}\\ 2e^{t}-2e^{2t} & -e^{t}-2e^{2t}\end{bmatrix}$

② $\begin{bmatrix}2e^{-t}-e^{-2t} & e^{-t}-e^{-2t}\\ -2e^{-t}+2e^{-2t} & -e^{-t}+2e^{2t}\end{bmatrix}$

③ $\begin{bmatrix}2e^{-t}-e^{-2t} & e^{-t}+e^{-2t}\\ -2e^{-t}-2e^{-2t} & -e^{-t}-2e^{2t}\end{bmatrix}$

④ $\begin{bmatrix}2e^{-t}-e^{-2t} & e^{-t}-e^{-2t}\\ -2e^{-t}+2e^{-2t} & -e^{-t}+2e^{-2t}\end{bmatrix}$

**해설**

**상태천이행렬**

$$[sI-A]=\begin{bmatrix}s & 0\\ 0 & s\end{bmatrix}-\begin{bmatrix}0 & 1\\ -2 & -3\end{bmatrix}=\begin{bmatrix}s & -1\\ 2 & s+3\end{bmatrix}$$

$$[sI-A]^{-1}=\frac{1}{(s+1)(s+2)}\begin{bmatrix}s & 1\\ -2 & s+3\end{bmatrix}$$

$$=\begin{bmatrix}\frac{s+3}{(s+1)(s+2)} & \frac{1}{(s+1)(s+2)}\\ \frac{-2}{(s+1)(s+2)} & \frac{s}{(s+1)(s+2)}\end{bmatrix}$$

$$F_1(s)=\frac{s+3}{(s+1)(s+2)}=\frac{2}{s+1}-\frac{1}{s+2}$$

$\rightarrow f_1(t)=2e^{-t}-e^{-2t}$

[정답] 08 ③ 09 ① 10 ③ 2023년 2회 01 ④

$F_2(s)=\frac{1}{(s+1)(s+2)}=\frac{1}{s+1}+\frac{-1}{s+2}$

$\to f_2(t)=e^{-t}-e^{-2t}$

$F_3(s)=\frac{-2}{(s+1)(s+2)}=\frac{-2}{s+1}+\frac{2}{s+2}$

$\to f_3(t)=-2e^{-t}+2e^{-2t}$

$F_4(s)=\frac{s}{(s+1)(s+2)}=\frac{-1}{s+1}+\frac{2}{s+2}$

$\to f_4(t)=-e^{-t}+2e^{-2t}$이므로

상태천이행렬은

$\phi(t)=\mathcal{L}^{-1}[(sI-A)^{-1}]$

$=\begin{bmatrix} 2e^{-t}-e^{-2t} & e^{-t}-e^{-2t} \\ -2e^{-t}+2e^{-2t} & -e^{-t}+2e^{-2t} \end{bmatrix}$

## 02 다음 방정식으로 표기되는 식이 있다 이시스템을 상태방정식 $X(k+1)=AX(k)+Bu(k)$로 표현할 때 계수행렬 $A$는 어떻게 되는가?

$$c(k+2)+3c(k+1)+5c(k)=u(k)$$

① $\begin{bmatrix} 0 & 1 \\ -3 & -5 \end{bmatrix}$ ② $\begin{bmatrix} 1 & 0 \\ -3 & -5 \end{bmatrix}$

③ $\begin{bmatrix} 1 & 0 \\ -5 & -3 \end{bmatrix}$ ④ $\begin{bmatrix} 0 & 1 \\ -5 & -3 \end{bmatrix}$

해설

**차분방정식**

$c(k+2)+3c(k+1)+5c(k)=u(k)$에서

상태 방정식 $X(k+1)=AX(k)+Bu(k)$라 하면

상태변수 $X_1=c(k)$, $X_2=X_1(k+1)=c(k+1)$,
$X_3=X_2(k+1)=c(k+2)$

$X_1(k+1)=X_2$

$X_2(k+1)=-5X_1-3X_2+u(k)$

$\begin{bmatrix} X_1(k+1) \\ X_2(k+1) \end{bmatrix}=\begin{bmatrix} 0 & 1 \\ -5 & -3 \end{bmatrix}\begin{bmatrix} X_1 \\ X_2 \end{bmatrix}+\begin{bmatrix} 0 \\ 1 \end{bmatrix}u(k)$ 이므로

계수행렬 $A=\begin{bmatrix} 0 & 1 \\ -5 & -3 \end{bmatrix}$

## 03 그림과 같은 블록선도에 대한 등가 종합 전달함수 $\left(\frac{C}{A}\right)$는?

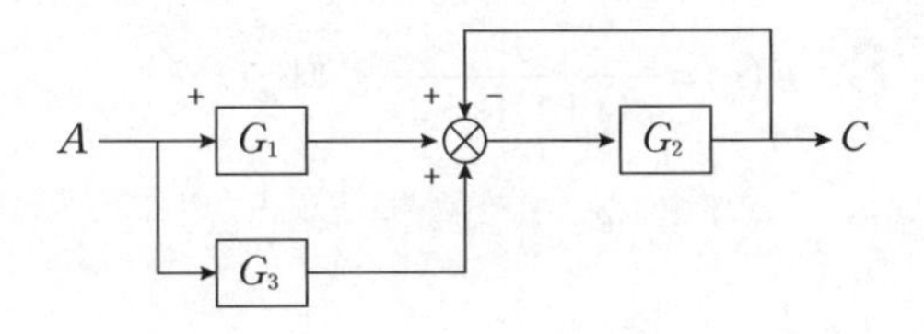


① $\frac{G_2(G_1+G_3)}{1+G_3}$ ② $\frac{G_2(G_1+G_3)}{1+G_2}$

③ $\frac{G_2(G_1+G_3)}{1-G_2}$ ④ $\frac{G_2(G_1-G_3)}{1+G_2}$

해설

**블록선도의 전달함수**

- 첫번째 전향경로이득 : $G_1\times G_2$
- 두번째 전향경로이득 : $G_3\times G_3$
- 첫 번째 루프이득 : $G_2$
- 전달함수 $G(s)=\frac{C(s)}{R(s)}=\frac{\sum \text{전향 경로 이득}}{1-\sum \text{루프 이득}}$
$=\frac{G_1G_2+G_2G_3}{1+G_2}=\frac{G_2(G_1+G_3)}{1+G_2}$

## 04 그림과 같은 블록선도에서 $\left(\frac{C(s)}{R(s)}\right)$는?

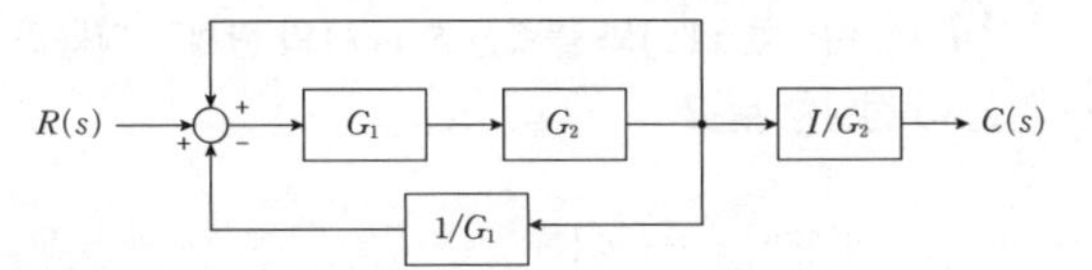


① $\frac{G_1}{1+G_1-G_1G_2}$ ② $\frac{G_1}{1+G_1+G_1G_2}$

③ $\frac{G_1}{1+G_2-G_1G_2}$ ④ $\frac{G_1}{1+G_2+G_1G_2}$

해설

**블록선도의 전달함수**

- 첫 번째 전향경로이득 : $G_1\times G_2\times\frac{1}{G_2}=G_1$
- 첫 번째 루프이득 : $G_1\times G_2$
- 두 번째 루프이득 : $G_1\times G_2\times\frac{1}{G_1}=G_2$
- 전달함수 $G(s)=\frac{C(s)}{R(s)}=\frac{\sum \text{전향 경로 이득}}{1-\sum \text{루프 이득}}=\frac{G_1}{1-G_1G_2+G_2}$

[정답] 02 ④ 03 ② 04 ③

## 05 다음 논리 회로의 기능은?

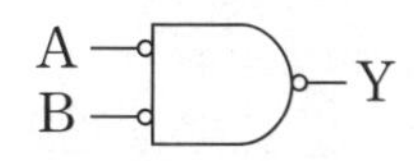


① NOT ② NOR
③ NAND ④ OR

**해설**

**시퀀스 논리회로**

$Y=\overline{\overline{A}\cdot\overline{B}}+\overline{\overline{A}}+\overline{\overline{B}}=A+B$ 이므로 OR회로가 된다.

## 06 안정된 제어계의 특성근이 2개의 공액복소근을 가질 때 이 근들이 허수축 가까이에 있는 경우 허수축에서 멀리 떨어져 있는 안정된 근에 비해 과도응답 영향은 어떻게 되는가?

① 천천히 사라진다. ② 영향이 같다.
③ 빨리 사라진다. ④ 영향이 없다.

**해설**

**특성방정식 근의위치에 따른 시간응답 특성곡선**

특성방정식의 근이 허수축($j$)에서 많이 떨어져 있을수록 정상값에 빨리 도달하므로 허수축에서 가까이에 있는 경우 과도응답은 천천히 사라진다.

## 07 전달함수가 $\frac{C(s)}{R(s)}=\frac{25}{s^2+6s+25}$ 인 2차 제어시스템의 감쇠 진동 주파수($\omega_d$)는 몇 [rad/sec]인가?

① 3 ② 4
③ 5 ④ 6

**해설**

**2차계의 전달함수**

$G(s)=\frac{25}{s^2+6s+25}=\frac{\omega_n^2}{s^2+2\delta\omega_n s+\omega_n^2}$ 이므로

$\omega_n^2=25$에서 고유진동 각파수는 $\omega_n=5$[rad/sec]이고

$2\delta\omega_n=6$, $10\delta=6$이므로 제동비 $\delta=0.6$이므로 감쇠진동이 되어

이때 감쇠진동주파수 $\omega_d=\omega_n\sqrt{1-\delta^2}=5\sqrt{1-0.6^2}=4$[rad/sec]

## 08 2차 지연요소의 특성방정식이 $s^2+3s+4=0$와 같을 때 2차 지연요소의 감쇠율은?

① 0.35 ② 0.95
③ 0.75 ④ 0.55

**해설**

2차계의 전달함수에서

특성방정식 $s^2+3s+4=s^2+2\delta\omega_n s+\omega_n^2$이므로

$\omega_n^2=4$에서 고유진동 각파수는 $\omega_n=2$[rad/sec]이고

$2\delta\omega_n=3$, $4\delta=3$이므로 감쇠율(제동비) $\delta=\frac{3}{4}=0.75$

## 09 계단입력 신호를 인가한 직후, 제어량이 목표값에 가까운 일정한 값으로 안정될때까지의 특성은?

① 정상특성 ② 지연요소
③ 과도특성 ④ 낭비시간요소

**해설**

목표값에 가까운 일정한 값으로 안정될때까지의 특성을 과도특성이라한다.

## 10 다음의 개루프 전달함수에 대한 근궤적이 실수축에서 이탈하게 되는 분리점은 약 얼마인가?

$$G(s)H(s)=\frac{K}{s(s+3)(s+8)},\ K\geq 0$$

① −5.74 ② −1.33
③ −0.93 ④ −6.0

**해설**

**근궤적의 분지점(이탈점)**

특성방정식은

$1+G(s)H(s)=1+\frac{K}{s(s+3)(s+8)}$

$=\frac{s(s+3)(s+8)+K}{s(s+3)(s+8)}=0$ 에서

$s(s+3)(s+8)+K=0$

$K=-s(s+3)(s+8)=-s^3-11s^2-24s$

[정답] 05④ 06① 07② 08③ 09③ 10②

$\frac{dK}{ds}=0$을 만족하는 방정식의 근의 값을 구하면

$$\frac{dK}{ds}=\frac{d}{ds}[-s^3-11s^2-24s]$$
$$=-(3s^2+22s+24)=0$$
$$3s^2+22s+24=0$$
$$s=\frac{-22\pm\sqrt{22^2-4\times3\times24}}{2\times3}$$
$$=\frac{-22\pm\sqrt{196}}{6}=-1.33,\ -6$$

근궤적의 영역은 0~−3 사이와 −8~−∞사이에 존재하므로 이 범위에 속한 $s$값은 −1.33이다.

## 시행일 2023년 3회

**01** 2차 선형 시불변 시스템의 전달함수 $G(s)=\frac{\omega_n^2}{s^2+2\delta\omega_n s+\omega_n^2}$에서 $\omega_n$이 의미하는 것은?

① 감쇠계수 ② 비례계수
③ 고유 진동 주파수 ④ 공진 주파수

해설

$\omega_n$[rad/sec] : 고유 진동 주파수
$\delta$ :제동비(감쇠비)

**02** 다음과 같은 신호흐름선도에서 $\frac{C(s)}{R(s)}$의 값은?

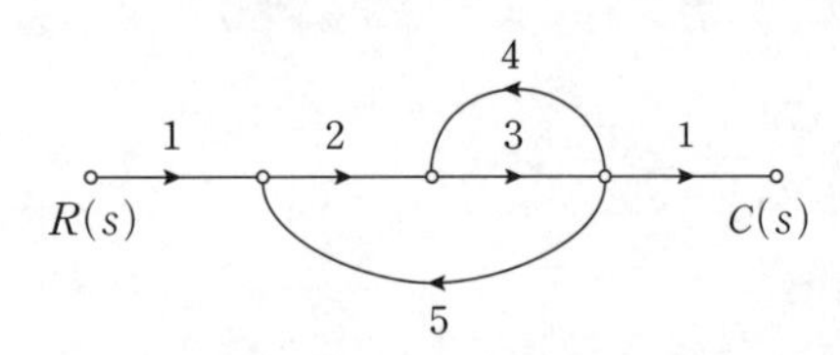


① $-\frac{1}{41}$ ② $-\frac{3}{41}$
③ $-\frac{6}{41}$ ④ $-\frac{8}{41}$

해설

**신호흐름선도의 전달함수**

전향경로이득 : $1\times2\times3\times1=6$
첫 번째 루프이득 : $3\times4=12$
두 번째 루프이득 : $2\times3\times5=30$

$$\text{전달함수 } G(s)=\frac{C(s)}{R(s)}=\frac{\sum \text{전향 경로 이득}}{1-\sum\text{루프 이득}}$$
$$=\frac{6}{1-(12+30)}=-\frac{6}{41}$$

**03** 그림과 같은 블록선도에서 등가 전달함수는?

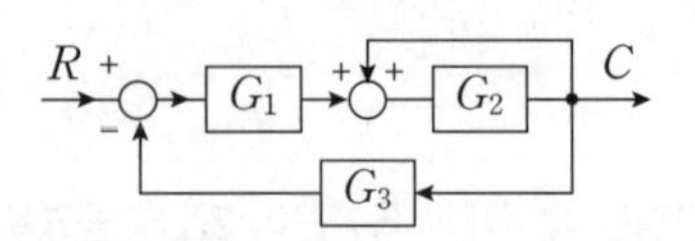


① $\frac{G_1G_2G_3}{1+G_1G_2+G_1G_2G_4}$ ② $\frac{G_1G_2G_4}{1+G_1G_2+G_1G_2G_3}$
③ $\frac{G_1G_2G_3}{1+G_2G_3+G_1G_2G_4}$ ④ $\frac{G_1G_2G_4}{1+G_2G_3+G_1G_2G_3}$

해설

**블록선도의 전달함수**

- 전향경로이득 : $G_1\times G_2$
- 첫 번째 루프이득 : $G_2\times1=G_2$
- 두 번째 루프이득 : $G_1\times G_2\times G_3$
- 전달함수 $G(s)=\frac{C(s)}{R(s)}=\frac{\sum \text{전향 경로 이득}}{1-\sum\text{루프 이득}}$

$$=\frac{G_1G_2}{1-G_2+G_1G_2G_3}$$

**04** 일정 입력에 대해 잔류편차가 있는 제어계는?

① 비례 제어계 ② 적분 제어계
③ 비례 적분 제어계 ④ 비례 적분 미분 제어계

해설

**비례동작($P$제어)**

Off-set(오프셋, 잔류편차, 정상편차, 정상오차)가 발생, 속응성(응답속도)이 나쁘다.

[정답] 2023년 3회 01 ③ 02 ③ 03 ② 04 ①

**05** **다음의 과도응답에 관한 설명 중 옳지 않은 것은 ?**

① 지연 시간은 응답이 최초로 목표값의 50[%]가 되는 데 소요되는 시간이다.

② 백분율 오버슈트는 최종 목표값과 최대 오버슈트와의 비를 %로 나타낸 것이다.

③ 감쇠비는 최종 목표값과 최대 오버슈트와의 비를 나타낸 것이다.

④ 응답시간은 응답이 요구하는 오차 이내로 정착되는데 걸리는 시간이다.

해설

- 상대(백분율)오버슈트 : 최종 목표값과 최대 오버슈트와의 비
- 감쇠비 : 제2의 오버슈트와 최대 오버슈트와의 비

**06** **$\omega$가 0에서 $\infty$까지 변화하였을때 $G(jw)$의 크기와 위상각을 극좌표에 그린 것으로 이 궤적을 표시하는 선도는?**

① 근궤적도 ② 나이퀴스트선도

③ 니콜스선도 ④ 보오드선도

해설

$\omega$가 0에서 $\infty$까지 변화하였을때 $G(jw)$의 크기와 위상각을 극좌표에 그린 것으로 이 궤적을 표시하는 선도를 나이퀴스트선도라 한다.

**07** **상태방정식으로 표시되는 제어계의 천이행렬 $\phi(t)$는?**

$$X=\begin{bmatrix} 0 & 1 \\ 0 & 0 \end{bmatrix}X+\begin{bmatrix} 0 \\ 1 \end{bmatrix}U$$

① $\begin{bmatrix} 0 & t \\ 1 & 1 \end{bmatrix}$ ② $\begin{bmatrix} 1 & 1 \\ 0 & t \end{bmatrix}$

③ $\begin{bmatrix} 1 & t \\ 0 & 1 \end{bmatrix}$ ④ $\begin{bmatrix} 0 & t \\ 1 & 0 \end{bmatrix}$

해설

계수행렬 $A=\begin{bmatrix} 0 & 1 \\ 0 & 0 \end{bmatrix}$이므로 천이행렬 $\phi(t)$는

$$sI-A=s\begin{bmatrix} 1 & 0 \\ 0 & 1 \end{bmatrix}-\begin{bmatrix} 0 & 1 \\ 0 & 0 \end{bmatrix}=\begin{bmatrix} s & -1 \\ 0 & s \end{bmatrix}$$

$$[sI-A]^{-1}=\begin{bmatrix} s & -1 \\ 0 & s \end{bmatrix}^{-1}=\frac{1}{s^2}\begin{bmatrix} s & 1 \\ 0 & s \end{bmatrix}=\begin{bmatrix} \frac{1}{s} & \frac{1}{s^2} \\ 0 & \frac{1}{s} \end{bmatrix}$$

$$\therefore \phi(t)=\mathcal{L}^{-1}\{[sI-A]^{-1}\}=\begin{bmatrix} 1 & t \\ 0 & 1 \end{bmatrix}$$

**08** **그림과 같은 제어계에서 단위 계단 입력 $D$가 인가될 때 외란 $D$에 의한 정상편차는 얼마인가?**

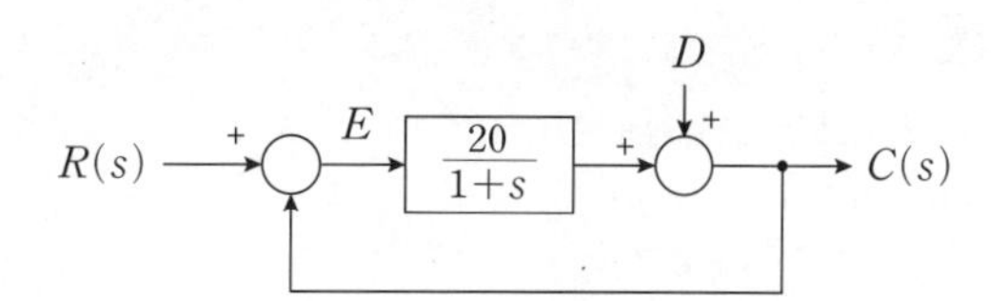


① 20 ② 21

③ 1/10 ④ 1/21

해설

**정상편차**

기준입력이 단위계단입력 $D=u(t)=1$인 경우의 정상편차는 정상위치편차 $e_{ssp}$를 말하므로

블록선도에서 개우프 전달함수는 $G(s)=\dfrac{20}{1+s}$ 이므로

위치편차상수 $k_p=\lim\limits_{s\to 0} G(s)=\lim\limits_{s\to 0}\dfrac{20}{1+s}=20$

정상위치편차 $e_{ssp}=\dfrac{1}{1+\lim\limits_{s=0} G(s)}=\dfrac{1}{1+k_p}=\dfrac{1}{1+20}=\dfrac{1}{21}$

**09** **보드선도의 이득곡선이 0[dB]인 점을 지날 때 주파수에서 양의 위상여유가 생기고 위상곡선이 −180°를 지날 때 양의 이득여유가 생긴다면 이 폐루프 시스템의 안정도는 어떻게 되겠는가?**

① 항상 안정

② 항상 불안정

③ 조건부 안정

④ 안정성 여부를 판가름 할 수 없다.

[정답] 05 ③ 06 ② 07 ③ 08 ④ 09 ①

해설

**보드도면에서의 안정판별**

보드 선도에서 이득 곡선이 0[dB]인 점을 지날 때의 주파수에서 양의 위상 여유가 생기고 위상 곡선이 $-180°$를 지날 때 양의 이득 여유가 생긴다면 시스템은 안정하다.

## 10 논리식 $((AB+A\overline{B})+AB)+\overline{A}B$를 간단히 하면?

① $A+B$ ② $\overline{A}+B$

③ $A+\overline{B}$ ④ $A+A\cdot B$

해설

$((AB+A\overline{B})+AB)+\overline{A}B$
$=(A(B+\overline{B})+AB)+\overline{A}B$
$=(A\cdot 1+AB)+\overline{A}B$
$=A(1+B)+\overline{A}B$
$=A\cdot 1+\overline{A}B$
$=A+\overline{A}B$
$=(A+\overline{A})\cdot(A+B)$
$=1\cdot(A+B)=A+B$

[정답] 10 ①

국가기술자격검정필기시험문제

| 자격종목 및 등급 | 과목명 | 시험시간 | 성명 |
|---|---|---|---|
| 전기기사 | 전기설비기술기준 | 2시간 30분 | 대산전기학원 |

## 시행일 2019년 1회

**01** **지중 전선로의 매설방법이 아닌 것은?**

① 관로식 ② 인입식

③ 암거식 ④ 직접 매설식

해설

**지중전선로**

지중 전선로는 전선에 케이블을 사용하고 또한 관로식·암거식 또는 직접 매설식에 의하여 시설하여야 한다.

**02** **특고압용 변압기로서 그 내부에 고장이 생긴 경우에 반드시 자동 차단되어야 하는 변압기의 뱅크용량은 몇 [kVA] 이상인가?**

① 5000 ② 10000

③ 50000 ④ 100000

해설

**변압기의 보호장치**

| 뱅크용량의 구분 | 동작조건 | 장치의 종류 |
|---|---|---|
| 5000[kVA] 이상 10000[kVA] 미만 | 변압기내부고장 | 자동차단장치 또는 경보장치 |
| 10000[kVA] 이상 | 변압기내부고장 | 자동차단장치 |
| 타냉식변압기 | 변압기내부고장 | 경보장치 |

**03** **전력보안 가공통신선(광섬유 케이블은 제외)을 조가 할 경우 조가용선은?**

① 금속으로 된 단선 ② 강심 알루미늄 연선

③ 금속선으로 된 연선 ④ 알루미늄으로 된 단선

해설

**특고압 케이블(조가용선)의 시설**

- 조가용선 및 케이블의 피복에 사용하는 금속체에는 제3종 접지공사를 할 것
- 인장강도 13.93[kN] 이상 또는 단면적 22[$mm^2$] 이상 아연도 강연선일 것
- 조가용선에 접촉시켜 금속테이프를 간격 20[cm] 이하의 간격을 유지시켜 나선형으로 감아 붙인다.
- 케이블은 조가용선에 행거로 시설할 것. 이 경우에는 사용전압이 특고압인 때에는 그 행거의 간격을 50[cm] 이하로 시설하여야 한다.

**04** **저고압 가공전선과 가공약전류 전선 등을 동일 지지물에 시설하는 기준으로 틀린 것은?**

① 가공전선을 가공약전류전선 등의 위로하고 별개의 완금류에 시설할 것

② 전선로의 지지물로서 사용하는 목주의 풍압하중에 대한 안전율은 1.5 이상일 것

③ 가공전선과 가공약전류전선 등 사이의 이격거리는 저압과 고압 모두 75[cm] 이상일 것

④ 가공전선이 가공약전류전선에 대하여 유도작용에 의한 통신상의 장해를 줄 우려가 있는 경우에는 가공전선을 적당한 거리에서 연가 할 것

해설

가공전선과 가공약전류전선 등 사이의 이격거리는 저압은 75[cm] 이상, 고압은 1.5[m] 이상일 것

[정답] 2019년 1회 01 ② 02 ② 03 ③ 04 ③

전기자기학 전력공학 전기기기 회로이론 제어공학 전기설비기술기준

**05** 풀용 수중조명등에 사용되는 절연 변압기의 2차측 전로의 사용전압이 몇 [V]를 초과하는 경우에는 그 전로에 지락이 생겼을 때에 자동적으로 전로를 차단하는 장치를 하여야 하는가?

① 30　② 60
③ 150　④ 300

해설

**풀용 수중조명등의 시설**
절연변압기는 그 2차측 전로의 사용전압이 30[V] 이하인 경우에는 1차 권선과 2차 권선 사이에 접지공사를 한 금속제의 혼촉방지판을 설치하고, 30[V]를 초과하는 경우 지락이 발생하면 자동적으로 전로를 차단하는 장치를 하여야 할 것

**06** 석유류를 저장하는 장소의 전등배선에 사용하지 않는 공사방법은?

① 케이블 공사　② 금속관 공사
③ 애자사용 공사　④ 합성수지관 공사

해설

**위험물등이 있는 곳에서의 전기설비의 시설**
셀룰로이드·성냥·석유류 기타 타기 쉬운 위험한 물질을 제조하거나 저장하는 곳에 시설하는 저압 옥내전기설비의 배선공사 방법은 합성수지관공사(경질비닐관공사),금속관공사, 케이블공사에 의할 것

**07** 사용전압이 154[kV]인 가공 송전선의 시설에서 전선과 식물과의 이격거리는 일반적인 경우에 몇 [m] 이상으로 하여야 하는가?

① 2.8　② 3.2
③ 3.6　④ 4.2

해설

60[kV] 초과 특고압 가공전선과 타시설물과의 이격거리 154[kV] 가공송전선과 식물과의 이격거리

| 사용전압의 구분 | 이격거리 |
|---|---|
| 60[kV] 이하의 것 | 2[m] |
| 160[kV]를 넘는 것 | 2[m]에 사용전압이 60[kV]를 넘는 경우 10000[V] 마다 12[cm]를 더한 값 |

조건에서 154[kV] 가공송전선로와 식물과의 이격거리이다.

- 이격거리=2[m]+단수×0.12[m]이므로
- 2+(15.4−6)×0.12
- 2+(9.4 → 절상하면 10)×0.12
- 2+10×0.12=3.2[m] 이상

**08** 농사용 저압 가공전선로의 시설 기준으로 틀린 것은?

① 사용전압이 저압일 것
② 전선로의 경간은 40[m] 이하일 것
③ 저압 가공전선의 인장강도는 1.38[kN] 이상일 것
④ 저압 가공전선의 지표상 높이는 3.5[m] 이상일 것

해설

**저압 농사용 전선로의 시설**
농사용 전선로의 경간은 30[m] 이하일 것

**09** 고압 가공전선로에 시설하는 피뢰기의 접지공사의 접지선이 그 접지공사 전용의 것인 경우에 접지저항 값은 몇 [Ω]까지 허용되는가?

① 20　② 30
③ 50　④ 75

해설

**피뢰기의 접지 시설**
고압 및 특별고압의 전로에 시설하는 피뢰기에는 접지공사를 하여야 한다. 단, 고압 가공전선로에 시설하는 피뢰기의 접지공사의 접지선이 전용의 것인 경우에는 접지 저항치가 30[Ω]까지 허용된다.

**10** 고압 옥측전선로에 사용할 수 있는 전선은?

① 케이블　② 나경동선
③ 절연전선　④ 다심형 전선

해설

**고압옥측전선로**
고압 옥측전선로에 사용하는 전선은 케이블을 사용한다.

[정답] 05 ① 06 ③ 07 ② 08 ② 09 ② 10 ①

**11** **발전기를 전로로부터 자동적으로 차단하는 장치를 시설하여야 하는 경우에 해당 되지 않는 것은?**

① 발전기에 과전류가 생긴 경우
② 용량이 5000[kVA] 이상인 발전기의 내부에 고장이 생긴 경우
③ 용량이 500[kVA] 이상의 발전기를 구동하는 수차의 압유장치의 유압이 현저히 저하한 경우
④ 용량이 100[kVA] 이상의 발전기를 구동하는 풍차의 압유장치의 유압, 압축공기장치의 공기압이 현저히 저하한 경우

해설

**발전기의 보호장치**

발전기의 내부고장이 생긴 경우 자동적으로 차단장치 시설 용량은 10000[kVA] 이상이다.

**12** **고압 옥내배선이 수관과 접근하여 시설되는 경우에는 몇 [cm] 이상 이격시켜야 하는가?**

① 15 ② 30
③ 45 ④ 60

해설

**고압 옥내배선과 타시설물과의 이격거리**

- 다른 고압 옥내배선, 저압 옥내전선, 관등회로의 배선, 약전류전선 : 15[cm]
- 수관, 가스관이나 이와 유사한 것과 접근하거나 교차하는 경우 : 15[cm]
- 애자사용 공사에 의하여 시설하는 저압 옥내전선인 경우 : 30[cm]
- 가스계량기 및 가스관이 이음부와 전력량계 및 개폐기 : 60[cm]

**13** **최대사용전압이 22900[V]인 3상 4선식 중성선 다중접지식 전로와 대지 사이의 절연내력 시험전압은 몇 [V]인가?**

① 32510 ② 28752
③ 25229 ④ 21068

해설

**전로의 절연내력시험전압**

| 전로의 종류 | 시험전압 |
|---|---|
| 최대사용전압이 7000[V]를 넘고 25000[V] 이하인 중성점 다중접지식 전로 | 0.92배의 전압 |

절연내력시험전압 = 22900 × 0.92배 = 21068[V]가 된다

**14** **라이팅 덕트 공사에 의한 저압 옥내배선 공사시설 기준으로 틀린 것은?**

① 덕트의 끝부분은 막을 것
② 덕트는 조영재에 견고하게 붙일 것
③ 덕트는 조영재를 관통하여 시설할 것
④ 덕트의 지지점 간의 거리는 2[m] 이하로 할 것

해설

**라이팅덕트공사**

- 라이팅덕트 지지점간의 거리는 2[m] 이하일 것
- 라이팅덕트는 조영재를 관통하여 시설하지 말 것

**15** **금속덕트 공사에 의한 저압 옥내배선에서, 금속덕트에 넣은 전선의 단면적의 합계는 일반적으로 덕트 내부 단면적의 몇 [%] 이하이어야 하는가? (단, 전광표시 장치·출퇴표시등 기타 이와 유사한 장치 또는 제어회로 등의 배선만을 넣는 경우에는 50[%])**

① 20 ② 30
③ 40 ④ 50

해설

**금속덕트공사**

- 금속 덕트에 넣은 전선의 단면적(절연피복의 단면적을 포함한다)의 합계는 덕트의 내부 단면적의 20[%](전광표시 장치·출퇴표시등 기타 이와 유사한 장치 또는 제어회로 등의 배선만을 넣는 경우에는 50[%]) 이하일 것
- 금속 덕트 안에는 전선에 접속점이 없도록 할 것
- 폭이 4[cm]를 초과하고 또한 두께가 1.2[mm] 이상 일 것
- 덕트를 조영재에 붙이는 경우에는 덕트의 지지점 간의 거리를 3[m](취급자 이외의 자가 출입할 수 없도록 설비한 곳에서 수직으로 붙이는 경우에는 6[m]) 이하로 할 것

[정답] 11 ② 12 ① 13 ④ 14 ③ 15 ①

**16** 지중 전선로에 사용하는 지중함의 시설기준으로 틀린 것은?

① 조명 및 세척이 가능한 적당한 장치를 시설할 것
② 견고하고 차량 기타 중량물의 압력에 견디는 구조일 것
③ 그 안의 고인 물을 제거할 수 있는 구조로 되어 있는 것
④ 뚜껑은 시설자 이외의 자가 쉽게 열 수 없도록 시설할 것

해설

**지중함의 시설기준**

- 지중함은 견고하고 차량 기타 중량물의 압력에 견디는 구조일 것
- 지중함은 그 안의 고인 물을 제거할 수 있는 구조로 되어 있을 것
- 폭발성 또는 연소성의 가스가 침입할 우려가 있는 것에 시설하는 지중함으로서 그 크기가 $1[m^3]$ 이상인 것에는 통풍장치 기타 가스를 방산시키기 위한 적당한 상지를 시설할 것
- 지중함의 뚜껑은 시설자 이외의 자가 쉽게 열 수 없도록 시설할 것

**17** 철탑의 강도계산에 사용하는 이상 시 상정하중을 계산하는데 사용되는 것은?

① 미진에 의한 요동과 철구조물의 인장하중
② 뇌가 철탑에 가하여졌을 경우의 충격하중
③ 이상전압이 전선로에 내습하였을 때 생기는 충격하중
④ 풍압이 전선로에 직각방향으로 가하여지는 경우의 하중

해설

**철탑의 강도계산에 사용하는 이상시 상정하중의 종류**

- 수직하중 : 전선의 자중, 빙설하중
- 수평종하중
- 수평횡하중 : 풍압하중

## 시행일 2019년 2회

**01** 저압 옥상전선로의 시설에 대한 설명으로 틀린 것은?

① 전선은 절연전선을 사용한다.
② 전선은 지름 2.6[mm] 이상의 경동선을 사용한다.
③ 전선은 상시 부는 바람 등에 의하여 식물에 접촉하지 않도록 시설한다.
④ 전선과 옥상 전선로를 시설하는 조영재와의 이격거리를 0.5[m]로 한다.

해설

**저압 옥상전선로의 시설**

저압 옥상전선로를 시설하는 조영재와의 이격거리는 2[m](전선이 고압 절연전선, 특고압절연전선 또는 케이블인 경우에는 1[m]) 이상일 것

**02** 사용전압 66[kV]의 가공전선로를 시가지에 시설할 경우 전선의 지표상 최소 높이는 몇 [m]인가?

① 6.48 ② 8.36
③ 10.48 ④ 12.36

해설

**특고압 가공전선의 시가지 높이**

| 특고압 가공전선로의 시가지 시설 | |
|---|---|
| 35[kV] 이하 | 10[m], (단, 절연전선 : 8[m]) |
| 35[kV] 넘는 경우 | 35[kV] 넘는 경우 10000[V]마다 12[cm] 가산한다. |

$X=\dfrac{\text{사용전압}[V]}{10000[V]}$, $(X-3.5)$은 절상

- 10[m]+단수×0.12[m]이므로
- 10+(6.6−3.5)×0.12
- 10+(3.1 → 절상하면 4)×0.12
- 10+4×0.12=10.48[m] 이상

**03** 가공전선로의 지지물에 시설하는 지선의 시설 기준으로 옳은 것은?

① 지선의 안전율은 2.2 이상이어야 한다.
② 연선을 사용할 경우에는 소선(素線) 3가닥 이상이어야 한다.
③ 도로를 횡단하여 시설하는 지선의 높이는 지표상 4[m] 이상으로 하여야 한다.
④ 지중부분 및 지표상 20[cm]까지의 부분에는 내식성이 있는 것 또는 아연도금을 한다.

[정답] 16 ① 17 ④ 2019년 2회 01 ④ 02 ③ 03 ②

해설

**지선의 시설기준**

- 지선에 연선을 사용할 경우에는 소선 3가닥 이상의 연선일 것
- 지선의 안전율은 2.5 이상일 것
- 소선의 지름 2.6[mm] 이상의 금속선을 사용할 것
- 인장하중의 최저는 4.31[kN] 이상일 것
- 도로횡단시 높이는 5[m] 단, 교통에 지장이 없을 경우 4.5[m]

**04** 무선용 안테나 등을 지지하는 철탑의 기초 안전율은 얼마 이상이어야 하는가?

① 1.0 ② 1.5
③ 2.0 ④ 2.5

해설

**무선용 안테나 지지물의 안전율**

무선용 안테나 등을 지지하는 철주·철근 콘크리트주 또는 철탑의 기초 안전율은 1.5 이상 이어야 한다.

**05** 가공전선로의 지지물에 취급자가 오르고 내리는데 사용하는 발판 볼트 등은 지표상 몇 [m] 미만에 시설하여서는 아니되는가?

① 1.2 ② 1.8
③ 2.2 ④ 2.5

해설

**지지물의 승탑 및 승주 방지**

가공전선로의 지지물에 취급자가 오르고 내리는 데 사용하는 발판 볼트 등을 지표상 1.8[m] 미만에 시설하여서는 안 된다.

**06** 특고압 가공전선로의 지지물로 사용하는 $B$종 철주에서 각도형은 전선로 중 몇 도를 넘는 수평 각도를 이루는 곳에 사용되는가?

① 1 ② 2
③ 3 ④ 5

해설

**특고압 가공전선로의 지지물로 사용하는 철탑의 종류**

- 직선형 : 전선로의 직선부분(3° 이하의 수평각도 이루는 곳 포함)에 사용되는 것
- 각도형 : 전선로 중 수평각도 3°를 넘는 곳에 사용되는 것
- 인류형 : 전가섭선을 인류하는 곳에 사용하는 것
- 내장형 : 전선로 지지물 양측의 경간차가 큰 곳에 사용하는 것
- 보강형 : 전선로 직선부분을 보강하기 위하여 사용하는 것

**07** 빙설의 정도에 따라 풍압하중을 적용하도록 규정하고 있는 내용 중 옳은 것은? (단, 빙설이 많은 지방 중 해안지방 기타 저온계절에 최대풍압이 생기는 지방은 제외한다.)

① 빙설이 많은 지방에서는 고온계절에는 갑종 풍압하중, 저온계절에는 을종 풍압하중을 적용한다.
② 빙설이 많은 지방에서는 고온계절에는 을종 풍압하중, 저온계절에는 갑종 풍압하중을 적용한다.
③ 빙설이 적은 지방에서는 고온계절에는 갑종 풍압하중, 저온계절에는 을종 풍압하중을 적용한다.
④ 빙설이 적은 지방에서는 고온계절에는 을종 풍압하중, 저온계절에는 갑종 풍압하중을 적용한다.

해설

**풍압하중의 적용**

| 풍압하중의 적용 | | | |
|---|---|---|---|
| 지역 | | 고온계절 | 저온계절 |
| 빙설이 적은 지방 | | 갑종 | 병종 |
| 빙설이 많은 지방 | 일반지역 | 갑종 | 을종 |
| 인가가 많이 연접되어 있는 장소 | | 병종 | 병종 |

**08** 조상설비의 조상기(調相機) 내부에 고장이 생긴 경우에 자동적으로 전로로부터 차단하는 장치를 시설해야 하는 뱅크용량[kVA])으로 옳은 것은?

① 1000 ② 1500
③ 10000 ④ 15000

[정답] 04 ② 05 ② 06 ③ 07 ① 08 ④

해설

**조상설비의 보호장치**

| 조상설비의 보호장치 | | |
|---|---|---|
| 설비별 | 뱅크 용량의 구분 | 자동적으로 전로로부터 차단하는 장치 |
| 조상기 | 15000[kVA] 이상 | 내부고장이 생긴 경우 |

## 09 고압 가공전선로에 사용하는 가공지선으로 나경동선을 사용할 때의 최소 굵기[mm]는?

① 3.2　　② 3.5
③ 4.0　　④ 5.0

해설

**가공지선의 굵기**

| 전 압 | 전선의 굵기 | 인장강도 |
|---|---|---|
| 고압 | 지름 4[mm] 이상의 나경동선 | 5.26[kN] 이상 |
| 특고압 | 지름 5[mm] 이상의 나경동선 | 8.01[kN] 이상 |

## 10 차량 기타 중량물의 압력을 받을 우려가 있는 장소에 지중 전선로를 직접 매설식으로 시설하는 경우 매설깊이는 몇 [m] 이상이어야 하는가?

① 0.8　　② 1.0
③ 1.2　　④ 1.5

해설

**직접매설식**

매설 깊이를 차량 기타 중량물의 압력을 받을 우려가 있는 장소에는 1[m] 이상, 기타 장소에는 60[cm] 이상으로 하고 또한 지중 전선을 견고한 트라프 기타 방호물에 넣어 시설하여야 한다.

## 11 고압용 기계기구를 시설하여서는 안 되는 경우는?

① 시가지 외로서 지표상 3m인 경우
② 발전소, 변전소, 개폐소 또는 이에 준하는 곳에 시설하는 경우
③ 옥내에 설치한 기계기구를 취급자 이외의 사람이 출입할 수 없도록 설치한 곳에 시설하는 경우
④ 공장 등의 구내에서 기계기구의 주위에 사람이 쉽게 접촉할 우려가 없도록 적당한 울타리를 설치하는 경우

해설

**고압용 기계기구의 설치**

- 시가지외 : 지표상 4[m] 이상의 높이에 시설
- 시가지 : 지표상 4.5[m] 이상의 높이에 시설

## 12 특고압용 변압기의 보호장치인 냉각장치에 고장이 생긴 경우 변압기의 온도가 현저하게 상승한 경우에 이를 경보하는 장치를 반드시 하지 않아도 되는 경우는?

① 유입 풍냉식　　② 유입 자냉식
③ 송유 풍냉식　　④ 송유 수냉식

해설

**특고압변압기의 보호장치**

특고압용 변압기에는 냉각장치에 고장이 생긴 경우 또는 변압기의 온도가 현저히 상승한 경우에 이를 경보하는 장치를 시설하여야 한다. 단 냉각장치에는 타냉식, 송유풍냉식, 송유자냉식, 송유수냉식으로 유입자냉식은 제외한다.)

## 13 옥내에 시설하는 전동기가 소손되는 것을 방지하기 위한 과부하 보호 장치를 하지 않아도 되는 것은?

① 정격 출력이 7.5[kW] 이상인 경우
② 정격 출력이 0.2[kW] 이하인 경우
③ 정격 출력이 2.5[kW]이며, 과전류 차단기가 없는 경우
④ 전동기 출력이 4[kW]이며, 취급자가 감시할 수 없는 경우

해설

**전동기 과부하 보호장치를 생략 할 수 있는 경우**

[정답] 09 ③ 10 ② 11 ① 12 ② 13 ②

옥내에 시설하는 전동기(정격출력이 0.2[kW] 이하인 것을 제외한다.)에는 전동기가 소손될 우려가 있는 과전류가 생겼을 때에 자동적으로 이를 저지하거나 이를 경보하는 장치를 하여야 한다.

**14** 가공 직류 전차선의 레일면상의 높이는 동적인 경우 몇 [m] 이상이어야 하는가?

① 4.3　② 4.8
③ 5.2　④ 5.8

해설

**전차선로의 높이**

가공 직류 전차선의 레일면상의 높이는 동적인 경우 4.8[m] 이상이어야 한다.

**15** 어떤 공장에서 케이블을 사용하는 사용전압이 22[kV]인 가공전선을 건물 옆쪽에서 1차 접근상태로 시설하는 경우, 케이블과 건물의 조영재 이격거리는 몇 [cm] 이상이어야 하는가?

① 50　② 80
③ 100　④ 120

해설

**35[kV] 이하인 경우**

| 조영재의 구분 | 전선종류 | 접근형태 | 이격거리[m] |
|---|---|---|---|
| 상부 조영재 | 특고압 절연전선 | 위쪽 | 2.5 |
| | | 옆쪽 또는 아래쪽 | 1.5 (전선에 사람이 쉽게 접촉할 우려가 없도록 시설한 경우는 1[m]) |
| | 케이블 | 위쪽 | 1.2 |
| | | 옆쪽 또는 아래쪽 | 0.5 |
| | 기타전선 | | 3 |
| 기타 조영재 | 특고압 절연전선 | | 1.5 (전선에 사람이 쉽게 접촉할 우려가 없도록 시설한 경우는 1[m]) |
| | 케이블 | | 0.5 |
| | 기타 전선 | | 3 |

## 시행일 2019년 3회

**01** 저압 또는 고압의 가공 전선로와 기설 가공 약전류 전선로가 병행할 때 유도작용에 의한 통신상의 장해가 생기지 않도록 전선과 기설 약전류 전선간의 이격거리는 몇 [m] 이상이어야 하는가? (단, 전기철도용 급전선로는 제외한다.)

① 2　② 3
③ 4　④ 6

해설

**가공약전류전선의 유도장해 방지**

저·고압 가공전선로와 기설 가공약전류전선로가 병행하는 경우에는 유도작용에 의하여 통신상의 장해가 생기지 아니하도록 전선과 기설 약전류 전선간의 이격거리는 2[m] 이상이어야 한다.

**02** 백열전등 또는 방전등에 전기를 공급하는 옥내전로의 대지전압은 몇 [V] 이하이어야 하는가?

① 440　② 380
③ 300　④ 100

해설

**옥내전로의 대지 전압의 제한**

백열전등 또는 방전등에 전기를 공급하는 옥내의 전로에(주택의 옥내전로를 제외한다)의 대지전압은 300[V] 이하이어야 한다.

**03** 폭연성 분진 또는 화약류의 분말이 존재하는 곳의 저압 옥내배선은 어느 공사에 의하는가?

① 금속관 공사
② 애자사용 공사
③ 합성수지관 공사
④ 캡타이어 케이블 공사

해설

**먼지가 많은 장소에서의 저압의 시설**

폭연성 분진, 화약류 분말이 존재하는 곳은 금속관공사, 또는 케이블공사(캡타이어케이블을 제외)에 의하여야 한다.

[정답] 14 ② 15 ① 2019년 3회 01 ① 02 ③ 03 ①

**04** **사용전압 35000[V]인 기계기구를 옥외에 시설하는 개폐소의 구내에 취급자 이외의 자가 들어가지 않도록 울타리를 설치할 때 울타리와 특고압의 충전부분이 접근하는 경우에는 울타리의 높이와 울타리로부터 충전부분까지의 거리의 합은 최소 몇 [m] 이상이어야 하는가?**

① 4 ② 5

③ 6 ④ 7

해설

**발전소 등의 울타리·담 등의 시설**

| 사용전압의 구분 | 울타리·담 등의 높이와 울타리·담 등으로부터 충전부분까지의 거리의 합계 |
|---|---|
| 35000[V] 이하 | 5[m] |
| 35000[V] 초과 160000[V] 이하 | 6[m] |
| 160000[V] 초과 | $6+(X-16)\times 0.12$[m]<br>단, $X=\dfrac{사용전압[V]}{10000[V]}$,<br>$(X-16)$은 절상(0사 1입) |

**05** **특고압 전로에 사용하는 수밀형 케이블에 대한 설명으로 틀린 것은?**

① 사용전압이 25[kV] 이하일 것

② 도체는 경알루미늄선을 소선으로 구성한 원형압축 연선일 것

③ 내부 반도전층은 절연층과 완전 밀착되는 압출 반도 전층으로 두께의 최소값은 0.5[mm] 이상일 것

④ 외부 반도전층은 절연층과 밀착되어야 하고, 또한 절연층과 쉽게 분리되어야 하며, 두께의 최소값은 1[mm] 이상일 것

해설

**고압케이블 및 특고압케이블**

수밀형케이블

- 사용전압은 25[kV] 이하 일 것
- 도체는 경알루미늄선을 소선으로 구성한 원형압축 연선으로 할 것
- 내부 반도전층은 절연층과 완전 밀착되는 압출 반도전층으로 두께의 최소값은 0.5[mm] 이상일 것
- 외부 반도전층은 절연층과 밀착되어야 하고, 또한 절연층과 쉽게 분리되어야 하며, 두께의 최소값은 0.5[mm] 이상일 것

**06** **일반주택 및 아파트 각 호실의 현관등은 몇 분 이내에 소등되는 타임스위치를 시설하여야 하는가?**

① 1분 ② 3분

③ 5분 ④ 10분

해설

**점멸장치와 타임스위치 등의 시설**

- 호텔 또는 여관 각 객실 입구등은 1분 이내 소등되는 것
- 일반주택 및 아파트의 현관등은 3분 이내 소등되는 것

**07** **폭발성 또는 연소성의 가스가 침입할 우려가 있는 것에 시설하는 지중함으로서 그 크기가 몇 [m³] 이상의 것은 통풍장치 기타 가스를 방산시키기 위한 적당한 장치를 시설하여야 하는가?**

① 0.9 ② 1.0

③ 1.5 ④ 2.0

해설

**지중함의 시설기준**

- 지중함은 견고하고 차량 기타 중량물의 압력에 견디는 구조일 것
- 지중함은 그 안의 고인 물을 제거할 수 있는 구조로 되어 있을 것
- 폭발성 또는 연소성의 가스가 침입할 우려가 있는 것에 시설하는 지중함으로서 그 크기가 1[m³] 이상인 것에는 통풍장치 기타 가스를 방산시키기 위한 적당한 장치를 시설할 것
- 지중함의 뚜껑은 시설자 이외의 자가 쉽게 열 수 없도록 시설할 것

**08** **지중 전선로는 기설 지중 약전류 전선로에 대하여 다음의 어느 것에 의하여 통신상의 장해를 주지 아니하도록 기설 약전류 전선로로부터 충분히 이격시키는가?**

① 충전전류 또는 표피작용

② 충전전류 또는 유도작용

**[정답]** 04 ② 05 ④ 06 ② 07 ② 08 ④

③ 누설전류 또는 표피작용

④ 누설전류 또는 유도작용

해설

**지중 약전류전선로 유도장해 방지**

지중전선로는 기설 지중 약전류전선로에 대하여 누설전류 또는 유도작용에 의하여 통신상의 장해를 주지 아니하도록 기설 약전류전선로로 부터 충분히 이격시키거나 기타 적당한 방법으로 시설하여야 한다.

## 09 발전소에서 장치를 시설하여 계측하지 않아도 되는 것은?

① 발전기의 회전자 온도

② 특고압용 변압기의 온도

③ 발전기의 전압 및 전류 또는 전력

④ 주요 변압기의 전압 및 전류 또는 전력

해설

**계측장치**

- 발전기의 전압 및 전류 또는 변압기의 전압 및 전류 또는 전력
- 발전기의 베어링 및 고정자의 온도
- 특고압용 변압기의 온도

## 10 저압 가공전선이 건조물의 상부 조영재 옆쪽으로 접근하는 경우 저압 가공전선과 건조물의 조영재 사이의 이격거리는 몇 [m] 이상이어야 하는가? (단, 전선에 사람이 쉽게 접촉할 우려가 없도록 시설한 경우와 전선이 고압 절연전선, 특고압 절연전선 또는 케이블인 경우는 제외한다.)

① 0.6　　② 0.8

③ 1.2　　④ 2.0

해설

**가공전선과 건조물과의 이격거리**

| 조영재의 구분 | | 전선 종류 | 저압 [m] | 고압 [m] |
|---|---|---|---|---|
| 건조물 | 기타 조영재 또는 상부 조영재의 옆쪽 또는 아래쪽 | 일반적인 경우 | 1.2 | 1.2 |
| | | 사람이 쉽게 접촉할 우려가 없도록 시설한 경우 | 0.8 | 0.8 |
| | | 절연선 또는 케이블인 경우 | 0.4 | 0.4 |

## 11 저압 옥내간선은 특별한 경우를 제외하고 다음 중 어느 것에 의하여 그 굵기가 결정되는가?

① 전기방식　　② 허용전류

③ 수전 방식　　④ 계약전력

해설

**전선의 굵기 결정시 고려사항**

- 허용전류
- 기계적강도
- 전압강하

## 12 지중 전선로를 직접 매설식에 의하여 시설하는 경우에는 매설 깊이를 차량 기타 중량물의 압력을 받을 우려가 있는 장소에서는 몇 [cm] 이상으로 하면 되는가?

① 40　　② 60

③ 80　　④ 100

해설

**지중전선로의 시설**

| 지중전선로의 시설 | | |
|---|---|---|
| 직접매설식, 관로식, 암거식으로 시공 | | |
| 직접 매설식 | 중량물의 압력이 있는 경우 | 1[m] |
| | 중량물의 압력이 없는 경우 | 0.6[m] |
| 콤바인덕트케이블 : 콘크리트 트라프에 넣지 않고 직접 묻을 수 있는 케이블 | | |

## 13 66000[V] 가공전선과 6000[V] 가공전선을 동일 지지물에 병가하는 경우, 특고압 가공전선으로 사용하는 경동연선의 굵기는 몇 [mm²] 이상이어야 하는가?

① 22　　② 38

③ 50　　④ 100

해설

**병가**

- 지지물 : 철주, 철근콘크리트주, 철탑
- 제2종 특고압 보안공사
- 전선 : 50[mm²] 이상 또는 인장강도 21.67[kV]
- 이격거리 : 2[m] 이상(단, 35[kV 이하 : 1.2[m] 이상)

[정답] 09 ① 10 ③ 11 ② 12 ④ 13 ③

전기자기학 / 전력공학 / 전기기기 / 회로이론 / 제어공학 / 전기설비기술기준

**14** **가공전선로의 지지물에 하중이 가하여지는 경우에 그 하중을 받는 지지물의 기초 안전율은 특별한 경우를 제외하고 최소 얼마 이상인가?**

① 1.5　　② 2
③ 2.5　　④ 3

해설

**지지물 기초 안전율**
가공전선로의 지지물에 하중이 가하여지는 경우에 그 하중을 받는 지지물의 기초의 안전율은 2.0 이상 일 것

**15** **고압 가공전선로의 지지물로 철탑을 사용한 경우 최대경간은 몇 [m] 이하이어야 하는가?**

① 300　　② 400
③ 500　　④ 600

해설

**표준경간**

| 지지물 | 경 간[m] | | |
|---|---|---|---|
| | 고압 | 지름 5[mm] 이상 | 단면적 22[mm²] 이상 |
| | 특고압 | 단면적 22[mm²] 이상 | 단면적 50[mm²] 이상 |
| 목주·A종 | 150 | | 300 |
| B종 | 250 | | 500 |
| 철탑 | 600 | | 600 |

**16** **다음의 ⓐ, ⓑ에 들어갈 내용으로 옳은 것은?**

> 과전류차단기로 시설하는 퓨즈 중 고압전로에 사용하는 비포장퓨즈는 정격전류의 ( ⓐ )배의 전류에 견디고 또한 2배의 전류로 ( ⓑ )분 안에 용단되는 것이어야 한다.

① ⓐ 1.1, ⓑ 1　　② ⓐ 1.2, ⓑ 1
③ ⓐ 1.25, ⓑ 2　　④ ⓐ 1.3, ⓑ 2

해설

**고압 및 특고압전로 중의 과전류차단기의 시설**
과전류차단기로 시설하는 퓨즈 중 고압전로에 사용하는 비포장 퓨즈는 정격전류의 1.25배 전류에 견디고 또한 2배의 전류로 2분 안에 용단되는 것이어야 한다.

## 시행일 2020년 1회

**01** **지중전선로를 직접 매설식에 의하여 시설할 때, 중량물의 압력을 받을 우려가 있는 장소에 저압 또는 고압의 지중전선을 견고한 트라프 기타 방호물에 넣지 않고도 부설할 수 있는 케이블은?**

① PVS 외장 케이블
② 콤바인덕트케이블
③ 염화비닐절연케이블
④ 폴리에틸렌 외장케이블

해설

**지중전선로의 시설**

| 지중전선로의 시설 | | |
|---|---|---|
| 직접매설식, 관로식, 암거식으로 시공 | | |
| 직접 매설식 | 중량물의 압력이 있는 경우 | 1[m] |
| | 중량물의 압력이 없는 경우 | 0.6[m] |
| 콤바인덕트케이블 : 콘크리트 트라프에 넣지 않고 직접 묻을 수 있는 케이블 | | |

**02** **수소냉각식 발전기 등의 시설기준으로 틀린 것은?**

① 발전기안 또는 조상기안의 수소의 온도를 계측하는 장치를 시설할 것
② 발전기축의 밀봉부로부터 수소가 누설될 때 누설된 수소를 외부로 방출하지 않을 것
③ 발전기안 또는 조상기안의 수소의 순도가 85[%] 이하로 저하한 경우에 이를 경보하는 장치를 시설할 것
④ 발전기 또는 조상기는 수소가 대기압에서 폭발하는 경우에 생기는 압력에 견디는 강도를 가지는 것일 것

[정답] 14 ② 15 ④ 16 ③ 2020년 1회 01 ② 02 ②

해설

**수소냉각식발전기**

① 발전기 또는 조상기는 기밀구조의 것이고 또한 수소가 대기압에서 폭발하는 경우에 생기는 압력에 견디는 강도를 가지는 것일 것
② 수소 가스를 안전하게 외부에 방출할 수 있는 장치를 설치할 것
③ 발전기안 또는 조상기안의 수소의 순도가 85[%] 이하로 저하한 경우에 이를 경보하는 장치를 시설할 것
④ 발전기안 또는 조상기안의 수소의 압력을 계측하는 장치 및 그 압력이 현저히 변동한 경우에 이를 경보하는 장치를 시설할 것
⑤ 발전기안 또는 조상기안의 수소의 온도를 계측하는 장치를 시설할 것

**03** **어느 유원지의 어린이 놀이기구인 유희용 전차에 전기를 공급하는 전로의 사용전압은 교류인 경우 몇 [V] 이하이어야 하는가?**

① 20　　② 40
③ 60　　④ 100

해설

**유희용 전차**

- 전로의 사용전압은 직류의 경우 60[V] 이하, 교류의 경우 40[V] 이하일 것
- 전기를 공급하기 위하여 사용하는 접촉전선은 제3레일 방식일 것
- 전기를 변성하기 위하여 사용하는 변압기의 1차 전압은 400[V] 미만일 것
- 전차 안의 승압용 변압기의 2차 전압은 150[V] 이하일 것

**04** **연료전지 및 태양전지 모듈의 절연내력시험을 하는 경우 충전부분과 대지 사이에 어느 정도의 시험전압을 인가하여야 하는가? (단, 연속하여 10분간 가하여 견디는 것이어야 한다.)**

① 최대사용전압의 1.25배의 직류전압 또는 1배의 교류전압(500[V] 미만으로 되는 경우에는 500[V])
② 최대사용전압의 1.25배의 직류전압 또는 1.25배의 교류전압(500[V] 미만으로 되는 경우에는 500[V])
③ 최대사용전압의 1.5배의 직류전압 또는 1배의 교류전압(500[V] 미만으로 되는 경우에는 500[V])
④ 최대사용전압의 1.5배의 직류전압 또는 1.25배의 교류전압(500[V] 미만으로 되는 경우에는 500[V])

해설

**연료전지 및 태양전지 모듈의 절연내력**

연료전지 및 태양전지 모듈은 최대사용전압의 1.5배의 직류전압 또는 1배의 교류전압

**05** **전개된 장소에서 저압 옥상전선로의 시설기준으로 적합하지 않은 것은?**

① 전선은 절연전선을 사용하였다.
② 전선의 지지점 간의 거리를 20[m]로 하였다.
③ 전선은 지름 2.6[mm]의 경동선을 사용하였다.
④ 저압 절연전선과 그 저압 옥상 전선로를 시설하는 조영재와의 이격거리를 2[m]로 하였다.

해설

**저압 옥상전선로의 시설**

- 전선은 절연전선일 것
- 전선은 지름 2.6[mm] 이상의 경동선 또는 인장강도 2.30[kN] 이상일 것
- 전선은 조영재에 견고하게 붙인 지지주 또는 지지대에 절연성.난연성 및 내수성이 있는 애자를 사용하여 지지하고 또한 그 지지점간의 거리는 15[m] 이하일 것
- 저압 옥상전선로의 전선은 상시 부는 바람 등에 의하여 식물에 접촉하지 아니하도록 시설하여야 한다.

**06** **교류 전차선 등과 삭도 또는 그 지주 사이의 이격거리를 몇 [m] 이상 이격하여야 하는가?**

① 1　　② 2
③ 3　　④ 4

해설

**전차선 등과 건조물 기타의 시설물과의 접근 또는 교차**

교류 전차선 등은 삭도와 교차하여 시설하여서는 아니 된다. 다음의 경우에는 가능하다.

- 교류 전차선 등과 삭도 또는 그 지주 사이의 이격거리는 2[m] 이상일 것

[정답] 03 ② 04 ③ 05 ② 06 ②

**07** **고압 가공전선을 시설할 때 사용되는 경동선의 굵기는 지름 몇 [mm] 이상인가?**

① 2.6 ② 3.2
③ 4.0 ④ 5.0

해설

**가공전선의 굵기 및 종류**

| 저·고압 가공전선의 굵기 | | | | | |
|---|---|---|---|---|---|
| 400[V] 이하 | | | 400[V] 초과 저압, 고압 | | |
| 나전선 | 3.2[mm] | 3.43[kN] | 시가지 | 5.0[mm] | 8.01[kN] |
| 절연전선 | 2.6[mm] | 2.30[kN] | 시가지외 | 4.0[mm] | 5.26[kN] |

**08** **저압 수상전선로에 사용되는 전선은?**

① 옥외 비닐케이블
② 600[V] 비닐절연전선
③ 600[V] 고무절연전선
④ 클로로프렌 캡타이어 케이블

해설

**수상 전선로의 시설**

| 수상전선로 | | | |
|---|---|---|---|
| 사용전압 | 전선의종류 | 높이 | |
| 저압 | 클로로프렌 캡타이어케이블 | 접속점 | |
| | | 육상 | 수면상 |
| 고압 | 캡타이어케이블 | 5[m]<br>단, 저압의 도로 이외 인 것 4[m] | 저 4[m] |
| | | | 고 5[m] |

**09** **케이블 트레이 공사에 사용하는 케이블 트레이에 적합하지 않은 것은?**

① 비금속제 케이블 트레이는 난연성 재료가 아니어도 된다.
② 금속재의 것은 적절한 방식처리를 한 것이거나 내식성 재료의 것이어야 한다.
③ 금속제 케이블 트레이 계통은 기계적 및 전기적으로 완전하게 접속하여야 한다.
④ 케이블 트레이가 방화구획의 벽 등을 관통하는 경우에 관통부는 불연성의 물질로 충전하여야 한다.

해설

**케이블트레이 공사**

**10** **전개된 건조한 장소에서 400[V] 이상의 저압 옥내배선을 할 때 특별히 정해진 경우를 제외하고는 시공할 수 없는 공사는?**

① 애자사용공사
② 금속덕트공사
③ 버스덕트공사
④ 합성수지몰드공사

해설

**저압 옥내배선의 시설장소별 공사의 종류**

저압 옥내배선을 합성수지관공사, 금속관공사, 가요전선관공사나 케이블공사로 할 경우 시설장소에 관계없이 사용할 수 있다.

| 시설장소 \ 사용전압 | | 400[V] 초과 |
|---|---|---|
| 전개된 장소 | 건조한 장소 | 애자사용공사·금속덕트공사 또는 버스덕트공사 |
| | 기타 장소 | 애자사용공사 |
| 점검할 수 있는 은폐된 장소 | 건조한 장소 | 애자사용공사·금속덕트공사 또는 버스덕트공사 |
| | 기타 장소 | 애자사용공사 |
| 점검할 수 없는 은폐된 장소 | 건조한 장소 | |

[정답] 07 ④ 08 ④ 09 ① 10 ④

**11** **가공전선로의 지지물의 강도계산에 적용하는 풍압하중은 빙설이 많은 지방이외의 지방에서 저온계절에는 어떤 풍압하중을 적용하는가? (단, 인가가 연 접되어 있지 않다고 한다.)**

① 갑종풍압하중

② 을종풍압하중

③ 병종풍압하중

④ 을종과 병종풍압하중을 혼용

해설

**풍압하중의 적용**

| 풍압하중의 적용 | | | |
|---|---|---|---|
| 지역 | | 고온계절 | 저온계절 |
| 빙설이 적은 지방 | | 갑종 | 병종 |
| 빙설이 많은 지방 | 일반지역 | 갑종 | 을종 |
| | 해안지방 | 갑종 | 갑종과 을종 중 큰 값 설정 |
| 인가가 많이 연접되어 있는 장소 | | 병종 | 병종 |

**12** **백열전등 또는 방전등에 전기를 공급하는 옥내전로의 대지전압은 몇 [V] 이하이어야 하는가? (백열전등 또는 방전등 및 이에 부속하는 전선은 사람이 접촉할 우려가 없도록 시설한 경우이다.)**

① 60 ② 110

③ 220 ④ 300

해설

**옥내전로의 대지전압의 제한**

백열전등 또는 방전등에 전기를 공급하는 옥내의 전로(주택의 옥내전로 제외)의 대지전압은 300[V] 이하이어야 한다.

**13** **특고압 가공전선로의 지지물에 첨가하는 통신선 보안장치에 사용되는 피뢰기의 동작전압은 교류 몇 [V] 이하인가?**

① 300 ② 600

③ 1000 ④ 1500

해설

**급전전용통신선용 보안장치**

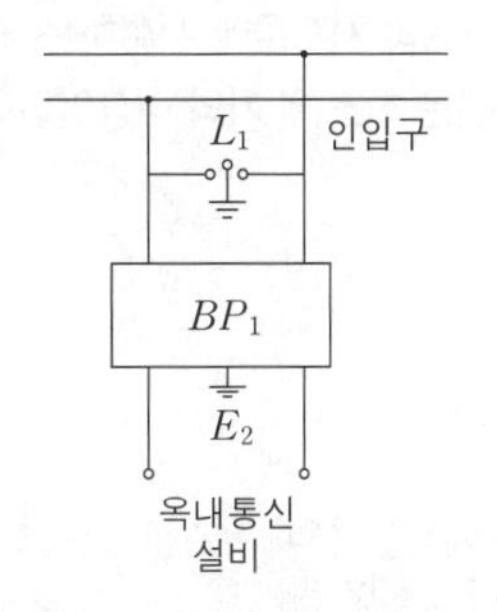


- RP1 : 교류 300[V] 이하에서 동작하고, 최소 감도 전류가 3[A] 이하로서 최소 감도전류 때의 응동시간이 1사이클 이하이고 또한 전류 용량이 50[A], 20초 이상인 자복성이 있는 릴레이 보안기
- L1 : 교류 1[kV] 이하에서 동작하는 피뢰기
- E1 및 E2 : 접지

**14** **태양전지 발전소에 시설하는 태양전지 모듈, 전선 및 개폐기 기타 기구의 시설기준에 대한 내용으로 틀린 것은?**

① 충전부분은 노출되지 아니하도록 시설할 것

② 옥내에 시설하는 경우에는 전선을 케이블공사로 시설할 수 있다.

③ 태양전지 모듈의 프레임은 지지물과 전기적으로 완전하게 접속

④ 태양전지 모듈을 병렬로 접속하는 전로에는 과전류차단기를 시설하지 않아도 된다.

해설

**태양전지 모듈 등의 시설**

① 전부분은 노출되지 않도록 시설 할 것

② 태양전지 모듈에 접속하는 부하측 전로에는 그 접속점에 근접하여 개폐기를 시설할 것

[정답] 11 ③ 12 ④ 13 ③ 14 ④

③ 전선은 공칭단면적 2.5[mm²] 이상의 연동선을 사용 할 것
④ 병렬로 접속하는 전로에 단락이 생긴 경우에는 전로를 보호하는 과전류차단기를 시설할 것
⑤ 합성수지관, 금속관, 가요전선관, 케이블공사로 시설할 것
⑥ 태양전지 모듈의 프레임은 지지물과 전기적으로 완전하게 접속하여야 한다.

**15** **가공전선로의 지지물에 시설하는 지선으로 연선을 사용할 경우 소선은 최소 몇 가닥 이상이어야 하는가?**

① 3　　② 5
③ 7　　④ 9

해설

**지선의 시설기준**

- 지선에 연선을 사용할 경우에는 소선 3가닥 이상의 연선일 것
- 지선의 안전율은 2.5 이상일 것
- 소선의 지름 2.6[mm] 이상의 금속선을 사용할 것
- 인장하중의 최저는 4.31[kN] 이상일 것
- 도로횡단시 높이는 5[m](단, 교통에 지장이 없을 경우 4.5[m])

**16** **저압 가공전선로 또는 고압 가공전선로와 기설 가공 약전류 전선로가 병행하는 경우에는 유도작용에 의한 통신상의 장해가 생기지 아니하도록 전선과 기설 약전류 전선간의 이격거리는 몇 [m] 이상이어야 하는가? (단, 전기철도용 급전선로는 제외한다.)**

① 2　　② 4
③ 6　　④ 8

해설

**가공 약전류전선로의 유도장해 방지**

저·고압 가공전선로와 기설 가공약전류전선로가 병행하는 경우에는 유도작용에 의하여 통신상의 장해가 생기지 아니하도록 전선과 기설 약전류 전선간의 이격거리는 2[m] 이상이어야 한다.

**17** **출퇴표시등 회로에 전기를 공급하기 위한 변압기는 1차측 전로의 대지전압이 300[V] 이하, 2차측 전로의 사용전압은 몇 [V] 이하인 절연변압기이어야 하는가?**

① 60　　② 80
③ 100　　④ 150

해설

**출퇴표시등 회로의 시설**

1차 대지전압 300[V] 이하, 2차 사용전압 60[V] 이하의 절연변압기일 것

**18** **중성점 직접 접지식 전로에 접속되는 최대사용전압 161[kV]인 3상 변압기 권선(성형결선)의 절연내력시험을 할 때 접지시켜서는 안 되는 것은?**

① 철심 및 외함
② 시험되는 변압기의 부싱
③ 시험되는 권선의 중성점 단자
④ 시험되지 않는 각 권선(다른 권선이 2개 이상 있는 경우에는 각 권선)의 임의의 1단자

해설

**변압기 전로의 절연내력**

| 권선의 종류 | 시험전압 | 시험방법 |
|---|---|---|
| 최대 사용전압이 60[kV]를 초과하는 권선(성형결선의 것에 한한다. 8란의 것을 제외한다)으로서 중성점 직접접지식전로에 접속하는 것. 다만, 170[kV]를 초과하는 권선에는 그 중성점에 피뢰기를 시설하는 것에 한한다. | 최대 사용전압의 0.72배의 전압 | 시험되는 권선의 중성점단자, 다른 권선(다른 권선이 2개 이상 있는 경우에는 각 권선)의 임의의 1단자, 철심 및 외함을 접지하고 시험되는 권선의 중성점 단자이외의 임의의 1단자와 대지 사이에 시험전압을 연속하여 10분간 가한다. 이 경우에 중성점에 피뢰기를 시설하는 것에 있어서는 다시 중성점 단자의 대지 간에 최대사용전압의 0.3배의 전압을 연속하여 10분간 가한다. |

[정답] 15① 16① 17① 18②

## 시행일 2020년 2회

**01** **345[kV] 송전선을 사람이 쉽게 들어가지 않는 산지에 시설할 때 전선의 지표상 높이는 몇 [m] 이상으로 하여야 하는가?**

① 7.28　② 7.56
③ 8.28　④ 8.56

해설

**특고압 가공전선의 높이(시가지외)**

| | | |
|---|---|---|
| 160[kV] 초과 | 일반 | 6[m] |
| | 철도 또는 궤도를 횡단 | 6.5[m] |
| | 산지 | 5[m] |
| | 160[kV] 초과시 10[kV] 또는단수마다 12[cm]를 더한 값 | |

5+(34.5−16)(소숫점절상)×0.12=7.28

**02** **사용전압이 400[V] 이하인 저압 가공전선은 케이블인 경우를 제외하고는 지름이 몇 [mm] 이상이어야 하는가? (단, 절연전선은 제외한다.)**

① 3.2　② 3.6
③ 4.0　④ 5.0

해설

**가공전선의 굵기 및 종류**

| 저·고압 가공전선의 굵기 | | | | | |
|---|---|---|---|---|---|
| 400[V] 이하 | | | 400[V] 초과 저압, 고압 | | |
| 나전선 | 3.2[mm] | 3.43[kN] | 시가지 | 5.0[mm] | 8.01[kN] |
| 절연전선 | 2.6[mm] | 2.30[kN] | 시가지외 | 4.0[mm] | 5.26[kN] |

**03** **발전기, 전동기, 조상기, 기타 회전기(회전변류기 제외)의 절연내력 시험전압은 어느 곳에 가하는가?**

① 권선과 대지 사이　② 외함과 권선 사이
③ 외함과 대지 사이　④ 회전자와 고정자 사이

해설

**회전기 및 정류기 절연내력**

10분간 연속하여 절연내력시험전압을 가하였을 때 다음과 같이 견디어야 한다.

| | 종류 | 최대사용전압 | 배수 | 최저시험전압 | 시험방법 |
|---|---|---|---|---|---|
| 회전기 | 조상기 발전기 전동기 | 7[kV] 이하 | 1.5배 | 500[V] | 권선과 대지간 |
| | | 7[kV] 초과 | 1.25배 | 10500[V] | |
| | 회전 변류기 | | 1배 | 500[V] | |

**04** **전기온상용 발열선은 그 온도가 몇 [°C]를 넘지 않도록 시설하여야 하는가?**

① 50　② 60
③ 80　④ 100

해설

**전기온상 등의 시설**

- 대지전압은 300[V] 이하
- 발열선온도 80[°C] 이하

**05** **수용장소의 인입구 부근에 대지 사이의 전기저항 값이 3[Ω] 이하인 값을 유지하는 건물의 철골을 접지극으로 사용하여 접지공사를 한 저압전로의 접지측 전선에 추가 접지 시 사용하는 접지선을 사람이 접촉할 우려가 있는 곳에 시설할 때는 어떤 공사방법으로 시설하는가?**

① 금속관공사　② 케이블공사
③ 금속몰드공사　④ 합성수지관공사

해설

**수용장소의 인입구의 접지**

수용장소의 인입구 부근에 대지 사이의 전기저항 값이 3[Ω] 이하인 값을 유지하는 건물의 철골을 접지극으로 사용하여 접지공사를 한 저압전로의 접지측 전선에 추가 접지 시 사용하는 접지선을 사람이 접촉할 우려가 있는 곳에 시설할 때는 케이블공사의 규정에 준하여 시설하여야 한다.

[정답] 2020년 2회 01 ① 02 ① 03 ① 04 ③ 05 ②

## 06 고압 옥내배선의 공사방법으로 틀린 것은?

① 케이블공사
② 합성수지관 공사
③ 케이블 트레이공사
④ 애자사용공사(건조한 장소로서 전개된 장소에 한한다.)

**해설**

**고압옥내배선의 시설**

고압 옥내배선은 애자사용공사,케이블공사, 케이블트레이공사에 의한다.
단, 건조하고 전개된 장소에 한하여 애자사용공사를 할수 있다.

## 07 특고압 가공전선로 중 지지물로서 직선형의 철탑을 연속하여 10기 이상 사용하는 부분에는 몇 기 이하마다 내장 애자장치가 되어 있는 철탑 또는 이와 동등이상의 강도를 가지는 철탑 1기를 시설하여야 하는가?

① 3　② 5
③ 7　④ 10

**해설**

**특고압 가공전선로의 내장형 등의 지지물 시설**

철탑을 사용하는 직선부분은 10기 이하마다 내장 애자장치를 갖는 철탑 1기를 시설한다.

## 08 사용전압이 440[V]인 이동기중기용 접촉전선을 애자사용 공사에 의하여 옥내의 전개된 장소에 시설하는 경우 사용하는 전선으로 옳은 것은?

① 인장강도 3.44[kN] 이상인 것 또는 지름 2.6[mm]의 경동선으로 단면적이 8[$mm^2$] 이상인 것
② 인장강도 3.44[kN] 이상인 것 또는 지름 3.2[mm]의 경동선으로 단면적이 18[$mm^2$] 이상인 것
③ 인장강도 11.2[kN] 이상인 것 또는 지름 6[mm]의 경동선으로 단면적이 28[$mm^2$] 이상인 것
④ 인장강도 11.2[kN] 이상인 것 또는 지름 8[mm]의 경동선으로 단면적이 8[$mm^2$] 이상인 것

**해설**

**옥내에 시설하는 저압 접촉전선 공사**

전선은 인장강도 11.2[kN] 이상의 것 또는 지름 6[mm] 의 경동선으로 단면적이 28[$mm^2$] 이상인 것일 것. 다만, 사용전압이 400[V] 이하인 경우에는 인장강도 3.44[kN] 이상의 것 또는 지름 3.2[mm] 이상의 경동선으로 단면적이 8[$mm^2$] 이상인 것을 사용할 수 있다.

## 09 옥내에 시설하는 사용 전압이 400[V] 이상 1000[V] 이하인 전개된 장소로서 건조한 장소가 아닌 기타의 장소의 관등회로 배선공사로서 적합한 것은?

① 애자사용공사
② 금속몰드공사
③ 금속덕트공사
④ 합성수지몰드공사

**해설**

**옥내 방전등 배선공사**

옥내에 시설하는 사용전압이 400[V] 초과, 1[kV] 이하인 관등회로의 배선은 다음에 따라 시설하여야 한다. 다만, 방전관에 네온방전관을 사용하는 것은 제외한다.

| 시설장소 | | 공사의 종류 |
|---|---|---|
| 전개된 장소 | 건조한 장소 | 애자사용공사·합성수지몰드공사 또는 금속몰드공사 |
| | 기타 장소 | 애자사용공사 |
| 점검할 수 있는 은폐된 장소 | 건조한 장소 | 애자사용공사·합성수지몰드공사 또는 금속몰드공사 |
| | 기타 장소 | 애자사용공사 |

## 10 사용전압이 154[kV]인 가공전선로를 제1종 특고압 보안공사로 시설할 때 사용되는 경동연선의 단면적은 몇 [$mm^2$] 이상이어야 하는가?

① 55　② 100
③ 150　④ 200

[정답] 06 ② 07 ④ 08 ③ 09 ① 10 ③

해설

**제1종 특고압 보안공사**

| 사용전압 | 선 |
|---|---|
| 100[kV] 미만 | 인장강도 21.67[kN] 이상의 연선<br>또는 단면적 55[$mm^2$] 이상의 경동연선 |
| 100[kV] 이상<br>300[kV] 미만 | 인장강도 58.84[kN] 이상의 연선<br>또는 단면적 150[$mm^2$] 이상의 경동연선 |
| 300[kV] 이상 | 인장강도 77.47[kN] 이상의 연선<br>또는 단면적 200[$mm^2$] 이상의 경동연선 |

**11** **조상설비에 내부고장, 과전류 또는 과전압이 생긴 경우 자동적으로 차단되는 장치를 해야하는 전력용 커패시터의 최소 뱅크용량은 몇 [kVA] 인가?**

① 10000　② 12000
③ 13000　④ 15000

해설

**조상설비의 보호장치**

| 설비종별 | 뱅크용량의 구분 | 자동적으로 전로로부터 차단하는 장치 |
|---|---|---|
| 전력용 커패시터 및 분로리액터 | 500[kVA] 초과 ~ 15000[kVA] 미만 | 내부고장, 과전류 |
| | 15000[kVA] 이상 | 내부고장, 과전류, 과전압 |
| 조상기 | 15000[kVA] | 내부에 고장이 생긴 경우 |

**12** **접지공사에 사용하는 접지선을 사람이 접촉할 우려가 있는 곳에 시설하는 경우, [전기용품 및 생활용품 안전관리법]을 적용받는 합성수지관 (두께 2[mm] 미만의 합성수지제 전선관 및 난연성이 없는 콤바인덕트관을 제외한다.)으로 덮어야 하는 범위로 옳은 것은?**

① 접지선의 지하 30[cm]로부터 지표상 1[m]까지의 부분
② 접지선의 지하 50[cm]로부터 지표상 1.2[m]까지의 부분
③ 접지선의 지하 60[cm]로부터 지표상 1.8[m]까지의 부분
④ 접지선의 지하 75[cm]로부터 지표상 2[m]까지의 부분

해설

접지공사에 사용하는 접지선을 사람이 접촉할 우려가 있는 곳에 시설하는 경우의 접지공사 접지선의 지하 75[cm]로부터 지표상 2[m]까지의 부분은 합성수지관 이상의 절연효력 및 강도를 가지는 몰드로 덮을 것

**13** **가공 직류 절연 귀선은 특별한 경우를 제외하고 어느 전선에 준하여 시설하여야 하는가?**

① 저압가공전선
② 고압가공전선
③ 특고압가공전선
④ 가공 약전류 전선

해설

**가공직류 절연 귀선의 시설**
가공 직류 절연 귀선은 저압 가공 전선에 준하여 시설하여야 한다.

**14** **전력 보안 가공통신선의 시설 높이에 대한 기준으로 옳은 것은?**

① 철도의 궤도를 횡단하는 경우에는 레일면상 5[m] 이상
② 횡단보도교 위의 시설하는 경우에는 그 노면상 3[m] 이상
③ 도로(차도와 도로의 구별이 있는 도로는 차도)위에 시설하는 경우에는 지표상 2[m] 이상
④ 교통에 지장을 줄 우려가 없도록 도로(차도와 도로의 구별이 있는 도로는 차도) 위에 시설하는 경우에는 지표상 2[m]까지로 감할 수 있다.

[정답] 11④ 12④ 13① 14②

해설

**가공 통신선의 높이**

| 시설 장소 | | 가공통신선 | 첨가통신선 | |
|---|---|---|---|---|
| | | | 저·고압 | 특고압 |
| 도로(차도)위 | 일반적인 경우 | 5[m] 이상 | 6[m] 이상 | 6[m] 이상 |
| | 교통에 지장을 안 주는 경우 | 4.5[m] 이상 | 5[m] 이상 | – |
| 철도횡단(레일면상) | | 6.5[m] 이상 | 6.5[m] 이상 | 6.5[m] 이상 |
| 횡단보도교 위(노면상) | | 3[m] 이상 | 3.5[m] 이상 | 5[m] 이상 |

## 15 특고압 지중전선이 지중 약전류전선 등과 접근하거나 교차하는 경우에 상호 간의 이격거리가 몇 [cm] 이하인 때에는 두 전선이 직접 접촉하지 아니하도록 하여야 하는가?

① 15　② 20
③ 30　④ 60

해설

**지중전선과 지중약전류전선과의 이격거리**

| 조 건 | 이격거리 |
|---|---|
| 약전류전선 ↔ 저압·고압 지중전선 | 30[cm] 이상 |
| 약전류전선 ↔ 특고압 지중전선 | 60[cm] 이상 |

## 16 변전소에서 오접속을 방지하기 위하여 특고압 전로의 보기 쉬운 곳에 반드시 표시해야 하는 것은?

① 상별표시　② 위험표시
③ 최대전류　④ 정격전압

해설

**특고압전로의 상 및 접속 상태의 표시**

발전소.변전소 또는 이에 준하는 곳의 특고압전로에는 그의 보기 쉬운 곳에 상별(相別) 표시를 하여야 한다.

## 17 가공전선로의 지지물에 시설하는 지선의 시설기준으로 틀린 것은?

① 지선의 안전율을 2.5 이상으로 할 것
② 소선은 최소 5가닥 이상의 강심 알루미늄연선을 사용할 것
③ 도로를 횡단하여 시설하는 지선의 높이는 지표상 5[m]
④ 지중부분 및 지표상 30[cm]까지의 부분에는 내식성이 있는 것을 사용할 것

해설

**지선의 시설기준**

- 지선에 연선을 사용할 경우에는 소선 3가닥 이상의 연선일 것
- 지선의 안전율은 2.5 이상일 것
- 소선의 지름 2.6[mm] 이상의 금속선을 사용할 것
- 인장하중의 최저는 4.31[kN] 이상일 것
- 도로횡단시 높이는 5[m] 단, 교통에 지장이 없을 경우 4.5[m]

## 18 고압용 기계기구를 시가지에 시설할 때 지표상 몇 [m] 이상의 높이에 시설하고, 또한 사람이 쉽게 접촉할 우려가 없도록 하여야 하는가?

① 4.0　② 4.5
③ 5.0　④ 5.5

해설

**고압용 기계기구의 시설**

고압용 기계기구는 지표상 4.5[m](시가지 외에서는 4[m]) 이상의 높이에 시설

## 19 가반형의 용접전극을 사용하는 아크 용접장치의 용접변압기의 1차측 전로의 대지전압은 몇 [V] 이하이어야 하는가?

① 60　② 150
③ 300　④ 400

[정답] 15④ 16① 17② 18② 19③

해설

**아크 용접장치의 시설**

가반형의 용접 전극을 사용하는 아크 용접장치는 다음에 의하여 시설하여야 한다.

① 용접변압기는 절연변압기일 것
② 용접변압기의 1차측 전로의 대지전압은 300[V] 이하일 것
③ 용접변압기의 1차측 전로에는 용접변압기에 가까운 곳에 쉽게 개폐할 수 있는 개폐기를 시설할 것
④ 피용접재 또는 이와 전기적으로 접속되는 받침대, 정반 등의 금속체에는 제3종 접지공사를 할 것

## 20 저압 가공전선으로 사용할 수 없는 것은?

① 케이블 ② 절연전선
③ 다심형 전선 ④ 나동복 강선

해설

**저압 가공전선의 종류**

저압 가공전선은 나전선(중성선 또는 다중접지된 접지측 전선으로 사용하는 전선에 한한다), 절연전선, 다심형 전선 또는 케이블을, 고압 가공전선은 고압 절연전선, 특고압 절연전선, 또는 케이블을 사용하여야 한다.

## 시행일 2020년 3회

## 01 과전류차단기로 시설하는 퓨즈 중 고압전로에 사용하는 비포장 퓨즈는 정격전류 2배 전류시 몇 분 안에 용단되어야 하는가?

① 1분 ② 2분
③ 5분 ④ 10분

해설

**고압 및 특고압전로 중의 과전류차단기의 시설**

과전류차단기로 시설하는 퓨즈 중 고압전로에 사용하는 비포장 퓨즈는 정격전류의 1.25배 전류에 견디고 또한 2배의 전류로 2분 안에 용단되는 것이어야 한다.

## 02 옥내에 시설하는 저압전선에 나전선을 사용할 수 있는 경우는?

① 버스덕트 공사에 의하여 시설하는 경우
② 금속덕트 공사에 의하여 시설하는 경우
③ 합성수지관 공사에 의하여 시설하는 경우
④ 후강전선관 공사에 의하여 시설하는 경우

해설

**나전선의 사용제한**

다음의 경우를 제외하고 나전선을 사용하여서는 안된다.
전기로용 전선, 버스덕트공사, 라이팅덕트공사 및 접촉전선을 시설하는 경우 나전선을 사용할 수 있다.

## 03 고압 가공전선로에 사용하는 가공지선은 지름 몇 [mm] 이상의 나경동선을 사용하여야 하는가?

① 2.6 ② 3.0
③ 4.0 ④ 5.0

해설

**고압·특고압 가공전선로의 가공지선**

| 전압 | 전선의 굵기 | 인장강도 |
|---|---|---|
| 고압 | 지름 4[mm] 이상의 나경동선 | 5.26[kN] 이상 |
| 특고압 | 지름 5[mm] 이상의 나경동선 | 8.01[kN] 이상 |

## 04 사용전압이 35000[V] 이하인 특고압 가공전선과 가공약전류 전선을 동일 지지물에 시설하는 경우, 특고압 가공전선로의 보안공사로 적합한 것은?

① 고압 보안공사
② 제1종 특고압 보안공사
③ 제2종 특고압 보안공사
④ 제3종 특고압 보안공사

해설

**특고압의 공가**

① 사용전압이 35[kV] 이하 일 것
② 특고압 가공전선로는 제2종 특고압 보안공사에 의할 것

[정답] 20 ④ 2020년 3회 01 ② 02 ① 03 ③ 04 ③

③ 특고압 가공전선은 가공약전류 전선 등의 위로하고 별개의 완금류에 시설할 것
④ 특고압 가공전선은 케이블인 경우 이외에는 인장강도 21.67[kN] 이상의 연선 또는 단면적이 50[mm²] 이상인 경동연선일 것
⑤ 이격거리는 2[m] 이상으로 할 것 (단, 가공전선이 케이블일 경우 50[cm] 이상)

## 05 그림은 전력선 반송통신용 결합장치의 보안장치이다. 여기에서 $CC$는 어떤 커패시터인가?

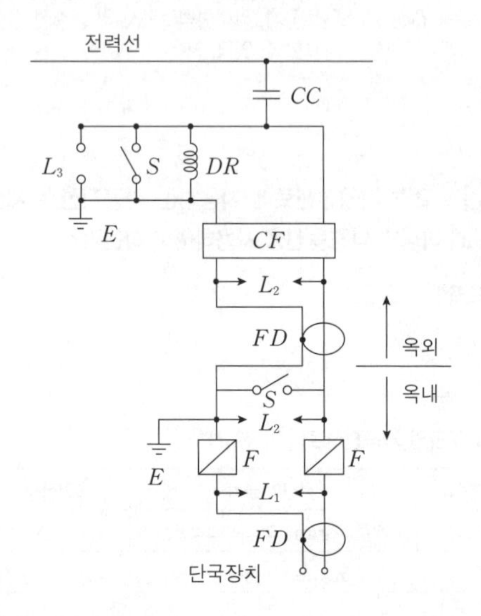


① 결합 커패시터
② 전력용 커패시터
③ 정류용 커패시터
④ 축전용 커패시터

해설

**전력선 반송통신용 결합장치의 보안장치**

전력선 반송통신용 결합콘덴서 (고장점 표점장치 기타 이와 유사한 보호장치에 이용하는 것을 제외한다.)에 접속하는 회로는 다음의 보안장치 또는 이에 준하는 안전장치를 시설하여야 한다.

$FD$ : 동축케이블
$F$ : 정격전류 10[A]이하의 포장퓨즈
$DR$ : 전류용량 2[A]이상의 배류선륜
$L_1$ : 교류 300[V]이하에서 동작하는 피뢰기
$L_2$ : 동작전압이 교류 1300[V]를 넘고 1600[V]이하로 조정된 방전갭
$L_3$ : 동작전압이 교류2000[V]를 넘고 3000[V]이하로 조정된 구상 방전갭
$S$ : 접지용 개폐기
$CF$ : 결합필터
$CC$: 결합콘덴서(결합 안테나 포함)
$E$ : 접지

## 06 수소냉각시 발전기 몇 이에 부속하는 수소냉각장치의 시설에 대한 설명으로 틀린 것은?

① 발전기안의 수소의 밀도를 계측하는 장치를 시설할 것
② 발전기안의 수소의 손도가 85[%] 이하로 저하한 경우에 이를 경보하는 장치를 시설할 것
③ 발전기안의 수소의 압력을 계측하는 장치 및 그 압력이 현저히 변동한 경우에 이를 경보하는 장치를 시설할 것
④ 발전기는 기밀구조의 것이고 또한 수소가 대기압에서 폭발하는 경우에 생기는 압력에 견디는 강도를 가지는 것일 것

해설

**수소냉각식 발전기 등의 시설**

① 발전기 또는 조상기는 기밀구조의 것이고 또한 수소가 대기압에서 폭발하는 경우에 생기는 압력에 견디는 강도를 가지는 것일 것
② 수소 가스를 안전하게 외부에 방출할 수 있는 장치를 설치할 것
③ 발전기안 또는 조상기안의 수소의 순도가 85 % 이하로 저하한 경우에 이를 경보하는 장치를 시설할 것
④ 발전기안 또는 조상기안의 수소의 압력을 계측하는 장치 및 그 압력이 현저히 변동한 경우에 이를 경보하는 장치를 시설할 것
⑤ 발전기안 또는 조상기안의 수소의 온도를 계측하는 장치를 시설할 것
⑥ 수소를 통하는 관.밸브 등은 수소가 새지 아니하는 구조로 되어 있을 것
⑦ 발전기 또는 조상기에 붙인 유리제의 점검 창 등은 쉽게 파손되지 아니하는 구조로 되어 있을 것

## 07 제2종 특고압 보안공사 시 지지물로 사용하는 철탑의 경간을 400[m] 초과로 하려면 몇 [mm²] 이상의 경동연선을 사용하여야 하는가?

① 38 ② 55
③ 82 ④ 95

[정답] 05 ① 06 ① 07 ④

해설

**제2종 특고압 보안공사**

| 지지물 | 경간[m] |
|---|---|
| | 2종 특고압 보안 |
| | 95[$mm^2$] |
| 목주·A종 | 100 |
| B종 | 250 |
| 철탑 | 600 |

- 표준경간은 표와 같은 굵기의 전선을 적용할 경우 적용할 수 있다.

## 08 목장에서 가축의 탈출을 방지하기 위하여 전기울타리를 시설하는 경우 전선은 인장강도가 몇 [kN] 이상의 것이어야 하는가?

① 1.38　② 2.78
③ 4.43　④ 5.93

해설

**전기울타리의 시설**

| 전기울타리 | |
|---|---|
| 사용전압 | 250[V] 이하 |
| 사용전선 | 지름 2[mm] 이상의 경동선 또는 인장강도 1.38[kN] 이상 |
| 전선과 기둥과의 이격거리 | 2.5[cm] 이상 |
| 전선과 수목의 이격거리 | 30[cm] 이상 |

## 09 다음 ( )에 들어갈 내용으로 옳은 것은?

전차선로는 무선설비의 기능에 계속적이고 또한 중대한 장해를 주는 (　　)가 생길 우려가 있는 경우에는 이를 방지 하도록 시설하여야 한다.

① 전파　② 혼촉
③ 단락　④ 정전기

해설

**전차선로**

전차선로는 무선설비의 기능에 계속적이고 또한 중대한 장해를 주는 전파가 생길 우려가 있는 경우에는 이를 방지 하도록 시설하여야 한다.

## 10 최대사용전압이 7[kV]를 초과하는 회전기의 절연내력 시험은 최대사용전압의 몇 배의 전압(10500[V] 미만으로 되는 경우에는 10500[V])에서 10분간 견디어야 하는가?

① 0.92　② 1
③ 1.1　④ 1.25

해설

**회전기 및 정류기 절연내력시험**

10분간 연속하여 절연내력시험전압을 가하였을 때 다음과 같이 견디어야 한다.

| | 종류 | 최대사용전압 | 배수 | 최저 시험전압 | 시험방법 |
|---|---|---|---|---|---|
| 회전기 | 조상기 발전기 전동기 | 7[kV] 이하 | 1.5배 | 500[V] | 권선과 대지간 |
| | | 7[kV] 초과 | 1.25배 | 10500[V] | |
| | 회전 변류기 | | 1배 | 500[V] | |

## 11 교량의 윗면에 시설하는 고압 전선로는 전선의 높이를 교량의 노면상 몇 [m] 이상으로 하여야 하는가?

① 3　② 4
③ 5　④ 6

해설

**교량에 시설하는 전선로**

1) 교량의 윗면에 시설하는 것은 다음에 의하는 이외에 전선의 높이를 교량의 노면상 5[m] 이상으로 하여 시설할 것
   ① 전선은 케이블인 경우 이외에는 인장강도 2.30[kN] 이상의 것 또는 지름 2.6[mm] 이상의 경동선의 절연전선일 것
   ② 전선과 조영재 사이의 이격거리는 전선이 케이블인 경우 이외에는 30[cm] 이상일 것

[정답] 08 ① 09 ① 10 ④ 11 ③

③ 전선은 케이블인 경우 이외에는 조영재에 견고하게 붙인 완금류에 절연성·난연성 및 내수성의 애자로 지지할 것
④ 전선이 케이블인 경우에 전선과 조영재 사이의 이격거리를 15[cm] 이상으로 하여 시설할 것

2) 교량의 아랫면에 시설하는 것은 합성수지관 공사, 금속관 공사, 가요전선관 공사, 케이블 공사에 의하여 시설할 것

## 12 저압의 전선로 중 절연부분의 전선과 대지간의 절연저항은 사용전압에 대한 누설전류가 최대 공급전류의 얼마를 넘지 않도록 유지하여야 하는가?

① $\frac{1}{1000}$ ② $\frac{1}{2000}$

③ $\frac{1}{3000}$ ④ $\frac{1}{4000}$

해설

**전선로의 절연성능**

저압전선로 중 절연 부분의 전선과 대지 사이 및 전선의 심선 상호간의 절연저항은 사용전압에 대한 누설전류가 최대 공급전류의 1/2000을 넘지 않도록 하여야한다.

누설전류 $I_g \leq$ 최대공급전류 $\times \frac{1}{2000}$[A]

## 13 지중전선로에 사용하는 지중함의 시설기준으로 틀린 것은?

① 지중함은 견고하고 차량 기타 중량물의 압력에 견기는 구조일 것
② 지중함은 그 안의 고인 물을 제거할 수 있는 구조로 되어있을 것
③ 지중함의 뚜껑은 시설자 이외의 자가 쉽게 열 수 없도록 시설할 것
④ 폭발성의 가스가 침입할 우려가 있는 것에 시설하는 지중함으로서 그 크기가 0.5[m³] 이상인 것에는 통풍장치 기타 가스를 방산시키기 위한 적당한 장치를 시설할 것

해설

**지중함의 시설기준**

- 지중함은 견고하고 차량 기타 중량물의 압력에 견디는 구조일 것
- 지중함은 그 안의 고인 물을 제거할 수 있는 구조로 되어 있을 것
- 폭발성 또는 연소성의 가스가 침입할 우려가 있는 것에 시설하는 지중함으로서 그 크기가 1[m³] 이상인 것에는 통풍장치 기타 가스를 방산시키기 위한 적당한 장치를 시설할 것
- 지중함의 뚜껑은 시설자 이외의 자가 쉽게 열 수 없도록 시설할 것

## 14 사람이 상시 통행하는 터널 안의 배선(전기기계기구 안의 배선, 관등회로의 배선, 소세력 회로의 전선 및 출퇴 표시등 회로의 전선은 제외)의 시설기준에 적합하지 않는 것은?

① 합성수지관 공사로 시설하였다.
② 공칭단면적 2.5[mm²]의 연동선을 사용하였다.
③ 애자사용공사 시 전선의 높이는 노면상 2[m]로 시설하였다.
④ 전로에는 터널의 입구 가까운 곳에 전용 개폐기를 시설하였다.

해설

**사람이 상시 통행하는 터널 안의 배선시설**

사람이 상시 통행하는 터널 안의 배선은 그 사용전압이 저압의 것에 한하고 또한 다음에 따라 시설하여야 한다.

- 공칭단면적 2.5[mm²]의 연동선과 동등 이상의 세기 및 굵기의 절연전선(옥외용 비닐절연전선 및 인입용 비닐절연전선을 제외한다)을 사용하여 애자사용공사에 의하여 시설하고 또한 이를 노면상 2.5[m] 이상의 높이로 할 것

## 15 발전소에서 계측하는 장치를 시설하여야 하는 사항에 해당하지 않는 것은?

① 특고압용 변압기의 온도
② 발전기의 회전수 및 주파수
③ 발전기의 전압 및 전류 또는 전력
④ 발전기의 베어링(수중 메탈을 제외한다.) 및 고정자의 온도

해설

**계측장치**

- 발전기 및 주변압기의 전압 및 전류 또는 전력
- 발전기의 베어링 및 고정자의 온도
- 특고압용 변압기의 온도

[정답] 12 ② 13 ④ 14 ③ 15 ②

**16** **가공전선로의 지지물에 하중이 가하여지는 경우에 그 하중을 받을 지지물의 기초 안전율은 얼마 이상이어야 하는가?**

① 1.5 ② 2.0

③ 2.5 ④ 3.0

해설

**가공전선로 지지물의 기초의 안전율**

가공전선로의 지지물에 하중이 가하여지는 경우에 그 하중을 받는 지지물의 기초의 안전율은 2 이상이어야 한다.

**17** **금속제 외함을 가진 저압의 기계기구로서 사람이 쉽게 접촉될 우려가 있는 곳에 시설하는 경우 전기를 공급받는 전로에 지락이 생겼을 때 자동적으로 전로를 차단하는 장치를 설치하여야 하는 기계기구의 사용전압이 몇 [V]를 초과하는 경우인가?**

① 30 ② 50

③ 100 ④ 150

해설

**누전차단장치 등의 시설**

금속제 외함을 가지는 사용전압이 50[V]를 초과하는 저압의 기계기구로서 사람이 쉽게 촉할 우려가 있는 곳에 시설하는 것에 전기를 공급하는 전로에는 전로에 지락이 생겼을 때에 자동적으로 전로를 차단하는 장치를 하여야 한다.

## 시행일 2021년 1회

**01** **전기철도차량에 전력을 공급하는 전차선의 가선방식에 포함되지 않는 것은?**

① 가공방식 ② 강체방식

③ 제3레일방식 ④ 지중조가선방식

해설

**전차선의 가선방식**

전기철도차량에 전력을 공급하는 전차선의 가선방식으로 가공식, 강체식, 제3궤조식으로 분류한다.

**02** **수소냉각식 발전기 및 이에 부속하는 수소냉각장치에 대한 시설기준으로 틀린 것은?**

① 발전기 내부의 수소의 온도를 계측하는 장치를 시설할 것

② 발전기 내부의 수소의 순도가 70[%] 이하로 저하한 경우에 경보를 하는 장치를 시설할 것

③ 발전기는 기밀구조의 것이고 또한 수소가 대기압에서 폭발하는 경우에 생기는 압력에 견디는 강도를 가지는 것일 것

④ 발전기 내부의 수소의 압력을 계측하는 장치 및 그 압력이 현저히 변동한 경우에 이를 경보하는 장치를 시설할 것

해설

**수소냉각식 발전기 등의 시설**

발전기 내부 또는 조상기 내부의 수소의 순도가 85[%] 이하로 저하한 경우에 이를 경보하는 장치를 시설할 것.

**03** **저압전로의 보호도체 및 중선선의 접속방식에 따른 접지계통의 분류가 아닌 것은?**

① IT 계통 ② TN 계통

③ TT 계통 ④ TC 계통

해설

**접지계통의 분류**

저압 전로의 접지계통은 TN, TT, TI 계통방식이 있다.

**04** **교통신호등 회로의 사용전압이 몇 [V]를 넘는 경우는 전로에 지락이 생겼을 경우 자동적으로 전로를 차단하는 누전차단기를 시설하는가?**

① 60 ② 150

③ 300 ④ 450

해설

**교통신호등의 시설**

[정답] 16② 17② 21년1회 1④ 02② 03④ 04②

교통신호등 회로로부터 전구까지의 전로 사용전압은 300[V] 이하로 다음과 같이 시설한다.

- 전선은 케이블인 경우 이외는 공칭단면적 2.5[$mm^2$] 연동선과 동등 이상의 세기 및 450/750[V] 일반용 단심 비닐절연전선 또는 450/750[V] 내열성 에틸렌아세테이트 고무절연전선일 것.
- 조가용선 사용시 인장강도 3.70[kN]의 금속선 또는 지름 4[mm] 이상의 아연도철선을 2가닥 이상을 꼰 금속선에 매달 것.
- 전선의 지표상의 높이는 2.5[m] 이상일 것.
- 제어장치의 전원측에는 전용 개폐기 및 과전류차단기를 시설하고 150[V]를 넘는 경우는 지락차단장치를 시설한다.

## 05 터널 안의 전선로의 저압전선이 그 터널 안의 다른 저압전선(관등회로의 배선은 제외한다) · 약전류전선 등 또는 수관 · 가스관이나 이와 유사한 것과 접근하거나 교차하는 경우, 저압전선을 애자공사에 의하여 시설하는 때에는 이격거리가 몇 [cm] 이상이어야 하는가? (단, 전선이 나전선이 아닌 경우이다)

① 10 ② 15
③ 20 ④ 25

해설

**터널 안의 전선로 애자사용공사**

저압 옥내배선이 약전류전선 등 또는 수관.가스관이나 이와 유사한 것과 접근하거나 교차하는 경우에 저압 옥내배선을 애자공사에 의하여 시설하는 때에는 저압 옥내배선과 약전류전선 등 또는 수관·가스관이나 이와 유사한 것과의 이격거리는 0.1[m](전선이 나전선인 경우에 0.3[m]) 이상이어야 한다.

## 06 저압 절연전선으로 전기용품 및 생활용품 안전관리법의 적용을 받는 것 이외에 KS에 적합한 것으로서 사용할 수 없는 것은?

① 450/750[V] 고무절연전선
② 450/750[V] 비닐절연전선
③ 450/750[V] 알루미늄절연전선
④ 450/750[V] 저독성 난연 폴리올레핀절연전선

해설

**저압 절연전선**

저압 절연전선은 「전기용품 및 생활용품 안전관리법」의 적용을 받는 것 이외에는 KS에 적합한 것으로서 450/750[V] 비닐절연전선·450/750[V] 저독성 난연 폴리올레핀절연전선·450/750[V] 저독성 난연 가교폴리올레핀절연전선·450/750[V] 고무절연전선을 사용하여야 한다.

## 07 사용전압이 154[kV]인 모선에 접속되는 전력용 커패시터에 울타리를 시설하는 경우 울타리의 높이와 울타리로부터 충전부분까지 거리의 합계는 몇 [m] 이상 되어야 하는가?

① 2 ② 3
③ 5 ④ 6

해설

**발전소 등의 울타리·담 등의 시설**

| 사용전압의 구분 | 높이와 거리의 합계 |
|---|---|
| 35[kV]를 넘고 160[kV] 이하 | 6[m] |

## 08 태양광설비에 시설하여야 하는 계측기의 계측대상에 해당하는 것은?

① 전압과 전류 ② 전력과 역률
③ 전류와 역률 ④ 역률과 주파수

해설

**태양광설비의 계측장치**

태양광설비에는 전압과 전류 또는 전압과 전력을 계측하는 장치를 시설하여야 한다.

## 09 전선의 단면적이 38[$mm^2$]인 경동연선을 사용하고 지지물로는 B종 철주 또는 B종 철근 콘크리트주를 사용하는 특고압 가공전선로를 제3종 특고압 보안공사에 의하여 시설하는 경우 경간은 몇 [m] 이하이어야 하는가?

[정답] 05 ① 06 ③ 07 ③ 08 ① 09 ③

① 100 ② 150
③ 200 ④ 250

해설

**특고압 보안공사시 경간**

| 지지물 | 경 간[m] | | |
|---|---|---|---|
| | 저·고압 보안 | 1종 특고압 보안 | 2·3종 특고압 보안 |
| 목주·A종 | 100 | | 100 |
| B종 | 150 | 150 | 200 |
| 철탑 | 400 | 400 | 400 |

55[$mm^2$] 이상인 경우 B종은 표준경간화 시킬 수 있다.

## 10 저압 전로에서 정전이 어려운 경우 등 절연저항 측정이 곤란한 경우 저항성분의 누설전류가 몇 [mA] 이하이면 그 전로의 절연성능은 적합한 것으로 보는가?

① 1 ② 2
③ 3 ④ 4

해설

**누설전류**

저압 전로에서 정전이 어려운 경우 등 절연저항 측정이 곤란한 경우 저항성분의 누설전류가 1[mA] 이하이면 그 전로의 절연성능은 적합한 것으로 본다.

## 11 금속제 가요전선관 공사에 의한 저압 옥내배선의 시설기준으로 틀린 것은?

① 가요전선관 안에는 전선에 접속점이 없도록 한다.
② 옥외용 비닐절연전선을 제외한 절연전선을 사용한다.
③ 점검할 수 없는 은폐된 장소에는 1종 가요전선관을 사용할 수 있다.
④ 2종 금속제 가요전선관을 사용하는 겨웅에 습기 많은 장소에 시설하는 때에는 비닐피복 2종 가요전선관으로 한다.

해설

**금속제 가요전선관**

가요전선관은 2종 금속제 가요전선관일 것. 다만, 전개된 장소 또는 점검할 수 있는 은폐된 장소(옥내배선의 사용전압이 400[V] 초과인 경우에는 전동기에 접속하는 부분으로서 가요성을 필요로 하는 부분에 사용하는 것에 한한다)에는 1종 가요전선관(습기가 많은 장소 또는 물기가 있는 장소에는 비닐 피복 1종 가요전선관에 한한다)을 사용할 수 있다.

## 12 "리플프리(Ripple-free)직류"란 교류를 직류로 변환할 때 리플성분의 실효값이 몇 [%] 이하로 포함된 직류를 말하는가?

① 3 ② 5
③ 10 ④ 15

해설

**리플프리직류**

교류를 직류로 변환할 때 리플성분의 실효값이 10[%] 이하로 포함된 직류를 말한다.

## 13 사용전압이 22.9[kV]인 가공전선로를 시가지에 시설하는 경우 전선의 지표상 높이는 몇 [m] 이상인가? (단, 전선은 특고압 절연전선을 사용한다)

① 6 ② 7
③ 8 ④ 10

해설

**특고압 가공전선의 높이(시가지)**

| 사용전압의 구분 | 지표상의 높이 |
|---|---|
| 35[kV] 이하 | 10[m]<br>(특고압 절연전선인 경우 8[m]) |
| 35[kV] 초과 | 10[m]에 35[kV]를 초과하는 10[kV] 또는 그 단수마다 0.12[m]를 더한 값 |

## 14 가공전선로의 지지물에 시설하는 지선으로 연선을 사용할 경우, 소선(素線)은 몇 가닥 이상이어야 하는가?

① 2 ② 3
③ 5 ④ 9

[정답] 10 ① 11 ③ 12 ③ 13 ③ 14 ②

해설

- 지선에 연선을 사용할 경우에는 소선 3가닥 이상의 연선일 것
- 지선의 안전율은 2.5 이상일 것
- 소선의 지름 2.6[mm] 이상의 금속선을 사용할 것
- 인장하중의 최저는 4.31[kN] 이상일 것
- 도로횡단시 높이는 5[m] 단, 교통에 지장이 없을 경우 4.5[m]

## 15 다음 (  )에 들어갈 내용으로 옳은 것은?

> 지중전선로 기설 지중약전류전선로에 대하여 (㉠) 또는 (㉡)에 의하여 통신상의 장해를 주지 않도록 기설 약전류전선로로부터 충분히 이격시키거나 기타 적당한 방법으로 시설하여야 한다.

① ⓐ 누설전류, ⓑ 유도작용
② ⓐ 단락전류, ⓑ 유도작용
③ ⓐ 단락전류, ⓑ 정전작용
④ ⓐ 누설전류, ⓑ 정전작용

해설

**지중약전류전선의 유도장해 방지**

지중전선로는 기설 지중약전류전선로에 대하여 누설전류 또는 유도작용에 의하여 통신상의 장해를 주지 않도록 기설 약전류전선로로부터 충분히 이격시키거나 기타 적당한 방법으로 시설하여야 한다.

## 16 사용전압이 22.9[kV]인 가공전선로의 다중접지한 중성선과 첨가 통신선의 이격거리는 몇 [cm] 이상이어야 하는가? (단, 특고압 가공전선로는 중성선 다중접지식의 것으로 전로에 지락이 생긴 경우 2초 이내에 자동적으로 이를 전로로부터 차단하는 장치가 되어 있는 것으로 한다.)

① 60　　② 75
③ 100　　④ 120

해설

**가공전선과 첨가 통신선과의 이격거리**

특고압 가공전선로의 다중 접지를 한 중성선 사이의 이격거리는 0.6[m] 이상일 것.

## 17 사용전압이 22.9[kV]인 가공전선이 삭도와 제1차 접근상태로 시설되는 경우, 가공전선과 삭도 또는 삭도용 지주 사이의 이격거리는 몇 [m] 이상으로 하여야 하는가? (단, 전선으로는 특고압 절연전선을 사용한다.)

① 0.5　　② 1
③ 2　　④ 2.12

해설

**특고압가공전선과 삭도의 접근 또는 교차**

| 사용전압의 구분 | 이격거리 |
|---|---|
| 35[kV] 이하 | 2[m]<br>(전선이 특고압 절연전선인 경우는 1[m], 케이블인 경우는 50[cm]) |

## 18 저압 옥내배선에 사용하는 연동선의 최소 굵기는 몇 [$mm^2$]인가?

① 1.5　　② 2.5
③ 4.0　　④ 6.0

해설

**저압 옥내배선의 사용전선**

저압 옥내배선의 전선은 단면적 2.5[$mm^2$] 이상의 연동선 또는 이와 동등 이상의 강도 및 굵기의 것.

## 19 전격살충기의 전격격자는 지표 또는 바닥에서 몇 [m] 이상의 높은 곳에 시설하여야 하는가?

① 1.5　　② 2
③ 2.8　　④ 3.5

해설

**전격살충기의 시설**

전격격자는 지표상 또는 마루 위 3.5[m] 이상으로 설치할 것
단, 2차측 개방전압이 7[kV] 이하인 절연변압기 설치시는 지표상 또는 마루 위 1.8[m] 이상의 높이에 설치하고, 전격격자와 다른 공작물 또는 식물과의 이격거리를 30[cm] 이상이어야 한다.

[정답] 15① 16① 17② 18② 19④

**20 전기철도의 설비를 보호하기 위해 시설하는 피뢰기의 시설기준으로 틀린 것은?**

① 피뢰기는 변전소 인입측 및 급전선 인출측에 설치하여야 한다.
② 피뢰기는 가능한 한 보호하는 기기와 가깝게 시설하되 누설전류 측정이 용이하도록 지지대와 절연하여 설치한다.
③ 피뢰기는 개방형을 사용하고 유효 보호거리를 증가시키기 위하여 방전개시전압 및 제한전압이 낮은 것을 사용한다.
④ 피뢰기는 가공전선과 직접 접속하는 지중케이블에서 낙뢰에 의해 절연파괴의 우려가 있는 케이블 단말에 설치하여야 한다.

해설

**전기철도 피뢰기 설치장소**

- 변전소 인입측 및 급전선 인출측
- 가공전선과 직접 접속하는 지중케이블에서 낙뢰에 의해 절연파괴의 우려가 있는 케이블 단말
- 피뢰기는 가능한 한 보호하는 기기와 가깝게 시설하되 누설전류 측정이 용이하도록 지지대와 절연하여 설치한다.

## 시행일 2021년 2회

**01 지중 전선로를 직접 매설식에 의하여 차량 기타 중량물의 압력을 받을 우려가 있는 장소에 시설하는 경우 매설 깊이는 몇 [m] 이상으로 하여야 하는가?**

① 0.6　　② 1
③ 1.5　　④ 2

해설

직접 매설식의 경우 매설 깊이를 차량 기타 중량물의 압력을 받을 우려가 있는 장소에는 1.0[m] 이상, 기타 장소에는 60[cm] 이상으로 하고 또한 지중 전선을 견고한 트라프 기타 방호물에 넣어 시설하여야 한다.

**02 돌침, 수평도체, 메시도체의 요소 중에 한가지 또는 이를 조합한 형식으로 시설하는 것은?**

① 접지극시스템　　② 수뢰부시스템
③ 내부피뢰시스템　　④ 인하도선시스템

해설

**수뢰부시스템**

수뢰부시스템이란 낙뢰를 포착할 목적으로 돌침, 수평도체, 메시도체 등과 같은 금속 물체를 이용한 외부피뢰시스템의 일부를 말한다.

**03 지중 전선로에 사용하는 지중함의 시설기준으로 틀린 것은?**

① 조명 및 세척이 가능한 장치를 하도록 할 것
② 견고하고 차량 기타 중량물의 압력에 견디는 구조일 것
③ 그 안의 고인 물을 제거할 수 있는 구조로 되어 있을 것
④ 뚜껑은 시설자 이외의 자가 쉽게 열 수 없도록 할 것

해설

- 지중함은 견고하고 차량 기타 중량물의 압력에 견디는 구조일 것
- 지중함은 그 안의 고인 물을 제거할 수 있는 구조로 되어 있을 것
- 폭발성 또는 연소성의 가스가 침입할 우려가 있는 것에 시설하는 지중함으로서 그 크기가 $1[m^3]$ 이상인 것에는 통풍장치 기타 가스를 방산시키기 위한 적당한 장치를 시설할 것
- 지중함의 뚜껑은 시설자 이외의 자가 쉽게 열 수 없도록 시설할 것

**04 전식방지대책에서 매설금속체측의 누설전류에 의한 전식의 피해가 예상되는 곳에 고려하여야 하는 방법으로 틀린 것은?**

① 절연코팅
② 배류장치 설치
③ 변전소 간 간격 축소
④ 저준위 금속체를 접속

해설

**전식방지대책**

[정답] 20 ③　2021년 2회　01 ②　02 ②　03 ①　04 ③

매설금속체측의 누설전류에 의한 전식의 피해가 예상되는 곳은 다음 방법을 고려하여야 한다.

- 배류장치 설치
- 절연코팅
- 매설금속체 접속부 절연
- 저준위 금속체를 접속
- 궤도와의 이격거리 증대
- 금속판 등의 도체로 차폐

## 05 일반 주택의 저압 옥내배선을 점검하였더니 다음과 같이 시설되어 있었을 경우 시설기준에 적합하지 않은 것은?

① 합성수지관의 지지점 간의 거리를 2[m]로 하였다.

② 합성수지관 안에서 전선의 접속점이 없도록 하였다.

③ 금속관공사에 옥외용 비닐절연전선을 제외한 절연전선을 사용하였다.

④ 인입구에 가까운 곳으로서 쉽게 개폐할 수 있는 곳에 개폐기를 각 극에 시설하였다.

해설

**합성수지관 공사**

- 전선은 합성수지관 안에서 접속점이 없도록 할 것.
- 관 상호 간 및 박스와는 관을 삽입하는 깊이를 관의 바깥 지름의 1.2배(접착제를 사용하는 경우에는 0.8배) 이상으로 하고, 관의 지지점 간의 거리는 1.5[m] 이하로 할 것.

## 06 하나 또는 복합하여 시설하여야 하는 접지극의 방법으로 틀린 것은?

① 지중 금속구조물

② 토양에 매설된 기초 접지극

③ 케이블의 금속외장 및 그 밖에 금속피복

④ 대지에 매설된 강화콘크리트의 용접된 금속 보강재

해설

**하나 또는 복합 접지극의 시설**

- 콘크리트에 매입 된 기초 접지극
- 토양에 매설된 기초 접지극
- 토양에 수직 또는 수평으로 직접 매설된 금속전극(봉, 전선, 테이프, 배관, 판 등)
- 케이블의 금속외장 및 그 밖에 금속피복
- 지중 금속구조물(배관 등)
- 대지에 매설된 철근콘크리트의 용접된 금속 보강재. 다만, 강화콘크리트는 제외한다.

## 07 사용전압이 154[kV]인 전선로를 제1종 특고압 보안공사로 시설할 때 경동연선의 굵기는 몇 [$mm^2$] 이상이어야 하는가?

① 55　　② 100

③ 150　　④ 200

해설

**보안공사시 특고압 가공전선의 굵기**

| 사용전압 | 전선의 굵기 | |
|---|---|---|
| 특고압 | 100[kV] 미만 | 55[$mm^2$] 이상 |
| | 100[kV] 이상 | 150[$mm^2$] 이상 |
| | 300[kV] 이상 | 200[$mm^2$] 이상 |

## 08 다음 (　)에 들어갈 내용으로 옳은 것은?

> 동일 지지물에 저압 가공전선(다중접지된 중성선은 제외한다.)과 고압 가공전선을 시설하는 경우 고압 가공전선을 저압 가공전선의 ( ㉠ )로 하고, 별개의 완금류에 시설해야 하며, 고압 가공전선과 저압 가공전선 사이의 이격거리는 ( ㉡ )[m] 이상으로 한다.

① ㉠ 아래, ㉡ 0.5　　② ㉠ 아래, ㉡ 1

③ ㉠ 위, ㉡ 0.5　　④ ㉠ 위, ㉡ 1

해설

**병가의 시설**

- 저압 가공전선을 고압 가공전선의 아래로 하고 별개의 완금류에 시설할 것
- 저압 가공전선과 고압 가공전선 사이의 이격거리는 0.5[m] 이상일 것

[정답] 05 ① 06 ④ 07 ③ 08 ③

**09** **전기설비기술기준에서 정하는 안전원칙에 대한 내용으로 틀린 것은?**

① 전기설비는 감전, 화재 그 밖에 사람에게 위해를 주거나 물건에 손상을 줄 우려가 없도록 시설하여야 한다.
② 전기설비는 다른 전기설비, 그 밖의 물건의 기능에 전기적 또는 자기적인 장해를 주지 않도록 시설하여야 한다.
③ 전기설비는 경쟁과 새로운 기술 및 사업의 도입을 촉진함 으로써 전기사업의 건전한 발전을 도모하도록 시설하여야 한다.
④ 전기설비는 사용목적에 적절하고 안전하게 작동하여야 하며, 그 손상으로 인하여 전기공급에 지장을 주지 않도록 시설하여야 한다.

해설

**전기설비기술기준 안전원칙**

- 전기설비는 감전, 화재 그 밖에 사람에게 위해(危害)를 주거나 물건에 손상을 줄 우려가 없도록 시설하여야 한다.
- 전기설비는 사용목적에 적절하고 안전하게 작동하여야 하며, 그 손상으로 인하여 전기 공급에 지장을 주지 않도록 시설하여야 한다.
- 전기설비는 다른 전기설비, 그 밖의 물건의 기능에 전기적 또는 자기적인 장해를 주지 않도록 시설하여야 한다.

**10** **플로어덕트공사에 의한 저압 옥내배선에서 연선을 사용하지 않아도 되는 전선(동선)의 단면적은 최대 몇 $[mm^2]$인가?**

① 2 ② 4
③ 6 ④ 10

해설

**플로어덕트공사**

- 전선은 절연전선(옥외용 비닐절연전선을 제외한다)일 것.
- 전선은 연선일 것. 다만, 단면적 $10[mm^2]$(알루미늄선은 단면적 $16[mm^2]$) 이하인 것은 그러하지 아니하다.
- 플로어덕트 안에는 전선에 접속점이 없도록 할 것.

**11** **풍력터빈에 설비의 손상을 방지하기 위하여 시설하는 운전 상태를 계측하는 계측장치로 틀린 것은?**

① 조도계 ② 압력계
③ 온도계 ④ 풍속계

해설

**풍력터빈의 계측장치**

- 회전속도계
- 나셀(nacelle) 내의 진동을 감시하기 위한 진동계
- 풍속계
- 압력계
- 온도계

**12** **전압의 종별에서 교류 600[V]는 무엇으로 분류하는가?**

① 저압 ② 고압
③ 특고압 ④ 초고압

해설

**전압의 구분**

- 저압 : 교류는 1[kV] 이하, 직류는 1.5[kV] 이하인 것.
- 고압 : 교류는 1[kV]를, 직류는 1.5[kV]를 초과하고, 7[kV] 이하인 것.
- 특고압 : 7[kV]를 초과하는 것.

**13** **옥내 배선공사 중 반드시 절연전선을 사용하지 않아도 되는 공사방법은? (단, 옥외용 비닐절연전선은 제외한다.)**

① 금속관공사 ② 버스덕트공사
③ 합성수지관공사 ④ 플로어덕트공사

해설

**나전선의 사용제한**

전기로용 전선, 애자사용공사, 버스덕트공사 또는 라이팅덕트공사 및 접촉전선을 시설하는 경우, 전선의 피복 절연물이 부식하는 장소에 시설하는 전선에는 나전선을 사용할 수 있다.

[정답] 09 ③ 10 ④ 11 ① 12 ① 13 ②

**14** **시가지에 시설하는 사용전압 170[kV] 이하인 특고압 가공 전선로의 지지물이 철탑이고 전선이 수평으로 2 이상 있는 경우에 전선 상호 간의 간격이 4[m] 미만인 때에는 특고압 가공전선로의 경간은 몇 [m] 이하이어야 하는가?**

① 100　　② 150
③ 200　　④ 250

해설

| 지지물 | 특고압 가공전선로 시가지 경간 |
|---|---|
| 철탑 | 400[m] 이하 |

단, 전선이 수평으로 2 이상 있는 경우에 전선 상호 간의 간격이 4[m] 미만 일 경우 에는 250[m] 이하로 시공하여야 한다.

**15** **사용전압이 170[kV] 이하의 변압기를 시설하는 변전소로서 기술원이 상주하여 감시하지는 않으나 수시로 순회하는 경우, 기술원이 상주하는 장소에 경보장치를 시설하지 않아도 되는 경우는?**

① 옥내변전소에 화재가 발생한 경우
② 제어회로의 전압이 현저히 저하한 경우
③ 운전조작에 필요한 차단기가 자동적으로 차단한 후 재폐로한 경우
④ 수소냉각식 조상기는 그 조상기 안의 수소의 순도가 90[%] 이하로 저하한 경우

해설

**상주 감시를 하지 아니하는 변전소의 시설**

운전조작에 필요한 차단기가 자동적으로 차단한 경우(차단기가 재폐로한 경우를 제외한다)

**16** **특고압용 타냉식 변압기의 냉각장치에 고장이 생긴 경우를 대비하여 어떤 보호장치를 하여야 하는가?**

① 경보장치　　② 속도조정장치
③ 온도시험장치　　④ 냉매흐름장치

해설

타냉식(변압기의 권선 및 철심을 직접 냉각시키기 위하여 봉입한 냉매를 강제 순환시키는 냉각방식을 말한다.)의 특별고압용 변압기에는 냉각장치에 고장이 생긴 경우 또는 변압기의 온도가 현저히 상승한 경우에 이를 경보하는 장치를 시설하여야 한다.

**17** **특고압 가공전선로의 지지물로 사용하는 B종 철주, B종 철근콘크리트주 또는 철탑의 종류에서 전선로의 지지물 양쪽의 경간의 차가 큰 곳에 사용하는 것은?**

① 각도형　　② 인류형
③ 내장형　　④ 보강형

해설

**내장형**

전선로 지지물의 경간의 차가 큰 곳에 사용하는 것

**18** **아파트 세대 욕실에 “비데용 콘센트”를 시설하고자 한다. 다음의 시설방법 중 적합하지 않은 것은?**

① 콘센트는 접지극이 없는 것을 사용한다.
② 습기가 많은 장소에 시설하는 콘센트는 방습장치를 하여야 한다.
③ 콘센트를 시설하는 경우에는 절연변압기(정격용량 3[kVA] 이하인 것에 한한다.)로 보호된 전로에 접속하여야 한다.
④ 콘센트를 시설하는 경우에는 인체감전보호용 누전차단기(정격감도전류 15[mA] 이하, 동작시간 0.03초 이하의 전류 동작형의 것에 한한다)로 보호된 전로에 접속하여야 한다.

해설

**콘센트의 시설**

욕조나 샤워시설이 있는 욕실 또는 화장실 등 인체가 물에 젖어있는 상태에서 전기를 사용하는 장소에 콘센트를 시설하는 경우에는 다음에 따라 시설하여야한다.

- 「전기용품 및 생활용품 안전관리법」의 적용을 받는 인체감전보호용 누전차단기(정격감도전류 15[mA] 이하, 동작시간 0.03초 이하의 전류동작형의 것에 한한다) 또는 절연변압기(정격용량 3[kVA] 이하인 것에 한한다)로 보호된 전로에 접속하거나, 인체감전보호용 누전차단기가 부착된 콘센트를 시설하여야 한다.

**[정답]** 14 ④　15 ③　16 ①　17 ③　18 ①

- 콘센트는 접지극이 있는 방적형 콘센트를 사용하여 211과 140의 규정에 준하여 접지하여야 한다.

**19** 고압 가공전선로의 가공지선에 나경동선을 사용하려면 지름 몇 [mm] 이상의 것을 사용하여야 하는가?

① 2.0 ② 3.0
③ 4.0 ④ 5.0

해설

**가공지선의 시설**

| 전 압 | 전선의 굵기 | 인장강도 |
|---|---|---|
| 고압 | 지름 4[mm] 이상의 나경동선 | 5.26[kN] 이상 |

**20** 변전소의 주요 변압기에 계측장치를 시설하여 측정하여야 하는 것이 아닌 것은?

① 역률 ② 전압
③ 전력 ④ 전류

해설

- 발전기의 전압 및 전류 또는 변압기의 전압 및 전류 또는 전력
- 발전기의 베어링 및 고정자의 온도
- 특고압용 변압기의 온도

## 시행일 2021년 3회

**01** 저압 옥상전선로의 시설기준으로 틀린 것은?

① 전개된 장소에 위험의 우려가 없도록 시설할 것
② 전선은 지름 2.6mm 이상의 경동선을 사용할 것
③ 전선은 절연전선(옥외용 비닐 절연전선은 제외)을 사용할 것
④ 전선은 상시 부는 바람 등에 의하여 식물에 접촉하지 아니하도록 시설하여야 한다.

해설

**저압 옥상 전선로**

전선은 절연전선(OW전선을 포함한다) 또는 이와 동등 이상의 절연성능이 있는 것을 사용할 것

**02** 이동형의 용접 전극을 사용하는 아크용접장치의 시설기준으로 틀린 것은?

① 용접변압기는 절연변압기일 것
② 용접변압기의 1차측 전로의 대지전압은 300[V] 이하일 것
③ 용접변압기의 2차측 전로에는 용접변압기에 가까운 곳에 쉽게 개폐할 수 있는 개폐기를 시설할 것
④ 용접변압기의 2차측 전로 중 용접변압기로부터 용접전극에 이르는 부분의 전로는 용접 시 흐르는 전류를 안전하게 통할 수 있는 것일 것

해설

**아크용접장치**

용접변압기의 1차측 전로에는 용접변압기에 가까운 곳에 쉽게 개폐할 수 있는 개폐기를 시설할 것

**03** 사용전압이 15[kV] 초과 25[kV] 이하인 특고압 가공전선로가 상호 간 접근 또는 교차하는 경우 사용전선이 양쪽 모두 나전선이라면 이격거리는 몇 [m] 이상이어야 하는가? (단, 중성선 다중접지 방식의 것으로서 전로에 지락이 생겼을 때에 2초 이내에 자동적으로 이를 전로로부터 차단하는 장치가 되어 있다.)

① 1.0 ② 1.2
③ 1.5 ④ 1.75

해설

**15[kV] 초과 25[kV] 이하 특고압 가공전선로 상호간 이격거리**

| 사용전선의 종류 | 이격거리 |
|---|---|
| 나전선인 경우 | 1.5[m] |
| 특고압 절연전선인 경우 | 1.0[m] |
| 한쪽이 케이블이고, 다른쪽이 특고압절연전선 이상 | 0.5[m] |

[정답] 19 ③ 20 ① 2021년 3회 01 ③ 02 ③ 03 ③

**04** 최대사용전압이 1차 22000[V], 2차 6600[V]의 권선으로서 중성점 비접지식 전로에 접속하는 변압기의 특고압측 절연내력 시험전압은?

① 24000[V] ② 27500[V]
③ 33000[V] ④ 44000[V]

해설

**절연내력시험전압**

변압기의 절연내력시험전압 특고압 비접지식의 경우 1.25배 적용

$22000 \times 1.25 = 27500$

**05** 가공전선로의 지지물로 볼 수 없는 것은?

① 철주 ② 지선
③ 철탑 ④ 철근 콘크리트주

해설

**가공전선로의 지지물**

가공전선로의 지지물로는 목주, 철주, 철근콘크리트주, 철탑을 사용하며, 지선의 경우 지지물의 보강으로 사용하는 전선이다.

**06** 점멸기의 시설에서 센서등(타임스위치 포함)을 시설하여야 하는 곳은?

① 공장 ② 상점
③ 사무실 ④ 아파트 현관

해설

**타임스위치의 시설**

- 호텔 또는 여관 각 객실 입구등은 1분 이내 소등되는 것
- 일반주택 및 아파트의 현관등은 3분 이내 소등되는 것

**07** 순시조건($t \leq 0.5$초)에서 교류 전기철도 급전시스템에서의 레일 전위의 최대 허용 접촉전압(실효값)을 옳은 것은?

① 60[V] ② 65[V]
③ 440[V] ④ 670[V]

해설

**교류 전기철도 급전시스템의 최대 허용 접촉전압**

| 시간 조건 | 최대 허용 접촉전압(실효값) |
|---|---|
| 순시조건($t \leq 0.5$초) | 670[V] |
| 일시적 조건($0.5$초$< t \leq 300$초) | 65[V] |
| 영구적 조건($t > 300$초) | 60[V] |

**08** 전기저장장치의 이차전지에 자동으로 전로로부터 차단하는 장치를 시설하여야 하는 경우로 틀린 것은?

① 과저항이 발생한 경우
② 과전압이 발생한 경우
③ 제어장치에 이상이 발생한 경우
④ 이차전지 모듈의 내부 온도가 급격히 상승할 경우

해설

**전기저장장치의 이차전지의 차단장치**

- 과전압 또는 과전류가 발생한 경우
- 제어장치에 이상이 발생한 경우
- 이차전지 모듈의 내부 온도가 급격히 상승할 경우

**09** 뱅크용량이 몇 [kVA] 이상인 조상기에는 그 내부에 고장이 생긴 경우에 자동적으로 이를 전로로부터 차단하는 보호장치를 하여야 하는가?

① 10000 ② 15000
③ 20000 ④ 25000

해설

**조상설비의 보호장치**

| 설비종별 | 뱅크용량의 구분 [kVA] | 자동적으로 전로로부터 차단하는 장치 |
|---|---|---|
| 전력용 커패시터 및 분로리액터 | 500 초과 15000 미만 | 내부에 고장, 과전류 |
| | 15000 이상 | 내부에고장, 과전류,과전압 |
| 조상기 | 15000 이상 | 내부에 고장 |

[정답] 04 ② 05 ② 06 ④ 07 ④ 08 ① 09 ②

**10** **전주외등의 시설 시 사용하는 공사방법으로 틀린 것은?**

① 애자공사 ② 케이블공사
③ 금속관공사 ④ 합성수지관공사

해설

**전주외등**
배선은 단면적 2.5[mm²] 이상의 절연전선 또는 이와 동등 이상의 절연성능이 있는 것을 사용하고 다음 공사방법 중에서 시설하여야 한다.
- 케이블공사
- 합성수지관공사
- 금속관공사

**11** **농사용 저압 가공전선로의 지지점 간 거리는 몇 [m] 이하이어야 하는가?**

① 30 ② 50
③ 60 ④ 100

해설

**농사용 전선로**
농사용 전선로의 경간은 30[m] 이하일 것

**12** **특고압 가공전선로에서 발생하는 극저주파 전계는 지표상 1[m]에서 몇 [kV/m] 이하이어야 하는가?**

① 2.0 ② 2.5
③ 3.0 ④ 3.5

해설

**유도장해 방지**
교류 특고압 가공전선로에서 발생하는 극저주파 전자계는 지표상 1[m]에서 전계가 3.5[kV/m] 이하, 자계가 83.3[μT] 이하가 되도록 시설할 것

**13** **단면적 55[mm²]인 경동연선을 사용하는 특고압 가공전선로의 지지물로 장력에 견디는 형태의 B종 철근 콘크리트주를 사용하는 경우, 허용 최대 경간은 몇 [m]인가?**

① 150 ② 250
③ 300 ④ 500

해설

**장경간**

| 지지물 | 고압 가공전선로 | 장경간 | |
|---|---|---|---|
| | | 고압 : 22[mm²] | 특고압 : 50[mm²] |
| A종(목주) | 150[m] 이하 | 300[m] 이하 | |
| B종 | 250[m] 이하 | 500[m] 이하 | |
| 철탑 | 600[m] 이하 | 600[m] 이하 또는 제한없음(내장형) | |

**14** **저압 옥측전선로에서 목조의 조영물에 시설 할 수 있는 공사 방법은?**

① 금속관공사
② 버스덕트공사
③ 합성수지관공사
④ 케이블공사(무기물절연(MI) 케이블을 사용하는 경우)

해설

- 애자사용공사(전개된 장소에 한한다)
- 합성수지관공사
- 금속관공사목조 이외의 조영물에 시설하는 경우에 한한다.
- 버스덕트공사목조 이외의 조영물에 시설하는 경우에 한한다.
- 케이블공사(연피케이블.알루미늄피케이블 또는 미네럴인슈레이션케이블을 사용하는 경우에는 목조 이외의 조영물에 시설하는 경우에 한한다.)

**15** **시가지에 시설하는 154[kV] 가공전선로를 도로와 제1차 접근상태로 시설하는 경우, 전선과 도로와의 이격거리는 몇 [m] 이상이어야 하는가?**

① 4.4 ② 4.8
③ 5.2 ④ 5.6

[정답] 10① 11① 12④ 13④ 14③ 15②

해설

**특고압 가공전선과 도로 등의 접근 또는 교차**

| 사용전압의 구분 | 지표상의 높이 |
|---|---|
| 35[kV] 이하 | 10[m]<br>(특고압 절연전선인 경우 8[m]) |
| 35[kV] 초과 | 10[m]에 35[kV]를 초과하는 10[kV] 또는 그 단수마다 0.15[m]를 더한 값 |

3+(15.4−3.5)[절상]×0.15=4.8

## 16 귀선로에 대한 설명으로 틀린 것은?

① 나전선을 적용하여 가공식으로 가설을 원칙으로 한다.
② 사고 및 지락 시에도 충분한 허용전류용량을 갖도록 하여야 한다.
③ 비절연보호도체, 매설접지도체, 레일 등으로 구성하여 단권변압기 중성점과 공통접지에 접속한다.
④ 비절연보호도체의 위치는 통신유도장해 및 레일전위의 상승의 경감을 고려하여 결정하여야 한다.

해설

**귀선로**

- 귀선로는 비절연보호도체, 매설접지도체, 레일 등으로 구성하여 단권변압기 중성점과 공통접지에 접속한다.
- 비절연보호도체의 위치는 통신유도장해 및 레일전위의 상승의 경감을 고려하여 결정하여야 한다.
- 귀선로는 사고 및 지락 시에도 충분한 허용전류용량을 갖도록 하여야 한다.

## 17 변전소에 울타리 담 등을 시설할 때, 사용전압이 345[kV]이면 울타리 담 등의 높이와 울타리 담 등으로부터 충전부분까지의 거리의 합계는 몇 [m] 이상으로 하여야 하는가?

① 8.16　② 8.28
③ 8.40　④ 9.72

해설

**울타리 담등의 시설**

| 사용전압의 구분 | 지표상의 높이 |
|---|---|
| 160[kV] 초과 | 6[m]에 160[kV]를 초과하는 10[kV] 또는 그 단수마다 12[m]를 더한 값 |

- 6+(34.5−16)×0.12
- 6+(18.5절상=19)×0.12

∴ 6+19×0.12=8.28[m]

## 18 큰 고장전류가 구리 소재의 접지도체를 통하여 흐르지 않을 경우 접지도체의 최소 단면적은 몇 [$mm^2$] 이상이어야 하는가? (단, 접지도체에 피뢰시스템이 접속되지 않는 경우이다.)

① 0.75　② 2.5
③ 6　④ 16

해설

**접지도체의 선정**

접지도체의 단면적은 큰 고장전류가 접지도체를 통하여 흐르지 않을 경우 접지도체의 최소 단면적은 다음과 같다.

- 구리는 6[$mm^2$] 이상
- 철제는 50[$mm^2$] 이상

## 19 전력보안 가공통신선을 횡단보도교 위에 시설하는 경우 그 노면상 높이는 몇 [m] 이상인가? (단, 가공전선로의 지지물에 시설하는 통신선 또는 이에 직접 접속하는 가공통신선은 제외한다.)

① 3　② 4
③ 5　④ 6

해설

**통신선의 높이**

| 시설 장소 | | 가공통신선 | 첨가통신선 | |
|---|---|---|---|---|
| | | | 저·고압 | 특고압 |
| 도로(차도)위 | 일반적인 경우 | 5[m] 이상 | 6[m] 이상 | 6[m] 이상 |
| | 교통에 지장을 안 주는 경우 | 4.5[m] 이상 | 5[m] 이상 | – |
| 철도횡단(레일면상) | | 6.5[m] 이상 | 6.5[m] 이상 | 6.5[m] 이상 |
| 횡단보도교 위(노면상) | | 3[m] 이상 | 3.5[m] 이상 | 5[m] 이상 |

[정답] 16① 17② 18③ 19①

**20** **케이블트레이 공사에 사용할 수 없는 케이블은?**

① 연피 케이블 ② 난연성 케이블
③ 캡타이어 케이블 ④ 알루미늄피 케이블

해설

**케이블트레이 공사**
전선은 연피케이블, 알루미늄피 케이블 등 난연성 케이블 또는 기타 케이블또는 금속관 혹은 합성수지관 등에 넣은 절연전선을 사용하여야 한다.

## 시행일 2022년 1회

**01** **저압 가공전선이 안테나와 접근상태로 시설될 때 상호 간의 이격거리는 몇 [cm] 이상이어야 하는가? (단, 전선이 고압 절연전선, 특고압 절연전선 또는 케이블이 아닌 경우이다.)**

① 60 ② 80
③ 100 ④ 120

해설

**가공전선과 안테나의 접근 또는 교차**
가공전선과 안테나 사이의 이격거리는 저압은 0.6[m] (전선이 고압 절연전선, 특고압 절연전선 또는 케이블인 경우에는 0.3[m]) 이상, 고압은 0.8[m] (전선이 케이블인 경우에는 0.4[m]) 이상일 것

**02** **고압 가공전선으로 사용한 경동선은 안전율이 얼마 이상인 이도로 시설하여야 하는가?**

① 2.0 ② 2.2
③ 2.5 ④ 3.0

해설

**고압 가공전선의 안전율**
고압 가공전선은 케이블인 경우 이외에는 다음에 규정하는 경우에 그 안전율이 경동선 또는 내열 동합금선은 2.2 이상, 그 밖의 전선은 2.5 이상이 되는 이도(弛度)로 시설하여야 한다.

**03** **사용전압이 22.9[kV]인 특고압 가공전선과 그 지지물·완금류·지주 또는 지선 사이의 이격거리는 몇 [cm] 이상이어야 하는가?**

① 15 ② 20
③ 25 ④ 30

해설

| 사용전압 | 이격거리[cm] |
|---|---|
| 15[kV] 미만 | 15 |
| 15[kV] 이상 25[kV] 미만 | 20 |
| 25[kV] 이상 35[kV] 미만 | 25 |

**04** **급전선에 대한 설명으로 틀린 것은?**

① 급전선은 비절연보호도체, 매설접지도체, 레일 등으로 구성하여 단권변압기 중성점과 공통접지에 접속한다.
② 가공식은 전차선의높이 이상으로 전차선로 지지물에 병가하며, 나전선의 접속은 직선접속을 원칙으로 한다.
③ 선상승강장, 인도교, 과선교, 또는 교량하부 등에 설치할 때에는 최소절연이격거리 이상을 확보하여야 한다.
④ 신설 터널 내 급전선을 가공으로 설계할 경우 지지물의 취부는 C찬넬 또는 매입전을 이용하여 고정하여야 한다.

해설

**급전선로**
- 급전선은 나전선을 적용하여 가공식으로 가설을 원칙으로 한다. 다만, 전기적 이격거리가 충분하지 않거나 지락, 섬락 등의 우려가 있을 경우에는 급전선을 케이블로 하여 안전하게 시공하여야 한다.
- 가공식은 전차선의 높이 이상으로 전차선로 지지물에 병가하며, 나전선의 접속은 직선접속을 원칙으로 한다.
- 신설 터널 내 급전선을 가공으로 설계할 경우 지지물의 취부는 C찬넬 또는 매입전을 이용하여 고정하여야 한다.
- 선상승강장, 인도교, 과선교 또는 교량 하부 등에 설치할 때에는 최소 절연이격거리 이상을 확보하여야 한다.

[정답] 20 ③ 2022년 1회 01 ① 02 ② 03 ② 04 ①

**05** 진열장 내의 배선으로 사용전압 400[V] 이하에 사용하는 코드 또는 캡타이어 케이블의 최소 단면적은 몇 [mm²]인가?

① 1.25　　② 1.0
③ 0.75　　④ 0.5

해설

외부에서 보기 쉬운 곳에 한하여 단면적 0.75[mm²] 이상의 코드 또는 캡타이어 케이블을 1[m] 이하마다 지지하여 시설할 수 있다.

**06** 최대사용전압이 23000[V]인 중성점 비접지식전로의 절연내력 시험전압은 몇 [V]인가?

① 16560　　② 21160
③ 25300　　④ 28750

해설

| 최대사용전압 | 접지방식 | 배수 | 최저시험전압 |
|---|---|---|---|
| 7[kV]초과 60[kV]이하 | | 1.25배 | 10500[V] |
| 60[kV]초과 | 비접지방식 | 1.25배 | |
| | 접지방식 | 1.1배 | 75000[V] |

$23000 \times 1.25 = 28750$

**07** 지중 전선로를 직접 매설식에 의하여 시설할 때, 차량 기타 중량물의 압력을 받을 우려가 있는 장소인 경우 매설깊이는 몇 [m] 이상으로 시설하여야 하는가

① 0.6　　② 1.0
③ 1.2　　④ 1.5

해설

직접 매설식의 경우 매설 깊이를 차량 기타 중량물의 압력을 받을 우려가 있는 장소에는 1.0[m] 이상, 기타 장소에는 60[cm] 이상으로 하고 또한 지중 전선을 견고한 트라프 기타 방호물에 넣어 시설하여야 한다.

**08** 플로어덕트 공사에 의한 저압 옥내배선 공사 시 시설기준으로 틀린 것은?

① 덕트의 끝부분은 막을 것
② 옥외용 비닐절연전선을 사용할 것
③ 덕트 안에는 전선에 접속점이 없도록 할 것
④ 덕트 및 박스 기타의 부속품은 물이 고이는 부분이 없도록 시설하여야한다.

해설

플로어덕트에 의한 저압 옥내배선은 절연전선(옥외용 비닐절연전선을 제외)일 것

**09** 중앙급전 전원과 구분되는 것으로서 전력소비지역 부근에 분산하여 배치 가능한 신·재생에너지 발전설비 등의 전원으로 정의되는 용어는?

① 임시전력원　　② 분전반전원
③ 분산형전원　　④ 계통연계전원

해설

중앙급전 전원과 구분되는 것으로서 전력소비지역 부근에 분산하여 배치 가능한 신·재생에너지 발전설비 등의 전원을 분산형전원이라 한다.

**10** 애자공사에 의한 저압 옥측전선로는 사람이 쉽게 접촉될 우려가 없도록 시설하고, 전선의 지지점 간의 거리는 몇 [m] 이하이어야 하는가?

① 1　　② 1.5
③ 2　　④ 3

해설

애자공사에 의한 저압 옥측전선로는 다음에 의하고 또한 사람이 쉽게 접촉될 우려가 없도록 시설할 것

- 전선은 공칭단면적 4[mm²] 이상의 연동 절연전선(옥외용 비닐절연전선 및 인입용 절연전선은 제외한다)일 것
- 전선의 지지점 간의 거리는 2[m] 이하일 것

[정답] 05 ③ 06 ④ 07 ② 08 ② 09 ③ 10 ③

## 11 저압 가공전선로의 지지물이 목주인 경우 풍압하중의 몇 배의 하중에 견디는 강도를 가지는 것이어야 하는가?

① 1.2　　② 1.5
③ 2　　④ 3

해설

**목주의 풍압하중에 대한 안전율**

- 저압 가공전선로의 지지물(목주) : 1.2이상
- 고압 가공전선로의 지지물(목주) : 1.3 이상
- 특고압 가공전선로의 지지물(목주) : 1.5 이상

## 12 교류 전차선 등 충전부와 식물 사이의 이격거리는 몇 [m] 이상이어야 하는가? (단, 현장여건을 고려한 방호벽 등의 안전조치를 하지 않은 경우이다.)

① 1　　② 3
③ 5　　④ 10

해설

**전차선 등과 식물사이의 이격거리**

교류 전차선 등 충전부와 식물사이의 이격거리는 5[m] 이상이어야 한다. 다만, 5[m] 이상 확보하기 곤란한 경우에는 현장여건을 고려하여 방호벽 등 안전조치를 하여야한다.

## 13 조상기에 내부 고장이 생긴 경우, 조상기의 뱅크용량이 몇 [kVA] 이상일 때 전로로부터 자동 차단하는 장치를 시설하여야 하는가?

① 5000　　② 10000
③ 15000　　④ 20000

해설

**조상설비의 보호장치**

| 조상설비의 보호장치 | | |
|---|---|---|
| 설비별 | 뱅크 용량의 구분 | 자동적으로 전로로부터 차단하는 장치 |
| 조상기 | 15000[kVA] 이상 | 내부고장이 생긴 경우 |

## 14 고장보호에 대한 설명으로 틀린 것은?

① 고장보호는 일반적으로 직접접촉을 방지하는 것이다.
② 고장보호는 인축의 몸을 통해 고장전류가 흐르는 것을 방지하여야 한다.
③ 고장보호는 인축의 몸에 흐르는 고장전류를 위험하지 않는 값 이하로 제한하여야 한다.
④ 고장보호는 인축의 몸에 흐르는 고장전류의 지속시간을 위험하지 않은 시간까지로 제한하여야 한다.

해설

**고장보호(간접접촉에 대한 보호)**

고장 시 기기의 노출도전부에 간접 접촉함으로써 발생할 수 있는 위험으로부터 인축을 보호하는 것을 말한다.

## 15 네온방전등의 관등회로의 전선을 애자공사에 의해 자기 또는 유리제 등의 애자로 견고하게 지지하여 조영재의 아랫면 또는 옆면에 부착한 경우 전선 상호 간의 이격거리는 몇 [mm] 이상이어야 하는가?

① 30　　② 60
③ 80　　④ 100

해설

**네온방전등**

① 전선은 네온 전선일 것
② 전선은 조영재의 옆면 또는 아랫면에 붙일 것. 다만, 전선을 전개된 장소에 시설하는 경우에 기술상 부득이한 때에는 그러하지 아니하다.
③ 전선의 지지점 간의 거리는 1[m] 이하일 것
④ 전선 상호 간의 간격은 6[cm] 이상일 것

## 16 수소냉각식 발전기에서 사용하는 수소 냉각 장치에 대한 시설기준으로 틀린 것은?

[정답] 11 ① 12 ③ 13 ③ 14 ① 15 ② 16 ②

① 수소를 통하는 관으로 동관을 사용할 수 있다.
② 수소를 통하는 관은 이음매가 있는 강판이어야 한다.
③ 발전기 내부의 수소의 온도를 계측하는 장치를 시설하여야 한다.
④ 발전기 내부의 수소의 순도가 85[%] 이하로 저하한 경우에 이를 경보하는 장치를 시설하여야 한다.

해설

**수소냉각식발전기**

수소를 통하는 관은 동관 또는 이음매 없는 강판이어야 하며 또한 수소가 대기압에서 폭발하는 경우에 생기는 압력에 견디는 강도의 것일 것

## 17 전력보안통신설비인 무선통신용 안테나 등을 지지하는 철주의 기초 안전율은 얼마 이상이어야 하는가? (단, 무선용 안테나 등이 전선로의 주위상태를 감시할 목적으로 시설되는 것이 아닌 경우이다.)

① 1.3　② 1.5
③ 1.8　④ 2.0

해설

**무선용 안테나 등을 지지하는 철탑 등의 시설**

전력보안 통신설비인 무선통신용 안테나 또는 반사판을 지지하는 철주·철근콘크리트주 또는 철탑의 기초의 안전율은 1.5 이상이어야 한다.

## 18 특고압 가공전선로의 지지물 양측의 경간의 차가 큰 곳에 사용하는 철탑의 종류는?

① 내장형　② 보강형
③ 직선형　④ 인류형

해설

**특고압 가공전선로의 지지물로 사용하는 철탑의 종류**

- 직선형 : 전선로 직선부분 (3° 이하의 수평각도를 이루는 부분 포함)에 사용되는 것
- 각도형 : 전선로 중 3°를 초과하는 수평각도를 이루는 곳에 사용하는 것
- 인류형 : 전가섭선을 인류하는 곳에 사용하는 것
- 내장형 : 전선로 지지물의 경간의 차가 큰 곳에 사용하는 것
- 보강형 : 전선로의 직선부분을 보강하기 위하여 사용하는 것

## 19 사무실 건물의 조명설비에 사용되는 백열전등 또는 방전등에 전기를 공급하는 옥내전로의 대지전압은 몇 [V] 이하인가?

① 250　② 300
③ 350　④ 400

해설

**옥내전로의 대지 전압의 제한**

백열전등 또는 방전등에 전기를 공급하는 옥내의 전로(주택의 옥내 전로를 제외한다)의 대지전압은 300[V] 이하여야 한다.

## 20 전기저장장치를 전용건물에 시설하는 경우에 대한 설명이다. 다음 (　)에 들어갈 내용으로 옳은 것은?

> 전기저장장치 시설장소는 주변 시설 (도로, 건물, 가연물질 등)로부터 ( ㉠ )[m] 이상 이격하고 다른 건물의 출입구나 피난계단 등 이와 유사한 장소로부터는 ( ㉡ )[m] 이상 이격하여야 한다.

① ㉠ 3, ㉡ 1　② ㉠ 2, ㉡ 1.5
③ ㉠ 1, ㉡ 2　④ ㉠ 1.5, ㉡ 3

해설

**전기저장장치의 시설 (전용건물)**

전기저장장치 시설장소는 주변 시설(도로, 건물, 가연물질 등)로부터 1.5[m] 이상 이격하고 다른 건물의 출입구나 피난계단 등 이와 유사한 장소로부터는 3[m] 이상 이격하여야 한다.

[정답] 17② 18① 19② 20④

**시행일** 2022년 2회

**01** **풍력터빈의 피뢰설비 시설기준에 대한 설명으로 틀린 것은?**

① 풍력터빈에 설치한 피뢰설비(리셉터, 인하도선 등)의 기능저하로 인해 다른 기능에 영향을 미치지 않을 것
② 풍력터빈 내부의 계측 센서용 케이블은 금속관 또는 차폐케이블 등을 사용하여 뇌유도 과전압으로부터 보호할 것
③ 풍력터빈에 설치하는 인하도선은 쉽게 부식되지 않는 금속선으로서 뇌격전류를 안전하게 흘릴 수 있는 충분한 굵기여야 하며, 가능한 직선으로 시설할 것
④ 수뢰부를 풍력터빈 중앙부분에 배치하되 뇌격전류에 의한 발열에 용손(溶損)되지 않도록 재질, 크기, 두께 및 형상 등을 고려할 것

해설

**풍력터빈의 피뢰설비**
수뢰부를 풍력터빈 선단부분 및 가장자리 부분에 배치하되 뇌격전류에 의한 발열에 용손(溶損)되지 않도록 재질, 크기, 두께 및 형상 등을 고려할 것

**02** **샤워시설이 있는 욕실 등 인체가 물에 젖어있는 상태에서 전기를 사용하는 장소에 콘센트를 시설할 경우 인체감전보호용 누전차단기의 정격감도전류는 몇 [mA] 이하인가?**

① 5　　② 10
③ 15　　④ 30

해설

**콘센트의 시설**
욕조나 샤워시설이 있는 욕실 또는 화장실
「전기용품 및 생활용품 안전관리법」의 적용을 받는 인체감전보호용 누전차단기(정격감도전류 15[mA] 이하, 동작시간 0.03초 이하의 전류동작형의 것에 한한다) 또는 절연변압기(정격용량 3[kVA] 이하인 것에 한한다)로 보호된 전로에 접속하거나, 인체감전보호용 누전차단기가 부착된 콘센트를 시설하여야 한다.

**03** **강관으로 구성된 철탑의 갑종 풍압하중은 수직 투영면적 1[$m^2$]에 대한 풍압을 기초로 하여 계산한 값이 몇 [Pa]인가? (단, 단주는 제외한다.)**

① 1255　　② 1412
③ 1627　　④ 2157

해설

| 풍압을 받는 구분 (갑종의 경우) | | | 풍압[Pa] |
|---|---|---|---|
| 철 탑 | 단주 | 원형의 것 | 588 |
| | | 기타의 것 | 1117 |
| | 강관으로 구성되는 것 | | 1255 |
| | 기타의 것 | | 2157 |

**04** **한국전기설비규정에 따른 용어의 정의에서 감전에 대한 보호 등 안전을 위해 제공되는 도체를 말하는 것은?**

① 접지도체　　② 보호도체
③ 수평도체　　④접지극도체

해설

**보호도체**
감전에 대한 보호 등 안전을 위해 제공되는 도체를 말한다.

**05** **통신상의 유도 장해방지 시설에 대한 설명이다. 다음 (　)에 들어갈 내용으로 옳은 것은?**

> 교류식 전기철도용 전차선로는 기설가공약전류 전선로에 대하여 (　)에 의한 통신상의 장해가 생기지 않도록 시설하여야 한다.

① 정전작용　　② 유도작용
③ 가열작용　　④ 산화작용

해설

**통신상의 유도 장해방지 시설**
교류식 전기철도용 전차선로는 기설 가공약전류 전선로에 대하여 유도작용에 의한 통신상의 장해가 생기지 않도록 시설하여야 한다.

[정답] 2022년 2회 01 ④ 02 ③ 03 ① 04 ② 05 ②

**06** **주택의 전기저장장치의 축전지에 접속하는 부하 측 옥내배선을 사람이 접촉할 우려가 없도록 케이블배선에 의하여 시설하고 전선에 적당한 방호장치를 시설한 경우 주택의 옥내전로의 대지전압은 직류 몇 [V]까지 적용할 수 있는가? (단, 전로에 지락이 생겼을 때 자동적으로 전로를 차단하는 장치를 시설한 경우이다.)**

① 150　② 300
③ 400　④ 600

해설

• **옥내전로의 대지전압 제한**
주택의 전기저장장치의 축전지에 접속하는 부하 측 옥내배선을 다음에 따라 시설하는 경우에 주택의 옥내전로의 대지전압은 직류 600[V]까지 적용할 수 있다.
- 전로에 지락이 생겼을 때 자동적으로 전로를 차단하는 장치를 시설할 것
- 사람이 접촉할 우려가 없는 은폐된 장소에 합성수지관배선, 금속관배선 및 케이블배선에 의하여 시설하거나, 사람이 접촉할 우려가 없도록 케이블배선에 의하여 시설하고 전선에 적당한 방호장치를 시설할 것

**07** **전압의 구분에 대한 설명으로 옳은 것은?**

① 직류에서의 저압은 1000[V]이하의 전압을 말한다.
② 교류에서의 저압은 1500[V] 이하의 전압을 말한다.
③ 직류에서의 고압은 3500[V]를 초과하고 7000[V] 이하인 전압을 말한다.
④ 특고압은 7000[V]를 초과하는 전압을 말한다.

해설

**적용범위**
전압의 구분은 다음과 같다.
• 저압 : 교류는 1[kV] 이하, 직류는 1.5[kV] 이하인 것
• 고압 : 교류는 1[kV]를, 직류는 1.5[kV]를 초과하고, 7[kV] 이하인 것
• 특고압 : 7[kV]를 초과하는 것

**08** **고압 가공전선로의 가공지선으로 나경동선을 사용할 때의 최소 굵기는 지름 몇 [mm]이상인가?**

① 3.2　② 3.5
③ 4.0　④ 5.0

해설

**고압 가공전선로의 가공지선**

| 전 압 | 전선의 굵기 |
|---|---|
| 고압 | 지름 4[mm] 이상의 나경동선 |

**09** **특고압용 변압기의 내부에 고장이 생겼을 경우에 자동차단장치 또는 경보장치를 하여야 하는 최소 뱅크용량은 몇 [kVA]인가?**

① 1000　② 3000
③ 5000　④ 10000

해설

**특고압용 변압기의 보호장치**

| 뱅크용량의 구분 | 동작조건 | 장치의 종류 |
|---|---|---|
| 5000[kVA] 이상 10000[kVA] 미만 | 변압기내부고장 | 자동차단장치 또는 경보장치 |
| 10000[kVA] 이상 | 변압기내부고장 | 자동차단장치 |

**10** **합성수지관 및 부속품의 시설에 대한 설명으로 틀린 것은?**

① 관의 지지점 간의 거리는 1.5[m] 이하로 할 것
② 합성수지제 가요전선관 상호 간은 직접 접속할 것
③ 접착제를 사용하여 관 상호 간을 삽입하는 깊이는 관의 바깥지름의 0.8배 이상으로 할 것
④ 접착제를 사용하지 않고 관 상호 간을 삽입하는 깊이는 관의 바깥지름의 1.2배 이상으로 할 것

해설

**합성수지관 및 부속품**
• 관 상호 간 및 박스와는 관을 삽입하는 깊이를 관의 바깥지름의 1.2배(접착제를 사용하는 경우에는 0.8배) 이상으로 하고 또한 꽂음 접속에 의하여 견고하게 접속할 것
• 관의 지지점 간의 거리는 1.5[m] 이하로 하고, 또한 그 지지점은 관의 끝·관과 박스의 접속점 및 관 상호 간의 접속점 등에 가까운 곳에 시설할 것

[정답] 06 ④　07 ④　08 ③　09 ③　10 ②

**11** **사용전압이 22.9[kV]인 가공전선이 철도를 횡단하는 경우, 전선의 레일면상의 높이는 몇 [m] 이상인가?**

① 5 ② 5.5
③ 6 ④ 6.5

해설

**특고압 가공전선의 높이**

| 사용전압의 구분 | 지표상의 높이 |
|---|---|
| 35[kV] 이하 | 5[m]<br>(철도 또는 궤도를 횡단하는 경우에는 6.5[m], 도로를 횡단하는 경우에는 6[m], 횡단보도교의 위에 시설하는 경우로서 전선이 특고압절연전선 또는 케이블인 경우에는 4[m]) |

**12** **가공전선로의 지지물에 시설하는 통신선 또는 이에 직접 접속하는 가공 통신선이 철도 또는 궤도를 횡단하는 경우 그 높이는 레일면상 몇 [m] 이상으로 하여야 하는가?**

① 3 ② 3.5
③ 5 ④ 6.5

해설

가공전선로의 지지물에 시설하는 통신선 또는 이에 직접 접속하는 가공 통신선의 높이
- 철도 또는 궤도를 횡단하는 경우에는 레일면상 6.5[m] 이상

**13** **전력보안통신설비의 조가선은 단면적 몇 [$mm^2$] 이상의 아연도강연선을 사용하여야 하는가?**

① 16 ② 38
③ 50 ④ 55

해설

**전력보안통신설비 조가선 시설기준**

조가선은 단면적 38[$mm^2$] 이상의 아연도강연선을 사용할 것

**14** **가요전선관 및 부속품의 시설에 대한 내용이다. 다음 (    )에 들어갈 내용으로 옳은 것은?**

> 1종 금속제 가요 전선관에는 단면적 (    )[$mm^2$] 이상의 나연동선을 전체 길이에 걸쳐 삽입 또는 첨가하여 그 나연동선과 1종 금속제가요전선관을 양쪽 끝에서 전기적으로 완전하게 접속할 것. 다만, 관의 길이가 4[m] 이하인 것을 시설하는 경우에는 그러하지 아니하다.

① 0.75 ② 1.5
③ 2.5 ④ 4

해설

**금속제 가요전선관 및 부속품의 시설**

1종 금속제 가요전선관에는 단면적 2.5[$mm^2$] 이상의 나연동선을 전체 길이에 걸쳐 삽입 또는 첨가하여 그 나연동선과 1종 금속제 가요전선관을 양쪽 끝에서 전기적으로 완전하게 접속할 것. 다만, 관의 길이가 4[m] 이하인 것을 시설하는 경우에는 그러하지 아니하다.

**15** **사용전압이 154[kV]인 전선로를 제 1종 특고압 보안공사로 시설할 경우, 여기에 사용되는 경동연선의 단면적은 몇 [$mm^2$] 이상이어야 하는가?**

① 100 ② 125
③ 150 ④ 200

해설

**제1종 특고압 보안공사**

35[kV]를 넘는 전선과 건조물과 제2차 접근상태인 경우

| 사용전압 | 전선의 굵기 | | 인장강도 |
|---|---|---|---|
| 특고압 | 100[kV] 미만 | 55[$mm^2$] 이상 | 21.67[kN] 이상 |
| | 100[kV] 이상 | 150[$mm^2$] 이상 | 58.84[kN] 이상 |
| | 300[kV] 이상 | 200[$mm^2$] 이상 | 77.47[kN] 이상 |

[정답] 11 ④ 12 ④ 13 ② 14 ③ 15 ③

**16** 사용전압이 400[V] 이하인 저압 옥측전선로를 애자공사에 의해 시설하는 경우 전선 상호간의 간격은 몇 [m] 이상이어야 하는가? (단, 비나 이슬에 젖지 않는 장소에 사람이 쉽게 접촉될 우려가 없도록 시설한 경우이다.)

① 0.025　② 0.045
③ 0.06　④ 0.12

해설

**저압 애자사용공사**

| 전 압 | | 전선과 조영재와의 이격거리 | | 전선상호간격 |
|---|---|---|---|---|
| 저압 | 400[V] 이하 | 2.5[cm] 이상 | | 6[cm] 이상 |
| | 400[V] 초과 | 건조한 장소 | 2.5[cm] 이상 | |
| | | 기타의 장소 | 4.5[cm] 이상 | |

**17** 지중전선로는 기설 지중약전류전선로에 대하여 통신상의 장해를 주지 않도록 기설 약전류전선로로부터 충분히 이격시키거나 기타 적당한 방법으로 시설하여야 한다. 이때 통신상의 장해가 발생하는 원인으로 옳은 것은?

① 충전전류 또는 표피작용
② 충전전류 또는 유도작용
③ 누설전류 또는 표피작용
④ 누설전류 또는 유도작용

해설

**지중전선로의 시설**
지중전선로는 기설 지중약전류전선로에 대하여 누설전류 또는 유도작용에 의하여 통신상의 장해를 주지 아니하도록 기설 약전류전선로로부터 충분히 이격시키거나 기타 적당한 방법으로 시설하여야 한다.

**18** 최대사용전압이 10.5[kV]를 초과 하는 교류의 회전기 절연내력을 시험하고자 한다. 이때 시험전압은 최대사용전압의 몇 배의 전압으로 하여야 하는가? (단, 회전변류기는 제외한다.)

① 1　② 1.1
③ 1.25　④ 1.5

해설

| | 종류 | 최대사용전압 | 배수 | 최저시험전압 | 시험방법 |
|---|---|---|---|---|---|
| 회전기 | 조상기 발전기 전동기 | 7[kV] 이하 | 1.5배 | 500[V] | 권선과 대지간 |
| | | 7[kV] 초과 | 1.25배 | 10500[V] | |
| | 회전 변류기 | | 1배 | 500[V] | |

**19** 폭연성 분진 또는 화약류의 분말에 전기설비가 발화원이 되어 폭발할 우려가 있는 곳에 시설하는 저압 옥내배선의 공사방법으로 옳은 것은? (단, 사용전압이 400[V] 초과인 방전등을 제외한 경우이다.)

① 금속관공사　② 애자사용공사
③ 합성수지관공사　④ 캡타이어 케이블공사

해설

**폭연성 분진 위험장소**
폭연성 분진 또는 화약류의 분말에 전기설비가 발화원이 되어 폭발할 우려가 있는 곳에 시설하는 저압 옥내배선의 공사방법으로는 금속관 공사 또는 케이블공사로 시설한다.

**20** 과전류차단기로 저압전로에 사용하는 범용의 퓨즈(「전기용품 및 생활용품 안전관리법」에서 규정하는 것을 제외한다)의 정격전류가 16[A]인 경우 용단전류는 정격전류의 몇 배인가? (단, 퓨즈(gG)인 경우이다.)

① 1.25　② 1.5
③ 1.6　④ 1.9

해설

| 정격전류의 구분 | 시간(분) | 정격전류의 배수 | |
|---|---|---|---|
| | | 불용단 전류 | 용단 전류 |
| 4[A] 이하 | 60 | 1.5배 | 2.1배 |
| 4[A] 초과 16[A] 미만 | 60 | 1.5배 | 1.9배 |
| 16[A] 이상 63[A] 이하 | 60 | 1.25배 | 1.6배 |

[정답] 16 ③　17 ④　18 ③　19 ①　20 ③

시행일 2022년 3회

**01** **변압기 1차측 3300[V], 2차측 220[V]의 변압기 전로의 절연내력시험 전압은 각각 몇 [V]에서 10분간 견디어야 하는가?**

① 1차측 4950[V], 2차측 500[V]
② 1차측 4500[V], 2차측 400[V]
③ 1차측 4125[V], 2차측 500[V]
④ 1차측 3300[V], 2차측 400[V]

해설

| 종 류 | 절연내력시험전압 | 최저 시험전압 |
|---|---|---|
| 7[kV] 이하 | 1.5배 | 500[V] |

1차측절연내력시험전압=330[V]×1.5배=4950[V]
2차측절연내력시험전압=220[V]×1.5배=330[V]
(최저시험전압 500[V]적용)

**02** **저압 또는 고압의 가공 전선로와 기설 가공 약전류 전선로가 병행할 때 유도작용에 의한 통신상의 장해가 생기지 않도록 전선과 기설 약전류 전선간의 이격거리는 몇 [m] 이상이어야 하는가? (단, 전기철도용 급전선로는 제외한다.)**

① 2　② 3
③ 4　④ 6

해설

저·고압 가공전선로와 기설 가공약전류전선로가 병행하는 경우에는 유도작용에 의하여 통신상의 장해가 생기지 아니하도록 전선과 기설 약전류 전선간의 이격거리는 2[m] 이상이어야 한다.

**03** **건축물·구조물과 분리되지 않은 피뢰시스템인 경우 병렬 인하도선의 최대 간격은 피뢰시스템 등급에 따라 Ⅰ, Ⅱ 등급은 몇 [m]인가?**

① 10　② 15
③ 20　④ 30

해설

**인하도선 시스템**
건축물·구조물과 분리되지 않은 피뢰시스템인 경우
병렬 인하도선의 최대 간격은 피뢰시스템 등급에 따라 Ⅰ, Ⅱ 등급은 10[m], Ⅲ 등급은 15[m], Ⅳ 등급은 20[m] 로 한다.

**04** **저압 옥내배선 합성수지관 공사시 연선이 아닌 경우 사용 할 수 있는 전선의 최대 단면적은 몇 [$mm^2$]인가?**

① 4　② 6
③ 10　④ 16

해설

- 절연전선 일 것(옥외용 비닐 절연전선을 제외)
- 전선은 연선일 것. 단, 다음의 것은 적용하지 않는다.
  - 짧고 가는 합성수지관에 넣은 것
  - 단면적 10[$mm^2$](알루미늄선은 단면적 16[$mm^2$]) 이하의 것
- 전선은 합성수지관 안에서 접속점이 없도록 할 것
- 관 상호 간 및 박스와는 관을 삽입하는 깊이를 관의 바깥 지름의 1.2배(접착제를 사용하는 경우에는 0.8배) 이상으로 하고, 관의 지지점 간의 거리는 1.5[m] 이하로 할 것

**05** **저압 옥측전선로에서 목조의 조영물에 시설할 수 있는 공사 방법은?**

① 금속관공사
② 버스덕트공사
③ 합성수지관공사
④ 연피 또는 알루미늄 케이블공사

해설

- 애자사용공사(전개된 장소에 한한다)
- 합성수지관공사
- 금속관공사목조 이외의 조영물에 시설하는 경우에 한한다.
- 버스덕트공사목조 이외의 조영물에 시설하는 경우에 한한다.
- 케이블공사(연피케이블.알루미늄피케이블 또는 미네럴인슈레이션케이블을 사용하는 경우에는 목조 이외의 조영물에 시설하는 경우에 한한다.)

[정답] 2022년 3회 01 ① 02 ① 03 ① 04 ③ 05 ③

**06** **일반주택 및 아파트 각 호실의 현관등은 몇 분 이내에 소등 되도록 타임스위치를 시설해야 하는가?**

① 3 ② 4

③ 5 ④ 6

해설

- 호텔 또는 여관 각 객실 입구등은 1분 이내 소등되는 것
- 일반주택 및 아파트의 현관등은 3분 이내 소등되는 것

**07** **도로, 주차장 또는 조영물의 조영재에 고정하여 시설하는 전열장치의 발열선에 공급하는 전로의 대지전압은 몇 [V] 이하 이어야 하는가?**

① 30 ② 60

③ 300 ④ 600

해설

발열선에 전기를 공급하는 전로의 대지전압은 300[V] 이하일 것

**08** **관등회로의 사용전압이 1[kV] 이하인 방전등을 옥내에 시설할 경우에 대한 사항으로 잘못된 것은?**

① 관등회로의 사용전압이 400[V] 초과인 경우는 방전등용 변압기를 사용할 것

② 관등회로의 사용전압이 400[V]이하인 배선은 공칭단면적 2.5[$mm^2$]이상의 연동선을 사용한다.

③ 애자사용 공사의 시설시 전선 상호간의 거리는 50[mm] 이상으로 한다.

④ 관등회로의 사용전압이 400[V] 초과이고, 1[kV] 이하인 배선은 그 시설장소에 따라 합성수지관공사·금속관공사·가요전선관공사나 케이블공사를 사용한다.

해설

**관등회로**

애자사용 공사의 시설시 전선 상호간의 거리는 60[mm] 이상으로 한다.

**09** **가공전선로의 지지물로 사용하는 철주 또는 철근 콘크리트주는 지선을 사용하지 않는 상태에서 몇 이상의 풍압하중에 견디는 강도를 가지는 경우 이외에는 지선을 사용하여 그 강도를 분담시켜서는 안되는가?**

① 1/3 ② 1/5

③ 1/10 ④ 1/2

해설

**지선의 시설**

가공전선로의 지지물로 사용하는 철주 또는 철근 콘크리트주는 지선을 사용하지 않는 상태에서 2분의 1 이상의 풍압하중에 견디는 강도를 가지는 경우 이외에는 지선을 사용하여 그 강도를 분담시켜서는 안 된다.

**10** **내부 고장이 발생하는 경우를 대비하여 자동차단장치 또는 경보장치를 시설하여야 하는 특고압용 변압기의 뱅크 용량의 구분으로 알맞은 것은?**

① 5000[kVA] 미만

② 5000[kVA] 이상 10000[kVA] 미만

③ 10000[kVA] 이상

④ 10000[kVA] 이상 15000[kVA] 미만

해설

| 특고압용 변압기의 보호 | | |
|---|---|---|
| 뱅크 용량의 구분 | 동작조건 | 보호장치 |
| 5000이상 ~<br>10000[kVA] 미만 | 내부고장 | 자동차단장치<br>또는 경보장치 |

**11** **특고압을 직접 저압으로 변성하는 변압기를 사용할 수 없는 경우는?**

① 전기로 등 전류가 큰 전기를 소비하기 위한 변압기

② 발전소.변전소.개폐소 또는 이에 준하는 곳의 소내용 변압기

③ 직류식 전기철도용 신호회로에 전기를 공급하기 위한 변압기

[정답] 06 ① 07 ③ 08 ③ 09 ④ 10 ② 11 ③

④ 사용전압이 35[kV] 이하인 변압기로서 그 특고압측 권선과 저압측 권선이 혼촉한 경우에 자동적으로 변압기를 전로로부터 차단하기 위한 장치를 설치한 것

해설

- 전기로 등 전류가 큰 전기를 소비하기 위한 변압기
- 발전소, 변전소, 개폐소 또는 이에 준하는 곳의 소내용 변압기
- 25[kV] 이하 중성점 다중 접지식 전로에 접속하는 변압기
- 교류식 전기철도용 신호회로에 전기를 공급하기 위한 변압기

**12 제 1종 특고압 보안공사를 필요로 하는 가공 전선로의 지지물로 사용 할 수 있는 것은?**

① A종 철근콘크리트주 ② 목주
③ A종 철주 ④ 철탑

해설

**제1종 특고압 보안공사**

- 전선로의 지지물에는 B종 철주.B종 철근 콘크리트주 또는 철탑을 사용할 것
- 현수애자 또는 장간애자를 사용하는 경우, 50[%] 충격섬락전압값이 그 전선의 근접하는 다른 부분을 지지하는 애자장치의 값의 110[%](사용전압이 130[kV]를 초과하는 경우는 105[%]) 이상인 것
- 특고압 가공전선에 지락 또는 단락이 생겼을 경우에 3초(사용전압이 100[kV] 이상인 경우에는 2초) 이내에 자동적으로 이것을 전로로부터 차단하는 장치를 시설할 것

**13 통신설비의 식별표시에 대한 사항으로 알맞지 않은 것은?**

① 모든 통신기기에는 식별이 용이하도록 인식용 표찰을 부착하여야 한다.
② 통신사업자의 설비표시명판은 플라스틱 및 금속판 등 견고하고 가벼운 재질로 하고 글씨는 각인하거나 지워지지 않도록 제작된 것을 사용하여야 한다.
③ 배전주에 시설하는 통신설비의 설비표시명판의 경우 직선주는 전주 10경간마다 시설할 것
④ 배전주에 시설하는 통신설비의 설비표시명판의 경우 분기주, 인류주는 매 전주에 시설할 것

해설

**통신설비의 식별**

1. 모든 통신기기에는 식별이 용이하도록 인식용 표찰을 부착하여야 한다.
2. 통신사업자의 설비표시명판은 플라스틱 및 금속판 등 견고하고 가벼운 재질로 하고 글씨는 각인하거나 지워지지 않도록 제작된 것을 사용하여야 한다.
3. 설비표시명판 시설기준
   ① 배전주에 시설하는 통신설비의 설비표시명판은 다음에 따른다.
      ⓐ 직선주는 전주 5경간마다 시설할 것
      ⓑ 분기주, 인류주는 매 전주에 시설할 것
   ② 지중설비에 시설하는 통신설비의 설비표시명판은 다음에 따른다.
      ⓐ 관로는 맨홀마다 시설할 것
      ⓑ 전력구내 행거는 50[m] 간격으로 시설할 것

**14 고압 가공전선이 가공약전류 전선과 접근하여 시설될 때 고압 가공전선과 가공약전류 전선 사이의 이격거리는 몇 [cm] 이상이어야 하는가? (모두 케이블을 사용하지 않은 경우이다.)**

① 40 ② 50
③ 60 ④ 80

해설

**고압가공전선**

고압 가공전선이 가공약전류전선 등과 접근하는 경우는 고압 가공전선과 가공약전류전선 등 사이의 이격거리는 0.8[m] (전선이 케이블인 경우에는 0.4[m]) 이상일 것

**15 25[kV] 이하인 특고압 가공전선로(중성선 다중접지 방식의 것으로서 전로에 지락이 생겼을 때에 2초 이내에 자동적으로 이를 전로로부터 차단하는 장치가 되어 있는 것)의 접지도체는 공칭단면적 몇 [$mm^2$]이상의 연동선 또는 이와 동등 이상의 세기 및 굵기의 쉽게 부식하지 않는 금속선으로서 고장 시에 흐르는 전류가 안전하게 통할 수 있는 것을 사용하는가?**

① 2.5 ② 6
③ 10 ④ 16

[정답] 12④ 13③ 14④ 15②

해설

**25[kV] 이하 중성선 다중 접지**

접지도체는 공칭단면적 6[mm$^2$] 이상의 연동선 또는 이와 동등 이상의 세기 및 굵기의 쉽게 부식하지 않는 금속선으로서 고장 시에 흐르는 전류가 안전하게 통할 수 있는 것일 것

**16** 전기철도차량에 전력을 공급하는 전차선의 가선방식에 포함되지 않는 것은?

① 가공방식 ② 강체방식
③ 제3레일방식 ④ 지중조가선방식

해설

진기철도차량에 전력을 공급하는 전차선의 가선방식으로 가공식, 강체식, 제3궤조식으로 분류한다.

**17** 전기저장장치를 시설하는 곳에 필요한 계측장치가 아닌 것은?

① 축전지 출력 단자의 전압 및 전력
② 축전지 충방전 상태
③ 축전지 출력 단자의 주파수
④ 주요변압기의 전압, 전류 및 전력

해설

**전기저장장치를 시설하는 곳의 계측장치**

- 축전지 출력 단자의 전압, 전류, 전력 및 충방전 상태
- 주요변압기의 전압, 전류 및 전력

**18** 사용전압이 25[kV] 이하인 다중접지방식 지중전선로를 관로식 또는 직접매설식으로 시설하는 경우, 그 이격거리가 몇[m] 이상이 되도록 시설하여야 하는가?

① 0.1 ② 0.3
③ 0.6 ④ 1.0

해설

**지중전선로**

사용전압이 25[kV] 이하인 다중접지방식 지중전선로를 관로식 또는 직접매설식으로 시설하는 경우, 그 이격거리가 0.1[m] 이상이 되도록 시설하여야 한다.

**19** 저압 가공전선의 사용가능 한 전선에 대한 사항으로 알맞지 않은 것은?

① 400[V] 초과인 저압 가공전선으로 시가지의 경우 지름 5[mm] 이상의 경동선
② 나전선(중성선 또는 다중접지된 접지측 전선으로 사용하는 전선에 한한다)
③ 400[V]초과인 저압 가공전선으로 인입용 비닐절연전선
④ 케이블

해설

**저압가공전선의 굵기 및 종류**

① 저압 가공전선은 나전선(중성선 또는 다중접지된 접지측 전선으로 사용하는 전선에 한한다), 절연전선, 다심형 전선 또는 케이블을 사용하여야 한다.
② 사용전압이 400[V] 이하인 저압 가공전선은 케이블인 경우를 제외하고는 인장강도 3.43[kN] 이상의 것 또는 지름 3.2[mm] (절연전선인 경우는 인장강도 2.3[kN] 이상의 것 또는 지름 2.6[mm] 이상의 경동선) 이상의 것이어야 한다.
③ 사용전압이 400[V] 초과인 저압 가공전선은 케이블인 경우 이외에는 시가지에 시설하는 것은 인장강도 8.01[kN] 이상의 것 또는 지름 5[mm] 이상의 경동선, 시가지 외에 시설하는 것은 인장강도 5.26[kN] 이상의 것 또는 지름 4[mm] 이상의 경동선이어야 한다.
④ 사용전압이 400[V] 초과인 저압 가공전선에는 인입용 비닐절연전선을 사용하여서는 안 된다.

**20** 전기저장 장치의 시설 기준으로 잘못된 것은?

① 전선은 공칭단면적 2.5[mm$^2$]이상의 연동선 또는 이와 동등 이상의 세기 및 굵기의 것일 것
② 단자를 체결 또는 잠글 때 너트나 나사는 풀림방지 기능이 있는 것을 사용하여야 한다.
③ 외부터미널과 접속하기 위해 필요한 접점의 압력이 사용기간 동안 유지되어야 한다.
④ 옥측 또는 옥외에 시설할 경우에는 애자사용공사로 시설한다.

해설

**전기저장장치의 시설**

옥측 도는 옥외에 시설시 합성수지관, 금속관, 금속제 가요전선관, 케이블 공사에 의한다.

[정답] 16④ 17③ 18① 19③ 20④

시행일 **2023년 1회**

**01** **사무실 건물의 조명설비에 사용되는 백열전등 또는 방전등에 전기를 공급하는 옥내전로의 대지전압은 몇 [V] 이하인가?**

① 250 ② 300
③ 350 ④ 400

해설

**옥내전로의 대지전압**

백열전등(전기스탠드 및 「전기용품 및 생활용품 안전관리법」의 적용을 받는 장식용의 전등기구를 제외) 또는 방전등(방전관·방전등용 안정기 및 방전관의 점등에 필요한 부속품과 관등회로의 배선을 말하며 전기스탠드 기타 이와 유사한 방전등 기구를 제외)에 전기를 공급하는 옥내(주택의 옥내 전로를 제외한다)의 대지전압은 300[V] 이하여야 한다.

**02** **주택의 전기저장장치의 축전지에 접속하는 부하 측 옥내배선을 사람이 접촉할 우려가 없도록 케이블배선에 의하여 시설하고 전선에 적당한 방호장치를 시설한 경우 주택의 옥내전로의 대지전압은 직류 몇 [V]까지 적용할 수 있는가? (단, 전로에 지락이 생겼을 때 자동적으로 전로를 차단하는 장치를 시설한 경우이다.)**

① 150 ② 300
③ 400 ④ 600

해설

**옥내전로의 대지전압**

주택의 전기저장장치의 축전지에 접속하는 부하 측 옥내배선을 다음에 따라 시설하는 경우에 주택의 옥내전로의 대지전압은 직류 600[V]까지 적용할 수 있다.

(1) 전로에 지락이 생겼을 때 자동적으로 전로를 차단하는 장치를 시설할 것
(3) 사람이 접촉할 우려가 없는 은폐된 장소에 합성수지관배선, 금속관배선 및 케이블배선에 의하여 시설하거나, 사람이 접촉할 우려가 없도록 케이블배선에 의하여 시설하고 전선에 적당한 방호장치를 시설할 것

**03** **특고압 전로의 다중접지 지중 배전계통에 사용하는 동심중성선 전력케이블은 다음에 적합한지 않은 것은?**

① 최대사용전압은 25.8[kV] 이하일 것
② 도체는 연동선 또는 알루미늄선을 소선으로 구성한 원형 압축연선으로 할 것
③ 절연체는 동심원상으로 동시압출(3중 동시압출)한 내부 반도전층, 절연층 및 외부 반도전층으로 구성하여야 하며, 습식 방식으로 가교할 것
④ 중성선은 반도전성 부풀음 테이프 위에 형성하여야 하며, 꼬임방향은 $Z$ 또는 $S-Z$꼬임으로 할 것

해설

**고압 및 특고압케이블**

특고압 전로의 다중접지 지중 배전계통에 사용하는 동심중성선 전력케이블은 다음에 적합한 것을 사용하여야 한다.

① 최대사용전압은 25.8[kV] 이하일 것
② 도체는 연동선 또는 알루미늄선을 소선으로 구성한 원형 압축연선으로 할 것
③ 절연체는 동심원상으로 동시압출(3중 동시압출)한 내부 반도전층, 절연층 및 외부 반도전층으로 구성하여야 하며, 건식 방식으로 가교할 것
④ 중성선은 반도전성 부풀음 테이프 위에 형성하여야 하며, 꼬임방향은 $Z$ 또는 $S-Z$꼬임으로 할 것

**04** **시가지에 설치시 사용전압 170[kV] 초과일 경우 전선의 굵기는 얼마 이상이어야 하는가?**

① 100 ② 150
③ 180 ④ 240

해설

**시가지 사용전압이 170[kV] 초과하는 전선로**

전선은 단면적 240[$mm^2$] 이상의 강심알루미늄선 또는 이와 동등 이상의 인장강도 및 내아크 성능을 가지는 연선을 사용할 것

**05** **사용전압이 400[V] 이하 저압 보안공사에 사용되는 경동선은 그 지름이 최소 몇 [mm] 이상의 것을 사용하여야 하는가?**

[정답] 2023년 1회 01 ② 02 ④ 03 ③ 04 ④ 05 ③

전기자기학 | 전력공학 | 전기기기 | 회로이론 | 제어공학 | 전기설비기술기준

① 2.0 ② 2.6
③ 4.0 ④ 5.0

해설

**저압 보안공사**
전선은 케이블인 경우 이외에는 인장강도 8.01[kN] 이상의 것 또는 지름 5(사용전압이 400[V] 이하인 경우에는 인장강도 5.26[kN] 이상의 것 또는 지름 4[mm] 이상의 경동선) 이상의 경동선이어야 한다.

**06** 전차선과 차량 간의 최소 절연이격거리는 단상교류 25[kV]일 때 정적은 몇 [mm]인가?

① 100 ② 150
③ 170 ④ 270

해설

**전자차선과 차량 간의 최소 절연이격거리**

| 시스템 종류 | 공칭전압[V] | 동적[mm] | 정적[mm] |
|---|---|---|---|
| 직류 | 750 | 25 | 25 |
| | 1500 | 100 | 150 |
| 단상교류 | 25000 | 170 | 270 |

**07** 태양전지 발전소에 시설하는 태양전지 모듈, 전선 및 개폐기 기타 기구의 시설기준에 대한 내용으로 틀린 것은?

① 충전부분은 노출되지 아니하도록 시설한다.
② 옥내에 시설하는 경우에는 금속관, 합성수지관, 애자사용공사 및 케이블공사로 시설할 수 있다.
③ 태양전지 모듈의 프레임은 지지물과 전기적으로 완전하게 접속한다.
④ 태양전지 모듈을 병렬로 접속하는 전로에는 과전류차단기를 시설한다.

해설

**태양전지**
전기저장장치의 옥내 시설 공사는 합성수지관, 금속관, 금속제 가요전선관, 케이블공사로 시설한다.

**08** 아파트 세대 욕실에 "비데용 콘센트"를 시설하고자 한다. 다음의 시설방법 중 적합하지 않은 것은?

① 콘센트는 접지극이 없는 것을 사용한다.
② 습기가 많은 장소에 시설하는 콘센트는 방습장치를 하여야 한다.
③ 콘센트를 시설하는 경우에는 절연변압기(정격용량 3[kVA] 이하인 것에 한한다.)로 보호된 전로에 접속하여야 한다.
④ 콘센트를 시설하는 경우에는 인체감전보호용 누전차단기(정격감도전류 15[mA] 이하, 동작시간 0.03초 이하의 전류 동작형의 것에 한한다.)로 보호된 전로에 접속하여야 한다.

해설

**콘센트의 시설**
욕조나 샤워시설이 있는 욕실 또는 화장실 등 인체가 물에 젖어있는 상태에서 전기를 사용하는 장소에 콘센트를 시설하는 경우 접지극이 있는 방적형 콘센트를 사용하여야 한다.

**09** 지중 전선로를 직접 매설식에 의하여 시설하는 경우에 차량 및 기타 중량물의 압력을 받을 우려가 있는 장소의 매설 깊이는 몇 [m] 이상인가?

① 1.0 ② 1.2
③ 1.5 ④ 1.8

해설

**지중전선로의 매설깊이**
지중 전선로를 직접 매설식에 의하여 시설하는 경우에는 매설 깊이를 차량 기타 중량물의 압력을 받을 우려가 있는 장소에는 1.0[m] 이상, 기타 장소에는 0.6[m] 이상으로 하고 또한 지중 전선을 견고한 트라프 기타 방호물에 넣어 시설하여야 한다.

**10** 통신설비의 식별표시에 대한 사항으로 알맞지 않은 것은?

[정답] 06 ④ 07 ② 08 ① 09 ① 10 ③

① 모든 통신기기에는 식별이 용이하도록 인식용 표찰을 부착하여야 한다.

② 통신사업자의 설비표시명판은 플라스틱 및 금속판 등 견고하고 가벼운 재질로 하고 글씨는 각인하거나 지워지지 않도록 제작된 것을 사용하여야 한다.

③ 배전주에 시설하는 통신설비의 설비표시명판의 경우 직선주는 전주 10경간마다 시설할 것

④ 배전주에 시설하는 통신설비의 설비표시명판의 경우 분기주, 인류주는 매 전주에 시설할 것

해설

**통신설비의 식별표시**

통신설비의 식별은 다음에 따라 표시하여야 한다.

(1) 모든 통신기기에는 식별이 용이하도록 인식용 표찰을 부착하여야 한다.

(2) 통신사업자의 설비표시명판은 플라스틱 및 금속판 등 견고하고 가벼운 재질로 하고 글씨는 각인하거나 지워지지 않도록 제작된 것을 사용하여야 한다.

(3) 설비표시명판 시설기준

① 배전주에 시설하는 통신설비의 설비표시명판은 다음에 따른다.

- 직선주는 전주 5경간마다 시설할 것
- 분기주, 인류주는 매 전주에 시설할 것

② 지중설비에 시설하는 통신설비의 설비표시명판은 다음에 따른다.

- 관로는 맨홀마다 시설할 것
- 전력구내 행거는 50[m] 간격으로 시설할 것

## 11 345[kV]의 전압을 변전하는 변전소가 있다. 이 변전소에 울타리를 시설하고자 하는 경우 울타리의 높이가 2.5[m]인 경우 울타리로부터 충전부분까지의 거리는 몇 [m] 이상으로 하여야 하는가?

① 5　　② 5.78

③ 6　　④ 6.78

해설

**울타리·담 등의 높이와 충전부분까지의 거리의 합계**

거리만을 묻기 때문에 합계－높이를 산정한다.

6＋(34.5－16)×0.12에서 6＋(18.5 → 19)×0.12를 적용하면

합계＝6＋19×0.12＝8.28[m]이므로 여기서 높이를 차감한다.

8.28－2.5＝5.78[m]

## 12 철도·궤도 또는 자동차도의 전용터널 안의 저압 전선로의 시설시 전선의 굵기로 알맞은 것은?

① 4　　② 2.0

③ 2.6　　④ 6

해설

**터널 안 전선로의 시설**

철도·궤도 또는 자동차도 전용터널 안의 전선로는 저압의 경우 인장강도 2.30[kN] 이상의 절연전선 또는 지름 2.6[mm] 이상의 경동선의 절연전선을 사용하고애자사용공사에 의하여 시설할 경우 이를 레일면상 또는 노면상 2.5[m] 이상의 높이로 유지할 것

## 13 22.9[kv] 특고압 가공전선로가 도로를 횡단시에 높이로 알맞은 것은?

① 4　　② 5

③ 5.5　　④ 6

해설

**특고압 가공 전선의 높이**

| 사용전압의 구분 | 지표상의 높이 |
|---|---|
| 35[kV] 이하 | 5[m]<br>(철도 또는 궤도를 횡단하는 경우에는 6.5[m], 도로를 횡단하는 경우에는 6[m], 횡단보도교의 위에 시설하는 경우로서 전선이 특고압절연전선 또는 케이블인 경우에는 4[m]) |

## 14 관등회로의 사용전압이 1[kV] 이하인 방전등을 옥내에 시설할 경우에 대한 사항으로 잘못된 것은?

① 관등회로의 사용전압이 400[V] 초과인 경우는 방전등용 변압기를 사용할 것

② 관등회로의 사용전압이 400[V]이하인 배선은 공칭단면적 2.5[$mm^2$]이상의 연동선을 사용한다.

③ 애자사용 공사의 시설시 전선 상호간의 거리는 50[mm] 이상으로 한다.

④ 관등회로의 사용전압이 400[V] 초과이고, 1[kV] 이하인 배선은 그 시설장소에 따라 합성수지관공사·금속관공사·가요전선관공사나 케이블공사를 사용한다.

[정답] 11 ② 12 ③ 13 ④ 14 ③

**해설**

**1[kV] 이하의 관등회로 시설**

애자사용 공사의 시설시 전선 상호간의 거리는 60[mm] 이상으로 한다.

**15** 저압 옥측전선로에서 목조의 조영물에 시설할 수 있는 공사 방법은?

① 금속관공사
② 버스덕트공사
③ 합성수지관공사
④ 연피 또는 알루미늄 케이블공사

**해설**

**저압 옥측전선로의 공사방법**

① 애자공사(전개된 장소)
② 합성수지관공사
③ 금속관공사(목조 이외의 조영물에 시설하는 경우)
④ 버스덕트공사[목조 이외의 조영물(점검할 수 없는 은폐된 장소는 제외한다)에 시설하는 경우]
⑤ 케이블공사(연피 케이블, 알루미늄피 케이블 또는 무기물절연(MI) 케이블을 사용하는 경우에는 목조 이외의 조영물에 시설하는 경우)

**16** 전기부식방지 시설을 시설할 때 전기부식방지용 전원 장치로부터 양극 및 피방식체까지의 전로의 사용전압은 직류 몇 [V] 이하이어야 하는가?

① 20 ② 40
③ 60 ④ 80

**해설**

**전기부식 방지장치**

전기부식방지 회로(전기부식방지용 전원장치로부터 양극 및 피방식체까지의 전로를 말한다. 이하 같다)의 사용전압은 직류 60[V] 이하일 것

**17** 수소냉각식 발전기의 시설 중 발전기, 조상기안의 수소 순도가 몇 [%] 이하로 저하한 경우 경보장치를 시설하는가?

① 75 ② 80
③ 85 ④ 90

**해설**

**수소냉각식 발전기**

수소냉각식의 발전기·조상기 또는 이에 부속하는 수소 냉각 장치는 다음 에 따라 시설하여야 한다.

① 발전기 또는 조상기는 기밀구조(氣密構造)의 것이고 또한 수소가 대기압에서 폭발하는 경우에 생기는 압력에 견디는 강도를 가지는 것일 것
② 발전기축의 밀봉부에는 질소 가스를 봉입할 수 있는 장치 또는 발전기 축의 밀봉부로부터 누설된 수소 가스를 안전하게 외부에 방출할 수 있는 장치를 시설할 것
③ 발전기 내부 또는 조상기 내부의 수소의 순도가 85[%] 이하로 저하한 경우에 이를 경보하는 장치를 시설할 것
④ 발전기 내부 또는 조상기 내부의 수소의 압력을 계측하는 장치 및 그 압력이 현저히 변동한 경우에 이를 경보하는 장치를 시설할 것
⑤ 발전기 내부 또는 조상기 내부의 수소의 온도를 계측하는 장치를 시설할 것

**18** 두 개 이상의 전선을 병렬로 사용하는 경우 각 전선의 굵기는 동선 몇 [$mm^2$] 이상으로 하고, 전선은 같은 도체, 같은 재료, 같은 길이 및 같은 굵기의 것을 사용하여야 하는가?

① 35 ② 50
③ 60 ④ 70

**해설**

**전선의 접속**

두 개 이상의 전선을 병렬로 사용하는 경우에는 다음에 의하여 시설할 것

① 병렬로 사용하는 각 전선의 굵기는 동선 50 ㎟ 이상 또는 알루미늄 70[$mm^2$] 이상으로 하고, 전선은 같은 도체, 같은 재료, 같은 길이 및 같은 굵기의 것을 사용할 것
② 같은 극의 각 전선은 동일한 터미널러그에 완전히 접속할 것
③ 같은 극인 각 전선의 터미널러그는 동일한 도체에 2개 이상의 리벳 또는 2개 이상의 나사로 접속할 것
④ 병렬로 사용하는 전선에는 각각에 퓨즈를 설치하지 말 것
⑤ 교류회로에서 병렬로 사용하는 전선은 금속관 안에 전자적 불평형이 생기지 않도록 시설할 것

[정답] 15③ 16③ 17③ 18②

**19** **저압 절연전선으로 알맞지 않은 것은?**

① 450/750[V] 비닐절연전선
② 450/750[V] 저독성 난연 폴리올레핀절연전선
③ 450/750[V] 저독성 난연 가교폴리올레핀절연전선
④ 450/750[V] 캡타이어절연전선

해설

**절연전선**

저압 절연전선은 「전기용품 및 생활용품 안전관리법」의 적용을 받는 것 이외에는 KS에 적합한 것으로서 450/750[V] 비닐절연전선·450/750[V] 저독성 난연 폴리올레핀절연전선·450/750[V] 저독성 난연 가교폴리올레핀절연전선·450/750[V] 고무절연전선을 사용하여야 한다.

**20** **고압 가공전선이 가공약전류 전선과 접근하여 시설될 때 고압 가공전선과 가공약전류 전선 사이의 이격거리는 몇 [m] 이상이어야 하는가?**

① 0.4 ② 0.5
③ 0.6 ④ 0.8

해설

고압 가공전선이 가공약전류전선 등과 접근하는 경우는 고압 가공전선과 가공약전류전선 등 사이의 이격거리는 0.8[m](전선이 케이블인 경우에는 0.4[m]) 이상일 것

## 시행일 2023년 2회

**01** **"제 2차 접근상태"라 함은 가공 전선이 다른 시설물과 접근하는 경우에 그 가공전선이 다른 시설물의 위쪽 또는 옆쪽에서 수평거리로 몇 [m] 미만인 곳에 시설되는 상태를 말하는가?**

① 1.2 ② 2
③ 2.5 ④ 3

해설

**접근상태**

"제2차 접근상태"라 함은 가공전선이 다른 시설물과 상방 또는 측방에서 수평거리로 3[m] 미만인 곳에 시설되는 상태를 말한다.

**02** **발전소, 변전소, 개폐소 이에 준하는 곳, 전기 사용 장소 상호간의 전선 및 이를 지지하거나 수용하는 시설물을 무엇이라 하는가?**

① 급전소 ② 송전선로
③ 전선로 ④ 개폐소

해설

**전선로**

발전소, 변전소, 개폐소 이에 준하는 곳, 전기 사용 장소 상호간의 전선 및 이를 지지하거나 수용하는 시설물을 전선로라 한다.

**03** **금속덕트 공사에 의한 저압 옥내배선에서, 금속덕트에 넣은 전선의 단면적의 합계는 일반적으로 덕트 내부 단면적의 몇 [%] 이하이어야 하는가? (단, 전광표시 장치·출퇴표시등 기타 이와 유사한 장치 또는 제어회로 등의 배선만을 넣는 경우에는 제외)**

① 20 ② 30
③ 40 ④ 50

해설

**금속덕트공사**

금속 덕트에 넣은 전선의 단면적(절연피복의 단면적을 포함한다)의 합계는 덕트의 내부 단면적의 20[%](전광표시 장치·출퇴표시등 기타 이와 유사한 장치 또는 제어회로 등의 배선만을 넣는 경우에는 50[%]) 이하일 것

**04** **전개된 장소에서 저압 옥상전선로의 시설기준으로 적합하지 않은 것은?**

① 전선은 지름 2.0[mm]의 경동선을 사용하였다.
② 전선 지지점 간의 거리를 15[m]로 하였다.
③ 전선은 절연전선을 사용하였다.
④ 저압 절연전선과 그 저압 옥상 전선로를 시설하는 조영재와의 이격거리를 2[m]로 하였다.

해설

**저압 옥상전선로의 시설**

[정답] 19 ④ 20 ④ 2023년 2회 01 ④ 02 ③ 03 ① 04 ①

- 전선은 절연전선일 것
- 전선은 지름 2.6[mm] 이상의 경동선 또는 인장강도 2.30[kN] 이상일 것
- 전선은 조영재에 견고하게 붙인 지지주 또는 지지대에 절연성·난연성 및 내수성이 있는 애자를 사용하여 지지하고 또한 그 지지점간의 거리는 15[m] 이하일 것
- 저압 옥상전선로의 전선은 상시 부는 바람 등에 의하여 식물에 접촉하지 아니하도록 시설하여야 한다.

**05** **가공전선로의 지지물에 하중이 가하여지는 경우에 그 하중을 받는 지지물의 기초 안전율은 얼마 이상이어야 하는가? (단, 이상 시 상정 하중은 무관)**

① 1.5 ② 2.0
③ 2.5 ④ 3.0

해설

**안전율**

가공전선로의 지지물에 하중이 가하여지는 경우에 그 하중을 받는 지지물의 기초의 안전율은 2(이상 시 상정하중이 가하여지는 철탑의 기초에 대하여는 1.33) 이상이어야 한다.

**06** **사용전압이 60[kV] 이하인 경우 전화선로의 길이 12[km]마다 유도전류는 몇 [μA]를 넘지 않도록 하여야 하는가?**

① 1 ② 2
③ 3 ④ 5

해설

**전화선로**

| 유도전류 제한 | | |
|---|---|---|
| 사용전압[kV] | 전화선로의 길이[km] | 유도전류[μA] |
| 60 이하 | 12 | 2 |
| 60 초과 | 40 | 3 |

**07** **발전소에서 계측장치를 시설하지 않아도 되는 것은?**

① 발전기의 회전수 및 주파수
② 발전기의 고정자 및 베어링 온도
③ 주요 변압기의 전압 및 전류 또는 전력
④ 특고압용 변압기의 온도

해설

**계측장치**

- 발전기의 전압 및 전류 또는 변압기의 전압 및 전류 또는 전력
- 발전기의 베어링 및 고정자의 온도
- 특고압용 변압기의 온도

**08** **제2종 특고압 보안공사의 기준으로 틀린 것은?**

① 특고압 가공전선은 연선일 것
② 지지물로 사용하는 목주의 풍압하중에 대한 안전율은 2 이상일 것
③ 지지물이 A종 철주일 경우 그 경간은 150[m] 이하일 것
④ 지지물이 목주일 경우 그 경간은 100[m] 이하일 것

해설

**제2종 특고압 보안공사**

- 특고압 가공전선은 연선일 것
- 지지물로 사용하는 목주의 풍압하중에 대한 안전율은 2 이상일 것
- 경간

| 지지물의 종류 | 경간[m] |
|---|---|
| 목주·A종 철주 또는 A종 철근 콘크리트주 | 100 |
| B종 철주 또는 B종 철근 콘크리트주 | 200 |
| 철탑 | 400 |

**09** **조상설비 내부고장, 과전류 또는 과전압이 생긴 경우 자동적으로 차단되는 장치를 해야 하는 분로리액터의 최소 뱅크용량은 몇 [kVA]인가?**

① 10000 ② 12000
③ 500 ④ 15000

[정답] 05 ② 06 ② 07 ① 08 ③ 09 ④

해설

**조상설비의 보호장치**

| 설비종별 | 뱅크용량의 구분[kVA] | 자동적으로 전로로부터 차단하는 장치 |
|---|---|---|
| 전력용 커패시터 및 분로리액터 | 500 초과 15000 미만 | 내부에 고장 또는 과전류 |
| | 15000 이상 | 내부에고장 및 과전류 또는 과전압 |
| 조상기 | 15000 이상 | 내부에 고장 |

## 10 특고압 변전소에 울타리, 담 등을 시설하고자 할 때 울타리, 담 등의 높이는 몇 [m] 이상 이어야 하는가?

① 1　② 2
③ 5　④ 6

해설

**발전소 등의 울타리, 담등의 시설**

울타리·담 등의 높이는 2[m] 이상으로 하고 지표면과 울타리·담 등의 하단사이의 간격은 0.15[m] 이하로 할 것

## 11 사용전압이 15[kV] 미만 특고압 가공전선과 그 지지물·완금류·지주 또는 지선 사이의 이격거리는 몇 [cm] 이상이어야 하는가?

① 15　② 20
③ 25　④ 30

해설

**특고압 가공전선과 지지물 등의 이격거리**

| 사용전압[kV] | 이격거리[cm] |
|---|---|
| 15 미만 | 15 |
| 15 이상 25 미만 | 20 |
| 25 이상 35 미만 | 25 |

## 12 가공전선로와 지중전선로가 접속되는 곳에 반드시 설치되어야 하는 기구는?

① 분로리액터　② 전력용콘덴서
③ 피뢰기　④ 동기조상기

해설

**피뢰기의 시설 위치**

- 발전소, 변전소 또는 이에 준하는 장소의 가공전선인입구 및 인출구
- 가공전선로에 접속하는 배전용 변압기의 고압측 및 특고압측
- 고압 및 특고압 가공전선로로부터 공급을 받는 수용장소의 인입구
- 가공전선로와 지중전선로가 접속되는 곳

## 13 전차선로의 직류방식에서 급전전압으로 알맞지 않은 것은?

① 지속성 최대전압 900[V], 1800[V]
② 공칭전압 750[V], 1500[V]
③ 지속성 최소전압 500[V], 900[V]
④ 장기과전압 950[V], 1950[V]

해설

**직류방식의 급전전압**

| 구분 | 지속성 최저전압 [V] | 공칭 전압 [V] | 지속성 최고전압 [V] | 비지속성 최고전압 [V] | 장기 과전압 [V] |
|---|---|---|---|---|---|
| DC (평균값) | 500<br>900 | 750<br>1500 | 900<br>1800 | 950<br>1950 | 1269<br>2538 |

## 14 전기철도차량이 전차선로와 접촉한 상태에서 견인력을 끄고 보조전력을 가동한 상태로 정지해 있는 경우, 가공 전차선로의 유효전력이 200[kW] 이상일 경우 총 역률은 몇 보다는 작아서는 안되는가?

① 0.9　② 0.7
③ 0.6　④ 0.8

[정답] 10② 11① 12③ 13④ 14④

해설

**전기철도차량의 역률**

비지속성 최저전압에서 비지속성 최고전압까지의 전압범위에서 유도성 역률 및 전력소비에 대해서만 적용되며, 회생제동 중에는 전압을 제한 범위내로 유지시키기 위하여 유도성 역률을 낮출 수 있다. 다만, 전기철도차량이 전차선로와 접촉한 상태에서 견인력을 끄고 보조전력을 가동한 상태로 정지해 있는 경우, 가공 전차선로의 유효전력이 200[kW] 이상일 경우 총 역률은 0.8보다는 작아서는 안된다.

## 15 태양광 설비의 전기배선을 옥외에 시설하는 경우 사용 불가능한 공사 방법은?

① 합성수지관 공사 ② 금속관 공사

③ 애자사용 공사 ④ 금속제 가요전선관 공사

해설

**태양광설비 전기배선**

태양광 설비의 전기배선을 옥외에 시설하는 경우 관공사 또는 케이블 공사로 시설한다.

## 16 과부하 보호장치는 분기점으로부터 몇 [m]까지 이동하여 설치할 수 있는가? (단, 단락의 위험과 화재 및 인체에 대한 위험성이 최소화되도록 시설된 경우)

① 1 ② 2

③ 3 ④ 5

해설

**분기회로의 과부하 보호장치**

과부하 보호장치는 분기점에 설치해야 하나, 분기점과 분기회로의 과부하 보호장치의 설치점 사이의 배선 부분에 다른 분기회로나 콘센트 회로가 접속되어 있지 않고, 다음중 하나를 충족하는 경우에는 변경이 있는 배선에 설치할 수 있다.

- 단락보호가 이루어지고 있는 경우 부하측으로 거리에 구애 받지 않고 이동하여 설치할 수 있다.
- 단락의 위험과 화재 및 인체에 대한 위험성이 최소화 되도록 시설된 경우, 분기점으로부터 3[m]까지 이동하여 설치할 수 있다.

## 17 화약류 저장소의 전기설비의 시설기준으로 틀린 것은?

① 전로의 대지전압은 300[V] 이하일 것

② 전기기계기구는 전폐형의 것일 것

③ 전용 개폐기 및 과전류 차단기는 화약류 저장소 안에 설치할 것

④ 케이블을 전기기계기구에 인입할 때에는 인입구에서 케이블이 손상될 우려가 없도록 시설할 것

해설

**화약류 저장소에서 전기설비의 시설**

화약류 저장소 안에는 전기설비를 시설해서는 안 된다.
다만, 다음에 따라 시설하는 경우에는 그러하지 아니하다.

- 전로에 대지전압은 300[V] 이하일 것
- 전기기계기구는 전폐형의 것일 것
- 케이블을 전기기계기구에 인입할 때에는 인입구에서 케이블이 손상될 우려가 없도록 시설할 것

## 18 22.9[kV] 특고압 가공전선로를 시가지에 경동연선으로 시설할 경우 단면적은 몇 [$mm^2$] 이상을 사용하여야 하는가?

① 100 ② 55

③ 200 ④ 150

해설

**특고압 가공전선의 시가지 진입시 굵기**

| 사용전압의 구분 | 전선의 단면적 |
|---|---|
| 100[kV] 미만 | 단면적 55[$mm^2$] 이상의 경동연선 |
| 100[kV] 이상 | 단면적 150[$mm^2$] 이상의 경동연선 |

## 19 진열장 내의 배선으로 사용전압 400[V] 이하에 사용하는 코드 또는 캡타이어 케이블의 최소 단면적은 몇 [$mm^2$]인가?

① 1.25 ② 1.0

③ 0.75 ④ 0.5

[정답] 15 ③ 16 ③ 17 ③ 18 ② 19 ③

해설

**진열장 또는 이와 유사한 것의 내부 배선**

- 건조한 장소에 시설하고 또한 내부를 건조한 상태로 사용하는 진열장 또는 이와 유사한 것의 내부에 사용전압이 400[V] 이하의 배선을 외부에서 잘 보이는 장소에 한하여 코드 또는 캡타이어케이블로 직접 조영재에 밀착하여 배선할 수 있다.
- 배선은 단면적 0.75[$mm^2$] 이상의 코드 또는 캡타이어케이블일 것

## 20 다음 고압 가공전선에 대한 사항으로 잘못된 것은?

① 철도 또는 궤도를 횡단하는 경우에는 레일면상 6.5[m] 이상으로 시설한다.

② 고압 가공전선을 수면 상에 시설하는 경우에는 전선의 수면 상의 높이를 선박의 항해 등에 위험을 주지 않도록 유지하여야 한다.

③ 횡단보도교의 위에 시설하는 경우에는 그 노면상 5[m] 이상으로 시설한다.

④ 고압 가공전선로를 빙설이 많은 지방에 시설하는 경우에는 전선의 적설상의 높이를 사람 또는 차량의 통행 등에 위험을 주지 않도록 유지하여야 한다.

해설

**고압 가공전선의 높이**

| 도로횡단 | 철도횡단 | 횡단보도교위 | 기타 |
|---|---|---|---|
| 6[m] | 6.5[m] | 3.5[m] | 5[m] |

## 시행일 2023년 3회

## 01 전로를 대지로 부터 절연하여야 하는 것은 다음중 어느 것인가?

①전기보일러　　② 전기다리미

③전기욕기　　④ 전기로

해설

**전로의 절연**

전기욕기·전기로·전기보일러·전해조 등 대지로부터 절연하는 것이 기술상 곤란한 것은 절연하지 않는다.

## 02 여러개의 병렬도체를 사용하는 회로의 전원 측에 1개의 단락보호 장치가 효과적이지 못할 경우 병렬도체가 3가닥 이상인 경우 단락보호장치 설치에 관한 사항으로 알맞은 것은?

① 각 병렬도체의 전원 측에 설치

② 각 병렬도체의 부하측에 설치

③ 각 병렬도체의 전원 측과 부하측에 설치

④ 발전기 측에 설치

해설

**병렬도체의 단락보호**

여러 개의 병렬도체를 사용하는 회로의 전원 측에 1개의 단락보호 장치가 설치되어 있는 조건에서, 어느 하나의 도체에서 발생한 단락고장이라도 효과적인 동작이 보증되는 경우, 해당 보호장치 1개를 이용하여 그 병렬도체 전체의 단락보호장치로 사용할 수 있다. 1개의 보호장치에 의한 단락보호가 효과적이지 못하면 다음 중 1가지 이상의 조치를 취해야 한다.

- 배선은 기계적인 손상 보호와 같은 방법으로 병렬도체에서의 단락위험을 최소화 할 수 있는 방법으로 설치하고, 화재 또는 인체에 대한 위험을 최소화 할 수 있는 방법으로 설치하여야 한다.
- 병렬도체가 2가닥인 경우 단락보호장치를 각 병렬도체의 전원측에 설치해야 한다.
- 병렬도체가 3가닥 이상인 경우 단락보호장치는 각 병렬도체의 전원 측과 부하 측에 설치해야 한다.

## 03 저압 옥내배선에서 400[V] 이하인 경우 애자사용공사 시설시 전선과 조영재 사이의 이격거리는 몇 [mm]인가?

① 25　　② 30

③ 40　　④ 60

해설

**애자사용공사**

<table>
<tr><th colspan="2">전 압</th><th colspan="2">전선과 조영재와의 이격거리</th><th>전선상호간격</th></tr>
<tr><td rowspan="3">저압</td><td>400[V] 이하</td><td colspan="2">2.5[cm] 이상</td><td rowspan="3">6[cm] 이상</td></tr>
<tr><td rowspan="2">400[V] 초과</td><td>건조한 장소</td><td>2.5[cm] 이상</td></tr>
<tr><td>기타의 장소</td><td>4.5[cm] 이상</td></tr>
</table>

[정답] 20 ③　2023년 3회　01 ②　02 ③　03 ①

**04** **저압 옥내배선을 금속제 가요전선광 공사에 의해 시공할 경우 잘못된것은?**

① 2종 금속제 가요전선관을 사용한다.

② 전선의 접속점은 없도록 한다.

③ 조영재를 관통하지 않는다.

④ 옥외용 비닐절연전선을 사용한다.

해설

**금속제 가요전선관**

- 전선의 종류
  절연전선 일 것(옥외용 비닐 절연전선을 제외)
- 전선은 연선일 것. 단, 다음의 것은 적용하지 않는다.
  단면적 10[$mm^2$](알루미늄선은 단면적 16[$mm^2$]) 이하의 것

**05** **저압 옥내 배선이 가스관과 접근할 경우 애자공사에 의하여 시설할 때 이격거리는 몇 [m]인가? (나전선인 경우는 제외한다.)**

① 0.1 ② 0.2

③ 0.4 ④ 0.5

해설

**저압 옥내배선공사**

저압 옥내배선이 약전류전선 등 또는 수관.가스관이나 이와 유사한 것과 접근하거나 교차하는 경우에 저압 옥내배선을 애자공사에 의하여 시설하는 때에는 저압 옥내배선과 약전류전선 등 또는 수관·가스관이나 이와 유사한 것과의 이격거리는 0.1[m](전선이 나전선인 경우에 0.3[m]) 이상이어야 한다.

**06** **저압용 절연전선으로 알맞지 않은것은?**

① 450/750[V] 비닐전연전선

② 450/750[V] 저독성 난연 폴리올레핀 절연전선

③ 450/750[V] 고무 절연전선

④ 450/750[V] 저독성 캡타이어 절연전선

해설

**저압 절연전선**

저압 절연전선은 「전기용품 및 생활용품 안전관리법」의 적용을 받는 것 이외에는 KS에 적합한 것으로서 450/750[V] 비닐절연전선·450/750[V] 저독성 난연 폴리올레핀절연전선·450/750[V] 저독성 난연 가교폴리올레핀절연전선·450/750[V] 고무절연전선을 사용하여야 한다.

**07** **저압전로에 사용하는 주택용 배선차단기의 경우 63A 초과시 120분 내에 동작 전류의 배수로 알맞은것은?**

① 1.05 ② 1.3

③ 1.13 ④ 1.45

해설

**저압 배선용차단기**

과전류트립 동작시간 및 특성(주택용)

| 정격전류의 구분 | 시간(분) | 정격전류의 배수 | |
|---|---|---|---|
| | | 불용단 전류 | 용단 전류 |
| 63[A] 이하 | 60 | 1.13배 | 1.45배 |
| 63[A] 초과 | 120 | 1.13배 | 1.45배 |

**08** **주택용 배선차단기의 순시트립에 따른 구분중 순시트립범위 10배초과~20배 이하의 종류로 알맞은것은?**

① A형 ② B형

③ C형 ④ D형

해설

**저압 배선용차단기**

순시트립에 따른 구분(주택용 배선차단기)

| 형 | 순시트립범위[In] |
|---|---|
| B | 3 초과 ~ 5 이하 |
| C | 5 초과 ~ 10 이하 |
| D | 10 초과 ~ 20 이하 |

비고 1. B, C, D : 순시트립전류에 따른 차단기 분류
2. In : 차단기 정격전류

[정답] 04 ④ 05 ① 06 ④ 07 ④ 08 ④

**09** 도로 또는 옥외 주차장에 표피전류 가열장치를 시설하는 경우 발연선에 전기를 공급하는 전로의 대지전압은 교류 몇 [V] 이하이어야 하는가?

① 150　② 300
③ 400　④ 500

해설

**표피전류 가열장치의 시설**

도로 또는 옥외 주차장에 표피전류 가열장치를 시설하는 경우에는 다음에 따라 시설하여야 한다.

- 발열선에 전기를 공급하는 전로의 대지전압은 교류(주파수가 60[Hz]의 것에 한한다) 300[V] 이하일 것
- 발열선과 소구경관은 전기적으로 접속하지 아니할 것

**10** 고압 가공전선이 철도를 횡단할 때 궤조면상의 높이는 몇 [m] 이상이어야 하는가?

① 6　② 6.5
③ 5　④ 3.5

해설

**고압 가공전선의 높이**

| 도로횡단 | 철도횡단 | 횡단보도교위 | 기타 |
|---|---|---|---|
| 6[m] | 6.5[m] | 3.5[m] | 5[m] |

**11** 고압 가공전선이 도로를 횡단 할 때 지표상의 높이는 몇 [m] 이상으로 하여야 하는가? (교통이 번잡하지 않은 도로는 제외)

① 5　② 4
③ 6　④ 3.5

해설

**고압 가공전선의 높이**

| 도로횡단 | 철도횡단 | 횡단보도교위 | 기타 |
|---|---|---|---|
| 6[m] | 6.5[m] | 3.5[m] | 5[m] |

**12** 154[kV] 가공 전선로를 1종 특고압 보안공사에 의하여 시설하는 경우 사용 전선은 단면적 몇 [$mm^2$] 이상의 경동연선이어야 하는가?

① 55　② 150
③ 38　④ 200

해설

**1종 특고압 보안공사**

| 사용 전압 | 전선의 굵기 | | 인장강도 |
|---|---|---|---|
| 특고압 | 100[kV] 미만 | 55[$mm^2$] 이상 | 21.67[kN] 이상 |
| | 100[kV] 이상 | 150[$mm^2$] 이상 | 58.84[kN] 이상 |
| | 300[kV] 이상 | 200[$mm^2$] 이상 | 77.47[kN] 이상 |

**13** 사용전압 25[kV] 이하인 특고압가공전선로 중성선 다중접지식 전로에 지락이 생겼을 때 2초 이내에 자동적으로 이를 전로로부터 차단하는 장치가 되어 있는 경우 접지도체의 굵기는 몇 [$mm^2$] 이상을 사용하는가?

① 2.5　② 16
③ 4　④ 6

해설

**접지도체**

중성점 접지용 접지도체는 공칭단면적 16[$mm^2$] 이상의 연동선 또는 동등 이상의 단면적 및 세기를 가져야 한다. 다만, 다음의 경우에는 공칭단면적 6[$mm^2$] 이상의 연동선 또는 동등 이상의 단면적 및 강도를 가져야 한다.

① 7[kV] 이하의 전로
② 사용전압이 25[kV] 이하인 특고압 가공전선로. 다만, 중성선 다중접지 방식의 것으로서 전로에 지락이 생겼을 때 2초 이내에 자동적으로 이를 전로로부터 차단하는 장치가 되어 있는 것

**14** 특고압 가공전선로의 지지물 중 전선로의 지지물 양쪽의 경간의 차가 큰 곳에 사용하는 철탑은?

① 직선형　② 보강형
③ 내장형　④ 인류형

[정답] 09 ② 10 ② 11 ③ 12 ② 13 ④ 14 ③

해설

**특고압 가공전선로의 철주·철근 콘크리트주 또는 철탑의 종류**

특고압 가공전선로의 지지물로 사용하는 B종 철근·B종 콘크리트주 또는 철탑의 종류는 다음과 같다.

① 직선형
전선로의 직선부분(3° 이하인 수평각도를 이루는 곳을 포함한다. 이하 같다)에 사용하는 것. 다만, 내장형 및 보강형에 속하는 것을 제외한다.

② 각도형
전선로중 3°를 초과하는 수평각도를 이루는 곳에 사용하는 것

③ 인류형
전가섭선을 인류하는 곳에 사용하는 것

④ 내장형
전선로의 지지물 양쪽의 경간의 차가 큰 곳에 사용하는 것

⑤ 보강형
전선로의 직선부분에 그 보강을 위하여 사용하는 것

## 15 고압 및 특고압 가공전선로로부터 공급을 받는 수용장소의 인입구에 설치해야하는 기구는?

① 한류리액터 ② 콘덴서
③ 정류장치 ④ 피뢰기

해설

**피뢰기의 시설**

고압 및 특고압의 전로 중 다음에 열거하는 곳 또는 이에 근접한 곳에는 피뢰기를 시설하여야 한다.

- 발전소.변전소 또는 이에 준하는 장소의 가공전선 인입구 및 인출구
- 특고압 가공전선로에 접속하는 341.2의 배전용 변압기의 고압측 및 특고압측
- 고압 및 특고압 가공전선로로부터 공급을 받는 수용장소의 인입구
- 가공전선로와 지중전선로가 접속되는 곳

## 16 통신선(광섬유 케이블 제외)에 직접 접속하는 옥내통신 설비를 시설하는곳에는 통신선의 구별에 따라 어떠한 설비를 하는가?

① 전류조정장치 ② 전압조정장치
③ 저항조정장치 ④ 보안장치

해설

**전력보안통신설비의 보안장치**

통신선(광섬유 케이블을 제외한다)에 직접 접속하는 옥내통신 설비를 시설하는 곳에는 통신선의 구별에 따라 표준에 적합한 보안장치 또는 이에 준하는 보안장치를 시설하여야 한다.

## 17 전력보안통신설비의 조가선에 대한 사항으로 잘못된 것은?

① 설비의 안전을 위해 전주와 전주 경간중에 접속 할 것
② 부식되지 않는 별도의 금구를 사용할것
③ 끝단은 날카롭지 않게 할것
④ 2조까지만 시설할 것

해설

**전력보안통신설비의 조가선의 시설**

① 조가선은 설비 안전을 위하여 전주와 전주 경간중에 접속하지 말 것
② 조가선은 부식되지 않는 별도의 금구를 사용하고 조가선 끝단은 날카롭지 않게 할 것
③ 말단 배전주와 말단 1경간 전에 있는 배전주에 시설하는 조가선은 장력에 견디는 형태로 시설할 것
④ 조가선은 2조까지만 시설할 것
⑤ 과도한 장력에 의한 전주손상을 방지하기 위하여 전주경간 50[m] 기준 0.4[m] 정도의 이도를 반드시 유지하고, 지표상 시설 높이 기준을 준수하여 시공할 것

## 18 교류 전차선 등 충전부와 식물사이의 이격거리는 몇 [m] 이상이어야 하는가?

① 5 ② 3
③ 1 ④ 2

해설

**전차선 등과 식물사이의 이격거리**

교류 전차선 등 충전부와 식물사이의 이격거리는 5[m] 이상이어야 한다. 다만, 5[m] 이상 확보하기 곤란한 경우에는 현장여건을 고려하여 방호벽 등 안전조치를 하여야한다.

[정답] 15④ 16④ 17① 18①

**19** **급전용 변압기는 교류 전기철도의 경우 어떤 것의 적용을 원칙으로 하는가?**

① 단상 정류기용 변압기 ② 3상 정류기용 변압기
③ 3상 스코트결선 변압기 ④ 단상 스코트결선 변압기

해설

**변전소의 설비**

급전용변압기는 직류 전기철도의 경우 3상 정류기용 변압기, 교류 전기철도의 경우 3상 스코트결선 변압기의 적용을 원칙으로 하고, 급전계통에 적합하게 선정하여야 한다.

**20** **주택의 전기저장장치의 축전지에 접속하는 부하 측 옥내 배선의 대지전압은 전로에 지락이 생겼을 때 자동적으로 전로를 차단하는 장치 시설시 직류 몇 [V]까지 적용할 수 있는가?**

① 150 ② 600
③ 300 ④ 400

해설

주택의 전기저장장치의 축전지에 접속하는 부하 측 옥내배선을 다음에 따라 시설하는경우에 주택의 옥내전로의 대지전압은 직류 600[V] 까지 적용할 수 있다.

- 전로에 지락이 생겼을 때 자동적으로 전로를 차단하는 장치를 시설할 것
- 사람이 접촉할 우려가 없는 은폐된 장소에 합성수지관배선, 금속관배선 및 케이블배선에 의하여 시설하거나, 사람이 접촉할 우려가 없도록 케이블배선에 의하여 시설하고 전선에 적당한 방호장치를 시설할 것

[정답] 19 ③ 20 ②

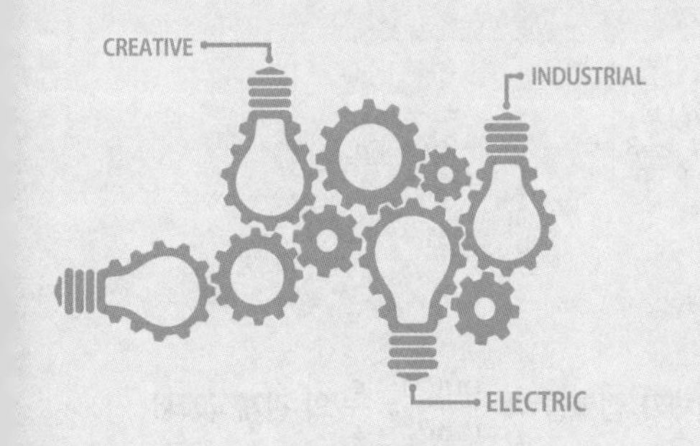


Chapter 2

# 전기산업기사 과년도 기출문제

2019년 1·2·3회

2020년 1·2·3회

2021년 1·2·3회

2022년 1·2·3회

2023년 1·2·3회

국가기술자격검정필기시험문제

| 자격종목 및 등급 | 과목명 | 시험시간 | 성명 |
|---|---|---|---|
| 전기산업기사 | 전기자기학 | 2시간 30분 | 대산전기학원 |

## 시행일 2019년 1회

**01** **그림과 같은 동축케이블에 유전체가 채워졌을 때의 정전용량[F]은? (단, 유전체의 비유전율은 $\varepsilon_s$이고 내반지름과 외반지름은 각각 $a$[m], $b$[m]이며 케이블의 길이는 $\ell$[m]이다.**

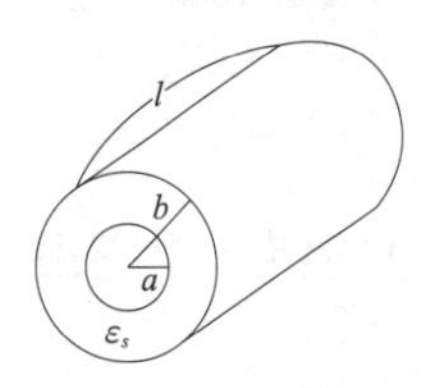


① $\dfrac{2\pi\varepsilon_s\ell}{\ln\dfrac{d}{a}}$　② $\dfrac{2\pi\varepsilon_o\varepsilon_s\ell}{\ln\dfrac{d}{a}}$

③ $\dfrac{\pi\varepsilon_s\ell}{\ln\dfrac{d}{a}}$　④ $\dfrac{\pi\varepsilon_o\varepsilon_s\ell}{\ln\dfrac{d}{a}}$

해설

**도체 모양에 따른 정전용량 공식**

동축 원통(원주) 사이의 정전 용량은 $C=\dfrac{2\pi\varepsilon\ell}{\ln\dfrac{d}{a}}$[F]

매질은 $\varepsilon=\varepsilon_0\varepsilon_s$이므로 $C=\dfrac{2\pi\varepsilon\ell}{\ln\dfrac{d}{a}}=\dfrac{2\pi\varepsilon_o\varepsilon_s\ell}{\ln\dfrac{d}{a}}$[F]이다.

**02** **두 벡터가 $A=2a_x+4a_y-3a_z$, $B=a_x-a_y$일 때 $A\times B$는?**

① $6a_x-3a_y+3a_z$　② $-3a_x-3a_y-6a_z$

③ $6a_x+3a_y-3a_z$　④ $-3a_x+3a_y+6a_z$

해설

$$A\times B=\begin{vmatrix} a_x & a_y & a_z \\ 2 & 4 & -3 \\ 1 & -1 & 0 \end{vmatrix}=-3a_x-3a_y-6a_z$$

**03** **두 유전체가 접했을 때 $\dfrac{\tan\theta_1}{\tan\theta_2}=\dfrac{\varepsilon_1}{\varepsilon_2}$의 관계식에서 $\theta_1=0°$일 때의 표현으로 틀린 것은?**

① 전속밀도는 불변이다.

② 전기력선은 굴절하지 않는다.

③ 전계는 불연속적으로 변한다.

④ 전기력선은 유전율이 큰 쪽에 모여진다.

해설

**복합유전체의 경계면 조건**

$\theta_1=0°$일 때 전계와 전속밀도는 수직으로 입사하는 경우이므로
1) 전기력선은 굴절하지 않는다.
2) 전속 밀도는 불변이다.
3) 전계는 불연속이다.
4) 전속은 유전률이 큰 곳 전기력선은 유전률이 작은 곳에 모이려 한다.

**04** **공기 중 임의의 점에서 자계의 세기($H$)가 20[AT/m]라면 자속밀도($B$)는 약 몇 [Wb/m²] 인가?**

① $2.5\times10^{-5}$　② $3.5\times10^{-5}$

③ $4.5\times10^{-5}$　④ $5.5\times10^{-5}$

해설

**정전계와 정자계의 대응관계**

$B=\dfrac{\phi}{S}=\dfrac{m}{S}=\dfrac{m}{4\pi r^2}=\mu_0 H$[Wb/m²]이므로

[정답] 2019년 1회 01 ② 02 ② 03 ④ 04 ①

$B=\mu_0 H=4\pi\times10^{-7}\times20=2.513\times10^{-5}[\mathrm{Wb/m^2}]$
여기서, $\phi[\mathrm{Wb}]$ : 자속, $m[\mathrm{Wb}]$ : 자극의 세기=자하,
$\mu_0=4\pi\times10^{-7}[\mathrm{H/m}]$ : 공기(진공)중 투자율,
$H[\mathrm{AT/m=A/m}]$ : 자계

## 05 전자석의 흡인력은 공극(air gap)의 자속밀도를 $B$라 할 때 다음의 어느 것에 비례하는가?

① $B$ ② $B^{0.5}$
③ $B^{1.6}$ ④ $B^{2.0}$

**해설**

**자석의 흡인력**

1) 자석의 흡인력( 단위 면적당 받는 힘)

$$f_m=\frac{F}{S}=\frac{B^2}{2\mu}=\frac{1}{2}\mu H^2=\frac{1}{2}BH[\mathrm{N/m^2}]$$

2) 총 힘

$$F=f_m\cdot S=\frac{B^2}{2\mu_0}\cdot S[\mathrm{N}]\propto B^2$$

여기서, $S[\mathrm{m^2}]$ : 흡인력이 작용하는 자극의 면적

## 06 그림과 같이 평행한 무한장 직선도선에 $I$, $2I$인 전류가 흐른다. 두 도선 사이의 점 $P$에서 자계의 세기가 0이다. 이 때 $\frac{a}{b}$는?

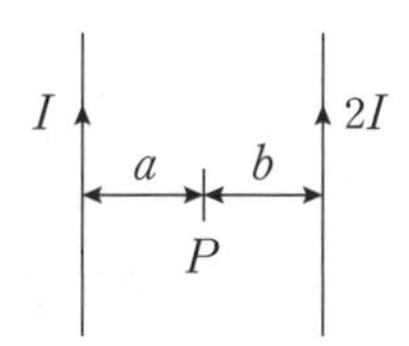


① 4 ② 2
③ $\frac{1}{2}$ ④ $\frac{1}{4}$

**해설**

**전류에 의한 자계 - 1**

$P$점에 작용하는 자계의 세기는 2개이며 자계의 방향이 반대이므로 크기가 같으면 $P$점의 자계의 세기가 0이 된다.

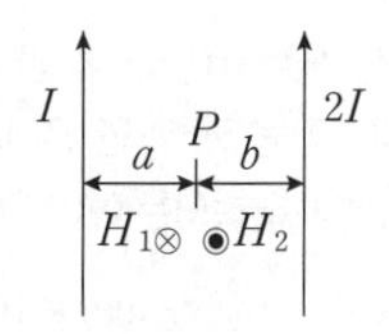


$H_1=\frac{I}{2\pi a}[\mathrm{AT/m}]$, $H_2=\frac{2I}{2\pi b}[\mathrm{AT/m}]$

자계의 세기가 0이 되는 조건 $H_1=H_2$이고 $\frac{I}{2\pi a}=\frac{2I}{2\pi b}$이다.

이를 정리하면 $\frac{a}{b}=\frac{1}{2}$이다.

## 07 감자율(Demagnetization factor)이 "0"인 자성체로 가장 알맞은 것은?

① 환상 솔레노이드 ② 굵고 짧은 막대 자성체
③ 가늘고 긴 막대 자성체 ④ 가늘고 짧은 막대 자성체

**해설**

**자화의 세기**

감자율 : $N$
① 가늘고 긴 막대 $N\fallingdotseq0$
② 환상(솔레노이드) 철심 $N=0$
③ 굵고 짧은 막대 $N=1$
④ 구자성체 $N\fallingdotseq\frac{1}{3}$

## 08 질량이 $m[\mathrm{kg}]$인 작은 물체가 전하 $Q[\mathrm{C}]$를 가지고 중력 방향과 직각인 무한도체평면 아래쪽 $d[\mathrm{m}]$의 거리에 놓여있다. 정전력이 중력과 같게 되는데 $Q[\mathrm{C}]$의 크기는?

① $d\sqrt{\pi\varepsilon_o mg}$ ② $\frac{d}{2}\sqrt{\pi\varepsilon_o mg}$
③ $2d\sqrt{\pi\varepsilon_o mg}$ ④ $4d\sqrt{\pi\varepsilon_o mg}$

**해설**

**접지무한평면과 점전하**

- 중력에 의한 힘 $F_1=mg[\mathrm{N}]$
- 무한 평면과 점전하 사이에 작용하는 힘 $F_2=\frac{Q^2}{16\pi\varepsilon_o d^2}[\mathrm{N}]$

$F_1$과 $F_2$는 같은 힘이므로 $mg=\frac{Q^2}{16\pi\varepsilon_o d^2}$에서 정리하면

$Q=\sqrt{16\pi\varepsilon_o d^2 mg}=4d\sqrt{\pi\varepsilon_o mg}$가 된다.
여기서, $m[\mathrm{kg}]$ : 질량, $g[\mathrm{cm/s^2}]$ : 중력가속도=9.8

[정답] 05 ④ 06 ③ 07 ① 08 ④

**09** 극판의 면적 $S=10[cm^2]$, 간격 $d=1[mm]$의 평행판 콘덴서에 비유전율 $\varepsilon_s=3$인 유전체를 채웠을 때 전압 100[V]를 인가하면 축적되는 에너지는 약 몇 [J]인가?

① $0.3\times10^{-7}$　② $0.6\times10^{-7}$
③ $1.3\times10^{-7}$　④ $2.1\times10^{-7}$

해설

**정전 에너지**

극판의 면적 $S=10[cm^2]$, 간격 $d=1[mm]$, 비유전율 $\varepsilon_s=3$, 전압 $V=100[V]$일 때 평행판 사이에 저축되는 에너지

$W=\frac{1}{2}CV^2=\frac{1}{2}\cdot\frac{\varepsilon_0\varepsilon_s S}{d}\cdot V^2$

$W=\frac{1}{2}\cdot\frac{8.855\times10^{-12}\times3\times10\times10^{-4}}{1\times10^{-3}}\cdot100^2=1.33\times10^{-7}[J]$

**10** 자기인덕턴스 0.5[H]의 코일에 1/200초 동안에 전류가 25[A]로부터 20[A]로 줄었다. 이 코일에 유기된 기전력의 크기 및 방향은?

① 50[V], 전류와 같은 방향
② 50[V], 전류와 반대 방향
③ 500[V], 전류와 같은 방향
④ 500[V], 전류와 반대 방향

해설

**전자유도법칙(현상)**

렌쯔의 법칙을 이용

$L=0.5[H]$, $\frac{di}{dt}=\frac{20-25}{\frac{1}{200}}[A/sec]$일 때 유기기전력

$e=-L\frac{di}{dt}=-0.5\times\frac{20-25}{\frac{1}{200}}=500[V]$이다.

- 유도기전력의 크기가 (+) $e[V]>0$이면 인가된 전류와 같은 방향으로 유기
- 유도기전력의 크기가 (−) $e[V]<0$이면 인가된 전류와 반대 방향으로 유기

**11** 어느 점전하에 의하여 생기는 전위를 처음 전위의 $\frac{1}{2}$이 되게 하려면 전하로부터의 거리를 어떻게 해야 하는가?

① $\frac{1}{2}$로 감소시킨다.　② $\frac{1}{\sqrt{2}}$로 감소시킨다.
③ 2배 증가시킨다.　④ $\sqrt{2}$배 증가시킨다.

해설

**도체 모양에 따른 전위 공식**

점전하의 전위 $V=\frac{Q}{4\pi\varepsilon_0 r}[V]\propto\frac{1}{r}$이므로 거리를 2배로 늘리면 된다.

**12** 자계의 세기를 표시하는 단위가 아닌 것은?

① [A/m]　② [Wb/m]
③ [N/Wb]　④ AT/m]

해설

**정전계와 정자계의 대응관계**

$H=\frac{F}{m}=\frac{m}{4\pi\mu_0 r^2}[N/Wb=A/m=AT/m]$

**13** 그림과 같이 면적 $S[m^2]$, 간격 $d[m]$인 극판간에 유전율 $\varepsilon$, 저항률 $\rho$인 매질을 채웠을 때 극판간의 정전용량 $C$와 저항 $R$의 관계는? (단, 전극판의 저항률은 매우 작은 것으로 한다.)

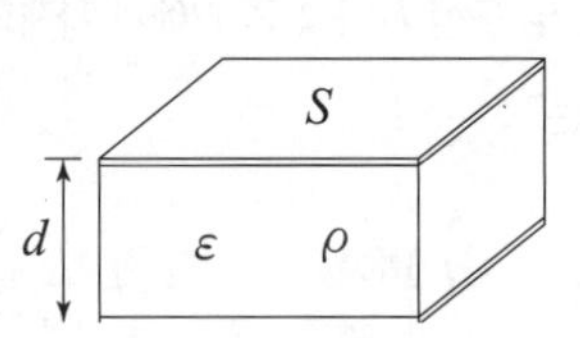


① $R=\frac{\varepsilon\rho}{C}$　② $R=\frac{C}{\varepsilon\rho}$
③ $R=\varepsilon\rho C$　④ $R=\frac{1}{\varepsilon\rho C}$

해설

**정전용량과 저항의 관계**

$RC=\rho\varepsilon$, $\frac{C}{G}=\frac{\varepsilon}{k}$, 저항 $R=\frac{\rho\varepsilon}{C}[\Omega]$

여기서, $R=\frac{1}{G}[\Omega]$ : 저항, $G=\frac{1}{R}[℧=S]$ : 컨덕턴스

$k=\sigma=\frac{1}{\rho}[℧/m]$ : 도전율, $\rho=\frac{1}{k}[\Omega m]$ : 고유 저항

[정답] 09 ③ 10 ③ 11 ③ 12 ② 13 ①

## 14 점전하 Q[C]와 무한평면도체에 대한 영상전하는?

① $Q$[C]와 같다. ② $-Q$[C]와 같다.
③ $Q$[C]보다 크다. ④ $Q$[C]보다 작다.

해설

**접지무한평면과 점전하**

무한평면 도체에 의한 영상 전하는 크기는 같고 부호는 반대이므로 $Q'=-Q$[C]이 된다.

## 15 전계의 세기 $E$, 자계의 세기가 $H$일 때 포인팅 벡터($P$)는?

① $P=E\times H$ ② $P=\frac{1}{2}E\times H$
③ $P=H\,curl\,E$ ④ $P=E\,curl\,H$

해설

**전자파**

1) 포인팅 벡터 : 임의의 점을 통과할 때 전력밀도 또는 면적당 전력

$$R=\frac{P}{S}=E\times H=EH\sin\theta=EH\sin 90°=EH[\text{W/m}^2]$$

2) 진공, 공기중에서 포인팅 벡터

$$R=EH=377H^2=\frac{1}{377}E^2=\frac{P}{S}[\text{W/m}^2]$$

## 16 철심환의 일부에 공극(air gap)을 만들어 철심부의 길이 $\ell$[m], 단면적 $A$[m²], 비투자율이 $\mu_r$이고 공극부의 길이 $\delta$[m]일 때 철심부에서 총권수 $N$회인 도선을 감아 전류 $I$[A]를 흘리면 자속이 누설되지 않는다고 하고 공극 내에 생기는 자계의 자속 $\phi_0$[Wb]는?

① $\frac{\mu_0 ANI}{\delta\mu_r+\ell}$ ② $\frac{\mu_0 ANI}{\delta+\mu_r\ell}$
③ $\frac{\mu_0\mu_r ANI}{\delta\mu_r+\ell}$ ④ $\frac{\mu_0\mu_r ANI}{\delta+\mu_r\ell}$

해설

**자기회로**

1) 공극 발생 시 합성자기저항

$$R=R_m+R_g=\frac{\ell}{\mu\cdot A}+\frac{\delta}{\mu_0\cdot A}=\frac{\ell+\mu_r\delta}{\mu\cdot A}[\text{AT/Wb}]$$

여기서, $\ell_g=\delta$[m] : 공극의 길이, $R_g$[AT/Wb] : 공극 시 자기저항, $A=S$[m²] : 철심의 단면적, 투자율 $\mu=\mu_o\mu_r$[H/m]

2) 자속

$$\phi=\frac{NI}{R}+\frac{NI}{\frac{\ell+\mu_r\delta}{\mu\cdot A}}=\frac{\mu_o\mu_r ANI}{\ell+\mu_r\delta}[\text{Wb}]$$

## 17 내구의 반지름이 6[cm], 외구의 반지름이 8[cm]인 동심구 콘덴서의 외구를 접지하고 내구에 전위 1800[V]를 가했을 경우 내구에 충전된 전기량은 몇 [C]인가?

① $2.8\times10^{-8}$ ② $3.8\times10^{-8}$
③ $4.8\times10^{-8}$ ④ $5.8\times10^{-8}$

해설

**도체 모양에 따른 정전용량 공식**

$b>a$ 동심구의 정전용량 과 외구 접지시 정전용량의 크기는 같다.

$$C=\frac{4\pi\varepsilon_o}{\frac{1}{a}-\frac{1}{b}}=\frac{4\pi\varepsilon_o ab}{b-a}=\frac{1}{9\times10^9}\cdot\frac{ab}{b-a}[\text{F}]$$

$b>a$ 이라면 $b$가 외구의 반지름, $a$가 내구의 반지름을 말한다.

이때 충전되는 전하량은 $Q=CV=\frac{4\pi\varepsilon_o ab}{b-a}V$[C]

$$Q=\frac{4\pi\times8.855\times10^{-12}\times6\times10^{-2}\times8\times10^{-2}}{8\times10^{-2}-6\times10^{-2}}\times1800$$
$$=4.807\times10^{-8}[\text{C}]$$

## 18 다음 중 ( )에 들어갈 내용으로 옳은 것은?

맥스웰은 전극간의 유전체를 통하여 흐르는 전류를 해석하기 위해 ( ㉠ )의 개념을 도입하였고, 이것도 ( ㉡ )를 발생한다고 가정하였다.

① ㉠ 와전류, ㉡ 자계 ② ㉠ 변위전류, ㉡ 자계
③ ㉠ 전자전류, ㉡ 전계 ④ ㉠ 파동전류, ㉡ 전계

해설

**변위전류**

변위 전류 밀도

전속밀도의 시간적 변화는 변위 전류를 발생하고 그리고 변위전류는 자계를 발생 시킨다.

[정답] 14② 15① 16③ 17③ 18②

**19** 권선수가 $N$회인 코일에 전류 $I$[A]를 흘릴 경우, 코일에 $\phi$[Wb]의 자속이 지나간다면 이 코일에 저장된 자계에너지[J]는?

① $\frac{1}{2}N\phi^2 I$　② $\frac{1}{2}N\phi I$
③ $\frac{1}{2}N^2\phi I$　④ $\frac{1}{2}N\phi I^2$

해설

**전자에너지**

코일에 축적되는 에너지 = 전자에너지

$W=\frac{1}{2}LI^2=\frac{\phi^2}{2L}=\frac{1}{2}\phi I=\frac{1}{2}\phi NI=\frac{1}{2}\phi F$[J]

여기서, $L$[H] : 인덕턴스, $\phi$[Wb] : 자속, $I$[A] : 전류
$N$[T] : 권수, $F=NI$[AT] : 기자력

**20** 다음 중 인덕턴스의 공식이 옳은 것은? (단, $N$은 권수, $I$는 전류, $\ell$은 철심의 길이, $R_m$은 자기저항, $\mu$는 투자율, $S$는 철심 단면적이다.)

① $\frac{NI}{R_m}$　② $\frac{N^2}{R_m}$
③ $\frac{\mu NS}{\ell}$　④ $\frac{\mu_0 NIS}{\ell}$

해설

**자기 인덕턴스**

자기저항이 있으므로 자기회로인 환상솔레노이드의 인덕턴스를 말한다.

$W=\frac{\mu SN^2}{\ell}=\frac{N^2}{R_m}$[H]$\propto\mu\propto N^2$

여기서, $\mu=\mu_o\mu_s$[H/m] : 투자율, $R_m=\frac{\ell}{\mu S}$[AT/m] : 자기저항

$S=\pi a^2=\frac{\pi D^2}{4}$[m$^2$] : 철심의 단면적, $a$[m] : 철심 단면적 반지름

$D$[m] : 철심 단면적 지름, $\ell=2\pi r=\pi d$[m] : 자로(철심)의 길이

$r$[m] : 평균 반지름, $d$[m] : 평균 지름, $R_m=\frac{\ell}{\mu S}$[AT/m] : 자기저항

## 시행일 2019년 2회

**01** 전자파의 에너지 전달방향은?

① $\nabla\times E$의 방향과 같다.
② $E\times H$의 방향과 같다.
③ 전계 $E$의 방향과 같다.
④ 자계 $H$의 방향과 같다.

해설

**전자파**

전자파의 특징

1) 전자파에서는 전계와 자계가 동시에 존재하고 위상은 동상이다.
2) 전계 에너지와 자계 에너지는 같다
3) 전자파의 진행 방향 : $E\times H$의 외적 방향이다.
4) 전자파는 진행 방향에 대한 전계와 자계의 성분은 없고 수직 성분만 존재 한다. 즉 $z$방향으로 진행하는 전자파는 진행성분인 $z$방향의 전계와 자계는 존재하지 않으며 $z$의 수직성분인 $x$, $y$ 성분의 전계와 자계는 존재한다. 또한 $x$, $y$에 대한 1차 도함수(미분계수)는 0 이며 $z$에 대한 1차 도함수(미분계수)는 0이 아니다.
5) 포인팅 벡터 : 임의의 점을 통과할 때 전력밀도 또는 면적당 전력

$R=\frac{P}{S}=E\times H=EH\sin\theta=EH\sin 90^\circ=EH$[W/m$^2$]

2) 진공, 공기중에서 포인팅 벡터

$R=EH=377H^2=\frac{1}{377}E^2=\frac{P}{S}$[W/m$^2$]

**02** 자기 회로의 자기저항에 대한 설명으로 틀린 것은?

① 단위는 [AT/Wb]이다.
② 자기회로의 길이에 반비례한다.
③ 자기회로의 단면적에 반비례한다.
④ 자성체의 비투자율에 반비례한다.

해설

**자기회로**

자기저항 $R_m=\frac{F}{\phi_m}=\frac{l}{\mu\cdot S}$[AT/Wb]이므로

투자율(비투자율) 및 단면적에 반비례하며 길이에 비례한다.

[정답] 19 ② 20 ② 2019년 2회 01 ② 02 ②

## 03 자위의 단위에 해당되는 것은?

① A ② J/C
③ N/Wb ④ Gauss

해설

**정전계와 정자계의 대응 관계**

자위 $U=I=\frac{m}{4\pi\mu_0 r}[A]$

## 04 자기 유도계수가 20 [mH] 인 코일에 전류를 흘릴 때 코일과의 쇄교 자속수가 0.2 [Wb] 였다면 코일에 축적된 에너지는 몇 [J] 인가?

① 1 ② 2
③ 3 ④ 4

해설

**전자에너지**

코일에 축적되는 에너지=전자에너지

$W=\frac{1}{2}LI^2=\frac{\phi^2}{2L}=\frac{1}{2}\phi I=\frac{1}{2}\phi NI=\frac{1}{2}\phi F[J]$

여기서, $L[H]$ : 인덕턴스, $\phi[Wb]$ : 자속, $I[A]$ : 전류
$N[T]$ : 권수, $F=NI[AT]$ : 기자력

$W=\frac{\phi^2}{2L}=\frac{0.2^2}{2\times 20\times 10^{-3}}=1[J]$

## 05 비자화율 $\chi_m=2$, 자속밀도 $B=20ya_x[Wb/m^2]$ 인 균일 물체가 있다. 자계의 세기 $H$는 약 몇 [AT/m] 인가?

① $0.53\times 10^7 ya_x$ ② $0.13\times 10^7 ya_x$
③ $0.53\times 10^7 xa_y$ ④ $0.13\times 10^7 xa_y$

해설

**자화의 세기**

자속밀도 $B=\frac{\phi}{S}=\mu_o\mu_s H[Wb/m^2]$

자계 $H=\frac{B}{\mu_o\mu_s}[AT/m]$

이때 비 투자율 값을 주지 않았으므로 비자화율을 이용하여 계산하면

$\chi_m=\frac{\chi}{\mu_o}=\mu_s-1$

비투자율 $\mu_s=\chi_m+1=2+1=3$이므로

$H=\frac{B}{\mu_o\mu_s}=\frac{20}{4\pi\times 10^{-7}}ya_x=5305164.77ya_x$

$=0.53\times 10^7 ya_y[AT/m]$

## 06 맥스웰 전자방정식에 대한 설명으로 틀린 것은?

① 폐곡면을 통해 나오는 전속은 폐곡면 내의 전하량과 같다.
② 폐곡면을 통해 나오는 자속은 폐곡면 내의 자극의 세기와 같다.
③ 폐곡선에 따른 전계의 선적분은 폐곡선 내를 통하는 자속의 시간 변화율과 같다.
④ 폐곡선에 따른 자계의 선적분은 폐곡선 내를 통하는 전류와 전속의 시간적 변화율을 더한 것과 같다.

해설

**맥스웰의 방정식**

1. 맥스웰의 제 1의 기본 방정식
: $rotH=curlH=\nabla\times H=i_c+\frac{\partial D}{\partial t}=i_c+\varepsilon\frac{\partial E}{\partial t}[A/m^2]$
① 암페어(앙페르)의 주회적분법칙에서 유도한 식이다.
② 전도 전류, 변위 전류는 자계를 형성한다.
③ 전류와 자계와의 관계를 나타내며 전류의 연속성을 표현한다.
2. 맥스웰의 제 2의 기본 방정식
: $rotE=curlE=\nabla\times E=-\frac{\partial B}{\partial t}=-\mu\frac{\partial H}{\partial t}[V]$
① 패러데이의 법칙에서 유도한 식이다.
② 자속 밀도의 시간적 변화는 전계를 회전 시키고 유기 기전력을 형성한다.
3. 정전계의 가우스의 미분형 : $divD=\nabla\cdot D=\rho[C/m^3]$
① 임의의 폐곡면 내의 전하에서 전속선이 발산한다.
② 가우스 발산 정리에 의하여 유도된 식
③ 고립(독립)된 전하는 존재한다.
4. 정자계의 가우스의 미분형 : $divB=\nabla\cdot B=0$
① 자속의 연속성을 나타낸 식이다.
② 고립(독립)된 자극(자하)는 없으며 N극과 S 극이 항상 공존한다.
- 자속밀도의 발산은 없으며 즉, 자속밀도 B가 회전성분 만을 갖고 있음을 의미
- 공간상의 한 점에서 자속밀도가 새로이 발생되거나 소멸하지 않음
5. 벡터 포텐셜 : $rot\vec{A}=\nabla\times\vec{A}=B[Wb/m^2]$
벡터 포텐셜$(\vec{A})$의 회전은 자속 밀도를 형성한다.

[정답] 03 ① 04 ① 05 ① 06 ②

전기자기학
전력공학
전기기기
회로이론
전기설비기술기준

**07** **진공 중 반지름이 $a$ [m]인 원형 도체판 2매를 사용하여 극판거리 $d$ [m]인 콘덴서를 만들었다. 만약 이 콘덴서의 극판거리를 2배로 하고 정전용량은 일정하게 하려면 이 도체판의 반지름 $a$는 얼마로 하면 되는가?**

① $2a$ ② $\frac{1}{2}a$

③ $\sqrt{2}\,a$ ④ $\frac{1}{\sqrt{2}}a$

해설

**정전용량**

원판의 반지름 $a$[m], 극판 간격 $d$[m]인 원형 도체판의

정전용량은 $C=\frac{\varepsilon_o S}{d}-\frac{\varepsilon_o S}{d}$[F]를 이용

극판의 거리 변화전 $C=\frac{\varepsilon_o \pi a_1^2}{d}$[F]

극판의 거리는 2배 늘렸을 때 $C=\frac{\varepsilon_o \pi a_2^2}{2d}$[F]

$C=\frac{\varepsilon_o \pi a_1^2}{d}=\frac{\varepsilon_o \pi a_2^2}{2d}$

이를 정리하면 $a_2^2=2a_1^2$, $a_2=\sqrt{2}\,a_1$ 이므로 $\sqrt{2}\,a$이다.

**08** **비유전율 $\varepsilon_r=5$인 유전체 내의 한 점에서 전계의 세기가 $10^4$[V/m]라면, 이 점의 분극의 세기는 약 몇 [C/m²] 인가?**

① $3.5\times10^{-7}$ ② $4.3\times10^{-7}$

③ $3.5\times10^{-11}$ ④ $4.3\times10^{-11}$

해설

**분극현상**

유전체 표면 전하밀도는 분극의 세기와 같으므로

$P=D-\varepsilon_o E=\varepsilon_o(\varepsilon_s-1)E=xE=D(1-\frac{1}{\varepsilon_s})=\frac{M}{v}$[C/m²]

$P=8.855\times10^{-12}(5-1)\times10^4=3.542\times10^{-7}$[C/m²]

**09** **진공 중에 서로 떨어져 있는 두 도체 $A$, $B$가 있다. $A$에만 1[C]의 전하를 줄 때 도체 $A$, $B$의 전위가 각각 3[V], 2[V]였다고 하면, $A$에 2[C], $B$에 1[C]의 전하를 주면 도체 $A$의 전위는 몇 [V]인가?**

① 6 ② 7

③ 8 ④ 9

해설

**전위계수와 용량계수 및 유도계수**

1 도체에만 1[C]의 전하를 주었으므로 2 도체에 전하량은 0[C]이 된다.

두 도체의 전위 $V_1=P_{11}Q_1+P_{12}Q_2$, $V_2=P_{21}Q_1+P_{22}Q_2$

$Q_1=1$[C], $Q_2=0$[C], $V_1=3$, $V_2=2$을 대입하면

$P_{11}=3$, $P_{21}=P_{12}=2$가 된다.

두 도체에 같은 전하 $Q_1=Q_2=1$[C]을 주었을 때의 1 도체의 전위는

$V_1=P_{11}Q_1+P_{12}Q_2=3\times2+2\times1=8$[V]

**10** **자기 인덕턴스 0.05[H]의 회로에 흐르는 전류가 매초 500[A]의 비율로 증가할 때 자기 유도기전력의 크기는 몇 [V]인가?**

① 2.5 ② 25

③ 100 ④ 1000

해설

**전자유도법칙(현상)**

렌쯔의 법칙을 이용

$L=0.05$[H], $\frac{di}{dt}=500$[A/sec]일 때 유기기전력

$e=-L\frac{di}{dt}=-0.05\times530=-25$[V]이며

크기만 물어 보았으므로 25[V]이다.

- 유도기전력의 크기가 (+) $e$[V]>0이면 인가된 전류와 같은 방향으로 유기
- 유도기전력의 크기가 (−) $e$[V]<0이면 인가된 전류와 반대 방향으로 유기

**11** **MKS 단위계에서 진공 유전율 값은?**

① $4\pi\times10^{-7}$[H/m] ② $\frac{1}{9\times10^9}$[F/m]

③ $\frac{1}{4\pi\times9\times10^9}$[F/m] ④ $6.33\times10^{-4}$[H/m]

해설

[정답] 07 ③ 08 ① 09 ③ 10 ② 11 ③

**진공중의 정전계**
진공중의 유전율 $\varepsilon_0$[F/m]
쿨롱상수를 이용 $k=\frac{1}{4\pi\varepsilon_0}=9\times10^9$

$$\varepsilon_0=\frac{1}{4\pi\times9\times10^9}[\text{F/m}]$$

## 12 원점 주위의 전류 밀도가 $J=\frac{2}{r}a_r$ [A/m²]의 분포를 가질 때 반지름 5[cm]의 구면을 지나는 전 전류는 몇 [A]인가?

① $0.1\pi$ ② $0.2\pi$
③ $0.3\pi$ ④ $0.4\pi$

해설

**전류의 종류**
단위 면적당 전류 $i=i_c=J=\frac{I_c}{S}=kE=\frac{E}{\rho}=nev=Qv[\text{A/m}^2]$

전류 $I=iS=JS=\frac{2}{r}a_rS[\text{A}]$

여기서 $a_r$은 단위 벡터 1이라고 보고 면적 $S=4\pi r^2[\text{m}^2]$,
반지름 $r=5[\text{cm}]$ 대입 정리하면

$I=\frac{2}{r}4\pi r^2=8\pi r=8\pi\times5\times10^{-2}=0.4\pi[\text{A}]$

여기서, $I$[A] : 전류, $S$[m²] : 면적, $k$[℧/m] : 도전율,
$E$[V/m] : 전계의 세기, $n$[개/m³] : 단위체적당 전자 개수,
$v$[m/sec] : 전자 이동속도, $Q$[C/m³] : 단위체적당 전하량

## 13 유전체의 초전효과(pyroelectric effect)에 대한 설명이 아닌 것은?

① 온도변화에 관계없이 일어난다.
② 자발 분극을 가진 유전체에서 생긴다.
③ 초전효과가 있는 유전체를 공기 중에 놓으면 중화된다.
④ 열에너지를 전기에너지로 변화시키는 데 이용된다.

해설

**파이로(Pyro)전기 (초전효과)**
롯셈염 및 수정 등의 결정을 가열하면 한 면에 정(正), 반대편에 부(負)의 전기가 분극을 일으키고 반대로 냉각시키면 역의 분극이 나타나는 것을 파이로 전기라 한다.

## 14 권선수가 400[회], 면적이 $9\pi$[cm²]인 장방형 코일에 1[A]의 직류가 흐르고 있다. 코일의 장방형 면과 평행한 방향으로 자속밀도가 0.8[Wb/m²]인 균일한 자계가 가해져 있다. 코일의 평행한 두 변의 중심을 연결하는 선을 축으로 할 때 이 코일에 작용하는 회전력은 약 몇 [N·m]인가?

① 0.3 ② 0.5
③ 0.7 ④ 0.9

해설

**자계 내에서 사각(장방형) 코일의 회전력**

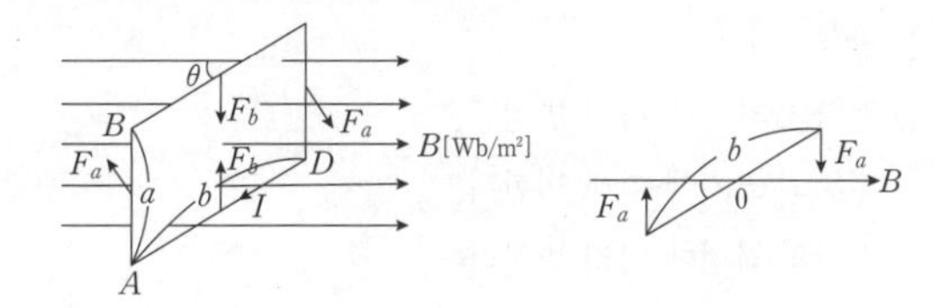


$T=NI\phi=NBSI\cos\theta=NBIab\cos\theta=[\text{N}\cdot\text{m}]$
평행이므로 $\theta=0°$
$T=400\times0.8\times9\pi\times10^{-4}\times1\times\cos0°=0.904[\text{N}\cdot\text{m}]$
여기서, $N$[T] : 권수, $B$[Wb/m²] : 자속밀도,
$I$[A] : 전류, $S(A)=ab$[m²] : 면적

## 15 점전하 $+Q$의 무한 평면도체에 대한 영상전하는?

① $+Q$ ② $-Q$
③ $+2Q$ ④ $-2Q$

해설

**접지무한평면과 점전하**
무한평면 도체에 의한 영상 전하는 크기는 같고 부호는 반대이므로 $Q'=-Q$[C]이 된다.

## 16 다음 조건 중 틀린 것은? (단, $\chi_m$ : 비자화율, $\mu_r$ : 비투자율이다.)

① $\mu_r\gg1$이면 강자성체
② $\chi_m>0$, $\mu_r<1$이면 상자성체
③ $\chi_m<0$, $\mu_r<1$이면 반자성체
④ 물질은 $\chi_m$ 또는 $\mu_r$의 값에 따라 반자성체, 상자성체, 강자성체 등으로 구분한다.

[정답] 12④ 13① 14④ 15② 16②

전기자기학 / 전력공학 / 전기기기 / 회로이론 / 전기설비기술기준

해설

**자성체 및 자화의 세기**

- 상자성체는 비투자율 $\mu_s>1$이므로 비자화율 $\chi_m=\mu_s-1>0$이 되고
- 반자성체는 비투자율 $\mu_s<1$이므로 비자화율 $\chi_m=\mu_s-1<0$이 된다.

**17** 등전위면을 따라 전하 Q[C]를 운반하는 데 필요한 일은?

① 항상 0이다.
② 전하의 크기에 따라 변한다.
③ 전위의 크기에 따라 변한다.
④ 전하의 극성에 따라 변한다.

해설

**전위 및 전위차**

등전위면은 전위차가 0이므로 전하 이동시 하는 일 에너지는 0이 된다.

**18** 접지된 직교 도체 평면과 점전하 사이에는 몇 개의 영상 전하가 존재하는가?

① 1 ② 2
③ 3 ④ 4

해설

**접지무한평면과 점전하**

직교평면 전하인 경우의 영상전하는 $n=\frac{360}{\theta}-1$이며

그림과 같이 직교하므로 $n=\frac{360}{90}-1=3$개가 발생한다.

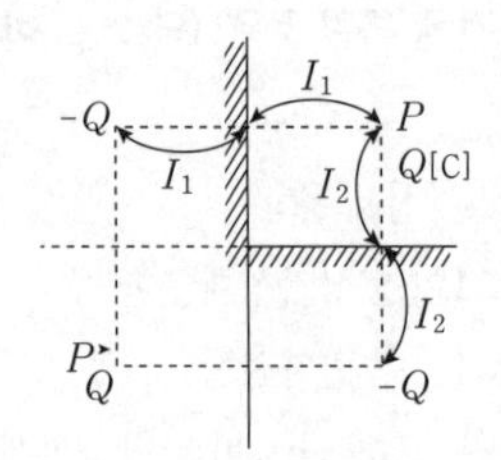


**19** 두 개의 코일에서 각각의 자기인덕턴스가 $L_1=0.35$ [H], $L_2=0.5$ [H]이고, 상호인덕턴스는 $M=0.1$ [H]이라고 하면 이때 코일의 결합계수는 약 얼마인가?

① 0.175 ② 0.239
③ 0.392 ④ 0.586

해설

**상호인덕턴스**

결합계수 $k=\frac{M}{\sqrt{L_1 \cdot L_2}}=\frac{0.1}{\sqrt{0.35\times0.5}}=0.239$

**20** 두 종류의 유전체 경계면에서 전속과 전기력선이 경계면에 수직으로 도달할 때에 대한 설명으로 틀린 것은?

① 전속밀도는 변하지 않는다.
② 전속과 전기력선은 굴절하지 않는다.
③ 전계의 세기는 불연속적으로 변한다.
④ 전속선은 유전율이 작은 유전체 쪽으로 모이려는 성질이 있다.

해설

**복합유전체의 경계면 조건**

$\theta=0°$일 때 전계와 전속밀도는 수직으로 입사하는 경우 이므로
1) 전기력선은 굴절하지 않는다.
2) 전속 밀도는 불변이다.
3) 전계는 불연속이다.
4) 전속은 유전률이 큰 곳 전기력선은 유전률이 작은 곳에 모이려 한다.

시행일 **2019년 3회**

**01** 인덕턴스가 20 [mH]인 코일에 흐르는 전류가 0.2초 동안 6 [A]가 변화되었다면 코일에 유기되는 기전력은 몇 [V]인가?

① 0.6 ② 1
③ 6 ④ 30

[정답] 17 ① 18 ③ 19 ② 20 ④ 2019년 3회 01 ①

해설

**전자유도법칙**

렌쯔의 법칙을 이용 $L=20[\mathrm{mH}]$, $\frac{di}{dt}=\frac{6}{0.2}$ 일 때

유기기전력 $e=-L\frac{di}{dt}=-20\times10^{-3}\times\frac{6}{0.2}=-0.6[\mathrm{V}]$이다.

유도기전력의 크기가 (+) $e[\mathrm{V}]>0$이면
인가된 전류와 같은 방향으로 유기
유도기전력의 크기가 (−) $e[\mathrm{V}]<0$이면
인가된 전류와 반대 방향으로 유기
문제에서 방향성은 물어 보지 않았으므로 $0.6[\mathrm{V}]$이다.

## 02 어떤 물체에 $F_1=-3i+4j-5k$와 $F_2=6i+3j-2k$의 힘이 작용하고 있다. 이물체에 $F_3$을 가하였을 때 세 힘이 평형이 되기 위한 $F_3$은?

① $F_3=-3i-7j+7k$　② $F_3=3i+7j-7k$
③ $F_3=3i-j-7k$　④ $F_3=3i-j+3k$

해설

**벡터의 합과 차**

$F_1=-3i+4j-5k$, $F_2=6i+3j-2k$일 때 세 힘이 평형이 되는 경우는 세 힘을 모두 합산 시 0이 되면 평형이 되었다 한다.
그러므로 $F_1+F_2+F_3=0$에서
$F_3=-(F_1+F_2)=-[(-3i+4j-5k)+(6i+3j-2k)]$
$=-3i-7j+7k[\mathrm{N}]$이 된다.

## 03 직류 500[V] 절연저항계로 절연저항을 측정하니 2[MΩ]이 되었다면 누설전류[μA]는?

① 25　② 250
③ 1000　④ 1250

해설

**전류의 종류**

누설전류 $I=\frac{V}{R}\times10^6[\mu\mathrm{A}]$

여기서, $V[\mathrm{V}]$ : 전압, $R[\Omega]$ : 저항

$I=\frac{500}{2\times10^6}\times10^6=250[\mu\mathrm{A}]$

## 04 동심구에서 내부도체의 반지름이 $a$, 절연체의 반지름이 $b$, 외부도체의 반지름이 $c$이다. 내부도체에만 전하 $Q$를 주었을 때 내부도체의 전위는? (단, 절연체의 유전율은 $\varepsilon_0$이다.)

① $\frac{Q}{4\pi\varepsilon_0 a}\left(\frac{1}{a}+\frac{1}{b}\right)$　② $\frac{Q}{4\pi\varepsilon_0}\left(\frac{1}{a}-\frac{1}{b}\right)$
③ $\frac{Q}{4\pi\varepsilon_0}\left(\frac{1}{a}-\frac{1}{b}-\frac{1}{c}\right)$　④ $\frac{Q}{4\pi\varepsilon_0}\left(\frac{1}{a}-\frac{1}{b}+\frac{1}{c}\right)$

해설

**도체 모양에 따른 전위 공식**

동심구의 전위는

- $A$도체에 $+Q[\mathrm{C}]$, $B$도체 $Q=0[\mathrm{C}]$인 경우의 $A$도체의 전위 $V_A$

  $V_A=\frac{Q}{4\pi\varepsilon_0}\left(\frac{1}{a}-\frac{1}{b}+\frac{1}{c}\right)[\mathrm{V}]$

- $A$도체에 $+Q[\mathrm{C}]$, $B$도체 $-Q[\mathrm{C}]$인 경우 $A$도체와 $B$도체 사이에 전위차 $V_{AB}=V_A-V_B=\frac{Q}{4\pi\varepsilon_0}\left(\frac{1}{a}-\frac{1}{b}\right)[\mathrm{V}]$

## 05 M.K.S 단위로 나타낸 진공에 대한 유전율은?

① $8.855\times10^{-12}[\mathrm{N/m}]$　② $8.855\times10^{-10}[\mathrm{N/m}]$
③ $8.855\times10^{-12}[\mathrm{F/m}]$　④ $8.855\times10^{-10}[\mathrm{F/m}]$

해설

**쿨롱의 법칙**

진공(공기)의 유전율

$\varepsilon_o=\frac{1}{\mu_o C_o^2}=\frac{10^7}{4\pi C_o^2}=\frac{10^{-9}}{36\pi}=\frac{1}{120\pi C_o}=8.855\times10^{-12}[\mathrm{F/m}]$

여기서, $C_o=\frac{1}{\sqrt{\varepsilon_o\mu_o}}=3\times10^8[\mathrm{m/sec}]$ : 진공 중 광속도
$\mu_o=4\pi\times10^{-7}[\mathrm{H/m}]$ : 진공 중 투자율

## 06 인덕턴스의 단위에서 1[H]는?

① 1[A]의 전류에 대한 자속이 1[Wb]인 경 우이다.
② 1[A]의 전류에 대한 유전율이 1[F/m]이다.
③ 1[A]의 전류가 1초간에 변화하는 양이다.
④ 1[A]의 전류에 대한 자계가 1[AT/m]인 경우이다.

[정답] 02 ① 03 ② 04 ④ 05 ③ 06 ①

해설

**자기 인덕턴스**

$\phi = L \cdot I$에서 $L = \frac{\phi}{I} = \frac{1[\text{Wb}]}{1[\text{A}]} = 1[\text{H}]$가 된다.

즉 1[A]의 전류에 대한 자속이 1[Wb]인 경우를 말한다.

## 07 자유공간의 변위전류가 만드는 것은?

① 전계 ② 전속

③ 자계 ④ 분극지력선

해설

**변위 전류**

전속밀도의 시간적 변화는 변위 전류를 발생하고 그리고 변위전류는 자계를 발생시킨다.

## 08 평행한 두 도선간의 전자력은? (단, 두 도선간의 거리는 r[m]라 한다.)

① $r$에 반비례 ② $r$에 비례

③ $r^2$에 비례 ④ $r^2$에 반비례

해설

**전자력**

평행 두 도선 간에 작용하는 힘(전자력)

① 단위 길이당 작용하는 힘

$$F = \frac{\mu_0 I_1 I_2}{2\pi d} = \frac{2I_1 I_2}{d} \times 10^{-7}[\text{N/m}]$$

여기서, $d = r[\text{m}]$ : 두 도선 간 떨어진 거리

② 전류의 방향이 같은 경우 : 흡인력이 작용한다.

전류의 방향이 반대인 경우 : 반발력이 작용한다.

## 09 간격 d[m]인 두 평행판 전극 사이에 유전율 $\varepsilon$인 유전체를 넣고 전극 사이에 전압 $e = E_m \sin\omega t$[V]를 가했을 때 변위 전류밀도[A/m²]는?

① $\frac{\varepsilon\omega E_m \cos\omega t}{d}$ ② $\frac{\varepsilon E_m \cos\omega t}{d}$

③ $\frac{\varepsilon\omega E_m \sin\omega t}{d}$ ④ $\frac{\varepsilon E_m \sin\omega t}{d}$

해설

**변위전류**

$$i_D = i_d = \frac{\partial D}{\partial t} = \varepsilon\frac{\partial E}{\partial t} = \frac{\varepsilon}{d}\frac{\partial V}{\partial t}[\text{A/m}^2]$$

여기서, $D = \varepsilon E[\text{C/m}^2]$ : 전속밀도, $E = \frac{V}{d}[\text{V/m}]$ : 전계,

$V = Ed[\text{V}]$ : 전위

$V = e = E_m \sin\omega t[\text{V}]$일 때

변위전류밀도 $i_d = \omega\frac{\varepsilon}{d}E_m\cos\omega t[\text{A/m}^2]$이다.

## 10 $10^6$[cal]의 열량은 약 몇 [kWh]의 전력량인가?

① 0.06 ② 1.16

③ 2.27 ④ 4.17

해설

**열량**

열량 $Q(H) = 860Pt = 860W[\text{kcal}]$

전력량 $W = \frac{Q}{860}[\text{kWh}]$

여기서, $1[\text{kWh}] = 860[\text{kcal}]$이고 $10^6[\text{cal}] = 10^3[\text{kcal}]$이므로

$$W = \frac{Q}{860} = \frac{10^3}{860} = 1.162 \fallingdotseq 1.16[\text{kWh}]$$

## 11 전기기기의 철심(자심)재료로 규소강판을 사용하는 이유는?

① 동손을 줄이기 위해

② 와전류손을 줄이기 위해

③ 히스테리시스손을 줄이기 위해

④ 제작을 쉽게 하기 위하여

해설

**자성체**

히스테리시스 곡선의 면적은 강자성체의 자회 시 필요한 단위체적당 에너지밀도 즉 히스테리시스 손실과 대응 하며 규소는 강자성체에 속하지만 변압기의 철손인 히스테리시스 손을 방지하기 때문에 면적이 작은 것이 좋다.

[정답] 07 ③ 08 ① 09 ① 10 ② 11 ③

## 12 접지 구도체와 점전하 사이에 작용하는 힘은?

① 항상 반발력이다. ② 항상 흡인력이다.
③ 조건적 반발력이다. ④ 조건적 흡인력이다.

해설

**접지 구도체와 점전하**

$d>a$ 접지 구도체와 점전하에 의해 접지 구도체에

쿨롱의 힘을 이용 $F=\dfrac{Q\cdot Q'}{4\pi\varepsilon_0 r^2}$

이때 영상전하와 점전하 사이의 거리는 $d-x$

$F=\dfrac{Q\cdot Q'}{4\pi\varepsilon_0(d-x)^2}$이고 영상전하의 위치 $x=\dfrac{a^2}{d}$를 대입 정리하면

$F=\dfrac{Q\cdot Q'}{4\pi\varepsilon_0(\dfrac{d^2-a^2}{d})^2}$ 영상전하 $Q'=-\dfrac{a}{d}Q[\mathrm{C}]$

대입 정리하면 $F=\dfrac{-adQ^2}{4\pi\varepsilon_0(d^2-x^2)^2}[\mathrm{N}]$가 된다.

(-) : 항상 흡인력을 의미한다.

## 13 플레밍의 왼손법칙에서 왼손의 엄지, 검지, 중지의 방향에 해당되지 않는 것은?

① 전압 ② 전류
③ 자속밀도 ④ 힘

해설

**전자력**

전류가 흐르는 도선을 자계 안에 놓으면 이 도선에 힘이 작용 한다. 이와 같은 자계와 전류 간에 작용하는 힘을 전자력이라 하며 그 세기는 플레밍의 왼손법칙을 이용 한다.
플레밍의 왼손 법칙 : 전동기원리 및 회전방향 결정

$F=BIl\sin\theta=\mu_0 HIl\sin\theta=\oint(Idl)\times B[\mathrm{N}]$

엄지 : $F[\mathrm{N}]$(힘의 방향=전자력의 방향)
검지 : $B[\mathrm{Wb/m^2}]$(자속밀도, 자속, 자장의 방향)
중지 : $I[\mathrm{A}]$(전류의 방향)

## 14 반지름 1 [m]의 원형 코일에 1 [A]의 전류가 흐를 때 중심점의 자계의 세기 [AT/m]는?

① $\dfrac{1}{4}$ ② $\dfrac{1}{2}$
③ 1 ④ 2

해설

**전류에 의한 자계 - 2**

원형코일 중심점의 자계의 세기 $H=\dfrac{NI}{2a}[\mathrm{AT/m}]$

여기서, $a[\mathrm{m}]$ : 반지름, $N[\mathrm{T}]$ : 권수, $I[\mathrm{A}]$ : 전류

$H=\dfrac{1\times1}{2\times1}=\dfrac{1}{2}[\mathrm{AT/m}]$가 된다.

## 15 전류가 흐르는 도선을 자계 내에 놓으면 이 도선에 힘이 작용한다. 평등자계의 진공 중에 놓여 있는 직선전류 도선이 받는 힘에 대한 설명으로 옳은 것은?

① 도선의 길이에 비례한다.
② 전류의 세기에 반비례한다.
③ 자계의 세기에 반비례한다.
④ 전류와 자계 사이의 각에 대한 정현(sine)에 반비례한다.

해설

**전자력**

전류가 흐르는 도선을 자계 안에 놓으면 이 도선에 힘이 작용 한다. 이와 같은 자계와 전류 간에 작용하는 힘을 전자력이라 하며 그 세기는 플레밍의 왼손법칙을 이용 한다.
플레밍의 왼손 법칙 : 전동기원리 및 회전방향 결정

$F=BIl\sin\theta=\mu_0 HIl\sin\theta=\oint(Idl)\times B[\mathrm{N}]$

엄지 : $F[\mathrm{N}]$(힘의 방향=전자력의 방향)
검지 : $B[\mathrm{Wb/m^2}]$(자속밀도, 자속, 자장의 방향)
중지 : $I[\mathrm{A}]$(전류의 방향)

## 16 여러 가지 도체의 전하 분포에 있어서 각도체의 전하를 $n$배할 경우, 중첩의 원리가 성립하기 위해서 그 전위는 어떻게 되는가?

① $\dfrac{1}{4}n$이 된다 ② $n$배가 된다.
③ $2n$배가 된다. ④ $n^2$배가 된다.

해설

**도체 모양에 따른 전위 공식**

$V=\dfrac{Q}{4\pi\varepsilon_0 r}[\mathrm{V}]$에서 전하 $nQ$하면 전위도 $nV$이다.

[정답] 12 ② 13 ① 14 ② 15 ① 16 ②

**17** $E=i+2j+3k$[V/cm]로 표시되는 전계가 있다. 0.02[$\mu$C]의 전하를 원점으로부터 $r=3i$[m]로 움직이는데 필요로 하는 일[J]은?

① $3\times10^{-6}$　② $6\times10^{-6}$
③ $3\times10^{-8}$　④ $6\times10^{-8}$

해설

**전위 및 전위차**

전계 $E=i+2j+3k[\text{V/cm}]=(i+2j+3k)\times10^2[\text{V/m}]$
전하 $Q=0.02[\mu\text{C}]=0.02\times10^{-6}[\text{C}]$,
거리 $r=3i=3i+0j+0k[\text{m}]$일 때
전하이동시 한일 [J]
$W=QV=QEr=0.02\times10^{-6}(i+2j+3k)\cdot(3i+0j+0k)\times10^2$
$=6\times10^{-6}[\text{J}]$
내적이므로 같은 성분 계수만 곱하여 더한다.

**18** 동일 용량 $C$[$\mu$F]의 커패시터 $n$개를 병렬로 연결하였다면 합성정전용량은 얼마인가?

① $n^2C$　② $nC$
③ $\frac{C}{n}$　④ $C$

해설

**합성 정전용량**

① 직렬 연결시 $C=\dfrac{1}{\frac{1}{C}+\frac{1}{C}}=\dfrac{C\cdot C}{C+C}=\dfrac{C}{n}[\text{F}]$
② 병렬 연결시 $C=C+C=nC[\text{F}]$

**19** 무한장 직선 도체에 선전하밀도 $\lambda$[C/m]의 전하가 분포되어 있는 경우, 이 직선 도체를 축으로 하는 반지름 $r$[m]의 원통면상의 전계[V/m]는?

① $\dfrac{\lambda}{2\pi\varepsilon_0 r^2}$　② $\dfrac{\lambda}{2\pi\varepsilon_0 r}$
③ $\dfrac{\lambda}{4\pi\varepsilon_0 r^2}$　④ $\dfrac{\lambda}{4\pi\varepsilon_0 r}$

해설

**가우스의 정리에 의한 전계의 세기 공식**

원통(원주)도체에 의한 전계의 세기

- 내외 전하 균일시

 $(r>a)$ 외부의 전계의 세기 : $E=\dfrac{\lambda}{2\pi\varepsilon_o r}[\text{V/m}]$

 $(r<a)$ 내부의 전계의 세기 : $E_i=\dfrac{\lambda r}{2\pi\varepsilon_o a^2}[\text{V/m}]$

- 전하 대전시

 $(r>a)$ 외부의 전계의 세기 : $E=\dfrac{\lambda}{2\pi\varepsilon_o r}[\text{V/m}]$

 $(r<a)$ 내부의 전계의 세기 : $E_i=0$

**20** 전류 $2\pi$[A]가 흐르고 있는 무한직선 도체로부터 2[m]만큼 떨어진 자유공간 내 $P$점의 자속밀도의 세기 [Wb/m²]는?

① $\dfrac{\mu_0}{8}$　② $\dfrac{\mu_0}{4}$
③ $\dfrac{\mu_0}{2}$　④ $\mu_0$

해설

**전류에 의한 자계 - 1**

자속밀도 $B=\mu H[\text{Wb/m}^2]$이며

무한장 직선 도체의 자계 $H=\dfrac{I}{2\pi r}[\text{AT/m}]$이므로

이를 대입하면 $B=\dfrac{\mu_0 I}{2\pi r}=\dfrac{\mu_0\times2\pi}{2\pi\times2}=\dfrac{\mu_0}{2}[\text{Wb/m}^2]$

## 시행일 2020년 1회

**01** 유전율이 각각 다른 두 종류의 유전체 경계면에 전속이 입사 될 때 이 전속은 어떻게 되는가? (단, 경계면에 수직으로 입사하지 않은 경우이다.)

① 굴절　② 반사
③ 회전　④ 직진

해설

**복합유전체의 경계면 조건**

$\theta_1=0°$일 때 전계와 전속밀도는 수직으로 입사하는 경우 이므로 전기력선 및 전속밀도는 굴절하지 않는다. 그러나 조건에서 경계면에 수직으로 입사하지 않은 경우이므로 굴절한다.

[정답] 17 ② 18 ② 19 ② 20 ③ 2020년 1회 01 ①

**02** 반지름이 9[cm]인 도체구 $A$에 8[C]의 전하가 균일하게 분포되어 있다. 이 도체구에 반지름 3[cm]인 도체구 $B$를 접촉시켰을 때 도체구 $B$로 이동한 전하는 몇 [C]인가?

① 1　② 2
③ 3　④ 4

해설

**합성 정전용량**

두 구를 접촉 시 병렬연결이므로 전하 분배법칙을 이용하면

$$Q_1=\frac{C_1}{C_1+C_2}Q=\frac{C_1}{C_1+C_2}(Q_1+Q_2)[C]$$

$$Q_2=\frac{C_2}{C_1+C_2}Q=\frac{C_2}{C_1+C_2}(Q_1+Q_2)[C]$$

반지름 9[cm]인 도체구의 정전용량을 $C_1=4\pi\varepsilon_0 a$[F], $Q_1=8$[C]
반지름 3[cm]인 도체구의 정전용량을 $C_2=4\pi\varepsilon_0 b$[F],
전하가 분포하고 있다는 조건이 없으므로 $Q_2=0$[C]
이 조건을 정리하면

$$Q'^2=\frac{4\pi\varepsilon_0 b}{4\pi\varepsilon_0 a+4\pi\varepsilon_0 b}(Q_1+Q_2)=\frac{b}{a+b}(Q_1+Q_2)$$

$$=\frac{3}{3+9}(8+0)=2[C]$$

**03** 내구의 반지름 $a$[m], 외구의 반지름 $b$[m]인 동심 구 도체 간에 도전율이 $k$[S/m]인 저항 물질이 채워져 있을 때의 내외구간의 합성저항 [Ω]은?

① $\frac{1}{8\pi k}(\frac{1}{a}-\frac{1}{b})$　② $\frac{1}{4\pi k}(\frac{1}{a}-\frac{1}{b})$
③ $\frac{1}{2\pi k}(\frac{1}{a}-\frac{1}{b})$　④ $\frac{1}{\pi k}(\frac{1}{a}-\frac{1}{b})$

해설

**저항의 종류**

$b>a$ 동심구의 정전용량 $C=\frac{4\pi\varepsilon}{\frac{1}{a}-\frac{1}{b}}$[F]

$$R=\frac{\rho\varepsilon}{C}=\frac{\rho}{4\pi}\left(\frac{1}{a}-\frac{1}{b}\right)=\frac{1}{4\pi k}\left(\frac{1}{a}-\frac{1}{b}\right)[\Omega]$$

여기서 고유저항 $\rho=\frac{1}{k}$[Ω·m], 도전율 $k=\frac{1}{\rho}$[℧/m=S/m]

**04** 대전도체 표면의 전하밀도를 $\sigma$[C/m²]이라 할 때, 대전도체 표면의 단위면적이 받는 정전응력[N/m²]은 전하밀도 $\sigma$와 어떤 관계에 있는가?

① $\sigma^{\frac{1}{2}}$에 비례　② $\sigma^{\frac{3}{2}}$에 비례
③ $\sigma$에 비례　④ $\sigma^2$에 비례

해설

**정전 흡인력**

대전된 도체의 면적당 작용하는 힘=정전응력=정전흡인력

$f=\frac{\sigma^2}{2\varepsilon_o}=\frac{D^2}{2\varepsilon_o}=\frac{1}{2}\varepsilon_o E^2=\frac{1}{2}ED$[N/m²]에서 $f\propto\sigma^2\propto D^2\propto E^2$

**05** 양극판의 면적이 $S$[m²], 극판 간의 간격이 $d$[m], 정전용량이 $C_1$[F]인 평행판 콘덴서가 있다. 양극판 면적을 각각 $3S$[m²]로 늘이고 극판 간격을 $\frac{1}{3}d$[m]로 줄었을 때의 정전용량 $C_2$[F]는?

① $C_2=C_1$　② $C_2=3C_1$
③ $C_2=6C_1$　④ $C_2=9C_1$

해설

**도체 모양에 따른 정전용량 공식**

평행판 콘덴서 $C_1=\frac{\varepsilon_0 S}{d}$[F]이고

$C_2=\frac{\varepsilon_0 3S}{\frac{1}{3}d}=9\frac{\varepsilon_0 S}{d}=9C_1$[F]이다.

**06** 투자율이 각각 $\mu_1$, $\mu_2$인 두 자성체의 경계면에서 자기력선의 굴절의 법칙을 나타 낸 식은?

① $\frac{\mu_1}{\mu_2}=\frac{\sin\theta_1}{\sin\theta_2}$　② $\frac{\mu_1}{\mu_2}=\frac{\sin\theta_2}{\sin\theta_1}$
③ $\frac{\mu_1}{\mu_2}=\frac{\tan\theta_1}{\tan\theta_2}$　④ $\frac{\mu_1}{\mu_2}=\frac{\tan\theta_1}{\tan\theta_2}$

해설

**자성체의 경계면의 조건**

[정답] 02 ② 03 ② 04 ④ 05 ④ 06 ③

① 경계면의 접선(수평)성분은 양측에서 자계의 세기가 같다.
$H_1\sin\theta_1 = H_2\sin\theta_2$
② 경계면의 법선(수직)성분의 자속밀도는 양측에서 같다.
$B_1\cos\theta_1 = B_2\cos\theta_2$
③ 굴절각 $\frac{\tan\theta_1}{\tan\theta_2} = \frac{\mu_1}{\mu_2}$
④ 비례 관계
ⓐ $\mu_1 > \mu_2$, $\theta_1 > \theta_2$, $B_1 > B_2$ : 비례 관계에 있다.
ⓑ $H_1 < H_2$ : 반비례 관계에 있다.

**참고**

제4장에서 학습했던 유전체의 경계의 조건을 그대로 대응관계로 보면 문제를 해석하기 쉽다.

## 07 전계 내에서 폐회로를 따라 단위 전하가 일주할 때 전계가 한 일은 몇 [J]인가?

① ∞ ② $\pi$
③ 1 ④ 0

**해설**

**도체 모양에 따른 전위 공식**

전계 내에서 폐회로를 따라 단위전하를 일주 시 한일은 항상 0 이다.

## 08 진공 중에서 멀리 떨어져 있는 반지름이 각각 $a_1$[m], $a_2$[m]인 두 도체구를 $V_1$[V], $V_2$[V]인 전위를 갖도록 대전시킨 후 가는 도선으로 연결 할 때 연결 후의 공통 전위 $V$[V]는?

① $\frac{V_1}{a_1} + \frac{V_2}{a_2}$ ② $\frac{V_1 + V_2}{a_1 a_2}$
③ $a_1 V_1 + a_2 V_2$ ④ $\frac{a_1 V_1 + a_2 V_2}{a_1 + a_2}$

**해설**

**합성 정전용량**

도체구를 각각 충전 후 두 개를 가는 선으로 연결 시 공통 전위

$V = \frac{C_1 V_1 + C_2 V_2}{C_1 + C_2}$

도체구의 $C_1 = 4\pi\varepsilon_0 a_1$[F], $C_2 = 4\pi\varepsilon_0 a_2$[F] 대입

$V = \frac{4\pi\varepsilon_0(a_1 V_1 + a_2 V_2)}{4\pi\varepsilon_0(a_1 + a_2)} = \frac{a_1 V_1 + a_2 V_2}{a_1 + a_2}$[V]

여기서, $a_1 a_2$[m] : 도체구의 반지름

## 09 그림과 같이 도체 1을 도체 2로 포위하여 도체2를 일정 전위로 유지하고 도체 1과 도체2의 외측에 도체 3이 있을 때 용량계수 및 유도계수의 성질로 옳은 것은?

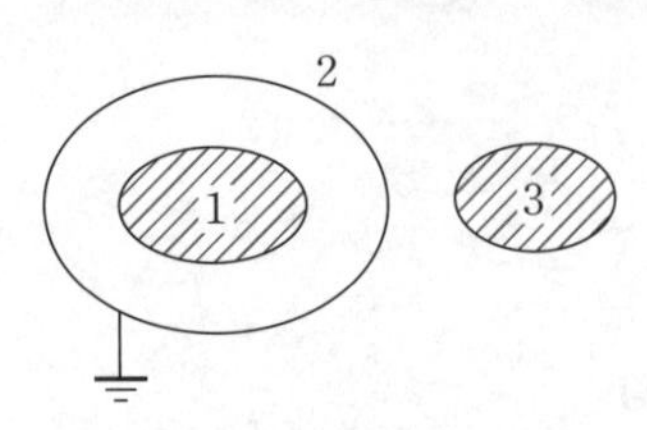


① $q_{23} = q_{11}$ ② $q_{13} = -q_{11}$
③ $q_{31} = q_{11}$ ④ $q_{21} = -q_{11}$

**해설**

도체1에 1[V]를 주고 도체2와 도체3의 전위는 0[V]로 유지시 도체2에 정전 유도 현상에 의하여 $Q_2 = -Q_1$의 전하가 유도되어 도체1에서 발생하는 전기력선은 도체2에서 멈추므로

$q_{21} = -q_{11}$, $q_{13} = 0$ 이므로

도체1의 전하 $Q_1 = q_{11}V - q_{11}V_2 + 1$
도체2의 전하 $Q_2 = -q_{11}V_1 - q_{22}V_2 + q_{23}V_3$
도체3의 전하 $Q_3 = 0 + q_{32}V_2 + q_{33}V_3$

따라서 $V_2$가 일정 시 $Q_1$은 $V_3$와 무관하며 $Q_3$는 $V_1$과 관계가 없게 된다.
즉 1도체와 2도체는 유도계수가 발생하고. 2도체와 3도체도 유도계수가 발생하나 2도체를 접지하여 1도체와 3도체는 유도계수가 발생하지 않아 서로 관계가 없는 상태가 된다 이를 일정전위를 가진 도체로 내외 전계를 완전 차단하는 정전차폐라 한다.

## 10 와전류(Eddy current)손에 대한 설명으로 틀린 것은?

① 주파수에 비례한다.
② 저항에 반비례한다.
③ 도전율이 클수록 크다.
④ 자속밀도의 제곱에 비례한다.

**해설**

**와류손 = 와전류손 = 맴돌이전류손**

$P_e = f^2 B_m^{\ 2} t^2 = k f^2 B_m^{\ 2} = \frac{f^2 B_m^{\ 2}}{\rho}$[W]

**[정답]** 07 ④ 08 ④ 09 ④ 10 ①

여기서, $f$[Hz] : 주파수, $B_m^2$[Wb/m²] : 최대자속밀도

$t$[m] : 두께, $k=\frac{1}{\rho}$[℧/m=s/m] : 도전율

$k=\frac{1}{k}$[Ωm] : 고유저항

**11** 전계 및 자계의 세기가 각각 $E$[V/m], $H$[AT/m]일 때, 포인팅벡터 $P$[W/m²]의 표현으로 옳은 것은?

① $\frac{1}{2}EH$　② $EH$
③ $EH^2$　④ $E^2H$

해설

**전자파**

진공, 공기중에서 포인팅 벡터

$R=EH=377H^2=\frac{1}{377}E^2=\frac{P}{S}$[W/m²]에서

$R=\frac{1}{377}E^2$[W/m²]을 이용 정리하면

전계 $E=\sqrt{377P}$[V/m]가 된다.

**12** 공기 중에 선간거리 10[cm]의 평행왕복 도선이 있다. 두 도선 간에 작용하는 힘이 $4\times10^{-6}$[N/m]이었다면 도선에 흐르는 전류는 몇 [A]인가?

① 1　② 2
③ $\sqrt{2}$　④ $\sqrt{3}$

해설

**전자력**

평행 두 도선 사이에 작용하는 힘

① 단위 길이당 작용하는 힘

$F=\frac{\mu_0 I_1 I_2}{2\pi d}=\frac{2I_1I_2}{d}\times10^{-7}$[N/m]

② 전류의 방향이 같은 경우 : 흡인력이 작용한다.
전류의 방향이 반대인 경우 : 반발력이 작용한다.

③ 두 도선 간 흐르는 전류의 크기는 같은 왕복 도선이므로

$F=\frac{\mu_0 I^2}{2\pi d}=\frac{2I^2}{d}\times10^{-7}\propto I^2\propto\frac{1}{d}$[N/m]

$F=\sqrt{\frac{Fd}{2\times10^{-7}}}=\sqrt{\frac{4\times10^{-6}\times10\times10^{-2}}{2\times10^{-7}}}=\sqrt{2}$[A]

**13** 자기 인덕턴스가 $L_1$, $L_2$이고 상호 인덕턴스가 $M$인 두회로의 결합계수가 1일 때, 성립되는 식은?

① $L_1\cdot L_2=M$　② $L_1\cdot L_2<M^2$
③ $L_1\cdot L_2>M^2$　④ $L_1\cdot L_2=M^2$

해설

**상호인덕턴스**

결합계수 $k=1$일 경우 상호 인덕턴스

$M=\sqrt{L_1L_2}=\frac{\mu SN_1N_2}{l}=\frac{N_1N_2}{R_m}=L_1\frac{N_2}{N_1}=L_2\frac{N_1}{N_2}=\frac{e\cdot t}{I}$[H]

여기서, $\mu=\mu_0\mu_s$[H/m] : 투자율,

$S=\pi a^2=\frac{\pi D^2}{4}$[m²] : 철심의 단면적, $a$[m] : 철심 단면적 반지름,

$D$[m] : 철심 단면적 지름, $l=2\pi r=\pi d$[m] : 자로(철심)의 길이

$r$[m] : 평균 반지름, $d$[m] : 평균 지름, $e$[V] : 유도(기)기전력,
$t$[s] : 시간, $I$[A] : 전류

$M=\sqrt{L_1L_2}$[H]는 $M^2=L_1L_2$[H]

**14** 어떤 콘덴서에 비유전율 $\varepsilon_s$인 유전체로 채워져 있을 때의 정전용량 $C$와 공기로 채워져 있을때의 정전용량 $C_0$의 비 $\left(\frac{C}{C_0}\right)$는?

① $\varepsilon_s$　② $\frac{1}{\varepsilon_s}$
③ $\sqrt{\varepsilon_s}$　④ $\frac{1}{\sqrt{\varepsilon_s}}$

해설

**유전체**

공기중의 평행판 정전용량 $C_0=\frac{\varepsilon_0 S}{d}$[F]

유전체 내 평행판 정전용량 $C=\frac{\varepsilon_0\varepsilon_s S}{d}=\varepsilon_s C_o$이므로

$\frac{C}{C_o}=\varepsilon_s=\varepsilon_r$

[정답] 11 ② 12 ③ 13 ④ 14 ①

## 15 유전체에서의 변위전류에 대한 설명으로 틀린 것은?

① 변위전류가 주변에 자계를 발생시킨다.

② 변위전류의 크기는 유전율에 반비례한다.

③ 전속밀도의 시간적 변화가 변위전류를 발생시킨다.

④ 유전체 중의 변위전류는 진공 중의 전계 변화에 의한 변위전류와 구속전자의 변위에 의한 분극전류와의 합이다.

**해설**

**변위 전류 밀도**

전속밀도의 시간적 변화는 변위 전류를 발생하고 그리고 변위전류는 자계를 발생 시킨다.

$$i_D=i_d=\frac{\partial D}{\partial t}=\varepsilon\frac{\partial E}{\partial t}=\varepsilon_0\frac{\partial E}{\partial t}+\frac{\partial P}{\partial t}=\frac{\varepsilon}{d}\frac{\partial V}{\partial t}[\mathrm{A/m^2}]$$

여기서, $D=\varepsilon E[\mathrm{C/m^2}]$ : 전속밀도, $E=\frac{V}{d}[\mathrm{V/m}]$ : 전계,

$V=Ed[\mathrm{V}]$ : 전위, $P[\mathrm{C/m^2}]$ : 분극전하밀도

## 16 환상 솔레노이드의 자기 인덕턴스($H$)와 반비례 하는 것은?

① 철심의 투자율 ② 철심의 길이

③ 철심의 단면적 ④ 코일의 권수

**해설**

**자기 인덕턴스**

환상솔레노이드의 인덕턴스

$$L=\frac{\mu SN^2}{l}=\frac{N^2}{R_m}[\mathrm{H}]\propto\mu\propto N^2$$

여기서, $\mu=\mu_0\mu_s[\mathrm{H/m}]$ : 투자율,

$S=\pi a^2=\frac{\pi D^2}{4}[\mathrm{m^2}]$ : 철심의 단면적, $a[\mathrm{m}]$ : 철심 단면적 반지름,

$D[\mathrm{m}]$ : 철심 단면적 지름, $l=2\pi r=\pi d[\mathrm{m}]$ : 자로(철심)의 길이

$r[\mathrm{m}]$ : 평균 반지름, $d[\mathrm{m}]$ : 평균 지름,

$R_m=\frac{l}{\mu S}[\mathrm{AT/m}]$ : 자기저항

## 17 자성체에 대한 자화의 세기를 정의한 것으로 틀린 것은?

① 자성체의 단위 체적당 자기모멘트

② 자성체의 단위 면적당 자화된 자하량

③ 자성체의 단위 면적당 자화선의 밀도

④ 자성체의 단위 면적당 자기력선의 밀도

**해설**

**자화의 세기**

$$J=\frac{M[\mathrm{Wb\cdot m}]}{v[\mathrm{m^3}]}=B-\mu_0H=\mu_0(\mu_s-1)H$$

$$=B\left(1-\frac{1}{\mu_s}\right)=xH[\mathrm{Wb/m^2}]$$

① 자화율 $x=\mu_0(\mu_s-1)$

② 비자화율 $x_m=\frac{x}{\mu_0}=\mu_s-1$

③ 비투자율 $\mu_s=\frac{x}{\mu_0}+1$

④ 강자성체에서 자화의 세기 $J$는 $D$보다 약간 작다

- 자회의 정의

  자화의 세기 $J=\frac{M}{v}=\frac{Ml}{Sl}=\frac{M}{S}[\mathrm{Wb/m^2}]$이므로 단위 체적당 자기 모멘트로 정의할 수 있으며 또한 단위 면적당 자화된 자하량(자화선의 밀도)라 할 수 있다.

## 18 두 전하 사이 거리의 세제곱에 비례하는 것은?

① 두 구전하 사이에 작용하는 힘

② 전기쌍극자에 의한 전계

③ 직선 전하에 의한 전계

④ 전하에 의한 전위

**해설**

**진공중의 정전계**

① 두 구 전하 사이에 작용하는 힘 : $F=\frac{Q_1Q_2}{4\pi\varepsilon_0 r^2}[\mathrm{N}]\propto\frac{1}{r^2}$

② 전기쌍극자에 의한 전계 : $E=\frac{M}{4\pi\varepsilon_0 r^3}\sqrt{1+3\cos^2\theta}[\mathrm{V/m}]\propto\frac{1}{r^3}$

③ 직선 전하에 의한 전계 : $E=\frac{\lambda}{2\pi\varepsilon_0 r}[\mathrm{V/m}]\propto\frac{1}{r}$

④ 전하에 의한 전위 : $E=\frac{Q}{4\pi\varepsilon_0 r^2}[\mathrm{N}]\propto\frac{1}{r^2}$

문제에서는 거리의 세제곱에 비례한다고 출제가 되었으므로 정답이 없음

[정답] 15 ② 16 ② 17 ④ 18 전항정답

**19** 정사각형 회로의 면적을 2배로, 흐르는 전류를 2배로 증가시키면 정사각형의 중심에서의 자계의 세기는 약 몇 [%] 가 되는가?

① 47 ② 115

③ 150 ④ 225

해설

**유한장 직선 전류에 의한 자계의 세기**

정사각형 중심의 자계의 세기 : $H=\frac{2\sqrt{2}I}{\pi l}$[AT/m]

여기서, $l$[m]는 한변의 길이, $I$[A] : 전류
전류를 2배 증가시키고 면적을 3배 증가 시킨다고 했으므로
면적을 이용 길이를 계산하면 $S=l^2$, $3=l^2$, $l=\sqrt{3}$ [m]이므로

$\frac{I}{l}=\frac{2}{\sqrt{3}}=1.154\times100[\%]=115[\%]$

**20** 그림과 같이 권수가 1이고 반지름 $a$[m]인 원형 코일에 전류 $I$[A]가 흐르고 있다. 원형 코일 중심에서의 자계의 세기[AT/m]는?

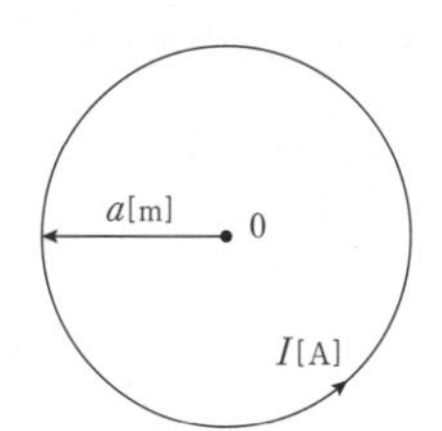


① $\frac{I}{a}$ ② $\frac{I}{2a}$

③ $\frac{I}{3a}$ ④ $\frac{I}{4a}$

해설

**전류에 의한 자계 - 2**

원형코일 중심의 자계 $H=\frac{NI}{2a}$[AT/m]에서

권수가 $N=1$이므로 $H=\frac{I}{2a}$[AT/m]

여기서, $a$[m]는 반지름이다.

시행일 **2020년 2회**

**01** 표의 ㉠, ㉡과 같은 단위로 옳게 나열한 것은?

| ㉠ | Ω·s |
|---|---|
| ㉡ | s/Ω |

① ㉠ H, ㉡ F

② ㉠ H/m, ㉡ F/m

③ ㉠ F, ㉡ H

④ ㉠ F/m, ㉡ H/m

해설

① 자기 인덕턴스

$L=\frac{N\phi}{I}=\frac{et}{I}=R\cdot t$[Wb/A=Vsec/A=Ω·sec=J/A$^2$=H]

② 정전용량

$C=\frac{Q}{V}=\frac{It}{IR}=\frac{t}{R}$[C/V=sec/Ω=F]

**02** 진공 중에 판간의 거리가 $d$[m]인 무한 평판 도체 간의 전위차[V]는? (단, 각 평판 도체에서는 면전하밀도 $+\sigma$[C/m$^2$], $-\sigma$[C/m$^2$]가 각각 분포되어 있다.)

① $\sigma d$ ② $\frac{\sigma}{\varepsilon_o}$

③ $\frac{\varepsilon_o\sigma}{d}$ ④ $\frac{\sigma d}{\varepsilon_o}$

해설

**도체 모양에 따른 전위 공식**

① 평행판 사이 전계 $E=\frac{\sigma}{\varepsilon_o}$[V/m]

② 평행판 사이 전위 $V=Ed=\frac{\sigma}{\varepsilon_o}\cdot d$[V]

[정답] 19 ② 20 ② 2020년 2회 01 ① 02 ④

**03** 어떤 자성체 내에서의 자계의 세기가 800[AT/m]이고 자속밀도가 0.05[Wb/m²]일 때 이 자성체의 투자율은 몇 [H/m]인가?

① $3.25\times10^{-5}$　② $4.25\times10^{-5}$
③ $5.25\times10^{-5}$　④ $6.25\times10^{-5}$

해설

**자화의 세기**

자속밀도 $B=\frac{\phi}{S}=\mu_o\mu_s H[\text{Wb/m}^2]$을 이용하여

자계 $\mu=\frac{B}{H}=\frac{0.05}{800}=6.25\times10^{-5}[\text{AT/m}]$

**04** 자기 인덕턴스의 성질을 설명한 것으로 옳은 것은?

① 경우에 따라 정(+) 또는 부(−)의 값을 갖는다.
② 항상 정(+)의 값을 갖는다.
③ 항상 부(−)의 값을 갖는다.
④ 항상 0이다.

해설

**자기 인덕턴스**
자기회로에 전류가 흐를 때 발생되는 자속 쇄교수를 인덕턴스 또는 자기유도계수라 한다.
성질은 항상 정(+)이다.

**05** 자기회로에 대한 설명으로 틀린 것은? (단, $S$는 자기회로의 단면적이다.)

① 자기저항의 단위는 H(Henry)의 역수이다.
② 자기저항의 역수를 퍼미언스(permeance)라고 한다.
③ 자기저항=(자기회로의 단면을 통과하는 자속)/(자기회로의 총 기자력)이다.
④ 자속밀도 $B$가 모든 단면에 걸쳐 균일하다면 자기회로의 자속은 $BS$이다.

해설

**자기회로**

자기저항 $R_m=\frac{1}{P_m}=\frac{F}{\phi_m}=\frac{l}{\mu\cdot S}=\frac{l}{\mu_0\mu_s S}[\text{AT/Wb}]$

퍼미언스 $P_m=\frac{1}{R_m}[\text{Wb/AT}=\text{Wb/A}=\text{H}]$

인덕턴스 $L=\frac{N\phi}{I}=\frac{et}{I}$
$=R\cdot t[\text{Wb/A}=\text{Vsec/A}=\Omega\cdot\text{sec}=\text{J/A}^2=\text{H}]$

**06** 비유전율이 2.8인 유전체에서의 전속밀도가 $D=3.0\times0^{-7}$[C/m²]일 때 분극의 세기 $P$는 약 몇 [C/m²]인가?

① $1.93\times10^{-7}$　② $2.93\times10^{-7}$
③ $3.5\times10^{-7}$　④ $4.07\times10^{-7}$

해설

**분극현상**
$P=D-\varepsilon_0 E=\varepsilon_0(\varepsilon_s-1)E=xE=D(1-\frac{1}{\varepsilon_s})=\frac{M}{v}[\text{C/m}^2]$
① 분극률 $x=\varepsilon_0(\varepsilon_s-1)$
② 비분극률 $x_m=\frac{x}{\varepsilon_o}=\varepsilon_s-1$
③ 비유전률 $\varepsilon_s=\frac{x}{\varepsilon_0}+1$

$P=D(1-\frac{1}{\varepsilon_s})=3\times10^{-7}(1-\frac{1}{2.8})=1.928\times10^{-7}$

$\fallingdotseq 1.93\times10^{-7}[\text{C/m}^2]$

**07** 전계의 세기가 $5\times10^2$[V/m]인 전계 중에 $8\times10^{-8}$[C]의 전하가 놓일 때 전하가 받는 힘은 몇 [N]인가?

① $4\times10^{-2}$　② $4\times10^{-3}$
③ $4\times10^{-4}$　④ $4\times10^{-5}$

해설

**전계의 세기**
전계내 전하를 놓았을 때 작용하는 힘 $F=QE[\text{N}]$이므로
$F=8\times10^{-8}\times5\times10^2=4\times10^{-5}[\text{N}]$

[정답] 03 ④　04 ②　05 ③　06 ①　07 ④

**08** 지름 2[mm]의 동선에 $\pi$[A]의 전류가 균일하게 흐를 때 전류밀도는 몇 [A/m²]인가?

① $10^3$ ② $10^4$
③ $10^5$ ④ $10^6$

해설

**전류의 종류**

단위 면적당 전류 $i=i_c=J=\frac{I_c}{S}=kE=\frac{E}{\rho}=nev=Qv[\mathrm{A/m^2}]$

$$i=i_c=J=\frac{I_c}{S}=\frac{I_c}{\frac{\pi D^2}{4}}=\frac{4I_c}{\pi D^2}=\frac{4\times\pi}{\pi\times(2\times10^{-3})^2}=10^6[\mathrm{A/m^2}]$$

여기서, $I$[A] : 전류, $S=\pi r^2=\frac{\pi D^2}{4}[\mathrm{m^2}]$ : 면적,
$r$[m] : 반지름, $D$[m] : 지름, $k$[℧/m] : 도전율,
$E$[V/m] : 전계의 세기, $n$[개/m³] : 단위체적당 전자 개수,
$v$[m/sec] : 전자 이동속도, $Q$[C/m³] : 단위체적당 전하량

**09** 반지름이 $a$[m]인 도체구에 전하 $q$[C]을 주었을 때, 구 중심에서 $r$[m] 떨어진 구 외부($r>a$)의 한 점에서의 전속밀도 $D$[C/m²]는?

① $\frac{Q}{4\pi a^2}$ ② $\frac{Q}{4\pi r^2}$
③ $\frac{Q}{4\pi\varepsilon a^2}$ ④ $\frac{Q}{4\pi\varepsilon r^2}$

해설

**전속밀도**

면적당 전속을 말한다.

$$D=\frac{\psi}{S}=\frac{Q}{S}=\frac{Q}{4\pi r^2}=\varepsilon_o E=\rho_s=\sigma[\mathrm{C/m^2}]$$

여기서, $r$[m] : 도체의 반지름 또는 도체에서 떨어진 거리,
$S=4\pi r^2[\mathrm{m^2}]$ : 구의 면적

**10** 2[Wb/m²] 인 평등 자계 속에 길이가 30[cm]인 도선이 자계와 직각방향으로 놓여 있다. 이도선이 자계와 30°의 방향으로 30[m/s]의 속도로 이동 할 때, 도체 양단에 유기되는 기전력[V]의 크기는?

① 3 ② 9
③ 30 ④ 90

해설

**전자유도법칙(현상)**

플레밍의 오른손 법칙 이용 $e=Blv\sin\theta=(\vec{v}\times\vec{B})l=\frac{F}{I}v[\mathrm{V}]$

$B[\mathrm{Wb/m^2}]$ : 자속밀도, $l$[m] : 도체의 길이,
$v$[m/s] : 이동속도, $F$[N] : 전자력, $I$[A] : 전류
$e=30\times2\times30\times10^{-2}\times\sin30°=9[\mathrm{V}]$

**11** 공기 중에 있는 무한 직선 도체에 전류 $I$[A]가 흐르고 있을 때 도체에서 $r$[m] 떨어진 점에서의 자속밀도는 몇 [Wb/m²]인가?

① $\frac{I}{2\pi r}$ ② $\frac{2\mu_0 I}{\pi r}$
③ $\frac{\mu_0 I}{r}$ ④ $\frac{\mu_0 I}{2\pi r}$

해설

**전류에 의한 자계 - 1**

자속밀도 $B=\mu H[\mathrm{Wb/m^2}]$이며

무한장 직선 도체의 자계 $H=\frac{I}{2\pi r}$[AT/m]이므로

이를 대입하면 $B=\frac{\mu_0 I}{2\pi r}[\mathrm{Wb/m^2}]$

여기서, $r$[m] : 도선에서 떨어진 거리, $I$[A] : 전류,
$\mu_0$[H/m] : 공기(진공)중 투자율

**12** 무한 평면 도체로부터 $d$[m]인 곳에 점전하 $Q$[C]가 있을 때 도체 표면상에 최대로 유도되는 전하밀도는 몇 [C/m²]인가?

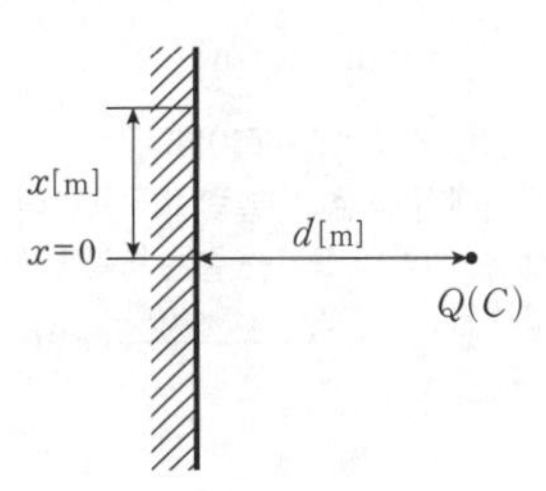


[정답] 08 ④ 09 ② 10 ② 11 ④ 12 ①

① $-\dfrac{Q}{2\pi d^2}$ ② $-\dfrac{Q}{2\pi\varepsilon_0 d^2}$

③ $-\dfrac{Q}{4\pi d^2}$ ④ $-\dfrac{Q}{4\pi\varepsilon_0 d^2}$

해설

**접지무한평면과 점전하**

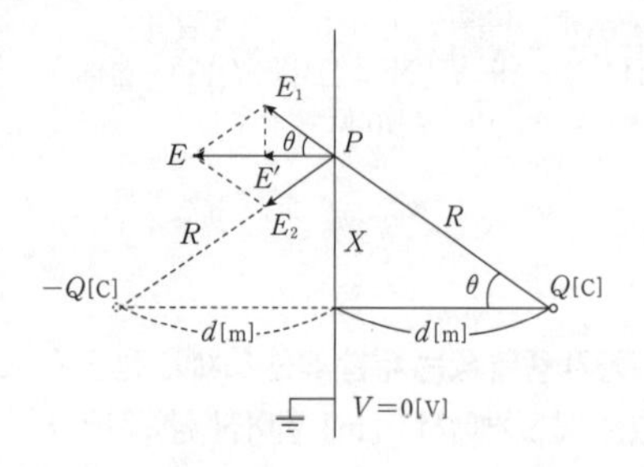


① 영상전하에 의한 전계의 세기 : $E=-\dfrac{Q}{2\pi\varepsilon_0(d^2+x^2)^{\frac{3}{2}}}$[V/m]

② 전계 최대값은 $x=0$인 지점 : $E=-\dfrac{Q}{2\pi\varepsilon_0 d^2}$[V/m]

③ 최대 전하 밀도 (최대 전속 밀도)

$\sigma_{max}=D_{max}=\varepsilon_0 E=-\dfrac{Q}{2\pi d^2}$[C/m²]

## 13 선간전압이 66000[V]인 2개의 평행 왕복 도선에 10[kA]의 전류가 흐르고 있을 때 도선 1[m]마다 작용하는 힘의 크기는 몇 [N/m]인가? (단, 도선 간의 간격은 1[m]이다.)

① 1 ② 10

③ 20 ④ 200

해설

**전자력**

평행 두 도선 사이에 작용하는 힘

① 단위 길이당 작용하는 힘

$F=\dfrac{\mu_o I_1 I_2}{2\pi d}=\dfrac{2I_1 I_2}{d}\times 10^{-7}$[N/m]

② 전류의 방향이 같은 경우 : 흡인력이 작용한다.
전류의 방향이 반대인 경우 : 반발력이 작용한다.

③ 두 도선 간 흐르는 전류의 크기는 같은 왕복 도선이므로

$F=\dfrac{\mu_o I^2}{2\pi d}=\dfrac{2I^2}{d}\times 10^{-7}=\dfrac{2\times(10\times 10^3)^2}{1}\times 10^{-7}=20$[N/m]

## 14 무손실 유전체에서 평면 전자파의 전계 $E$와 자계 $H$ 사이 관계식으로 옳은 것은?

① $H=\sqrt{\dfrac{\varepsilon}{\mu}}E$ ② $H=\sqrt{\dfrac{\mu}{\varepsilon}}E$

③ $H=\dfrac{\varepsilon}{\mu}E$ ④ $H=\dfrac{\mu}{\varepsilon}E$

해설

**전자파**

전계와 자계의 관계

$\sqrt{\varepsilon}E=\sqrt{\mu}H$

$H=\sqrt{\dfrac{\varepsilon}{\mu}}E$[A/m]

## 15 대전 도체 표면의 전하밀도는 도체 표면의 모양에 따라 어떻게 되는가?

① 곡률이 작으면 작아진다.

② 곡률 반지름이 크면 커진다.

③ 평면일 때 가장 크다.

④ 곡률 반지름이 작으면 작다.

해설

**전기력선의 성질**

전하 밀도는 곡률이 큰 곳 또는 곡률 반경이 작은 곳에 밀도를 이룬다. 즉 곡률이 커지면 전하밀도가 커지고 곡률이 작아지면 전하밀도가 작아지며 곡률반경이 커지면 전하밀도가 작아지며 곡률반경이 작아지면 전하밀도가 커진다.

## 16 1[Ah]의 전기량은 몇 [C]인가?

① $\dfrac{1}{3600}$ ② 1

③ 60 ④ 3600

해설

**전류의 종류**

전기량 $Q=It=ne$[C]

여기서, $n$ : 전자의 개수, $t$[sec] : 시간,

$e=-1.602\times 10^{-19}$[C] : 전자의 1개의 전하량, $I$[A] : 전류

$Q=It=$[A·sec=C] 이므로

$Q=1$[A]$\times 1$[h]$=1$[A]$\times 60$[min]$\times 60$[sec]$=3600$[C]

[정답] 13③ 14① 15① 16④

## 17 강자성체가 아닌 것은?

① 철　② 구리
③ 니켈　④ 코발트

해설

**자성체**

보기 ①③④번은 강자성체이며 보기 ② 구리는 역(반)자성체이다.

## 18 맥스웰(Maxwell) 전자방정식의 물리적 의미 중 틀린 것은?

① 자계의 시간적 변화에 따라 전계의 회전이 발생한다.
② 전도전류와 변위전류는 자계를 발생시킨다.
③ 고립된 자극이 존재한다.
④ 전하에서 전속선이 발산한다.

해설

**맥스웰의 방정식**

1. 맥스웰의 제 1의 기본 방정식
 : $rot H = curl H = \nabla \times H = i_c + \frac{\partial D}{\partial t} = i_c + \varepsilon \frac{\partial E}{\partial t} [\mathrm{A/m^2}]$
 ① 암페어(앙페르)의 주회적분법칙에서 유도한 식이다.
 ② 전도 전류, 변위 전류는 자계를 형성한다.
 ③ 전류와 자계와의 관계를 나타내며 전류의 연속성을 표현한다.
2. 맥스웰의 제 2의 기본 방정식
 : $rot E = curl E = \nabla \times E = -\frac{\partial B}{\partial t} = -\mu \frac{\partial H}{\partial t} [\mathrm{V}]$
 ① 패러데이의 법칙에서 유도한 식이다.
 ② 자속 밀도의 시간적 변화는 전계를 회전 시키고 유기 기전력을 형성한다.
3. 정전계의 가우스의 미분형 : $div D = \nabla \cdot D = \rho [\mathrm{C/m^3}]$
 ① 임의의 폐곡면 내의 전하에서 전속선이 발산한다.
 ② 가우스 발산 정리에 의하여 유도된 식
 ③ 고립(독립)된 전하는 존재한다.
4. 정전계의 가우스의 미분형 : $div B = \nabla \cdot B = 0$
 ① 자속의 연속성을 나타낸 식이다.
 ② 고립(독립)된 자극(자하)는 없으며 N극과 S 극이 항상 공존한다.
5. 벡터 포텐셜 : $rot \vec{A} = \nabla \times \vec{A} = B [\mathrm{Wb/m^2}]$
 벡터 포텐셜($\vec{A}$)의 회전은 자속 밀도를 형성한다.

## 19 2[μF], 3[μF], 4[μF]의 커패시터를 직렬로 연결하고 양단에 가한 전압을 서서히 상승시킬 때의 현상으로 옳은 것은? (단, 유전체의 재질 및 두께는 같다고 한다.)

① 2[μF]의 커패시터가 제일 먼저 파괴된다.
② 3[μF]의 커패시터가 제일 먼저 파괴된다.
③ 4[μF]의 커패시터가 제일 먼저 파괴된다.
④ 3개 커패시터가 동시에 파괴된다.

해설

**합성 정전용량**

먼저 파괴되는 콘덴서
$Q = CV[\mathrm{C}]$으로 계산 시 전하량이 가장 작은 콘덴서 가 먼저 파괴된다.
문제에서 회로는 직렬 연결이고 전압을 주지 않았으므로 전압분배를 이용하면
$V_1 = \frac{Q}{C_1}, V_2 = \frac{Q}{C_2}, V_3 = \frac{Q}{C_3}$, 비례 식을 이용
$V_1 : V_2 : V_3 = \frac{1}{2} : \frac{1}{3} : \frac{1}{4}$ 이므로 콘덴서의 정전용량에 반비례 관계가 성립하므로 최소 용량의 것이 최대 전압을 분담한다.

## 20 패러데이관의 밀도와 전속밀도는 어떠한 관계인가?

① 동일하다.
② 패러데이관의 밀도가 항상 높다.
③ 전속밀도가 항상 높다.
④ 항상 틀리다.

해설

유전체
**패러데이관**

전속밀도의 역선인 전속선으로 역선에 의해 생긴 역관이라고도 한다.
① 패러데이관내의 전속수는 일정하다.
② 패러데이관 양단에는 정, 부 단위 전하가 있다.
③ 진 전하가 없는 점에는 패러데이관은 연속이다.
④ 패러데이관의 밀도는 전속밀도와 같다.
⑤ 패러데이관에서 단위 전위차시 에너지는 1/2[J]이다.

**[정답]** 17 ② 18 ③ 19 ① 20 ①

## 시행일 2020년 3회

**01** **자기인덕턴스와 상호인덕턴스와의 관계에서 결합 계수 $k$에 영향을 주지 않는 것은?**

① 코일의 형상　② 코일의 크기
③ 코일의 재질　④ 코일의 상대위치

해설

**자기 인덕턴스**

자기인덕턴스 $L$[H]는 회로의 크기, 형상, 주위 매질의 투자율 등에 의해 정해지는 상수이며 상호 인덕턴스 $M$[H]은 두 코일에서 전류와 쇄교 자속 간에 비례상수를 말하므로 회로의 권수, 형상 주위 매질의 투자율 및 두 회로의 상대 위치에 의해 정해지는 상수이다.

**02** **대지면에서 높이 $h$[m] 로 가선된 대단히 긴 평행도선의 선전하(선전하밀도 $\lambda$[C/m])가 지면으로부터 받는 힘 [N/m]은?**

① $h$에 비례　② $h^2$에 비례
③ $h$에 반비례　④ $h^2$에 반비례

해설

**접지무한평면과 선 전하**

접지무한평판과 선 전하 사이에 작용하는 힘은 다음과 같다.
선 전하 $\rho$[C/m]$=\lambda$[C/m]

- 총 힘 $F=QE=-\lambda\cdot l\dfrac{\lambda}{4\pi\varepsilon_0 h}=-\dfrac{\lambda^2 l}{4\pi\varepsilon_0 h}$[N]
- 길이 당 힘은 $f=-\dfrac{\lambda^2}{4\pi\varepsilon_0 h}$[N/m]$\propto\dfrac{1}{h}$

**03** **단위 구면을 통해 나오는 전기력선의 수[개]는? (단, 구 내부의 전하량은 $Q$[C]이다.)**

① 1　② $4\pi$
③ $\varepsilon_o$　④ $\dfrac{Q}{\varepsilon_o}$

해설

**전기력선의 성질**

$Q$[C]에서 발생하는 전기력선의 총수는 $\dfrac{Q}{\varepsilon_o}$개다.

**04** **여러 가지 도체의 전하 분포에 있어 각 도체의 전하를 $n$배 하면 중첩의 원리가 성립하기 위해서는 그 전위는 어떻게 되는가?**

① $\dfrac{1}{2}n$배가 된다.　② $n$배가 된다.
③ $2n$배가 된다.　④ $n^2$배가 된다.

해설

**전위 및 전위차**

$nV=\dfrac{nQ}{4\pi\varepsilon_0 r}$[V] 전하가 $n$배이면 전위도 $n$배가 된다.

**05** **도체계에서 각 도체의 전위를 $V_1$, $V_2$, ⋯⋯으로 하기 위한 각 도체의 유도계수와 용량 계수에 대한 설명으로 옳은 것은?**

① $q_{11}$, $q_{31}$, $q_{41}$ 등을 유도계수라 한다.
② $q_{21}$, $q_{31}$, $q_{41}$ 등을 용량계수라 한다.
③ 일반적으로 유도계수는 0보다 작거나 같다.
④ 용량계수와 유도계수의 단위는 모두 [V/C]이다.

해설

**전위계수와 용량계수 및 유도계수**

유도 계수 및 용량 계수의 성질($q_1=q_r$, $q_2=q_s$)

- $q_{11}>0$, $q_{12}=q_{21}\leqq 0$, $q_{11}\geqq -q_{12}$, $q_{11}=-q_{12}$
  (2 도체는 1 도체를 포함한다.)
- $q=C$[F]$=\dfrac{Q}{V}$[C/V]

**06** **콘덴서의 내압(耐壓) 및 정전용량이 각각 1000[V]−2[$\mu$F], 700[V]−3[$\mu$F], 600[V]−4[$\mu$F], 300[V]−8[$\mu$F]이다. 이 콘덴서를 직렬로 연결할 때 양단에 인가되는 전압을 상승시키면 제일 먼저 절연이 파괴되는 콘덴서는?**

① 1000[V]−2[$\mu$F]　② 700[V]−3[$\mu$F]
③ 600[V]−4[$\mu$F]　④ 300[V]−8[$\mu$F]

[정답] 2020년 3회 01 ② 02 ③ 03 ④ 04 ② 05 ③ 06 ①

해설

**합성 정전용량**

정전용량 $C_1=2[\mu F]$, $C_2=3[\mu F]$, $C_3=4[\mu F]$, $C_4=8[\mu F]$의 내압이 $V_1=1000[V]$, $V_2=700[V]$, $V_3=600[V]$, $V_4=300[V]$이고 각 콘덴서의 전하량은
$Q_1=C_1V_1=2\times10^{-3}$, $Q_2=C_2V_2=2.1\times10^{-3}$,
$Q_3=C_3V_3=2.4\times10^{-3}$, $Q_4=C_4V_4=2.4\times10^{-3}$이므로
전하량이 가장 작은 $C_1$인 $2[\mu F]$이 가장 먼저 파괴

## 07 두 유전체의 경계면에서 정전계가 만족하는 것은?

① 전계의 법선 성분이 같다.
② 분극의 세기의 접선 성분이 같다.
③ 전계의 접선 성분이 같다.
④ 전속 밀도의 접선 성분이 같다.

해설

**복합유전체의 경계면 조건**

① 법선(수직)에는 전속밀도 $D_{n1}=D_{n2}$만 존재
ⓐ $D_{n1}=D_{n2}$ : 연속적이다
ⓑ $E_{n1}\neq E_{n2}$ : 불연속적이다
여기서 $n$은 법선(수직)성분을 의미한다.

$$D_1\cos\theta_1=D_2\cos\theta_2$$
$$\varepsilon_1E_1\cos\theta_1=\varepsilon_2E_2\cos\theta_2$$

② 접선(수평)에는 전계 $E_{t1}=E_{t2}$만 존재
ⓐ $E_{t1}=E_{t2}$ : 연속적이다
ⓑ $D_{t1}\neq D_{t2}$ : 불연속적이다
여기서 $t$는 접선(수평)성분을 의미 한다.

$$E_1\sin\theta_1=E_2\sin\theta_2$$

③ 굴절각

$$\varepsilon_1\tan\theta_2=\varepsilon_2\tan\theta_1$$

## 08 점전하 $Q$[C]에 의한 무한 평면 도체의 영상 전하는?

① $-Q$[C] 보다 작다.　② $Q$[C] 보다 크다.
③ $-Q$[C]과 같다.　④ $Q$[C]과 같다.

해설

**접지무한평면과 점전하**

무한평면 도체에 의한 영상 전하는 크기는 같고 부호는 반대이므로 $Q'=-Q[C]$이 된다.

## 09 $div\,i=0$에 대한 설명이 아닌 것은?

① 도체내에 흐르는 전류는 연속적이다.
② 도체내에 흐르는 전류는 일정하다.
③ 단위 시간당 전하의 변화는 없다.
④ 도체내에 전류가 흐르지 않는다.

해설

**전류의 종류**

키르히호프의 전류 법칙은 임의의 도체 단면에 유입하는 전류의 총합은 유출하는 전류의 총합과 같다.

- 적분형 $\sum I=\int_s i\cdot dS=\int_v div\,i\,dv=0$
- 미분형 $div\,i=0$
: 전류의 연속성을 나타낸다.

단위 체적당의 전류의 발산은 없으며 단위 시간당 전하가 일정하며 전류가 일정하다는 의미이다.

## 10 전계의 세기가 $E=300$[V/m]일 때 면전하 밀도는 몇 [C/m²]인가?

① $1.65\times10^{-9}$　② $1.65\times\times10^{-12}$
③ $2.65\times10^{-9}$　④ $2.65\times10^{-10}$

해설

**전속 및 전속 밀도**

$\rho_s=D=\varepsilon_oE=8.855\times10^{-12}\times300=2.65\times10^{-9}[C/m^2]$

## 11 전류와 자계 사이의 힘의 효과를 이용한 것으로 자유로이 구부릴 수 있는 도선에 대전류를 통하면 도선 상호간에 반발력에 의하여 도선이 원을 형성하는데 이와 같은 현상은?

① 스트레치 효과　② 핀치 효과
③ 홀효과　④ 스킨효과

해설

**전자력**

스트레치 효과
잘 구부러지는 가요성의 코일을 사각형으로 하고 큰 전류를 흘려주면 도선 간에 반발력이 작용하여 원형을 이루는 현상

[정답] 07 ③ 08 ③ 09 ④ 10 ③ 11 ①

**12** 무한장 직선에 전류 $I$[A]가 흐르고 있을 때 직선 도체로부터 $a$[m] 떨어진 점의 자계의 세기 바르게 나타낸 것은? (단, ⊗은 지면을 들어가는 방향, ⊙은 지면을 나오는 방향)

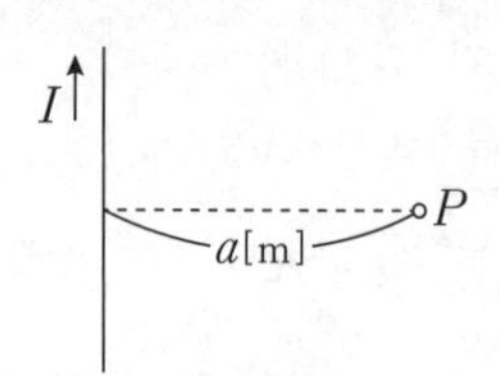


① $\frac{I}{2a}$ ② $\frac{I}{2\pi a}$

③ $\frac{I}{4\pi a}$ ④ $\frac{I}{4\pi a^2}$

**해설**

**전류에 의한 자계 - 1**

무한장 직선전류에 의한 자계의 세기 $H=\frac{I}{2\pi a}$[AT/m]이고 그림상에 자장의 방향은 암페어의 오른나사의 법칙을 적용하면 들어가는(⊗) 방향이 된다.

**13** 반지름 $a$[m]인 원형 전류가 흐르고 있을 때 원형 전류의 중심 0에서 중심축상 $x$[m]인 점의 자계[AT/m]를 나타낸 식은?

① $\frac{I}{2a}\sin^3\phi$ ② $\frac{I}{2a}\sin^2\phi$

③ $\frac{I}{2a}\cos^3\phi$ ④ $\frac{I}{2a}\cos^2\phi$

**해설**

**전류에 의한 자계 - 2**

원형코일 중심축상의 자계의 세기 반지름 $a$[m]이고 중심축상 거리가 $x$[m]인 원형코일 중심축상의 자계의 세기는

$H=\frac{a^2 I}{2(a^2+x^2)^{\frac{3}{2}}}=\frac{1}{2a}\frac{a^2}{\left[(a^2+x^2)^{\frac{1}{2}}\right]^3}=\frac{I}{2a}\sin^2\phi$[AT/m]이다.

**14** 어떤 막대꼴 철심이 있다. 단면적이 0.5[m²], 길이가 0.8[m], 비투자율이 20이다. 이 철심의 자기 저항 [AT/m]은?

① $6.37\times10^4$ ② $9.7\times10^5$

③ $3.6\times10^4$ ④ $4.45\times10^4$

**해설**

**자기회로**

자기저항 $R_m=\frac{F}{\phi}=\frac{l}{\mu S}=\frac{l}{\mu_0\mu_s S}=\frac{0.8}{4\pi\times10^{-7}\times20\times0.5}$

$=6.38\times10^4$[AT/Wb]

**15** 단면적 15[cm²]의 자석 근처에 같은 단면적을 가진 철편을 놓을 때 그 곳을 통하는 자속이 $3\times10^{-4}$[Wb]이면 철편에 작용하는 흡인력은 약 몇 [N]인가?

① 12.2 ② 23.9

③ 36.6 ④ 48.8

**해설**

**자계내에 축적되는 단위 체적당 에너지 및 자석의 흡인력**

$F=f_m\cdot S=\frac{B^2}{2\mu_o}\cdot S=\frac{\left(\frac{\phi}{S}\right)^2}{2\mu_o}\cdot S=\frac{\phi^2}{2\mu_o S}$

$=\frac{(3\times10^{-4})^2}{2\times4\pi\times10^{-7}\times15\times10^{-4}}=23.88$[N]

**16** 환상의 철심에 일정한 권선이 감겨진 권수 $N$회, 단면 $S$[m²], 평균 자로의 길이 $l$[m]인 환상 솔레노이드에 전류 $i$[A]를 흘렸을 때 이 환상 솔레노이드의 자기 인덕턴스를 옳게 표현한 식은?

① $\frac{\mu^2 SN}{l}$ ② $\frac{\mu S^2 N}{l}$

③ $\frac{\mu SN}{l}$ ④ $\frac{\mu SN^2}{l}$

**해설**

**자기 인덕턴스**

환상솔레노이드의 인덕턴스 $L=\frac{\mu SN^2}{l}=\frac{N^2}{R_m}$[H]$\propto\mu\propto N^2$

여기서, $\mu=\mu_0\mu_s$[H/m] : 투자율, $R_m=\frac{l}{\mu S}$[AT/m] : 자기저항

$S=\pi a^2=\frac{\pi D^2}{4}$[m²] : 철심의 단면적, $a$[m] : 철심 단면적 반지름, $D$[m] : 철심 단면적 지름, $l=2\pi r=\pi d$[m] : 자로(철심)의 길이 $r$[m] : 평균 반지름, $d$[m] : 평균 지름

[정답] 12② 13① 14① 15② 16④

## 17 솔레노이드의 자기인덕턴스는 권수를 $N$이라 하면 어떻게 되는가?

① $N$에 비례 ② $\sqrt{N}$ 에 비례

③ $N^2$에 비례 ④ $\frac{1}{N^2}$ 에 비례

해설

**자기 인덕턴스**

환상솔레노이드의 인덕턴스 $L=\frac{\mu SN^2}{l}=\frac{N^2}{R_m}[\text{H}]\propto\mu\propto N^2$

여기서, $\mu=\mu_0\mu_s[\text{H/m}]$ : 투자율, $R_m=\frac{l}{\mu S}[\text{AT/m}]$ : 자기저항

$S=\pi a^2=\frac{\pi D^2}{4}[\text{m}^2]$ : 철심의 단면적, $a[\text{m}]$ : 철심 단면적 반지름, $D[\text{m}]$ : 철심 단면적 지름, $l=2\pi r=\pi d[\text{m}]$ : 자로(철심)의 길이 $r[\text{m}]$ : 평균 반지름, $d[\text{m}]$ : 평균 지름

## 18 $\varepsilon_s=9$, $\mu_s=1$인 매질의 전자파의 고유임피던스(intrinsic impedance)는 얼마인가?

① 41.9[Ω] ② 126[Ω]

③ 300[Ω] ④ 13.9[Ω]

해설

**전자파**

파동 고유임피던스

$$Z=\sqrt{\frac{\mu}{\varepsilon}}=\sqrt{\frac{\mu_o}{\varepsilon_o}}\sqrt{\frac{\mu_s}{\varepsilon_s}}=377\sqrt{\frac{\mu_s}{\varepsilon_s}}=377\sqrt{\frac{1}{9}}=125.666\fallingdotseq 126[\Omega]$$

이 된다.

## 19 변위전류 또는 변위전류밀도에 대한 설명 중 옳은 것은?

① 자유공간에서 변위전류가 만드는 것은 전계이다.

② 변위전류밀도는 전속밀도의 시간적 변화율이다.

③ 변위전류는 주파수와 관계가 없다.

④ 시간적으로 변화하지 않는 계에서도 변위전류는 흐른다.

해설

**변위전류**

변위전류 및 변위 전류 밀도

전속밀도의 시간적 변화율로서 유전체를 통해 흐르는 가상의 전류를 변위전류라 한다.

① 변위 전류 : $I_D=\frac{dQ}{dt}=\frac{dS\sigma}{dt}=\frac{\partial D}{\partial t}S[\text{A}]$

② 변위 전류 밀도

전속밀도의 시간적 변화는 변위 전류를 발생하고 그리고 변위전류는 자계를 발생 시킨다.

$$i_D=i_d=\frac{\partial D}{\partial t}=\varepsilon\frac{\partial E}{\partial t}=\frac{\varepsilon}{d}\frac{\partial V}{\partial t}[\text{A/m}^2]$$

여기서, $D=\varepsilon E[\text{C/m}^2]$ : 전속밀도, $E=\frac{V}{d}[\text{V/m}]$ : 전계, $V=Ed[\text{V}]$ : 전위

③ 전계 $E=E_m\sin\omega t[\text{V/m}]$일 때 변위 전류밀도

$$i_D=\varepsilon\frac{\partial}{\partial t}E_m\sin\omega t=\omega\varepsilon E_m\cos\omega t=\omega\varepsilon E_m\sin(\omega t+90^\circ)$$
$$=j\omega\varepsilon E_m\sin\omega t=j\omega\varepsilon E[\text{A/m}^2]$$

## 20 도체 2를 $Q$로 대전된 도체 1에 접속하면 도체 2가 얻는 전하를 전위계수로 표시하면 얼마나 되는가? (단, $P_{11}$, $P_{12}$, $P_{21}$, $P_{22}$는 전위계수이다.)

① $\frac{P_{11}-P_{12}}{P_{11}-2P_{12}+P_{22}}Q$ ② $-\frac{P_{11}-P_{12}}{P_{11}-2P_{12}+P_{22}}Q$

③ $\frac{P_{11}-P_{12}}{P_{11}+2P_{12}+P_{22}}Q$ ④ $-\frac{P_{11}-P_{12}}{P_{11}+2P_{12}+P_{22}}Q$

해설

**전위계수와 용량계수 및 유도계수**

$V_1=P_{11}Q_1+P_{12}Q_2$, $V_2=P_{21}Q_1+P_{22}Q_2$에서 접속 후에는 공통 전위를 이룬다.

이때 $V_1=V_2$, 접속 후 도체 1에 남아 있는 전하 $Q_1$은 $Q_1=Q-Q_2$로 감소하므로 이를 이용하여 정리하면

$V_1=P_{11}(Q-Q_2)+P_{12}Q_2=V_2=P_{21}(Q-Q_2)+P_{22}Q_2$

$P_{11}Q-P_{11}Q_2+P_{12}Q_2=P_{21}Q-P_{21}Q_2+P_{22}Q_2(P_{12}=P_{21})$

$(P_{11}-P_{12})Q=(P_{11}-P_{12}-P_{21}-P_{22})Q_2$

$Q_2=\frac{P_{11}-P_{12}}{P_{11}-2P_{12}+P_{22}}Q[\text{C}]$

[정답] 17 ③ 18 ② 19 ② 20 ①

**시행일** **2021년 1회**

**01** **두 개의 똑같은 작은 도체구를 접촉하여 대전 시킨 후 3[m]거리에 떼어 놓았더니 작은 도체구는 서로 $4\times10^{-3}$[N]의 힘으로 반발했다. 각 전하는 몇 [C]인가?**

① $3\times10^{-8}$　② $2\times10^{-6}$
③ $4\times10^{-8}$　④ $2\times10^{-2}$

**해설**

두 개의 똑같은 도체구를 접촉 하였으므로

두 전하의 크기는 $Q_1Q_2$는 같으므로 $F=9\times10^9\dfrac{Q^2}{r^2}$[N]이며

$Q=\sqrt{\dfrac{Fr^2}{9\times10^9}}=\sqrt{\dfrac{4\times10^{-3}\times3^2}{9\times10^9}}=2\times10^{-6}$[C]이다.

**02** **한 변의 길이가 2[m]가 되는 정3각형 3정점 $A$, $B$, $C$에 $10^{-4}$[C]의 점전하가 있다. 점 $B$에 작용하는 힘 [N]은 다음 중 어느 것인가?**

① 29　② 39
③ 45　④ 49

**해설**

1변의 길이 $r=2$[m], 정삼각형 두 정점의 전하량 $10^{-4}$[C]

두 전하 사이에 작용하는 힘은 $F=9\times10^9\times\dfrac{Q_1Q_2}{r^2}$[N]

$F_1=9\times10^9\times\dfrac{10^{-4}\times10^{-4}}{2^2}=22.5$[N]

$F_2=9\times10^9\times\dfrac{10^{-4}\times10^{-4}}{2^2}=22.5$[N]

평행사변형의 원리를 이용하면

$\sqrt{F_1^2+F_2^2+2F_1F_2\cos\theta}$ 이고 $F_1=F_2$

$=\sqrt{F_1^2+F_2^2+2F_1F_1\cos60^\circ}=\sqrt{F_1^2+F_1^2+F_1^2}$

$=\sqrt{3F_1^2}=\sqrt{3}F_1=\sqrt{3}\times22.5=38.971$[N]

**03** **전계의 세기 1500[V/m]의 전장에 5[$\mu$C]의 전하를 놓으면 얼마의 힘[N]이 작용하는가?**

① $4\times10^{-3}$　② $5.5\times10^{-3}$
③ $6.5\times10^{-3}$　④ $7.5\times10^{-3}$

**해설**

전계 내에 전하 $Q$[C]를 놓았을 때 전하가 전계에 의하여 받는 힘

$F=QE=5\times10^{-6}\times1500=7.5\times10^{-3}$[N]

**04** **반지름 $r=1$[m]인 도체구의 표면 전하밀도가 $\dfrac{10^{-8}}{9\pi}$[C/m²]이 되도록 하는 도체구의 전위는 몇 [V]인가?**

① 10　② 20
③ 40　④ 80

**해설**

**도체 모양에 따른 전위 공식**

전위 $V=\dfrac{Q}{4\pi\varepsilon_0 r}$[V]

문제에서 면전하 밀도를 주었으므로 $\sigma=\rho_s=\dfrac{Q}{S}$[C/m²],

여기서 $Q=\sigma S$[C] 구도체의 면적 $S=4\pi r^2$[m²] 대입 정리하면

$V=\dfrac{\sigma S}{4\pi\varepsilon_0 r}=\dfrac{\sigma 4\pi r^2}{4\pi\varepsilon_0 r}=\dfrac{\sigma}{\varepsilon_0}r$[V/m]이 되므로

$V=\dfrac{\dfrac{10^{-8}}{9\pi}}{8.855\times10^{-12}}\cdot1=40$[V]

여기서 $\sigma$[C/m²]면 전하밀도, $r=l=d$[m] : 반지름, 떨어진 거리

**05** **무한 평행판 평행 전극 사이의 전위차 $V$[V]는? (단, 평행판 전하 밀도 $\sigma$[C/m²], 판간 거리 $d$[m]라 한다.)**

① $\dfrac{\sigma}{\varepsilon_0}$　② $\dfrac{\sigma}{\varepsilon_0}d$
③ $\sigma d$　④ $\dfrac{\varepsilon_0\sigma}{d}$

**해설**

평행판의 전계의세기는 $E=\dfrac{\sigma}{\varepsilon_0}$[V/m]이고

전위 $V=Ed=\dfrac{\sigma}{\varepsilon_0}\cdot d$[V]이다.

여기서 $\sigma$[C/m²]면 전하밀도, $r=l=d$[m] : 거리, 길이, 간격

[정답] 2021년 1회 01 ② 02 ② 03 ④ 04 ③ 05 ②

**06** 그림과 같이 등전위면이 존재하는 경우 전계의 방향은?

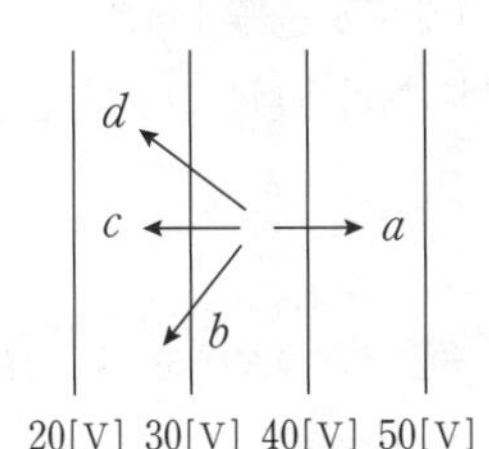


① $a$ ② $b$
③ $c$ ④ $d$

해설

전기력선(전계)은 전위가 높은 점에서 낮은 점으로 향한다.

**07** 다음 물질 중 비유전율이 가장 큰 물질은?

① 산화티탄 자기 ② 종이
③ 운모 ④ 변압기유

해설

각종 유전체의 비유전율

| 유전체 | 비유전율 $\varepsilon_s$ | 유전체 | 비유전율 $\varepsilon_s$ |
|---|---|---|---|
| 진공 | 1 | 운모 | 5.5 ~ 6.7 |
| 공기 | 1.00058 | 유리 | 3.5 ~ 10 |
| 종이 | 1.2 ~ 1.6 | 물(증류수) | 80 |
| 폴리에틸렌 | 2.3 | 산화티탄 | 100 |
| 변압기유 | 2.2 ~ 2.4 | 로셀염 | 100 ~ 1000 |
| 고무 | 2.0 ~ 3.5 | 티탄산바륨 자기 | 1000 ~ 3000 |

**08** 비유전율이 4이고 전계의 세기가 20[kV/m]인 유전체 내의 전속 밀도[$\mu$C/m$^2$]는?

① 0.708 ② 0.168
③ 6.28 ④ 2.83

해설

$E=20[\text{kV/m}]$, $\varepsilon_s=4$일 때
유전체내 전속밀도 $D=\varepsilon_o\varepsilon_s E[\text{C/m}^2]$이므로
주어진 수치를 대입하면 $D=8.855\times10^{-12}\times4\times20\times10^3\times10^6$
$=0.708[\mu\text{C/m}^2]$

**09** 평행판 콘덴서 $C_1$의 양극판 면적을 3배로 하고 간격을 1/2배로 할때 $C_2$라하면 정전 용량은 처음의 몇 배가 되는가?

① $\frac{3}{2}C_1$ ② $\frac{2}{3}C_1$
③ $\frac{1}{6}C_1$ ④ $6C_1$

해설

면적 $S$, 간격 $d$인 평행판 콘덴서의 정전 용량을 $C_1$이라 하면
$C=\frac{\varepsilon_0 S}{d}$
문제에서 면적 $S$를 3배하고 $d=\frac{1}{2}d[\text{V}]$이므로
구하는 정전 용량 $C_2=\varepsilon_0 3S/\frac{1}{2}d=\frac{6\varepsilon_0 S}{d}=6C_1$이므로 6배가 된다.

**10** 간격 $d$[m]인 무한히 넓은 평행판의 단위 면적당 정전 용량[F/m$^2$]은? (단, 매질은 공기라 한다.)

① $\frac{1}{4\pi\varepsilon_o d}$ ② $\frac{4\pi\varepsilon_o}{d}$
③ $\frac{\varepsilon_o}{d}$ ④ $\frac{\varepsilon_o}{d^2}$

해설

평행판사이의 정전용량 $C=\frac{\varepsilon_0 S}{d}[\text{F}]$이므로
단위면적당 정전용량 $C'=\frac{C}{S}=\frac{\varepsilon_0}{d}[\text{F/m}^2]$이 된다.
또한 면적당 $C=\frac{\varepsilon_0}{d}[\text{F/m}^2]$일때
평행판사이의 전위$V=Ed[\text{V}]$와 전계 $E=\frac{V}{d}[\text{V/m}]$
이를 대입 정리하면 $C==\frac{\varepsilon_0}{\frac{V}{E}}=\frac{\varepsilon_0 E}{V}[\text{F/m}^2]$

[정답] 06 ③ 07 ① 08 ① 09 ④ 10 ③

**11** **10[A]의 무한장 직선 전류로부터 10[cm] 떨어진 곳의 자계의 세기[AT/m]는?**

① 1.59　② 15
③ 15.9　④ 159

해설

무한장 직선전류에 의한 자계의 세기는

$H=\frac{I}{2\pi r}[AT/m] \propto \frac{1}{r}$ 을 이용

$H=\frac{I}{2\pi r}=\frac{10}{2\pi \times 10 \times 10^{-2}}=15.915[AT/m]$

**12** **비투자율 $\mu_s=500$인 환상 철심 내의 평균 자계의 세기가 $H=100[AT/m]$이다. 철심 중의 자화의 세기 $J[Wb/m^2]$는?**

① $62.7 \times 10^{-2}$　② $6.27 \times 10^{-2}$
③ $0.627 \times 10^{-2}$　④ $0.0627 \times 10^{-2}$

해설

**자화의 세기**

$J=\mu_0(\mu_s-1)H=4\pi \times 10^{-7}(500-1) \times 100$
$=0.0627=6.27 \times 10^{-2}[Wb/m^2]$

**13** **$\epsilon_s=9$, $\mu_s=1$인 매질의 전자파의 고유 임피던스(intrinsic impedance)는 얼마인가?**

① 12.6[Ω]　② 126[Ω]
③ 139[Ω]　④ 13.9[Ω]

해설

파동 고유임피던스

$Z=\sqrt{\frac{\mu}{\varepsilon}}=\sqrt{\frac{\mu_o}{\varepsilon_o}}\sqrt{\frac{\mu_s}{\varepsilon_s}}=377\sqrt{\frac{\mu_s}{\varepsilon_s}}=377\sqrt{\frac{1}{9}}=125.666 \fallingdotseq 126[\Omega]$

**14** **매초마다 $S$면을 통과하는 전자에너지를 $W=\int_S P \cdot ndS\,[W]$로 표시하는데 이 중 틀린 설명은?**

① 벡터 $P$를 포인팅 벡터라 한다.
② $n$이 내향일 때는 $S$ 면내에 공급되는 총 전력이다.
③ $n$이 외향일 때에는 $S$ 면에서 나오는 총 전력이 된다.
④ $P$의 방향은 전자계의 에너지 흐름의 진행방향과 다르다.

해설

**전자파**

포인팅벡터 $R=\frac{P}{S}=E \times H=EH\sin\theta=EH\sin 90^\circ$
$=EH[W/m^2]$

전자파의 진행방향은 $E \times H$의 외적 방향이 되므로
포인팅벡터 $P$의 방향과 전자계의 에너지 흐름의 진행방향은 같다.

**15** **자기인덕턴스가 각각 $L_1$, $L_2$인 두 코일을 서로 간섭이 없도록 병렬로 연결했을 때 그 합성 인덕턴스는?**

① $L_1L_2$　② $\frac{L_1+L_2}{L_1L_2}$
③ $L_1+L_2$　④ $\frac{L_1L_2}{L_1+L_2}$

해설

**합성인덕턴스**

자속이 간섭이 없는 경우 합성인덕턴스
(상호인덕턴스가 발생하지 않은 경우)
① 직렬연결 : $L=L_1+L_2[H]$
② 병렬연결 : $L=\frac{L_1L_2}{L_1+L_2}[H]$

**16** **반지름 $a[m]$인 원통 도체가 있다. 이 원통 도체의 길이가 $l[m]$일 때 내부 인덕턴스[H/m]는 얼마인가? (단, 원통 도체의 투자율은 $\mu[H/m]$이다.)**

① $\frac{\mu}{4\pi}$　② $\frac{\mu}{8\pi}$
③ $4\pi\mu$　④ $8\pi\mu$

해설

① 원주도체 내부의 자기인덕턴스

$L_i=\frac{\mu l}{8\pi}[H]$

[정답] 11 ③ 12 ② 13 ② 14 ④ 15 ④ 16 ②

② 원주도체 내부의 단위길이당 자기인덕턴스

$$L_i' = \frac{L_i}{l} = \frac{\mu}{8\pi}[\text{H/m}]$$

③ 원주도체 내부에 축적되는 에너지

$$W_i = \frac{1}{2}L_i I^2 = \frac{\mu l I^2}{16\pi}[\text{J}]$$

## 17 유전체 중의 전계의 세기를 $E$, 유전율을 $\varepsilon$이라 하면 전기변위는?

① $\varepsilon E$　② $\varepsilon E^2$

③ $\frac{\varepsilon}{E}$　④ $\frac{E}{\varepsilon}$

해설

**전속 및 전속 밀도**

전속밀도 유전체에 전계를 부여함으로써
유전체 내에서 발생하는 전하의 변위에 관계된 벡터양이므로
전기변위는 전속밀도 $D = \varepsilon E[\text{C/m}^2]$를 말한다.

## 18 변압기의 철심이 갖추어야 할 조건으로 틀린 것은?

① 투자율이 클 것
② 전기 저항이 작을 것
③ 성층 철심으로 할 것
④ 히스테리시스손 계수가 작을 것

해설

변압기의 철심에는 전류가 흐르면 안되므로 전기저항이 커야한다.

## 19 강자성체의 설명 중 맞는 것은?

① 기자력과 자속 사이에는 선형 특성을 갖고 있다.
② 와전류특성이 있어야 한다.
③ 자화된 강자성체에 온도를 증가시키면 자성이 약해진다.
④ 자화 시 잔류자기밀도가 크고 보자력은 작아야 한다.

해설

① 기자력과 자속 사이에는 비직선형 특성을 갖고 있다.
② 강자성체는 고투자율특성, 자기포화특성, 히스테리시스 특성을 가지고 있어야 한다.
③ 자화 된 강자성체에 온도를 증가시키면 강자성체가 상자성체가 되며 이를 큐리온도라 한다.
④ 자화 시 잔류자기밀도가 크고 보자력은 커야 한다.

## 20 평등자계 내에 수직으로 돌입한 전자의 궤적은?

① 원운동을 하는데 반지름은 자계의 세기에 비례한다.
② 구면 위에서 회전하고 반지름은 자계의 세기에 비례한다.
③ 원운동을 하고 반지름은 전자의 처음 속도에 반비례한다.
④ 원운동을 하고 반지름은 자계의 세기에 반비례한다.

해설

$r = \frac{mv}{Be} = \frac{mv}{\mu_0 He}[\text{m}] \propto v \propto \frac{1}{H}$에 비례하며 항상 원운동을 한다.

# 시행일 2021년 2회

## 01 대전도체 표면의 전하밀도를 $\sigma[\text{C/m}^2]$이라 할 때, 대전도체 표면의 단위면적이 받는 정전응력은 전하밀도 $\sigma$와 어떤 관계에 있는가?

① $\sigma^{\frac{1}{2}}$에 비례　② $\sigma^{\frac{3}{2}}$에 비례

③ $\sigma$에 비례　④ $\sigma^2$에 비례

해설

대전된 도체의 면적당 작용하는 힘=정전응력=정전흡인력

$f = \frac{\sigma^2}{2\varepsilon_o} = \frac{D^2}{2\varepsilon_o} = \frac{1}{2}\varepsilon_o E^2 = \frac{1}{2}ED[\text{N/m}^2]$에서 $f \propto \sigma^2 \propto D^2 \propto E^2$

## 02 유전체내의 전속밀도가 $D[\text{C/m}^2]$인 전계에 저축되는 단위 체적당 정전에너지 $W[\text{J/m}^3]$일 때 유전체의 비유전율 $\varepsilon_s$은?

① $\frac{D^2}{2\varepsilon_0 W}$　② $\frac{D^2}{\varepsilon_0 W}$

③ $\frac{2D^2}{\varepsilon_0 W}$　④ $\frac{\varepsilon_0 D^2}{W}$

[정답] 17 ① 18 ② 19 ③ 20 ④ 2021년 2회 01 ④ 02 ①

전기자기학 / 전력공학 / 전기기기 / 회로이론 / 전기설비기술기준

**해설**

전계 내 또는 유전체내에 축적되는 단위 체적당 에너지

$W=\frac{\sigma^2}{2\varepsilon}=\frac{D^2}{2\varepsilon}=\frac{1}{2}\varepsilon E^2=\frac{1}{2}ED[\mathrm{J/m^3}]$

$W=\frac{D^2}{2\varepsilon}=\frac{D^2}{2\varepsilon_0\varepsilon_s}[\mathrm{J/m^3}]$을 이용 정리하면 $\varepsilon_s=\frac{D^2}{2\varepsilon_0 W}$

## 03 그림과 같이 권수가 1이고 반지름 $a$[m]인 원형 전류 $I$[A]가 만드는 자계의 세기[AT/m]는?

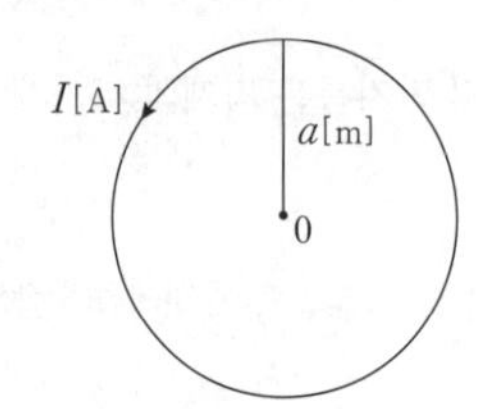


① $\frac{I}{a}$　② $\frac{I}{2a}$

③ $\frac{I}{3a}$　④ $\frac{I}{4a}$

**해설**

원형코일 중심점의 자계의 세기 $H=\frac{NI}{2a}$[AT/m]이다.

문제에서 권수를 주지 않았으므로 $N=1$[T]으로 보면

$H=\frac{I}{2a}$[AT/m]이다.

## 04 반지름 $a$[m]인 접지 도체구의 중심에서 $d$[m] 되는 거리에 점전하 $Q$[C]을 놓았을 때 도체구에 유도된 총 전하는 몇 [C]인가?

① 0　② $-Q$

③ $-\frac{a}{d}Q$　④ $-\frac{d}{a}Q$

**해설**

$d>a$ 접지 구도체와 점전하에 의해 접지 구도체에 유기되는 영상전하 $Q'=-\frac{a}{d}Q$[C]이며 영상전하의 위치 $x=\frac{a^2}{d}$[m]이다.

## 05 자기인덕턴스가 각각 $L_1$, $L_2$인 두 코일을 서로 간섭이 없도록 병렬로 연결했을 때 그 합성 인덕턴스는?

① $L_1L_2$　② $\frac{L_1+L_2}{L_1L_2}$

③ $L_1+L_2$　④ $\frac{L_1L_2}{L_1+L_2}$

**해설**

자속이 간섭이 없는 경우 합성인덕턴스

(상호인덕턴스가 발생하지 않은 경우)

① 직렬연결 : $L=L_1+L_2$[H]

② 병렬연결 : $L=\frac{L_1L_2}{L_1+L_2}$[H]

## 06 유전체 중의 전계의 세기를 $E$, 유전율을 $\varepsilon$이라 하면 전기변위[C/m²]는?

① $\varepsilon E$　② $\varepsilon E^2$

③ $\frac{\varepsilon}{E}$　④ $\frac{E}{\varepsilon}$

**해설**

**전속 및 전속 밀도**

전속밀도 유전체에 전계를 부여함으로써

유전체 내에서 발생하는 전하의 변위에 관계된 벡터양이므로

전기변위는 전속밀도 $D=\varepsilon E$[C/m²]를 말한다.

## 07 한 변의 길이가 2[m]가 되는 정3각형 3정점 $A$, $B$, $C$에 $10^{-4}$[C]의 점전하가 있다. 점 $B$에 작용하는 힘[N]은 다음 중 어느 것인가?

① 29　② 39

③ 45　④ 49

**해설**

1변의 길이 $r=2$[m], 정삼각형 두 정점의 전하량 $10^{-4}$[C]

두 전하 사이에 작용하는 힘은 $F=9\times10^9\times\frac{Q_1Q_2}{r^2}$[N]

$F_1=9\times10^9\times\frac{10^{-4}\times10^{-4}}{2^2}=22.5$[N]

$F_2=9\times10^9\times\frac{10^{-4}\times10^{-4}}{2^2}=22.5$[N]

[정답] 03 ② 04 ③ 05 ④ 06 ① 07 ②

평행사변형의 원리를 이용하면

$\sqrt{F_1^2+F_2^2+2F_1F_2\cos\theta}$ 이고 $F_1=F_2$

$=\sqrt{F_1^2+F_2^2+2F_1F_1\cos60^\circ}=\sqrt{F_1^2+F_1^2+F_1^2}$

$=\sqrt{3F_1^2}=\sqrt{3}F_1=\sqrt{3}\times22.5=38.971[N]\fallingdotseq39[N]$

**08** **도체계에서 임의의 도체를 일정 전위의 도체로 완전 포위하면 내외 공간의 전계를 완전히 차단할 수 있다. 이것을 무엇이라 하는가?**

① 전자차폐 ② 정전차폐
③ 홀(hall) 효과 ④ 핀치(pinch) 효과

해설

정전차폐란 도체계에서 임의의 도체를 일정 전위의 도체로 완전 포위하면 내외 공간의 전계를 완전히 차단 하는 것을 말한다.

**09** **균질의 철사를 고리 형으로 연결하고 한쪽 면에는 기전력을 인가하고 한쪽면에 온도차를 주면 열의 흡수 및 발생이 일어나는 현상**

① 볼타(Volta) 효과 ② 지벡(Seeback) 효과
③ 펠티에(Peltier) 효과 ④ 톰슨(Thomson) 효과

해설

**톰슨 효과**

동종의 금속에서 각부에서 온도가 다르면 그 부분에서 열의 발생 또는 흡수가 일어나는 효과를 톰슨 효과라 한다.

**10** **직선전류에 의해서 그 주위에 생기는 환상의 자계의 방향은?**

① 전류의 방향 ② 전류와 반대방향
③ 오른나사의 진행방향 ④ 오른나사의 회전방향

해설

**앙페르의 오른나사법칙**

도체에 전류를 흘러주었을 때 그 주변에 생기는 자계(자장)의 회전성과 자계의 방향을 결정하며 오른 나사의 진행 방향이 전류의 방향이라면 오른 나사의 회전 방향이 바로 자계(자장)의 방향이다.

**11** **두 코일의 인덕턴스가 각각 0.25[H]와 0.4[H]이고 결합계수가 1인 경우 상호인덕턴스의 크기는?**

① 0.32 ② 0.48
③ 0.5 ④ 0.86

해설

상호 인덕턴스 $M=k\sqrt{L_1L_2}$ [H], 결합계수 $k=1$일 때

$M=\sqrt{L_1L_2}=\sqrt{0.25\times0.4}\fallingdotseq0.32[H]$

**12** **환상철심에 감은 코일에 5[A]의 전류를 흘러 2000[AT]의 기자력을 발생시키고자 한다면 코일의 권수는 몇 회로 하면 되는가?**

① 100회 ② 200회
③ 300회 ④ 400회

해설

기자력 $F=NI=\phi R_m[AT]$

여기서 권수 $N=\dfrac{F}{I}=\dfrac{2000}{5}=400[T]$

**13** **변압기 철심에서 규소강판이 쓰이는 주요 원인은?**

① 와전류 손을 적게 하기 위하여
② 큐리 온도를 높이기 위하여
③ 부하손(동손)을 적게 하기 위하여
④ 히스테리시스 손을 적게 하기 위하여

해설

히스테리시스 곡선의 면적은 강자성체의 자회 시 필요한 단위체적당 에너지밀도 즉 히스테리시스 손실과 대응 하며 규소는 강자성체에 속하지만 변압기의 철손인 히스테리시스 손을 방지하기 때문에 면적이 작은 것이 좋다.

[정답] 08 ② 09 ④ 10 ④ 11 ① 12 ④ 13 ④

**14** 권수 1회의 코일에 5[Wb]의 자속이 쇄교하고 있을 때 시간 $t=10^{-1}$[s]에서 자속이 0으로 변화 하였다면 이때 발생되는 유도 기전력[V]은?

① 10 ② 25
③ 50 ④ 70

해설

**전자유도법칙(현상)**
패러데이 전자유도 법칙을 이용하면
$e=-N\frac{d\phi}{dt}=-1\times\frac{0-5}{10^{-1}}=50[V]$

**15** 어떤 대전체가 진공 중에서 전속이 $Q$[C]이었다. 이 대전체를 비유전율 10인 유전체 속으로 가져갈 경우에 전속[C]은?

① $Q$ ② $10Q$
③ $Q/10$ ④ $10\varepsilon_0 Q$

해설

전속선은 매질과 관계가 없고 전하량만큼 발생하므로 유전체내 전속선은 $\phi=Q$이므로 폐곡면을 통해서 나오는 유전속의 수는 매질과 관계없이 내부 전하량과 같다.

**16** 비유전율 4, 비투자율 1인 매질 내에서의 전자파의 전파속도[m/sec]는 얼마인가?

① $1.5\times10^{8}$ ② $2.5\times10^{8}$
③ $1.5\times10^{-8}$ ④ $2.5\times10^{-8}$

해설

전자파의 전파속도
$v=\frac{3\times10^8}{\sqrt{\varepsilon_s\mu_s}}=\frac{3\times10^8}{\sqrt{4\times1}}=1.5\times10^8[m/sec]$
단, $v_0=3\times10^8[m/sec]$ : 진공시 빛의 속도

**17** 단면적 $S=5[m^2]$인 도선에 3초동안 30[C]의 전하를 흘릴시 발생되는 전류는?

① 5 ② 10
③ 15 ④ 20

해설

전류 $I[A]$ : 단위 시간당 이동한 전기량의 크기
$I=\frac{Q}{t}=\frac{ne}{t}[C/sec=A]$, $I=\frac{Q}{t}=\frac{30}{3}=10[A]$
단, $n$ : 전자의 개수, $e=1.602\times10^{-19}[C]$ : 전자의 전하량

**18** 점자극에 의한 자위는?

① $U=\frac{m}{4\pi\mu_0 r}[Wb/J]$ ② $U=\frac{m}{4\pi\mu_0 r^2}[Wb/J]$
③ $U=\frac{m}{4\pi\mu_0 r}[J/Wb]$ ④ $U=\frac{m}{4\pi\mu_0 r^2}[J/Wb]$

해설

**정전계와 정자계의 대응 관계**
점자극에 의한 자위 $U=\frac{m}{4\pi\mu_0 r}[A=AT]$ 자위와 자계와의 관계
$U=Hr[AT/m=A/m]$이고 이때 자계와 힘의 관계를 이용
$F=mH[N]$, $H=\frac{F}{m}[N/Wb]$
자위 $U[\frac{N}{Wb}\cdot m=\frac{J}{Wb}=A=AT]$

**19** 양도체에 있어서 전자파의 전파 정수는? (단, 주파수 $f$[Hz], 도전율 $\sigma$[S/m], 투자율 $\mu$[H/m])

① $\sqrt{\pi f\sigma\mu}+j\sqrt{\pi f\sigma\mu}$ ② $\sqrt{2\pi f\sigma\mu}+j\sqrt{2\pi f\sigma\mu}$
③ $\sqrt{2\pi f\sigma\mu}+j\sqrt{\pi f\sigma\mu}$ ④ $\sqrt{\pi f\sigma\mu}+j\sqrt{2\pi f\sigma\mu}$

해설

① 완전유전체내의 전자파
전파정수 $\gamma=\alpha+j\beta=\pm j\omega\sqrt{\mu\varepsilon}$
여기서, 감쇠정수 $\alpha=0$, 위상정수 $\beta=\omega\sqrt{\mu\varepsilon}$
② 도체 내의전자파
전파정수 $\gamma=\alpha+j\beta=\sqrt{\omega\sigma\mu/2}+j\sqrt{\omega\sigma\mu/2}$
여기서, $\omega=2\pi f[rad/s]$이므로 $\gamma=\alpha+j\beta=\sqrt{\pi f\sigma\mu}+j\sqrt{\pi f\sigma\mu}$

[정답] 14 ③ 15 ① 16 ① 17 ② 18 ③ 19 ①

**20** **정전용량이 $0.5[\mu F]$, $1[\mu F]$인 콘덴서에 각각 $2\times10^{-4}[C]$ 및 $3\times10^{-4}[C]$의 전하를 주고 극성을 같게 하여 병렬로 접속할 때 콘덴서에 축적된 에너지는 약 몇 [J]인가?**

① 0.042 ② 0.063

③ 0.083 ④ 0.126

**해설**

전하 $Q[C]$ 대전 또는 주었다, 전원을 인가 후 제거 한다는 말이 나오는 경우 $W=\frac{Q^2}{2C}[J]$이고

병렬연결 시 전하는 분배 되므로 $Q=Q_1+Q_2[C]$

합성정전용량 $C=C_1+C_2[F]$

$$W=\frac{(Q_1+Q_2)^2}{2(C_1+C_2)}=\frac{(2\times10^{-4}+3\times10^{-4})^2}{2(0.5\times10^{-6}+1\times10^{-6})}=0.083[J]$$

## 시행일 2021년 3회

**01** **반지름 $a[m]$인 접지 도체구의 중심에서 $d[m]$되는 거리에 점전하 $Q[C]$을 놓았을 때 도체구에 유도된 총 전하는 몇 [C]인가?**

① 0 ② $-Q$

③ $-\frac{a}{d}Q$ ④ $-\frac{d}{a}Q$

**해설**

$d>a$ 접지 구도체와 점전하에 의해 접지 구도체에 유기되는 영상전하 $Q'=-\frac{a}{d}Q[C]$이며 영상전하의 위치 $x=\frac{a^2}{d}[m]$이다.

**02** **액체 유전체를 포함한 콘덴서 용량이 $30[\mu F]$이다 여기에 $500[V]$의 전압을 가했을 경우에 흐르는 누설 전류는 약 얼마인가? (단, 유전체의 비유전율은 $\varepsilon_s=2.2$, 고유저항은 $\rho=10^{11}[\Omega\cdot m]$이라 한다.)**

① 5.5[mA] ② 7.7[mA]

③ 10.2[mA] ④ 15.4[mA]

**해설**

누설전류

$$I=\frac{V}{R}=\frac{V}{\frac{\varepsilon\rho}{C}}=\frac{CV}{\rho\varepsilon}[A]=\frac{CV}{\rho\varepsilon_0\varepsilon_s}=\frac{CV}{\rho\varepsilon_0\varepsilon_s}$$

$$=\frac{30\times10^{-6}\times500}{10^{11}\times8.855\times10^{-12}\times2.2}\times10^3=7.699[mA]$$

**03** **그림과 같이 도체 1을 도체 2로 포위하여 도체2를 일정 전위로 유지하고 도체 1과 도체2의 외측에 도체 3이 있을 때 용량계수 및 유도계수의 성질로 옳은 것은?**

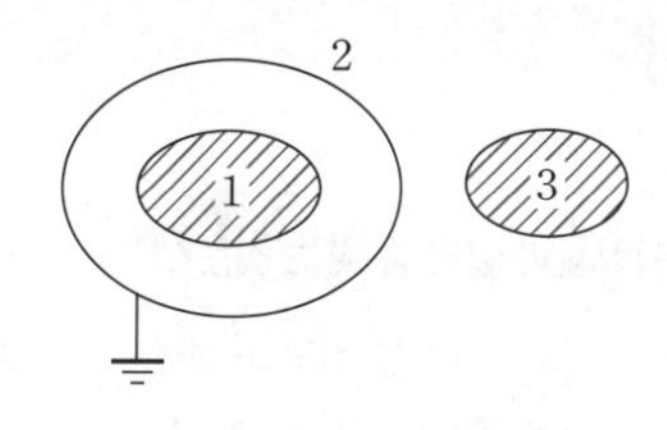


① $q_{23}=q_{11}$ ② $q_{13}=-q_{11}$

③ $q_{31}=q_{11}$ ④ $q_{21}=-q_{11}$

**해설**

도체1에 1[V]를 주고 도체2와 도체3의 전위는 0[V]로 유지시 도체2에 정전 유도 현상에 의하여 $Q_2=-Q_1$의 전하가 유도되어 도체1에서 발생하는 전기력선은 도체2에서 멈추므로

$q_{21}=-q_{11}$, $q_{13}=0$ 이므로

도체1의 전하 $Q_1=q_{11}V-q_{11}V_2+1$

도체2의 전하 $Q_2=-q_{11}V_1-q_{22}V_2+q_{23}V_3$

도체3의 전하 $Q_3=0+q_{32}V_2+q_{33}V_3$

따라서 $V_2$가 일정 시 $Q_1$은 $V_3$와 무관하며 $Q_3$는 $V_1$과 관계가 없게 된다.

즉 1도체와 2도체는 유도계수가 발생하고. 2도체와 3도체도 유도계수가 발생하나 2도체를 접지하여 1도체와 3도체는 유도계수가 발생하지 않아 서로 관계가 없는 상태가 된다 이를 일정전위를 가진 도체로 내외 전계를 완전 차단하는 정전차폐라 한다.

**04** **평행판 콘덴서 $C_1$의 양극판 면적을 1/3배로 하고 간격을 1/2배로 할때 $C_2$라 하면 정전 용량은 처음의 몇 배가 되는가?**

[정답] 20 ③ 2021년 3회 01 ③ 02 ② 03 ④ 04 ②

① $\frac{3}{2}C_1$　　② $\frac{2}{3}C_1$

③ $\frac{1}{6}C_1$　　④ $6C_1$

해설

면적 $S$, 간격 $d$인 평행판 콘덴서의 정전 용량을 $C_1$이라 하면

$C=\frac{\varepsilon_0 S}{d}$

문제에서 면적 $S$를 1/3배하고 $d=\frac{1}{2}d[\mathrm{V}]$이므로

구하는 정전 용량 $C_2=\frac{\varepsilon_0 \frac{1}{3}S}{\frac{1}{2}d}=\frac{2}{3}\frac{\varepsilon_0 S}{d}=\frac{2}{3}C_1$가 된다.

## 05 강자성체의 설명 중 맞는 것은?

① 기자력과 자속 사이에는 선형 특성을 갖고 있다.

② 와전류특성이 있어야 한다.

③ 자화된 강자성체에 온도를 증가시키면 자성이 약해진다.

④ 자화 시 잔류자기밀도가 크고 보자력은 작아야 한다.

해설

① 기자력과 자속 사이에는 비직선형 특성을 갖고 있다.
② 강자성체는 고투자율특성, 자기포화특성, 히스테리시스 특성을 가지고 있어야 한다.
③ 자화 된 강자성체에 온도를 증가시키면 강자성체가 상자성체가 되며 이를 큐리온도라 한다.
④ 자화 시 잔류자기밀도가 크고 보자력은 커야 한다.

## 06 대전도체 표면의 전하밀도를 $\sigma[\mathrm{C/m^2}]$이라 할 때, 대전도체 표면의 단위면적이 받는 정전응력은 전하밀도 $\sigma$와 어떤 관계에 있는가?

① $\sigma^{\frac{1}{2}}$에 비례　　② $\sigma^{\frac{3}{2}}$에 비례

③ $\sigma$에 비례　　④ $\sigma^2$에 비례

해설

대전된 도체의 면적당 작용하는 힘=정전응력=정전흡인력

$f=\frac{\sigma^2}{2\varepsilon_o}=\frac{D^2}{2\varepsilon_o}=\frac{1}{2}\varepsilon_o E^2=\frac{1}{2}ED[\mathrm{N/m^2}]$에서 $f\propto\sigma^2\propto D^2\propto E^2$

## 07 자기 인덕턴스가 $L_1$, $L_2$이고 상호 인덕턴스가 $M$인 두 회로의 결합계수가 1일 때, 성립되는 식은?

① $L_1 \cdot L_2=M$　　② $L_1 \cdot L_2<M^2$

③ $L_1 \cdot L_2>M^2$　　④ $L_1 \cdot L_2=M^2$

해설

자기 인덕턴스와 상호인덕턴스의 관계 $k=1$일 경우

$M=\sqrt{L_1L_2}$, $M^2=L_1L_2$

## 08 자유공간(진공)에서의 고유임피던스[Ω]는?

① $\frac{1}{120\pi}$　　② $100\pi$

③ $120\pi$　　④ $\frac{1}{100\pi}$

해설

공기=진공 중 파동 임피던스 $Z=\frac{E}{H}=\sqrt{\frac{\mu_0}{\varepsilon_0}}=120\pi=377[\Omega]$

## 09 전도전류의 전압 $v(t)=V_m\sin\omega t[\mathrm{V}]$일 때 변위전류의 설명 중 맞는 것은?

① 전도전류가 변위 전류보다 $\frac{\pi}{2}$ 빠르다.

② 전도전류가 변위 전류보다 $\frac{\pi}{2}$ 늦다.

③ 변위전류가 전도 전류보다 $\frac{\pi}{2}$ 빠르다.

④ 변위전류가 전도 전류보다 $\frac{\pi}{2}$ 늦다.

해설

변위전류 $I_D=i_D S=\frac{\partial D}{\partial t}S=\varepsilon\frac{\partial E}{\partial t}S=\frac{\varepsilon}{d}\frac{\partial V}{\partial t}S=C\frac{\partial V}{\partial t}$

$=C\frac{\partial}{\partial t}V_m\sin\omega t=\omega CV_m\cos\omega t=\omega CV_m\sin\left(\omega t+\frac{\pi}{2}\right)$이므로

변위 전류의 위상은 $\frac{\pi}{2}$ 빠르다.

[정답] 05 ③ 06 ④ 07 ④ 08 ③ 09 ③

**10** 무한평면 도체에서 $h$[m]의 높이에 반지름 $a$[m] ($a \ll h$)의 도선을 평행하게 가설하였을 때 도체에 대한 도선의 정전 용량은 몇 [F/m]인가?

① $\dfrac{\pi\varepsilon_0}{\ln\dfrac{h}{a}}$ ② $\dfrac{2\pi\varepsilon_0}{\ln\dfrac{2h}{a}}$

③ $\dfrac{\pi\varepsilon_0}{\ln\dfrac{2h}{a}}$ ④ $\dfrac{2\pi\varepsilon_0}{\ln\dfrac{h}{a}}$

해설

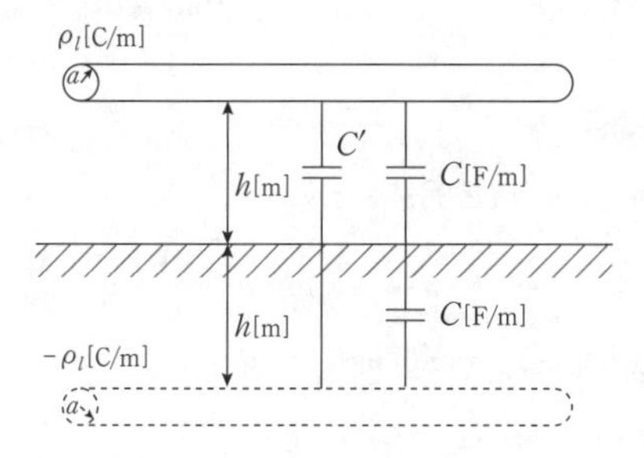


평행 두 도선 사이의 정전용량 $C' = \dfrac{\pi\varepsilon_0}{\ln\dfrac{d}{a}}$[F/m]

이때 $d = 2h$이므로 $C' = \dfrac{\pi\varepsilon_0}{\ln\dfrac{2h}{a}}$[F/m]가 된다.

이때 대지면과 도선 사이에는 $C$[F/m] 2개가 직렬 연결 상태이므로 $C' = \dfrac{C}{2}$이다.

이때 $C = 2C' = \dfrac{2\pi\varepsilon_0}{\ln\dfrac{2h-a}{a}} = \dfrac{2\pi\varepsilon_0}{\ln\dfrac{2h}{a}} = \dfrac{2\pi\varepsilon_0}{\cosh^{-1}\dfrac{h}{a}}$[F/m]

**11** 10[V]의 기전력을 유기시키려면 5[sec]간에 몇 [Wb]의 자속을 끊어야 하는가?

① 2 ② 0.5

③ 10 ④ 50

해설

**전자유도법칙(현상)**

패러데이 전자유도 법칙을 $e = -N\dfrac{d\phi}{dt} = -N\dfrac{\phi}{t}$[V] 이용하면

$\phi = \dfrac{et}{N} = \dfrac{10\times5}{1} = 50$[Wb]이 된다.

**12** 표피 깊이 $\delta$를 나타내는 식은? (단, $k$[S/m] : 도전율, $f$[Hz] : 주파수, $\mu$[H/m] : 투자율)

① $\delta = \dfrac{1}{\pi f\mu k}$ ② $\delta = \sqrt{\pi f\mu k}$

③ $\delta = \dfrac{1}{\sqrt{\pi f\mu k}}$ ④ $\delta = \pi f\mu k$

해설

① 표피효과에 의한 침투깊이(표피두께) $\delta = \sqrt{\dfrac{2}{\omega\mu k}} = \dfrac{1}{\sqrt{\pi f\mu k}}$[m]

침투깊이는 주파수가 클수록, 투자율이 클수록, 도전율이 높을수록 작아진다.

② 표피효과 $\delta = \dfrac{1}{\delta} = \sqrt{\pi f\mu k}$

여기서, $\omega = 2\pi f$[rad/s] : 각속도(각주파수), $\mu$[H/m] : 투자율,

$\sigma = k = \dfrac{1}{\rho} = $[℧/m] : 도전율

표피효과는 주파수가 클수록, 투자율이 클수록, 도전율이 높을수록 커진다.

**13** 그림과 같이 균일한 자계의 세기 $H$[AT/m]내에 자극의 세기가 $\pm m$[Wb], 길이 $l$[m]인 막대 자석을 그 중심 주위에 회전할 수 있도록 놓는다. 이때 자석과 자계의 방향이 이룬 각을 $\theta$라 하면 자석이 받는 회전력[N·m]은?

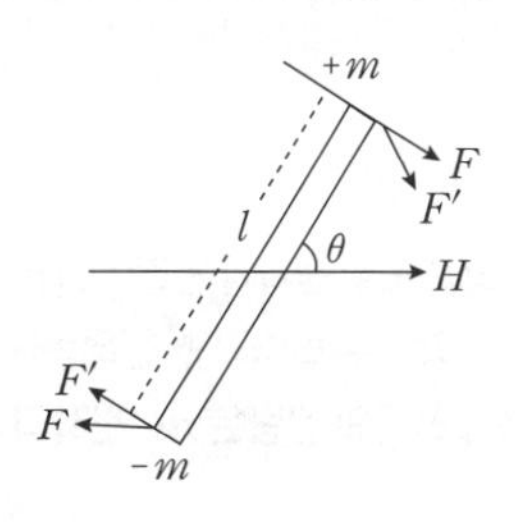


① $mHl\cos\theta$ ② $mHl\sin\theta$

③ $2mHl\sin\theta$ ④ $2mHl\tan\theta$

해설

**막대 자석에 작용하는 회전력**

$T = mHl\sin\theta = MH\sin\theta = M\times H$[N·m]

[정답] 10② 11③ 12③ 13②

**14** **두 자성체가 접했을 때 $\frac{\tan\theta_1}{\tan\theta_2}=\frac{\mu_1}{\mu_2}$의 관계식에서 $\theta_1=0$일 때, 다음 중에 표현이 잘못된 것은?**

① 자기력선은 굴절하지 않는다.

② 자속 밀도는 불변이다.

③ 자계는 불연속이다.

④ 자기력선은 투자율이 큰 쪽에 모여진다.

해설

1) 완전경계조건
 ① $i=0[A/m^2]$ : 경계면에 전류밀도가 존재하지 않음
 ② 경계면의 자위차는 없다.
2) 자속밀도의 경계의 조건
 ① 법선(수직) : $B_{n1}=B_{n2}$만 존재
 $B_1\cos\theta_1=B_2\cos\theta_2$, $\mu_1H_1\cos\theta_1=\mu_2H_2\cos\theta_2$
 ② $B_{n1}=B_{n2}$: 연속적
 $H_{n1}\neq H_{n2}$ : 불연속적 $n$는 법선(수직)성분을 의미
3) 자계의 경계의 조건
 ① 접선(수평) : 자계 $H_{t1}=H_{t2}$ 만 존재, $H_1\sin\theta_1=H_2\sin\theta_2$
 ② $H_{t1}=H_{t2}$ : 연속적
 $B_{t1}\neq B_{t2}$ : 불연속적 $t$는 접선(수평)성분을 의미
4) 굴절각 $\frac{\tan\theta_1}{\mu_1}=\frac{\tan\theta_2}{\mu_2}$, $\mu_1\tan\theta_2=\mu_2\tan\theta_1$
5) 비례관계 및 맥스웰의 응력
 $\mu_1>\mu_2$일 때 $\theta_1>\theta_2$, $B_1>B_2$, $H_1<H_2$
 ① 작용하는 힘의 방향은 투자율이 큰 곳에서 투자율이 작은 곳으로 향한다.
 ② 자속(밀도)선은 투자율이 큰 쪽으로 모이려는 성질이 있다고 자계(자기력선)는 투자율이 작은 쪽으로 몰리는 속성이 있다.

**15** **$v$[m/s]의 속도로 전자가 반경이 $r$[m]인 $B[Wb/m^2]$의 평등 자계에 직각으로 들어가면 원운동을 한다. 이 때 자계의 세기는? (단, 전자의 질량은 $m$, 전자의 전하는 $e$이다.)**

① $H=\frac{\mu_0 er}{mv}[A/m]$
② $H=\frac{\mu_0 r}{emv}[A/m]$
③ $H=\frac{mv}{\mu_0 er}[A/m]$
④ $H=\frac{emv}{\mu_0 r}[A/m]$

해설

전자가 운동하는 자계의 반지름(궤적)

구심력=원심력 $\frac{mv^2}{r}=Bev$을 이용하여

$r=\frac{mv}{Be}[m]\propto v$에 비례하며 항상 원운동을 한다.

반경을 이용하여 자계의 세기를 구하면 $r=\frac{mv}{Be}=\frac{mv}{\mu_0 He}[m]$이고

자계 $H=\frac{mv}{\mu_0 er}[A/m]$가 된다.

**16** **반지름 $b>a$(단위 : m)인 동심구 도체의 정전용량은 몇 [F]인가?**

① $\frac{4\pi\varepsilon_0 ab}{b-a}$
② $\frac{4\pi\varepsilon_0 ab}{a-b}$
③ $\frac{8\pi\varepsilon_0 ab}{a-b}$
④ $\frac{16\pi\varepsilon_0 ab}{a-b}$

해설

$b>a$ 동심구의 정전용량 :

$$C=\frac{4\pi\varepsilon_o}{\frac{1}{a}-\frac{1}{b}}=\frac{4\pi\varepsilon_o ab}{b-a}=\frac{1}{9\times10^9}\cdot\frac{ab}{b-a}[F]$$

$b>a$ 이라면 $b$가 외구의 반지름, $a$가 내구의 반지름을 말한다.

만약 $b<a$ 동심구의 정전용량 : $C=\frac{4\pi\varepsilon_o}{\frac{1}{b}-\frac{1}{a}}=\frac{4\pi\varepsilon_o ab}{a-b}[F]$

**17** **공기 중에서 5[V], 10[V]로 대전된 반지름 2[cm], 4[cm]의 2개의 구를 가는 철사로 접속시 공통 전위는 몇 [V]인가?**

① 6.25
② 7.5
③ 8.33
④ 10

해설

도체구를 각각 충전 후 두 개를 가는 선으로 연결 시
병렬 접속 이므로 공통전위

$$V=\frac{C_1V_1+C_2V_2}{C_1+C_2}=\frac{4\pi\varepsilon_0(r_1V_1+r_2V_2)}{4\pi\varepsilon_0(r_1+r_2)}=\frac{r_1V_1+r_2V_2}{r_1+r_2}[V]$$

$=\frac{2\times5+4\times10}{2+4}=8.33[V]$이다.

**18** **전전류 $I$[A]가 반지름 $a$[m]인 원주를 흐를 때, 원주 내부 중심에서 $a$[m] 떨어진 원주 내부의 점의 자계의 세기[AT/m]는?**

[정답] 14④ 15③ 16① 17③ 18①

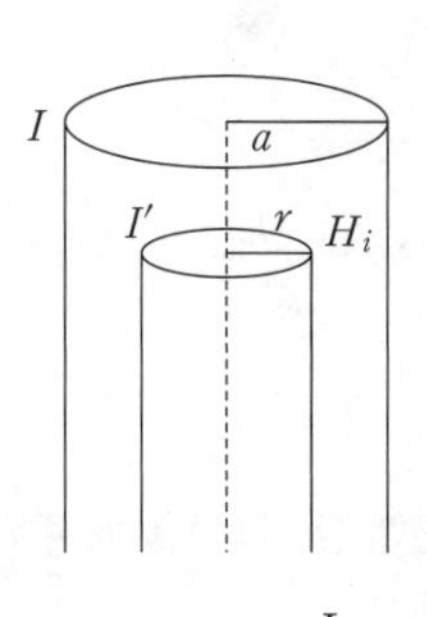


① $\dfrac{rI}{2\pi a^2}$ ② $\dfrac{I}{2\pi a^2}$

③ $\dfrac{rI}{\pi a^2}$ ④ $\dfrac{I}{\pi a^2}$

해설

원통(원주)도체에 전류가 도체 내외 균일하게 흐를 시 내부자계가 존재하므로 내부자계는 $H_i = \dfrac{I'}{2\pi r} = \dfrac{rI}{2\pi a^2}$[AT/m]이다.

**19** **패러데이-노이만 전자 유도 법칙에 의하여 일반화된 맥스웰 전자 방정식의 형태는?**

① $\nabla \times E = i_c + \dfrac{\partial D}{\partial t}$ ② $\nabla \cdot B = 0$

③ $\nabla \times E = -\dfrac{\partial B}{\partial t}$ ④ $\nabla \cdot D = \rho$

해설

**맥스웰의 제 2의 기본 방정식**

$rotE = curlE = \nabla \times E = -\dfrac{\partial B}{\partial t} = -\mu\dfrac{\partial H}{\partial t}$

① 자속 밀도의 시간적 변화는 전계를 회전 시키고 유기 기전력을 형성한다.
② 패러데이의 법칙에서 유도한 전계에 관한 식

**20** **공기 중에서 평등 전계 $E$[V/m]에 수직으로 비유전율이 $\varepsilon_s$인 유전체를 놓았더니 $\sigma_P$[C/m²]의 분극전하가 표면에 생겼다면 유전체 중의 전계 강도 $E$[V/m]는?**

① $\sigma_P/\varepsilon_o\varepsilon_s$ ② $\sigma_P/\varepsilon_o(\varepsilon_s-1)$

③ $\varepsilon_0\varepsilon_s\sigma_P$ ④ $\varepsilon_o(\varepsilon_s-1)\sigma_P$

해설

분극의 세기($P$)=분극전하밀도($\sigma_P$)$=\varepsilon_0(\varepsilon_s-1)E$를 이용

$E = \dfrac{\sigma_P}{\varepsilon_0(\varepsilon_s-1)}$[V/m]가 된다.

## 시행일 2022년 1회

**01** **반지름이 $a$[m]인 접지 구도체의 중심에서 $d$[m] 거리에 점전하 $Q$[C]을 놓았을 때 구도체에 유도된 총 전하는 몇 [C]인가?**

① $-Q$ ② $-\dfrac{d}{a}Q$

③ 0 ④ $-\dfrac{a}{d}Q$

해설

**접지구도체과 점전하**

접지구도체와 점전하 $Q$에서

영상전하 $Q' = -\dfrac{a}{d}Q$[C]

**02** **유전체 중의 전계의 세기를 $E$[V/m], 유전율을 $\varepsilon$[F/m]이라고 하면 전기 변위[C/m²]는?**

① $\varepsilon E$ ② $\varepsilon E^2$

③ $\dfrac{\varepsilon}{E}$ ④ $\dfrac{E}{\varepsilon}$

해설

**전속밀도**

전속밀도(전기변위) $D = \varepsilon E$[C/m²]

**03** **진공 중에 그림과 같이 한 변이 $a$[m]인 정삼각형의 꼭짓점에 각각 서로 같은 점전하 $+Q$[C]이 있을 때 그 각 전하에 작용하는 힘 $F$는 몇 [N]인가?**

[정답] 19 ③ 20 ② 2022년 1회 01 ④ 02 ① 03 ④

① $F=\dfrac{Q^2}{4\pi\varepsilon_0 a^2}$ ② $F=\dfrac{Q^2}{2\pi\varepsilon_0 a^2}$

③ $F=\dfrac{\sqrt{2}\,Q^2}{4\pi\varepsilon_0 a^2}$ ④ $F=\dfrac{\sqrt{3}\,Q^2}{4\pi\varepsilon_0 a^2}$

해설

**쿨롱의 법칙**

정삼각형 각 정점에 동종의 같은 크기 전하 존재시
각 점전하에 의한 힘을 $F_1$, $F_2$라 한다면 $F_1=F_2$

$F_1=F_2=\dfrac{Q_1Q_2}{4\pi\varepsilon_0 r^2}=\dfrac{Q^2}{4\pi\varepsilon_0 a^2}[\mathrm{N}]$,

전체 힘 $F=\sqrt{F_1^{\,2}+F_2^{\,2}+2F_1F_2\cos\theta}$

$=\sqrt{3}\,F_1=\sqrt{3}\,\dfrac{Q^2}{4\pi\varepsilon_0 a^2}=[\mathrm{N}]$

## 04 그림과 같이 권수 1이고 반지름 $a$[m]인 원형전류 $I$[A]가 만드는 중심의 자계의 세기는 몇 [AT/m]인가?

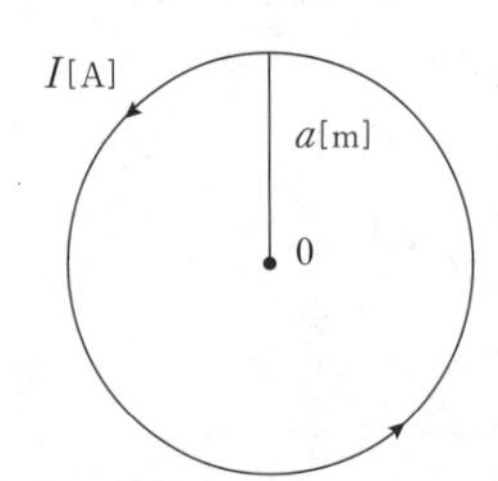


① $\dfrac{I}{a}$ ② $\dfrac{I}{2a}$

③ $\dfrac{I}{3a}$ ④ $\dfrac{I}{4a}$

해설

**원형도체 중심점 자계**

원형도체 중심점 자계 $H=\dfrac{NI}{2a}=\dfrac{I}{2a}[\mathrm{AT/m}]$

## 05 변압기 철심으로 규소강판이 사용되는 주된 이유는?

① 와전류손을 적게 하기 위하여
② 부하손(동손)을 적게 하기 위하여
③ 히스테리시스손을 적게 하기 위하여
④ 제작을 쉽게 하기 위하여

해설

**히스테리시스 곡선**

히스테리시스손을 적게 하기 위해 규소강판을 사용한다.

## 06 직선 도선에 전류가 흐를 때 주위에 생기는 자계의 방향은?

① 오른 나사의 진행방향
② 오른 나사의 회전방향
③ 전류와 반대방향
④ 전류의 방향

해설

**앙페르의 오른나사 법칙**

앙페르의 오른나사 법칙은 전류에 의한 자계의 방향을 결정하는 법칙으로 오른나사의 진행방향이 전류의 방향이라면 오른나사의 회전방향이 자계의 방향이 된다.

## 07 두 종류의 금속으로 폐회로를 만들고 여기에 전류를 흘리면 양 접속점에서 한 쪽은 온도가 올라가고 한 쪽은 온도가 내려가서 열의 발생 또는 흡수가 생기고, 전류를 반대 방향으로 변화시키면 열의 발생부와 흡수부가 바뀌는 현상이 발생한다. 이 현상을 지칭하는 효과로 알맞은 것은?

① 핀치 효과 ② 펠티어 효과
③ 톰슨 효과 ④ 제어벡 효과

해설

**여러 가지 전기현상**

서로 다른 금속에서 다른 쪽 금속으로 전류를 흘리면 열의 발생 또는 흡수가 일어나는 현상을 펠티어 효과라 한다.

## 08 비유전율 $\varepsilon_s=4$인 유전체 내에서의 전자파의 전파 속도는 얼마인가? (단, $\mu_s=1$이다.)

① $1.5\times10^8$ ② $1.0\times10^8$
③ $1.5\times10^8$ ④ $2.0\times10^8$

[정답] 04 ② 05 ③ 06 ② 07 ② 08 ③

해설

**전파속도**

전파속도 $v=\lambda f=\frac{\omega}{\beta}=\frac{1}{\sqrt{LC}}$

$=\frac{1}{\sqrt{\mu\varepsilon}}=\frac{1}{\sqrt{\mu_0\varepsilon_0}}=\frac{1}{\sqrt{\mu_s\varepsilon_s}}=\frac{3\times10^8}{\sqrt{\mu_s\varepsilon_s}}$

$=\frac{3\times10^8}{\sqrt{1\times4}}=1.5\times10^8[\text{m/s}]$

**09** 자기인덕턴스가 각각 $L_1$, $L_2$인 두 코일을 서로 간섭이 없도록 병렬로 연결하였을 때 그 합성 인덕턴스는?

① $L_1L_2$
② $\frac{L_1+L_2}{L_1L_2}$
③ $L_1+L_2$
④ $\frac{L_1L_2}{L_1+L_2}$

해설

**합성인덕턴스**

두 코일이 서로 간섭이 없으므로 상호 인덕턴스 $M=0[\text{H}]$

∴ 병렬 연결시 합성 인덕턴스 $L_0=\frac{L_1L_2-M^2}{L_1+L_2\mp2M}=\frac{L_1L_2}{L_1+L_2}[\text{H}]$

**10** 도체의 단면적이 $5[\text{m}^2]$인 곳을 3[초] 동안에 30[C]의 전하가 통과하였다면 이 때의 전류는 몇 [A]인가?

① 5
② 10
③ 30
④ 90

해설

**전류**

전류는 단위 길이당 이동한 전하량이므로 $I=\frac{Q}{t}=\frac{30}{3}=10[\text{A}]$

**11** 두 개의 코일이 있다. 각각의 자기 인덕턴스가 0.4[H], 0.9[H]이고, 상호 인덕턴스가 0.36[H]일 때 결합계수는?

① 0.5
② 0.6
③ 0.7
④ 0.8

해설

**결합계수**

결합계수 $K=\frac{M}{\sqrt{L_1L_2}}=\frac{0.36}{\sqrt{0.4\times0.9}}=0.6$

**12** 환상철심에 감은 코일에 5[A]의 전류를 흘려 2000[AT]의 기자력을 발생시키고자 한다면, 코일의 권수는 몇 회로 하면 되는가?

① 100
② 200
③ 300
④ 400

해설

**자기회로**

기자력 $F=NI=\phi\cdot R_m[\text{AT}]$, $N=\frac{F}{I}=\frac{2000}{5}=400$[회]

**13** 도체계에서 임의의 도체를 일정 전위의 도체로 완전 포위하면 내외 공간의 전계를 완전히 차단할 수 있다. 이것을 무엇이라 하는가?

① 전자차폐
② 정전차폐
③ 홀(hall) 효과
④ 핀치(pinch) 효과

해설

**정전차폐**

도체계에서 임의의 도체를 일정 전위의 도체로 완전 포위하면 내외 공간의 전계를 완전히 차단할 수 있다. 이를 정전 차폐라 한다. 정전 차폐를 이용한 것으로 가공지선이 있다.

**14** 면전하밀도 $\sigma[\text{C/m}^2]$의 대전 도체가 진공 중에 놓여 있을 때 도체 표면에 작용하는 정전응력은?

① $\sigma$에 비례한다.
② $\sigma^2$에 비례한다.
③ $\sigma$에 반비례한다.
④ $\sigma^2$에 반비례한다.

해설

**정전 흡입력**

단위 면적당 정전 흡입력

$f=\frac{F}{S}=\frac{\sigma^2}{2\varepsilon_0}=\frac{D^2}{2\varepsilon_0}=\frac{\varepsilon_0E^2}{2}=\frac{ED}{2}[\text{N/m}^2]$

$f\propto\sigma^2\propto D^2\propto E^2$

[정답] 09 ④ 10 ② 11 ② 12 ④ 13 ② 14 ②

**15** 자기 쌍극자에 의한 자위 $U$[A]에 해당되는 것은? (단, 자기 쌍극자의 자기 모멘트는 $M$[Wb·m], 쌍극자의 중심으로부터의 거리는 $r$[m], 쌍극자의 정방향과의 각도는 $\theta$라고 한다.)

① $6.33\times10^4\dfrac{M\sin\theta}{r^3}$　② $6.33\times10^4\dfrac{M\sin\theta}{r^2}$

③ $6.33\times10^4\dfrac{M\cos\theta}{r^3}$　④ $6.33\times10^4\dfrac{M\cos\theta}{r^2}$

해설

**자기쌍극자**

자기쌍극자에 의한 자위

$U=\dfrac{M}{4\pi\mu_0 r^2}\cos\theta=6.33\times10^4\times\dfrac{M}{r^2}\cos\theta$[A]

**16** 유전율 $\varepsilon_0$, $\varepsilon_s$의 유전체 내에 있는 전하 $Q$[C]에서 나오는 전속선의 수는?

① $\dfrac{Q}{\varepsilon_0}$　② $\dfrac{Q}{\varepsilon_0\varepsilon_s}$

③ $\dfrac{Q}{\varepsilon_s}$　④ $Q$

해설

**전속**

전속수는 매질에 관계없이 전하량과 같다.

**17** 점 (−2, 1, 5)[m]와 점 (1, 3, −1)[m]에 각각 위치해 있는 점전하 1[$\mu$C]과 4[$\mu$C]에 의해 발생된 전위장 내에 저장된 정전 에너지는 약 몇 [mJ]인가?

① 2.57　② 5.14

③ 7.71　④ 10.28

해설

**정전에너지**

두 전하간 거리 $\vec{r}=\{1-(-2)\}i+(3-1)j+(-1-5)k$
$=3i+2j-6k$[m]

$|\vec{r}|=\sqrt{3^2+2^2(-6)^2}=7$[m]

$Q_1$에 의한 $Q_2$의 전위를 $V_1$, $Q_2$에 의한 $Q_1$의 전위를 $V_2$로 하고 $Q_1$, $Q_2$에 저장되는 에너지를 각각 $W_1$, $W_2$라고 하면

$W_1=\dfrac{1}{2}Q_1V_2=\dfrac{1}{2}Q_1\dfrac{Q_2}{4\pi\varepsilon_0 r}=\dfrac{Q_1Q_2}{8\pi\varepsilon_0 r}$[J]

$W_2=\dfrac{1}{2}Q_2V_1=\dfrac{1}{2}Q_2\dfrac{Q_1}{4\pi\varepsilon_0 r}=\dfrac{Q_1Q_2}{8\pi\varepsilon_0 r}$[J]

$\therefore W=W_1+W_2=\dfrac{Q_1Q_2}{4\pi\varepsilon_0 r}$

$=9\times10^9\times\dfrac{1\times10^{-6}\times4\times10^{-6}}{7}\times10^3=5.14$[J]

**18** 권수 1[회]의 코일에 5[Wb]의 자속이 쇄교하고 있을 때 $10^{-1}$[초] 사이에 자속이 0으로 변하였다면 이 때 코일에 유도되는 기전력은 몇 [V]인가?

① 10　② 20

③ 40　④ 50

해설

**전자유도법칙**

유기기전력 $e=-N\dfrac{d\phi}{dt}=-1\times\dfrac{0-5}{10^{-1}}=50$[V]

**19** 평행판 콘덴서에 어떤 유전체를 넣었을 때 전속밀도가 $2.4\times10^{-7}$[C/m²]이고, 단위 체적당 에너지가 $5.3\times10^{-3}$[J/m³]이었다. 이 유전체의 유전율은 약 몇 [F/m]인가?

① $5.17\times10^{-11}$　② $5.43\times10^{-11}$

③ $5.17\times10^{-12}$　④ $5.43\times10^{-12}$

해설

**정전에너지**

단위 체적당 축적되는 에너지

$\omega=\dfrac{\sigma^2}{2\varepsilon_0}=\dfrac{D^2}{2\varepsilon_0}=\dfrac{\varepsilon_0E^2}{2}=\dfrac{ED}{2}$[J/m³]에서

$\varepsilon_0=\dfrac{D^2}{2\omega}=\dfrac{(2.4\times10^{-7})^2}{2\times5.3\times10^{-3}}=5.43\times10^{-12}$[F/m]

[정답] 15④ 16④ 17② 18④ 19④

**20** **다음 중 맥스웰의 방정식으로 틀린 것은?**

① $rot H = J + \frac{\partial D}{\partial t}$　② $rot E = -\frac{\partial B}{\partial t}$

③ $div D = \rho$　④ $div B = \phi$

해설

**맥스웰의 전자방정식**

1. 맥스웰의 제 1의 기본 방정식

$$rot H = curl H = \nabla \times H = i_c + \frac{\partial D}{\partial t} = i_c + \varepsilon \frac{\partial E}{\partial t} [\text{A/m}^2]$$

① 암페어(앙페르)의 주회적분법칙에서 유도한 식이다.
② 전도전류, 변위전류는 자계를 형성한다.
③ 전류와 자계와의 관계를 나타내며 전류의 연속성을 표현한다.

2. 맥스웰의 제 2의 기본 방정식

$$rot E = curl E = \nabla \times E = -\frac{\partial B}{\partial t} = -\mu \frac{\partial H}{\partial t} [\text{V}]$$

① 패러데이의 법칙에서 유도한 식이다.
② 자속밀도의 시간적 변화는 전계를 회전시키고 유기기전력을 형성한다.

3. 정전계의 가우스의 미분형

$div D = \nabla \cdot D = \rho [\text{C/m}^3]$

① 임의의 폐곡면 내의 전하에서 전속선이 발산한다.
② 가우스 발산 정리에 의하여 유도된 식
③ 고립(독립)된 전하는 존재한다.

4. 정자계의 가우스의 미분형

$div B = \nabla \cdot B = 0$

① 자속의 연속성을 나타낸 식이다.
② 고립(독립)된 자극(자하)는 없으며 N극과 S극이 항상 공존한다.

5. 벡터 포텐셜

$rot \vec{A} = \nabla \times \vec{A} = B [\text{Wb/m}^2]$

벡터포텐셜($\vec{A}$)의 회전은 자속밀도를 형성한다.

## 시행일 2022년 2회

**01** **10[mm]의 지름을 가진 동선에 50[A]의 전류가 흐를 때 단위 시간에 동선의 단면을 통과하는 전자의 수는 얼마인가?**

① 약 $50 \times 10^{19}$[개]　② 약 $20.45 \times 10^{19}$[개]

③ 약 $31.25 \times 10^{19}$[개]　④ 약 $7.85 \times 10^{19}$[개]

해설

**전류**

전류 $I = \frac{Q}{t} = \frac{ne}{t} [\text{A}]$

전자의 수 $n = \frac{I \cdot t}{e} = \frac{50 \times 1}{1.602 \times 10^{-19}} = 31.21 \times 10^{19}$[개]

**02** **한 변의 길이가 2[m]인 정삼각형 정점 A, B, C에 각각 $10^{-4}$[C]의 점전하가 있다. 점 B에 작용하는 힘[N]은?**

① 26　② 39

③ 48　④ 54

해설

**쿨롱의 법칙**

정삼각형 각 정점에 동종의 같은 크기 전하 존재시 각 점전하에 의한 힘을 $F_1$, $F_2$라 한다면 $F_1 = F_2$

$$F_1 = F_2 = \frac{Q_1 Q_2}{4\pi\varepsilon_0 r^2} = \frac{Q^2}{4\pi\varepsilon_0 r^2} = 9 \times 10^9 \times \frac{Q^2}{r} [\text{N}]$$

전체 힘 $F = \sqrt{F_1^2 + F_2^2 + 2F_1F_2\cos\theta} = \sqrt{3} F_1$

$$= \sqrt{3} \times 9 \times 10^9 \times \frac{(10^{-4})^2}{2^2} = 39 [\text{N}]$$

**03** **표면 전하밀도 $\sigma$[C/m²]로 대전된 도체 내부의 전속밀도는 몇 [C/m²]인가?**

① $\sigma$　② $\varepsilon_0 \sigma$

③ $\frac{\sigma}{\varepsilon_0}$　④ 0

해설

**대전도체**

대전도체에서 내부 전하, 내부 전계, 내부 전기력선 모두 0이므로 내부 전속밀도도 0이다.

**04** **도체계에서 임의의 도체를 일정 전위의 도체로 완전 포위하면 내외 공간의 전계를 완전히 차단할 수 있다. 이것을 무엇이라 하는가?**

[정답] 20 ④　2022년 2회　01 ③　02 ②　03 ④　04 ②

① 전자차폐　② 정전차폐
③ 홀 효과　④ 핀치 효과

해설

**정전차폐**

도체계에서 임의의 도체를 일정 전위의 도체로 완전 포위하면 내외 공간의 전계를 완전히 차단할 수 있다. 이를 정전 차폐라 한다. 정전 차폐를 이용한 것으로 가공지선이 있다.

## 05 점자극 $m$[Wb]에 의한 자계 중에서 $r$[m] 거리에 있는 점의 자위[A]는?

① $\frac{1}{4\pi\mu_0}\times\frac{m}{r^2}$　② $\frac{1}{4\pi\mu_0}\times\frac{m}{r}$
③ $\frac{1}{4\pi\mu_0}\times\frac{m^2}{r}$　④ $\frac{1}{4\pi\mu_0}\times\frac{m^2}{r^2}$

해설

**자기쌍극자**

점자극에 의한 자위 $U=\frac{m}{4\pi\mu_0 r}=6.33\times10^4\times\frac{m}{r}$[A]

## 06 유전율 $\varepsilon$, 투자율 $\mu$의 공간을 전파하는 전자파의 전파속도 $v$[m/s]는?

① $v=\sqrt{\varepsilon\mu}$　② $v=\sqrt{\frac{\varepsilon}{\mu}}$
③ $v=\sqrt{\frac{\mu}{\varepsilon}}$　④ $v=\sqrt{\frac{1}{\varepsilon\mu}}$

해설

**전파속도**

전파속도 $v=\lambda f=\frac{\omega}{\beta}=\frac{1}{\sqrt{LC}}$

$=\frac{1}{\sqrt{\mu\varepsilon}}=\frac{1}{\sqrt{\mu_0\varepsilon_0}}=\frac{1}{\sqrt{\mu_s\varepsilon_s}}=\frac{3\times10^8}{\sqrt{\mu_s\varepsilon_s}}$[m/s]

## 07 권수 1[회]의 코일에 5[Wb]의 자속이 쇄교하고 있을 때 $t=10^{-1}$[초] 사이에 자속이 0[Wb]으로 변하였다면 코일에 유도되는 기전력은 몇 [V]가 되는가?

① 5　② 25
③ 50　④ 100

해설

**전자유도법칙**

유기기전력 $e=-N\frac{d\phi}{dt}=-1\times\frac{0-5}{10^{-1}}=50$[V]

## 08 전류에 의한 자계의 방향을 결정하는 법칙은?

① 렌쯔의 법칙　② 플레밍의 오른손 법칙
③ 플레밍의 왼손 법칙　④ 암페어의 오른손 법칙

해설

**앙페르의 오른나사 법칙**

앙페르의 오른나사 법칙은 전류에 의한 자계의 방향을 결정하는 법칙으로 오른나사의 진행방향이 전류의 방향이라면 오른 나사의 회전방향이 자계의 방향이 된다.

## 09 면전하밀도가 $\sigma$[C/m²]인 대전 도체가 진공 중에 놓여 있을 때 도체 표면에 작용하는 정전 응력[N/m²]은?

① $\sigma$에 비례한다.　② $\sigma^2$에 비례한다.
③ $\sigma$에 반비례한다.　④ $\sigma^2$에 반비례한다.

해설

**정전흡입력**

단위 면적당 정전 흡입력

$f=\frac{F}{S}=\frac{\sigma^2}{2\varepsilon_0}=\frac{D^2}{2\varepsilon_0}=\frac{\varepsilon_0E^2}{2}=\frac{ED}{2}$[N/m²]

$f\propto\sigma^2\propto D^2\propto E^2$

## 10 양도체의 전파정수는?

① $\sqrt{\pi f\sigma\mu}+j\sqrt{\pi f\sigma\mu}$　② $\sqrt{2\pi f\sigma\mu}+j\sqrt{2\pi f\sigma\mu}$
③ $\sqrt{2\pi f\sigma\mu}+j\sqrt{\pi f^2\sigma\mu}$　④ $\sqrt{\pi f^2\sigma\mu}+j\sqrt{2\pi f\sigma\mu}$

해설

[정답] 05② 06④ 07③ 08④ 09② 10①

**전파정수**

① 완전유전체내의 전자파

전파정수 $\gamma=\alpha+j\beta=\pm j\omega\sqrt{\mu\varepsilon}$

여기서, 감쇠정수 $\alpha=0$, 위상정수 $\beta=\omega\sqrt{\mu\varepsilon}$

② 도체 내의전자파

전파정수 $\gamma=\alpha+j\beta=\sqrt{\omega\sigma\mu/2}+j\sqrt{\omega\sigma\mu/2}$

여기서, $\omega=2\pi f$[rad/s]이므로 $\gamma=\alpha+j\beta=\sqrt{\pi f\sigma\mu}+j\sqrt{\pi f\sigma\mu}$

## 11 지름이 10[cm]인 원형 코일 중심에서 자계가 1000[A/m]이다. 원형코일이 100회 감겨 있을 때 전류는 몇 [A]인가?

① 1 ② 2

③ 3 ④ 5

해설

**원형도체 중심점 자계**

원형도체 중심점 자계 $H=\frac{NI}{2a}$[AT/m]

$$I=\frac{2aH}{N}=\frac{2\times\frac{0.1}{2}\times 1000}{100}=1[\text{A}]$$

## 12 점 (−2, 1, 5)[m]와 점 (1, 3, −1)[m]에 각각 위치해 있는 점전하 1[μC]과 4[μC]에 의해 발생된 전위장 내에 저장된 정전 에너지는 약 몇 [mJ]인가?

① 2.57 ② 5.14

③ 7.71 ④ 10.28

해설

**정전에너지**

두 전하간 거리 $\vec{r}=\{1-(-2)\}i+(3-1)j+(-1-5)k$

$=3i+2j-6k$[m]

$|\vec{r}|=\sqrt{3^2+2^2(-6)^2}=7$[m]

$Q_1$에 의한 $Q_2$의 전위를 $V_1$, $Q_2$에 의한 $Q_1$의 전위를 $V_2$로 하고 $Q_1$, $Q_2$에 저장되는 에너지를 각각 $W_1$, $W_2$라고 하면

$$W_1=\frac{1}{2}Q_1V_2=\frac{1}{2}Q_1\frac{Q_2}{4\pi\varepsilon_0 r}=\frac{Q_1Q_2}{8\pi\varepsilon_0 r}[\text{J}]$$

$$W_2=\frac{1}{2}Q_2V_1=\frac{1}{2}Q_2\frac{Q_1}{4\pi\varepsilon_0 r}=\frac{Q_1Q_2}{8\pi\varepsilon_0 r}[\text{J}]$$

$$\therefore W=W_1+W_2=\frac{Q_1Q_2}{4\pi\varepsilon_0 r}$$

$$=9\times10^9\times\frac{1\times10^{-6}\times4\times10^{-6}}{7}\times10^3=5.14[\text{J}]$$

## 13 접지구도체와 점전하간의 작용력은?

① 항상 반발력이다. ② 항상 흡입력이다.

③ 조건적 반발력이다. ④ 조건적 흡입력이다.

해설

**접지구도체와 점전하**

접지구도체와 점전하 $Q$ 사이에는 접지 구도체 내부에 영상전하 $Q'=-\frac{a}{d}Q$[C]가 발생하여 흡입력이 발생한다.

## 14 동일한 종류의 금속의 2점 사이에 온도차가 있는 경우 전류가 통과할 때 열의 발생 또는 흡수가 일어나는 현상은?

① 제백 효과 ② 펠티어 효과

③ 볼타 효과 ④ 톰슨 효과

해설

**여러 가지 전기현상**

동종의 금속에서 각 부의 온도가 다르면 그 부분에서 열의 발생 또는 흡수가 일어나는 효과를 톰슨 효과라 한다.

## 15 평행판 콘덴서에 어떤 유전체를 채워 넣었을 때 전속밀도를 $D$[C/m²], 단위체적당 정전 에너지를 $\omega$[J/m³]라 한다. 이 유전체의 비유전율은?

① $\frac{\omega}{D}$ ② $\frac{D^2}{2\varepsilon_0\omega}$

③ $\frac{D}{2\varepsilon_0}$ ④ $\frac{D}{\varepsilon_0}$

해설

**정전 에너지**

[정답] 11 ① 12 ② 13 ② 14 ④ 15 ②

단위 체적당 축적되는 에너지

$\omega=\frac{\sigma^2}{2\varepsilon_0}=\frac{D^2}{2\varepsilon_0}=\frac{\varepsilon_0 E^2}{2}=\frac{ED}{2}$[J/m³]에서

$\varepsilon=\varepsilon_0\varepsilon_s=\frac{D^2}{2\omega}$이고 $\varepsilon_s=\frac{D^2}{2\varepsilon_0\omega}$이다.

## 16 다음 중 자기회로와 전기회로의 대응관계로 옳지 않은 것은?

① 자속 – 전속 ② 자계 – 전계

③ 투자율 – 도전율 ④ 기자력 – 기전력

해설

**자기회로**

전기회로와 자기회로의 비교

| 전기회로 | | 자기회로 | |
|---|---|---|---|
| 도전율 | $k=\sigma$[℧/m] | 투자율 | $\mu$[H/m] |
| 전기저항 | $R=\frac{l}{kS}$[Ω] | 자기저항 | $R_m=\frac{l}{\mu S}$[Ω] |
| 기전력 | $V=IR$[V] | 기자력 | $F=NI=\phi R_m$[AT] |
| 전류 | $I=\frac{V}{R}$[A] | 자속 | $\phi=\frac{F}{R_m}=\frac{\mu SNI}{l}$[Wb] |
| 전류밀도 | $i_c=\frac{I}{S}$[A/m²] | 자속밀도 | $B=\frac{\phi}{S}$[Wb/m²] |

## 17 자기 인덕턴스가 $L_1$, $L_2$이고 상호 인덕턴스가 $M$인 두 회로의 결합계수가 1일 때, 성립되는 식은?

① $L_1\cdot L_2=M$ ② $L_1\cdot L_2<M^2$

③ $L_1\cdot L_2>M^2$ ④ $L_1\cdot L_2=M^2$

해설

**상호 인덕턴스**

상호 인덕턴스 $M=k\sqrt{L_1L_2}$ [H]에서 결합계수 $k=1$이므로 $M=\sqrt{L_1L_2}$, $M^2=L_1L_2$

## 18 공기 중에서 $E$[V/m]의 전계를 $i_d$[A/m²]의 변위전류로 흐르게 하고자 한다. 이 때 주파수 $f$[Hz]는?

① $f=\frac{i_d}{2\pi\varepsilon E}$ ② $f=\frac{i_d}{4\pi\varepsilon E}$

③ $f=\frac{i_d}{2\pi^2 E}$ ④ $f=\frac{i_d}{4\pi^2 E}$

해설

변위전류밀도 $i_d=\frac{\partial D}{\partial t}=\omega\varepsilon E=2\pi f\varepsilon E$[A/m²]

$\therefore f=\frac{i_d}{2\pi\varepsilon E}$[Hz]

## 19 히스테리시스 손실과 히스테리시스 곡선과의 관계는?

① 히스테리시스 곡선의 면적이 클수록 히스테리시스 손실이 적다.

② 히스테리시스 곡선의 면적이 작을수록 히스테리시스 손실이 적다.

③ 히스테리시스 곡선의 잔류자기 값이 클수록 히스테리시스 손실이 적다.

④ 히스테리시스 곡선의 보자력의 값이 클수록 히스테리시스 손실이 적다.

해설

**히스테리시스 곡선**

히스테리시스 루프의 면적은 강자성체의 자화 시 필요한 단위체적당 필요한 에너지 또는 히스테리시스 손의 면적을 뜻하며, 잔류자기와 보자력의 값이 클수록 히스테리시스 루프 면적이 커진다.

## 20 10[mH]의 두 자기 인덕턴스가 있다. 결합 계수를 0.1부터 0.9까지 변화시킬 수 있다면 이것을 직렬 접속시켜 얻을 수 있는 합성 인덕턴스의 최댓값과 최솟값의 비는 얼마인가?

① 9 : 1 ② 13 : 1

③ 16 : 1 ④ 19 : 1

[정답] 16① 17④ 18① 19② 20④

해설

**합성 인덕턴스**

직렬 접속시 합성 인덕턴스

$L_0 = L_1 + L_2 \pm 2M = L_1 + L_2 \pm 2k\sqrt{L_1 L_2}$ [H]에서

$2k\sqrt{L_1 L_2}$ 가 최대일 때 최대, 최소 합성인덕턴스를 갖는다.

최댓값 $L_{0max} = 10 + 10 + 2 \times 0.9 \times \sqrt{10 \times 10} = 38$[mH]

최댓값 $L_{0max} = 10 + 10 - 2 \times 0.9 \times \sqrt{10 \times 10} = 2$[mH]

최댓값 : 최소값 $= 38 : 2 = 19 : 1$

## 시행일 2022년 3회

**01** 시간적으로 변화하지 않는 보존적인 전계가 비회전성 이라는 의미를 나타낸 식은?

① $\nabla \cdot E = 0$　② $\nabla \cdot E = \infty$

③ $\nabla \times E = 0$　④ $\nabla^2 E = 0$

해설

**전계의 비회전성**

전계의 비회전성(보존장의 조건) $\oint_c E dl = \int rotE ds = 0$이며

전계 내에서 폐회로를 따라 단위전하를 일주시 한 일은 항상 0임을 의미한다.

미분형으로 표현시 $rotE = curlE = \nabla \times E = 0$이며 시간적으로 변하지 않는 보존적인 전하가 비회전성임을 의미한다.

**02** 자기 인덕턴스가 $L_1$, $L_2$이고 상호 인덕턴스가 $M$인 두회로의 결합계수가 1일 때, 성립되는 식은?

① $L_1 \cdot L_2 = M$　② $L_1 \cdot L_2 < M^2$

③ $L_1 \cdot L_2 > M^2$　④ $L_1 \cdot L_2 = M^2$

해설

**상호 인덕턴스**

상호 인덕턴스 $M = k\sqrt{L_1 L_2}$ [H]에서 결합계수 $k=1$이므로

$M = \sqrt{L_1 L_2}$, $M^2 = L_1 L_2$

**03** 서로 결합된 2개의 코일을 직렬로 연결하면 합성 자기 인덕턴스가 20[mH]이고, 한쪽 코일의 연결을 반대로 하면 8[mH]가 되었다. 두 코일의 상호 인덕턴스는?

① 3[mH]　② 6[mH]

③ 14[mH]　④ 28[mH]

해설

**합성 인덕턴스**

직렬접속 합성 인덕턴스 $L_0 = L_1 + L_2 \pm 2M$[H]에서

가동결합 $L_{0+} = L_1 + L_2 + 2M = 20$[mH]

차동결합 $L_{0-} = L_1 + L_2 - 2M = 8$[mH]이므로

$L_{0+} - L_{0-} = 4M = 20 - 8 = 12$[mH]

$\therefore M = 3$[mH]

**04** 전기쌍극자로부터 임의의 점의 거리가 $r$이라 할 때, 전계의 세기는 $r$과 어떤 관계에 있는가?

① $\frac{1}{r}$ 에 비례　② $\frac{1}{r^2}$ 에 비례

③ $\frac{1}{r^3}$ 에 비례　④ $\frac{1}{r^4}$ 에 비례

해설

**전기쌍극자**

전기 쌍극자 모멘트 $M = Q \cdot l$[C·m]에서

① 전위

$$V = \frac{M}{4\pi\epsilon_o r^2}\cos\theta = \frac{Ql}{4\pi\epsilon_o r^2}\cos\theta = 9 \times 10^9 \frac{M\cos\theta}{r^2}[\text{V}]$$

② 전계의 세기

- $r$성분 전계 : $E_r = \frac{M}{2\pi\epsilon_o r^3}\cos\theta$[V/m]
- $\theta$성분의 전계 : $E_\theta = \frac{M}{4\pi\epsilon_o r^3}\sin\theta$[V/m]
- 전체 전계 : $E = \frac{M}{4\pi\epsilon_o r^3}\sqrt{1 + 3\cos^2\theta}$[V/m]

전기쌍극자에 의한 전계 $E \propto \frac{1}{r^3}$ 즉 거리의 세제곱에 반비례한다.

[정답] 2022년 3회 01 ③ 02 ④ 03 ① 04 ③

**05** 비유전률이 5인 등방 유전체의 한 점에서의 전계의 세기가 $10^5$[V/m] 일 때 이 점의 분극의 세기는 몇 [C/m²] 인가?

① $\frac{10^{-4}}{9\pi}$ ② $\frac{10^{-5}}{9\pi\varepsilon_0}$
③ $\frac{10^{-4}}{36\pi}$ ④ $\frac{10^{-5}}{36\pi\varepsilon_0}$

해설

**분극의 세기**

분극의 세기 $P=\varepsilon_0(\varepsilon_s-1)E$

$$=\frac{10^{-9}}{36\pi}(5-1)\times10^5=\frac{10^{-4}}{9\pi}[\mathrm{C/m^2}]$$

**06** 두 코일이 있다. 한 코일의 전류가 매초 40[A]의 비율로 변화 할 때, 다른 코일에는 20[V]의 기전력이 발생한다면, 두 코일의 상호 인덕턴스는 몇 [H]인가?

① 0.2 ② 0.5
③ 0.8 ④ 1.0

해설

**상호 인덕턴스**

2차측에 유기되는 기전력 $e_2=M\frac{di_1}{dt}$에서

$e_2=20[\mathrm{V}]$, $\frac{di}{dt}=40[\mathrm{A/s}]$이므로

$20=40M \ \therefore M=\frac{20}{40}=0.5[\mathrm{H}]$

**07** 전계의 세기가 $5\times10^2$[V/m]인 전계 중에 $8\times10^{-8}$[C]의 전하가 놓일 때 전하가 받는 힘은 몇 [N]인가?

① $4\times10^{-2}$ ② $4\times10^{-3}$
③ $4\times10^{-4}$ ④ $4\times10^{-5}$

해설

**전계의 세기**

전계 내 전하가 받는 힘

$F=QE=5\times10^2\times8\times10^{-8}=4\times10^{-5}[\mathrm{N}]$

**08** 단면적이 같은 자기회로가 있다. 철심의 투자율을 $\mu$라 하고 철심회로의 길이를 $l$이라 한다. 지금 그 일부에 미소공극 $l_0$을 만들었을 때 자기회로의 자기저항은 공극이 없을 때의 약 몇 배인가? (단, $l\gg l_0$이다.)

① $1+\frac{\mu l}{\mu_o l_o}$ ② $1+\frac{\mu l_o}{\mu_o l}$
③ $1+\frac{\mu_o l}{\mu l_o}$ ④ $1+\frac{\mu_o l_o}{\mu l}$

해설

**공극 발생시 합성 자기저항**

공극 발생시 자기저항 증가율

$$\frac{R_{m0}}{R_m}=\frac{\frac{l+\mu_s l_0}{\mu s}}{\frac{l}{\mu s}}=\frac{1+\mu_s l_0}{l}=1+\frac{\mu_s l_0}{l}=1+\frac{\mu_0\mu_s l_0}{\mu_0 l}=1+\frac{\mu l_0}{\mu_0 l}$$

**09** 무한 평면 도체에서부터 $a$[m]의 거리에 점전하 $Q$[C]가 있을 때, 이 점전하와 평면 도체간의 작용력은 몇 [N]인가?

① $\frac{Q^2}{2\pi\varepsilon a^2}$ ② $-\frac{Q^2}{4\pi\varepsilon a^2}$
③ $\frac{Q^2}{8\pi\varepsilon a^2}$ ④ $-\frac{Q^2}{16\pi\varepsilon a^2}$

해설

**접지무한평면과 점전하**

점전하와 영상전하 사이에 작용하는 힘은 다음과 같다.

$$F=\frac{Q_1Q_2}{4\pi\varepsilon_o r^2}=\frac{Q(-Q)}{4\pi\varepsilon_o(2a)^2}=\frac{-Q^2}{16\pi\varepsilon_o a^2}[\mathrm{N}]$$

여기서 −는 흡입력을 의미한다.

**10** 히스테리시스 곡선이 횡축과 만나는 점은 무엇을 나타내는가?

① 투자율 ② 잔류자속밀도
③ 자력선 ④ 보자력

해설

[정답] 05 ① 06 ② 07 ④ 08 ② 09 ④ 10 ④

**히스테리시스 곡선**
히스테리시스 곡선에서
- 종축 : 자속밀도 $B[B/m^2]$이며 잔류자기와 만난다.
- 횡축 : 자속 $H[AT/m]$이며 보자력과 만난다.

## 11 전류의 세기가 $I[A]$, 반지름 $r[m]$인 원형 선전류 중심에 $m[Wb]$인 가상 점자극을 둘 때 원형 선전류가 받는 힘은?

① $\frac{mI}{2\pi r}[N]$　② $\frac{mI}{2r}[N]$
③ $\frac{mI^2}{2\pi r}[N]$　④ $\frac{mI}{2\pi r^2}[N]$

해설

**원형도체 중심점 자계**
자계 내 자극이 받는 힘 $F=mH[N]$
원형도체 중심점 자계 $H=\frac{NI}{2r}[AT/m]$
$\therefore F=m\left(\frac{NI}{2r}\right)=\frac{mI}{2r}[N]$

## 12 전계 $E=\sqrt{2}E_c\sin\omega\left(t-\frac{z}{v}\right)$의 평면 전자파가 있다. 진공 중에서의 자계의 실효값은 약 몇 $[AT/m]$인가?

① $2.65\times10^{-4}E_c$　② $2.65\times10^{-3}E_c$
③ $3.77\times10^{-2}E_c$　④ $3.77\times10^{-1}E_c$

해설

**파동 고유 임피던스**
$\eta=\frac{E}{H}=\sqrt{\frac{\mu}{\varepsilon}}=\sqrt{\frac{\mu_0}{\varepsilon_0}}\sqrt{\frac{\mu_s}{\varepsilon_s}}=377\sqrt{\frac{\mu_s}{\varepsilon_s}}[\Omega]$
진공시 $\varepsilon_s=1$, $\mu_s=1$이므로 $\eta=377\sqrt{\frac{1}{1}}=377[\Omega]$
자계의 실효값 $H_c=\frac{E_c}{\eta}=\frac{E_c}{377}=2.65\times10^{-3}E_c[AT/m]$

## 13 한 금속에서 전류의 흐름으로 인한 온도 구배 부분의 줄열 이외의 발열 또는 흡열에 관한 현상은?

① 펠티에 효과　② 볼타 법칙
③ 톰슨 효과　④ 지벡 효과

해설

**톰슨 효과**
동종의 금속에서 각 부의 온도가 다르면 그 부분에서 열의 발생 또는 흡수가 일어나는 효과를 톰슨 효과라 한다.

## 14 공심 환상철심에서 코일의 권회수 500회, 단면적 $6[m^2]$, 평균 반지름 $15[cm]$, 코일에 흐르는 전류를 $4[A]$라 하면 철심 중심에서의 자계의 세기는 약 몇 $[AT/m]$인가?

① 1061　② 1325
③ 1821　④ 2122

해설

**솔레노이드에 의한 자계**
환상 솔레노이드 내부 자계의 세기
$H=\frac{NI}{l}=\frac{NI}{2\pi a}=\frac{500\times4}{2\pi\times0.15}=2122.06[AT/m]$

## 15 내외 반지름이 각각 $a$, $b$이고 길이가 $l$인 동축원통 도체 사이에 도전율 $\sigma$, 유전율 $\varepsilon$인 손실유전체를 넣고, 내원통과 외원통 간에 전압 $V$를 가했을 때 방사상으로 흐르는 전류 $I$는? (단, $RC=\rho\varepsilon$이다.)

① $\frac{2\pi lV}{\sigma\ln\frac{b}{a}}$　② $\frac{\pi\sigma lV}{\ln\frac{b}{a}}$
③ $\frac{2\pi\sigma lV}{\ln\frac{b}{a}}$　④ $\frac{4\pi\sigma lV}{\ln\frac{b}{a}}$

해설

**누설전류**
동축 및 원주형 도체 $C=\frac{2\pi\varepsilon l}{\ln\frac{b}{a}}[F]$

[정답] 11 ② 12 ② 13 ③ 14 ④ 15 ③

$$R=\frac{\rho\varepsilon}{c}=\frac{\rho\varepsilon}{\frac{2\pi\varepsilon l}{\ln\frac{b}{a}}}=\frac{\rho}{2\pi l}\ln\frac{b}{a}=\frac{1}{2\pi\sigma l}\ln\frac{b}{a}[\Omega]$$

$$I=\frac{V}{R}=\frac{2\pi\sigma lV}{\ln\frac{b}{a}}[\text{A}]$$

**16** **반지름 $a$[m]의 도체구와 내외 반지름이 각각 $b$[m], $c$[m]인 도체구가 동심으로 되어 있다. 두 도체구 사이에 비유전율 $\varepsilon_s$인 유전체를 채웠을 경우의 정전용량[F]은?**

① $\frac{1}{9\times10^9}\times\frac{abc}{a-b+c}$　② $9\times10^9\times\frac{bc}{b-c}$

③ $\frac{\varepsilon_s}{9\times10^9}\times\frac{ac}{c-a}$　④ $\frac{\varepsilon_s}{9\times10^9}\times\frac{ab}{b-a}$

해설

**도체 모양에 따른 정전용량**

동심 구도체 정전용량

$$C=\frac{4\pi\varepsilon}{\frac{1}{a}-\frac{1}{b}}=4\pi\varepsilon_0\frac{ab}{b-a}$$

$$=4\pi\varepsilon_0\varepsilon_s\frac{ab}{b-a}=\frac{\varepsilon_S}{9\times10^9}\times\frac{ab}{b-a}[\text{F}]$$

**17** **2[Wb/m$^2$]인 평등 자계 속에 자계와 직각방향으로 놓인 길이 30[cm]인 도선을 자계와 30°각도의 방향으로 30[m/s]의 속도로 이동할 때, 도체 양단에 유기되는 기전력 [V]은?**

① 3　② 9

③ 30　④ 90

해설

**플레밍의 오른손 법칙**

자계 내 도체 이동시 유기기전력의 크기

$$e=Blv\sin\theta=(\vec{v}\times\vec{B})l=\frac{F}{I}v[\text{V}]$$

$$=2\times0.3\times30\times\sin30^\circ=9[\text{V}]$$

**18** **맥스웰은 전극간의 유전체를 통하여 흐르는 전류를 ( ① )라 하고, 이것은 ( ② )를 발생한다고 가정하였다. ①, ②에 알맞는 것은?**

① ① 와전류 ② 자계

② ① 변위전류 ② 자계

③ ① 와전류　② 전류

④ ① 변위전류② 전계

해설

**변위전류**

전속밀도의 시간적 변화율로서 유전체를 통해 흐르는 가상의 전류를 변위전류라 하며, 변위전류는 자계를 발생시킨다.

**19** **전기력선의 성질이 아닌 것은?**

① 전기력선은 도체내부에 존재한다.

② 전기력선은 등전위면인 도체 표면과 수직으로 출입한다.

③ 전기력선은 그 자신만으로 폐곡선이 되는 일이 없다.

④ 1[C]의 단위 전하에는 $\frac{1}{\varepsilon_0}$개의 전기력선이 출입한다.

해설

**전기력선의 성질**

전기력선의 성질

① 전하가 없는 점에서는 전기력선의 발생 및 소멸은 없다.
② 전기력선은 정(+)전하에서 시작하여 부(−)전하에서 끝난다.
③ 전기력선의 방향은 그 점의 전계의 방향과 일치한다.
④ 전기력선의 밀도는 전계의 세기와 같다.
⑤ 전기력선은 전위가 높은 점에서 낮은 점으로 향한다.
⑥ 전기력선은 도체 표면(등전위면)에 수직으로 만난다.
⑦ 도체에 주어진 전하는 도체 표면에만 분포한다.
⑧ 전기력선은 대전도체 내부에는 존재하지 않는다.
⑨ 전하는 곡률이 큰 곳 또는 곡률이 작은 곳에 큰 밀도를 이룬다.
⑩ 전기력선은 서로 반발하여 교차 할 수 없으며 그 자신만으로 폐곡선을 이룰 수 없다.

**20** **무한 평면도체에서 $h$[m]의 높이에 반지름 $a$[m] ($a\ll h$)의 도선을 도체에 평행하게 가설하였을 때 도체에 대한 도선의 정전용량은 몇 [F/m]인가?**

[정답] 16④ 17② 18② 19① 20②

① $\dfrac{\pi\varepsilon_0}{\ln\frac{h}{a}}$ ② $\dfrac{2\pi\varepsilon_0}{\ln\frac{2h}{a}}$

③ $\dfrac{\pi\varepsilon_0}{\ln\frac{2h}{a}}$ ④ $\dfrac{2\pi\varepsilon_0}{\ln\frac{h}{a}}$

해설

**접지무한평면과 선전하**

도선과 영상선전하 사이 정전용량 $C=\dfrac{\pi\varepsilon_0}{\ln\frac{d}{a}}$[F/m]

$d=2h$이므로 $C=\dfrac{\pi\varepsilon_0}{\ln\frac{2h}{a}}$[F/m]

이 때 두 도선 사이에는 도선과 대지 사이
정전용량 $C'$[F/m] 2개가 직렬연결 상태이므로
$C=\dfrac{C'}{2}$이며 $C'=2C=\dfrac{2\pi\varepsilon_0}{\ln\frac{2h}{a}}$[F/m]

시행일 **2023년 1회**

**01** **도체계에서 각 도체의 전위를 $V_1$, $V_2$, ……으로 하기 위한 각 도체의 유도계수와 용량 계수에 대한 설명으로 옳은 것은?**

① $q_{11}$, $q_{22}$, $q_{33}$ 등을 유도계수라 한다.
② $q_{21}$, $q_{31}$, $q_{41}$ 등을 용량계수라 한다.
③ 일반적으로 유도계수는 0보다 작거나 같다.
④ 용량계수와 유도계수의 단위는 모두 [V/C]이다.

해설

**용량계수 및 유도계수**

용량계수 및 유도계수의 성질
- 용량계수 $q_{rr}>0$
- 유도계수 $q_{rs}\leq 0$
- $q_{rr}\geq -q_{rs}$
- $q_{rr}=-q_{rs}$인 경우 $s$도체는 $r$도체를 포함한다.

**02** **단면적이 0.6[m²], 길이가 0.8[m]인 철심이 있다. 이 철심의 자기 저항[AT/Wb]은? (단, 철심의 비투자율은 20이다.)**

① $8.27\times10^4$ ② $7.89\times10^4$
③ $6.48\times10^4$ ④ $5.31\times10^4$

해설

**자기저항**

$$R_m=\frac{l}{\mu S}=\frac{l}{\mu_0\mu_s S}=\frac{0.8}{4\pi\times10^{-7}\times20\times0.6}=5.31\times10^4\,[\text{AT/Wb}]$$

**03** **도체 2를 $Q$로 대전된 도체 1에 접속하면 도체 2가 얻는 전하를 전위계수로 표시하면 얼마나 되는가? (단, $P_{11}$, $P_{12}$, $P_{21}$, $P_{22}$는 전위계수이다.)**

① $\dfrac{P_{11}-P_{12}}{P_{11}-2P_{12}+P_{22}}Q$ ② $\dfrac{P_{11}-P_{12}}{P_{11}+2P_{12}+P_{22}}Q$

③ $-\dfrac{P_{11}-P_{12}}{P_{11}-2P_{12}+P_{22}}Q$ ④ $-\dfrac{P_{11}-P_{12}}{P_{11}+2P_{12}+P_{22}}Q$

해설

**전위계수**

$V_1=P_{11}Q_1+P_{12}Q_2$, $V_2=P_{21}Q_1+P_{22}Q_2$식에서
접촉 후에는 공통전위 $V_1=V_2$를 이룬다.
접속 후 도체 1에 남아있는 전하 $Q_1=Q-Q_2$ 로 감소하므로
이를 정리하면
$V_1=P_{11}(Q-Q_2)+P_{12}Q_2=P_{21}(Q-Q_2)+P_{22}Q_2=V_2$
$P_{11}Q-P_{11}Q_2+P_{12}Q_2=P_{21}Q-P_{21}Q_2+P_{22}Q_2$, $P_{12}=P_{21}$이므로
$P_{11}Q-P_{12}Q=P_{11}Q_2-2P_{12}Q_2+P_{22}Q_2$
$(P_{11}-P_{12})Q=(P_{11}-2P_{12}+P_{22})Q_2$
$\therefore\ Q_2=\dfrac{(P_{11}-P_{21})Q}{P_{11}-2P_{12}+P_{22}}$

**04** **자기인덕턴스와 상호인덕턴스와의 관계에서 결합계수 $k$에 영향을 주지 않는 것은?**

① 코일의 크기 ② 코일의 상대위치
③ 코일의 재질 ④ 코일의 형상

[정답] 2203년 1회 01 ③ 02 ④ 03 ① 04 ③

해설

**결합계수**

결합계수 $k$는 두 코일이 자기적으로 결합된 정도, 즉 코일에서 발생하는 자속이 상대 코일에 쇄교하는 비율을 말한다. 코일의 크기나 형상 및 상대 위치에 따라 자속이 상대 코일에 쇄교하는 비율이 달라질 수 있으나, 코일의 재질은 영향을 주지 않는다.

## 05 여러 가지 도체의 전하 분포에 있어 각 도체의 전하를 $n$배 하면 중첩의 원리가 성립되기 위해서는 그 전위는 어떻게 되는가?

① $n$배가 된다. ② $\frac{n}{2}$배가 된다.
③ $2n$배가 된다. ④ $n^2$배가 된다.

해설

**전위**

$V=\frac{Q}{4\pi\epsilon_0 r}$[V], $nV=\frac{nQ}{4\pi\epsilon_0 r}$[V]이므로

전하가 $n$배면 전위도 $n$배가 된다.

## 06 지구의 표면에 있어서 대지로 향하여 $E=300$[V/m]의 전계가 있다고 가정하면 지표면의 전하밀도[C/m²]는?

① $1.65\times10^{-9}$ ② $1.65\times10^{-11}$
③ $2.65\times10^{-9}$ ④ $2.65\times10^{-11}$

해설

**전속밀도**

$\rho_s=\sigma=D=\epsilon_0 E=8.855\times10^{-12}\times300=2.65\times10^{-9}$[C/m²]

## 07 점전하 $+Q$[C]의 무한 평면도체에 대한 영상전하는?

① $Q$[C]과 같다. ② $Q$[C]보다 작다.
③ $Q$[C]보다 크다. ④ $-Q$[C]과 같다.

해설

**접지무한평면과 점전하**

접지무한평면에 의한 영상전하는 크기는 같고 부호는 반대이므로

$Q'=-Q$[C]

## 08 동일 용량 $C$[F]의 콘덴서 $n$개를 병렬로 연결하였다면 합성정전용량[F]은 얼마인가?

① $\frac{C}{n}$ ② $nC$
③ $C$ ④ $n^2C$

해설

**합성정전용량**

동일 용량 $C$[F]의 콘덴서 $n$개 병렬 연결시

합성정전용량 $C_0=C+C+\cdots\cdots+C=nC$[F]

## 09 반지름 $a$[m]인 원형 전류가 흐르고 있을 때 원형 전류의 중심 0에서 중심축상 $x$[m]인 점의 자계[AT/m]를 나타낸 식은?

① $\frac{I}{2a}\cos^2\theta$ ② $\frac{I}{2a}\cos^3\theta$
③ $\frac{I}{2a}\sin^2\theta$ ④ $\frac{I}{2a}\sin^3\theta$

해설

**원형코일 중심축상 자계의 세기**

원형코일 중심에서 떨어진 지점의 자계

$H=\frac{Ia^2}{2(a^2+x^2)^{\frac{3}{2}}}=\frac{I}{2a}\sin^3\theta$[AT/m]

## 10 두 유전체의 경계면에서 정전계가 만족하는 것은?

① 전계의 법선 성분이 같다.
② 전속밀도의 접선 성분이 같다.
③ 전계의 접선 성분이 같다.
④ 분극의 세기의 접선 성분이 같다.

해설

**유전체 경계면 조건**

1) 완전경계조건 : 경계면(접선)에는 진전하밀도가 존재하지 않고, 전위차는 없다.

[정답] 05 ① 06 ③ 07 ④ 08 ② 09 ④ 10 ③

2) 법선(수직)성분은 전속밀도 $D_1=D_2$
① $D_1=D_2$ : 연속적
② $E_1 \neq E_2$ : 불연속적
③ $D_1\cos\theta_1=D_2\cos\theta_2$, $\varepsilon_1E_1\cos\theta_1=\varepsilon_2E_2\cos\theta_2$
3) 접선(수평)성분은 전계 $E_1=E_2$
① $E_1=E_2$ : 연속적
② $D_1 \neq D_2$ : 불연속적
③ $E_1\sin\theta_1=E_2\sin\theta_2$
4) 굴절각 $\frac{\tan\theta_1}{\tan\theta_2}=\frac{\varepsilon_1}{\varepsilon_2}$
5) 비례 관계 : $\varepsilon_1>\varepsilon_2$일 때 $\theta_1>\theta_2$, $D_1>D_2$, $E_1<E_2$

## 11 $div\ i=0$ 에 대한 설명이 아닌 것은?

① 도체 내에 흐르는 전류는 연속적이다.
② 도체 내에 흐르는 전류는 일정하다.
③ 단위 시간당 전하의 변화는 없다.
④ 도체 내에 전류가 흐르지 않는다.

해설

**전류의 연속성**
$div\ i=0$은 키르히호프 전류 법칙의 미분형으로 임의의 도체 단면에 유입하는 전류의 총합은 유출하는 전류의 총합과 같다는 법칙이다. 즉 전류가 흐르는 상태에서의 법칙이다.

## 12 전류와 자계 사이의 힘의 효과를 이용한 것으로 자유로이 구부릴 수 있는 도선에 대전류를 통하면 도선 상호간에 반발력에 의하여 도선이 원을 형성하는데 이와 같은 현상은?

① 핀치 효과 ② 홀 효과
③ 스트레치 효과 ④ 스킨 효과

해설

**스트레치 효과**
자유로이 구부릴 수 있는 도선으로 사각형을 만들어 전류를 흐르게 하면 마주보는 평행한 두 도선에 흐르는 전류의 방향이 반대이므로 전자력에 의해 반발력이 발생하여 원형이 된다. 이와 같은 현상을 스트레치 효과라 한다.

## 13 솔레노이드의 자기인덕턴스와 권회수 $N$의 관계는?

① $N$에 비례 ② $N^2$에 비례
③ $\frac{1}{N^2}$에 비례 ④ $\sqrt{N}$에 비례

해설

**솔레노이드 자기 인덕턴스**
$L=\frac{\mu SN^2}{l}=\frac{N^2}{R_m}$, $L\propto N^2$

## 14 맥스웰 방정식에 대한 설명으로 틀린 것은?

① 전도전류는 자계를 발생시키지만, 변위전류는 자계를 발생시키지 않는다.
② N극과 S극이 공존한다.
③ 자속밀도의 시간적 변화에 따라 전계의 회전이 발생한다.
④ 폐곡면을 통해 나오는 전속은 폐곡면 내 전하량과 같다.

해설

**맥스웰 방정식**
1. 맥스웰의 제1의 기본 방정식
$$rot H=curl H=\nabla\times H=i_c+\frac{\partial D}{\partial t}=i_c+\varepsilon\frac{\partial E}{\partial t}[\text{A/m}^2]$$
① 암페어(앙페르)의 주회적분법칙에서 유도한 식이다.
② 전도전류, 변위전류는 자계를 형성한다.
③ 전류와 자계와의 관계를 나타내며 전류의 연속성을 표현한다.
2. 맥스웰의 제2의 기본 방정식
$$rot E=curl E=\nabla\times E=-\frac{\partial B}{\partial t}=-\mu\frac{\partial H}{\partial t}[\text{V}]$$
① 패러데이의 법칙에서 유도한 식이다.
② 자속밀도의 시간적 변화는 전계를 회전시키고 유기기전력을 형성한다.
3. 정전계의 가우스의 미분형
$divD=\nabla\cdot D=\rho[\text{C/m}^3]$
① 임의의 폐곡면 내의 전하에서 전속선이 발산한다.
② 가우스 발산 정리에 의하여 유도된 식
③ 고립(독립)된 전하는 존재한다.

[정답] 11 ④ 12 ③ 13 ② 14 ①

4. 정자계의 가우스의 미분형
   $divB=\nabla\cdot B=0$
   ① 자속의 연속성을 나타낸 식이다.
   ② 고립(독립)된 자극(자하)는 없으며 N극과 S극이 항상 공존한다.
5. 벡터 포텐셜
   $rot\vec{A}=\nabla\times\vec{A}=B[\mathrm{Wb/m^2}]$
   벡터포텐셜($\vec{A}$)의 회전은 자속밀도를 형성한다.

## 15 공기 중에 있는 무한 직선 도체에 전류 $I$[A]가 흐르고 있을 때 도체에서 $a$[m] 떨어진 점에서의 자계[AT/m]는?

① $\dfrac{\mu_0 I}{a}$　② $\dfrac{\mu_0 I}{2\pi a}$

③ $\dfrac{I}{2\pi a^2}$　④ $\dfrac{I}{2\pi a}$

해설

**무한장 직선전류에 의한 자계**

무한장 직선전류에 의한 자계 $H=\dfrac{I}{2\pi r}=\dfrac{I}{2\pi a}[\mathrm{AT/m}]$

## 16 단위 구면을 통해 나오는 전기력선의 수는? (단, 구 내부의 전하량은 $Q$[C]이다.)

① 1　② $Q$

③ $\dfrac{Q}{\varepsilon_0}$　④ $\varepsilon_0$

해설

**전기력선의 성질**

$Q$[C]에서 발생하는 전기력선의 총 수는 $\dfrac{Q}{\varepsilon_0}$[개]다.

## 17 공기 중에 두 자성체가 있다. 자성체에서 발생하는 자속밀도가 0.2[Wb/m²]일 때 두 자극면 사이에 발생하는 1[cm²]당 힘[N]은? (단 자성체의 비투자율은 1000이다.)

① 5.3　② 3.2

③ 2.1　④ 1.6

해설

**자석의 흡인력**

두 자성체가 공기 중에 있으므로

$f=\dfrac{B^2}{2\mu_0}=\dfrac{1}{2}\mu_0 H^2=\dfrac{1}{2}BH[\mathrm{N/m^2}]$에서

$f=\dfrac{B^2}{2\mu_0}=\dfrac{0.2^2}{2\times4\pi\times10^{-7}}[\mathrm{N/m^2}]$

$=\dfrac{0.2^2}{2\times4\pi\times10^{-7}}\times10^{-4}[\mathrm{N/cm^2}]=1.59[\mathrm{N/cm^2}]$

## 18 반지름이 $r$[m], 선간거리 $D$[m]인 평행 도선 사이의 단위길이당 자기 인덕턴스[H/m]는?

① $\dfrac{\pi}{\mu_0}\ln\dfrac{r}{D}$　② $\dfrac{\mu_0}{\pi}\ln\dfrac{D}{r}$

③ $\dfrac{\pi}{\mu_0}\ln\dfrac{D}{r}$　④ $\dfrac{\mu_0}{\pi}\ln\dfrac{r}{D}$

해설

**도체 모양에 따른 인덕턴스**

평행도선 사이 인덕턴스 $L=\dfrac{\mu_0}{\pi}\ln\dfrac{D}{r}[\mathrm{H/m}]$

## 19 비유전율이 2.4인 유전체 내의 전계의 세기가 100[mV/m]이다. 유전체에 축적되는 단위체적당 에너지는 몇 [J/m³]인가?

① $1.06\times10^{-13}$　② $1.77\times10^{-13}$

③ $2.32\times10^{-13}$　④ $2.32\times10^{-11}$

해설

**정전에너지**

단위 체적당 정전 에너지

$\omega=\dfrac{\sigma^2}{2\varepsilon}=\dfrac{D^2}{2\varepsilon}=\dfrac{1}{2}\varepsilon E^2=\dfrac{1}{2}ED[\mathrm{J/m^3}]$에서

$\omega=\dfrac{1}{2}\varepsilon E^2=\dfrac{1}{2}\varepsilon_0\varepsilon_s E^2=\dfrac{1}{2}\times8.855\times10^{-12}\times2.4\times(100\times10^{-3})^2$

$=1.06\times10^{-13}[\mathrm{J/m^3}]$

[정답] 15④ 16③ 17④ 18② 19①

**20** 유전체에서 임의의 주파수 $f$에서의 손실각을 $\tan\delta$라 할 때, 전도전류 $i_c$와 변위 전류 $i_d$의 크기가 같아지는 주파수를 $f_c$라 하면 $\tan\delta$는?

① $\dfrac{f_c}{f}$ ② $\dfrac{f_c}{\sqrt{f}}$

③ $\dfrac{\sqrt{f_c}}{f}$ ④ $\dfrac{f}{f_c}$

해설

**유전체 손실각**

임계주파수 $f_c$는 도체와 유전체를 구분하는

임계점($i_c = i_d$)에서의 주파수로 $f_c = \dfrac{k}{2\pi\varepsilon} = \dfrac{\sigma}{2\pi\varepsilon}$[Hz],

유전체 손실각 $\tan\delta = \dfrac{i_c}{i_d} = \dfrac{kE}{\omega\varepsilon E} = \dfrac{k}{\omega\varepsilon} = \dfrac{k}{2\pi\varepsilon f} = \dfrac{f_c}{f}$

## 시행일 2023년 2회

**01** 그림과 같은 동심구에서 도체 $A$에 $Q$[C]을 줄 때 도체 $A$의 전위는 몇 [V]인가? (단, 도체 $B$의 전하는 0이다.)

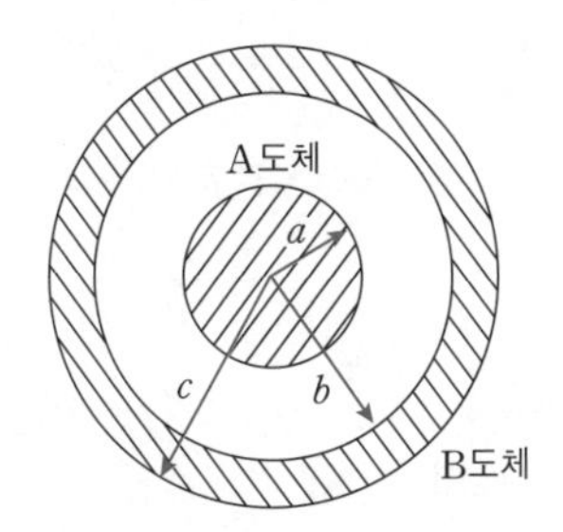


① $\dfrac{Q}{4\pi\varepsilon_0 C}$ ② $\dfrac{Q}{4\pi\varepsilon_0}\left(\dfrac{1}{a} - \dfrac{1}{b}\right)$

③ $\dfrac{Q}{4\pi\varepsilon_0}\left(\dfrac{1}{a} - \dfrac{1}{b} + \dfrac{1}{c}\right)$ ④ $\dfrac{Q}{4\pi\varepsilon_0}\left(\dfrac{1}{a} + \dfrac{1}{b}\right)$

해설

**도체 모양에 따른 전위**

동심구도체에서 내구의 전하 $Q$[C], 외구의 전하 0[C]인 경우

내구의 전위 $V = \dfrac{Q}{4\pi\varepsilon_0}\left(\dfrac{1}{a} - \dfrac{1}{b} + \dfrac{1}{c}\right)$[V]

**02** 진공 중의 임의의 구도체에 $\sigma$[C/m²]의 표면전하밀도가 분포되어 있다. 구도체 내부의 전속밀도는?

① $\sigma$ ② $\dfrac{\sigma}{\varepsilon_0}$

③ $\dfrac{\sigma}{2\varepsilon_0}$ ④ 0

해설

**전속 및 전속밀도**

도체 내부에는 전하가 존재하지 않으므로 전속 및 전속밀도도 존재하지 않는다.

**03** 정육각형의 꼭짓점에 동량, 동질의 점전하 $Q$가 놓여 있을 때 정육각형 한 변의 길이가 $a$라 하면 정육각형 중심의 전계의 세기는? (단, 자유공간이다.)

① $\dfrac{Q}{4\pi\varepsilon_0 a^2}$ ② $\dfrac{3Q}{2\pi\varepsilon_0 a^2}$

③ $6Q$ ④ 0

해설

**도체 모양에 따른 전계**

꼭지점에 같은 조건의 전하가 놓인 정다각형의 중심의 전계의 세기는 항상 0이다.

**04** 단면적 3[cm²], 길이 30[cm], 비투자율 1000인 철심에 3000회의 코일을 감았다. 코일의 자기 인덕턴스[H]는?

① 9.31 ② 11.31

③ 10.31 ④ 12.31

해설

**솔레노이드 자기 인덕턴스**

$L = \dfrac{\mu S N^2}{l} = \dfrac{\mu_0 \mu_s S N^2}{l} =$

$= \dfrac{4\pi \times 10^{-7} \times 1000 \times 3 \times 10^{-4} \times 3000^2}{30 \times 10^{-2}} = 11.31$[H]

[정답] 20 ① 2023년 2회 01 ③ 02 ④ 03 ④ 04 ②

## 05 맥스웰의 전자방정식에 대한 설명으로 틀린 것은?

① 폐곡면을 통해 나오는 자속은 폐곡면 내의 자극의 세기와 같다.

② 폐곡선에 따른 전계의 선적분은 폐곡선 내를 통하는 자속의 시간 변화율과 같다.

③ 폐곡선에 따른 자계의 선적분은 폐곡선 내를 통하는 전류와 전속의 시간적 변화율과 같다.

④ 폐곡면을 통해 나오는 전속은 폐곡선 내의 전하량과 같다.

해설

**맥스웰 방정식**

1. 맥스웰의 제 1의 기본 방정식

$rot H = curl H = \nabla \times H = i_c + \frac{\partial D}{\partial t} = i_c + \varepsilon \frac{\partial E}{\partial t} [A/m^2]$

① 암페어(앙페르)의 주회적분법칙에서 유도한 식이다.
② 전도전류, 변위전류는 자계를 형성한다.
③ 전류와 자계와의 관계를 나타내며 전류의 연속성을 표현한다.

2. 맥스웰의 제 2의 기본 방정식

$rot E = curl E = \nabla \times E = -\frac{\partial B}{\partial t} = -\mu \frac{\partial H}{\partial t} [V]$

① 패러데이의 법칙에서 유도한 식이다.
② 자속밀도의 시간적 변화는 전계를 회전시키고 유기기전력을 형성한다.

3. 정전계의 가우스의 미분형

$div D = \nabla \cdot D = \rho [C/m^3]$

① 임의의 폐곡면 내의 전하에서 전속선이 발산한다.
② 가우스 발산 정리에 의하여 유도된 식
③ 고립(독립)된 전하는 존재한다.

4. 정자계의 가우스의 미분형

$div B = \nabla \cdot B = 0$

① 자속의 연속성을 나타낸 식이다.
② 고립(독립)된 자극(자하)는 없으며 N극과 S극이 항상 공존한다.

5. 벡터 포텐셜

$rot \vec{A} = \nabla \times \vec{A} = B [Wb/m^2]$

벡터포텐셜($\vec{A}$)의 회전은 자속밀도를 형성한다.

## 06 다음 중 감자율이 0인 것은?

① 가늘고 짧은 막대 자성체

② 굵고 짧은 막대 자성체

③ 환상 솔레노이드

④ 가늘고 긴 막대 자성체

해설

**감자력**

감자율 $N$

① 가늘고 긴 막대 $N \fallingdotseq 0$
② 환상 솔레노이드 철심 $N = 0$
③ 굵고 짧은 막대 $N = 1$
④ 구자성체 $N \fallingdotseq \frac{1}{3}$

## 07 점전하 $Q$[C]에 의한 무한 평면 도체의 영상전하는?

① $-Q$[C]보다 작다.　② $-Q$[C]과 같다.

③ $-Q$[C]보다 크다.　④ $Q$[C]과 같다.

해설

**접지무한평면과 점전하**

무한 평면 도체에 의한 영상전하 $Q' = -Q$[C]

## 08 전류의 연속방정식을 나타내는 식은?

① $\nabla \cdot J = -\frac{\partial \rho}{\partial t}$　② $\nabla \cdot J = \frac{\partial \rho}{\partial t}$

③ $\nabla \cdot J = 0$　④ $J = 0$

해설

**전류의 연속성**

키르히호프 전류 법칙 $div\, i = \nabla \cdot i = \nabla \cdot J = 0$으로 전류의 연속성을 나타낸다.

## 09 접지된 구도체와 점전하간에 작용하는 힘은?

① 항상 흡인력이다.　② 항상 반발력이다.

③ 조건적 흡인력이다.　④ 조건적 반발력이다.

해설

**접지구도체와 점전하**

접지구도체에 의한 영상전하 $Q' = -\frac{a}{d} Q$[C]

점전하와 부호가 반대이므로 항상 흡인력이 작용한다.

[정답] 05 ① 06 ③ 07 ② 08 ③ 09 ①

**10** **평행판 콘덴서 극판 사이에 비유전율 $\varepsilon_s$의 유전체를 삽입하였을 때의 정전용량은 진공일 때의 용량의 몇 배인가?**

① $\varepsilon_s$　② $\varepsilon_s-1$

③ $\frac{1}{\varepsilon_s}$　④ $\varepsilon_s+1$

해설

**유전체**

진공시 $C_0=\frac{\varepsilon_0 S}{d}[\text{F}]$, 유전체 삽입 시 $C_0=\frac{\varepsilon_0\varepsilon_s S}{d}[\text{F}]$이므로

$$\frac{C}{C_0}=\frac{\frac{\varepsilon_0\varepsilon_s S}{d}}{\frac{\varepsilon_0 S}{d}}=\varepsilon_s$$

**11** **전자석에 사용하는 연철(Soft iron)은 다음 어느 성질을 갖는가?**

① 잔류자기, 보자력이 모두 크다.

② 보자력과 히스테리시스 곡선의 면적이 모두 작다.

③ 보자력이 크고 히스테리시스 곡선의 면적이 작다.

④ 보자력이 크고 잔류자기가 작다.

해설

**자석의 재료 조건**

① 영구 자석의 재료 조건
잔류자기와 보자력 및 히스테리시스 곡선 면적이 모두 크다.

② 전자석의 재료 조건
잔류자기는 크며 보자력과 히스테리시스 곡선 면적은 작다.

**12** **평면 전자파의 전계 $E$와 자계 $H$ 사이의 관계식은?**

① $H=\sqrt{\frac{\mu}{\varepsilon}}E$　② $H=\sqrt{\mu\varepsilon}\,E$

③ $H=\sqrt{\frac{\varepsilon}{\mu}}E$　④ $H=\sqrt{\frac{1}{\mu\varepsilon}}E$

해설

**파동 임피던스**

$\eta=\frac{E}{H}=\sqrt{\frac{\mu}{\varepsilon}}$, $H=\sqrt{\frac{\varepsilon}{\mu}}E$

**13** **자속밀도 $0.4a_z[\text{Wb/m}^2]$ 내에서 $5[\text{m}]$ 길이의 도선에 $30[\text{A}]$의 전류가 $-z$ 방향으로 흐를 때 전자력$[\text{N}]$은?**

① $60a_z$　② $-60a_x$

③ $-60a_z$　④ $0$

해설

**전자력**

플레밍의 왼손법칙

$F=BIl\sin\theta=\mu_0 HIl\sin\theta=(I\times B)l[\text{N}]$에서

자속밀도 $B$와 전류 $I$는 반대방향이므로 $\theta=180°$

$F=BIl\sin 180°=0[\text{N}]$

**14** **대전된 구도체를 반지름이 2배가 되는 구도체에 가는 선으로 연결할 때 원래 에너지에 대해 손실되는 에너지의 비율은? 단, 두 도체는 충분히 떨어져 있는 것으로 본다.**

① $\frac{1}{3}$　② $\frac{9}{5}$

③ $\frac{2}{3}$　④ $\frac{5}{9}$

해설

**정전에너지**

대전 구도체 내 정전 에너지 $W=\frac{Q^2}{2C}[\text{J}]$

반지름 2배인 구도체는 정전용량이 2배이며

두 구도체를 가는 선으로 연결시 병렬접속이므로

연결 후 정전에너지 $W'=\frac{Q^2}{2(C+2C)}=\frac{Q^2}{6C}=\frac{W}{3}[\text{J}]$

손실에너지 $W-W'=W-\frac{W}{3}=\frac{2}{3}W[\text{J}]$

**15** **유전체의 초전효과(Pyroelectric Effect)에 대한 설명이 아닌 것은?**

① 열에너지를 전기에너지로 변화시키는 데 이용된다.

② 온도변화에 관계없이 일어난다.

③ 초전효과가 있는 유전체를 공기 중에 놓으면 중화된다.

④ 자발 분극을 가진 유전체에서 생긴다.

[정답] 10① 11② 12③ 13④ 14③ 15②

해설

**전기의 여러 가지 현상**

초전효과 즉 파이로 전기는 롯셀염 및 수정 등의 결정을 가열하면 한 면에 정, 반대 면에 부의 전기가 분극을 일으키고 반대로 냉각시키면 역의 분극이 나타나는 현상을 말한다. 따라서 파이로 전기는 온도 변화에 의해 발생한다.

**16** 철심이 들어 있는 환상 코일이 있다. 1차 코일의 권수 $N_1=100$회일 때, 자기 인덕턴스는 0.01[H]였다. 이 철심에 2차 코일 $N_2=200$회를 감았을 때 1, 2차 코일의 상호 인덕턴스는 몇 [H]인가? (단, 결합계수 $k=1$로 한다.)

① 0.01 ② 0.02
③ 0.03 ④ 0.04

해설

**상호 인덕턴스**

결합계수 $k=1$일 경우 상호인덕턴스

$M=\frac{\mu SN_1N_2}{l}=L_1\frac{N_2}{N_1}=L_2\frac{N_1}{N_2}$[H]에서

$M=L_1\frac{N_2}{N_1}=0.01\times\frac{200}{100}=0.02$[H]

**17** 아래 회로도의 2[$\mu$F] 콘덴서에 100[$\mu$C]의 전하가 축적되었을 때 3[$\mu$F] 콘덴서 양단에 걸리는 전위차[V]는?

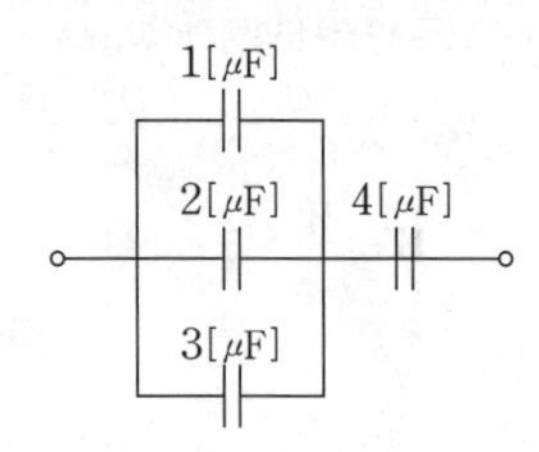


① 50 ② 100
③ 70 ④ 150

해설

**합성 정전용량**

1[$\mu$F], 2[$\mu$F], 3[$\mu$F] 콘덴서에 걸리는 전압을

각각 $V_1$, $V_2$, $V_3$라 하면 $V_2=\frac{Q_2}{C_2}=\frac{100}{2}=50$[V]

병렬 접속에서 전압은 일정하므로 $V_1=V_2=V_3=50$[V]

**18** 무한히 넓은 평행판 콘덴서에서 두 평행판 사이의 간격이 $d$[m]일 때 단위 면적당 두 평행판상의 정전용량[F/m²]은?

① $\frac{1}{4\pi\varepsilon_0 d}$ ② $\frac{4\pi\varepsilon_0}{d}$
③ $\frac{\varepsilon_0}{d}$ ④ $\frac{\varepsilon_0}{d^2}$

해설

**도체 모양에 따른 정전용량**

평행판 사이 정전용량 $C=\frac{\varepsilon_0 S}{d}$[F]이므로

단위 면적당 정전용량 $C'=\frac{C}{S}=\frac{\varepsilon_0 S}{d}\times\frac{1}{S}=\frac{\varepsilon_0}{d}$[F/m²]

**19** 자극의 세기 $8\times10^{-6}$[Wb], 길이 3[cm]인 막대자석을 120[AT/m]의 평등 자계 내에 자계와 30°의 각도로 놓았다면 자석이 받는 회전력은 몇 [N·m]인가?

① $1.44\times10^{-5}$ ② $2.49\times10^{-5}$
③ $1.44\times10^{-4}$ ④ $2.49\times10^{-4}$

해설

**막대자석의 회전력**

$T=mlH\sin\theta=8\times10^{-6}\times3\times10^{-2}\times120\times\sin30°$
$=1.44\times10^{-5}$[N·m]

**20** 권수 500회인 자기인덕턴스 0.05[H]인 코일에 5[A]의 전류를 흘릴 때 쇄교자속[Wb·T]은?

① 5 ② 0.25
③ 25 ④ 50

해설

**자기 인덕턴스**

$L=\frac{N\phi}{I}$

$N\phi=LI=0.05\times500=0.25$[Wb·T]

[정답] 16 ② 17 ① 18 ③ 19 ① 20 ②

## 시행일 2023년 3회

### 01 다음 중 비유전율이 가장 큰 물질은?

① 유리 ② 운모
③ 고무 ④ 증류수

**해설**

**유전체**

각종 유전체의 비유전율

- 유리 : 3.5～10
- 운모 : 5.5～6.7
- 고무 : 2.0～3.5
- 물(증류수) : 80

### 02 다음 비유전율에 대한 설명 중 옳은 것은?

① 진공시 비유전율 $\varepsilon_r=0$, 공기시 비유전율 $\varepsilon_r=1$이다.

② 비유전율 $\varepsilon_r=\frac{\varepsilon}{\varepsilon_0}$이다.

③ 모든 절연체의 비유전율 $\varepsilon_r=\varepsilon$이다.

④ 비유전율 $\varepsilon_r=\varepsilon_0$이다.

**해설**

**유전체**

- 진공이나 공기시 비유전율 $\varepsilon_r=1$, 유전체의 비유전율 $\varepsilon_r=\frac{\varepsilon}{\varepsilon_0}>1$
- 비유전율은 재질에 따라 다르다.
- 비유전율의 단위는 없다.
- 비유전율이 1보다 큰 절연체 내에서는 분극 현상이 발생한다.

### 03 자유공간 내 1[V/m]의 정현파 전계에 대한 변위전류 1[A/m²]가 흐르기 위한 주파수는 약 몇 [MHz]인가?

① 18000 ② 15000
③ 1800 ④ 1500

**해설**

**변위전류**

변위전류밀도 $i_d=\omega\varepsilon E=2\pi f\varepsilon E[\text{A/m}^2]$에서

$$f=\frac{i_d}{2\pi\varepsilon E}=\frac{1}{2\pi\times8.855\times10^{-12}\times1}\times10^{-6}=17973.45[\text{MHz}]$$

### 04 다음 중 맥스웰 방정식으로 틀린 것은?

① $rotE=J+\frac{\partial D}{\partial t}$ ② $divB=\rho$

③ $rotE=-\frac{\partial B}{\partial t}$ ④ $divB=\phi$

**해설**

**맥스웰 방정식**

1. 맥스웰의 제 1의 기본 방정식

$$rotH=curlH=\nabla\times H=i_c+\frac{\partial D}{\partial t}=i_c+\varepsilon\frac{\partial E}{\partial t}[\text{A/m}^2]$$

① 암페어(앙페르)의 주회적분법칙에서 유도한 식이다.
② 전도전류, 변위전류는 자계를 형성한다.
③ 전류와 자계와의 관계를 나타내며 전류의 연속성을 표현한다.

2. 맥스웰의 제 2의 기본 방정식

$$rotE=curlE=\nabla\times E=-\frac{\partial B}{\partial t}=-\mu\frac{\partial H}{\partial t}[\text{V}]$$

① 패러데이의 법칙에서 유도한 식이다.
② 자속밀도의 시간적 변화는 전계를 회전시키고 유기기전력을 형성한다.

3. 정전계의 가우스의 미분형
$divD=\nabla\cdot D=\rho[\text{C/m}^3]$
① 임의의 폐곡면 내의 전하에서 전속선이 발산한다.
② 가우스 발산 정리에 의하여 유도된 식
③ 고립(독립)된 전하는 존재한다.

4. 정자계의 가우스의 미분형
$divB=\nabla\cdot B=0$
① 자속의 연속성을 나타낸 식이다.
② 고립(독립)된 자극(자하)는 없으며 N극과 S극이 항상 공존한다.

5. 벡터 포텐셜
$rot\vec{A}=\nabla\times\vec{A}=B[\text{Wb/m}^2]$
벡터포텐셜($\vec{A}$)의 회전은 자속밀도를 형성한다.

### 05 2[μF], 3[μF], 4[μF]의 커패시터를 직렬로 연결하고 양단에 가한 전압을 서서히 상승시킬 때의 현상으로 옳은 것은? (단, 유전체의 재질 및 두께는 같다고 한다.)

① 2[μF]의 커패시터가 제일 먼저 파괴된다.

② 3[μF]의 커패시터가 제일 먼저 파괴된다.

③ 3개의 커패시터가 동시에 파괴된다.

④ 4[μF]의 커패시터가 제일 먼저 파괴된다.

[정답] 2023년 3회 01 ④ 02 ② 03 ① 04 ④ 05 ①

해설

**가장 먼저 파괴되는 콘덴서**

콘덴서 직렬 연결시 가장 먼저 파괴되는 콘덴서는 최대 충전 전하량이 가장 작은 콘덴서이다.
최대 충전 전하량 $Q=CV[\mathrm{C}]$, $Q \propto C$ 이므로 정전용량이 가장 작은 $2[\mu\mathrm{F}]$의 커패시터가 제일 먼저 파괴된다.

**06** 대지 중의 두 전극 사이에 있는 어떤 점의 전계의 세기가 $4[\mathrm{V/cm}]$, 지면의 도전율이 $10^{-4}[℧/\mathrm{m}]$일 때 이 점의 전류밀도는 몇 $[\mathrm{A/m^2}]$인가?

① $4\times10^{-1}$　② $4\times10^{-2}$
③ $4\times10^{-3}$　④ $4\times10^{-4}$

해설

**전류밀도**

$i=kE=10^{-4}\times4\times10^{2}=4\times10^{-2}[\mathrm{A/m^2}]$

**07** 진공 중에 $2\times10^{-5}[\mathrm{C}]$과 $1\times10^{-6}[\mathrm{C}]$인 두 개의 점전하가 $50[\mathrm{cm}]$ 떨어져 있을 때 두 전하 사이에 작용하는 힘은 몇 $[\mathrm{N}]$인가?

① 2.02　② 1.82
③ 0.92　④ 0.72

해설

**쿨롱의 법칙**

$$F=\frac{Q_1Q_2}{4\pi\varepsilon_0 r^2}=9\times10^9\times\frac{2\times10^{-5}\times1\times10^{-6}}{(50\times10^{-2})^2}=0.72[\mathrm{N}]$$

**08** 대전도체 표면전하밀도는 도체표면의 모양에 따라 어떻게 분포하는가?

① 표면전하밀도는 표면의 모양과 무관하다.
② 표면전하밀도는 평면일 때 가장 크다.
③ 표면전하밀도는 뾰족할수록 커진다.
④ 표면전하밀도는 곡률이 크면 작아진다.

해설

**표면전하밀도**

표면전하밀도는 곡률이 큰 곳 또는 곡률반경이 작은 곳에 큰 밀도를 이룬다. 즉 뾰족한 곳에 큰 밀도를 이룬다.

**09** 유전율이 각각 다른 두 종류의 유전체 경계면에 전속이 입사될 때 이 전속은 어떻게 되는가? (단, 경계면에 수직으로 입사하지 않는 경우이다.)

① 굴절　② 반사
③ 회전　④ 직진

해설

**유전체 경계면 조건**

유전체 경계면에 전속이 수직이 아닌 각도로 입사시 이 전속은 굴절한다.

**10** 물질의 자화현상과 관계가 가장 깊은 것은?

① 전자의 이동　② 전자의 자전
③ 분자의 공전　④ 전자의 공전

해설

**자성체**

자화의 근본적 원인은 자성체 내 전자의 자전현상 때문이다.

**11** 점전하 $Q[\mathrm{C}]$에 의한 무한 평면 도체의 영상전하는?

① $-Q[\mathrm{C}]$보다 작다.　② $-Q[\mathrm{C}]$과 같다.
③ $-Q[\mathrm{C}]$보다 크다.　④ $Q[\mathrm{C}]$과 같다.

해설

**접지무한평면과 점전하**

무한 평면 도체에 의한 영상전하 $Q'=-Q[\mathrm{C}]$

[정답] 06 ② 07 ④ 08 ③ 09 ① 10 ② 11 ②

## 12 자기회로의 자기저항에 대한 설명으로 옳은 것은?

① 자기회로의 길이에 반비례한다.

② 자기회로의 단면적에 비례한다.

③ 길이의 제곱에 비례하고 단면적에 반비례한다.

④ 투자율에 반비례한다.

해설

**자기회로**

자기저항 $R_m = \frac{F}{\phi_m} = \frac{l}{\mu S}$[AT/Wb]이므로

길이에 비례하고 투자율과 단면적에 반비례한다.

## 13 극판의 면적 0.12[m²], 간격 80[μm]의 평행판 콘덴서에 전압 12[V]를 인가하여 1[μJ]의 에너지가 축적되었을 때 콘덴서 내 유전체의 비유전율은?

① 2.39 ② 0.51

③ 1.05 ④ 1.68

해설

**콘덴서에 저장되는 에너지**

$W = \frac{1}{2}CV^2 = \frac{1}{2}\frac{\varepsilon_0\varepsilon_s S}{d}V^2$ 에서

$\varepsilon_s = 2\frac{Wd}{V^2\varepsilon_0 S} = 2\times\frac{1\times10^{-6}\times80\times10^{-6}}{12^2\times8.855\times10^{-12}\times0.12} = 1.05$

## 14 강자성체의 자화의 세기 $J$와 자화력 $H$ 사이의 관계는?

① 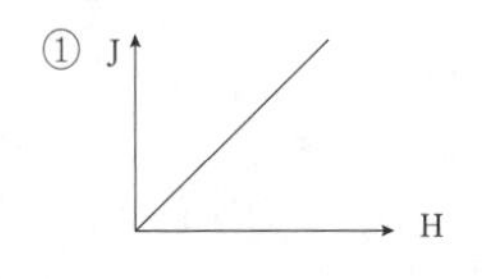


② 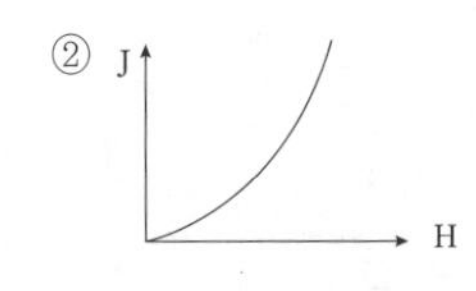


③ 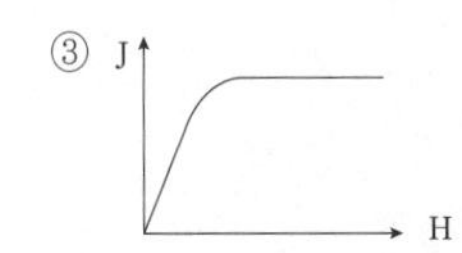


④ 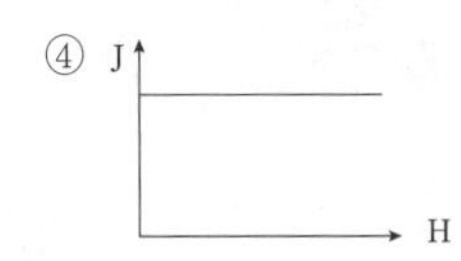


해설

**자화의 세기**

강자성체를 자계 내 놓고 자계의 세기(=자화력)를 증가시키면 자화의 세기도 비례하여 증가한다. 하지만 특정 크기의 자계 이상에서는 자계의 세기가 증가해도 자화의 세기가 증가하지 않는 상태가 되는데 이를 자기포화특성이라 한다.

## 15 전류가 흐르고 있는 무한 직선도체로부터 2[m]만큼 떨어진 자유공간 내 P점의 자계의 세기가 $\frac{4}{\pi}$[AT/m]일 때, 이 도체에 흐르는 전류는 몇 [A]인가?

① 2 ② 4

③ 8 ④ 16

해설

**무한장 직선 전류에 의한 자계**

$H = \frac{I}{2\pi r}$[AT/m], $I = 2\pi r H = 2\pi\times2\times\frac{4}{\pi} = 16$[A]

## 16 자유 공간을 통과하는 전자파의 전파속도는 몇 [m/s]인가?

① $1\times10^8$ ② $2\times10^8$

③ $3\times10^8$ ④ $4\times10^8$

해설

**전파속도**

$v = \lambda f = \frac{\omega}{\beta} = \frac{1}{\sqrt{LC}} = \frac{1}{\sqrt{\mu\varepsilon}}$[m/s]에서

진공, 공기시 전파속도 $v = \frac{1}{\sqrt{\mu_0\varepsilon_0}} = 3\times10^8$[m/s]

## 17 진공 중에서 있는 임의의 구도체 표면 전하밀도가 $\sigma$일 때의 구도체 표면의 전계의 세기[V/m]는?

① $\frac{\varepsilon_0\sigma^2}{2}$ ② $\frac{\sigma^2}{2\varepsilon_0}$

③ $\frac{\sigma^2}{\varepsilon_0}$ ④ $\frac{\sigma}{\varepsilon_0}$

[정답] 12 ④ 13 ③ 14 ③ 15 ④ 16 ③ 17 ④

해설

**도체 모양에 따른 전계의 세기**

구도체 표면 전계의 세기 $E=\dfrac{Q}{4\pi\varepsilon_0 a^2}=\dfrac{Q}{S\varepsilon_0}=\dfrac{\sigma}{\varepsilon_0}[\text{V/m}]$

## 18 구도체의 전위가 60[kV]이며 구도체 표면 전계가 4[kV/cm]일 때 구도체에 대전된 전하량[$\mu$C]은?

① $10^5$　② 1

③ $10^{-5}$　④ $10^{-6}$

해설

**도체 모양에 따른 전계 및 전위**

구도체 표면 전계 $E=\dfrac{Q}{4\pi\varepsilon_0 a^2}[\text{V/m}]$

구도체 전위 $V=\dfrac{Q}{4\pi\varepsilon_0 a}=Ea=4\times10^3\times10^2\times a=60\times10^3[\text{V}]$

구도체 반지름 $a=\dfrac{60\times10^3}{4\times10^3\times10^2}=0.15[\text{m}]$

$Q=4\pi\varepsilon_0 aV=\dfrac{1}{9\times10^9}\times0.15\times60\times10^3\times10^6=1[\mu\text{C}]$

## 19 자계의 세기가 800[AT/m], 자속밀도 0.05[Wb/m²]인 재질의 투자율은 몇 [H/m]인가?

① $3.25\times10^{-5}$　② $4.25\times10^{-5}$

③ $5.25\times10^{-5}$　④ $6.25\times10^{-5}$

해설

**자속밀도**

$B=\mu H[\text{Wb/m}^2],\ \mu=\dfrac{B}{H}=\dfrac{0.05}{800}=6.25\times10^{-5}[\text{H/m}]$

## 20 내경의 반지름이 $a$[m], 외경의 반지름이 $b$[m]인 동축 원통 내 전체 인덕턴스[H/m]는? (단 내원통의 비투자율은 $\mu_s$이다.)

① $\dfrac{\mu_0}{2\pi}\left(\dfrac{\mu_s}{2}+\ln\dfrac{b}{a}\right)$　② $\dfrac{\mu_0}{\pi}\left(\dfrac{\mu_s}{2}+\ln\dfrac{b}{a}\right)$

③ $\dfrac{\mu_0}{\pi}\left(\dfrac{\mu_s}{4}+\ln\dfrac{b}{a}\right)$　④ $\dfrac{\mu_0}{2\pi}\left(\dfrac{\mu_s}{4}+\ln\dfrac{b}{a}\right)$

해설

**도체 모양에 따른 인덕턴스**

동축 원통 내 전체 인덕턴스는
내원통 내부 인덕턴스와 동축 원통 사이 인덕턴스의 합이므로

$L_0=L_i+L=\dfrac{\mu_0\mu_s}{8\pi}+\dfrac{\mu_0}{2\pi}\ln\dfrac{b}{a}=\dfrac{\mu_0}{2\pi}\left(\dfrac{\mu_s}{4}+\ln\dfrac{b}{a}\right)[\text{H/m}]$

[정답] 18 ② 19 ④ 20 ④

국가기술자격검정필기시험문제

| 자격종목 및 등급 | 과목명 | 시험시간 | 성명 |
|---|---|---|---|
| 전기산업기사 | 전력공학 | 2시간 30분 | 대산전기학원 |

전기자기학 전력공학 전기기기 회로이론 제어공학 전기설비기술기준

## 시행일 2019년 1회

### 01 직렬 콘덴서를 선로에 삽입할 때의 현상으로 옳은 것은?

① 부하의 역률을 개선한다.

② 선로의 리액턴스가 증가된다.

③ 선로의 전압강하를 줄일 수 없다.

④ 계통의 정태안정도를 증가시킨다.

해설

**직렬 콘덴서**

직렬 콘덴서는 지상 무효분을 감소시켜 전압강하를 감소시키고, 계통의 정태안정도를 향상시킨다.

### 02 송전선로의 중성점을 접지하는 목적으로 가장 옳은 것은?

① 전압강하의 감소 ② 유도장해의 감소

③ 전선 동량의 절약 ④ 이상전압의 발생 방지

해설

**중정점접지 목적**

- 1선 지락시 아크를 소멸시킨다.(소호 리액터 접지)
- 보호계전기 동작이 확실하다.(직접 접지)
- 중성점 이상전압 발생 억제, 기기의 절연레벨 경감시킨다.

### 03 그림과 같은 3상 송전계통의 송전전압은 22[kV]이다. 한 점 $P$에서 3상 단락했을 때 발전기에 흐르는 단락전류는 약 몇 [A]인가?

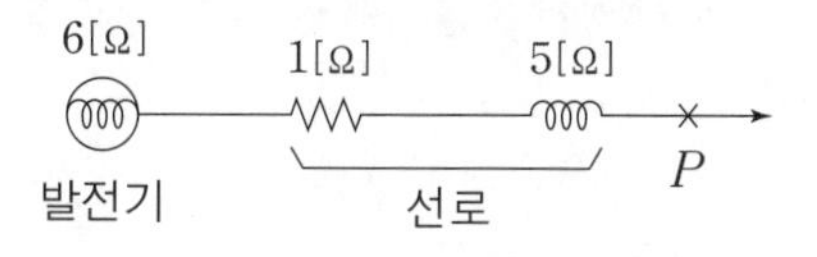


① 725 ② 1150

③ 1990 ④ 3725

해설

$$I_s=\frac{V}{\sqrt{3}\times Z}=\frac{22000}{\sqrt{3}\times\sqrt{1^2+11^2}}\fallingdotseq 1150[A]$$

### 04 전력계통의 전력용 콘덴서와 직렬로 연결하는 리액터로 제거되는 고조파는?

① 제2고조파 ② 제3고조파

③ 제4고조파 ④ 제5고조파

해설

제 5고조파 제거를 위해서 직렬 리액터를 설치한다. 직렬 리액터는 이론상 콘덴서 용량의 4[%]를 적용하고, 실제로는 5~6[%]를 적용한다.

### 05 배전선로에서 사용하는 전압 조정방법이 아닌 것은?

① 승압기 사용 ② 병렬콘덴서 사용

③ 저전압계전기 사용 ④ 주상변압기 탭 전환

해설

**배전선로에 사용하는 전압 조정 방법**

- 승압기는 변압기와 같은 말로서 전압을 올려주는 변압기이다.
- 병렬콘덴서는 무효전력을 조정하는 것으로 배전선로 전압조정과 관련된다.
- 주상변압기 탭전환은 변압기 내부에 탭을 올리거나 내리거나 해서 전압을 조정한다.
- 저전압계전기(UVR)은 전압이 낮아지면 경보를 내는 계전기이며 조정과는 무관하다.

[정답] 2019년 1회 01 ④ 02 ④ 03 ② 04 ④ 05 ③

**06** 다음 중 뇌해방지와 관계가 없는 것은?

① 댐퍼　② 소호환
③ 가공지선　④ 탑각접지

해설

**댐퍼(Damper)**

송배전 선로에서의 전선의 진동으로 인하여 전선이 단선되는 것을 방지하기 위해서 지지점 가까운 곳에 설치한다.

**07** 다음 ( )에 알맞은 내용으로 옳은 것은? (단, 공급전력과 선로 손실률은 동일하다.)

> 선로의 전압을 2배로 승압할 경우, 공급전력은 승압 전의 ( ㉮ )로 되고, 선로 손실의 승압 전의 ( ㉯ )로 된다.

① ㉮ $\frac{1}{4}$, ㉯ 2배　② ㉮ $\frac{1}{4}$, ㉯ 4배
③ ㉮ 2배, ㉯ $\frac{1}{4}$　④ ㉮ 4배, ㉯ $\frac{1}{4}$

해설

선로손실률이 동일한 경우 공급능력은 전압의 제곱에 비례하고, 선로손실은 전압의 제곱에 반비례한다.
따라서 전압이 2배 승압 됐으므로 공급전력은 4배, 선로 손실은 $\frac{1}{4}$배가 된다.

**08** 일반회로정수가 $A, B, C,$ D이고 송전단 상전압이 $E_s$인 경우, 무부하 시의 충전전류(송전단 전류)는?

① $CE_s$　② $ACE_s$
③ $\frac{C}{A}E_s$　④ $\frac{A}{C}E_s$

해설

$E_s=AE_r+BI_r$ 무부하이므로 $I_r=0$, $E=AE_r$

$\therefore E_r=\frac{E_s}{A}$ → ①

$I_s=CE_r+DI_r$ 무부하이므로 $I_r=0$, $I_s=CE_r$

∴ ①식 $E_r$을 대입하면 $I_s=CE_r=C\cdot\frac{E_s}{A}$

**09** 주상변압기의 고장이 배전선로에 파급되는 것을 방지하고 변압기의 과부하 소손을 예방하기 위하여 사용되는 개폐기는?

① 리클로저　② 부하개폐기
③ 컷아웃스위치　④ 섹셔널라이저

해설

**컷 아웃 스위치[COS]**

기계 기구를 과전류로부터 보호하기 위해서 설치하며, 주상변압기 1차측에 설치한다.

**10** 중성점 저항접지방식에서 1선 지락 시의 영상전류를 $I_0$라고 할 때, 접지저항으로 흐르는 전류는?

① $\frac{1}{4}I_0$　② $\sqrt{3}I_0$
③ $3I_0$　④ $6I_0$

해설

$a$상 지락시 $I_b=I_c=0$

$I_0=I_1=I_2=\frac{1}{3}I_a=\frac{1}{3}I_g$ 따라서 $I_g=3I_0$이다.

**11** 변전소에서 수용가로 공급되는 전력을 차단하고 소내 기기를 점검할 경우, 차단기와 단로기의 개폐 조작 방법으로 옳은 것은?

① 점검 시에는 차단기로 부하회로를 끊고 난 다음에 단로기를 열어야 하며, 점검 후에는 단로기를 넣은 후 차단기를 넣어야 한다.
② 점검 시에는 단로기를 열고 난 후 차단기를 열어야 하며, 점검 후에는 단로기를 넣고 난 다음에 차단기로 부하회로를 연결하여야 한다.

[정답] 06 ① 07 ④ 08 ③ 09 ③ 10 ③ 11 ①

③ 점검 시에는 차단기로 부하회로를 끊고 단로기를 열어야 하며, 점검 후에는 차단기로 부하회로를 연결한 후 단로기를 넣어야 한다.

④ 점검 시에는 단로기를 열고 난 후 차단기를 열어야 하며, 점검이 끝난 경우에는 차단기를 부하에 연결한 다음에 단로기를 넣어야 한다.

해설

단로기는 부하전류를 개폐할 수 없으므로 차단기와 단로기를 개폐할 때는 반드시 정해진 순서에 의해 조작해야 한다.

- 차단순서 : 차단기 → 단로기
- 투입순서 : 단로기 → 차단기
- 인터록 : 차단기가 열려 있는 상태에서만 단로기를 on, off할 수 있는 기능

## 12 설비용량 600[kW], 부등률 1.2, 수용률 60[%]일 때의 합성 최대전력을 몇 [kW]인가?

① 240 ② 300

③ 432 ④ 833

해설

**합성 최대전력**

$$P=\frac{\text{설비용량}\times\text{수용률}}{\text{부등률}}=\frac{600\times 0.6}{1.2}=300[\text{kW}]$$

## 13 다음 보호계전기 회로에서 박스(A) 부분의 명칭은?

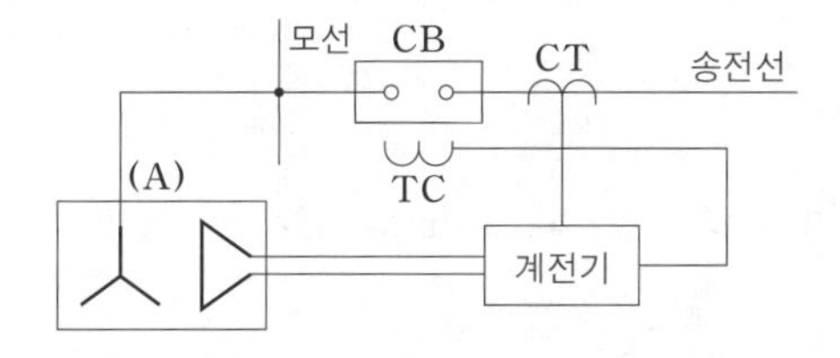


① 차단코일 ② 영상변류기

③ 계기용변류기 ④ 계기용변압기

해설

**접지형 계기용 변압기(GPT)**

1차측은 $Y$결선 중성점 접지, 2차측은 개방 $\Delta$결선하여 계전기에 접속하며, 영상전압을 검출한다.

## 14 단거리 송전선로에서 정상상태 유효전력의 크기는?

① 선로리액턴스 및 전압위상차에 비례한다.

② 선로리액턴스 및 전압위상차에 반비례한다.

③ 선로리액턴스에 반비례하고 상차각에 비례한다.

④ 선로리액턴스에 비례하고 상차각에 반비례한다.

해설

단거리 송전선로에서의 유효전력은 $P=\frac{V_sV_r}{X}\times\sin\delta[\text{MW}]$이므로 선로의 리액턴스와 반비례 하고 위상차(상차각)에는 비례한다.

## 15 전력 원선도의 실수축과 허수축은 각각 어느 것을 나타내는가?

① 실수축은 전압이고, 허수축은 전류이다.

② 실수축은 전압이고, 허수축은 역률이다.

③ 실수축은 전류이고, 허수축은 유효전력이다.

④ 실수축은 유효전력이고, 허수축은 무효전력이다.

해설

전력원선도에서 가로축은 유효전력을 세로축은 무효전력을 나타낸다.

## 16 전선로의 지지물 양쪽의 경간의 차가 큰 장소에 사용되며, 일명 $E$형 철탑이라고도 하는 표준 철탑의 일종은?

① 직선형 철탑 ② 내장형 철탑

③ 각도형 철탑 ④ 인류형 철탑

해설

내장형 철탑은 직선철탑이 여러기로 연결될 때 10기마다 1기의 비율로 넣은 철탑으로서 선로의 보강용으로 사용되며, $E$형 철탑이라고도 한다.

## 17 수차발전기가 난조를 일으키는 원인은?

① 수차의 조속기가 예민하다.

② 수차의 속도 변동률이 적다.

[정답] 12 ② 13 ④ 14 ③ 15 ④ 16 ② 17 ①

전기자기학 전력공학 전기기기 회로이론 제어공학 전기설비기술기준

③ 발전기의 관성 모멘트가 크다.
④ 발전기의 자극에 제동권선이 있다.

해설

조속기는 부하변동에 따른 수차의 회전속도를 자동으로 조정해주는 장치이다. 조속기가 예민하면 난조 또는 탈조를 일으킬 수 있다.

**18** **차단기가 전류를 차단할 때, 재점호가 일어나기 쉬운 차단 전류는?**

① 동상전류　　② 지상전류
③ 진상전류　　④ 단락전류

해설

재점호가 일어나기 쉬운 차단전류=진상전류

**19** **배전선에 부하가 균등하게 분포되었을 때 배전선 말단에서의 전압강하는 전 부하가 집중적으로 배전선 말단에 연결되어 있을 때의 몇 [%] 인가?**

① 25　　② 50
③ 75　　④ 100

해설

배전선에서 부하가 균등하게 분포되었을 때에 비해서, 말단에서의 전압강하는 전부하가 집중적으로 배전선 말단에 연결되어 있을 때의 50[%]이다.

**20** **송전선의 특성임피던스를 $Z_0$, 전파속도를 $V$라 할 때, 이 송전선의 단위길이에 대한 인덕턴스 $L$은?**

① $L=\frac{1}{Z_0}$　　② $L=\frac{Z_0}{V}$
③ $L=\frac{Z_0^2}{V}$　　④ $L=\sqrt{Z_0}V$

해설

전파속도 $V=\frac{1}{\sqrt{LC}}$, 특성임피던스 $Z_0=\sqrt{\frac{L}{C}}$ 이므로 $L=\frac{Z_0}{V}$이다.

## 시행일 2019년 2회

**01** **화력발전소의 기본 사이클이다. 그 순서로 옳은 것은?**

① 급수펌프 → 과열기 → 터빈 → 보일러 → 복수기 → 급수펌프
② 급수펌프 → 보일러 → 과열기 → 터빈→ 복수기 → 급수펌프
③ 보일러 → 급수펌프 → 과열기 → 복수기 → 급수펌프 → 보일러
④ 보일러 → 과열기 → 복수기 → 터빈 → 급수펌프 → 축열기 → 과열기

해설

**랭킨 사이클**
급수펌프 → 보일러 → 과열기 → 터빈→ 복수기 → 급수펌프

**02** **저압뱅킹 배전방식에서 저전압 측의 고장에 의하여 건전한 변압기의 일부 또는 전부가 차단되는 현상은?**

① 아킹(Arcing)　　② 플리커(Flicker)
③ 밸런서(Balancer)　　④ 캐스케이딩(Cascading)

해설

**캐스케이딩**
저압선의 고장에 의하여 건전한 변압기의 일부 또는 전부가 차단되는 현상을 캐스케이딩 현상이라 하며, 저압뱅킹 배전방식의 단점이다.

**03** **증기의 엔탈피(Enthalpy)란?**

① 증기 1[kg]의 잠열
② 증기 1[kg]의 기화 열량
③ 증기 1[kg]의 보유 열량
④ 증기 1[kg]의 증발열을 그 온도로 나눈 것

해설

**증기 엔탈피**
증기 1[kg]의 보유 열량을 엔탈피라 한다.

[정답] 18 ③ 19 ② 20 ② 2019년 2회 01 ② 02 ④ 03 ③

## 04 그림에서 $X$부분에 흐르는 전류는 어떤 전류인가?

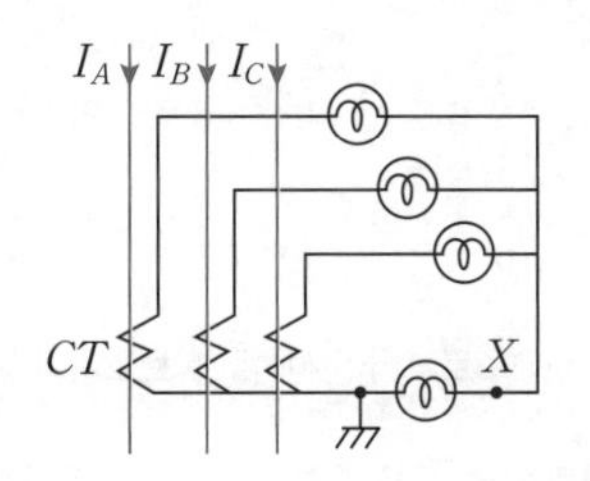


① $b$상 전류　　② 정상전류
③ 역상전류　　④ 영상전류

**해설**

$X$부분에 흐르는 전류는 지락사고시 흐르는 지락전류이며, 영상전류라 한다.

## 05 지름 5[mm]의 경동선을 간격 1[m]로 정삼각형 배치를 한 가공전선 1선의 작용 인덕턴스는 약 몇 [mH/km]인가? (단, 송전선은 평형 3상 회로)

① 1.13　　② 1.25
③ 1.42　　④ 1.55

**해설**

정삼각형의 등선간거리 $D_e=\sqrt[3]{D_1\times D_1\times D_1}=D_1=1[\text{m}]$

작용 인덕턴스 $L=0.05+0.4605\log_{10}\dfrac{D_e}{r}[\text{mH/km}]$

$$=0.05+0.4605\log_{10}\frac{1}{0.0025}\fallingdotseq 1.25$$

## 06 직류송전방식의 장점은?

① 역률이 항상 1이다.
② 회전자계를 얻을 수 있다.
③ 전력 변환장치가 필요하다.
④ 전압의 승압, 강압이 용이하다.

**해설**

직류송전방식 장·단점

| 장점 | 단점 |
|---|---|
| • 절연계급을 낮출 수 있다.<br>• 안정도가 높다.<br>• 비동기 연계가 가능하다. | • 전압의 승압 및 강압이 어렵다.<br>• 전류차단이 어렵다.<br>• 회전자계를 얻기 어렵다. |

## 07 송전선로의 후비 보호 계전 방식의 설명으로 틀린 것은?

① 주 보호 계전기가 그 어떤 이유로 정지해 있는 구간의 사고를 보호한다.
② 주 보호 계전기에 결함이 있어 정상 동작을 할 수 없는 상태에 있는 구간 사고를 보호한다.
③ 차단기 사고 등 주 보호 계전기로 보호할 수 없는 장소의 사고를 보호한다.
④ 후비 보호 계전기의 정정값은 주 보호 계전기와 동일하다.

**해설**

후비 보호 계전방식은 여러 보호계전기들을 적절히 사용하여 전기 등 보호를 받고자 하는 계통에서 고장이 발생하였을 때 보호하고자 하는 기기의 손상을 방지하고 고장의 범위를 최소화하여 공급신뢰도를 향상시킨다. 후비 보호 계전기는 주 보호 계전기가 동작하지 않을 경우를 대비하는 방식으로 정정값이 다르다.

## 08 최대 수용전력의 합계와 합성 최대 수용전력의 비를 나타내는 계수는?

① 부하율　　② 수용률
③ 부등률　　④ 보상률

**해설**

$$\text{부등률}=\frac{\text{최대수용전력의 합계}}{\text{합성최대수용전력}}$$

## 09 주파수 60[Hz], 정전용량 $\dfrac{1}{6\pi}[\mu\text{F}]$의 콘덴서를 △결선해서 3상전압 20000[V]를 가했을 때의 충전용량은 몇 [kVA]인가?

[정답] 04 ④　05 ②　06 ①　07 ④　08 ③　09 ②

① 12 ② 24
③ 48 ④ 50

해설

**충전용량**

$P=3\times 2\pi fCE^2=3\times 2\pi\times 60\times\frac{10^{-6}}{6\pi}\times 20000^2\times 10^{-3}$
$=24[\text{kVA}]$

**10** 3상 3선식 3각형 배치의 송전선로에 있어서 각 선의 대지 정전용량이 0.5038[μF]이고, 선간 정전용량이 0.1237[μF]일 때 1선의 작용 정전용량은 약 몇 [μF]인가?

① 0.6275 ② 0.8749
③ 0.9164 ④ 0.9755

해설

**3상3선식의 1선의 작용 정전용량**

$C_n=C_s+3C_m=0.5038+3\times 0.1237=0.8749[\mu\text{F/km}]$

**11** 지상 역률 80[%], 10000[kVA]의 부하를 가진 변전소에 6000[kVA]의 콘덴서를 설치하여 역률을 개선하면 변압기에 걸리는 부하[kVA]는 콘덴서 설치 전의 몇 [%]로 되는가?

① 60 ② 75
③ 80 ④ 85

해설

유효전력 : $10000\cdot 0.8=8000[\text{kW}]$
무효전력 : $10000\cdot 0.6=6000[\text{kVar}]$
콘덴서 6000[kVA]를 설치하면
유효전력 : 8000[kW], 무효전력 : $6000-6000=0$
피상전력 : $\sqrt{8000^2+0^2}=8000[\text{kVA}]$
역률 개선 후 걸리는 부하와 콘덴서 설치 전 부하의 비는
$\frac{8000}{10000}\times 100=80[\%]$

**12** 가공지선을 설치하는 주된 목적은?

① 뇌해 방지 ② 전선의 진동 방지
③ 철탑의 강도 보강 ④ 코로나의 발생 방지

해설

**가공지선**

- 설치목적 : 직격뢰로부터 송전선로를 보호하기 위하여 지지물의 최상단에 설치
- 효과 : 직격뢰 차폐, 유도뢰 차폐, 통신선의 유도장해 차폐

**13** 송전 계통의 안정도를 증진시키는 방법은?

① 중간 조상설비를 설치한다.
② 조속기의 동작을 느리게 한다.
③ 계통의 연계는 하지 않도록 한다.
④ 발전기나 변압기의 직렬 리액턴스를 가능한 크게 한다.

해설

**안정도 향상대책**

- 직렬 콘덴서로 선로의 리액턴스를 보상한다.
- 기기의 리액턴스를 감소한다.
- 발전기의 단락비를 크게한다.
- 계통을 연계한다.
- 전압변동률을 작게한다.
- 고장시간, 고장전류를 작게한다.
- 동기기의 임피던스를 감소한다.

**14** 보일러 절탄기(economizer)의 용도는?

① 증기를 과열한다. ② 공기를 예열한다.
③ 석탄을 건조한다. ④ 보일러 급수를 예열한다.

해설

절탄기는 배기가스의 여열을 이용해서 보일러에 공급되는 급수를 예열시킨다.

[정답] 10② 11③ 12① 13① 14④

## 15 345[kV] 송전계통의 절연협조에서 충격 절연내력의 크기순으로 나열한 것은?

① 선로애자 > 차단기 > 변압기 > 피뢰기

② 선로애자 > 변압기 > 차단기 > 피뢰기

③ 변압기 > 차단기 > 선로애자 > 피뢰기

④ 변압기 > 선로애자 > 차단기 > 피뢰기

해설

**충격 절연내력 크기순서**

선로애자 > 차단기 > 변압기 > 피뢰기

## 16 전선에서 전류의 밀도가 도선의 중심으로 들어갈수록 작아지는 현상은?

① 표피효과 ② 근접효과
③ 접지효과 ④ 페란티효과

해설

표피효과란 전선에서 전류의 밀도가 도선의 중심으로 들어갈수록 작아지는 현상을 말하며 전선이 굵을수록, 주파수가 높을수록,도전율이 클수록 표피효과는 심해진다.

## 17 차단기의 정격차단시간을 설명 한 것으로 옳은 것은?

① 계기용 변성기로부터 고장전류를 감지한 후 계전기가 동작할 때까지의 시간

② 차단기가 트립 지령을 받고 트립 장치가 동작하여 전류 차단을 완료할 때까지의 시간

③ 차단기의 개극(발호)부터 이동 행정 종료 시까지의 시간

④ 차단기 가동접촉자 시동부터 아크 소호가 완료될 때까지의 시간

해설

차단기의 정격차단시간이란, 개극시간과 아크시간의 합산시간을 말하며 일반적으로 3～8cycle의 정격차단시간을 갖는다.

## 18 연가를 하는 주된 목적은?

① 미관상 필요 ② 전압강하 방지
③ 선로정수의 평형 ④ 전선로의 비틀림 방지

해설

연가는 30～50[km] 정도 구간을 3의 배수로 등분하는 것으로 주된 목적은 선로정수의 평형이며, 효과로는 직렬공진 방지, 통신선의 유도장해 감소 등이 있다.

## 19 변압기의 보호방식 에서 차동계전기는 무엇에 의하여 동작하는가?

① 1, 2차 전류의 차로 동작한다.

② 전압과 전류의 배수 차로 동작한다.

③ 정상전류와 역상전류의 차로 동작한다.

④ 정상전류와 영상전류의 차로 동작한다.

해설

비율차동계전기는 1차, 2차 전류의 차로 동작하며, 평상시에는 동작하지않으며 내부사고시 차전류가 흘러 계전기가 동작한다.

## 20 보호 계전 방식의 구비 조건이 아닌 것은?

① 여자돌입전류에 동작할 것

② 고장 구간의 선택 차단을 신속 정확하게 할 수 있을 것

③ 과도 안정도를 유지하는 데 필요한 한도 내의 동작 시한을 가질 것

④ 적절한 후비 보호 능력이 있을 것

해설

**보호계전방식의 구비조건**

- 조정범위가 넓고 조정이 쉬워야 한다.
- 오래 사용하여도 특성의 변화가 없어야 한다.
- 외부충격에도 잘 견디며 기계적 강도가 커야 한다.
- 오차가 적으며 보호동작이 정확하고 확실해야 한다.
- 가격이 저렴하고 계전기의 소비전력이 작아야 한다.
- 주위온도의 영향을 받지 않으며 오동작이 없어야 한다.

[정답] 15① 16① 17② 18③ 19① 20①

## 시행일 2019년 3회

**01** **가공 왕복선 배치에서 지름이 $d$[m]이고 선간거리가 $D$[m]인 선로 한 가닥의 작용인덕턴스는 몇 [mH/km]인가? (단, 선로의 투자율은 1이라 한다.)**

① $0.5+0.4605\log_{10}\frac{D}{d}$ ② $0.05+0.4605\log_{10}\frac{D}{d}$

③ $0.5+0.4605\log_{10}\frac{2D}{d}$ ④ $0.05+0.4605\log_{10}\frac{2D}{d}$

해설

**단도체의 인덕턴스**

$L=0.05+0.4605\log_{10}\frac{D}{r}$[mH/km]

**02** **송전계통의 중성점을 접지하는 목적으로 틀린 것은?**

① 지락 고장 시 전선로의 대지 전위 상승을 억제하고 전선로와 기기의 절연을 경감시킨다.

② 소호리액터 접지방식에서는 1선 지락 시 지락점 아크를 빨리 소멸시킨다.

③ 차단기의 차단용량을 증대시킨다.

④ 지락고장에 대한 계전기의 동작을 확실하게 한다.

해설

**중성점 접지방식의 목적**

- 1선 지락시 건전상의 전위상승을 억제하여 전선로, 기기의 절연레벨 경감
- 뇌, 아크지락, 기타에 의한 이상전압의 경감 및 발생억제
- 1선 지락시 지락계전기를 확실하게 동작
- 1선 지락시의 아크 지락을 재빨리 소멸시켜 안정도 향상

**03** **다음 중 전력선 반송 보호계전방식의 장점이 아닌 것은?**

① 저주파 반송전류를 중첩시켜 사용하므로 계통의 신뢰도가 높아진다.

② 고장 구간의 선택이 확실하다.

③ 동작이 예민하다.

④ 고장점이나 계통의 여하에 불구하고 선택차단개소를 동시에 고속도 차단할 수 있다.

해설

**전력선 반송 보호계전방식의 장점**

- 동작이 예민하다.
- 고장시 해당 구간을 신속히 차단한다.
- 선택차단개소를 동시에 고속도 차단이 가능하다.
- 고주파 전류를 송전선에 중첩시켜서 상호 통신수단으로 한다.

**04** **발전소의 발전기 정격전압[kV]으로 사용되는 것은?**

① 6.6 ② 33

③ 66 ④ 154

해설

**발전소 발전기 정격전압**

110[V], 220[V], 3300[V], 6600[V], 11000[V]

**05** **송전선로를 연가하는 주된 목적은?**

① 페란티효과의 방지 ② 직격뢰의 방지

③ 선로정수의 평형 ④ 유도뢰의 방지

해설

- 연가의 목적
  선로정수 평형
- 연가의 효과
  통신성 유도장해 경감
  직렬공진에 의한 이상전압 방지

**06** **뒤진 역률 80[%], 10[kVA]의 부하를 가지는 주상변압기의 2차측에 2[kVA]의 전력용 콘덴서를 접속하면 주상변압기에 걸리는 부하는 약 몇 [kVA]가 되겠는가?**

① 8 ② 8.5

③ 9 ④ 9.5

[정답] 2019년 3회 01 ④ 02 ③ 03 ① 04 ① 05 ③ 06 ③

해설

부하의 용량 $P=10[\text{kVA}]=10(0.8+0.6j)[\text{kVA}]$
$=8[\text{kW}]+6[\text{kVar}]$
전력용 콘덴서 $2[\text{kVA}]$를 사용하면 무효전력 $6[\text{kVar}]$이 보상된다.
따라서 콘덴서 접속 후 부하의 용량
$P=8[\text{kW}]+j(6-2)[\text{kVar}]=\sqrt{8^2+4^2}=9[\text{kVA}]$

## 07 부하전류 및 단락전류를 모두 개폐할 수 있는 스위치는?

① 단로기 ② 차단기
③ 선로개폐기 ④ 전력퓨즈

해설

차단기는 단락, 지락등의 사고가 발생시 자동적으로 사고전류를 차단한다. 또한, 부하전류를 개폐할 수 있다.

## 08 송전선로에 낙뢰를 방지하기 위하여 설치하는 것은?

① 댐퍼 ② 초호환
③ 가공지선 ④ 애자

해설

**가공지선**
- 설치목적 : 직격뢰로부터 송전선로를 보호하기 위하여 지지물의 최상단에 설치
- 효과 : 직격뢰 차폐, 유도뢰 차폐, 통신선의 유도장해 차폐

## 09 송, 수전단 전압을 $E_S$, $E_R$이라하고 4단자 정수를 $A, B, C, D$라 할 때 전력 원선도의 반지름은?

① $\dfrac{E_S E_R}{A}$ ② $\dfrac{{E_S}^2 {E_R}^2}{A}$
③ $\dfrac{E_S E_R}{B}$ ④ $\dfrac{{E_S}^2 {E_R}^2}{B}$

해설

전력원선도의 반지름 $\rho=\dfrac{E_s E_r}{B}$

## 10 양수발전의 주된 목적으로 옳은 것은?

① 연간 발전량을 늘이기 위하여
② 연간 평균 손실 전력을 줄이기 위하여
③ 연간 발전비용을 줄이기 위하여
④ 연간 수력발전량을 늘이기 위하여

해설

양수 발전은 수력 발전의 하나이다. 높이 차이가 나는 두 개의 저수지를 두고, 전력이 남을 때에는 아래쪽 저수지에서 위쪽 저수지로 물을 양수할 수 있다. 퍼올린 물은 전력이 필요할 때 발전에 사용되며, 연간 발전비용을 줄이기 위하여 사용된다.

## 11 동일한 부하전력에 대하여 전압을 2배로 승압하면 전압강하, 전압강하율, 전력손실률은 각각 얼마나 감소하는지를 순서대로 나열한 것은?

① $\dfrac{1}{2}, \dfrac{1}{2}, \dfrac{1}{2}$ ② $\dfrac{1}{2}, \dfrac{1}{2}, \dfrac{1}{4}$
③ $\dfrac{1}{2}, \dfrac{1}{4}, \dfrac{1}{4}$ ④ $\dfrac{1}{4}, \dfrac{1}{4}, \dfrac{1}{4}$

해설

전압강하 $e\propto\dfrac{1}{V}$, 전압강하율 $\delta\propto\dfrac{1}{V^2}$, 전력손실률 $P_l\propto\dfrac{1}{V^2}$이다.

## 12 송전선로에 근접한 통신선에 유도장해가 발생하였을 때, 전자유도의 원인은 ?

① 역상전압 ② 정상전압
③ 정상전류 ④ 영상전류

해설

송전선에 1선 지락사고 등 영상전류에 의해서 자기장이 형성되고 전력선과 통신선 사이에 상호 인덕턴스에 의하여 통신선에 전압이 유기되며, 전자 유도전압이라 한다.

[정답] 07 ② 08 ③ 09 ③ 10 ③ 11 ③ 12 ④

## 13 66[kV], 60[Hz] 3상 3선식 선로에서 중성점을 소호리액터 접지하여 완전 공진상태로 되었을 때 중성점에 흐르는 전류는 몇 [A]인가? (단, 소호리액터를 포함한 영상회로의 등가저항은 200[Ω], 중성점 잔류전압은 4400[V]라고 한다.)

① 11 ② 22
③ 33 ④ 44

**해설**

소호리액터 접지에서 완전공진상태일 때 등가저항은 200[Ω], 중성점 잔류전압은 4400[V]이므로

중성점에 흐르는 전류 $I=\dfrac{4400}{200}=22$[A]이다.

## 14 변류기 개방 시 2차측을 단락하는 이유는?

① 2차측 절연 보호 ② 2차측 과전류 보호
③ 측정오차 방지 ④ 1차측 과전류 방지

**해설**

변류기 개방시 2차측 단락 이유는 2차측의 절연보호를 위해서이다.

## 15 3상 3선식 송전 선로에서 정격전압이 66[kV]이고, 1선당 리액턴스가 10[Ω]일 때, 100[MVA] 기준의 %리액턴스는 약 얼마인가?

① 17[%] ② 23[%]
③ 52[%] ④ 69[%]

**해설**

%리액턴스$=\dfrac{PZ}{10V^2}=\dfrac{100\times10^3\times10}{10\times66^2}=23$[%]

## 16 정격용량 150[kVA]인 단상 변압기 두 대로 $V$ 결선을 했을 경우 최대 출력은 약 몇 [kVA]인가?

① 170 ② 173
③ 260 ④ 280

**해설**

$V$결선시 출력 $P_v=\sqrt{3}\,P_1=\sqrt{3}\times150=260$[kVA]

## 17 배전선로의 역률개선에 따른 효과로 적합하지 않은 것은?

① 전원측 설비의 이용률 향상
② 선로절연에 요하는 비용 절감
③ 전압강하 감소
④ 선로의 전력손실 경감

**해설**

**역률 개선시 효과**

- 전력손실감소
- 전압강하 경감
- 전기요금 절감
- 설비용량의 여유 증가

## 18 어떤 수력발전소의 수압관에서 분출되는 물의 속도와 직접적인 관련이 없는 것은?

① 수면에서의 연직거리 ② 관의 경사
③ 관의 길이 ④ 유량

**해설**

수력발전소의 수압관에서 분출되는 물의 속도는 관의 길이와는 직접적으로 관련 없다.

## 19 송전단 전압 161[kV], 수전단 전압 155[kV], 상차각 40°, 리액턴스가 49.8[Ω]일 때 선로손실을 무시한다면 전송 전력은 약 몇 [MW]인가?

① 289 ② 322
③ 373 ④ 869

**해설**

송전전력 $P=\dfrac{E_sE_r}{X}\sin\delta=\dfrac{161\times10^3\times155\times10^3}{49.8}\sin40^\circ\times10^{-6}$
$=322$[MW]

[정답] 13 ② 14 ① 15 ② 16 ③ 17 ② 18 ③ 19 ②

## 20 차단기에서 정격차단 시간의 표준이 아닌 것은?

① 3[Hz] ② 5[Hz]
③ 8[Hz] ④ 10[Hz]

해설

차단기 전격차단시간은 개극시간과 아크시간의 합산시간을 말하며 일반적으로 3~8[Hz]이다.

# 시행일 2020년 1회

## 01 전압이 일정값 이하로 되었을 때 동작하는 것으로서 단락 시 고장 검출용으로도 사용되는 계전기는?

① OVR ② OVGR
③ NSR ④ UVR

해설

**과전압계전기[OVR]와 부족전압계전기[UVR]**
OVR은 일정값 이상의 전압이 걸렸을 때 동작하는 계전기이며, UVR은 일정값 이하로 전압이 떨어졌을 때 동작하는 계전기이다.

## 02 반동수차의 일종으로 주요부분은 러너, 안내날개, 스피드링 및 흡출관 등으로 되어 있으며 50~500[m] 정도의 중낙차 발전소에 사용되는 수차는?

① 카플란수차 ② 프란시스수차
③ 펠턴수차 ④ 튜블러수차

해설

| 저 낙차 | 중 낙차 | | 고 낙차 |
|---|---|---|---|
| 15[m] 이하 | 15~45[m] 이하 | 50~500[m] 이하 | 350[m] 이상 |
| 원통형수차<br>튜블러수차 | 프로펠러수차<br>카플란수차 | 프란시스수차<br>사류수차 | 펠텐수차 |
| 반동수차 | | | 충동수차 |

## 03 페란티현상이 발생하는 원인은?

① 선로의 과도한 저항 ② 선로의 정전용량
③ 선로의 인덕턴스 ④ 선로의 급격한 전압강하

해설

| 구분 | 원 인 | 종 류 | 대 책 |
|---|---|---|---|
| 내부 | 충전전류<br>[정전용량]<br>진상전류 | 개폐 서지 | 개폐 저항기 |
| | | 지락시 전위상승 | 중성점 접지 |
| | | 페란티 현상 | 분로 리액터 |
| | | 중성점 잔류전압 | 연가 |
| 외부 | 뢰 | 직격뢰·유도뢰 | 가공지선 |

## 04 전력계통의 경부하시나 또는 다른 발전소의 발전전력에 여유가 있을 때, 이 잉여전력을 이용하여 전동기로 펌프를 돌려서 물을 상부의 저수지에 저장하였다가 필요에 따라 이 물을 이용해서 발전하는 발전소는?

① 조력발전소 ② 양수식발전소
③ 유역변경식발전소 ④ 수로식발전소

해설

대용량 화력발전 또는 원자력발전소에서 발전전력에 여유가 있을 때 이러한 잉여전력을 이용해서 하부저수지의 물을 전동기로 펌프를 돌려 물을 상부의 저수지에 저장하였다가 필요에 따라 수압관을 통하여 이 물을 이용해서 발전하는 방식이다. 우리나라의 수력발전의 50[%] 정도가 양수식발전에 해당하며 이는 첨두부하 발전에 적합하다.

## 05 열의 일당량에 해당되는 단위는?

① [kcal/kg] ② [$kg/cm^2$]
③ [$kcal/cm^3$] ④ [kg·m/kcal]

해설

열의 일당량은 열의 단위[kcal]를 일[kg·m]의 단위로 환산하기 위한 계수이며, 열의 일당량은 427[kg·m/kcal]이며, 1[kcal]의 열량은 427[kg·m]의 일로 바꿀 수 있다.

[정답] 20 ④ 2020년 1회 01 ④ 02 ② 03 ② 04 ② 05 ④

**06** **가공전선을 단도체식으로 하는 것보다 같은 단면적의 복도체식으로 하였을 경우에 대한 내용으로 틀린 것은?**

① 전선의 인덕턴스가 감소된다.
② 전선의 정전용량이 감소된다.
③ 코로나 발생률이 적어진다.
④ 송전용량이 증가한다.

해설

**복도체 방식의 특징**
- 인덕턴스 감소, 정전용량 증가
- 송전용량 증가, 안정도 증가
- 전선표면 전위경도가 감소
- 코로나 임계전압이 상승하여 코로나 방지

**07** **연가의 효과로 볼 수 없는 것은?**

① 선로 정수의 평형
② 대지 정전용량의 감소
③ 통신선의 유도 장해의 감소
④ 직렬 공진의 방지

해설

**연가의 효과**
- 선로정수 평형
- 유도장해 억제
- 직렬공진에 의한 이상전압 억제

**08** **발전기나 변압기의 내부고장 검출로 주로 사용되는 계전기는?**

① 역상계전기 ② 과전압계전기
③ 과전류계전기 ④ 비율차동계전기

해설

변압기 내부고장 보호용 계전기로 보호구간에 유입되는 전류와 유출되는 전류의 벡터차, 출입하는 전류의 비율로 작동하는 계전기이다.

**09** **송전선로에서 역섬락을 방지하는 가장 유효한 방법은?**

① 피뢰기를 설치한다.
② 가공지선을 설치한다.
③ 소호각을 설치한다.
④ 탑각 접지저항을 작게 한다.

해설

철탑의 탑각 접지저항이 크면 낙뢰시 철탑의 전위가 상승하여 철탑으로부터 송전선으로 뇌 전류가 흘러 역섬락이 발생한다. 이를 방지하기 위해 매설지선을 설치한다.
매설지선을 설치할 경우 탑각의 접지저항이 감소되어 역섬락을 방지할 수 있다.

**10** **교류 송전방식과 직류 송전방식을 비교할 때 교류 송전방식의 장점에 해당되는 것은?**

① 전압의 승압, 강압 변경이 용이하다.
② 절연계급을 낮출 수 있다.
③ 송전효율이 좋다.
④ 안정도가 좋다.

해설

**교류송전방식 장점**
- 승압 및 강압이 용이하다.
- 회전자계를 쉽게 얻는다.
- 일관된 운용을 할 수 있다.

**11** **단상 2선식 교류 배전선로가 있다. 전선의 1가닥 저항이 0.15 [Ω]이고, 리액턴스는 0.25 [Ω]이다. 부하는 순저항부하이고 100 [V], 3 [kW]이다. 급전점의 전압(V)은 약 얼마인가?**

① 105 ② 110
③ 115 ④ 124

해설

$V_s = V_r + e = V_r + 2I(R\cos\theta + X\sin\theta)$
순부하저항 이므로
$V_s = V_r + 2IR = 100 + 2\times\frac{3000}{100}\times 0.15 = 109[\mathrm{V}]$

[정답] 06 ② 07 ② 08 ④ 09 ④ 10 ① 11 ②

**12** **반한시성 과전류계전기의 전류 - 시간 특성에 대한 설명으로 옳은 것은?**

① 계전기 동작시간은 전류의 크기와 비례한다.
② 계전기 동작시간은 전류의 크기와 관계없이 일정하다.
③ 계전기 동작시간은 전류의 크기와 반비례한다.
④ 계전기 동작시간은 전류의 크기의 제곱에 비례한다.

해설

**계전기의 한시특성**

- 순한시 계전기 : 정정된 전류 이상의 전류가 흐르면 즉시 동작
- 정한시 계전기 : 동작전류의 크기와는 관계없이 항상 정해진 일정한 시간에서 동작
- 반한시 계전기 : 전류 값이 클수록 빨리 동작하고 반대로 전류 값이 작아질수록 느리게 동작
- 정한시-반한시 계전기: 정한시와 반한시 계전기의 특성을 조합

**13** **지상부하를 가진 3상3선식 배전선로 또는 단거리 송전선로에서 선간 전압강하를 나타낸 식은? (단, $I$, $R$, $X$, $\theta$는 각각 수전단 전류, 선로저항, 리액턴스 및 수전단 전류의 위상각이다.)**

① $I(R\cos\theta+X\sin\theta)$
② $2I(R\cos\theta+X\sin\theta)$
③ $\sqrt{3}\,I(R\cos\theta+X\sin\theta)$
④ $3I(R\cos\theta+X\sin\theta)$

해설

**단거리 송전선로의 전압강하**

- 3상 3선식의 전압강하

  $e=\sqrt{3}\,I(R\cos\theta+X\sin\theta)[\mathrm{V}]$

  $e=\dfrac{P}{V_r}(R+X\tan\theta)[\mathrm{V}]$

- 단상 2선식의 전압강하

  $e=2I(R\cos\theta+X\sin\theta)[\mathrm{V}]$ → 전선 한 가닥의 저항값인 경우

  $e=I(R\cos\theta+X\sin\theta)[\mathrm{V}]$ → 왕복선의 저항값인 경우

**14** **다음 중 송 · 배전선로의 진동 방지대책에 사용되지 않는 기구는?**

① 댐퍼　　② 조임쇠
③ 클램프　　④ 아머 로드

해설

**전선의 진동방지 대책**

댐퍼, 아마로드, 클램프

**15** **단락전류를 제한하기 위하여 사용되는 것은?**

① 한류리액터　　② 사이리스터
③ 현수애자　　④ 직렬콘덴서

해설

단락전류를 제한하기 위하여 한류리액터를 사용한다. 한류리액터를 설치할 경우 차단기의 차단용량을 작게 할 수 있다.

**16** **어느 변전설비의 역률을 60[%]에서 80[%]로 개선하는데 2800[kVA]의 전력용 커패시터가 필요하였다. 이 변전설비의 용량은 몇 [kW]인가?**

① 4800　　② 5000
③ 5400　　④ 5800

해설

**콘덴서 용량**

$$Q_c=P[\mathrm{kW}]\times\left(\frac{\sqrt{1-\cos^2\theta_1}}{\cos\theta_1}-\frac{\sqrt{1-\cos^2\theta_2}}{\cos\theta_2}\right)[\mathrm{kVA}]$$

$$P=\frac{2800}{\frac{0.8}{0.6}-\frac{0.6}{0.8}}=4800[\mathrm{kW}]$$

**17** **교류 단상 3선식 배전방식을 교류 단상 2선식에 비교하면?**

① 전압강하가 크고, 효율이 낮다.
② 전압강하가 작고, 효율이 낮다.
③ 전압강하가 작고, 효율이 높다.
④ 전압강하가 크고, 효율이 높다.

[정답] 12 ③　13 ③　14 ②　15 ①　16 ①　17 ③

해설

**단상 3선식의 특징**

- 2종의 전압을 얻을 수 있다.
- 단상 2선식보다 전압강하, 전력손실이 작다.
- 단상 2선식보다 전선량이 절약되는 이점이 있다.
- 중성선 단선시 전압의 불평형이 발생한다.(밸런서 실치 필요)

**18** 배전선로의 전압을 $\sqrt{3}$ 배로 증가시키고 동일한 전력 손실률로 송전할 경우 송전전력은 몇 배로 증가되는가?

① $\sqrt{3}$　② $\frac{3}{2}$
③ 3　④ $2\sqrt{3}$

해설

**전력손실률**

공급전력에 대한 전력손의 비를 말한다. 전력손실률($K$)이 일정할 경우 공급전력은 전압에 제곱에 비례한다. $P=(\sqrt{3})^2=3$배

**19** 주상 변압기의 2차 측 접지는 어느 것에 대한 보호를 목적으로 하는가?

① 1차 측의 단락　② 2차 측의 단락
③ 2차 측의 전압강하　④ 1차 측과 2차 측의 혼촉

해설

주상 변압기의 2차 측 접지는 1차 측과 2차 측의 혼촉사고시 2차 측의 전위상승을 억제하기 위함이다.

**20** 100[MVA]의 3상 변압기 2뱅크를 가지고 있는 배전용 2차 측의 배전선에 시설할 차단기 용량[MVA]은? (단, 변압기는 병렬로 운전되며, 각각의 $\%Z$는 20[%]이고, 전원의 임피던스는 무시한다.)

① 1000　② 2000
③ 3000　④ 4000

해설

**차단용량**

$$\%Z_{total}=\frac{20}{2}=10[\%]$$

$$P_s=\frac{100}{\%Z_{total}}\times P_n=\frac{100}{10}\times 100=1000[\text{MVA}]$$

## 시행일 2020년 2회

**01** 수전용 변전설비의 1차측에 설치하는 차단기의 용량은 어느 것에 의하여 정하는가?

① 수전전력과 부하율
② 수전계약용량
③ 공급측 전원의 단락용량
④ 부하설비용량

해설

**변압기 1차측 찬단기 차단용량의 산정**

공급측 전원의 크기 또는 공급측 전원의 단락용량에 의해 주로 정해진다. 한편, 차단전류 계산시 고장점에서 전원측을 바라보고 환산한 각각의 $\%Z$를 집계 및 합성한다.

**02** 어떤 발전소의 유효 낙차가 100[m]이고, 최대 사용 수량이 10[m³/s] 일 경우 이 발전소의 이론적인 출력은 몇 [kW] 인가?

① 4900　② 9800
③ 10000　④ 14700

해설

**수력발전 이론출력**

$$P=9.8QH=9.8\times 10\times 100=9800[\text{kW}]$$

[정답] 18 ③ 19 ④ 20 ① 2020년 2회 01 ③ 02 ②

## 03 피뢰기의 제한전압이란?

① 상용주파전압에 대한 피뢰기의 충격방전 개시전압
② 충격파 침입 시 피뢰기의 충격방전 개시전압
③ 피뢰기가 충격파 방전 종료 후 언제나 속류를 확실히 차단 할 수 있는 상용주파 최대 전압
④ 충격파 전류가 흐르고 있을 때의 피뢰기 단자전압

해설

**피뢰기의 제한전압**

충격파 전류가 흐를 때 피뢰기 단자전압의 파고치

- 충격방전개시전압

피뢰기 단자에 충격파 인가시 방전을 개시하는 전압

- 피뢰기의 정격전압

속류를 차단하는 상용주파수 최고의 교류전압

## 04 발전기의 정태 안정 극한 전력이란?

① 부하가 서서히 증가할 때의 극한전력
② 부하가 갑자기 크게 변동할 때의 극한전력
③ 부하가 갑자기 사고가 났을 때의 극한전력
④ 부하가 변하지 않을 때의 극한전력

해설

**안정도의 종류**

- 정태안정도 : 정상상태에서 서서히 부하를 증가시켰을 경우
- 동태안정도 : AVR 등이 갖는 제어효과까지 고려했을 경우
- 과도안정도 : 선로의 사고, 발전기 탈락 등의 큰 외란의 경우

## 05 3상으로 표준전압 3[kV], 용량 600[kW], 역률 0.85로 수전하는 공장의 수전회로에 시설할 계기용 변류기의 변류비로 적당한 것은? (단, 변류기의 2차 전류는 5[A]이며, 여유율은 1.5배로 한다.)

① 10　　② 20
③ 30　　④ 40

해설

**변류기의 변류비 산정**

변류기의 1차측 정격은 부하전류를 기준으로 여유배수(1.25~1.5)를 곱하여 적당한 CT비를 산정한다.

$$I=\frac{P}{\sqrt{3}\times V\times\cos\theta}\times \text{여유배수}$$

$$I=\frac{600}{\sqrt{3}\times 3\times 0.85}\times 1.5=203.77[\text{A}]$$

변류기의 1차측 표준정격은 5, 10 ,15, 20, 30, 40, 50, 75, 100, 150, 200 등이 있으며 상기 문제의 경우 CT 1차측 정격은 200으로 선정한다.
한편, CT의 2차측 정격은 5[A]이므로 변류비는 200/5이고, 40으로 표현할 수 있다.

## 06 30000[kW]의 전력을 50[km] 떨어진 지점에 송전하려고 할 때 송전전압[kV]은 약 얼마인가? (단, still 식에 의하여 산정한다.)

① 22　　② 33
③ 66　　④ 100

해설

**송전전압 [스틸의 식]**

$$V_s=5.5\times\sqrt{0.6\ell+\frac{P_s[\text{kW}]}{100}}\ [\text{kV}]$$

$$V_s=5.5\times\sqrt{0.6\times 50+\frac{30000}{100}}=99.9[\text{kV}]$$

## 07 다음 중 전력선에 의한 통신선의 전자유도장해의 주된 원인은?

① 전력선과 통신선사이의 상호 정전용량
② 전력선의 불충분한 연가
③ 전력선의 1선 지락 사고 등에 의한 영상전류
④ 통신선 전압보다 높은 전력선의 전압

해설

**전자유도장해**

1선 지락 사고시 지락전류(영상전류)에 의해 전력선과 통신선 사이에 상호 인덕턴스 $M$에 의해 통신선에 전압이 유기된다.

참고

**정전유도장해**

송전선로의 영상 전압과 통신선과의 상호 정전용량의 불평형에 의해 통신선에 유도되는 전압을 정전 유도전압이라 하며, 정상시에 통신장해를 일으켜 문제가 된다.

**[정답]** 03 ④　04 ①　05 ④　06 ④　07 ③

**08** **조상설비가 있는 발전소 측 변전소에서 주변압기로 주로 사용되는 변압기는?**

① 강압용 변압기 ② 단권변압기
③ 3권선 변압기 ④ 단상 변압기

해설

**3권선 변압기**

송전용변전소의 주변압기는 소내 전원공급과 조상설비를 설치하기 위하여 3권선 변압기를 사용한다. 결선방식은 주로 $Y-Y-\triangle$을 사용한다. 한편, 3권선 변압기의 3차측 권선인 델타권선을 안정권선이라고도 한다. 3차측(안정권선)에 조상설비를 설치한다.

**09** **3상 1회선의 송전선로에 3상 전압을 가해 충전할 때, 1선에 흐르는 충전전류는 30[A], 또 3선을 일괄하여 이것과 대지사이에 상전압을 가하여 충전시켰을 때 전 충전전류는 60[A]가 되었다. 이 선로의 대지정전용량과 선간정전용량의 비는? (단, 대지정전용량=$C_s$, 선간정전용량=$C_m$이다.)**

① $\dfrac{C_m}{C_s}=\dfrac{1}{6}$ ② $\dfrac{C_m}{C_s}=\dfrac{8}{15}$
③ $\dfrac{C_m}{C_s}=\dfrac{1}{3}$ ④ $\dfrac{C_m}{C_s}=\dfrac{1}{\sqrt{3}}$

해설

**정전용량의 비교**

3상 3선식 선로에서 작용정전용량($C_n$)은 대지정전용량($C_s$) 및 선간정전용량($C_m$)과의 사이에는 $C_n=C_s+3C_m$의 관계가 있다. 선간전압으로 $V$라 하면 제의에 따라 아래와 같다.

$\omega C_n\dfrac{V}{\sqrt{3}}=\omega(C_s+3C_m)\dfrac{V}{\sqrt{3}}=30[\text{A}]$ ……… 식①

$3\omega C_s\dfrac{V}{\sqrt{3}}=\sqrt{3}\,\omega C_s V=60[\text{A}]$ ……………… 식②

식②로부터 $\omega V=\dfrac{60}{\sqrt{3}\,C_s}$, 이것을 식①에 대입해서 정리하면

$60\times\dfrac{C_m}{C_s}+20=30$이다. 그러므로 $\dfrac{C_m}{C_s}=\dfrac{1}{6}$이다.

**10** **전력 사용의 변동 상태를 알아보기 위한 것으로 가장 적당한 것은?**

① 수용률 ② 부등률
③ 부하율 ④ 역률

해설

**부하율**

어느 기간 중에 최대전력에 대한 평균전력의 비로 정의하며, 어느 기간 중의 전력사용의 변동 상태를 나타 내는 지표이다. 일반적으로 부하율은 높을수록 경제적이며, 1보다는 작다.

**11** **단상 교류회로에 3150/210[V]의 승압기를 80[kW], 역률 0.8인 부하에 접속하여 전압을 상승시키는 경우 약 몇 [kVA]의 승압기를 사용하여야 적당한가? (단, 전원전압은 2900[V]이다.)**

① 3.6 ② 5.5
③ 6.8 ④ 10

해설

**승압기용량**

$V_2=2900\times\dfrac{3360}{3150}=3093.33[\text{V}]$

$P_a=e_2\times I_2=e_2\times\dfrac{P}{V_2\cos\theta}$

$P_a=210\times\dfrac{80\times10^3}{3093.33\times0.8}\times10^{-3}=6.79[\text{kVA}]$

**12** **철탑의 접지저항이 커지면 가장 크게 우려되는 문제점은?**

① 정전 유도 ② 역섬락 발생
③ 코로나 증가 ④ 차폐각 증가

해설

**매설지선**

철탑의 탑각 접지저항이 크면 낙뢰시 철탑의 전위가 상승하여 철탑으로부터 송전선으로 뇌 전류가 흘러 역섬락이 발생한다. 이를 방지하기 위해 매설지선을 설치한다. 매설지선을 설치할 경우 탑각의 접지저항이 감소되어 역섬락을 방지할 수 있다.

[정답] 08 ③ 09 ① 10 ③ 11 ③ 12 ②

## 13 역률 0.8(지상), 480 [kW] 부하가 있다. 전력용 콘덴서를 설치하여 역률을 개선하고자 할 때 콘덴서 220 [kVA]를 설치하면 역률은 몇 [%]로 개선되는가?

① 82 ② 85
③ 90 ④ 96

해설

**부하의 역률개선**

- 부하의 지상무효전력

$P_{r1}=P\times\tan\theta=480\times\frac{0.6}{0.8}=360[\text{kVar}]$

- 콘덴서 설치시 무효전력

$P_{r2}=360-220=140[\text{kVar}]$

- 역률 개선

$\cos\theta=\frac{P}{\sqrt{P^2+P_{r2}^2}}=\frac{480}{\sqrt{480^2+140^2}}\times100=96[\%]$

## 14 화력발전소에 탈기기를 사용하는 주 목적은?

① 급수 중에 함유된 산소 등의 분리 제거
② 보일러 관벽의 스케일 부착의 방지
③ 급수 중에 포함된 염류의 제거
④ 연소용 공기의 예열

해설

**탈기기**

급수중에 함유된 산소, 이산화탄소 등의 분리 및 제거를 위해 화력발전소에서는 탈기기를 사용한다.

참고

- 재열기 :고압터빈에서 나온 증기를 가열
- 절탄기: 연도에 설치하여 보일러 급수를 가열
- 집진기 : 회분을 제거하여 대기오염을 방지하며, 전기식 집진기가 효율이 가장 좋다.
- 복수기 : 기력발전소에 가장 많이 사용되는 표면복수기는 터빈에서 나온 증기를 물로 변환시키며, 복수기의 냉각수를 순환시키기 위한 순환펌프가 필요하다.

## 15 변류기를 개방할 때 2차측을 단락하는 이유는?

① 1차측 과전류 보호 ② 1차측 과전압 장지
③ 2차측 과전류 보호 ④ 2차측 절연보호

해설

**변류기의 유지보수**

통전중인 상태에서 변류기 2차측 기기를 유지보수하는 경우 변류기 2차측을 단락시킨다. 만약 2차측이 개방될 경우 2차측에 과전압이 유기되어 절연이 파괴된다.

## 16 ( ) 안에 들어갈 알맞은 내용은?

"화력발전소의 ( ㉠ )은 발생 ( ㉡ )을 열량으로 환산한 값과 이것을 발생하기 위하여 소비된 ( ㉢ )의 보류열량 ( ㉣ )를 말한다."

① ㉠ 손실율 ㉡ 발열량 ㉢ 물 ㉣ 차
② ㉠ 열효율 ㉡ 전력량 ㉢ 연료 ㉣ 비
③ ㉠ 발전량 ㉡ 증기량 ㉢ 연료 ㉣ 결과
④ ㉠ 연료소비율 ㉡ 증기량 ㉢ 물 ㉣ 차

해설

**화력발전소 열효율**

화력발전소의 [열효율 $\eta$]은 발생[전력량 $W$]을 열량으로 환산한 값과 이것을 발생하기 위하여 소비된 [연료 $m$]의 보유열량 $H$[비]를 말한다.

$\eta=\frac{860W}{mH}\times100$

## 17 다음 중 전압강하의 정도를 나타내는 식이 아닌 것은? (단, $E_S$는 송전단전압, $E_R$은 수전단전압이다.)

① $\frac{I}{E_R}(R\cos\theta+X\sin\theta)\times100\%$

② $\frac{\sqrt{3}\,I}{E_R}(R\cos\theta+X\sin\theta)\times100\%$

③ $\frac{E_S-E_R}{E_R}\times100\%$

④ $\frac{E_S+E_R}{E_R}\times100\%$

[정답] 13 ④ 14 ① 15 ④ 16 ② 17 ④

해설

- 3상 3선식전압강하
  $e=\sqrt{3}I(R\cos\theta+X\sin\theta)[V]$
- 단상 2선식의 전압강하
  ① 전선 한 가닥의 저항인 경우
  $e=2I(R\cos\theta+X\sin\theta)[V]$
  ② 왕복선의 저항인 경우
  $e=I(R\cos\theta+X\sin\theta)[V]$
- 전압강하율
  $\delta=\frac{e}{V_r}\times 100=\frac{V_s-V_r}{V_r}\times 100$

## 18 수전단 전압이 송전단 전압보다 높아지는 현상과 관련된 것은?

① 페란티 효과　② 표피 효과
③ 근접 효과　④ 도플러 효과

해설

**페란티 현상**
선로의 정전용량이 클 때 수전단 전압이 송전단 전압보다 높아지며 이를 페란티 현상이라 한다. 이를 방지하기 위해 분로(병렬)리액터를 설치한다.

## 19 송전선로의 중성점을 접지하는 목적으로 가장 알맞은 것은?

① 전선량의 절약
② 송전용량의 증가
③ 전압강하의 감소
④ 이상 전압의 경감 및 발생 방지

해설

**중성점 접지 목적**
- 1선 지락시 건전상의 전위상승을 억제, 절연레벨 경감
- 뇌, 아크 지락, 기타에 의한 이상전압의 경감 및 발생억제
- 1선 지락시 지락계전기를 확실하게 동작
- 1선 지락시의 아크 지락을 재빨리 소멸시켜 안정도 향상

## 20 송전선로에서 4단자정수 $A, B, C, D$사이의 관계는?

① $BC-AD=1$　② $AC-BD=1$
③ $AB-CD=1$　④ $AD-BC=1$

해설

**4단자 정수**
4단자망은 임의의 선형 회로망에 대해 입력측과 출력측에 각각의 변수 $E_s, E_r, I_s, I_r$의 파라미터로 표시한다. $A, B, C, D$를 4단자 정수라고 하고, $AD-BC=1$의 관계가 있다.

# 시행일 2020년 3회

## 01 저항 2[Ω], 유도 리액턴스 8[Ω]의 단상 2선식 배전선로의 전압강하를 보상하기 위하여, 용량 리액턴스 6[Ω]의 직렬 콘덴서를 넣었을 때의 부하 단자전압[V]을 구하여라. 여기서 전원은 6900[V], 부하전류는 200[A], 역률(지상)은 80[%]라 한다.

① 5340　② 5000
③ 6340　④ 6000

해설

$V_s=V_r+e=V_r+I[R\cos\theta+(X_L-X_C)\sin\theta]$
$V_r=V_s-I[R\cos\theta+(X_L-X_C)\sin\theta]$
$V_r=6900-200\times[2\times 0.8+(8-6)\times 0.6]=6340[V]$

## 02 다음 중 원자로에서 독작용을 설명한 것으로 가장 알맞은 것은?

① 열중성자가 독성을 받는 것을 말한다.
② ${}_{54}Xe^{135}$와 ${}_{62}Sn^{149}$가 인체에 독성을 주는 작용이다.
③ 열중성자 이용률이 저하되고 반응도가 감소되는 작용을 말한다.
④ 방사성 물질이 생체에 유해작용을 하는 것을 말한다.

해설

**독작용**

[정답] 18 ① 19 ④ 20 ④ 2020년 3회 01 ③ 02 ③

원자로의 독작용이란 핵분열 작용에 의해 생긴 독물질인 $_{54}Xe^{135}$나 $_{62}Sn^{149}$ 등은 중성자를 잘 흡수하는 성질이 있기 때문에 원자로의 운전에 유해한 작용을 한다. 열중성자 이용률이 저하되고 반응도가 감소되는 작용을 한다.

## 03 비등수형 원자로의 특색에 대한 설명이 틀린 것은?

① 열교환기가 필요하다.
② 기포에 의한 자기 제어성이 있다.
③ 순환펌프로서는 급수펌프뿐이므로 펌프동력이 작다.
④ 방사능 때문에 증기는 완전히 기수분리를 해야 한다.

해설

**비등수형 원자로[BWR]**

- 감속재와 냉각재로 경수를 사용하고 연료로는 농축우라늄을 사용한다.
- 증기가 직접 터빈에 들어가기 때문에 누출을 적절히 방지해야 한다.
- 물을 원자로 내에서 직접 비등시켜 열 교환기가 필요 없다.
- 원자로는 노 내에서 물이 끓으므로 내부압력은 가압수형 원자로보다 낮다.

## 04 250[mm] 현수애자 10개를 직렬로 접속한 애자련의 건조섬락전압이 590[kV]이고 연효율(string efficiency)이 0.74이다. 현수애자 한 개의 건조섬락전압은 약 몇 [kV]인가?

① 80　　② 90
③ 100　　④ 120

해설

**연효율**

$\eta=\frac{V_n}{nV_1}\times 100[\%]$에서, $V_1=\frac{V_n}{\eta\times n}=\frac{590}{0.74\times 10}=79.7$

$\therefore V_1 \fallingdotseq 80[kV]$

## 05 전선 지지점에 고저차가 없는 경간 300[m]인 송전선로가 있다. 이도를 10[m]로 유지할 경우 지지점간의 전선 길이는 약 몇 [m]인가?

① 300.0　　② 300.3
③ 300.6　　④ 300.9

해설

**전선의 실제 길이**

전선의 길이는 경간보다 $\frac{8D^2}{3S}$ 만큼 길기 때문에

$$L=S+\frac{8D^2}{3S}=300+\frac{8\times 10^2}{3\times 300}\fallingdotseq 300.9[m]$$

## 06 송전 전력, 부하 역률, 송전 거리, 전력 손실 및 선간전압이 같을 경우 3상 3선식에서 전선 한 가닥에 흐르는 전류는 단상 2선식에서 전선 한 가닥에 흐르는 경우의 몇 배가 되는가?

① $\frac{1}{\sqrt{3}}$배　　② $\frac{2}{3}$배
③ $\frac{3}{4}$배　　④ $\frac{4}{9}$배

해설

단상 2선식과 3상 3선식에 흐르는 전력에 관한 식은
$VI_1\cos\theta=\sqrt{3}VI_3\cos\theta$로 표현할 수 있고
그에 따른 전류의 관계는

$$I_1=\sqrt{3}I_3 \rightarrow I_3=\frac{1}{\sqrt{3}}I_1$$

## 07 압축된 공기를 아크에 불어넣어서 차단하는 차단기는?

① 공기 차단기(ABB)
② 가스 차단기(GCB)
③ 자기 차단기(MBB)
④ 유입 차단기(OCB)

해설

**공기 차단기**

공기차단기는 압축된 공기를 아크에 불어 넣어서 차단한다.

[정답] 03 ① 04 ① 05 ④ 06 ① 07 ①

**08** **전력계통에서 무효전력을 조정하는 조상설비 중 전력용 콘덴서를 동기조상기와 비교할 때 옳은 것은?**

① 전력손실이 크다.
② 지상 무효전력분을 공급할 수 있다.
③ 전압조정을 계단적으로 밖에 못한다.
④ 송전선로를 시송전할 때 선로를 충전할 수 있다.

해설

**조상설비의 특성**

| 구 분 | 동기조상기 | 콘덴서 |
|---|---|---|
| 무효전력 | 진상 및 지상 | 진상 |
| 조정의 형태 | 연속 | 불연속 |
| 보수 | 곤란 | 용이 |
| 손실 | 대 | 소 |
| 시충전 | 가능 | 불가능 |

**09** **수전단에 관련된 다음 사항 중 틀린 것은?**

① 경부하시 수전단에 설치된 동기조상기는 부족여자로 운전
② 중부하시 수전단에 설치된 동기조상기는 부족여자로 운전
③ 중부하시 수전단에 전력 콘덴서를 투입
④ 시충전시 수전단 전압이 송전단보다 높게됨

해설

동기조상기는 무부하로 운전되는 동기전동기이며, 과여자로 하면 선로에서 앞선전류를 취하여 콘덴서로 작용하고, 반대로 부족여자로 운전하면 뒤진전류를 취하여 리액터로 작용한다. 중부하시에는 진상운전을해야 하므로 과여자운전을 해야 한다.

**10** **3상용 차단기의 용량은 그 차단기의 정격전압과 정격차단 전류와 몇 배 곱한 것인가?**

① $\dfrac{1}{\sqrt{2}}$ ② $\dfrac{1}{\sqrt{3}}$
③ $\sqrt{2}$ ④ $\sqrt{3}$

해설

차단기 용량 $P_s=\sqrt{3}\times$정격전압$\times$정격차단전류

**11** **출력 20000[kW]의 화력발전소가 부하율 80[%]로 운전할 때 1일의 석탄소비량은 약 몇 [ton] 인가? (단, 보일러 효율 80[%], 터빈의 열 사이클 효율 35[%], 터빈효율 85[%], 발전기 효율 76[%], 석탄의 발열량은 5500[kcal/kg]이다.)**

① 272 ② 293
③ 312 ④ 333

해설

**화력발전소의 열효율**

$\eta_{total}=\dfrac{860W}{mH}$, $m=\dfrac{860W}{\eta_{total}H}$이다.

$\therefore\ m=\dfrac{860\times 20000\times 0.8\times 24}{5500\times 0.85\times 0.8\times 0.35\times 0.76}\times 10^{-3}=333[\text{ton}]$

**12** **전류 계전기(OCR)의 탭(tap) 값을 옳게 설명한 것은?**

① 계전기의 최소 동작전류
② 계전기의 최대 부하전류
③ 계전기의 동작시한
④ 변류기의 권수비

해설

계전기에 최소 동작전류 이상의 전류가 흘렀을 경우 계전기는 동작하여 설비를 보호해준다.

**13** **다음 중 배전선로의 손실을 경감하기 위한 대책으로 적절하지 않는 것은?**

① 전력용 콘덴서 설치
② 배전전압의 승압
③ 전류밀도의 감소와 평형
④ 전압강하 상승

**[정답]** 08 ③ 09 ② 10 ④ 11 ④ 12 ① 13 ④

해설

배전전압을 승압하여 전압강하를 감소시키며, 전력손실을 감소시킨다.

**14** 송배전선로에서 전선의 장력을 2배로 하고 또 경간을 2배로 하면 전선의 이도는 처음의 몇 배가 되는가?

① $\frac{1}{4}$ ② $\frac{1}{2}$

③ 2 ④ 4

해설

$D=\frac{WS^2}{8T}$에서 장력과 경간을 제외한 나머지는 일정하다면 $\frac{2^2}{2}=2$배

**15** 전선에 복도체를 사용하는 경우, 같은 단면적의 단도체를 사용하는 것에 비하여 우수한 점으로 알맞은 것은?

① 전선의 코로나 개시전압은 변화가 없다.

② 전선의 인덕턴스와 정전용량은 감소한다.

③ 전선표면의 전위경도가 증가한다.

④ 송전용량과 안정도가 증대된다.

해설

**복도체의 특징**

- 코로나 임계전압의 상승
- 인덕턴스 감소, 정전용량 증가
- 송전선로의 송전용량 및 안정도 증가
- 전선의 표면의 전위경도 감소

**16** 역률 개선용 콘덴서를 부하와 병렬로 연결하고자 한다. △결선방식과 $Y$결선방식을 비교하면 콘덴서의 정전용량[$\mu$F]의 크기는 어떠한가?

① $A$결선방식과 $Y$결선방식은 동일하다.

② $Y$결선방식이 $A$결선방식의 $\frac{1}{2}$이다.

③ △결선방식이 $Y$결선방식의 $\frac{1}{3}$이다.

④ $Y$결선방식이 △결선방식의 $\frac{1}{\sqrt{3}}$다.

해설

**작용정전용량**

| 구 분 | Y 결선 | △ 결선 |
|---|---|---|
| 정전용량 | 3 | 1 |
| 충전용량 | 1 | 3 |

**17** 단일 부하의 선로에서 부하율 50[%] 선로 전류의 변화곡선의 모양에 따라 달라지는 계수 $\alpha=0.2$인 배전선의 손실계수는 얼마인가?

① 0.05 ② 0.15

③ 0.25 ④ 0.30

해설

**손실계수**

$H=\alpha F+(1-\alpha)F^2=0.2\times0.5+(1-0.2)\times0.5^2=0.30$

참고

손실계수($H$)와 부하율($F$)의 관계

$1\geq F\geq H\geq F^2\geq 0$

**18** 가공 송전선에 사용되는 애자 1련 중 전압부담이 최대인 애자는?

① 철탑에 제일 가까운 애자

② 전선에 제일 가까운 애자

③ 중앙에 있는 애자

④ 철탑과 애자련 중앙의 그 중간에 있는 애자

해설

**애자련의 전압분담**

전압부담 최대 : 전선에서 가장 가까운 애자

[정답] 14③ 15④ 16③ 17④ 18②

**19** **3상 계통에서 수전단전압 60[kV], 전류 250[A], 선로의 저항 및 리액턴스가 각각 7.61[Ω], 11.85[Ω]일 때 전압강하율은? (단, 부하역률은0.8(늦음)이다.)**

① 약 5.50[%] ② 약 7.34[%]
③ 약 8.69[%] ④ 약 9.52[%]

해설

**전압강하율**

$$\delta = \frac{e}{V_r} \times 100$$
$$= \frac{\sqrt{3}I(R\cos\theta + X\sin\theta)}{V_r} \times 100$$
$$= \frac{\sqrt{3} \times 250 \times (7.61 \times 0.8 + 11.85 \times 0.6)}{60000} \times 100$$
$$= 9.52[\%]$$

**20** **다음 중 부하전류의 차단에 사용되지 않는 것은?**

① NFB ② OCB
③ VCB ④ DS

해설

단로기는 아크소호능력이 없으므로 부하전류의 개폐, 고장전류를 차단할 수 없다.

## 시행일 2021년 1회

**01** **지락보호계전기 동작이 가장 확실한 접지방식은?**

① 직접접지 방식
② 비접지 방식
③ 소호리액터 접지 방식
④ 고저항접지 방식

해설

**중성점접지방식**

| 구분 \ 종류 | 직접접지 |
|---|---|
| 건전상의 전위상승 | 최소 |
| 절연레벨 | 최저 |
| 지락전류의 크기 | 대 |
| 보호계전기 동작 | 확실 |
| 통신선 유도장해 | 대 |
| 과도안정도 | 나쁨 |

**02** **3상 차단기의 정격차단용량을 나타낸 것은?**

① $\frac{1}{\sqrt{3}}$ × 정격전압 × 정격전류
② $\frac{1}{\sqrt{3}}$ × 정격전압 × 정격차단전류
③ $\sqrt{3}$ × 정격전압 × 정격차단전류
④ $\sqrt{3}$ × 정격전압 × 정격전류

해설

**정격차단용량**

3상 차단기의 정격차단용량은 정격전압과 정격차단전류의 곱에 루트3배를 곱하며, 단상의 선로에서 정격차단용량은 정격전압과 정격차단전류의 곱으로만 계산한다.

**03** **배전선로의 손실경감과 관계없는 것은?**

① 대용량 변압기 채용
② 역률 개선
③ 배전선로의 전류 밀도 평형
④ 배전 전압의 승압

해설

**원자력발전**

전력손실 감소를 위해 전력용 콘덴서를 설치하여 역률을 개선 시키며, 전압을 승압시킬 경우, 부하가 평형할 경우에도 전력손실을 저감시킬 수 있다.

[정답] 19 ④ 20 ④ 2021년 1회 01 ① 02 ③ 03 ①

**04** **배전 계통에서 콘덴서를 설치하는 주된 목적과 관계가 없는 것은?**

① 송전용량 증가　② 기기의 보호
③ 전력손실 감소　④ 전압강하 보상

해설

**역률 개선 효과**
- 전력손실 감소
- 전압강하 감소
- 설비용량 여유증가
- 전기요금 절감

**05** **수력발전소의 댐 설계 및 저수지 용량 등을 결정하는데 가장 적합하게 사용되는 것은?**

① 유량도　② 적산유량곡선
③ 유황곡선　④ 수위-유량곡선

해설

**수력발전**
유량도를 토대로 가로축에 1년 365일을 역일순으로, 세로축으로는 유량의 누계를 잡아서 만든 곡선으로서 댐 설계, 저수지 용량을 결정할 때 적산유량곡선을 사용한다.

**06** **배전전압을 3000[V]에서 5200[V]로 높이면, 수송전력이 같다고 할 경우에 전력손실은 몇 [%]로 되는가?**

① 25　② 50
③ 33.3　④ 1

해설

**전력손실**
전력손실은 전압의 제곱에 반비례 한다.

$P_l \propto \frac{1}{V^2} \rightarrow P_l = \left(\frac{3000}{5200}\right)^2 \times 100 = 33.3[\%]$

**07** **송전선의 특성임피던스를 $Z_0$, 전파속도를 $V$라 할 때, 이 송전선의 단위 길이에 대한 인덕턴스 $L$은?**

① $L=\sqrt{Z_0}V$　② $L=\frac{Z_0}{V}$
③ $L=\frac{Z_0^2}{V}$　④ $L=\frac{V}{Z_0}$

해설

**특성임피던스**
특성임피던스 $Z_0=\sqrt{\frac{L}{C}}$ ·········①식

전파속도 $V=\frac{1}{\sqrt{LC}}$ ·············②식

①식과 ②식에서 인덕턴스를 구한다.

$\therefore L=\frac{Z_0}{V}$

**08** **피뢰기의 구비조건으로 틀린 것은?**

① 방전내량이 작으면서 제한전압이 높을 것
② 속류차단능력이 충분할 것
③ 상용주파 방전개시전압이 높을 것
④ 충격방전개시전압이 낮을 것

해설

**피뢰기[LA]**
피뢰기의 구비조건
- 속류 차단 능력이 클 것
- 충격 방전개시전압이 낮을 것
- 제한전압은 낮고 방전내량이 클 것
- 상용주파 방전개시 전압이 높을 것

**09** **피뢰기의 정격전압이란?**

① 방전을 게시할 때 단자전압의 순시값
② 상용주파수의 방전개시전압
③ 충격방전전류를 통하고 있을 때 단자전압
④ 속류를 차단할 수 있는 최고의 교류전압

해설

**피뢰기[LA]**
피뢰기의 정격전압이란 속류를 차단할 수 있는 최고의 교류전압을 말한다.

[정답] 04 ② 05 ② 06 ③ 07 ② 08 ① 09 ④

**10** 우리나라 22.9[kV] 배전선로에 적용하는 피뢰기의 공칭방전전류[A]는?

① 1500 ② 2500
③ 5000 ④ 10000

해설

**피뢰기[LA]**
22.9[kV] 배전선로에 적용하는 피뢰기의 공칭방전전류 2500[A]이며, 피뢰기의 정격전압은 18[kV]이다.

**11** 단상 2선식 교류 배전선로가 있다. 전선의 1가닥 저항이 0.15[Ω]이고, 리액턴스는 0.25[Ω]이다. 부하는 순저항부하이고 100[V], 3[kW]이다. 급전점의 전압[V]은 약 얼마인가?

① 110 ② 124
③ 115 ④ 105

해설

**전압강하**
단상 2선식의 전압강하
$e=2I(R\cos\theta+X\sin\theta)$에서 순저항부하이므로, 리액턴스는 무시한다.

전압강하 : $e=2IR\cos\theta$ ➜ $2\times\frac{P}{V}\times R(\cos\theta=1)$

$V_s=V_r+e=100+2\times\frac{3000}{100}\times0.15=109$ ➜ $\fallingdotseq110[\mathrm{V}]$

**12** 첨두부하가 커지면 부하율은 어떻게 되는가? (단, 평균전력은 동일하다.)

① 높아진다.
② 변하지 않고 일정하다.
③ 낮아진다.
④ 부하의 종류에 따라 달라진다.

해설

**부하율**
부하율은 최대전력에 대한 평균전력의 비율이므로, 최대전력이 커지면 부하율은 낮아진다.

**13** 3상 송전선로의 선간전압을 100[kV], 3상 기준용량을 10000[kVA]로 할 때 선로 리액턴스 1선당 100[Ω]을 %임피던스로 환산하면 약 [%]인가?

① 0.33 ② 3.33
③ 10 ④ 1

해설

**퍼센트임피던스**

$\%Z=\frac{P_nZ}{10V^2}=\frac{10000\times100}{10\times100^2}=10[\%]$

**14** 저항 10[Ω], 리액턴스 15[Ω]인 3상 송전선로가 있다. 수전단 전압이 60[kV], 부하 역률이 0.8, 전류가 100[A]라 할 때 송전단 전압은 약 몇 [kV]인가?

① 33 ② 58
③ 42 ④ 63

해설

**전압강하**
$e=\sqrt{3}I(R\cos\theta+X\sin\theta)$
$V_s=V_r+e$
$=\{60000+\sqrt{3}\times100\times(10\times0.8+15\times0.6)\}\times10^{-3}$
$=63[\mathrm{kV}]$

**15** 중성점 저항 접지방식의 2회선 선로의 지락사고 시 사용되는 계전기는?

① 거리계전기 ② 과전류계전기
③ 역상계전기 ④ 선택접지계전기

해설

**선택지락계전기[SGR]**
전압은 접지형계기용변압기[GPT]에서 공급받고, 전류는 영상변류기[ZCT]에서 공급받아 동작하며, 선택접지계전기는 특히 병행 2회선 선로에서 1회선에서 지락사고가 발생했을 때 고장 회선만을 선택하여 차단한다.

[정답] 10② 11① 12③ 13③ 14④ 15④

## 16 송전선의 중성점을 접지하는 이유가 아닌 것은?

① 이상전압의 방지

② 지락사고선의 선택 차단

③ 코로나 방지

④ 전선로 및 기기의 절연레벨 경감

해설

**중성점접지방식**

중성점 접지의 목적

- 1선 지락시 건전상의 전위상승을 억제하여 전선로, 기기의 절연레벨 경감
- 뇌, 아크 지락, 기타에 의한 이상전압의 경감 및 발생억제
- 1선 지락시 지락계전기를 확실하게 동작
- 1선 지락시의 아크 지락을 재빨리 소멸시켜 안정도 향상

## 17 역상전류가 각 상전류에 의하여 바르게 표시된 것은?

① $I_2 = I_a + I_b + I_c$

② $I_2 = 3(I_a + aI_b + a^2I_c)$

③ $I_2 = aI_a + I_b + a^2I_c$

④ $I_2 = \frac{1}{3}(I_a + a^2I_b + aI_c)$

해설

**대칭좌표법**

- 영상분 : $I_0 = \frac{1}{3}(I_a + I_b + I_c)$
- 정상분 : $I_1 = \frac{1}{3}(I_a + aI_b + a^2I_c)$
- 역상분 : $I_2 = \frac{1}{3}(I_a + a^2I_b + aI_c)$

## 18 복도체를 사용한 가공송전방식을 같은 단면적의 단도체를 사용하는 경우와 비교할 때 틀린 것은?

① 송전용량을 증대시킬 수 있다.

② 코로나 개시전압이 높아지므로 코로나 손실을 줄일 수 있다.

③ 안정도를 증대시킬 수 있다.

④ 인덕턴스는 증가하고 정전용량은 감소한다.

해설

**복도체 장점**

- 인덕턴스 감소
- 송전용량 증가
- 허용전류 증가
- 코로나 방지

## 19 조력발전소에 대한 설명으로 옳은 것은?

① 간만의 차가 작은 해안에 설치한다.

② 만조로 되는 동안 바닷물을 받아들여 발전한다.

③ 지형적 조건에 따라 수로식과 양수식이 있다.

④ 완만한 해안선을 이루고 있는 지점에 설치한다.

해설

**조력발전**

조석 간만의 차가 큰 서해안을 방조제로 막아 해수를 가두고 수차발전기를 설치하여 저수지와 해수면의 낙차를 이용하여 발전하여 전기에너지를 생산(시화호 조력발전소)하는 방식이다.

## 20 전등설비 150[W], 전열설비 200[W], 전동기 설비 800[W], 기타 250[W]인 수용가가 있다. 이 수용가의 최대 수용전력이 910[W]이면 수용률[%]은?

① 65 ② 60

③ 55 ④ 70

해설

**수용률**

$$수용률 = \frac{최대수용전력}{설비용량} \times 100$$

$$= \frac{910}{150+200+800+250} \times 100 = 65[\%]$$

[정답] 16 ③ 17 ④ 18 ④ 19 ② 20 ①

## 시행일 2021년 2회

**01** **차단기에서 $O-t_1-CO-t_2-CO$의 주기로 나타내는 것은? (단, O(open)는 차단 동작 $t_1$, $t_2$는 시간 간격 C(close)는 투입 동작 CO(close and open)는 투입 직후 차단 동작이다.)**

① 차단기 동작 책무　② 차단기 속류 주기
③ 차단기 재폐로 계수　④ 차단기 무전압 시간

해설

**차단기의 동작 책무**

차단기가 차단($O$)-투입($C$)-차단($O$)을 반복해서 동작할 때 어느 시간 간격을 두고 행하여지는 일련의 동작을 규정한 것을 동작 책무라 한다.

**02** **어떤 건물의 부하의 총설비전력이 400[kW] 수용률이 0.5일 때 이 건물의 변전시설의 최저용량은 몇 [kVA]인가? (단, 역률은 0.8이다.)**

① 250　② 160
③ 1000　④ 640

해설

**변압기용량**

$$\text{변압기용량}=\frac{\text{설비용량}\times\text{수용률}}{\text{부등률}\times\text{역률}}=\frac{400\times0.5}{0.8}=250[\text{kVA}]$$

**03** **역률 80[%], 10000[kVA]의 부하를 갖는 변전소에 2000[kVA]의 콘덴서를 설치하여 역률을 개선하면 변압기에 걸리는 부하는 몇 [kVA] 정도 되는가?**

① 8000[kVA]　② 8500[kVA]
③ 9000[kVA]　④ 9500[kVA]

해설

**전력용 콘덴서**

- 부하의 유효분
  $P=P_a\times\cos\theta=10000\times0.8=8000[\text{kW}]$
- 콘덴서 설치 전 부하의 지상무효분
  $P_{r1}=P_a\times\sin\theta=10000\times0.6=6000[\text{kVar}]$
- 콘덴서 설치 후 부하의 지상무효분
  $P_{r2}=P_{r1}-Q_c=6000-2000=4000[\text{kVar}]$
- 콘덴서 설치 후 부하의 피상분
  $P_a'=\sqrt{8000^2+4000^2}\fallingdotseq9000[\text{kVA}]$

**04** **전력계통의 안정도 향상 대책은?**

① 송전계통의 직렬리액턴스를 증가시킨다.
② 고속 재폐로 방식을 채택한다.
③ 정원 측 원동기(터빈)용 조속기의 응답시간을 크게 한다.
④ 고장 시 발전기 입 · 출력의 불평형을 크게한다.

해설

**안정도 향상대책**

① 직렬 리액턴스의 감소
- 선로의 병행 회선을 증가, 복도체 사용
- 직렬콘덴서를 설치하여 유도성 리액턴스 보상
- 발전기나 변압기의 리액턴스 감소, 발전기의 단락비 증가

② 전압변동의 억제
- 계통의 연계
- 속응 여자방식 채용
- 중간 조상방식 채용

③ 계통에 주는 충격을 경감
- 고속도 재폐로방식 채용
- 고속 차단방식 채용
- 적당한 중성점 접지방식을 채용

**05** **부하전력 및 역률이 같을 때 전압을 $n$배 승압하면 전압강하 $e$, 전압강하율 $\varepsilon$ 및 전력손실 $p$는 각각 어떻게 되는가?**

① $e=\frac{1}{n^2}$, $\varepsilon=\frac{1}{n}$, $p=\frac{1}{n}$

② $e=\frac{1}{n}$, $\varepsilon=\frac{1}{n^2}$, $p=\frac{1}{n}$

③ $e=\frac{1}{n}$, $\varepsilon=\frac{1}{n^2}$, $p=\frac{1}{n^2}$

④ $e=\frac{1}{n^2}$, $\varepsilon=\frac{1}{n}$, $p=\frac{1}{n^2}$

해설

**송전특성**

전압강하율과 전력손실 모두 전압의 제곱에 반비례하고, 전압강하는 전압에 반비례한다.

[정답] 2021년 2회　01 ①　02 ①　03 ③　04 ②　05 ③

## 06 3상 수직 배치인 선로에서 오프셋을 주는 이유로 가장 알맞은 것은?

① 철탑 중량 감소 ② 유도장해 감소
③ 난조방지 ④ 단락방지

해설

**댐퍼 및 오프셋**
① 전선의 진동방지 : 댐퍼(damper) 설치
② 상하 전선의 단락방지 : 오프셋(off-set)

## 07 단상 2선식과 3상 3선식에서 선간전압, 배전거리, 수전전력, 역률을 같게 하고 선로손실을 동일하게 하는 경우, 3상에 필요한 전선 무게는 단상의 얼마인가?

① $\frac{1}{4}$ ② $\frac{3}{4}$
③ $\frac{2}{3}$ ④ $\frac{2}{4}$

해설

**전기방식**

| 전기방식 | 전선량 비 |
|---|---|
| 단상 2선식 | 100% |
| 단상 3선식 | 37.5% |
| 3상 3선식 | 75% |
| 3상 4선식 | 33.3% |

## 08 선로의 부하가 균일하게 분포하여 있을 때 배전선로의 전력손실은 이들의 전 부하가 선로의 말단에 집중되어 있을 때 에 비하여 어떠한가?

① $\frac{1}{4}$배 감소한다. ② $\frac{1}{3}$배 감소한다.
③ $\frac{1}{4}$배 증가한다. ④ $\frac{1}{3}$배 증가한다.

해설

**부하의 분포특성**

| 구분 | 전력손실 |
|---|---|
| 말단 집중 부하 | 1 |
| 균등 분포 부하 | 1/3 |

## 09 공기의 절연성이 부분적으로 파괴되어서 낮은 소리나 엷은 빛을 내면서 방전되는 현상은?

① 페란티 현상 ② 코로나 현상
③ 카르노 현상 ④ 보어 현상

해설

**코로나 현상**
전선로 주변의 공기의 절연이 부분적으로 파괴되는 현상으로 낮은 소리나 엷은 빛을 내면서 방전하는 현상을 코로나라 한다. 직류의 경우 30[kV/cm], 교류의 경우 21.1[kV/cm]에서 공기의 절연이 파괴된다.

## 10 단락전류를 제한하기 위하여 사용되는 것은?

① 현수애자 ② 한류리액터
③ 사이리스터 ④ 직렬콘덴서

해설

**한류리액터**
단락전류를 제한하기 위해 한류리액터를 사용하며, 차단기의 용량을 감소시킬 수 있다.

## 11 차단기와 차단기의 소호 매질이 잘못 결합된 것은?

① 자기차단기 – 전자력
② 유입차단기 – 절연유
③ 공기차단기 – 압축공기
④ 가스차단기 – 수소 가스

해설

[정답] 06 ④ 07 ② 08 ② 09 ② 10 ② 11 ④

**고압 차단기의 종류**

| 명칭 | 약호 | 소호 매질 |
|---|---|---|
| 가스차단기 | GCB | 육불화유황 가스 |
| 공기차단기 | ABB | 압축공기 |
| 유입차단기 | OCB | 절연유 |
| 진공차단기 | VCB | 고진공 |
| 자기차단기 | MBB | 전자력 |

## 12 그림과 같은 평형 3상 발전기가 있다. $a$상이 지락된 경우 지락전류는? (단, $Z_0$ : 영상임피던스, $Z_1$ : 정상임피던스, $Z_2$ : 역상임피던스이다.)

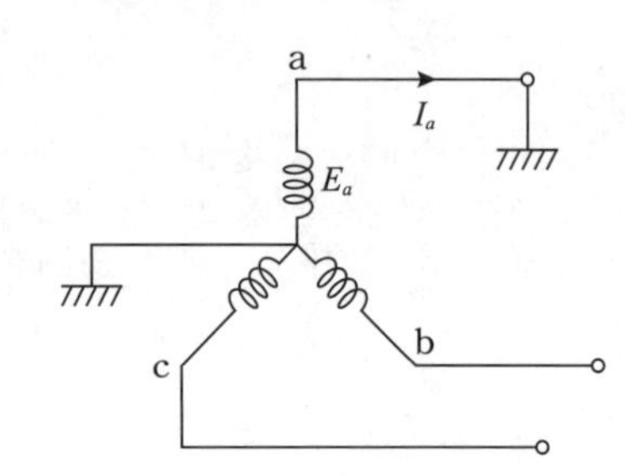


① $\dfrac{3E_a}{Z_0+Z_1+Z_2}$ ② $\dfrac{E_a}{Z_0+Z_1+Z_2}$

③ $\dfrac{-Z_0E_a}{Z_0+Z_1+Z_2}$ ④ $\dfrac{2Z_2E_a}{Z_1+Z_2}$

해설

**대칭좌표법**

1선 지락시 정상분, 역상분, 영상분 임피던스가 필요하며
$a$상 지락시 $I_b=I_c=0,\ I_0=I_1=I_2$

$I_0=\dfrac{1}{3}I_a=\dfrac{1}{3}I_g=\dfrac{E_a}{Z_0+Z_1+Z_2}$

$I_g=3I_0=\dfrac{3E_a}{Z_0+Z_1+Z_2}$

## 13 중거리 송전선로에서 T형 회로일 경우 4단자 정수 $A$는?

① $Z$ ② $1-\dfrac{ZY}{4}$

③ $Y$ ④ $1+\dfrac{ZY}{2}$

해설

**중거리 송전선로**

T형 회로의 4단자 정수

$$\begin{bmatrix} A & B \\ C & D \end{bmatrix}=\begin{bmatrix} 1+\dfrac{ZY}{2} & Z\left(1+\dfrac{ZY}{4}\right) \\ Y & 1+\dfrac{ZY}{2} \end{bmatrix}$$

## 14 유효낙차 30[m], 출력 2000[kW]의 수차발전기를 전부하로 운전하는 경우 1시간당 사용 수량은 약 몇 [$m^3$]인가? (단, 수차 및 발전기의 효율은 각각 95[%], 82[%]로 한다.)

① 15500 ② 25500

③ 31500 ④ 22500

해설

**수력발전**

수력발전출력 : $P=9.8QH\eta_t\eta_g$[kW]

수량 $Q=\dfrac{P}{9.8H\eta_t\eta_g}=\dfrac{2000}{9.8\times30\times0.95\times0.82}\times3600$

$\fallingdotseq 31500[m^3]$

## 15 송전선로의 뇌해 방지와 관계없는 것은?

① 피뢰기 ② 댐퍼(damper)

③ 가공지선 ④ 매설지선

해설

**댐퍼 및 오프셋**

① 전선의 진동방지 : 댐퍼(damper) 설치
② 상하 전선의 단락방지 : 오프셋(off-set)

## 16 3상 3선식 3각형 배치의 송전선로에 있어서 각 선의 대지 정전용량이 0.5038[$\mu$F]이고, 선간 정전용량이 0.1237[$\mu$F]일 때 1선의 작용 정전용량은 몇 [$\mu$F]인가?

① 0.6275 ② 0.8749

③ 0.9164 ④ 0.9755

[정답] 12① 13④ 14③ 15② 16②

해설

**작용 정전용량**

$C=C_s+3C_m=0.5038+3\times 0.1237=0.8749[\mu F]$

## 17 가스터빈의 장점이 아닌 것은?

① 구조가 간단해서 운전에 대한 신뢰가 높다.
② 기동 및 정지가 용이하다.
③ 냉각수를 다량으로 필요로 하지 않는다.
④ 화력발전소보다 열효율이 높다.

해설

**가스터빈**

가스터빈 발전방식은 화력발전소보다 열효율이 낮다.

## 18 연가를 하는 주된 목적은?

① 미관상 필요 ② 선로정수의 평형
③ 유도뢰의 방지 ④ 직격뢰의 방지

해설

**연가**

① 연가의 방법
- 송전선로를 3의 배수로 등분

② 연가의 효과 : 선로정수 평형
- 유도장해 억제
- 직렬공진에 의한 이상전압 억제

## 19 송전선로에 관련된 설명으로 틀린 것은?

① 전선에 교류가 흐를 때 전류 밀도는 도선의 중심으로 갈수록 작아진다.
② 송전선로에 ACSR을 사용한다.
③ 수직 배치 선로에서 오프셋을 주는 이유는 단락방지이다.
④ 송전선에서 댐퍼를 설치하는 이유는 전선의 코로나 방지이다.

해설

**댐퍼 및 오프셋**

① 전선의 진동방지 : 댐퍼(damper) 설치
② 상하 전선의 단락방지 : 오프셋(off-set)

## 20 조상설비와 거리가 먼 것은?

① 분로 리액터 ② 전력용 콘덴서
③ 상순 표시기 ④ 동기 조상기

해설

**조상설비**

조상설비에는 분로 리액터, 전력용 콘덴서, 동기 조상기 등이 있다.

# 시행일 2021년 3회

## 01 3상 1회선 전선로에서 대지정전용량은 $C_s$이고 선간정전용량을 $C_m$이라 할 때, 작용정전용량 $C_n$은?

① $C_s+C_m$ ② $C_s+2C_m$
③ $C_s+3C_m$ ④ $2C_s+C_m$

해설

3상 1회선에서 작용 정전용량 $C_n=C_s+3C_m$

## 02 그림에서 수전단이 단락된 경우의 송전단의 단락용량과 수전단이 개방된 경우의 송전단의 충전용량의 비는?

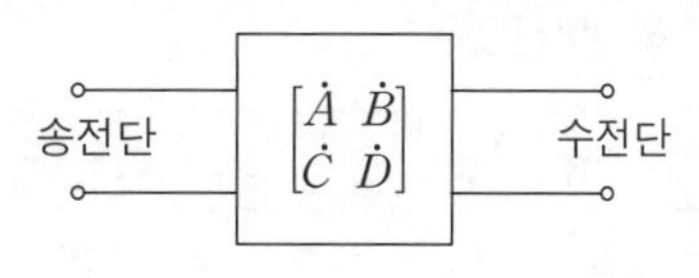


4단자 회로

① $\left|1+\dfrac{1}{\dot{B}\dot{C}}\right|$ ② $\left|1-\dfrac{1}{\dot{B}\dot{C}}\right|$
③ $\left|\dfrac{\dot{A}\dot{B}}{\dot{C}\dot{D}}\right|$ ④ $\left|\dfrac{\dot{C}\dot{D}}{\dot{A}\dot{B}}\right|$

[정답] 17 ④ 18 ② 19 ④ 20 ③ 2021년 3회 01 ③ 02 ①

해설

수전단 단락시 $E_R=0$

$\dot{E}_s=\dot{B}\dot{I}_r,\ I_{ss}=\dot{D}\dot{I}_r \qquad \therefore\ I_{ss}=\frac{\dot{D}}{\dot{B}}\dot{E}_s$

수전단 개방시 $I_R=0$

$\dot{E}_s=\dot{A}\dot{E}_r,\ I_{so}=\dot{C}\dot{E}_r \qquad \therefore\ I_{so}=\frac{\dot{C}}{\dot{A}}\dot{E}_s$

$$\frac{W_{ss}}{W_{so}}=\left|\frac{\dot{E}_S I_{SS}}{\dot{E}_S I_{SO}}\right|=\left|\frac{I_{SS}}{I_{SO}}\right|=\left|\frac{\dot{D}/\dot{B}}{\dot{C}/\dot{A}}\right|=\left|\frac{\dot{A}\dot{D}}{\dot{B}\dot{C}}\right|$$

단락 용량 $W_{ss}$와 충전 용량 $W_{so}$의 비는

$$\frac{W_{ss}}{W_{so}}=\left|\frac{\dot{A}\dot{D}}{\dot{B}\dot{C}}\right|=\left|\frac{\dot{B}\dot{C}+1}{\dot{B}\dot{C}}\right|=\left|1+\frac{1}{\dot{B}\dot{C}}\right|$$

## 03 피뢰기의 제한전압이란?

① 상용주파수의 방전개시전압

② 충격파의 방전개시전압

③ 충격방전 종료 후 전력계통으로부터 피뢰기에 상용주파 전류가 흐르고 있는 동안의 피뢰기 단자전압

④ 충격방전전류가 흐르고 있는 동안의 피뢰기의 단자전압의 파고값

해설

**피뢰기**

피뢰기의 제한전압이란 충격방전전류가 흐르고 있는 동안의 피뢰기의 단자전압의 파고값이다. 피뢰기의 제한전압은 절연협조의 기본이 되며 반드시 변압기의 기준충격절연강도는 이보다 높아야 한다.

## 04 다음 표는 리액터의 종류와 그 목적을 나타낸 것이다. 바르게 짝지어진 것은?

| 종류 | 목적 |
|---|---|
| ㄱ. 병렬 리액터 | ⓐ 지락 아크의 소멸 |
| ㄴ. 한류 리액터 | ⓑ 송전 손실 경감 |
| ㄷ. 직렬 리액터 | ⓒ 차단기의 용량 경감 |
| ㄹ. 소호 리액터 | ⓓ 제5고조파 제거 |

① ㄱ-ⓑ　　② ㄴ-ⓐ

③ ㄷ-ⓓ　　④ ㄹ-ⓒ

해설

**리액터의 종류**

- 분로 리액터 : 페란티 현상 방지
- 직렬 리액터 : 5고조파
- 한류 리액터 : 단락전류 제한
- 소호 리액터 : 아크소멸

## 05 일반회로정수가 $A, B, C, D$이고 송.수전단의 상전압이 각각 $E_s$, $E_r$일 때 수전단 전력 원선도의 반지름은?

① $\frac{E_sE_r}{A}$　　② $\frac{E_sE_r}{B}$

③ $\frac{E_sE_r}{C}$　　④ $\frac{E_sE_r}{D}$

해설

**전력원선도**

원선도의 반지름 : $\rho=\frac{E_sE_r}{B}$

## 06 송전계통의 접지에 대한 설명으로 옳은 것은?

① 소호 리액터 접지방식은 선로의 정전용량과 직렬공진을 이용한 것으로 지락전류가 타 방식에 비해 좀 큰 편이다.

② 고저항 접지방식은 이중고장을 발생시킬 확률이 거의 없으나, 비접지식보다는 많은 편이다.

③ 직접 접지방식을 채용하는 경우 이상전압이 낮기 때문에 변압기 선정시 단절연이 가능하다.

④ 비접지방식을 택하는 경우, 지락전류의 차단이 용이하고 장거리 송전을 할 경우 이중고장의 발생을 예방하기 좋다.

해설

**중성점 접지**

직접 접지방식을 채용하는 경우 이상전압이 낮기 때문에 변압기 선정시 단절연이 가능하다.

[정답] 03 ④　04 ③　05 ②　06 ③

**07** 500[kVA]의 단상 변압기 상용 3대(결선 △-△), 예비 1대를 갖는 변전소가 있다. 부하의 증가로 인하여 예비 변압기까지 동원해서 사용한다면 응할 수 있는 최대부하 [kVA]는 약 얼마인가?

① 약 2000 ② 약 1730
③ 약 1500 ④ 약 830

해설

**변압기 V결선시 출력**

$P_V = \sqrt{3} \times P_1$(여기서, $P_1$ : 단상변압기 1대 용량)
단상 변압기 상용 3대와 예비 1대를 동시에 사용하기 위해서는 변압기를 V결선하여 사용한다. 변압기를 V결선한 뱅크가 2개가 된다.
$\therefore P_V = \sqrt{3} \times 500 \times 2 = 1730[\text{kVA}]$

**08** 특고압 25.8[kV], 60[Hz], 차단기의 정격차단시간의 표준은 얼마 몇 [cycle/s]인가?

① 1 ② 2
③ 5 ④ 10

해설

**차단기의 정격차단시간**

| 정격전압[kV] | 25.8 | 170 | 362 | 800 |
|---|---|---|---|---|
| 정격차단시간[c/s] | 5 | 3 | 3 | 2 |

**09** ZCT를 사용하는 계전기는?

① 과전류계전기 ② 지락계전기
③ 차동계전기 ④ 과전압계전기

해설

**영상변류기[ZCT]**

ZCT는 비접지계통에서 1선 지락사고시 영상전류를 검출하여 지락계전기에 공급한다.

**10** 배전선로의 전기방식 중 전선의 중량(전선비용)이 가장 적게 소요되는 방식은? (단, 배전전압, 거리, 전력 및 선로손실 등은 같다.)

① 단상 2선식 ② 단상 3선식
③ 3상 3선식 ④ 3상 4선식

해설

**전기방식**

| 전기방식 | 전선량 비 |
|---|---|
| 단상 2선식 | 1 |
| 단상 3선식 | 3/8 |
| 3상 3선식 | 3/4 |
| 3상 4선식 | 1/3 |

**11** 원자로에서 카드뮴(Cd)막대기가 하는 일은?

① 핵분열을 촉진 시킨다.
② 중성자의 수를 줄인다.
③ 중성자의 속도를 느리게 한다.
④ 원자로를 냉각 시킨다.

해설

**원자력발전**

제어재(붕소, 카드뮴, 하프늄)는 원자로의 중성자의 수를 적당히 유지하고 출력을 제어하기 위해 사용되며, 이때 제어봉은 원자로에서 상하로 움직이면서 중성자의 수를 조정한다. 한편, 중성자의 속도를 느리게 하는 것은 감속재이다.

**12** 다음 중 차폐재가 아닌 것은?

① 물 ② 콘크리트
③ 납 ④ 스테인레스

해설

**원자력발전**

차폐재는 감마선이나 중성자가 노 외부로 유출되어 인체에 위험을 주는 것을 방지하는 역할을 한다. 차폐재에는 콘크리트, 납, 스테인레스 등이 쓰인다.

[정답] 07 ② 08 ③ 09 ② 10 ④ 11 ② 12 ①

**13** 다음은 원자로에서 흔히 핵연료 물질로 사용되고 있는 것들이다. 이 중에서 열중성자에 의해 핵분열을 일으킬 수 없는 물질은?

① $U^{235}$　　② $U^{238}$
③ $U^{233}$　　④ $U^{239}$

해설

**원자력발전**
핵연료 물질 : $U^{233}$, $U^{235}$, $U^{239}$, $Pu^{239}$

**14** 전력 퓨즈(Power Fuse)는 고압, 특고압기기의 주로 어떤 전류의 차단을 목적으로 설치하는가?

① 충전전류　　② 부하전류
③ 단락전류　　④ 영상전류

해설

**전력퓨즈[PF]**
단락사고시 단락전류를 주로 차단하기 위해 전력퓨즈를 사용하며, 과도전류에 용단 되기 쉽다는 단점이 있다.

**15** 송전선로에서의 고장 또는 발전기 탈락과 같은 큰 외란에 대하여 계통에 연결된 각 동기기가 동기를 유지하면서 계속 안정적으로 운전할 수 있는지를 판별하는 안정도는?

① 동태안정도(Dynamic Stability)
② 정태안정도(Steady-state Stability)
③ 전압안정도(Voltage Stability)
④ 과도안정도(Transient Stability)

해설

**과도안정도**
송전선로에서의 고장 또는 발전기 탈락과 같은 큰 외란에 대하여 계통에 연결된 각 동기기가 동기를 유지하면서 계속 안정적으로 운전할 수 있는지를 판별하는 안정도를 과도안정도(Transient Stability)라 한다.

**16** 송전단 전압을 $V_s$, 수전단 전압을 $V_r$, 선로의 리액턴스 $X$라 할 때 정상 시의 최대 송전전력의 개략적인 값은?

① $\frac{V_s - V_r}{X}$　　② $\frac{V_s^2 - V_r^2}{X}$
③ $\frac{V_s(V_s - V_r)}{X}$　　④ $\frac{V_s V_r}{X}$

해설

**송전용량**

$P = \frac{V_s V_r}{X} \times \sin\delta$

여기서, $\delta$는 송수전단 전압의 상차각으로 90도일 때 송전용량($\sin 90^\circ = 1$)은 최대가 된다.

**17** 3상용 차단기의 정격전압은 170[kV]이고 정격차단전류가 50[kA]일 때 차단기의 정격차단용량은 약 [MVA]인가?

① 5000　　② 10000
③ 15000　　④ 20000

해설

**3상 단락고장**
$P_s = \sqrt{3}\,V_n I_s = \sqrt{3} \times 170 \times 50 \fallingdotseq 15000$[MVA]

**18** 송전선로의 코로나 임계전압이 높아지는 경우가 아닌 것은?

① 상대공기밀도가 적다.
② 전선의 반지름과 선간거리가 크다.
③ 날씨가 맑다.
④ 낡은 전선을 새 전선으로 교체하였다.

해설

**코로나 임계전압**
코로나 임계전압은 날씨가 맑은 날, 상대공기밀도가 높은 경우, 전선의 직경이 큰 경우 높아진다.

[정답] 13② 14③ 15④ 16④ 17③ 18①

**19** **애자가 갖추어야 할 구비조건으로 옳은 것은?**

① 온도의 급변에 잘 견디고 습기도 잘 흡수해야 한다.

② 지지물에 전선을 지지할 수 있는 충분한 기계적 강도를 갖추어야 한다.

③ 비, 눈, 안개 등에 대해서도 충분한 절연저항을 가지며 누설전류가 많아야 한다.

④ 선로전압에는 충분한 절연내력을 가지며, 이상전압에는 절연내력이 매우 적어야 한다.

해설

**애자의 구비조건**

- 누설전류가 작을 것
- 절연저항이 클 것
- 가격이 저렴할 것
- 습기를 흡수하지 말 것
- 기계적 강도가 클 것

**20** **배전선의 전압을 조정하는 방법으로 적당하지 않은 것은?**

① 유도 전압 조정기 ② 승압기

③ 주상변압기 탭 전환 ④ 동기조상기

해설

**배전선로의 전압조정**

- 주상변압기 탭 전환
- 정지형 전압 조정기(SVR)
- 유도 전압 조정기(IVR)

## 시행일 2022년 1회

**01** **다중접지 계통에 사용되는 재폐로 기능을 갖는 일종의 차단기로서 과부하 또는 고장전류가 흐르면 순시동작하고, 일정시간 후에는 자동적으로 재폐로 하는 보호기기는?**

① 라인퓨즈 ② 리클로저

③ 섹셔널라이저 ④ 고장구간 자동개폐기

해설

리클로저(재폐로 차단기)는 차단기의 일종으로서 변전소 측에 설치하며, 선로의 고장구간을 고속차단하고 재송전하는 조작을 자동적으로 시행하는 재폐로 차단장치를 장비한 자동차단기이다.

**02** **배선계통에서 사용하는 고압용 차단기의 종류가 아닌 것은?**

① 기중차단기(ACB) ② 공기차단기(ABB)

③ 진공차단기(VCB) ④ 유입차단기(OCB)

해설

기중차단기(ACB)는 대기 중에서 아크를 길게 하여 소호실에서 냉각 차단하는 방식으로서 저압에서만 사용한다.

참고

**저압용 차단기의 종류**

- 누전차단기(ELB)
- 기중차단기(ACB)
- 배선용 차단기(MCCB)

**03** **압축된 공기를 아크에 불어넣어서 차단하는 차단기는?**

① ABB ② MBB

③ VCB ④ ACB

해설

| 종류 | 특징 |
|---|---|
| GCB | • 154[kV]이상의 변전소에 주로 사용<br>• 아크에 $SF_6$가스를 불어 넣어 소호 |
| ABB | • 공기압력 $15\sim30[kg/cm^2]$<br>• 아크에 압축공기를 차단기 주 접점에 불어넣어 소호 |
| OCB | • 개폐시 발생되는 아크를 절연유의 소호작용에 의해 소호<br>• 방음설비가 필요 없으며, 공기보다 소호능력이 뛰어남 |
| VCB | • 소내 전력공급용으로 주로 사용되나, 개폐서지가 가장 높음<br>• 고진공의 높은 절연특성을 이용하여 아크를 소호 |
| MBB | • 전자력을 이용하여 아크를 소호실 내로 유도하여 냉각차단<br>• 전류절단현상이 비교적 잘 발생함 |
| ACB | • 저압용 차단기<br>• 자연공기 내에서 개방할 때 자연 소호에 의한 방식으로 소호 |

[정답] 19 ② 20 ④ 2022년 1회 01 ② 02 ① 03 ①

**04** 모선보호용 계전기로 사용하면 가장 유리한 것은?

① 거리 방향계전기
② 역상 계전기
③ 재폐로 계전기
④ 과전류 계전기

해설

**모선 보호 계전방식**
- 방향거리 계전방식
- 전류차동 계전방식
- 전압차동 계전방식
- 위상비교 계전방식

**05** 배전전압, 배전거리 및 전력손실이 같다는 조건에서 단상 2선식 전기방식의 전선 총중량을 100[%]라 할 때 3상 3선식 전기방식은 몇 [%]인가?

① 33.3 ② 37.5
③ 75.0 ④ 100.0

해설

**전선 중량 비교**

| 전기방식 | 전선량 비 |
|---|---|
| 단상 2선식 | 100% |
| 단상 3선식 | 37.5% |
| 3상 3선식 | 75% |
| 3상 4선식 | 33.3% |

**06** 배전선로에 3상 3선식 비접지방식을 채용할 경우 장점이 아닌 것은?

① 과도 안정도가 크다.
② 1선 지락고장시 고장전류가 작다.
③ 1선 지락고장시 인접 통신선의 유도장해가 작다.
④ 1선 지락고장시 건전상의 대지전위 상승이 작다.

해설

**접지방식 비교**

| 구분 \ 종류 | 직접접지 | 비접지 |
|---|---|---|
| 전위상승 | 최소 | $\sqrt{3}$ 배 |
| 절연레벨 | 최소 | 대 |
| 단절연/저감절연 | 가능 | 불가능 |
| 지락전류 | 최대 | 소 |
| 보호계전기 동작 | 확실 | 불확실 |
| 통신선 유도장해 | 최대 | 소 |
| 과도 안정도 | 나쁨 | 좋음 |

**07** 뒤진 역률 80[%], 1000[kW]의 3상 부하가 있다. 이것에 콘덴서를 설치하여 역률을 95[%]로 개선하려면 콘덴서의 용량은 약 몇 [kVA]로 해야 하는가?

① 240 ② 420
③ 630 ④ 950

해설

**콘덴서 용량**

$$Q=P\times\left(\frac{\sqrt{1-\cos^2\theta_1}}{\cos\theta_1}-\frac{\sqrt{1-\cos^2\theta_2}}{\cos\theta_2}\right)$$
$$=1000\times\left(\frac{0.6}{0.8}-\frac{\sqrt{1-0.95^2}}{0.95}\right)=421.32[\text{kVA}]$$

**08** 그림에서 $X$ 부분에 흐르는 전류는 어떤 전류인가?

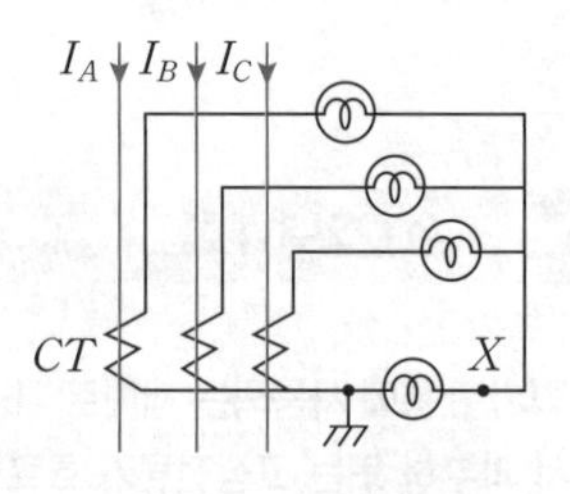


① b상 전류 ② 정상전류
③ 역상전류 ④ 영상전류

해설

접지선에 흐르는 전류는 영상전류이다.

[정답] 04 ① 05 ③ 06 ④ 07 ② 08 ④

**09** **계통의 기기 절연을 표준화하고 통일된 절연 체계를 구성하는 목적으로 절연계급을 설정하고 있다. 이 절연계급에 해당하는 내용을 무엇이라 부르는가?**

① 제한전압　② 기준충격절연강도
③ 상용주파 내전압　④ 보호계전

해설

기준충격절연강도[BIL]란 표준 파형의 충격 전압으로 표현되는 절연수준, 기기 절연을 표준화하고 통일된 절연 체계를 구성하기 위해 절연계급을 설정하며 각 절연계급에 대응해서 제정한 것이다

**10** **전력용 콘덴서에서 방전코일의 역할은?**

① 잔류전하의 방전　② 고조파의 억제
③ 역률의 개선　④ 콘덴서의 수명 연장

해설

전력용 콘덴서에서 방전코일[DC]은 잔류전하를 방전시켜 감전사고를 예방한다.

**11** **배전선의 전압조정장치가 아닌 것은?**

① 승압기　② 리클로저
③ 유도전압조정기　④ 주상변압기 탭 절환장치

해설

리클로저(재폐로 차단기)는 차단기의 일종으로서 변전소 측에 설치하며, 선로의 고장구간을 고속차단하고 재송전하는 조작을 자동적으로 시행하는 재폐로 차단장치를 장비한 자동차단기이다.

**12** **철탑의 접지저항이 커지면 가장 크게 우려되는 문제점은?**

① 정전 유도　② 역섬락 발생
③ 코로나 증가　④ 차폐각 증가

해설

**매설지선**

철탑의 탑각 접지저항이 크면 낙뢰시 철탑의 전위가 상승하여 철탑으로부터 송전선으로 뇌 전류가 흘러 역섬락이 발생한다. 이를 방지하기 위해 매설지선을 설치한다. 매설지선을 설치할 경우 탑각의 접지저항이 감소되어 역섬락을 방지할 수 있다.

**13** **송전선의 특성임피던스와 전파정수는 어떤 시험으로 구할 수 있는가?**

① 뇌파시험　② 정격부하시험
③ 절연강도 측정시험　④ 무부하시험과 단락시험

해설

특성임피던스와 전파정수를 구하기 위해 임피던스는 단락시험을 통하여, 어드미턴스는 무부하시험을 통하여 구할 수 있다.

**14** **전선의 지지점 높이가 31[m]이고, 전선의 이도가 9[m]라면 전선의 평균높이는 몇 [m]가 적당한가?**

① 25.0[m]　② 26.5[m]
③ 28.5[m]　④ 30.0[m]

해설

**전선의 지표상 평균높이**

$H=h-\frac{2}{3}D=31-\frac{2}{3}\times 9=25[\mathrm{m}]$

여기서, $h$ : 지지물의 높이, $D$ : 이도

**15** **코로나손실에 대한 Peek의 식은?**

① $\frac{241}{\delta}(f-25)\sqrt{\frac{2D}{d}}(E-E_0)^2\times 10^{-5}$[kW/km/선]

② $\frac{241}{\delta}(f+25)\sqrt{\frac{2D}{d}}(E-E_0)^2\times 10^{-5}$[kW/km/선]

③ $\frac{241}{\delta}(f+25)\sqrt{\frac{d}{2D}}(E-E_0)^2\times 10^{-5}$[kW/km/선]

④ $\frac{241}{\delta}(f-25)\sqrt{\frac{d}{2D}}\times 10^{-5}$[kW/km/선]

[정답] 09② 10① 11② 12② 13④ 14① 15③

**해설**

**코로나 전력손실 Peek식**

$$P=\frac{241}{\delta}(f+25)\sqrt{\frac{d}{2D}}(E-E_0)^2\times10^{-5}[\mathrm{kW/km/선}]$$

$\delta$ : 상대공기밀도
$D$ : 선간거리[cm]
$d$ : 전선의 지름[cm]
$f$ : 주파수
$E$ : 전선에 걸리는 대지전압[kV]
$E_0$ : 코로나 임계전압[kV]

## 16 반한시성 과전류계전기의 전류-시간 특성에 대한 설명으로 옳은 것은?

① 계전기 동작시간은 전류의 크기와 비례한다.
② 계전기 동작시간은 전류의 크기와 관계없이 일정하다.
③ 계전기 동작시간은 전류의 크기와 반비례하다.
④ 계전기 동작시간은 전류의 크기의 제곱과 비례한다.

**해설**

**보호계전기의 한시특성**

- 순한시 계전기 : 정정된 전류 이상의 전류가 흐르면 즉시 동작
- 정한시 계전기 : 동작전류의 크기와는 관계없이 항상 정해진 일정한 시간에서 동작
- 반한시 계전기 : 전류 값이 클수록 빨리 동작하고 반대로 전류 값이 작아질수록 느리게 동작
- 정한시-반한시 계전기 : 정한시와 반한시 계전기의 특성을 조합

## 17 옥내배선의 보호방법이 아닌 것은?

① 과전류 보호 ② 절연접지 보호
③ 전압강하 보호 ④ 지락 보호

**해설**

전압강하란 송전단전압과 수전단전압의 차를 말하며, 이는 옥내배선의 보호와는 관련이 없다.

## 18 수력발전소에서 조압수조를 설치하는 목적은?

① 부유물의 제거 ② 수격작용의 완화
③ 유량의 조절 ④ 토사의 제거

**해설**

조압수조는 압력수로와 수압관 사이에 설치하며, 부하 변동시 급격한 수압을 흡수하여 수격압을 완화시켜 수압관을 보호한다.

## 19 다음 중 원자로에서 독작용을 설명한 것으로 가장 알맞은 것은?

① 열중성자가 독성을 받는 것을 말한다.
② ${}_{54}Xe^{135}$와 ${}_{62}Sn^{149}$가 인체에 독성을 주는 작용이다.
③ 열중성자 이용률이 저하되고 반응도가 감소되는 작용을 말한다.
④ 방사성 물질이 생체에 유해작용을 하는 것을 말한다.

**해설**

원자로 내에 존재하는 물질(또는 생성된 물질 – ${}_{54}Xe^{135}$, ${}_{62}Sn^{149}$)이 중성자를 흡수해서 열중성자 이용률을 저하시키고, 원자로의 반응도를 감소시키는 작용을 말한다.

## 20 가공 송전선에 사용되는 애자 1련 중 전압부담이 최대인 애자는?

① 철탑에 제일 가까운 애자
② 전선에 제일 가까운 애자
③ 중앙에 있는 애자
④ 철탑과 애자련 중앙의 그 중간에 있는 애자

**해설**

전압분담의 최대 애자는 전선에서 가장 가까운 애자이다.

**[정답]** 16 ③ 17 ③ 18 ② 19 ③ 20 ②

시행일 **2022년 2회**

**01** **비접지 계통의 지락사고 시 계전기의 영상전류를 공급하기 위하여 설치하는 기기는?**

① PT ② CT
③ ZCT ④ GPT

해설

**비접지 선로의 지락보호**

- 영상변류기[ZCT]-영상전류 검출
- 접지형 계기용변압기[GPT]-영상전압 검출

**02** **송배전 선로에서 선택지락계전기(SGR)의 용도는?**

① 다회선에서 접지 고장 회선의 선택
② 단일 회선에서 접지 전류의 대소 선택
③ 단일 회선에서 접지 전류의 방향 선택
④ 단일 회선에서 접지 사고의 지속 시간 선택

해설

**선택지락계전기[SGR]**

영상전압은 접지형계기용변압기[GPT]에서, 영상전류는 영상변류기[ZCT]에서 공급받아 동작하며, 병행 2회선 선로에서 1회선에서 지락사고가 발생했을 때 고장 회선만을 선택하여 차단한다.

**03** **전력원선도 작성에 필요 없는 것은?**

① 전압 ② 선로정수
③ 상차각 ④ 역률

해설

**전력원선도 작성시 필요 사항**

- 송·수전단전압
- 선로의 일반 회로정수
- 송·수전단전압의 상차각

참고

**전력 원선도에서 알 수 없는 사항**

- 과도 안정 극한전력
- 코로나 손실

**04** **아킹혼(Arcing Horn)의 설치 목적은?**

① 이상전압 소멸
② 전선의 진동방지
③ 코로나 손실방지
④ 섬락사고에 대한 애자보호

해설

**아킹혼(Arcing Horn)**

송전선에 낙뢰가 가해져서 애자에 섬락이 생기면 아크가 발생하여 애자가 손상되는 경우가 있다. 이것을 방지하기 위해 소호환 또는 소호각(아킹링,아킹혼)을 설치한다.

**05** **총 단면적이 같은 경우 단도체와 비교해 볼 때 복도체의 이점으로 옳지 않은 것은?**

① 정전용량이 증가한다.
② 안전전류가 증가한다.
③ 송전전력이 증가한다.
④ 코로나 임계전압이 낮아진다.

해설

**복도체의 특징**

- 인덕턴스 감소, 리액턴스 감소
- 송전용량 증가, 안정도 증가
- 전선표면 전위경도가 감소
- 코로나 임계전압이 상승하여 코로나손 감소

**06** **송전선로에서 송수전단 전압 사이의 상차각이 몇 [°]일 때, 최대 전력으로 송전할 수 있는가?**

① 30 ② 45
③ 60 ④ 90

해설

**송전전력**

$P=\frac{V_sV_r}{X}\times\sin\delta[\mathrm{MW}]$ 단, $V_sV_r$ : 송수전단전압[kV]

여기서, 리액턴스 $X$, $\delta$ : 송·수전단 전압의 상차각

최대 송전전력은 송·수전단 전압의 상차각 90°일 때이다.

$P_{\max}=\frac{V_SV_r}{X}$ 이다.

[정답] 2022년 2회 01 ③ 02 ① 03 ④ 04 ④ 05 ④ 06 ④

**07** **단상 2선식 배전선로의 말단에 지상역률 $\cos\theta$인 부하 $W$[kW]가 접속되어 있고 선로 말단의 전압은 $V$[V]이다. 선로 한 가닥의 저항을 $R$[Ω]이라 할 때 송전단의 공급전력[kW]은?**

① $W+\dfrac{W^2R}{V\cos\theta}\times10^3$　② $W+\dfrac{2W^2R}{V\cos\theta}\times10^3$

③ $W+\dfrac{W^2R}{V^2\cos^2\theta}\times10^3$　④ $W+\dfrac{2W^2R}{V^2\cos^2\theta}\times10^3$

해설

**단상 2선식 전력손실**

$P_l=\dfrac{2P^2R}{V^2\cos^2\theta}=\dfrac{2W^2R}{V^2\cos^2\theta}$[W]

$P_s=W+P_l=W+\dfrac{2W^2R}{V^2\cos^2\theta}\times10^3$[kW]

**08** **$SF_6$ 가스차단기에 대한 설명으로 틀린 것은?**

① $SF_6$ 가스 자체는 불활성 기체이다.

② $SF_6$가스는 공기에 비하여 소호능력이 약 100배 정도이다.

③ 절연거리를 적게 할 수 있어 차단기 전체를 소형, 경량화할 수 있다.

④ $SF_6$ 가스를 이용한 것으로서 독성이 있으므로 취급에 유의하여야 한다.

해설

가스차단기[GCB]는 아크에 $SF_6$(무독, 무취, 무해)가스를 불어 넣어 소호시킨다.

**09** **계전기의 반한시 특성이란?**

① 동작전류가 클수록 동작시간이 길어진다.

② 동작전류가 흐르는 순간에 동작한다.

③ 동작전류에 관계없이 동작시간은 일정하다.

④ 동작전류가 크면 동작시간은 짧아진다.

해설

**보호계전기의 한시특성**

- 순한시 계전기 : 정정된 전류 이상의 전류가 흐르면 즉시 동작
- 정한시 계전기 : 동작전류의 크기와는 관계없이 항상 정해진 일정한 시간에서 동작
- 반한시 계전기 : 전류 값이 클수록 빨리 동작하고 반대로 전류 값이 작아질수록 느리게 동작
- 정한시-반한시 계전기 : 정한시와 반한시 계전기의 특성을 조합

**10** **선로의 단락보호용으로 사용되는 계전기는?**

① 접지 계전기　② 역상 계전기

③ 재폐로 계전기　④ 거리 계전기

해설

**거리 계전기**

전압 및 전류를 입력량으로 하여, 전압과 전류의 비의 함수가 예정치 이하로 되었을 때 동작한다. 거리계 전기는 선로의 단락보호 또는 계통 탈조 사고의 검출용으로 한다.

**11** **서지파가 파동임피던스 $Z_1$의 선로 측에서 파동임피던스 $Z_2$의 선로 측으로 진행할 때 반사계수 $\beta$는?**

① $\beta=\dfrac{Z_2-Z_1}{Z_2+Z_1}$　② $\beta=\dfrac{2Z_2}{Z_2+Z_1}$

③ $\beta=\dfrac{Z_2+Z_1}{Z_2+Z_1}$　④ $\beta=\dfrac{Z_2-Z_1}{Z_2\times Z_1}$

해설

- 반사계수 $\beta=\dfrac{Z_2-Z_1}{Z_2+Z_1}$

참고

- 투과계수 $\gamma=\dfrac{2Z_2}{Z_2+Z_1}$

**12** **송전선을 중성점 접지하는 이유가 아닌 것은?**

① 코로나를 방지한다.

② 기기의 절연강도를 낮출 수 있다.

③ 이상전압을 방지한다.

④ 지락 사고선을 선택 차단한다.

[정답] 07 ④　08 ④　09 ④　10 ④　11 ①

해설

**중성점 접지목적**

- 1선 지락시 건전상의 전위상승을 억제하여 전선로, 기기의 절연 레벨 경감
- 뇌, 아크 지락, 기타에 의한 이상전압의 경감 및 발생억제
- 1선 지락시 지락계전기를 확실하게 동작
- 1선 지락시의 아크 지락을 재빨리 소멸시켜 안정도 향상

## 13 그림과 같은 3상 송전계통의 송전전압은 22[kV]이다. 한 점 $P$에서 3상 단락했을 때의 발전기에 흐르는 단락전류는 약 몇 [A]인가?

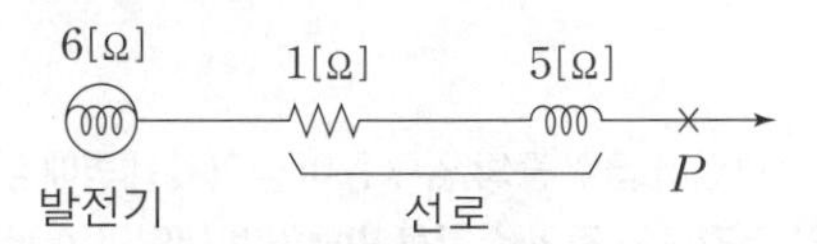


① 725　② 1150
③ 2300　④ 3725

해설

**단락전류[옴법]**

$$I_s=\frac{E}{Z}=\frac{22000/\sqrt{3}}{\sqrt{1^2+11^2}}=1149.96[A]$$

## 14 그림에서 단상2선식 저압배전선의 A, C점에서 전압을 같게 하기 위한 공급점 D의 위치를 구하면? (단, 전선의 굵기는 AB간 5[mm], BC간 4[mm], 또, 부하역률은 1이고 선로의 리액턴스는 무시한다.)

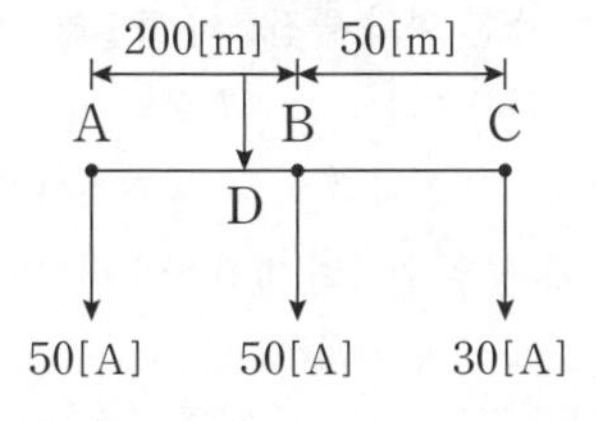


① B에서 A쪽으로 58.9[m]
② B에서 A쪽으로 57.4[m]
③ B에서 A쪽으로 56.9[m]
④ B에서 A쪽으로 55.9[m]

해설

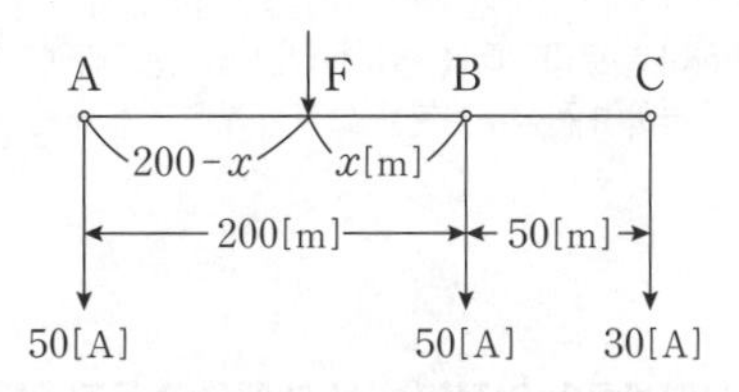


A점과 C점의 전압이 같게 되기 위해서는 공급점을 기준으로 양쪽의 전압강하의 크기가 같아야 한다.

전압강하 $e=IR=I\times\rho\frac{l}{A}=I\times\frac{4\rho l}{\pi d^2}$

① $50\times\frac{4\times\rho\times(200-x)}{\pi\times5^2}=80\times\frac{4\rho x}{\pi\times5^2}+30\times\frac{4\rho\times50}{\pi\times4^2}$

② $50\times\frac{(200-x)}{5^2}=80\times\frac{x}{5^2}+30\times\frac{50}{4^2}$

③ $2\times(200-x)=3.2x+93.75$

④ $5.2x=306.25$ ➜ $x=58.89\fallingdotseq58.9[m]$

## 15 전력용 퓨즈(power Fuse)는 주로 어떤 전류의 차단 목적으로 사용하는가?

① 단락전류　② 과부하전류
③ 충전전류　④ 과도전류

해설

**전력퓨즈[단락전류 차단]**

① 전력퓨즈의 장점
- 소형·경량이며, 릴레이나 변성기 등이 필요 없다.
- 보수가 간단하고, 차단용량이 크며, 고속도로 차단한다.

② 전력퓨즈의 단점
- 재투입이 불가능하고, 과도전류에 용단되기 쉽다.
- 결상의 우려가 있으며, 시간-전류 특성을 자유롭게 조정이 불가능하다.

## 16 변전소에 분로리액터를 설치하는 주된 목적은?

① 진상무효전력 보상　② 전압강하 방지
③ 전력손실 경감　④ 잔류전하 방지

해설

**페란티현상**

[정답] 12 ① 13 ② 14 ① 15 ① 16 ①

계통의 정전용량(진상전류)이 커져 발생하는 것으로서 송전단의 전압보다 수전단의 전압이 상승하는 것을 의미한다. 페란티 현상을 방지하기 위하여 분로리액터를 설치한다. 이때 분로리액터는 지상무효전력을 공급하여 진상무효분을 보상한다.

## 17 전력계통의 안정도 향상 대책으로 옳지 않은 것은?

① 전압 변동을 크게 한다.

② 고속도 재폐로 방식을 채용한다.

③ 계통의 직렬 리액턴스를 낮게한다.

④ 고속도 차단 방식을 채용한다.

해설

**안정도 향상대책**

① 직렬 리액턴스 감소
- 선로의 병행 회선을 증가, 복도체 사용
- 직렬 콘덴서를 설치하여 유도성 리액턴스 보상
- 발전기나 변압기의 리액턴스 감소, 발전기의 단락비 증가

② 전압 변동 억제
- 계통의 연계
- 속응 여자방식 채용
- 중간 조상방식 채용

③ 계통에 주는 충격 경감
- 고속도 재폐로방식 채용
- 고속 차단방식 채용
- 적당한 중성점 접지방식 채용

## 18 반동수차의 일종으로 주요 부분은 러너, 안내 날개, 스피드링 및 흡출관 등으로 되어 있으며 50~500[m] 정도의 중낙차 발전소에 사용되는 수차는?

① 카플란 수차 ② 프란시스 수차

③ 펠턴 수차 ④ 튜블러 수차

해설

**프란시스 수차[반동수차]**

러너, 안내 날개, 스피드링 및 흡출관 등으로 되어 있으며 50~500[m] 정도의 중낙차 발전소에 사용되는 수차이다. 프란시스 수차는 적용 가능한 낙차의 범위가 가장 넓고, 구조가 간단하고 가격이 저렴하여 많이 사용되고 있다. 반동식 수차는 가역식이기 때문에 펌프로도 사용 가능하여 양수발전에 사용할 수 있는데 우리나라의 양수발전에는 프란시스 수차가 사용되고 있다.

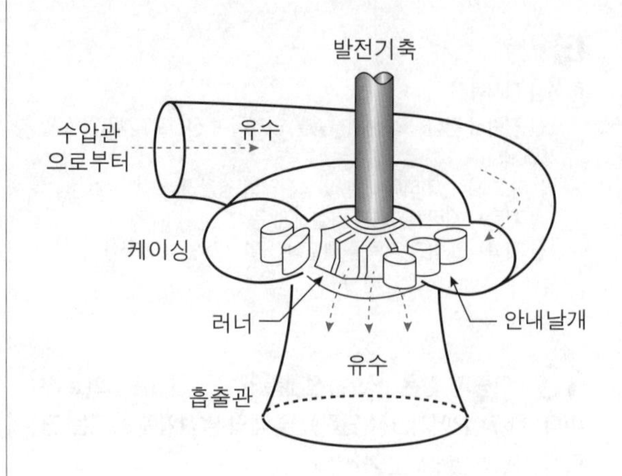


## 19 보일러 급수 중의 염류 등이 굳어서 내벽에 부착되어 보일러 열전도와 물의 순환을 방해하며 내면의 수관벽을 과열시켜 파열을 일으키게 하는 원인이 되는 것은?

① 스케일 ② 부식

③ 포밍 ④ 캐리오버

해설

**스케일**

보일러 급수 중의 염류 등이 굳어서 내벽에 부착되어 보일러 열전도와 물의 순환을 방해하며 내면의 수관벽을 과열시켜 파열을 일으키게 하는 원인이 된다.

## 20 원자력 발전소와 화력 발전소의 특성을 비교한 것 중 옳지 않은 것은?

① 원자력 발전소는 화력 발전소의 보일러 대신 원자로와 열교환기를 사용한다.

② 원자력 발전소의 건설비는 화력발전소에 비하여 낮다.

③ 동일 출력일 경우 원자력 발전소의 터빈이나 복수기가 화력 발전소에 비하여 대형이다.

④ 원자력 발전소는 방사능에 대한 차폐 시설물의 투자가 필요하다.

해설

원자력 발전소의 건설비는 화력발전소에 비하여 높다.

[정답] 17 ① 18 ② 19 ① 20 ②

시행일 **2022년 3회**

## 01 가공지선에 대한 설명으로 틀린 것은?

① 직격뢰에 대해서는 특히 유효하며 전선 상부에 시설하므로 뇌는 주로 가공지선에 내습한다.
② 가공지선은 강연선, ACSR등이 사용된다.
③ 차폐효과를 높이기 위하여 도전성이 좋은 전선을 사용한다.
④ 가공지선은 전선의 차폐와 진행파의 파고값을 증폭시키기 위해서이다.

해설

**가공지선**

직격뢰 차폐, 유도뢰 차폐, 통신선의 유도장해를 경감을 목적으로 하며, 차폐각은 작을수록 보호율이 높고 건설비가 비싸다. 또한, 가공지선을 2회선으로 하면 차폐각이 작아져서 보호율이 상승한다.

## 02 유효낙차 50[m], 이론 수력 4900[kW]인 수력발전소가 있다. 이 발전소의 최대사용수량은 몇 [m³/sec]이겠는가?

① 10　　② 25
③ 50　　④ 75

해설

**수력발전 이론 출력**

$P=9.8QH[\text{kW}]$

$Q=\dfrac{P}{9.8H}=\dfrac{4900}{9.8\times50}=10[\text{m}^3/\text{s}]$

## 03 화력 발전소의 재열기(reheater)의 목적은?

① 급수를 가열한다.　　② 석탄을 건조한다.
③ 공기를 예열한다.　　④ 증기를 가열한다.

해설

**재열기(Reheater)**

고압터빈에서 나오는 증기는 온도가 낮아진다. 이러한 증기를 다시 가열하여 과열도를 높이는 장치이다.

## 04 전력원선도에서 구할 수 없는 것은?

① 조상용량　　② 송전손실
③ 정태안정 극한전력　　④ 과도안정 극한전력

해설

**전력 원선도에서 알 수 없는 사항**

- 과도 안정 극한전력
- 코로나 손실

참고

**전력 원선도에서 알 수 있는 사항**

- 송·수전단 전압간의 상차각
- 송·수전할 수 있는 최대전력
- 선로손실, 송전효율
- 수전단의 역률, 조상용량

## 05 부하전력 $W$[kW], 전압 $V$[V], 선로의 왕복선 $2l$[m], 고유저항 $\rho[\Omega\cdot\text{mm}^2/\text{m}]$, 역률 100[%]인 단상2선식 선로에서 선로손실을 $P$[W]라 하면 전선의 단면적은 몇 [mm²]인가?

① $\dfrac{2PV^2W^2}{\rho l}\times10^6$　　② $\dfrac{2\rho lW^2}{PV^2}\times10^6$
③ $\dfrac{\rho l^2W^2}{PV^2}\times10^6$　　④ $\dfrac{\rho lW^2}{2PV^2}\times10^6$

해설

**단상 2선식 전력손실**

$P=\dfrac{W^2R}{V^2\cos^2\theta}=\dfrac{W^2 2\rho l}{V^2A}(\because R=\rho\dfrac{l}{A}$, 역률 $100[\%])$

$\therefore A=\dfrac{2\rho lW^2}{PV^2}[\text{mm}^2]$

## 06 다음 중 전로의 중성점 접지의 목적으로 거리가 먼 것은?

① 대지전압의 저하
② 이상전압의 억제
③ 손실전력의 감소
④ 보호장치의 확실한 동작의 확보

[정답] 2022년 3회 01 ④ 02 ① 03 ④ 04 ④ 05 ② 06 ③

해설

**접지방식 비교**

| 구분 \ 종류 | 직접접지 | 소호리액터 |
|---|---|---|
| 전위상승 | 최소 | 최대 |
| 절연레벨 | 최소 | 최대 |
| 단절연/저감절연 | 가능 | 불가능 |
| 지락전류 | 최대 | 최소 |
| 보호계전기 동작 | 확실 | 불확실 |
| 통신선 유도장해 | 최대 | 최소 |
| 과도안정도 | 나쁨 | 좋음 |

**07** 전력계통의 전압 조정설비의 특징에 대한 설명 중 틀린 것은?

① 병렬콘덴서는 진상능력만을 가지며 병렬리액터는 진상 능력이 없다.
② 동기조상기는 무효전력의 공급과 흡수가 모두 가능하여 진상 및 지상용량을 갖는다.
③ 동기조상기는 조정의 단계가 불연속이나 직렬콘덴서 및 병렬리액터는 그것이 연속적이다.
④ 병렬리액터는 장거리 초고압 송전선 또는 지중선 계통의 충전용량 보상용으로 주요 발·변전소에 설치 된다.

해설

**조상설비의 특성**

| 구 분 | 동기조상기 | 콘덴서 |
|---|---|---|
| 무효전력 | 진상 및 지상 | 진상 |
| 조정의 형태 | 연속 | 불연속 |
| 보수 | 곤란 | 용이 |
| 손실 | 대 | 소 |
| 시충전 | 가능 | 불가능 |

**08** 설비용량의 합계가 3[kW]인 주택에서 최대 수요 전력이 2.1[kW]일 때의 수용률[%]은?

① 51　　② 58
③ 63　　④ 70

해설

$$수용율=\frac{최대전력}{설비용량}\times 100=\frac{2.1}{3}\times 100=70[\%]$$

**09** 전력선과 통신선과의 상호인덕턴스에 의하여 발생되는 유도장해는?

① 정전유도장해　　② 전자유도장해
③ 고조파유도장해　　④ 전력유도장해

해설

**전자유도장해**

1선 지락시 지락전류(영상전류)에 의해 전력선과 통신선 사이에 상호 인덕턴스 $M$에 의해 통신선에 전압이 유기된다.

전자유도전압 $E_m=j\omega Ml(I_a+I_b+I_c)=j\omega Ml\times 3I_0$

$3I_0=3\times$ 영상전류 : 지락전류=기유도 전류

$l$ : 전력선과 통신선의 병행길이

$M$ : 상호 인덕턴스

**10** 수지식 배전방식과 비교한 저압 뱅킹 방식에 대한 설명으로 틀린 것은?

① 전압 변동이 적다.
② 캐스케이딩 현상에 의해 고장확대가 축소된다.
③ 부하증가에 대해 탄력성이 향상된다.
④ 고장 보호 방식이 적당할 대 공급 신뢰도는 향상된다.

해설

**캐스케이딩 현상**

저압 뱅킹 방식은 변압기 또는 선로의 사고에 의해서 뱅킹 내의 건전한 변압기의 일부 또는 전부가 연쇄적으로 회로로부터 차단되는 캐스케이딩 현상이 발생할 수 있다.

[정답] 07 ③ 08 ④ 09 ② 10 ②

**11** **우리나라의 특고압 배전방식으로 가장 많이 사용되고 있는 것은?**

① 단상 2선식 ② 단상 3선식
③ 3상 3선식 ④ 3상 4선식

해설

우리나라의 특고압 배전방식으로 3상 4선식이 가장 많이 사용되고 있으며, 한편 초고압 송전선로는 3상 3선식이 가장 많이 사용되고 있다.

**12** **전선의 굵기가 균일하고 부하가 균등하게 분산 분포되어 있는 배전선로의 전력손실은 전체 부하가 송전단으로부터 전체 전선로 길이의 어느 지점에 집중되어 있을 경우의 손실과 같은가?**

① $\frac{3}{4}$ ② $\frac{2}{3}$
③ $\frac{1}{3}$ ④ $\frac{1}{2}$

해설

**균등부하의 전기적 특징**

| 구분 | 전압강하 | 전력손실 |
|---|---|---|
| 말단부하 | 1 | 1 |
| 균등부하 | 1/2 | 1/3 |

**13** **다음 중 표준형 철탑이 아닌 것은?**

① 내선 철탑 ② 직선 철탑
③ 각도 철탑 ④ 인류 철탑

해설

**표준형 철탑의 종류**
직선 철탑, 각도 철탑, 인류 철탑, 내장 철탑

**14** **변전소에서 수용가에 공급되는 전력을 끊고 소내 기기를 점검할 필요가 있을 경우와, 점검이 끝난 후 차단기와 단로기를 개폐시키는 동작을 설명한 것으로 옳은 것은?**

① 점검 시에는 차단기로 부하 회로를 끊고 단로기를 열어야 하며 점검 후에는 차단기로 부하 회로를 연결한 후 단로기를 넣어야 한다.
② 점검 시에는 단로기를 열고 난 후 차단기를 열어야 하며, 점검 후에는 단로기를 넣고 난 다음에 차단기로 부하 회로를 연결하여야 한다.
③ 점검 시에는 단로기를 열고난 후 차단기를 열어야 하며 점검이 끝난 경우에는 차단기를 부하에 연결한 다음 단로기를 넣어야 한다.
④ 점검 시에는 차단기로 부하 회로를 끊고 난 다음에 단로기를 열어야 하며, 점검 후에는 단로기를 넣은 후 차단기를 넣어야 한다.

해설

**차단기와 단로기의 조작순서**
점검 시에는 차단기로 부하 회로를 끊고 난 다음에 단로기를 열어야 하며, 점검 후에는 단로기를 넣은 후 차단기를 넣어야 한다.

**15** **코로나의 방지대책으로 적당하지 않은 것은?**

① 복도체를 사용한다.
② 가선금구를 개량한다.
③ 전선의 바깥지름을 크게 한다.
④ 선간거리를 감소시킨다.

해설

코로나 현상을 방지하기 위해서는 선간거리를 증가시켜야 한다.

**16** **그림과 같이 송전선이 4도체인 경우 소선 상호간의 기하학적 평균 거리는?**

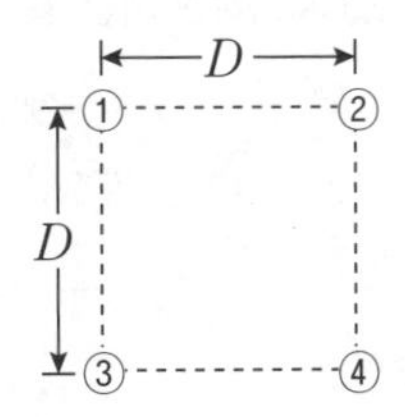


[정답] 11 ④ 12 ③ 13 ① 14 ④ 15 ④ 16 ③

① $\sqrt[3]{2}D$　② $\sqrt[4]{2}D$
③ $\sqrt[6]{2}D$　④ $\sqrt[8]{2}D$

해설

**기하학적 평균 거리**
정사각형 배치 - $D_e=\sqrt[6]{2}D$

## 17 제 5고조파를 제거하기 위하여 전력용콘덴서 용량의 몇 %에 해당하는 직렬리액터를 설치하는가?

① 2~3　② 5~6
③ 7~8　④ 9~10

해설

**직렬리액터**
제 5고조파를 제거하기 위하여 전력용콘덴서 용량의 몇 5~6%에 해당하는 직렬리액터를 설치한다.

## 18 송전선에 복도체를 사용할 때의 설명으로 틀린 것은?

① 코로나 손실이 경감된다.
② 안정도가 상승하고 송전용량이 증가한다.
③ 정전 반발력에 의한 전선의 진동이 감소된다.
④ 전선의 인덕턴스는 감소하고, 정전용량이 증가한다.

해설

**복도체 방식의 단점**
대전류가 흐를 경우 흡인력으로 인한 전선의 충돌이 우려된다. 이때 스페이서를 설치하여 전선의 충돌을 방지할 수 있다.

## 19 영상변류기를 사용하는 계전기는?

① 지락계전기　② 차동계전기
③ 과전류계전기　④ 과전압계전기

해설

**비접지 선로의 지락보호**

- 영상변류기[ZCT]-영상전류 검출
- 접지형 계기용변압기[GPT]-영상전압 검출
- 선택지락계전기[SGR]

영상전압은 접지형계기용변압기[GPT]에서, 영상전류는 영상변류기[ZCT]에서 공급받아 동작하며, 병행 2회선 선로에서 1회선에서 지락사고가 발생했을 때 고장 회선만을 선택하여 차단한다.

## 20 차단기의 정격차단시간을 설명한 것으로 옳은 것은?

① 계기용 변성기로부터 고장전류를 감지한 후 계전기가 동작할 때까지의 시간
② 차단기가 트립 지령을 받고 트립 장치가 동작하여 전류 차단을 완료할 때까지의 시간
③ 차단기의 개극(발호)부터 이동 행정 종료 시까지의 시간
④ 차단기 가동접촉자 시동부터 아크 소호가 완료될 때까지의 시간

해설

차단기의 정격차단시간이란 차단기가 트립 지령을 받고 트립 장치가 동작하여 전류 차단을 완료할 때까지의 시간을 말하며 3~8[Cycle/sec]이다.

# 시행일 2023년 1회

## 01 공칭단면적 200[mm²], 전선무게 1.838[kg/m], 전선의 외경 18.5[mm]인 경동연선을 경간 200[m]로 가설하는 경우의 이도는 약 몇 [m]인가? (단, 경동연선의 전단 인장하중은 7910[kg], 빙설하중은 0.416[kg/m], 풍압하중은 1.525[kg/m], 안전율은 2.0이다.)

① 3.44　② 3.78
③ 4.28　④ 4.78

해설

$$W=\sqrt{(W_i+W_c)^2+W_p^2}$$
$$=\sqrt{(1.838+0.416)^2+1.525^2}=2.72[\text{kg/m}]$$
$$D=\frac{WS^2}{8T}=\frac{2.72\times200^2}{8\times\frac{7910}{2}}=3.44[\text{m}]$$

[정답] 17 ② 18 ③ 19 ① 20 ② 2203년 1회 01 ①

**02** **3상 1회선 전선로에서 대지정전용량은 $C_s$이고 선간정전용량을 $C_m$이라 할 때, 작용정전용량 $C_n$은?**

① $C_s+C_m$ ② $C_s+2C_m$
③ $C_s+3C_m$ ④ $2C_s+C_m$

해설

3상 1회선에서 작용 정전용량 $C_n=C_s+3C_m$

**03** **늦은 역률의 부하를 갖는 단거리 송전선로의 전압강하의 근사식은? (단, $P$는 3상 부하전력[kW], $E$는 상전압[kV], $R$은 선로저항[Ω], $\theta$는 부하의 늦은 역률각이다.)**

① $\frac{\sqrt{3}P}{E}(R+X\tan\theta)$

② $\frac{P}{\sqrt{3}E}(R+X\tan\theta)$

③ $\frac{P}{E}(R+X\tan\theta)$

④ $\frac{P}{\sqrt{3}E}(R\cos\theta+X\sin\theta)$

해설

**전압강하 근사식**

$$e=\frac{P}{V}(R+X\tan\theta)=\frac{P}{\sqrt{3}E}(R+X\tan\theta)$$

여기서, 선간전압 $V=\sqrt{3}E$이다.

**04** **송전계통에서 안정도 증진과 관계없는 것은?**

① 고속 재폐로 방식 채용
② 계통의 전달 리액턴스 감소
③ 계통의 전압변동의 제어
④ 차폐선의 채용

해설

차폐선은 유도장해의 저감과 관련이 있으며, 안정도 증진과 직접적인 관계가 적다.

**05** **3상 3선식 1선 1[km]의 임피던스가 $Z$이고, 어드미턴스가 $Y$일 때, 특성 임피던스는?**

① $\sqrt{\frac{Z}{Y}}$ ② $\sqrt{\frac{Y}{Z}}$
③ $\sqrt{ZY}$ ④ $\sqrt{Z+Y}$

해설

특성임피던스는 어드미턴스에 대한 임피던스의 비를 말한다.

$$Z_o=\sqrt{\frac{Z}{Y}}=\sqrt{\frac{r+j\omega L}{g+j\omega C}}=\sqrt{\frac{L}{C}}=138\log\frac{D}{r}[\Omega]$$

**06** **소호 원리에 따른 차단기의 종류 중에서 소호실에서 아크에 의한 절연유 분해가스의 흡부력(吸付力)을 이용하여 차단하는 것은?**

① 유입차단기 ② 기중차단기
③ 자기차단기 ④ 가스차단기

해설

유입차단기는 소호실에서 아크에 의한 절연유 분해가스의 흡부력(吸付力)을 이용하여 차단한다.

**07** **차단기의 정격차단시간은?**

① 가동 접촉자의 동작시간부터 소호까지의 시간
② 고장 발생부터 소호까지의 시간
③ 가동 접촉자의 개극부터 소호까지의 시간
④ 트립코일 여자부터 소호까지의 시간

해설

차단기의 정격차단시간이란 트립코일이 여자되는 순간부터 아크가 소호되는데 까지 걸리는 시간을 말하며 3~8[Hz]이다.

[정답] 02 ③ 03 ② 04 ④ 05 ① 06 ① 07 ④

**08** 역률 80[%]의 3상 평형부하에 공급하고 있는 선로길이 2[km]의 3상 3선식 배전선로가 있다. 부하의 단자전압을 6000[V]로 유지하였을 경우, 선로의 전압강하율 10[%]를 넘지 않게 하기 위해서는 부하전력을 약 몇 [kW]까지 허용할 수 있는가? (단, 전선 1선당의 저항은 0.82[Ω/km] 리액턴스는 0.38[Ω/km]라 하고, 그 밖의 정수는 무시한다.)

① 1303 ② 1629
③ 2257 ④ 2821

해설

$$P=\frac{\delta\times V^2}{(R+X\tan\theta)}=\frac{0.1\times 6000^2}{0.82\times 2+0.38\times 2\times\frac{0.6}{0.8}}\times 10^{-3}$$
≒1629[kW]

**09** 부하전력 및 역률이 같을 때 전압을 $n$배 승압하면 전압강하율과 전력손실은 어떻게 되는가?

① 전압강하율 : $\frac{1}{n}$, 전력손실 : $\frac{1}{n^2}$
② 전압강하율 : $\frac{1}{n^2}$, 전력손실 : $\frac{1}{n}$
③ 전압강하율 : $\frac{1}{n}$, 전력손실 : $\frac{1}{n}$
④ 전압강하율 : $\frac{1}{n^2}$, 전력손실 : $\frac{1}{n^2}$

해설

전압강하율과 전력손실 모두 전압의 제곱에 반비례한다.

**10** 그림과 같이 강제전선관과 $(a)$측의 전선 심선이 $X$점에서 접촉했을 때 누설전류는 몇 [A]인가? (단, 전원전압은 100[V]이며, 접지저항외에 다른 저항은 고려하지 않는다.)

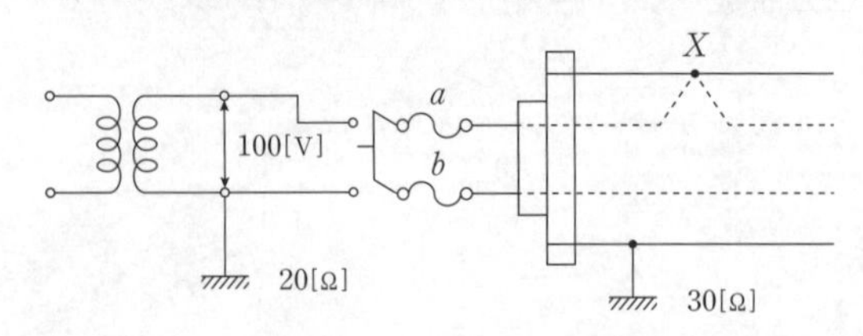


① 2 ② 3.3
③ 5 ④ 8.3

해설

누설전류

$$I=\frac{E}{R}=\frac{100}{20+30}=2[\text{A}]$$

**11** 지중 케이블에 있어서 고장 점을 찾는 방법이 아닌 것은?

① 미레이 루프 시험기에 의한 방법
② 수색 코일에 의한 방법
③ 메거에 의한 측정방법
④ 펄스에 의한 측정법

해설

메거는 절연저항을 측정하는 방법이다.

**12** 송전선에 복도체(또는 다도체)를 사용할 경우, 같은 단면적의 단도체를 사용하였을 경우와 비교할 때 다음 표현 중 적합하지 않는 것은?

① 전선의 인덕턴스는 감소되고 정전용량은 증가된다.
② 고유 송전용량이 증대되고 정태안정도가 증대된다.
③ 전선표면의 전위경도가 증가한다.
④ 전선의 코로나 개시전압이 높아진다.

해설

복도체의 특징

- 인덕턴스 감소, 리액턴스 감소
- 송전용량 증가, 안정도 증가
- 코로나 임계전압이 상승하여 코로나손 감소
- 전선표면 전위경도가 감소

[정답] 08 ② 09 ④ 10 ① 11 ③ 12 ③

**13** **비접지 3상 3선식 배전 선로에 방향 지락계전기를 사용하여 선택 지락 보호를 하려고 한다. 필요한 것은?**

① CT+OCR ② CT+PT
③ GPT+ZCT ④ GPT+PF

해설

선택접지계전기는 특히 병행 2회선 선로에서 1회선에서 지락사고가 발생했을 때 고장 회선만을 선택하여 차단하며, 영상전압은 접지형 계기용변압기[GPT]에서, 영상전류는 영상변류기[ZCT]에서 공급받아 동작한다.

**14** **복도체에 있어서 소도체의 반지름을 $r$[m], 소도체 사이의 간격을 $s$[m]라고 할 때 2개의 소도체를 사용한 복도체의 등가 반지름[m]은?**

① $\sqrt{r \cdot s}$ ② $\sqrt{r^2 \cdot s}$
③ $\sqrt{r \cdot s^2}$ ④ $r \cdot s$

해설

복도체의 등가 반지름 $r_e = \sqrt[n]{rs^{n-1}}$
2도체 등가 반지름 $r_e = \sqrt[2]{rs^{2-1}} = \sqrt{rs}$

**15** **송전선에 낙뢰가 가해져서 애자에 섬락이 생기면 아크가 생겨 애자가 손상되는 경우가 있다. 이것을 방지하기 위하여 사용되는 것은?**

① 댐퍼
② 아머로드(armour rod)
③ 가공지선
④ 아킹혼(arcing horn)

해설

**소호환·소호각**
- 낙뢰로 부터 애자련 보호
- 애자련에 걸리는 전압분담 균일

**16** **장거리 대전력 송전에서 교류 송전방식에 비교한 직류 송전방식의 장점이 아닌 것은?**

① 송전 효율이 좋다.
② 안정도의 문제가 없다.
③ 선로 절연이 더 수월하다.
④ 변압이 쉬워 고압송전에 유리하다.

해설

| 직류송전방식 장점 | 직류송전방식 단점 |
|---|---|
| • 계통의 절연계급을 낮출 수 있다.<br>• 무효전력 및 표피 효과가 없다.<br>• 송전효율과 안정도가 좋다.<br>• 비동기 연계가 가능하다. | • 승압 및 강압이 어려워 고압송전에 불리하다.<br>• 회전자계를 쉽게 얻을 수 없다.<br>• 전력변환기가 필요하다. |

**17** **페란티 현상이 발생하는 주된 원인은?**

① 선로의 저항 ② 선로의 인덕턴스
③ 선로의 정전용량 ④ 선로의 누설콘덕턴스

해설

**페란티 효과**
송전선로에 충전전류가 흐르면 수전단 전압이 송전단 전압보다 높아지는 현상을 말한다. 이는 장거리 송전선로에서 정전용량으로 인하여 발생하며 특히 무부하 또는 경부하시 나타나는 현상이다.
정전용량을 감소시키기 위하여 지상 무효전력을 공급한다. 지상무효전력을 공급하기 위해 동기발전기를 부족여자 운전하거나 수전단에 분로 리액터 설치한다.

**18** **발전기 내부고장 시 변류기에 유입하는 전류와 유출하는 전류의 차로 동작하는 보호계전기는?**

① 비율차동계전기 ② 지락계전기
③ 과전류계전기 ④ 역상전류계전기

해설

변류기에 유입하는 전류와 유출하는 전류의 차로 동작하는 비율차동계전기는 변압기, 발전기, 모선의 내부고장 보호에 주로 사용된다.

[정답] 13③ 14① 15④ 16④ 17③ 18①

**19 수조(head tank)에 대한 다음 설명 중 옳지 않은 것은?**

① 수로 내의 수위의 이상 상승을 방지한다.
② 수로식 발전소의 수로 처음 부분과 수압관 아래 부분에 설치한다.
③ 수로에서 유입하는 물속의 토사를 침전시켜서 배사문으로 배사하고 부유물을 제거한다.
④ 상수조는 최대사용수량의 1~2분 정도의 조정용량을 가질 필요가 있다.

해설

**상수조(head tank)**

수조는 도수로와 수압관의 접속부에 설치되는 것으로서 상수조(head tank)와 조압수조(surge tank)로 나뉘어진다. 상수조는 도수로가 무압수로일 경우, 조압수조는 압력수로(터널)일 경우에 사용한다. 상수조는 무압수로와 연결하는 접속부에 설치하며, 유하토사의 최종적인 침전(유수의 정화), 부하가 갑자기 변화하였을 때 유량의 과부족 조정(최대사용수량의 1~2분 정도), 수로내 수위 상승을 억제하는 역할을 한다. 한편, 조압수조(surge tank)는 수격작용을 흡수하고 수압관을 보호하는 역할을 한다.

**20 전력용 퓨즈는 주로 어떤 전류의 차단을 목적으로 사용하는가?**

① 충전전류　② 단락전류
③ 부하전류　④ 지락전류

해설

**전력퓨즈**

전력퓨즈의 주된 목적은 단락전류로부터 설비를 보호하는 것이다.

## 시행일 2023년 2회

**01 조상설비가 있는 1차 변전소에서 주변압기로 주로 사용되는 변압기는?**

① 승압용 변압기　② 누설변압기
③ 3권선 변압기　④ 단권변압기

해설

조상설비를 설치하기 위해 3권선 변압기를 사용하며, 이때 3권선 변압기의 3차측 권선인 △권선을 안정권선이라하며 여기에 조상설비를 설치한다.

**02 송전계통의 중성점을 접지하는 목적으로 틀린 것은?**

① 지락 고장 시 전선로의 대지 전위 상승을 억제하고 전선로와 기기의 절연을 경감시킨다.
② 소호리액터 접지방식에서는 1선 지락 시 지락점 아크를 빨리 소멸시킨다.
③ 차단기의 차단용량을 증대시킨다.
④ 지락고장에 대한 계전기의 동작을 확실하게 한다.

해설

**중성점 접지방식의 목적**

- 1선 지락시 건전상의 전위상승을 억제하여 전선로, 기기의 절연레벨 경감
- 뇌, 아크 지락, 기타에 의한 이상전압의 경감 및 발생억제
- 1선 지락시 지락계전기를 확실하게 동작
- 1선 지락시의 아크 지락을 재빨리 소멸시켜 안정도 향상

**03 평형 3상 송전선에서 보통의 운전상태인 경우 중성점 전위는 항상 얼마인가?**

① 0　② 1
③ 송전전압과 같다.　④ ∞(무한대)

해설

평형 3상 송전선에서 보통의 운전상태인 경우 중성점 전위는 0[V]이다.

**04 단권 변압기 66[kV], 60[Hz] 3상 3선식 선로에서 중성점을 소호리액터 접지하여 완전 공진상태로 되었을 때 중성점에 흐르는 전류는 몇 [A]인가? (단, 소호리액터를 포함한 영상회로의 등가 저항은 200[Ω], 중성점 잔류전압을 4400[V]라고 한다.)**

[정답] 19 ② 20 ② 2023년 2회 01 ③ 02 ③ 03 ① 04 ②

① 11 ② 22
③ 33 ④ 44

해설

$I=\frac{4400}{200}=22[\mathrm{A}]$

**05** 전압 22[kV], 주파수 60[Hz], 길이 20[km]의 3상 3선식 1회선 지중 송전선로가 있다. 케이블의 심선 1선당의 정전용량이 0.5[μF/km]라고 할 때 이 선로의 3상 무부하 충전용량은 약 몇 [kVA]인가?

① 1750 ② 1825
③ 1900 ④ 1925

해설

**3상 무부하 선로의 충전용량**

$Q_c=3\times 2\pi fCE^2\times 10^{-3}[\mathrm{kVA}]$

$Q_c=3\times 2\pi\times 60\times 0.5\times 10^{-6}\times 20\times\left(\frac{22000}{\sqrt{3}}\right)^2\times 10^{-3}$

$=1825[\mathrm{kVA}]$

**06** 차단기와 비교하여 전력 퓨즈에 대한 설명으로 적합하지 않은 것은?

① 가격이 저렴하다. ② 보수가 간단하다.
③ 고속차단을 할 수 있다. ④ 재투입을 할 수 있다.

해설

전력 퓨즈의 장점
- 소형 경량이며, 가격이 저렴하다.
- 고속 차단한다.
- 차단용량이 크다.
- 보수가 간단하며, 한류형 퓨즈의 경우 무음, 무방출이다.

**07** 그림과 같은 배전선이 있다. 부하에 급전 및 정전할 때 조작방법으로 옳은 것은?

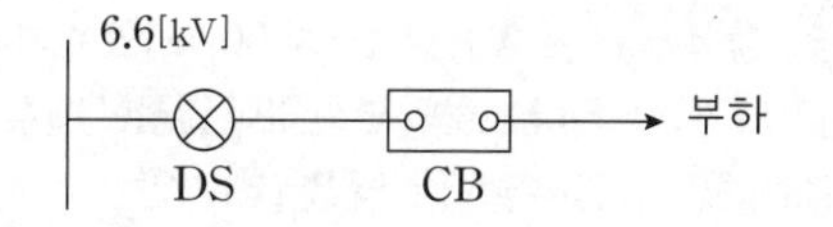


① 급전 및 정전할 때는 항상 DS, CB 순으로 한다.
② 급전 및 정전할 때는 항상 CB, DS 순으로 한다.
③ 급전시는 DS, CB 순이고, 정전시는 CB, DS 순이다.
④ 급전시는 CB, DS 순이고, 정전시는 DS, CB 순이다.

해설

**단로기와 차단기 조작순서**

급전시는 DS, CB 순이고, 정전시는 CB, DS 순이다.

**08** 송전선에 코로나가 발생하면 전선이 부식된다. 무엇에 의하여 부식되는가?

① 산소 ② 질소
③ 수소 ④ 오존

해설

**코로나의 영향**
- 코로나 손실로 인하여 송전효율이 저하되고 송전용량이 감소된다.
- 코로나 방전시 오존($O_3$)이 발생하여 전선부식을 초래한다.
- 유도장해가 발생한다.

**09** 송전선로에서 복도체를 사용하는 주된 이유는?

① 많은 전력을 보내기 위하여
② 코로나 발생을 억제하기 위하여
③ 전력손실을 적게하기 위하여
④ 선로정수를 평형시키기 위하여

해설

**복도체**

① 주된 목적은 코로나 방지이다.
② 장점
- 송전용량이 증가하고 안정도가 향상된다.
- 코로나 임계전압이 증가하여 코로나 손실이 감소한다.
- 송전효율이 증가한다.
- 통신선의 유도장해가 억제된다.

[정답] 05 ② 06 ④ 07 ③ 08 ④ 09 ②

**10** **출력 5000[kW], 유효낙차 50[m]인 수차에서 안내 날개의 개방상태나 효율의 변화 없이 일정할 때 유효낙차가 5[m] 줄었을 경우 출력은 약 몇 [kW]인가?**

① 4000　　② 4270

③ 4500　　④ 4740

**해설**

$P \propto H^{\frac{3}{2}}$ 이므로, $P = 5000 \times \left(\frac{45}{50}\right)^{\frac{3}{2}} = 4269[\mathrm{kW}]$

**11** **석탄연소 화력발전소에서 사용되는 집진장치의 효율이 가장 큰 것은?**

① 전기식집진기　　② 수세식집진기

③ 원심력식 집진장치　　④ 직렬 결합식 집진장치

**해설**

**집진장치**

회분을 없애 오염을 방지시키는 장치로서 전기식 집진장치가 효율이 가장 좋다.

**12** **가공지선을 설치하는 주된 목적은?**

① 뇌해 방지　　② 전선의 진동 방지

③ 철탑의 강도 보강　　④ 코로나의 발생 방지

**해설**

**가공지선**

- 효과 : 직격뢰 차폐, 유도뢰 차폐, 통신선의 유도장해 차폐 효과가 있다.
- 설치 주 목적 : 직격뢰로부터 송전선로를 보호하기 위하여 지지물의 최상단에 설치한다.

**13** **송전선로에 충전전류가 흐르면 수전단 전압이 송전단 전압보다 높아지는 현상과 이 현상의 발생 원인으로 가장 옳은 것은?**

① 페란티효과, 선로의 인덕턴스 때문

② 페란티효과, 선로의 정전용량 때문

③ 근접 효과, 선로의 인덕턴스 때문

④ 근접 효과, 선로의 정전용량 때문

**해설**

**페란티현상**

페란티현상이란 무부하시 또는 경부하시 송전선로의 정전용량에 의해 나타나며, 수전단의 전압이 송전단의 전압보다 높아지는 현상이다. 방지법으로는 분로(병렬)리액터를 설치한다.

**14** **송전선로의 건설비와 전압과의 관계를 나타낸 것은?**

①
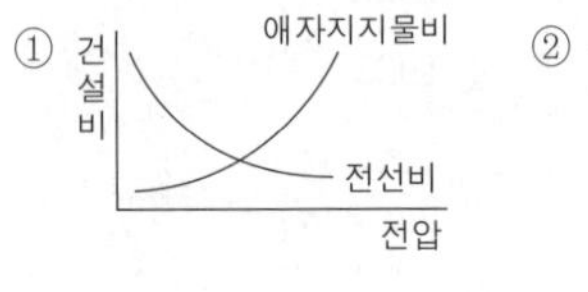


②
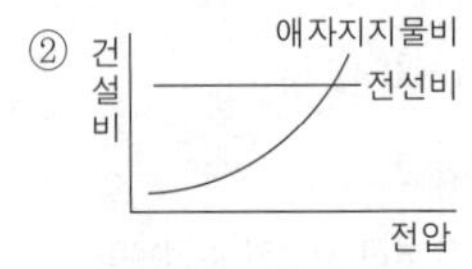


③
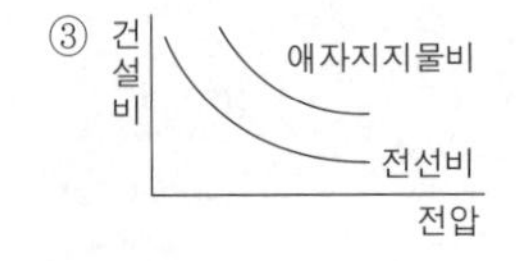


④
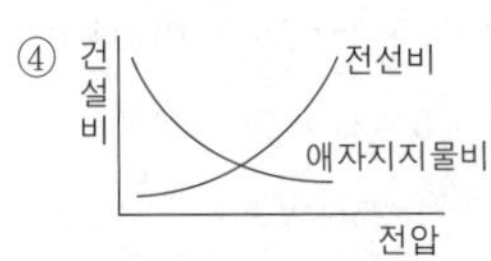


**해설**

**송전선로의 건설비와 전압**

송전선로의 전압이 높으면 철탑에 사용하는 현수애자의 개수가 증가하며, 철탑의 높이를 높여야 한다. 하지만, 전선의 단면적 측면에서는 3상 전력손실식에 의해 $A \propto \frac{1}{V^2}$ 이므로 전선의 비용은 적어진다.

**15** **피뢰기의 제한전압이란?**

① 상용주파전압에 대한 피뢰기의 충격방전 개시전압

② 충격파 침입 시 피뢰기의 충격방전 개시전압

③ 피뢰기가 충격파 방전 종료 후 언제나 속류를 확실히 차단할 수 있는 상용주파 최대전압

④ 충격파 전류가 흐르고 있을 때의 피뢰기 단자전압

**해설**

**피뢰기의 제한전압**

피뢰기의 제한전압이란 충격파 전류가 흐를 때 피뢰기 단자전압의 파고치를 말한다.

[정답] 10 ② 11 ① 12 ① 13 ② 14 ① 15 ④

**16** 저압 배전계통의 구성에 있어서 공급 신뢰도가 가장 우수한 계통 구성방식은?

① 방사상방식
② 저압 네트워크방식
③ 망상식방식
④ 뱅킹방식

해설

**저압 뱅킹방식 특징**

- 공급 신뢰도 향상
- 전압변동 및 전력손실 감소
- 부하의 증가에 따른 탄력성 향상

**17** 일반적인 경우 그 값이 1 이상인 것은?

① 수용률　② 전압강하율
③ 부하율　④ 부등률

해설

**부등률**

부등률은 일반적으로 그 값이 1이다.

**18** 전력 계통의 주파수가 기준치보다 증가하는 경우 어떻게 하는 것이 타당한가?

① 발전출력[kW]을 증가시켜야 한다.
② 발전출력[kW]을 감소시켜야 한다.
③ 무효전력[kVar]을 증가시켜야 한다.
④ 무효전력[kVar]을 감소시켜야 한다.

해설

***P*−*F*컨트롤**

운전 중 주파수의 상승은 발전출력이 부하의 유효전력보다 커서 발생하는 것이므로 발전출력을 감소시켜서 정격주파수를 유지할 수 있다.

**19** 진상전류만이 아니라 지상전류도 잡아서 광범위하게 연속적인 전압조정을 할 수 있는 것은?

① 전력용콘덴서　② 동기조상기
③ 분로리액터　④ 직렬리액터

해설

**조상설비**

| 구 분 | 동기조상기 | 전력용 콘덴서 | 분로 리액터 |
|---|---|---|---|
| 무효전력 흡수능력 | 진상 및 지상 | 진상 | 지상 |
| 조정의 형태 | 연속적 | 불연속 | 불연속 |

**20** 그림과 같은 3상 3선식 전선로의 단락점에 있어서의 3상 단락전류는 약 몇 [A]인가? (단, 66[kV]에 대한 %리액턴스는 10[%]이고, 저항분은 무시한다.)

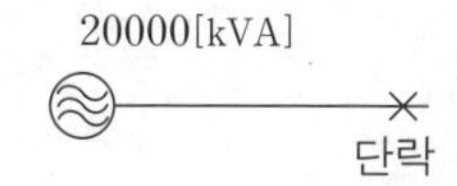


① 1750　② 2000
③ 2500　④ 3030

해설

$$I_s=\frac{100}{\%Z}\times\frac{P_n}{\sqrt{3}\,V}=\frac{100}{10}\times\frac{20000}{\sqrt{3}\times 66}=1750[\mathrm{A}]$$

시행일 **2023년 3회**

**01** 1[BTU]는 약 몇 [kcal]인가?

① 0.252　② 0.2389
③ 47.86　④ 71.67

해설

1[kcal]=3.968[BTU], 1BTU≒0.252[kcal]

[정답] 16 ② 17 ④ 18 ② 19 ② 20 ① 2023년 3회 01 ①

**02** 송전선의 전압변동률 식, 전압변동률$=\frac{V_{R1}-V_{R2}}{V_{R2}}$ [%]에서 $V_{R1}$은 무엇에 해당되는가?

① 무부하시 송전단 전압 ② 전부하시 송전단 전압
③ 무부하시 수전단 전압 ④ 전부하시 수전단 전압

해설

**전압변동률**

전압변동률$=\frac{V_{R1}-V_{R2}}{V_{R2}}\times 100[\%]$

$V_{R1}$ : 무부하시 수전단 전압, $V_{R2}$ : 전부하시 수전단 전압

**03** 송전전력, 송전거리, 전선의 비중 및 전력 손실률이 일정 하다고 할 때, 전선의 단면적 $A[\text{mm}^2]$와 송전전압 $V[\text{kV}]$의 관계로 옳은 것은?

① $A\propto V$ ② $A\propto\sqrt{V}$
③ $A\propto\frac{1}{V^2}$ ④ $A\propto V^2$

해설

- 전압강하 : $e\propto\frac{1}{V}$
- 전력손실 : $P_l\propto\frac{1}{V^2}$
- 전압강하율 : $\delta\propto\frac{1}{V^2}$
- 전선단면적 : $A\propto\frac{1}{V^2}$

**04** 송전선에 코로나가 발생하면 전선이 부식된다. 무엇에 의하여 부식되는가?

① 산소 ② 질소
③ 수소 ④ 오존

해설

**코로나 영향**

- 코로나 방전에의한 손실로 송전용량이 감소된다.
- 오존의 발생으로 전선의 부식이 촉진된다.
- 소음, 통신선의 유도장해 등이 발생한다.
- 소호 리액터의 소호 능력이 저하된다.

**05** 3상 3선식에서 수직 배치인 선로에서 오프셋을 주는 주된 이유는?

① 단락 방지 ② 전선 진동 억제
③ 전선 풍압 감소 ④ 철탑 중량 감소

해설

**오프셋**

전선을 수직으로 배치할 경우에 상중하선 상호간의 수평거리 차(오프셋)를 두어 상·하전선의 단락을 방지한다. 한편, 전선의 진동을 억제하기 위하여 사용되는 금구는 댐퍼이다.

**06** 어느 발전소의 발전기는 그 정격이 13.2[kV], 93000[kVA], 95[%] $Z$라고 명판에 씌어 있다. 이것은 몇 [Ω]인가?

① 1.2 ② 1.8
③ 1200 ④ 1780

해설

$\%Z=\frac{P_aZ}{10V^2}$ 이므로

$Z=\frac{10V^2\times\%Z}{P_a}=\frac{10\times 13.2^2\times 95}{93000}=1.8[\Omega]$

**07** $A$, $B$ 및 $C$ 상의 전류를 각각 $I_a$, $I_b$, $I_c$라 할 때, $I_x=\frac{1}{3}(I_a+aI_b+a^2I_c)$이고, $a=-\frac{1}{2}+j\frac{\sqrt{3}}{2}$이다. $I_x$는 어떤 전류인가?

① 정상전류 ② 역상전류
③ 영상전류 ④ 무효전류

해설

**대칭분 전류**

① 영상전류 $I_0=\frac{1}{3}(I_a+I_b+I_c)$

② 정상전류 $I_1=\frac{1}{3}(I_a+aI_b+a^2I_c)$

③ 역상전류 $I_2=\frac{1}{3}(I_a+a^2I_b+aI_c)$

[정답] 02 ③ 03 ③ 04 ④ 05 ① 06 ② 07 ①

## 08 피뢰기가 구비하여야 할 조건으로 옳지 않은 것은?

① 속류의 차단 능력이 충분할 것
② 충격 방전 개시 전압이 낮을 것
③ 상용 주파 방전 개시 전압이 높을 것
④ 방전 내량이 크면서 제한 전압이 클 것

해설

**피뢰기 구비조건**

- 방전내량이 클 것
- 제한전압이 낮을 것
- 충격방전 개시전압이 낮을 것
- 상용주파수 방전개시 전압은 높을 것
- 속류차단 능력이 클 것

## 09 개폐서지를 흡수할 목적으로 설치하는 것의 약어는?

① CT　② SA
③ GIS　④ ATS

해설

**서지흡수기(SA)**

차단기의 투입, 차단시에는 서지가 발생되며 경우에 따라서는 선로에 중대한 영향을 미치므로 전동기, 변압기 등을 서지로부터 보호할 수 있는 서지흡수기의 설치가 권장되고 있으며, 몰드변압기 및 전동기에 VCB를 설치하는 경우 서지흡수기를 설치한다.

## 10 전력계통에 과도안정도 향상 대책과 관련 없는 것은?

① 빠른 고장 제거
② 속응 여자시스템 사용
③ 큰 임피던스의 변압기 사용
④ 병렬 송전선로의 추가 건설

해설

**안정도 향상 대책**

- 계통의 전달 리액턴스를 감소시킨다.
  - 발전기나 변압기의 리액턴스를 감소시킨다.
  - 선로의 병행 회선수를 증가하거나 복도체를 사용한다.
  - 직렬 콘덴서를 삽입하여 선로의 리액턴스를 보상해준다.
- 전압변동을 억제한다.
  - 속응 여자방식을 채용한다.
  - 계통을 연계한다.
  - 중간 조상방식을 채용한다.
- 계통에 주는 충격을 완화시킨다.
  - 중성점 접지방식을 채용한다.
  - 고속도 차단방식을 채용한다.
  - 재폐로방식을 채용한다.
- 고장 시 발전기의 입출력 불평형을 적게 한다.

## 11 전력선 1선의 대지전압을 $E$, 통신선의 대지정전용량을 $C_b$, 전력선과 통신선 사이의 상호 정전용량을 $C_{ab}$라고 하면, 통신선의 정전유도전압은?

① $\dfrac{C_{ab}+C_b}{C_b}\times E$　② $\dfrac{C_{ab}+C_b}{C_{ab}}\times E$
③ $\dfrac{C_{ab}}{C_{ab}+C_b}\times E$　④ $\dfrac{C_b}{C_{ab}+C_b}\times E$

해설

**단상인 경우 통신선의 정전 유도전압**

$$\frac{C_{ab}}{C_{ab}+C_b}\times E[\mathrm{V}]$$

$E$ : 대지전압, $C_b$ : 통신선의 대지정전용량,
$C_{ab}$ : 전력선과 통신선 사이의 상호 정전용량

## 12 순저항 부하의 부하전력 $P$[kW], 전압 $E$[V], 선로의 길이 $l$[m], 고유저항 $\rho[\Omega\cdot\mathrm{mm^2/m}]$인 단상 2선식 선로에서 선로손실을 $q$[W]라 하면, 전선의 단면적[$\mathrm{mm^2}$]은 어떻게 표현되는가?

① $\dfrac{\rho l P^2}{qE^2}\times 10^6$　② $\dfrac{2\rho l P^2}{qE^2}\times 10^6$
③ $\dfrac{\rho l P^2}{2qE^2}\times 10^6$　④ $\dfrac{2\rho l P^2}{q^2E}\times 10^6$

해설

단상 2선식의 전력손실 $q=2I^2R=2\times\left(\dfrac{P}{E}\right)^2\times\rho\cdot\dfrac{l}{A}$이므로,

전선의 단면적 $A=\dfrac{2\rho l P^2}{qE^2}$

[정답] 08 ④　09 ②　10 ③　11 ③　12 ②

## 13 계기용 변성기 중에서 전압, 전류를 동시에 변성하여 전력량을 계량할 목적으로 사용하는 것은?

① CT ② MOF
③ PT ④ ZCT

해설

| 명 칭 | 약호 | 기능 및 용도 |
|---|---|---|
| 전력 수급용 계기용변성기 | MOF | PT와 CT를 함께 내장한 것으로 전력량계에 전원공급 |

## 14 전력용 퓨즈의 장점은 옳지 않은 것은?

① 소형으로 큰 차단용량을 갖는다.
② 밀폐형 퓨즈는 차단 시에 소음이 없다.
③ 가격이 싸고 유지 보수가 간단하다.
④ 과도 전류에 의해 쉽게 용단되지 않는다.

해설

**전력 퓨즈의 장점**

- 고속 차단한다.
- 차단용량이 크다.
- 소형 경량이며, 가격이 저렴하다.
- 보수가 간단하며, 한류형 퓨즈의 경우 무음, 무방출이다.

## 15 전압이 일정 값 이하로 되었을 때 동작하는 것으로서 단락 시 고장 검출용으로도 사용되는 계전기는?

① OVR ② OVGR
③ NSR ④ UVR

해설

**UVR(부족전압계전기)**

전압이 일정값 이하로 떨어졌을 때 동작하는 계전기이다.

## 16 고압 가공 배전선로에서 고장, 또는 보수 점검 시, 정전구간을 축소하기 위하여 사용되는 것은?

① 구분 개폐기 ② 컷아웃 스위치
③ 캐치홀더 ④ 공기 차단기

해설

**구분개폐기**

선로의 고장 또는 보수 점검시 사용되는 개폐기로 고장 발생시 고장구간을 개방하여 사고를 국부적으로 분리시키는 장치이다.

## 17 송전선로의 단락보호 계전방식이 아닌 것은?

① 과전류 계전방식 ② 방향단락 계전방식
③ 거리 계전방식 ④ 과전압 계전방식

해설

**송전선로 단락보호 계전방식**

① 과전류방식 ② 방향비교방식
③ 거리측정방식 ④ 전류균형방식
⑤ 전류차동비교방식

## 18 유량을 구분할 때 매년 1~2회 발생하는 출수의 유량을 나타내는 것은?

① 홍수량 ② 풍수량
③ 고수량 ④ 갈수량

해설

**고수량과 홍수량**

- 고수량 : 매년 1~2회 생기는 출수의 유량
- 홍수량 : 3~4년에 한 번 생기는 출수의 유량

## 19 주상변압기의 고압측 및 저압측에 설치되는 보호장치가 아닌 것은?

① 피뢰기 ② 1차 컷아웃 스위치
③ 캐치홀더 ④ 케이블 헤드

[정답] 13② 14④ 15④ 16① 17④ 18③ 19④

해설

주상변압기의 고압측 및 저압측에 설치되는 보호장치로는 피뢰기, 컷아웃스위치(cos), 캐치홀더 등이 있으며, 케이블헤드의 경우 케이블과 나선이 접속되는 끝부분을 절연 피복, 접속단자 가공 등 단말처리시 사용하는 부분을 말한다.

**20** **154[kV] 2회선 송전 선로의 길이가 154[km]이다. 송전용량 계수법에 의하면 송전용량은 약 몇 [MW]인가? (단, 154[kV]의 송전용량 계수는 1300이다.)**

① 250 ② 300

③ 350 ④ 400

해설

**송전용량 계수법**

송전용량은 전압의 크기에 의하여 정해지며, 선로 길이를 고려한 것이 송전용량 계수법이다.

송전용량 $P_s = k\dfrac{V_r^2}{l}$[kW]

$K$ : 송전용량 계수, $V_r$ : 수전단 선가전압, $l$ : 송전거리

$P_s = 2 \times 1300 \times \dfrac{154^2}{154} \times 10^{-3} ≒ 400$[MW]

[정답] 20 ④

국가기술자격검정필기시험문제

| 자격종목 및 등급 | 과목명 | 시험시간 | 성명 |
|---|---|---|---|
| 전기산업기사 | 전기기기 | 2시간 30분 | 대산전기학원 |

## 시행일 2019년 1회

**01** **정격 150[kVA], 철손 1[kW], 전부하 동손이 4[kW]인 단상변압기의 최대 효율[%]과 최대효율 시의 부하[kVA]는? (단, 부하 역률은 1이다.)**

① 96.8[%], 125[kVA] ② 97[%], 50[kVA]
③ 97.2[%], 100[kVA] ④ 97.4[%], 75[kVA]

해설

변압기 부하지점 $\frac{1}{m}=\sqrt{\frac{P_i}{P_c}}=\sqrt{\frac{1}{4}}=\frac{1}{2}$

변압기 효율 $\frac{1+\frac{1}{m}\text{출력}}{\frac{1}{m}\text{출력}+\text{철손}+(\frac{1}{m})^2\text{동손}}\times 100$

$=\frac{\frac{1}{2}\times 150}{\frac{1}{2}\times 150+1+(\frac{1}{2})^2\times 4}\times 100=97.4[\%]$

최대효율 시의 부하 : 75[kVA]

**02** **사이리스터에 의한 제어는 무엇을 제어하여 출력전압을 변환시키는가?**

① 토크 ② 위상각
③ 회전수 ④ 주파수

해설

**반도체 사이리스터에 의한 속도제어의 종류**

- 위상각제어
- 주파수제어
- 전압제어

현재는 위상각제어를 주로 이용한다.

**03** **전동력 응용기기에서 $GD^2$의 값이 작은 것이 바람직한 기기는?**

① 압연기 ② 송풍기
③ 냉동기 ④ 엘리베이터

해설

$GD^2$은 물리적인 관성 모멘트의 식이다. 압연기, 송풍기, 냉동기같은 경우는 관성 모멘트가 높아야 하지만 엘리베이터 같은 경우는 관성 모멘트가 작아야 한다.

**04** **온도 측정장치 중 변압기의 권선온도 측정에 가장 적당한 것은?**

① 탐지코일 ② 디지털온도계
③ 권선온도계 ④ 봉상온도계

해설

변압기 권선온도를 측정하는 기구 : 권선온도계

**05** **어떤 변압기의 백분율 저항강하가 2[%], 백분율 리액턴스강하가 3[%]라 한다. 이 변압기로 역률이 80[%]인 부하에 전력을 공급하고 있다. 이 변압기의 전압변동률은 몇 [%]인가?**

① 2.4 ② 3.4
③ 3.8 ④ 4.0

해설

전압변동률$(\varepsilon)=p\cos\theta+q\sin\theta=2\times 0.8+3\times 0.6=3.4[\%]$

[정답] 2019년 1회 01 ④ 02 ② 03 ④ 04 ③ 05 ②

## 06 직류 및 교류 양용에 사용되는 만능 전동기는?

① 복권전동기 ② 유도전동기
③ 동기전동기 ④ 직권 정류자전동기

**해설**

단상 직권 정류자 전동기는 교류 및 직류 양용으로 만능 전동기라 불린다.

## 07 어떤 IGBT의 열용량은 0.02[J/℃], 열저항은 0.625[℃/W]이다. 이 소자에 직류 25[A]가 흐를 때 전압강하는 3[V]이다. 몇 [℃]의 온도상승이 발생하는가?

① 1.5 ② 1.7
③ 47 ④ 52

**해설**

열저항=0.625[℃/W]
전력 $P=VI=3\times25=75[\mathrm{W}]$
온도상승 : 전력×열저항
$\therefore 75\times0.625=46.8[℃]$

## 08 직류전동기의 속도제어법 중 정지 워드레오나드 방식에 관한 설명으로 틀린 것은?

① 광범위한 속도제어가 가능하다.
② 정토크 가변속도의 용도에 적합하다.
③ 제철용 압연기, 엘리베이터 등에 사용된다.
④ 직권전동기의 저항제어와 조합하여 사용한다.

**해설**

직류 전동기의 속도제어법 중 정지 워드레오나드 방식은 전압을 조정해서 속도를 제어하며, 광범위한 속도제어가 가능하고, 정토크제어 한다.

## 09 권수비 30인 단상변압기의 1차에 6600[V]를 공급하고, 2차에 40[kW], 뒤진 역률 80[%]의 부하를 걸 때 2차 전류 $I_2$ 및 1차 전류 $I_1$은 약 몇 [A]인가? (단, 변압기의 손실은 무시한다.)

① $I_2=145.5,\ I_1=4.85$
② $I_2=181.8,\ I_1=6.06$
③ $I_2=227.3,\ I_1=7.58$
④ $I_2=321.3,\ I_1=10.28$

**해설**

$I_2=aI_1=30\times7.58=227.3[\mathrm{A}]$
$I_1=\dfrac{40\times10^3}{6600\times0.8}=7.575[\mathrm{A}]$

## 10 동기전동기에서 90° 앞선 전류가 흐를 때 전기자 반작용은?

① 감자작용 ② 증자작용
③ 편자작용 ④ 교차자화작용

**해설**

- 동기전동기 90° 앞선전류(진상전류) : 감자작용
- 동기전동기 90° 뒤진전류(지상전류) : 증자작용

## 11 일정 전압으로 운전하는 직류전동기의 손실이 $x+yI^2$으로 될 때 어떤 전류에서 효율이 최대가 되는가? (단, $x$, $y$는 정수이다.)

① $I=\sqrt{\dfrac{x}{y}}$ ② $I=\sqrt{\dfrac{y}{x}}$
③ $I=\dfrac{x}{y}$ ④ $I=\dfrac{y}{x}$

**해설**

$x$ : 전류와 관계없는 고정손
$yI^2$ : 전류의 제곱에 비례하는 가변손
전류의 최대효율 조건 : 고정손=가변손
$x=yI^2$이므로 $I=\sqrt{\dfrac{x}{y}}$ 이다.

[정답] 06 ④ 07 ③ 08 ④ 09 ③ 10 ① 11 ①

**12** $T$-결선에 의하여 3300[V]의 3상으로부터 200[V], 40[kVA]의 전력을 얻는 경우 $T$좌 변압기의 권수비는 약 얼마인가?

① 10.2 ② 11.7
③ 14.3 ④ 16.5

해설

**$T$변압기 권수비**

$a_T = a\times\frac{\sqrt{3}}{2} = \frac{3300}{200}\times\frac{\sqrt{3}}{2} = 14.3$

**13** 유도전동기 슬립 $s$의 범위는?

① $1<s$ ② $s<-1$
③ $-1<s<0$ ④ $0<s<1$

해설

- 유도제동기의 슬립의 범위 : $1<s$
- 유도전동기의 슬립의 범위 : $0<s<1$
- 유도발전기의 슬립의 범위 : $s<0$

**14** 전기자 총 도체수 500, 6극, 중권의 직류전동기가 있다. 전기자 전 전류가 100[A]일 때의 발생토크는 약 몇 [kg·m]인가? (단, 1극당 자속수는 0.01[Wb]이다.)

① 8.12 ② 9.54
③ 10.25 ④ 11.58

해설

토크 $T = \frac{pz\phi I_a}{2\pi a} = \frac{6\times500\times0.01\times100}{2\pi\times6} = 79.58[\mathrm{N\cdot m}]$

$1[\mathrm{N\cdot m}] = \frac{1}{9.8}[\mathrm{kg\cdot m}]$

$\therefore 79.58\times\frac{1}{9.8}[\mathrm{N\cdot m}] = 8.12[\mathrm{kg\cdot m}]$

**15** 3상 동기발전기 각 상의 유기기전력 중 제3고조파를 제거하려면 코일간격/극간격을 어떻게 하면 되는가?

① 0.11 ② 0.33
③ 0.67 ④ 0.34

해설

$\beta = \frac{\text{코일간격}}{\text{극간격}}$

- 제5고조파 제거 : $\beta=0.8$
- 제3고조파 제거 : $\beta=0.67$

**16** 3상 유도전동기의 토크와 출력에 대한 설명으로 옳은 것은?

① 속도에 관계가 없다.
② 동일 속도에서 발생한다.
③ 최대 출력은 최대 토크보다 고속도에서 발생한다.
④ 최대 토크가 최대 출력보다 고속도에서 발생한다.

해설

출력 $P=\omega\cdot T$이므로 토크와 출력은 비례하며, 최대 출력은 최대 토크보다 고속도에서 발생한다.

**17** 단자전압 220[V], 부하전류 48[A], 계자전류 2[A], 전기자 저항 0.2[Ω]인 직류분권발전기의 유도기전력[V]은? (단, 전기자 반작용은 무시한다.)

① 210 ② 220
③ 230 ④ 240

해설

**직류 분권발전기의 유도기전력**

$E=V+I_aR_a$

$V=220[\mathrm{V}],\ I_a=I+I_f=48+2=50[\mathrm{A}]$

$R_a=0.2[\Omega]$

$\therefore$ 유도기전력 $E=220+50\times0.2=230[\mathrm{V}]$

[정답] 12③ 13④ 14① 15③ 16③ 17③

**18** 200[kW], 200[V]의 직류 분권발전기가 있다. 전기자 권선의 저항이 0.025[Ω]일 때 전압변동률은 몇 [%] 인가?

① 6.0 ② 12.5
③ 20.5 ④ 25.0

해설

무부하시 전압 : $V_0=E$
부하시 전압 : $V=E-I_aR_a$
전압변동률 $\varepsilon$

$$\varepsilon=\frac{(200+\frac{200\times10^3}{200}\times0.025)-200}{200}\times100=12.5[\%]$$

**19** 동기발전기에서 전기자 전류를 $I$, 역률을 $\cos\theta$라 하면 횡축 반작용을 하는 성분은?

① $I\cos\theta$ ② $I\cot\theta$
③ $I\sin\theta$ ④ $I\tan\theta$

해설

동기 발전기에서 횡축 반작용은 전류와 전압이 동위상($R$ 부하) 일 때 발생하며, 이때의 전기자전류 성분은 $I\cos\theta$이다.

**20** 단상 유도전동기와 3상 유도전동기를 비교했을 때 단상 유도전동기의 특징에 해당되는 것은?

① 대용량이다. ② 중량이 작다.
③ 역률, 효율이 좋다. ④ 기동장치가 필요하다.

해설

**단상유도전동기의 특징**

- 기동토크가 0
- 비례 추이가 불가
- 2차 저항이 증가하면 토크는 감소
- 슬립이 0일 때는 토크가 부(-)

## 시행일 2019년 2회

**01** 자극수 4, 전기자 도체수 50, 전기자저항 0.1[Ω]의 중권 타여자전동기가 있다. 정격전압 105[V], 정격전류 50[A]로 운전하던 것을 전압 106[V] 및 계자회로를 일정히 하고 무부하로 운전했을 때 전기자전류가 10[A]이라면 속도변동률[%]은? (단, 매극의 자속은 0.05[Wb]라 한다.)

① 3 ② 5
③ 6 ④ 8

해설

전동기 속도 $N=k\frac{V-I_aR_a}{\phi}=\frac{105-50\times0.1}{0.05}=2000[\text{rpm}]$

무부하시 $N_o=k\frac{V_o-I_aR_a}{\phi}=\frac{106-10\times0.1}{0.05}=2100[\text{rpm}]$

속도변동률$=\frac{N_o-N}{N}\times100=\frac{2100-2000}{2000}\times100=5[\%]$

**02** 동기발전기의 권선을 분포권으로 하면?

① 난조를 방지한다.
② 파형이 좋아진다.
③ 권선의 리액턴스가 커진다.
④ 집중권에 비하여 합성 유도 기전력이 높아진다.

해설

분포권은 집중권에 비해 합성 유도기전력은 낮아지지만 고조파를 감소시켜 파형을 좋게 한다.

**03** 직류 분권발전기가 운전 중 단락이 발생하면 나타나는 현상으로 옳은 것은?

① 과전압이 발생한다.
② 계자저항선이 확립된다.
③ 큰 단락전류로 소손된다.
④ 작은 단락전류가 흐른다.

[정답] 18 ② 19 ① 20 ④ 2019년 2회 01 ② 02 ② 03 ④

**해설**

직류 분권발전기의 부하전류가 어느 값 이상으로 증가하게 되면 단자전압이 감소하여 부하전류는 소전류가 흐른다.

## 04 단락비가 큰 동기발전기에 대한 설명 중 틀린 것은?

① 효율이 나쁘다.

② 계자전류가 크다.

③ 전압변동률이 크다.

④ 안정도와 선로 충전용량이 크다.

**해설**

**단락비가 큰 기계(철기계)의 특성**

- 안정도가 높다.
- 효율이 떨어진다.
- 전압변동률이 작다.
- 선로 충전용량이 크다.

## 05 어떤 변압기의 부하역률이 60[%]일 때 전압변동률이 최대라고 한다. 지금 이 변압기의 부하역률이 100[%]일 때 전압변동률을 측정 했더니 3[%]였다. 이 변압기의 부하역률이 80[%]일 때 전압변동률은 몇 [%]인가?

① 2.4　　② 3.6

③ 4.8　　④ 5.0

**해설**

전압변동률$(\varepsilon)=p\cos\theta+q\sin\theta$

역률이 1일 때 전압변동률이 3[%]이므로 $p=3$

전압변동률이 최대일 때 역률 $\cos\theta=\dfrac{p}{\sqrt{p^2+q^2}}=0.6$

이때 $q=4$, $\cos\theta=8$일 때

전압변동률 $\varepsilon=3\times0.8+4\times0.6=4.8[\%]$

## 06 직류발전기에서 기하학적 중성축과 $\theta$만큼 브러시의 위치가 이동되었을 감자기자력[AT/극]은? (단, $K=\dfrac{I_aZ}{2Pa}$)

① $K\dfrac{\theta}{\pi}$　　② $K\dfrac{2\theta}{\pi}$

③ $K\dfrac{3\theta}{\pi}$　　④ $K\dfrac{4\theta}{\pi}$

**해설**

감자기자력 $AT_d=\dfrac{2\theta}{\pi}\cdot\dfrac{ZI_a}{2ap}$[AT/극]에서 $K=\dfrac{I_aZ}{2Pa}$이므로

$AT_d=\dfrac{2\theta}{\pi}\cdot K$이다.

## 07 동기 주파수변환기의 주파수 $f_1$ 및 $f_2$ 계통에 접속되는 양극을 $P_1$, $P_2$라 하면 다음 어떤 관계가 성립되는가?

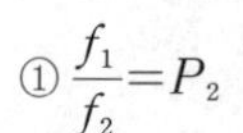

① $\dfrac{f_1}{f_2}=P_2$　　② $\dfrac{f_1}{f_2}=\dfrac{P_2}{P_1}$

③ $\dfrac{f_1}{f_2}=\dfrac{P_1}{P_2}$　　④ $\dfrac{f_2}{f_1}=P_1\cdot P_2$

**해설**

$N_s=\dfrac{120f}{P}$[rpm]에서 $N_s$가 일정할 때 $P\propto f$이므로 $\dfrac{f_1}{f_2}=\dfrac{P_1}{P_2}$이다.

## 08 다음은 직류 발전기의 정류곡선이다. 이 중에서 정류 말기에 정류의 상태가 좋지 않은 것은?

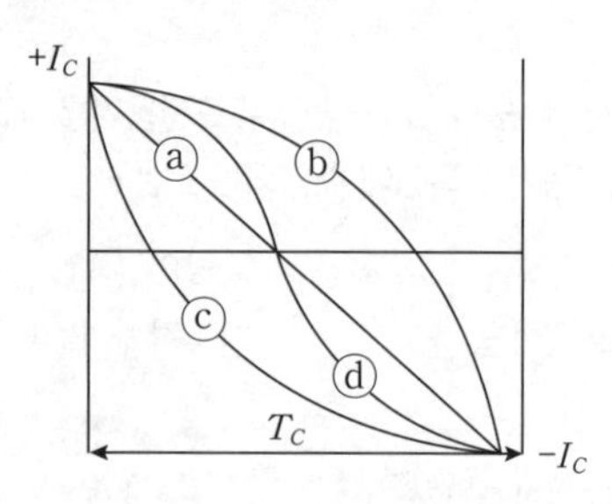


① ⓐ　　② ⓑ

③ ⓒ　　④ ⓓ

**해설**

- 정류초기 불꽃 발생 ⓒ
- 정류말기 불꽃 발생 ⓑ
- 불꽃 없는 양호한 정류 곡선 ⓐ, ⓓ

[정답] 04 ③　05 ③　06 ②　07 ③　08 ②

**09** **직류전압의 맥동률이 가장 작은 정류회로는? (단, 저항부하를 사용한 경우이다.)**

① 단상전파　② 단상반파
③ 3상반파　④ 3상전파

해설

**정류회로의 맥동률**
- 3상 전파=4[%]
- 3상 반파=17[%]
- 단상전파=48[%]
- 단상반파=121[%]

**10** **권선형 유도전동기의 저항제어법의 장점은?**

① 부하에 대한 속도변동이 크다.
② 역률이 좋고, 운전효율이 양호하다.
③ 구조가 간단하며, 제어조작이 용이하다.
④ 전부하로 장시간 운전하여도 온도 상승이 적다.

해설

2차 저항법은 2차 외부저항을 이용한 비례추이를 응용한 방법으로 구조가 간단하고 조작이 용이하나 2차 동손이 증가하기 때문에 효율이 나빠지며 가격이 고가이다.

**11** **권선형 유도전동기에서 비례추이를 할 수 없는 것은?**

① 토크　② 출력
③ 1차 전류　④ 2차 전류

해설

- 비례추이가 가능한 특성 : 토크, 1,2차전류, 1차입력, 역률
- 비례추이가 불가능한 특성 : 동기속도, 2차동손, 출력, 2차효율, 저항

**12** **직류 직권전동기의 속도제어에 사용되는 기기는?**

① 초퍼　② 인버터
③ 듀얼 컨버터　④ 사이클로 컨버터

해설

전압제어법의 일종으로 초퍼를 이용해서 직류 직권전동기의 속도를 제어한다.

**13** **6극 유도전동기의 고정자 슬롯(slot)홈 수가 36이라면 인접한 슬롯 사이의 전기각은?**

① 30°　② 60°
③ 120°　④ 180°

해설

$$\text{전기각} = \text{기계각} \times \frac{p}{2} = \frac{360°}{\text{전슬롯수}} \times \frac{p}{2} = 10 \times \frac{6}{2} = 30°$$

**14** **그림은 복권발전기의 외부특성곡선이다. 이 중 과복권을 나타내는 곡선은?**

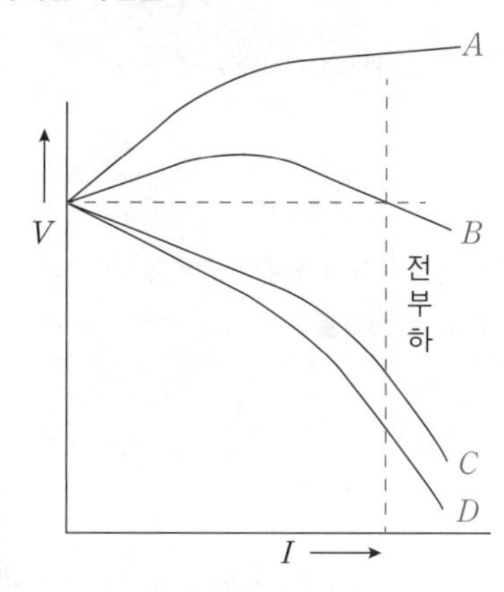


① A　② B
③ C　④ D

해설

- 평복권$(V_n = V_0) = B$
- 과복권, 직권$(V_n > V_0) = A$
- 타여자, 분권, 차동복권$(V_n < V_0) = C, D$

**15** **누설 변압기에 필요한 특성은 무엇인가?**

① 수하특성　② 정전압특성
③ 고저항특성　④ 고임피던스특성

해설

누설변압기는 급격하게 부하가 증가할 시에 누설리액턴스로 인해 전압강하를 발생시켜 일정한 전류를 만드는 수하특성을 지닌 변압기이다.

[정답] 09 ④　10 ③　11 ②　12 ①　13 ①　14 ①　15 ①

**16** **단상변압기 3대를 이용하여 △－△ 결선하는 경우에 대한 설명으로 틀린 것은?**

① 중성점을 접지할 수 없다.

② Y－Y결선에 비해 상전압이 선간전압의 $\frac{1}{\sqrt{3}}$배이므로 절연이 용이하다.

③ 3대 중 1대에서 고장이 발생하여도 나머지 2대로 $V$결선하여 운전을 계속할 수 있다.

④ 결선 내에 순환전류가 흐르나 외부에는 나타나지 않으므로 통신장애에 대한 염려가 없다.

해설

△－△ 결선은 상선압과 선간선압이 같다.

**17** **직류전동기의 속도제어 방법에서 광범위한 속도제어가 가능하며, 운전효율이 가장 좋은 방법은?**

① 계자제어　② 전압제어
③ 직렬 저항제어　④ 병렬 저항제어

해설

광범위한 속도제어가 가능하며 운전효율이 가장 좋은 방법은 외부에서 전압을 조절하는 전압제어법이다.

**18** **200[V]의 배전선 전압을 220[V]로 승압하여 30[kVA]의 부하에 전력을 공급하는 단권변압기가 있다. 이 단권변압기의 자기용량은 약 몇 [kVA]인가?**

① 2.73　② 3.55
③ 4.26　④ 5.25

해설

$$P_{자기}=\frac{V_h-V_l}{V_h}\times P_{부하}=\frac{220-200}{220}\times 30 \fallingdotseq 2.73[\text{kVA}]$$

**19** **동기발전기의 단락시험, 무부하시험에서 구할 수 없는 것은?**

① 철손　② 단락비
③ 동기리액턴스　④ 전기자 반작용

해설

- 무부하시험(개방시험) : 철손, 여자(무부하)전류, 여자어드미턴스
- 단락시험 : 동손, 임피던스와트(전압), 단락전류

**20** **유도전동기에서 공간적으로 본 고정자에 의한 회전자계와 회전자에 의한 회전자계는?**

① 항상 동상으로 회전한다.

② 슬립만큼의 위상각을 가지고 회전한다.

③ 역률각만큼의 위상각을 가지고 회전한다.

④ 항상 180° 만큼의 위상각을 가지고 회전한다.

해설

고정자에서 발생한 회전자계는 회전자에 와전류를 발생시키며 플레밍의 왼손법칙에 의해 전자력에 따른 토크를 발생시킨다. 따라서 회전자에 의한 회전자계와 고정자에 의한 회전자계와 방향이 같으며 위상도 같게 된다.

## 시행일 2019년 3회

**01** **동기발전기에 회전계자형을 사용하는 이유로 틀린 것은?**

① 기전력의 파형을 개선한다.

② 계자가 회전자이지만 저전압 소용량의 직류이므로 구조가 간단하다.

③ 전기자가 고정자이므로 고전압 대전류용에 좋고 절연이 쉽다.

④ 전기자보다 계자극을 회전자로 하는 것이 기계적으로 튼튼하다.

해설

**동기기 회전계자형 사용 이유**

[정답] 16 ② 17 ② 18 ① 19 ④ 20 ① 2019년 3회 01 ①

- 출력이 증대된다.
- 절연에 용이하다
- 회전시 위험성이 적다
- 기계적으로 더 튼튼하다.

## 02 60[Hz], 12극, 회전자 외경 2[m]의 동기발전기에 있어서 자극면의 주변속도[m/s]는 약 얼마인가?

① 34　　② 43
③ 59　　④ 63

**해설**

동기발전기 주변속도 $v=\pi D\dfrac{N}{60}$,

$N=\dfrac{120}{p}\times f=\dfrac{120}{12}\times 60=600[\mathrm{rpm}]$, $D=2$이므로

$v=\pi\times 2\times\dfrac{120}{60}=63[\mathrm{m/s}]$

## 03 단상 전파정류회로를 구성 한 것으로 옳은 것은?

①
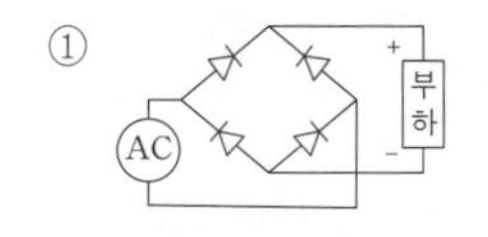


②
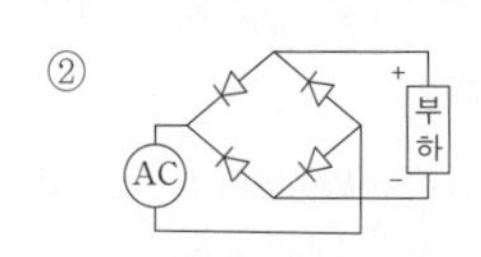


③
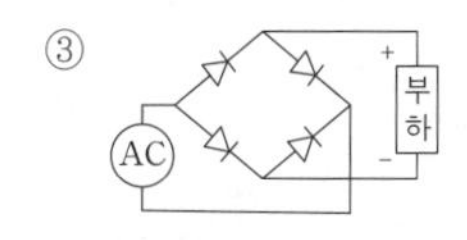


④
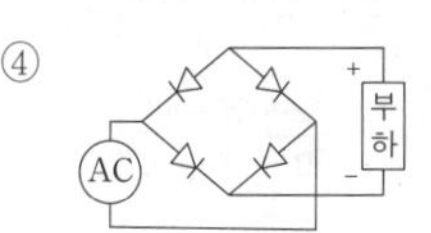

**해설**

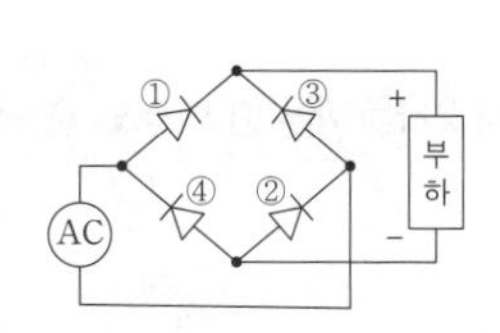


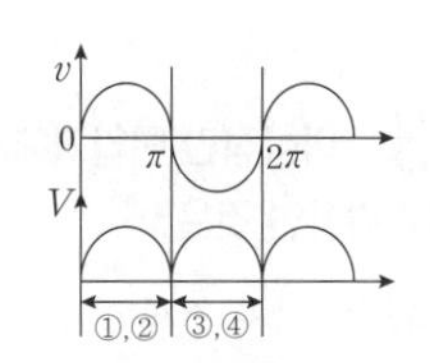


## 04 동기전동기의 전기자반작용에서 전기자전류가 앞서는 경우 어떤 작용이 일어나는가?

① 증자작용　　② 감자작용
③ 횡축반작용　　④ 교차자화작용

**해설**

동기전동기에서 전기자 반작용에서 앞선전류가 흐를때는 용량성(C 부하)로 감자작용이 발생한다.

## 05 3상 유도전동기의 원선도 작성에 필요한 기본량이 아닌 것은?

① 저항 측정　　② 슬립 측정
③ 구속 시험　　④ 무부하 시험

**해설**

**원선도 작도시 필요한 시험**

- 권선저항측정시험
- 무부하시험
- 구속시험

## 06 유도전동기 원선도에서 원의 지름은? (단, $E$를 1차 전압, $r$는 1차로 환산한 저항, $x$를 1차로 환산한 누설 리액턴스라 한다.)

① $rE$에 비례　　② $rxE$에 비례
③ $\dfrac{E}{r}$에 비례　　④ $\dfrac{E}{x}$에 비례

**해설**

유도 전동기는 부하에 의해 변화하는 전류 벡터의 궤적, 즉 원선도의 지름은 전압에 비례하고 리액턴스에 반비례한다.

## 07 단상 직권정류자전동기에 관한 설명 중 틀린 것은? (단, $A$ : 전기자, $C$ : 보상권선, $F$ : 계자권선이라 한다.)

① 직권형은 $A$와, $F$가 직렬로 되어 있다.
② 보상 직권형은 $A$, $C$ 및 $F$가 직렬로 되어있다.
③ 단상 직권정류자전동기에서는 보극권선을 사용하지 않는다.
④ 유도 보상 직권형은 $A$와, $F$가 직렬로 되어있고 $C$는 $A$에서 분리한 후 단락되어 있다.

[정답] 02 ④　03 ①　04 ②　05 ②　06 ④　07 ③

해설

단상 직권정류자전동기에서 전기자 반작용을 줄이기 위해서 보극권선을 사용한다.

**08** PN 접합 구조로 되어 있고 제어는 불가능하나 교류를 직류로 변환하는 반도체 정류 소자는?

① IGBT ② 다이오드
③ MOSFET ④ 사이리스터

해설

다이오드는 PN접합 구조로 이루어져 있으며 교류를 직류로 변환가능한 소자이다.

**09** 3상 분권정류자전동기의 설명으로 틀린 것은?

① 변압기를 사용하여 전원전압을 낮춘다.
② 정류자권선은 저전압 대전류에 적합하다.
③ 부하가 가해지면 슬립의 발생 소요 토크는 직류전동기와 같다.
④ 특성이 가장 뛰어나고 널리 사용되고 있는 전동기는 시라게 전동기이다.

해설

부하가 가해지면 슬립의 발생 소요 토크는 유도전동기와 같다.

**10** 유도전동기의 회전자에 슬립 주파수의 전압을 공급하여 속도를 제어하는 방법은?

① 2차 저항법 ② 2차 여자법
③ 직류 여자법 ④ 주파수8 변환법

해설

권선형 유도전동기의 슬립을 제어하여 속도를 제어하는 방법은 2차 여자법이다.

**11** 권선형 유도전동기의 속도-토크 곡선에서 비례추이는 그 곡선이 무엇에 비례하여 이동하는가?

① 슬립 ② 회전수
③ 공급전압 ④ 2차 저항

해설

**2차 저항이 증가할 때 비례추이 특징**
- 기동역률이 좋아진다.
- 전부하 효율이 저하되고 속도가 감소한다.
- 최대토크를 발생하는 슬립이 증가하여 기동토크가 증가하고 기동전류가 감소하며 최대토크는 변하지 않는다.

**12** 정격전압 200[V], 전기자 전류 100[A]일 때 1000[rpm]으로 회전하는 직류 분권전동기가있다. 이 전동기의 무부하 속도는 약 몇 [rpm]인가? (단, 전기자 저항은 0.15[Ω], 전기자 반작용은 무시한다.)

① 981 ② 1081
③ 1100 ④ 1180

해설

기전력 $E=k\phi n$에서 $E\propto n$이다.

$$\frac{E}{V}=\frac{N}{N_0}=\frac{200-I_aR_a}{200}=\frac{200-100\times0.15}{200}=\frac{1000}{N_0}$$

$$\therefore N_0=\frac{200\times1000}{200-100\times0.15}\fallingdotseq 1081[\text{rpm}]$$

**13** 이상적인 변압기에서 2차를 개방한 벡터도 중 서로 반대 위상인 것은?

① 자속, 여자 전류
② 입력 전압, 1차 유도기전력
③ 여자 전류, 2차 유도기전력
④ 1차 유도기전력, 2차 유도기전력

해설

변압기에서 입력전압과 1차 유도기전력 사이에는 180°의 차이가 있다.

[정답] 08 ② 09 ③ 10 ② 11 ④ 12 ② 13 ②

**14** 동일 정격의 3상 동기발전기 2대를 무부하로 병렬 운전하고 있을 때, 두 발전기의 기전력 사이에 30°의 위상차가 있으면 한 발전기에서 다른 발전기에 공급되는 유효전력은 몇 [kW] 인가? (단, 각 발전기의(1상의) 기전력은 1000[V], 동기 리액턴스는 4[Ω]이고, 전기자 저항은 무시한다.)

① 62.5 ② $62.5\times\sqrt{3}$
③ 125.5 ④ $125.5\times\sqrt{3}$

해설

**동기발전기 2대 병렬 운전시 서로 주고받는 수수전력**

$P=\frac{E^2}{2Z}\times\sin\theta=\frac{1000^2}{2\times4}\times0.5=62500[W]=62.5[kW]$

**15** 어떤 단상 변압기의 2차 무부하전압이 240[V]이고 정격 부하시의 2차 단자전압이 230[V]이다. 전압변동률은 약 몇 [%] 인가?

① 2.35 ② 3.35
③ 4.35 ④ 5.35

해설

전압변동률 $\varepsilon=\frac{V_0-V_n}{V_n}=\frac{240-230}{230}\times100=4.35[\%]$

**16** 정격전압 6000[V], 용량 5000[kVA]의 Y결선 3상 동기발전기가 있다. 여자전류 200[A]에서의 무부하 단자전압 6000[V], 단락전류 600[A]일때, 이 발전기의 단락비는 약 얼마인가?

① 0.25 ② 1
③ 1.25 ④ 1.5

해설

정격전류 $I_n=\frac{5000\times1000}{\sqrt{3}\times6000}=481.13[A]$

단락비 $K_s=\frac{I_s}{I_n}=\frac{600}{481.13}=1.25$

**17** 다음은 직류 발전기의 정류 곡선이다. 이 중에서 정류 초기에 정류의 상태가 좋지 않은 것은?

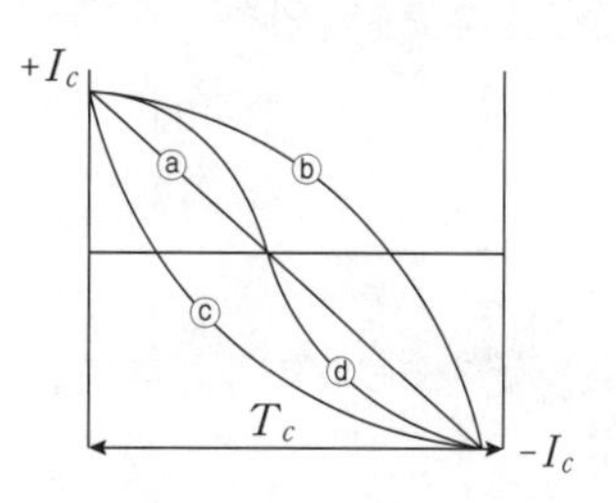


① ⓐ ② ⓑ
③ ⓒ ④ ⓓ

해설

- 정류 초기에 상태가 좋지 않은 것 : $c$
- 정류 말기에 상태가 좋지 않은 것 : $b$
- 양호한 정류 : $a$, $d$

**18** 2대의 변압기로 V결선하여 3상 변압하는 경우 변압기 이용률[%]은?

① 57.8 ② 66.6
③ 86.6 ④ 100

해설

V결선시 변압기 이용률$=\frac{\sqrt{3}\times 1\text{대의 용량}}{2\text{대 변압기 용량}}=\frac{\sqrt{3}P_1}{2P_1}=\frac{\sqrt{3}}{2}=86.6[\%]$

**19** 직류기의 전기자에 일반적으로 사용되는 전기자 권선법은?

① 2층권 ② 개로권
③ 환상권 ④ 단층권

해설

**직류기의 전기자 권선법**

고상권, 폐로권, 2층권

[정답] 14① 15③ 16③ 17③ 18③ 19①

**20** 3300/200[V], 50[kVA]인 단상 변압기의 %저항, %리액턴스를 각각 2.4[%], 1.6[%]라 하면 이때의 임피던스 전압은 약 몇 [V]인가?

① 95　② 100
③ 105　④ 110

해설

%임피던스 $\%Z=\sqrt{\%R^2+\%X^2}=\sqrt{2.4^2+1.6^2}=2.88[\%]$

임피던스 전압 $V_s=\dfrac{\%Z\times V_{1n}}{100}=\dfrac{2.88\times 3300}{100}=95[\mathrm{V}]$

## 시행일 2020년 1회

**01** 단상다이오드 반파 정류회로인 경우 정류 효율은 약 몇 [%]인가? (단, 저항부하인 경우이다.)

① 12.6　② 40.6
③ 60.6　④ 81.2

해설

**정류효율**

- 단상반파 : 40.5
- 단상전파 : 81.1
- 3상반파 : 96.7
- 3상전파 : 99.8

**02** 직류발전기의 병렬운전에서 균압모선을 필요로 하지 않는 것은?

① 분권발전기　② 직권발전기
③ 평복권발전기　④ 과복권발전기

해설

- 균압모선이 필요한 발전기 : 직권, 평복권, 과복권
- 분권 발전기 : 수하특성이 있어서 균압모선이 필요 하지 않음

**03** 3상 유도전동기의 전원측에서 임의의 2선을 바꾸어 접속하여 운전하면?

① 즉각 정지된다.
② 회전방향이 반대가 된다.
③ 바꾸지 않았을 때와 동일하다.
④ 회전방향은 불변이나 속도가 약간 떨어진다.

해설

유도전동기의 전원측 2상을 바꾸면 역토크가 발생해 회전방향이 반대가 된다.

**04** 직류 분권전동기의 정격전압 220[V], 정격전류 105[A], 전기자저항 및 계자회로의 저항이 각각 0.1[Ω] 및 40[Ω]이다. 기동전류를 정격전류의 150[%]로 할 때의 기동저항은 약 몇 [Ω]인가?

① 0.46　② 0.92
③ 1.21　④ 1.35

해설

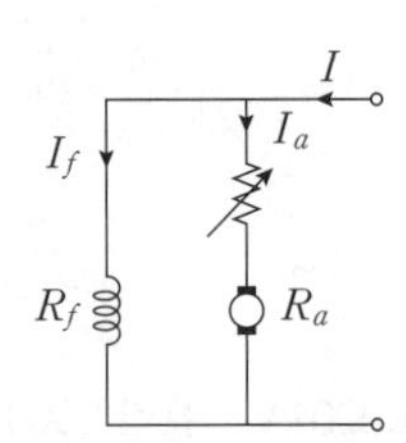


$V=220[\mathrm{V}]$, $I=105[\mathrm{A}]$, $I_s=157.5[\mathrm{A}]$(기동전류)
$R_a=0.1[\Omega]$, $R_f=40[\Omega]$
기동저항을 구하는 문제이므로 기동시 전류를 고려하여 푼다

$I_f=\dfrac{V}{R_f}=\dfrac{220}{40}=5.5[\mathrm{A}]$

$I_s=I_f+I_a$

$I_a=I_s-I_f=157.5-5.5=152[\mathrm{A}]$

$I_a=\dfrac{V}{R_a+R}$

$R_a+R=\dfrac{V}{I_a}=\dfrac{220}{152}=1.45[\Omega]$

$R$(기동저항)$=1.45-0.1=1.35[\Omega]$

[정답] 20 ①　2020년 1회　01 ②　02 ①　03 ②　04 ④

**05** **전기자저항과 계자저항이 각각 0.8[Ω]인 직류 직권전동기가 회전수 200[rpm], 전기자전류 30[A]일 때 역기전력은 300[V]이다. 이 전동기의 단자전압을 500[V]로 사용한다면 전기자전류가 위와 같은 30[A]로 될 때의 속도[rpm]는? (단, 전기자반작용, 마찰손, 풍손 및 철손은 무시한다.)**

① 200　② 301
③ 452　④ 500

해설

$N=200$, $R_a=0.8$, $R_f=0.8$, $I_a=I_f=\phi=30$, $E=300[V]$, $V=500[V]$, $I_a=30$일 때 속도 구하는 문제이므로

$E=K\phi N$이므로 $K\phi=\dfrac{E}{N}=\dfrac{300}{200}=1.5$

$N'=\dfrac{E}{K\phi}=\dfrac{V-I_a(R_a+R_f)}{K\phi}=\dfrac{500-30(0.8+0.8)}{1.5}=$
$=301.33[rpm]$

**06** **수은 정류기에 있어서 정류기의 밸브작용이 상실되는 현상을 무엇이라고 하는가?**

① 통호　② 실호
③ 역호　④ 점호

해설

수은정류기 밸브작용 상실 : 역호
역호 원인
- 과전압, 과전류
- 증기밀도 과대
- 내부 잔존가스 압력 상승
- 양극재료의 불량 및 불순물 부착

**07** **3상 유도전동기의 전원주파수와 전압의 비가 일정하고 정격속도 이하로 속도를 제어하는 경우 전동기의 출력 $P$와 주파수 $f$와의 관계는?**

① $P\propto f$　② $P\propto \dfrac{1}{f}$
③ $P\propto f^2$　④ $P$는 $f$에 무관

해설

전원주파수와 전압의 비가 일정할 경우
정격속도 이하로 제어할때 최대토크가 일정하게 유지되므로
출력 $P=\omega\cdot T=2\pi nT=\dfrac{4\pi f}{p}=(1-s)T$에서
출력 $P$와 주파수 $f$는 비례하게 된다.

**08** **SCR에 대한 설명으로 옳은 것은?**

① 증폭기능을 갖는 단방향성 3단자 소자이다.
② 제어기능을 갖는 양방향성 3단자 소자이다.
③ 정류기능을 갖는 단방향성 3단자 소자이다.
④ 스위칭기능을 갖는 양방향성 3단자 소자이다.

해설

SCR은 정류기능을 갖는 단방향성 3단자 소자이다.

**09** **유도전동기의 주파수가 60[Hz]이고 전부하에서 회전수가 매분 1164회 이면 극수는? (단, 슬립은 3[%]이다.)**

① 4　② 6
③ 8　④ 10

해설

$f=60[Hz]$, $N=1164[rpm]$, $s=0.03$

$N=(1-s)\dfrac{120f}{p}$이므로

$P=(1-s)\dfrac{120f}{N}=0.97\times\dfrac{120\times 60}{1164}=6[극]$

**10** **동기기의 과도 안정도를 증가시키는 방법이 아닌 것은?**

① 속응 여자방식을 채용한다.
② 동기 탈조계전기를 사용한다.
③ 동기화 리액턴스를 작게한다.
④ 회전자의 플라이휠 효과를 작게한다.

[정답] 05 ② 06 ③ 07 ① 08 ③ 09 ② 10 ④

해설

**동기기의 과도 안정도를 증가시키는 방법**

- 속응 여자방식 채용
- 동기 리액턴스(정상 리액턴스)를 작게한다.
- 동기 탈조 계전기를 사용한다.
- 영상 역상 리액턴스를 크게한다.
- 회전자의 프라이 휠 효과를 크게 한다.(관성을 크게한다.)

## 11 전압비 3300/110[V] 1차 누설 임피던스 $Z_1=12+j13[\Omega]$, 2차 누설 임피던스 $Z_2=0.015+j0.013[\Omega]$인 변압기가 있다. 1차로 환산된 등가 임피던스[Ω]는?

① $22.7+j25.5$ ② $24.7+j25.5$
③ $25.5+j22.7$ ④ $25.5+j24.7$

해설

$a=\frac{V_1}{V_2}=\frac{3300}{110}=30$

$Z_{21}=Z_1+a^2Z_2=(12+j13)+30^2(0.015+j0.013)$
$=25.5+j24.7$

## 12 동기발전기의 단자 부근에서 단락이 발생되었을 때 단락전류에 대한 설명으로 옳은 것은?

① 서서히 증가한다.
② 발전기는 즉시 정지한다.
③ 일정한 큰 전류가 흐른다.
④ 처음은 큰 전류가 흐르나 점차 감소한다.

해설

단락시 돌발단락전류가 발생해 큰전류가 흐르나 전기자반작용에 의해 지속 단락전류 점차 감소한다.

## 13 어떤 공장에 뒤진 역률 0.8인 부하가 있다. 이 선로에 동기조상기를 병렬로 결선해서 선로의 역률을 0.95로 개선하였다. 개선 후 전력의 변화에 대한 설명으로 틀린 것은?

① 피상전력과 유효전력은 감소한다.
② 피상전력과 무효전력은 감소한다.
③ 피상전력은 감소하고 유효전력은 변화가 없다.
④ 무효전력은 감소하고 유효전력은 변화가 없다.

해설

지상 역률 0.8이므로 유효전력 $P=0.8\times P_a$이고, 무효전력은 $P_r=0.6P_a$이다.
역률 0.95로 개선하기 위해 필요한 동기조상기 용량은
$P(\tan\theta_1-\tan\theta_2)=P_a\times 0.8\left(\frac{0.6}{0.8}-\frac{\sqrt{1-0.95^2}}{0.95}\right)=0.33P_a$이다.
동기조상기의 투입으로 무효전력은 $0.6P_a-0.33P_a$으로 감소하고 피상전력도 함께 감소한다.
따라서, 피상전력과 무효전력은 감소하고 유효전력은 변화가 없다.

## 14 기동 시 정류자의 불꽃으로 라디오의 장해를 주며 단락장치의 고장이 일어나기 쉬운 전동기는?

① 직류 직권전동기
② 단상 직권전동기
③ 반발기동형 단상유도전동기
④ 셰이딩코일형 단상유도전동기

해설

**반발기동형 유도전동기**
기동시에는 브러시를 통해 외부에서 단락된(단락장치) 반발 전동기 특유의 큰 기동토크에 의해 기동하는 전동기

## 15 8극, 유도기전력 100[V], 전기자전류 200[A]인 직류 발전기의 전기자권선을 중권에서 파권으로 변경했을 경우의 유도기전력과 전기자전류는?

① 100[V], 200[A] ② 200[V], 100[A]
③ 400[V], 50[A] ④ 800[V], 25[A]

해설

$E_{중권}=\frac{pZ\phi N}{60p}=\frac{Z\phi N}{60}=100$

$E_{파권}=\frac{p}{2}\times\frac{Z\phi N}{60}=\frac{8}{2}\times 100=400[V]$

[정답] 11 ④ 12 ④ 13 ① 14 ③ 15 ③

중권의 각 회로에서 흐르는 전류는 $I_{1회로}=\frac{I_a}{p}=\frac{200}{8}=25[A]$
파권의 각 회로에서 흐르는 전류는 $I_a'=2\times I_{1회로}=50[A]$

**16** **8극, 50[kW], 3300[V], 60[Hz]인 3상 권선형 유도전동기의 전부하 슬립이 4[%]라고 한다. 이 전동기의 슬립링 사이에 0.16[Ω]의 저항 3개를 $Y$로 삽입하면 전부하 토크를 발생할 때의 회전수[rpm]는? (단, 2차 각상의 저항은 0.04[Ω]이고, $Y$ 접속이다.)**

① 660 ② 720
③ 750 ④ 880

해설

비례추이를 이용하여 $\frac{r_2}{s}=\frac{r_2+R}{s'}$

$\frac{0.04}{0.04}=\frac{0.04+0.16}{s'}$ 이므로 $s'=0.2$가 된다.

$N=(1-s')N_s=(1-0.2)(\frac{120\times 60}{8})=720[rpm]$

**17** **임피던스 강하가 5[%]인 변압기가 운전 중 단락되었을 때 그 단락전류는 정격전류의 몇 배인가?**

① 20 ② 25
③ 30 ④ 35

해설

$\%Z=\frac{I_n}{I_s}\times 100$이므로 $I_s=\frac{100}{\%Z}\times I_n=20\times I_n$이다.
즉, 20배의 전류가 흐른다.

**18** **변압기의 임피던스와트와 임피던스전압을 구하는 시험은?**

① 부하시험 ② 단락시험
③ 무부하시험 ④ 충격전압시험

해설

- 무부하 시험 : 철손, 여자 어드미턴스, 여자 전류
- 단락시험 : 동손, 임피던스와트, 임피던스 전압

**19** **변압기에서 1차 측의 여자어드미턴스를 $Y_0$라고 한다. 2차 측으로 환산한 여자 어드미턴스 $Y_o'$을 옳게 표현한 식은?**

① $Y_o'=a^2Y_0$ ② $Y_o'=aY_0$
③ $Y_o'=\frac{Y_0}{a^2}$ ④ $Y_o'=\frac{Y_0}{a}$

해설

$a=\sqrt{\frac{Z_1}{Z_2}}=\sqrt{\frac{Y_2}{Y_1}}$ 이므로
1차측의 여자 어드미턴스를 2차측으로 환산할 경우
$Y_2=a^2Y_1$ → $Y_o'=a^2Y_0$

**20** **3상 동기기의 제동권선을 사용하는 주 목적은?**

① 출력이 증가한다. ② 효율이 증가한다.
③ 역률을 개선한다. ④ 난조를 방지한다.

해설

**제동권선 사용 목적**
난조를 방지한다.

## 시행일 2020년 2회

**01** **돌극형 동기발전기에서 직축 리액턴스 $X_d$와 횡축 리액턴스 $X_q$는 그 크기 사이에 어떤 관계가 있는가?**

① $X_d=X_q$ ② $X_d>X_q$
③ $X_d<X_q$ ④ $2X_d=X_q$

해설

돌극형 동기 발전기에서 직축 리액턴스와 횡축 리액턴스의 크기는 $X_d>X_q$이다.

[정답] 16 ② 17 ① 18 ② 19 ① 20 ④ 2020년 2회 01 ②

**02** 어떤 정류기의 출력전압 평균값이 2000[V]이고 맥동률이 3[%]이면 교류분은 몇 [V] 포함되어 있는가?

① 20 ② 30
③ 60 ④ 70

해설

- 맥동률 $=\frac{\text{교류전압}}{\text{직류전압}}$
- 교류전압 $=\frac{\text{직류전압}\times\text{맥동률}}{100}=\frac{3\times 2000}{100}=60[\text{V}]$

**03** 직류기에서 전류용량이 크고 저전압 대전류에 가장 적합한 브러시 재료는?

① 탄소질 ② 금속 탄소질
③ 금속 흑연질 ④ 전기 흑연질

해설

- 탄소브러시 : 고전압, 소전류 특성에 적합한 브러시
- 전기흑연브러시 : 정류작용이 우수한 브러시
- 금속흑연브러시 : 저전압, 대전류 특성에 적합한 브러시

**04** 동기 발전기 종류 중 회전계자형의 특징으로 옳은 것은?

① 고주파 발전기에 사용
② 극소용량, 특수용으로 사용
③ 소요전력이 크고 기구적으로 복잡
④ 기계적으로 튼튼하여 가장 많이 사용

해설

- 동기발전기는 고정자는 전기자, 회전자는 계자인 회전계자형을 주로 이용한다.
- 계자는 규소가 섞이지 않은 연강판을 이용하므로 전기자에 기계적으로 튼튼하여 가장 많이 사용하게 된다.

**05** 전압비 a인 단상변압기 3대를 1차 △결선, 2차 $Y$ 결선으로 하고 1차에 선간전압 $V$[V]를 가했을 때 무부하 2차 선간전압[V]은?

① $\frac{V}{a}$ ② $\frac{a}{V}$
③ $\sqrt{3}\cdot\frac{V}{a}$ ④ $\sqrt{3}\cdot\frac{a}{V}$

해설

1차는 △결선이므로 $V_{1l}=V_{1p}=V$이다.

전압비 $a=\frac{V_{1p}}{V_{2p}}$이므로 $V_{2p}=\frac{V_{1p}}{a}$이다.

이때 2차 측 선간 전압은 $Y$ 결선이므로 $\sqrt{3}\,V_{2p}=V_{2l}$이다.

$V_{2l}=\sqrt{3}\times V_{2p}=\sqrt{3}\times\frac{V}{a}$

**06** 단상 및 3상 유도전압조정기에 대한 설명으로 옳은 것은?

① 3상 유도전압조정기에는 단락권선이 필요 없다.
② 3상 유도전압조정기의 1차와 2차 전압은 동상이다.
③ 단락권선은 단상 및 3상 유도전압조정기 모두 필요하다.
④ 단상 유도 전압조정기의 기전력은 회전자계에 의해서 유도된다.

해설

전압조정기에서는 단상에만 단락권선이 필요하므로 3상은 단락권선이 필요없다.

**07** 12극과 8극인 2개의 유도전동기를 종속법에 의한 직렬접속법으로 속도제어할 때 전원주파수가 60[Hz]인 경우 무부하 속도 $N_0$는 몇 [rps]인가?

① 5 ② 6
③ 200 ④ 360

해설

**종속법**

[정답] 02 ③ 03 ③ 04 ④ 05 ③ 06 ① 07 ②

- 직렬 종속법 $P=P_1+P_2$
- 차동 종속법 $P=P_1-P_2$
- 병렬 종속법 $P=\frac{P_1+P_2}{2}$
- 속도 $N_s=\frac{120f}{P_1+P_2}=\frac{120\times 60}{12+8}=360[\text{rpm}]=6[\text{rps}]$

## 08 인버터에 대한 설명으로 옳은 것은?

① 직류를 교류로 변환 ② 교류를 교류로 변환
③ 직류를 직류로 변환 ④ 교류를 직류로 변환

해설

**전력변환장치**

- 인버터 : 직류 → 교류
- 컨버터 : 교류 → 직류

## 09 직류전동기의 역기전력에 대한 설명으로 틀린 것은?

① 역기전력은 속도에 비례한다.
② 역기전력은 회전방향에 따라 크기가 다르다.
③ 역기전력이 증가할수록 전기자 전류는 감소한다.
④ 부하가 걸려 있을 때에는 역기전력은 공급전압보다 크기가 작다.

해설

$E=\frac{PZ\phi N}{60a}$

역기전력의 크기는 회전방향에 관계없이 회전속도에 따라 달라진다.

## 10 유도전동기의 실부하법에서 부하로 쓰이지 않는 것은?

① 전동발전기
② 전기동력계
③ 프로니 브레이크
④ 손실을 알고 있는 직류 발전기

해설

**실부하법에 사용하는 부하**

① 전기동력계
② 프로니 브레이크
③ 손실을 알고 있는 직류 발전기

- 전동발전기 : 전동기를 발전기에 기계적으로 연결한 기기. 교류의 직류 변환이나 주파수 변환 따위의 전력의 종류를 바꿀 때 사용한다.

## 11 직류기의 구조가 아닌 것은?

① 계자 권선 ② 전기자 권선
③ 전기자 철심 ④ 내철형 철심

해설

**직류기 구조 정,전,계**

- 정류자
- 전기자 권선, 전기자 철심
- 계자 권선, 계자 철심

## 12 30[kW]의 3상 유도전동기에 전력을 공급할 때 2대의 단상변압기를 사용하는 경우 변압기의 용량은 약 몇 [kVA]인가? (단, 전동기의 역률과 효율은 각각 84[%], 86[%]이고 전동기 손실은 무시한다.)

① 17 ② 24
③ 51 ④ 72

해설

2대의 단상변압기($P_1$)로 3상 출력을 공급해야 하므로 $V$결선($P_V$)을 이용하여 공급한다.

3상 유도전동기입력$(P_1)=\frac{\text{유도전동기출력}(P_o)}{\text{효율}\times\text{역률}}$

$=\frac{30}{0.86\times 0.84}=41.528$이고

변압기 $V$결선은 $P_V=\sqrt{3}\,P_1$이므로

변압기 1대의 용량은 $P_1=\frac{P_V}{\sqrt{3}}=\frac{41.528}{\sqrt{3}}=23.97[\text{kVA}]$

[정답] 08 ① 09 ② 10 ① 11 ④ 12 ②

## 13 3상, 6극 슬롯수 54의 동기발전기가 있다. 어떤 전기자 코일의 두 변이 제 1 슬롯과 제 8 슬롯에 들어있다면 단절권 계수는 약 얼마인가?

① 0.9397　　② 0.9567
③ 0.9837　　④ 0.9117

**해설**

자극의 피치는 $\frac{54}{6}=9$이 되고
권선의 피치는 $1\sim8$슬롯 사이이므로 7이 된다.
$\beta=\frac{권선피치}{자극피치}=\frac{7}{9}$가 되므로
단절권 계수 $=\sin\frac{\beta}{2}\pi=\sin\frac{7/9}{2}\pi=0.9397$이다.

## 14 부흐홀츠 계전기로 보호되는 기기는?

① 변압기　　② 발전기
③ 유도전동기　　④ 회전변류기

**해설**

- 변압기의 기계적인 고장 보호장치는 부흐홀츠 계전기이다.
- 변압기의 전기적인 고장 보호장치는 비율차동 계전기이다.

## 15 변압기의 효율이 가장 좋을 때의 조건은?

① 철손=동손　　② 철손 $=\frac{1}{2}$ 동손
③ $\frac{1}{2}$ 철손=동손　　④ 철손 $=\frac{2}{3}$ 동손

**해설**

$P_i$(철손)$=P_c$(동손)일 때 변압기는 최대 효율이 된다.

## 16 직류전동기 중 부하가 변하면 속도가 심하게 변하는 전동기는?

① 분권 전동기　　② 직권 전동기
③ 차동 복권 전동기　　④ 가동 복권 전동기

**해설**

속도가 심하게 변하는 전동기 순서
직권 전동기 – 가동 복권 전동기 – 분권 전동기 – 차동 복권 전동기 순이다.

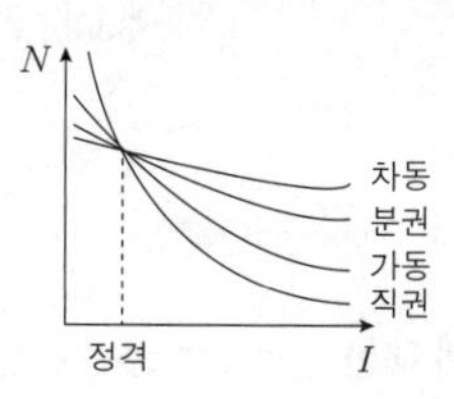


## 17 1차 전압 6900[V], 1차 권선 3000회, 권수비 20의 변압기가 60[Hz]에 사용할 때 철심의 최대 자속[Wb]은?

① $0.76\times10^{-4}$　　② $8.63\times10^{-3}$
③ $80\times\times10^{-3}$　　④ $90\times10^{-3}$

**해설**

변압기 유기기전력 $E=4.44f\phi N$
자속으로 식을 정리하게 되면
$\phi=\frac{E}{4.44\times N\times f}=\frac{6900}{4.44\times3000\times60}=8.63\times10^{-3}$[Wb]이다.
$E_1=6900$[V]
$N_1=3000$[회]
$f_1=60$[Hz]

## 18 표면을 절연 피막처리 한 규소강판을 성층하는 이유로 옳은 것은?

① 절연성을 높이기 위해
② 히스테리시스손을 작게 하기 위해
③ 자속을 보다 잘 통하게 하기 위해
④ 와전류에 의한 손실을 작게 하기 위해

**해설**

규소강판의 이유는 히스테리시스손실을 작게 하기 위함이고 성층철심의 이유는 와류손을 작게 하기 위해서이다.
따라서 성층의 이유이므로 와전류에 의한 손실을 작게 하기 위해가 답이 된다.

[정답] 13 ① 14 ① 15 ① 16 ② 17 ② 18 ④

## 19 단상 유도전동기 중 기동토크가 가장 작은 것은?

① 반발 기동형 ② 분상 기동형
③ 쉐이딩 코일형 ④ 커패시터 기동형

**해설**

단상 유도 전동기의 기동 토크 순서는 반,기,콘,분,셰이므로
반발 기동형 – 반발 유도형 – 콘덴서 기동형 – 콘덴서 유도형 – 분상 기동형 – 셰이딩 코일형 순이다.

## 20 동기기의 전기자 권선법으로 적합하지 않은 것은?

① 중권 ② 2층권
③ 분포권 ④ 환상권

**해설**

동기기의 전기자 권선법은 고(상권), 폐(로권), 이(층권), 중(권)과 분포권과 단절권이다.

## 시행일 2020년 3회

## 01 다음 중에서 직류전동기의 속도제어법이 아닌 것은?

① 계자제어법 ② 전압제어법
③ 저항제어법 ④ 2차여자법

**해설**

**직류 전동기의 속도 제어법**

- 전압 제어법
- 저항 제어법
- 계자 제어법

## 02 발전기의 단자 부근에서 단락이 일어났다고 하면 단락전류는?

① 계속 증가한다.
② 처음은 큰 전류이나 점차로 감소한다.
③ 일정한 큰 전류가 흐른다.
④ 발전기가 즉시 정지한다.

**해설**

발전기의 단자가 갑자기 단락되면 초기에는 큰 전류가 흐르나 누설 리액턴스로 인해 점차 감소하며, 전기자 반작용 리액턴스로 인해 영구지속단락전류에 이른다.

## 03 동기발전기의 병렬운전 중 계자를 변환시키면 어떻게 되는가?

① 무효순환전류가 흐른다.
② 주파수 위상이 변한다.
③ 유효순환전류가 흐른다.
④ 속도 조정률이 변한다.

**해설**

동기발전기는 리액턴스 성분이 크기 때문에 무효(지상)순환전류가 흐른다.

## 04 유입자냉식으로 옳은 기호는?

① ONAN ② ONAF
③ AF ④ AN

**해설**

유입 자냉식=ONAN

## 05 3300[V], 60[Hz]용 변압기의 와류손이 360[W]이다. 이 변압기를 2750[V], 50[Hz]의 주파수에 사용할 때 와류손[W]는?

① 250 ② 350
③ 425 ④ 500

**해설**

와류손 $P_e=k_e(fBt)^2$
와류손은 주파수와 자속밀도가 반비례하므로 주파수의 변화에 무관하며, 전압의 제곱에 비례한다.
따라서, $P_e:V^2=P_e':V'^2$으로 비례식을 세운다.
$720:3300^2=P_e':2750^2$

$P_e'=(\frac{2750}{3300})^2\times 360=250[W]$

[정답] 19 ③ 20 ④ 2020년 3회 01 ④ 02 ② 03 ① 04 ① 05 ①

## 06 발전기 또는 주변압기의 내부고장 보호용으로 가장 널리 쓰이는 계전기는?

① 거리계전기 ② 비율차동계전기
③ 과전류 계전기 ④ 방향단락계전기

**해설**

**변압기의 내부고장에 대한 보호계전기**
비율차동계전기(차동계전기) : 변압기 상간 단락에 의해 1,2차간 전류 위상각 변위가 발생하면 동작하는 계전기

## 07 유도전동기의 토크(회전력)는?

① 단자전압과 무관
② 단자전압에 비례
③ 단자전압의 제곱에 비례
④ 단자전압의 3승에 비례

**해설**

유도전동기의 토크는 단자전압의 제곱에 비례한다. ($T \propto V^2$)

## 08 권선형 유도 전동기에서 2차 저항을 변화시켜 속도를 제어하는 경우 최대 토크는?

① 최대 토크가 생기는 점의 슬립에 비례한다.
② 최대 토크가 생기는 점의 슬립에 반비례한다.
③ 2차 저항에만 비례한다.
④ 항상 일정한다.

**해설**

2차 저항이 증감하면 슬립은 변화하지만 최대토크는 불변(일정)하다.

## 09 유도 전동기의 슬립을 측정하려고 한다. 다음 중 슬립의 측정법이 아닌 것은?

① 직류 밀리볼트계 법 ② 수화기 법
③ 스트로보스코프 법 ④ 프로니 브레이크 법

**해설**

프로니 브레이크법은 중·소형 직류전동기의 토크측정 방법이다.

## 10 교류를 교류로 변환하는 기기로서 주파수를 변화하는 기기는?

① 인버터 ② 전동 직류발전기
③ 회전변류기 ④ 사이클로 컨버터

**해설**

- 교류를 교류 : 사이클로 컨버터
- 교류를 직류 : 컨버터

## 11 다음은 단상 직권 정류자 전동기에서 보상 권선과 저항 도선의 작용을 설명한 것이다. 옳지 않은 것은?

① 저항 도선은 변압기 기전력에 의한 단락전류를 작게 한다.
② 변압기 기전력을 크게 한다.
③ 역률을 좋게 한다.
④ 전기자 반작용을 제거해 준다.

**해설**

보상 권선은 전기자 반작용을 상쇄하여 역률을 좋게 할 수 있고 변압기 기전력을 작게해서 정류 작용을 개선한다. 저항 도선은 변압기 기전력에 의한 단락 전류를 작게 하여 정류를 좋게 한다.

## 12 220[V], 3상 유도전동기의 전부하 슬립이 4[%]이다. 공급전압이 10[%] 감소된 경우의 전부하 슬립[%]은?

① 3 ② 4
③ 5 ④ 6

**해설**

$$\frac{s'}{s} = \left(\frac{V_1}{V_2'}\right)^2$$

$$s' = s\left(\frac{V_1}{V_1'}\right)^2 = 4 \times \left(\frac{V_1}{V_1 \times 0.9}\right)^2$$

$$= 4 \times \left(\frac{220}{220 \times 0.9}\right)^2 = 5$$

[정답] 06 ② 07 ③ 08 ④ 09 ④ 10 ④ 11 ② 12 ③

## 13 변압기 출력이 4[kW]일 때 전부하 동손은 270[W], 철손은 120[W]이다. 이때 최대효율일때의 부하는?

① 66.7 ② 70.7

③ 86.6 ④ 92.2

**해설**

최대 효율 조건$=\sqrt{\frac{P_i}{P_c}}=\sqrt{\frac{120}{270}}=66.7[\%]$

## 14 가동복권 발전기의 내부 결선을 바꾸어 직권 발전기로 하려면?

① 직권 계자를 단락시킨다.

② 분권 계자를 개방시킨다.

③ 외분권 복권형으로 한다.

④ 분권 발전기로 할 수 없다.

**해설**

**복권발전기를 직권 및 분권발전기로 사용하는 경우**

- 직권발전기로 사용시 : 분권계자권선 개방
- 분권발전기로 사용시 : 직권계자권선 단락

## 15 변압기 열화방지 대책으로 옳지 않은 것은?

① 수소봉입 ② 콘서베이터 설치

③ 브리더 방식 ④ 질소봉입

**해설**

**변압기유 열화 방지책**

- 콘서베이터 설치
- 브리더(흡착제) 방식
- 질소봉입(밀봉)

## 16 동기전동기의 자기기동에서 계자권선을 단락하는 이유는?

① 고전압이 유도된다.

② 전기자 반작용을 방지한다.

③ 기동권선으로 이용한다.

④ 기동이 쉽다.

**해설**

동기전동기를 자극 표면에 제동권선을 설치하여 기동할 때 계자권선은 고압이 발생될 우려가 있으므로 단락시킨다.

## 17 정격전압 100[V] 전기자 전류 100[A]일 때 1500[rpm]으로 회전하는 직류 분권전동기가 있다. 이 전동기의 무부하 속도는 약 몇 [rpm]인가? (단 ,전기자 저항은 0.3[Ω], 전기자 반작용은 무시한다.)

① 1646 ② 1600

③ 1582 ④ 1546

**해설**

직류 분권전동기 속도 $N=k\frac{V-I_aR_a}{\phi}$에서 $N\propto(V-I_aR_a)$이다.
이때 정격전압 100[V], 전기자 전류 100[A],
전기자 저항이 0.3[Ω]일 때 속도가 1500[rpm]이므로
$V-I_aR_a=100-100\times0.3=97[V]$이다.
이때의 속도가 1500[rpm]이다.
문제에서는 무부하시 속도를 물어봤다. 분권 전동기에서 무부하시 역기전력과 정격전압이 같게 된다. 이를 이용해서 비례식을 만들면
$1500:97=x:100$

$x=\frac{1500\times100}{97}\fallingdotseq1546[rpm]$

## 18 부하전류가 50[A]인 직류 직권 발전기의 단자전압이 100[V]이다. 이때 부하전류가 70[A]일 때 단자 전압은? (계자저항과 전기자 저항은 0.1[Ω]이며, 전기자 반작용과 브러시 전압강하는 무시한다.)

① 116 ② 140

③ 156 ④ 170

**해설**

직권 발전기의 특징은 $I=I_a=I_s\fallingdotseq\phi$이다. 이때 부하전류가 50[A]에서 70[A]으로 1.4배 증가했다. 유기기전력은 자속과 비례관계이므로 유기기전력도 1.4배 증가하게 된다.

[정답] 13 ① 14 ② 15 ① 16 ① 17 ④ 18 ②

$E=V+I_a(R_a+R_s)$을 이용해서 부하전류 50[A]일때의 유기기전력을구하면$E=V+I_aR_a=100+50(0.1+0.1)=110$[V]이다.
부하전류 70[A]일 때 유기기전력은 $110\times1.4=154$[V]이다.
이때 단자전압을 구해야 되므로
$V=E-I_a(R_a+R_s)=154-70(0.1+0.1)=140$[V]

## 19 터빈발전기와 수차발전기의 특징으로 옳지 않은 것은?

① 터빈발전기의 돌극형이다.
② 수차발전기는 저속기이다.
③ 수차발전기의 안정도는 터빈 발전기보다 좋다.
④ 터빈발전기는 극수가 2~4개이다.

해설

| 종류 | 용도 | 속도 | 축 | 극수 | 속도 | 단락비 | 안정도 | 공극 |
|---|---|---|---|---|---|---|---|---|
| 돌극기 (철기계) | 수차 발전기 | 저속기 | 짧고 굵다 | 많다 6극 이상 | 공기 | 크다 0.9~1.2 | 크다 | 불균일 |
| 비돌극기 (동기계) | 터빈 발전기 | 고속기 | 길고 얇다 | 적다 2~4 | 수소 | 작다 0.6~0.9 | 작다 | 균일 |

## 20 게이트와 소스 사이에 걸리는 전압으로 제어하는 반도체소자로 트랜지스터에 비해 스위칭 속도가 매우 빠른 이점이 있으나 용량이 적어 비교적 작은 전력범위 내에서 사용하는 것은?

① IGBT　② MOSFET
③ SCR　④ TRIAC

해설

MOSFET은 게이트와 소스사이에 걸리는 전압으로 제어하며, 스위칭속도가 매우 빠른 이점이 있으나 용량이 적어 비교적 작은 전력범위내에서 적용되는 한계가 있는 반도체 소자이다.

# 시행일 2021년 1회

## 01 직류발전기 극수가 10, 매극의 자속수가 0.01[Wb], 600[rpm], 총도체수가 240일 때 유기기전력의 크기[V]는? (병렬회로수는 2이다.)

① 60　② 120
③ 180　④ 240

해설

**직류발전기 유기기전력**

$$E=\frac{pZ\phi N}{60a}=\frac{10\times240\times0.01\times600}{60\times2}=120[\text{A}]$$

## 02 직류발전기의 외부특성 곡선과 관계되는 것은 어느 것인가?

① 단자전압과 계자전류
② 단자전압과 부하전류
③ 전기자 전류와 부하전류
④ 부하전류와 회전속도

해설

**발전기의 특성곡선**

직류발전기 외부 특성곡선의 횡축은 부하전류이고 종축은 단자전압이다.

## 03 직류 분권전동기에서 자속이 2배되면 회전수는?

① 1배　② 2배
③ 1/2배　④ 1/4배

해설

**분권전동기의 속도특성**

전동기의 속도는 $N\propto\frac{1}{\phi}$이므로 자속이 2배가 되면 회전수는 1/2배가 된다.

[정답] 19 ① 20 ② 2021년 1회 01 ② 02 ② 03 ③

**04** **직류 분권전동기에서 단자전압이 225[V]이고 전기자 전류가 30[A], 전기자 저항이 0.2[Ω]이라고 한다. 이때 기동저항기를 투입해서 기동전류를 정격전류의 1.5배로 하려고 할 때 저항의 크기는?**

① 4.8 ② 3.7
③ 5.4 ④ 6.2

해설

**전동기 기동**

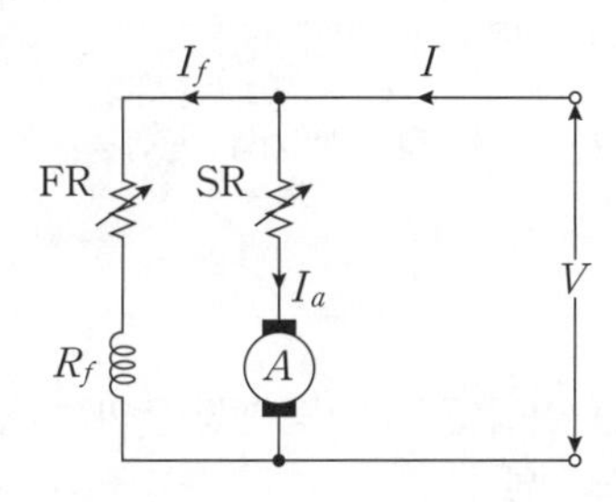


$$SR=\frac{V}{I_a\times 배수}-R_a=\frac{225}{30\times 1.5}-0.2=4.8[\Omega]$$

**05** **회전계자형으로 동기전동기를 사용하는 이유로 옳지 않은 것은?**

① 전기자가 계자보다 결선이 복잡하다.
② 절연이 용이하다.
③ 기전력의 파형 개선
④ 기계적으로 튼튼하다.

해설

**계자를 회전자로 사용하는 이유**

① 기계적인 이유
- 계자가 전기자보다 기계적으로 튼튼하다.
- 전기자는 계자의 결선보다 복잡하고 무겁다.

② 전기적인 이유
- 계자는 직류 저전압 소전류로 절연이 용이하다.
- 전기자는 3상 교류 고전압 대전류로 회전자 사용시 절연이 어렵다.

**06** **동기발전기 특성시험을 통해서 알 수 있는 것이 아닌 것은?**

① 누설 리액턴스 ② 전기자 반작용
③ 포화율 ④ 단락비

해설

**동기발전기 특성**

동기발전기 무부하 포화시험과 3상 단락시험을 통해 단락비와 포화율, 누설 리액턴스, 철손과 동손 등을 알수 있다.

**07** **동기기의 과도 안정도를 증가시키는 방법이 아닌 것은?**

① 회전자의 플라이휠 효과를 작게 할 것
② 동기임피던스를 작게 할 것
③ 속응 여자 방식을 채용할 것
④ 발전기의 조속기 동작을 신속하게 할 것

해설

**동기기의 안정도 증진 방법**

- 회전자의 플라이휠 크게한다.
- 동기(정상)임피던스를 작게 한다.
- 속응여자방식을 채용한다.
- 조속기의 동작을 신속하게 한다.

**08** **정격전압이 6000[V], 용량이 5000[kVA] 동기임피던스가 10[Ω], %동기임피던스가 1.38인 동기 발전기가 있다. 단락비를 구하면?**

① 0.72 ② 0.64
③ 0.87 ④ 1.21

해설

**동기발전기 특성**

단락비 $K_s=\frac{1}{\%Z_s[\mathrm{P.U}]}=\frac{1}{1.38}=0.72$이다.

[정답] 04 ① 05 ③ 06 ② 07 ① 08 ①

**09** **단상변압기가 있다. 전부하에서 2차 전압은 115[V]이고, 전압변동률은 2[%]이다. 1차 단자 전압을 구하여라. (단, 1차, 2차 권수비는 20:1이다.)**

① 2356[V] ② 2346[V]
③ 2336[V] ④ 2326[V]

해설

**변압기 특성**

$V_1 = a(1+\varepsilon)V_{2n} = 20(1+0.02)115 = 2346[V]$

**10** **다음 중 3상 변압기군의 병렬 운전이 불가능한 결선은?**

① △-△와 △-△ ② △-△와 △-Y
③ Y-Y와 Y-Y ④ △-Y와 Y-△

해설

**변압기 병렬운전**

△-△와 △-Y 또는 △-Y와 △-△은 3상 변압기 병렬 운전이 불가능 하다

**11** **3300[V], 60[Hz]용 변압기의 와류손이 720[W]이다. 이 변압기를 2750[V], 50[Hz]의 주파수에 사용할 때 와류손[W]는?**

① 250 ② 350
③ 425 ④ 500

해설

**변압기 손실**

와류손은 $P_e = K(fBt)^2 = K(Et)^2$이므로 전압의 제곱에 비례한다.
따라서 $3300^2 : 720 = 2750^2 : P_e$이므로
와류손은 $P_e = \frac{2750^2}{3300^2} \times 720 = 500[W]$이다.

**12** **3상 변압기의 장점에 해당되지 않는 것은?**

① 사용 철심량이 15[%] 경감된다.
② 바닥면 면적이 작다.
③ 경제적으로 보아 가격이 싸다.
④ 고장 시 수리하기가 쉽다.

해설

**3상 변압기의 특징**

- 철심을 적게 사용할 수 있다.
- 철심이 작아지므로 사용 면적이 감소한다.
- 자재가 적게 사용되므로 경제적으로 저렴하다.
- 고장 발생시 수리가 어렵고 예비기의 용량이 증가한다.

**13** **단상 유도전동기의 기동 방법 중 가장 기동 토크가 큰 것은 어느 것인가?**

① 반발 기동형 ② 반발 유도형
③ 콘덴서 분상형 ④ 분상 기동형

해설

**단상 유도전동기**

단상 유도전동기의 기동토크의 크기는 반발기동형, 반발유도형, 콘덴서기동형, 콘덴서 전동기형, 분상 기동형, 세이딩 코일형 순서이다.

**14** **3상 권선형 유도전동기를 직렬 종속하여 속도를 조정한다고 한다. 이때 극수는 어떻게 표현 되는가?**

① 각 극수를 더해준다.
② 각 극수를 빼준다.
③ 각 극수의 평균을 낸다.
④ 각 극수의 차를 2로 나눈다.

해설

**유도전동기 속도제어**

3상 유도전동기의 직렬 종속법은 $P = P_1 + P_2$이므로 각전동기의 극수를 더해준다.

[정답] 09 ② 10 ② 11 ④ 12 ④ 13 ① 14 ①

**15** 60[Hz], 슬립 3[%], 회전수 1164[rpm]인 유도전동기의 극수는?

① 4 ② 6
③ 8 ④ 10

해설

**유도전동기 특성**

유도전동기 속도는 $N=(1-s)\frac{120f}{p}$이므로

$p=(1-s)\frac{120f}{N}=(1-0.03)\frac{120\times60}{1164}=6$[극]이다.

**16** 3상 유도전동기의 2차 동손을 $P_c$, 2차 입력을 $P$라고 할 때 옳은 것은?

① $s=\frac{P_2}{P_c}$ ② $s=\frac{P_c}{P_2}$
③ $1-s=\frac{P_2}{P_c}$ ④ $\frac{1}{s-1}=\frac{P_2}{P_c}$

해설

**유도전동기 전력변환**

$P_c=sP_2$이므로 $s=\frac{P_c}{P_2}$이다.

**17** 사이리스터를 이용한 정류 회로에서 직류 전압의 맥동률이 가장 작은 정류 회로는?

① 단상 반파 정류 회로
② 단상 전파 정류 회로
③ 3상 반파 정류 회로
④ 3상 전파 정류 회로

해설

**정류회로**

단상 반파 정류회로의 맥동률이 가장 크고 3상 전파 정류회로의 맥동률이 가장 작다.

**18** 브러시레스 DC서보 모터의 특징으로 틀린 것은?

① 단위 전류당 발생 토크가 크고 효율이 좋다.
② 토크 맥동이 작고, 안정된 제어가 용이하다.
③ 기계적 시간 상수가 크고 응답이 느리다.
④ 기계적 접점이 없고 신뢰성이 높다.

해설

**브러시레스 DC 서보모터의 특징**

- 단위 전류당 발생 토크가 크고 효율이 좋다.
- 토크 맥동이 작고, 안정된 제어가 용이하다.
- 기계적 시간 상수가 크고 응답이 빠르다.
- 기계적 접점이 없고 신뢰성이 높다.

**19** 단상 직권 정류자 전동기를 보상직권형으로 결선할 때 옳은 것은? ($F$ : 계자권선, $A$ : 전기자, $C$ : 보상권선)

① $F$, $A$를 직렬로 연결한다.
② $F$, $A$, $C$를 직렬로 연결한다.
③ $F$, $A$를 병렬로 연결한다.
④ $F$, $A$, $C$를 병렬로 연결한다.

해설

**교류정류자기**

단상 직권 정류자 전동기의 보상 직권형 전동기는 결선할 때 계자권선 $F$, 전기자 $A$, 보상권선 $C$를 직렬로 연결한다.

**20** 위상 제어를 하지 않은 단상 반파정류회로에서 소자의 전압 강하를 무시할 때 직류 평균값 $E_d$는? (단, $E$ : 직류 권선의 상전압(실효값)이다.)

① $0.45E$ ② $0.90E$
③ $1.17E$ ④ $1.46E$

해설

**정류회로**

단상 반파 정류회로의 직류 평균값은 $0.45E$이다.

[정답] 15② 16② 17① 18③ 19② 20①

전기자기학 | 전력공학 | 전기기기 | 회로이론 | 전기설비기술기준

## 시행일 2021년 2회

**01 권선형 유도전동기의 속도제어 방법 중 2차 저항제어법의 특징으로 옳은 것은?**

① 부하에 대한 속도 변동률이 작다.

② 구조가 간단하고 제어조작이 편리하다

③ 전부하로 장시간 운전하여도 온도에 영향이 적다.

④ 효율이 높고 역률이 좋다.

해설

**권선형 유도전동기의 2차 저항 제어법 특징**

- 구조가 간단하고 제어조작이 편리하다.
- 부하에 대한 속도변동이 크다.
- 전부하로 장시간 운전시 온도 상승이 크다.
- 효율이 나쁘다.

**02 IGBT의 특징으로 틀린 것은?**

① GTO 사이리스터처럼 역방향 전압저지 특성을 갖는다.

② MOSFET처럼 전압제어소자이다.

③ BJT처럼 온드롭(on-drop)이 전류에 관계없이 낮고 거의 일정하여 MOSFET보다 훨씬 큰 전류를 흘릴 수 있다.

④ 게이트와 에미터간 입력 임피던스가 매우 작아 BJT보다 구동하기 쉽다.

해설

**IGBT의 특징**

- 트랜지스터와 MOSFET의 조합이다.
- 고속 스위칭 가능한 전력용 반도체 소자이다.
- MOSFET와 동등의 전압제어특성을 지니고 있다.
- GTO와 같이 역방향 전압저지 특성을 갖는다.
- BJT처럼 on-drop 이 전류에 관계없이 낮고 거의 일정하며, MOSFET보다 훨씬 큰 전류를 흘릴 수 있다.
- MOSFET과 같이 입력임피던스가 크다.

**03 스태핑모터의 스탭각이 3°이면 분해능(Resolution) [스탭/회전]은?**

① 180　② 120

③ 150　④ 240

해설

**스태핑모터**

- 스태핑모터의 분해능[스탭/회전]은 축이 1회전할 때 출력되는 스탭의 수를 말한다.
- 스탭각이 3°씩 회전하므로 1회전시 출력 되는 120 스탭이 발생한다.

**04 6000[V], 1500[kVA], 동기임피던스 5[Ω]인 동일 정격의 두 동기발전기를 병렬운전 중 한 쪽 발전기의 계자전류가 증가하여 두 발전기의 유도기전력 사이에 300[V]의 전압차가 발생한다. 이 때 두 발전기 사이에 흐르는 무효횡류[A]는?**

① 24　② 32

③ 28　④ 30

해설

**동기발전기의 병렬운전**

무효순환전류는 $I_c = \frac{E_A - E_B}{2Z_s} = \frac{300}{2 \times 5} = 30[A]$

**05 그림은 변압기의 무부하 상태의 벡터도이다. 철손전류를 나타내는 것은? (단, $\alpha$는 철손각이고 $\phi$는 자속을 의미한다.)**

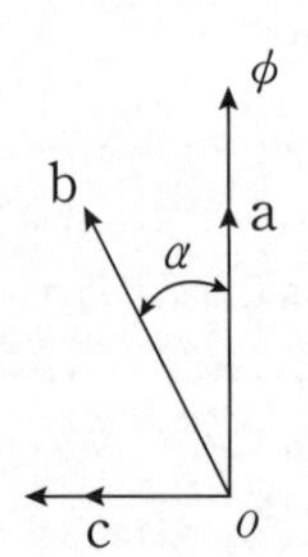


[정답] 2021년 2회 01 ② 02 ④ 03 ② 04 ④ 05 ①

① $o \rightarrow c$ ② $o \rightarrow d$
③ $o \rightarrow a$ ④ $o \rightarrow b$

해설

**변압기의 특성**

- 철손전류 : $o \rightarrow c$
- 입력전압 : $o \rightarrow d$
- 자화전류 : $o \rightarrow a$
- 여자전류 : $o \rightarrow b$

## 06 직류기에서 정류가 불량하게 되는 원인은 무엇인가?

① 탄소브러시 사용으로 인한 접촉저항 증가
② 코일의 인덕턴스에 의한 리액턴스 전압
③ 유도기전력을 균등하게 하기 위한 균압접속
④ 전기자 반작용 보상을 위한 보극의 설치

해설

**직류발전기의 정류**

직류기의 정류는 불량하게 되는 원인 코일에서 발생하는 리액턴스 전압에 의해서 발생한다.

## 07 단상 반파정류회로로 직류 평균전압 99[V]를 얻으려고 한다. 최대 역전압(Peak Inverse Voltage)이 약 몇 [V] 이상의 다이오드를 사용하여야 하는가? (단, 저항 부하이며, 정류회로 및 변압기의 전압강하는 무시한다.)

① 311 ② 471
③ 150 ④ 166

해설

**정류회로**

최대역전압 $PIV=\sqrt{2}\,E=\pi E_d=\pi\times 99=311[\mathrm{V}]$

## 08 6극 직류발전기의 정류자 편수가 132, 무부하 단자 전압이 220[V], 직렬 도체 수가 132개이고 중권이다. 정류자 편간 전압은 몇 [V]인가?

① 20 ② 10
③ 30 ④ 40

해설

**정류자 편간 전압**

정류자 편간 전압 $e_a=\dfrac{E\times a}{K}=\dfrac{220\times 6}{132}=10[\mathrm{V}]$

## 09 외분권 차동 복권 전동기의 내부 결선을 바꾸어 분권 전동기로 운전하고자 할 경우의 조치로 옳은 것은?

① 분권 계자 권선을 단락한다.
② 직권 계자 권선을 개방한다.
③ 직권 계자 권선을 단락한다.
④ 분권 계자 권선을 개방한다.

해설

**복권 전동기의 분권 또는 직권전동기로 운전 방법**

- 분권 전동기 : 직권 계자권선 단락
- 직권 전동기 : 분권 계자권선 개방

## 10 2차 저항과 2차 리액턴스가 0.04[Ω], 3상 유도전동기의 슬립의 4[%]일 때 1차 부하전류가 10[A]이었다면 기계적 출력은 약 몇 [kW]인가? (단, 권선비 $\alpha=2$, 상수비 $\beta=1$이다.)

① 0.57 ② 1.15
③ 0.65 ④ 1.35

해설

**유도전동기의 전력변환**

$\alpha\beta=\dfrac{I_2}{I_1}$이므로 $I_2=\alpha I_1=2\times 10=20[\mathrm{A}]$이다.

$P_o=(1-s)P_2=(1-s)\times 3\times I_2^{\,2}\cdot r_2/s\times 10^{-3}$

$P_o=(1-s)\times 3\times 20^2\times 0.04/0.04\times 10^{-3}=1.152[\mathrm{kW}]$

## 11 동기조상기를 부족여자로 사용하면? (단, 부족여자는 역률이 1일 때의 계자전류보다 작은 전류를 의미한다.)

[정답] 06 ② 07 ① 08 ② 09 ③ 10 ② 11 ②

① 일반 부하의 뒤진 전류를 보상
② 리액터로 작용
③ 저항손의 보상
④ 커패시터로 작용

해설

동기조상기는 부족여자시 지상전류가 발생하여 리액터로 작용한다.

**12** 권선형 유도전동기에서 1차와 2차간의 상수비 $\beta$ 권선비가 $\alpha$이고 2차 전류가 $I_2$일 때 1차 1상으로 환산한 전류 $I_1$[A]는 얼마인가? (단, $\alpha=\frac{k_{\omega_1}N_1}{k_{\omega_2}N_2}$, $\beta=\frac{m_1}{m_2}d$이며, 1차 및 2차 권선계수 , 1차 및 2차 한 상의 권수 $N_1$, $N_2$ 1차 및 2차 상수 $m_1$, $m_2$이다.)

① $\frac{\alpha}{\beta}I_2$　② $\frac{1}{\alpha\beta}I_2$
③ $\alpha\beta I_2$　④ $\frac{\beta}{\alpha}I_2$

해설

**유도전동기의 환산회로**

권선비와 상수비가 $\alpha\beta=\frac{I_2}{I_1}$이므로 $I_1=\frac{1}{\alpha\beta}I_2$이다.

**13** 4극 정격전압이 220[V], 60[Hz]인 단상 직권정류자 전동기가 있다. 이 전동기는 전기자 총도체수가 72, 전기자 병렬회로수 4, 극당 주자속의 최대값이 $1\times10^{-3}$[Wb]이고, 6000[rpm]으로 회전하고 있다. 이 때 전기자권선에 유기되는 속도기전력의 실효값은 약 몇 [V]인가?

① 7.2　② 3.6
③ 5.1　④ 2.6

해설

**교류정류자기**

정류자전동기의 속도기전력 실효값은

$E=\frac{1}{\sqrt{2}}\times\frac{pZ\phi N}{60a}=\frac{1}{\sqrt{2}}\times\frac{4\times72\times1\times10^{-3}\times6000}{60\times4}=5.09$[V]이다.

**14** 단상유도전동기 2전동기설에서 정상분 회전자계를 만드는 전동기와 역상분 회전자계를 만드는 전동기의 회전자속을 각각 $\phi_a$, $\phi_b$라고 할 때, 단상 유도전동기 슬립이 $s$인 정상분 유도전동기와 슬립이 인 역상분 $s'$유도전동기의 관계로 옳은 것은?

① $s'=s$　② $s'=2-s$
③ $s'=2+s$　④ $s'=-s$

해설

**유도전동기의 슬립**

역상분의 슬립은 $s'=\frac{N_s-(-N)}{N_s}=\frac{(2-s)N_s}{N_s}=2-s$이다.

**15** 어느 변압기의 %저항강하가 $p$[%], %리액턴스강하가 %저항강하의 1/2이고, 역률 80%(지상 역률)인 경우의 전압 변동률[%]은?

① $1.1p$　② $1.2p$
③ $1.0p$　④ $1.3p$

해설

**변압기의 특성**

$\%X=\frac{1}{2}\%R=\frac{1}{2}p$이므로, 전압변동률은

$\varepsilon=\%R\cos\theta+\%X\sin\theta=p\times0.8+\frac{1}{2}p\times0.6=1.1p$이다.

**16** 동일 용량의 변압기 2대를 사용하여 3300[V]의 3상 간선에서 220[V]의 2상 전력을 얻으려면 $T$좌 변압기의 권수비는 약 얼마인가?

① 15.34　② 12.99
③ 17.31　④ 16.52

해설

**상수의 변환**

$T$좌 변압기의 권수비 $a_T=\frac{\sqrt{3}}{2}\times a=\frac{\sqrt{3}}{2}\times\frac{3300}{220}=12.99$

[정답] 12② 13③ 14② 15① 16②

**17** 2대의 3상동기발전기를 병렬운전 하여 뒤진 역률 0.85, 1200[A]의 부하전류를 공급하고 있다. 각 발전기의 유효전력은 같고 $A$기의 전류가 678[A]일 때 $B$기의 전류는 약 몇 [A]인가?

① 562　② 552
③ 572　④ 542

해설

**동기발전기의 병렬운전 조건**

부하전류의 유효분 $I=I\cos\theta=1200\times0.85=1020[\text{A}]$

$I_A$, $I_B$의 유효분 $I_A'=I_B'=\dfrac{I}{2}=\dfrac{1020}{2}=510[\text{A}]$

$A$기의 역률 $\cos\theta_1=\dfrac{I_A'}{I_A}=\dfrac{510}{678}=0.752$

$I_B$의 무효분

$$I_B\sin\theta_2=I\sin\theta-I_A\sin\theta_1$$
$$=1200\sqrt{1-0.85^2}-678\sqrt{1-0.752}$$
$$=632.14-448.45=183.69[\text{A}]$$

$I_B=\sqrt{(I_B\sin\theta_2)^2+(I_B')^2}=\sqrt{183.69^2+510^2}=542[\text{A}]$

**18** 직류 분권전동기의 정격전압 220[V], 정격전류 105[A], 전기자저항 및 계자회로의 저항이 각각 0.1[Ω] 및 40[Ω]이다. 기동전류를 정격전류의 150[%]로 할 때의 기동저항은 약 몇 [Ω]인가?

① 1.21　② 0.92
③ 0.46　④ 1.35

해설

**직류전동기 기동법**

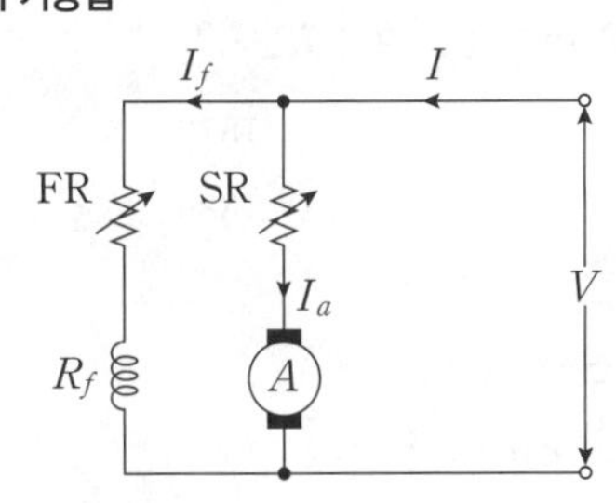


$I_f=\dfrac{V}{R_f}=\dfrac{220}{40}=5.5[\text{A}]$

기동시 전기자 전류 $I_a=1.5I-I_f=1.5\times105-5.5=152[\text{A}]$

$SR=\dfrac{V}{I_a}-R_a=\dfrac{220}{152}-0.1=1.347[\Omega]$이다.

**19** 비돌극형 동기발전기의 단자전압(1상)을 $V$, 유도기전력(1상)을 $E$, 동기리액턴스(1상)를 $X_s$, 부하각을 $\delta$라 하면 1상의 출력[W]을 나타내는 관계식은?

① $\dfrac{EV}{X_s}\sin\delta$　② $\dfrac{E^2V}{X_s}\sin\delta$
③ $\dfrac{EV}{X_s}\cos\delta$　④ $\dfrac{EV^2}{X_s}\cos\delta$

해설

**동기발전기의 출력**

비돌극형 동기발전기 출력 $P_{1\phi}=\dfrac{EV}{X_s}\sin\delta$이다.

**20** 변압기 온도시험시 가장 많이 사용되는 방법은?

① 단락 시험법　② 반환 부하법
③ 내전압 시험법　④ 실 부하법

해설

**변압기 보호계전기 및 측정시험**

변압기의 온도 상승시험시 가장 많이 사용되는 방법은 반환부하법이다.

## 시행일 2021년 3회

**01** IGBT(Insulated Gate Bipolar Transistor)에 대한 설명으로 틀린 것은?

① MOSFET와 같이 전압제어 소자이다.
② GTO 사이리스터와 같이 역방향 전압저지 특성을 갖는다.
③ 게이트와 에미터 사이의 입력 임피던스가 매우 낮아 BJT 보다 구동하기 쉽다.
④ BJT처럼 on-drop 이 전류에 관계없이 낮고 거의 일정하며, MOSFET보다 훨씬 큰 전류를 흘릴 수 있다.

해설

**전력용 반도체 소자**

[정답] 17 ④　18 ④　19 ①　20 ②　2021년 3회　01 ③

- MOSFET과 같이 전압 제어 소자이다.
- GTO 사이리스터와 같이 역방향 전압저지 특성을 갖는다.
- 게이트와 에미터 사이의 입력 임피던스가 크다.
- BJT처럼 on-drop 이 전류에 관계없이 낮고 거의 일정하며, MOSFET보다 훨씬 큰 전류를 흘릴 수 있다.

## 02 정류자형 주파수 변환기의 특성이 아닌 것은?

① 유도 전동기의 2차 여자용 교류 여자기로 사용된다.

② 회전자는 정류자와 3개의 슬립링으로 구성되어 있다.

③ 정류자 위에는 한 개의 자극마다 전기각 $\pi/3$ 간격으로 3조의 브러시로 구성되어 있다.

④ 회전자는 3상 회전 변류기의 전기자와 거의 같은 구조이다.

해설

- 유도전동기의 2차 여자용 교류 여자기로 사용된다.
- 회전자는 정류자와 3개의 슬립링으로 구성된다.
- 정류자 위에는 한 개의 자극마다 $\frac{2\pi}{3}$ 간격으로 3조의 브러시가 있다.
- 회전자는 3상 회전 변류기의 전기자와 거의 같은 구조이다.

## 03 타여자 직류전동기의 속도제어에 사용되는 워드레오나드(Ward Leonard) 방식은 다음 중 어느 제어법을 이용한 것인가?

① 저항제어법　② 전압제어법

③ 주파수제어법　④ 직병렬제어법

해설

**직류전동기의 속도특성**

전압제어법 : 워드레오나드 제어, 일그너 제어, 직병렬 제어법

## 04 출력이 20[kW]인 직류발전기의 효율이 80[%]이면 전 손실은 약 몇 [kW]인가?

① 0.8　② 1.25

③ 5　④ 45

해설

**발전기 효율**

발전기 규약효율 $\eta = \frac{출력}{출력+손실}$ 이므로

$손실 = \frac{출력}{\eta} - 출력 = \frac{20}{0.8} - 20 = 5[kW]$

## 05 무부하의 장거리 송전선로에 동기 발전기를 접속하는 경우, 송전선로의 자기여자 현상을 방지하기 위해서 동기조상기를 사용하였다. 이 때 동기조상기의 계자전류를 어떻게 하여야 하는가?

① 계자 전류를 0으로 한다.

② 부족 여자로 한다.

③ 과여자로 한다.

④ 역률이 1인 상태에서 일정하게 한다.

해설

**동기조상기**

동기발전기 자기여자현상 발생시 선로에 진상전류가 발생하였으므로 동기조상기를 부족여자로 운전한다.

## 06 정격이 같은 2대의 단상 변압기 1000[kVA]의 임피던스 전압은 각각 8[%]와 7[%]이다.이것을 병렬로 하면 몇 [kVA]의 부하를 걸 수가 있는가?

① 1865　② 1870

③ 1875　④ 1880

해설

**변압기 병렬 운전**

$P = \frac{7}{8} \times 1000 + 1000 = 1875[kVA]$이다.

[정답] 02 ③　03 ②　04 ③　05 ②　06 ③

## 07 3상 전원을 이용하여 2상 전압을 얻고자 할 때 사용하는 결선 방법은?가

① Scott 결선 ② Fork 결선
③ 환상 결선 ④ 2중 3각 결선

해설

**상수의 변환**

- 3상 → 2상 : 우드브릿지 결선, 스코트 결선(T결선), 메이어 결선
- 3상 → 6상 : 포크 결선, 환상 결선, 2중 Y결선, 2중 △결선, 대각결선

## 08 서보모터의 특징에 대한 설명으로 틀린 것은?2

① 발생토크는 입력신호에 비례하고, 그 비가 클 것
② 직류 서보모터에 비하여 교류 서보모터의 시동 토크가 매우 클 것
③ 시동 토크는 크나 회전부의 관성모멘트가 작고, 전기적 시정수가 짧을 것
④ 빈번한 시동, 정지, 역전 등의 가혹한 상태에 견디도록 견고하고, 큰 돌입전류에 견딜 것

해설

**서보모터의 특징**

- 발생토크는 입력신호에 비례하고, 그 비가 클 것.
- 직류 서보모터가 교류 서보모터의 기동 토크보다 크다.
- 기동토크는 회전부의 관성 모멘트가 작고, 전기적 시정수가 짧다.
- 빈번한, 기동, 정지, 역전 등의 가혹한 상태에 견디도록 견고하고, 큰 돌입전류에 견딜수 있어야 한다.

## 09 200[kW], 200[V]의 직류 분권발전기가 있다. 전기자 권선의 저항이 0.025[Ω]일 때 전압변동률은 몇 [%]인가?

① 6.0 ② 12.5
③ 20.5 ④ 25.0

해설

**전압변동률**

- 전기자 전류 $I_a = I = \frac{P}{V} = \frac{200 \times 10^3}{200} = 1000[\text{A}]$
- 유기기전력 $E = V + I_a R_a = 200 + 1000 \times 0.025 = 225[\text{V}]$
- 전압 변동률 $\varepsilon = I = \frac{V_0 - V_n}{V_n} \times 100 = \frac{225 - 200}{200} \times 100 = 12.5[\%]$

## 10 직류발전기의 유기기전력이 230[V], 극수가 4, 정류자 편수가 162인 정류자 편간 평균전압은 약 몇 V인가? (단, 권선법은 중권이다)

① 5.68 ② 6.28
③ 9.42 ④ 10.2

해설

**정류작용**

정류자 편간 전압 $e_a = \frac{230 \times 4}{162} \fallingdotseq 5.68[\text{V}]$이다.

## 11 동기 발전기의 3상 단락곡선에서 나타내는 관계로 옳은 것은?

① 계자전류와 단자전압 ② 계자전류와 부하전류
③ 부하전류와 단자전압 ④ 계자전류와 단락전류

해설

**발전기의 특성곡선**

동기 발전기의 3상 단락곡선은 계자전류와 단락전류의 관계이다.

## 12 비례추이를 하는 전동기는?

① 단상 유도전동기 ② 권선형 유도전동기
③ 동기 전동기 ④ 정류자 전동기

해설

**비례추이**

비례추이가 가능한 전동기 3상 권선형 유도전동기이다.

[정답] 07 ① 08 ② 09 ② 10 ① 11 ④ 12 ②

**13** **변압기의 부하와 전압이 일정하고 주파수가 높아지면?**

① 철손증가 ② 동손증가
③ 동손감소 ④ 철손감소

해설

**변압기 특성**
변압기의 주파수가 높아지면 반비례관계인 히스테리시스손이 감소하여 철손이 감소하게 된다.

**14** **4극, 7.5[kW], 200[V], 60[Hz]인 3상 유도 전동기가 있다. 전부하에서 2차 입력이 7950[W]이다. 이 경우에 2차 효율 [%]은 얼마인가? (단, 기계손은 130[W]이다.)**

① 93 ② 94
③ 95 ④ 96

해설

**유도전동기 특성**
2차 효율 $\eta_2 = \frac{2차출력}{2차입력} \times 100 = \frac{P_0}{P_2} \times 100 = \frac{P+P_m}{P_2} \times 100$

$= \frac{7500+130}{7950} \times 100 \fallingdotseq 96[\%]$이다.

**15** **Y결선 3상 동기발전기에서 극수 20, 단자전압은 6600[V], 회전수 360[rpm], 슬롯수 180, 2층권, 1개 코일의 권수 2, 권선계수 0.9일 때 1극의 자속수는 얼마인가?**

① 1.32 ② 0.663
③ 0.0663 ④ 0.13

해설

**동기발전기 유기기전력**
동기속도 $N_s = \frac{120f}{p}$ 이므로,

$f = \frac{N_s \times p}{120} = \frac{360 \times 20}{120} = 60[Hz]$이다.

한상의 권수 $\omega = \frac{180 \times 2 \times 2}{3} = 240$이다.

Y결선의 유기기전력은 $E = \sqrt{3} \times 4.44 f\phi\omega K_\omega$이므로,

1극당 자속수 $\phi = \frac{E}{\sqrt{3} \times 4.44 f\omega K_\omega} = \frac{6600}{\sqrt{3} \times 4.44 \times 60 \times 240 \times 0.9}$
$= 0.0663[Wb]$이다.

**16** **3상 직권 정류자 전동기의 중간변압기의 사용목적은?**

① 역회전의 방지 ② 역회전을 위하여
③ 전동기의 특성을 조정 ④ 직권 특성을 얻기 위하여

해설

중간(직렬)변압기는 전동기의 특성을 조정하기 위해 사용된다.

**17** **변압기 결선 방식에서 △-△결선 방식의 특성이 아닌 것은?**

① 중성점 접지를 할 수 없다.
② 110[kV] 이상 되는 계통에서 많이 사용되고 있다.
③ 외부에 고조파 전압이 나오지 않으므로 통신 장해의 염려가 없다.
④ 단상 변압기 3대 중 1대의 고장이 생겼을 때 2대로 V결선하여 송전할 수 있다.

해설

**변압기 결선**
△-△결선 방식은 60kV이하의 배전계통에서 주로 사용된다.

**18** **직류기의 전기자 권선에 있어서 m중 중권일 때 내부 병렬회로수는 어떻게 되는가?**

① $a = \frac{p}{m}$ ② $a = mp$
③ $a = p - m$ ④ $a = \frac{m}{p}$

해설

**직류발전기 전기자 권선법**
다중 중권 일 경우에 $a = m$(다중도)$p$(극수)이다.

[정답] 13④ 14④ 15③ 16③ 17② 18②

**19** 단상 유도전동기에서 2전동기설(two motor theory)에 관한 설명 중 틀린 것은?

① 시계방향 회전자계와 반시계방향 회전자계가 두개 있다.
② 1차 권선에는 교번자계가 발생한다.
③ 2차 권선 중에는 $sf_1$과 $(2-s)f_1$ 주파수가 존재한다.
④ 기동 시 토크는 정격토크의 1/2이 된다.

해설

**단상 유도전동기**

단상유도전동기는 기동 시에 기동토크가 0이 되어 기동장치가 필요하다.

**20** 5[kVA]의 단상 변압기 3대를 △결선하여 급전하고 있는 경우 1대가 소손되어 나머지 2대로 급전하게 되었다.2대의 변압기로 과부하를 10[%]까지 견딜 수 있다고 하면 2대가 분담할 수 있는 최대 부하는 약 몇 [kVA]인가?

① 5　② 8.6
③ 9.5　④ 15

해설

**변압기 결선**

V결선으로 과부하를 10[%]까지 견딜수 있으므로
$P_V=1.1\times\sqrt{3}P=1.1\times\sqrt{3}\times5≒9.5$[kVA]이다.

## 시행일 2022년 1회

**01** 임피던스 강하가 5[%]인 변압기가 운전 중 단락되었을 때 그 단락전류는 정격전류의 몇 배 인가?

① 10　② 20
③ 25　④ 30

해설

**변압기 단락전류**

$$I_s=\frac{100}{\%Z}\times I_n=\frac{100}{5}\times I_n=20I_n$$

단락전류는 정격전류의 20배가 된다.

**02** 직류분권전동기의 공급전압의 극성을 반대로 하면 회전 방향은 어떻게 되는가?

① 발전기로 된다.　② 회전하지 않는다.
③ 변하지 않는다.　④ 반대로 된다.

해설

**직류전동기 회전방향**

직류 전동기의 회전방향 자여자 전동기는 극성을 반대로 하더라도 회전방향이 바뀌지 않는다.
타여자 전동기는 극성이 반대가 되면 회전방향이 반대가 된다.

**03** 슬롯수 36의 고정자 철심이 있다. 여기에 3상 4극의 2층권으로 권선할 때 매극 매상의 슬롯수와 코일 수는?

① 매극 매상의 슬롯 수 : 3, 총 코일 수 : 18
② 매극 매상의 슬롯 수 : 3, 총 코일 수 : 36
③ 매극 매상의 슬롯 수 : 9, 총 코일 수 : 18
④ 매극 매상의 슬롯 수 : 9, 총 코일 수 : 36

해설

**동기발전기 매극매상의 슬롯수**

$$q(\text{매극매상의 슬롯수})=\frac{\text{총슬롯수}}{\text{극수}\times\text{상수}}=\frac{36}{4\times3}=3$$

$$\text{코일수}=\frac{\text{총슬롯수}\times\text{층수}}{2}=\frac{36\times2}{2}=36$$

**04** 단상 정류자전동기의 일종인 단상 반발전동기에 해당 되지 않는 것은?

① 톰슨형 전동기　② 시라게형 전동기
③ 데리형 전동기　④ 아트킨손형 전동기

해설

**단상 정류자전동기**

단상반발 전동기의 종류 : 아트킨손형, 톰슨형, 데리형 전동기

[정답] 19 ④ 20 ③ 2022년 1회 01 ② 02 ③ 03 ② 04 ②

**05** **동기발전기의 병렬운전에서 기전력의 위상이 다른 경우, 동기화력($P_s$)를 나타낸 식은? (단, $P$ : 수수전력, $\delta$ : 상차각이다.)**

① $P=\dfrac{P}{\cos\delta}$ ② $P_s=P\times\sin\delta$

③ $P_s=\dfrac{dP}{d\delta}$ ④ $P=\int Pd\delta$

해설

**동기발전기 병렬운전**

동기발전기의 기전력의 위상이 다른 경우

- 수수전력 $P=\dfrac{E_A{}^2}{2Z_s}\sin\delta$
- 동기화력 $P_s=\dfrac{dP}{d\delta}=\dfrac{E_A{}^2}{2Z_s}\cos\delta$

**06** **자여자 발전기의 전압확립 필요조건이 아닌 것은?**

① 무부하 특성곡선은 자기포화를 가질 것

② 계자저항이 임계저항 이상일 것

③ 잔류기전력에 의해 흐르는 계자전류의 기자력이 잔류자기와 같은 방향일 것

④ 잔류자기가 존재할 것

해설

**자여자 발전기 특징**

- 전압확립 필요 조건
- 잔류자기가 존재할 것
- 무부하 특성곡선은 자기포화를 가질 것
- 계자저항이 임계저항 이하일 것
- 회전방향이 바르며, 그 값이 어느값 이상일 것

**07** **출력측 직류 평균전압이 200[V]일 때 맥동률이 5[%]이면 교류분의 전압은?**

① 15 ② 5

③ 20 ④ 10

해설

**정류회로**

맥동률 $r=\dfrac{\text{출력전압에 포함된 교류성분의 실효값}}{\text{출력전압의 직류평균값}}\times 100$

교류분전압$=\dfrac{\text{맥동률}\times\text{직류분 전압}}{100}$

교류분전압$=\dfrac{5\times 200}{100}=10[\text{V}]$

**08** **단상 3권선 변압기의 1차 전압이 100[kV], 2차 전압이 20[kV], 3차 전압은 10[kV]이다. 2차에 10000[kVA], 역률 80[%]의 유도성 부하, 3차에는 6000[kVA]의 진상 무효전력이 걸렸을 때 1차 전류[A]는? (단, 변압기의 손실과 여자전류는 무시한다.)**

① 100 ② 60

③ 120 ④ 80

해설

$$P_1=P_2+P_3=P_2(\cos\theta-j\sin\theta)+jP_3$$
$$=10000(0.8-j0.6)+j6000$$
$$=8000-j6000+j6000$$
$$=8000[\text{kVA}]$$

$P_1=V_1I_1 \rightarrow I_1=\dfrac{P_1}{V_1}=\dfrac{8000}{100}=80[\text{A}]$

**09** **단상 유도전압조정기에서 단락권선의 역할은?**

① 철손 경감 ② 절연 보호

③ 전압강하 경감 ④ 전압조정 용이

해설

**단상 유도전압조정기**

단락권선의 역할

- 1차(분로) 권선과 수직 설치
- 2차(직렬) 권선의 누설리액턴스 전압강하 경감

**10** **변압기 절연물의 열화 정도를 파악하는 방법이 아닌 것은?**

① 절연내력시험 ② 절연저항측정시험

③ 유전정접시험 ④ 권선저항측정시험

[정답] 05 ③ 06 ② 07 ④ 08 ④ 09 ③ 10 ④

해설

**변압기 냉각방식**

변압기 열화 정도 측정시험은 절연내력시험, 절연저항측정시험, 유전정접시험이다.
권선저항 측정시험은 변압기 등가회로 작성시 필요시험이다.

## 11 3상 동기발전기에서 그림과 같이 1상의 권선을 서로 똑같은 2조로 나누어 그 1조의 권선전압을 E 각 권선의 전류를 I라 하고 이중 델타결선으로 하는 경우 선간전압[V], 선전류[A] 및 피상전력[VA]은?

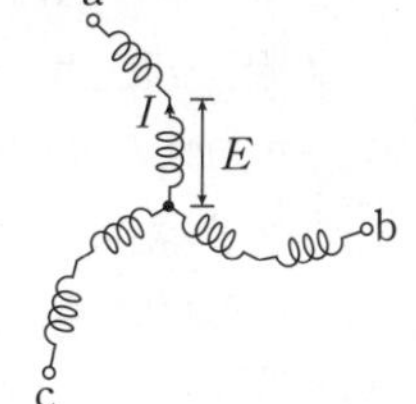


① $\sqrt{3}E$, $\sqrt{3}I$, $5.19EI$
② $3E$, $I$, $5.19EI$
③ $E$, $2\sqrt{3}I$, $6EI$
④ $\sqrt{3}E$, $2I$, $6EI$

해설

**3상 동기발전기 권선의 종류**

| 접속 | 선간전압 | 선전류 | 피상전력 |
|---|---|---|---|
| Y결선 | $2\sqrt{3}E$ | $I$ | $6EI$ |
| 2중 Y결선 | $\sqrt{3}E$ | $2I$ | $6EI$ |
| 지그재그 Y결선 | $3E$ | $I$ | $5.19EI$ |
| △결선 | $2E$ | $\sqrt{3}I$ | $6EI$ |
| 2중 △결선 | $E$ | $2\sqrt{3}I$ | $6EI$ |
| 지그재그 △결선 | $\sqrt{3}E$ | $\sqrt{3}I$ | $5.19EI$ |

## 12 단상 유도전동기의 토크에 대한 2차 저항을 어느 정도 이상으로 증가시킬 때 나타나는 현상으로 옳은 것은?

① 역회전 가능 ② 최대토크 일정
③ 기동토크 증가 ④ 토크는 항상(+)

해설

**단상 유도전동기 특징**

2차 저항이 일정 이상 커지면 역회전하며 최대토크는 감소하며 비례추이 할수 없다.

## 13 전기자 철심을 규소강판으로 성층하는 주된 이유로 적합한 것은?

① 가공을 쉽게 하기 위하여
② 철손을 줄이기 위하여
③ 히스테리시스손을 증가시키기 위하여
④ 기계적강도를 보강하기 위하여

해설

**직류발전기 구조**

- 규소강판 : 히스테리시스손실 감소
- 성층철심 : 와류손 감소
- 규소강판 성층철심 : 철손 감소

## 14 용량 1[kVA], 3000/200[V]의 단상 변압기를 단권 변압기로 결선해서 3000/3200[V] 의 승압기로 사용할 때 그 부하용량은?

① 16 ② 15
③ 1 ④ 1/16

해설

**단권변압기**

$$\frac{\text{자기용량}}{\text{부하용량}} = \frac{V_H - V_L}{V_H}$$

$$\text{부하용량} = \frac{V_H}{V_H - V_L} \times \text{자기용량}$$

$$= \frac{3200}{3200-3000} \times 1 = 16[\text{kVA}]$$

## 15 3300[V], 60[Hz] 변압기의 와류손이 720[W]이다. 이 변압기를 2750[V], 50[Hz]의 주파수에서 사용할 때 와류손[W]은?

① 350 ② 425
③ 250 ④ 500

해설

**변압기 손실과 효율**

와류손은 단자전압의 제곱에 비례하므로

$\left(\frac{2750}{3300}\right)^2 \times 720 = 500[\text{W}]$이다.

와류손은 주파수에 무관하고 전압의 제곱에 비례한다

[정답] 11 ② 12 ① 13 ② 14 ① 15 ④

## 16 트라이액(Triac)에 대한 설명으로 틀린 것은?

① 턴오프 시간이 SCR보다 짧으며 급격한 전압변동에 강하다.

② SCR 2개를 서로 반대방향으로 병렬연결하여 양방향 전류제어가 가능하다.

③ 게이트에 전류를 흘리면 어느 방향이든 전압이 높은 쪽에서 낮은 쪽으로 도통한다.

④ 쌍방향성 3단자 사이리스터이다.

해설

**사이리스터의 종류**

- SCR 2개를 반대 방향으로 병렬 연결된 구조이다.
- Turn Off 시간은 SCR 보다 길다.
- 급격한 전압 변동에 취약하여 유도성 부하에 약하다.
- 양방향 전류 제어가 가능하면 전압이 높은 쪽에서 낮은 쪽으로 도통한다.

## 17 대형직류발전기에서 전기자 반작용을 보상하는데 이상적인 것은?

① 보극 ② 탄소브러시

③ 보상권선 ④ 균압환

해설

**직류 발전기의 전기자 반작용**

전기자반작용 방지책(보상권선과 보극, 브러시 이동 등) 중 가장 효과적인 방법은 보상권선이다.

## 18 전동기의 제동시 전원을 끊고 전동기를 발전기로 동작시켜 이때 발생하는 전력을 저항에 의해 열로 소모시키는 제동법은?

① 회생제동 ② 와전류제동

③ 역상제동 ④ 발전제동

해설

**유도전동기 제동법**

- 회생제동 : 유도전동기를 발전기로 동작시켜 그 발생 전력을 전원에 반환 하면서 제동하는 방법
- 와전류제동 : 전동기의 축에 와전류 제동장치 장착하여 제동시에 와전류(eddy current)가 발생되어 제동하는 방법
- 역상제동 : 1차 권선 3단자 중 2단자의 접속을 바꾸면 역방향의 토크가 발생되어 제동하는 방법으로 급속하게 정지 시키는 방법
- 발전제동 : 운동에너지를 전기에너지로 전환하여 이때 발생된 전기를 저항기의 열에너지로 소모하는 방법

## 19 권선형 유도 전동기의 설명으로 틀린 것은?

① 전동기의 속도가 상승함에 따라 외부저항을 감소시키고 최후에는 슬립링을 개방한다.

② 기동할 때에 회전자는 슬립링을 통하여 외부에 가감저항기를 접속한다.

③ 회전자의 3개의 단자는 슬립링과 연결되어있다.

④ 가동할 때에 회전자에 적당한 저항을 갖게 하여 필요한 기동토크를 갖게 한다.

해설

**권선형 유도전동기 특징**

권선형 유도전동기는 기동시 회전자의 슬립링에 연결된 가변저항을 제어하여 기동토크 및 기동전류를 제어한다. 단, 슬립링을 개방할 경우에 회전자에 전류가 흐를 수 없게 되어 회전을 유지 할수 없다.

## 20 동기 전동기에 관한 설명으로 잘못된 것은?

① 제동권선이 필요하다.

② 난조가 발생하기 쉽다.

③ 여자기가 필요하다.

④ 역률을 조정할 수 없다.

해설

**동기전동기 특징**

| 장점 | 단점 |
|---|---|
| • 속도가 일정하다.<br>• 역률을 조정할 수 있다.<br>• 유도전동기에 비해 효율이 좋다.<br>• 기계적으로 튼튼하다 | • 속도조정이 곤란하다.<br>• 기동장치가 필요하다.<br>• 직류 여자장치가 필요하다.<br>• 난조발생이 빈번하다. |

[정답] 16① 17③ 18④ 19① 20④

시행일 **2022년 2회**

**01 계전기 중 변압기의 보호에 사용하지 않는 계전기는?**

① 임피던스 계전기 ② 충격압력 계전기
③ 부흐홀쯔 계전기 ④ 비율차동 계전기

해설

**변압기 보호장치 종류**

- 과전류 계전기
- 부흐홀쯔 계전기
- 압력계전기
- 비율차동 계전기
- 가스검출 계전기
- 온도 계전기

**02 전력용 MOSFET와 전력용 BJT에 대한 설명으로 틀린 것은?**

① 전력용 MOSFET는 온오프 제어가 가능한 소자이다.
② 전력용 MOSFET는 비교적 스위칭 시간이 짧아 높은 스위칭 주파수로 사용한다.
③ 전력용 BJT는 일반적으로 베이스(Base), 에미터(Emitter), 컬렉터(Collector)로 구성된다.
④ 전력용 BJT는 전압제어소자로 온 상태를 유지하는데 거의 무시할 만큼 전류가 필요로 한다.

해설

**전력용 반도체 소자**

BJT는 MOSFET, IGBT 등의 전압제어 스위치보다 훨씬 큰 구동전력이 필요하다.

**03 10[kW], 3상, 200[V] 유도전동기의 전부하 전류는 약 몇 [A]인가? (단, 효율 및 역률 85[%]이다.)**

① 60 ② 80
③ 40 ④ 20

해설

$P_{출력}=P_{입력}\times\eta=\sqrt{3}\,VI\cos\theta\eta$[W]이다.

$$I=\frac{P}{\sqrt{3}\,V\cos\theta\eta}=\frac{10\times10^3}{\sqrt{3}\times200\times0.85\times0.85}=40[\mathrm{A}]$$

**04 동기발전기에서 제 5고조파를 제거하기 위해서는 ($\beta$=코일피치/극피치)가 얼마되는 단절권으로 해야 하는가?**

① 0.9 ② 0.8
③ 0.7 ④ 0.6

해설

**동기발전기 전기자권선법**

- 동기발전기를 단절권으로 감았을 때 제 5고조파가 제거 되었다면, 단절권 계수 $K_p=\sin\frac{5\beta\pi}{2}=0$이어야 한다.
- $\beta=0,\ 0.4,\ 0.8,\ 1.2$일 때 위 값을 만족하며 1보다 작고 가장 가까운 $\beta=0.8$이 적당하다.

**05 다음 중 변압기유가 갖추어야 할 조건으로 옳은 것은?**

① 절연내력이 낮을 것
② 인화점이 높을 것
③ 유동성이 풍부하고 비열이 적어 냉각효과가 작을 것
④ 응고점이 높을 것

해설

**변압기유의 구비조건**

- 절연내력이 클 것
- 비열이 커서 냉각효과가 크고, 점도가 작을 것
- 인화점은 높고, 응고점은 낮을 것
- 고온에서 산화하지 않고, 석출물이 생기지 않을 것

**06 동기기기에서 전기자 권선법 중 집중권에 비해 분포권의 장점에 해당 되지 않는 것은?**

① 파형이 좋아진다.
② 권선의 발생 열을 고루 발산시킨다.
③ 권선의 리액턴스가 감소한다.
④ 기전력을 높인다.

해설

**동기발전기 전기자 권선법**

분포권의 특징

- 고조파를 제거하고 파형을 개선한다.
- 누설리액턴스가 감소된다.
- 기전력이 낮아진다.

[정답] 2022년 2회 01 ① 02 ④ 03 ③ 04 ② 05 ① 06 ④

## 07 직류기에서 양호한 정류를 얻는 조건으로 옳은 것은?

① 전기자 코일의 인덕턴스를 작게 한다.

② 평균 리액턴스 전압을 브러시 접촉저항에 의한 전압강하 보다 크게 한다.

③ 브러시 접촉 저항을 작게 한다.

④ 정류주기를 짧게 한다.

해설

**양호한 정류 대책**

- 보극을 설치한다.
- 단절권을 사용한다.
- 정류주기를 길게 한다.
- 탄소브러시를 사용한다.
- 리액턴스전압을 작게 한다.
- 브러시 접촉면 전압강하 > 평균 리액턴스 전압강하

## 08 부스트(Boost)컨버터의 입력전압이 45[V]로 일정하고, 스위칭 주기가 20[kHz], 듀티비(Duty ratio)가 0.6, 부하저항이 10[Ω]일 때 출력전압은 몇 [V]인가? (단, 인덕터에는 일정한 전류가 흐르고 커패시터 출력전압의 리플성분은 무시한다.)

① 27　　② 67.5

③ 75　　④ 112.5

해설

**정류기**

부스트 컨버터는 DC-DC 승압 장치이고 출력전압의 크기는 $V_0=\frac{V_i}{1-D}=\frac{45}{1-0.6}=112.5[V]$이다.

## 09 직류 분권전동기의 계자저항을 운전 중에 증가시키면 어떻게 되는가?

① 전기자전류 감소　　② 속도증가

③ 부하증가　　④ 자속증가

해설

**직류전동기의 종류 및 특성**

- 직류 분권전동기의 회전수

$n=K\frac{V-I_aR_a}{\phi}[rps]$

- 계자권선의 저항이 증가하면 계자자속($\phi$)이 감소한다. 따라서 회전수($N$)는 반비례 관계이므로 증가하게 된다.

## 10 전기자 권선의 저항 $R_a=0.09[\Omega]$, 직권계자 권선 및 분권 계자회로의 저항이 각각 $R_s=0.03[\Omega]$와 $R_f=200[\Omega]$인 외분권 가동 복권발전기의 부하 전류가 $I=50[A]$ 일 때 그 단자전압이 $V=400[V]$라면 유기기전력 $E[V]$와 전부하 전류 $I[A]$ 각각 얼마인가? (단, 전기자 반작용과 브러시 접촉저항은 무시한다).

① 680[V], 82[A]　　② 406[V], 52[A]

③ 536[V], 64[A]　　④ 641[V], 73[A]

해설

**직류 발전기의 종류 및 특성**

$I_f=\frac{V}{R_f}=\frac{400}{200}=2[A]$

$I_a=I+I_f=50+2=52[A]$

$E=V+I_a(R_a+R_s)=400+52(0.09+0.03)=406.24[V]$

## 11 단상 직권정류자 전동기의 기본형이 아닌 것은?

① 톰슨형　　② 직권형

③ 유도보상 직권형　　④ 보상 직권형

해설

**정류자 전동기**

단상 직권 정류자 전동기의 종류 : 직권형, 보상직권형, 유도보상직권형

## 12 어떤 공장에 뒤진 역률 0.8인 부하가 있다. 이 선로에 동기조상기를 병렬로 결선해서 선로의 역률을 0.95로 개선하였다. 개선 후 전력의 변화에 대한 설명으로 틀린 것은?

① 피상전력은 감소하고 유효전력은 변화가 없다.

② 무효전력은 감소하고 유효전력은 변화가 없다.

③ 피상전력과 유효전력은 감소한다.

④ 피상전력과 무효전력은 감소한다.

[정답] 07 ③　08 ④　09 ②　10 ②　11 ①　12 ③

해설

**동기조상기**

$\cos\theta = \frac{P}{P_a} = \frac{P}{\sqrt{P^2+P_r^2}}$ 이므로

동기 조상기를 통해 역률이 개선 되었으므로 유효 전력은 일정하게 유지 되었으므로 피상 전력과 무효전력이 감소하게 된다.

**13** **변압기 결선방법에서 1차에 3상 전원, 2차에 2상 전원을 얻기 위한 결선방법은?**

① Y결선　　② △결선

③ V결선　　④ T(스코트)결선

해설

**상수의 변환**

- 3상 → 2상 : 우드브릿지 결선, 스코트 결선(T결선), 메이어 결선
- 3상 → 6상 : 포크 결선, 환상 결선, 2중 Y결선, 2중 △결선, 대각 결선

**14** **동기발전기의 단락곡선과 관계가 있는 요소로 옳은 것은?**

① 무부하 유기기전력과 전부하 단락전압

② 무부하 유기기전력과 단락전류

③ 계자전류와 단락전류

④ 계자전류와 전부하 단락전압

해설

**발전기의 특성곡선**

동기발전기의 3상 단락곡선은 계자전류와 단락전류의 관계이다.

**15** **변압기의 병렬운전에서 1차 환산 누설 임피던스만이 $2+j3[\Omega]$과 $3+j2[\Omega]$이다. 변압기에 흐르는 부하전류가 50[A]이면 순환전류[A]는 얼마인가? (단, 다른 정격은 모두 같다.)**

① 3　　② 5

③ 10　　④ 25

해설

**변압기 병렬 운전 조건**

$I = \frac{V}{Z}$ 이므로 두변압기의 임피던스의 값이 같으므로

각각 25[A]가 된다.

$$I_c = \frac{V_1+V_2}{Z_1+Z_2} = \frac{I_1Z_1+I_2Z_2}{Z_1+Z_2}$$

$$= \frac{25(2+j3-3-j2)}{2+j3+3+j2} = 5j[A]$$

**16** **유도발전기의 특징이 아닌 것은?**

① 동기발전기와 같이 동기화 할 필요가 있으며 난조 등 이상 현상이 생긴다.

② 출력은 회전자 속도와 회전자속의 상대속도에는 비례하기 때문에 출력을 증가하려면 속도를 증가 시킨다.

③ 유도발전기는 단독으로 발전을 할 수가 없으므로 반드시 동기발전기가 있는 전원에 연속해서 운전하여야 한다.

④ 발전기의 주파수는 전원의 주파수로 정하고 회전속도에 관계가 없다.

해설

- **유도발전기 장점**
  - 기동과 취급이 간단하며 고장이 적다.
  - 동기화할 필요가 없으며 난조가 발생하지 않는다.
  - 선로에 단락이 생겨도 여자가 상실되므로 단락전류는 동기기에 비해 적고 지속시간이 짧다.
- **유도발전기 단점**
  - 여자전류를 공급받기 위해 병렬로 동기기와 접속되어 야 한다.
  - 공극의 치수가 작기 때문에 운전시 주의해야 한다.
  - 효율과 역률이 낮다.

**17** **직류 분권 전동기가 단자전압 215[V], 전기자전류 150[A], 1500[rpm]으로 운전되고 있을 때 발생토크는 약 몇 [N·m]인가? (단, 전기자저항은 0.1[Ω]이다.)**

① 191　　② 22.4

③ 19.5　　④ 220

[정답] 13④ 14③ 15② 16① 17①

해설

**직류 전동기 종류 및 특성**

$$T=\frac{60I_a(V-I_aR_a)}{2\pi N}=\frac{60\times150\times(215-150\times0.1)}{2\pi\times1500}$$
$$=191[V]$$

## 18 변압기의 자속에 대한 설명을 옳은 것은?

① 주파수와 권수에 비례한다.
② 전압에 비례, 주파수와 권수 반비례한다.
③ 주파수와 전압에 비례한다.
④ 권수와 전압에 비례 주파수에 반비례한다.

해설

**변압기 유기기전력**

$E=4.44f\phi_mN=4.44fB_mAN$이므로

$\phi\propto\frac{E}{fN}$의 관계를 가지게 된다.

따라서 전압의 비례하고 주파수와 권수에 반비례한다.

## 19 유도전동기 회전자에 2차 주파수와 같은 주파수 전압을 공급하여 속도를 제어하는 방법은?

① 2차 저항제어　② 2차 여자제어
③ 전전압 제어　④ 주파수제어

해설

**유도전동기 속도제어**

3상 권선형 유도전동기의 슬립 주파수(2차) 전압을 제어하여 속도를 제어하는 방법은 2차 여자법이다.

## 20 6극 60[Hz], 200[V], 7.5[kW]의 3상 유도전동기가 840[rpm]으로 회전하고 있을 때 회전자 전류의 주파수[Hz]는?

① 18　② 10
③ 12　④ 14

해설

**유도전동기 슬립**

$$N_s=\frac{120f}{p}=\frac{120\times60}{6}=1200[rpm]$$
$$s=\frac{N_s-N}{N_s}=\frac{1200-840}{1200}=0.3$$

$f_2'=sf_1=0.3\times60=18[Hz]$이다.

## 시행일 2022년 3회

## 01 변압기 결선방법 중 3상 전원을 이용하여 2상 전압을 얻고자 할 때 사용할 결선 방법은?

① Fork 결선　② Scott결선
③ 환상 결선　④ 2중 3각 결선

해설

**상수의 변환**

- 3상 → 2상 : 우드브릿지 결선, 스코트 결선(T결선), 메이어 결선
- 3상 → 6상 : 포크 결선, 환상 결선, 2중 Y결선, 2중 △결선, 대각 결선

## 02 3상 유도전동기에서 동기와트로 표시되는 것은?

① 각속도　② 토크
③ 2차 출력　④ 1차 입력

해설

**유도전동기 동기와트**

동기와트는 동기속도로 회전시의 2차 입력을 말하며, 토크와 같은 개념이다.

## 03 3상 유도전동기의 특성에서 비례추이 하지 않는 것은?

① 2차 전류　② 1차 전류
③ 역률　④ 출력

[정답] 18 ② 19 ② 20 ① 2022년 3회 01 ② 02 ② 03 ④

해설

**유도전동기 비례추이**

| 비례추이 가능 | 비례추이 불가능 |
|---|---|
| 토크, 1차 2차 전류, 역률, 1차 입력 | 동기속도, 2차 동손, 출력, 2차 효율 |

**04** **단상변압기 3대를 이용하여 △-△ 결선하는 경우에 대한 설명으로 틀린 것은?**

① 중성점을 접지할 수 없다.

② Y-Y결선에 비해 상전압이 선간전압의 $\frac{1}{\sqrt{2}}$ 배이므로 절연이 용이하다.

③ 3대 중 1대에서 고장이 발생하여도 나머지 2대로 V결선하여 운전을 계속할 수 있다.

④ 결선 내에 순환전류가 흐르나 외부에는 나타나지 않으므로 통신장애에 대한 염려가 없다.

해설

**변압기의 결선**

△-△ 결선은 상전압과 선간전압이 같다.

**05** **서보모터의 특징에 대한 설명으로 틀린 것은?**

① 발생토크는 입력신호에 비례하고, 그 비가 클 것

② 직류 서보모터에 비하여 교류 서보모터의 시동 토크가 매우 클 것

③ 시동 토크는 크나 회전부의 관성모멘트가 작고, 전기력 시정수가 짧을 것

④ 빈번한 시동, 정지, 역전 등의 가혹한 상태에 견디도록 견고하고, 큰 돌입전류에 견딜 것

해설

**서보모터의 특징**

- 발생토크는 입력신호에 비례하고, 그 비가 클 것.
- 직류 서보모터가 교류 서보모터의 기동 토크보다 크다.
- 기동토크는 회전부의 관성 모멘트가 작고, 전기적 시정수가 짧다.
- 빈번한, 기동, 정지, 역전 등의 가혹한 상태에 견디도록 견고하고, 큰 돌입전류에 견딜수 있어야 한다.

**06** **다음에서 게이트에 의한 턴온(Turn-on)을 이용하지 않는 소자는?**

① DIAC ② SCR

③ GTO ④ TRIAC

해설

**반도체 소자**

DIAC은 2방향 2단자 소자로 게이트 단자가 없기 때문에 게이트로 제어할 수가 없다.

**07** **6600/210[V], 10[kVA] 단상 변압기의 퍼센트 저항강하는 1.2[%], 리액턴스 강하는 0.9[%]이다. 임피던스 전압은?**

① 99 ② 81

③ 65 ④ 37

해설

**변압기 특성**

$\%Z = \sqrt{\%R^2 + \%X^2} = \sqrt{1.2^2 + 0.9^2} = 1.5[\%]$

$\%Z = \frac{V_2}{V_1} \times 100$ 이므로

$V_s = \frac{\%Z}{100} \times V_1 = \frac{1.5}{100} \times 6600 = 99[V]$ 이다.

**08** **6극 직류발전기의 정류자 편수가 132, 단자전압이 220[V], 직렬 도체수가 132개이고 중권이다. 정류자 편간 전압은 몇 [V]인가?**

① 10 ② 20

③ 30 ④ 40

해설

**정류자 편간 전압**

정류자 편간 전압 $e_a = \frac{E \times a}{K} = \frac{220 \times 6}{132} = 10[V]$

[정답] 04 ② 05 ② 06 ① 07 ① 08 ①

**09** **IGBT(Insulated Gate Bipolar Transistor)에 대한 설명으로 틀린 것은?**

① MOSFET와 같이 전압제어 소자이다.
② GTO 사이리스터와 같이 역방향 전압저지 특성을 갖는다.
③ 게이트와 에미터 사이의 입력 임피던스가 매우 낮아 BJT 보다 구동하기 쉽다.
④ BJT처럼 On-drop이 전류에 관계없이 낮고 거의 일정하며, MOSFET보다 훨씬 큰 전류를 흘릴 수 있다.

해설

**전력용 반도체 소자**

- MOSFET과 같이 전압 제어 소자이다.
- GTO 사이리스터와 같이 역방향 전압저지 특성을 갖는다.
- 게이트와 에미터 사이의 입력 임피던스가 크다.
- BJT처럼 On-drop 이 전류에 관계없이 낮고 거의 일정하며, MOSFET보다 훨씬 큰 전류를 흘릴 수 있다.

**10** **발전기의 자기여자현상을 방지하기 위한 대책으로 적합하지 않은 것은?**

① 단락비를 크게 한다.
② 포화율을 작게 한다.
③ 선로의 충전전압을 높게 한다.
④ 발전기 정격전압을 높게 한다.

해설

**발전기의 자기여자현상 방지**

- 단락비를 크게 한다.
- 포화율을 작게 한다.
- 선로의 충전전압을 낮게 한다.
- 발전기 정격전압을 높게 한다.

**11** **직류기에서 전기자 반작용을 방지하기 위한 보상 권선의 전류 방향은?**

① 계자 전류의 방향과 같다.
② 계자 전류 방향과 반대이다.
③ 전기자 전류 방향과 같다.
④ 전기자 전류 방향과 반대이다.

해설

**직류기의 전기자 반작용**

보상권선은 전기자 전류와 직렬로 반대방향의 전류 인가해서 전기자 전류에 의한 기자력을 상쇄시킨다.

**12** **직류발전기를 병렬운전할 때 균압선이 필요한 직류 발전기는?**

① 분권발전기, 직권발전기
② 분권발전기, 복권발전기
③ 직권발전기, 복권발전기
④ 분권발전기, 단극발전기

해설

**직류기의 병렬 운전 조건**

- 균압모선의 목적 : 직류발전기의 안정된 병렬운전을 위하여
- 병렬운전시 균압모선이 필요한 발전기 : 직권발전기, (과)복권발전기

**13** **변압기 운전에 있어 효율이 최대가 되는 부하는 전부하의 75[%]였다고 하면, 전부하에서의 철손과 동손의 비는?**

① 4 : 3　　② 9 : 16
③ 10 : 15　　④ 18 : 30

해설

**변압기 효율**

$\frac{1}{m}=0.75$이므로 $\frac{P_i}{P_c}=0.75^2=\frac{9}{16}$이 된다.

따라서 $P_i:P_c=9:16$이 된다.

**14** **단상 유도 전동기의 기동 방법 중 기동 토크가 가장 큰 것은?**

① 반발기동형　　② 분상기동형
③ 세이딩코일형　　④ 콘덴서 분상기동형

해설

**단상 유도전동기**

단상 유도전동기에서 기동토크가 가장 큰 기동방법은 반발 기동형이다.

[정답] 09 ③ 10 ③ 11 ④ 12 ③ 13 ② 14 ①

**15** **3상 권선형 유도 전동기의 회전자에 슬립 주파수의 전압을 공급하여 속도를 변화시키는 방법은?**

① 교류 여자 제어법　② 1차 저항법
③ 주파수 변환법　④ 2차 여자 제어법

해설

**유도전동기 속도제어**

3상 권선형 유도전동기의 슬립 주파수(2차) 전압을 제어하여 속도를 제어하는 방법은 2차 여자법이다.

**16** **어떤 변압기의 백분율 저항강하가 2[%], 백분율 리액턴스강하가 3[%]라 한다. 이 변압기로 역률이 80[%]인 부하에 전력을 공급하고 있다. 이 변압기의 전압변동률은 몇 [%]인가?**

① 2.4　② 3.4
③ 3.8　④ 4.0

해설

**변압기의 특성**

전압변동률$(\varepsilon)=p\cos\theta+q\sin\theta$
$=2\times0.8+3+0.6=3.4[\%]$

**17** **2대의 동기발전기가 병렬 운전하고 있을 때 동기화 전류가 흐르는 경우는?**

① 기전력의 크기에 차가 있을 때
② 기전력의 위상에 차가 있을 때
③ 기전력의 파형에 차가 있을 때
④ 부하 분담에 차가 있을 때

해설

**동기발전기의 병렬운전조건**

원동기의 출력 변화로 발전기의 위상차가 발생하게 되면 동기화전류(유효순환전류) 흐르게 된다.

**18** **다음 중 3상 동기기의 제동권선의 주된 설치 목적은?**

① 출력을 증가시키기 위하여
② 효율을 증가시키기 위하여
③ 역률을 개선하기 위하여
④ 난조를 방지하기 위하여

해설

**제동권선의 효과**

- 난조 방지
- 기동토크 발생
- 불평형시 파형개선
- 불평형 단락시 이상전압 방지

**19** **다음 중 직류 전동기의 속도 제어 방법에서 광범위한 속도 제어가 가능하며, 운전 효율이 가장 좋은 방법은?**

① 계자 제어　② 직렬 저항 제어
③ 병렬 저항 제어　④ 전압 제어

해설

**직류전동기 운전법**

직류전동기에서 속도제어법 중 광범위한 속도제어가 가능하며 효율이 좋은 방법은 전압제어법이다.

**20** **정격 1차 전압이 6600[V], 2차 전압이 220[V], 주파수가 60[Hz]인 단상 변압기가 있다. 이 변압기를 이용하여 정격 220[V], 10[A]인 부하에 전력을 공급할 때 변압기의 1차측 입력은 몇 [kW]인가? (단, 부하의 역률은 1로 한다.)**

① 2.2　② 3.3
③ 4.3　④ 6.6

해설

변압기 1차측 입력 $P_1=V_1I_1\times10^{-3}[\text{kW}]$

2차측 전류 $I_2=10[\text{A}]$에서, $a=\dfrac{V_1}{V_2}=\dfrac{6600}{220}=30$이므로

$I_1=\dfrac{I_2}{a}=\dfrac{10}{30}=\dfrac{1}{3}[\text{A}]$이다.

따라서, $P_1=6600\times\dfrac{1}{3}\times10^{-3}=2.2[\text{kW}]$이다.

[정답] 15④ 16② 17② 18④ 19④ 20①

## 시행일 2023년 1회

**01** **전기자저항과 계자저항이 각각 0.8[Ω]인 직류 직권 전동기가 회전수 200[rpm], 전기자전류 30[A]일 때 역기전력은 300[V]이다. 이 전동기의 단자전압을 500[V]로 사용한다면 전기자전류가 위와 같은 30[A]로 될 때의 속도[rpm]는? (단, 전기자 반작용, 마찰손, 풍손 및 철손은 무시한다.)**

① 200 ② 301
③ 452 ④ 500

해설

**전동기의 역기전력**

$E_1=300[V]$일 때 $N_1=200[rpm]$이다.
$E\times N$이므로 단자전압이 500[V]이 되면
$E_2=V-I_a(R_a+R_f)=500-30\times(0.8+0.8)=452[V]$
$E_1:N_1=E_2:N_2$
$N_2=\frac{E_2}{E_1}\times N_1=\frac{452}{300}\times 200=301[rpm]$

**02** **직류 분권전동기의 정격전압 220[V], 정격전류 105[A], 전기자저항 및 계자회로의 저항이 각각 0.1[Ω] 및 40[Ω]이다. 기동전류를 정격전류의 150[%]로 할 때의 기동저항은 약 몇 [Ω]인가?**

① 0.46 ② 0.92
③ 1.21 ④ 1.35

해설

**전동기의 기동전류**

$I_f=\frac{V}{R_f}=\frac{220}{40}=5.5[A]$
기동시 전기자 전류 $I_a=1.5I-I_f=1.5\times 105-5.5=152[A]$
$SR=\frac{V}{I_a}-R_a=\frac{220}{152}-0.1=1.347[Ω]$이다.

**03** **직류발전기에서 브러시간에 유기되는 기전력의 파형의 맥동을 방지하는 대책이 될 수 없는 것은?**

① 사구를 채용할 것
② 갭의 길이를 균일하게 할 것
③ 슬롯폭에 대하여 갭을 크게 할 것
④ 정류자 편수를 적게 할 것

해설

**직류 발전기에서 브러시 간에 기전력의 파형의 맥동을 방지하는 대책**

- 사구를 채용 할 것
- 공극(갭)의 길이를 균일하게 할 것
- 슬롯폭에 대하여 갭을 크게할 것
- 정류자편수를 많게 할것

**04** **전기자 지름 0.2[m]의 직류발전기가 1.5[kW]의 출력에서 1800[rpm]으로 회전하고 있을 때 전기자 주변속도[m/s]는?**

① 18.84 ② 21.96
③ 32.74 ④ 42.85

해설

**직류발전기의 주변속도**

주변속도 $v=\pi D\frac{N}{60}$($D$ : 지름, $N$ : 회전수)

$v=\pi\times 0.2\times\frac{1800}{60}=18.84[m/s]$

**05** **다음 중 3상 동기기의 제동권선의 주된 설치 목적은?**

① 출력을 증가시키기 위하여
② 효율을 증가시키기 위하여
③ 역률을 개선하기 위하여
④ 난조를 방지하기 위하여

해설

**동기기의 난조**

제동권선을 사용하는 주 이유는 난조를 방지하는데 있다.

[정답] 2203년 1회 01 ② 02 ④ 03 ④ 04 ① 05 ④

**06** 3상 교류발전기의 기전력에 대하여 $\frac{\pi}{2}$[rad] 뒤진 전기자 전류가 흐르면 전기자 반작용은?

① 증자작용을 한다.

② 감자작용을 한다.

③ 횡축 반작용을 한다.

④ 교차 자화작용을 한다.

해설

**3상 교류발전기 전기자 반작용**

- 동상전류가 흐를 때 교차자화작용이 발생
- 지상전류가 흐를 때 감자작용이 발생
- 진상전류가 흐를 때 증자작용이 발생

**07** 3상 동기발전기의 단락비를 산출하는데 필요한 시험은?

① 외부특성시험과 3상 단락시험

② 돌발단락시험과 부하시험

③ 무부하 포화시험과 3상 단락시험

④ 대칭분의 리액턴스 측정시험

해설

**동기발전기의 단락비를 산출하는데 필요한 시험**

- 무부하 포화시험
- 3상 단락시험

**08** 동기 전동기에서 동기 와트로 표시되는 것은?

① 토크 ② 동기속도

③ 출력 ④ 1차입력

해설

**동기와트**

동기와트란 동기속도 하에서의 동기전동기의 출력을 말하며, 이때의 출력은 곧 토크와 같은 개념이다.

**09** 정격 150[kVA], 철손 1[kW], 전부하 동손이 4[kW]인 단상 변압기의 최대효율[%]과 최대효율 시의 부하[kVA]는? (단, 부하 역률은 1이다.)

① 96.8[%], 125[kVA]

② 97.4[%], 75[kVA]

③ 97[%], 50[kVA]

④ 97.2[%], 100[kVA]

해설

**변압기의 최대효율**

변압기 부하지점 $\frac{1}{m}=\sqrt{\frac{P_i}{P_c}}=\sqrt{\frac{1}{4}}=\frac{1}{2}$ 이다.

효율은 $\dfrac{\frac{1}{m}\text{출력}}{\frac{1}{m}\text{출력}+\text{철손}+\left(\frac{1}{m}\right)^2\text{동손}}\times 100$

$=\dfrac{\frac{1}{2}\times 150}{\frac{1}{2}\times 150+1+\left(\frac{1}{2}\right)^2\times 4}\times 100=97.4[\%]$이고

최대효율 시의 부하는 정격용량의 $\frac{1}{2}$ 이므로 75[kVA]이다.

**10** 단상 단권변압기 2대를 V결선으로 해서 3상전압 3000[V]를 3300[V]로 승압하고, 150[kVA]를 송전하려고 한다. 이 경우 단상 변압기 1대분의 자기용량[kVA]은 약 얼마인가?

① 15.74 ② 13.62

③ 7.87 ④ 4.54

해설

**단권변압기 자기용량**

$\text{자기용량}=\frac{2}{\sqrt{3}}\times\frac{V_h-V_l}{V_h}\times\text{부하용량}$

$=\frac{2}{\sqrt{3}}\times\frac{3300-3000}{3300}\times 150=15.74[\text{kVA}]$

해당 용량의 크기는 변압기 2대분의 용량이므로 1대분의 변압기의 용량은 7.87[kVA]이다.

[정답] 06 ② 07 ③ 08 ① 09 ② 10 ③

**11** **변압기의 온도시험을 하는데 가장 좋은 방법은?**

① 실부하법 ② 반환부하법
③ 단락시험법 ④ 내전압법

해설

**변압기의 온도상승시험**
변압기의 온도상승시험은 실부하법과 반환부하법, 단락시험법 등이 있으며 가장 좋은 방법으로는 반환부하법을 사용한다.

**12** **변압비 10:1 의 단상 변압기 3대를 Y-△를 접속하여 2차측에 200[V], 75[kVA]의 3상 평형부하를 걸었을 때 1차측에 흐르는 전류는 몇 [A]인가?**

① 10.5 ② 11.0
③ 12.5 ④ 13.5

해설

**변압기 Y－△결선**
변압기의 변압비는 10:1이므로 권수비 $a=10$이다.
$I_{2l}=\dfrac{P}{\sqrt{3}V_2}=\dfrac{75\times10^3}{\sqrt{3}\times200}=216.5[A]$이고 2차측은 △결선이므로
$I_{2p}=\dfrac{I_{2l}}{\sqrt{3}}=\dfrac{216.5}{\sqrt{3}}=215[A]$이 된다.
$a=\dfrac{I_{2(p)}}{I_{1(p)}}$ 이므로 $I_{2p}=\dfrac{I_{1p}}{a}=\dfrac{125}{10}=12.5[A]$이다.

**13** **권선형 3상 유도전동기가 있다. 2차 회로는 Y로 접속되고 2차 각 상의 저항은 0.3[Ω]이며, 1차, 2차 리액턴스의 합은 2차측에서 보아 1.5[Ω]이라 한다. 기동시에 최대 토크를 발생하기 위해서 삽입하여 할 저항[Ω]은 얼마인가? (단, 1차 각상의 저항은 무시함)**

① 1.2 ② 1.5
③ 2 ④ 2.2

해설

**유도전동기 최대토크 기동**
$R=\sqrt{r_1^2+(x_1+x_2)^2}-r_2$이므로 1차 각상의 저항무시하므로 $r_1=0$이 되어 $R=\sqrt{1.5^2}-0.3=1.2[\Omega]$

**14** **3상 유도전동기의 전원주파수와 전압의 비가 일정하고 정격속도 이하로 속도를 제어하는 경우 전동기의 출력 $P$와 주파수 $f$와의 관계는?**

① $P\propto f$ ② $P\propto\dfrac{1}{f}$
③ $P\propto f_2$ ④ $P$는 $f$에 무관

해설

**유도전동기 출력과 주파수 관계**
출력 $P=\omega\cdot T=2\pi nT=\dfrac{4\pi f}{p}(1-s)T$ 에서
출력 $P$와 주파수 $f$는 비례하는 것을 확 할 수 있다.

**15** **4극 7.5[kW], 200[V], 50[Hz]의 3상 유도전동기가 있다. 전부하에서 2차 입력이 7950[W]이다. 이 경우의 2차 효율은 약 몇[%]인가? (단, 여기서 기계손은 130[W]이다.)**

① 94 ② 95
③ 96 ④ 97

해설

**유도전동기 전력변환**
$\eta_2=\dfrac{P_0}{P_2}\times100=\dfrac{P+P_0}{P_2}\times100=\dfrac{7500+130}{7950}\times100=96[\%]$

**16** **유도 전동기의 속도제어법이 아닌 것은?**

① 2차 저항법 ② 2차 여자법
③ 1차 저항법 ④ 주파수 제어법

해설

**유도전동기 속도제어법**
- 농형 유도전동기의 속도제어법은 주파수 제어법, 극수 제어법, 전압 제어법
- 권선형 유도전동기의 속도제어법은 2차 저항법, 2차 여자법, 게르게스법

[정답] 11 ② 12 ③ 13 ① 14 ① 15 ③ 16 ③

**17** **단상 반파정류로 직류전압 150[V]를 얻으려고 한다. 최대 역전압(Peak Inverse Voltage)이 약 몇 [V] 이상의 다이오드를 사용하여야 하는가? (단, 정류회로 및 변압기의 전압강하는 무시한다.)**

① 150 ② 166
③ 333 ④ 471

해설

**최대 역전압**
$PIV = \pi E_d = 3.14 \times 150 = 471[V]$이다.

**18** **정류방식 중에서 맥동율이 가장 작은 회로는?**

① 단상 반파 정류회로 ② 단상 전파 정류회로
③ 삼상 반파 정류회로 ④ 삼상 전파 정류회로

해설

**맥동률**
- 단상반파 정류회로 121[%]
- 단상전파 정류회로 48[%]
- 삼상반파 정류회로 17[%]
- 삼상전파 정류회로 4[%]

**19** **브러시의 위치를 바꾸어서 회전방향을 바꿀 수 있는 전기기계가 아닌 것은?**

① 톰슨형 반발 전동기
② 3상 직권 정류자 전동기
③ 시라게 전동기
④ 정류자형 주파수 변환기

해설

**브러시로 회전방향을 바꿀 수 있는 전동기**
단상 반발 전동기, 3상 직권 정류자 전동기, 시라게 전동기 등은 브러시 위치를 바꾸어서 회전방향을 바꿀수 있는 전동기이다.

**20** **3상 직권 정류자 전동기의 중간 변압기의 사용 목적이 아닌 것은?**

① 실효 권수비의 조정
② 정류 전압의 조정
③ 경부하 때 속도의 이상 상승 방지
④ 직권 특성을 얻기 위하여

해설

**3상 직권 정류자 전동기의 중간변압기**
3상 직권 정류자 전동기의 중간(직렬)변압기는 실효권수비를 조정하여 정류에 알맞은 전압으로 조정하고, 경부하 때 속도의 이상 상승 방지를 위해 사용된다.

## 시행일 2023년 2회

**01** **변압기의 부하가 증가할 때의 현상으로 틀린 것은?**

① 온도가 상승한다. ② 동손이 증가한다.
③ 철손이 증가한다. ④ 여자전류는 변함없다.

해설

**변압기의 손실**
부하 증가시 부하전류가 증가하여 동손이 증가하고 손실이 증가하면 온도가 증가한다. 따라서 무부하손인 철손과 무부하전류인 여자전류는 일정하다.

**02** **유도기의 슬립이 $s > 1$인 것은?**

① 발전기 ② 전동기
③ 제동기 ④ 변압기

해설

**유도기의 슬립 범위**
$1 < s < 2$ 제동기
$0 < s < 1$ 전동기
$s < 0$ 발전기

[정답] 17 ④ 18 ④ 19 ④ 20 ④ 2023년 2회 01 ③ 02 ③

## 03 동기전동기의 난조의 원인이 아닌 것은?

① 부하가 급변할 때

② 전기자 저항이 작을 때

③ 관성모우멘트가 클때

④ 원동기 토크에 고조파가 포함된 경우

해설

**동기기 난조의 발생 원인**

- 부하가 급변할 때
- 전기자 저항이 클 때
- 관성 모멘트가 작을 때
- 원동기 토크에 고조파가 포함된 경우

## 04 직류 분권발전기의 브러시를 중성축 회전방향으로 이동하면 유기기전력은?

① 급격히 상승한다. ② 상승한다.

③ 변화하지 않은다. ④ 감소한다.

해설

**전기자 반작용**

직류 분권 발전기의 중성축 이동으로 감자작용이 발생하여 발전기의 유기기전력이 감소하게 된다.

## 05 유도전동기에 전력용 캐패시턴스를 사용하는 이유는?

① 전동기의 진동을 방지한다.

② 회전속도의 변동을 방지한다.

③ 전원주파수의 변동을 방지한다.

④ 역률 개선

해설

**역률 개선**

유도전동기의 지상부하이므로 전력용 캐패시턴스를 사용하면 역률이 개선된다.

## 06 동기발전기 병렬운전시 유효전력 분담을 증가시키기 위한 방법은?

① 동기발전기의 계자전류를 증가시킨다.

② 동기발전기의 계자전류를 감소시킨다.

③ 동기발전기의 원동기 속도를 증가시킨다.

④ 동기발전기의 원동기 속도를 감소시킨다.

해설

**발전기 병렬운전**

- 계자전류가 변화시 무효순환전류 발생
- 원동기의 속도 증가시 유효전력 분담 증가

## 07 포화하고 있지 않은 직류발전기의 회전수를 $\frac{1}{2}$로 감소되었을 때 기전력을 전과 같은 값으로 하자면 여자를 속도 변화 전에 비해 얼마로 해야 하는가?

① $\frac{1}{2}$배 ② 2배

③ 1배 ④ 4배

해설

동기속도 $N_s = \frac{120f}{p}$[rpm]은 $N_s \propto f$ 이고

발전기의 유기기전력 $E = 4.44 f \phi w K_w$[V]이므로

전압을 일정하게 유지할 때 주파수와 자속은 반비례 관계를 가진다.

따라서, 자속과 비례하는 여자전류는 2배로 한다.

## 08 단락사고 시 전동기의 과전류 보호기기가 아닌 것은?

① MCCB ② OCR

③ MC ④ PF

해설

**과전류 보호기기**

- MCCB : 배선용 차단기
- OCR : 과전류 계전기
- PF : 전력 퓨즈
- MC : 전자 접촉기는 전기를 흐르게 하여 전자석을 이용하여 개폐하는 장치로 주로 모터를 ON, OFF하는 개폐기를 말한다.

[정답] 03 ② 04 ④ 05 ④ 06 ③ 07 ② 08 ③

## 09 부하의 변화에 대하여 속도 변동이 가장 큰 직류전동기는?

① 분권전동기 ② 차동복권전동기
③ 가동복권전동기 ④ 직권전동기

해설

**직류전동기의 기동토크(속도 변동)가 큰 순서**
직권전동기 → 가동복권전동기 → 분권전동기 → 차동복권전동기

## 10 3상 직권 정류자 전동기에서 고정자 권선과 회전자 권선 사이에 중간 변압기를 사용하는 주된 이유가 아닌 것은?

① 경부하시 속도의 이상 상승 방지
② 철심을 포화시켜 회전자 상수를 감소
③ 중간 변압기의 권수비를 바꾸어서 전동기 특성을 조정
④ 전원전압의 크기에 관계없이 정류에 알맞은 회전자 전압 선택

해설

**중간변압기의 사용목적**
- 정류에 알맞은 전압 선정
- 변압기의 권수비를 바꾸어서 전동기 특성을 조정
- 철심을 포화시켜 경부하시 속도의 이상 상승 방지

## 11 단상변압기 2대를 사용하여 3150[V]의 평형 3상에서 210[V]의 평형 2상으로 변환하는 경우에 각 변압기의 1차 전압과 2차 전압은 얼마인가?

① 주좌 변압기 : 1차 3150[V], 2차 210[V],
T좌 변압기 : 1차 3150[V], 2차 210[V]
② 주좌 변압기 : 1차 3150[V], 2차 210[V],
T좌 변압기 : 1차 $3150\times\frac{\sqrt{3}}{2}$[V], 2차 210[V]
③ 주좌 변압기 : 1차 $3150\times\frac{\sqrt{3}}{2}$[V], 2차 210[V],
T좌 변압기 : 1차 $3150\times\frac{\sqrt{3}}{2}$[V], 2차 210[V]
④ 주좌 변압기 : 1차 $3150\times\frac{\sqrt{3}}{2}$[V], 2차 210[V],
T좌 변압기 : 1차 3150[V], 2차 210[V]

해설

**T결선**

T좌 변압기의 권수비 $a_T=a\times\frac{\sqrt{3}}{2}$이므로

T좌 변압기의 1차 전압은 $3150\times\frac{\sqrt{3}}{2}$[V]이 된다.

## 12 어떤 IGBT의 열용량은 0.02[J/°C], 열저항은 0.625[°C/W]이다. 이 소자에 직류 25[A]가 흐를 때 전압 강하는 3[V]이다. 몇 [°C]의 온도상승이 발생하는가?

① 1.5 ② 1.7
③ 47 ④ 52

해설

**IGBT**
0.625[°C/W]×(3[V]×25[A])=47[°C]

## 13 정격 20[kVA], 역률이 1일 때 전부하시 효율이 97[%]이다. 최대효율 발생시 부하가 $\frac{3}{4}$이면 철손 $P_i$[W], 동손 $P_c$[W]은 얼마인가?

① $P_i=396$[W], $P_c=222$[W]
② $P_i=222$[W], $P_c=396$[W]
③ $P_i=618$[W], $P_c=222$[W]
④ $P_i=396$[W], $P_c=618$[W]

해설

**변압기 최대효율**

$$\eta=\frac{P_a\cos\theta}{P_a\cos\theta+P_l} \rightarrow P_l=\frac{P_a}{\eta}-P_a=\frac{20000}{0.97}-20000=618[W]$$

$$\frac{1}{m}=\sqrt{\frac{P_i}{P_c}}=\frac{3}{4} \rightarrow \frac{P_i}{P_c}=\left(\frac{3}{4}\right)^2=\frac{9}{16} \rightarrow P_i=\frac{9}{16}P_c$$

$$P_l=P_i+P_c \rightarrow P_l=\frac{25}{16}P_c \rightarrow P_c=\frac{16}{25}\times 618=396[W]$$

$$P_i=P_l-P_c=618-396=222[W]$$

[정답] 09 ④ 10 ② 11 ② 12 ③ 13 ②

**14** 3상 동기발전기에서 그림과 같이 1상의 권선을 서로 똑같은 2조로 나누어 그 1조의 권선전압을 $E$[V], 각권선의 전류를 $I$[A]라 하고 이중 성형결선으로 하는 경우 선간 전압[V], 선전류[A] 및 피상전력[VA]은?

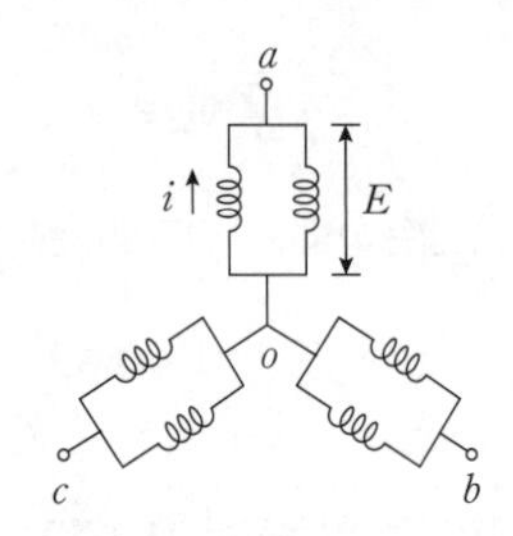


① $\sqrt{3}E$, $\sqrt{3}I$, $5.19EI$

② $3E$, $I$, $5.19EI$

③ $E$, $2\sqrt{3}I$, $6EI$

④ $\sqrt{3}E$, $2I$, $6EI$

해설

**발전기 이중 성형결선**

Y결선이므로 선간전압 $=\sqrt{3}E$

병렬이므로 선전류 $=2I$

3상이므로 피상전력 $=\sqrt{3}\times\sqrt{3}E\times 2I=6EI$

**15** 농형 전동기에서 고정자와 회전자의 슬롯수가 적당하지 않을 경우에 발생하는 현상으로서 유도전동기의 공극이 일정하지 않거나 계자에 고조파가 유기될 때 전동기가 정격속도에 이르지 못하고 정격속도 이전의 낮은 속도에서 안정되어 버리는 현상으로 옳은 것은?

① 게르게스 현상　② 크로우링 현상

③ 자기여자현상　④ 난조현상

해설

**크로우링 현상**

농형 유도전동기가 정격속도에 이르지 못하고 정격속도 보다 낮은 속도에서 안정되어 버리는 현상

**16** 동기발전기의 권선을 분포권으로 하면?

① 난조를 방지한다.

② 권선의 리액턴스가 커진다.

③ 집중권에 비하여 합성 유도기전력이 높아진다.

④ 파형이 좋아진다.

해설

**동기발전기의 분포권 특징**

- 고조파를 제거하여 파형을 개선한다.
- 기전력의 크기가 감소한다.
- 누설리액턴스를 감소시킨다.

**17** 변압기의 임피던스 전압이란?

① 정격전류가 흐를 때의 변압기 내의 전압강하

② 여자전류가 흐를 때의 2차측 단자전압

③ 정격전류가 흐를 때의 2차측 단자전압

④ 2차 단락전류가 흐를 때의 변압기 내의 전압강하

해설

**임피던스 전압**

변압기내의 2차측을 단락시키고 1차측에 정격전류가 흐를 때 임피던스에서 발생하는 전압강하이다.

**18** 유도 전동기 원선도에서 원의 지름은? (단, $E$를 1차 전압, $r$는 1차로 환산한 저항, $x$를 1차로 환산한 누설 리액턴스라 한다.)

① $rE$에 비례　② $rxE$에 비례

③ $\dfrac{E}{r}$에 비례　④ $\dfrac{E}{x}$에 비례

해설

**유도전동기의 원선도**

유도전동기의 원선도에서 원의 지름은 $\dfrac{E}{x}$에 비례한다.

[정답] 14④ 15② 16④ 17① 18④

**19** **사이리스터를 이용한 정류 회로에서 직류 전압의 맥동률이 가장 작은 정류 회로는?**

① 단상 반파 정류 회로
② 단상 전파 정류 회로
③3상 반파 정류 회로
④ 3상 전파 정류 회로

해설

**맥동률**

- 맥동률$=\dfrac{\text{교류분의 크기}}{\text{직류분의 크기}}$
- 단상반파 121[%]
- 단상전파 48[%]
- 3상반파 17[%]
- 3상전파 4[%]

**20** **변압기 유(油)의 열화에 따른 영향으로 옳지 않은 것은?**

① 침식 작용 ② 절연 내력의 저하
③ 냉각 효과의 감소 ④ 공기 중 수분의 흡수

해설

**변압기유 열화의 영향**

- 침식작용
- 냉각효과 감소
- 절연내력의 저하

## 시행일 2023년 3회

**01** **동기전동기에 관한 설명으로 옳은 것은?**

① 기동 토크가 크다.
② 기동조작이 간단하다.
③ 역율을 조정할 수 없다.
④ 속도가 일정하다.

해설

**동기전동기 특징**

| 장점 | 단점 |
|---|---|
| • 속도가 일정하다.<br>• 역률을 조정할 수 있다. | • 속도제어가 어렵다.<br>• 기동장치가 필요하다.<br>• 직류 여자장치가 필요하다.<br>• 난조가 쉽게 발생한다. |

**02** **60[Hz] 4극 3상 유도 전동기가 1620[rpm]으로 운전하고 있다. 이 전동기의 슬립은?**

① 0.025 ② 0.05
③ 0.075 ④ 0.1

해설

**유도전동기 슬립**

- 동기속도 $N_s=\dfrac{120f}{p}=\dfrac{120\times60}{4}=1800[\text{rpm}]$
- 유도전동기 슬립 $s=\dfrac{N_s-N}{N_s}=\dfrac{1800-1620}{1800}=0.1$

**03** **단락비가 큰 동기기의 특징 중 옳은 것은?**

① 전압 변동률이 크다.
② 과부하 내량이 크다.
③ 전기자 반작용이 크다.
④ 송전선로의 충전 용량이 작다.

해설

**단락비가 큰 동기기의 특징**

- 동기임피던스가 작다.
- 전압변동률이 작다.
- 전압강하가 작다.
- 전기자반작용이 작다.

**04** **단락비가 1.2인 발전기의 퍼센트 동기 임피던스[%]는 약 얼마인가?**

① 100 ② 83
③ 60 ④ 45

[정답] 19 ④ 20 ④ 2023년 3회 01 ④ 02 ④ 03 ② 04 ②

해설

**동기 발전기 퍼센트 동기 임피던스**

$\%Z_s=\frac{100}{K_s}=\frac{100}{1.2}=83[\%]$

## 05 단상 및 3상 유도전압조정기에 대한 설명으로 옳은 것은?

① 3상 유도전압조정기에는 단락권선이 필요 없다.
② 3상 유도전압조정기의 1차와 2차 전압은 동상이다.
③ 단락권선은 단상 및 3상 유도전압조정기 모두 필요하다.
④ 단상 유도전압조정기의 기전력은 회전자계에 의해서 유도된다.

해설

**유도전압조정기**

- 단상 유도전압조정기는 교번자계의 원리를 이용하고 단락권선이 필요하며 위상차가 없다.
- 3상 유도전압조정기는 회전자계의 원리를 이용하고 단락권선이 필요없고 위상차가 있다.

## 06 정격 전압 525[V], 전기자 전류 50[A]에서 1500[rpm]으로 회전하는 직류 직권 전동기의 공급 전압을 400[V]로 감소하고, 전기자 전류는 동일하게 유지하면 회전수는 몇 [rpm]이 되는가? (단, 전기자 권선 및 계자 권선의 저항은 0.5[Ω]이라 한다)

① 1125 ② 1175
③ 1200 ④ 1250

해설

$V_1=525[V],\ V_2=400[A],\ E=k\phi N\propto N$
$E_1=V_1-I_aR_a=525-50\times0.5=500[V]$
$E_2=V_2-I_aR_a=400-50\times0.5=375[V]$
$N_1:N_2=E_1:E_2$ → $1500:N_2=500:375$ 이므로
$N_2=1500\times\frac{375}{500}=1125[rpm]$

## 07 극수 6, 분당 회전수가 1200인 교류발전기와 병렬 운전하는 극수가 8인 교류발전기의 회전수[rpm]는? (단, 주파수는 60[Hz]이다.)

① 1200 ② 900
③ 750 ④ 520

해설

**발전기 병렬운전**

$N_s=\frac{120f}{p}=\frac{120\times60}{8}=900[rpm]$

## 08 10[kVA], 2000/100[V] 변압기에서 1차로 환산한 등가 임피던스는 $6.2+j7[\Omega]$이다. 변압기의 %리액턴스 강하는?

① 0.75 ② 1.75
③ 3 ④ 6

해설

**변압기의 %리액턴스**

$\%X=\frac{I_{1n}X_{21}}{V_{1n}}=\frac{PX}{10V^2}=\frac{10\times7}{10\times2^2}=1.75[\%]$

## 09 다음 정류방식중 맥동률이 가장 작은 방식은?

① 단상 반파 정류 ② 단상 전파 정류
③ 3상 반파 정류 ④ 3상 전파 정류

해설

**맥동률**

| | 단상반파 | 단상전파 | 3상반파 | 3상전파 |
|---|---|---|---|---|
| 맥동률 | 121[%] | 48[%] | 17[%] | 4[%] |

[정답] 05 ① 06 ① 07 ② 08 ② 09 ④

## 10 단상 유도전동기의 기동방법중 가장 기동토오크가 작은 것은?

① 반발 기동형 ② 셰이딩 코일형
③ 콘덴서 분상형 ④ 분상 기동형

해설

**단상 유도전동기**
단상 유도전동기 기동 토크의 순서는 반발 기동형, 반발 유도형, 콘덴서 기동형, 콘덴서 전동기형, 분상기동형, 셰이딩 코일형의 순서로 기동토크가 크다.

## 11 단상 직권정류자 전동기는 그 전기자 권선의 권선수를 계자권수에 비하여 특히 많게 하고 있다. 그 이유를 설명한 것이다. 틀린 것은?

① 주자속을 작게 하기 위하여
② 속도기전력을 크게 하기 위하여
③ 변압기 기전력을 크게 하기 위하여
④ 역률저하를 방지하기 위하여

해설

**단상 직권 정류자 전동기**
- 단상 직권 정류자 전동기는 약계자 강전기자로 계자의 권수를 적게 한다.
- 철손을 작게 하기 위해 주자속을 작게 한다.
- 역률을 높이기 속도기전력을 크게 한다.

## 12 단상변압기를 병렬운전하는 경우 부하전류의 분담은 무엇에 관계되는가?

① 누설리액턴스에 비례한다.
② 누설리액턴스 2승에 반비례한다.
③ 누설임피던스에 비례한다.
④ 누설임피던스에 반비례한다.

해설

**변압기 병렬운전 조건**
변압기 병렬운전시 부하전류의 분담은 용량에는 비례하고, 누설임피던스에 반비례한다.

## 13 PN 접합 구조로 되어 있고 제어는 불가능하나 교류를 직류로 변환하는 반도체 정류 소자는?

① IGBT ② 다이오드
③ MOSFET ④ 사이리스터

해설

**다이오드**
PN접합 구조의 반도체 정류 소자로 게이트 단자가 없어 제어는 불가능하나 교류를 직류로 변환이 가능한 소자이다.

## 14 무부하 포화곡선를 얻을 수 없는 발전기는?

① 가동복권발전기 ② 차동복권발전기
③ 직권발전기 ④ 분권발전기

해설

**직권발전기**
직권발전기는 무부하시 전압을 확립할수 없기 때문에 무부하 포화곡선을 얻을 수 없다.

## 15 변류기를 개방할 때 2차측을 단락하는 이유는?

① 1차측 과전류 보호 ② 1차측 과전압 방지
③ 2차측 과전류 보호 ④ 2차측 절연보호

해설

**변류기 2차측 단락이유**
변류기 2차측 개방시에 2차 권선에 고전압을 유기하게 되어 절연이 파괴될수 있기 때문에 2차측을 단락시킨다.

## 16 온도 측정장치 중 변압기의 권선온도 측정에 가장 적당한 것은?

① 탐지코일 ② dial온도계
③ 권선온도계 ④ 봉상온도계

해설

**변압기의 권선온도 측정**
권선온도계는 권선온도 측정에 사용된다.

[정답] 10 ② 11 ③ 12 ④ 13 ② 14 ② 15 ④ 16 ③

**17** 직류발전기의 정류시간에 비례하는 요소를 바르게 나타낸 것은? (단, $b$ : 브러시의 두께[mm], $\delta$ : 정류자편사이의 두께[mm], $v_c$ : 정류자의 주변속도이다.)

① $v_c-\delta$ ② $b-\delta$
③ $\delta-b$ ④ $b+\delta$

해설

**직류발전기 정류**

정류시간 $T_c=\dfrac{b-\delta}{v_c}$ 이기 때문에 $T_c\propto b-\delta$에 비례하다.

**18** 10[HP], 4극 60[Hz] 농형 3상 유도 전동기의 전 전압 기동토크가 전부하 토크의 1/3일 때 탭 전압이 $1/\sqrt{3}$ 인 기동 보상기로 기동하면 그 기동 토크는 전부하 토크의 몇 배가 되겠는가?

① $\sqrt{3}$ 배 ② 1/3배
③ 1/9배 ④ $1/\sqrt{3}$ 배

해설

**유도 전동기 기동토크**

전전압 기동 토크 $T_s=T\times\dfrac{1}{3}$

$\dfrac{1}{\sqrt{3}}$ 전압 토크 $T\propto V^2=\left(\dfrac{1}{\sqrt{3}}\right)^2=\dfrac{1}{3}$

$\dfrac{1}{\sqrt{3}}$ 전압 기동 토크 $T_s=T\times\dfrac{1}{3}\times\dfrac{1}{3}=\dfrac{1}{9}T$

**19** 직류 분권 발전기의 전기자 저항이 0.05[Ω]이다. 단자전압이 200[V], 회전수 1500[rpm]일 때 전기자 전류가 100[A]이다. 이것을 전동기로 사용하여 전기자 전류와 단자전압이 같을 때 회전속도 [rpm]는? (단, 전기자 반작용은 무시한다.)

① 1427 ② 1577
③ 1620 ④ 1800

해설

**직류기의 속도**

$E\propto N$이므로 기전력과 비례하므로
$E_G=V+I_aR_a=200+100\times0.05=205[\text{V}]$일 때
$N_G=1500[\text{rpm}]$이다. 이 때, 전동기로 동작시키면
$E_M=V-I_aR_a=200-100\times0.05=195[\text{V}]$가 된다.
따라서 $N_G:E_G=N_M:E_M$이 되어

$N_M=\dfrac{E_M}{E_G}N_G=\dfrac{195}{205}\times1500=1427[\text{rpm}]$

**20** 직류 분권전동기의 운전 중 계자저항기의 저항을 증가하면 속도는 어떻게 되는가?

① 변하지 않는다. ② 증가한다.
③ 감소한다. ④ 정지한다.

해설

**직류전동기 속도제어**

직류 분권 전동기의 운전 중 계자저항기의 저항을 증가하면 계자 전류가 감소하게 되어 계자의 자속이 감소하게 된다. 따라서 계자의 자속과 속도가 반비례하기 때문에 속도는 증가하게 된다.

[정답] 17② 18③ 19① 20②

국가기술자격검정필기시험문제

| 자격종목 및 등급 | 과목명 | 시험시간 | 성명 |
|---|---|---|---|
| 전기산업기사 | 회로이론 | 2시간 30분 | 대산전기학원 |



시행일 **2019년 1회**

**01** 비정현파의 성분을 가장 옳게 나타낸 것은?

① 직류분+고조파

② 교류분+고조파

③ 교류분+기본파+고조파

④ 직류분+기본파+고조파

해설

**비정현파 교류 구성**

비정현파 교류는 직류분, 기본파, 고조파성분의 합으로 구성되어 있다.

**02** 다음과 같은 전류의 초기값 $i(0^+)$를 구하면?

$$I(s)=\frac{12(s+8)}{4s(s+6)}$$

① 1 ② 2

③ 3 ④ 4

해설

**초기값 정리**

$\lim_{t\to 0} f(t)=\lim_{s\to\infty} s\cdot F(s)$에 의해서

$\lim_{t\to 0} i(t)=\lim_{s\to\infty} s\cdot I(s)=\lim_{s\to\infty} s\cdot\frac{12(s+8)}{4s(s+6)}=3$

**03** 대칭 $n$상 환상결선에서 선전류와 환상전류 사이의 위상차는 어떻게 되는가?

① $2\left(1-\frac{2}{n}\right)$ ② $\frac{n}{2}\left(1-\frac{\pi}{2}\right)$

③ $\frac{\pi}{2}\left(1-\frac{n}{2}\right)$ ④ $\frac{\pi}{2}\left(1-\frac{2}{n}\right)$

해설

환상결선(△결선)시 대칭 $n$상에서 선전류는 상전류보다 위상이 $\frac{\pi}{2}\left(1-\frac{2}{n}\right)$[rad]만큼 뒤진다.

**04** $V_a, V_b, V_c$를 3상 불평형 전압이라 하면 정상(正相) 전압[V]은? (단, $a=-\frac{1}{2}+j\frac{\sqrt{3}}{2}$이다.)

① $3(V_a+V_b+V_c)$ ② $\frac{1}{3}(V_a+V_b+V_c)$

③ $\frac{1}{3}(V_a+a^2V_b+aV_c)$ ④ $\frac{1}{3}(V_a+aV_b+a^2V_c)$

해설

**대칭분 전압, 전류**

- 영상 전압 $V_0=\frac{1}{3}(V_a+V_b+V_c)$
- 정상 전압 $V_1=\frac{1}{3}(V_a+aV_b+a^2V_c)$
- 역상 전압 $V_2=\frac{1}{3}(V_a+a^2V_b+aV_c)$

[정답] 2019년 1회 01 ④ 02 ③ 03 ④ 04 ④

**05** 그림에서 4단자 회로 정수 $A, B, C, D$ 중 출력 단자 3, 4가 개방되었을 때의 $\frac{V_1}{V_2}$인 $A$의 값은?

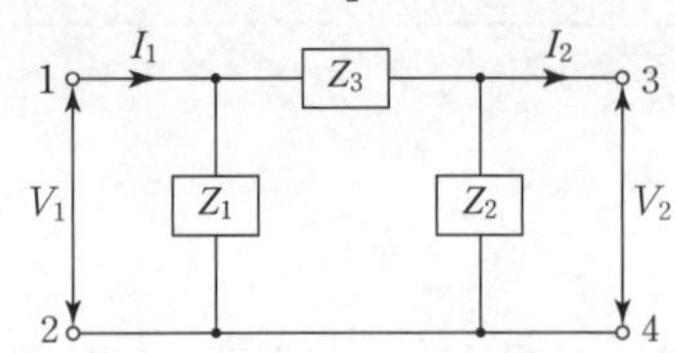


① $1+\frac{Z_2}{Z_1}$　② $1+\frac{Z_3}{Z_2}$

③ $1+\frac{Z_2}{Z_3}$　④ $\frac{Z_1+Z_2+Z_3}{Z_1Z_3}$

해설

**4단자 정수**

$\pi$형 회로의 4단자 정수

$$\begin{bmatrix} A & B \\ C & D \end{bmatrix}=\begin{bmatrix} 1+\frac{Z_3}{Z_2} & Z_3 \\ \frac{Z_1+Z_2+Z_3}{Z_1Z_2} & 1+\frac{Z_3}{Z_1} \end{bmatrix}$$

**06** $R=1[\text{k}\Omega]$, $C=1[\mu\text{F}]$가 직렬접속된 회로에 스텝(구형파)전압 $10[\text{V}]$를 인가하는 순간에 커패시터 $C$에 걸리는 최대전압$[\text{V}]$은?

① 0　② 3.72

③ 6.32　④ 10

해설

$R-C$ 직렬회로에 구형파 전압 $E=10[\text{V}]$인가시

$C$에 걸리는 전압은 $V_C=E(1-e^{-\frac{1}{RC}t})[\text{V}]$이므로

$10[\text{V}]$를 인가하는 순간 $t=0$일 때 $V_{C\max}=E=0[\text{V}]$가 된다.

**07** 저항 $R=6[\Omega]$과 유도리액턴스 $X_L=8[\Omega]$이 직렬로 접속된 회로에서 $v=200\sqrt{2}\sin\omega t[\text{V}]$인 전압을 인가하였다. 이 회로의 소비되는 전력$[\text{kW}]$은?

① 1.2　② 2.2

③ 2.4　④ 3.2

해설

**$R-X$ 직렬회로의 단상교류전력**

$R=6[\Omega]$, $X_L=8[\Omega]$, $V=200[\text{V}]$일 때

$R-X_L$ 직렬회로에서의 소비전력은

$$P=\frac{RV^2}{R^2+X_L^{\ 2}}=\frac{200^2\times 6}{6^2+8^2}=2400[\text{W}]=2.4[\text{KW}]$$

**08** 어느 소자에 전압 $e=125\sin 377t[\text{V}]$를 가했을 때 전류 $i=50\cos 377t[\text{A}]$가 흘렀다. 이 회로의 소자는 어떤 종류인가?

① 순저항　② 용량 리액턴스

③ 유도 리액턴스　④ 저항과 유도 리액턴스

해설

**$C[\text{F}]$만의 회로**

전압 $e=125\sin 377t$, 전류 $i=50\cos 377t=50\sin(\omega t+90°)$

전류가 전압보다 위상이 $90°$ 앞서고 $C[\text{F}]$만의 회로이므로

$C$의 리액턴스인 용량리액턴스가 된다.

**09** 기전력 $3[\text{V}]$, 내부저항 $0.5[\Omega]$의 전지 9개가 있다. 이것을 3개씩 직렬로 하여 3조 병렬 접속한 것에 부하저항 $1.5[\Omega]$을 접속하면 부하전류$[\text{A}]$는?

① 2.5　② 3.5

③ 4.5　④ 5.5

해설

**전지 $n$개 연결**

전지 직렬연결시 합성 내부저항은 $nr$이고 병렬연결시 $\frac{r}{n}$이므로

합성내부저항은 $r_0=\frac{3\times 0.5}{3}=0.5[\Omega]$

따라서 부하저항까지 합친 합성저항은 $R_0=0.5+1.5=2[\Omega]$이 된다.

전지 직렬연결시 기전력이 동일시

합성 전압은 $nE$이고 병렬연결시 전압은 일정하므로

전체전압은 $V=3\times 3=9[\text{V}]$가 되므로 부하전류는

$$\therefore I=\frac{V}{R_0}=\frac{9}{2}=4.5[\text{A}]$$

[정답] 05 ② 06 ① 07 ③ 08 ② 09 ③

**10** $\frac{E_o(s)}{E_i(s)}=\frac{1}{s^2+3s+1}$의 전달 함수를 미분 방정식으로 표시하면?
(단, $\mathcal{L}^{-1}[E_o(s)]=e_o(t)$, $\mathcal{L}^{-1}[E_i(s)]=e_i(t)$이다.)

① $\frac{d^2}{dt^2}e_i(t)+3\frac{d}{dt}e_i(t)+e_i(t)=e_o(t)$

② $\frac{d^2}{dt^2}e_o(t)+3\frac{d}{dt}e_o(t)+e_o(t)=e_i(t)$

③ $\frac{d^2}{dt^2}e_i(t)+3\frac{d}{dt}e_i(t)+\int e_i(t)dt=e_o(t)$

④ $\frac{d^2}{dt^2}e_o(t)+3\frac{d}{dt}e_o(t)+\int e_o(t)=e_i(t)$

해설

**미분방정식에 따른 전달함수**

$\frac{E_0(s)}{E_i(s)}=\frac{1}{s^2+3s+1}$에서

$E_i(s)=s^2E_o(s)+3sE_o(s)+E_o(s)$

$e_i(t)=\frac{d^2}{dt^2}e_0(t)+3\frac{d}{dt}e_0(t)+e_0(t)$

**11** 정격전압에서 1[kW]의 전력을 소비하는 저항에 정격의 80[%]의 전압을 가할 때의 전력[W]은?

① 340 ② 540
③ 640 ④ 740

해설

정격의 80[%] 전압을 가하므로 $V=0.8$배가 된다.

∴ 전력 $P=\frac{V^2}{R}$의 식에서

$P\propto V^2$이므로 $P=0.8^2$배$=0.64$배가 되어

$P=0.64\times1000[W]=640[W]$

**12** $e=200\sqrt{2}\sin\omega t+150\sqrt{2}\sin3\omega t+100\sqrt{2}\sin5\omega t$[V]인 전압을 $R-L$ 직렬회로에 가할 때에 제3고조파 전류의 실효값은 몇 [A]인가? (단, $R=8[\Omega]$, $\omega L=2[\Omega]$이다.)

① 5 ② 8
③ 10 ④ 15

해설

**$n$고조파 직렬 임피던스**

$R-L$ 직렬, $R=8[\Omega]$, $\omega L=2[\Omega]$에서

3고조파 임피던스는 $Z_3=R+j3\omega L=8+j3\times2=8+j6=10[\Omega]$

3고조파 전류는 $I_3=\frac{V_3}{Z_3}=\frac{150}{10}=15[A]$

**13** 대칭 3상 Y결선에서 선간전압이 $200\sqrt{3}$이고 각 상의 임피던스가 $30+j40[\Omega]$의 평형부하일 때 선전류[A]는?

① 2 ② $2\sqrt{3}$
③ 4 ④ $4\sqrt{3}$

해설

$Z=30+j40[\Omega]$, Y결선, $V_l=200\sqrt{3}$[V]일 때 선전류는

$I_l=I_p=\frac{V_P}{Z}=\frac{\frac{V_l}{\sqrt{3}}}{Z}=\frac{\frac{200\sqrt{3}}{\sqrt{3}}}{\sqrt{30^2+40^2}}=4[A]$

**14** 3상 회로에 △결선된 평형 순저항 부하를 사용하는 경우 선간전압 220[V], 상전류가 7.33[A]라면 1상의 부하저항은 약 몇 [Ω]인가?

① 80 ② 60
③ 45 ④ 30

해설

3상 △결선, $V_l=220[V]$, 상전류 $I_P=7.33[A]$일 때

1상의 부하저항은 $R=\frac{V_P}{I_P}=\frac{V_l}{I_P}=\frac{220}{7.33}=30[\Omega]$

**15** 두 대의 전력계를 사용하여 3상 평형 부하의 역률을 측정하려고 한다. 전력계의 지시가 각각 $P_1$[W], $P_2$[W]할 때 이 회로의 역률은?

[정답] 10② 11③ 12④ 13③ 14④ 15④

① $\dfrac{\sqrt{P_1+P_2}}{P_1+P_2}$　② $\dfrac{P_1+P_2}{P_1^2+P_2^2-2P_1P_2}$

③ $\dfrac{2(P_1+P_2)}{\sqrt{P_1^2+P_2^2-P_1P_2}}$　④ $\dfrac{P_1+P_2}{2\sqrt{P_1^2+P_2^2-P_1P_2}}$

해설

**2전력계법**

유효전력 $P=P_1+P_2$[W]

무효전력 $P_r=\sqrt{3}(P_1-P_2)$[Var]

피상전력 $P_a=\sqrt{P^2+P_r^2}=2\sqrt{P_1^2+P_2^2-P_1P_2}$ [VA]이므로

2전력계법에 의한 역률 $\cos\theta=\dfrac{P}{P_a}=\dfrac{P_1+P_2}{2\sqrt{P_1^2+P_2^2-P_1P_2}}$

## 16 $t=0$에서 스위치 $S$를 닫았을 때 정상 전류값[A]은?

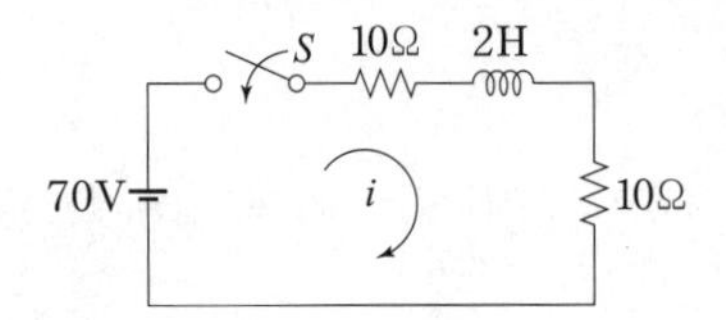


① 1　② 2.5

③ 3.5　④ 7

해설

***R*−*L* 직렬연결**

10[Ω], 10[Ω]이 직렬연결이므로

합성저항은 $R=10+10=20$[Ω]이므로

$R-L$ 직렬 회로의 스위치 닫았을 때 정상전류는

$i_s=\dfrac{E}{R}=\dfrac{70}{20}=3.5$[A]

## 17 $L$형 4단자 회로망에서 4단자 정수가 $B=\dfrac{5}{3}$, $C=1$이고, 영상임피던스 $Z_{01}=\dfrac{20}{3}$[Ω]일 때 영상임피던스 $Z_{02}$[Ω]의 값은?

① 4　② $\dfrac{1}{4}$

③ $\dfrac{100}{9}$　④ $\dfrac{9}{100}$

해설

**영상 임피던스**

$Z_{01}\cdot Z_{02}=\dfrac{B}{C}$에서 $Z_{02}=\dfrac{\frac{5}{3}}{\frac{20}{3}\times 1}=\dfrac{1}{4}$[Ω]

## 18 다음과 같은 회로에서 $a$, $b$ 양단의 전압은 몇 [V]인가?

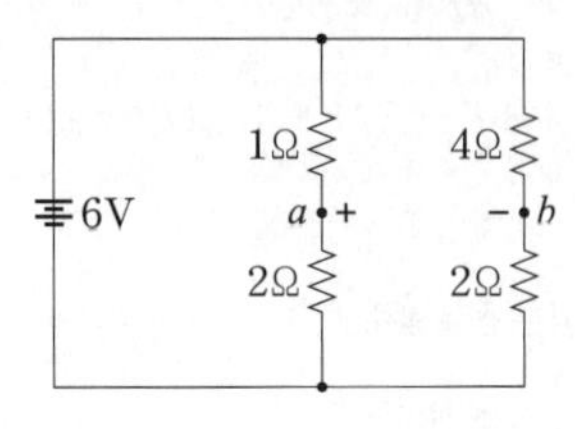


① 1　② 2

③ 2.5　④ 3.5

해설

**저항의 연결**

회로망에서 1[Ω]과 2[Ω]이 직렬연결이므로

전압 분배법칙에 의해서 $a$점의 전위는 $V_a=\dfrac{2}{1+2}\times 6=4$[V]

회로망에서 4[Ω]과 2[Ω]이 직렬연결이므로

전압 분배법칙에 의해서 $b$점의 전위는 $V_b=\dfrac{2}{4+2}\times 6=2$[V]

가 되므로 $a$, $b$ 사이의 전위차는 $V_{ab}=V_a-V_b=4-2=2$[V]

## 19 저항 $R_1$[Ω], $R_2$[Ω] 및 인덕턴스 $L$[H]이 직렬로 연결되어 있는 회로의 시정수[s]는?

① $\dfrac{R_1+R_2}{L}$　② $\dfrac{L}{R_1+R_2}$

③ $-\dfrac{R_1+R_2}{L}$　④ $-\dfrac{L}{R_1+R_2}$

해설

***R*−*L* 직렬연결**

$R_1$, $R_2$가 직렬연결이므로 합성저항은 $R=R_1+R_2$이므로

$R-L$ 직렬 회로의 시정수는 $\tau=\dfrac{L}{R}=\dfrac{L}{R_1+R_2}$[sec]

[정답] 16 ③　17 ②　18 ②　19 ②

## 20 $F(s)=\frac{s}{s^2+\pi^2}\cdot e^{-2s}$ 함수를 시간추이정리에 의해서 역변환하면?

① $\sin\pi(t+a)\cdot u(t+a)$ ② $\sin\pi(t-2)\cdot u(t-2)$
③ $\cos\pi(t+a)\cdot u(t+a)$ ④ $\cos\pi(t-2)\cdot u(t-2)$

해설

**역라플라스 변환**

$F(s)=\frac{s}{s^2+\pi^2}\cdot e^{-2s}$에서

$F(s)=\frac{s}{s^2+\pi^2}$는 시간함수는 $f(t)=\cos\pi t$이고

$e^{-2s}$는 시간이 2[sec]만큼 지연이 된 경우이므로
전체 시간함수는 시간추이정리를 이용하면
$f(t)=\cos\pi(t-2)\cdot u(t-2)$가 된다.

# 시행일 2019년 2회

## 01 $f(t)=e^{-t}+3t^2+3\cos 2t+5$의 라플라스 변환식은?

① $\frac{1}{s+1}+\frac{6}{s^2}+\frac{3s}{s^2+5}+\frac{5}{s}$

② $\frac{1}{s+1}+\frac{6}{s^3}+\frac{3s}{s^3+4}+\frac{5}{s}$

③ $\frac{1}{s+1}+\frac{5}{s^2}+\frac{3s}{s^2+5}+\frac{4}{s}$

④ $\frac{1}{s+1}+\frac{5}{s^3}+\frac{2s}{s^2+4}+\frac{4}{s}$

해설

**라플라스 변환**

$f(t)=e^{-t}+3t^2+3\cos 2t+5$의 라플라스 변환은

$$F(s)=\frac{1}{s+1}+3\frac{2!}{s^{2+1}}+3\frac{s}{s^2+2^2}+5\frac{1}{s}$$
$$=\frac{1}{s+1}+\frac{6}{s^3}+\frac{3s}{s^2+4}+\frac{5}{s}$$

## 02 그림의 회로에서 전류 $I$는 약 몇 [A]인가? (단, 저항의 단위는 [Ω]이다.)

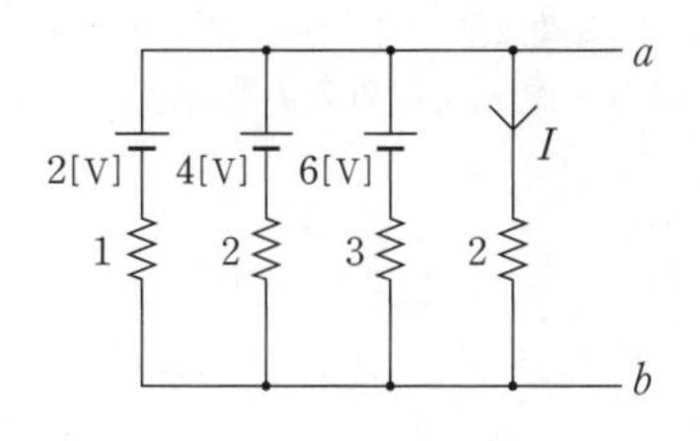


① 1.125 ② 1.29
③ 6 ④ 7

해설

**일반선형회로망**

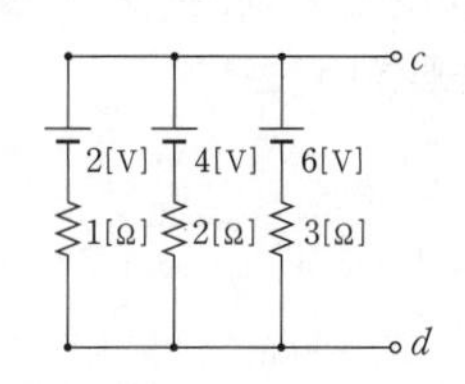


위의 회로에서 밀만에 정리에 의해서 $c$, $d$ 사이에 걸리는 전압은

$$V_{cd}=\frac{\frac{2}{1}+\frac{4}{2}+\frac{6}{3}}{\frac{1}{1}+\frac{1}{2}+\frac{1}{3}}=\frac{36}{11}[\text{V}]$$

테브난의 정리에 의해서 전압원 단락시 테브난의 등가저항은

$R_T=\frac{1}{\frac{1}{1}+\frac{1}{2}+\frac{1}{3}}=\frac{6}{11}[\Omega]$이 되므로 등가회로를 작성하면

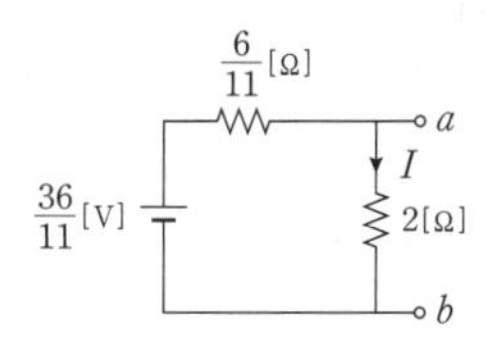


전류 $I=\frac{\frac{36}{11}}{\frac{6}{11}+2}=1.29[\text{A}]$

## 03 구형파의 파형률(㉠)과 파고율(㉡)은?

① ㉠ 1, ㉡ 0 ② ㉠ 1.11, ㉡ 1.414
③ ㉠ 1, ㉡ 1 ④ ㉠ 1.57, ㉡ 2

해설

[정답] 20 ④ 2019년 2회 01 ② 02 ② 03 ③

**구형파의 파형률과 파고율**

구형파의 실효값과 평균값 전류가 $I$, $I_a$라 하면

$I=I_m$, $I_a=I_m$이므로

파고율$=\frac{최대값}{실효값}=\frac{I_m}{I_m}=1$

파형률$=\frac{실효값}{평균값}=\frac{I_m}{I_m}=1$

## 04 $a-b$ 단자의 전압이 $50\angle 0°$[V], $a-b$ 단자에서 본 능동 회로망[N]의 임피던스가 $Z=6+j8$[Ω]일 때, $a-b$ 단자에 임피던스 $Z'=2-j2$[Ω]를 접속하면 이 임피던스에 흐르는 전류[A]는?

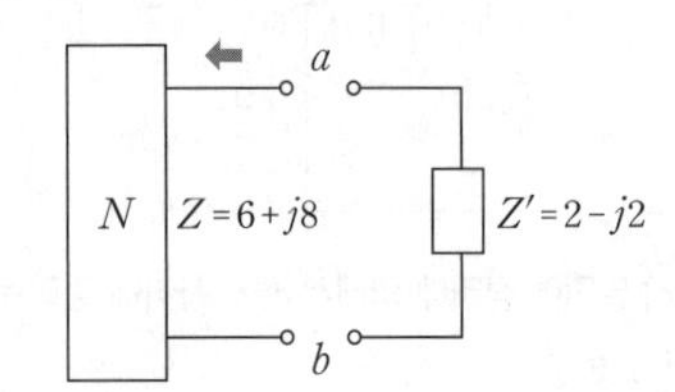


① $3-j4$ ② $3+j4$

③ $4-j3$ ④ $4+j3$

**해설**

**테브난의 정리**

테브난의 등가임피던스 $Z_T=6+j8$[Ω]이고 테브난의 등가전압 $V_T=50\angle 0°$[V], 부하 임피던스 $Z'=2-j2$이므로 등가회로를 작성하면

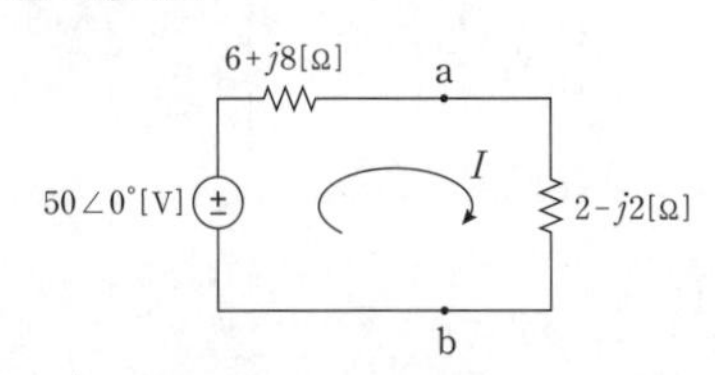


$$I=\frac{V_T}{Z_T+Z_L}=\frac{50\angle 0°}{6+j8+2-j2}=4-j3[\text{A}]$$

## 05 3상 평형회로에서 선간전압이 200[V]이고 각 상의 임피던스가 $24+j7$[Ω]인 Y결선 3상 부하의 유효전력은 약 몇 [W]인가?

① 192 ② 512

③ 1536 ④ 4608

**해설**

**대칭 3상 교류전력**

3상, 한상의 임피던스 $Z=24+j7=R+jX_L$[Ω],

선간전압 $V_l=100$[V], Y결선일 때

상전류는 $I_P=\frac{V_P}{Z}=\frac{\frac{V_l}{\sqrt{3}}}{Z}=\frac{\frac{200}{\sqrt{3}}}{\sqrt{24^2+7^2}}=4.62$[A]

유효전력 $P=3I_P{}^2\cdot R=3\times 4.62^2\times 24=1536$[W]

## 06 $Z(s)=\frac{2s+3}{s}$로 표시되는 2단자 회로망은?

① 2[Ω] —— $\frac{1}{3}$[F] ② 2[H] —— 3[Ω]

③ 2[Ω] —— 3[H] ④ 3[F] —— 2[Ω]

**해설**

**함수와 회로망관계**

$Z(s)=\frac{2s+3}{s}=2+\frac{3}{s}=2+\frac{1}{\frac{1}{3}s}=R+\frac{1}{Cs}$[Ω]이므로

$R=2$[Ω], $C=\frac{1}{3}$[F]인 직렬 회로가 된다.

## 07 $F(s)=\frac{2}{(s+1)(s+3)}$의 역라플라스 변환은?

① $e^{-t}-e^{-3t}$ ② $e^{-t}-e^{3t}$

③ $e^{t}-e^{3t}$ ④ $e^{t}-e^{-3t}$

**해설**

**역라플라스변환**

$$F(s)=\frac{2}{(s+1)(s+3)}=\frac{A}{(s+1)}+\frac{B}{(s+3)}$$

$$A=F(s)(s+1)|_{s=-1}=\left[\frac{2}{s+3}\right]_{s=-1}=1$$

$$B=F(s)(s+3)|_{s=-3}=\left[\frac{2}{s+1}\right]_{s=-3}=-1$$

$$F(s)=\frac{1}{s+1}-\frac{1}{s+3}$$

$$\therefore f(t)=e^{-t}-e^{-3t}$$

[정답] 04 ③ 05 ③ 06 ① 07 ①

**08** 그림과 같은 회로의 영상 임피던스 $Z_{01}$, $Z_{02}$ [Ω]는 각각 얼마인가?

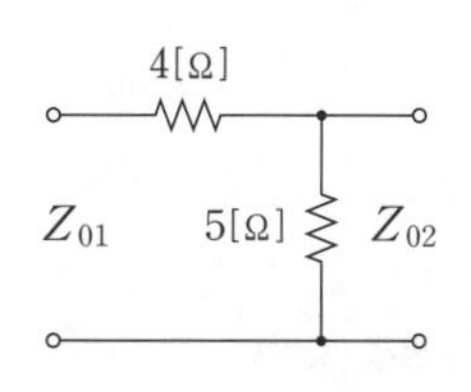


① 9, 5 ② 6, $\frac{10}{3}$

③ 4, 5 ④ 4, $\frac{20}{9}$

해설

**영상 임피던스**

4단자 정수 $A=1+\frac{4}{5}=\frac{9}{5}$, $B=4$, $C=\frac{1}{5}$, $D=1$이므로

1차 영상 임피이던스 $Z_{01}=\sqrt{\frac{AB}{CD}}=\sqrt{\frac{\frac{9}{5}\times 4}{\frac{1}{5}\times 1}}=6$

2차 영상 임피이던스 $Z_{02}=\sqrt{\frac{BD}{AC}}=\sqrt{\frac{4\times 1}{\frac{9}{5}\times\frac{1}{5}}}=\frac{10}{3}$

**09** $e_1=6\sqrt{2}\sin\omega t$ [V], $e_2=4\sqrt{2}\sin(\omega t-60^\circ)$ [V]일 때, $e_1-e_2$의 실효값 [V]은?

① 4 ② $2\sqrt{2}$

③ $2\sqrt{7}$ ④ $2\sqrt{13}$

해설

**복소수의 사칙연산**

$e_1-e_2=6(\cos 0^\circ+j\sin 0^\circ)+4(\cos(-60^\circ)+j\sin(-60^\circ))$
$=6-(2-j2\sqrt{3})=4+j2\sqrt{3}=\sqrt{4^2+(2\sqrt{3})^2}=2\sqrt{7}$ [V]

**10** 기본파의 60 [%] 인 제3고조파와 80 [%] 인 제5고조파를 포함하는 전압의 왜형률은?

① 0.3 ② 1

③ 5 ④ 10

해설

**비정현파 교류의 왜형률**

$V_3=0.6V_1$, $V_5=0.8V_1$일 때 전압의

왜형률$=\frac{\sqrt{V_3^2+V_5^2}}{V_1}=\frac{\sqrt{(0.6V_1)^2+(0.8V_1)^2}}{V_1}=1$

**11** 인덕턴스가 각각 5 [H], 3 [H] 인 두 코일을 모두 dot 방향으로 전류가 흐르게 직렬로 연결하고 인덕턴스를 측정 하였더니 15 [H] 이었다. 두 코일간의 상호 인덕턴스 [H]는?

① 3.5 ② 4.5

③ 7 ④ 9

해설

**합성인덕턴스**

dot 방향으로 전류가 흐르면 가동결합이 되므로
직렬연결 가동결합시 합성인덕턴스는 $L_0=L_1+L_2+2M$[H]이므로
상호인덕턴스를 구하면

$M=\frac{L_0-L_1-L_2}{2}=\frac{15-5-3}{2}=3.5$[H]

**12** 1상의 직렬 임피던스가 $R=6$ [Ω], $X_L=8$ [Ω]인 △결선의 평형부하가 있다. 여기에 선간전압 100 [V] 인 대칭 3상 교류전압을 가하면 선전류는 몇 [A] 인가?

① $3\sqrt{3}$ ② $\frac{10\sqrt{3}}{3}$

③ 10 ④ $10\sqrt{3}$

해설

3상 △결선의 한상의 임피던스 $Z=R+jX_L=6+j8$[Ω],
선간전압 $V_l=100$[V]일 때 선전류는

$I_l=\sqrt{3}\,I_P=\sqrt{3}\,\frac{V_P}{Z}=\sqrt{3}\,\frac{V_l}{Z}=\sqrt{3}\,\frac{100}{\sqrt{6^2+8^2}}=10\sqrt{3}$ [A]

[정답] 08 ② 09 ③ 10 ② 11 ① 12 ④

**13** ***RL*** **직렬회로에서 시정수의 값이 클수록 과도현상은 어떻게 되는가?**

① 없어진다. ② 짧아진다.
③ 길어진다. ④ 변화가 없다.

해설

**과도현상**

$R-L$ 직렬회로의 시정수는 정상값의 63.2[%]에 도달하는 시간으로서 시정수가 클수록 과도현상은 길어지므로 과도현상이 오래 지속되며 과도현상이 천천히 사라지게 된다.

**14** **대칭 6상 전원이 있다. 환상결선으로 각 전원이 150[A]의 전류를 흘린다고 하면 선전류는 몇 [A]인가?**

① 50 ② 75
③ $\frac{150}{\sqrt{3}}$ ④ 150

해설

**대칭 $n$상 교류회로**

상수 $n=6$, 환상(△)결선, $I_P=150$[A]일 때

선전류는 $I_l=2\sin\frac{\pi}{n}I_p=2\sin\frac{\pi}{6}\times150=150$[A]

**15** ***RLC*** **직렬회로에서 $R=100[\Omega]$, $L=5[\text{mH}]$, $C=2[\mu\text{F}]$일 때 이 회로는?**

① 과제동이다. ② 무제동이다.
③ 임계제동이다. ④ 부족제동이다.

해설

***RLC*** **직렬회로**

$2\sqrt{\frac{L}{C}}=2\sqrt{\frac{5\times10^{-3}}{2\times10^{-6}}}=100$이므로

$R=2\sqrt{\frac{L}{C}}$ 인 경우 임계제동(임계진동)이 된다.

참고

$R>2\sqrt{\frac{L}{C}}$ : 과제동(비진동), $R<2\sqrt{\frac{L}{C}}$ : 부족제동(감쇠진동)

**16** **$i=20\sqrt{2}\sin\left(377t-\frac{\pi}{6}\right)$의 주파수는 약 몇 [Hz]인가?**

① 50 ② 60
③ 70 ④ 80

해설

**각주파수와 주파수관계**

순시전류 $i=20\sqrt{2}\sin\left(377t-\frac{\pi}{6}\right)=I_m\sin(\omega t-\theta)$이므로

각주파수 $\omega=2\pi f=377$[rad/sec]에서

주파수 $f=\frac{377}{2\pi}=60$[Hz]

**17** **그림과 같은 회로의 전압 전달함수 $G(s)$는?**

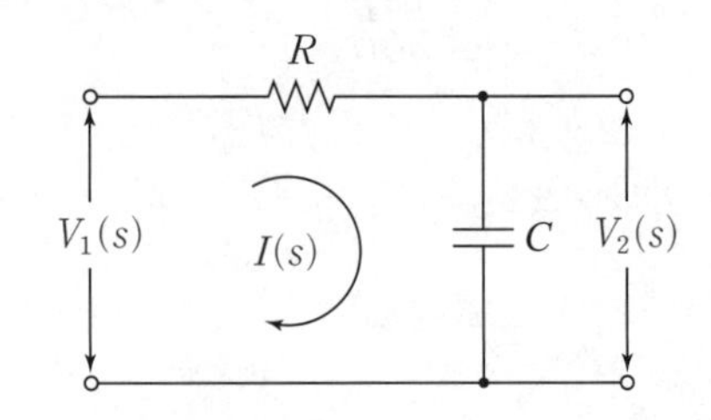


① $\frac{RC}{s+\frac{1}{RC}}$ ② $\frac{RC}{s+RC}$
③ $\frac{RC}{RCs+1}$ ④ $\frac{1}{RCs+1}$

해설

**직렬연결시 전달함수**

$$G(s)=\frac{V_2(s)}{V_1(s)}=\frac{\text{출력 임피던스}}{\text{입력 임피던스}}=\frac{\frac{1}{Cs}}{R+\frac{1}{Cs}}=\frac{1}{RCs+1}$$

**18** **평형 3상 부하에 전력을 공급할 때 선전류가 20[A]이고 부하의 소비전력이 4[kW]이다. 이 부하의 등가 *Y*회로에 대한 각 상의 저항은 약 몇 [Ω]인가?**

[정답] 13③ 14④ 15③ 16② 17④ 18①

① 3.3 ② 5.7
③ 7.2 ④ 10

해설

**대칭 3상 교류전력**

3상, $I_l=20[\mathrm{A}]$, $P=4[\mathrm{kW}]$일 때 Y결선시
선전류와 상전류는 같으므로 $P=3I_P{}^2R=3I_l{}^2R[\mathrm{W}]$에서
저항 $R=\dfrac{P}{3I_l^2}=\dfrac{4\times10^3}{3\times20^2}=3.3[\Omega]$

## 19 $f(t)=e^{at}$의 라플라스 변환은?

① $\dfrac{1}{s-a}$ ② $\dfrac{1}{s+a}$
③ $\dfrac{1}{s^2-a^2}$ ④ $\dfrac{1}{s^2+a^2}$

해설

**라플라스 변환**

$f(t)=e^{at}$의 라플라스 변환은 $F(s)=\dfrac{1}{s-a}$

## 20 그림과 같은 평형 3상 Y결선에서 각 상이 $8[\Omega]$의 저항과 $6[\Omega]$의 리액턴스가 직렬로 연결된 부하에 선간전압 $100\sqrt{3}$ $[\mathrm{V}]$가 공급되었다. 이때 선전류는 몇 $[\mathrm{A}]$인가?

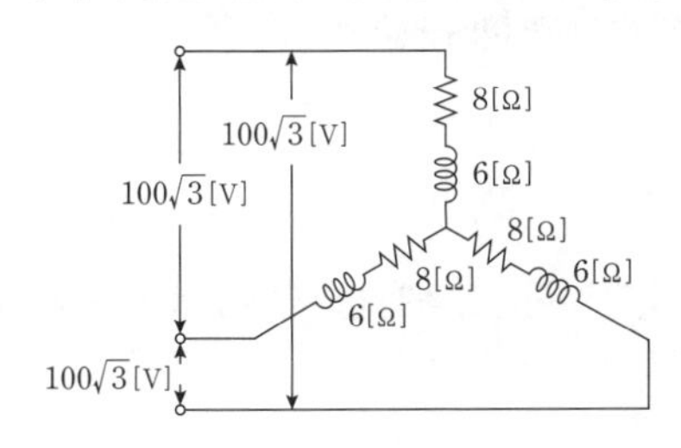


① 5 ② 10
③ 15 ④ 20

해설

3상 Y결선의 한상의 임피던스 $Z=8+j6[\Omega]$,
선간전압 $V_l=100\sqrt{3}\,[\mathrm{V}]$일 때 선전류는

상전류는 $I_l=I_P=\dfrac{V_P}{Z}=\dfrac{\frac{V_l}{\sqrt{3}}}{Z}=\dfrac{V_l}{\sqrt{3}Z}=\dfrac{100\sqrt{3}}{\sqrt{3}\times\sqrt{8^2+6^2}}=10[\mathrm{A}]$

시행일 **2019년 3회**

## 01 전달함수 출력(응답)식 $C(s)=G(s)R(s)$에서 입력함수 $R(s)$를 단위 임펄스 $\delta(t)$로 인가할 때 이 계의 출력은?

① $C(s)=G(s)\delta(s)$

② $C(s)=\dfrac{G(s)}{\delta(s)}$

③ $C(s)=\dfrac{G(s)}{s}$

④ $C(s)=G(s)$

해설

**전달함수**

기준입력이 단위임펄스 함수 $r(t)=\delta(t)$인 경우의 출력은
전달함수 $G(s)=\dfrac{C(s)}{R(s)}$에서
입력라플라스 $R(s)=\pounds[\delta(t)]=1$이므로
출력 $C(s)=G(s)R(s)=G(s)$가 된다.

## 02 단자 $a$와 $b$ 사이에 전압 $30[\mathrm{V}]$를 가했을 때 전류 $I$가 $3[\mathrm{A}]$ 흘렀다고 한다. 저항 $r[\Omega]$은 얼마인가?

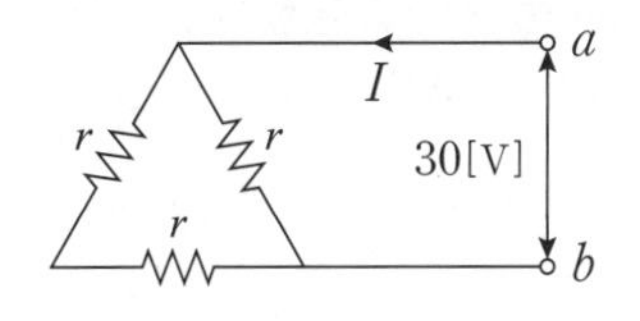


① 5 ② 10
③ 15 ④ 20

해설

**저항의 직·병렬연결**

저항이 직병렬이므로 전체저항은
$R=\dfrac{r\times2r}{r+2r}=\dfrac{2r}{3}[\Omega]$이므로 $R=\dfrac{V}{I}=\dfrac{30}{3}=10=\dfrac{2r}{3}[\Omega]$
$r=15[\Omega]$

[정답] 19 ① 20 ② 2019년 3회 01 ④ 02 ③

## 03 3상 불평형 전압에서 불평형률은?

① $\frac{\text{영상전압}}{\text{정상전압}} \times 100[\%]$ ② $\frac{\text{역상전압}}{\text{정상전압}} \times 100[\%]$

③ $\frac{\text{정상전압}}{\text{역상전압}} \times 100[\%]$ ④ $\frac{\text{정상전압}}{\text{영상전압}} \times 100[\%]$

해설

**불평형률**

전압의 불평형률$=\frac{\text{역상전압}}{\text{정상전압}} \times 100[\%]$

## 04 전압과 전류가 각각 $v=141.4\sin(377t+\frac{\pi}{3})$ [V], $i=\sqrt{8}\sin(377t+\frac{\pi}{6})$ [A]인 회로의 소비(유효)전력은 약 몇 [W]인가?

① 100 ② 173

③ 200 ④ 344

해설

**단상교류전력**

$v=141.4\sin(377t+\frac{\pi}{3})[\text{V}]$

$i=\sqrt{8}\sin(377t+\frac{\pi}{6})[\text{A}]$

유효전력은 $P=VI\cos\theta=\frac{141.4}{\sqrt{2}} \times \frac{\sqrt{8}}{\sqrt{2}}\cos30^\circ=173[\text{W}]$

## 05 다음과 같은 4단자 회로에서 영상 임피던스[Ω]는?

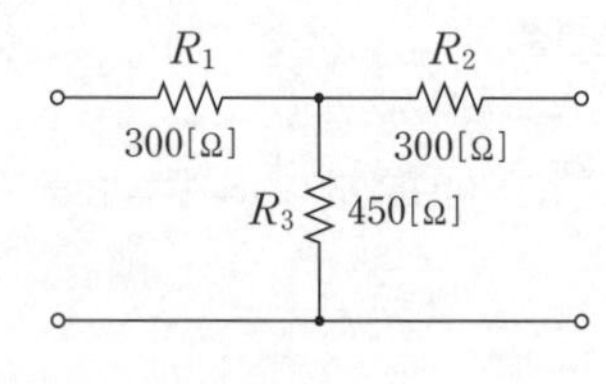


① 200 ② 300

③ 450 ④ 600

해설

**영상임피던스**

$T$형 회로에서 좌우 대칭시 $A=D$이므로

영상 임피던스는 $Z_{01}=Z_{02}=\sqrt{\frac{B}{C}}$ 가 되므로

$C=\frac{1}{450}$, $B=300+300+\frac{300\times300}{450}=800$

$\therefore Z_{01}=\sqrt{\frac{800}{\frac{1}{450}}}=600[\Omega]$

## 06 저항 1[Ω]과 인덕턴스 1[H]를 직렬로 연결한 후 60[Hz], 100[V]의 전압을 인가할 때 흐르는 전류의 위상은 전압의 위상보다 어떻게 되는가?

① 뒤지지만 90° 이하이다.

② 90° 늦다.

③ 앞서지만 90° 이하이다.

④ 90° 빠르다.

해설

**직렬회로**

$R=1[\Omega]$, $L=1[\text{H}]$, $f=60[\text{Hz}]$인 $R-L$직렬 연결시

전류의 위상은 $\theta=\tan^{-1}\frac{\omega L}{R}=\tan^{-1}\frac{2\pi\times60\times1}{1}=89.85^\circ$이며

코일이 포함시 유도성이므로

전류가 전압보다 위상이 뒤지고 90°이하이다.

## 07 어떤 정현파 교류전압의 실효값이 314[V]일 때 평균값은 약 몇 [V]인가?

① 142 ② 283

③ 365 ④ 382

해설

**실효값**

정현파에서 평균값 $V_a=\frac{2V_m}{\pi}=\frac{2\sqrt{2}V}{\pi}=\frac{2\sqrt{2}\times314}{\pi}=283[\text{V}]$

[정답] 03 ② 04 ② 05 ④ 06 ① 07 ②

**08** 평형 3상 저항 부하가 3상 4선식 회로에 접속되어 있을 때 단상 전력계를 그림과 같이 접속하였더니 그 지시값이 $W$[W]이었다. 이 부하의 3상 전력[W]은?

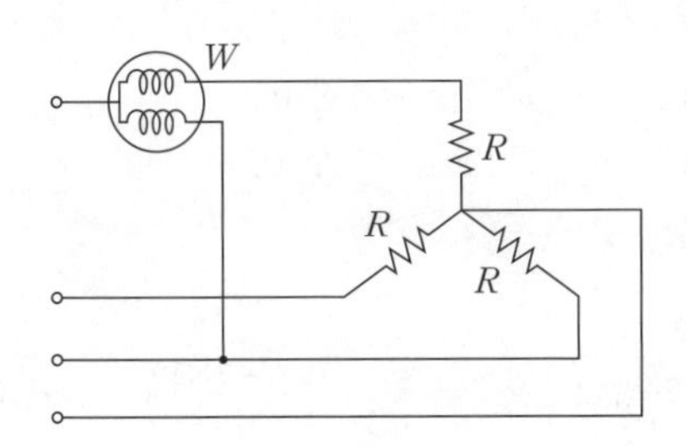


① $\sqrt{2}W$ ② $2W$
③ $\sqrt{3}W$ ④ $3W$

해설

**전력계법**

단상전력계 한 대로 3상 전력을 측정하는 것을 1전력계법이라 하며 3상 유효전력은 $P=2W$[W]

**09** 그림과 같은 $RC$ 직렬회로에 $t=0$에서 스위치 $S$를 닫아 직류 전압 100[V]를 회로의 양단에 인가하면 시간 $t$에서의 충전전하는? (단, $R=10$[Ω], $C=0.1$[F]이다.)

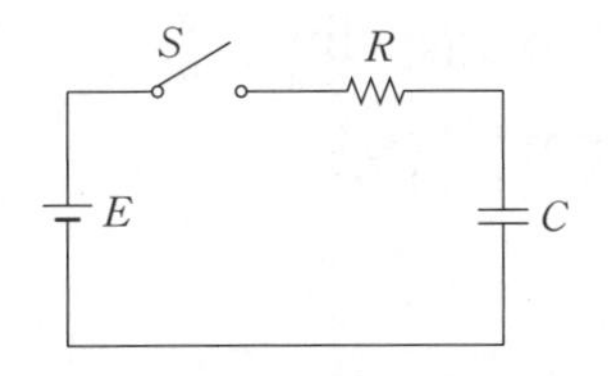


① $10(1-e^{-t})$ ② $-10(1-e^{t})$
③ $10e^{-t}$ ④ $-10e^{t}$

해설

**과도현상**

$R-C$ 직렬회로에서 스위치 on시 콘덴서에 충전되는 전하는

$q(t)=CE(1-e^{-\frac{1}{RC}t})=0.1\times100(1-e^{-\frac{1}{10\times0.1}t})$

$=10(1-e^{-t})$[C]

**10** 다음 두 회로의 4단자 정수 $A$, $B$, $C$, $D$가 동일할 조건은?

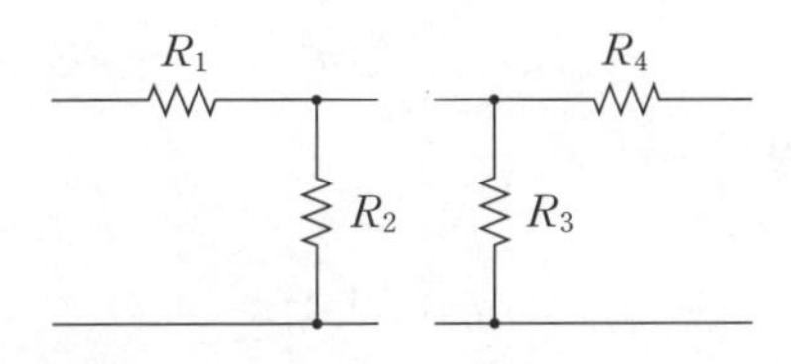


① $R_1=R_2$, $R_3=R_4$
② $R_1=R_3$, $R_2=R_4$
③ $R_1=R_4$, $R_2=R_3=0$
④ $R_2=R_3$, $R_1=R_4=0$

해설

**4단자 정수**

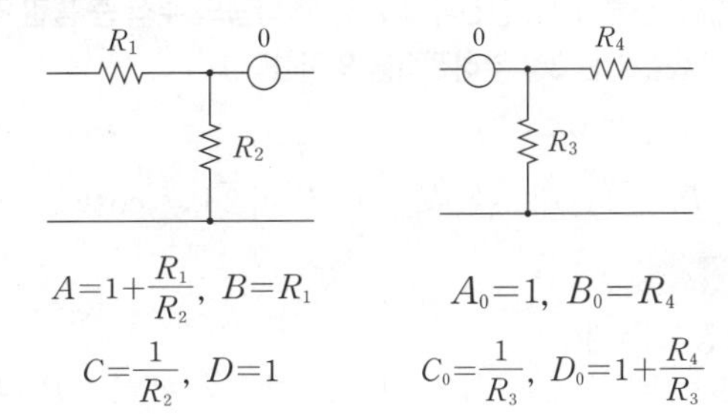


$A=1+\frac{R_1}{R_2}$, $B=R_1$ $A_0=1$, $B_0=R_4$

$C=\frac{1}{R_2}$, $D=1$ $C_0=\frac{1}{R_3}$, $D_0=1+\frac{R_4}{R_3}$

이므로 $C=C_0$가 되려면 $R_2=R_3$
$B=B_0$가 되려면 $R_1=R_4$가 되어야 하며
$A=A_0$, $D=D_0$가 되려면 $R_1=R_4=0$이 되어야 한다.

**11** Y 결선된 대칭 3상 회로에서 전원 한 상의 전압이 $V_a=220\sqrt{2}\sin\omega t$[V]일 때 선간전압의 실효값 크기는 약 몇 [V]인가?

① 220 ② 310
③ 380 ④ 540

해설

**대칭 3상 Y결선**

Y결선, 상전압의 실효값 $V_p=\frac{220\sqrt{2}}{\sqrt{2}}=220$[V]일 때

선간전압은 $V_l=\sqrt{3}V_p=\sqrt{3}\times220=381$[V]

[정답] 08 ② 09 ① 10 ④ 11 ③

**12** $a+a^2$의 값은? (단, $a=e^{j2\pi/3}=1\angle 120°$이다.)

① 0 ② −1
③ 1 ④ $a^3$

해설

**벡터연산자**

① $a=1\angle 120°=1\angle -240°=-\frac{1}{2}+j\frac{\sqrt{3}}{2}$

② $a^2=1\angle 240°=1\angle -120°=-\frac{1}{2}-j\frac{\sqrt{3}}{2}$

③ $a^2+a=-1,\ a^3=1,\ a^4=a$

**13** 평형 3상 $Y$ 결선 회로의 선간전압이 $V_l$, 상전압이 $V_p$, 선전류가 $I_l$, 상전류가 $I_p$일 때 다음의 수식 중 틀린 것은? (단, $P$는 3상 부하전력을 의미한다.)

① $V_l=\sqrt{3}V_p$ ② $I_l=I_p$
③ $P=\sqrt{3}V_lI_l\cos\theta$ ④ $P=\sqrt{3}V_pI_p\cos\theta$

해설

**대칭 3상 Y결선**

선간전압 $V_l$, 선전류 $I_l$, 상전압 $V_P$, 상전류 $I_p$, 3상부하전력 $P$일 때

$V_l=\sqrt{3}V_P,\ I_l=I_P$

$P=3V_PI_P\cos\theta=\sqrt{3}V_lI_l\cos\theta$[W]

**14** 전압이 $v=10\sin 10t+20\sin 20t$[V]이고 전류가 $i=20\sin 10t+10\sin 20t$[A]이면, 소비(유효)전력[W]은?

① 400 ② 283
③ 200 ④ 141

해설

**비정현파 전력**

$v=10\sin 10t+20\sin 20t$[V]

$i=20\sin 10t+10\sin 20t$[A]일 때 소비(유효)전력은

$P=V_1I_1\cos\theta_1+V_2I_2\cos\theta_2$

$=\frac{10}{\sqrt{2}}\times\frac{20}{\sqrt{2}}\cos 0°+\frac{20}{\sqrt{2}}\times\frac{10}{\sqrt{2}}\cos 0°=200$[W]가 된다.

**15** 코일의 권수 $N=1000$회이고, 코일의 저항 $R=10$[Ω]이다. 전류 $I=10$[A]를 흘릴 때 코일의 권수 1회에 대한 자속이 $\phi=3\times 10^{-2}$[Wb]이라면 이 회로의 시정수[s]는?

① 0.3 ② 0.4
③ 3.0 ④ 40

해설

**과도현상**

코일의 인덕턴스 $L$은 $L=\frac{N\phi}{I}=\frac{1000\times 3\times 10^{-2}}{10}=3$[H]이므로

$R-N$ 직렬회로의 시정수는

$\therefore \tau=\frac{L}{R}=\frac{3}{10}=0.3$[s]

**16** $\mathcal{L}[f(t)]=F(s)=\frac{5s+8}{5s^2+4s}$일 때, $f(t)$의 최종값 $f(\infty)$는?

① 1 ② 2
③ 3 ④ 4

해설

**최종값 정리**

최종값 정리 $\lim_{t\to\infty}f(t)=\lim_{s\to 0}sF(s)$에 의해서

$$\lim_{t\to\infty}f(t)=\lim_{s\to 0}sF(s)=\lim_{s\to 0}s\cdot\frac{5s+8}{5s^2+4s}$$

$$=\lim_{s\to 0}\frac{5s+8}{5s+4}=\frac{8}{4}=2$$

**17** 평형 3상 부하의 결선을 $Y$에서 $\Delta$로 하면 소비전력은 몇 배가 되는가?

① 1.5 ② 1.73
③ 3 ④ 3.46

해설

**3상 소비전력**

Y결선시 소비전력 $R_Y=3I_P^2R=3\left(\frac{V_P}{R}\right)^2R=3\left(\frac{V_L}{\sqrt{3}R}\right)^2R=\frac{V_L^2}{R}$[W]

△결선시 소비전력 $P_\triangle=3I_P^2R=3\left(\frac{V_P}{R}\right)^2R=3\left(\frac{V_L}{R}\right)^2R=3\frac{V_L^2}{R}$[W]

이므로 $P_\triangle=3P_Y$이 된다.

[정답] 12 ② 13 ④ 14 ③ 15 ① 16 ② 17 ③

**18** 정현파 교류 $i=10\sqrt{2}\sin(\omega t+\frac{\pi}{3})$를 복소수의 극좌표 형식인 페이저(phasor)로 나타내면?

① $10\sqrt{2}\angle\frac{\pi}{3}$ ② $10\sqrt{2}\angle-\frac{\pi}{3}$

③ $10\angle\frac{\pi}{3}$ ④ $10\angle-\frac{\pi}{3}$

해설

**함수 표현법**

정현파교류의 실효값 전류 $I=\frac{I_m}{\sqrt{2}}=\frac{10\sqrt{2}}{\sqrt{2}}=10[\mathrm{A}]$

전류의 위상(각도) $\theta=\frac{\pi}{3}[\mathrm{rad}]$이므로 극좌표형식으로 나타내면

$i=10\angle\frac{\pi}{3}$ 이 된다.

**19** $V_1(s)$을 입력, $V_2(s)$를 출력이라 할 때, 다음 회로의 전달함수는? (단, $C_1=1F$, $L_1=1H$)

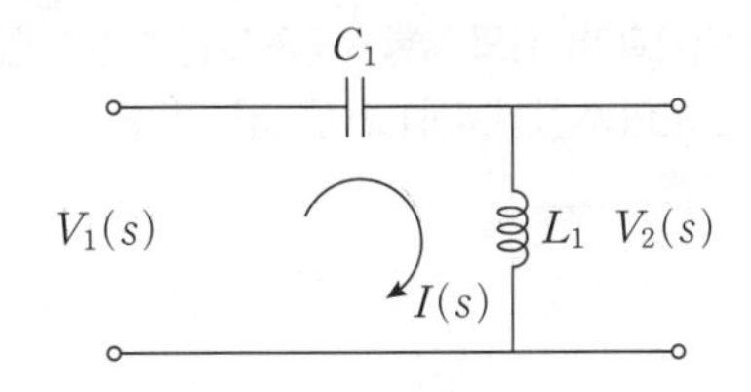


① $\frac{s}{s+1}$ ② $\frac{s^2}{s^2+1}$

③ $\frac{1}{s+1}$ ④ $1+\frac{1}{s}$

해설

**전달함수**

주어진 회로가 $C-L$직렬이므로 전달함수는

$G(s)=\frac{V_2(s)}{V_1(s)}=\frac{\text{출력 임피던스}}{\text{입력 임피던스}}=\frac{L_1 s}{\frac{1}{C_1 s}+L_1 s}=\frac{L_1 C_1 s^2}{1+L_1 C_1 s^2}$이므로

주어진 수치를 대입하면 $G(s)=\frac{1\times1\times s^2}{1+1\times1\times s^2}=\frac{s^2}{1+s^2}$

**20** $\frac{dx(t)}{dt}+3x(t)=5$의 라플라스변환은? (단, $x(0)=0$, $X(s)=\mathcal{L}[x(t)]$)

① $X(s)=\frac{5}{s+3}$ ② $X(s)=\frac{3}{s(s+5)}$

③ $X(s)=\frac{3}{s+5}$ ④ $X(s)=\frac{5}{s(s+3)}$

해설

**라플라스 변환**

$\frac{dx(t)}{dt}+3x(t)=5$를 라플라스 변환하면

$sX(s)+3X(s)=\frac{5}{s}$ 이므로 $X(s)=\frac{5}{(s+3)\cdot s}$

## 시행일 2020년 1회

**01** $Z=5\sqrt{3}+j5[\Omega]$인 3개의 임피던스를 $Y$ 결선하여 선간전압 250[V]의 평형 3상 전원에 연결하였다. 이때 소비되는 유효전력은 약 몇 [W]인가?

① 3125 ② 5413

③ 6252 ④ 7120

해설

**대칭 3상 교류전력**

$Z=5\sqrt{3}+j5=\sqrt{(5\sqrt{3})^2+5^2}=10[\Omega]$, Y결선,

$V_l=250[\mathrm{V}]$일 때

상전류는 $I_P=\frac{V_P}{Z}=\frac{\frac{V_l}{\sqrt{3}}}{Z}=\frac{\frac{250}{\sqrt{3}}}{10}=14.434[\mathrm{A}]$

유효전력 $P=3I_P{}^2\cdot R=3\times14.434^2\times5\sqrt{3}=5412.8[\mathrm{W}]$

**02** 그림과 같은 회로에서 스위치 $S$를 $t=0$에서 닫았을 때 $v_L|_{t=0}=100[\mathrm{V}]$, $\left(\frac{di}{dt}\right)\Big|_{t=0}=400[\mathrm{A/s}]$이다. $L[\mathrm{H}]$의 값은?

[정답] 18 ③ 19 ② 20 ④ 2020년 1회 01 ② 02 ③

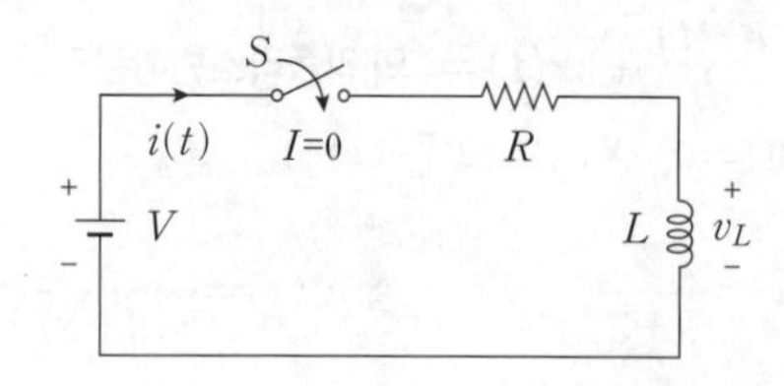


① 0.75 [H]　　② 0.5 [H]

③ 0.25 [H]　　④ 0.1 [H]

해설

**$R-L$ 직렬연결**

$V_L = L \cdot \frac{di}{dt}$[V]에서 $100 = L \cdot 400$

$\therefore L = \frac{100}{400} = 0.25$[H]

## 03

$r_1$[Ω]인 저항에 $r$[Ω]인 가변저항이 연결된 그림과 같은 회로에서 전류 $I$를 최소로 하기 위한 저항 $r_2$[Ω]는? (단, $r$[Ω]은 가변저항의 최대 크기이다.)

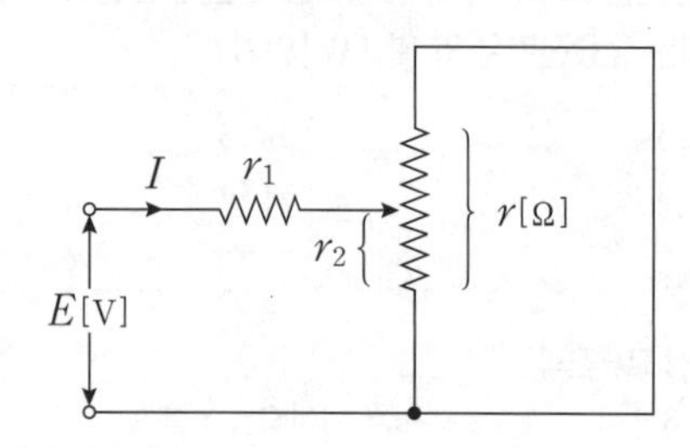


① $\frac{r_1}{2}$　　② $\frac{r}{2}$

③ $r_1$　　④ $r$

해설

**회로도에서 합성저항**

$R = r_1 + \frac{(r-r_2)\cdot r_2}{r-r_2+r_2} = r_1 + \frac{rr_2 - r_2^2}{r}$ 이므로

$r_1$에 흐르는 전류가 최소가 되려면 합성저항이 최대일 때이므로 $r_2$에 대한 $R$의 기울기가 0 되어야 한다.

$\frac{dR}{dr_2} = r - 2r_2 = 0,\ r_2 = \frac{r}{2}$[Ω]

## 04

다음과 같은 회로에서 $V_a, V_b, V_c$[V]를 평형 3상 전압이라 할 때 전압 $V_o$[V]은?

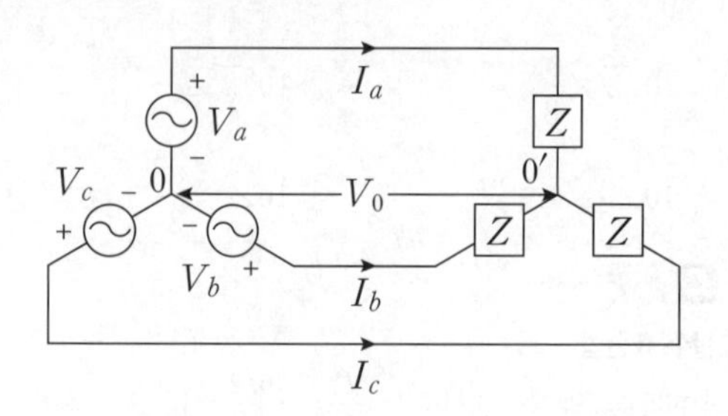


① 0　　② $\frac{V_1}{3}$

③ $\frac{2}{3}V_1$　　④ $V_1$

해설

대칭(평형) 3상일 때 중성점 전압 $V_o = V_a + V_b + V_c = 0$이 된다.

## 05

9[Ω]과 3[Ω]의 저항 6개를 그림과 같이 연결하였을 때 $a$, $b$ 사이의 합성저항[Ω]은 얼마인가?

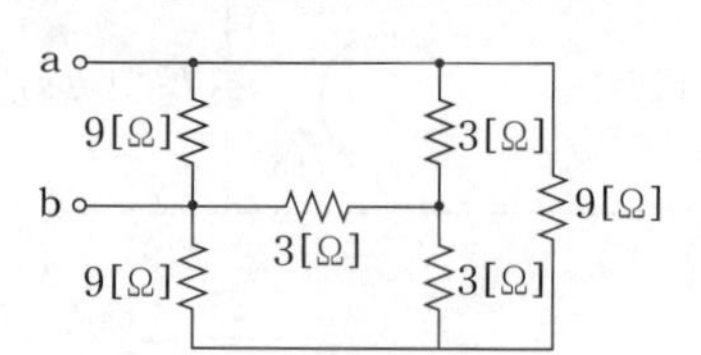


① 9　　② 4

③ 3　　④ 2

해설

**임피던스 등가변환**

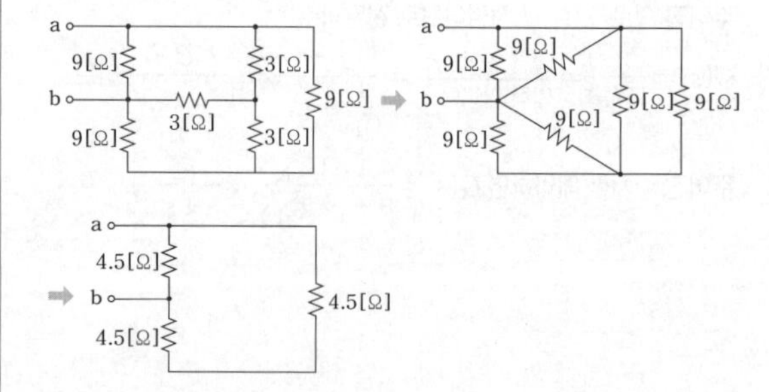


[정답] 03 ② 04 ① 05 ③

Y결선된 3[Ω] 저항을 △결선으로 변환하면
합성저항은 3배 증가되어 9[Ω]으로 바뀐다.

$R_{AB}=\frac{4.5\times(4.5+4.5)}{4.5+(4.5+4.5)}=3[\Omega]$

## 06 그림과 같은 회로의 전달함수는? (단, 초기조건은 0이다.)

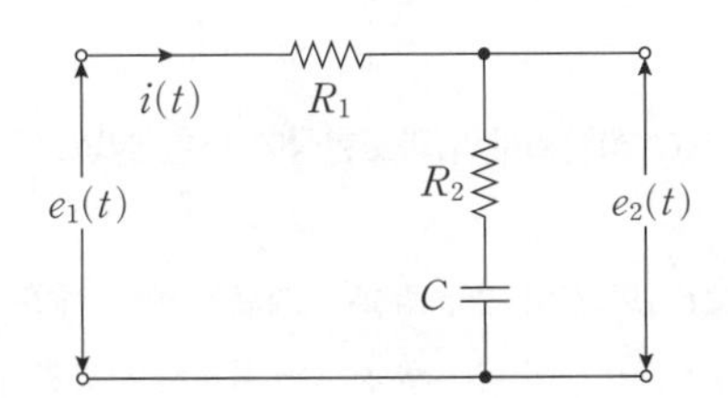


① $\frac{R_2+Cs}{R_1+R_2+Cs}$ ② $\frac{R_1+R_2+Cs}{R_1+Cs}$

③ $\frac{R_2Cs+1}{R_2Cs+R_1Cs+1}$ ④ $\frac{R_1Cs+R_2Cs+1}{R_2Cs+1}$

해설

**직렬연결시 전달함수**

$RC$ 직렬회로이므로 전달함수는

$$G(s)=\frac{\text{출력 임피던스}}{\text{입력 임피던스}}=\frac{R_2+\frac{1}{Cs}}{R_1+R_2+\frac{1}{Cs}}=\frac{R_2Cs+1}{R_1Cs+R_2Cs+1}$$

## 07 그림과 같은 회로에서 5[Ω]에 흐르는 전류 $I$는 몇 [A] 인가?

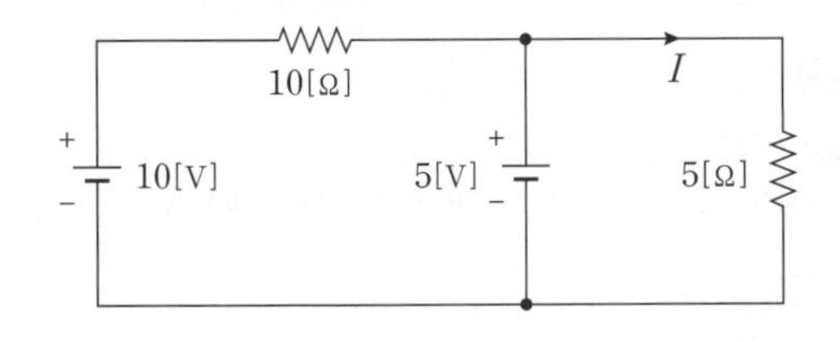


① $\frac{1}{2}$ ② $\frac{2}{3}$

③ 1 ④ $\frac{5}{3}$

해설

**중첩의 정리**

전압원 5[V] 단락시 5[Ω]에 흐르는 전류 $I_1=0[A]$

전압원 10[V] 단락시 5[Ω]에 흐르는 전류 $I_2=\frac{5}{5}=1[A]$이므로

5[Ω]에 흐르는 전체 전류 $I=I_1+I_2=0+1=1[A]$

## 08 전류의 대칭분이 $I_0=-2+j4[A]$, $I_1=6-j5[A]$, $I_2=8+j10[A]$일 때 3상전류 중 $a$상 전류($I_a$)의 크기 ($|I_a|$)는 몇 [A] 인가?(단, $I_0$는 영상분이고, $I_1$은 정상분이고, $I_2$는 역상분이다.)

① 9 ② 12

③ 15 ④ 19

해설

**불평형(비대칭) 3상의 전류**

- $a$상의 전류 $I_a=I_o+I_1+I_2$
- $b$상의 전류 $I_b=I_o+a^2I_1+aI_2$
- $c$상의 전류 $I_c=I_o+aI_1+a^2I_2$이므로

$a$상의 전류 $I_a=I_o+I_1+I_2=-2+j4+6-j5+8+j10$
$=12+j9=\sqrt{12^2+9^2}=15[A]$

## 09 $V=50\sqrt{3}-j50[V]$, $I=15\sqrt{3}+j15[A]$일 때 유효전력 $P[W]$ 무효전력 $Q[Var]$는 각각 얼마인가?

① $P=3000,\ Q=-1500$

② $P=1500,\ Q=-1500\sqrt{3}$

③ $P=750,\ Q=-750\sqrt{3}$

④ $P=2250,\ Q=-1500\sqrt{3}$

해설

**복소전력**

복소전력 $P_a=V^*I=VI^*=P\pm P_r[VA]$이므로
$V=50\sqrt{3}-j50[V]$, $I=15\sqrt{3}+j15[A]$일 때
복소전력을 구하면 $P_a=VI^*=(50\sqrt{3}-j50)(15\sqrt{3}-j15)$
$=1500-j1500\sqrt{3}[VA]$이므로
$P=1500[W]$, $Q=-1500\sqrt{3}[Var]$

[정답] 06 ③ 07 ③ 08 ③ 09 ②

전기자기학 / 전력공학 / 전기기기 / 회로이론 / 전기설비기술기준

**10** **푸리에 급수로 표현된 왜평과 $f(t)$가 반파대칭 및 정현대칭일 때 $f(t)$에 대한 특징으로 옳은 것은?**

$$f(t)=a_0+\sum_{n=1}^{\infty}a_n\cos n\omega t+\sum_{n=1}^{\infty}b_n\sin n\omega t$$

① $a_n$의 우수항만 존재한다.

② $a_n$의 기수항만 존재한다.

③ $b_n$의 우수항만 존재한다.

④ $b_n$의 기수항만 존재한다.

해설

반파대칭 및 정현대칭이므로 반파대칭은 홀수(기수)항만 존재하고 정현대칭은 sin항의 계수 $b_n$만 존재한다.

**11** **그림과 같은 회로에서 $L_2$에 흐르는 전류 $I_2$[A]가 단자전압 $V$[V]보다 위상 90° 뒤지기 위한 조건은? (단, $\omega$는 회로의 각주파수[rad/s]이다.)**

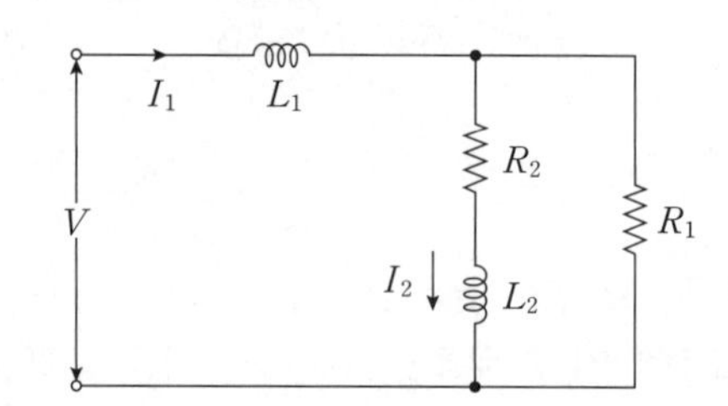


① $\dfrac{R_2}{R_1}=\dfrac{L_2}{L_1}$　　② $R_1R_2=L_1L_2$

③ $R_1R_2=\omega L_1L_2$　　④ $R_1R_2=\omega^2L_1L_2$

해설

$$Z=j\omega L_1+\frac{R_1(R_2+j\omega L_2)}{R_1+R_2+j\omega L_2}$$

$$=\frac{(-\omega^2L_1L_2+R_1R_2)+j\{\omega L_1(R_1+R_2)+\omega L_2R_1\}}{R_1+R_2+j\omega L_2}[\Omega]$$

$$I=I_1=\frac{V}{Z}$$

$$=\frac{(R_1+R_2+j\omega L_2)E}{(-\omega^2L_1L_2+R_1R_2)+j\{\omega L_1(R_1+R_2)+\omega L_2R_1\}}[\mathrm{A}]$$

따라서

$$I_2=\frac{R_1}{R_1+R_2+j\omega L_2}\times I$$

$$=\frac{R_1V}{(-\omega^2L_1L_2+R_1R_2)+j\{\omega L_1(R_1+R_2)+\omega L_2R_1\}}[\mathrm{A}]$$

$I_2$가 $V$ 보다 90° 뒤지기 위해서는 분모의 실수부가 0이 되어야 한다.

즉, $-\omega^2L_1L_2+R_1R_2=0$

$\therefore R_1R_2=\omega^2L_1L_2$

**12** **$RC$ 직렬회로의 과도현상에 대한 설명으로 옳은 것은?**

① $(R\times C)$의 값이 클수록 과도 전류는 빨리 사라진다.

② $(R\times C)$의 값이 클수록 전류는 천천히 사라진다.

③ 과도 전류는 $(R\times C)$의 값에 관계가 없다.

④ $\dfrac{1}{R\times C}$의 값이 클수록 과도 전류는 천천히 사라진다.

해설

**과도현상**

$R-C$ 직렬시 시정수는 $\tau=RC$[sec]이므로 $RC$가 클수록 시정수가 크므로 과도현상이 길어져 과도 전류는 천천히 사라진다.

**13** **용량이 50[kVA]인 단상 변압기 3대를 Δ결선하여 3상으로 운전하는 중 1대의 변압기에 고장이 발생하였다. 나머지 2대의 변압기를 이용하여 3상 $V$결선으로 운전하는 경우 최대 출력은 몇 [kVA]인가?**

① $30\sqrt{3}$　　② $50\sqrt{3}$

③ $100\sqrt{3}$　　④ $200\sqrt{3}$

해설

**3상 $V$결선**

$V$결선시 출력 $P_v=\sqrt{3}P=\sqrt{3}\times50=50\sqrt{3}$[kVA]

**14** **각 상의 전류가 $i_a=30\sin\omega t$[A], $i_b=30\sin(\omega t-90°)$[A], $i_c=30\sin(\omega t+90°)$[A]일 때 영상 대칭분의 전류[A]는?**

[정답] 10 ④　11 ④　12 ②　13 ②　14 ①

① $10\sin\omega t$ ② $10\sin\frac{\omega t}{3}$

③ $30\sin\omega t$ ④ $\frac{30}{\sqrt{3}}\sin(\omega t+45°)$

해설

**대칭분 전압, 전류**

영상분 전류는

$i_0=\frac{1}{3}(i_a+i_b+i_c)$

$=\frac{1}{3}\{30\sin\omega t+30\sin(\omega t-90°)+30\sin(\omega t+90°)\}$

$=\frac{30}{3}\{\sin\omega t+\sin\omega t\cos(-90°)+\cos\omega t\sin(-90°)$

$+\sin\omega t\cos 90°+\cos\omega t\sin 90°\}$

$=10\sin\omega t$

참고

**삼각함수 가법정리**

$\sin(\alpha\pm\beta)=\sin\alpha\cos\beta\pm\cos\alpha\sin\beta$

$\cos(\alpha\pm\beta)=\cos\alpha\cos\beta\mp\sin\alpha\sin\beta$

## 15 $f(t)=\sin t+2\cos t$를 라플라스 변환하면?

① $\frac{2s}{s^2+1}$ ② $\frac{2s+1}{(s+1)^2}$

③ $\frac{2s+1}{s^2+1}$ ④ $\frac{2s}{(s+1)^2}$

해설

**선형의 정리**

$$F(s)=\mathcal{L}[f(t)]=\mathcal{L}[\sin t]+\mathcal{L}[2\cos t]$$
$$=\frac{1}{s^2+1^2}+2\cdot\frac{s}{s^2+1^2}=\frac{2s+1}{s^2+1}$$

## 16 어떤회로에서흐르는전류가 $i(t)=7+14.1\sin\omega t$ [A]인 경우 실효값은 약 몇 [A]인가?

① 11.2 ② 12.2

③ 13.2 ④ 14.2

해설

**비정현파 교류의 실효값**

$i(t)=7+14.1\sin\omega t$[A]이므로 실효값을 계산하면

$I=\sqrt{I_1^2+I_3^2}=\sqrt{7^2+\left(\frac{14.1}{\sqrt{2}}\right)^2}=12.2$[A]

## 17 어떤 전지에 연결된 외부 회로의 저항은 5[Ω]이고 전류는 8[A]가 흐른다. 외부 회로에 5[Ω] 대신 15[Ω]의 저항을 접속하면 전류는 4[A]로 떨어진다. 이 전지의 내부 기전력은 몇 [V]인가?

① 15 ② 20

③ 50 ④ 80

해설

**전지의 연결**

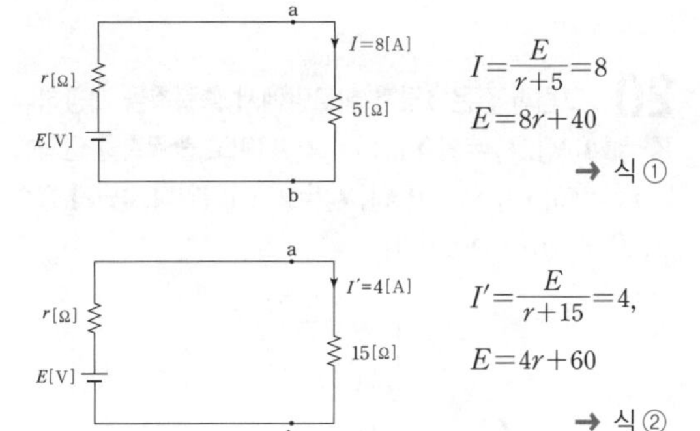


$\therefore E=8r+40=4r+60,\ r=5[\Omega],\ E=80$[V]가 된다.

## 18 파형률과 파고율이 모두 1인 파형은?

① 고조파 ② 삼각파

③ 구형파 ④ 사인파

해설

**파고율 및 파형률**

구형파는 최대값, 실효값, 평균값이 모두 같으므로 파형률과 파고율이 모두 1.0이다.

[정답] 15③ 16② 17④ 18③

**19** 회로의 4단자 정수로 틀린 것은?

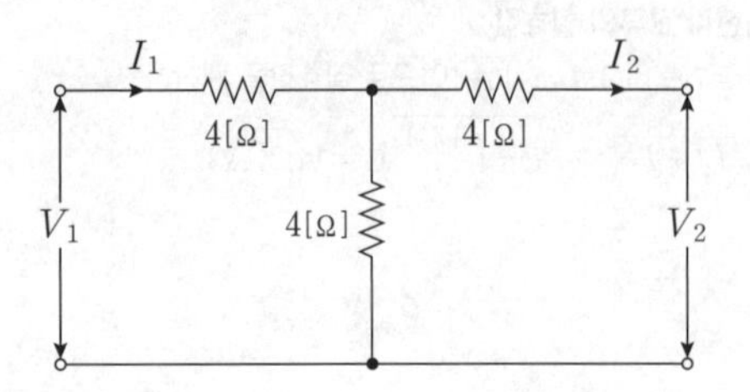


① $A=2$ ② $B=12$
③ $C=\frac{1}{4}$ ④ $D=6$

해설

$A=1+\frac{4}{4}=2$ $B=4+4+\frac{4\times4}{4}=12$

$C=\frac{1}{4}$ $D=1+\frac{4}{4}=2$

**20** 그림과 같은 4단자 회로망에서 출력측을 개방하니 $V_1=12[\text{V}]$, $I_1=2[\text{A}]$, $V_2=4[\text{V}]$이고 출력측을 단락하니 $V_1=16[\text{V}]$, $I_1=4[\text{A}]$, $I_2=2[\text{V}]$이었다. 4단자 정수 $A, B, C, D$는 얼마인가?

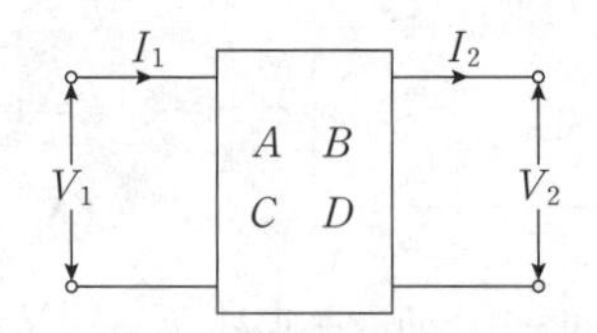


① $A=2,\ B=3,\ C=8,\ D=0.5$
② $A=0.5,\ B=2,\ C=3,\ D=8$
③ $A=8,\ B=0.5,\ C=2,\ D=3$
④ $A=3,\ B=8,\ C=0.5,\ D=2$

해설

**4단자 정수**
출력측을 개방하면 $I_2=0$이며, 출력측을 단락하면 $V_2=0$이 되므로

$A=\left.\frac{V_1}{V_2}\right|_{I_2=0} : \frac{12}{4}=3$

$B=\left.\frac{V_1}{I_2}\right|_{V_2=0} : \frac{16}{2}=8$

$C=\left.\frac{I_1}{V_2}\right|_{I_2=0} : \frac{2}{4}=0.5$

$D=\left.\frac{I_1}{I_2}\right|_{V_2=0} : \frac{4}{2}=2$

## 시행일 2020년 2회

**01** $e_i(t)=Ri(t)+L\frac{di(t)}{dt}+\frac{1}{c}\int i(t)dt$에서 모든 초기 값을 0으로 하고 라플라스 변환했을 때 $I(s)$는? (단, $I(s)$, $E_i(s)$는 각각 $i(t)$, $e_i(t)$를 라플라스 변환한 것이다.)

① $\frac{Cs}{LCs^2+RCs+1}E_i(s)$

② $\frac{1}{R+Ls+\frac{1}{C}s}E_i(s)$

③ $\frac{1}{s^2+\frac{L}{R}s+\frac{1}{LC}}E_i(s)$

④ $\left(R+Ls+\frac{1}{Cs}\right)E_i(s)$

해설

$e_i(t)=Ri(t)+L\frac{di(t)}{dt}+\frac{1}{c}\int i(t)dt$를 라플라스 변환하면

$E_i(s)=RI(s)+LsI(s)+\frac{1}{Cs}I(s)=I(s)(R+Ls+\frac{1}{Cs})$이므로

전류 $I(s)=\frac{E_i(s)}{R+Ls+\frac{1}{Cs}}=\frac{CsE_i(s)}{LCs^2+RCs+1}$

**02** 기본파의 30[%]인 제3고조파와 기본파의 20[%]인 제5고조파를 포함하는 전압의 왜형률은 약 얼마인가?

① 0.21 ② 0.31
③ 0.36 ④ 0.42

해설

$V_3=0.3V_1,\ V_5=0.2V_1$일 때

전압의 왜형률$=\frac{\sqrt{V_3^2+V_5^2}}{V_1}=\frac{\sqrt{(0.3V_1)^2+(0.2V_1)^2}}{V_1}=0.36$

[정답] 19 ④ 20 ④ 2020년 2회 01 ① 02 ③

**03** 3상 회로의 대칭분 전압이 $V_0=-8+j3$[V], $V_1=6-j8$[V], $V_2=8+j12$[V] 일 때, $a$상의 전압[V]은? (단, $V_0$는 영상분, $V_1$은 정상분, $V_2$는 역상분 전압이다.)

① $5-j6$ ② $5+j6$

③ $6-j7$ ④ $6+j7$

해설

불평형(비대칭) 3상의 전압

$a$상의 전압 $V_a=V_0+V_1+V_2$

$b$상의 전압 $V_b=V_0+a^2V_1+aV_2$

$c$상의 전압 $V_c=V_0+aV_1+a^2V_2$이므로

$a$상의 전압은 $V_a=V_0+V_1+V_2$

$=-8+j3+6-j8+8+j12=6+j7$

**04** 어느 회로에 $V=120+j90$[V]의 전압을 인가하면 $I=3+j4$[A]의 전류가 흐른다. 이 회로의 역률은?

① 0.92 ② 0.94

③ 0.96 ④ 0.98

해설

복소전력을 계산하면

$P_a=\overline{V}I=(120-j90)(3+j4)=720+j210$[VA]이므로

역률 $\cos\theta=\frac{P}{P_a}=\frac{720}{\sqrt{720^2+210^2}}=0.96$

**05** 2단자 회로망에 단상 100[V]의 전압을 가하면 30[A]의 전류가 흐르고 1.8[kW]의 전력이 소비된다. 이 회로망과 병렬로 커패시터를 접속하여 합성 역률을 100[%]로 하기 위한 용량성 리액턴스는 약 몇 [Ω]인가?

① 2.1 ② 4.2

③ 6.3 ④ 8.4

해설

합성 역률을 100[%]인 경우는 무효분이 없는 경우이므로 콘덴서 용량 $Q_c$와 무효전력 $P_r$이 같아지면 되므로

$Q_c=P_r$, $\frac{V^2}{X_c}=\sqrt{P_a^2-P^2}$, $X_c=\frac{V^2}{\sqrt{P_a^2-P^2}}=\frac{V^2}{\sqrt{(VI)^2-P^2}}$에 주어진 수치를 대입하면

$X_c=\frac{100^2}{\sqrt{(100\times30)^2-1800^2}}=4.2[\Omega]$

**06** 22[kVA]의 부하가 0.8의 역률로 운전될 때 이 부하의 무효전력[kVar]은?

① 11.5 ② 12.3

③ 13.2 ④ 14.5

해설

$P_a=22$[kVA], $\cos\theta=0.8$일 때 무효전력은

$\sin\theta=\sqrt{1-\cos^2\theta}=\sqrt{1-0.8^2}=0.6$이므로

$P_r=VI\sin\theta=P_a\sin\theta=22\times0.6=13.2$[kVar]

참고

$\cos^2\theta+\sin^2\theta=1$

**07** 어드미턴스 $Y$[℧]로 표현된 4단자 회로망에서 4단자 정수 행렬 $T$는? (단, $\begin{bmatrix}V_1\\I_1\end{bmatrix}=T\begin{bmatrix}V_2\\I_2\end{bmatrix}$, $T=\begin{bmatrix}A&B\\C&D\end{bmatrix}$)

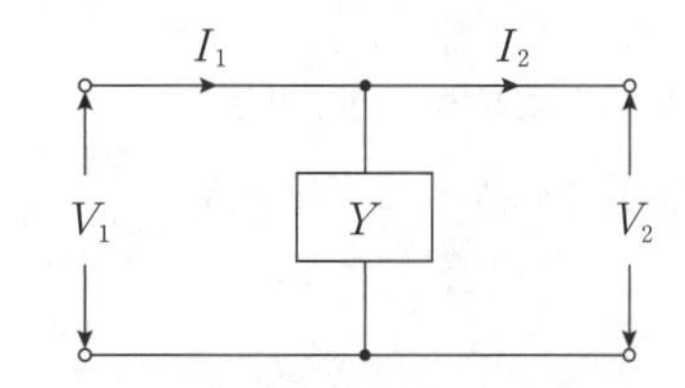


① $\begin{bmatrix}1&0\\Y&1\end{bmatrix}$ ② $\begin{bmatrix}1&Y\\0&1\end{bmatrix}$

③ $\begin{bmatrix}1&0\\\frac{1}{Y}&1\end{bmatrix}$ ④ $\begin{bmatrix}Y&1\\1&0\end{bmatrix}$

해설

$\begin{bmatrix}A&B\\C&D\end{bmatrix}=\begin{bmatrix}1&0\\Y&1\end{bmatrix}$

[정답] 03 ④ 04 ③ 05 ② 06 ③ 07 ①

## 08 회로에서 10[Ω]의 저항에 흐르는 전류[A]는?

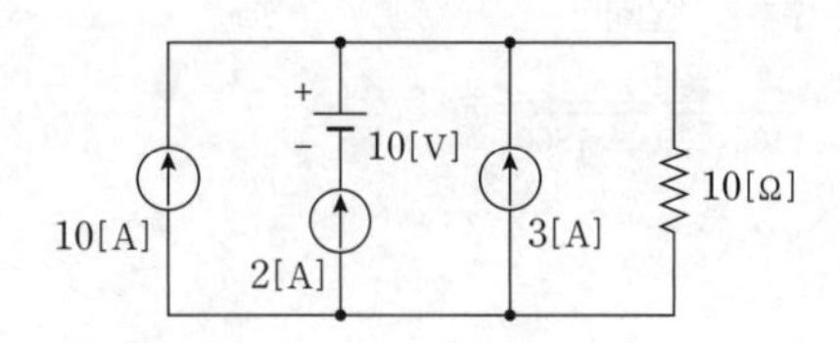


① 8 ② 10

③ 15 ④ 20

**해설**

중첩의 원리를 이용하여 전압원을 단락시켜 전류원에 의한 전류를 구하고 전류원을 개방시켜 전압원에 의한 전류를 구하여 합하면 저항에 흐르는 전류를 구할 수 있다.
전압원 단락 시 전류 $I_1=10+2+3=15[A]$
전류원 개방 시 전류 $I_2=0[A]$이므로
10[Ω]의 저항에 흐르는 전류는
$\therefore I_1+I_2=15+0=15[A]$

## 09 10[Ω]의 저항 5개를 접속하여 얻을 수 있는 합성 저항 중 가장 적은 값은 몇 [Ω]인가?

① 10 ② 5

③ 2 ④ 0.5

**해설**

저항은 병렬 연결시 합성저항은 작아지므로
같은저항 $R[\Omega]$, $n$개 병렬시 합성저항은 $R_o=\dfrac{R}{n}=\dfrac{10}{5}=2[\Omega]$

## 10 동일한 용량 2대의 단상 변압기를 $V$ 결선하여 3상으로 운전하고 있다. 단상 변압기 2대의 용량에 대한 3상 $V$ 결선시 변압기 용량의 비인 변압기 이용률은 약 몇 [%]인가?

① 57.7 ② 70.7

③ 80.1 ④ 86.6

**해설**

$V$ 결선시 이용률 : 0.866=86.6[%]
$V$ 결선시 출력비 : 0.577=57.7[%]

## 11 4단자 회로망에서의 영상 임피던스[Ω]는?

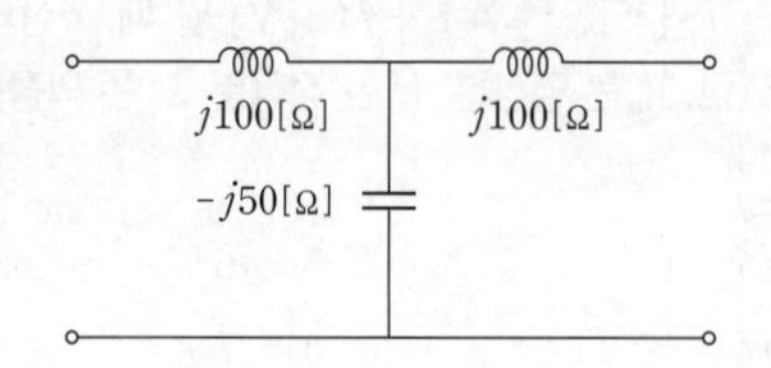


① $j\dfrac{1}{50}$ ② −1

③ 1 ④ 0

**해설**

**4단자 정수**

$A=D=1+\dfrac{j600}{-j300}=-1$

$B=j600+j600+\dfrac{j600\times j600}{-j300}=0$

$C=\dfrac{1}{-j300}=j\dfrac{1}{300}$ 이므로

1,2차 영상임피던스 $Z_{01}=\sqrt{\dfrac{AB}{CD}}$, $Z_{02}=\sqrt{\dfrac{BD}{AC}}$ 에서

$A=D$이므로 $Z_{01}=Z_{02}=\sqrt{\dfrac{B}{C}}=\sqrt{\dfrac{0}{j\dfrac{1}{300}}}=0$이 된다.

## 12 $i(t)=3\sqrt{2}\sin(377t-30^\circ)$[A]의 평균값은 약 몇 [A]인가?

① 1.35 ② 2.7

③ 4.35 ④ 5.4

**해설**

정현파에서 평균값 $I_a=\dfrac{2I_m}{\pi}=\dfrac{2\times3\sqrt{2}}{\pi}=2.7[A]$

## 13 20[Ω]과 30[Ω]의 병렬회로에서 20[Ω]에 흐르는 전류가 6[A]이라면 전체 전류 $I$[A]는?

[정답] 08 ③ 09 ③ 10 ④ 11 ④ 12 ② 13 ④

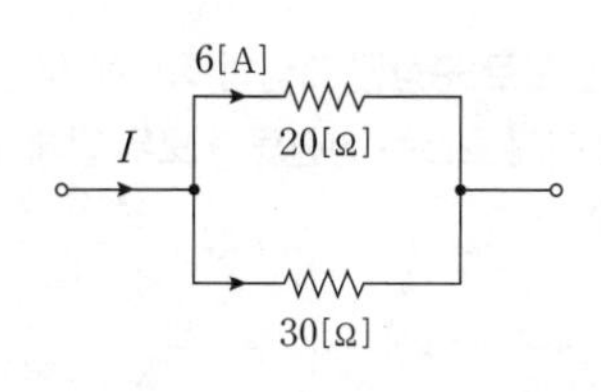


① 3 ② 4
③ 9 ④ 10

해설

20[Ω]과 30[Ω]이 병렬회로이므로 단자전압이 같으므로
20[Ω]에 대한 단자전압 $V=I_1R_1=6\times20=120[V]$이므로
30[Ω]에 흐르는 전류 $I_2=\frac{V}{R_2}=\frac{120}{30}=4[A]$이므로
전체전류는 $I=I_1+I_2=6+4=10[A]$

**14** $F(s)=\frac{A}{\alpha+s}$의 라플라스 역변환은?

① $\alpha e^{At}$ ② $Ae^{\alpha t}$
③ $\alpha e^{-At}$ ④ $Ae^{-\alpha t}$

해설

$F(s)=\frac{A}{\alpha+s}=A\frac{1}{s+\alpha}$의 라플라스 역변환은 $f(t)=Ae^{-\alpha t}$

**15** $RC$ 직렬회로의 과도현상에 대한 설명으로 옳은 것은?

① 과도상태 전류의 크기는 $(R\times C)$의 값과 무관한다.
② $(R\times C)$의 값이 클수록 과도상태 전류의 크기는 빨리 사라진다.
③ $(R\times C)$의 값이 클수록 과도상태 전류의 크기는 천천히 사라진다.
④ $\frac{1}{R\times C}$의 값이 클수록 과도상태 전류의 크기는 천천히 사라진다.

해설

과도현상은 시정수에 비례하므로 $RC$ 직렬회로의 시정수는 $\tau=RC$ [sec]이므로 $RC$값이 클수록 과도현상이 길어져 과도 전류값이 천천히 사라진다.

**16** 불평형 $Y$결선의 부하 회로에 평형 3상 전압을 가할 경우 중성점의 전위 $V_{n'n}$[V]는? (단, $Z_1$, $Z_2$, $Z_3$는 각 상의 임피던스[Ω]이고, $Y_1$, $Y_2$, $Y_3$는 각 상의 임피던스에 대한 어드미턴스[℧]이다.)

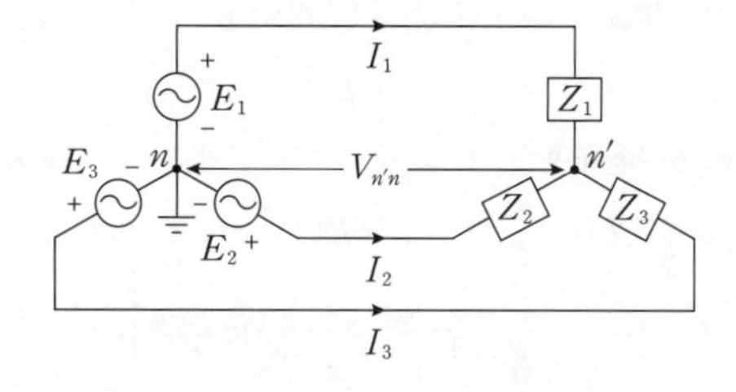


① $\frac{E_1+E_2+E_3}{Z_1+Z_2+Z_3}$ ② $\frac{Z_1E_1+Z_2E_2+Z_3E_3}{Z_1+Z_2+Z_3}$
③ $\frac{E_1+E_2+E_3}{Y_1+Y_2+Y_3}$ ④ $\frac{Y_1E_1+Y_2E_2+Y_3E_3}{Y_1+Y_2+Y_3}$

해설

3상 3선식 $Y-Y$결선의 중성점의 전위 $V_{n'n}$[V]는

$$V_{n'n}=\frac{Y_1E_1+Y_2E_2+Y_3E_3}{Y_1+Y_2+Y_3}=\frac{\frac{E_1}{Z_1}+\frac{E_2}{Z_2}+\frac{E_3}{Z_3}}{\frac{1}{Z_1}+\frac{1}{Z_2}+\frac{1}{Z_3}}[V]$$

**17** $RL$ 병렬회로에서 $t=0$일 때 스위치 $S$를 닫는 경우 $R$[Ω]에 흐르는 전류 $i_R(t)$[A]는?

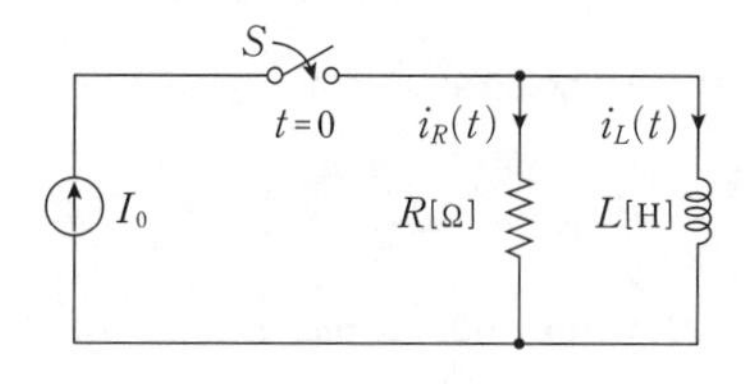


① $I_0(1-e^{-\frac{R}{L}t})$ ② $I_0(1+e^{-\frac{R}{L}t})$
③ $I_0$ ④ $I_0e^{-\frac{R}{L}t}$

해설

$RL$ 병렬회로에서 $t=0$일 때 스위치 $S$를 닫는 경우
전체전류 $I_0=i_R(t)+i_L(t)$이고

[정답] 14④ 15③ 16④ 17④

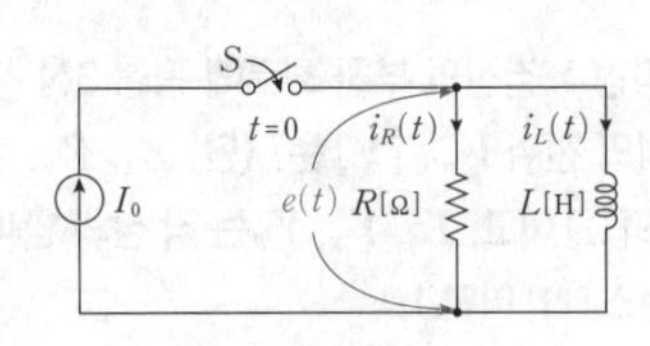


$RL$ 병렬회로에 걸리는 전압을 $e(t)$라 하면

$I_0=i_R(t)+i_L(t)=\frac{e(t)}{R}+\frac{1}{L}\int e(t)dt$[A]이므로

라플라스 변환하면

$I_0\frac{1}{s}=\frac{1}{R}E(s)+\frac{1}{L}\frac{1}{s}E(s)=E(s)\left(\frac{1}{R}+\frac{1}{Ls}\right)$이므로

전압 $E(s)=I_0\frac{1}{s\left(\frac{1}{R}+\frac{1}{Ls}\right)}=I_0\frac{R}{s+\frac{R}{L}}$를 역라플라스 변환하면

$e(t)=I_0Re^{-\frac{R}{L}t}$[V]이므로 $R$[Ω]에 흐르는 전류 $i_R(t)$[A]는

$i_R(t)=\frac{e(t)}{R}=I_0e^{-\frac{R}{L}t}$[A]가 된다

**18** **1상의 임피던스가 $14+j48$ [Ω]인 평형 △부하에 선간전압이 200 [V]인 평형 3상 전압이 인가될 때 이 부하의 피상전력 [VA]은?**

① 1200 ② 1384
③ 2400 ④ 4157

**해설**

$Z=14+j48=\sqrt{14^2+48^2}=50$[Ω], △결선, $V_l=200$[V]일 때

상전류 $I_P=\frac{V_P}{Z}=\frac{\frac{V_e}{\sqrt{3}}}{Z}=\frac{200}{50}=4$[A]

피상전력 $P_a=3I_P^2Z=3\times(4)^2\times50=2400$[W]

**19** **$i(t)=100+50\sqrt{2}\sin\omega t+20\sqrt{2}\sin\left(3\omega t+\frac{\pi}{6}\right)$ [A]로 표현되는 비정현파 전류의 실효값은 약 몇 [A]인가?**

① 20 ② 50
③ 114 ④ 150

**해설**

$i(t)=100+50\sqrt{2}\sin\omega t+20\sqrt{2}\sin\left(3\omega t+\frac{\pi}{6}\right)$[A]에서

실효전류는 $I=\sqrt{I_0+I_1^2+I_3^2}=\sqrt{100^2+50^2+20^2}=113.6$[A]

**20** **저항만으로 구성된 그림의 회로에 평형 3상 전압을 가했을 때 각 선에 흐르는 선전류가 모두 같게 되기 위한 $R$ [Ω]의 값은?**

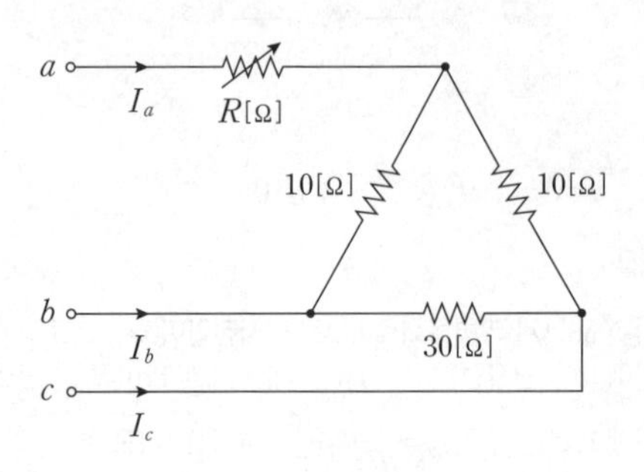


① 2 ② 4
③ 6 ④ 8

**해설**

3상 회로의 각 선전류가 모두 같아지려면 각 상의 저항이 모두 같아야 하므로 등가회로를 그려서 이를 알 수 있다.

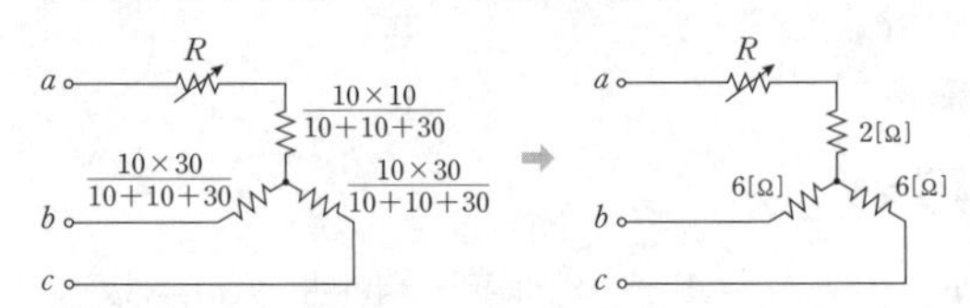


등가회로 (b)에서 각 상의 저항을 $R_a$, $R_b$, $R_c$라 하면

$R_a=R+2$[Ω], $R_b=6$[Ω], $R_c=6$[Ω]

$R_a=R_b=R_c$인 경우

$\therefore R=4$[Ω]

## 시행일 2020년 3회

**01** **다음 회로에서 저항 $R$에 흐르는 전류 $I$는 몇 [A]인가?**

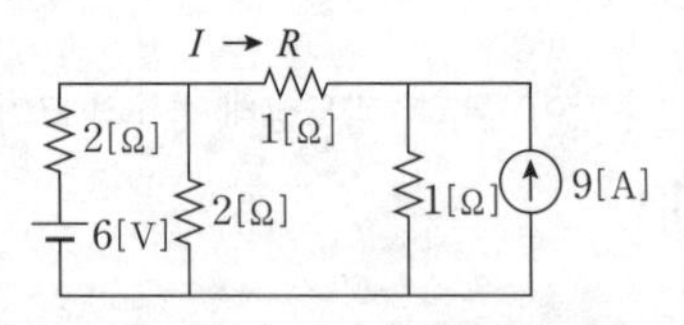


① 2[A] ② 1[A]
③ −2[A] ④ −1[A]

[정답] 18 ③ 19 ③ 20 ② 2020년 3회 01 ③

해설

**중첩의 정리**

중첩의 원리에 의하여 전류원 개방시 6[V]의 전압원에 의한

합성저항 $R=2+\frac{2\times2}{2+2}=3[\Omega]$

전체전류 $I=\frac{V}{R}=\frac{6}{3}=2[A]$

1[Ω]에 흐르는 전류 $I_1=\frac{2}{2+2}\times2=1[A]$

전압원 단락시 9[A]의 전류원에 의한 1[Ω]에 흐르는전류

$I_2=\frac{1}{\frac{2\times2}{2+2}+1+1}\times9=3[A]$

$I_1$과 $I_2$의 전류의 방향이 반대이므로

$\therefore I=I_1+I_2=1-3=-2[A]$

## 02 푸리에 급수에서 직류항은?

① 우함수이다. ② 기함수이다.
③ 우함수+기함수이다. ④ 우함수×기함수이다.

해설

여현대칭인 우함수파에서 직류분이 존재하므로 직류항은 우함수이다.

## 03 그림과 같은 회로에서 5[Ω]에 흐르는 전류 $I$는 몇 [A]인가?

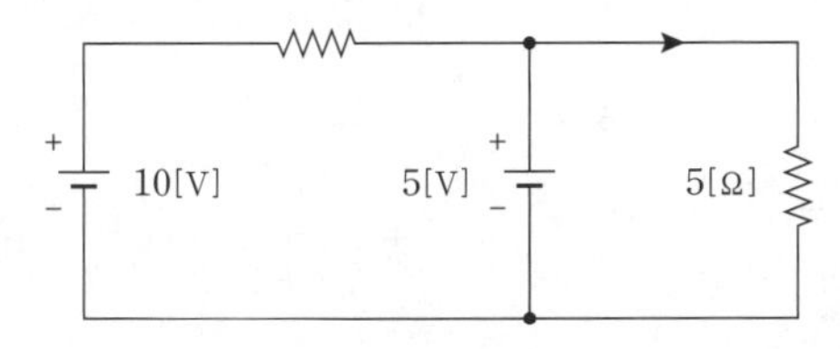


① $\frac{1}{2}$ ② $\frac{2}{3}$
③ 1 ④ $\frac{5}{3}$

해설

중첩의 정리에 의해서

전압원 5[V] 단락시 5[Ω]에 흐르는 전류 $I_1=0[A]$

전압원 10[V] 단락시 5[Ω]에 흐른는 전류 $I_2=\frac{5}{5}=1[A]$이므로

5[Ω]에 흐르는 전체 전류 $I=I_1+I_2=0+1=1[A]$

## 04 푸리에 급수로 표현된 왜평과 $f(t)$가 반파대칭 및 정현대칭일 때 $f(t)$에 대한 특징으로 옳은 것은?

$$f(t)=a_0+\sum_{n=1}^{\infty}a_n\cos n\omega t+\sum_{n=1}^{\infty}b_n\sin n\omega t$$

① $a_n$의 우수항만 존재한다.
② $a_n$의 기수항만 존재한다.
③ $b_n$의 우수항만 존재한다.
④ $b_n$의 기수항만 존재한다.

해설

반파대칭 및 정현대칭이므로 반파대칭은 홀수(기수)항만 존재하고 정현대칭은 sin항의 계수 $b_n$만 존재한다.

## 05 단상 변압기 3대 (100[kVA]×3)로 △결선하여 운전 중 1대 고장으로 $V$결선한 경우의 출력[kVA]은?

① 100[kVA] ② $100\sqrt{3}$ [kVA]
③ 245[kVA] ④ 300[kVA]

해설

**$V$결선 출력**

$P_V=\sqrt{3}\cdot P_{a1}=\sqrt{3}\times100=100\sqrt{3}$ [kVA]

## 06 비접지 3상 $Y$부하에서 각 선전류를 $I_a$, $I_b$, $I_c$라 할 때, 전류의 영상분 $I_0$는?

① 1 ② 0
③ −1 ④ $\sqrt{3}$

해설

영상분 전류 $I_o=\frac{1}{3}(I_a+I_b+I_c)$에서

비접지시 3상 $Y$부하의 세전류의 합 $I_a+I_b+I_c=0$이므로

영상분 $I_0=0$이 된다.

[정답] 02 ① 03 ③ 04 ④ 05 ② 06 ②

**07** 상순이 $a$, $b$, $c$인 불평형 3상 전류 $I_a$, $I_b$, $I_c$의 대칭분을 $I_0$, $I_1$, $I_2$라 하면 이 때 역상분 전류 $I_2$는?

① $\frac{1}{3}(I_a+I_b+I_c)$

② $\frac{1}{3}(I_a+I_b\angle 120°+I_c\angle -120°)$

③ $\frac{1}{3}(I_a+I_b\angle -120°+I_c\angle 120°)$

④ $\frac{1}{3}(-I_a-I_b-I_c)$

해설

**대칭분 전압, 전류**

역상분 전류 $I_2=\frac{1}{3}(I_a+a^2I_b+aI_c)$

$=\frac{1}{3}(I_a+I_b\angle -120°+I_c\angle 120°)$

참고

$a=1\angle 120°=1\angle -240°=-\frac{1}{2}+j\frac{\sqrt{3}}{2}$

$a^2=1\angle 240°=1\angle -120°=-\frac{1}{2}-j\frac{\sqrt{3}}{2}$

**08** $R-L-C$ 직렬 회로에서 회로 저항값이 다음의 어느 값이어야 이 회로가 임계적으로 제동되는가?

① $\sqrt{\frac{L}{C}}$　　② $2\sqrt{\frac{L}{C}}$

③ $\frac{1}{\sqrt{CL}}$　　④ $\sqrt{\frac{C}{L}}$

해설

**$R-L-C$ 직렬회로의 진동(제동)조건**

① 비진동(과제동) 조건 : $R^2-4\frac{L}{C}>0$, $R>2\sqrt{\frac{L}{C}}$

② 진동(부족제동) 조건 : $R^2-4\frac{L}{C}<0$, $R<2\sqrt{\frac{L}{C}}$

③ 임계진동(임계제동) 조건 $R^2-4\frac{L}{C}=0$, $R=2\sqrt{\frac{L}{C}}$

**09** 그림과 같은 회로에서 스위치 $S$를 닫았을 때 시정수의 값 [s]은? (단, $L=10[\text{mH}]$, $R=10[\Omega]$이다.)

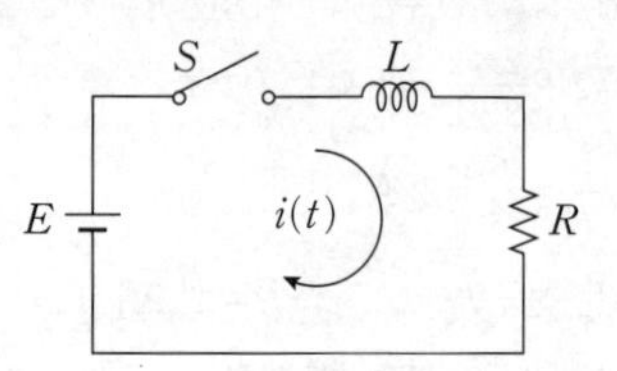


① $10^3$[s]　　② $10^{-3}$[s]

③ $10^2$[s]　　④ $10^{-2}$[s]

해설

**$R-L$ 직렬연결**

$RL$ 직렬회로의 시정수 $\tau=\frac{L}{R}$ 식에서 주어진 수치를 대입하면

$\tau=\frac{L}{R}=\frac{10\times 10^{-3}}{10}=10^{-3}[\text{sec}]$

**10** 그림과 같은 회로의 전달 함수는?

(단, $\frac{L}{R}=T$ : 시정수이다.)

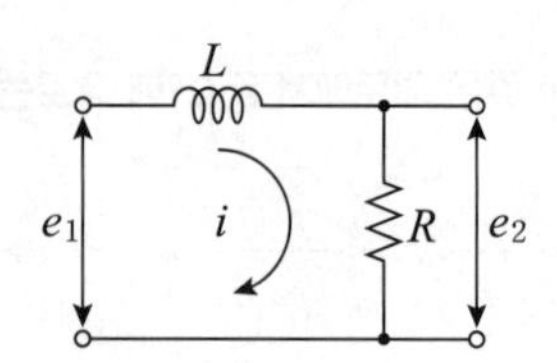


① $\frac{1}{Ts^2+1}$　　② $\frac{1}{Ts+1}$

③ $Ts^2+1$　　④ $Ts+1$

해설

**직렬연결시 전달함수**

$G(s)=\frac{E_2(s)}{E_1(s)}=\frac{\text{출력 임피던스}}{\text{입력 임피던스}}=\frac{R}{Ls+R}=\frac{1}{\frac{L}{R}s+1}=\frac{1}{Ts+1}$

[정답] 07 ③ 08 ② 09 ② 10 ②

**11** **어떤 계의 임펄스응답(impulse response)이 정현파신호 sin$t$일 때, 이 계의 전달함수를 구하면 ?**

① $\frac{1}{s^2+1}$　　② $\frac{1}{s^2-1}$

③ $\frac{1}{2s+1}$　　④ $\frac{1}{2s^2+1}$

해설

임펄스 응답시 기준입력 $r(t)=\delta(t)$, $R(s)=1$이므로

응답(출력) $c(t)=\sin t$, $C(s)=\frac{1}{s^2+1^2}=\frac{1}{s^2+1}$ 일대

전달함수 $G(s)=\frac{C(s)}{R(s)}=\frac{\frac{1}{s^2+1}}{1}=\frac{1}{s^2+1}$

**12** **그림과 같은 T형 회로에서 4단자 정수 중 $D$의 값은?**

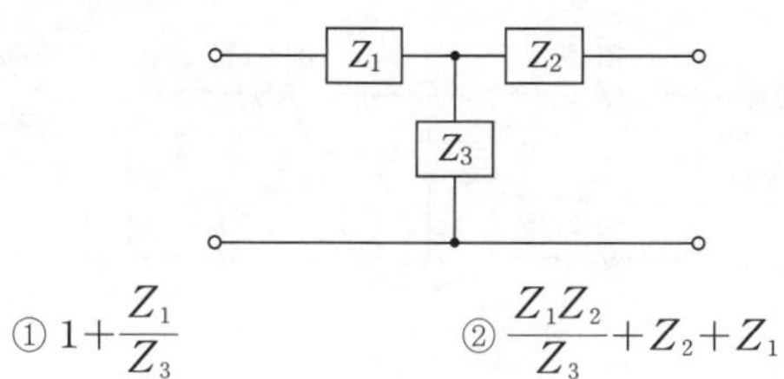


① $1+\frac{Z_1}{Z_3}$　　② $\frac{Z_1Z_2}{Z_3}+Z_2+Z_1$

③ $\frac{1}{Z_3}$　　④ $1+\frac{Z_2}{Z_3}$

해설

**4단자 정수**

$T$형 회로의 4단자 정수

$$\begin{bmatrix} A & B \\ C & D \end{bmatrix}=\begin{bmatrix} 1+\frac{Z_1}{Z_3} & Z_1+Z_2+\frac{Z_1Z_2}{Z_3} \\ \frac{1}{Z_3} & 1+\frac{Z_2}{Z_3} \end{bmatrix}$$

**13** **그림과 같은 브리지 회로가 평형되기 위한 $\dot{Z}_4$의 값은?**

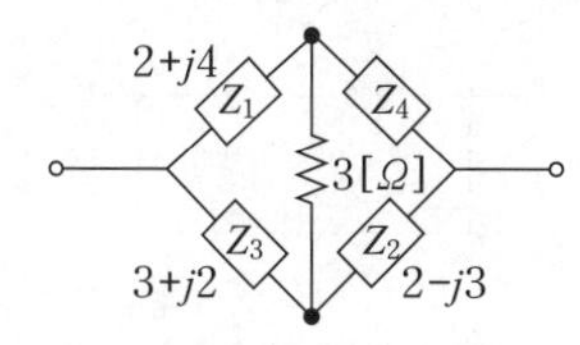


① $2+j4$　　② $-2+j4$

③ $4+j2$　　④ $4-j2$

해설

브릿지 평형 조건 $Z_1Z_2=Z_3Z_4$이므로 $Z_4$는

$$Z_4=\frac{Z_1Z_2}{Z_3}=\frac{(2+j4)(2-j3)}{3+j2}=\frac{(2+j4)(2-j3)(3-j2)}{(3+j2)(3-j2)}$$

$$=\frac{52-j26}{13}=4-j2$$

**14** **최대값이 $V_m$인 정현파의 실효값은 몇 [V]인가?**

① $\frac{2V_m}{\pi}$　　② $\sqrt{2}\,V_m$

③ $\frac{V_m}{\sqrt{2}}$　　④ $\frac{V_m}{2}$

해설

정현파의 실효값 $V=\frac{V_m}{\sqrt{2}}$[V]

정현파의 평균값 $V_a=\frac{2V_m}{\pi}$[V]

**15** **인덕턴스 $L$인 유도기에 $i=\sqrt{2}\,I\sin\omega t$[A]의 전류가 흐를 때 유도기에 축적되는 에너지[J]는?**

① $\frac{1}{2}LI^2\sin^2\omega t$　　② $\frac{1}{2}LI^2(1-\cos 2\omega t)$

③ $\frac{1}{2}LI^2\cos 2\omega t$　　④ $\frac{1}{2}LI^2\sin 2\omega t$

해설

인덕턴스(코일) $L$에 축적되는 에너지는

$$W=\frac{1}{2}Li^2=\frac{1}{2}L(\sqrt{2}\,I\sin\omega t)^2$$

$$=LI^2\sin^2\omega t=LI^2\frac{1-\cos 2\omega t}{2}=\frac{1}{2}LI^2(1-\cos 2\omega t)[\text{J}]$$

[정답] 11 ① 12 ④ 13 ④ 14 ③ 15 ②

**16** 그림은 평형 3상 회로에서 운전하고 있는 유도전동기의 결선도이다. 각 계기의 지시가 다음과 같을 때 이 유도전동기의 역률은 약 몇 [%]인가?

| $W_1$ | 2.36[kW] | $W_2$ | 5.95[kW] |
|---|---|---|---|
| $V$ | 200[V] | $A$ | 30[A] |

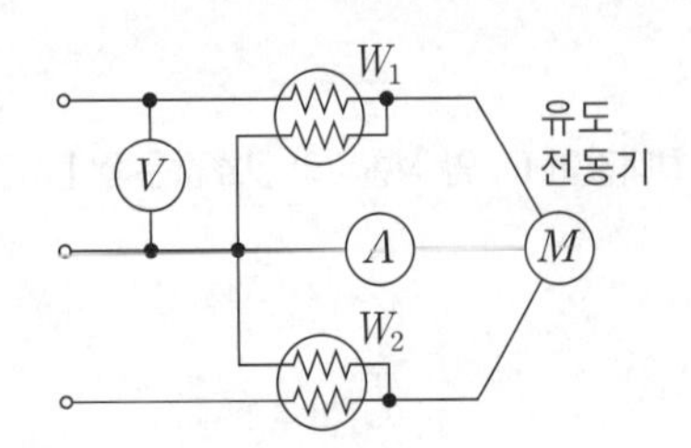


① 80 ② 76
③ 70 ④ 66

**해설**

역률 $\cos\theta = \frac{P}{P_a}$ 이므로

유효전력 $P$는 2전력계법을 이용하여 구할 수 있고
피상전력은 $P_a = \sqrt{3}\,VI$식을 이용하여 구할 수 있다.

$\therefore \cos\theta = \frac{W_1+W_2}{\sqrt{3}\,VI} = \frac{2360+5950}{\sqrt{3}\times 200\times 30} = 0.8 = 80[\%]$

**17** 그림과 같은 4단자 회로의 어드미턴스 파라미터 중 $Y_{11}$[℧]은?

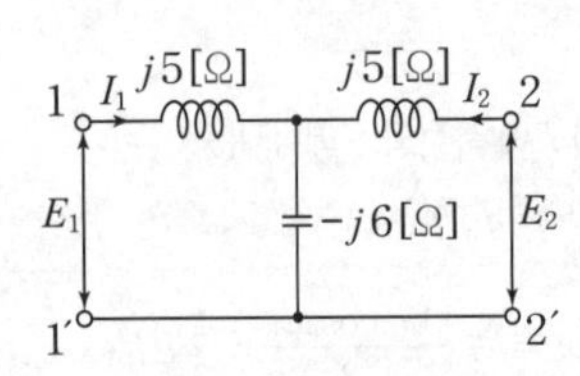


① $-j\frac{1}{35}$ ② $j\frac{2}{35}$
③ $-j\frac{1}{33}$ ④ $j\frac{2}{33}$

**해설**

문제의 T형 회로를 $\pi$형 회로로 등가변환하면

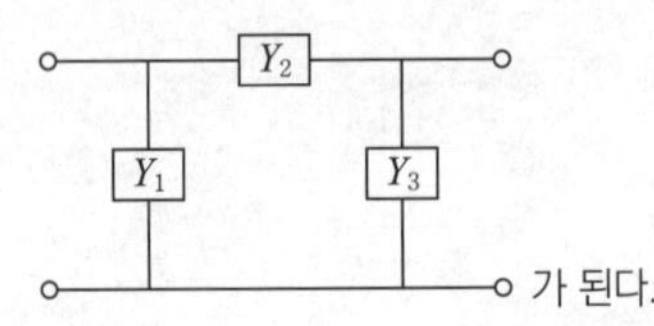


가 된다.

$Y_1 = \frac{j5}{j5\times(-j6)+(-j6)\times j5+j5\times j5} = j\frac{1}{7}$

$Y_2 = \frac{-j6}{j5\times(-j6)+(-j6)\times j5+j5\times j5} = -j\frac{6}{35}$

$\therefore Y_{11} = Y_1 + Y_2 = j\frac{1}{7} - j\frac{6}{35} = -j\frac{1}{35}$

**18** 그림과 같은 회로에서 $s$를 열었을 때 전류계는 10[A]를 지시하였다. $s$를 닫을 때 전류계의 지시는 몇 [A]인가?

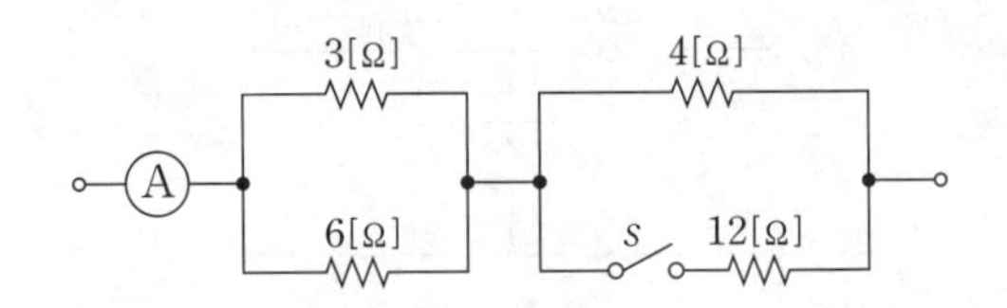


① 10 ② 12
③ 14 ④ 16

**해설**

$S$를 열었을 때 전압을 계산하면

$V = 10\times\left(\frac{3\times 6}{3+6}+4\right) = 60[\mathrm{V}]$

$S$를 닫았을 때 합성저항을 계산하면

$R_o = \frac{3\times 6}{3+6} + \frac{4\times 12}{4+12} = 5[\Omega]$이므로 전류 $I = \frac{V}{R_o} = \frac{60}{5} = 12[\mathrm{A}]$

**19** 다음과 같은 회로의 공진시 조건으로 옳은 것은?

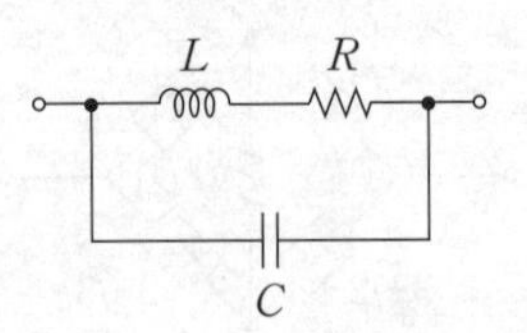


[정답] 16① 17① 18② 19④

① $\omega=\sqrt{\frac{1}{L}-\frac{R^2}{L^2}}$ ② $\omega=\sqrt{\frac{1}{C}-\frac{R^2}{L^2}}$

③ $\omega=\sqrt{\frac{1}{LC}-\frac{R}{L}}$ ④ $\omega=\sqrt{\frac{1}{LC}-\frac{R^2}{L^2}}$

해설

합성 어드미턴스를 구하면 다음과 같다.

$$Y=\frac{1}{R+j\omega L}+j\omega C$$

$$=\frac{R}{R^2+\omega^2L^2}+j\left(\omega C-\frac{\omega L}{R^2+\omega^2L^2}\right)$$ 따라서

공진조건 $\omega C=\frac{\omega L}{R^2+\omega^2L^2}$ $\quad\therefore R^2+\omega^2L^2=\frac{L}{C}$ 이므로

공진 공진시 각주파수는 $\omega=\sqrt{\frac{1}{LC}-\frac{R^2}{L^2}}$ [rad/sec]

**20** 600[kVA], 역률 0.6(지상)인 부하 $A$와 800[kVA], 역률 0.8(진상)인 부하 $B$를 연결시 전체 피상전력[kVA]는?

① 640 ② 1000

③ 0 ④ 1400

해설

- 부하 $A$의 피상전력
  $P_{a1}=600\times0.6-j600\times0.8=360-j480$[kVA]
- 부하 $B$의 피상전력
  $P_{a2}=800\times0.8+j800\times0.6=640+j480$[kVA]
- 전체피상전력
  $P_a=P_{a1}+P_{a2}=360-j480+640+j480=1000$[kVA]

## 시행일 2021년 1회

**01** $V_1(s)$을 입력, $V_2(s)$를 출력이라 할 때, 회로의 전달함수는? (단, $C_1=1$[F], $L_1=1$[H])

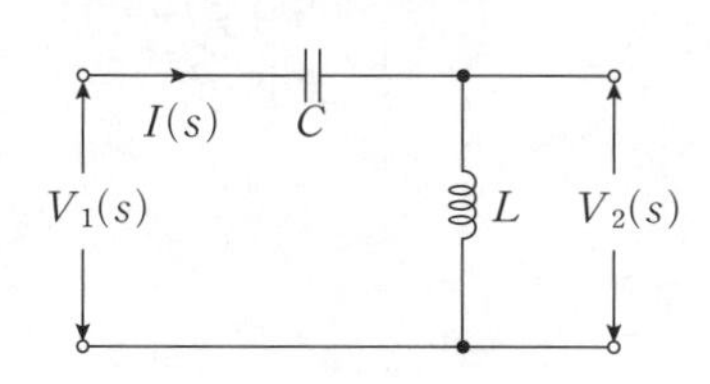


① $\frac{s}{s+1}$ ② $\frac{s}{s^2+1}$

③ $\frac{s^2}{s^2+1}$ ④ $s+\frac{1}{s}$

해설

**직렬연결시 전달함수**

$$H(s)=\frac{V_2(s)}{V_1(s)}=\frac{\text{출력 임피던스}}{\text{입력 임피던스}}$$

$$=\frac{Ls}{Ls+\frac{1}{Cs}}=\frac{LCs^2}{LCs^2+1}\bigg|_{L=1,\ C=1}$$

$$=\frac{s^2}{s^2+1}$$

**02** 단위계단 함수 $u(t)$의 라플라스 변환은?

① $\frac{1}{s}e^{-sts}$ ② 1

③ $\frac{1}{s^2}$ ④ $\frac{1}{s}$

해설

**라플라스 변환**

$f(t)=u(t)=1 \rightarrow F(s)=\pounds[u(t)]=\frac{1}{s}$

**03** 그림에서 5[Ω]에 흐르는 전류 $I$[A]는?

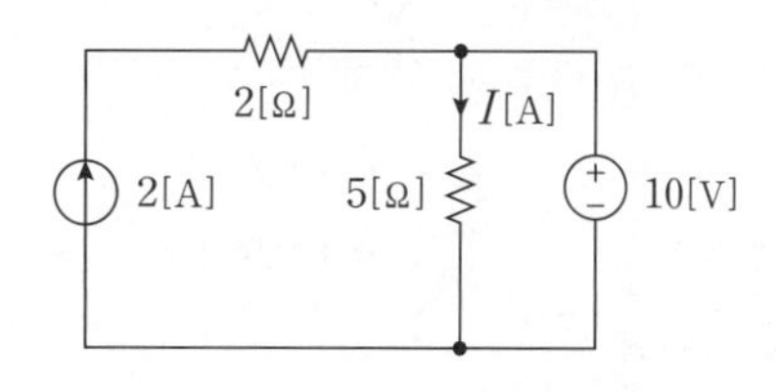


① 2 ② 1

③ 3 ④ 4

해설

**중첩의 정리**

[정답] 20 ② 2021년 1회 01 ③ 02 ④ 03 ④

중첩의 원리에 의하여 전류원 개방시

10[V]의 전압원에 의한 전류 $I_1=\frac{10}{5}=2[\text{A}]$

전압원 단락시 2[A]의 전류원에 의한 전류 $I_2=2[\text{A}]$

전체전류 $I=I_1+I_2=2+2=4[\text{A}]$

## 04 대칭 다상 교류에 의한 회전 자계에 대한 설명으로 틀린 것은?

① 3상 교류에서 상 순서를 바꾸면 회전자계의 방향도 바뀐다.

② 대칭 3상 교류에 의한 회전자계는 타원형 회전자계이다.

③ 회전자계의 회전속도는 일정한 각속도이다.

④ 대칭 3상 교류에 의한 회전자계는 원형 회전자계이다.

**해설**

- 대칭 : 원형회전자계
- 비대칭 : 타원회전자계

## 05 그림과 같은 브리지회로가 평형이 되기 위한 $Z_4$의 값은? (단, $Z_1=2+j4$, $Z_2=2-j3$, $Z_3=3+j2$)

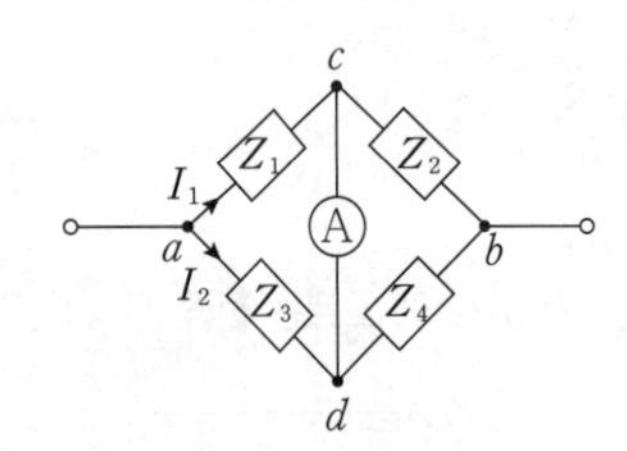


① $0.2-j2.9$ ② $4+j2$

③ $0.2+j2.9$ ④ $4-j2$

**해설**

브릿지 평형 조건 $Z_1Z_4=Z_2Z_3$이므로 $Z_4$는

$$Z_4=\frac{Z_2Z_3}{Z_1}=\frac{(2-j3)(3+j2)}{2+j4}=0.2-j2.9$$

## 06 3상 선간전압 $V$를 가했을 때 선전류 $I$는 몇 [A]인가? (단, $r=2[\Omega]$, $V=200\sqrt{3}$ [V]이다.)

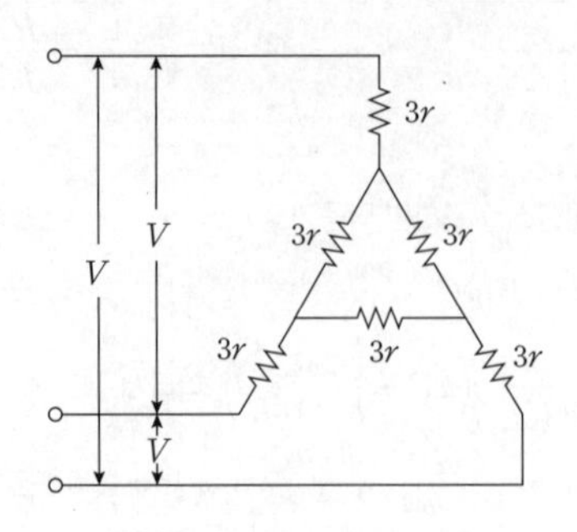


① 20 ② 10

③ 25 ④ 15

**해설**

△결선을 Y 결선으로 변환시 각상의 저항은 1/3배로 감소하므로

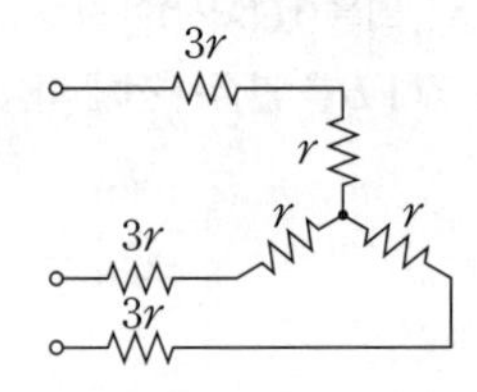


각 상의 저항 값은

$R_a=R_b=R_c=R_p=3r+r=4r[\Omega]$이 되므로

Y결선시 선전류 $I_l=\frac{V_l}{R_p}=\frac{\frac{V}{\sqrt{3}}}{4r}=\frac{V}{4\sqrt{3}\,r}=\frac{200\sqrt{3}}{4\sqrt{3}\times 2}=25[\text{A}]$

## 07 2단자 회로망의 구동점 임피던스 $Z(s)$는?

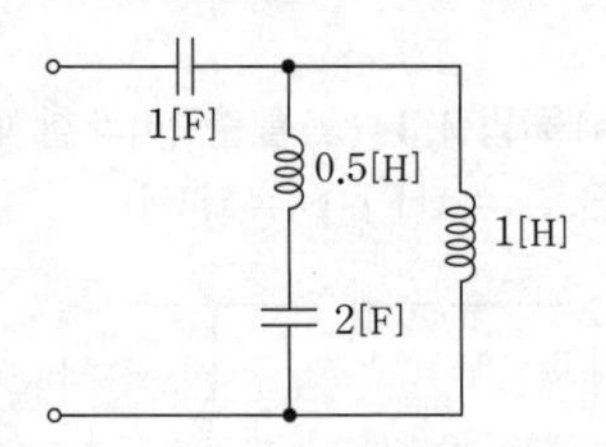


[정답] 04 ② 05 ① 06 ③ 07 ③

① $\dfrac{3s^2(s+1)}{s^3+1}$　② $\dfrac{s^3+1}{3s^2(s+1)}$

③ $\dfrac{s^4+4s^2+1}{s(3s^2+1)}$　④ $\dfrac{3s^2(s+1)}{s^4+2s^2+1}$

해설

**구동점 임피던스**

$$Z(s)=\frac{1}{s}+\frac{\left(0.5s+\frac{1}{2s}\right)\times s}{0.5s+\frac{1}{2s}+s}=\frac{1}{s}+\frac{0.5s^2+\frac{1}{2}}{1.5s+\frac{1}{2s}}$$

$$=\frac{1}{s}+\frac{s^3+s}{3s^2+1}=\frac{s^4+4s^2+1}{s(3s^2+1)}[\Omega]$$

## 08 대칭좌표법에 대한 설명으로 틀린 것은?

① 대칭 3상 전압에서 영상분은 0이 된다.

② 대칭 3상 전압은 정상분만 존재한다.

③ 불평형 3상 회로 Y결선의 접지식 회로에서 영상분이 존재한다.

④ 불평형 3상 회로 Y결선의 비접지식 회로에서 영상분이 존재한다.

해설

불평형 3상 회로 비접지식 회로에서는 영상분이 존재하지 않는다.

## 09 2전력계법에서 측정한 유효전력이 $P_1=100[\mathrm{W}]$, $P_2=200[\mathrm{W}]$일 때 역률[%]은?

① 70.7　② 86.6

③ 90.4　④ 50.2

해설

**2전력계법에서 역률**

$$\cos\theta=\frac{P}{P_a}=\frac{P_1+P_2}{2\sqrt{P_1^2+P_2^2-P_1P_2}}=\frac{100+200}{2\sqrt{100^2+200^2-100\times200}}$$

$$=0.866=86.6[\%]$$

## 10 파고율이 2가 되는 파형은?

① 반파정현파　② 정현파

③ 사각파　④ 톱니파

해설

반파정현파의 파고율$=\dfrac{\text{최댓값}}{\text{실효값}}=\dfrac{V_m}{\frac{V_m}{2}}=2$

## 11 다음과 같은 파형 $v(t)$를 단위계단 함수로 표시하면 어떻게 되는가?

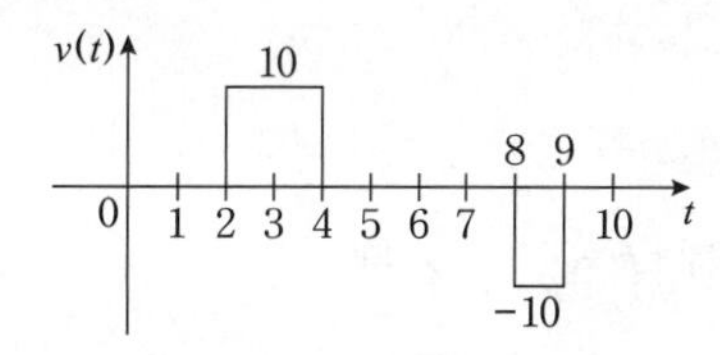


① $10u(t-2)+10u(t-4)+10u(t-8)+10u(t-9)$

② $10u(t-2)-10u(t-4)-10u(t-8)-10u(t-9)$

③ $10u(t-2)-10u(t-4)-10u(t-8)+10u(t-9)$

④ $10u(t-2)-10u(t-4)+10u(t-8)-10u(t-9)$

해설

$10u(t-2)-10u(t-4)-10u(t-8)+10u(t-9)$

## 12 그림과 같은 회로망의 4단자 정수 $B[\Omega]$는?

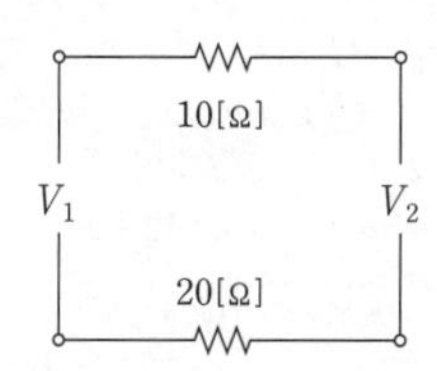


① 10　② $\dfrac{20}{3}$

③ $\dfrac{2}{3}$　④ 30

해설

$B=10+20=30[\Omega]$

[정답] 08 ④ 09 ② 10 ① 11 ③ 12 ④

**13** 회로에서 $R[\Omega]$을 나타낸 것은?

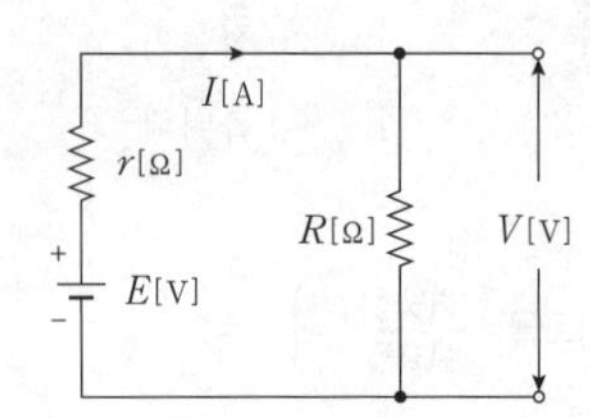


① $\dfrac{E}{E-V}r$ ② $\dfrac{V}{E-V}r$

③ $\dfrac{E-V}{V}r$ ④ $\dfrac{E-V}{E}r$

해설

회로도에서 전류 $I=\dfrac{E}{R+r}=\dfrac{V}{R}$이므로

이를 정리하면 $R=\dfrac{V}{E-V}r$가 된다.

**14** 전류의 대칭분이 $I_0=-2+j4[\text{A}]$, $I_1=6-j5[\text{A}]$, $I_2=8+j10[\text{A}]$일 때 3상전류 중 $a$상 전류($I_a$)의 크기는 몇 $[\text{A}]$인가? (단, 3상 전류의 상순은 $a-b-c$이고, $I_0$는 영상분, $I_1$은 정상분, $I_2$는 역상분이다.)

① 12 ② 19

③ 15 ④ 9

해설

**불평형(비대칭) 3상의 전류**

- $a$상의 전류 $I_a=I_o+I_1+I_2$
- $b$상의 전류 $I_b=I_o+a^2I_1+aI_2$
- $c$상의 전류 $I_c=I_o+aI_1+a^2I_2$이므로

$I_a=-2+j4+6-j5+8+j10=12+j9$

$=\sqrt{12^2+9^2}=15[\text{A}]$가 된다.

**15** 3상 불평형 전압에서 역상전압이 50[V]이고 정상전압이 200[V], 영상전압이 10[V]라고 할 때 전압의 불평형률은?

① 0.01 ② 0.05

③ 0.25 ④ 0.5

해설

불평형률$=\dfrac{\text{역상전압}}{\text{정상전압}}=\dfrac{50}{200}=0.25$

**16** 어떤 회로 소자에 $v(t)=125\sin377t[\text{V}]$를 가했을 때 전류 $i(t)=25\sin377t[\text{V}]$가 흘렀다면 이 소자는?

① 용량성 리액턴스

② 유도성 리액턴스

③ 순저항

④ 다이오드

해설

전압과 전류의 위상차가 없으므로 순저항 회로가 된다.

**17** Y결선 부하에 $V_a=200[\text{V}]$인 대칭 3상 전원이 인가될 때 선전류 $I_c$의 크기는 몇 [A]인가? (단, $Z=6+j8[\Omega]$)

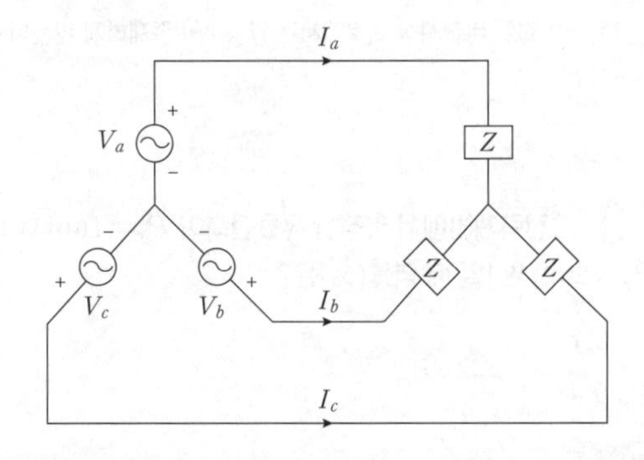


① $15\sqrt{3}$ ② 20

③ $20\sqrt{3}$ ④ 15

해설

$Z=6+j8[\Omega]$, Y결선, $V_a=V_p=220[\text{V}]$일 때

선전류는 $I_l=I_p=\dfrac{V_P}{Z}=\dfrac{200}{\sqrt{6^2+8^2}}=20[\text{A}]$

[정답] 13 ② 14 ③ 15 ③ 16 ③ 17 ②

**18** 회로에서 스위치 $S$를 $t=0$[s]에서 닫았을 때 $v_L(t)|_{t=0}=100$[V]이고, $\left.\dfrac{di(t)}{dt}\right|_{t=0}=400$[A/s]이었다. 이 회로에서 $L$[H]의 값은?

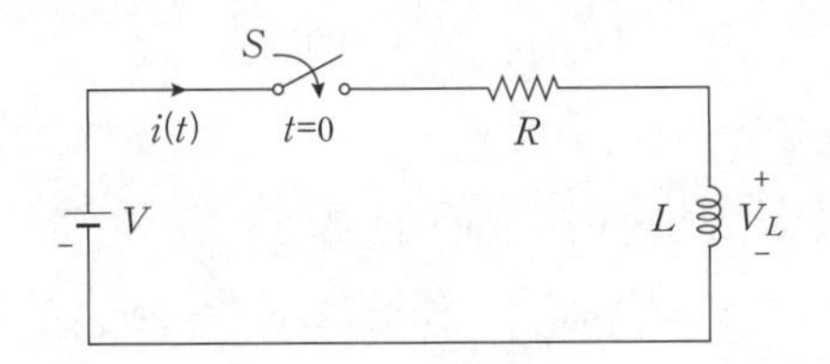

① 0.5 ② 0.1
③ 0.75 ④ 0.25

해설

$V_L(t)=L\cdot\dfrac{di(t)}{dt}$[V]의 식에서 $100=L\cdot400$이므로
$\therefore L=0.25$[H]

**19** $i(t)=50+30\sin\omega t$[A]의 실효값[A]은?

① 62.4 ② 50
③ 54.3 ④ 58.6

해설

$i(t)=50+30\sin\omega t$[A]에서

실효값을 구하면 $I=\sqrt{I_0^2+I_1^2}=\sqrt{50^2+\left(\dfrac{30}{\sqrt{2}}\right)^2}=54.3$[A]

**20** 비정현파의 대칭 조건 중 반파대칭의 조건은?

① $f(t)=-f\left(T-\dfrac{T}{2}\right)$ ② $f(t)=f\left(t+\dfrac{T}{2}\right)$

③ $f(t)=f\left(t-\dfrac{T}{2}\right)$ ④ $f(t)=-f\left(t+\dfrac{T}{2}\right)$

해설

- 정현 대칭 조건은 $f(t)=-f(-t)$
- 여현 대칭 조건은 $f(t)=f(-t)$
- 반파 대칭 조건은 $f(t)=-f(t+\dfrac{T}{2})$

## 시행일 2021년 2회

**01** 회로에서 $e(t)=E_m\cos\omega t$[V]의 전압을 인가했을 때 인덕턴스 $L$[H]에 축적되는 에너지[J]는?

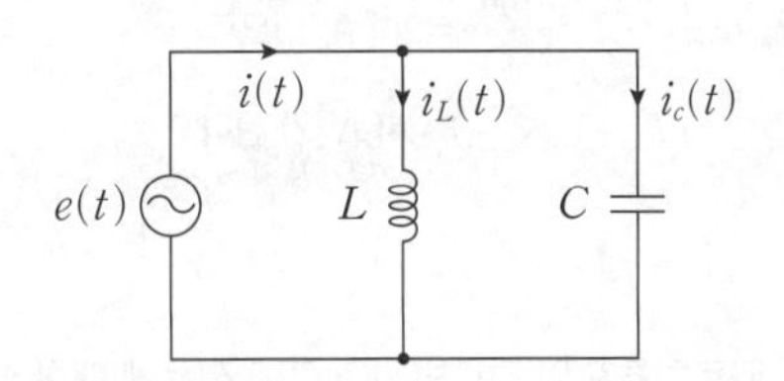

① $\dfrac{1}{2}\dfrac{E_m^2}{\omega^2L^2}(1-\cos2\omega t)$ ② $\dfrac{1}{2}\dfrac{E_m^2}{\omega^2L^2}(1+\cos2\omega t)$

③ $\dfrac{1}{4}\dfrac{E_m^2}{\omega^2L}(1-\cos2\omega t)$ ④ $\dfrac{1}{4}\dfrac{E_m^2}{\omega^2L}(1+\cos2\omega t)$

해설

인덕턴스 $L$에 흐르는 전류는

$$i_L=\frac{1}{L}\int e(t)dt=\frac{1}{L}\int E_m\cos\omega t\,dt=\frac{E_m}{\omega L}\sin\omega t[\text{A}]$$

이므로 인덕턴스에 축적되는 에너지는

$$W=\frac{1}{2}Li_L^2=\frac{1}{2}L\left(\frac{E_m}{\omega L}\sin\omega t\right)^2$$
$$=\frac{1}{2}\cdot\frac{E_m^2}{\omega^2L}\sin^2\omega t=\frac{1}{2}\cdot\frac{E_m^2}{\omega^2L}\cdot\frac{1-\cos2\omega t}{2}$$
$$=\frac{1}{4}\cdot\frac{E_m^2}{\omega^2L}\cdot(1-\cos2\omega t)[\text{J}]$$

**02** $RL$ 직렬회로에서 시정수의 값이 작을수록 과도현상이 소멸되는 시간은?

① 일정하다. ② 관계없다.
③ 짧아진다. ④ 길어진다.

해설

과도현상은 시정수에 비례하므로 시정수가 작을수록 과도현상이 짧아지고 과도 현상은 빨리 사라진다.

**03** 대칭 3상교류에서 선간전압이 100[V], 한 상의 임피던스가 5∠45°[Ω]인 부하를 △결선 하였을 때 선전류는 약 몇 [A]인가?

[정답] 18 ④ 19 ③ 20 ④ 2021년 2회 01 ③ 02 ③ 03 ②

① 42.3　② 34.6
③ 28.2　④ 19.2

해설

△결선, $V_l=100[\text{V}]$, $Z=5\angle 45°[\Omega]$인 경우

상전류 $I_p=\dfrac{V_P}{Z}=\dfrac{V_l}{Z}=\dfrac{100}{5}=20[\text{A}]$이므로

선전류 $I_l=\sqrt{3}\,I_p=20\sqrt{3}=34.6[\text{A}]$가 된다.

**04** **키르히호프의 전류법칙(KCL) 적용에 대한 설명 중 틀린 것은?**

① 이 법칙은 집중정수회로에 적용된다.
② 이 법칙은 회로의 시변, 시불변에 관계받지 않고 적용된다.
③ 이 법칙은 회로의 선형, 비선형에 관계받지 않고 적용된다.
④ 이 법칙은 선형소자로만 이루어진 회로에 적용된다.

해설

키르히호프의 법칙은 집중 정수 회로에서 선형, 비선형, 시변, 시불변에 무관하게 항상 성립된다.

**05** **4단자 회로망에서 가역정리가 성립되는 조건이 아닌 것은? (단, $Z_{12}$, $Z_{21}$은 각각 입력과 출력 개방 전달 임피던스이고, $Y_{12}$, $Y_{21}$는 각각 입력과 출력 단락 전달 어드미턴스이고, $h_{12}$, $h_{21}$는 각각 입력 개방 전압 이득과 출력 단락 전류 이득이고, $A$, $B$, $C$, $D$는 각각 출력 개방 전압 이득, 출력 단락 전달 임피던스, 출력 개방 전달 어드미턴스, 출력 단락 전류 이득이다.)**

① $Y_{12}=Y_{21}$　② $h_{12}=-h_{21}$
③ $AB-CD=1$　④ $Z_{12}=Z_{21}$

해설

4단자 정수는 $AD-BC=1$

**06** **대칭 6상 성형결선의 상전압이 240[V]일 때 선간전압의 크기는 몇 [V]인가?**

① $240\sqrt{3}$　② 240
③ $\dfrac{240}{\sqrt{3}}$　④ 120

해설

상수 $n=6$, Y결선, $V_P=240[\text{V}]$일 때

선간전압은 $V_l=2V_P\sin\dfrac{\pi}{n}=2\times 240\times\sin\dfrac{\pi}{6}=240[\text{V}]$

**07** **1[Ω]의 저항에 걸리는 전압 $V_R$[V]은?**

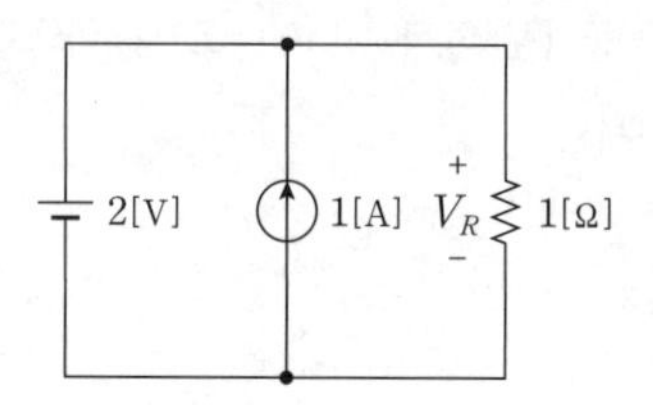


① 1.5　② 1
③ 2　④ 3

해설

중첩의 원리에 의하여 전류원 개방 시

2[V]의 전압원에 의한 1[Ω]에 흐르는 전류 $I_1=\dfrac{2}{1}=2[\text{A}]$

전압원 단락 시 6[A]의 전류원에 의한
1[Ω]에 흐르는 전류 $I_2=0[\text{A}]$이므로
1[Ω]에 흐르는 전체전류는 $I=I_1+I_2=2+0=2[\text{A}]$
그러므로 1[Ω]에 걸리는 전압은 $V_R=I\cdot R=2\times 1=2[\text{V}]$

**08** **회로에서 컨덕턴스 $G_2$에 흐르는 전류 $I$[A]의 크기는? (단, $G_1=30$[℧], $G_2=15$[℧])**

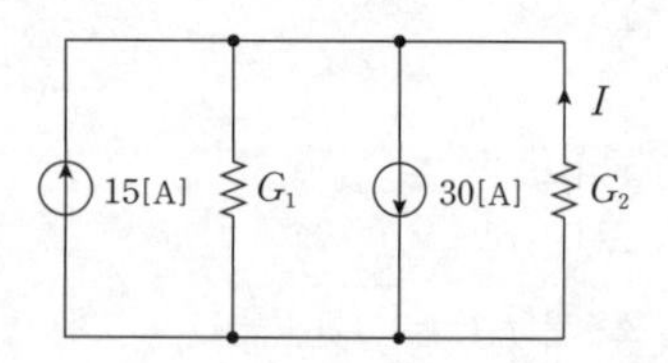


[정답] 04 ④　05 ③　06 ②　07 ③　08 ④

① 3 ② 15
③ 10 ④ 5

해설

주어진 회로에서 전류원을 하나로 하여 등가회로를 그리면 다음과 같다.

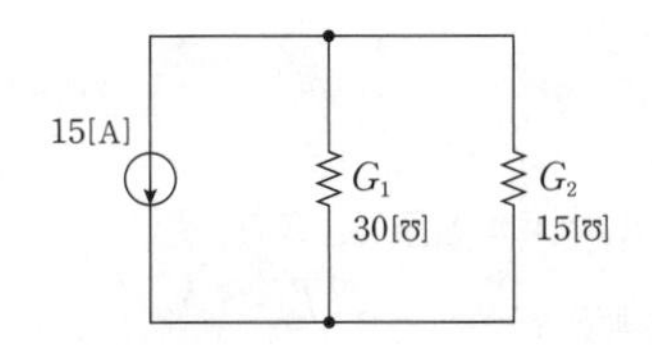


여기서 $G_2$에 흐르는 전류를 $I_2$라 하면

$I_2=\frac{G_2}{G_1+G_2}I=\frac{15}{30+15}\times 15=5[A]$

## 09 비정현파 교류를 나타내는 식은?

① 기본파＋고조파＋직류분
② 기본파＋직류분－고조파
③ 직류분＋고조파＋기본파
④ 교류분＋기본파＋고조파

해설

비정현파 교류는 직류분, 기본파, 고조파성분의 합으로 구성되어 있다.

## 10 전압이 $v(t)=V(\sin\omega t-\sin 3\omega t)$[V]이고, 전류가 $i(t)=I\sin\omega t$[A]인 단상 교류회로의 평균전력은 몇 [W]인가?

① $VI$ ② $\frac{2}{\sqrt{3}}VI$
③ $\frac{1}{2}VI\sin\omega t$ ④ $\frac{1}{2}VI$

해설

$v(t)=V(\sin\omega t-\sin 3\omega t)=V\sin\omega t-V\sin 3\omega t$[V]
$i(t)=I\sin\omega t$[A]일 때 비정현파 평균전력은

$P=V_1I_1\cos\theta_1=\frac{V}{\sqrt{2}}\cdot\frac{I}{\sqrt{2}}\cos 0°=\frac{1}{2}VI$[W]

## 11 각 상의 전류가 $i_a=30\sin\omega t$[A], $i_b(t)=30\sin(\omega t-90°)$[A], $i_c(t)=30\sin(\omega t+90°)$[A]일 때 영상 대칭분의 전류[A]는?

① $\frac{30}{\sqrt{3}}\sin(\omega t+45°)$ ② $10\sin\frac{\omega t}{3}$
③ $10\sin\omega t$ ④ $30\sin\omega t$

해설

**영상분 전류**

$i_0=\frac{1}{3}(i_a+i_b+i_c)$

$=\frac{1}{3}\{30\sin\omega t+30\sin(\omega t-90°)+30\sin(\omega t+90°)\}$

$=\frac{30}{3}\{\sin\omega t+\sin\omega t\cos(-90°)+\cos\omega t\sin(-90°)$
$+\sin\omega t\cos 90°+\cos\omega t\sin 90°\}=10\sin\omega t$

참고

**삼각함수 가법정리**

$\sin(\alpha\pm\beta)=\sin\alpha\cos\beta\pm\cos\alpha\sin\beta$(사코±코사)
$\cos(\alpha\pm\beta)=\cos\alpha\cos\beta\mp\sin\alpha\sin\beta$(코코∓사사)

## 12 극좌표형식으로 표현된 전류의 페이저가 $I_1=10\angle\tan^{-1}\frac{4}{3}$[A], $I_2=10\angle\tan^{-1}\frac{3}{4}$[A]이고 $I=I_1+I_2$일 때, $I$[A]는?

① $14+j14$ ② $14+j4$
③ $-2+j2$ ④ $14+j3$

해설

$\theta_1=\tan^{-1}\frac{4}{3}=53°$, $\theta_2=\tan^{-1}\frac{3}{4}=37°$

$I_1$과 $I_2$를 복소수로 변형하면
$I_1=10(\cos\theta_1+j\sin\theta_1)=6+j8$
$I_2=10(\cos\theta_2+j\sin\theta_2)=8+j6$
$\therefore I=I_1+I_2=6+j8+8+j6=14+j14$

[정답] 09 ① 10 ④ 11 ③ 12 ①

## 13 대칭좌표법에 관한 설명으로 틀린 것은?

① 불평형 3상 Y결선의 비접지식 회로에서는 영상분이 존재한다.
② 불평형 3상 Y결선의 접지식 회로에서는 영상분이 존재한다.
③ 평형 3상 전압은 정상분만 존재한다.
④ 평형 3상 전압에서 영상분은 0이다.

해설

불평형 3상 회로 비접지식 회로에서는 영상분이 존재하지 않는다.

## 14 $f(t)=\sin t\cos t$를 라플라스 변환하면?

① $\dfrac{1}{(s+4)^2}$　② $\dfrac{1}{s^2+2}$

③ $\dfrac{1}{(s+2)^2}$　④ $\dfrac{1}{s^2+4}$

해설

삼각함수의 곱의 공식에 의해서

$$\sin t\cos t=\frac{1}{2}[\sin(t+t)+\sin(t-t)]$$
$$=\frac{1}{2}[\sin 2t+\sin 0°]=\frac{1}{2}\sin 2t$$
$$F(s)=\pounds[\sin t\cos t]=\pounds\left[\frac{1}{2}\sin 2t\right]$$
$$=\frac{1}{2}\cdot\frac{2}{s^2+2^2}=\frac{1}{s^2+4}$$

## 15 회로에 흐르는 전류가 $i(t)=7+14.1\sin\omega t$인 경우 실효값은 약 몇 [A]인가?

① 12.2　② 13.2
③ 14.2　④ 11.2

해설

$i(t)=7+14.1\sin\omega t$[A]에서

실효값을 구하면 $I=\sqrt{I_0^2+I_1^2}=\sqrt{7^2+\left(\frac{14.1}{\sqrt{2}}\right)^2}=12.18$[A]

## 16 $RLC$ 직렬회로에서 임계제동 조건이 되는 저항의 값은?

① $2\sqrt{\dfrac{L}{C}}$　② $2\sqrt{\dfrac{C}{L}}$

③ $\sqrt{\dfrac{L}{C}}$　④ $\sqrt{LC}$

해설

**$R-L-C$ 직렬회로의 진동(제동)조건**

① 비진동(과제동) 조건 : $R>2\sqrt{\frac{L}{C}}$
② 진동(부족제동) 조건 : $R<2\sqrt{\frac{L}{C}}$
③ 임계진동(제동) 조건 $R=2\sqrt{\frac{L}{C}}$

## 17 정현파 교류 전류의 실효치를 계산하는 식은? (단, $i$는 순시치, $I$는 실효치, $T$는 주기이다.)

① $I=\dfrac{1}{T^2}\displaystyle\int_0^T i^2dt$　② $I=\sqrt{\dfrac{2}{T}\displaystyle\int_0^T i^2dt}$

③ $I^2=\dfrac{1}{T}\displaystyle\int_0^T i^2dt$　④ $I^2=\dfrac{2}{T}\displaystyle\int_0^T idt$

해설

정현파 교류의 실효값은

$I=\sqrt{\frac{1}{T}\int_0^T i^2dt}=\sqrt{i^2\text{의 한주기 평균값}}$ 이므로

$I^2=\frac{1}{T}\int_0^T i^2dt$이 된다.

## 18 그림과 같은 회로의 영상 임피던스 $Z_{01}$, $Z_{02}$는 각각 몇 [Ω]인가?

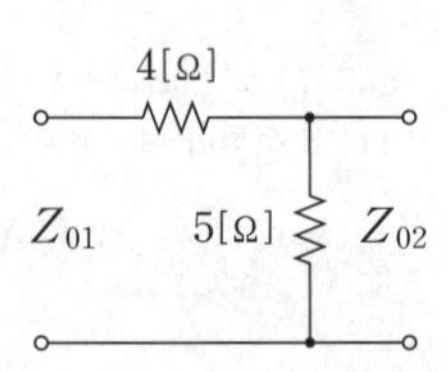


[정답] 13 ① 14 ④ 15 ① 16 ① 17 ③ 18 ③

① 4, $\frac{20}{9}$　② 4, 5

③ 6, $\frac{10}{3}$　④ 9, 5

해설

**영상 임피던스**

4단자 정수 $A=1+\frac{4}{5}=\frac{9}{5}$, $B=4$, $C=\frac{1}{5}$, $D=1$이므로

1차 영상 임피이던스 $Z_{01}=\sqrt{\frac{AB}{CD}}=\sqrt{\frac{\frac{9}{5}\times 4}{\frac{1}{5}\times 1}}=6[\Omega]$

2차 영상 임피이던스 $Z_{02}=\sqrt{\frac{BD}{AC}}=\sqrt{\frac{4\times 1}{\frac{9}{5}\times\frac{1}{5}}}=\frac{10}{3}[\Omega]$

**19** 그림과 같은 회로의 전달함수 $T(s)$는? (단, $T(s)=\frac{V_2(s)}{V_1(s)}$, $\tau=\frac{L}{R}$)

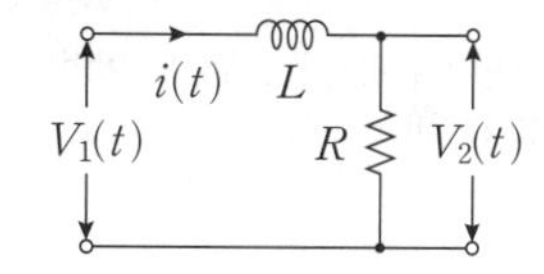


① $\tau s+1$　② $\frac{1}{\tau s+1}$

③ $\tau s^2+1$　④ $\frac{1}{\tau s^2+1}$

해설

**직렬연결시 전달함수**

$T(s)=\frac{V_2(s)}{V_1(s)}=\frac{\text{출력 임피던스}}{\text{입력 임피던스}}=\frac{R}{sL+R}=\frac{1}{s\cdot\frac{L}{R}+1}=\frac{1}{\tau s+1}$

**20** 평형 3상 Y결선의 부하에서 상전압과 선전류의 실효값이 각각 60[V], 10[A]이고, 부하의 역률이 0.8일 때 무효전력[Var]은?

① 624　② 1440

③ 821　④ 1080

해설

3상 Y결선, $V_P=60[V]$, $I_l=10[A]$, $\cos\theta=0.8$일 때
3상 무효전력은
$P_r=3V_PI_P\sin\theta$
$=3V_PI_l\sin\theta=3\times 60\times 10\times 0.6=1080[Var]$

## 시행일 2021년 3회

**01** 대칭 다상 교류에 의한 회전자계 중 설명이 잘못된 것은?

① 대칭 3상 교류에 의한 회전자계는 원형 회전자계이다.
② 대칭 2상 교류에 의한 회전자계는 타원형 회전자계이다.
③ 3상 교류에서 어느 두 코일의 전류의 상순을 바꾸면 회전자계의 방향도 바꾸어진다.
④ 회전자계의 회전속도는 일정한 각속도이다.

해설

- 대칭 3상 교류 : 원형 회전자계
- 비대칭 3상 교류 : 타원 회전자계

**02** $F(s)=\frac{2s+15}{s^3+s^2+3s}$일 때 $f(s)$의 최종값은?

① 8　② 6

③ 5　④ 4

해설

**최종값 정리**

$\lim_{t\to\infty} f(t)=\lim_{S\to 0} sF(s)$에 의해서

$\lim_{t\to\infty} f(t)=\lim_{s\to 0} sF(s)=\lim_{s\to 0} s\cdot\frac{2s+15}{s^3+s^2+3s}=5$

**03** 주어진 회로에 $Z_1=3+j10[\Omega]$, $Z_2=3-j2[\Omega]$이 직렬로 연결되어 있다. 회로 양단에 $V=100\angle 0°$의 전압을 가할 때 $Z_1$과 $Z_2$에 인가되는 전압의 크기는?

[정답] 19 ② 20 ④ 2021년 3회 01 ② 02 ③ 03 ②

① $Z_1=98+j36$, $Z_2=2+j36$
② $Z_1=98+j36$, $Z_2=2-j36$
③ $Z_1=98-j36$, $Z_2=2-j36$
④ $Z_1=98-j36$, $Z_2=2+j36$

해설

$Z_1$과 $Z_2$가 직렬연결이므로 전압분배법칙에 의해서

$Z_1$의 전압 $V_1=\frac{Z_1}{Z_1+Z_2}V=\frac{3+j10}{3+j10+3-j2}\times 100$

$=\frac{3+j10}{6+j8}\times 100=98+j36$

$Z_2$의 전압 $V_2=\frac{Z_2}{Z_1+Z_2}V=\frac{3-j2}{3+j10+3-j2}\times 100$

$=\frac{3-j2}{6+j8}\times 100=2-j36$

## 04 $f(t)=t^2e^{at}$의 라플라스 변환은?

① $\frac{1}{(s-a)^2}$ ② $\frac{2}{(s-a)^2}$
③ $\frac{1}{(s-a)^3}$ ④ $\frac{2}{(s-a)^3}$

해설

**복소추이정리**

$\mathcal{L}[f(t)e^{\mp at}]=F(s)|_{s=s\pm a\text{대입}}=F(s\pm a)$이므로

$\mathcal{L}[t^2e^{at}]=\frac{2!}{s^{2+1}}\Big|_{s=s-a\text{대입}}=\frac{2}{(s-a)^3}$

## 05 다음 회로에서 10[Ω] 저항에 흐르는 전류는 몇 [A]인가?

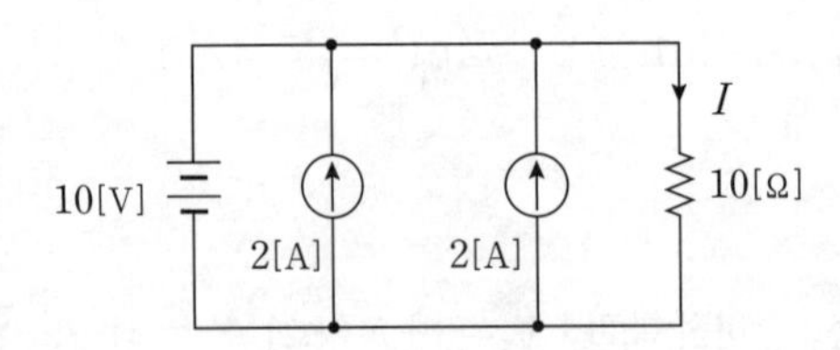


① 1 ② 2
③ 3 ④ 5

해설

**중첩의 원리에 의하여**

전류원 개방 시 10[V]의 전압원에 의한 10[Ω]에 흐르는 전류 $I_1=\frac{10}{10}=1[\text{A}]$

전압원 단락 시 2[A] 2개의 전류원에 의한 10[Ω]에 흐르는 전류 $I_2=0[\text{A}]$이므로 10[Ω]에 흐르는 전체전류는 $I=I_1+I_2=1+0=1[\text{A}]$

## 06 비정현파를 여러 개의 정현파의 합으로 표시하는 방법은?

① 키르히호프의 법칙
② 노튼의 정리
③ 푸리에 분석
④ 테일러의 분석

해설

**푸리에 급수전개**

비정현파를 여러 개의 정현파의 합으로 표시방법을 푸리에 급수(분석)이라 한다.

## 07 불평형 3상 전류가 $I_a=16+j2$, $I_b=-20+j9$, $I_c=-2+j10$일 때, 영상분 전류는?

① $-6+j3$ ② $-9+j6$
③ $-18+j9$ ④ $-2+j7$

해설

**영상분 전류**

$I_0=\frac{1}{3}(I_a+I_b+I_c)$

$=\frac{1}{3}(16+j2-20+j9-2+j10)$

$=\frac{1}{3}(-6+j21)=-2+j7$

[정답] 04 ④ 05 ① 06 ③ 07 ④

## 08 $v(t)=20\sqrt{2}\sin\left(377t-\frac{\pi}{3}\right)$의 주파수는?

① 80 ② 70

③ 60 ④ 50

해설

순시전압 $v=20\sqrt{2}\sin\left(377t-\frac{\pi}{3}\right)=V_m\sin(\omega t-\theta)$이므로

각주파수 $\omega=2\pi f=377$[rad/sec]에서

주파수 $f=\frac{377}{2\pi}=60$[Hz]

## 09 각 상의 임피던스가 $Z=6+j8$[Ω]인 평형 $Y$ 부하에 선간 전압 220[V]인 대칭 3상 전압이 가해졌을 때 선전류는 약 몇 [A]인가?

① 11.7 ② 12.7

③ 13.7 ④ 14.7

해설

$Z=6+j8$[Ω], Y결선, $V_l=220$ [V]일 때

대칭 3상의 선전류는

$$I_l=I_p=\frac{V_P}{Z}=\frac{\frac{V_l}{\sqrt{3}}}{Z}=\frac{\frac{220}{\sqrt{3}}}{\sqrt{6^2+8^2}}≒12.7[A]$$

## 10 3상 회로에 있어서 대칭분 전압이 $V_0=-8+j3$, $V_1=6-j8$, $V_2=8+j12$일 때, $a$상의 전압[V]은?

① $5-j6$ ② $-5+j6$

③ $6-j7$ ④ $6+j7$

해설

**불평형(비대칭) 3상의 전압**

$a$상의 전압 $V_a=V_0+V_1+V_2$

$b$상의 전압 $V_b=V_0+a^2V_1+aV_2$

$c$상의 전압 $V_c=V_0+aV_1+a^2V_2$이므로

$a$상의 전압 $V_a=V_0+V_1+V_2$

$=-8+j3+6-j8+8+j12=6+j7$

## 11 그림에서 저항 20[Ω]에 흐르는 전류는 몇 [A]인가?

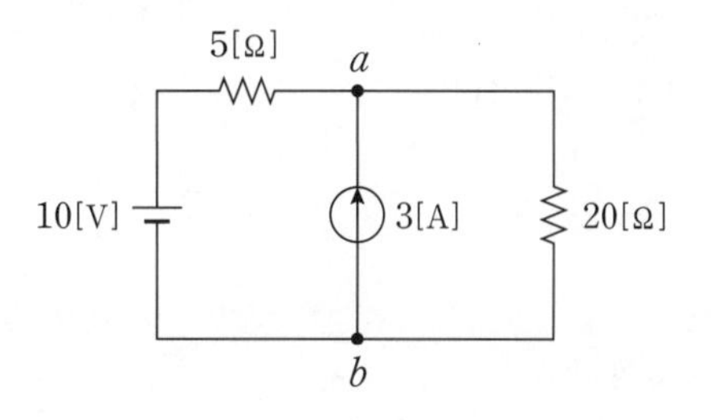


① 0.4 ② 1

③ 3 ④ 3.4

해설

중첩의 정리

전류원 개방시 전압원 10[V]에 의한 20[Ω]에

흐르는 전류 $I_1=\frac{10}{5+20}=0.4$[A]

전압원 단락시 전류원 3[A]에 의한 20[Ω]에

흐르는 전류 $I_2=\frac{5}{5+20}\times3=0.6$[A]이므로

전체전류는 $I=I_1+I_2=0.4+0.6=1$[A]

## 12 그림과 같은 T형 회로에서 $Z$파라미터 중 $Z_{21}$의 값은?

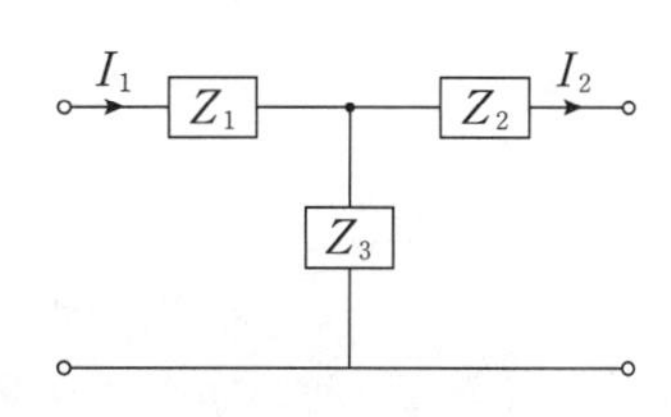


① $Z_1+Z_3$ ② $Z_2+Z_3$

③ $Z_3$ ④ $Z_2$

해설

T형 회로에서의 임피던스($Z$) 파라미터는

$Z_{11}=Z_1+Z_3$, $Z_{12}=Z_{21}=Z_3$, $Z_{22}=Z_2+Z_3$,

[정답] 08 ③ 09 ② 10 ④ 11 ② 12 ③

## 13 구형파의 파형률(㉠)과 파고율(㉡)은?

① ㉠ 1, ㉡ 0
② ㉠ 1.11, ㉡ 1.414
③ ㉠ 1, ㉡ 1
④ ㉠ 1.57, ㉡ 2

해설

**파고율 및 파형률**

파고율$=\frac{\text{최댓값}}{\text{실효값}}$, 파형율$=\frac{\text{실효값}}{\text{평균값}}$이므로
구형파는 최대값, 실효값, 평균값이 모두 같으므로 파형률과 파고율이 모두 1 이다.

## 14 다음 그림에서 각 선로의 전류가 각각 $I_L=3+j6$[A], $I_c=5-j2$[A]일 때, 전원에서의 역률은?

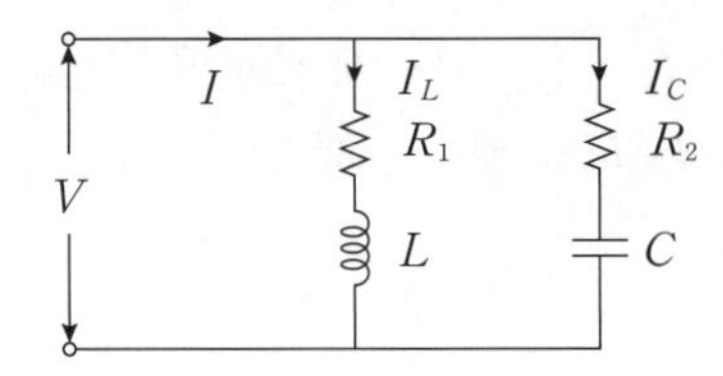


① $\frac{1}{\sqrt{17}}$ ② $\frac{4}{\sqrt{17}}$
③ $\frac{1}{\sqrt{5}}$ ④ $\frac{2}{\sqrt{5}}$

해설

회로가 병렬연결이므로 전체전류는
$I=I_L+I_C=3+j6+5-j2=8+j4$[A]이므로
역률 $\cos\theta=\frac{I_R}{I}=\frac{8}{\sqrt{8^2+4^2}}=\frac{8}{4\sqrt{5}}=\frac{2}{\sqrt{5}}$

## 15 그림과 같은 2단자망의 구동점 임피던스[Ω]는?

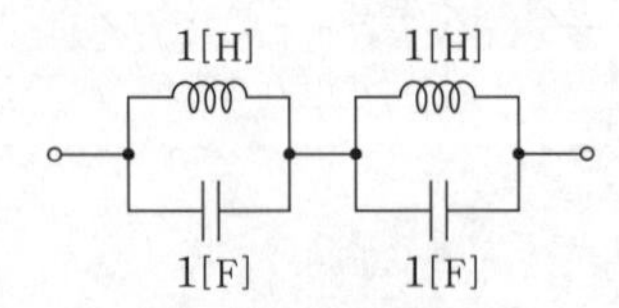


① $\frac{s}{s^2+1}$ ② $\frac{1}{s^2+1}$
③ $\frac{2s}{s^2+1}$ ④ $\frac{3s}{s^2+1}$

해설

**구동점 임피던스**

$$Z(s)=\frac{s\times\frac{1}{s}}{s+\frac{1}{s}}+\frac{s\times\frac{1}{s}}{s+\frac{1}{s}}=\frac{2s}{s^2+1}[\Omega]$$

## 16 전압 200[V], 전류 30[A]로서 4.3[kW]의 전력을 소비하는 회로의 리액턴스는 약 몇 [Ω]인가?

① 3.35 ② 4.65
③ 5.35 ④ 6.65

해설

$V=200$[V], $I=30$[A], $P=4.3$[kW]일 때
리액턴스를 구하면
피상전력 $P_a=VI=200\times30=6000$[VA]
무효 전력 $P_r=\sqrt{P_a^2-P^2}=I^2X$ 이므로

$$X=\frac{\sqrt{P_a^2-P^2}}{I^2}$$
$$=\frac{\sqrt{6000^2-(4.3\times10^3)^2}}{30^2}=4.65[\Omega]$$

## 17 그림과 같은 회로에서 $t=0$의 시간에 스위치 $S$를 닫을 때 전류 $I(s)$는? (단, $V_c(0)=1$[V]이다.)

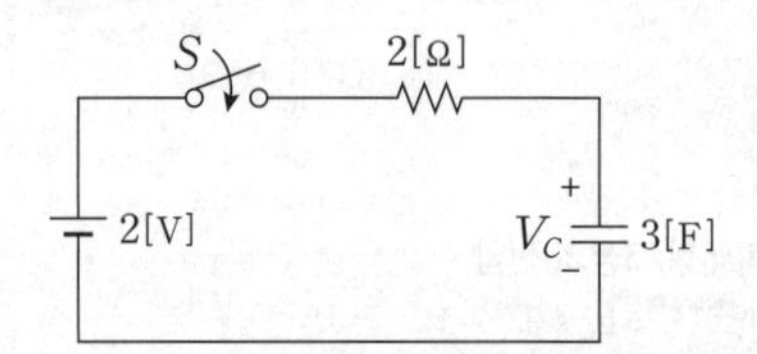


① $\frac{3s}{6s+1}$ ② $\frac{3}{6s+1}$
③ $\frac{6}{6s+1}$ ④ $\frac{-s}{s^2+1}$

[정답] 13 ③ 14 ④ 15 ③ 16 ② 17 ②

**해설**

$R-C$직렬이고, 초기전압 $V_c(0)=1[V]$이므로

전류 $i(t)=\frac{E-V_c}{R}\cdot e^{-\frac{1}{RC}t}=\frac{2-1}{2}\cdot e^{-\frac{1}{2\times 3}t}=\frac{1}{2}e^{-\frac{1}{6}t}[A]$

따라서 라플라스변환하면

$I(s)=\pounds\left[\frac{1}{2}e^{-\frac{1}{6}t}\right]=\frac{1}{2}\times\frac{1}{s+\frac{1}{6}}=\frac{1}{2s+\frac{1}{3}}=\frac{3}{6s+1}$

## 18 반파대칭 및 정현대칭의 왜형파의 푸리에 급수의 전개에서 옳게 표현한 것은?

**(단, $f(t)=\sum_{n=1}^{\infty}a_n\cos n\omega t+\sum_{n=1}^{\infty}b_n\sin n\omega t$ 이다.)**

① $a_n$의 우수항만 존재한다.

② $a_n$의 기수항만 존재한다.

③ $b_n$의 우수항만 존재한다.

④ $b_n$의 기수항만 존재한다.

**해설**

**비정현파 교류의 대칭성**

반파대칭 및 정현대칭이므로 반파대칭은 홀수(기수)항만 존재하고 정현대칭은 sin항의 계수 $b_n$만 존재한다.

## 19 $RLC$ 직렬 회로에서 $R=100[\Omega]$, $L=5\times10^{-3}[H]$, $C=2\times10^{-6}[F]$ 일 때 이 회로는?

① 진동적이다.

② 비진동적이다.

③ 임계적이다.

④ 비감쇠 진동이다.

**해설**

$R-L-C$ 직렬회로에서

$2\sqrt{\frac{L}{C}}=2\sqrt{\frac{5\times10^{-3}}{2\times10^{-6}}}=100$ 이므로

$R=2\sqrt{\frac{L}{C}}$ 의 관계를 가지므로 임계적이다.

## 20 2단자 회로망에 100[V]의 전압을 가하면 30[A]의 전류가 흐르고 1.8[kW]의 전력이 소비된다. 이 회로망과 병렬로 커패시터를 접속하여 합성 역률을 100[%]로 하기 위한 용량성 리액턴스는 약 몇 [Ω]인가?

① 2.1　　② 4.2

③ 6.3　　④ 8.4

**해설**

유효전력 $P=1800[W]$이고

피상전력 $P_a=VI=100\times30=3000[VA]$이므로

무효전력 $P_r=\sqrt{P_a^2-P^2}=\sqrt{3000^2-1800^2}=2400[Var]$

역률을 100[%]로 하기 위해서는 2400[Var]의

콘덴서 용량이 필요하므로 $Q_c=\frac{V^2}{X_C}$ 의 식에서

$X_C=\frac{V^2}{Q_c}=\frac{100^2}{2400}=4.17[\Omega]$이 된다.

# 시행일 2022년 1회

## 01 $R-L$ 직렬 회로에 $i=I_m\cos(\omega t+\theta)$인 전류가 흐른다. 이 직렬 회로 양단의 순시 전압은 어떻게 표시되는가? (단, 여기서 $\phi$는 전압과 전류의 위상차이다.)

① $\frac{1}{\sqrt{R^2+\omega^2 L}}\cos(\omega t+\theta-\phi)$

② $\frac{1}{\sqrt{R^2+\omega^2 L}}\cos(\omega t+\theta+\phi)$

③ $I_m\sqrt{R^2+\omega^2L^2}\cos(\omega t+\theta+\phi)$

④ $I_m\sqrt{R^2+\omega^2L^2}\cos(\omega t+\theta-\phi)$

**해설**

**$R-L$직렬 회로**

$R-L$직렬 회로의 합성임피던스

$Z=R+i\omega L=\sqrt{R^2+\omega^2L^2}[\Omega]$

최대전압 $V_m=I_mZ=I_m\sqrt{R^2+\omega^2L^2}[V]$

$R-L$직렬 회로는 순시전압이 순시전류보다 위상이 $\phi$만큼 앞서므로 $v=V_m\cos(\omega t+\theta+\phi)$

$=I_m\sqrt{R^2+\omega^2L^2}\cos(\omega t+\theta+\phi)[V]$

[정답] 18 ④　19 ③　20 ②　2022년 1회　01 ③

**02** 임피던스 함수가 $Z(s)=\dfrac{s+30}{s^2+2RLs+1}[\Omega]$으로 주어지는 2단자 회로망에 직류전류 3[A]를 흘렸을 때, 이 회로망의 정상상태 단자전압[V]은?

① 90　② 30
③ 900　④ 300

해설

**구동점 임피던스**

직류 전원이므로 $f=0$

$\therefore s=j\omega=j2\pi f=0$

$Z=\dfrac{s+30}{s^2+2RLs+1}\bigg|_{s=0}=30[\Omega]$

$V=Z\cdot I=30\times 3=90[\text{V}]$

**03** 10[Ω]의 저항 3개를 Y로 결선한 것을 △결선으로 환산한 저항의 크기는?

① 20　② 30
③ 40　④ 60

해설

Y결선된 10[Ω] 저항을 △결선으로 변환하면 합성저항은 3배 증가되어 30[Ω]으로 바뀐다.

**04** 3상 4선식에서 중성선을 제거하여 3상 3선식으로 하려고 할 때 필요한 조건은?(단, $I_a$, $I_b$, $I_c$는 각 상의 전류이다.)

① $I_a+I_b+I_c=0$　② $I_a+I_b+I_c=1$
③ $I_a+I_b+I_c=\sqrt{3}$　④ $I_a+I_b+I_c=3$

해설

**대칭분 전압, 전류**

3상 3선식의 세 전류의 합은 $I_a+I_b+I_c=0$

**05** 전류의순시값 $i(t)=30\sin\omega t+50\sin(3\omega t+60^\circ)$ [A]의 실효값은 약 몇 [A]인가?

① 41.2　② 58.3
③ 29.1　④ 50.4

해설

**비정현파 교류의 실효값**

실효전류는

$I=\sqrt{I_1^2+I_3^2}=\sqrt{\left(\dfrac{30}{\sqrt{2}}\right)^2+\left(\dfrac{50}{\sqrt{2}}\right)^2}=41.2[\text{A}]$

**06** $V_a=3[\text{V}]$, $V_b=2-j3[\text{V}]$, $V_c=4+j3[\text{V}]$를 3상 불평형 전압이라고 할 때 영상전압[V]은?

① 3　② 9
③ 27　④ 0

해설

**대칭분 전압, 전류**

영상분 전압은

$V_0=\dfrac{1}{3}(V_a+V_b+V_c)$

$=\dfrac{1}{3}(3+2-j3+4+j3)=3[\text{V}]$

**07** 다음 회로에서 입력 임피던스 $Z$의 실수부가 $\dfrac{R}{2}$이 되려면 $\dfrac{1}{\omega C}$은? (단, 각 주파수는 $\omega$[rad/s]이다.)

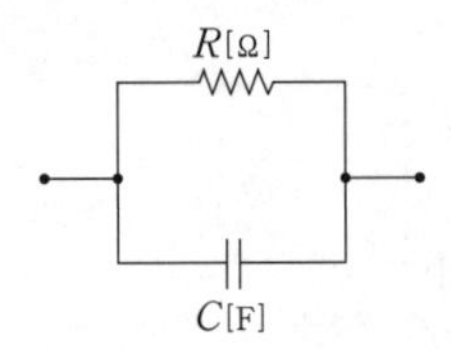


① $R$　② $\dfrac{1}{R}$
③ $R\omega$　④ $\dfrac{\omega}{R}$

해설

**$R-C$병렬회로**

[정답] 02 ① 03 ② 04 ① 05 ① 06 ① 07 ①

$R-C$병렬회로의 합성 임피던스는

$$Z=\frac{1}{\frac{1}{R}+j\omega C}=\frac{R}{1+j\omega CR}=\frac{R(1-j\omega CR)}{(1+j\omega CR)(1-j\omega CR)}$$

$$=\frac{R-j\omega CR^2}{1+(\omega CR)^2}=\frac{R}{1+(\omega CR)^2}-j\frac{\omega CR^2}{1+(\omega CR)^2}[\Omega]$$

이므로 실수부 $\frac{R}{1+(\omega CR)^2}=\frac{R}{2}$인 경우의 $\frac{1}{\omega C}=R$이 된다.

## 08 회로의 전압비 전달함수 $G(s)=\frac{V_2(s)}{V_1(s)}$는?

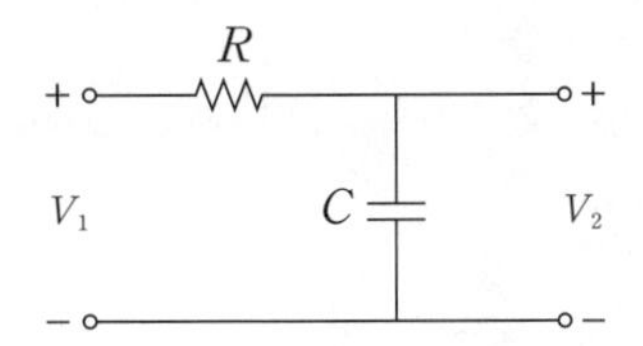


① $\frac{1}{RCs+1}$　② $\frac{1}{RC}$

③ $RCs+1$　④ $RC$

해설

**직렬연결시 전달함수**

$$G(s)=\frac{V_2(s)}{V_1(s)}=\frac{\text{출력 임피던스}}{\text{입력 임피던스}}=\frac{\frac{1}{Cs}}{R+\frac{1}{Cs}}=\frac{1}{RCs+1}$$

## 09 $f(t)=\sin t\cos t$를 라플라스 변환하면?

① $\frac{1}{s^2+4}$　② $\frac{1}{s^2+2}$

③ $\frac{1}{(s+2)^2}$　④ $\frac{1}{(s+4)^2}$

해설

**선형의 정리**

삼각 함수의 곱의 공식에 의해서

$$\sin t\cos t=\frac{1}{2}[\sin(t+t)+\sin(t-t)]$$

$$=\frac{1}{2}[\sin 2t+\sin 0^\circ]\text{가 된다.}$$

$$F(s)=\pounds[\sin t\cos t]=\pounds\left[\frac{1}{2}\sin 2t\right]$$

$$=\frac{1}{2}\cdot\frac{2}{s^2+2^2}=\frac{1}{s^2+4}$$

## 10 파고율 값이 $\sqrt{2}$ 인 파형은?

① 톱니파　② 구형파

③ 정현파　④ 반파정류파

해설

**파고율**

$$\text{정현파의 파고율}=\frac{\text{최댓값}}{\text{실효값}}=\frac{V_m}{\frac{V_m}{\sqrt{2}}}=\sqrt{2}$$

## 11 $R-L-C$ 직렬 회로에서 회로 저항값이 다음의 어느 값이어야 이 회로가 임계적으로 제동되는가?

① $\sqrt{\frac{L}{C}}$　② $2\sqrt{\frac{L}{C}}$

③ $\frac{1}{\sqrt{CL}}$　④ $2\sqrt{\frac{C}{L}}$

해설

**$R-L-C$ 직렬회로의 진동조건**

① 비진동(과제동)조건 : $R>2\sqrt{\frac{L}{C}}$

② 진동(부족제동)조건 : $R<2\sqrt{\frac{L}{C}}$

③ 임계(임계제동)진동 조건 : $R=2\sqrt{\frac{L}{C}}$

## 12 대칭 좌표법에 관한 설명으로 틀린 것은?

① 불평형 3상 Y결선의 비접지식 회로에서는 영상분이 존재한다.

② 불평형 3상 Y결선의 접지식 회로에서는 영상분이 존재한다.

[정답] 08 ① 09 ① 10 ④ 11 ② 12 ①

③ 평형 3상 전압에서 영상분은 0이다.

④ 평형 3상 전압은 정상분만 존재한다.

해설

**대칭분 전압, 전류**

불평형 3상 회로 비접지식 회로에서는 영상분이 존재하지 않는다.

## 13 그림과 같은 회로에서 $i_1 = I_m \sin\omega t$ 일 때 개방된 2차 단자에 나타나는 유기기전력 $e_2$는 몇 [V]인가?

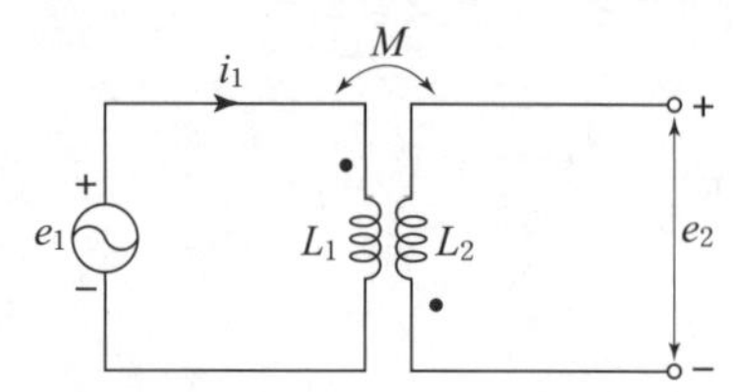


① $\omega M I_m \sin\omega t$

② $\omega M I_m \cos\omega t$

③ $\omega M I_m \sin(\omega t - 90°)$

④ $\omega M I_m \sin(\omega t + 90°)$

해설

**상호유도**

그림은 차동결합이므로

$e_2 = -M\frac{di_1}{dt} = -\omega M I_m \cos\omega t = \omega M I_m \sin(\omega t - 90°)$[V]

참고

$\frac{d}{dt}\sin\omega t = \cos\omega t \times \omega$

## 14 그림과 같은 교류 회로에서 저항 $R$을 변환시킬 때 저항에서 소비되는 최대전력[W]은?

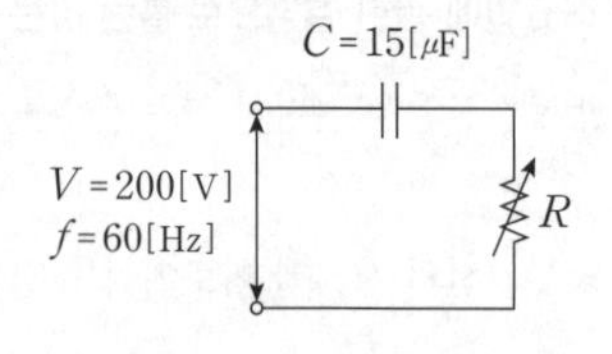


① 96　　② 113

③ 134　　④ 154

해설

**최대전력전송**

$R-C$ 직렬회로에서의 소비전력은

$P = I^2 R = \left(\frac{V}{\sqrt{R^2 + X_C^2}}\right)^2 R = \frac{V^2}{R^2 + X_C^2} \cdot R$이므로

이때 최대 전력 조건은 $R = X_C$이므로

$P_{max} = \frac{V^2}{2X_C} = \frac{1}{2}\omega C V^2$[W]가 된다.

주어진 수치를 대입하면

$P_{max} = \frac{1}{2}\omega C V^2$

$= \frac{1}{2} \times 2\pi \times 60 \times 15 \times 10^{-6} \times 200^2$

$= 113$[W]

## 15 저항 3개를 Y결선으로 접속하고 이것을 선간전압이 300[V]인 평형 3상 교류 전원에 연결하였을 때 선전류의 크기가 30[A]이었다. 이 3개의 저항을 △결선으로 접속하고 동일전원에 연결하였을 때 선전류의 크기[A]는?

① 30　　② 52

③ 90　　④ 10

해설

**Y결선과 △결선 비교**

대칭3상 선간전압을 $V$[V], 3상 부하 저항 $R$[Ω]일 때

△결선시 선전류는

$I_\triangle = \sqrt{3} I_P = \sqrt{3}\frac{V}{R}$[A]

Y결선시 선전류는

$I_Y = I_P = \frac{V_P}{R} = \frac{\frac{V}{\sqrt{3}}}{R} = \frac{V}{\sqrt{3}R}$[A]

$\frac{I_\triangle}{I_Y} = \frac{\frac{\sqrt{3}R}{R}}{\frac{V}{\sqrt{3}R}} = 3$배 이므로

△결선 선전류는 Y결선 선전류의 3배가 되므로

$I_\triangle = 3I_Y = 3 \times 30 = 90$[A]

[정답] 13③ 14② 15③

**16** 그림과 같이 $\pi$형 회로에서 $Z_3$을 4단자 정수로 표시한 것은?

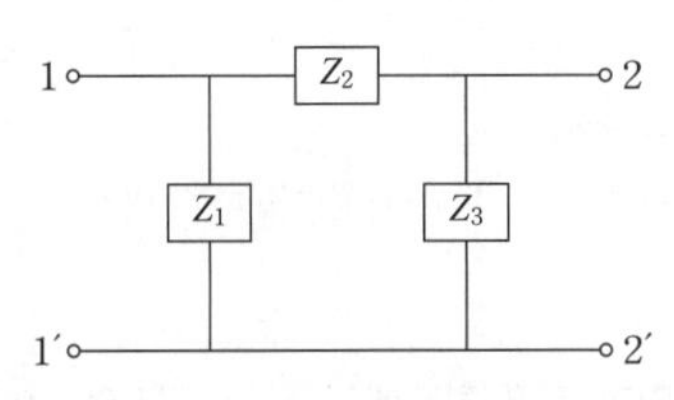


① $\dfrac{B}{1-A}$ ② $\dfrac{A}{1-B}$

③ $\dfrac{A}{B-1}$ ④ $\dfrac{B}{A-1}$

해설

**4단자 정수**

$A=1+\dfrac{Z_2}{Z_3}$, $B=Z_2$이므로

$A=1+\dfrac{Z_2}{Z_3}=1+\dfrac{B}{Z_3}$

$Z_3=\dfrac{B}{A-1}$

**17** 그림과 같은 회로에서 $Z_1$의 단자전압 $V_1=\sqrt{3}+jy$, $Z_2$의 단자 전압 $V_2=|V|\angle 30^\circ$일 때, $y$ 및 $|V|$의 값은?

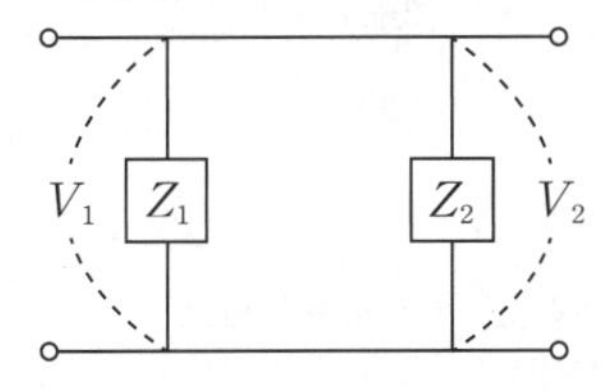


① $y=1,\ |V|=2$ ② $y=\sqrt{3},\ |V|=2$

③ $y=2\sqrt{3},\ |V|=1$ ④ $y=1,\ |V|=\sqrt{3}$

해설

**함수표현법**

$Z_1$과 $Z_2$ 가 병렬연결이므로 단자전압 $V_1=V_2$이므로

$\sqrt{3}+jy=|V|\angle 30^\circ$

$=|V|(\cos 30^\circ+j\sin 30^\circ)$

$=\dfrac{|V|\sqrt{3}}{2}+j\dfrac{|V|}{2}$ 이므로

$\sqrt{3}=\dfrac{|V|\sqrt{3}}{2}$, $y=\dfrac{|V|}{2}$

$|V|=2,\ y=1$

**18** 그림과 같은 회로에서 I는 몇 [A]인가? (단, 저항의 단위는 [Ω]이다.)

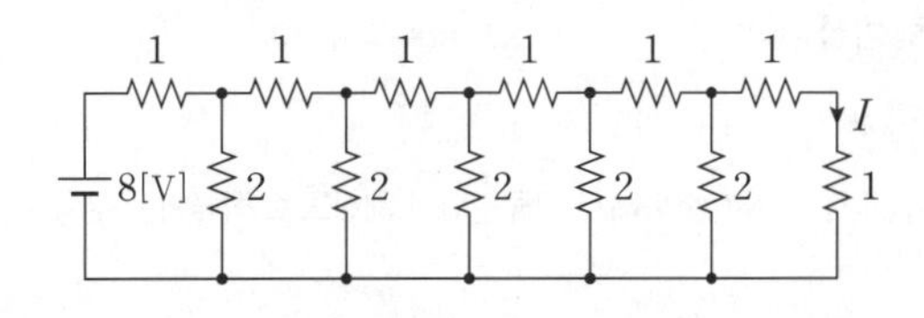


① 1 ② $\dfrac{1}{2}$

③ $\dfrac{1}{4}$ ④ $\dfrac{1}{8}$

해설

**저항의 직·병렬연결**

회로도에서 전원 반대편에서부터 저항을 줄여오면

합성저항은 $R=2[\Omega]$

전체전류 $I'=\dfrac{V}{R}=\dfrac{8}{4}=2[\mathrm{A}]$

맨 끝에 저항에 흐르는 전류는 $I=\dfrac{1}{8}[\mathrm{A}]$

**19** 그림과 같은 회로에서 스위치 $S$를 닫았을 때 시정수의 값[s]은? (단, $L=10[\mathrm{mH}]$, $R=10[\Omega]$이다.)

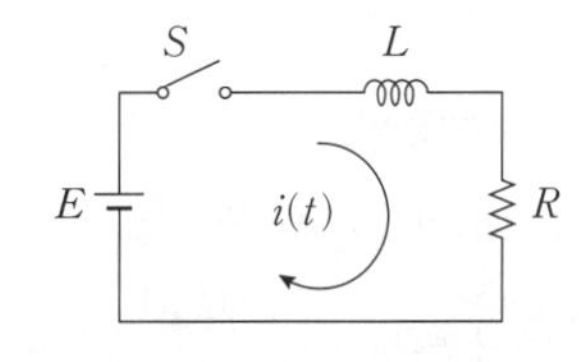


① $10^3[\mathrm{s}]$ ② $10^{-3}[\mathrm{s}]$

③ $10^2[\mathrm{s}]$ ④ $10^{-2}[\mathrm{s}]$

해설

**$R-L$직렬연결**

시정수 $\tau=\dfrac{L}{R}=\dfrac{10\times 10^{-3}}{10}=10^{-3}[\mathrm{sec}]$

[정답] 16 ④ 17 ① 18 ④ 19 ②

**20** **푸리에 급수에서 직류항은?**

① (우함수×기함수)이다. ② (우함수+기함수)이다
③ 기함수이다. ④ 우함수이다.

해설

여현대칭인 우함수파에서 직류분이 존재하므로 직류항은 우함수이다.

**시행일 2022년 2회**

**01** **정상상태에서 $t=0$초인 순간에 스위치를 $S$를 열면 흐르는 전류 $i(t)$는?**

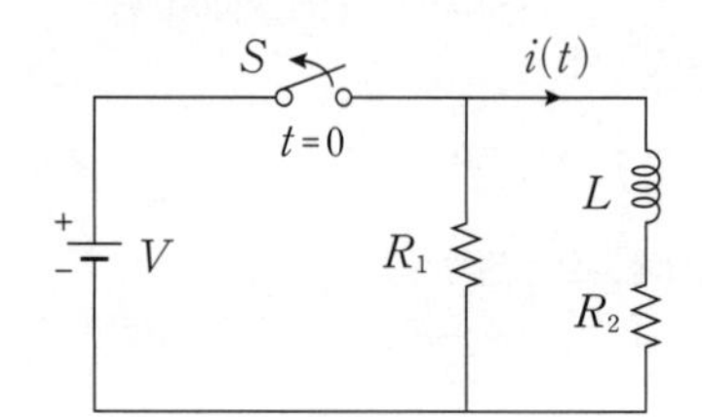


① $\frac{V}{R_1}e^{-\frac{R_1+R_2}{L}t}$ ② $\frac{V}{R_1}e^{-\frac{L}{R_1+R_2}t}$
③ $\frac{V}{R_2}e^{-\frac{R_1+R_2}{L}t}$ ④ $\frac{V}{R_2}e^{-\frac{L}{R_1+R_2}t}$

해설

**스위치 $S$를 열 때 전압방정식은**

$L\frac{di(t)}{dt}+R_2 i(t)+R_1 i(t)=0$이 되므로

$\therefore i(t)=Ae^{-\frac{R_1+R_2}{L}t}$가 된다.

$t=0$에서 스위치를 열때의 정상전류는 $\frac{V}{R_2}$이므로

$\therefore i(t)=\frac{V}{R_2}e^{-\frac{R_1+R_2}{L}t}$

**02** **평형 3상 $Y$결선 회로의 선간전압 $V_l$, 상전압 $V_p$, 선전류 $I_l$, 상전류 $I_p$일 때 다음의 관련식 중 틀린 것은? (단, $P$는 3상 부하전력을 의미한다.)**

① $V_l=\sqrt{3}V_p$ ② $I_l=I_p$
③ $P=\sqrt{3}V_l I_l\cos\theta$ ④ $P=\sqrt{3}V_p I_p\cos\theta$

해설

**대칭 3상 교류전력**

$P=3V_P I_P\cos\theta=\sqrt{3}V_l I_l\cos\theta=3I_P^2R[\text{W}]$

**03** **그림과 같은 회로에서 $a-b$ 단자에 100[V]의 전압을 인가할 때 2[Ω]에 흐르는 전류 $I_1$[A]과 3[Ω]에 걸리는 전압 V[V] 각각 얼마인가?**

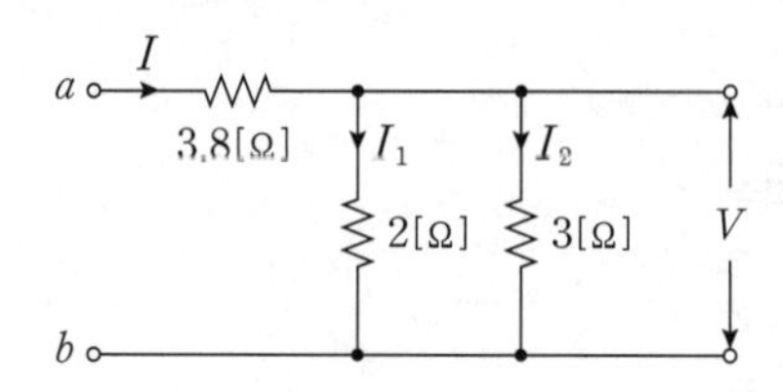


① $I_1=6[\text{A}]$, $V=3[\text{V}]$
② $I_1=8[\text{A}]$, $V=6[\text{V}]$
③ $I_1=10[\text{A}]$, $V=12[\text{V}]$
④ $I_1=12[\text{A}]$, $V=24[\text{V}]$

해설

회로의 합성저항은 $3.8+\frac{2\times3}{2+3}=5[\Omega]$이다.

전체전류 $I=\frac{V}{R}=\frac{100}{5}=20[\text{A}]$

2[Ω]에 흐르는 전류 $I_1=\frac{3}{2+3}\times20=12[\text{A}]$

3[Ω]에 걸리는 전압은 $I_2=8[\text{A}]$이므로
$I_2\times3[\Omega]=8\times3=24[\text{V}]$

**04** **$RLC$직렬회로가 기본파에서 $R=10[\Omega]$, $\omega L=5[\Omega]$, $\frac{1}{\omega C}=30[\Omega]$일 때, 기본파에 대한 합성임피던스 $Z_1$의 크기와 제 3고조파에 대한 합성 임피던스 $Z_3$의 크기는 각각 몇 [Ω]인가?**

① $Z_1=\sqrt{461}$, $Z_3=\sqrt{125}$
② $Z_1=\sqrt{725}$, $Z_3=\sqrt{461}$
③ $Z_1=\sqrt{725}$, $Z_3=\sqrt{125}$
④ $Z_1=\sqrt{461}$, $Z_3=\sqrt{461}$

[정답] 20 ④ 2022년 2회 01 ③ 02 ④ 03 ④ 04 ③

해설

**n고조파 직렬 임피던스**

$R=10[\Omega]$, $\omega L=5[\Omega]$, $\frac{1}{\omega C}=30[\Omega]$일 때

$R-L-C$ 직렬 기본파 임피던스는

$Z_1=R+j\left(\omega L-\frac{1}{\omega C}\right)=10+j(5-30)=10-j25$

$=\sqrt{10^2+25^2}=\sqrt{725}\,[\Omega]$

$R-L-C$ 직렬 3고조파 임피던스는

$Z_3=R+j\left(3\omega L-\frac{1}{3\omega C}\right)=10+j(15-10)=10+j5$

$=\sqrt{10^2+5^2}=\sqrt{125}\,[\Omega]$

## 05 전류의 대칭분이 $I_0=-2+j4[A]$, $I_1=6-j5[A]$, $I_2=8+j10[A]$일 때 3상 전류 중 $a$상 전류 $I_a$의 크기는 몇 [A]인가? (단, 3상 전류의 상순은 $a-b-c$이고, $I_0$는 영상분, $I_1$은 정상분, $I_2$는 역상분이다.)

① 9 ② 15

③ 19 ④ 12

해설

**불평형(비대칭) 3상의 전류**

- $a$상의 전류 $I_a=I_o+I_1+I_2$
- $b$상의 전류 $I_b=I_o+a^2I_1+aI_2$
- $c$상의 전류 $I_c=I_o+aI_1+a^2I_2$이므로

$a$상의 전류 $I_a=I_o+I_1+I_2=-2+j4+6-j5+8+j10$

$=12+j9=\sqrt{12^2+9^2}=15[A]$

## 06 $F(s)=\frac{1}{s+3}$ 은 라플라스 역변환은?

① $e^{-\frac{t}{3}}$ ② $3e^{-\frac{t}{3}}$

③ $e^{-3t}$ ④ $\frac{1}{3}e^{-3t}$

해설

**라플라스변환**

$\mathcal{L}[e^{\pm at}]=\frac{1}{s\mp a}$에서

$f(t)=\mathcal{L}^{-1}\left[\frac{1}{s+3}\right]=e^{-3t}$

## 07 대칭 좌표법에 관한 설명으로 틀린 것은?

① 불평형 3상 Y결선의 비접지식 회로에서는 영상분이 존재한다.

② 불평형 3상 Y결선의 접지식 회로에서는 영상분이 존재한다.

③ 평형 3상 전압에서 영상분은 0이다.

④ 평형 3상 전압은 정상분만 존재한다.

해설

**대칭분 전압, 전류**

불평형 3상 회로 비접지식 회로에서는 영상분이 존재하지 않는다.

## 08 회로에서 $a$, $b$ 단자 사이의 전압 $V_{ab}$[V]은?

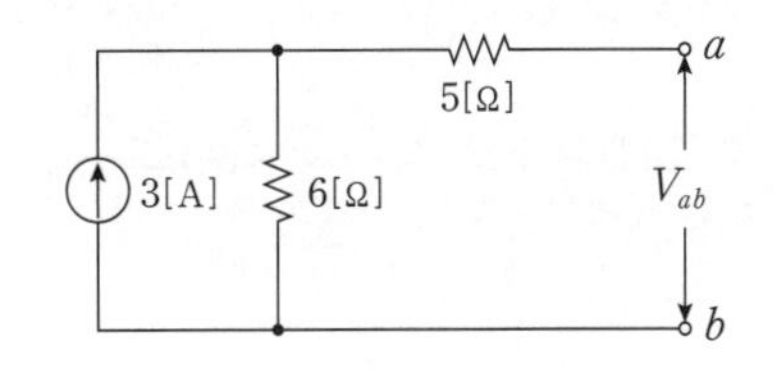


① 15 ② 12

③ 9 ④ 18

해설

**테브난의 정리**

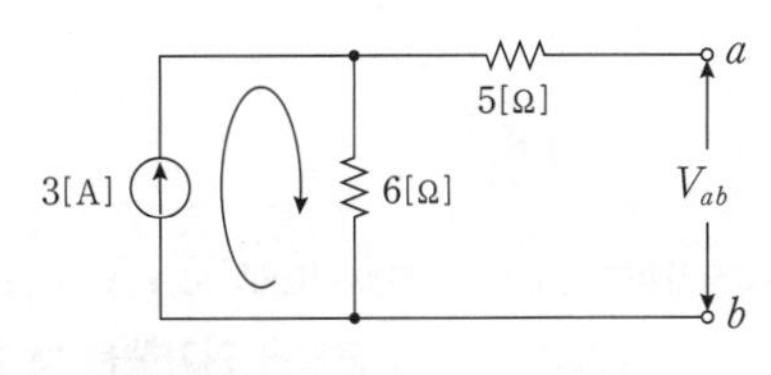


회로망에서 전류는 폐회로 쪽으로만 흐르므로
개방단자 사이에 걸리는 전압은
$V_{ab}=IR=3\times6=18[V]$가 된다.

[정답] 05 ② 06 ③ 07 ① 08 ④

**09** **다음과 같은 2단자 회로망의 구동점 임피던스는?**

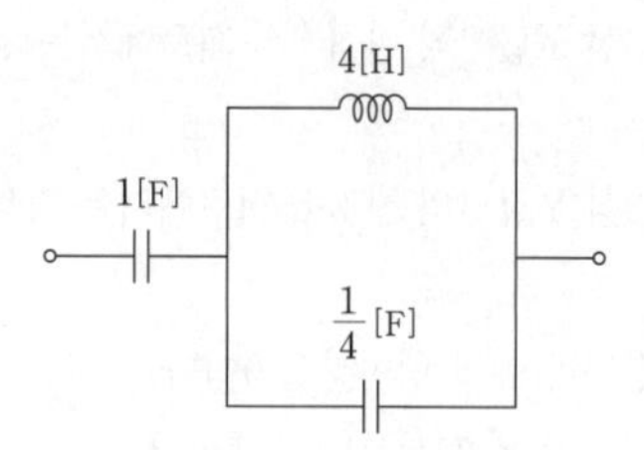


① $\frac{5s+1}{5s^2+1}$　② $\frac{5s^2+1}{(s+1)(s+2)}$

③ $\frac{5s^2+1}{s(s^2+1)}$　④ $\frac{s+2}{6s(s+1)}$

해설

구동점 임피던스는

$C_1=1$[F]의 구동점 임피던스 $Z_1=\frac{1}{C_1s}=\frac{1}{1\times s}=\frac{1}{s}$

$C_2=\frac{1}{4}$[F]의 구동점 임피던스 $Z_2=\frac{1}{C_2s}=\frac{1}{\frac{1}{4}\times s}=\frac{4}{s}$

$L=4$[F]의 구동점 임피던스 $Z_3=Ls=4s$이므로
합성 구동점 임피던스는

$$Z(s)=\frac{1}{s}+\frac{4s\times\frac{4}{s}}{4s+\frac{4}{s}}=\frac{1}{s}+\frac{16}{4s+\frac{4}{s}}$$

$$=\frac{1}{s}+\frac{4}{s+\frac{1}{s}}=\frac{1}{s}+\frac{4s}{s^2+1}$$

$$=\frac{1}{s}+\frac{4s}{s^2+1}=\frac{5s^2+1}{s(s^2+1)}[\Omega]$$

**10** **정전용량이 $C$[F]인 커패시터에 $E(t)=E_1\sin(\omega t+\theta_1)+E_3\sin(3\omega t+\theta_2)$의 전압을 인가했을 때 흐르는 전류의 실효값[A]은?**

① $\frac{\omega C}{\sqrt{2}}\sqrt{E_1^2+3E_3^2}$　② $\frac{\omega C}{\sqrt{2}}\sqrt{E_1^2+E_3^2}$

③ $\frac{\omega C}{\sqrt{2}}\sqrt{E_1^2+6E_3^2}$　④ $\frac{\omega C}{\sqrt{2}}\sqrt{E_1^2+9E_3^2}$

해설

**$n$고조파 임피던스**

$E(t)=E_1\sin(\omega t+\theta_1)+E_3\sin(3\omega t+\theta_2)$에서
$C$[F]의 기본파와 3고조파 임피던스

$Z_1=\frac{1}{\omega C}[\Omega]$, $Z_3=\frac{1}{3\omega C}[\Omega]$

기본파 전류 $I_1=\frac{V_1}{Z_1}=\frac{\frac{E_1}{\sqrt{2}}}{\frac{1}{\omega C}}=\frac{\omega CE_1}{\sqrt{2}}$[A]

3고조파 전류 $I_1=\frac{V_3}{Z_1}=\frac{\frac{E_3}{\sqrt{2}}}{\frac{1}{3\omega C}}=\frac{3\omega CE_3}{\sqrt{2}}$[A]

전류의 실효값

$$I=\sqrt{I_1^2+I_3^2}=\sqrt{\left(\frac{\omega CE_1}{\sqrt{2}}\right)^2+\left(\frac{3\omega CE_3}{\sqrt{2}}\right)^2}$$

$$=\frac{\omega C}{\sqrt{2}}\sqrt{E_1^2+9E_3^2}$$

**11** **그림과 같은 회로에서 스위치 $S$를 닫았을 때 시정수의 값[s]은? (단, $L=10$[mH], $R=10[\Omega]$이다.)**

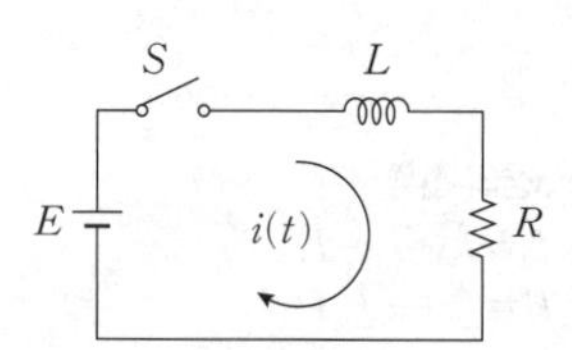


① $10^3$[s]　② $10^{-3}$[s]

③ $10^2$[s]　④ $10^{-2}$[s]

해설

**$R-L$직렬연결**

시정수 $\tau=\frac{L}{R}=\frac{10\times10^{-3}}{10}=10^{-3}$[sec]

**12** **역률 0.6인 부하의 유효전력이 120[kW]일 때 무효전력[kvar]은?**

① 50　② 160

③ 120　④ 80

해설

[정답] 09 ③ 10 ④ 11 ② 12 ②

**단상교류전력**

$P=120[\text{kW}]$, $\cos\theta=0.6$일 때 무효전력은

$\sin\theta=\sqrt{1-\cos^2\theta}=\sqrt{1-0.6^2}=0.8$

$P=VI\cos\theta[\text{W}]$, $VI=\dfrac{P}{\cos\theta}[\text{VA}]$이므로

$P_r=VI\sin\theta=\dfrac{P}{\cos\theta}\sin\theta=\dfrac{120}{0.6}\times0.8=160[\text{kVar}]$

**참고**

$\cos^2\theta+\sin^2\theta=1$

## 13 전달함수에 대한 설명으로 틀린 것은

① 어떤 계의 전달함수는 그 계에 대한 임펄스 응답의 라플라스 변환과 같다.

② 전달함수는 입력라플라스변환/출력라플라스변환 으로 정의된다.

③ 전달함수가 $\dfrac{k}{s}$가 될 때 적분요소라 한다.

④ 어떤 계의 전달함수의 분모를 0으로 놓으면 이것이 곧 특성방정식이 된다.

**해설**

전달함수는 $\dfrac{\text{출력라플라스변환}}{\text{입력라플라스변환}}$ 이다.

## 14 그림에서 4단자 회로 정수 $A, B, C, D$ 중 출력 단자 3, 4가 개방되었을 때의 $\dfrac{V_1}{V_2}$인 $A$의 값은?

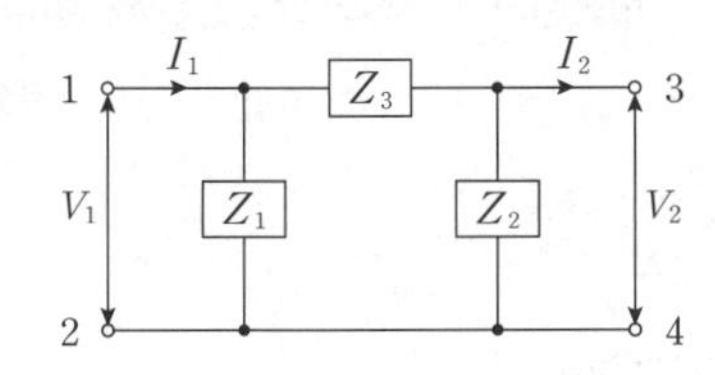


① $1+\dfrac{Z_2}{Z_1}$　　② $1+\dfrac{Z_3}{Z_2}$

③ $1+\dfrac{Z_2}{Z_3}$　　④ $\dfrac{Z_1+Z_2+Z_3}{Z_1Z_3}$

**해설**

**4단자 정수**

$\pi$형 회로의 4단자 정수

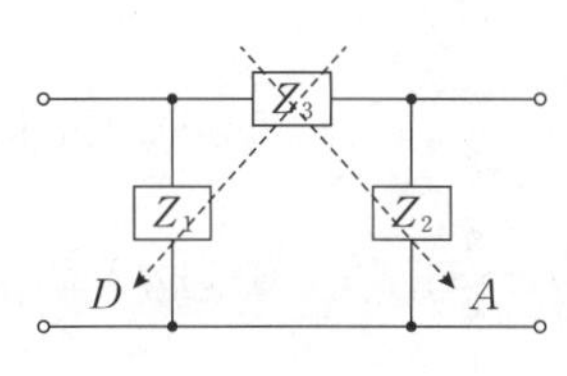


$$\begin{bmatrix} A & B \\ C & D \end{bmatrix}=\begin{bmatrix} 1+\dfrac{Z_3}{Z_2} & Z_3 \\ \dfrac{Z_1+Z_2+Z_3}{Z_1Z_2} & 1+\dfrac{Z_3}{Z_1} \end{bmatrix}$$

## 15 그림과 같은 평형 3상 Y결선에서 각 상이 8[Ω]의 저항과 6[Ω]의 리액턴스가 직렬로 연결된 부하에 선간전압 $100\sqrt{3}$[V]가 공급되었다. 이때 선전류는 몇 [A]인가?

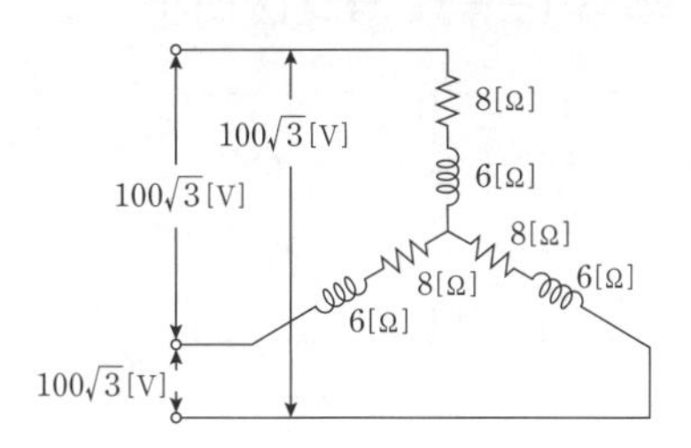


① 5　　② 10

③ 15　　④ 20

**해설**

**대칭 3상 교류전력**

$Z=8+j6=\sqrt{8^2+6^2}=10[\Omega]$, Y결선에서

선간전압 $V_l=100\sqrt{3}$[V]일 때 상전류는

$I_P=\dfrac{V_P}{Z}=\dfrac{\frac{V_l}{\sqrt{3}}}{Z}=\dfrac{\frac{100\sqrt{3}}{\sqrt{3}}}{10}=10[\text{A}]$이므로

선전류 $I_l=I_P=10[\text{A}]$

[정답] 13 ② 14 ② 15 ②

**16** $i=10\sin\left(\omega t-\frac{\pi}{3}\right)$[A]로 표시되는 전류파형보다 위상이 30°앞서고, 최대치가 100[V]인 전압파형을 식으로 나타내면?

① $100\sin\left(\omega t-\frac{\pi}{2}\right)$ ② $100\sqrt{2}\sin\left(\omega t-\frac{\pi}{2}\right)$

③ $100\sin\left(\omega t-\frac{\pi}{6}\right)$ ④ $100\sqrt{2}\sin\left(\omega t-\frac{\pi}{6}\right)$

해설

**순시전압**

순시전압의 최대값이 100[V]이고 순시전류보다 위상이 $30°=\frac{\pi}{6}$ 만큼 앞서므로

$v=100\sin\left(\omega t-\frac{\pi}{3}+\frac{\pi}{6}\right)=100\sin\left(\omega t-\frac{\pi}{6}\right)$[V]

**17** 회로에서 전류 $I$는 약 몇 [A]인가?

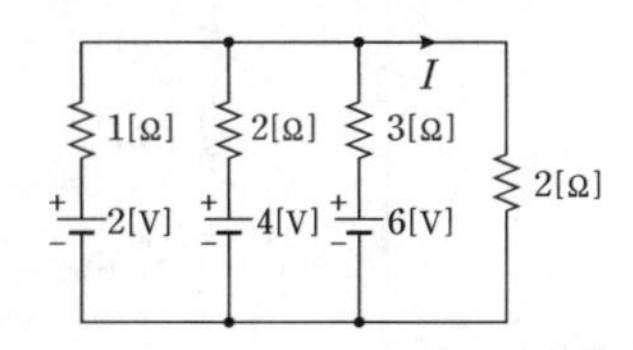


① 7 ② 6

③ 1.125 ④ 1.29

해설

**일반선형회로망**

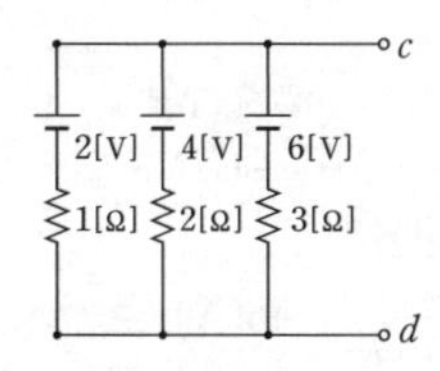


위의 회로에서 밀만에 정리에 의해서 $c$, $d$ 사이에 걸리는 전압은

$$V_{cd}=\frac{\frac{2}{1}+\frac{4}{2}+\frac{6}{3}}{\frac{1}{1}+\frac{1}{2}+\frac{1}{3}}=\frac{36}{11}[\text{V}]$$

테브난의 정리에 의해서 전압원 단락시 테브난의 등가저항은

$R_T=\frac{1}{\frac{1}{1}+\frac{1}{2}+\frac{1}{3}}=\frac{6}{11}$[Ω]이 되므로 등가회로를 작성하면

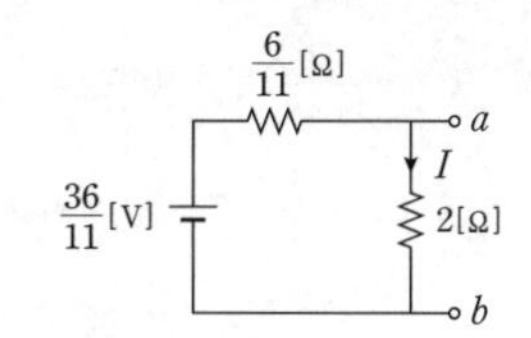


$$전류\ I=\frac{\frac{36}{11}}{\frac{6}{11}+2}=1.29[\text{A}]$$

**18** 단상 전력계 2개로 평형 3상 부하의 전력을 측정하였더니 각각 200[W]와 400[W]를 나타내었다면 이때 부하역률은 약 얼마인가?

① 1 ② 0.866

③ 0.707 ④ 0.5

해설

**2전력계법**

2전력계법에서

$$\cos\theta=\frac{P}{P_a}=\frac{P_1+P_2}{2\sqrt{P_1^2+P_2^2-P_1P_2}}$$
$$=\frac{200+400}{2\sqrt{200^2+400^2-200\times400}}=0.866$$

**19** $i(t)=42.4\sin\omega t+14.1\sin3\omega t+7.1\sin(5\omega t+30°)$와 같이 표현되는 전류의 왜형률은 약 얼마인가?

① 0.37 ② 0.42

③ 0.12 ④ 0.23

해설

**비정현파 교류의 왜형률**

$i(t)=42.4\sin\omega t+14.1\sin3\omega t+7.1\sin(5\omega t+30°)$에서

$$왜형률=\frac{\sqrt{I_3^2+I_5^2}}{I_1}=\frac{\sqrt{14.1^2+7.1^2}}{42.4}=0.37$$

[정답] 16③ 17④ 18② 19①

## 20 그림과 같은 전류 파형의 실효값을 약 몇 [A]인가?

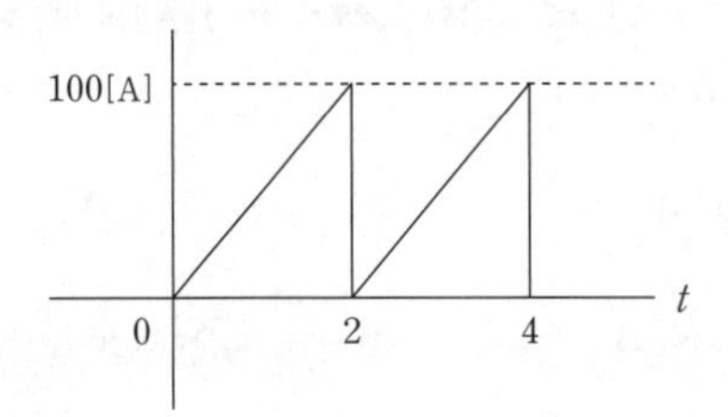


① 77.5　　② 67.7

③ 47.7　　④ 57.7

해설

**삼각파의 평균값과 실효값**

- 삼각파의 평균값 $I_a=\frac{I_m}{2}=\frac{100}{2}=50[\mathrm{A}]$
- 삼각파의 실효값 $I=\frac{I_m}{\sqrt{3}}=\frac{100}{\sqrt{3}}=57.7[\mathrm{A}]$

# 시행일 2022년 3회

## 01 그림과 같은 브리지 회로가 평형되기 위한 $\dot{Z}_4$의 값은?

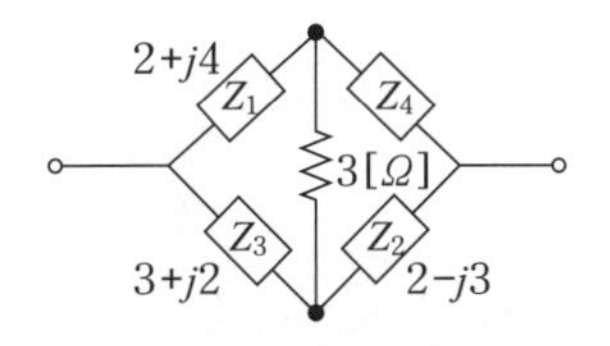


① $2+j4$　　② $-2+j4$

③ $4+j2$　　④ $4-j2$

해설

**브릿지 평형**

브릿지 평형 조건 $Z_1Z_2=Z_3Z_4$이므로 $Z_4$는

$$Z_4=\frac{Z_1Z_2}{Z_3}=\frac{(2+j4)(2-j3)}{3+j2}=\frac{(2+j4)(2-j3)(3-j2)}{(3+j2)(3-j2)}$$

$$=\frac{52-j26}{13}=4-j2$$

## 02 함수 $f(t)=A\cdot e^{-\frac{1}{\tau}t}$에서 시정수는 $A$의 몇 [%]가 되기까지의 시간인가?

① 37　　② 63

③ 85　　④ 92

해설

**시정수**

$f(t)=A\cdot e^{-\frac{1}{\tau}t}$에서 $f(\tau)=A\cdot e^{-\frac{1}{\tau}\tau}=A\cdot e^{-1}=0.368A$이므로 $A$의 37[%]가 된다.

## 03 다음 두 회로의 4단자 정수가 동일할 조건은?

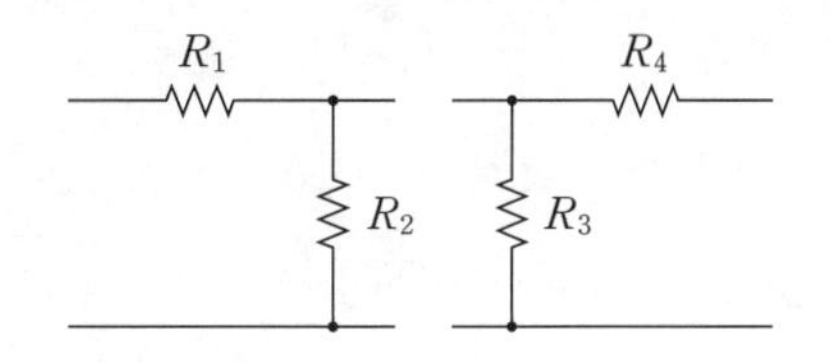


① $R_1=R_2,\ R_3=R_4$

② $R_1=R_3,\ R_2=R_4$

③ $R_1=R_4,\ R_2=R_3=0$

④ $R_2=R_3,\ R_1=R_4=0$

해설

**4단자 정수**

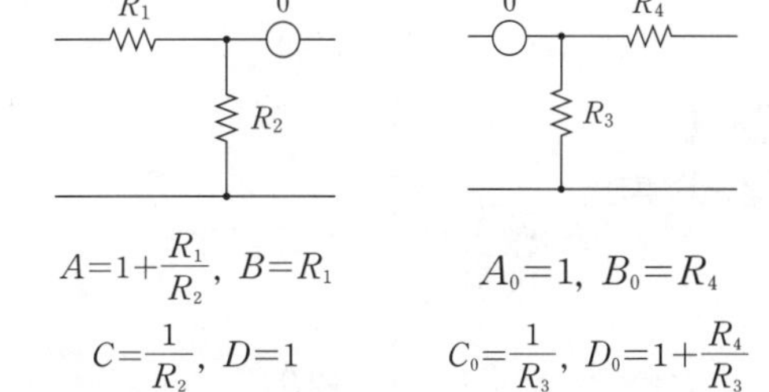


$$A=1+\frac{R_1}{R_2},\ B=R_1 \qquad A_0=1,\ B_0=R_4$$

$$C=\frac{1}{R_2},\ D=1 \qquad C_0=\frac{1}{R_3},\ D_0=1+\frac{R_4}{R_3}$$

이므로 $C=C_0$가 되려면 $R_2=R_3$
$B=B_0$가 되려면 $R_1=R_4$가 되어야 하며
$A=A_0$, $D=D_0$가 되려면 $R_1=R_4=0$이 되어야 한다.

[정답] 20 ④ 2022년 3회 01 ④ 02 ① 03 ④

## 04 저항 3[Ω], 유도 리액턴스 4[Ω]인 직렬회로에 $e=141.4\sin\omega t+42.4\sin 3\omega t$[V]전압 인가 시 전류의 실효값은 몇 [A]인가?

① 20.15　② 18.25
③ 16.15　④ 14.25

**해설**

**$n$고조파 직렬 임피던스**

$R=3[\Omega]$, $\omega L=4[\Omega]$, $R-L$직렬,
$v=141.4\sin\omega t+42.4\sin 3\omega t$[V]에서
기본파 임피던스 $Z_1=R+j\omega L=3+j4=5[\Omega]$
3고조파 임피던스
$Z_3=R+j3\omega L=3+j3\times4=3+j12$
$=\sqrt{3^2+12^2}=12.37[\Omega]$
기본파 전류 $I_1=\frac{V_1}{Z_1}=\frac{100}{4}=20[A]$
3고조파 전류 $I_3=\frac{V_3}{Z_3}=\frac{30}{12.37}=2.43[A]$
전류의 실효값 $I=\sqrt{I_1^2+I_3^2}=\sqrt{20^2+2.43^2}=20.15[A]$

## 05 역률이 60[%]이고, 1상의 임피던스가 60[Ω]인 유도부하를 △로 결선하고 여기에 병렬로 저항 20[Ω]을 Y결선으로 하여 3상 선간전압 200[V]를 가할 때의 소비전력 [W]은?

① 3200　② 3000
③ 2000　④ 1000

**해설**

**대칭 3상교류전력**

$\cos=0.6$, $Z=60[\Omega]$, △결선, $V_l=200[V]$일 때
상전류 $I_P=\frac{V_P}{Z}=\frac{V_l}{Z}=\frac{200}{60}=\frac{10}{3}[A]$
$R=Z\times\cos\theta=60\times0.6=36[\Omega]$
유효전력 $P_1=3I_P^2R=3\times\left(\frac{10}{3}\right)^2\times36=1200[W]$
$R=20[\Omega]$, Y결선, $V_l=200[V]$일 때
상전류 $I_P=\frac{V_P}{R}=\frac{V_l}{\sqrt{3}R}=\frac{200}{\sqrt{3}\times20}=\frac{10}{\sqrt{3}}[A]$
유효전력 $P_2=3I_P^2R=3\times\left(\frac{10}{\sqrt{3}}\right)^2\times20=2000[W]$이므로
병렬연결시소비전력은 $P_0=P_1+P_2=1200+2000=3200[W]$

## 06 각 상의 전류가 $i_a=60\sin\omega t$[A], $i_b=60\sin(\omega t-90°)$[A], $i_c=60\sin(\omega t+90°)$[A]일 때, 영상 대칭분의 전류[A]는?

① $20\sin\omega t$[A]　② $\frac{20}{3}\sin\frac{\omega t}{3}$[A]
③ $60\sin\omega t$[A]　④ $\frac{20}{\sqrt{3}}\sin(\omega t+45°)$[A]

**해설**

영상분 전류는
$i_0=\frac{1}{3}(i_a+i_b+i_c)$
$=\frac{1}{3}\{60\sin\omega t+60\sin(\omega t-90°)+60\sin(\omega t+90°)\}$
$=\frac{60}{3}\{\sin\omega t+\sin\omega t\cos(-90°)+\cos\omega t\sin(-90°)$
$+\sin\omega t\cos 90°+\cos\omega t\sin 90°\}$
$=20\sin\omega t$

**참고**

**삼각함수 가법정리**
$\sin(\alpha\pm\beta)=\sin\alpha\cos\beta\pm\cos\alpha\sin\beta$
$\cos(\alpha\pm\beta)=\cos\alpha\cos\beta\mp\sin\alpha\sin\beta$

## 07 정현파의 파형률은?

① $\frac{실효값}{최댓값}$　② $\frac{평균값}{실효값}$
③ $\frac{실효값}{평균값}$　④ $\frac{최댓값}{실효값}$

**해설**

**파형률과 파고율**

파형율 $=\frac{실효값}{평균값}$, 파고율 $=\frac{최댓값}{실효값}$

## 08 그림과 같이 시간축에 대하여 대칭인 3각파 교류전압의 평균값은[V]은?

[정답] 04 ① 05 ① 06 ① 07 ③ 08 ②

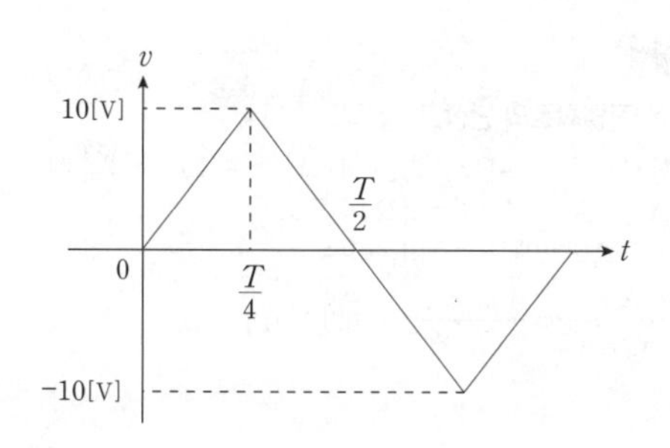


① 5.77 ② 5
③ 10 ④ 6

해설

**삼각파의 평균값과 실효값**

삼각파의 평균값 $V_a=\frac{V_m}{2}=\frac{10}{2}=5[\text{V}]$

삼각파의 실효값 $V=\frac{V_m}{\sqrt{3}}=\frac{10}{\sqrt{3}}=5.77[\text{V}]$

## 09 $R=6[\Omega]$, $X_L=8[\Omega]$, 직렬인 임피던스 3개로 △결선한 대칭 부하회로에 선간전압 100[V] 인 대칭 3상 전압을 가하면 선전류는 몇 [A]인가 ?

① 3 ② $3\sqrt{3}$
③ 10 ④ $10\sqrt{3}$

해설

**환상결선(△결선)**

$Z=6+j8[\Omega]$, $V_l=100[\text{V}]$에서 △결선시
상전압과 선간전압은 같고 선전류는 상전류의 $\sqrt{3}$ 배이므로

$I_l=\sqrt{3}I_p=\sqrt{3}\frac{V_p}{Z}=\sqrt{3}\frac{V_l}{Z}$

$=\sqrt{3}\frac{100}{\sqrt{6^2+8^2}}=10\sqrt{3}$ [A]가 된다.

## 10 어떤 제어계의 출력이 $C(s)=\frac{5}{s(s^2+s+2)}$ 로 주어질 때 출력의 시간 함수 $c(t)$의 정상값은?

① 5 ② 2
③ $\frac{2}{5}$ ④ $\frac{5}{2}$

해설

**최종값 정리**

$\lim_{t\to\infty}c(t)=\lim_{S\to 0}sC(s)$에 의해서

$\lim_{t\to\infty}c(t)=\lim_{s\to 0}sC(s)=\lim_{s\to 0}\frac{5}{s^2+s+2}=\frac{5}{2}$

## 11 10[kVA]의 변압기 2대로 공급할 수 있는 최대 3상 전력[kVA]은 얼마인가? (단, 결선은 V결선시 이다.)

① 20 ② 17.3
③ 14.1 ④ 10

해설

V결선 출력 $P_V=\sqrt{3}\cdot P_{a1}=\sqrt{3}\times 10=17.3[\text{kVA}]$

## 12 그림에서 $i_5$ 전류의 크기[A]는?

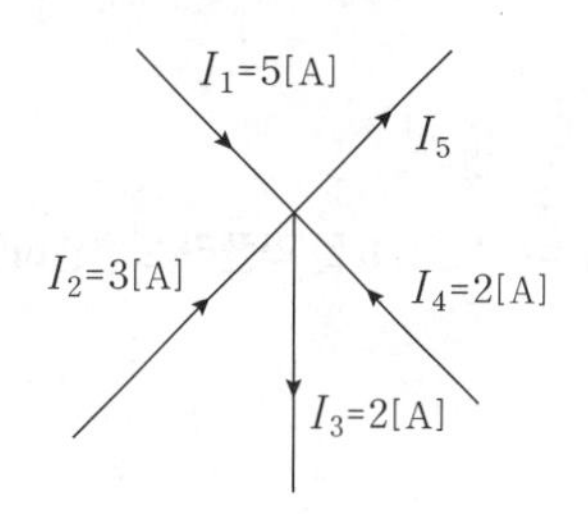


① 3 ② 5
③ 8 ④ 12

해설

**키르히 호프의 법칙**

키르히호프의 전류법칙에 따라
$\sum$유입전류$=\sum$유출전류 이므로
$i_1+i_2+i_4=i_3+i_5$
$5+3+2=2+i_5$
$i_5=8[\text{A}]$

## 13 푸리에 급수에서 직류항은?

① 우함수이다. ② 기함수이다.
③ 우함수+기함수이다 ④ 우함수×기함수이다.

[정답] 09 ④ 10 ④ 11 ② 12 ③ 13 ①

해설

여현대칭인 우함수파에서 직류분이 존재하므로 직류항은 우함수이다.

## 14 2전력계법에서 지시 $P_1=100[W]$, $P_2=200[W]$일 때 역률[%]은?

① 50.2 ② 70.7
③ 86.6 ④ 90.4

해설

**2전력계법**

2전력계법에서

$$\cos\theta=\frac{P}{P_a}=\frac{P_1+P_2}{2\sqrt{P_1^2+P_2^2-P_1P_2}}$$
$$=\frac{100+200}{2\sqrt{100^2+200^2-100\times200}}$$
$$=0.866=86.6[\%]$$

## 15 $f(t)=e^{-2t}\sin 4t$를 라플라스 변환하면?

① $\frac{1}{s+2}$ ② $\frac{2}{(s+4)^2+4}$
③ $\frac{4}{(s+2)^2+16}$ ④ $\frac{2}{(s+2)^2+4}$

해설

**복소추이정리**

$\mathcal{L}[f(t)e^{\mp at}]=F(s)|_{s=s\pm a\text{대입}}=F(s\pm a)$이므로

$$\mathcal{L}[e^{at}\sin 4t]=\frac{4}{s^2+4^2}\Big|_{s=s+2\text{대입}}=\frac{4}{(s+2)^2+16}$$

## 16 저항 $4[\Omega]$, 주파수 $50[Hz]$에 대하여 $4[\Omega]$의 유도리액턴스와 $1[\Omega]$의 용량리액턴스가 직렬연결된 회로에 $100[V]$의 교류전압이 인가될 때 무효전력[Var]은?

① 1000 ② 1200
③ 1400 ④ 1600

해설

**$R-X$ 직렬회로의 단상교류전력**

$R=4[\Omega]$, $X_L=4[\Omega]$, $X_C=1[\Omega]$, $V=100[V]$일 때
$X=X_L-X_C=4-1=3[\Omega]$이므로
$R-X$직렬회로에서의 소비전력은

$$P_r=\frac{XV^2}{R^2+X^2}=\frac{100^2\times3}{4^2+3^2}=1200[\text{Var}]$$

## 17 회로의 4단자 정수로 틀린 것은?

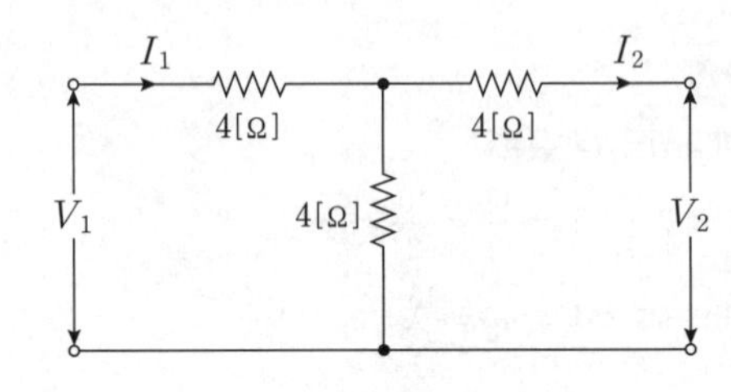


① $A=2$ ② $B=12$
③ $C=\frac{1}{4}$ ④ $D=6$

해설

$A=1+\frac{4}{4}=2$　　$B=4+4+\frac{4\times4}{4}=12$

$C=\frac{1}{4}$　　$D=1+\frac{4}{4}=2$

## 18 커패시터 $C$를 $100[V]$로 충전하고 $10[\Omega]$의 저항으로 1초 동안 방전하였더니 $C$의 단자전압이 $90[V]$로 감소하였다. 이때 $C$는 약 몇 [F]인가?

① 1.05 ② 0.95
③ 0.75 ④ 0.55

해설

방전시 전압 $V_C(t)=Ee^{-\frac{1}{RC}t}$이므로 주어진 수치를 대입하면

$V_C(1)=100e^{-\frac{1}{10C}\times1}=90$

$e^{-\frac{1}{10C}}=0.9$

$-\frac{1}{10C}=\log_e 0.9$

$C=\frac{1}{10\log_e 0.9}=0.95[F]$

[정답] 14③ 15③ 16② 17④ 18②

**19** 그림 $(a)$와 같은 회로를 그림 $(b)$와 같이 간단한 회로로 등가변환하고자 한다. $V$[V]와 $R$[Ω]은 각각 얼마인가?

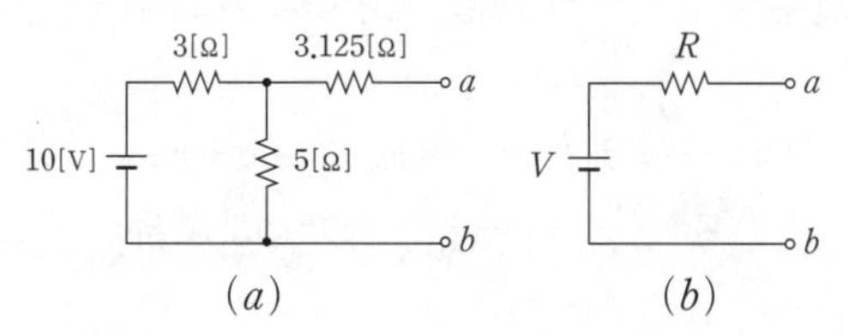


① $V=6.25$[V], $R=5$[Ω]

② $V=5.25$[V], $R=3$[Ω]

③ $V=7.25$[V], $R=7$[Ω]

④ $V=4.25$[V], $R=1$[Ω]

해설

**테브난의 정리**

테브난의 정리에 의해서 전압원 단락시 테브난의 등가저항은

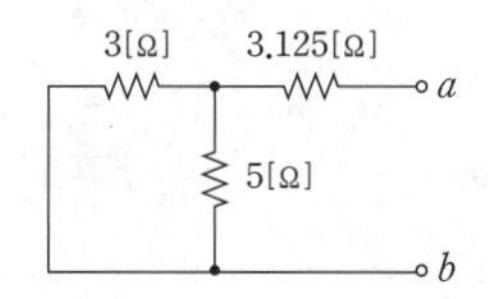


$R=\frac{3\times5}{3+5}+3.125=5$[Ω]

테브난의 정리에 의해서 개방단자 $a$, $b$ 사이에 걸리는 등가전압은 $V=\frac{5}{3+5}\times10=6.25$[V]

**20** 불평형 3상 전압이 $V_a=80$[V], $V_b=-40-j30$[V], $V_c=-40+j30$[V]일 때 역상분 전압의 크기는 몇 [V]인가? (단, 상순은 $a-b-c$ 순이다.)

① 14.1 ② 68.1

③ 22.7 ④ 57.3

해설

**대칭분 전압, 전류**

역상분 전압

$V_2=\frac{1}{3}(V_a+a^2V_b+aV_c)$

$=\frac{1}{3}\left\{80+\left(-\frac{1}{2}-j\frac{\sqrt{3}}{2}\right)(-40-j30)+\left(-\frac{1}{2}+j\frac{\sqrt{3}}{2}\right)(-40+j30)\right\}=22.7$[V]

## 시행일 2023년 1회

**01** 선간 전압이 200[V]인 10[kW]인 3상 대칭부하에 3상 전력을 공급하는 선로임피던스가 $4+j3$[Ω]일 때 부하가 뒤진 역률 80[%]이면 선전류[A]는?

① $18.8+j21.6$ ② $28.8-j21.6$

③ $35.7+j4.3$ ④ $14.1-j33.1$

해설

**대칭 3상 교류전력**

3상, $V_l=200$[V], $\cos\theta=0.8$, $P=10$[kW]이므로

소비전력은 $P=\sqrt{3}V_lI_l\cos\theta$[W]

$I_l=\frac{P}{\sqrt{3}V_l\cos\theta}=\frac{10\times10^3}{\sqrt{3}\times200\times0.8}=36.08$[A]가 된다.

그러므로 부하가 뒤진 역률(유도성)을 가지므로

$I=I(\cos\theta-j\sin\theta)=36.08(0.8-j0.6)=28.8-j21.6$

**02** 대칭 좌표법에서 불평형율을 나타내는 것은?

① $\frac{\text{영상분}}{\text{정상분}}\times100$ ② $\frac{\text{정상분}}{\text{역상분}}\times100$

③ $\frac{\text{정상분}}{\text{영상분}}\times100$ ④ $\frac{\text{역상분}}{\text{정상분}}\times100$

해설

불평형률$=\frac{\text{역상분}}{\text{정상분}}\times100$[%]

**03** 평형 3상 회로에서 그림과 같이 변류기를 접속하고 전류계를 연결하였을 때, A2에 흐르는 전류는 약 몇 [A]인가?

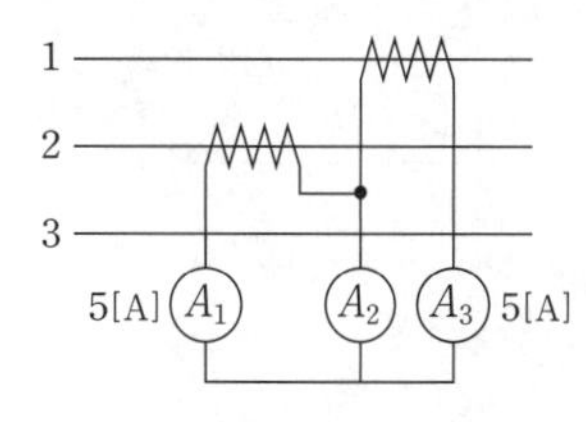


[정답] 19 ① 20 ③ 2023년 1회 01 ② 02 ④ 03 ③

① 0 ② 5

③ 8.66 ④ 10

해설

$A_2$에 흐르는 전류는 $A_3$과 $A_1$전류의 차로 계산되며

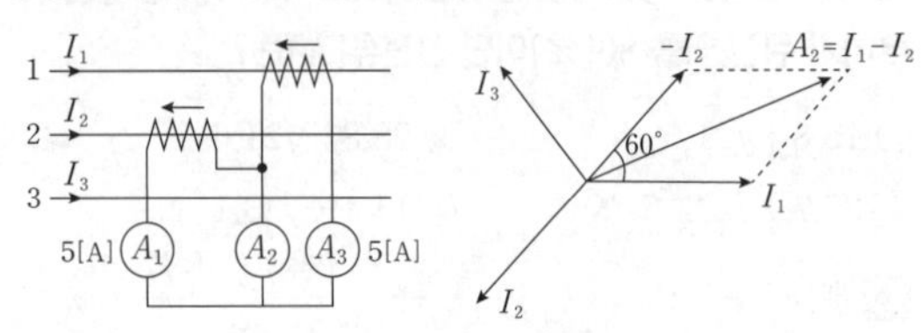


$A_2=A_3-A_1=I_1-I_2=I_1+(-I_2)$이므로
벡터도에서 $I_1$, $-I_2$ 전류의 위상차가 60°이고
$A_2$의 크기는 평행사변형의 대각선의 길이를 구하면
$A_2=\sqrt{5^2+5^2+2\times5\times5\times\cos60^\circ}=5\sqrt{3}=0.866[A]$

## 04 어떤 회로에 $E=100+j50[V]$인 전압을 가했더니 $I=3+j4[A]$인 전류가 흘렀다면 이 회로의 소비전력은?

① 300[W] ② 500[W]

③ 700[W] ④ 900[W]

해설

복소전력 $P_a=\overline{E}I=P\pm jP_r[VA]$이므로
$P_a=(100-j50)(3+j4)=500+j250[VA]$
따라서 소비전력은 500[W]

## 05 그림과 같은 회로에서 저항 0.2[Ω]에 흐르는 전류는 몇 [A]인가?

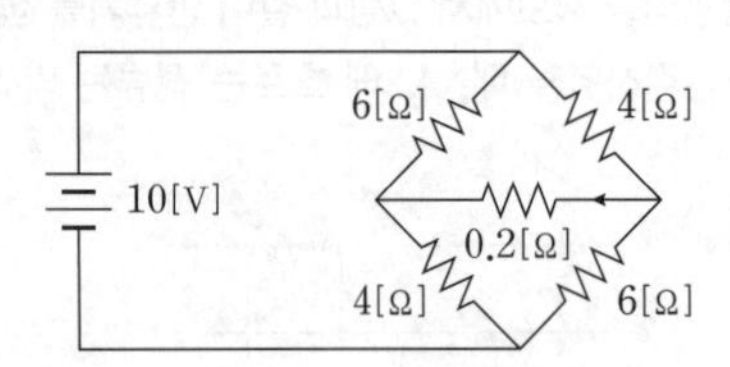


① 0.4[A] ② −0.4[A]

③ 70.2[A] ④ −0.2[A]

해설

**테브난의 정리**
테브난의 정리에 의해서 테브난의 등가저항은
전압원단락, 전류원 개방시 개방단에서 본 등가저항이므로
$R_T=\frac{4\times6}{4+6}+\frac{6\times4}{6+4}=4.8[\Omega]$이고
테브난의 등가전압은 개방단자 사이에 걸리는 전압이므로
$V_T=V_b-V_a=\frac{6}{4+6}\times10-\frac{4}{6+4}\times10=2[V]$가 되어
0.2[Ω]에 흐르는 전류는
$I=\frac{V_T}{R_{ab}+R_T}=\frac{2}{0.2+4.8}=0.4[A]$

## 06 2개의 전력계를 사용하여 3상 평형부하의 역률을 측정하고자 한다. 전력계의 지시값이 각각 $P_1$, $P_2$일 때 이 회로의 역률은?

① $P_1+P_2$ ② $\sqrt{3}(P_1-P_2)$

③ $\frac{2\sqrt{P_1^2+P_2^2-P_1P_2}}{P_1+P_2}$ ④ $\frac{P_1+P_2}{2\sqrt{P_1^2+P_2^2-P_1P_2}}$

해설

**2전력계법**
유효전력 $P=P_1+P_2[W]$
무효전력 $P_r=\sqrt{3}(P_1-P_2)[Var]$
피상전력 $P_a=\sqrt{P^2+P_r^2}=2\sqrt{P_1^2+P_2^2-P_1P_2}[VA]$이므로
2전력계법에 의한 역률
$\cos\theta=\frac{P}{P_a}=\frac{P}{\sqrt{P^2+P_r^2}}=\frac{P_1+P_2}{2\sqrt{P_1^2+P_2^2-P_1P_2}}$

## 07 회로에서 20[Ω]의 저항이 소비하는 전력은 몇 [W]인가?

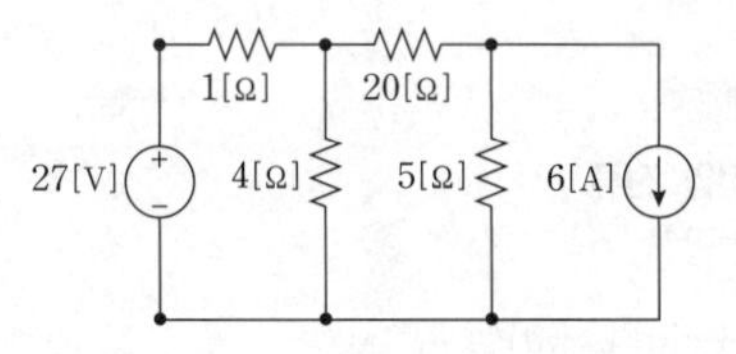


① 14 ② 27

③ 40 ④ 80

[정답] 04 ② 05 ① 06 ④ 07 ④

**해설**

테브난의 정리를 이용하여 등가회로로 나타내면

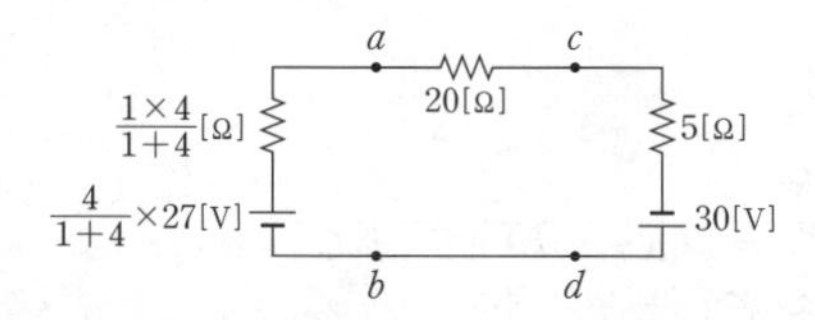


$I=\dfrac{0.8\times27+30}{0.8+20+5}=2[\mathrm{A}]$

$\therefore P=I^2R=2^2\times20=80[\mathrm{W}]$

## 08 그림과 같은 순저항 회로에서 대칭 3상 전압을 가할 때 각 선에 흐르는 전류가 같으려면 $R$의 값은 몇 [Ω]인가?

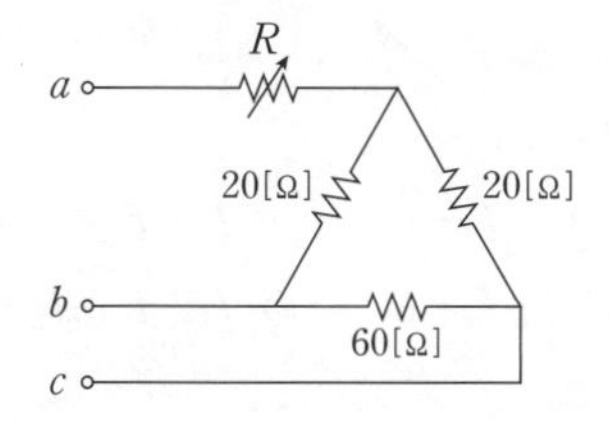


① 4 ② 8
③ 12 ④ 16

**해설**

대칭 3상 회로의 각 선전류가 모두 같아지려면 각 상의 저항이 모두 같아야 하므로 △결선을 Y결선으로 저항을 바꾸면

$R_a=\dfrac{20\times20}{20+20+60}=4[\Omega]$

$R_b=\dfrac{20\times60}{20+20+60}=12[\Omega]$

$R_c=\dfrac{20\times60}{20+20+60}=12[\Omega]$이므로

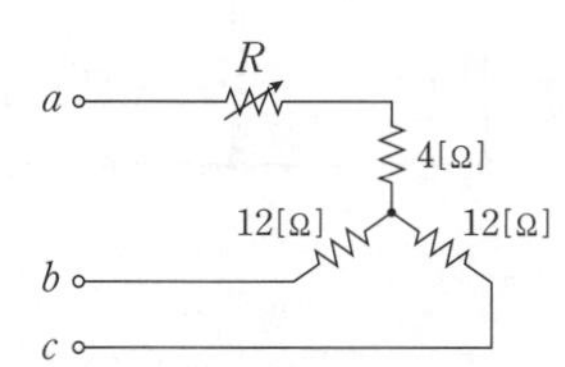


등가회로에서 각 상의 저항을 $R_a'$, $R_b$, $R_c$라 하면

$R_a'=R+4[\Omega]$, $R_b=12[\Omega]$, $R_c=12[\Omega]$

$R_a'=R_b=R_c$인 경우

$\therefore R=8[\Omega]$

## 09 불평형 3상 전류가 $I_a=15+j2[\mathrm{A}]$, $I_b=-20-j14[\mathrm{A}]$, $I_c=-3+j10[\mathrm{A}]$일 때, 역상분 전류 $I_2[\mathrm{A}]$는?

① $1.91+j6.25$ ② $15.74-j3.57$
③ $-2.67-j0.67$ ④ $-8-j2$

**해설**

**대칭분 전압, 전류**

역상분전류는

$$I_2=\frac{1}{3}(I_a+a^2I_b+aI_c)$$
$$=\frac{1}{3}\left\{15+j2+\left(-\frac{1}{2}-j\frac{\sqrt{3}}{2}\right)(-20-j14)+\left(-\frac{1}{2}+j\frac{\sqrt{3}}{2}\right)(-3-j10)\right\}$$
$$=1.91+j6.24[\mathrm{A}]$$

## 10 $t=0$에서 스위치($S$)를 닫았을 때 $t=0+$에서의 $i(t)$는 몇 [A]인가? (단, 커패시터에 초기 전하는 없다.)

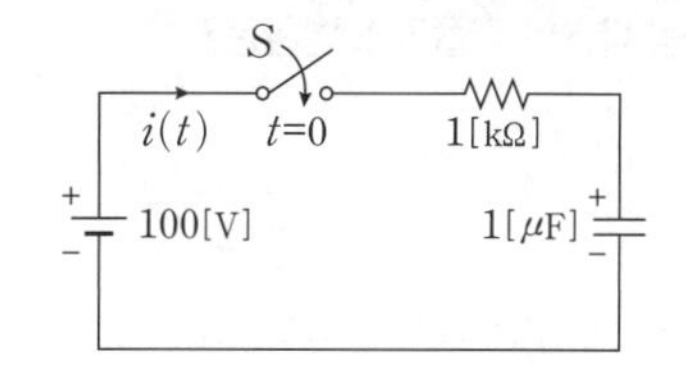


① 0.1 ② 0.2
③ 0.4 ④ 1.0

**해설**

**$R-C$직렬연결**

$R-C$직렬회로에서 스위치 on 시 흐르는 전류는

$i(t)=\dfrac{E}{R}e^{-\frac{1}{RC}t}$ 에서 $t=0$이므로

$i(0)=\dfrac{E}{R}=\dfrac{100}{1\times10^3}=0.1[\mathrm{A}]$

[정답] 08 ② 09 ① 10 ①

**11** **그림과 같은 $\pi$형 4단자 회로의 어드미턴스 파라미터 중 $Y_{11}$은?**

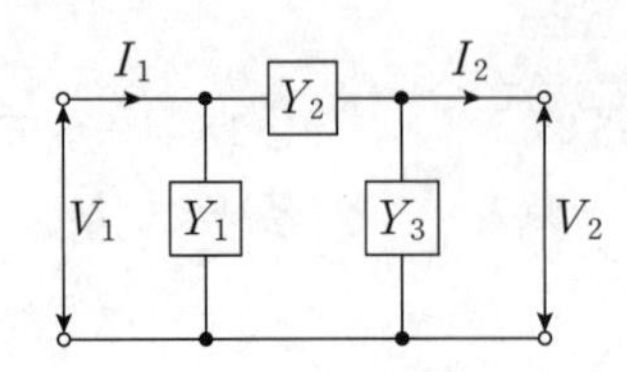


① $Y_1$　② $Y_2$
③ $Y_1+Y_2$　④ $Y_2+Y_3$

해설

**어드미턴스 파라미터**

① $Y_{11}$ : 앞쪽 어드미턴스와 중앙 어드미턴스를 더한다.
→ $Y_{11}=Y_1+Y_2$
② $Y_{22}$ : 뒤쪽 어드미턴스와 중앙 어드미턴스를 더한다.
→ $Y_{22}=Y_3+Y_2$
③ $Y_{12}=Y_{21}$ : 중앙 어드미턴스를 취한다.
→ $Y_{12}=Y_{21}=Y_2$

**12** **다음 파형의 라플라스 변환은?**

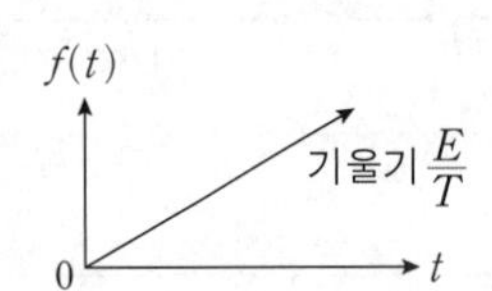


① $\frac{E}{s}$　② $\frac{E}{s^2}$
③ $\frac{E}{Ts}$　④ $\frac{E}{Ts^2}$

해설

**라플라스 변환**

$f(t)=\frac{E}{T}t$이므로 $F(s)=\frac{E}{T}\cdot\frac{1}{s^2}=\frac{E}{Ts^2}$

**13** **분포 정수회로에서 직렬 임피던스 $Z[\Omega]$, 병렬 어드미턴스 $Y[℧]$일 때 선로의 전파정수 $\gamma$는?**

① $\sqrt{\frac{Z}{Y}}$　② $\sqrt{\frac{Y}{Z}}$
③ $\sqrt{ZY}$　④ $ZY$

해설

**전파정수**

$\gamma=\sqrt{ZY}=\sqrt{(R+j\omega L)\cdot(G+j\omega C)}=\alpha+j\beta$
$\alpha$는 감쇠정수, $\beta$는 위상 정수

**14** **그림과 같은 회로망에서 전류를 산출하는데 옳게 표시한 식은?**

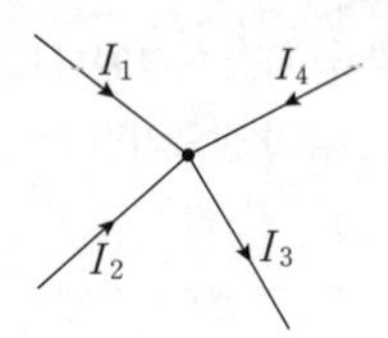


① $I_1+I_2-I_4-I_3=0$　② $I_1+I_4-I_2-I_3=0$
③ $I_1+I_2+I_3+I_4=0$　④ $I_1+I_2-I_3+I_4=0$

해설

**키르히 호프의 법칙**

키르히호프의 전류법칙에 따라
$\sum$유입전류$=\sum$유출전류 이므로
$I_1+I_2+I_4=I_3$, $I_1+I_2-I_3+I_4=0$이 된다.

**15** **전기회로의 입력을 $V_1$, 출력을 $V_2$라고 할 때 전달함수는? (단, $s=j\omega$이다.)**

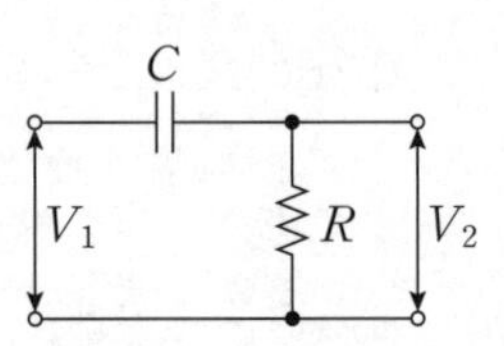


① $\frac{1}{R+\frac{1}{j\omega C}}$　② $\frac{1}{j\omega+\frac{1}{RC}}$
③ $\frac{j\omega}{j\omega+\frac{1}{RC}}$　④ $\frac{j\omega}{R+\frac{1}{j\omega C}}$

[정답] 11 ③　12 ④　13 ③　14 ④　15 ③

**해설**

전압비 전달함수를 구하면

$$G(s)=\frac{\text{출력 임피던스}}{\text{입력 임피던스}}=\frac{R}{\frac{1}{Cs}+R}=\frac{1}{1+\frac{1}{RCs}}$$

$$=\frac{s}{s+\frac{1}{RC}}=\frac{j\omega}{j\omega+\frac{1}{RC}}$$

## 16 기본파의 60[%]인 제3고조파와 80[%]인 제5고조파를 포함하는 전압의 왜형률은?

① 0.3　② 1
③ 5　④ 10

**해설**

**비정현파 교류의 왜형률**

$V_3=0.6V_1,\ V_5=0.8V_1$ 일 때 전압의

$$\text{왜형률}=\frac{\sqrt{V_3^2+V_5^2}}{V_1}=\frac{\sqrt{(0.6V_1)^2+(0.8V_1)^2}}{V_1}=1$$

## 17 그림과 같은 회로에서 5[Ω]에 흐르는 전류 $I$는 몇 [A]인가?

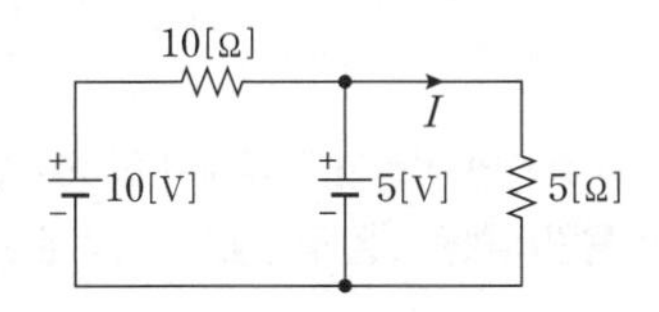


① $\frac{1}{2}$　② $\frac{2}{3}$
③ 1　④ $\frac{5}{3}$

**해설**

**중첩의 정리**

전압원 5[V] 단락시 5[Ω]에 흐르는 전류 $I_1=0$[A]

전압원 10[V] 단락시 5[Ω]에 흐르는 전류 $I_2=\frac{5}{5}=1$[A]이므로

5[Ω]에 흐르는 전체 전류 $I=I_1+I_2=0+1=1$[A]

## 18 10[Ω]의 저항 5개를 접속하여 얻을 수 있는 합성저항 중 가장 적은 값은 몇 [Ω]인가?

① 10　② 5
③ 2　④ 0.5

**해설**

저항은 병렬 연결시 합성저항은 작아지므로
같은저항 $R$[Ω], $n$개 병렬시 합성저항은

$$R_0=\frac{R}{n}=\frac{10}{5}=2[\Omega]$$

## 19 단위 길이당 인덕턴스 및 커패시턴스가 각각 $L$ 및 $C$일 때 전송선로의 특성 임피던스는? (단, 전송선로는 무손실 선로이다.)

① $\sqrt{\frac{L}{C}}$　② $\sqrt{\frac{C}{L}}$
③ $\frac{L}{C}$　④ $\frac{C}{L}$

**해설**

**특성 임피던스**

$Z_o=\sqrt{\frac{L}{C}}=\sqrt{\frac{R+j\omega L}{G+j\omega C}}$ 의 식에서 무손실 선로에서는
$R=G=0$ 이므로

$\therefore Z_o=\sqrt{\frac{L}{C}}$ [Ω]

## 20 비정현파를 여러개의 정현파의 합으로 표시하는 방법은?

① 키르히호프의 법칙　② 노오튼의 정리
③ 푸리에 분석　④ 테일러의 공식

**해설**

**푸리에 급수(분석)**

푸리에 분석은 비정현파를 여러 개의 정현파의 합으로 표시한다.

[정답] 16② 17③ 18③ 19① 20③

시행일 2023년 2회

**01** 회로의 전압 전달함수 $G(s)=\frac{V_2(s)}{V_1(s)}$ 는?

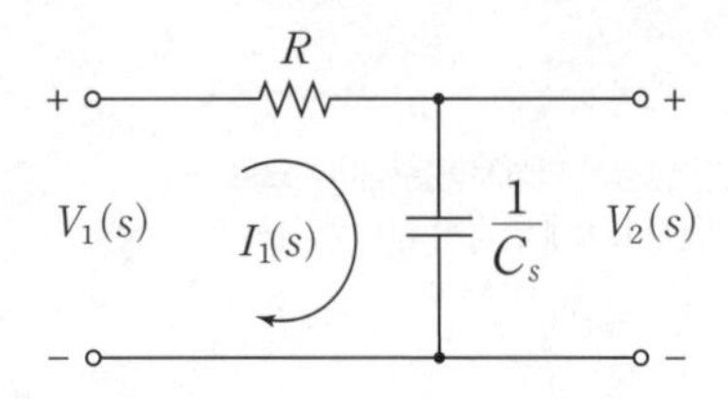


① $\frac{-RC}{s+\frac{1}{RC}}$ ② $\frac{\frac{1}{RC}}{s+\frac{1}{RC}}$

③ $\frac{1}{RC}$ ④ $\frac{1}{s+RC}$

해설

**직렬연결시 전달함수**

$G(s)=\frac{V_2(s)}{V_1(s)}=\frac{\text{출력 임피던스}}{\text{입력 임피던스}}$

$=\frac{\frac{1}{Cs}}{R+\frac{1}{Cs}}=\frac{1}{RCs+1}=\frac{\frac{1}{RC}}{s+\frac{1}{RC}}$

**02** 대칭 6상 성형결선의 전원이 있다 이 전원의 선간전압과 상전압의 위상차는?

① 90° ② 30°

③ 120° ④ 60°

해설

**대칭 $n$상 교류회로**

Y결선시 대칭 $n$상에서 선간 전압은 상전압보다

위상이 $\frac{\pi}{2}\left(1-\frac{2}{n}\right)$[rad]만큼 앞서므로

$\therefore \theta=\frac{\pi}{2}\left(1-\frac{2}{n}\right)=\frac{\pi}{2}\left(1-\frac{2}{6}\right)=60°$

**03** 다음과 같은 회로에서 스위치 $K$가 닫힌 상태에서 회로에 정상전류가 흐르고 있다. $t=0$에서 스위치 $K$를 열 때 회로에 흐르는 전류[A]는?

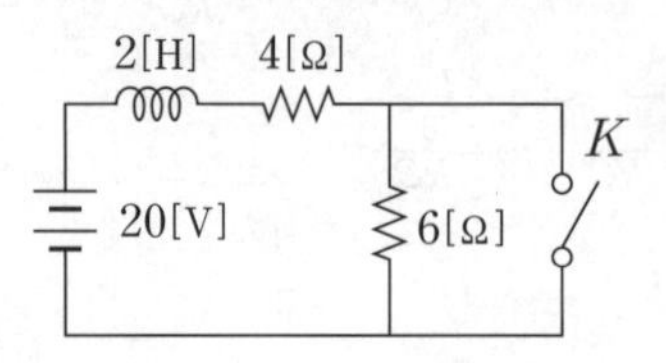


① $2+3e^{-5t}$[A] ② $2+3e^{-2t}$[A]

③ $2+2e^{-2t}$[A] ④ $2+2e^{-5t}$[A]

해설

**과도현상**

스위치 off시 전압방정식

$2\frac{di}{dt}+(4+6)i=20$ 에서

1) 정상전류 $i_s=\frac{E}{R}=\frac{20}{4+6}=2$[A]

2) 과도전류 $i_t=Ae^{pt}=Ae^{-\frac{R}{L}t}=Ae^{-\frac{4+6}{2}t}=Ae^{-5t}$[A]

그러므로 일반해 $i(t)=i_s+i_t=2+Ae^{-5t}$[A]가 된다.

3) 상수 $A$는 $t=0$에서 $i(0)=2+A=\frac{20}{4}$이므로

$A=5-2=3$가 된다.

$\therefore i(t)=2+3e^{-5t}$[A]

**04** 1000[Hz]인 정현파 교류에서 5[mH]인 유도리액턴스와 같은 용량리액턴스를 갖는 $C$[μF]의 값은?

① 4.07 ② 5.07

③ 6.07 ④ 7.07

해설

유도리액턴스와 용량리액턴스가 같으므로

$X_L=X_c,\ \omega L=\frac{1}{\omega C}$에서

$C=\frac{1}{\omega^2 L}=\frac{1}{(2\pi f)^2 L}=\frac{1}{(2\pi\times1000)^2\times5\times10^{-3}}\times10^6$

$=5.07$[μF]가 된다.

[정답] 2023년 2회 01 ② 02 ④ 03 ① 04 ②

**05** 그림과 같은 회로에서 $L_2$에 흐르는 전류 $I_2$[A]가 단자전압 $V$[V]보다 위상 90° 뒤지기 위한 조건은? (단, $\omega$는 회로의 각주파수[rad/s]이다.)

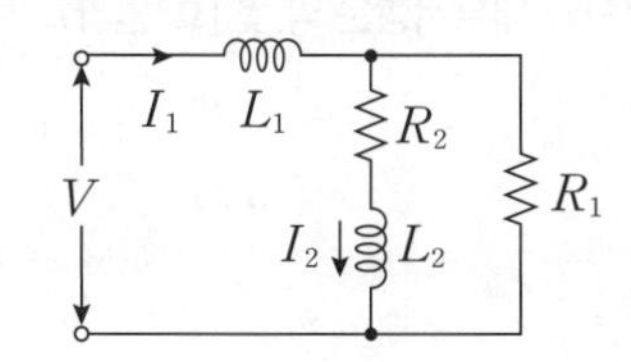


① $\dfrac{R_2}{R_1}=\dfrac{L_2}{L_1}$　　② $R_1R_2=L_1L_2$

③ $R_1R_2=\omega L_1L_2$　　④ $R_1R_2=\omega^2L_1L_2$

해설

$$Z=j\omega L_1+\frac{R_1(R_2+j\omega L_2)}{R_1+R_2+j\omega L_2}$$
$$=\frac{(-\omega^2L_1L_2+R_1R_2)+j\{\omega L_1(R_1+R_2)+\omega L_2R_1\}}{R_1+R_2+j\omega L_2}[\Omega]$$

$$I=I_1=\frac{V}{Z}$$
$$=\frac{(R_1+R_2+j\omega L_2)E}{(-\omega^2L_1L_2+R_1R_2)+j\{\omega L_1(R_1+R_2)+\omega L_2R_1\}}[\text{A}]$$

따라서

$$I_2=\frac{R_1}{R_1+R_2+j\omega L_2}\times I$$
$$=\frac{R_1V}{(-\omega^2L_1L_2+R_1R_2)+j\{\omega L_1(R_1+R_2)+\omega L_2R_1\}}[\text{A}]$$

$I_2$가 $V$ 보다 90° 뒤지기 위해서는 분모의 실수부가 0이 되어야 한다.
즉, $-\omega^2L_1L_2+R_1R_2=0$
$\therefore R_1R_2=\omega^2L_1L_2$

**06** 전압 $v(t)=14.1\sin\omega t+7.1\sin\left(3\omega t-\dfrac{\pi}{4}\right)$[V]의 실효값은 약 몇 [V]인가?

① 5.6　　② 11.2

③ 20.22　　④ 14.46

해설

**비정현파 교류의 실효값**

실효전압은 $V=\sqrt{V_1^2+V_3^2}=\sqrt{\left(\dfrac{14.1}{\sqrt{2}}\right)^2+\left(\dfrac{7.1}{\sqrt{2}}\right)^2}=11.2$[V]

**07** 3상 회로의 대칭분 전압이 $V_0=-8+j3$[V], $V_1=6-j8$[V], $V_2=8+j12$[V]일 때, $a$상의 전압[V]은? (단, $V_0$는 영상분, $V_1$은 정상분, $V_2$는 역상분 전압이다.)

① $5-j6$　　② $5+j6$

③ $6-j7$　　④ $6+j7$

해설

**불평형(비대칭) 3상의 전압**

$a$상의 전압 $V_a=V_0+V_1+V_2$
$b$상의 전압 $V_b=V_0+a^2V_1+aV_2$
$c$상의 전압 $V_c=V_0+aV_1+a^2V_2$이므로
$a$상의 전압은 $V_a=V_0+V_1+V_2$
$=-8+j3+6-j8+8+j12=6+j7$

**08** 그림과 같은 회로에서 임피던스 파라미터 $Z_{11}$은?

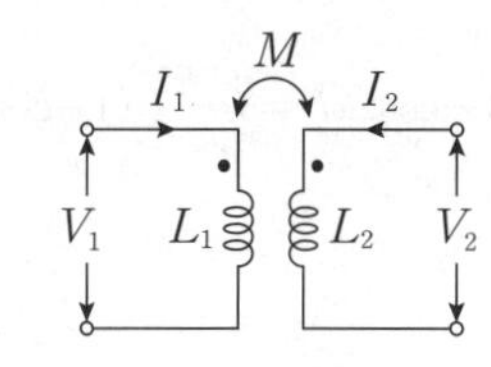


① $sL_1$　　② $sM$

③ $sL_1L_2$　　④ $sL_2$

해설

문제의 주어진 회로를 T형 등가회로로 변형하면

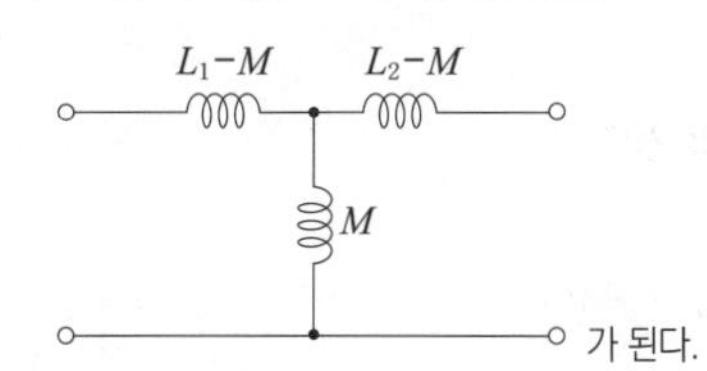


가 된다.

$Z_{11}=j\omega(L_1-M)+j\omega M=j\omega L_1=sL_1$
$Z_{12}=Z_{21}=j\omega M$
$Z_{22}=j\omega(L_2-M)+j\omega M=j\omega L_2=sL_2$

[정답] 05 ④　06 ②　07 ④　08 ①

**09** 그림에서 $e(t)=E_m\cos\omega t$의 전압을 인가했을 때 인덕턴스 $L$에 축적되는 에너지[J]는?

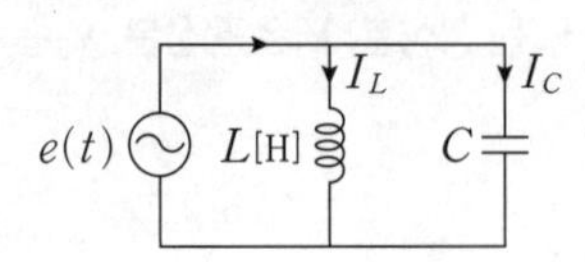


① $\frac{1}{2}\frac{E_m^{\ 2}}{\omega^2L^2}(1-\cos\omega t)$ ② $\frac{1}{4}\frac{E_m^{\ 2}}{\omega^2L}(1-\cos\omega t)$

③ $\frac{1}{2}\frac{E_m^{\ 2}}{\omega^2L^2}(1+\cos2\omega t)$ ④ $\frac{1}{4}\frac{E_m^{\ 2}}{\omega^2L}(1-\cos2\omega t)$

해설

전원전압 $e(t)=L\frac{di_L(t)}{dt}=E_m\cos\omega t$[V] 이므로

전류 $i_L(t)$는 다음과 같다.

$i_L(t)=\frac{1}{L}\int e(t)dt=\frac{1}{L}\int E_m\cos\omega t dt=\frac{E_m}{\omega L}\sin\omega t$

$W=\frac{1}{2}Li_L^{\ 2}(t)=\frac{1}{2}L\left(\frac{E_m}{\omega L}\right)^2\times\sin^2\omega t$

삼각함수 $\sin^2\omega t=1-\cos^2\omega t=\frac{1}{2}(1-\cos2\omega t)$이므로

$W=\frac{E_m^{\ 2}}{2\omega^2L}\times\frac{1}{2}(1-\cos2\omega t)=\frac{1}{4}\frac{E_m^{\ 2}}{\omega^2L}(1-\cos2\omega t)$[J]

**10** $V_a=3$[V], $V_b=2-j3$[V], $V_c=4+j3$[V]를 3상 불평형 전압이라고 할 때 영상전압[V]은?

① 0 ② 3

③ 9 ④ 27

해설

**대칭분 전압, 전류**

영상분 전압은

$V_0=\frac{1}{3}(V_a+V_b+V_c)$

$=\frac{1}{3}(3+2-j3+4+j3)=3$[V]

**11** 자동차 축전지의 무부하 전압을 측정하니 13.5[V]를 지시하였다. 이때 정격이 12[V], 55[W]인 자동차 전구를 연결하여 축전지의 단자전압을 측정하니 12[V]를 지시하였다. 축전지의 내부저항은 약 몇 [Ω]인가?

① 0.33 ② 0.45

③ 2.62 ④ 3.31

해설

자동차 전구의 부하저항은 $P=\frac{V^2}{R}$[W]식을 이용

$R=\frac{V^2}{P}=\frac{12^2}{55}=2.62$[Ω]

전류 $I=\frac{V}{R}=\frac{12}{2.62}=4.58$[A]

전지의 내부저항 $r=\frac{E-V}{I}=\frac{13.5-12}{4.58}=0.33$[Ω]

**12** $RL$ 직렬회로에 $v(t)$전압을 인가하였을때 제3고조파 성분의 실효치 전류는 약 몇 [A]은? (단, $R=5$[Ω], $\omega L=4$[Ω])

$$v(t)=150\sqrt{2}\cos\omega t+100\sqrt{2}\sin3\omega t+25\sqrt{2}\sin5\omega t\text{[V]}$$

① 15.62 ② 22.08

③ 10.88 ④ 7.69

해설

**$n$고조파 직렬 임피던스**

$R-L$직렬, $R=5$[Ω], $\omega L=4$[Ω]에서

3고조파 임피던스는

$Z_3=R+j3\omega L=5+j3\times4=5+j12=\sqrt{5^2+12^2}=13$[Ω]

3고조파 전류는 $I_3=\frac{V_3}{Z_3}=\frac{100}{13}=7.69$[A]

**13** 대칭 3상 Y결선에서 선간전압이 $200\sqrt{3}$ 이고 각 상의 임피던스 $Z=30+j40$[Ω]의 평형 부하일 때 선전류는 몇 [A]인가?

[정답] 09 ④ 10 ② 11 ① 12 ④ 13 ③

① 2 ② $2\sqrt{3}$
③ 4 ④ $4\sqrt{3}$

해설

**성형결선(Y결선)**
$Z=30+j40[\Omega]$, Y결선, $V_l=200\sqrt{3}$ [V]일 때 선전류는

$$I_l=I_p=\frac{V_P}{Z}=\frac{\frac{V_l}{\sqrt{3}}}{Z}=\frac{\frac{200\sqrt{3}}{\sqrt{3}}}{\sqrt{30^2+40^2}}=4[\text{A}]$$

## 14 서로 결합된 2개의 코일을 직렬로 연결하면 합성 자기 인덕턴스가 20[mH]이고, 한쪽 코일의 연결을 반대로 하면 8[mH]가 되었다. 두 코일의 상호 인덕턴스는?

① 3[mH] ② 6[mH]
③ 14[mH] ④ 28[mH]

해설

**직렬연결시 합성인덕턴스**
가동결합 $L_{가}=L_1+L_2+2M=20[\text{mH}]$
차동결합 $L_{차}=L_1+L_2-2M=8[\text{mH}]$이므로
상호인덕턴스는 $M=\frac{L_{가}-L_{차}}{4}=\frac{20-8}{4}=3[\text{mH}]$

## 15 평형 3상 3선식 회로가 있다. 부하는 Y결선이고 $V_{AB}=100\sqrt{3}\angle 0^\circ[\text{V}]$일 때, $I_A=20\angle -120^\circ[\text{A}]$이었다. Y결선된 부하 한상의 임피던스는 몇 [Ω]인가?

① $5\angle 60^\circ$ ② $5\sqrt{3}\angle 60^\circ$
③ $5\angle 90^\circ$ ④ $5\sqrt{3}\angle 90^\circ$

해설

**성형결선(Y결선)**
성형결선(Y 결선), 선간 전압 $V_l=100\sqrt{3}\angle 0^\circ[\text{V}]$,
선전류 $I_l=20\angle -120^\circ[\text{A}]$일 때 한 상의 임피던스

$$Z=\frac{V_P}{I_P}=\frac{\frac{V_l}{\sqrt{3}}\angle -30^\circ}{I_l}=\frac{\frac{100\sqrt{3}\angle 0^\circ}{\sqrt{3}}\angle -30^\circ}{20\angle -120^\circ}=5\angle 90^\circ[\Omega]$$

## 16 $RC$ 직렬회로의 과도현상에 대한 설명이다. 옳게 설명한 것은?

① $RC$ 값이 클수록 과도 전류값은 빨리 사라진다.
② $RC$ 값이 클수록 과도 전류값은 천천히 사라진다.
③ $RC$ 값에 관계없다.
④ $\frac{1}{RC}$ 값이 클수록 과도 전류값은 천천히 사라진다.

해설

**과도현상**
$R-C$ 직렬시 시정수는 $\tau=RC[\text{sec}]$이므로 $RC$가 클수록 시정수가 크므로 과도현상이 길어져 과도 전류는 천천히 사라진다.

## 17 4단자 정수를 구하는 식으로 틀린 것은?

① $A=\left(\frac{V_1}{V_2}\right)_{I_2=0}$ ② $B=\left(\frac{V_2}{I_2}\right)_{V_2=0}$
③ $C=\left(\frac{I_1}{V_2}\right)_{I_2=0}$ ④ $D=\left(\frac{I_1}{I_2}\right)_{V_2=0}$

해설

**4단자 정수**
$\begin{pmatrix} V_1=AV_2+BI_2 \\ I_1=CV_2+DI_2 \end{pmatrix}$에서 4단자 정수를 구하면

$A=\frac{V_1}{V_2}\Big|_{I_2=0}$ : 전압비 → 권수비 $n$
$C=\frac{I_1}{V_2}\Big|_{I_2=0}$ : 어드미턴스 → 0
$B=\frac{V_1}{I_2}\Big|_{V_2=0}$ : 임피이던스 → 0
$D=\frac{I_1}{I_2}\Big|_{V_2=0}$ : 전류비 → 권수비 역수 $\frac{1}{n}$

## 18 $f(t)=\delta(t)-ae^{-at}$의 라플라스 변환은? (단, $\delta(t)$는 임펄스 함수이다)

① $\frac{1}{s+a}$ ② $\frac{6-a}{s+a}$
③ $\frac{a}{s+a}$ ④ $\frac{s}{s+a}$

[정답] 14① 15④ 16② 17② 18④

해설

**선형의 정리**

$\mathcal{L}[af_1(t) \pm bf_2(t)] = aF_1(s) \pm bF_2(s)$에 의해서

$F(s) = \mathcal{L}[f(t)] = \mathcal{L}[\delta(t) - ae^{-at}]$

$= 1 - a\dfrac{1}{s+a} = \dfrac{s+a-a}{s+a} = \dfrac{s}{s+a}$

## 19 전압 $v = 20\sin 20t + 30\sin 30t$[V]이고, 전류가 $i = 30\sin 20t + 20\sin 30t$[A]이면 소비전력[W]은?

① 1200 ② 600

③ 400 ④ 300

해설

**비정현파 교류전력**

유효전력

$P = V_2 I_2 \cos\theta_2 + V_3 I_3 \cos\theta_3$

$= \dfrac{1}{2}(20 \times 30\cos 0° + 30 \times 20\cos 0°) = 600$[W]

## 20 회로에서 단자 $a-b$에 나타나는 전압 $V_{ab}$는 약 몇 [V]인가?

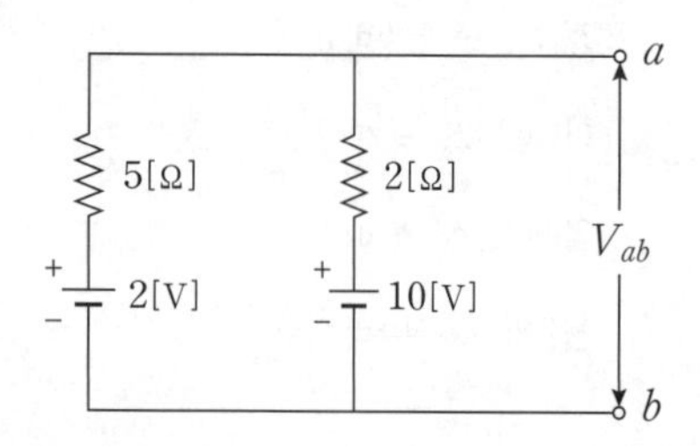


① 6.8 ② 7.7

③ 4.3 ④ 5.2

해설

**밀만의 정리**

밀만의 정리를 적용하면

$$V_{ab} = \frac{\frac{E_1}{R_1} + \frac{E_2}{R_2}}{\frac{1}{R_1} + \frac{1}{R_2}} = \frac{\frac{2}{5} + \frac{10}{2}}{\frac{1}{5} + \frac{1}{2}} = 7.7[\text{V}]$$

시행일 2023년 3회

## 01 한 상의 임피던스가 $Z = 20 + j10$[Ω]인 Y결선 부하에 대칭 3 상 선간전압 200[V]를 가할 때 유효 전력은?

① 1600[W] ② 1700[W]

③ 1800[W] ④ 1900[W]

해설

**대칭 3상 교류전력**

$Z = 20 + j10 = \sqrt{20^2 + 10^2} = \sqrt{500}$[Ω], Y결선,

$V_l = 200$[V]일 때 상전류는

$$I_P = \frac{V_P}{Z} = \frac{\frac{V_l}{\sqrt{3}}}{Z} = \frac{\frac{200}{\sqrt{3}}}{\sqrt{500}} = \frac{200}{\sqrt{1500}}[\text{A}]$$

유효전력 $P = 3I_P^2 R = 3 \times \left(\dfrac{200}{\sqrt{1500}}\right)^2 \times 20 = 1600$[W]

## 02 그림과 같이 저항 $R_1$, $R_2$ 및 인덕턴스 $L$의 직렬회로가 있다. 이 회로에 대한 서술에서 올바른 것은?

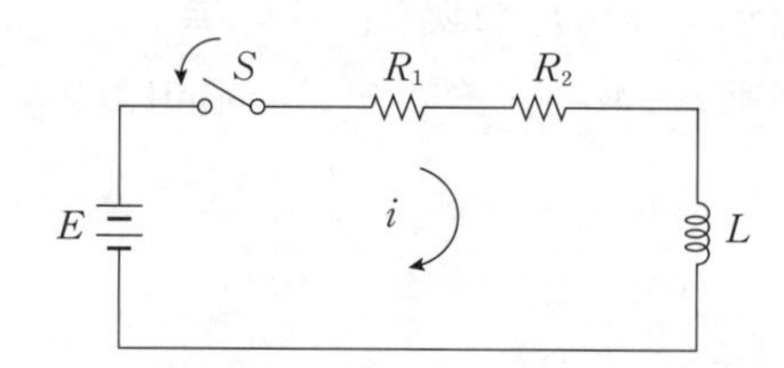


① 이 회로의 시정수는 $\dfrac{L}{R_1 + R_2}$[S]이다.

② 이 회로의 특성근은 $\dfrac{R_1 + R_2}{L}$ 이다.

③ 정상전류값은 $\dfrac{L}{R_2}$ 이다.

④ 이 회로의 전류값은 $i(t) = \dfrac{L}{R_1 + R_2}\left(1 - e^{\frac{1}{R_1 + R_2}}\right)$이다.

해설

① 시정수 $\tau = \dfrac{L}{R_1 + R_2}$[s]

② 특성근은 $p = -\dfrac{R_1 + R_2}{L}$

③ 정상전류 $i_s = \dfrac{L}{R_1 + R_2}$[A]

[정답] 19 ② 20 ② 2023년 3회 01 ① 02 ①

④ 전류 $i(t)=\frac{E}{R_1+R_2}\left(1-e^{-\frac{R_1+R_2}{L}t}\right)$[A]이다.

**03** **왜형파 전압 $e=100\sqrt{2}\sin\omega t+75\sqrt{2}\sin3\omega t+20\sqrt{2}\sin5\omega t$ [V]를 $R-L$ 직렬회로에 인가할 때에 제3 고조파 전류의 실효치는 얼마인가? (단, $R=4[\Omega]$, $\omega L=1[\Omega]$이다.)**

① 75[A] ② 20[A]
③ 4[A] ④ 15[A]

해설

$R-L$직렬, $R=4[\Omega]$, $\omega L=1[\Omega]$에서

3고조파 임피던스는 $Z_3=R+j3\omega L=4+j1\times3=4+j3=5[\Omega]$

3고조파 전류는 $I_3=\frac{V_3}{Z_3}=\frac{75}{5}=15[A]$

**04** **저항과 리액턴스의 직렬회로에 $E=14+j38$[V]인 교류 전압을 가하니 $j=6+j2$[A]의 전류가 흐른다. 이 회로의 저항과 리액턴스는 얼마인가?**

① $R=4[\Omega]$, $X_L=5[\Omega]$
② $R=5[\Omega]$, $X_L=4[\Omega]$
③ $R=6[\Omega]$, $X_L=3[\Omega]$
④ $R=7[\Omega]$, $X_L=2[\Omega]$

해설

임피던스 $Z=\frac{E}{I}=\frac{14+j38}{6+j2}=4+5j[\Omega]$이므로

$\therefore R=4[\Omega]$, $X_L=5[\Omega]$

**05** **전원과 부하가 다같이 △결선된 3상 평형회로가 있다. 전원전압이 200[V], 부하 한상의 임피던스가 $6+j8$[Ω]인 경우 선전류[A]는?**

① 20 ② $\frac{20}{\sqrt{3}}$
③ $20\sqrt{3}$ ④ $10\sqrt{3}$

해설

$Z=6+j8=\sqrt{6^2+8^2}=10[\Omega]$, △결선,

$V_l=200[V]$일 때

상전류는 $I_P=\frac{V_P}{Z}=\frac{V_l}{Z}=\frac{200}{10}=20[A]$

선전류 $I_l=\sqrt{3}I_P=\sqrt{3}\times20=20\sqrt{3}$ [A]

**06** **같은 저항 $r$[Ω] 6개를 사용하여 그림과 같이 결선하고 대칭 3상 전압 $V$[V]를 가하였을 때 흐르는 전류 $I$는 몇 [A]인가?**

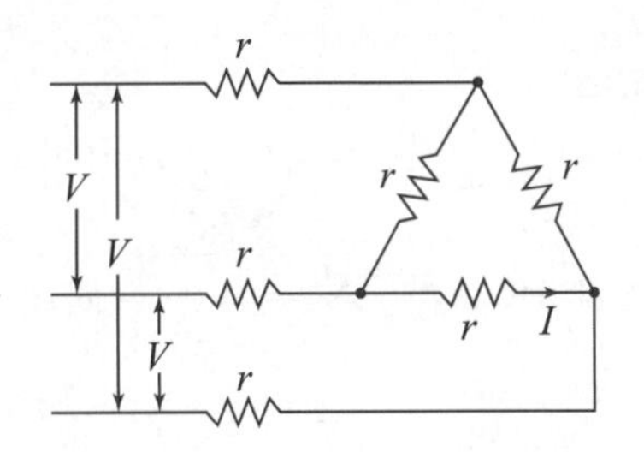


① $\frac{V}{2r}$ ② $\frac{V}{3r}$
③ $\frac{V}{4r}$ ④ $\frac{V}{5r}$

해설

△결선을 Y결선으로 변환 시 각상의 저항은 1/3배로 감소하므로 등가회로는 아래 그림과 같다.

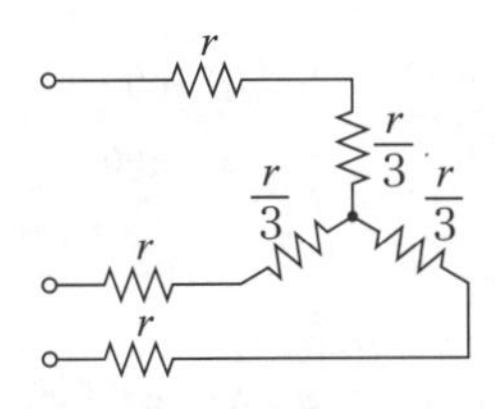


이때 각 상의 저항 값은

$R_a=R_b=R_c=R_p=r+\frac{r}{3}=\frac{4r}{3}$[Ω]이 되므로

Y 결선시 선전류 $I_1=I_P=\frac{V_p}{R_p}=\frac{\frac{V}{\sqrt{3}}}{\frac{4r}{3}}=\frac{\sqrt{3}V}{4r}$[A]이므로

△결선에 흐르는 상전류는 $I=\frac{I_l}{\sqrt{3}}=\frac{V}{4r}$ [A]

[정답] 03 ④ 04 ① 05 ③ 06 ③

**07** 그림과 같은 회로의 영상 임피던스 $Z_{01}$, $Z_{02}[\Omega]$는 각각 얼마인가?

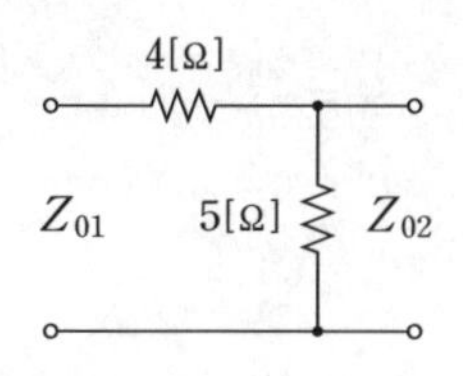


① 9, 5　　② 6, $\frac{10}{3}$
③ 4, 5　　④ 4, $\frac{20}{9}$

해설

**영상 임피던스**

4단자 정수 $A=1+\frac{4}{5}=\frac{9}{5}$, $B=4$, $C=\frac{1}{5}$, $D=1$이므로

1차 영상 임피이던스 $Z_{01}=\sqrt{\frac{AB}{CD}}=\sqrt{\frac{\frac{9}{5}\times 4}{\frac{1}{5}\times 1}}=6[\Omega]$

2차 영상 임피이던스 $Z_{02}=\sqrt{\frac{BD}{AC}}=\sqrt{\frac{4\times 1}{\frac{9}{5}\times\frac{1}{5}}}=\frac{10}{3}[\Omega]$

**08** 600[kVA], 역률 0.6(지상)의 부하 $A$와 800[kVA], 역률 0.8(진상)의 부하 $B$가 함께 접속되어 있을 때 전체 피상전력[kVA]은?

① 0　　② 960
③ 1000　　④ 1400

해설

부하 A의 유효전력과 무효전력
$P_1=P_{a1}\cos\theta_1=600\times 0.6=360[\text{kW}]$
$P_{r1}=P_{a1}\sin\theta_1=600\times 0.8=480[\text{kvar}]$
부하 $B$의 유효전력과 무효전력
$P_2=P_{a2}\cos\theta_2=800\times 0.8=640[\text{kW}]$
$P_{r2}=P_{a2}\sin\theta_2=800\times 0.6=480[\text{kvar}]$
전체유효전력 $P=P_1+P_2=360+640=1000[\text{kW}]$
전체무효전력은 역률이 지상과 진상이므로
무효전력은 반대이므로 $P=P_{r1}-P_{r2}=480-480=0[\text{kvar}]$
전체피상전력 $P_a=\sqrt{P^2+P_r^2}=\sqrt{1000^2+0^2}=1000[\text{kVA}]$

**09** 그림의 T형 회로에 대한 4단자 정수 $A, B, C, D$로 틀린 것은?

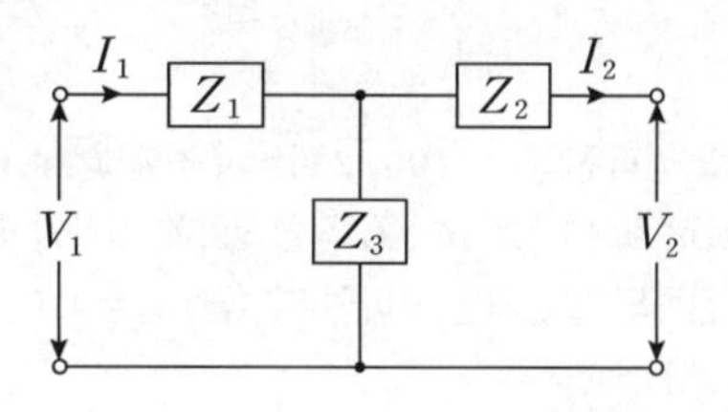


① $A=1+\frac{Z_1}{Z_2}$　　② $B=\frac{Z_1Z_2}{Z_3}+Z_1+Z_2$
③ $C=1+\frac{Z_3}{Z_2}$　　④ $D=1+\frac{Z_2}{Z_3}$

해설

$C=\frac{1}{Z_3}$

**10** 내부 임피던스가 순저항 6[Ω]인 전원과 120[Ω]의 순저항 부하 사이에 임피던스 정합을 위한 이상변압기의 권선비는?

① $\frac{1}{\sqrt{20}}$　　② $\frac{1}{\sqrt{2}}$
③ $\frac{1}{20}$　　④ $\frac{1}{2}$

해설

**이상변압기의 권선비**

$n=\sqrt{\frac{R_1}{R_2}}=\sqrt{\frac{6}{120}}=\sqrt{\frac{1}{20}}$

**11** 저항 40[Ω], 임피던스 50[Ω]의 직렬 유도부하에서 100[V]가 인가될 때, 소비되는 무효전력은?

① 120[Var]　　② 160[Var]
③ 200[Var]　　④ 250[Var]

해설

[정답] 07 ② 08 ③ 09 ③ 10 ① 11 ①

$R=40[\Omega]$, $Z=50[\Omega]$, $V=100[\text{V}]$일 때
직렬 유도부하시 유도리액턴스
$X_L=\sqrt{Z^2-R^2}=\sqrt{50^2-40^2}=30[\Omega]$이므로
전류 $I=\dfrac{V}{Z}=\dfrac{100}{50}=2[\text{A}]$
무효전력 $P_r=I^2X_L=2^2\times 30=120[\text{Var}]$

**12** 그림과 같은 회로에서 입력을 $V_1(s)$, 출력을 $V_2(s)$라 할 때, 전압비 전달함수는?

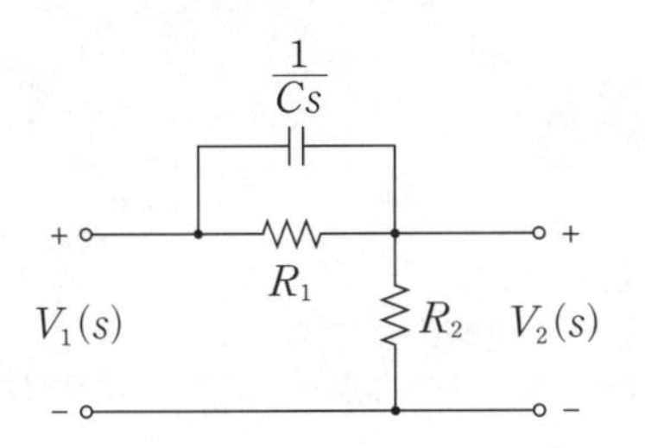


① $\dfrac{R_1}{R_1Cs+1}$

② $\dfrac{R_2+R_1R_2Cs}{R_1+R_2+R_1R_2Cs}$

③ $\dfrac{R_1R_2S+RCs}{R_1Cs+R_1R_2S^2+C}$

④ $\dfrac{S+1}{S+(R_1+R_2)+R_1R_2C}$

해설

문제의 $R_1$과 $C$가 병렬이므로 합성 임피던스 등가 회로는 그림과 같다.

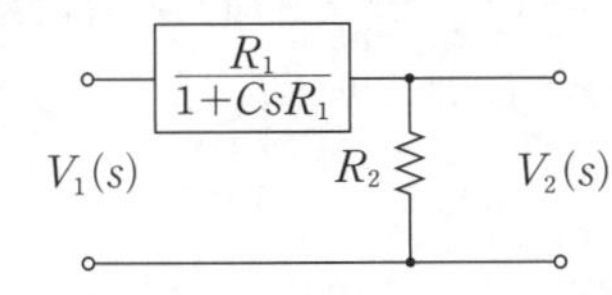


$$Z=\frac{R_1+\frac{1}{Cs}}{R_1+\frac{1}{Cs}}=\frac{R_1}{1+R_1Cs} \text{ 이므로}$$

$$G(s)=\frac{V_2(s)}{V_1(s)}=\frac{\text{출력 임피던스}}{\text{입력 임피던스}}$$

$$=\frac{R_2}{\frac{R_1}{1+CsR_1}+R_2}=\frac{R_2+R_1R_2Cs}{R_1+R_2+R_1R_2Cs}$$

**13** 그림에서 $10[\Omega]$의 저항에 흐르는 전류는 몇 [A]인가?

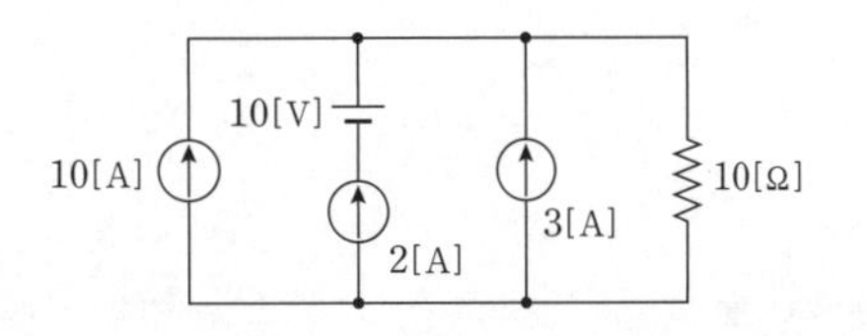


① 13 ② 14
③ 15 ④ 16

해설

중첩의 원리를 이용하여 전압원을 단락시 전류
$I_1=10+2+3=15[\text{A}]$
전류원 개방시 전류 $I_2=0[\text{A}]$이므로
전체전류는
$\therefore I=I_1+I_2=15+0=15[\text{A}]$

**14** 그림과 같은 회로에서 $L_1[\text{H}]$ 양단의 전압 $V_1[\text{V}]$은? (단, 상호 인덕턴스는 무시한다.)

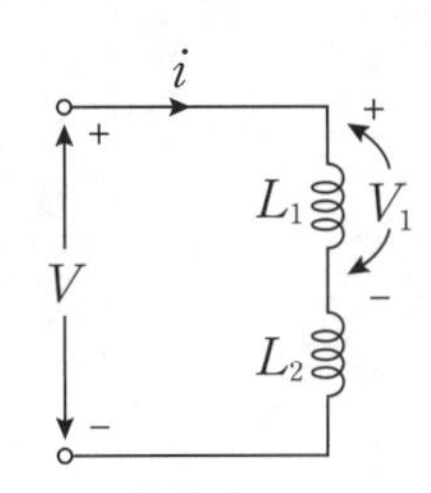


① $\dfrac{L_1}{L_1+L_2}V$ ② $\dfrac{L_1+L_2}{L_1}V$

③ $\dfrac{L_2}{L_1+L_2}V$ ④ $\dfrac{L_1+L_2}{L_2}V$

해설

$L_1$과 $L_2$가 직렬연결이므로
각 인덕턴스의 임피던스는
$Z_1=j\omega L_1[\Omega]$, $Z_2=j\omega L_2[\Omega]$이므로
전압분배법칙에 의해서 $V_1=\dfrac{Z_1}{Z_1+Z_2}V=\dfrac{L_1}{L_1+L_2}V[\text{V}]$

[정답] 12 ② 13 ③ 14 ①

**15** $F(s)=\dfrac{s+1}{s^2+2s}$의 역라플라스 변환은?

① $\dfrac{1}{2}(1-e^{-t})$ ② $\dfrac{1}{2}(1-e^{-2t})$

③ $\dfrac{1}{2}(1+e^{-t})$ ④ $\dfrac{1}{2}(1+e^{-2t})$

해설

**역라플라스변환**

$$F(s)=\frac{s+1}{s^2+2s}=\frac{s+1}{s(s+2)}=\frac{A}{s}+\frac{B}{s+2}$$

$$A=\lim_{s\to 0} s\cdot F(s)=\left[\frac{s+1}{s+2}\right]_{s=0}=\frac{1}{2}$$

$$B=\lim_{s\to 0}(s+2)F(s)=\left[\frac{s+1}{s}\right]_{s=-2}=\frac{1}{2}$$

$$F(s)=\frac{\frac{1}{2}}{s}+\frac{\frac{1}{2}}{s+2}=\frac{1}{2}\left(\frac{1}{s}+\frac{1}{s+2}\right)$$

$$\therefore f(t)=\frac{1}{2}(1+e^{-2t})$$

**16** 그림과 같은 $e=E_m\sin\omega t$인 정현파 교류의 반파정현파형의 실효값은?

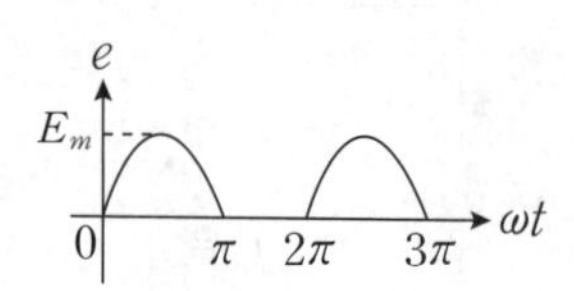


① $E_m$ ② $\dfrac{E_m}{\sqrt{2}}$

③ $\dfrac{E_m}{2}$ ④ $\dfrac{E_m}{\sqrt{3}}$

해설

반파정현파형의 실효값 $V=\dfrac{E_m}{2}$[V]

**17** 그림에서 a, b 단자의 전압이 100[V], a, b에서 본 능동회로망 $N$의 임피던스가 15[Ω]일 때, a, b 단자에 10[Ω]일의 저항을 접속하면 a, b 사이에 흐르는 전류는 몇 [A]인가?

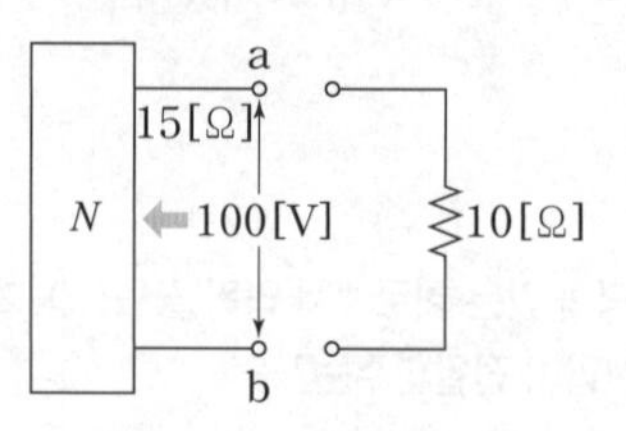


① 2 ② 4

③ 6 ④ 8

해설

**테브난의 정리**

테브난의 등가임피던스 $Z_T=15$[Ω]이고

테브난의 등가전압 $V_T=100$[V]이므로 등가회로를 작성하면

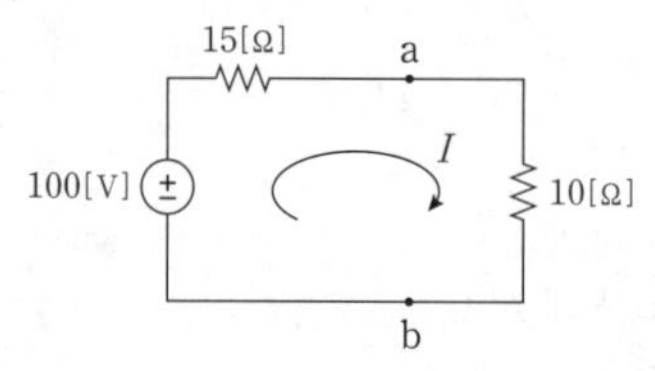


$$I=\frac{V_T}{Z_T+Z_L}=\frac{100}{15+10}=4[\text{A}]$$

**18** $F(s)=\dfrac{3s+10}{s^3+2s^2+5s}$일 때 $f(t)$의 최종값은?

① 0 ② 1

③ 2 ④ 3

해설

**최종값 정리**

$$\lim_{t\to\infty} f(t)=\lim_{S\to 0} sF(s)$$

$$=\lim_{s\to 0} s\cdot\frac{3s+10}{s^3+2s^2+5s}=2$$

[정답] 15 ④ 16 ③ 17 ② 18 ③

**19 대칭 좌표법에 관한 설명중 잘못된 것은?**

① 대칭좌표법은 일반적인 비대칭 $n$상 교류회로의 계산에도 이용된다.
② 대칭 3상 전압의 영상분과 역상분은 0이고, 정상분만 남는다.
③ 비대칭 $n$상 교류회로는 영상분, 역상분 및 정상분의 3성분으로 해석한다.
④ 비대칭 3상회로의 접지식 회로에는 영상분이 존재하지 않는다.

해설

비대칭 3상회로의 접지식 회로에는 영상분이 존재한다.

**20 저항 1[Ω]과 인덕턴스 1[H]를 직렬로 연결한 후 60[Hz], 100[V]의 전압을 인가할 때 흐르는 전류의 위상은 전압의 위상보다 어떻게 되는가?**

① 뒤지지만 90° 이하이다.
② 90° 늦다.
③ 앞서지만 90° 이하이다.
④ 90° 빠르다.

해설

유도 리액턴스 $X_L = \omega L = 2\pi f L = 2\pi \times 60 \times 1 = 377[\Omega]$

$R-L$직렬연결시 위상 $\theta = \tan^{-1}\frac{X_L}{R} = \tan^{-1}\frac{377}{1} = 89.85°$이고

유도성 이므로 전류는 전압보다 위상이 뒤지지만 90° 이하이다.

[정답] 19 ④ 20 ①

전기자기학 전력공학 전기기기 회로이론 전기설비기술기준

국가기술자격검정필기시험문제

| 자격종목 및 등급 | 과목명 | 시험시간 | 성명 |
|---|---|---|---|
| 전기산업기사 | 전기설비기술기준 | 2시간 30분 | 대산전기학원 |

시행일 **2019년 1회**

**01** **건조한 장소로서 전개된 장소에 한하여 시설할 수 있는 고압 옥내배선의 방법은?**

① 금속관 공사 ② 애자사용 공사
③ 가요전선관 공사 ④ 합성수지관 공사

해설

**고압옥내배선의 시설**

고압 옥내배선은 애자사용공사, 케이블공사, 케이블트레이공사에 의한다. 단, 건조하고 전개된 장소에 한하여 애자사용공사를 할 수 있다.

**02** **154/22.9[kV]용 변전소의 변압기에 반드시 시설하지 않아도 되는 계측장치는?**

① 전압계 ② 전류계
③ 역률계 ④ 온도계

해설

**계측장치**

- 발전기의 전압 및 전류 또는 변압기의 전압 및 전류 또는 전력
- 발전기의 베어링 및 고정자의 온도
- 특고압용 변압기의 온도

**03** **22.9[kV] 특고압 가공전선로의 중성선은 다중 접지를 하여야 한다. 각 접지선을 중성선으로부터 분리하였을 경우 1[km] 마다 중성선과 대지 사이의 합성전기저항 값은 몇 [Ω] 이하인가? (단, 전로에 지락이 생겼을 때의 2초 이내에 자동적으로 이를 전로로부터 차단하는 장치가 되어 있다.)**

① 5 ② 10
③ 15 ④ 20

해설

**25[kV] 이하 특고압 가공전선로 중선선의 다중접지 및 중성선의 시설 방법**

각 접지선을 중성선으로부터 분리하였을 경우의 각 접지점의 대지 전기저항치가 1[km] 마다의 중성선과 대지 사이의 합성 전기저항치

| 사용전압 | 각 접지점의 대지 전기저항치 | 1[km] 마다의 합성 전기저항치 |
|---|---|---|
| 15[kV] 이하 | 300[Ω] | 30[Ω] |
| 15[kV] 초과 25[kV] 이하 | 150[Ω] | 15[Ω] |

**04** **전기부식방식 시설은 지표 또는 수중에서 1[m] 간격의 임의의 2점(양극의 주위 1[m] 이내의 거리에 있는 점 및 울타리의 내부점을 제외한다.)간의 전위차가 몇 [V]를 넘으면 안되는가?**

① 5 ② 10
③ 25 ④ 30

해설

**전기부식방지의 시설**

- 사용전압 : 직류 60[V] 이하
- 지표 또는 수중 1[m] 간격의 임의의 두 점 간의 전위차가 5[V] 이하일 것
- 양극의 주위 1[m] 이내의 거리의 점과 전위차가 10[V] 이하일 것

**05** **고압 가공전선이 가공약전류전선 등과 접근하는 경우에 고압 가공전선과 가공약전류전선 사이의 이격거리는 몇 [cm] 이상이어야 하는가? (단, 전선이 케이블인 경우)**

[정답] 2019년 1회 01 ② 02 ③ 03 ③ 04 ① 05 ③

① 20 ② 30
③ 40 ④ 50

해설

**가공전선과 타시설물과의 접근 또는 교차**

고압 가공전선이 가공약전류전선 등과 접근하는 경우에 고압 가공전선과 가공약전류전선 사이의 이격거리는 몇 80[cm] 이상이어야 한다.(단, 케이블 사용시 40[cm])

## 06 가공전선로의 지지물에 지선을 시설하는 기준으로 옳은 것은?

① 소선 지름 : 1.6[mm], 안전율 : 2.0, 허용인장하중 : 4.31[kN]
② 소선 지름 : 2.0[mm], 안전율 : 2.5, 허용인장하중 : 2.11[kN]
③ 소선 지름 : 2.6[mm], 안전율 : 1.5, 허용인장하중 : 3.21[kN]
④ 소선 지름 : 2.6[mm], 안전율 : 2.5, 허용인장하중 : 4.31[kN]

해설

**지선의 시설기준**

- 지선에 연선을 사용할 경우에는 소선 3가닥 이상의 연선일 것
- 지선의 안전율은 2.5 이상일 것
- 소선의 지름 2.6[mm] 이상의 금속선을 사용할 것
- 인장하중의 최저는 4.31[kN] 이상일 것
- 도로횡단시 높이는 5[m] 단, 교통에 지장이 없을 경우 4.5[m]

## 07 시가지 등에서 특고압 가공전선로를 시설하는 경우 특고압 가공전선로용 지지물로 사용할 수 없는 것은? (단, 사용전압이 170[kV] 이하인 경우이다.)

① 철탑 ② 목주
③ 철주 ④ 철근 콘크리트주

해설

**시가지등에서 특고압 가공전선로의 시설**

지지물은 목주를 사용할 수 없고 철주, 철근콘크리트주 또는 철탑을 사용할 것

## 08 중성전 다중접지식의 것으로 전로에 지락이 생겼을 때에 2초 이내에 자동적으로 이를 전로로부터 차단하는 장치가 되어 있는 22.9[kV] 가공전선로를 상부 조영재의 위쪽에서 접근상태로 시설하는 경우, 가공전선과 건조물과의 이격거리는 몇 [m] 이상이어야 하는가? (단, 전선으로는 나전선을 사용한다고 한다.)

① 1.2 ② 1.5
③ 2.5 ④ 3.0

해설

**가공전선과 건조물의 접근 또는 교차**

| 조영재의 구분 | | 전선종류 | 저압[m] | 고압[m] |
|---|---|---|---|---|
| 건조물 | 상부 조영재 상방 | 일반적인 경우 | 2 | 2 |
| | | 절연전선 또는 케이블인 경우 | 1 | 1 |
| | 기타 조영재 또는 상부 조영재의 옆쪽 또는 아래쪽 | 일반적인 경우 | 1.2 | 1.2 |
| | | 사람이 쉽게 접촉할 우려가 없도록 시설한 경우 | 0.8 | 0.8 |
| | | 절연전선 또는 케이블 경우 | 0.4 | 0.4 |

※ 35[kV] 이하 특고압 나전선의 경우 3[m]

## 09 시가지에 시설하는 고압 가공전선으로 경동선을 사용하려면 그 지름은 최소 몇 [mm]이어야 하는가?

① 2.6 ② 3.2
③ 4.0 ④ 5.0

해설

**가공전선의 굵기**

| 400[V] 초과 | 시가지외 | 지름 4.0[mm] 이상 경동선 또는 3.5[mm] 이상 동복강선 | 5.26[kN] 이상 |
|---|---|---|---|
| | 시가지 | 지름 5[mm] 이상 경동선 또는 3.5[mm] 이상 동복강선 | 8.01[kN] 이상 |

[정답] 06 ④ 07 ② 08 ④ 09 ④

## 10 케이블을 지지하기 위하여 사용하는 금속제 케이블 트레이의 종류가 아닌 것은?

① 사다리형 ② 통풍 밀폐형
③ 통풍 채널형 ④ 바닥 밀폐형

해설

**케이블트레이의 종류**

- 사다리형 케이블트레이
- 통풍 트러프형 케이블트레이
- 통풍 채널형 케이블트레이
- 바닥밀폐형 케이블트레이

## 11 출퇴표시등 회로에 전기를 공급하기 위한 변압기는 2차측 전로의 사용전압이 몇 [V] 이하인 절연 변압기이어야 하는가?

① 40 ② 60
③ 150 ④ 300

해설

**출퇴표시등**

1차 대지전압 300[V] 이하, 2차 사용전압 60[V] 이하의 절연변압기일 것

## 12 발전소·변전소 또는 이에 준하는 곳의 특고압 전로에는 그의 보기 쉬운 곳에 어떤 표시를 반드시 하여야 하는가?

① 모선(母線) 표시 ② 상별(相別) 표시
③ 차단(遮斷) 위험표시 ④ 수전(受電) 위험표시

해설

발전소·변전소 또는 이에 준하는 곳의 특고압 전로에는 그의 보기 쉬운 곳에 반드시 상별표시를 하여야 한다.

## 13 전력 보안 통신용 전화설비를 시설하여야 하는 곳은?

① 2 이상의 발전소 상호 간
② 원격 감시 제어가 되는 변전소
③ 원격 감시 제어가 되는 급전소
④ 원격 감시 제어가 되지 않는 발전소

해설

- 원격감시제어가 되지 아니하는 발전소·변전소·발전제어소·변전제어소·개폐소 및 전선로의 기술원 주재소와 이를 운용하는 급전소간
- 2 이상의 급전소 상호간과 이들을 총합 운용하는 급전소간

## 14 6.6[kV] 지중전선로의 케이블을 직류전원으로 절연 내력시험을 하자면 시험전압은 직류 몇 [V]인가?

① 9900 ② 14420
③ 16500 ④ 19800

해설

**전로의 절연내력시험전압**

| 최대사용전압에 의한 전로의 종류 | 시험전압 (최대사용전압의 배수) | 최저 시험전압 |
|---|---|---|
| 7[kV] 이하인 전로 | 1.25배 | 10500[V] |

절연내력시험전압 = 6600[V] × 1.5배 = 9900[V]가 된다.
하지만 직류전원이므로 9900 × 2 = 19800[V]

## 15 전기부식방지 시설을 시설할 때 전기부식방지용 전원 장치로부터 양극 및 피방식체까지의 전로의 사용전압은 직류 몇 [V] 이하이어야 하는가?

① 20 ② 40
③ 60 ④ 80

해설

**전기부식방지의 시설**

- 사용전압은 직류 60[V] 이하일 것
- 지중에 매설하는 양극은 75[cm] 이상의 깊이일 것
- 수중에 시설하는 양극과 그 주위 1[m] 안의 임의의 점과의 전위차는 10[V] 이내, 지표 또는 수중에서 1[m] 간격을 갖는 임의의 2점간 전위차는 5[V] 이내이어야 한다.
- 가공 시설시 케이블인 경우를 제외하고 2[mm] 경동선 일 것
- 지중에 시설시 전선은 공칭단면적 4.0[$mm^2$]의 연동선 일 것

[정답] 10 ② 11 ② 12 ② 13 ④ 14 ④ 15 ③

**16** 과전류차단기로 시설하는 퓨즈 중 고압전로에 사용하는 비포장 퓨즈는 정격전류의 몇 배의 전류에 견디어야 하는가?

① 1.1 ② 1.25
③ 1.5 ④ 2

해설

**고압 및 특고압전로 중의 과전류차단기의 시설**

과전류차단기로 시설하는 퓨즈 중 고압전로에 사용하는 비포장 퓨즈는 정격전류의 1.25배 전류에 견디고 또한 2배의 전류로 2분 안에 용단되는 것이어야 한다.

## 시행일 2019년 2회

**01** 저압 옥내배선과 옥내 저압용의 전구선의 시설방법으로 틀린 것은?

① 쇼케이스 내의 배선에 0.75[mm²]의 캡타이어케이블을 사용하였다.
② 출퇴표시등용 전선으로 1.0[mm²]의 연동선을 사용하여 금속관에 넣어 시설하였다.
③ 전광표시장치의 배선으로 1.5[mm²]의 연동선을 사용하고 합성수지관에 넣어 시설하였다.
④ 조영물에 고정시키지 아니하고 백열전등에 이르는 전구선으로 0.55[mm²]의 케이블을 사용하였다.

해설

**저압 옥내배선의 사용전선 및 전구선**

- 전광표시장치, 출퇴표시등 기타 이와 유사한 장치 또는 제어회로 등에 사용하는 배선에 단면적 1.5[mm²] 이상의 연동선일 것
- 전구선의 전선은 고무코드 또는 0.6/1[kV] EP 고무 절연 클로로프렌캡타이어케이블로서 단면적이 0.75[mm²] 이상인 것이어야 한다.

**02** 사용전압이 20[kV]인 변전소에 울타리·담 등을 시설하고자 할 때 울타리·담 등의 높이는 몇 [m] 이상이어야 하는가?

① 1 ② 2
③ 5 ④ 6

해설

**울타리·담 등의 지표상 높이**

- 울타리·담 등의 높이는 2[m]이상으로 할 것
- 지표면과 울타리·담 등의 하단사이의 간격은 15[cm] 이하로 할 것

**03** 최대사용전압 440[V]인 전동기의 절연내력 시험전압은 몇 [V]인가?

① 330 ② 440
③ 500 ④ 660

해설

**회전기 및 정류기의 절연내력시험전압**

7000[V] 이하에서는 최대사용전압의 1.5배의 전압 적용, 최저전압은 500[V]이다.

$E = 440 \times 1.5 = 660$[V]

**04** 고압 옥내배선을 애자사용 공사로 하는 경우, 전선의 지지점간의 거리는 전선을 조영 재의 면을 따라 붙이는 경우 몇 [m] 이하이어야 하는가?

① 1 ② 2
③ 3 ④ 5

해설

**고압애자사용공사**

| 전 압 | 전선과 조영재와의 이격거리 | 전선 상호간격 | 전선 지지점간의 거리 | |
|---|---|---|---|---|
| | | | 조영재의 상면 또는 측면 | 조영재에 따라 시설하지 않는 경우 |
| 고압 | 5[cm] 이상 | 8[cm] 이상 | 2[m] 이하 | 6[m] 이하 |

[정답] 16 ② 2019년 2회 01 ②,④ 02 ② 03 ④ 04 ②

**05** **특고압 가공전선로의 지지물에 시설하는 통신선 또는 이것에 직접 접속하는 통신선일 경우에 설치하여야 할 보안장치로서 모두 옳은 것은?**

① 특고압용 제2종 보안장치, 고압용 제2종 보안장치
② 특고압용 제1종 보안장치, 특고압용 제3종 보안장치
③ 특고압용 제2종 보안장치, 특고압용 제3종 보안장치
④ 특고압용 제1종 보안장치, 특고압용 제2종 보안장치

해설

특고압 가공전선로의 지지물에 시설하는 통신선 또는 이것에 직접 접속하는 통신선일 경우에 특고압용 제1종 보안장치, 특고압용 제2종 보안장치를 시설한다.

**06** **사용전압 60000[V]인 특고압 가공전선과 지지물·지주·완금류 또는 지선 사이의 이격거리는 몇 [cm] 이상이어야 하는가?**

① 35 ② 40
③ 45 ④ 65

해설

**특고압 가공전선과 지지물 등의 이격거리**

| 사용전압[kV] | 이격거리[cm] |
|---|---|
| 15 미만 | 15 |
| 15 이상 ~ 25 미만 | 20 |
| 25 이상 ~ 35 미만 | 25 |
| 35 이상 ~ 50 미만 | 30 |
| 50 이상 ~ 60 미만 | 35 |
| 60 이상 ~ 70 미만 | 40 |

**07** **특고압 가공전선로에서 발생 하는 극저주파 전자계는 지표상 1[m]에서 전계가 몇 [kV/m] 이하가 되도록 시설하여야 하는가?**

① 3.5 ② 2.5
③ 1.5 ④ 0.5

해설

**가공 약전류전선로의 유도장해 방지**
특고압 가공전선로는 지표상 1[m]에서 전계강도가 3.5[kV/m] 이하, 자계강도 가 83.3[$\mu$T] 이하가 되도록 시설하는 등 상지 정전유도 및 전자유도 작용에 의하여 사람에게 위험을 줄 우려가 없도록 시설하여야 한다.

**08** **동일 지지물에 저압 가공전선(다중접지된 중성선은 제외)과 고압 가공전선을 시설하는 경우 저압 가공전선은?**

① 고압 가공전선의 위로 하고 동일 완금류에 시설
② 고압 가공전선과 나란하게 하고 동일 완금류에 시설
③ 고압 가공전선의 아래로 하고 별개의 완금류에 시설
④ 고압 가공전선과 나란하게 하고 별개의 완금류에 시설

해설

**저압 가공전선과 고압 가공전선의 병가**
고압가공전선을 저압가공의 위로하고 별개의 완금류에 시설하여야 한다.

**09** **23[kV] 특고압 가공전선로의 전로와 저압전로를 결합한 주상변압기의 2차측 접지선의 굵기는 공칭단면적이 몇 [$mm^2$] 이상의 연동선인가? (단, 특고압 가공전선로는 중성선 다중접 지식의 것을 제외한다.)**

① 2.5 ② 6
③ 10 ④ 16

해설

**접지공사 접지선 굵기**

| 접지공사의 종류 | 접지선의 굵기 |
|---|---|
| 25[kV] 이하 중성선 다중접지방식 | 공칭단면적 16[$mm^2$] 이상의 연동선(고압전로 또는 사용전압이 15[kV]를 초과하고 25[kV] 이하인 특고압 가공전선로서 중성선 다중접지식의 것으로서 전로에 지락이 생겼을 때에 2초 이내에 자동적으로 이를 전로로부터 차단하는 장치가 되어 있는 특고압 가공전선로의 전로와 저압 전로를 변압기에 의하여 결합하는 경우에는 공칭단면적 6[$mm^2$] 이상의 연동선 사용) |

[정답] 05 ④ 06 ② 07 ① 08 ③ 09 ④

**10** **특고압 가공전선로의 지지물 양쪽의 경간의 차가 큰 곳에 사용되는 철탑은?**

① 내장형철탑　　② 인류형철탑
③ 각도형철탑　　④ 보강형철탑

해설

**특고압 가공전선로의 지지물로 사용하는 철탑의 종류**

- 직선형 : 전선로의 직선부분(3° 이하의 수평각도 이루는 곳 포함)에 사용되는 것
- 각도형 : 전선로 중 수평각도 3°를 넘는 곳에 사용되는 것
- 인류형 : 전가섭선을 인류하는 곳에 사용하는 것
- 내장형 : 전선로 지지물 양측의 경간차가 큰 곳에 사용하는 것
- 보강형 : 전선로 직선부분을 보강하기 위하여 사용하는 것

**11** **철탑의 강도 계산에 사용하는 이상 시 상정 하중의 종류가 아닌 것은?**

① 좌굴하중　　② 수직하중
③ 수평횡하중　　④ 수평종하중

해설

**철탑의 강도계산에 사용하는 이상시 상정하중의 종류**

- 수직하중 : 전선의 자중, 빙설하중
- 수평종하중
- 수평횡하중 : 풍압하중

**12** **사용전압 15[kV] 이하인 특고압 가공전선로의 중성선 다중 접지시설은 각 접지선을 중성 선으로부터 분리하였을 경우 1[km] 마다의 중성선과 대지사이의 합성 전기저항 값은 몇 [Ω] 이하이어야 하는가?**

① 30　　② 50
③ 400　　④ 500

해설

**25[kV] 이하 특고압 가공전선로 중선선의 다중접지 및 중성선의 시설 방법**

각 접지선을 중성선으로부터 분리하였을 경우의 각 접지점의 대지 전기저항치가 1[km] 마다의 중성선과 대지 사이의 합성 전기저항치는 다음 표에 의하여 시설한다.

| 사용전압 | 각 접지점의 대지 전기저항치 | 1[km] 마다의 합성 전기저항치 |
|---|---|---|
| 15[kV] 이하 | 300[Ω] | 30[Ω] |
| 15[kV] 초과 25[kV] 이하 | 300[Ω] | 15[Ω] |

**13** **"지중 관로"에 포함되지 않는 것은?**

① 지중 전선로　　② 지중 레일 선로
③ 지중 약전류 전선로　　④ 지중 광섬유 케이블 선로

해설

**지중관로**

지중전선로, 지중 약전류전선로, 지중 광섬유케이블선로, 지중에 시설하는 가스관 및 가스관과 이와 유사한 것 및 이들에 부속하는 지중함 등

**14** **수소냉각식의 발전기·조상기에 부속하는 수소 냉각 장치에서 필요 없는 장치는?**

① 수소의 압력을 계측하는 장치
② 수소의 온도를 계측하는 장치
③ 수소의 유량을 계측하는 장치
④ 수소의 순도 저하를 경보하는 장치

해설

**수소냉각식 발전기 등의 시설**

- 발전기 또는 조상기는 기밀구조의 것이고 또한 수소가 대기압에서 폭발하는 경우 생기는 압력에 견디는 강도를 가질 것
- 발전기축의 밀봉부에는 질소가스를 봉입할 수 있는 장치와 누설한 수소가스를 안전하게 외부에 방출할 수 있는 장치를 시설할 것
- 발전기, 조상기안의 수소 순도가 85[%] 이하로 저하한 경우 경보장치를 시설할 것
- 발전기, 조상기안의 수소의 압력을 계측하는 장치 및 그 압력이 현저히 변동할 경우에 이를 경보하는 장치를 시설할 것

[정답] 10① 11① 12① 13② 14③

**15** 고압 가공 전선이 경동선 또는 내열동합금선인 경우 안전율의 최소값은?

① 2.0　② 2.2
③ 2.5　④ 4.0

해설

**고압 가공전선의 안전율**

고압 가공전선은 그 안전율이 경동선 또는 내열동, 합금선은 2.2 이상, 그 밖의 전선은 2.5 이상으로 시설하여야 한다.

**16** 전체의 길이가 16[m]이고 설계하중이 6.8[kN] 초과 9.8[kN] 이하인 철근 콘크리트주를 논, 기타 지반이 연약한 곳 이외의 곳에 시설할 때, 묻히는 깊이를 2.5[m]보다 몇 [cm] 가산하여 시설하는 경우에는 기초의 안전율에 대한 고려 없이 시설하여도 되는가?

① 10　② 20
③ 30　④ 40

해설

**지지물이 땅속에 묻히는 깊이**

| 설계하중 / 전장 | 6.8[kN] 이하 | 6.8[kN] 초과 ~ 9.8[kN] 이하 |
|---|---|---|
| 15[m] 이하 | 전장×1/6[m] 이상 | 전장×1/6[m]+0.3[m] 이상 |
| 15[m] 초과 | 2.5[m] 이상 | 2.8[m] 이상 |
| 20[m] 이하 | 2.8[m] 이상 | – |

**17** 저압 및 고압 가공전선의 높이에 대한 기준으로 틀린 것은?

① 철도를 횡단하는 경우는 레일면상 6.5[m] 이상이다.
② 횡단 보도교 위에 시설하는 경우 저압 가공전선은 노면상에서 3[m] 이상이다.
③ 횡단 보도교 위에 시설하는 경우 고압 가공전선은 그 노면 상에서 3.5[m] 이상이다.
④ 다리의 하부 기타 이와 유사한 장소에 시설하는 저압의 전기철도용 급전선은 지표상 3.5[m] 까지로 감할 수 있다.

해설

**가공전선의 높이**

| | 횡단 보도교의 시설 |
|---|---|
| 저압 가공전선 | 3.5[m] 이상<br>(단, 절연전선, 케이블 사용시 3[m] 이상) |
| 고압 가공전선 | 3.5[m] 이상 |

## 시행일 2019년 3회

**01** 전용 개폐기 또는 과전류차단기에서 화약류 저장소의 인입구까지의 배선은 어떻게 시설하는가?

① 애자사용공사에 의하여 시설한다.
② 케이블을 사용하여 지중으로 시설한다.
③ 케이블을 사용하여 가공으로 시설한다.
④ 합성수지관공사에 의하여 가공으로 시설한다.

해설

**화약류 저장소에서 전기설비의 시설**

전용의 개폐기 또는 과전류차단기에서 화약류 저장소 인입구까지의 배선에는 케이블을 사용하여 지중선로로 시설하여야 한다.

**02** 전기철도에서 직류 귀선의 비절연 부분에 대한 전식방지를 위한 귀선의 극성은 어떻게 해야 하는가?

① 감극성으로 한다.
② 가극성으로 한다.
③ 정극성으로 한다.
④ 부극성으로 한다.

해설

**전기부식방지를 위한 귀선의 시설**

- 귀선은 부극성으로 할 것

[정답] 15 ② 16 ③ 17 ② 2019년 3회 01 ② 02 ④

**03** **과전류차단기를 설치하지 않아야 할 곳은?**

① 수용가의 인입선 부분

② 고압 배전선로의 인출장소

③ 직접 접지계통에 설치한 변압기의 접지선

④ 역률조정용 고압 병렬콘덴서 뱅크의 분가선

해설

**과전류차단기의 시설제한**

접지공사의 접지선, 다선식 전로의 중성선 및 전로의 일부에 접지공사를 한 저압 가공전선로의 접지측 전선에는 과전류차단기를 시설하여서는 아니 된다.

**04** **사용전압 154[kV]의 가공전선을 시가지에 시설하는 경우 전선의 지표상의 높이는 최소 몇 [m] 이상이어야 하는가? (단, 발전소·변전소 또는 이에 준하는 곳의 구내와 구외를 연결하는 1경간 가공전선은 제외한다.)**

① 7.44 ② 9.44

③ 11.44 ④ 13.44

해설

**특고압 가공전선의 시가지 높이**

| 특고압 가공전선로의 시가지 시설 | |
|---|---|
| 35[kV] 이하 | 10[m], (단, 절연전선 : 8[m]) |
| 35[kV] 넘는 경우 | 35[kV] 넘는 경우 10000[V]마다 12[cm] 가산한다. |

$X=\frac{\text{사용전압[V]}}{10000[\text{V}]}$, $(X-3.5)$은 절상

- $10[\text{m}]+\text{단수}\times0.12[\text{m}]$
- $10+(15.4-3.5)\times0.12$
- $10+(11.9\rightarrow\text{절상 }12)\times0.12$
- $10+12\times0.12=11.44[\text{m}]$

**05** **특고압 가공전선로의 지지물에 시설하는 가공통신 인입선은 조영물의 붙임점에서 지표상의 높이를 몇 [m] 이상으로 하여야 하는가? (단, 교통에 지장이 없고 또한 위험의 우려가 없을 때에 한한다.)**

① 2.5 ② 3

③ 3.5 ④ 4

해설

**가공통신 인입선 시설**

가공통신선의 지지물에서의 지지점 및 분기점 이외의 가공통신 인입선 부분의 높이는 교통에 지장을 줄 우려가 없을 때에 한하여 차량이 통행하는 노면상의 높이는 4.5[m] 이상, 조영물의 붙임점에서의 지표상의 높이는 2.5[m] 이상으로 하여야 한다.

**06** **발전기의 보호장치에 있어서 과전류, 압유장치의 유압저하 및 베어링의 온도가 현저히 상승한 경우 자동적으로 이를 전로로부터 차단하는 장치를 시설하여야 한다. 해당되지 않는 것은?**

① 발전기에 과전류가 생긴 경우

② 용량 10000[kVA] 이상인 발전기의 내부에 고장이 생긴 경우

③ 원자로 발전소에 시설하는 비상용 예비발전기에 있어서 비상용 노심냉각장치가 작동한 경우

④ 용량 100[kVA] 이상의 발전기를 구동하는 풍차의 압유장치의 유압, 압축공기장치의 공기압이 현저히 저하한 경우

해설

**발전기의 보호장치**

- 발전기에 과전류나 과전압이 생긴 경우
- 500[kVA] 이상의 발전기를 구동하는 수차의 압유 장치의 유압 또는 전동식 가이드밴 제어장치, 전동식 니들 제어장치 또는 전동식 디플렉터 제어장치의 전원전압이 현저히 저하한 경우
- 100[kVA] 이상의 발전기를 구동하는 풍차의 압유장치의 유압, 압축 공기장치의 공기압 또는 전동식 브레이드 제어장치의 전원전압이 현저히 저하한 경우
- 2000[kVA] 이상인 수차 발전기의 스러스트 베어링의 온도가 현저히 상승한 경우
- 10000[kVA] 이상인 발전기의 내부에 고장이 생긴 경우
- 출력 10000[kW]를 초과하는 증기터빈은 그 스러스트 베어링이 현저하게 마모되거나 그의 온도가 현저히 상승한 경우

[정답] 03 ③ 04 ③ 05 ① 06 ③

**07** 지중 또는 수중에 시설되어 있는 금속체의 부식을 방지하기 위한 전기부식방지 회로의 사용전압은 직류 몇 [V] 이하이어야 하는가? (단, 전기부식방지 회로는 전기부식방지용 전원 장치로부터 양극 및 피방식체까지의 전로를 말한다.)

① 30 ② 60
③ 90 ④ 120

해설

**전기부식방지 장치의 시설**

사용전압은 직류 60[V] 이하일 것

**08** 특고압 전선로에 사용되는 애자장치에 대한 갑종 풍압하중은 그 구성재의 수직 투영면적 1[$m^2$]에 대한 풍압하중을 몇 [Pa]를 기초로 하여 계산한 것인가?

① 588 ② 666
③ 946 ④ 1039

해설

**갑종 풍압하중**

| 풍압을 받는 구분 (갑종의 경우) | 풍압[Pa] |
|---|---|
| 특고압 전선용의 애자장치 | 1039 |

**09** 특고압 가공전선로에서 철탑(단주 제외)의 경간은 몇 [m] 이하로 하여야 하는가?

① 400 ② 500
③ 600 ④ 700

해설

**특고압 가공전선로에서의 경간**

| 지지물 | 특고압 가공전선로 표준경간 |
|---|---|
| 철탑 | 600[m] 이하 |

**10** 지중 전선로를 직접 매설식에 의하여 시설하는 경우에 차량 및 기타 중량물의 압력을 받을 우려가 있는 장소의 매설 깊이는 몇 [m] 이상인가?

① 1.0 ② 1.2
③ 1.5 ④ 1.8

해설

**지중전선로의 시설**

| 지중전선로의 시설 | | |
|---|---|---|
| 직접매설식, 관로식, 암거식으로 시공 | | |
| 직접 매설식 | 중량물의 압력이 있는 경우 | 1[m] |
| | 중량물의 압력이 없는 경우 | 0.6[m] |
| 콤비인덕트케이블 : 콘크리드 드라프에 넣지 않고 직접 묻을 수 있는 케이블 | | |

**11** 지중전선이 지중약전류 전선 등과 접근하거나 교차하는 경우에 상호 간의 이격거리가 저압 또는 고압의 지중전선이 몇 [cm] 이하일 때, 지중전선과 지중약전류 전선 사이에 견고한 내화성의 격벽(隔壁)을 설치하여야 하는가?

① 10 ② 20
③ 30 ④ 60

해설

**지중전선과 지중약전류전선과의 이격거리**

| 조 건 | 이격거리 |
|---|---|
| 약전류전선 ↔ 저압, 고압 지중전선 | 30[cm] 이상 |
| 약전류전선 ↔ 특고압 지중전선 | 60[cm] 이상 |

**12** 가공전선로의 지지물에 시설하는 지선의 안전율과 허용 인장하중의 최저값은?

① 안전율은 2.0 이상, 허용 인장하중 최저값은 4[kN]
② 안전율은 2.5 이상, 허용 인장하중 최저값은 4[kN]
③ 안전율은 2.0 이상, 허용 인장하중 최저값은 4.4[kN]
④ 안전율은 2.5 이상, 허용 인장하중 최저값은 4.31[kN]

[정답] 07 ② 08 ④ 09 ③ 10 ① 11 ③ 12 ④

해설

**지선의 시설기준**

- 지선에 연선을 사용할 경우에는 소선 3가닥 이상의 연선일 것
- 지선의 안전율은 2.5 이상일 것
- 소선의 지름 2.6[mm] 이상의 금속선을 사용할 것
- 인장하중의 최저는 4.31[kN] 이상일 것
- 도로횡단시 높이는 5[m] 단, 교통에 지장이 없을 경우 4.5[m]

**13** **건조한 장소로서 전개된 장소에 한하여 고압옥내배선을 할 수 있는 것은?**

① 금속관공사
② 애자사용공사
③ 합성수지관공사
④ 가요전선관공사

해설

**고압옥내배선의 시설**

고압 옥내배선은 애자사용공사,케이블공사, 케이블트레이공사에 의한다.
단, 건조하고 전개된 장소에 한하여 애자사용공사를 할수 있다.

**14** **피뢰기를 반드시 시설하지 않아도 되는 곳은?**

① 발전소·변전소의 가공전선의 인출구
② 가공전선로와 지중전선로가 접속되는 곳
③ 고압 가공전선로로부터 수전하는 차단기 2차측
④ 특고압 가공전선로로부터 공급을 받는 수용장소의 인입구

해설

**피뢰기의 시설장소**

- 발전소, 변전소 또는 이에 준하는 장소의 가공전선인입구 및 인출구
- 가공전선로에 접속하는 배전용 변압기의 고압측 및 특고압측
- 고압 및 특고압 가공전선로로부터 공급을 받는 수용장소의 인입구
- 가공전선로와 지중전선로가 접속되는 곳

**15** **교류 전차선로의 전로에 시설하는 흡상변압기(吸上變壓器)·직렬커패시터나 이에 부속된 기구 또는 전선이나 교류식 전기철도용 신호 회로에 전기를 공급하기 위한 특고압용의 변압기를 옥외에 시설하는 경우 지표상 몇 [m] 이상에 시설해야 하는가? (단, 시가지 이외의 지역으로 울타리를 시설하지 않는 경우이다.)**

① 5　　② 6
③ 7　　④ 8

해설

**흡상 변압기 등의 시설**

교류 전차선로의 전로에 시설하는 흡상 변압기.직렬커패시터나 이에 부속된 기구 또는 전선이나 교류식 전기철도용 신호 회로에 전기를 공급하기 위한 특고압용의 변압기를 옥외에 시설하는 경우에는 시가지 이외에서 지표상 5[m] 이상의 높이에 시설하여야 한다.

**16** **백열전등 또는 방전등에 전기를 공급하는 옥내전로의 대지전압은 몇 [V] 이하이어야 하는가?**

① 150　　② 300
③ 400　　④ 500

해설

**백열전등 또는 방전등의 시설**

백열전등 또는 방전등에 전기를 공급하는 옥내의 전로에(주택의 옥내전로를 제외한다)의 대지전압은 300[V] 이하이어야 한다.

**17** **내부에 고장이 생긴 경우에 자동적으로 전로로부터 차단하는 장치가 반드시 필요한 것은?**

① 뱅크용량 1000[kVA]인 변압기
② 뱅크용량 10000[kVA]인 조상기
③ 뱅크용량 300[kVA]인 분로리액터
④ 뱅크용량 1000[kVA]인 전력용 커패시터

해설

**조상설비의 보호장치**

[정답] 13 ② 14 ③ 15 ① 16 ② 17 ④

| 조상설비의 보호장치 | | |
|---|---|---|
| 설비종별 | 뱅크용량의 구분 | 자동적으로 전로로부터 차단하는 장치 |
| 전력용 커패시터 및 분로리액터 | 500[kVA] 초과 ~ 15000[kVA] 미만 | 내부고장, 과전류 |
| | 15000[kVA] 이상 | 내부고장, 과전류, 과전압 |
| 조상기 | 15000[kVA] | 내부에 고장이 생긴 경우 |

**18** 특고압 가공전선로에 사용하는 가공지선에는 지름 몇 [mm] 이상의 나경동선을 사용하여야 하는가?

① 2.6 ② 3.5

③ 4 ④ 5

해설

**고압·특고압 가공전선로의 가공지선**

| 전 압 | 전선의 굵기 | 인장강도 |
|---|---|---|
| 고압 | 지름 4[mm] 이상의 나경동선 | 5.26[kN] 이상 |
| 특고압 | 지름 5[mm] 이상의 나경동선 | 8.01[kN] 이상 |

**19** 접지공사에 사용하는 접지선을 사람이 접촉할 우려가 있는 곳에 철주 기타의 금속체를 따라서 시설하는 경우에는 접지극을 그 금속체로부터 지중에서 몇 [m] 이상 이격시켜야 하는가? (단, 접지극을 철주의 밑면으로부터 30[cm] 이상의 깊이에 매설하는 경우는 제외한다.)

① 1 ② 2

③ 3 ④ 4

해설

**사람이 접촉할 우려가 있는 경우의 접지공사의 시설**

접지선을 금속체 지지물을 따라서 시설하는 경우에는 접지극을 철주의 밑면으로부터 30[cm] 이상 깊이에 매설(접지극을 지중에서 그 금속체로부터 1[m] 이상 이격시킨다.)

## 시행일 2020년 1회

**01** 버스덕트 공사에 의한 저압의 옥측배선 또는 옥외배선의 사용전압이 400[V] 이상인 경우의 시설기준에 대한 설명으로 틀린 것은?

① 목조 외의 조영물(점검할 수 없는 은폐장소)에 시설할 것

② 버스덕트는 사람이 쉽게 접촉할 우려가 없도록 시설할 것

③ 버스덕트는 KS C IEC 60529(2006)에 의한 보호등급 IPX4에 적합할 것

④ 버스덕트는 옥외용 버스덕트를 사용하여 덕트 안에 물이 스며들어 고이지 아니하도록 한 것일 것

해설

**저압 옥내배선의 시설장소별 공사의 종류**

| 시설장소 \ 사용전압 | | 400V 미만 | 400V 이상 |
|---|---|---|---|
| 전개된 장소 | 건조한 장소 | 합성수지몰드공사, 애자사용공사, 금속몰드공사 금속덕트공사, 버스덕트공사 또는 라이팅덕트공사 | 금속덕트공사 또는 버스덕트공사 및 애자사용공사 |
| | 기타 장소 | 애자사용공사, 버스덕트공사 | 애자사용공사 |
| 점검할 수 없는 은폐된 장소 | 건조한 장소 | 플로어덕트공사 또는 셀룰라덕트공사 | |

**02** 가공전선로의 지지물에 지선을 시설하는 기준으로 옳은 것은?

① 소선 지름 : 1.6[mm], 안전율 : 2.0, 허용인장하중 : 4.31[kN]

② 소선 지름 : 2.0[mm], 안전율 : 2.5, 허용인장하중 : 2.11[kN]

③ 소선 지름 : 2.6[mm], 안전율 : 1.5, 허용인장하중 : 3.21[kN]

④ 소선 지름 : 2.6[mm], 안전율 : 2.5, 허용인장하중 : 4.31[kN]

[정답] 18 ④ 19 ① 2020년 1회 01 ① 02 ④

해설

**지선의 시설기준**

- 지선에 연선을 사용할 경우에는 소선 3가닥 이상의 연선일 것
- 지선의 안전율은 2.5 이상일 것
- 소선의 지름 2.6[mm] 이상의 금속선을 사용할 것
- 인장하중의 최저는 4.31[kN] 이상일 것
- 도로횡단시 높이는 5[m] 단, 교통에 지장이 없을 경우 4.5[m]

**03** 변압기에 의하여 특고압전로에 결합되는 고압전로에는 사용전압의 몇 배 이하인 전압이 가하여진 경우에 방전하는 장치를 그 변압기의 단자에 가까운 1극에 설치하여야 하는가?

① 3 ② 4
③ 5 ④ 6

해설

**특고압과 고압의 혼촉 등에 의한 위험방지 시설**

변압기에 의하여 특고압전로에 결합되는 고압전로에는 사용전압의 3배 이하인 전압이 가하여진 경우에 방전하는 장치를 그 변압기의 단자에 가까운 1극에 설치하여야 한다.

**04** 수상전로의 시설기준으로 옳은 것은?

① 사용전압이 고압인 경우에는 클로로프렌 캡타이어 케이블을 사용한다.
② 수상전로에 사용하는 부대(浮臺)는 쇠사슬 등으로 견고하게 연결한다.
③ 고압 수상전로에 지락이 생길 때를 대비하여 전로를 수동으로 차단하는 장치를 시설한다.
④ 수상선로의 전선은 부대의 아래에 지지하여 시설하고 또한 그 절연피복을 손상하지 아니하도록 시설한다.

해설

**수상전선로**

수상전선로에는 이와 접속하는 가공전선로에 전용개폐기 및 과전류 차단기를 각 극(과전류 차단기는 다선식 전로의 중성극을 제외한다)에 시설하고 또한 수상전선로의 사용전압이 고압인 경우에는 전로에 지락이 생겼을 때에 자동적으로 전로를 차단하기 위한 장치를 시설하여야 한다. 전선은 부대의 위에 지지하여 시설하고 또한 그 절연피복을 손상하지 아니하도록 시설한다.

**05** 특고압 가공전선이 가공약전류 전선 등 저압 또는 고압의 가공전선이나 저압 또는 고압의 전차선과 제1차 접근상태로 시설되는 경우 60[kV] 이하 가공전선과 저고압 가공전선 등 또는 이들의 지지물이나 지주사이의 이격거리는 몇 [m] 이상인가?

① 1.2 ② 2
③ 2.6 ④ 3.2

해설

**타시설물과 60[kV] 이하 특고압 가공전선의 이격거리**

특고압 가공전선이 가공약전류 전선 등.저압 또는 고압의 가공전선.안테나 저압 또는 고압의 전차선과 접근 또는 교차하는 경우에는 다음에 의할 것

| 구 분 | 가공전선의 종류 | 이격(수평이격)거리[m] |
|---|---|---|
| 가공약전류 전선 등.저압 또는 고압의 가공전선.저압 또는 고압의 전차선.안테나 | 나전선 | 2.0 |
| | 특고압 절연전선 | 1.5 |
| | 케이블 | 0.5 |

**06** 가공전선로의 지지물에는 취급자가 오르고 내리는데 사용하는 발판 볼트 등은 특별한 경우를 제외하고 지표상 몇 [m] 미만에는 시설하지 않아야 하는가?

① 1.5 ② 1.8
③ 2.0 ④ 2.2

해설

**가공전선로 지지물의 승탑 및 승주방지**

가공전선로의 지지물에 취급자가 오르고 내리는데 사용하는 발판 볼트 등을 지표상 1.8[m] 미만에 시설하여서는 아니 된다.

**07** 특고압 가공전선과 가공약전류 전선 사이에 보호망을 시설하는 경우 보호망을 구성하는 금속선 상호간의 간격은 가로 및 세로를 각각 몇 [m] 이하로 시설하여야 하는가?

① 0.75 ② 1.0
③ 1.25 ④ 1.5

[정답] 03 ① 04 ② 05 ② 06 ② 07 ④

해설

특고압 가공전선과 저고압 가공전선 등의 접근 또는 교차
특고압 가공전선과 가공약전류 전선 사이에 보호망을 시설하는 경우 보호망을 구성하는 금속선 상호간의 간격은 가로 및 세로를 각각 1.5[m] 이하로 시설할 것.

**08** **옥내 고압용 이동전선의 시설기준에 적합하지 않은 것은?**

① 전선은 고압용의 캡타이어케이블을 사용하였다.
② 전로에 지락이 생겼을 때에 자동적으로 전로를 차단하는 장치를 시설하였다.
③ 이동전선과 전기사용기계기구와는 볼트 조임 기타의 방법에 의하여 견고하게 접속하였다.
④ 이동전선에 전기를 공급하는 전로의 중성극에 전용 개폐기 및 과전류차단기를 시설하였다.

해설

**옥내 고압용 이동전선의 시설**

- 전선은 고압용의 캡타이어케이블일 것
- 이동전선과 전기사용기계기구와는 볼트 조임 기타의 방법에 의하여 견고하게 접속할 것
- 이동전선에 전기를 공급하는 전로(유도 전동기의 2차측 전로를 제외한다)에는 전용 개폐기 및 과전류 차단기를 각극(과전류 차단기는 다선식 전로의 중성극을 제외한다)에 시설하고, 또한 전로에 지락이 생겼을 때에 자동적으로 전로를 차단하는 장치를 시설할 것

**09** **교통신호등의 시설기준에 관한 내용으로 틀린 것은?**

① 제어장치의 금속제 외함에는 접지공사를 한다.
② 교통신호등 회로의 사용전압은 300[V] 이하로 한다.
③ 교통신호등 회로의 인하선은 지표상 2[m] 이상으로 시설한다.
④ LED를 광원으로 사용하는 교통신호등의 설치는 KS C 7528 "LED 교통신호등"에 적합한 것을 사용한다.

해설

**교통신호등의 시설**

교통신호등 회로로부터 전구까지의 전로 사용전압은 300[V] 이하로 다음과 같이 시설한다.

- 전선은 케이블인 경우 이외는 공칭단면적 2.5[$mm^2$] 연동선일 것
- 전선이 450/750[V] 일반용 단심 비닐절연전선 또는 450/750[V] 내열성 에틸렌아세테이트 고무절연전선인 경우에는 이를 인장강도 3.70[kN]의 금속선 또는 지름 4[mm] 이상의 철선을 2가닥 이상을 꼰 금속선에 매달 것
- 전선의 지표상의 높이는 2.5[m] 이상일 것
- 제어장치의 전원측에는 전용 개폐기 및 과전류차단기를 시설하고 150[V]를 넘는 경우는 지락차단장치를 시설한다.
- 제어장치의 금속제 외함에는 접지공사를 하여야 한다.

**10** **터널 안의 윗면, 교량의 아랫면 기타 이와 유사한 곳 또는 이에 인접하는 곳에 시설하는 경우 가공 직류 전차선의 레일면상의 높이는몇 [m] 이상인가?**

① 3　　② 3.5
③ 4　　④ 4.5

해설

**가공 직류 전차선의 레일면상의 높이**

터널 안의 윗면, 교량의 아랫면 기타 이와 유사한 곳 또는 이에 인접하는 곳에 시설하는 경우로서 3.5[m] 이상일 것

**11** **사람이 상시 통행하는 터널 안 배선의 시설기준으로 틀린 것은?**

① 사용전압은 저압에 한한다.
② 전로에는 터널의 입구에 가까운 곳에 전용 개폐기를 시설한다.
③ 애자사용 공사에 의하여 시설하고 이를 노면상 2m 이상의 높이에 시설한다.
④ 공칭단면적 2.5[$mm^2$] 연동선과 동등 이상의 세기 및 굵기의 절연전선을 사용한다.

해설

**사람이 상시 통행하는 터널 안의 배선시설**

[정답] 08 ④　09 ③　10 ②　11 ③

공칭단면적 2.5[mm²]의 연동선과 동등 이상의 세기 및 굵기의 절연전선(옥외용 비닐절연전선 및 인입용 비닐절연전선을 제외한다)을 사용하여 애자사용공사에 의하여 시설하고 또한 이를 노면상 2.5[m] 이상의 높이로 할 것

**12** **고압 가공전선이 교류 전차선과 교차하는 경우, 고압 가공전선으로 케이블을 사용하는 경우 이외에는 단면적 몇 [mm²] 이상의 경동연선(교류 전차선 등과 교차하는 부분을 포함하는 경간에 접속점이 없는 것에 한한다.)을 사용하여야 하는가?**

① 14 ② 22

③ 30 ④ 38

해설

**전차선 등과 약전류 전선 등의 접근 또는 교차**

교차시 가공약전류 전선 등에는 폴리에틸렌절연비닐외장의 통신용 케이블 또는 광섬유 케이블을 사용하고 또한 이를 단면적 38[mm²] 이상의 아연도금 강연선으로서 인장강도가 29.45[kN] 이상인 것(교류 전차선등과 교차하는 부분을 포함하는 경간에 접속점이 없는 것에 한한다)으로 조가 할 것

**13** **1차측 3300[V], 2차측 220[V]인 변압기 전로의 절연내력 시험전압은 각각 몇 [V]에서 10분간 견디어야 하는가?**

① 1차측 4950[V], 2차측 500[V]

② 1차측 4950[V], 2차측 400[V]

③ 1차측 4125[V], 2차측 500[V]

④ 1차측 3300[V], 2차측 400[V]

해설

**절연내력 시험전압**

절연내력시험은 10분간 가하여 견디어야 한다.

7000[V] 이하에서는 최대사용전압의 1.5배의 전압 적용, 최저전압은 500[V]이다.

1차 $E=3300\times1.5=4950$[V]

2차 $E=220\times1.5=330$[V](단, 최저시험전압 500[V] 적용)

**14** **저압 가공전선과 고압 가공전선을 동일 지지물에 시설하는 경우 이격거리는 몇 [cm] 이상이어야 하는가?**

① 50 ② 60

③ 70 ④ 80

해설

**병가**

| 전압 범위 | 고압 – 저압 | 22.9[kV] – 저·고압 | 특고압 – 저·고압 |
|---|---|---|---|
| 35[kV] 이하 | 50[cm] (단, 고압측에 케이블사용시 30[cm]) | 1.0[m] | 1.2[m] |

**15** **중성선 다중접지식의 것으로서 전로에 지락이 생겼을 때 2초 이내에 자동적으로 이를 전로로부터 차단하는 장치가 되어 있는 22.9[kV] 특고압 가공전선이 다른 특고압 가공전선과 접근하는 경우 이격거리는 몇 [m] 이상으로 하여야 하는가? (단, 양쪽이 나전선이 경우이다.)**

① 0.5 ② 1.0

③ 1.5 ④ 2.0

해설

**25[kV] 이하인 특고압 가공전선로의 시설**

특고압 가공전선로가 상호 간 접근 또는 교차하는 경우에는 다음에 의할 것

| 사용전선의 종류 | 이격거리 |
|---|---|
| 어느 한쪽 또는 양쪽이 나전선인 경우 | 1.5m |
| 양쪽이 특고압 절연전선인 경우 | 1.0m |
| 한쪽이 케이블이고 다른 한쪽이 케이블이거나 특고압 절연전선인 경우 | 0.5m |

**16** **고압 또는 특고압 가공전선과 금속제의 울타리가 교차하는 경우 교차점과 좌, 우로 몇 [m] 이내의 개소에 접지공사를 하여야 하는가? (단, 전선에 케이블을 사용하는 겨우는 제외한다.)**

[정답] 12 ④ 13 ① 14 ① 15 ③ 16 ③

① 25 ② 35
③ 45 ④ 55

해설

**발전소 등의 울타리.담 등의 시설**

고압 또는 특고압 가공전선(전선에 케이블을 사용하는 경우는 제외함)과 금속제의 울타리 · 담 등이 교차하는 경우에 금속제의 울타리 · 담 등에는 교차점과 좌, 우로 45[m] 이내의 개소에 접지공사를 하여야 한다.

**17** 의료장소 중 그룹 1 및 그룹 2의 의료 IT계통에 시설되는 전기설비의 시설기준으로 틀린 것은?

① 의료용 절연변압기의 정격출력은 10[kVA] 이하로 한다.
② 의료용 절연변압기의 2차측 경격전압은 교류 250[V] 이하로 한다.
③ 전원측에 강화절연을 한 의료용 절연변압기를 설치하고 그 2차측 전로는 접지한다.
④ 절연감시장치를 설치하여 절연저항이 50[kΩ]까지 감소하면 표시설비 및 음향설비로 경보를 발하도록 한다.

해설

**의료장소의 안전을 위한 보호설비**

전원측에 KS C IEC 61558-2-15에 따라 이중 또는 강화절연을 한 비단락보증 절연변압기를 설치하고 그 2차측 전로는 접지하지 말 것

**18** 전력 보안통신 설비인 무선통신용 안테나를 지지하는 목주의 풍압하중에 대한 안전율은 얼마 이상으로 해야 하는가?

① 0.5 ② 0.9
③ 1.2 ④ 1.5

해설

**무선용 안테나 등을 지지하는 철탑 등의 시설**

① 목주의 안전율은 1.5 이상이어야 한다.
② 철주·철근 콘크리트주 또는 철탑의 기초 안전율은 1.5이상 이어야 한다.

## 시행일 2020년 2회

**01** 154[kV] 가공전선과 식물과의 최소 이격거리는 몇 [m]인가?

① 2.8 ② 3.2
③ 3.8 ④ 4.2

해설

**특고압 가공전선과 식물의 이격거리**

| 사용전압의 구분 | 이격거리 |
|---|---|
| 60[kV] 이하의 것 | 2[m] |
| 60[kV]를 넘는 것 | 2[m]에 사용전압이 60[kV]를 넘는 경우 10000[V]마다 12[cm]를 더한 값 |

조건에서 154[kV] 가공송전선로와 식물과의 이격거리이다.

- 이격거리 = 2[m] + 단수 × 0.12[m]이므로
- 2 + (15.4 − 6) × 0.12
- 2 + (9.4 → 절상하면 10) × 0.12
- 2 + 10 × 0.12 = 3.2[m] 이상

**02** 다음 ( )의 ㉠, ㉡에 들어갈 내용으로 옳은 것은?

> "전기철도용 급전선"이란 전기철도용 ( ㉠ )로부터 다른 전기철도용 ( ㉠ ) 또는 ( ㉡ )에 이르는 전선을 말한다.

① ㉠ 급전소, ㉡ 개폐소 ② ㉠ 궤전선, ㉡ 변전소
③ ㉠ 변전소, ㉡ 전차선 ④ ㉠ 전차선, ㉡ 급전소

해설

**전기철도용 급전선**

전기철도용 급전선이란 전기철도용 변전소로부터 다른 전기철도용 변전소 또는 전차선에 이르는 전선을 말한다.

**03** 제1종 특고압 보안공사로 시설하는 전선로의 지지물로 사용할 수 없는 것은?

① 목주 ② 철탑
③ B종 철주 ④ B종 철근 콘크리트주

[정답] 17 ③ 18 ④ 2020년 2회 01 ② 02 ③ 03 ①

해설

**제1종 특고압 보안공사**

전선로의 지지물에는 B종 철주.B종 철근 콘크리트주 또는 철탑을 사용할 것

**04** 저압 가공인입선 시설 시 도로를 횡단하여 시설하는 경우 노면상 높이는 몇 [m] 이상으로 하여야 하는가?

① 4 ② 4.5
③ 5 ④ 5.5

해설

**가공 인입선의 높이**

| 설치장소 | 가공인입선 높이[m] | |
|---|---|---|
| | 저압 | 고압 |
| 도로횡단 | 5 | 6 |
| 철도 또는 궤도횡단 | 6.5 | 6.5 |
| 횡단보도교 위(위험표시) | 3 | 3.5 |

**05** 기구 등의 전로의 절연내력 시험에서 최대 사용전압이 60[kV]를 초과하는 기구 등의 전로로서 중성점 비접지식전로에 접속하는 것은 최대 사용전압의 몇 배의 전압에 10분간 견디어야 하는가?

① 0.72 ② 0.92
③ 1.25 ④ 1.5

해설

**전로 및 기구 등의 절연내력시험**

| 최대사용전압 | 접지방식 | 배수 | 최저시험전압 |
|---|---|---|---|
| 7[kV] 이하 | | 1.5배 | 500[V] |
| 7[kV] 초과 25[kV] 이하 | 다중접지방식 | 0.92배 | |
| 7[kV] 초과 60[kV] 이하 | 비접지방식 | 1.25배 | 10500[V] |
| 60[kV] 초과 | 비접지방식 | 1.25배 | |
| | 접지방식 | 1.1배 | 75000[V] |

**06** 저압 가공전선(다중접지된 중성선은 제외한다.)과 고압 가공전선을 동일 지지물에 시설하는 경우 저압 가공전선과 고압 가공전선 사이의 이격거리는 몇 [cm] 이상이어야 하는가? (단, 각도주·분기주 등에서 혼촉의 우려가 없도록 시설하는 경우가 아니다.)

① 50 ② 60
③ 80 ④ 100

해설

**병가**

| 전압범위 | 고압 - 저압 | 22.9[kV] - 저·고압 | 특고압 - 저·고압 |
|---|---|---|---|
| 35[kV] 이하 | 50[cm] 단, 고압측에 케이블사용시 30[cm] | 1.0[cm] | 1.2[cm] |

**07** 폭연성 분진이 많은 장소의 저압 옥내배선에 적합한 배선공사방법은?

① 금속관 공사 ② 애지사용 공사
③ 합성수지관 공사 ④ 가요전선관 공사

해설

**먼지가 많은 장소에서의 저압의 시설**

폭연성 분진, 화약류 분말이 존재하는 곳, 가연성의 가스 또는 인화성 물질의 증기가 새거나 체류하는 곳의 전기 공작물은 금속관공사, 또는 케이블공사(캡타이어케이블을 제외)에 의하여야 한다.

**08** 절연내력시험은 전로와 대지 사이에 연속하여 10분간 가하여 절연내력을 시험하였을 때에 이에 견디어야 한다. 최대 사용전압이 22.9[kV]인 중성선 다중 접지식 가공전선로의 전로와 대지 사이의 절연내력 시험전압은 몇 [V]인가?

① 16488 ② 21068
③ 22900 ④ 28625

[정답] 04 ③ 05 ③ 06 ① 07 ① 08 ②

해설

**절연내력시험전압**

| 전로의 종류 | 시험전압<br>(최대사용전압의 배수) |
|---|---|
| 최대사용전압이 7000[V]를 넘고<br>25000[V] 이하인 중성점 다중접지식 전로 | 0.92배의 전압 |

시험전압=22900×0.92=21068[V]

## 09 특고압 가공전선로의 지지물에 시설하는 통신선 또는 이에 직접 접속하는 통신선이 도로·횡단보도교·철도의 레일의 레일 등 또는 교류 전차선 등과 교차하는 경우의 시설기준으로 옳은 것은?

① 인장강도 4.0[kN] 이상의 것 또는 지름 3.5[mm] 경동선일 것

② 통신선이 케입르 또는 광섬유 케이블일 때는 이격거리의 제한이 없다.

③ 통신선과 삭도 또는 다른 가공약전류 전선등 사이의 이격거리는 20[cm] 이상으로 할 것

④ 통신선이 도로 · 횡단보도교 · 철도의 레일과 교차하는 경우에는 통신선은 지름 4[mm]의 절연전선과 동등 이상의 절연 효력이 있을 것

해설

**특고압전선로 첨가통신선과 도로 · 횡단보도교 · 철도 및 다른 전선로와의 접근 또는 교차**

특고압 가공전선로의 지지물에 시설하는 통신선 또는 이에 직접 접속하는 통신선이 도로.횡단보도교.철도의 레일.삭도.가공전선.다른 가공약전류 전선 등 또는 교류 전차선 등과 교차하는 경우에는 다음에 따라 시설하여야 한다.

① 통신선이 도로.횡단보도교.철도의 레일 또는 삭도와 교차하는 경우에는 통신선은 지름 4[mm]의 절연전선과 동등 이상의 절연 효력이 있는 것, 인장강도 8.01[kN] 이상의 것 또는 지름 5[mm]의 경동선일 것

② 통신선과 삭도 또는 다른 가공약전류 전선 등 사이의 이격거리는 80[cm](통신선이 케이블 또는 광섬유 케이블일 때는 40[cm]) 이상으로 할 것

## 10 시가지 또는 그 밖에 인가가 밀집한 지역에 154[kV] 가공 전선로의 전선을 케이블로 시설하고자 한다. 이때 가공전선을 지지하는 애자장치의 50[%] 충격섬락전압 값이 그 전선의 근접한 다른 부분을 지지하는 애자장치 값의 몇 [%] 이상이어야 하는가?

① 75　　② 100

③ 105　　④ 110

해설

**시가지 등 특고압 가공전선로의 시설**

애자장치는 50[%] 충격섬락전압의 값이 타부분 애자장치 값의 110[%](사용전압이 130[kV]를 넘는 경우는 105[%]) 이상인 것을 사용하거나 아크혼을 취부하고 또는 2연 이상의 현수애자, 장간애자를 사용한다.

## 11 변압기에 의하여 154[kV]에 결합되는 3300[V] 전로에는 몇 배 이하의 사용전압이 가하여진 경우에 방전하는 장치를 그 변압기의 단자에 가까운 1극에 시설하여야 하는가?

① 2　　② 3

③ 4　　④ 5

해설

**특고압과 고압의 혼촉 등에 의한 위험방지 시설**

변압기에 의하여 특고압전로에 결합되는 고압전로에는 사용전압의 3배 이하인 전압이 가하여진 경우에 방전하는 장치를 그 변압기의 단자에 가까운 1극에 설치하여야 한다. 다만, 사용전압의 3배 이하인 전압이 가하여진 경우에 방전하는 피뢰기를 고압전로의 모선의 각상에 시설하거나 특고압권선과 고압권선 간에 혼촉방지판을 시설하여 제1종 접지공사 또는 규정에 따른 접지공사를 한 경우에는 그러하지 아니하다.

## 12 고압 가공전선으로 ACSR(강심알루미늄연선)을 사용할 때의 안전율은 얼마 이상이 되는 이도로 시설하여야 하는가?

① 1.38　　② 2.1

③ 2.5　　④ 4.01

[정답] 09 ④ 10 ③ 11 ② 12 ③

해설

**안전율**

- 이상시 상정하중에 대한 철탑의 기초 : 1.33
- 안테나/케이블트레이 : 1.5
- 지지물의 기초 : 2.0
- 경동선 및 내열동 합금선 : 2.2
- 기타전선, ACSR, 지선 : 2.5

**13** **발전기를 구동하는 풍차의 압유장치의 유압, 압축공기장치의 공기압 또는 전동식 브레이드 제어장치의 전원전압이 현저히 저하한 경우 발전기를 자동적으로 전로로부터 차단하는 장치를 시설하여야는 발전기 용량은 몇 [kVA] 이상인가?**

① 100 ② 300
③ 500 ④ 1000

해설

**발전기 등의 보호장치**

용량 100[kVA] 이상의 발전기를 구동하는 풍차의 압유장치의 유압, 압축 공기장치의 공기압 또는 전동식 브레이드 제어장치의 전원전압이 현저히 저하한 경우

**14** **욕조나 샤워시설이 있는 욕실 또는 화장실 등 인체가 물에 젖어있는 상태에서 전기를 사용하는 장소에 콘센트를 시설하는 경우에 적합한 누전차단기는?**

① 정격감도전류 15[mA] 이하, 동작시간 0.03초 이하의 전류동작형 누전차단기
② 정격감도전류 15[mA] 이하, 동작시간 0.03초 이하의 전압동작형 누전차단기
③ 정격감도전류 20[mA] 이하, 동작시간 0.03초 이하의 전류동작형 누전차단기
④ 정격감도전류 20[mA] 이하, 동작시간 0.03초 이하의 전압동작형 누전차단기

해설

욕실 또는 화장실 등 인체가 물에 젖어있는 상태에서 전기를 사용하는 장소에 콘센트를 시설하는 경우에 「전기용품안전 관리법」의 적용을 받는 인체감전보호용 누전차단기(정격감도전류 15[mA] 이하, 동작시간 0.03초 이하의 전류동작형의 것에 한한다) 또는 절연변압기(정격용량 3[kVA] 이하인 것에 한한다)로 보호된 전로에 접속하거나, 인체감전보호용 누전차단기가 부착된 콘센트를 시설하여야 한다.

**15** **풀장용 수중조명등에 전기를 공급하기 위하여 사용되는 절연변압기에 대한 설명으로 틀린 것은?**

① 절연변압기 2차측 전로의 사용전압은 150[V] 이하이어야 한다.
② 절연변압기의 2차측 전로에는 반드시 접지공사를 하며, 그 저항 값은 5[Ω] 이하가 되도록 하여야 한다.
③ 절연변압기 2차측 전로의 사용전압이 30[V] 이하인 경우에는 1차 권선과 2차 권선 사이에 금속제의 혼촉방지판이 있어야 한다.
④ 절연변압기의 2차측 전로의 사용전압이 30[V]를 초과하는 경우에는 그 전로에 지락이 생겼을 때에 자동적으로 전로를 차단하는 장치가 있어야 한다.

해설

**풀용 수중조명등 등의 시설**

1차 사용전압 400[V] 이하, 2차측 150[V] 이하의 절연변압기를 사용할 것(절연변압기 2차측 전로는 비접지)

**16** **건조한 곳에 시설하고 또한 내부를 건조한 상태로 사용하는 진열장 안의 사용전압이 400[V] 미만인 저압 옥내배선은 외부에서 보기 쉬운 곳에 한하여 코드 또는 캡타이어 케이블을 조영재에 접촉하여 시설할 수 있다. 이때 전선의 붙임점 간의 거리는 몇 [m] 이하로 시설하야 하는가?**

① 0.5 ② 1.0
③ 1.5 ④ 2.0

해설

**진열장 안의 배선공사**

전선의 붙임점 간의 거리는 1[m] 이하로 하고 또한 배선에는 전구 또는 기구의 중량을 지지시키지 아니할 것

[정답] 13 ① 14 ① 15 ② 16 ②

## 17 가공전선로의 지지물에 사용하는 지선의 시설기준과 관련된 내용으로 틀린 것은?

① 지선에 연선을 사용하는 경우 소선 3가닥 이상의 연선일 것
② 지선의 안전율은 2.5 이상, 허용 인장하중의 최저는 3.31[kN]으로 할 것
③ 지선에 연선을 사용하는 경우 소선의 지름이 2.6[mm] 이상의 금속선을 사용한 것일 것
④ 가공전선로의 지지물로 사용하는 철탑은 지선을 사용하여 그 강도를 분담시키지 않을 것

해설

**지선의 시설기준**

- 지선에 연선을 사용할 경우에는 소선 3가닥 이상의 연선일 것
- 지선의 안전율은 2.5 이상일 것
- 소선의 지름 2.6[mm] 이상의 금속선을 사용할 것
- 인장하중의 최저는 4.31[kN] 이상일 것
- 도로횡단시 높이는 5[m] 단, 교통에 지장이 없을 경우 4.5[m]

## 18 뱅크용량 15000[kVA] 이상인 분로리액터에서 자동적으로 전로로부터 차단하는 장치가 동작하는 경우가 아닌 것은?

① 내부 고장 시
② 과전류 발생 시
③ 과전압 발생 시
④ 온도가 현저히 상승한 경우

해설

**조상설비의 보호장치**

| 조상설비의 보호장치 | | |
|---|---|---|
| 설비종별 | 뱅크용량의 구분 | 자동적으로 전로로부터 차단하는 장치 |
| 전력용 커패시터 및 분로리액터 | 500[kVA] 초과 ~ 15000[kVA] 미만 | 내부고장, 과전류 |
| | 15000[kVA] 이상 | 내부고장, 과전류, 과전압 |
| 조상기 | 15000[kVA] | 내부에 고장이 생긴 경우 |

## 19 발열선을 도로, 주차장 또는 조영물의 조영재에 고정시켜 시설하는 경우, 발열선에 전기를 공급하는 전로의 대지전압은 몇 [V] 이하이어야 하는가?

① 220　② 300
③ 380　④ 600

해설

**도로 등의 전열장치의 시설**

발열선을 도로, 주차장 또는 조영물의 조영재에 고정시켜 시설하는 경우에는 다음에 따라야 한다.
① 발열선에 전기를 공급하는 전로의 대지전압은 300[V] 이하일 것
② 발열선에 직접 접속하는 전선은 MI케이블, 클로로프렌 외장케이블 등 발열선 접속용 케이블일 것
③ 발열선은 그 온도가 80[℃]를 넘지 아니하도록 시설할 것

# 시행일 2020년 3회

## 01 저압 옥측전선로에서 시설할 수 없는 공사 방법은?

① 금속관공사를 목조의 조영물에 시설할 경우
② 버스덕트공사
③ 합성수지관공사(목조 이외의 조영물에 시설할 경우)
④ 애자사용공사(전개된 장소일 경우)

해설

**저압 옥측전선로 시설**

저압 옥측전선로는 다음 중 하나에 의해야 한다.
① 애자사용공사(전개된 장소)
② 합성수지관공사
③ 금속관공사(목조 이외의 조영물에 한함)
④ 버스덕트공사[목조 이외의 조영물(점검할 수 없는 은폐된 장소를 제외)에 한함]
⑤ 케이블공사

## 02 발전소의 개폐기 또는 차단기에 사용하는 압축공기장치의 주 공기탱크에 시설하는 압력계의 최고 눈금의 범위로 옳은 것은?

[정답] 17 ② 18 ④ 19 ② 2020년 3회 01 ① 02 ③

① 사용압력의 1배 이상 2배 이하
② 사용압력의 1.15배 이상 2배 이하
③ 사용압력의 1.5배 이상 3배 이하
④ 사용압력의 2배 이상 3배 이하

해설

**가스절연기기 등의 압력용기의 시설**
주 공기탱크 또는 이에 근접한 곳에는 사용압력의 1.5배 이상 3배 이하의 최고 눈금이 있는 압력계를 시설할 것

## 03 직선형의 철탑을 사용한 특고압 가공전선로가 연속하여 10기 이상 사용하는 부분에는 몇 기 이하마다 내장 애자장치가 되어 있는 철탑 1기를 시설하여야 하는가?

① 5 ② 10
③ 15 ④ 20

해설

**특고압 가공전선로의 내장형 철탑 등의 시설**
철탑을 사용하는 직선부분은 10기 이하마다 내장 애자장치를 갖는 철탑 1기를 시설한다.

## 04 저압전로의 중성점을 접지할 때 접지선으로 연동선을 사용하는 경우의 최소공칭단면적은 몇 [mm²]인가?

① 6.0[mm²] ② 10[mm²]
③ 16[mm²] ④ 25[mm²]

해설

**저압 중성점 접지**
저압전로의 중성점을 접지할 때 접지선 굵기는 6[mm²] 이상의 연동선 일 것.

## 05 직류식 전기철도에서 가공으로 시설하는 배류선은 케이블 이외에는 지름 몇 [mm]의 경동선이나 이와 동등 이상의 세기 및 굵기의 것 이어야 하는가?

① 2.0 ② 2.5
③ 3.5 ④ 4.0

해설

**배류접속**
배류선은 케이블인 경우 이외에는 지름 4[mm]의 경동선이나 이와 동등 이상의 세기 및 굵기의 것일 것

## 06 전선의 접속법을 열거한 것 중 틀린 것은?

① 전선의 세기를 30[%] 이상 감소시키지 않는다.
② 접속부분을 절연전선의 절연물과 동등이상의 절연효력이 있도록 충분히 피복한다.
③ 접속부분은 접속관, 기타의 기구를 사용한다.
④ 알루미늄 도체의 전선과 동도체의 전선을 접속할 때에는 전기적 부식이 생기지 않도록 한다.

해설

**전선의 접속 방법**
① 전선의 전기저항을 증가시키지 않을 것.
② 전선의 세기를 20[%] 이상 감소시키지 않을 것.
③ 접속부분에 전기적 부식이 생기지 아니하도록 할 것.
④ 접속 부분을 절연전선의 절연물과 동등 이상의 효력이 있는 것으로 충분히 피복할 것.

## 07 최대사용전압이 7200[V]인 중성점 비접지식 변압기의 절연내력 시험전압은?

① 9000[V] ② 10500[V]
③ 12500[V] ④ 20500[V]

해설

**변압기 절연내력시험전압**

| 최대사용전압 | 접지방식 | 배수 | 최저시험전압 |
|---|---|---|---|
| 7[kV] 이하 | | 1.5배 | 500[V] |
| 7[kV] 초과 25[kV] 이하 | 다중접지방식 | 0.92배 | |
| 7[kV] 초과 60[kV] 이하 | 비접지방식 | 1.25배 | 10500[V] |

- 절연내력시험전압=7200[V]×1.25배=9000[V]가 된다.
- 최저시험전압 적용 : 10500[V]

[정답] 03 ② 04 ① 05 ④ 06 ① 07 ②

## 08 전가섭선에 관하여 각 가섭선의 상정 최대장력의 33[%]와 같은 불평균 장력의 수평 종분력에 의한 하중을 더 고려하여야 할 철탑의 유형은?

① 직선형　　② 각도형
③ 내장형　　④ 인류형

**해설**

**상시 상정하중**

내장형.보강형의 경우에는 전가섭선에 관하여 각 가섭선의 상정 최대장력의 33[%]와 같은 불평균 장력의 수평 종분력에 의한 하중

## 09 고압 옥측전선로에 사용할 수 있는 전선은?

① 케이블　　② 나경동선
③ 절연전선　　④ 다심형 전선

**해설**

**고압옥측전선로**

① 전선은 케이블일 것
② 케이블은 견고한 관 또는 트라프에 넣거나 사람이 접촉할 우려가 없도록 시설할 것
③ 케이블을 조영재의 옆면 또는 아랫면에 따라 붙일 경우에는 케이블의 지지점 간의 거리를 2[m] (수직으로 붙일 경우 6[m])이하로 하고 또한 피복을 손상하지 아니하도록 붙일 것
④ 케이블을 조가용선에 조가하여 시설하는 경우에 전선이 고압 옥측 전선로를 시설하는 조영재에 접촉하지 아니하도록 시설할 것

## 10 금속덕트 공사에 적당하지 않은 것은?

① 전선은 절연전선을 사용한다.
② 덕트의 끝부분은 항시 개방시킨다.
③ 덕트 안에는 전선의 접속점이 없도록 한다.
④ 덕트의 안쪽 면 및 바깥 면에는 산화방지를 위하여 아연도금을 한다.

**해설**

**금속덕트공사**

① 전선의 종류
절연전선 일 것(옥외용 비닐 절연전선을 제외)
② 금속 덕트에 넣은 전선의 단면적(절연피복의 단면적을 포함한다)의 합계는 덕트의 내부 단면적의 20[%](전광표시 장치.출퇴표시등 기타 이와 유사한 장치 또는 제어회로 등의 배선만을 넣는 경우에는 50[%]) 이하일 것
③ 금속 덕트 안에는 전선에 접속점이 없도록 할 것
④ 폭이 5[cm]를 초과하고 또한 두께가 1.2[mm] 이상 일 것
⑤ 덕트를 조영재에 붙이는 경우에는 덕트의 지지점 간의 거리를 3[m](취급자 이외의 자가 출입할 수 없도록 설비한 곳에서 수직으로 붙이는 경우에는 6[m]) 이하로 할 것

## 11 사용전압이 400[V] 이하인 저압 가공전선으로 절연전선을 사용하는 경우, 지름 몇 [mm] 이상의 경동선을 사용하여야 하는가?

① 2.0　　② 2.6
③ 3.2　　④ 3.8

**해설**

**저압 가공전선의 굵기 및 종류**

| 전 압 | 전선의 굵기 | | 인장강도 |
|---|---|---|---|
| 400[V] 이하 | 절연전선 | 지름 2.6[mm] 이상 경동선 | 2.30[kN] 이상 |
| | 절연전선 외 | 지름 3.2[mm] 이상 경동선 | 3.43[kN] 이상 |

## 12 전기욕기에 전기를 공급하기 위한 전원장치에 내장되어 있는 전원변압기의 2차측 전로의 사용전압은 몇 [V] 이하인 것을 사용하여야 하는가?

① 5　　② 10
③ 25　　④ 35

**해설**

**전기욕기의 시설**

전기욕기에 전기를 공급하기 위한 전기욕기용 전원장치(내장되어 있는 전원 변압기의 2차측 전로의 사용전압이 10[V] 이하인 것에 한한다)는 「전기용품 및 생활용품 안전관리법」에 의한 안전기준에 적합한 것

[정답] 08 ③　09 ①　10 ②　11 ②　12 ②

## 13 특고압용 타냉식 변압기의 냉각장치에 고장이 생긴 경우를 대비하여 어떤 보호장치를 하여야 하는가?

① 경보장치 ② 속도조정장치
③ 온도시험장치 ④ 냉매흐름장치

해설

**특고압용 변압기의 보호장치**

| 뱅크용량의 구분 | 동작조건 | 장치의 종류 |
|---|---|---|
| 5000[kVA] 이상 10000[kVA] 미만 | 변압기내부고장 | 자동차단장치 또는 경보장치 |
| 10000[kVA] 이상 | 변압기내부고장 | 자동차단장치 |
| 타냉식변압기 | 냉각장치에 고장이 생긴 경우 또는 변압기의 온도가 현저히 상승한 경우 | 경보장치 |

## 14 지중전선로를 관로식에 의하여 차량 기타 중량물의 압력을 받을 우려가 있는 장소에 시설할 경우에는 그 매설 깊이를 최소 몇 [m] 이상으로 하여야 하는가?

① 1.0[m] ② 1.2[m]
③ 1.5[m] ④ 1.8[m]

해설

**지중전선로의 시설(관로식)**

매설 깊이를 1.0[m]이상으로 하되, 매설 깊이가 충분하지 못한 장소에는 견고하고 차량 기타 중량물의 압력에 견디는 것을 사용할 것. 다만 중량물의 압력을 받을 우려가 없는 곳은 60[cm] 이상으로 한다.

## 15 도로, 주차장 또는 조영물의 조영재에 고정하여 시설하는 전열장치의 발연선에 공급하는 전로의 대지전압은 몇 [V] 이하 이어야 하는가?

① 30 ② 60
③ 220 ④ 300

해설

**전열장치의 시설**

① 발열선에 전기를 공급하는 전로의 대지전압은 300[V] 이하일 것
② 발열선에 직접 접속하는 전선은 MI케이블, 클로로프렌 외장케이블 등 발열선 접속용 케이블일 것
③ 발열선은 그 온도가 80[℃]를 넘지 아니하도록 시설할 것 (단, 도로 또는 옥외주차장에 금속피복을 한 발열선을 시설할 경우에는 발열선의 온도를 120[℃] 이하)
④ 직접 접속하는 전선의 피복에 사용하는 금속체에는 제3종 접지공사를 할 것

## 16 태양전지 모듈의 시설에 대한 설명으로 옳은 것은?

① 충전부분은 노출하여 시설할 것
② 출력배선은 극성별로 확인 가능토록 표시할 것
③ 전선을 공칭단면적 1.5[$mm^2$] 이상의 연동선을 사용할 것
④ 전선을 옥내에 시설할 경우에는 애자사용 공사에 준하여 시설할 것

해설

**태양전지 모듈 등의 시설**

① 충전부분은 노출되지 않도록 시설 할 것
② 태양전지 모듈에 접속하는 부하측 전로에는 그 접속점에 근접하여 개폐기를 시설할 것
③ 전선은 공칭단면적 2.5[$mm^2$] 이상의 연동선을 사용 할 것
④ 병렬로 접속하는 전로에 단락이 생긴 경우에는 전로를 보호하는 과전류차단기를 시설할 것
⑤ 합성수지관, 금속관, 가요전선관, 케이블공사로 시설할 것
⑥ 태양전지 모듈의 프레임은 지지물과 전기적으로 완전하게 접속하여야 한다.

## 17 다음 그림과 같은 통신선용 보안장치에 대한 설명으로 틀린 것은?

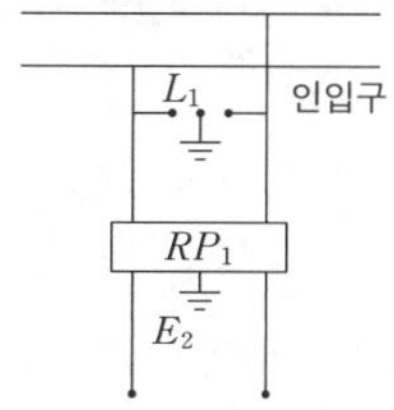


① 교류 1[kV] 이하에서 동작하는 피뢰기를 사용한다.
② 릴레이보안기는 교류 300[V] 이하에서 동작한다.
③ 릴레이보안기는 자복성이 없다.
④ 릴레이보안기의 최소 감도전류는 3[A] 이하이다.

[정답] 13① 14① 15④ 16② 17③

해설

**통신선용 보안장치의 시설**

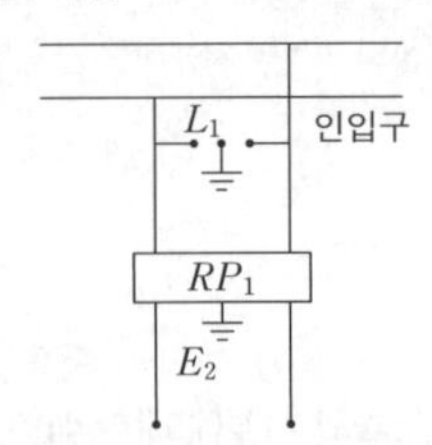


- $RP_1$ : 교류 300V 이하에서 동작하고, 최소 감도 전류가 3[A] 이하로서 최소 감도전류 때의 응동시간이 1사이클 이하이고 또한 전류 용량이 50[A], 20초 이상인 자복성이 있는 릴레이 보안기
- $L_1$ : 교류 1[kV] 이하에서 동작하는 피뢰기
- $E_1$ 및 $E_2$ : 접지

## 18 수상전로의 시설기준으로 옳은 것은?

① 사용전압이 고압인 경우에는 클로로프렌 캡타이어 케이블을 사용한다.

② 수상전로에 사용하는 부대(浮臺)는 쇠사슬 등으로 견고하게 연결한다.

③ 고압 수상전로에 지락이 생길 때를 대비하여 전로를 수동으로 차단하는 장치를 시설한다.

④ 수상선로의 전선은 부대의 아래에 지지하여 시설하고 또한 그 절연피복을 손상하지 아니하도록 시설한다.

해설

**수상전선로**

- 전선은 전선로의 사용전압이 저압인 경우에는 클로로프렌 캡타이어 케이블이어야 하며, 고압인 경우에는 캡타이어 케이블일 것
- 수상전선로의 전선을 가공전선로의 전선과 접속하는 경우에는 그 부분의 전선은 접속점으로부터 전선의 절연 피복 안에 물이 스며들지 아니하도록 시설하고 또한 전선의 접속점은 다음의 높이로 지지물에 견고하게 붙일 것
- 접속점이 육상에 있는 경우에는 지표상 5[m] 이상. 다만, 수상전선로의 사용전압이 저압인 경우에 도로상 이외의 곳에 있을 때에는 지표상 4[m]까지로 감할 수 있다.
- 접속점이 수면상에 있는 경우에는 수상전선로의 사용전압이 저압인 경우에는 수면상 4[m] 이상, 고압인 경우에는 수면상 5[m] 이상
- 수상전선로에 사용하는 부대(浮臺)는 쇠사슬 등으로 견고하게 연결한 것일 것
- 수상전선로의 전선은 부대의 위에 지지하여 시설하고 또한 그 절연피복을 손상하지 아니하도록 시설할 것

# 시행일 2021년 1회

## 01 다음은 무엇에 관한 설명인가?

"가공전선이 다른 시설물과 접근하는 경우에 그 가공전선이 다른 시설물의 위쪽 또는 옆쪽에서 수평 거리로 3[m] 미만"

① 제1차 접근상태

② 제2차 접근상태

③ 제3차 접근상태

④ 제4차 접근상태인 곳에 시설되는 상태

해설

**제2차 접근상태**

가공 전선이 다른 시설물과 접근하는 경우에 그 가공 전선이 다른 시설물의 위쪽 또는 옆쪽에서 수평 거리로 3[m] 미만인 곳에 시설되는 상태를 2차 접근상태라 말한다.

## 02 가공전선로의 지지물을 지선을 시설할 때 옳은 방법은?

① 지선의 안전율을 2.0으로 하였다.

② 소선은 최소 2가닥 이상의 연선을 사용하였다.

③ 지중의 부분 및 지표상 20[cm]까지의 부분은 아연도금 철봉 등 내부식성 재료를 사용하였다.

④ 도로를 횡단하는 곳의 지선의 높이는 지표상 5[m]로 하였다.

해설

- 지선에 연선을 사용할 경우에는 소선 3가닥 이상의 연선일 것
- 지선의 안전율은 2.5 이상일 것
- 소선의 지름 2.6[mm] 이상의 금속선을 사용할 것
- 인장하중의 최저는 4.31[kN] 이상일 것
- 도로횡단시 높이는 5[m] 단, 교통에 지장이 없을 경우 4.5[m]

[정답] 18 ② 2021년 1회 01 ② 02 ④

**03** **지중전선로는 기설 지중약전류전선로에 대하여 다음의 어느 것에 의하여 통신상의 장해를 주지 아니하도록 기설약전류전선로로부터 충분히 이격시키는 등의 조치를 취하여야 하는가?**

① 충전전류 또는 표피작용

② 충전전류 또는 유도작용

③ 누설전류 또는 표피작용

④ 누설전류 또는 유도작용

해설

지중전선로는 기설 지중약전류전선로에 대하여 누설전류 또는 유도작용에 의하여 통신상의 장해를 주지 아니하도록 기설 약전류전선로로부터 충분히 이격시키거나 기타 적당한 방법으로 시설하여야 한다.

**04** **다음 중 지중전선로의 전선으로 가장 알맞은 것은?**

① 절연전선 ② 동복강선

③ 케이블 ④ 나경동선

해설

**지중전선로**

지중 전선로는 전선에 케이블을 사용하고 또한 관로식·암거식(暗渠式) 또는 직접 매설식에 의하여 시설하여야 한다.

**05** **가요전선관공사에 있어서 저압 옥내배선 시설에 맞지 않는 것은?**

① 전선은 절연전선일 것

② 가요전선관 안에는 전선에 접속점이 없을 것

③ 단선 사용시 단면적 10[mm$^2$] 이하의 것

④ 일반적으로 가요전선관은 3종 금속제 가요전선관일 것

해설

- 가요전선관 안 전선에 접속점이 없도록 할 것
- 가요전선관은 2종 금속제 가요 전선관일 것

**06** **발전소 변전소에서 특고압전선로의 접속상태를 모의모선의 사용 등으로 표시하지 않아도 되는 것은?**

① 2회선의 단일모선 ② 2회선의 복모선

③ 3회선의 단일모선 ④ 4회선의 복모선

해설

단일모선으로 회선수가 2이하 시 모의모선 등으로 표시하지 않아도 된다.

**07** **전기부식방지 시설을 할 때 전기부식방지용 전원장치로부터 양극 및 피방식체의 전로에 사용되는 전압은 직류 몇 [V] 이하이어야 하는가?**

① 20[V] ② 40[V]

③ 60[V] ④ 80[V]

해설

- 사용전압은 직류 60[V] 이하일 것
- 지중에 매설하는 양극은 75[cm] 이상의 깊이일 것
- 수중에 시설하는 양극과 그 주위 1[m] 안의 임의의 점과의 전위차 10[V] 이하 일 것
- 지표 또는 수중에서 1[m] 간격을 갖는 임의의 2점간 전위차는 5[V] 이하 일 것

**08** **소세력회로의 전압이 15[V]이하일 경우 2차단락전류 제한값은 8[A]이다. 이때 과전류 차단기의 정격전류는 몇 [A] 이하이어야 하는가?**

① 1.5 ② 3

③ 5 ④ 10

해설

**소세력 회로**

| 소세력 회로의 최대 사용전압의 구분 | 2차 단락전류 | 과전류 차단기의 정격전류 |
|---|---|---|
| 15[V] 이하 | 8[A] | 5[A] |
| 15[V] 초과 30[V] 이하 | 5[A] | 3[A] |
| 30[V] 초과 60[V] 이하 | 3[A] | 1.5[A] |

[정답] 03 ④ 04 ③ 05 ④ 06 ① 07 ③ 08 ③

## 09 고압 가공전선로의 B종 철주의 경간은 얼마 이하로 해야 하는가?

① 150 ② 250
③ 400 ④ 600

해설

**고압 가공전선로의 경간**

| 지지물 | 특고압 가공전선로 시가지 경간 |
|---|---|
| A종(목주) | 150[m] 이하 |
| B종 | 250[m] 이하 |
| 철탑 | 600[m] 이하 |

## 10 3상 4선식 22.9[kV] 중성선 다중접지식 가공전선로의 전로와 대지간의 절연내력 시험전압은 몇 배를 적용하는가?

① 1.1 ② 1.25
③ 0.92 ④ 0.72

해설

**절연내력시험전압**

| 전로의 종류 | 시험전압 | 최저 시험전압 |
|---|---|---|
| 최대사용전압 7[kV]를 초과 25[kV] 이하 중성점 접지식 전로(중성선을 가지는 것으로서 그 중성선을 다중 접지하는 것에 한한다.) | 0.92배 | – |
| 직류로 시험 할 수 있으며, 표에서 정한 시험전압의 2배의 직류전압으로 절연내력을 시험한다. | | |

## 11 특고압 가공전선로의 지지물에 시설하는 통신선 또는 이에 직접 접속하는 통신선이 도로·횡단보도교·철도·궤도 또는 삭도와 교차하는 경우에는 통신선은 지름 몇 [mm]의 경동선이나 이와 동등 이상의 세기의 것이어야 하는가?

① 4 ② 4.5
③ 5 ④ 5.5

해설

**첨가통신선의 시설**

첨가통신선이 도로·횡단보도교·철도의 레일 또는 삭도와 교차하는 경우에는 통신선은 연선의 경우 단면적 16[mm$^2$](단선의 경우 지름 4[mm])의 절연전선과 동등 이상의 절연 효력이 있는 것, 인장강도 8.01[kN] 이상의 것 또는 연선의 경우 단면적 25[mm$^2$](단선의 경우 지름 5[mm])의 경동선일 것.

## 12 그림은 전력선 반송 통신용 결합장치의 보안장치이다. 그림에서 $DR$은 무엇인가?

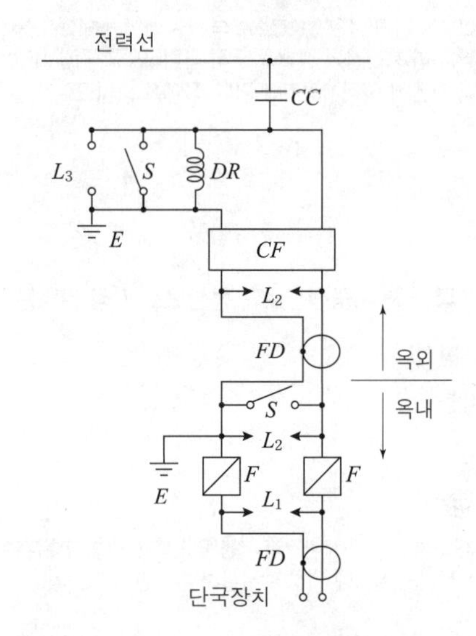


① 접지형 개폐기 ② 결합 필터
③ 방전갭 ④ 배류 선륜

해설

**전력선 반송 통신용 결합장치의 보안장치**

- FD : 동축케이블
- F : 정격전류 10[A] 이하의 포장 퓨즈
- DR : 전류 용량 2[A] 이상의 배류 선륜
- L1 : 교류 300[V] 이하에서 동작하는 피뢰기
- L2 : 동작 전압이 교류 1.3[kV]를 초과하고 1.6[kV] 이하로 조정된 방전갭
- L3 : 동작 전압이 교류 2[kV]를 초과하고 3[kV] 이하로 조정된 구상 방전갭
- S : 접지용 개폐기
- CF : 결합 필타
- CC : 결합 커패시터(결합 안테나를 포함한다.)
- E : 접지

[정답] 09 ② 10 ③ 11 ③ 12 ④

**13** **지중 전선로의 매설방법이 아닌 것은?**

① 관로식 ② 압축식
③ 암거식 ④ 직접 매설식

해설

지중 전선로는 전선에 케이블을 사용하고 또한 관로식·암거식(暗渠式) 또는 직접 매설식에 의하여 시설하여야 한다.

**14** **가공전선로의 지지물 중 지선을 사용하여 그 강도를 분담시켜서는 아니되는 것은?**

① 철탑 ② 목주
③ 철주 ④ 철근콘크리트주

해설

**지선의 시설**
가공전선로의 지지물로 사용하는 철탑은 지선을 사용하여 그 강도를 분담시켜서는 안 된다.

**15** **다음 중 옥내의 네온방전을 공사하는 방법으로 옳은 것은?**

① 방전등용 변압기는 누설변압기일 것
② 관등회로의 배선은 점검할 수 없는 은폐된 장소에서 시설할 것
③ 관등회로의 배선은 애자사용공사에 의할 것
④ 전선의 지지점간의 거리는 2[m] 이하로 할 것

해설

**네온방전등**
관등회로의 배선은 애자공사로 다음에 따라서 시설하여야 한다.
- 전선은 네온관용 전선을 사용할 것.
- 배선은 외상을 받을 우려가 없고 사람이 접촉될 우려가 없는 노출장소에 시설할 것.
- 전선은 자기 또는 유리제 등의 애자로 견고하게 지지하여 조영재의 아랫면 또는 옆면에 부착하고

**16** **사용전압이 35[kV] 이하인 특고압 가공전선이 상부 조영재의 위쪽에 시설되는 경우, 특고압 가공전선과 건조물의 조영재 이격거리는 몇 [m] 이상이어야 하는가? (단, 전선의 종류는 특고압 절연전선이라고 한다.)**

① 0.5[m] ② 0.2[m]
③ 2.5[m] ④ 3.0[m]

해설

| 조영재의 구분 | 전선종류 | 접근형태 | 이격거리[m] |
|---|---|---|---|
| 상부 조영재 | 특고압 절연전선 | 위쪽 | 2.5 |
| | 케이블 | | 1.2 |
| | 기타전선 | | 3 |

**17** **다음 급전선로에 대한 설명으로 옳지 않은 것은?**

① 급전선은 나전선을 적용하여 가공식으로 가설한다.
② 가공식은 전차선의 높이 이상으로 전차선로 지지물에 병가하며, 나전선의 접속은 직선접속을 사용할 수 없다.
③ 신설 터널 내 급전선을 가공으로 설계할 경우 지지물의 취부는 C찬넬 또는 매입전을 이용하여 고정하여야 한다.
④ 교량 하부 등에 설치할 때에는 최소 절연이격거리 이상을 확보하여야 한다.

해설

**급전선로**
- 급전선은 나전선을 적용하여 가공식으로 가설을 원칙으로 한다. 다만, 전기적 이격거리가 충분하지 않거나 지락, 섬락 등의 우려가 있을 경우에는 급전선을 케이블로 하여 안전하게 시공하여야 한다.
- 가공식은 전차선의 높이 이상으로 전차선로 지지물에 병가하며, 나전선의 접속은 직선접속을 원칙으로 한다.
- 신설 터널 내 급전선을 가공으로 설계할 경우 지지물의 취부는 C찬넬 또는 매입전을 이용하여 고정하여야 한다.
- 선상승강장, 인도교, 과선교 또는 교량 하부 등에 설치할 때에는 최소 절연이격거리 이상을 확보하여야 한다.

[정답] 13 ② 14 ① 15 ③ 16 ③ 17 ②

**18** **태양광설비의 계측장치로 알맞은 것은?**

① 역률을 계측하는 장치
② 습도를 계측하는 장치
③ 주파수를 계측하는 장치
④ 전압과 전력을 계측하는 장치

해설

**태양광설비의 계측장치**
태양광설비에는 전압과 전류 또는 전압과 전력을 계측하는 장치를 시설하여야 한다.

**19** **전기저장장치의 시설 중 제어 및 보호장치에 관한 사항으로 옳지 않은 것은?**

① 상용전원이 정전되었을 때 비상용 부하에 전기를 안정적으로 공급할 수 있는 시설을 갖출 것
② 전기저장장치의 접속점에는 쉽게 개폐할 수 없는 곳에 개방상태를 육안으로 확인할 수 있는 전용의 개폐기를 시설하여야 한다.
③ 직류 전로에 과전류차단기를 설치하는 경우 직류 단락전류를 차단하는 능력을 가지는 것이어야 하고 "직류용" 표시를 하여야 한다.
④ 전기저장장치의 직류 전로에는 지락이 생겼을 때에 자동적으로 전로를 차단하는 장치를 시설하여야 한다.

해설

**제어 및 보호장치**
전기저장장치의 접속점에는 쉽게 개폐할 수 있는 곳에 개방상태를 육안으로 확인할 수 있는 전용의 개폐기를 시설하여야 한다.

**20** **지중에 매설되어 있는 금속제 수도관로를 각종 접지공사의 접지극으로 사용하려면 대지와의 전기저항 값이 몇 [Ω] 이하의 값을 유지하여야 하는가?**

① 1 ② 2
③ 3 ④ 5

해설

지중에 매설되어 있고 대지와의 전기저항 값이 3[Ω] 이하의 값을 유지하고 있는 금속제 수도관로가 다음에 따르는 경우 접지극으로 사용이 가능하다.

## 시행일 2021년 2회

**01** **전기철도차량이 전차선로와 접촉한 상태에서 견인력을 끄고 보조전력을 가동한 상태로 정지해 있는 경우, 가공 전차선로의 유효전력이 200[kW] 이상일 경우 총 역률은 몇 보다는 작아서는 안되는가?**

① 0.9 ② 0.7
③ 0.6 ④ 0.8

해설

**전기철도 차량의 역률**
전기철도차량이 전차선로와 접촉한 상태에서 견인력을 끄고 보조전력을 가동한 상태로 정지해 있는 경우, 가공 전차선로의 유효전력이 200[kW] 이상일 경우 총 역률은 0.8보다는 작아서는 안된다.

**02** **철도·궤도 또는 자동차도의 전용터널 안의 전선로의 시설방법으로 맞는 것은?**

① 고압전선을 금속관공사에 의하여 시설하고 이를 레일면상 또는 노면상 2.4[m]의 높이로 시설하였다.
② 고압전선은 지름 3.2[mm]의 경동선의 절연전선을 사용하였다.
③ 저압전선을 애자사용배선에 의하여 시설하고 이를 레일면상 또는 노면상 2.2[m]의 높이로 시설하였다.
④ 저압전선은 지름 2.6[mm]의 경동선의 절연전선을 사용하였다.

해설

**터널안 전선로**

[정답] 18 ④ 19 ② 20 ③ 2021년 2회 01 ④ 02 ④

| 전 압 | 전선의 종류 | 시공방법 | 애자사용 공사시 높이 |
|---|---|---|---|
| 저 압 | 2.6[mm] 이상<br>인장강도 2.30[kN] 이상 | • 합성수지관공사<br>• 금속관공사<br>• 가요전선관공사<br>• 케이블공사<br>• 애자사용공사 | 노면상,<br>레일면상<br>2.5[m] 이상 |
| 고 압 | 4[mm] 이상<br>인장강도 5.26[kN] 이상 | • 케이블공사<br>• 애자사용공사 | 노면상,<br>레일면상<br>3[m] 이상 |

## 03 고압가공인입선은 그 아래에 위험 표시를 하였을 경우에는 지표상 높이는 몇 [m] 이상이어야 하는가?

① 3.5[m] ② 4.5[m]
③ 5.5[m] ④ 6.5[m]

해설

**고압 가공 인입선의 높이**

| 도로횡단 | 철도횡단 | 횡단보도교위 | 기타 |
|---|---|---|---|
| 6[m] | 6.5[m] | 3.5[m] | 5[m]<br>(단, 위험표시를 하면 3.5[m]) |

## 04 특고압의 기계기구·모선 등을 옥외에 시설하는 변전소의 구내에 취급자 이외의 자가 들어가지 못하도록 시설하는 울타리·담 등의 높이는 몇 [m] 이상으로 하여야 하는가?

① 2 ② 2.2
③ 2.5 ④ 3

해설

- 울타리 담등의 높이 : 2[m] 이상
- 지표면과 울타리·담등의 하단사이의 간격 : 15[cm] 이하

## 05 전기욕기에 전기를 공급하기 위한 전원장치에 내장되어 있는 전원변압기의 2차측 전로의 사용전압은 몇 [V] 이하인 것을 사용하여야 하는가?

① 5 ② 10
③ 25 ④ 35

해설

**전기욕기의 시설**

전기욕기에 전기를 공급하기 위하여는 전기욕기용 전원장치(내장되어 있는 전원변압기의 2차측 전로의 사용전압이 10[V] 이하인 것에 한한다)를 사용할 것

## 06 최대사용전압이 3.3[kV]인 전동기의 절연내력 시험전압은 몇 [V] 전압에서 권선과 대지간에 연속하여 10분간 견디어야 하는가?

① 4950 ② 4125
③ 6600 ④ 7600

해설

**회전기의 절연내력 시험 전압**

| | 종류 | 최대사용전압 | 배수 | 최저시험전압 | 시험방법 |
|---|---|---|---|---|---|
| 회전기 | 조상기<br>발전기<br>전동기 | 7[kV] 이하 | 1.5배 | 500[V] | 권선과<br>대지간 |
| | | 7[kV] 초과 | 1.25배 | 10500[V] | |

## 07 가공 전선로에 사용하는 지지물의 강도계산에 적용하는 갑종 풍압하중은 단도체 전선의 경우 구성재의 수직투영면적 1[m²]에 대한 몇 [Pa]의 풍압으로 계산하는가?

① 745 ② 588
③ 1255 ④ 1039

해설

**풍압하중**

| 풍압을 받는 구분 (갑종의 경우) | | 풍압[Pa] |
|---|---|---|
| 전선 기타의 가섭선 | 다도체를 구성하는 전선 | 666 |
| | 기타의 것(단도체) | 745 |
| 특고압 전선용의 애자장치 | | 1039 |

[정답] 03 ① 04 ① 05 ② 06 ① 07 ①

## 08 전기철도의 가선방식으로 해당하지 않는 것은?

① 가공방식 ② 강체방식
③ 지중방식 ④ 제3레일방식

**해설**

전기철도차량에 전력을 공급하는 전차선의 가선방식으로 가공식, 강체식, 제3궤조식으로 분류한다.

## 09 전선의 접속방법으로 틀린 것은?

① 알루미늄 도체의 전선관 동도체의 전선을 접속할 때에는 전기적 부식이 생기지 않도록 한다.
② 접속부분을 절연전선의 절연물과 동등이상의 절연효력이 있도록 충분히 피복한다.
③ 두 개 이상의 전선을 병렬로 사용할 때 각 전선의 굵기를 35[$mm^2$] 이상의 동선을 사용한다.
④ 전선의 세기를 20[%] 이상 감소시키지 않는다.

**해설**

- 두 개 이상의 전선을 병렬로 사용하는 경우에는 다음에 의하여 시설할 것.
- 병렬로 사용하는 각 전선의 굵기는 동선 50[$mm^2$] 이상 또는 알루미늄 70[$mm^2$] 이상으로 하고, 전선은 같은 도체, 같은 재료, 같은 길이 및 같은 굵기의 것을 사용할 것.

## 10 일반주택 및 아파트 각 호실의 현관등과 같은 조명용 백열전등을 설치할 때에는 타임스위치를 시설하여야 한다. 몇 분 이내에 소등되는 것이어야 하는가?

① 1분 ② 3분
③ 5분 ④ 10분

**해설**

- 호텔 또는 여관 각 객실 입구등은 1분 이내 소등되는 것
- 일반주택 및 아파트의 현관등은 3분 이내 소등되는 것

## 11 저압 옥상전선로의 시설에 대한 설명으로 틀린 것은?

① 전선은 절연전선을 사용한다.
② 전선은 지름 2.6[mm] 이상의 경동선을 사용한다.
③ 전선은 상시 부는 바람 등에 의하여 식물에 접촉하지 않도록 시설한다.
④ 전선과 옥상 전선로를 시설하는 조영재와의 이격거리를 0.5[m]로 한다.

**해설**

전선과 그 저압 옥상 전선로를 시설하는 조영재와의 이격거리는 2[m](전선이 고압 절연전선, 특고압 절연전선 또는 케이블인 경우에는 1[m])이상일 것

## 12 시가지내에 시설하는 154[kV]가공 전선로에 지락 또는 단락이 생겼을 때 몇 초 안에 자동적으로 이를 전로로부터 차단하는 장치를 시설하여야 하는가?

① 1 ② 3
③ 5 ④ 10

**해설**

**시가지 진입 특고압**

사용전압이 100[kV]를 초과하는 특고압 가공전선에 지락 또는 단락이 생겼을 때에는 1초 이내에 자동적으로 이를 전로로부터 차단하는 장치를 시설할 것.

## 13 전력보안 통신설비의 무선용 안테나 등을 지지하는 철주, 철근콘크리트주 또는 철탑의 기초 안전율은 얼마 이상이어야 하는가?

① 1.2 ② 1.5
③ 1.8 ④ 2

**해설**

전력보안 통신설비인 무선통신용 안테나 또는 반사판을 지지하는 철주·철근콘크리트주 또는 철탑의 기초의 안전율은 1.5 이상이어야 한다.

[정답] 08③ 09③ 10② 11④ 12① 13②

**14** **계통 연계하는 분산형전원설비를 설치하는 경우 자동적으로 분산형전원설비를 전력계통으로부터 분리하기 위한 장치 시설 및 해당 계통과의 보호협조를 실시하여야 하는 경우로 알맞지 않은 것은?**

① 단독운전 상태
② 연계한 전력계통의 이상 또는 고장
③ 조상설비의 이상 발생 시
④ 분산형전원설비의 이상 또는 고장

해설

**계통 연계용 보호장치의 시설**

계통 연계하는 분산형전원설비를 설치하는 경우 다음에 해당하는 이상 또는 고장 발생 시 자동적으로 분산형전원설비를 전력계통으로부터 분리하기 위한 장치 시설 및 해당 계통과의 보호협조를 실시하여야 한다.

- 분산형전원설비의 이상 또는 고장
- 연계한 전력계통의 이상 또는 고장
- 단독운전 상태

**15** **애자사용공사에 의한 고압 옥내배선 등의 시설에서 사용되는 연동선의 공칭단면적은 몇 [mm²] 이상인가?**

① 2.5 ② 8
③ 4 ④ 6

해설

전선은 공칭단면적 6[mm²] 이상의 연동선, 고압 절연전선 또는 인하용 고압 절연전선일 것

**16** **저압 가공전선로의 지지물은 목주인 경우에는 풍압하중의 몇 배의 하중을 견디는 강도를 가지는 것이어야 하는가?**

① 1.5 ② 0.8
③ 1.0 ④ 1.2

해설

**목주의 안전율**

저압 가공전선로의 지지물은 목주인 경우에는 풍압하중의 1.2배의 하중, 기타의 경우에는 풍압하중에 견디는 강도를 가지는 것이어야 한다.

**17** **유희용 전차의 시설에 대한 설명 중 틀린 것은?**

① 전로의 사용전압은 직류의 경우 60[V] 이하, 교류의 경우 40[V]이하일 것
② 전기를 공급하기 위하여 사용하는 접촉전선은 제3레일 방식일 것
③ 전기를 변성하기 위하여 사용하는 변압기의 1차 전압은 400[V] 이하일 것
④ 전차 안의 승압용 변압기의 2차 전압은 200[V] 이하일 것

해설

전차 안에 승압용 변압기를 사용하는 경우는 절연변압기로 그 변압기의 2차 전압은 150[V] 이하일 것

**18** **주택 등 저압 수용 장소에서 고정 전기설비에 TN－C－S 접지방식으로 접지공사시 중성선 겸용 보호도체(PEN)는 고정 전기설비에만 사용할 수 있다. 그 보호도체의 단면적이 구리는 몇 [mm²] 이상이어야 하는가?**

① 4 ② 6
③ 16 ④ 10

해설

**저압수용장소에서 계통접지가 TN-C-S 방식**

중성선 겸용 보호도체(PEN)는 고정 전기설비에만 사용할 수 있고, 그 도체의 단면적이 구리는 10[mm²] 이상, 알루미늄은 16[mm²] 이상이어야 하며, 그 계통의 최고전압에 대하여 절연되어야 한다.

**19** **내부에 고장이 생긴 경우에 자동적으로 이를 선로로부터 차단하는 장치를 설치하여야 하는 조상기 뱅크용량은 몇 [kVA]이상인가?**

① 15000 ② 3000
③ 5000 ④ 10000

해설

**조상설비의 보호장치**

[정답] 14③ 15④ 16④ 17④ 18④ 19①

| 설비종별 | 뱅크용량의 구분 | 자동적으로 전로로부터 차단하는 장치 |
|---|---|---|
| 전력용 커패시터 및 분로리액터 | 500[kVA] 초과 15,000[kVA] 미만 | 내부에 고장이 생긴 경우에 동작하는 장치 또는 과전류가 생긴 경우에 동작하는 장치 |
| | 15,000[kVA] 이상 | 내부에 고장이 생긴 경우에 동작하는 장치 및 과전류가 생긴 경우에 동작하는 장치 또는 과전압이 생긴 경우에 동작하는 장치 |
| 조상기 | 15,000[kVA] 이상 | 내부에 고장이 생긴 경우에 동작하는 장치 |

**20** **35[kV] 가공전선과 고압 가공전선을 동일 지지물에 병가할 때 상호간의 이격거리는 일반적인 경우 몇 [m] 이상인가? (단, 특고압 가공전선이 케이블이 아닌 경우이다.)**

① 1.0
② 1.2
③ 1.5
④ 2.0

해설

**병가**

| 전압범위 | 22.9[kV] 중성선다중접지 | 특고압-저 · 고압 |
|---|---|---|
| 35[kV] 이하 | 1.0[m] | 1.2[m] |

## 시행일 2021년 3회

**01** **태양전지 모듈의 직렬군 최대개방전압이 직류 750[V] 초과 1500[V] 이하인 시설장소에서 시행해야 하는 안전조치로 알맞지 않은 것은?**

① 태양전지 모듈을 지상에 설치하는 경우 울타리 · 담 등을 시설하여야 한다.
② 태양전지 모듈을 일반인이 쉽게 출입할 수 있는 옥상 등에 시설하는 경우는 식별이 가능하도록 위험 표시를 하여야 한다.
③ 태양전지 모듈을 일반인이 쉽게 출입할 수 없는 옥상 · 지붕에 설치하는 경우는 모듈 프레임 등 쉽게 식별할 수 있는 위치에 위험 표시를 하여야 한다.
④ 태양전지 모듈을 주차장 상부에 시설하는 경우는 위험 표시를 하지 않아도 된다.

해설

**태양광발전설비 설치장소의 요구사항**

태양전지 모듈의 직렬군 최대개방전압이 직류 750[V] 초과 1500[V] 이하인 시설장소는 다음에 따라 울타리 등의 안전조치를 하여야 한다.

① 태양전지 모듈을 지상에 설치하는 경우는 울타리·담 등을 시설하여야 한다.
② 태양전지 모듈을 일반인이 쉽게 출입할 수 있는 옥상 등에 시설하는 경우는 ①의하여 시설하여야 하고 식별이 가능하도록 위험 표시를 하여야 한다.
③ 태양전지 모듈을 일반인이 쉽게 출입할 수 없는 옥상·지붕에 설치하는 경우는 모듈 프레임 등 쉽게 식별할 수 있는 위치에 위험 표시를 하여야 한다.
④ 태양전지 모듈을 주차장 상부에 시설하는 경우는 ②와 같이 시설하고 차량의 출입 등에 의한 구조물, 모듈 등의 손상이 없도록 하여야 한다.
⑤ 태양전지 모듈을 수상에 설치하는 경우는 ③과 같이 시설하여야 한다.

**02** **가공전선로의 지지물에 시설하는 지선의 시설 기준으로 옳은 것은?**

① 지선의 안전율은 2.2 이상이어야 한다.
② 연선을 사용할 경우에는 소선(素線) 3가닥 이상이어야 한다.
③ 도로를 횡단하여 시설하는 지선의 높이는 지표상 4[m] 이상으로 하여야 한다.
④ 지중부분 및 지표상 20[cm]까지의 부분에는 내식성이 있는 것 또는 아연도금을 한다.

해설

**지선의 시설**

- 지선에 연선을 사용할 경우에는 소선 3가닥 이상의 연선일 것
- 지선의 안전율은 2.5 이상일 것
- 소선의 지름 2.6[mm] 이상의 금속선을 사용할 것
- 인장하중의 최저는 4.31[kN] 이상일 것
- 도로횡단시 높이는 5[m] 단, 교통에 지장이 없을 경우 4.5[m]

[정답] 20 ② 2021년 3회 01 ④ 02 ②

**03** **저압 또는 고압의 가공 전선로와 기설 가공 약전류 전선로가 병행할 때 유도작용에 의한 통신상의 장해가 생기지 않도록 전선과 기설 약전류 전선간의 이격거리는 몇 [m] 이상이어야 하는가? (단, 전기철도용 급전선로는 제외한다.)**

① 2　　② 3

③ 4　　④ 6

해설

**가공 약전류전선로의 유도장해**

저·고압 가공전선로와 기설 가공약전류전선로가 병행하는 경우에는 유도작용에 의하여 통신상의 장해가 생기지 아니하도록 전선과 기설 약전류 전선간의 이격거리는 2[m] 이상이어야 한다.

**04** **수상전로의 시설기준으로 옳은 것은?**

① 사용전압이 고압인 경우에는 클로로프렌 캡타이어 케이블을 사용한다.

② 수상전로에 사용하는 부대(浮臺)는 쇠사슬 등으로 견고하게 연결한다.

③ 고압 수상전로에 지락이 생길 때를 대비하여 전로를 수동으로 차단하는 장치를 시설한다.

④ 수상선로의 전선은 부대의 아래에 지지하여 시설하고 또한 그 절연피복을 손상하지 아니하도록 시설한다.

해설

**수상전선로**

수상전선로에는 이와 접속하는 가공전선로에 전용개폐기 및 과전류 차단기를 각 극(과전류 차단기는 다선식 전로의 중성극을 제외한다)에 시설하고 또한 수상전선로의 사용전압이 고압인 경우에는 전로에 지락이 생겼을 때에 자동적으로 전로를 차단하기 위한 장치를 시설하여야 한다.전선은 부대의 위에 지지하여 시설하고 또한 그 절연피복을 손상하지 아니하도록 시설한다.

**05** **지중 전선로를 직접 매설식에 의하여 시설하는 경우에 차량 및 기타 중량물의 압력을 받을 우려가 있는 장소의 매설 깊이는 몇 [m] 이상인가?**

① 1.0　　② 1.2

③ 1.5　　④ 1.8

해설

**직접매설식**

직접 매설식의 경우 매설 깊이를 차량 기타 중량물의 압력을 받을 우려가 있는 장소에는 1[m] 이상, 기타 장소에는 60[cm] 이상으로 하고 또한 지중 전선을 견고한 트라프 기타 방호물에 넣어 시설하여야 한다.

**06** **배선공사 중 전선이 반드시 절연전선이 아니라도 상관없는 공사방법은?**

① 금속관 공사

② 합성수지관 공사

③ 애자사용공사

④ 플로어 덕트 공사

해설

**나전선의 사용제한**

다음의 경우를 제외하고 나전선을 사용하여서는 아니 된다.
전기로용 전선, 버스덕트공사, 라이팅덕트공사 및 접촉전선을 시설하는 경우 나전선을 사용할 수 있다.

**07** **옥내의 네온 방전등 공사의 방법으로 옳은 것은?**

① 전선 상호 간의 간격은 5[cm] 이상일 것

② 관등회로의 배선은 애자사용공사에 의할 것

③ 전선의 지지점간의 거리는 2[m] 이하로 할 것

④ 관등회로의 배선은 점검할 수 없는 은폐된 장소에 시설할 것

해설

**옥내의 네온방전등 공사**

- 전선의 지지점간의 거리는 1[m] 이하일 것
- 전선 상호간의 간격은 6[cm] 이상일 것

[정답] 03 ① 04 ② 05 ① 06 ③ 07 ②

**08** 다음 그림에서 $L$은 어떤 크기로 동작하는 기기의 명칭인가?

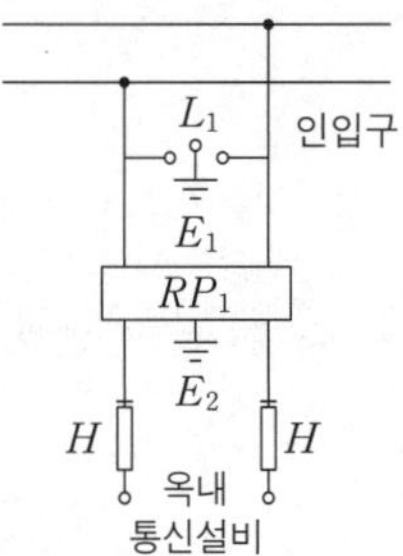


① 교류 1,000[V] 이하에서 동작하는 단로기

② 교류 1,000[V] 이하에서 동작하는 피뢰기

③ 교류 1,500[V] 이하에서 동작하는 단로기

④ 교류 1,500[V] 이하에서 동작하는 피뢰기

해설

**보안장치표준**

- $RP_1$ : 교류 300[V] 이하에서 동작하고, 최소 감도 전류가 3[A] 이하로서 최소 감도전류 때의 응동시간이 1사이클 이하이고 또한 전류 용량이 50[A], 20초 이상인 자복성이 있는 릴레이 보안기
- $L$ : 교류 1[kV] 이하에서 동작하는 피뢰기
- $E$ : 접지

**09** 직류 750V의 전차선과 차량 간의 최소 절연이격거리는 동적일 경우 몇 [mm]인가?

① 25 ② 100

③ 150 ④ 170

해설

**전차선과 차량 간의 최소 절연이격거리**

| 시스템 종류 | 공칭전압[V] | 동적[mm] | 정적[mm] |
|---|---|---|---|
| 직류 | 750 | 25 | 25 |
| | 1,500 | 100 | 150 |
| 단상교류 | 25,000 | 170 | 270 |

**10** 사용전압이 400[V] 이하인 저압 가공전선은 절연전선인 경우 지름이 몇 [mm] 이상의 경동선이어야 하는가?

① 1.2[mm] ② 2.6[mm]

③ 3.2[mm] ④ 4.0[mm]

해설

**저압 가공전선의 굵기**

| 저압 가공전선의 굵기 | | | | | |
|---|---|---|---|---|---|
| 400[V] 이하 | | | 400[V] 이상 저압 | | |
| 나전선 | 3.2[mm] | 3.43[kN] | 시가지 | 5.0[mm] | 8.01[kN] |
| 절연전선 | 2.6[mm] | 2.30[kN] | 시가지외 | 4.0[mm] | 5.26[kN] |

**11** 저압 옥측전선로에서 목조의 조영물에 시설할 수 있는 공사 방법은?

① 금속관공사

② 버스덕트공사

③ 합성수지관공사

④ 연피 또는 알루미늄 케이블공사

해설

**저압 옥측전선로**

- 애자사용공사(전개된 장소에 한한다)
- 합성수지관공사
- 금속관공사목조 이외의 조영물에 시설하는 경우에 한한다.
- 버스덕트공사목조 이외의 조영물에 시설하는 경우에 한한다.
- 케이블공사(연피케이블.알루미늄피케이블 또는 미네럴인슈레이션케이블을 사용하는 경우에는 목조 이외의 조영물에 시설하는 경우에 한한다.)

**12** 전가섭선에 관하여 각 가섭선의 상정 최대장력의 33[%]와 같은 불평균 장력의 수평 종분력에 의한 하중을 더 고려하여야 할 철탑의 유형은?

① 직선형 ② 각도형

③ 내장형 ④ 인류형

[정답] 08 ② 09 ① 10 ② 11 ③ 12 ③

해설

**철탑**

철탑의 경우 다음에 따라 가섭선 불평균 장력에 의한 수평 종하중을 가산한다.

- 인류형의 경우에는 전가섭선에 관하여 각 가섭선의 상정 최대장력과 같은 불평균 장력의 수평 종분력에 의한 하중
- 내장형·보강형의 경우에는 전가섭선에 관하여 각 가섭선의 상정 최대장력의 33[%]와 같은 불평균 장력의 수평 종분력에 의한 하중

## 13 최대사용전압이 7200[V]인 중성점 비접지식 전로의 절연내력 시험전압은 몇 [V]인가?

① 9000　　② 10500

③ 10800　　④ 14400

해설

**절연내력시험전압**

| 최대사용전압에 의한 전로의 종류 | 시험전압 |
|---|---|
| 최대사용전압 7[kV] 초과 60[kV] 이하의 전로 (2란의 것을 제외한다) | 최대사용전압의 1.25배의 전압 (10.5[kV] 미만으로 되는 경우는 10.5[kV]) |

$7200 \times 1.25 = 9000$ 단, 최저시험전압 10500 이므로 10500 적용

## 14 발.변전소의 주요 변압기에 시설하지 않아도 되는 계측 장치는?

① 역률계　　② 전압계

③ 전력계　　④ 전류계

해설

**계측장치**

- 발전기, 및 주변압기의 전압 및 전류 또는 전력(VIP)
- 발전기의 베어링 및 고정자 온도
- 특고압용 변압기의 온도

## 15 특고압 가공전선로의 철탑의 경간은 얼마 이하로 해야 하는가?

① 400　　② 500

③ 600　　④ 800

해설

**경간**

| 지지물 | 특고압 가공전선로 표준경간 |
|---|---|
| 철 탑 | 600[m] 이하 |

## 16 전기울타리의 시설에 관한 규정 중 틀린 것은?

① 전선과 수목 사이의 이격거리는 50[cm] 이상이어야 한다.

② 전기울타리는 사람이 쉽게 출입하지 아니하는 곳에 설치하여야 한다.

③ 전선은 인장강도 1.38[kN] 이상의 것 또는 지름 2[mm] 이상의 경동선이어야 한다.

④ 전기울타리용 전원 장치에 전기를 공급하는 전로의 사용전압은 250[V] 이하이어야 한다.

해설

**전기울타리의 시설**

① 사용전압은 250[V] 이하이어야 한다.
② 사람이 쉽게 출입하지 아니하는 곳에 시설할 것.
③ 전선은 인장강도 1.38[kN] 이상의 것 또는 지름 28[mm] 이상의 경동선일 것.
④ 전선과 이를 지지하는 기둥 사이의 이격거리는 2.5[cm] 이상일 것.
⑤ 전선과 다른 시설물(가공전선 제외) 또는 수목 사이의 이격거리는 30[cm] 이상일 것.

## 17 전기철도의 설비를 보호하기 위해 시설하는 피뢰기의 시설기준으로 틀린 것은?

① 피뢰기는 변전소 인입측 및 급전선 인출 측에 설치하여야 한다.

② 피뢰기는 가능한 한 보호하는 기기와 가깝게 시설하되 누설전류 측정이 용이하도록 지지대와 절연하여 설치한다.

[정답] 13 ② 14 ① 15 ③ 16 ① 17 ③

③ 피뢰기는 개방형을 사용하고 유효 보호거리를 증가시키기 위하여 방전개시전압 및 제한전압이 낮은 것을 사용한다.
④ 피뢰기는 가공전선과 직접 접속하는 지중케이블에서 낙뢰에 의해 절연파괴의 우려가 있는 케이블 단말에 설치하여야 한다.

**해설**

**전지철도의 피뢰기 설치장소**

① 다음의 장소에 피뢰기를 설치하여야 한다.
- 변전소 인입측 및 급전선 인출측
- 가공전선과 직접 접속하는 지중케이블에서 낙뢰에 의해 절연파괴의 우려가 있는 케이블 단말

② 피뢰기는 가능한 한 보호하는 기기와 가깝게 시설하되 누설전류 측정이 용이하도록 지지대와 절연하여 설치한다.

**18** **옥외용 비닐절연전선을 사용한 저압가공전선이 횡단보도교 위에 시설되는 경우에 그 전선의 노면상 높이는 몇 [m] 이상으로 하여야 하는가?**

① 2.5　② 3.0
③ 3.5　④ 4.0

**해설**

**저압 가공전선의 높이**

| 저압 가공전선의 높이 | |
|---|---|
| 횡단보도교 위 | 3.5[m] 이상 (단, 절연전선 : 3[m] 이상) |

**19** **"리플프리(Ripple-free)직류"란 교류를 직류로 변환할 때 리플성분의 실효값이 몇 [%] 이하로 포함된 직류를 말하는가?**

① 3　② 5
③ 10　④ 15

**해설**

**리플프리직류**

교류를 직류로 변환할 때 리플성분의 실효값이 10[%] 이하로 포함된 직류를 말한다.

**20** **전로에 시설하는 기계기구 중에서 외함 접지공사를 생략할 수 없는 경우는?**

① 사용전압이 직류 300[V] 또는 교류 대지전압이 150[V] 이하인 기계기구를 건조한 장소에 시설하는 경우
② 정격감도전류 40[mA], 동작시간이 0.5초인 전류 동작형의 인체감전 보호용 누전차단기를 시설하는 경우
③ 외함이 없는 계기용변성기가 고무·합성수지 기타의 절연물로 피복한 것일 경우
④ 철대 또는 외함의 주위에 적당한 절연대를 설치하는 경우

**해설**

**외함 접지 생략요건**

감전보호용 누전차단기는 정격감도전류 30[mA] 이하, 동작시간 0.03초 이하의 전류동작형에 한한다.

## 시행일 2022년 1회

**01** **사용전압이 저압인 전로에서 정전이 어려운 경우 등 절연저항 측정이 곤란한 경우에는 누설전류를 몇 [mA] 이하로 유지하여야 하는가?**

① 0.1[mA]　② 1.0[mA]
③ 10[mA]　④ 100[mA]

**해설**

**누설전류 한도**

사용전압이 저압인 전로에서 정전이 어려운 경우 또는 절연저항 측정이 곤란한 경우에는 누설전류를 1[mA] 이하로 유지할 것

**02** **연료전지 및 태양전지 모듈의 절연내력시험을 하는 경우 충전부분과 대지 사이에 어느 정도의 시험전압을 인가하여야 하는가? (단, 연속하여 10분간 가하여 견디는 것이어야 한다.)**

[정답] 18 ② 19 ③ 20 ② 2022년 1회 01 ② 02 ③

① 최대사용전압의 1.5배의 직류전압 또는 1.25배의 교류전압
② 최대사용전압의 1.25배의 직류전압 또는 1.25배의 교류전압
③ 최대사용전압의 1.5배의 직류전압 또는 1배의 교류전압
④ 최대사용전압의 1.25배의 직류전압 또는 1배의 교류전압

해설

**절연내력시험전압(전지)**

연료전지 및 태양전지 모듈은 최대사용전압의 1.5배의 직류전압 또는 1배의 교류전압

### 03 다음은 무엇에 관한 설명인가?

"가공전선이 다른 시설물과 접근하는 경우에 그 가공전선이 다른 시설물의 위쪽 또는 옆쪽에서 수평 거리로 3[m] 미만"

① 제1차 접근상태
② 제2차 접근상태
③ 제3차 접근상태
④ 제4차 접근상태인 곳에 시설되는 상태

해설

**접근상태**

"제2차 접근상태"라 함은 가공전선이 다른 시설물과 상방 또는 측방에서 수평거리로 3[m] 미만인 곳에 시설되는 상태를 말한다.

### 04 사용전압이 400[V] 이하인 저압 가공전선은 케이블이나 절연전선인 경우를 제외하고 인장강도가 3.43[kN] 이상인 것 또는 지름이 몇 [mm] 이상의 경동선이어야 하는가?

① 1.2[mm] ② 2.6[mm]
③ 3.2[mm] ④ 4.0[mm]

해설

**저압가공전선**

| 저압 가공전선의 굵기 | | |
|---|---|---|
| 400[V] 이하 | | |
| 나전선 | 3.2[mm] | 3.43[kN] |
| 절연전선 | 2.6[mm] | 2.30[kN] |

### 05 애자사용공사에 의한 고압 옥내배선을 할 때 전선을 조영재의 면을 따라 붙이는 경우, 전선의 지지점간의 거리는 몇 [m] 이하이어야 하는가?

① 2[m] ② 3[m]
③ 4[m] ④ 5[m]

해설

**고압 애자사용공사**

| 전 압 | 전선 지지점간의 거리 | |
|---|---|---|
| | 조영재의 상면 또는 측면 | 조영재에 따라 시설하지 않는 경우 |
| 고 압 | 2[m] 이하 | 6[m] 이하 |

### 06 합성수지관공사에 의한 저압 옥내배선에 대한 설명으로 잘못된 것은?

① 합성수지관 안에 전선의 접속점이 없도록 한다.
② 전선은 반드시 옥외용 비닐절연전선을 사용한다.
③ 단면적 10[$mm^2$] 이하의 연동선은 단선을 사용할 수 있다.
④ 관의 지지점간의 거리는 1.5[m] 이하로 한다.

해설

**합성수지관배선**

① 전선의 종류는 절연전선 일 것(옥외용 비닐 절연전선을 제외)
② 전선은 연선일 것. 단, 다음의 것은 적용하지 않는다.
- 짧고 가는 합성수지관에 넣은 것.
- 단면적 10[$mm^2$](알루미늄선은 단면적 16[$mm^2$]) 이하의 것

[정답] 03 ② 04 ③ 05 ① 06 ②

③ 전선은 합성수지관 안에서 접속점이 없도록 할 것
④ 관 상호 간 및 박스와는 관을 삽입하는 깊이를 관의 바깥 지름의 1.2배(접착제를 사용하는 경우에는 0.8배) 이상으로 하고, 관의 지지점 간의 거리는 1.5[m] 이하로 할 것

**07** 가반형의 용접전극을 사용하는 아크 용접장치의 용접변압기의 1차측 전로의 대지전압은 몇 [V] 이하이어야 하는가?

① 220　② 300
③ 380　④ 440

해설

용접변압기의 1차측 전로의 대지전압은 300[V] 이하일 것

**08** 전기울타리의 시설에 관한 설명중 옳지 않은 것은?

① 사용전압은 600[V] 이하 이어야 한다.
② 사람이 쉽게 출입하지 아니하는 곳에 시설할 것
③ 전선은 인장강도 1.38[kN] 이상의 것 또는 지름 2[mm] 이상의 경동선일 것
④ 전선과 이를 지지하는 기둥 사이의 이격거리는 2.5[cm] 이상일 것

해설

**전기울타리의 시설**

| 전기울타리 | |
|---|---|
| 사용전압 | 250[V] 이하 |
| 사용전선 | 지름 2[mm] 이상의 경동선<br>또는 인장강도 1.38[kN] 이상 |
| 전선과 기둥과의 이격거리 | 2.5[cm] 이상 |
| 전선과 수목의 이격거리 | 30[cm] 이상 |

**09** 가공전선로의 지지물을 지선을 시설할 때 옳은 방법은?

① 지선의 안전율을 2.0으로 하였다.
② 소선은 최소 2가닥 이상의 연선을 사용하였다.
③ 지중의 부분 및 지표상 20[cm]까지의 부분은 아연도금 철봉 등 내부식성 재료를 사용하였다.
④ 도로를 횡단하는 곳의 지선의 높이는 지표상 5[m]로 하였다.

해설

**지선의 시설**

- 지선에 연선을 사용할 경우에는 소선 3가닥 이상의 연선일 것
- 지선의 안전율은 2.5 이상일 것
- 소선의 지름 2.6[mm] 이상의 금속선을 사용할 것
- 인장하중의 최저는 4.31[kN] 이상일 것
- 도로횡단시 높이는 5[m] 단, 교통에 지장이 없을 경우 4.5[m]

**10** 옥내에 시설하는 고압용 이동전선으로 옳은 것은?

① 6[mm] 연동선
② 비닐외장케이블
③ 옥외용 비닐절연전선
④ 고압용의 캡타이어케이블

해설

**고압용 이동전선**

- 전선은 고압용의 캡타이어케이블일 것
- 전로에 지락이 생겼을 때에 자동적으로 전로를 차단하는 장치를 시설할 것

**11** 방직공장의 구내 도로에 220[V] 조명등용 가공 전선로를 시설하고자 한다. 전선로의 경간은 몇 [m] 이하이어야 하는가?

① 20　② 30
③ 40　④ 50

[정답] 07 ② 08 ① 09 ④ 10 ④ 11 ②

해설

**구내전선로**

- 전선은 지름 2[mm] 이상의 경동선의 절연전선 또는 이와 동등 이상의 세기 및 굵기의 절연전선 일 것. 다만, 경간이 10[m] 이하인 경우에 한하여 공칭단면적 4[$mm^2$] 이상의 연동 절연전선을 사용할 수 있다.
- 전선로의 경간은 30[m] 이하일 것

## 12 유도장해를 방지하기 위하여 사용전압 60[kV]인 가공전선로의 유도전류는 전화선로의 길이 12[km]마다 몇 [μA]를 넘지 않도록 하여야 하는가?

① 1[μA] ② 2[μA]
③ 3[μA] ④ 4[μA]

해설

**유도장해(전화선로)**

| 유도전류 제한 | | |
|---|---|---|
| 사용전압[kV] | 전화선로의 길이[km] | 유도전류[μA] |
| 60 이하 | 12 | 2 |
| 60 초과 | 40 | 3 |

## 13 변전소의 주요 변압기에서 계측하여야 하는 사항 중 계측장치가 꼭 필요하지 않는 것은? (단, 전기철도용 변전소의 주요 변압기는 제외한다.)

① 전압 ② 전류
③ 전력 ④ 주파수

해설

**계측장치**

- 발전기의 전압 및 전류 또는 변압기의 전압 및 전류 또는 전력
- 발전기의 베어링 및 고정자의 온도
- 특고압용 변압기의 온도

## 14 고압 가공전선로의 지지물에 시설하는 통신선의 높이는 도로를 횡단하는 경우 교통에 지장을 줄 우려가 없다면 지표상 몇 [m]까지로 감할 수 있는가?

① 4 ② 4.5
③ 5 ④ 6

해설

**첨가통신선의 높이**

| 시설 장소 | | 첨가통신선 | |
|---|---|---|---|
| | | 저·고압 | 특고압 |
| 도로(차도)위 | 일반적인 경우 | 6[m] 이상 | 6[m] 이상 |
| | 교통에 지장을 안 주는 경우 | 5[m] 이상 | – |
| 철도횡단(레일면상) | | 6.5[m] 이상 | 6.5[m] 이상 |
| 횡단보도교 위(노면상) | | 3.5[m] 이상 | 5[m] 이상 |
| 횡단보도교 위 (통신선에 절연전선과 동등 이상의 절연 효력이 있는 것 또는 케이블을 사용시) | | 3[m] 이상 | 4[m] 이상 |
| 기타 장소 (도로, 철도, 횡단보도교 이외의 장소) | | 4[m] 이상 | 5[m] 이상 |

## 15 이차전지를 이용한 전기저장장치에 관한 사항으로 잘못된 것은?

① 충전부분은 노출되도록 시설하여야 한다.
② 고장이나 외부 환경요인으로 인하여 비상상황 발생 또는 출력에 문제가 있을 경우 전기저장장치의 비상정지 스위치 등 안전하게 작동하기 위한 안전시스템이 있어야 한다.
③ 모든 부품은 충분한 내열성을 확보하여야 한다.
④ 침수의 우려가 없도록 시설하여야 한다.

해설

**전기저장장치 설비 안전 요구사항**

- 충전부분은 노출되지 않도록 시설하여야 한다.
- 고장이나 외부 환경요인으로 인하여 비상상황 발생 또는 출력에 문제가 있을 경우 전기저장장치의 비상정지 스위치 등 안전하게 작동하기 위한 안전시스템이 있어야 한다.
- 모든 부품은 충분한 내열성을 확보하여야 한다.

[정답] 12 ② 13 ④ 14 ③ 15 ①

**16** **전기철도의 전기방식에 관한 사항으로 잘못된 것은?**

① 공칭전압(수전전압)은 교류 3상 22.9[kV], 154[kV], 345[kV]을 선정한다.

② 직류방식에서 비지속성 최고전압은 지속시간이 3분 이하로 예상되는 전압의 최고값으로 한다.

③ 수전선로의 계통구성에는 3상 단락전류, 3상 단락용량, 전압강하, 전압불평형 및 전압왜형율, 플리커 등을 고려하여 시설하여야 한다.

④ 교류방식에서 비지속성 최저전압은 지속시간이 2분 이하로 예상되는 전압의 최저값으로 한다.

해설

**전기철도의 전기방식(전압)**

- 직류방식 : 비지속성 최고전압은 지속시간이 5분 이하로 예상되는 전압의 최고값으로 하되, 기존 운행중인 전기철도차량과의 인터페이스를 고려한다.
- 교류방식 : 비지속성 최저전압은 지속시간이 2분 이하로 예상되는 전압의 최저값으로 하되, 기존 운행중인 전기철도차량과의 인터페이스를 고려한다.

**17** **연료전지의 사항중 자동적으로 이를 전로에서 차단하고 연료전지에 연료가스 공급을 자동적으로 차단하며 연료전지내의 연료가스를 자동적으로 배기하는 장치를 시설하여야 하는 사항으로 잘못된 것은?**

① 연료전지에 과전류가 생긴 경우

② 발전요소의 발전전압에 이상이 생겼을 경우

③ 연료가스 출구에서의 산소농도 또는 공기 출구에서의 연료가스 농도가 현저히 적은 경우

④ 연료전지의 온도가 현저하게 상승한 경우

해설

**연료전지의 보호장치(배기)**

- 연료전지에 과전류가 생긴 경우
- 발전요소(發電要素)의 발전전압에 이상이 생겼을 경우 또는 연료가스 출구에서의 산소농도 또는 공기 출구에서의 연료가스 농도가 현저히 상승한 경우
- 연료전지의 온도가 현저하게 상승한 경우

**18** **고압 가공전선이 가공약전류 전선과 접근하여 시설될 때 고압 가공전선과 가공약전류 전선 사이의 이격거리는 몇 [cm] 이상이어야 하는가?**

① 40 ② 50

③ 60 ④ 80

해설

**고압가공전선 이격거리**

고압 가공전선이 가공약전류전선 등과 접근하는 경우는 고압 가공전선과 가공약전류전선 등 사이의 이격거리는 0.8[m](전선이 케이블인 경우에는 0.4[m]) 이상일 것

**19** **사용전압이 35[kV] 이하인 특고압 가공전선과 가공약전류 전선 등을 동일 지지물에 시설하는 경우, 특고압 가공전선로는 어떤 종류의 보안공사로 하여야 하는가?**

①고압보안공사 ②제1종 특고압 보안공사

③제2종 특고압 보안공사 ④제3종 특고압 보안공사

해설

**공가**

사용전압이 35[kV] 이하인 특고압 가공전선과 가공약전류 전선 등을 동일 지지물에 시설하는 경우, 특고압 가공전선로는 제2종 특고압 보안공사에 의할 것

**20** **66[kV] 전선로를 제1종 특고압 보안공사로 시설할 경우 전선으로 경동연선을 사용한다면 그 단면적은 몇 [$mm^2$] 이상의 것을 사용하여야 하는가?**

① 38 ② 55

③ 80 ④ 100

해설

**제1종 특고압 보안공사**

| 사용 전압 | 전선의 굵기 | | 인장강도 |
|---|---|---|---|
| 특고압 | 100[kV] 미만 | 55[$mm^2$] 이상 | 21.67[kN] 이상 |
| | 100[kV] 이상 | 150[$mm^2$] 이상 | 58.84[kN] 이상 |
| | 300[kV] 이상 | 200[$mm^2$] 이상 | 77.47[kN] 이상 |

[정답] 16② 17③ 18④ 19③ 20②

## 시행일 2022년 2회

**01 지중 공가설비로 사용하는 광섬유 케이블 및 동축케이블은 지름 몇 [mm] 이하이어야 하는가?**

① 16　② 5
③ 4　④ 22

해설

**지중통신선로설비 시설**
지중 공가설비로 사용하는 광섬유 케이블 및 동축케이블은 지름 22[mm] 이하일 것

**02 B종 철주 또는 B종 철근 콘크리트주를 사용하는 특고압 가공전선로의 경간은 몇 [m] 이하이어야 하는가?**

① 150　② 250
③ 400　④ 600

해설

**표준경간**

| 지지물 | 고압 가공전선로 |
|---|---|
| A종(목주) | 150[m] 이하 |
| B종 | 250[m] 이하 |
| 철탑 | 600[m] 이하 |

**03 관등회로의 사용전압이 400[V] 초과이고, 1[kV] 이하인 배선의 공사방법으로 알맞지 않은 것은?**

① 합성수지몰드공사　② 금속몰드공사
③ 애자사용공사　④ 버스덕트공사

해설

**관등회로**
관등회로의 사용전압이 400[V] 초과이고, 1[kV] 이하인 배선은 그 시설장소에 따라 합성수지관공사·금속관공사·가요전선관공사나 케이블공사 또는 표 중 어느 한 방법에 의하여야 한다.

| 시설장소 | | 공사의 종류 |
|---|---|---|
| 전개된 장소 | 건조한 장소 | 애자공사·합성수지몰드공사 또는 금속몰드공사 |
| | 기타 장소 | 애자공사 |
| 점검할 수 있는 은폐된 장소 | 건조한 장소 | 금속몰드공사 |

**04 태양광 발전설비의 시설기준에 있어서 알맞지 않을 것은?**

① 태양전지 모듈, 전선, 개폐기 및 기타 기구는 충전부분이 노출되지 않도록 시설하여야 한다.
② 모듈 및 기타 기구에 전선을 접속하는 경우는 나사로 조이고, 기타 이와 동등 이상의 효력이 있는 방법으로 기계적·전기적으로 안전하게 접속하고, 접속점에 장력이 가해지도록 할 것
③ 모듈은 자중, 적설, 풍압, 지진 및 기타의 진동과 충격에 대하여 탈락하지 아니하도록 지지물에 의하여 견고하게 설치할 것
④ 모듈의 출력배선은 극성별로 확인할 수 있도록 표시할 것

해설

**태양광설비의 전기배선**
① 모듈 및 기타 기구에 전선을 접속하는 경우는 나사로 조이고, 기타 이와 동등 이상의 효력이 있는 방법으로 기계적·전기적으로 안전하게 접속하고, 접속점에 장력이 가해지지 않도록 할 것
② 배선시스템은 바람, 결빙, 온도, 태양방사와 같이 예상되는 외부 영향을 견디도록 시설할 것
③ 모듈의 출력배선은 극성별로 확인할 수 있도록 표시할 것
④ 직렬 연결된 태양전지모듈의 배선은 과도과전압의 유도에 의한 영향을 줄이기 위하여 스트링 양극간의 배선간격이 최소가 되도록 배치할 것

**05 플로어덕트공사에 의한 저압 옥내 배선에서 연선을 사용하지 않아도 되는 전선의 단면적은 최대 몇 [mm²]인가?**

[정답] 2022년 2회　01 ④　02 ②　03 ④　04 ②　05 ④

전기자기학 | 전력공학 | 전기기기 | 회로이론 | 전기설비기술기준

① 2.5[$mm^2$] ② 4[$mm^2$]
③ 6[$mm^2$] ④ 10[$mm^2$]

해설

**플로어덕트공사**

① 전선은 절연전선(옥외용 비닐절연전선을 제외한다)일 것.
② 전선은 연선일 것. 다만, 단면적 10[$mm^2$](알루미늄선은 단면적 16 [$mm^2$]) 이하인 것은 그러하지 아니하다.
③ 플로어덕트 안에는 전선에 접속점이 없도록 할 것. 다만, 전선을 분기하는 경우에 접속점을 쉽게 점검할 수 있을 때에는 그러하지 아니하다.

## 06 소세력회로의 전압이 15[V]이하일 경우 2차단락전류 제한값은 8[A]이다. 이때 과전류 차단기의 정격전류는 몇 [A] 이하이어야 하는가?

① 1.5 ② 3
③ 5 ④ 10

해설

**소세력회로**

| 소세력 회로의 최대 사용전압의 구분 | 2차 단락전류 | 과전류 차단기의 정격전류 |
|---|---|---|
| 15[V] 이하 | 8[A] | 5[A] |
| 15[V] 초과 30[V] 이하 | 5[A] | 3[A] |
| 30[V] 초과 60[V] 이하 | 3[A] | 1.5[A] |

## 07 22[kV] 가공전선로를 시가지에 시설할 때 사용되는 경동연선의 굵기는 몇 [$mm^2$] 이상이어야 하는가?

① 100 ② 55
③ 150 ④ 200

해설

**특고압 시가지의 시설**

| 사용전압의 구분 | 전선의 단면적 |
|---|---|
| 100[kV] 미만 | 인장강도 21.67[kN] 이상의 연선 또는 단면적 55[$mm^2$] 이상의 경동연선 |
| 100[kV] 이상 | 인장강도 58.84[kN] 이상의 연선 또는 단면적 150[$mm^2$] 이상의 경동연선 |

## 08 시가지에서 특고압 가공전선로의 지지물에 시설할 수 있는 통신선의 굵기는 몇 [mm] 이상 이어야 하는가?

① 4 ② 5
③ 16 ④ 25

해설

**특고압가공전선로 첨가설치 통신선의 제한**

시가지에 시설하는 통신선은 특고압 가공전선로의 지지물에 시설하여서는 아니 된다. 다만, 통신선이 절연전선과 동등 이상의 절연성능이 있고 인장강도 5.26[kN] 이상의 것. 또는 연선의 경우 단면적 16[$mm^2$](단선의 경우 지름 4[mm]) 이상의 절연전선 또는 광섬유 케이블인 경우에는 그러하지 아니하다.

## 09 터널 등에 시설하는 사용전압이 220[V]인 전구선이 0.6/1[kV] EP 고무 절연 클로로프렌 캡타이어 케이블일 경우 단면적은 최소 몇 [$mm^2$] 이상이어야 하는가?

① 0.5 ② 0.75
③ 1.25 ④ 1.4

해설

**터널안 등의 전구선(400[V] 이하)**

전구선은 단면적 0.75[$mm^2$] 이상의 300/300[V] 편조 고무코드 또는 0.6/1[kV] EP 고무 절연 클로로프렌 캡타이어케이블일 것

## 10 고압 옥내배선의 시설 공사로 할 수 없는 것은?

①케이블 공사
②애자사용 공사(건조한 장소로서 전개된 장소)
③케이블 트레이 공사
④가요전선관 공사

해설

**고압옥내배선**

고압 옥내배선은 애자사용공사, 케이블공사, 케이블트레이공사에 의한다. 단, 건조하고 전개된 장소에 한하여 애자사용공사를 할 수 있다.

[정답] 06 ③ 07 ② 08 ① 09 ② 10 ④

**11 특고압 가공전선이 건조물에 접근할 때 조영물의 상부 조영재와의 상방에 있어서의 이격거리는 몇 [m] 이상인가? (단, 전선은 케이블을 사용했다)**

① 0.4[m] ② 0.8[m]
③ 1.2[m] ④ 2.0[m]

해설

**특고압 가공전선과 건조물의 이격**

| 조영재의 구분 | 전선종류 | 접근형태 | 이격거리[m] |
|---|---|---|---|
| 상부 조영재 | 특고압 절연전선 | 위쪽 | 2.5 |
| | 케이블 | | 1.2 |
| | 기타전선 | | 3 |

**12 피뢰등전위본딩의 상호 접속 중 본딩도체로 직접 접속할 수 없는 장소의 경우에는 무엇을 이용하는가?**

① 서지보호장치 ② 과전류차단기
③ 개폐기 ④ 지락차단장치

해설

**피뢰등전위본딩의 상호접속**

① 자연적 구성부재로 인한 본딩으로 전기적 연속성을 확보할 수 없는 장소는 본딩도체로 연결한다.
② 본딩도체로 직접 접속할 수 없는 장소의 경우에는 서지보호장치를 이용한다.
③ 본딩도체로 직접 접속이 허용되지 않는 장소의 경우에는 절연방전갭(ISG)을 이용한다.

**13 전기저장장치를 시설하는 곳의 계측사항으로 알맞지 않은 것은?**

① 주요변압기의 전압
② 주요변압기의 전류
③ 축전지 출력 단자의 전압
④ 축전지 출력 단자의 주파수

해설

**전기저장장치의 계측장치**

전기저장장치를 시설하는 곳에는 다음의 사항을 계측하는 장치를 시설하여야 한다.
① 축전지 출력 단자의 전압, 전류, 전력 및 충방전 상태
② 주요변압기의 전압, 전류 및 전력

**14 목주, A종 철주 및 A종 철근 콘크리트주를 사용할 수 없는 보안공사는?**

① 고압 보안공사
② 제1종 특고압 보안공사
③ 제2종 특고압 보안공사
④ 제3종 특고압 보안공사

해설

**제1종 특고압 보안공사**

35[kV]를 넘는 전선과 건조물과 제2차 접근상태인 경우 목주나 A종은 사용불가하며 B종 철주, B종 철근콘크리트주, 철탑을 사용하여야 한다

**15 직류 전기철도 시스템이 매설 배관 또는 케이블과 인접할 경우 누설전류를 피하기 위해 주행레일과 최소 몇 [m] 이상의 거리를 유지하여야 하는가?**

① 1 ② 2
③ 3 ④ 4

해설

직류 전기철도 시스템이 매설 배관 또는 케이블과 인접할 경우 누설전류를 피하기 위해 최대한 이격시켜야 하며, 주행레일과 최소 1[m] 이상의 거리를 유지하여야 한다.

**16 관등회로에 대한 설명으로 옳은 것은?**

① 분기점으로부터 안정기까지의 전로를 말한다.
② 방전등용 안정기 또는 방전등용 변압기로부터 방전관까지의 전로를 말한다.
③ 스위치로부터 안정기까지의 전로를 말한다.
④ 스위치로부터 방전등까지의 전로를 말한다.

[정답] 11 ③ 12 ① 13 ④ 14 ② 15 ① 16 ②

해설

**관등회로**

방전등용 안정기 또는 방전등용 변압기로부터 방전관까지의 전로를 말한다.

## 17 저압 연접인입선 시설시 도로폭이 몇[m]를 넘는 도로는 횡단할 수 없는가?

① 3 ② 4

③ 5 ④ 6

해설

**저압 연접 인입선의 시설**

① 인입선에서 분기하는 점으로부터 100[m]을 초과하는 지역에 미치지 아니할 것
② 폭 5[m]을 초과하는 도로를 횡단하지 아니할 것
③ 옥내를 통과하지 아니할 것

## 18 금속관 공사에 대한 기준으로 틀린 것은?

① 저압 옥내배선의 금속관 안에는 전선에 접속점이 없도록 하였다.

② 저압 옥내배선에 사용하는 전선으로 옥외용 비닐절연전선을 사용하였다.

③ 콘크리트에 매설하는 금속관의 두께는 1.2[mm]를 사용하였다.

④ 단면적 10[$mm^2$] 이하의 연동선은 단선을 사용할 수 있다.

해설

**금속관 공사**

- 전선의 종류
  절연전선 일 것(옥외용 비닐 절연전선을 제외)
- 전선은 연선일 것. 단, 다음의 것은 적용하지 않는다.
  - 짧고 가는 합성수지관에 넣은 것.
  - 단면적 10[$mm^2$](알루미늄선은 단면적 16[$mm^2$]) 이하의 것
- 콘크리트에 매설하는 것은 1.2[$mm^2$] 이상

## 19 저압 전로에서 사용전압이 500[V]초과인 경우 절연저항 값은 몇 [MΩ] 이상 이어야 하는가?

① 0.1 ② 0.5

③ 1 ④ 1.5

해설

**저압전로의 절연저항**

| 전로의 사용전압[V] | DC시험전압[V] | 절연저항[MΩ] |
|---|---|---|
| SELV 및 PELV | 250 | 0.5 |
| FELV, 500V 이하 | 500 | 1.0 |
| 500V 초과 | 1,000 | 1.0 |

## 20 발전기의 용량에 관계없이 자동적으로 이를 전로로부터 차단하는 장치를 시설하여야 하는 경우는?

① 과전류 및 과전압 인입

② 베어링 과열

③ 발전기 내부 고장

④ 유압의 과팽창

해설

발전기에 과전류나 과전압이 생긴 경우 용량에 관계없이 자동 차단장치를 시설하여야 한다.

# 시행일 2022년 3회

## 01 지중 전선로를 직접 매설식에 의하여 차량 기타 중량물의 압력을 받을 우려가 있는 장소에 시설하는 경우 매설 깊이는 몇 [m] 이상으로 하여야 하는가?

① 1.0 ② 1.2

③ 1.5 ④ 2.0

해설

직접 매설식의 경우 매설 깊이를 차량 기타 중량물의 압력을 받을 우려가 있는 장소에는 1.0[m] 이상, 기타 장소에는 60[cm] 이상으로 하고 또한 지중 전선을 견고한 트라프 기타 방호물에 넣어 시설하여야 한다.

[정답] 17 ③ 18 ② 19 ③ 20 ① 2022년 3회 01 ①

**02** **전차선과 차량 간의 최소 절연이격거리는 단상교류 25[kV]일 때 동적은 몇 [mm]인가?**

① 100 ② 150
③ 170 ④ 270

해설

**전차선과 차량간의 최소 절연이격거리**

| 시스템 종류 | 공칭전압[V] | 동적[mm] | 정적[mm] |
|---|---|---|---|
| 직류 | 750 | 25 | 25 |
| | 1,500 | 100 | 150 |
| 단상교류 | 25,000 | 170 | 270 |

**03** **타냉식의 특별고압용 변압기의 냉각장치에 고장이 생긴 경우 보호하는 장치로 가장 알맞은 것은?**

① 경보장치 ② 자동차단장치
③ 압축공기장치 ④ 속도조정장치

해설

타냉식(변압기의 권선 및 철심을 직접 냉각시키기 위하여 봉입한 냉매를 강제 순환시키는 냉각방식을 말한다.)의 특별고압용 변압기에는 냉각장치에 고장이 생긴 경우 또는 변압기의 온도가 현저히 상승한 경우에 이를 경보하는 장치를 시설하여야 한다.

**04** **전기욕기에 전기를 공급하기 위한 전원장치에 내장되어 있는 전원변압기의 2차측 전로의 사용전압은 몇 [V] 이하인 것을 사용하여야 하는가?**

① 5 ② 10
③ 25 ④ 35

해설

전기욕기에 전기를 공급하기 위하여는 전기욕기용 전원장치(내장되어 있는 전원변압기의 2차측 전로의 사용전압이 10[V] 이하인 것에 한한다)를 사용할 것

**05** **금속 덕트 공사에 의한 저압 옥내배선 시설 방법에 해당되지 않는 것은?**

① 전선은 절연전선(옥외용 비닐절연전선을 제외한다.) 일 것
② 금속 덕트 안에는 전선의 접속점이 없을 것
③ 덕트의 끝 부분은 막지 않을 것
④ 덕트는 물이 고이는 낮은 부분을 만들지 않도록 시설할 것

해설

**금속덕트공사**

① 전선의 종류
절연전선 일 것(옥외용 비닐 절연전선을 제외)
② 금속 덕트에 넣은 전선의 단면적(절연피복의 단면적을 포함한다)의 합계는 덕트의 내부 단면적의 20[%](전광표시 장치.출퇴표시등 기타 이와 유사한 장치 또는 제어회로 등의 배선만을 넣는 경우에는 50[%]) 이하일 것
③ 금속 덕트 안에는 전선에 접속점이 없도록 할 것
④ 폭이 4[cm]를 초과하고 또한 두께가 1.2[nm] 이상 일 것
⑤ 덕트를 조영재에 붙이는 경우에는 덕트의 지지점 간의 거리를 3[m](취급자 이외의 자가 출입할 수 없도록 설비한 곳에서 수직으로 붙이는 경우에는 6[m]) 이하로 할 것

**06** **전가섭선에 관하여 각 가섭선의 상정 최대장력의 33[%]와 같은 불평형 장력의 수평 종분력에 의한 하중을 더 고려하여야 할 철탑의 유형은?**

① 직선형 ② 각도형
③ 내장형 ④ 인류형

해설

철탑의 경우 다음에 따라 가섭선 불평균 장력에 의한 수평 종하중을 가산한다.

- 인류형의 경우에는 전가섭선에 관하여 각 가섭선의 상정 최대장력과 같은 불평균 장력의 수평 종분력에 의한 하중
- 내장형·보강형의 경우에는 전가섭선에 관하여 각 가섭선의 상정 최대장력의 33[%]와 같은 불평균 장력의 수평 종분력에 의한 하중

[정답] 02 ③ 03 ① 04 ② 05 ③ 06 ③

## 07 옥내에 시설하는 저압전선으로 나전선을 절대 사용할 수 없는 경우는?

① 애자사용공사에 의하여 전개된 곳에 시설하는 전기로용 전선
② 이동기중기에 전기를 공급하기 위하여 사용하는 접촉전선
③ 합성수지몰드공사에 의하여 시설하는 경우
④ 버스덕트공사에 의하여 시설하는 경우

해설

다음의 경우를 제외하고 나전선을 사용하여서는 아니 된다.
전기로용 전선, 버스덕트공사, 라이팅덕트공사 및 접촉전선을 시설하는 경우 나전선을 사용할 수 있다.

## 08 최대사용전압이 7200[V]인 중성점 비접지식 변압기의 절연내력 시험전압은?

① 9000[V]
② 10500[V]
③ 12500[V]
④ 20500[V]

해설

| 최대사용전압 | 접지방식 | 배수 | 최저시험전압 |
|---|---|---|---|
| 7[kV]이하 | | 1.5배 | 500[V] |
| 7[kV]초과 25[kV]이하 | 다중접지방식 | 0.92배 | |
| 7[kV]초과 60[kV]이하 | 비접지방식 등 | 1.25배 | 10500[V] |

$7200 \times 1.25 = 9000$ 단, 최저시험전압 10500적용

## 09 수상전선로의 시설기준으로 옳은 것은?

① 사용전압이 고압인 경우에는 클로로프렌 캡타이어 케이블을 사용한다.
② 수상전선로에 사용하는 부대(浮臺)는 쇠사슬 등으로 견고하게 연결한다.
③ 고압 수상전선로에 지락이 생길 때를 대비하여 전로를 수동으로 차단하 는 장치를 시설한다.
④ 수상전선로의 전선은 부대의 아래에 지지하여 시설하고 또한 그 절연피 복을 손상하지 아니하도록 시설한다.

해설

**수상전선로**

- 수상전선로에 사용하는 부대(浮臺)는 쇠사슬 등으로 견고하게 연결한 것일 것
- 수상전선로의 전선은 부대의 위에 지지하여 시설하고 또한 그 절연피복을 손상하지 아니하도록 시설할 것

| 수상전선로 | | | |
|---|---|---|---|
| 사용전압 | 전선의종류 | 높이 | |
| | | 접속점 | |
| | | 육상 | 수면상 |
| 저압 | 클로로프렌 캡타이어케이블 | | |
| 고압 | 캡타이어케이블 | 5[m]<br>단, 저압의 도로 이외 인 것 4[m] | 저 4[m]<br>고 5[m] |

## 10 저압 옥측전선로에서 목조의 조영물에 시설할 수 있는 공사 방법은?

① 금속관공사
② 버스덕트공사
③ 합성수지관공사
④ 연피 또는 알루미늄 케이블공사

해설

- 애자사용공사(전개된 장소에 한한다)
- 합성수지관공사
- 금속관공사목조 이외의 조영물에 시설하는 경우에 한한다.
- 버스덕트공사목조 이외의 조영물에 시설하는 경우에 한한다.
- 케이블공사(연피케이블.알루미늄피케이블 또는 미네럴인슈레이션케이블을 사용하는 경우에는 목조 이외의 조영물에 시설하는 경우에 한한다.)

[정답] 07 ③ 08 ② 09 ② 10 ③

**11** 특고압 가공전선로 중 지지물로 직선형의 철탑을 연속하여 10기 이상 사용하는 부분에는 몇 기 이하마다 내장 애자장치가 되어 있는 철탑 또는 이와 동등 이상의 강도를 가지는 철탑 1기를 시설하여야 하는가?

① 1 ② 3
③ 5 ④ 10

해설

**특고압 가공전선로의 내장형 등의 지지물 시설**

특고압 가공전선로 중 지지물로서 B종 철주 또는 B종 철근 콘크리트주를 연속하여 10기 이상 사용하는 부분에는 10기 이하마다 장력에 견디는 형태의 철주 또는 철근 콘크리트주 1기를 시설하거나 5기 이하마다 보강형의 철주 또는 철근 콘크리트주 1기를 시설하여야 한다.

**12** 발열선을 도로, 주차장 또는 조영물의 조영재에 고정시켜 시설하는 경우, 발열선에 전기를 공급하는 전로의 대지전압은 몇 [V]이하이어야 하는가?

① 220 ② 300
③ 380 ④ 600

해설

발열선에 전기를 공급하는 전로의 대지전압은 300[V] 이하일 것

**13** 사용전압이 220[V]인 가공전선을 절연전선으로 사용하는 경우 그 최소 굵기는 지름 몇 [mm]인가?

① 2 ② 2.6
③ 3.2 ④ 4

해설

**저압 가공전선의 굵기**

| 400[V] 이하 | | | 400[V] 초과 | | |
|---|---|---|---|---|---|
| 나전선 | 3.2[mm] | 3.43[kN] | 시가지 | 5.0[mm] | 8.01[kN] |
| 절연전선 | 2.6[mm] | 2.30[kN] | 시가지외 | 4.0[mm] | 5.26[kN] |

**14** 발전소의 개폐기 또는 차단기에 사용하는 압축공기장치의 주공기 탱크에는 어떠한 최대 눈금이 있는 압력계를 시설해야 하는가?

① 사용압력의 1배 이상 2배 이하
② 사용압력의 1.15배 이상 2배 이하
③ 사용압력의 1.5배 이상 3배 이하
④ 사용압력의 2배 이상 3배 이하

해설

주 공기탱크 또는 이에 근접한 곳에는 사용압력의 1.5배 이상 3배 이하의 최고 눈금이 있는 압력계를 시설할 것

**15** 아래 그림은 전력보안통신설비의 보안장치이다. $RP1$에 대한 설명으로 틀린 것은?

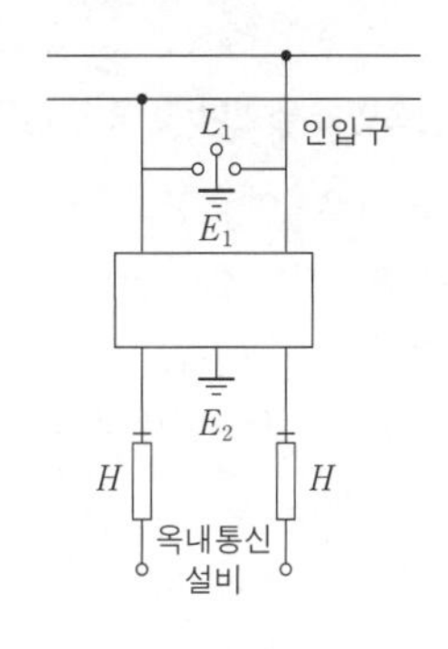


① 전류용량은 50[A]이다.
② 자복성(自復性)이 없는 릴레이 보안기이다.
③ 최소 감도전류 때의 응동시간이 1사이클 이하이다.
④ 교류 300[V]이하에서 동작하고, 최소 감도전류가 3[A] 이하이다.

해설

**보안장치**

- RP1 : 교류 300[V] 이하에서 동작하고, 최소 감도 전류가 3[A] 이하로서 최소 감도전류 때의 응동시간이 1사이클 이하이고 또한 전류 용량이 50[A], 20초 이상인 자복성이 있는 릴레이 보안기
- L1 : 교류 1[kV] 이하에서 동작하는 피뢰기
- E1 및 E2 : 접지

[정답] 11 ④ 12 ② 13 ② 14 ③ 15 ②

**16** **25[kV] 이하인 특고압 가공전선로(중성선 다중접지 방식의 것으로서 전로에 지락이 생겼을 때에 2초 이내에 자동적으로 이를 전로로부터 차단하는 장치가 되어 있는 것)의 접지도체는 공칭단면적 몇 [$mm^2$]이상의 연동선 또는 이와 동등 이상의 세기 및 굵기의 쉽게 부식하지 않는 금속선으로서 고장 시에 흐르는 전류가 안전하게 통할 수 있는 것을 사용하는가?**

① 2.5 ② 6
③ 10 ④ 16

해설

**25[kV] 이하 중성선 다중 접지**

접지도체는 공칭단면적 6[$mm^2$] 이상의 연동선 또는 이와 동등 이상의 세기 및 굵기의 쉽게 부식하지 않는 금속선으로서 고장 시에 흐르는 전류가 안전하게 통할 수 있는 것일 것

**17** **전선의 접속법을 열거한 것 중 틀린 것은?**

① 전선의 세기를 20[%] 이상 감소시키지 않는다.
② 접속 부분을 절연 전선의 절연물과 동등 이상의 절연 효력이 있도록 충분히 피복한다.
③ 두 개 이상의 전선을 병렬로 사용하는 경우에는 각 전선의 굵기는 동선 35[$mm^2$] 이상의 것으로 할 것
④ 알루미늄 도체의 전선과 동 도체의 전선을 접속할 때에는 전기적 부식이 생기지 않도록 한다.

해설

**전선의 접속**

두 개 이상의 전선을 병렬로 사용하는 경우

- 병렬로 사용하는 각 전선의 굵기는 동선 50[$mm^2$] 이상 또는 알루미늄 70[$mm^2$] 이상으로 하고, 전선은 같은 도체, 같은 재료, 같은 길이 및 같은 굵기의 것을 사용할 것
- 같은 극의 각 전선은 동일한 터미널러그에 완전히 접속할 것
- 같은 극인 각 전선의 터미널러그는 동일한 도체에 2개 이상의 리벳 또는 2개 이상의 나사로 접속할 것
- 병렬로 사용하는 전선에는 각각에 퓨즈를 설치하지 말 것
- 교류회로에서 병렬로 사용하는 전선은 금속관 안에 전자적 불평형이 생기지 않도록 시설할 것

**18** **고압 옥측전선로에 사용할 수 있는 전선은?**

① 케이블 ② 나경동선
③ 절연전선 ④ 다심형 전선

해설

고압 옥측전선로에 사용하는 전선은 케이블을 사용한다.

**19** **이차전지를 이용한 전기저장장치의 시설장소의 요구사항으로 알맞이 않은 것은?**

① 전기지장장치의 이차진지, 제어반, 배전반의 시설은 기기 등을 조작 또는 보수·점검할 수 있는 충분한 공간을 확보하고 조명설비를 설치하여야 한다.
② 전기저장장치를 시설하는 장소는 폭발성 가스의 축적을 방지하기 위한 환기시설을 갖추고 제조사가 권장하는 온도·습도·수분·분진 등 적정 운영환경을 상시 유지하여야 한다.
③ 침수의 우려가 없도록 시설하여야 한다.
④ 전기저장장치 시설장소에는 외벽 등 확인하기 쉬운 위치에 "전기저장장치 시설장소" 표지를 하고, 일반인의 출입을 통제하기 위한 잠금장치 등은 설치하지 않는다.

해설

**전기저장장치 시설장소의 요구사항**

1. 전기저장장치의 이차전지, 제어반, 배전반의 시설은 기기 등을 조작 또는 보수·점검할 수 있는 충분한 공간을 확보하고 조명설비를 설치하여야 한다.
2. 전기저장장치를 시설하는 장소는 폭발성 가스의 축적을 방지하기 위한 환기시설을 갖추고 제조사가 권장하는 온도·습도·수분·분진 등 적정 운영환경을 상시 유지하여야 한다.
3. 침수의 우려가 없도록 시설하여야 한다.
4. 전기저장장치 시설장소에는 외벽 등 확인하기 쉬운 위치에 "전기저장장치 시설장소" 표지를 하고, 일반인의 출입을 통제하기 위한 잠금장치 등을 설치하여야 한다.

[정답] 16 ② 17 ③ 18 ① 19 ④

**20** **교류 전기철도 급전시스템에서 접촉전압을 감소시키는 방법에 해당되지 않는 것은?**

① 등전위본딩　② 접지극 추가
③ 보행 표면의 절연　④ 레일본드의 양호한 시공

해설

**레일 전위의 접촉전압 감소 방법**

교류 전기철도 급전시스템은 다음 방법을 고려하여 접촉전압을 감소시켜야 한다.

- 접지극 추가 사용
- 등전위 본딩
- 전자기적 커플링을 고려한 귀선로의 강화
- 전압제한소자 적용
- 보행 표면의 절연
- 단락전류를 중단시키는데 필요한 트래핑 시간의 감소

## 시행일 2023년 1회

**01** **수소냉각식 발전기의 시설 중 발전기, 조상기안의 수소 순도가 몇 [%] 이하로 저하한 경우 경보장치를 시설하는가?**

① 75　② 80
③ 85　④ 90

해설

**수소냉각식 발전기**

수소냉각식의 발전기·조상기 또는 이에 부속하는 수소 냉각 장치는 다음 에 따라 시설하여야 한다.

① 발전기 또는 조상기는 기밀구조(氣密構造)의 것이고 또한 수소가 대기압에서 폭발하는 경우에 생기는 압력에 견디는 강도를 가지는 것일 것
② 발전기축의 밀봉부에는 질소 가스를 봉입할 수 있는 장치 또는 발전기 축의 밀봉부로부터 누설된 수소 가스를 안전하게 외부에 방출할 수 있는 장치를 시설할 것
③ 발전기 내부 또는 조상기 내부의 수소의 순도가 85 % 이하로 저하한 경우에 이를 경보하는 장치를 시설할 것
④ 발전기 내부 또는 조상기 내부의 수소의 압력을 계측하는 장치 및 그 압력이 현저히 변동한 경우에 이를 경보하는 장치를 시설할 것
⑤ 발전기 내부 또는 조상기 내부의 수소의 온도를 계측하는 장치를 시설할 것

**02** **사용전압이 15[kV] 초과 25[kV] 이하인 특고압 가공전선로가 상호 간 접근 또는 교차하는 경우 사용전선이 양쪽 모두 나전선이라면 이격거리는 몇 [m] 이상이어야 하는가? (단, 중성선 다중접지 방식의 것으로서 전로에 지락이 생겼을 때에 2초 이내에 자동적으로 이를 전로로부터 차단하는 장치가 되어 있다.)**

① 1.0　② 1.2
③ 1.5　④ 1.75

해설

**15[kV] 초과 25[kV] 이하 특고압 가공전선로 이격거리**

| 사용전선의 종류 | 이격거리 |
|---|---|
| 어느 한쪽 또는 양쪽이 나전선인 경우 | 1.5[m] |
| 양쪽이 특고압 절연전선인 경우 | 1.0[m] |
| 한쪽이 케이블이고 다른 한쪽이 케이블이거나 특고압 절연전선인 경우 | 0.5[m] |

**03** **전기철도측의 전식방지 또는 전식예방에 대한 방법으로 틀린 것은?**

① 장대레일의 채택
② 레일본드의 양호한 시공
③ 절연도상 및 레일과 침목 사이에 절연층의 설치
④ 변전소 간 간격 확대

해설

**전기철도 전식방지대책**

전기철도측의 전식방식 또는 전식예방을 위해서는 다음 방법을 고려하여야 한다.

① 변전소 간 간격 축소
② 레일본드의 양호한 시공
③ 장대레일채택
④ 절연도상 및 레일과 침목사이에 절연층의 설치

**04** **사용전압이 고압인 전로에만 사용되는 케이블은?**

① 콤바인덕트케이블　② 연피케이블
③ 비닐외장케이블　④ 폴리에틸렌외장케이블

[정답] 20 ④　2023년 1회　01 ③　02 ③　03 ④　04 ①

**해설**

**고압용 케이블**

사용전압이 고압인 전로(전기기계기구 안의 전로를 제외한다)의 전선으로 사용하는 케이블은 KS에 적합한 것으로 연피케이블·알루미늄피케이블·클로로프렌외장케이블·비닐외장케이블·폴리에틸렌외장케이블·저독성 난연 폴리올레핀외장케이블·콤바인 덕트 케이블 또는 KS에서 정하는 성능 이상의 것을 사용하여야 한다. 연피케이블, 비닐외장케이블, 폴리에틸렌외장케이블은 저압에서도 사용된다.

## 05 전동기의 과부하 보호 장치의 시설에서 전원측 전로에 시설한 과전류 차단기의 정격 전류가 몇 [A] 이하의 것이면 이 전로에 접속하는 단상전동기에는 과부하 보호 장치를 생략할 수 있는가?

① 16 ② 20
③ 10 ④ 30

**해설**

**저압전로 중의 전동기 보호용 과전류보호장치의 시설**

옥내에 시설하는 전동기(정격 출력이 0.2[kW] 이하인 것을 제외한다. 이하 여기에서 같다)에는 전동기가 손상될 우려가 있는 과전류가 생겼을 때에 자동적으로 이를 저지하거나 이를 경보하는 장치를 하여야 한다. 다만, 다음의 어느 하나에 해당하는 경우에는 그러하지 아니하다.

① 전동기를 운전 중 상시 취급자가 감시할 수 있는 위치에 시설하는 경우
② 전동기의 구조나 부하의 성질로 보아 전동기가 손상될 수 있는 과전류가 생길 우려가 없는 경우
③ 단상전동기로써 그 전원측 전로에 시설하는 과전류 차단기의 정격전류가 16[A](배선차단기는 20[A]) 이하인 경우

## 06 특고압 가공전선로의 지지물로 사용하는 B종 철주, B종 철근콘크리트주 또는 철탑의 종류에서 전선로의 지지물 양쪽의 경간의 차가 큰 곳에 사용하는 것은?

① 보강형 ② 인류형
③ 각도형 ④ 내장형

**해설**

**특고압 가공전선로의 철주·철근 콘크리트주 또는 철탑의 종류**

특고압 가공전선로의 지지물로 사용하는 B종 철근·B종 콘크리트주 또는 철탑의 종류는 다음과 같다.

① 직선형
전선로의 직선부분(3° 이하인 수평각도를 이루는 곳을 포함한다. 이하 같다)에 사용하는 것. 다만, 내장형 및 보강형에 속하는 것을 제외한다.
② 각도형
전선로중 3°를 초과하는 수평각도를 이루는 곳에 사용하는 것
③ 인류형
전가섭선을 인류하는 곳에 사용하는 것
④ 내장형
전선로의 지지물 양쪽의 경간의 차가 큰 곳에 사용하는 것
⑤ 보강형
전선로의 직선부분에 그 보강을 위하여 사용하는 것

## 07 저압 옥측전선로에서 목조의 조영물에 시설할 수 있는 공사 방법은?

① 합성수지관공사
② 연피 또는 알루미늄 케이블공사
③ 애자사용공사
④ 금속몰드공사

**해설**

**저압 옥측전선로**

저압 옥측전선로는 다음의 공사방법에 의할 것
① 애자공사(전개된 장소에 한한다.)
② 합성수지관공사
③ 금속관공사(목조 이외의 조영물에 시설하는 경우에 한한다)
④ 버스덕트공사[목조 이외의 조영물(점검할 수 없는 은폐된 장소는 제외한다)에 시설하는 경우에 한한다]
⑤ 케이블공사(연피 케이블, 알루미늄피 케이블 또는 무기물절연(MI) 케이블을 사용하는 경우에는 목조 이외의 조영물에 시설하는 경우에 한한다)

## 08 금속제 가요전선관공사에 있어서 저압 옥내배선 시설에 맞지 않는 것은?

① 단선 사용시 단면적 10[mm²] 이하의 것
② 가요전선관 안에는 전선에 접속점이 없을 것
③ 전개된 장소이거나 점검할 수 없는 은폐된 장소의 경우 1종 가요전선관을 사용할 것
④ 옥외용 비닐절연전선을 제외한 절연전선일 것

[정답] 05 ① 06 ④ 07 ① 08 ③

**해설**

**금속제 가요전선관**

가요전선관은 2종 금속제 가요전선관일 것. 다만, 전개된 장소이거나 점검할 수 있는 은폐된 장소(옥내배선의 사용전압이 400[V] 초과인 경우에는 전동기에 접속하는 부분으로서 가요성을 필요로 하는 부분에 사용하는 것에 한한다) 또는 점검 불가능한 은폐장소에 기계적 충격을 받을 우려가 없는 조건일 경우에는 1종 가요전선관(습기가 많은 장소 또는 물기가 있는 장소에는 비닐 피복 1종 가요전선관에 한한다)을 사용할 수 있다.

**09** **가공전선로의 지지물에 시설하는 통신선과 특고압 가공전선 사이의 이격거리는 몇 [m] 이상이어야 하는가? (단, 특고압 가공전선로의 다중 접지를 한 중성선을 제외한다.)**

① 1.4　② 1
③ 1.2　④ 0.8

**해설**

**첨가통신선의 이격거리**

통신선과 특고압 가공전선(특고압 가공전선로의 다중 접지를 한 중성선은 제외한다) 사이의 이격거리는 1.2[m] 이상일 것. 다만, 특고압 가공전선이 케이블인 경우에 통신선이 절연전선과 동등 이상의 절연성능이 있는 것인 경우에는 0.3[m] 이상으로 할 수 있다.

**10** **변전소에 울타리 담 등을 시설할 때, 사용전압이 345[kV]이면 울타리 담 등의 높이와 울타리 담 등으로부터 충전부분까지의 거리의 합계는 몇 [m] 이상으로 하여야 하는가?**

① 8.16　② 8.28
③ 8.40　④ 9.72

**해설**

**울타리·담 등의 높이와 충전부분까지의 거리의 합계**

160[kV]까지 6[m]이므로 10[kV]당 12[cm]가산
$6+(34.5-16)\times 0.12$에서 $6+(18.5 \rightarrow 19)\times 0.12$
합계$=6+19\times 0.12=8.28$[m]

**11** **사용전압이 35[kV] 이하인 특고압 가공전선과 가공약전류 전선 등을 동일 지지물에 시설하는 경우, 특고압 가공전선로는 어떤 종류의 보안공사로 하여야 하는가?**

① 제1종 특고압 보안공사
② 제2종 특고압 보안공사
③ 제3종 특고압 보안공사
④ 제4종 특고압 보안공사

**해설**

**공가**

사용전압이 35[kV] 이하인 특고압 가공전선과 가공약전류전선 등(전력보안 통신선 및 전기철도의 전용부지 안에 시설하는 전기철도용 통신선을 제외한다. 이하 같다)을 동일 지지물에 시설하는 경우, 특고압 가공전선로는 제2종 특고압 보안공사에 의할 것

**12** **내부고장이 발생하는 경우를 대비하여 자동차단장치 또는 경보장치를 시설하여야 하는 특고압용 변압기의 뱅크용량의 구분으로 알맞은 것은?**

① 500[kVA] 이상 1000[kVA] 미만
② 1000[kVA] 이상 5000[kVA] 미만
③ 5000[kVA] 이상 10000[kVA] 미만
④ 10000[kVA] 이상 15000[kVA] 미만

**해설**

**특고압용 변압기의 보호장치**

| 뱅크용량의 구분 | 동작조건 | 장치의 종류 |
|---|---|---|
| 5000[kVA] 이상 10000[kVA] 미만 | 변압기내부고장 | 자동차단장치 또는 경보장치 |
| 10000[kVA] 이상 | 변압기내부고장 | 자동차단장치 |
| 타냉식변압기(변압기의 권선 및 철심을 직접 냉각시키기 위하여 봉입한 냉매를 강제 순환시키는 냉각 방식을 말한다) | 냉각장치에 고장이 생긴 경우 또는 변압기의 온도가 현저히 상승한 경우 | 경보장치 |

[정답] 09 ③ 10 ② 11 ② 12 ③

**13** **지중 전선로에 사용하는 지중함의 시설기준으로 틀린 것은?**

① 조명 및 세척이 가능한 적당한 장치를 시설할 것

② 견고하고 차량 기타 중량물의 압력에 견디는 구조일 것

③ 그 안의 고인 물을 제거할 수 있는 구조로 되어 있는 것

④ 뚜껑은 시설자 이외의 자가 쉽게 열 수 없도록 시설할 것

해설

**지중함의 시설**

① 지중함은 견고하고 차량 기타 중량물의 압력에 견디는 구조일 것

② 지중함은 그 안의 고인 물을 제거할 수 있는 구조로 되어 있을 것.

③ 폭발성 또는 연소성의 가스가 침입할 우려가 있는 것에 시설하는 지중함으로서 그 크기가 $1[m^3]$ 이상인 것에는 통풍장치 기타 가스를 방산시키기 위한 적당한 장치를 시설할 것.

④ 지중함의 뚜껑은 시설자이외의 자가 쉽게 열 수 없도록 시설할 것

**14** **교류 전기철도 급전시스템에서의 레일 전위의 최대 허용 접촉전압은 작업장 및 이와 유사한 장소에서는 몇 [V](실효값)를 초과하지 않아야 하는가?**

① 20 ② 25

③ 30 ④ 35

해설

**레일 전위의 위험에 대한 보호**

교류 전기철도 급전시스템에서의 레일 전위의 최대 허용 접촉전압은 작업장 및 이와 유사한 장소에서는 최대 허용 접촉전압을 25[V](실효값)를 초과하지 않아야 한다.

**15** **전로의 절연 원칙에 따라 대지로부터 반드시 절연하여야 하는 것은?**

① 전로의 중성점에 접지공사를 하는 경우의 접지점

② 계기용변성기의 2차측 전로에 접지공사를 하는 경우의 접지점

③ 시험용변압기

④ 저압 가공전선로의 접지측 전선

해설

**전로의 절연 원칙**

전로는 다음 이외에는 대지로부터 절연하여야 한다.

- 각종 접지점
- 전기로, 전기보일러, 전기욕기, 전해조, 시험용변압기

**16** **저압 옥내배선에 사용하는 연동선의 최소 굵기는 몇 $[mm^2]$인가?**

① 1.5 ② 2.5

③ 4.0 ④ 6.0

해설

**저압 옥내배선의 사용전선**

저압 옥내배선의 전선은 단면적 $2.5[mm^2]$ 이상의 연동선 또는 이와 동등 이상의 강도 및 굵기의 것

**17** **가연성 분진에 전기설비가 발화원이 되어 폭발할 우려가 있는 곳에 시설하는 저압 옥내 전기설비는 공사방법으로 알맞지 않은 것은? (두께 2[mm] 미만의 합성수지 전선관 및 난연성이 없는 콤바인 덕트관을 사용하는 것을 제외)**

① 합성 수지관 공사 ② 금속관 공사

③ 가요 전선관 공사 ④ 케이블 공사

해설

가연성 분진(소맥분·전분·유황 기타 가연성의 먼지로 공중에 떠다니는 상태에서 착화하였을 때에 폭발할 우려가 있는 것을 말하며 폭연성 분진을 제외한다. 이하 같다)에 전기설비가 발화원이 되어 폭발할 우려가 있는 곳에 시설하는 저압 옥내 전기설비는 합성수지관, 금속관, 케이블 공사만 시공이 가능하다.

**18** **최대사용전압이 6600[V]인 변압기 전로의 절연내력시험은 최대사용전압의 몇 배의 시험전압에서 10분간 견디어야 하는가?**

① 0.72 ② 0.92

③ 1.25 ④ 1.5

[정답] 13① 14② 15④ 16② 17③ 18④

해설

**변압기 전로의 시험전압**

| 권선의 종류 | 시험전압 | 시험전압 |
|---|---|---|
| 최대 사용전압 7[kV] 이하 | 최대 사용전압의 1.5배의 전압(500[V] 미만으로 되는 경우에는 500[V]) 다만, 중성점이 접지되고 다중접지된 중성선을 가지는 전로에 접속하는 것은 0.92배의 전압(500[V] 미만으로 되는 경우에는 500[V]) | 시험되는 권선과 다른 권선, 철심 및 외함 간에 시험전압을 연속하여 10분간 가한다. |

**19** 선도체의 단면적이 몇 [$mm^2$] 이하인 다상회로의 경우 , 중성선의 단면적은 최소한 선도체의 단면적 이상이어야 하는가? (단, 선도체는 구리선인 경우)

① 10 ② 16
③ 22 ④ 25

해설

**중성선의 단면적**

다음의 경우는 중성선의 단면적은 최소한 선도체의 단면적 이상이어야 한다.

① 2선식 단상회로
② 선도체의 단면적이 구리선 16[$mm^2$], 알루미늄선 25[$mm^2$] 이하인 다상 회로
③ 제3고조파 및 제3고조파의 홀수배수의 고조파 전류가 흐를 가능성이 높고 전류 종합고조파왜형률이 15~33[%]인 3상회로

**20** 중성선 다중 접지식으로 전로에 지락이 생겼을 때에 2초 이내에 자동적으로 이를 전로로부터 차단하는 장치가 되어 있는 사용전압 22900[V]인 특고압 가공전선과 식물과의 이격거리는 몇 [m] 이상이어야 하는가?

① 1.2 ② 1.5
③ 2 ④ 2.5

해설

사용전압이 15[kV]를 초과하고 25[kV] 이하인 특고압 가공전선로(중성선 다중접지 방식의 것으로서 전로에 지락이 생겼을 때에 2초 이내에 자동적으로 이를 전로로부터 차단하는 장치가 되어 있는 특고압 가공전선과 식물 사이의 이격거리는 1.5[m] 이상일 것

## 시행일 2023년 2회

**01** 중성점 접지용 접지도체는 공칭단면적 몇 [$mm^2$] 이상의 연동선이어야 하는가?

① 4 ② 16
③ 2 ④ 2.5

해설

**중성점 접지용 접지도체의 굵기**

접지도체의 굵기는 고장 시 흐르는 전류를 안전하게 통할 수 있는 것으로서 다음에 의한다.

- 특고압·고압 전기설비용 접지도체는 단면적 6[$mm^2$] 이상의 연동선 또는 동등 이상의 단면적 및 강도를 가져야 한다.
- 중성점 접지용 접지도체는 공칭단면적 16[$mm^2$] 이상의 연동선 또는 동등 이상의 단면적 및 세기를 가져야 한다.

**02** 다음 상에 따른 전선의 색상으로 알맞은 것은?

① N - 녹색 ② L3 - 회색
③ L2 - 청색 ④ L1 - 적색

해설

**전선의 식별**

| 상(문자) | 색상 |
|---|---|
| L1 | 갈색 |
| L2 | 흑색 |
| L3 | 회색 |
| N | 청색 |
| 보호도체 | 녹색 – 노랑 |

**03** 수중조명등의 시설공사에서 절연변압기는 그 2차측 전로의 사용전압이 몇 [V] 이하인 경우에는 1차 권선과 2차 권선사이에 금속제의 혼촉 방지판을 설치하여야 하는가?

① 150 ② 60
③ 30 ④ 300

해설

**수중조명등의 시설**

[정답] 19 ② 20 ② 2023년 2회 01 ② 02 ② 03 ③

- 절연변압기 2차전압 30[V] 이하 : 혼촉 방지판을 설치
- 절연변압기 2차전압 30[V] 초과 : 지락이 발생하면 자동적으로 전로를 차단하는 장치를 시설할 것

**04** **과전류차단기로 저압전로 사용하는 주택용 배선차단기의 동작전류로 알맞은 것은?**

① 1.05 ② 1.3
③ 1.13 ④ 1.45

해설

**과전류트립 동작시간 및 특성(주택용)**

| 정격전류의 구분 | 시간(분) | 정격전류의 배수 | |
|---|---|---|---|
| | | 불용단 전류 | 용단 전류 |
| 63[A] 이하 | 60 | 1.13배 | 1.45배 |
| 63[A] 초과 | 120 | 1.13배 | 1.45배 |

**05** **사람이 상시 통행하는 터널안의 교류 220[V]의 배선을 애자 사용공사에 의하여 시설 할 경우 전선은 노면상 몇 [m] 이상의 높이로 시설하여야 하는가?**

① 2.0 ② 2.5
③ 3.0 ④ 3.5

해설

**터널 안 전선로의 시설**

| 전압 | 전선의 종류 | 애자사용 공사시 높이 |
|---|---|---|
| 저압 | 2.6[mm] 이상<br>인장강도 2.30[kN] 이상 | 노면상, 레일면상<br>2.5[m] 이상 |
| 고압 | 4[mm] 이상<br>인장강도 5.26[kN] 이상 | 노면상, 레일면상<br>3[m] 이상 |

**06** **가반형의 용접전극을 사용하는 아크 용접장치의 시설에 대한 설명으로 잘못된 것은?**

① 용접 변압기의 1차측 전로의 대지전압은 300[V] 이하일 것
② 용접변압기의 1차측 전로에는 용접 변압기에 가까운 곳에 쉽게 개폐할 수 있는 개폐기를 시설할 것
③ 전로는 용접 시 흐르는 전류를 안전하게 통할 수 없는 것일 것
④ 용접 변압기는 절연 변압기 일 것

해설

**아크용접장치**

- 용접변압기는 절연변압기일 것
- 용접변압기의 1차측 전로의 대지전압은 300[V] 이하일 것
- 용접변압기의 1차측 전로에는 용접 변압기에 가까운 곳에 쉽게 개폐할 수 있는 개폐기를 시설할 것
- 전로는 용접 시 흐르는 전류를 안전하게 통할 수 있는 것일 것

**07** **전력계통에서 돌발적으로 발생하는 이상현상에 대비하여 대지와 계통을 연결하는 것으로, 중성점을 대지에 접속하는 것은 무엇인가?**

① 피뢰시스템접지 ② 단독접지
③ 계통접지 ④ 보호접지

해설

**계통접지**

계통접지란 전력계통에서 돌발적으로 발생하는 이상현상에 대비하여 대지와 계통을 연결하는 것으로, 중성점을 대지에 접속하는 것을 말한다.

**08** **저압 옥내배선을 합성수지관공사에 의하여 실시하는 경우 사용할 수 있는 단선(동선)의 최대 단면적은 몇 [$mm^2$]인가?**

① 4 ② 6
③ 10 ④ 16

해설

**합성수지관공사**

- 절연전선 일 것(옥외용 비닐 절연전선을 제외)
- 전선은 연선일 것

[정답] 04 ④ 05 ② 06 ③ 07 ③ 08 ③

- 단선 사용시 단면적 10[mm$^2$](알루미늄선은 단면적 16[mm$^2$]) 이하의 것
- 전선은 합성수지관 안에서 접속점이 없도록 할 것
- 관 상호 간 및 박스와는 관을 삽입하는 깊이를 관의 바깥 지름의 1.2배(접착제를 사용하는 경우에는 0.8배) 이상으로 하고, 관의 지지점 간의 거리는 1.5[m] 이하로 할 것

**09 사용 전압이 400[V] 이하인 저압 가공전선은 지름 몇 [mm] 이상의 절연전선이어야 하는가?**

① 2.6 ② 3.6
③ 4.0 ④ 5.0

해설

**저압 가공전선의 굵기**

| 400[V] 이하 | | | 400[V] 초과 | | |
|---|---|---|---|---|---|
| 나전선 | 3.2[mm] | 3.43[kN] | 시가지 | 5.0[mm] | 8.01[kN] |
| 절연전선 | 2.6[mm] | 2.30[kN] | 시가지외 | 4.0[mm] | 5.26[kN] |

**10 과전류차단기로 저압전로에 사용하는 범용의 퓨즈(「전기용품 및 생활용품 안전관리법」에서 규정하는 것을 제외한다) 의 정격전류가 16[A]인 경우 용단전류는 정격전류의 몇 배인가? (단, 퓨즈(gG)인 경우이다.)**

① 1.25 ② 1.5
③ 1.6 ④ 1.9

해설

**퓨즈(gG)의 용단특성**

| 정격전류의 구분 | 시간 | 정격전류의 배수 | |
|---|---|---|---|
| | | 불용단 전류 | 용단 전류 |
| 4[A] 이하 | 60분 | 1.5배 | 2.1배 |
| 4[A] 초과 16[A] 미만 | 60분 | 1.5배 | 1.9배 |
| 16[A] 이상 63[A] 이하 | 60분 | 1.25배 | 1.6배 |
| 63[A] 초과 160[A] 이하 | 120분 | 1.25배 | 1.6배 |
| 160[A] 초과 400[A] 이하 | 180분 | 1.25배 | 1.6배 |
| 400[A] 초과 | 240분 | 1.25배 | 1.6배 |

**11 금속관 공사에 의한 저압 옥내배선의 방법으로 틀린 것은?**

① 전선으로 단선 16[mm$^2$]를 사용하였다.
② 전선의 접속점은 없도록 하였다.
③ 콘크리트에 매설하는 관은 두께 1.2[mm] 이상을 사용하였다.
④ 전선은 절연전선을 사용하였다.

해설

**금속관공사**

- 전선의 종류
  절연전선 일 것(옥외용 비닐 절연전선을 제외)
- 전선은 연선일 것. 단, 다음의 것은 적용하지 않는다.
  - 짧고 가는 합성수지관에 넣은 것.
  - 단면적 10[mm$^2$](알루미늄선은 단면적 16[mm$^2$]) 이하의 것

**12 조상기의 보호장치로서 내부 고장시에 자동적으로 전로로부터 차단되는 장치를 설치하여야 하는 조상기 용량은 몇 [kVA] 이상인가?**

① 5000 ② 7500
③ 10000 ④ 15000

해설

**조상설비의 보호장치**

| 조상설비의 보호장치 | | |
|---|---|---|
| 설비종별 | 뱅크용량의 구분 | 자동적으로 전로로부터 차단하는 장치 |
| 전력용 커패시터 및 분로리액터 | 500[kVA] 초과 ~ 15000[kVA] 미만 | 내부에 고장 또는 과전류 |
| | 15000[kVA] 이상 | 내부에 고장 및 과전류 또는 과전압 |
| 조상기 | 15000[kVA] | 내부에 고장 |

**13 특고압 가공전선로에서 B종 철주의 경간은 몇 [m] 이하로 하여야 하는가?**

[정답] 09 ① 10 ③ 11 ① 12 ④ 13 ④

① 100　　② 200
③ 150　　④ 250

해설

**가공전선로의 표준 경간**

| 지지물 | 고압 가공전선로 |
|---|---|
| A종(목주) | 150[m] 이하 |
| B종 | 250[m] 이하 |
| 철탑 | 600[m] 이하 |

## 14 고압 가공전선으로 ACSR(강심알루미늄연선)을 사용할 때의 안전율은 얼마 이상이 되는 이도로 시설하여야 하는가?

① 1.38　　② 2.1
③ 2.5　　④ 4.01

해설

**고압 가공전선의 안전율**

고압 가공전선은 케이블인 경우 이외에는 그 안전율이 경동선 또는 내열 동합금선은 2.2 이상, 그 밖의 전선은 2.5 이상이 되는 이도로 시설하여야 한다.

## 15 임시 전선로 시설시 건조물의 상부조영재 옆쪽의 최소 이격거리 몇 [m] 이상 인가?

① 4　　② 1
③ 0.4　　④ 0.1

해설

| 조영물 조영재의 구분 | | 접근형태 | 이격거리 |
|---|---|---|---|
| 건조물 | 상부 조영재 | 위쪽 | 1[m] |
| | | 옆쪽 또는 아래쪽 | 0.4[m] |
| | 상부이외의 조영재 | | 0.4[m] |

## 16 제1종 특고압 보안공사로 시설하는 전선로의 지지물로 사용할 수 있는 것은?

① 목주　　② 철탑
③ A종 철주　　④ A종 콘크리트주

해설

**제1종 특고압 보안공사**

35[kV]를 넘는 전선과 건조물과 제2차 접근상태인 경우 목주나 A종은 사용불가하며, B종 철주, B종 철근콘크리트주, 철탑을 사용하여야 한다.

## 17 수소냉각식 발전기 및 이에 부속하는 수소냉각장치에 관한 시설기준 중 잘못된 것은?

① 발전기안의 수소의 압력 계측장치 및 압력 변동에 대한 경보 장치를 시설할 것
② 발전기안의 수소 밀도를 계측하는 장치를 시설할 것
③ 발전기는 기밀 구조이고 또한 수소가 대기압에서 폭발하는 경우에 생기는 압력에 견디는 강도를 가지는 것일 것
④ 발전기안의 수소의 순도가 85% 이하로 저하한 경우에 경보를 하는 장치를 시설할 것

해설

**수소냉각식 발전기 등의 시설**

- 발전기 또는 조상기는 기밀구조의 것이고 또한 수소가 대기압에서 폭발하는 경우에 생기는 압력에 견디는 강도를 가지는 것일 것
- 발전기축의 밀봉부에는 질소 가스를 봉입할 수 있는 장치 또는 발전기 축의 밀봉부로부터 누설된 수소 가스를 안전하게 외부에 방출할 수 있는 장치를 시설할 것
- 발전기 내부 또는 조상기 내부의 수소의 순도가 85[%] 이하로 저하한 경우에 이를 경보하는 장치를 시설할 것
- 발전기 내부 또는 조상기 내부의 수소의 압력을 계측하는 장치 및 그 압력이 현저히 변동한 경우에 이를 경보하는 장치를 시설할 것
- 발전기 내부 또는 조상기 내부의 수소의 온도를 계측하는 장치를 시설할 것
- 발전기 내부 또는 조상기 내부로 수소를 안전하게 도입할 수 있는 장치 및 발전기안 또는 조상기안의 수소를 안전하게 외부로 방출할 수 있는 장치를 시설할 것

[정답] 14③ 15③ 16② 17②

**18** 35[kV]의 특고압 가공전선로를 시가지에 시설할 경우 지표상의 최저 높이는 몇 [m]이어야 하는가? (단, 전선은 특고압 절연전선이다.)

① 4　② 5
③ 6　④ 8

해설

**시가지 등에서 170[kV] 이하 특고압 가공전선의 높이**

| 사용전압의 구분 | 지표상의 높이 |
|---|---|
| 35[kV] 이하 | 10[m]<br>(특고압 절연전선인 경우 8[m]) |
| 35[kV] 초과 | 10[m]에 35[kV]를 초과하는 10[kV] 또는 그 단수마다 0.12[m]를 더한 값 |

**19** 지중 공가설비로 사용하는 광섬유 케이블 및 동축케이블은 지름 몇 [mm] 이하이어야 하는가?

① 16　② 5
③ 4　④ 22

해설

**지중통신선로설비 시설**

지중 공가설비로 사용하는 광섬유 케이블 및 동축케이블은 지름 22[mm] 이하일 것

**20** 시가지에서 특고압 가공전선로의 지지물에 시설하는 통신선은 단선의 경우 지름 몇 [mm] 이상의 절연전선 또는 광섬유 케이블이여야 하는가?

① 2　② 5
③ 4　④ 2.5

해설

**특고압 가공전선로 첨가설치 통신선의 시가지 인입**

시가지에 시설하는 통신선은 특고압 가공전선로의 지지물에 시설하여서는 아니 된다. 다만, 통신선이 절연전선과 동등 이상의 절연성능이 있고 인장강도 5.26[kN] 이상의 것. 또는 연선의 경우 단면적 16[mm$^2$](단선의 경우 지름 4[mm]) 이상의 절연전선 또는 광섬유 케이블인 경우에는 그러하지 아니하다.

## 시행일 2023년 3회

**01** 선도체와 같은 재질의 보호도체를 사용시 선도체의 단면적이 16[mm$^2$]일 경우 보호도체의 단면적은 몇 [mm$^2$]를 사용해야 하는가?

① 6　② 2.5
③ 10　④ 16

해설

**보호도체의 최소 단면적**

| 선도체의 단면적 $S$ ([mm$^2$], 구리) | 보호도체의 최소 단면적([mm$^2$], 구리) | |
|---|---|---|
| | 보호도체의 재질이 선도체와 같은 경우 | 보호도체의 재질이 선도체와 다른 경우 |
| $S \le 16$ | $S$ | $(k_1/k_2) \times S$ |
| $16 < S \le 35$ | 16 | $(k_1/k_2) \times 16$ |
| $S > 35$ | $S/2$ | $(k_1/k_2) \times (s/2)$ |

**02** 최대사용전압 7[kV] 초과 25[kV] 이하인 중성점 접지식 전로의 절연내력시험은 몇배의 전압으로 하는가? (중성선을 가지는 것으로서 그 중성선을 다중접지 하는 것에 한한다)

① 0.72　② 0.92
③ 1.25　④ 0.64

해설

**절연내력시험전압**

| 최대사용전압에 의한 전로의 종류 | 시험전압 | 최저 시험전압 |
|---|---|---|
| 최대사용전압 7[kV]를 초과 25[kV] 이하 중성점 접지식 전로 (중성선을 가지는 것으로서 그 중성선을 다중 접지하는 것에 한한다.) | 0.92배 | - |
| 직류로 시험 할 수 있으며, 표에서 정한 시험전압의 2배의 직류전압으로 절연내력을 시험한다. | | |

[정답] 18 ④ 19 ④ 20 ③ 2023년 3회 01 ④ 02 ②

**03** 옥내의 네온 방전등 공사시 전선의 지지점 간의 거리는 몇 [m] 이하이어야 하는가?

① 1　　② 2
③ 3　　④ 4

해설

**네온 방전등**

- 전선 상호간의 이격거리는 60[mm] 이상일 것
- 전선지지점간의 거리는 1[m] 이하로 할 것
- 애자는 절연성.난연성 및 내수성이 있는 것일 것

**04** 사용전압이 400[V] 초과인 저압 가공전선이 시가지 시설시 종류로 잘못된 것은?

① 인입용 비닐절연전선
② 지름 5[mm] 이상의 경동선
③ 케이블
④ 나전선(중성선 또는 다중접지된 접지측 전선으로 사용하는 전선)

해설

**저압 가공전선의 굵기 및 종류**

① 저압 가공전선은 나전선(중성선 또는 다중접지된 접지측 전선으로 사용하는 전선에 한한다), 절연전선, 다심형 전선 또는 케이블을 사용하여야 한다.
② 사용전압이 400[V] 이하인 저압 가공전선은 케이블인 경우를 제외하고는 인장강도 3.43[kN] 이상의 것 또는 지름 3.2[mm](절연전선인 경우는 인장강도 2.3[kN] 이상의 것 또는 지름 2.6[mm] 이상의 경동선) 이상의 것이어야 한다.
③ 사용전압이 400[V] 초과인 저압 가공전선은 케이블인 경우 이외에는 시가지에 시설하는 것은 인장강도 8.01[kN] 이상의 것 또는 지름 5[mm] 이상의 경동선, 시가지 외에 시설하는 것은 인장강도 5.26[kN] 이상의 것 또는 지름 4[mm] 이상의 경동선이어야 한다.
④ 사용전압이 400[V] 초과인 저압 가공전선에는 인입용 비닐절연전선을 사용하여서는 안 된다.

**05** 등기구의 주변에 발광과 대류 에너지의 열영향에서 가연성 재료로부터 적절한 간격을 유지하여야 하며, 제작자에 의해 다른 정보가 주어지지 않으면, 스포트라이트나 프로젝터는 모든 방향에서 가연성 재료로부터 최소의 거리로 잘못 된 것은?

① 정격용량 100[W] 초과 300[W] 이하 : 0.8[m]
② 정격용량 500[W] 초과 : 1.0[m] 초과
③ 정격용량 100[W] 이하 : 0.4[m]
④ 정격용량 300[W] 초과 500[W] 이하 : 1.0[m]

해설

**열 영향에 대한 주변의 보호**

등기구는 가연성 재료로부터 적절한 간격을 유지하여야 하며, 제작자에 의해 다른 정보가 주어지지 않으면, 스포트라이트나 프로젝터는 모든 방향에서 가연성 재료로부터 다음의 최소 거리를 두고 설치하여야 한다.
① 정격용량 100[W] 이하 : 0.5[m]
② 정격용량 100[W] 초과 300[W] 이하 : 0.8[m]
③ 정격용량 300[W] 초과 500[W] 이하 : 1.0[m]
④ 정격용량 500[W] 초과 : 1.0[m] 초과

**06** 저압 가공전선로 또는 고압 가공전선로와 기설 가공 약전류 전선로가 병행하는 경우에는 유도작용에 의한 통신상의 장해가 생기지 아니하도록 전선과 기설 약전류 전선간의 이격거리는 몇 [m] 이상이어야 하는가? (단, 전기철도용 급전선로는 제외한다.)

① 2　　② 4
③ 6　　④ 8

해설

**가공 약전류전선로의 유도장해**

저·고압 가공전선로와 기설 가공약전류전선로가 병행하는 경우에는 유도작용에 의하여 통신상의 장해가 생기지 아니하도록 전선과 기설 약전류 전선간의 이격거리는 2[m] 이상이어야 한다.

**07** 금속제 가요전선관공사에 있어서 저압 옥내배선 시설에 맞지 않는 것은?

[정답] 03 ① 04 ① 05 ③ 06 ① 07 ④

① 단선 사용시 단면적 10[mm²] 이하의 것
② 가요전선관 안에는 전선에 접속점이 없을 것
③ 2종금속제 가요전선관(습기가 많은 장소 또는 물기가 있는 장소에는 비닐 피복 1종 가요전선관)
④ 가요전선관에 접지를 하지 않는다.

해설

① 전선은 절연전선(옥외용 비닐절연전선을 제외한다)일 것
② 전선은 연선일 것. 다만, 단면적 10[mm²](알루미늄선은 단면적 16[mm²]) 이하인 것은 그러하지 아니하다.
③ 가요전선관 안에는 전선에 접속점이 없도록 할 것
④ 가요전선관은 2종 금속제 가요전선관일 것
⑤ 가요전선관공사는 접지공사를 할 것

**08** 비나 이슬에 젖지 않는 장소에서 400[V] 이하인 저압 애자사용 공사에 의한 옥측전선로를 시설할 때 전선과 조영재와의 이격거리는 몇 [m] 이상 이어야 하는가?

① 0.025　② 0.045
③ 0.06　④ 0.05

해설

**저압 옥측전선로의 애자사용공사**

| 시설 장소 | 전선 상호간의 간격 | | 전선과 조영재 사이의 이격거리 | |
|---|---|---|---|---|
| | 400[V] 이하 | 400[V] 초과 | 400[V] 이하 | 400[V] 초과 |
| 비나 이슬에 젖지 않는 장소 | 0.06[m] | 0.06[m] | 0.025[m] | 0.025[m] |
| 비나 이슬에 젖는 장소 | 0.06[m] | 0.12[m] | 0.025[m] | 0.045[m] |

**09** 내부고장이 발생하는 경우를 대비하여 차단장치를 시설하여야 하는 특고압용 변압기의 뱅크 용량의 구분으로 알맞은 것은?

① 5000[kVA] 미만
② 5000[kVA] 이상 10000[kVA] 미만
③ 10000[kVA] 이상
④ 15000[kVA] 이상

해설

**특고압용 변압기의 보호장치**

| 뱅크용량의 구분 | 동작조건 | 장치의 종류 |
|---|---|---|
| 5000[kVA] 이상 10000[kVA] 미만 | 내부고장 | 자동차단장치 또는 경보장치 |
| 10000[kVA] 이상 | 내부고장 | 자동차단장치 |
| 타냉식변압기 | 고장 또는 변압기의 온도상승 | 경보장치 |

**10** 전력용 커패시터에 과전압이 생긴경우에 자동적으로 전로로부터 차단하는 장치를 해야하는 뱅크용량의 구분으로 알맞은 것은?

① 뱅크용량 1000[kVA] 이상
② 뱅크용량 10000[kVA] 이상
③ 뱅크용량 300[kVA] 이상
④ 뱅크용량 15000[kVA] 이상

해설

**조상설비의 보호장치**

| 조상설비의 보호장치 | | |
|---|---|---|
| 설비종별 | 뱅크용량의 구분 | 자동적으로 전로로부터 차단하는 장치 |
| 전력용 커패시터 및 분로리액터 | 500[kVA] 초과 ~ 15000[kVA] 미만 | 내부에 고장 또는 과전류 |
| | 15000[kVA] 이상 | 내부에 고장 및 과전류 또는 과전압 |
| 조상기 | 15000[kVA] | 내부에 고장 |

**11** 다음 그림에서 $L_1$은 어떤 크기로 동작하는 기기의 명칭인가?

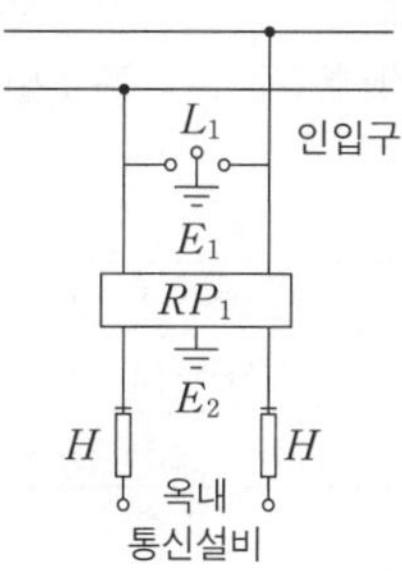


[정답] 08 ① 09 ③ 10 ④ 11 ②

① 교류 1000[V] 이하에서 동작하는 단로기
② 교류 1000[V] 이하에서 동작하는 피뢰기
③ 교류 1500[V] 이하에서 동작하는 단로기
④ 교류 1500[V] 이하에서 동작하는 피뢰기

해설

**보안장치표준**

- $RP_1$ : 교류 300[V] 이하에서 동작하고, 최소 감도 전류가 3[A] 이하로서 최소 감도전류 때의 응동시간이 1사이클 이하이고 또한 전류 용량이 50[A], 20초 이상인 자복성이 있는 릴레이 보안기
- $L$ : 교류 1[kV] 이하에서 동작하는 피뢰기
- $E$ : 접지

**12** 사용전압이 25[kV] 이하인 다중접지방식 지중전선로를 관로식 또는 직접매설식으로 시설하는 경우, 그 이격거리가 몇 [m] 이상이 되도록 시설하여야 하는가?

① 0.1 ② 0.3
③ 0.6 ④ 1.0

해설

**지중전선 상호 간의 접근 또는 교차**

사용전압이 25[kV] 이하인 다중접지방식 지중전선로를 관로식 또는 직접매설식으로 시설하는 경우, 그 이격거리가 0.1[m] 이상이 되도록 시설하여야 한다.

**13** 고압 지중 케이블로서 직접매설식에 의하여 콘크리트제, 기타 견고한 관 또는 트라프에 넣지 않고 부설할 수 있는 케이블은?

① 비닐외장케이블 ② 고무외장케이블
③ 클로로프렌외장케이블 ④ 콤바인덕트케이블

해설

| 지중전선로의 시설 |
|---|
| 직접매설식, 관로식, 암거식으로 시공 |
| 콤바인덕트케이블 : 콘크리트 트라프에 넣지 않고 직접 묻을 수 있는 케이블 |

**14** 가공전선로의 지지물에 시설하는 지선으로 연선을 사용할 경우 소선은 최소 몇 가닥 이상이어야 하는가?

① 3 ② 5
③ 7 ④ 9

해설

- 지선에 연선을 사용할 경우에는 소선 3가닥 이상의 연선일 것
- 지선의 안전율은 2.5 이상일 것
- 소선의 지름 2.6[mm] 이상의 금속선을 사용할 것
- 인장하중의 최저는 4.3[kN] 이상일 것
- 도로횡단시 높이는 5[m] 단, 교통에 지장이 없을 경우 4.5[m]

**15** 특고압 가공전선이 저고압 가공전선과 제1차 접근상태로 시설하는 경우, 22.9[kV] 특고압 가공전선과 저고압 가공전선 사이의 이격거리는 몇 [m] 이상이어야 하는가?

① 2.0 ② 2.12
③ 2.2 ④ 2.5

해설

**특고압 가공전선과 저고압 가공전선 등의 접근 또는 교차**

| 사용전압의 구분 | 이격거리 |
|---|---|
| 60[kV] 이하 | 2[m] |
| 60[kV] 초과 | 2[m]에 사용전압이 60[kV]를 초과하는 10[kV] 또는 그 단수마다 0.12[m]을 더한 값 |

**16** 사용전압 154[kV]의 가공전선을 시가지에 시설하는 경우 전선의 지표상의 높이는 최소 몇 [m] 이상이어야 하는가?

① 7.44 ② 9.44
③ 11.44 ④ 8.13

해설

**특고압 가공전선의 높이(시가지)**

- 35[kV] 이하인 경우 10[m] 이상
(단, 특고압절연전선 사용시 8[m])
- 35[kV] 초과인 경우 10[kV]당 12[cm] 가산할 것

[정답] 12① 13④ 14① 15① 16③

이격거리=10[m]+단수×0.12[m]이므로
10+(15.4−3.5)×0.12에서 10+(11.9 → 절상 12)×0.12
∴ 10+12×0.12=11.44[m]

## 17 하중을 지탱하는 전차선로 설비의 강도는 작용이 예상되는 하중의 최악 조건 조합에 대하여 경동선의 경우 최소 안전율 몇 이 곱해진 값을 견디어야 하는가?

① 2.0 ② 1.0
③ 2.5 ④ 2.2

해설

**전차선로 설비의 안전율**

하중을 지탱하는 전차선로 설비의 강도는 작용이 예상되는 하중의 최악 조건 조합에 대하여 다음의 최소 안전율이 곱해진 값을 견디어야 한다.

1. 합금전차선의 경우 2.0 이상
2. 경동선의 경우 2.2 이상
3. 조가선 및 조가선 장력을 지탱하는 부품에 대하여 2.5 이상
4. 복합체 자재(고분자 애자 포함)에 대하여 2.5 이상
5. 지지물 기초에 대하여 2.0 이상
6. 장력조정장치 2.0 이상
7. 빔 및 브래킷은 소재 허용응력에 대하여 1.0 이상
8. 철주는 소재 허용응력에 대하여 1.0 이상
9. 브래킷의 애자는 최대 만곡하중에 대하여 2.5 이상
10. 지선은 선형일 경우 2.5 이상, 강봉형은 소재 허용응력에 대하여 1.0 이상

## 18 전기철도 변전소에 대한 사항으로 잘못된 것은?

① 제어반의 경우 디지털계전기방식을 원칙으로 하여야 한다.
② 개폐기는 개폐상태의 표시, 쇄정장치 등을 설치하여야 한다.
③ 급전용변압기는 직류 전기철도의 경우 3상 스코트결선 변압기를 적용한다.
④ 차단기는 계통의 장래계획을 감안하여 용량을 결정하고, 회로의 특성에 따라 기종과 동작책무 및 차단시간을 선정하여야 한다.

해설

**변전소의 설비**

1. 변전소 등의 계통을 구성하는 각종 기기는 운용 및 유지보수성, 시공성, 내구성, 효율성, 친환경성, 안전성 및 경제성 등을 종합적으로 고려하여 선정하여야 한다.
2. 급전용변압기는 직류 전기철도의 경우 3상 정류기용 변압기, 교류 전기철도의 경우 3상 스코트결선 변압기의 적용을 원칙으로 하고, 급전계통에 적합하게 선정하여야 한다.
3. 차단기는 계통의 장래계획을 감안하여 용량을 결정하고, 회로의 특성에 따라 기종과 동작책무 및 차단시간을 선정하여야 한다.
4. 개폐기는 선로 중 중요한 분기점, 고장발견이 필요한 장소, 빈번한 개폐를 필요로 하는 곳에 설치하며, 개폐상태의 표시, 쇄정장치 등을 설치하여야 한다.
5. 제어용 교류전원은 상용과 예비의 2계통으로 구성하여야 한다.
6. 제어반의 경우 디지털계전기방식을 원칙으로 하여야 한다.

## 19 연료전지의 내압 시험은 내압 부분 중 최고 사용압력이 0.1[MPa] 이상의 부분은 최고 사용압력의 몇 배의 수압을 가압하여 10분간 실험을 실시하는가?

① 1.1 ② 1.25
③ 1.5 ④ 2

해설

**연료전지**

내압시험은 연료전지 설비의 내압 부분 중 최고 사용압력이 0.1[MPa] 이상의 부분은 최고 사용압력의 1.5배의 수압(수압으로 시험을 실시하는 것이 곤란한 경우는 최고 사용압력의 1.25배의 기압)까지 가압하여 압력이 안정된 후 최소 10분간 유지하는 시험을 실시하였을 때 이것에 견디고 누설이 없어야 한다.

## 20 발전기가 정격운전상태에 있을 때, 동기기 단자에서의 전압을 무엇이라 하는가?

① 부족전압 ② 과전압
③ 유도전압 ④ 정격전압

해설

**정격전압**

발전기가 정격운전상태에 있을 때, 동기기 단자에서의 전압을 말한다.

[정답] 17④ 18③ 19③ 20④

전기자기학 / 전력공학 / 전기기기 / 회로이론 / 전기설비기술기준

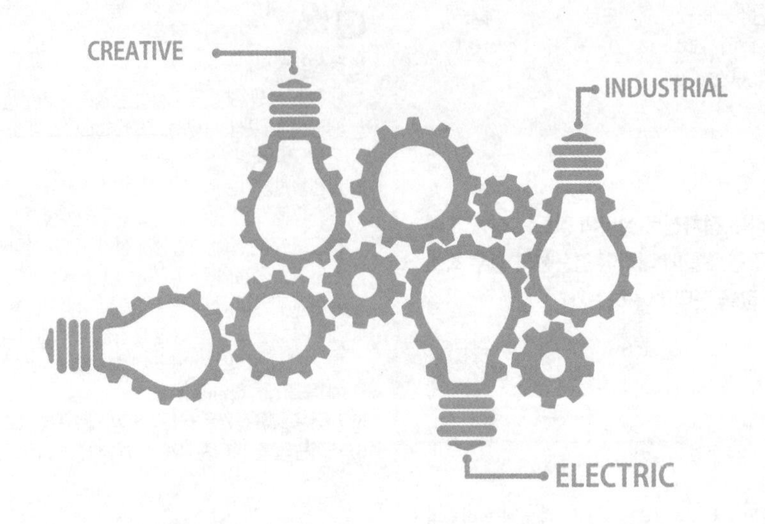


저자와
협의 후
인지생략

**전기기사·산업기사 필기 2권 과년도**

**발행일** 6판1쇄 발행 2023년 10월 10일
**발행처** 듀오북스
**지은이** 대산전기수험연구회
**펴낸이** 박승희

**등록일자** 2018년 10월 12일 제2021-20호
**주소** 서울시 중랑구 용마산로96길 82, 2층(면목동)
**편집부** (070)7807_3690
**팩스** (050)4277_8651
**웹사이트** www.duobooks.co.kr

이 책에 실린 모든 글과 일러스트 및 편집 형태에 대한 저작권은 듀오북스에 있으므로 무단 복사, 복제는 법에 저촉 받습니다.
잘못 제작된 책은 교환해 드립니다.

---

**정가** 38,000원 **ISBN** 979-11-90349-61-1 13560